（第三版）

HUOLI FADIANCHANG
SHUICHULI JI SHUIZHI KONGZHI

火力发电厂
水处理及水质控制

李培元　周柏青　主编

U0300059

中国电力出版社
CHINA ELECTRIC POWER PRESS

内 容 提 要

本书是在《火力发电厂水处理及水质控制》(第二版)及《发电厂水处理及水质控制》的基础上重新修订而成的。本书全面系统地介绍了火力发电厂水质处理及控制过程中各个操作单元的基本原理、工艺流程、设备结构、设计原则及控制方法。主要内容包括:天然水体的水资源及水质特性,锅炉用水的水质指标,水的混凝、沉淀与澄清处理,水的过滤处理,水的吸附、除铁、除锰、除氟、除砷与消毒处理,水的膜过滤、膜渗透,膜除盐、离子交换除盐、电除盐及蒸馏法除盐,锅炉设备金属的腐蚀与防止,锅炉给水和炉水的水质调节与控制,热力设备的化学清洗与保护,凝结水的精处理及空冷机组的水工况,冷却塔的设计、冷却原理,循环冷却水的处理与控制,火力发电厂的废(污)水特性、处理原理、处理工艺流程和中水回用等。另外,还介绍了城镇废(污)水中的污染物及物理、化学处理和生物转化处理的基本原理、工艺流程等,共计二十三章。

本书可作为在电力、环保、冶金、石油等领域工作的工程技术人员、管理人员的工作参考及培训用书,也可作为高等院校水质科学与技术专业、环境工程专业、应用化学专业本科生、研究生的教学参考用书。

图书在版编目(CIP)数据

火力发电厂水处理及水质控制/李培元,周柏青主编. —3版 . —北京:中国电力出版社,2018.7(2020.9重印)
ISBN 978-7-5198-1133-4

Ⅰ.①火… Ⅱ.①李… ②周… Ⅲ.①火电厂-水处理②火电厂-水质控制 Ⅳ.①TM621.8

中国版本图书馆 CIP 数据核字(2017)第 220769 号

出版发行:中国电力出版社
地　　址:北京市东城区北京站西街 19 号 (邮政编码 100005)
网　　址:http://www.cepp.sgcc.com.cn
责任编辑:韩世韬 (010-63412373)
责任校对:李　楠　郝军燕
装帧设计:赵姗姗
责任印制:蔺义舟

印　　刷:北京雁林吉兆印刷有限公司
版　　次:2000 年 2 月第一版　2018 年 7 月第三版
印　　次:2020 年 9 月北京第七次印刷
开　　本:787 毫米×1092 毫米　16 开本
印　　张:42.25
字　　数:1052 千字
印　　数:13501—15000 册
定　　价:**148.00 元**

前　言

本书是在《火力发电厂水处理及水质控制》（第二版）和《发电厂水处理及水质控制》的基础上重新修订而成的，同时也参考了近几年出版的一些新的文献资料。本书自2000年出版以来，已先后重印了多次，得到了各方读者的认可和支持。

本次修订，增加了膜的过滤处理（包括微滤、超滤、纳滤和渗透），地下水的除铁、除锰、除氟、除砷处理，城市饮用水的消毒处理，废（污）水的其他物理、化学处理（包括离心处理、中和处理、电解处理、氧化还原处理、吹脱处理、汽提处理等），水体的自净与稳定塘、好氧生物处理、厌氧生物处理及生物脱氮、脱磷处理，火力发电厂的脱硫、脱硝废水处理及中水回用等内容。

另外，本次修订还改写了水的过滤处理、反渗透脱盐、电除盐、离子交换除盐、凝结水精处理、冷却塔设计及锅炉给水和炉水的水化学工况等内容。其他章节也都进行了适当的删减和补充，使本书的内容更加丰富和新颖，也更加适应目前实施的节约用水、循环用水、串联用水及超低排放等社会需求。

本书由李培元、周柏青主编，具体分工为：武汉大学李培元编写第一、二、三、四、六、九、十二、十八、十九、二十、二十一、二十二章；武汉大学周柏青编写第五、七、八、十一章；武汉大学陈志和编写第十章；武汉大学李正奉编写第十三、十四、十五、十六章；西安热工研究院田文华编写第十七章；武汉大学黄梅编写第二十三章。全书由李培元、周柏青统稿。

在本书编审过程中，山西省电力公司原教授级高级工程师段培珍、西安热工研究院化学所原教授级高级工程师陈洁、华北电力设计院化学室原教授级高级工程师聂承信，对本书的编写大纲和各章节进行了详细的审订，并提出了许多宝贵的意见和建议，在此向他们表示衷心的谢意。

在本书出版之际，编者向编写过程中被参考和引用的有关书籍和文献资料的作者表示深切的敬意和感谢。另外，还感谢曾参与第二版编写的武汉大学曹顺安教授、杨万生副教授、夏中明副教授。

由于编者水平有限，书中难免有不妥或错误之处，敬请读者批评指正。

主　编

2018 年 4 月

第二版前言

  《火力发电厂水处理及水质控制》，自 2000 年 2 月第一次印刷出版以来，已重印两次，受到了广大读者的厚爱和支持。但自进入 21 世纪以来，我国电力工业得到飞速发展，单机容量已从 200～300MW 向 600～1000MW，甚至 1200MW 发展，300～600MW机组已成为 21 世纪的主力机组。由于亚临界压力和超临界压力机组对水汽质量提出了更高的要求，水处理技术及水质控制技术也有了很大发展，因此，我们对本书进行了修订，以满足目前水处理技术人员的实际需要。

  第二版编写过程中，在仍以第一版的基本框架和基本内容为主，并保持了原有逻辑性、系统性和完整性的基础上，增加了一些 600～1000MW 亚临界和超临界压力机组及国外引进机组的资料，如 UF 技术、EDI 技术、蒸汽加氧吹扫技术、AVT 水工况、CWT 水工况、凝汽器不锈钢管和钛管的腐蚀及其防止等；删去了一部分内容，如水的消毒处理、阳离子交换处理、电渗析除盐和一些药剂标准等；重新改写了一部分内容，如水的澄清、沉降和过滤处理，水的吸附处理，热力设备的腐蚀与防止，热力设备的清洗，凝结水精处理等。另外，对少部分章节只是进行了文字修正。

  第二版和第一版一样，全部采用国家规定的法定计量单位，在锅炉水处理中过去所表示的物质的量浓度单位 meq/L（或 eq/L、μeq/L）全部改为 mmol/L（或 mol/L、μmol/L），但都是指电化学摩尔质量，即其基本单元相当于具有一个电荷的粒子。

  在第二版的编写过程中，邀请了武汉大学动力与机械学院水质工程系的陈志和、周柏青、曹顺安教授，杨万生、李正奉、夏中明副教授参与部分章节的编写工作。

  在本书第二版的审稿过程中，武汉大学的钟金昌、钱达中、郑芳俊教授，对各章节进行了审订，提出了许多宝贵的意见和建议，在此向他们表示衷心的感谢。

  由于时间仓促、水平有限，书中难免有不妥或错误之处，敬请各位读者批评指正。

主　编

2007 年 5 月

第一版前言

高参数、大容量热力设备的不断出现，对火力发电厂水处理技术，水汽质量控制及管理水平，都提出了更高的要求。为此，我们根据近些年来国内外的大量文献资料和科研成果，编成此书，以供有关工程技术人员、管理人员及在校本科生、研究生和教师参考。

本书全部采用国家规定的法定计量单位，在锅炉水处理中过去所表示的物质的量浓度单位 meq/L（或 eq/L、μeq/L）全部改为 mmol/L（或 mol/L、μmol/L），但都是指电化学摩尔质量，即其基本单元相当于具有一个电荷的粒子。因此，书中硬度、碱度、含盐量及摩尔浓度分率的含义分别为：

$$硬度 = [1/2Ca^{2+}] + [1/2Mg^{2+}]$$

$$碱度 = 滴定中所用的[H^+]量$$

$$含盐量 = [1/2Ca^{2+}] + [1/2Mg^{2+}] + [Na^+] + \cdots\cdots$$

在 Ca^{2+}、Na^+ 混合液中，Ca^{2+} 的摩尔浓度分率 $= \dfrac{[1/2Ca^{2+}]}{[1/2Ca^{2+}] + [Na^+]}$，

$$Na^+ 的摩尔浓度分率 = \dfrac{[Na^+]}{[1/2Ca^{2+}] + [Na^+]}。$$

在以上各式及书中，符号 [ ] 表示相应物质的量浓度。

为了便于从事火力发电厂水处理工作的人员学习、参考，将水汽质量控制中所涉及的现代分析检测技术及微机诊断技术，以及水处理设备、凝结水精处理设备的程控技术等内容，也同时编入本书，这是非常有益的。

本书的编写，除邀请了武汉水利电力大学电厂化学教研室的陈志和、周柏青教授，杨万生、曹顺安和于萍副教授外，还特别邀请了西安热工研究院副总工程师杨东方高级工程师和高秀山高级工程师，湖北电力试验研究所许维宗教授级高级工程师，美国海德能公司徐平博士和张烽高级工程师。这对提高本书的学术水平和丰富本书的内容都是很重要的，在此向他们表示深切的谢意。

在本书的审稿过程中，武汉水利电力大学的钟金昌、钱达中、郑芳俊教授，对各章节进行了审订，提出了许多宝贵的意见和建议，在此向他们表示衷心的感谢。

由于本书所涉及的内容非常广泛和时间仓促，加之我们的水平有限，书中难免有不妥或错误之处，敬请各位读者批评指正。

主 编

1999 年 10 月

目 录

天然水体资源与物质组成

第一节 水资源与水的特性

一、水资源

1. 世界水资源概况

水资源（water resources）是指可直接被人类利用，并能不断更新的天然淡水，这主要是指陆地上的表面水和地下浅层水。联合国教科文组织和世界气象组织对水资源的定义为：作为水资源的水应当是可供利用或可能被利用、具有足够的数量和可用量，并适合于某地水需求而能长期供应的水源。

地球是一个水量极其丰富的天体，这是它与其他星球的不同之处。海洋和陆地上的液态水和固态水构成了一个连续的圈层，平均水深可达 3000m，覆盖着 3/4 以上的地球表面，称为水圈（hydrosphere），它包括江河湖海中一切淡水和咸水、土壤水、浅层与深层地下水以及两极冰帽和高山冰川的冰，还包括大气中的水滴和水蒸气。表 1-1 列出地球上各种水的分布和停留时间。

表 1-1　　　　　　　　　　　　　水的分布与停留时间

分　布	面积 （$\times 10^6 km^2$）	水量 （$\times 10^3 km^3$）	占总量的百分比 （％）	平均停留时间
江河	—	1～2	0.000 1	12～20d
大气圈（云和水汽）	516	13	0.001	9～12d
土壤水（潜水面以上）	130	67	0.005	15～30d
盐湖与内陆海	0.5	104	0.007	$10～10^2$ 年
淡水湖	0.85	125	0.009	$10～10^2$ 年
地下水（800m深度以上）	130	8300	0.59	$10^2～10^3$ 年
冰川与冰帽	28.2	29 200	2.07	10^4 年
海洋	361	1370 000	97.31	$10^3～10^4$ 年

由表 1-1 中的数据可知，地球上水的总量约为 $1.4\times10^9 km^3$，但能供人类利用的水不多。水圈中，海水占 97.3％，难以直接利用；淡水只占 2.7％，而淡水的 99％ 难以直接被人类利用。因为两极冰帽和大陆冰川的淡水储存量占 86％；浅层地下水储量约占淡水总量的 12％，必须凿井方能提取；最容易被人们直接利用的江河湖沼水，还不到总淡水量的 1％。

1

水圈中的水处于不断循环运动中，它包括水的蒸发、水汽输送、冷凝降水、水渗入和地表水与地下水径流五个基本环节，它们相互独立、相互交错、相互影响。水的蒸发是海水和陆地水在太阳能的作用下蒸发为水蒸气；水汽输送是水蒸气和云在密度差的作用下，随气流迁移到内陆，当遇到冷空气时，凝结为雨和雪，雨和雪又在重力作用下降至地面，称为冷凝降水。一部分降水在位差的作用下沿地球表面流动，汇于江河、湖泊，另一部分降水渗入地下，形成地下水流，这两种水流最后又复归大海。水的这种循环运动都是在自然力的作用下进行的，称为自然循环。

天然水体的自然循环又可分为大循环和小循环。前者是指发生在全球海洋与陆地之间的水量交换过程，也称外循环；后者是指发生在海洋与大气之间或陆地与大气之间的水量交换过程，也称内循环。

评价水资源是否丰富，可以用径流量的利用率作为标准：径流量利用率不足 10％ 的为淡水资源丰足；径流量利用率在 10％～20％ 之间的为淡水资源不足；径流量利用率超过20％ 的为淡水资源严重不足。

地球上的淡水资源分布极不平衡，大约有 60％～65％ 以上的淡水集中分布在 9～10 个国家，如美国、哥伦比亚、加拿大等。而占世界人口总量 40％ 的 80 多个国家是水资源缺乏的国家，有近 30 个国家为严重缺水国家。随着工农业发展和城市的扩展，特别是人口的剧增及人类活动的失控，水资源将日趋匮乏，而且水质严重下降，从而导致巨大的经济损失和生态破坏。

2. 我国水资源概况

我国水资源总量比较丰富，多年平均水资源总量大约为 $2.812\,4\times10^{12}$ m^3，占世界径流资源总量的 6％，居世界第六位。由于我国人口众多，因此人均水资源占有量仅为世界人均占有量的 1/4，而且时空分布极不均匀，致使许多地区和城市严重缺水，特别是西北、华北及部分沿海城市。以北京为例，全市水资源人均占有量仅为全国的 1/6。

据有关资料报道，我国实际可能利用的水资源约为 8000 亿～9500 亿 m^3。随着我国人口增长、城市化进程加速及工农业发展，到 2030 年前后，年用水总量将达到 7000 亿～8000亿 m^3，即需水量已向可能利用水资源量的极限逼近。

我国水资源在地区上分布不均衡的特征是东南多、西北少，在时间上分布也不均衡，由于季风的影响，降雨量和径流量年内变化大，年际变化不稳定，从而导致我国北方和西北地区出现资源性缺水。我国水资源在空间（地区）和时间上的分布不均衡，也导致了我国的水土资源组合不相匹配，西北、东北、黄河、淮河流域径流量占全国总径流量的 17％，但土地面积却占全国的 65％。长江以南地区径流量占全国的 83％，而土地面积仅占 35％。由于这种水资源与人口、耕地分布的不相匹配，使各地对水的利用率差别很大，南方多水地区水的利用率较低，北方干旱地区的地表水、浅层地下水的开发利用率高，这就进一步造成了水资源的不平衡。水资源的过度开发、利用，必然造成水资源的严重污染。

水资源受到污染不仅使水资源更加缺乏，而且还要增加大量资金和设备进行处理，从而使工农业产品成本提高、质量下降及水产品大量减产。大规模开采地下水或不断提高地表水利用率，将导致大面积地下水水位下降、河流断流、水质恶化、土地沙漠化等现象加剧，使农田生态环境受到破坏。

近些年来，我国一直是以粗放型的取水增长，维持了近 1.4% 的人口增加率和 9% 左右的经济增长率。因此，水资源及其安全性已成为制约我国经济发展和国家安全的重要因素。

二、水的特性

（1）水的缔合现象。在水分子的结构中，两个氢原子核排列成以氧原子核为顶的等腰三角形，因此氧的一端带负电荷，氢的一端带正电荷，使水分子成为一个极性分子。水分子在正极一方两个裸露的氢原子核与负极一方氧的两对孤对电子之间很容易形成氢键，从而产生两个或多个水分子的集聚体，这种现象称为水分子的缔合现象，所以水是单个分子 H_2O 和 $(H_2O)_n$ 的混合物，$(H_2O)_n$ 称为水分子的集聚体或聚合物。

（2）水的状态。水在常温下有三态。水的融点为 0℃，沸点为 100℃，在自然环境中可以固体存在，也可以液体存在，并有相当部分变为水蒸气。图 1-1 是水的物态图（或称三相图），图中表明了冰—水—汽、冰—汽、水—汽和冰—水共存的温度、压力条件。火力发电厂的生产工艺就是利用水的这种三态变化来转换能量的。

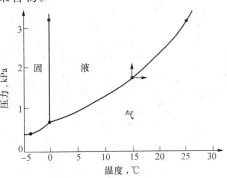

图 1-1　水的物态图

（3）水的密度。水的密度与温度之间的关系和一般物质有些不同，一般物质的密度均随温度上升而减小，而水的密度是 3.98℃ 时最大，为 1g/cm³。高于或低于此温度时，其密度都小于 1g/cm³，这通常由水分子之间的缔合现象来解释，即在 3.98℃ 时，水分子缔合后的聚合物结构最密实，高于或低于 3.98℃ 时，水的聚合物结构比较疏松。因此，冰总是浮于水面，水的这一特性为水生生物冰下过冬提供了必要的生存条件。

（4）水的比热容。几乎在所有的液体和固体物质中，水的比热容最大，同时有很大的蒸发热和溶解热。这是因为水加热时，热量不仅消耗于水温升高，还消耗于水分子聚合物的解离。所以，在火力发电厂和其他工业中，常以水作为传送热量的介质。

（5）水的溶解能力。水有很大的介电常数，溶解能力极强，是一种很好的溶剂。溶解于水中的物质可以进行许多化学反应，而且能与许多金属氧化物、非金属氧化物及活泼金属产生化合作用。

（6）水的黏度。水的黏度表示水体运动过程中所发生的内摩擦力，其大小与内能损失有关。纯水的黏度取决于温度，与压力几乎无关。

（7）水的电导率。因为水是一种很弱的两性电解质，能电离出少量的 H^+ 和 OH^-，所以即使是理想的纯水也有一定的导电能力，这种导电能力常用电导率来表示。

电导率是电阻率的倒数。电阻率是对断面为 1cm×1cm、长 1cm 体积的水所测得的电阻，单位是 Ω·cm（欧姆·厘米），电导率的单位是 S/cm（西门子/厘米）或 S/m、μS/cm。

表 1-2 列出水的电阻率、电导率和离子积，25℃ 时纯水的电阻率为 $1.83×10^7 Ω·cm$。

表 1-2 中的纯水电导率，可按它含有的 H^+ 和 OH^- 的量估算

$$\kappa_{H_2O} = c_H \Lambda_H + c_{OH} \Lambda_{OH} \tag{1-1}$$

式中：κ_{H_2O} 为水的电导率，$\mu S/cm$；c_{H^+}、c_{OH} 为 H^+ 和 OH^- 的量的浓度，mol/cm^3。

它们的值可根据水的离子积 K_{H_2O} 计算，因为纯水有式（1-2）的关系

$$1000c_{H^+} = 1000c_{OH^-} = \sqrt{K_{H_2O}} \tag{1-2}$$

因此，25℃时纯水的电导率为

$$\kappa_{H_2O} = \frac{350 \times 10^6 \times \sqrt{1.008 \times 10^{-14}}}{1000} + \frac{196 \times 10^6 \times \sqrt{1.008 \times 10^{-14}}}{1000} = 0.054\,8(\mu S/cm)$$

可见纯水的电导率为 0.054 8μS/cm，它是纯水制备工艺所能达到的极限值，同时也说明纯水的导电能力极低。

表 1-2　　　　　　　　　　　水的电阻率、电导率和离子积

t (℃)	Λ_H (S·cm²/mol)	Λ_{OH} (S·cm²/mol)	$K_{H_2O} \times 10^{-14}$	电阻率 (Ω·cm)	电导率 (μS/cm)
5	251	133	0.185	62.1×10⁶	0.016
10	276	149	0.292	45.5×10⁶	0.022
15	300	164	0.452	31.2×10⁶	0.032
20	325	182	0.681	26.3×10⁶	0.038
25	350	196	1.008	18.3×10⁶	0.055
30	375	212	1.471	14.1×10⁶	0.071
35	400	228	2.084	9.75×10⁶	0.102
40	421	244	2.918	7.66×10⁶	0.131
45	444	260	4.012	7.10×10⁶	0.141
50	464	276	5.45	5.80×10⁶	0.172

注　Λ_H、Λ_{OH}—H^+ 和 OH^- 的摩尔电导率，S·cm²/mol；K_{H_2O}—水的离子积。

（8）水的沸点与蒸汽压力。水的沸点与蒸汽压力有关。如将水放在一个密闭容器中，水面上就有一部分动能较大的水分子能克服其他水分子的引力，逸出水面进入容器上部空间变为蒸汽，这一过程称为蒸发。进入容器空间的水分子不断运动，其中一部分水蒸气分子碰到水面，被水体中的水分子所吸引，又返回到水中，这一过程称为凝结。当水的蒸发速度与水蒸气的凝结速度相等时，水面上的水分子数量不再改变，即达到动态平衡。

在温度一定的情况下，达到动态平衡时的蒸汽称为该温度下的饱和蒸汽，这时的蒸汽压力称为饱和蒸汽压，简称蒸汽压。

当水的温度升高到一定值，其蒸汽压力等于外界压力时，水就开始沸腾，这时的温度称为该压力下的沸点。不同压力下水的沸点见表 1-3。

表 1-3　　　　　　　　　　　不同压力下水的沸点

压力（MPa）	0.196	0.392	0.588	0.98	1.96	22
沸点（℃）	120	143	158	179	211	374

表 1-4 列出水的蒸汽压与温度之间的关系。

表 1-4　　　　　　　　　　　水的蒸汽压力与温度之间的关系

温度（℃）	0	40	80	100	120	140	180	374
蒸汽压力（Pa）	6.1×10²	7.4×10³	4.7×10⁴	1.0×10⁵	2.0×10⁵	3.6×10⁵	1.0×10⁶	2.2×10⁷

当气体高于某一温度时，不管加多大压力都不能将气体液化，这一温度称为气体的临界温度。在临界温度下，使气体液化的压力称为临界压力。水的临界温度为 374℃，临界压力

为 22.0MPa。

（9）水的化学性质。水虽有很强的稳定性，即使加热到 2000℃，也只有 0.588% 的水解离为氢和氧，但当水与某些物质接触时，却很容易发生化学反应。水能与金属和非金属作用放出氢

$$2Na + 2H_2O \xrightarrow{\triangle} 2NaOH + H_2 \uparrow$$

$$Mg + 2H_2O \xrightarrow{\triangle} Mg(OH)_2 \downarrow + H_2 \uparrow$$

$$3Fe + 4H_2O \xrightarrow{>300℃} Fe_3O_4 + 4H_2 \uparrow$$

$$C + H_2O \longrightarrow CO \uparrow + H_2 \uparrow$$

水还能与许多金属和非金属的氧化物反应，生成碱和酸

$$CaO + H_2O \Longrightarrow Ca(OH)_2$$

$$SO_3 + H_2O \Longrightarrow H_2SO_4$$

第二节　天然水体的物质组成

一、天然水体的物质组成

天然水体是海洋、河流、湖泊、沼泽、水库、冰川、地下水等地表与地下贮水体的总称，包括水和水中各种物质、水生生物及底质。

天然水体分为海洋水体和陆地水体，陆地水体又可分为地表水体（surface water）和地下水体（underground water）。这些天然水体在自然循环运动中，无时不与大气、土壤、岩石、各种矿物质、动植物等接触。由于水是一种很强的溶剂，极易与各种物质混杂，所以天然水体是含有许多溶解性的和非溶解性的物质、组成成分又非常复杂的一种综合体。化学概念上那种理想的纯水在自然界中是不存在的。

天然水中混杂的物质，有的呈固态，有的呈液态或气态，它们大多以分子态、离子态或胶体颗粒存在于水中，几乎包含了地壳中的大部分元素。天然水中含量较多、比较常见的物质组成见表 1-5。

表 1-5　　　　　　　　　　　　天然水的物质组成

| 主要离子 | | 微量元素 | 溶解气体 | | 生物生成物 | 胶体 | | 悬浮物质 |
阴离子	阳离子		主要气体	微量气体		无机	有机	
Cl^-	Na^+	Br、F	O_2	N_2	NH_3、NO_3^-	$SiO_2 \cdot nH_2O$	腐殖质	硅铝酸
SO_4^{2-}	K^+	I、Fe	CO_2	H_2S	NO_2^-、PO_4^{3-}	$Fe(OH)_3 \cdot nH_2O$		盐颗粒
HCO_3^-	Ca^{2+}	Cu、Ni		CH_4	HPO_4^{2-}	$Al_2O_3 \cdot nH_2O$		砂粒
CO_3^{2-}	Mg^{2+}	Co、Ra			$H_2PO_4^-$			黏土

天然水体的物质组成不仅与它的形成环境有关，也与和水相接触的物质组成及物理化学作用所进行的条件有关。其中，包括溶解—沉淀、氧化—还原、水相—气相间离子平衡、固—液两相之间离子交换、有机物的矿质化、生物化学作用等，从而使天然水体的物质组成相差非常悬殊。

影响天然水体物质组成的直接因素主要有岩石、土壤和生物有机体，这些因素可使水增

加或减少某些离子和分子。影响天然水体物质组成的间接因素主要有气候和水文特征。详细内容见本章第三节。

除了上述直接因素和间接因素外，人类在生活和生产过程中产生的各种污染物，也会从不同的途径进入天然水体。

天然水体的水质就是由所含物质的数量和组成所决定的，因为这些物质从锅炉用水的角度上看都是有害的，所以称这些物质为杂质。

二、天然水中物质的特征与来源

天然水中的物质（杂质或污染物）可从不同的角度进行分类：按化学性质，可将水中杂质分为无机杂质（主要包括溶解性离子、气体和细小泥沙）、有机杂质（主要包括腐殖质和蛋白质、脂肪等）和微生物杂质（主要包括原生动物、藻类、细菌、病毒等）；按物理性质（颗粒大小），可分为悬浮性物质、胶体物质和溶解性物质；按杂质的污染特征，又可分为可生物降解有机物（也称耗氧有机物）、难生物降解有机物（如各种农药、胺类化合物）、无直接毒害无机物（如泥沙、酸、碱和氮、磷等）和有直接毒害无机物（如氰化物、砷化物等）。

从水的净化和处理的需要，假定水中的物质均呈球形，并按其直径大小分成悬浮固体、胶体和溶解物质三大类，溶解物质又分为溶解气体、溶解无机离子和溶解性有机物质，如图1-2所示。但水中的各种物质并非全部为球形，各种物质的尺寸界限也不能截然分开，特别是悬浮固体和胶体之间的尺寸界限，常因形状和密度的不同而有所变化，所以图1-2中的数字只能表示一个大体的尺寸概念。

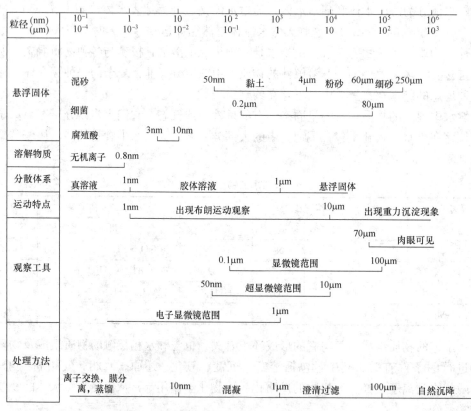

图 1-2　天然水体中各种物质尺寸大小与特征

1. 悬浮固体 (SS)

悬浮固体 (suspended solids) 是指颗粒直径为 100nm 以上的物质微粒, 肉眼可见或光学显微镜下可见。包括泥沙、黏土、藻类、细菌及动植物的微小碎片、纤维或死亡后的腐烂产物等。按其微粒大小和相对密度的不同, 可分为漂浮的、悬浮的和可沉降的。如一些植物及腐烂体的相对密度小于 1, 一般漂浮于水面, 称为漂浮物; 一些动植物的微小碎片、纤维或死亡后的腐烂产物的相对密度近似等于 1, 一般悬浮于水中, 称为悬浮固体; 一些黏土、砂粒之类的无机物的相对密度大于 1, 当水静止时沉于水底, 称为可沉物。因此, 悬浮固体在水中很不稳定, 分布也很不均匀, 是一种比较容易除去的物质。

2. 胶体 (colloid)

胶体是指颗粒直径为 1～100nm 的微粒, 主要是铁、铝、硅的化合物以及动植物有机体的分解产物、蛋白质、脂肪、腐殖质等, 它们往往是许多分子或离子的集合体。按胶体的成分来分, 铁、铝、硅的化合物或集合体为无机胶体, 动植物有机体的分解产物、蛋白质、脂肪等为有机胶体。如果在无机胶体上吸附了大分子有机物, 则称为混合胶体。

由于胶体颗粒比表面积大, 有明显的表面活性, 表面上常常带有某些正电荷或负电荷离子, 而呈现出带电性。天然水体中的黏土颗粒, 一般都带负电荷 (ζ 电位一般为 -15～$+40mV$), 而一些金属离子的氢氧化物则带正电荷。因带相同电荷的胶体颗粒互相排斥, 不能聚集, 所以胶体颗粒在水中是比较稳定的, 分布也比较均匀, 难以用自然沉降的方法除去。

天然水体中的悬浮固体和胶体颗粒, 由于对光线有散射效应, 是造成水体浑浊的主要原因, 所以它们是各种用水处理首先清除的对象。

3. 溶解气体

水中的溶解气体是属于颗粒直径小于 1nm 的微粒, 它们往往以气体的状态存在于水中, 成为均匀的分散体系。这类物质不能用混凝、沉降、过滤的方法除去, 必须用加热、吹脱、吸附或化学反应的方法才能除去。

天然水体 (特别是地表水) 与空气接触, 空气中所含有的气体就溶入水中。表 1-6 列出在空气压力为 0.098MPa 时水中的溶解空气 (氮气及氧气) 量。

表 1-6   不同温度时水中溶解空气量 (空气压力 0.098MPa)

温度 (℃)		0	10	20	30	40	50	60
水中溶解的空气量	mL/L	28.8	22.6	18.7	16.1	14.2	13	12.2
	mg/L	37.2	29.2	24.2	20.8	18.4	16.8	15.77

天然水中常见的溶解气体有氧 (O_2)、二氧化碳 (CO_2) 和氮 (N_2), 有时还有硫化氢 (H_2S)、二氧化硫 (SO_2) 和氨 (NH_3) 等。

按亨利定律 (Henry's law), 大气中的任何一种气体分子与水溶液中相应的同一气体分子达到平衡时, 气体在水溶液中的溶解度 $[G_{(aq)}]$ 与水溶液相接触的那种气体的分压 p_G 成正比, 这一关系可表示为

$$[G_{(aq)}] = K p_G$$

式中: K 为某种气体的亨利常数, mol/ (L·MPa); p_G 为同一种气体的分压, MPa。

表 1-7 给出 25℃时某些气体的亨利定律常数。

表 1-7   25℃ 时某些气体的亨利定律常数

气 体	K [mol/ (L·MPa)]	气 体	K [mol/ (L·MPa)]	气 体	K [mol/ (L·MPa)]
O_2	1.28×10^{-2}	H_2	7.90×10^{-3}	CH_4	1.34×10^{-2}
CO_2	3.38×10^{-1}	N_2	6.48×10^{-3}	NO	2.0×10^{-2}

由于亨利定律没有考虑某些气体可能在水溶液中进行某些化学反应，如

$$CO_2 + H_2O \Longrightarrow H^+ + HCO_3^-$$

$$SO_2 + H_2O \Longrightarrow H^+ + HSO_3^-$$

所以，有的气体在水溶液中的实际量比亨利定律的计算值高得多，也有的气体在水溶液中的实际量又比亨利定律的计算值低得多。

气体在水溶液中的溶解度随温度升高而降低，这种关系可由克劳修斯—克拉柏龙方程式（Clausius-Clapeyron equation）表示

$$\lg \frac{c_2}{c_1} = \frac{\Delta H}{2.303R} \left(\frac{1}{T_1} - \frac{1}{T_2} \right)$$

式中：c_1、c_2 为在热力学温度 T_1、T_2 时水中气体的浓度；ΔH 为溶解热，J/mol；R 为气体常数。

表 1-8 列出几种常见气体在不同温度下水中的溶解度。

表 1-8 CO_2、O_2 和 H_2S 在不同温度下水中的溶解度   mg/L

温度（℃）	CO_2	O_2	H_2S	温度（℃）	CO_2	O_2	H_2S
0	3350	69.5	7070	30	1260	35.9	2980
5	2770	60.7	6000	40	970	30.8	2360
10	2310	53.7	5110	50	760	26.6	1780
15	1970	48.0	4410	60	580	22.8	1480
20	1690	43.4	3850	80		13.8	765
25	1450	39.3	3380	100	0	0	0

注 CO_2、O_2 和 H_2S 的分压为 0.10MPa。

表 1-9 列出正常情况下不同温度及压力下水中含氧量。

表 1-9   不同温度及压力下水中含氧量   mg/L

水温（℃）		0	10	20	30	40	50	60	70	80	90	100
空气压力（MPa）	0.101 3	14.5	11.3	9.1	7.5	6.5	5.6	4.8	3.9	2.9	1.6	0
	0.081 1	11	8.5	7.0	5.7	5.0	4.2	3.4	2.6	1.6	0.5	0
	0.060 8	8.3	6.4	5.3	4.3	3.7	3.0	2.3	1.7	0.8	0	0
	0.040 5	5.7	4.2	3.5	2.7	2.2	1.7	1.1	0.4	0	0	0
	0.020 3	2.8	2.0	1.6	1.4	1.2	1.0	0.4	0	0	0	0
	0.010 13	1.2	0.9	0.8	0.5	0.2	0	0	0	0	0	0

从表 1-9 中的数据可以看出，在大气压力下，0℃时水中最大溶解氧量为 14.5mg/L，实际的天然水中（20～50℃）只有 5～10mg/L，一般不低于 4.0mg/L。

天然水体中 O_2 的主要来源是大气中氧的溶解，因为干空气中含有 20.95% 的氧，水体与大气接触使水体具有再充氧的能力。因此，地下水中的氧含量总是比地表水低，深层水中的氧含量总是比表层水低。另外，水中藻类的光合作用也产生一部分氧：$CO_2 \longrightarrow O_2 + C$，C 元素被吸收并放出氧气，消耗的 CO_2，以 $HCO_3^- \longrightarrow CO_2 + OH^-$ 的方式不断地补充。但这种光合作用并不是水体中氧的主要来源，因为在白天靠这种光合作用产生的氧，又在夜间的新陈代谢过程中消耗了。

氧在水中的溶解量除与氧的分压和水温有关以外，还与水的紊流特性、空气泡的大小等因素有关。另外，水中有机质的降解也消耗氧，可用下式表示

$$\{CH_2O\} + O_2 \longrightarrow CO_2 + H_2O$$
$$\text{（有机质）}$$

由于水中微生物的呼吸、有机质的降解以及矿物质的化学反应都消耗氧，如水中氧不能从大气中得到及时补充，水中氧的含量可以降得很低。当水中溶解氧为零时，水中的细菌及水生生物就会死亡，使水体变黑发臭。一般情况下，地下水中的氧含量总是比地表水低。

天然水中的 CO_2 溶解量也服从亨利定律。0℃时，且水面 CO_2 分压力为 0.101MPa 时，水中会溶入大量 CO_2（见表 1-8）。但实际上，大气中 CO_2 含量很少，仅为 0.03%～0.04%（体积比），与大气中 CO_2 相平衡时，水中 CO_2 含量（20℃时）仅为 0.50mg/L 左右，下面举例说明。

如果 CO_2 在空气中的体积比为 0.031 4%，水的蒸汽压在 25℃时是 0.003 13MPa，25℃的亨利常数 $K_H = 3.38 \times 10^{-1}$ mol/（L·MPa），则 CO_2 的分压 p_{CO_2} 为

$$p_{CO_2} = (0.1 - 0.003\ 13) \times 3.14 \times 10^{-4} = 3.04 \times 10^{-5}\text{（MPa）}$$

所以 $[CO_{2(aq)}] = K_K \cdot p_{CO_2} = 3.38 \times 10^{-1} \times 3.04 \times 10^{-5} = 1.028 \times 10^{-5}\text{（mol/L）}$

因为水中有部分 CO_2 电离，并形成等浓度的 H^+ 和 HCO_3^-，所以

$$\frac{[H^+]^2}{[CO_{2(aq)}]} = K_1 = 4.45 \times 10^{-7}$$

$$[H^+] = [HCO_3^-] = 2.14 \times 10^{-6}\text{mol/L} \quad (pH = 5.67)$$

当空气在 1L 纯水中溶解时，CO_2 的总量应等于 $[CO_{2(aq)}]$ 与 $[HCO_3^-]$ 之和，即

$$\text{水中 } CO_2 \text{ 的总量} = [CO_{2(aq)}] + [HCO_3^-] = 1.028 \times 10^{-5} + 2.14 \times 10^{-6}$$
$$= 1.242 \times 10^{-2}\text{（mmol/L）} = 0.5\text{（mg/L）}$$

如果按表 1-8 中的数据，天然水体中的 CO_2（20℃）为 0.51mg/L（$[CO_2] = 1690 \times 0.03\% = 0.51$mg/L），25℃时为 0.43mg/L（$[CO_2] = 1450 \times 0.03\% = 0.43$mg/L）。

上述计算说明，CO_2 在纯水中的溶解量并不大，但如有碱性物质存在，CO_2 在水中的溶解量会大大增加。在实际的天然水中，CO_2 的含量一般为 20～30mg/L，地下水有时达到几百毫克/升，说明水中有机质降解时，一方面消耗了氧气，另一方面也产生了 CO_2，使水中 CO_2 含量远远超过了与大气接触时的平衡 CO_2 量。

天然水中虽溶有 N_2，但它是惰性气体，不参与任何化学反应，一般不予重视。

天然水中氨主要来自工业和生活污水中的污染物。当废水中含氮有机物（如蛋白质、尿素等）进入天然水体后，会在微生物作用下进行生物氧化，将有机质氧化为 CO_2、水和氨

（NH_3 及 NH_4^+），这里的氨就是通常所称的氨氮，氨氮再进一步氧化可以氧化为 NO_2^- 或 NO_3^-，称为硝酸氮。

从水中总氮、有机氮、氨氮、硝酸氮的多少和相对含量比例，可以判断水的污染程度及水污染时间的长短。

4. 溶解无机离子

水中的溶解无机离子（盐类）也是属于颗粒直径小于 1nm 的微粒，它们往往以离子或离子对的状态存在于水中，成为均匀的分散体系，称为真溶液。这类物质也不能用混凝、沉降、过滤的方法除去，必须用蒸馏、膜分离或离子交换的方法才能除去。

如表 1-5 所示，天然水体中含有的主要离子有 Cl^-、SO_4^{2-}、HCO_3^-、CO_3^{2-}、Na^+、K^+、Ca^{2+}、Mg^{2+} 8 种离子，它们几乎占水中溶解固体总量的 95% 以上。另外，水中还有一定的生物生成物、微量元素及有机物。生物生成物主要是一些氮的化合物（如 NH_4^+、NO_2^-、NO_3^-）、磷的化合物（HPO_4^{2-}、$H_2PO_4^-$、PO_4^{3-}）、铁的化合物和硅的化合物。微量元素是指含量小于 10mg/L 的元素，主要有 Br^-、I^-、Cu^{2+}、Co^{2+}、Ni^{2+}、F^-、Fe^{2+}、Ra^{2+} 等。

下面着重介绍天然水中主要离子的来源。

(1) 钙离子（Ca^{2+}）。钙离子是大多数天然淡水的主要阳离子，是火成岩（链状硅酸盐——辉石、钙长石）、变质岩和沉积岩（方解石、文石、石膏等）的基本组分。当水与这些矿物接触时，这些矿物会缓慢溶解，使水中含有钙离子，如

$$CaAl_2Si_2O_8 + H_2O + 2H^+ \rightleftharpoons Al_2Si_2O_5(OH)_4 + Ca^{2+}$$

$$CaCO_3(s) + CO_2 + H_2O \rightleftharpoons Ca^{2+} + 2HCO_3^- \tag{1-3}$$

$$CaSO_4 \cdot 2H_2O \rightleftharpoons Ca^{2+} + 2H_2O + SO_4^{2-}$$

$$CaCO_3 \cdot MgCO_3 + 2CO_2 + 2H_2O \rightleftharpoons Ca^{2+} + Mg^{2+} + 4HCO_3^- \tag{1-4}$$

式（1-3）和式（1-4）说明，当天然水溶解方解石和白云石时，水中 Ca^{2+}、Mg^{2+} 的含量随大气中 CO_2 含量的增加而增加。在土壤或岩层中，由于植物根系的呼吸作用或微生物对死亡植物体的分解作用，使 CO_2 的分压比地面大气中 CO_2 的分压高 10～100 倍，所以一般地下水中 Ca^{2+} 的浓度比地表水的高。

当天然水中含有较多的 H^+ 时，可使 $CaCO_3$、$CaSO_4 \cdot 2H_2O$、$CaSO_4$ 同时溶解，使水中 Ca^{2+} 浓度大大超过 HCO_3^- 的浓度。

水中 Ca^{2+} 不仅能与有机阴离子形成络合物，而且能与 HCO_3^- 生成 $CaHCO_3^+$ 离子对。当水中 SO_4^{2-} 的含量超过 1000mg/L 时，可有 50% 以上的 Ca^{2+} 与 SO_4^{2-} 生成 $CaSO_4$ 离子对。在碱性条件下，OH^-、CO_3^{2-}、PO_4^{3-} 也可与 Ca^{2+} 生成 $CaOH^+$、$CaCO_3$、$CaPO_4^-$ 离子对，在一般天然水体中没有这种情况。

不同的天然水中钙离子的含量相差很大。一般在潮湿地区的河水中，水中 Ca^{2+} 的含量比其他任何阳离子都高（在 20mg/L 左右）。在干旱地区的河水中，水中 Ca^{2+} 含量较高。在封闭式的湖泊中，由于蒸发浓缩作用，可能会出现 $CaCO_3$ 沉淀或 $CaSO_4$ 沉淀，从而使水的类型由碳酸盐型演变为硫酸盐型或氯化物型。

(2) 镁离子（Mg^{2+}）。镁离子几乎存在于所有的天然水中，是火成岩、镁矿石（橄榄石、辉石、黑云母）和次生矿（绿泥石、蒙脱石、蛇纹石）及沉积岩（菱镁石、水镁石）的

10

典型组分。当水遇到这些矿物时，镁离子进入水中。

由于镁离子的离子半径比 Ca^{2+}、Na^+ 都小，所以有较强的电荷密度，对水分子有较大的吸引力。在水溶液中，每一个 Mg^{2+} 周围有 6 个水分子，形成一层较厚的水膜，水化后 Mg^{2+} 表示为 $Mg(H_2O)_6^{2+}$。Mg^{2+} 可与 SO_4^{2-}、OH^- 生成 $MgSO_4$、$Mg(OH)^+$ 离子对，其中 $Mg(OH)^+$ 称为羟基络合物。当水中 SO_4^{2-}、HCO_3^- 的含量大于 1000mg/L 时，Mg^{2+} 与 SO_4^{2-}、HCO_3^- 形成络合物。

因为菱镁石（$MgCO_3$）的溶解度比方解石（$CaCO_3$）约大两倍，而水化菱镁石（$MgCO_3 \cdot 3H_2O$、$MgCO_3 \cdot 5H_2O$)的溶解度又明显大于菱镁石，所以在与白云石接触的天然水中，Ca^{2+} 与 Mg^{2+} 的含量几乎相等，但在过饱和的水溶液中，由于 $CaCO_3$ 析出，使水中 Mg^{2+} 的含量高于 Ca^{2+}。

镁离子在天然水中的含量仅次于 Na^+，很少见到以 Mg^{2+} 为主要阳离子的天然水体。在淡水中 Ca^{2+} 是主要阳离子，在咸水中 Na^+ 是主要阳离子。在大多数的天然水体中，Mg^{2+} 含量一般为 1～40mg/L。当水中溶解固体的含量低于 500mg/L 时，Ca^{2+} 与 Mg^{2+} 的摩尔比为 4∶1～2∶1。当水中溶解固体的含量高于 1000mg/L 时，Ca^{2+} 与 Mg^{2+} 的摩尔比降至 2∶1～1∶1。当水中溶解固体含量进一步增大时，Mg^{2+} 的含量可能高出 Ca^{2+} 许多倍（如海水）。

（3）钠离子（Na^+）。钠主要存在于火成岩的风化产物和蒸发岩中，钠几乎占地壳矿物组分的 25%，其中以钠长石中的含量最高。这些矿物在风化过程中易于分解，释放出 Na^+，所以在与火成岩相接触的地表水和地下水中普遍含有 Na^+。在干旱地区，岩盐是天然水中 Na^+ 的重要来源，被岩盐饱和的水中 Na^+ 的含量可达 150g/L。

因为大部分钠盐的溶解度很高，所以在自然环境中一般不存在 Na^+ 的沉淀反应，也就不存在使水中 Na^+ 含量降低的情况。在不同条件下，Na^+ 在水中的含量相差非常悬殊，在咸水中 Na^+ 含量可高达 100 000mg/L 以上，在大多数河水中只有几毫克/升至几十毫克/升，在赤道带的河水中可低至 1mg/L 左右。所以，在高含盐量的水中，Na^+ 是主要阳离子，如海水中 Na^+ 含量（按重量计）占全部阳离子的 81%。

当 Na^+ 的含量低于 1000mg/L 时，水中的 Na^+ 主要以游离状态存在。在高含盐量的水中，Na^+ 可与 CO_3^{2-}、HCO_3^-、SO_4^{2-} 形成 $NaCO_3$、$NaHCO_3$、$NaSO_4^-$ 离子对。在海水中，几乎所有的阴离子都可与 Na^+ 生成离子对。

在天然淡水中，Na^+ 主要来源于铝硅酸盐矿物的溶解，Na^+ 与 Cl^- 之间的摩尔关系为 $[Na^+] > [Cl^-]$。在天然咸水中，Na^+ 与 Cl^- 之间的摩尔量几乎相等，即 $[Na^+] = [Cl^-]$，说明天然咸水中 Na^+ 的主要来源是由于 $NaCl$ 的溶解。

（4）钾离子（K^+）。在天然水中，K^+ 的含量远远低于 Na^+，一般为 Na^+ 含量的 4%～10%，Na^+ 和 K^+ 的摩尔浓度比大约为 7∶1。由于含钾的矿物比含钠的矿物抗风化能力大，所以 Na^+ 容易转移到天然水中，而 K^+ 则不易从硅酸盐矿物中释放出来，即使释放出来也会迅速结合于黏土矿物中，特别是伊利石中。另外，K^+ 是植物的基本营养元素，在风化过程中释放出来的 K^+ 容易被植物吸收、固定，从而使大部分天然水中 Na^+ 含量比 K^+ 高。在某些咸水中，K^+ 的含量可达到十几毫克/升到几十毫克/升，在苦咸水中可达几十毫克/升到几百毫克/升。

由于在一般天然水中 K^+ 的含量不高，而且化学性质与 Na^+ 相似，因此在水质分析中，常以（$Na^+ + K^+$）之和表示它们的含量，并取其加权平均值 25 作为两者的摩尔质量。

（5）碳酸氢根（HCO_3^-）和碳酸根（CO_3^{2-}）。HCO_3^- 是淡水的主要成分，它主要来源于碳酸盐矿物的溶解，如反应式（1-3）和式（1-4）。HCO_3^- 在水中的含量也与水中 CO_2 的含量有关。

水中的 HCO_3^-、CO_3^{2-} 与 CO_2 共同组成了一个碳酸化合物的平衡体系（详见第二章）。水中 HCO_3^- 的含量与氢离子浓度 $[H^+]$ 成反比，计算表明，当水的 pH<4.0 时，HCO_3^- 的含量已很少了，即在酸性条件下不存在 HCO_3^-。在一般的地表水中，HCO_3^- 的含量一般在50～400mg/L之间，在少数水中达到 800mg/L。

水中 CO_3^{2-} 含量也与 $[H^+]$ 成反比，计算表明，当水的 pH<8.3 时，CO_3^{2-} 的含量也很少了，即在中性和酸性条件下不存在 CO_3^{2-}。

（6）硫酸根（SO_4^{2-}）。硫不是地壳矿物的主要成分，但它常以还原态金属硫化物的形式广泛分布在火成岩中。当硫化物与含氧的天然水接触时，硫元素被氧化成 SO_4^{2-}。火山喷出的 SO_2 和地下泉水中的 H_2S 也可被水中氧氧化成 SO_4^{2-}。另外，沉积岩中的无水石膏（$CaSO_4$）和有水石膏（$CaSO_4 \cdot 3H_2O$ 及 $CaSO_4 \cdot 5H_2O$）都是天然水中 SO_4^{2-} 的主要来源。含有硫的动植物残体分解也会增加水中 SO_4^{2-} 的含量。

硫酸根是在天然水中的含量居中的阴离子，在一般的淡水中，$[HCO_3^-] > [SO_4^{2-}] > [Cl^-]$，在咸水中也是 $[HCO_3^-] > [SO_4^{2-}] > [Cl^-]$。在含有 Na_2SO_4、$MgSO_4$ 的天然咸水中，SO_4^{2-} 的含量除了与各种硫酸盐的溶解度有关以外，还与水中是否存在氧化还原条件有关。在还原条件下，SO_4^{2-} 是不稳定的，可被水中的硫酸盐还原菌还原为自然硫 S 和硫化氢 H_2S。

水中的 SO_4^{2-} 易与某些金属阳离子生成络合物和离子对，如 $NaSO_4^-$ 和 $CaSO_4$，从而使水中 SO_4^{2-} 的含量增加。

（7）氯离子（Cl^-）。氯离子也不是地壳矿物中的主要成分，火成岩中的含氯矿物主要是方钠石[$Na_8(AlSiO_4)_6Cl_2$]和氯磷灰石[$Ca_5(PO_4)_3Cl$]，所以火成岩不会使正常循环的天然水体中含有很高的 Cl^-。天然水中的 Cl^- 比较重要的来源与蒸发岩有关，氯化物主要存在于古海洋沉积物和干旱地区内陆湖的沉积物中，另外，还存在于曾经遭受海水侵蚀过的岩石孔隙中以及海洋泥质岩中。在所有这些岩石和沉积物中，几乎都是 Na^+ 和 Cl^- 伴随在一起。

氯离子几乎存在于所有的天然水中，但其含量相差很大，在某些河水中只有几个毫克/升，在海水中却高达几十克/升（NaCl 含量大约为 35 000mg/L）。近海地区的地表水和地下水，也会因海水倒灌，使 NaCl 的含量上升至几千毫克/升。由于氯化物的溶解度大，又不参与水中任何氧化还原反应，也不与其他阳离子生成络合物及不被矿物表面大量吸附，所以 Cl^- 在水中的化学行为最为简单。

5. 溶解有机物

天然水体中的有机物不仅种类繁多，而且分子结构复杂，但浓度较低，一般都在毫克/升到微克/升以下。天然水体中的有机物有的呈溶解态，有的呈胶态，也有的呈悬浮态。

在对天然水体有机物的研究中，通常是将水通过 $0.45\mu m$ 或 $0.15\mu m$ 孔径滤膜后的水中有机物作为溶解态有机物，它是基于水的浊度测定时，将通过 $0.15\mu m$ 孔径滤膜的水当作无浊水（浊度为零）。

第三节　影响陆地水化学组成的因素

陆地水包括江河水、湖泊水、水库水、地下水等，是人类生活、生产的主要水资源，它的化学组分与很多因素有关。

一、陆地水中化学组分的来源

1. 风化作用

地壳中火成岩的原始矿物是在地壳深处的高温、高压和缺少 O_2、CO_2、H_2O 的条件下形成的。当这些原始矿物在地壳变迁中露出地面时，周围环境的热力学条件发生了根本变化，即低温、低压和具有丰富的 O_2、CO_2、H_2O，从而使这些原始矿物处于一种不稳定状态。原始矿物为适应地球表面的热力学条件，在物理形态和化学性质方面必然发生一系列变化，这一过程称为风化作用。

风化作用分为物理风化作用和化学风化作用两种。前者是指岩石和矿物所发生机械破碎的解体过程，虽然只是物理形态发生了变化，但为水和气体参与化学风化作用准备了条件；后者是指岩石和矿物的物理化学性质发生了变化，其中有新矿物的形成和释放易溶于水的化学元素。

2. 化学风化作用

有人将岩石和矿物的化学风化作用分为生成均相产物的溶解作用、生成非均相产物的溶解作用和氧化还原作用三种类型。

（1）生成均相产物的溶解作用。这种溶解作用是指原始矿物与纯水或含有 CO_2 的微酸性水接触溶解后，全部生成溶于水的分子或离子，如

$$SiO_2 + 2H_2O \Longleftrightarrow H_4SiO_4$$

$$CaCO_3(s) + H_2O \Longleftrightarrow Ca^{2+} + HCO_3^- + OH^-$$

$$Mg_2SiO_4(s) + 4H_2CO_3 \Longleftrightarrow 2Mg^{2+} + 4HCO_3^- + H_2SiO_4$$

$$Al_2O_3 \cdot 3H_2O(s) + 2H_2O \Longleftrightarrow 2Al(OH)_4^- + 2H^+$$

许多原始矿物的溶解不仅与水的 pH 值有关，也与原始矿物的晶格能和离子化能有关。这两种能量的大小又是离子电荷与离子半径的函数，即离子电荷小和离子半径大的离子具有最大的溶解度，因为它们的电场强度小，水化离子半径小。原始矿物在含有 CO_2 的微酸性水中的溶解作用比纯水强，而且与空气中 CO_2 的分压有关，分压高溶解作用强。

（2）生成非均相产物的溶解作用。这种溶解作用是指原始矿物与纯水或含有 CO_2 的微酸性水接触溶解后，其产物既有溶解态的产物，也有新生成的固态产物，如

$$MgCO_3(s) + 2H_2O \Longleftrightarrow HCO_3^- + Mg(OH)_2(s) + H^+$$

在生成非均相产物的溶解过程中，还包括金属离子与 O 之间化学键的断裂

$$\underset{\text{矿物}}{O-M} + \overset{H}{\underset{H}{O}} \longrightarrow \underset{\text{键的断裂}}{O \cdots M \cdots} \overset{H}{\underset{H}{O}}$$

在硅酸盐的这些溶解作用和化学键的断裂过程中，会释放出碱金属、碱土金属的阳离子和硅酸。

（3）氧化还原作用。在天然矿物的氧化还原过程中，由于有 H^+ 释放出来，可使天然水呈酸性，pH 值降至 2 以下，如黄铁矿的风化反应为

$$4FeS + 7O_2 + 2H_2O \Longrightarrow 4Fe^{2+} + 4SO_4^{2-} + 4H^+$$

$$4Fe^{2+} + O_2 + 4H^+ \Longrightarrow 4Fe^{3+} + 2H_2O$$

$$Fe^{3+} + 3H_2O \Longrightarrow Fe(OH)_3 + 3H^+$$

天然矿物在上述几种化学风化作用下，大部分组分都受到不同程度的淋失，这些淋失的组分便是陆地地表水和地下水各种组分的来源。

二、影响陆地水化学组分的物理化学因素

1. 水的蒸发浓缩作用

水蒸发时，水中盐分的浓度相对增加，这称为蒸发浓缩作用。它对浅层地下水及内陆湖水的化学组分有明显影响。

地下水的蒸发作用对水中化学组分的影响与埋藏深度有关。不同学者提出了不同的极限深度，即地下水埋深超过这一极限深度时，蒸发作用就不存在了。地下水蒸发的极限深度一般在 2.25～3.0m 之间，这与地理位置和地层结构有关。

在干旱地区的内陆湖中，由于长期的激烈的蒸发作用，使由内陆河流携带来的盐分不断浓缩，几乎使所有盐类都接近饱和状态，有些溶解度小的盐类如 $CaCO_3$、$CaSO_4$，达到过饱和而从水中析出，使这些地区的浅层地下水和内陆湖的盐分，逐渐转变成以氯化物为主。

2. 天然水中化学组分的相互作用

在早期的陆地水中，其主要成分为 Na_2SiO_3，当在风化过程中有其他组分进入水中时，将会发生以下反应

$$Na_2SiO_3 + Ca(HCO_3)_2 \Longrightarrow CaSiO_3 \downarrow + 2NaHCO_3$$

$$Na_2SiO_3 + MgSO_4 \Longrightarrow MgSiO_3 + Na_2SO_4$$

$$CaSiO_3 + 2CO_2 + 2H_2O \Longrightarrow SiO_2 \cdot 2H_2O \downarrow + Ca(HCO_3)_2$$

从而使以 Na_2SiO_3 为主要组分的水变为以 $Ca(HCO_3)_2$、$Mg(HCO_3)_2$ 为主要组分的水。

天然水中的 Na_2CO_3 也可与 $CaSO_4$、$MgCl_2$ 反应

$$Na_2CO_3 + CaSO_4 \Longrightarrow CaCO_3 \downarrow + Na_2SO_4$$

$$Na_2CO_3 + MgCl_4 \Longrightarrow MgCO_3 \downarrow + 2NaCl$$

从而使天然水转变为以 Na_2SO_4 或氯化物为主要组分的水。

天然水中的 $MgSO_4$、$MgCl_2$ 与 $CaCO_3$ 反应

$$MgSO_4 + 2CaCO_3 \Longrightarrow CaCO_3 \cdot MgCO_3 \downarrow + CaSO_4$$

$$MgCl_2 + 2CaCO_3 \Longrightarrow CaCO_3 \cdot MgCO_3 \downarrow + CaCl_2$$

从而使天然水中 $CaSO_4$、$CaCl_2$ 比 $MgSO_4$、$MgCl_2$ 的含量多。

天然水中的 K^+，一方面由于被有机体吸收作为营养元素，另一方面 K^+ 容易析出参与次生矿物的形成，从而使天然水中 K^+ 含量总是比 Na^+ 少得多。

3. 天然水中阳离子与矿物、土壤中吸附性阳离子之间的交换反应

一般情况下

$$Na_2SiO_3 + Ca^{2+}（矿物或土壤）\Longrightarrow 2Na^+（矿物或土壤）+ CaSiO_3 \downarrow$$

$$2NaHCO_3 + Ca^{2+}（矿物或土壤）\Longrightarrow 2Na^+（矿物或土壤）+ Ca(HCO_3)_2$$

交换反应的结果，使 $CaSiO_2$ 沉淀，Ca^{2+} 或 HCO_3^- 成为水中的主要组分。

当天然水中 Mg^{2+} 含量较高时，可发生以下交换反应

$$Mg^{2+} + Ca^{2+}（矿物或土壤）\Longleftrightarrow Mg^{2+}（矿物或土壤）+ Ca^{2+}$$

$$Mg^{2+} + 2Na^{+}（矿物或土壤）\Longleftrightarrow Mg^{2+}（矿物或土壤）+ 2Na^{+}$$

从而使天然水中 Ca^{2+}、Na^{+} 含量增加。

当天然水中盐类浓度很高，特别是 Na^{+} 含量很高时，可发生以下交换反应

$$2NaCl + Ca^{+}（矿物）\Longleftrightarrow CaCl_2 + 2Na^{+}（矿物）$$

$$2NaCl + Mg^{2+}（矿物）\Longleftrightarrow MgCl_2 + 2Na^{+}（矿物）$$

$$Na_2SO_4 + Ca^{2+}（矿物）\Longleftrightarrow CaSO_4 \downarrow + 2Na^{+}（矿物）$$

$$Na_2SO_4 + Mg^{2+}（矿物）\Longleftrightarrow MgSO_4 + 2Na^{+}（矿物）$$

从而使天然水中 $CaCl_2$、$MgCl_2$ 和 $MgSO_4$ 的含量增加，形成天然的卤水。

4. 天然水体之间的混合作用

含有不同组分的天然水体混合时，由于产生某些化学反应，也可改变其化学成分。如果含有 $CaCl_2$ 较多的水与含有 $NaHCO_3$ 或 $NaSO_4$ 较多的水混合时，可发生以下反应

$$CaCl_2 + 2NaHCO_3 \Longleftrightarrow 2NaCl + CaCO_3 \downarrow + H_2O + CO_2 \uparrow$$

$$CaCl_2 + Na_2SO_4 + 2H_2O \Longleftrightarrow 2NaCl + CaSO_4 \cdot 2H_2O \downarrow$$

从而使原来的组分 $CaCl_2$ 转变为 $NaCl$。

三、影响陆地水化学组分的地质、地理因素

陆地水在渗透、径流、蒸发浓缩过程中，无时不与岩石矿物、土壤、生物有机体接触，同时还受气候条件、水文条件的影响，这些地质、地理因素也对陆地水的化学组分起着重要作用。

1. 岩石矿物

由于岩石矿物在水中的溶解特性不同，使水体流经岩石矿物时溶解了不同的化学组分。方解石、白云石、石膏、无水石膏、硫化物等易溶于水，当水体与这些岩石矿物接触时，便从中获得大量的 Ca^{2+}、Mg^{2+}、HCO_3^{-}、Na^{+}、Cl^{-}、SO_4^{2-} 等离子。相反，石英、长石、辉石、黏土等硅酸盐矿物和磷铁矿、赤铁矿等氧化物矿物，由于难溶于水，当水体与这些岩石矿物接触时，从中只能获得很少量的组分含量。

由于火成岩的风化作用，使地壳表面形成一层很厚的沉积岩，它覆盖了陆地的大部分。由于这层沉积岩中的可溶盐类占了 5.8%，所以成为陆地水中各种离子组分的主要来源。

岩石矿物的化学组成及溶解特性对地下水化学组分的影响更为重要。如在蛇纹石地区，地下水的化学组分以 Mg^{2+} 为主；在花岗岩地区，以 Ca^{2+} 为主；在钠长石的地区，则以 Na^{+} 为主。

2. 土壤

当水渗过土壤时，可使水中的离子含量和有机物含量增加。土壤的组成不同，会影响水的化学组分。如水渗过红土壤、砖红土壤时，从中获得很少量离子，并使水呈酸性，因为这种土壤已被强烈淋洗过，可溶性组分已很少。如水渗过栗钙土、棕钙土、荒漠土或盐渍土时，从中获得大量离子，水呈碱性。如水渗过含有机质的土壤时，由于微生物的生化反应，水中氧气减少，二氧化碳增加。另外，水中离子与土壤中离子的交换反应也会改变水体的化学组分。

3. 生物有机体

水中生物有机体的新陈代谢过程可使水中含有一定数量的有机质，也可改变水中气体的组成。如在夏季，水中藻类可利用阳光进行光合作用，使水中氧气处于过饱和状态。进入水中的有机质，可在好氧微生物的作用下进行分解消耗氧，甚至造成缺氧环境。

4. 气候条件

气候条件能间接地影响天然水的化学组分。气候条件不同时，地壳所进行的化学风化作用不同，所以，当水与其接触时，从中获得的化学组分和数量也就不同。另外，气候条件不同时，其降水量、径流量、蒸发量等都不同，也会使水的化学组分不同。如在潮湿地区，降水量大，径流量也大，但蒸发量小，使水中化学组分减少。在干旱地区，降水量小，径流量也小，但蒸发量大，陆地水蒸发浓缩，水中化学组分含量增加。所以，气候是一切水化学作用进行的首要条件，它对地表水和地下水的化学组成起着总控制作用。

5. 水文条件

天然水体的水文特征使水的组成有很大差异。如江河水流速快、更替迅速，与河床中岩石矿物及土壤的接触时间短，所以一般河水中化学组分含量比地下水的低。另外，江河水的径流量随季节变化，使江河水中的化学组分也随季节变化而变化。

湖泊水与江河水相比，水的更替速度慢，与岩石矿物的接触时间长，化学组分含量也比江河水高。湖泊水中的化学组分还与流入水量、流出水量及蒸发量有关。在潮湿地区，湖泊的流入量远大于蒸发量，并有大量水排出，这时由河流带入的溶解组分不断被流水带走，这种湖多为淡水湖，化学组分总量不高。在干旱地区，蒸发量大于流入量，而排水量很小，这时由河流带入的溶解组分不断积累，形成咸水湖或盐湖，如我国的青海湖。

第二章

锅 炉 用 水 概 述

第一节 锅炉用水的水质指标

水质表示水的质量，反映水的使用性质。天然水体的水质是由所含物质的组成和数量所决定的。

由于工业用水的种类繁多，因此对水质的要求也各不相同。锅炉用水根据自己的使用性质制定了自己的水质指标。水质指标也称水质参数，电厂用水的水质指标见表 2-1。

表 2-1　　　　　　　　　　　　　　电厂用水的水质指标

指标名称	符　号	单　位	指标名称	符　号	单　位
pH 值	pH	—	稳定度	—	—
全固体	QG	mg/L	二氧化碳	CO_2	mg/L
悬浮固体	XG	mg/L	碳酸氢根	HCO_3^-	mg/L 或 mmol/L
浊度（浑浊度）	ZD	FTU	碳酸根	CO_3^{2-}	mg/L 或 mmol/L
透明度	TD	cm	氯离子	Cl^-	mg/L
溶解固体	RG	mg/L	硫酸根	SO_4^{2-}	mg/L
灼烧减少固体	SG	mg/L	二氧化硅	SiO_2	mg/L
含盐量	YL 或 c	mg/L 或 mmol/L	磷酸根	PO_4^{3-}	mg/L
电导率	κ	μS/cm	硝酸根	NO_3^-	mg/L
硬度	YD 或 H	mmol/L	亚硝酸根	NO_2^-	mg/L
碳酸盐硬度	YD_T 或 H_T	mmol/L	钙	Ca	mg/L 或 mmol/L
非碳酸盐硬度	YD_F 或 H_F	mmol/L	镁	Mg	mg/L 或 mmol/L
碱度	JD 或 B	mmol/L	钠	Na	mg/L
酸度	SD 或 A	mmol/L	钾	K	mg/L
化学耗氧量	COD	mg/LO_2	氨	NH_3	mg/L
生化需氧量	BOD	mg/LO_2	铁	Fe	mg/L
总有机碳	TOC	mg/L	铝	Al	mg/L

在表 2-1 所列出的水质指标中，有两种类型：一种是反映水中某一具体组分，如 pH 及各种无机离子，含义非常明确，这种水质指标称为成分指标；另一种不是代表水中某一具体组分，而是表示某一类物质的总和，这一种水质指标称为技术指标，也有的称为替代参数或集体参数，它是根据水的某一种使用性能而制定的，如水的悬浮固体和浑浊度表示水中所含

造成水体浑浊的物质总量，而不表示某一具体组分。由于这类杂质能对人的视觉产生刺激，所以也称感官性或物理性指标，如水的浑浊度超过 10FTU，会使人感到不愉快。

有些技术指标反映某一类物质的总量，概念比较清楚。如硬度，这个指标反映水中造成结垢物质的总阳离子含量，而且知道它主要表示钙、镁离子之和。但也有些技术指标不易推测出它的组分，如色度、嗅、味等，它只是反映造成水体带有颜色深浅或嗅味大小的物质总量，很难推测有哪些具体组分。

下面介绍锅炉用水中的几种主要技术指标的含义。

一、悬浮固体、浊度与透明度

悬浮固体（suspended solids）表示水中悬浮物质的含量，由于它容易在管道、设备内沉积和影响其他水处理设备的正常运行，所以它是任何水处理系统首先要清除的杂质。悬浮固体可用重量分析法测定，即取 1L 水样经定量滤纸或孔径为 $3\sim4\mu m$ 玻璃过滤器过滤后，将滤纸截留物在 110℃下烘干称重，以 mg/L 表示。由于这种分析方法比较麻烦，所以常用浊度表示水中悬浮固体的含量。

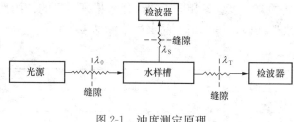

图 2-1　浊度测定原理

浊度（turbidity）通常用光电浊度仪测定，它是利用光的散射原理制定的，如图 2-1 所示。当光束透过水样时，由于水中悬浮颗粒个数浓度 n 的影响，在颗粒任何一个方向都会产生一定强度的散射光。散射光的强度与颗粒的特性有关。在颗粒的大小、密度、形状、颜色等特性固定的情况下，颗粒浓度与入射光、散射光之间有以下关系

$$\lg \frac{\lambda_0}{\lambda_T} = Kln \tag{2-1}$$

$$\frac{\lambda_S}{\lambda_0} = kln \tag{2-2}$$

式中：λ_0 为光源的入射光强度；λ_S 为在光源垂直方向产生的散射光强度；λ_T 为在光源光束方向产生的透射光和散射光之和；l 为水样槽的长度；K、k 为常数。

按式（2-1）原理设计制造的浊度仪称为透射光浊度仪，按式（2-2）原理设计制造的浊度仪称为散射光浊度仪。

采用福马肼（Formazine）标准液，利用散射光原理测得的浊度称为散射光（nephelometer）福马肼浊度（NTU），采用福马肼标准液利用透射光原理测得的浊度称为透射光福马肼浊度（FTU）。因为两者的标准液都是用福马肼配制的，所以 NTU 也称 FTU。

透明度（transparency）表示水的透明程度，单位用 cm 表示。水中悬浮固体的含量越低，透明度越高，水越澄清，透明度与浊度的意义相反。

透明度的测定方法是用一直径 2.5～3cm、长 0.5～1m 的玻璃筒，表面刻以厘米为单位的刻度（可用玻璃量筒代替），筒底放一白瓷片，将被测水放入后，用绳吊一个铅字或十字或其他物体（见图 2-2），用眼睛从上向下看，调节吊绳长度，直至符号

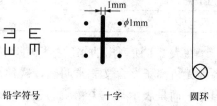

铅字符号　　　　十字　　　　圆环

图 2-2　透明度测定用的标记符号

刚刚看不见为止，记录此时的水柱高度（cm），即为该水的透明度。

二、溶解固体

溶解固体（dissolved solids）是指水中除溶解气体之外的各种溶解物质的总量。它和悬浮固体一样包含水中许多物质，只是一种理论上的指标，没有找到与它涵义相同的测定方法。它虽然也可以按测定悬浮固体的重量分析法来测定，但同样存在操作麻烦、费时的问题，所以目前都是采用一些与其涵义相近似的指标进行测定。

1. 含盐量（c 或 s）

含盐量（salinity）表示水中各种溶解盐类的总和，可由水质全分析得到的全部阳离子和阴离子相加而得，单位用 mg/L 表示。也可用摩尔表示，即将得到的全部阳离子（或全部阴离子）均按一个电荷的离子为基本单元相加而得，单位用 mmol/L 表示。

水质全分析操作起来比较麻烦，只能定期（如一个季度或一年）测定，不宜作运行控制指标。

2. 蒸发残渣

蒸发残渣是指过滤后的水样在 $105 \sim 110℃$ 下蒸干所得的残渣。由于在蒸发过程中，水中的碳酸氢盐转变成了碳酸盐，损失了重碳酸根 51% 的质量（$2HCO_3^- \longrightarrow CO_3^{2-} + H_2O + CO_2 \uparrow$）。另外在此温度下还损失了一部分物质（$Na_2SO_4$ 等）的结晶水和一些氯化物，水中的有机物在 110℃ 下也有部分分解，所以，它并不与溶解盐类相等，只是相近。

水中的蒸发残渣和悬浮固体之和，称为全固体（total solid matter），它是将被测水样直接在水浴锅上蒸干，然后在 $105 \sim 110℃$ 下恒重而得。

3. 灼烧减少固体

灼烧减少固体（ignition losses）是将溶解固体在 $600℃ \pm 25℃$ 下灼烧，灼烧后剩余的物质量称为灼烧残渣或矿物残渣，灼烧中减少的物质量称为灼烧减少固体。由于在灼烧过程中大部分有机物被烧掉，所以过去曾用灼烧减少固体量表示有机物的多少。用矿物残渣表示水中含盐量，同样存在偏差，因为在此温度下有氯化物挥发和碳酸盐分解等。

水的含盐量 c 与溶解固体之间的关系，可表示为

$$c = c_{\Sigma阳} + c_{\Sigma阴} = c_{总溶解固体} - c_{(SiO_2)全} - c_{\Sigma有机物} + c\left(\frac{1}{2}HCO_3^-\right)$$

4. 电导率

由于水中有以离子状态存在的物质，因此具有导电能力，所以水的含盐量还可用水的导电能力（即电导率）指标来表示。

因为水中离子的迁移速度受水温影响，所以水的导电能力与水的温度有关，因此在测定水的电导率或电阻率时，应同时记录水的温度。

水温在 25℃ 时，$1\mu S/cm$ 相当于 $0.55 \sim 0.9mg/L$。如果水的温度不同，比例关系需要校正，每变化 1℃ 大约变化 2%。各种离子 1mg/L 相当的电导率见表 2-2。

表 2-2　　　　　各种离子 1mg/L 相当的电导率（25℃）

阳离子	电导率($\mu S/cm$)	阴离子	电导率($\mu S/cm$)	阳离子	电导率($\mu S/cm$)	阴离子	电导率($\mu S/cm$)
Na^+	2.13	Cl^-	2.14	Ca^{2+}	2.60	HCO_3^-	0.715
K^+	1.84	F^-	2.91	Mg^{2+}	3.82	CO_3^{2-}	2.82
NH_4^+	5.24	NO_3^-	5.10			SO_4^{2-}	1.54

表 2-2 中的数据说明，水的电导率不仅与水中各种盐类离子的含量和水温有关，还与水中离子的种类有关，所以用电导率表示水的含盐量时，应保持水质相对稳定。

如果水的溶解固体总量（total dissolved solids，TDS）在 50～5000mg/L 之间，则水的电导率与 TDS 之间有以下关系

$$\lg TDS = 1.006 \lg \kappa_{H_2O} - 0.215 \tag{2-3}$$

式中：κ_{H_2O} 为水的电导率，$\mu S/cm$；TDS 为水的溶解固体总量，mg/L。

三、硬度

硬度（hardness）表示水中多价金属离子的总浓度，对天然水体来说主要是钙离子和镁离子，其他多价金属离子很少，所以通常称水中钙离子和镁离子之和为硬度，它在一定程度上表示了水中结垢物质的多少。水中钙、镁离子的含量对饮用水或一般工业用水并无严格要求，但它是衡量锅炉给水水质好坏的一项重要技术指标。

硬度按阳离子分为钙盐 $Ca(HCO_3)_2$、$CaCO_3$、$CaSO_4$、$CaCl_2$ 和镁盐 $Mg(HCO_3)_2$、$MgCO_3$、$MgSO_4$ 和 $MgCl_2$。钙盐称为钙硬度（H_{Ca}），镁盐称为镁硬度（H_{Mg}）。

硬度按阴离子分为碳酸盐硬度（H_T）和非碳酸盐硬度（H_F）。碳酸盐硬度 H_T（carbonate hardness）为 $Ca(HCO_3)_2$、$CaCO_3$、$Mg(HCO_3)_2$ 和 $MgCO_3$；非碳酸盐硬度 H_F（non-carbonate hardness）为 $CaSO_4$、$CaCO_2$、$MgSO_4$ 和 $MgCl_2$。两者之和等于总硬度（$H = H_T + H_F$）。

为了与法定计量单位相一致，不采用当量浓度这一概念，硬度的单位采用物质的量浓度（摩尔浓度）来表示，同时为了便于在锅炉水处理中采用过去的数据、图表，将硬度定义为

$$H = \frac{n[1/2Ca^{2+}] + n[1/2Mg^{2+}]}{V}, \, mmol/L \tag{2-4}$$

式中：$n[1/2Ca^{2+}]$、$n[1/2Mg^{2+}]$ 为以 $[1/2Ca]$ 或 $[1/2Mg]$ 为基本单元的物质量浓度，mmol/L 或 $\mu mol/L$；V 为水样体积，L。

硬度的单位除了采用 mmol/L 或 $\mu mol/L$ 以外，目前国内还使用其他单位，如：

（1）mg/L $CaCO_3$。它是将水中硬度离子全部换算成 $CaCO_3$，计算以 mg/L 为单位的浓度，即 1mmol/L（以 $1/2CaCO_3$ 计）$= 50mg\, CaCO_3/L$。

（2）德国度（$°G$）。它是将水中硬度离子全部换算成 CaO，计算以 mg/L 为单位的浓度，每 10mg CaO/L 为 $1°G$，即 $1mmol/L = 2.8°G$。

以上几种单位的关系为 $1mmol/L = 2.8°G = 50mg\, CaCO_3/L$。

在早期的水处理中，曾将碳酸盐硬度叫做暂时硬度（temporarg hardness），因为它用简单的加热处理就可除去；将非碳酸盐硬度叫做永久硬度（permanent hardnees），因为用加热的处理方法不能除去。碳酸盐硬度也称碱性硬度，非碳酸盐硬度也称非碱性硬度。

四、碱度和酸度

水的碱度（alkalinity、basicity）表示水中所含能接受氢离子物质的总量。所以，水的总碱度 B（total basicity）为

$$B = [OH^-] + [HCO_3^-] + 2[CO_3^{2-}] + [H_3SiO_4^-] + [B(OH)_4^-]$$
$$+ [HPO_4^{2-}] + [NH_3] + f'[Ac^-] - H^+ \tag{2-5}$$

因为

$$H_3SiO_4^- + H^+ \rightleftharpoons \underset{\text{硅酸}}{H_4SiO_4} \tag{2-6}$$

$$B(OH)_4^- + H^+ \rightleftharpoons \underset{\text{硼酸}}{H_3BO_3} + H_2O \tag{2-7}$$

$$HPO_4^{2-} + H^+ \rightleftharpoons H_2PO_4^- \tag{2-8}$$

$$NH_3 + H^+ \Longrightarrow NH_4^+ \tag{2-9}$$

$$\underset{\text{醋酸}}{Ac^-} + H^+ \Longrightarrow HAc \tag{2-10}$$

所以用甲基橙为指示剂，滴定至终点时，反应式（2-6）～式（2-9）可进行到底，转化为相应的酸，只是 Ac^- 部分转化为 HAc，f' 称为转化系数。对一般天然水来讲，水中碱度主要是 HCO_3^-。

测定水的碱度时，选用强酸滴定，若选用甲基橙作指示剂，甲基橙由黄变橙色时为滴定终点，此时 pH 值为 4.2～4.4，所消耗的酸量为甲基橙碱度（methyl orange alkalinity），也称全碱度或 M 碱度。若选用酚酞作指示剂，酚酞由粉红色变无色为滴定终点，此时 pH 值为 8.2～8.4，所消耗的酸量为酚酞碱度（phenolphthalein alkalinity），也称 P 碱度。

水的酸度（acidity）A 表示水中所含能与强碱发生中和反应的物质总量，即能放出质子 H^+ 和经过水解能产生 H^+ 的物质总量。水的酸度包括离子酸度和分子酸度两部分：离子酸度表示中和前溶液中已电离生成的 H^+ 数量，它与 pH 值的含义一致，离子酸度也称强酸酸度（或甲基橙酸度），简称酸度，化学组成是强酸（如 HCl、H_2SO_4 等），因它们在溶液中全部电离；分子酸度表示中和前呈分子状态，在中和过程中才陆续电离参与反应，分子酸度也称后备酸度，化学组成是弱酸（如 CO_2、H_2CO_3、H_2S 及各种有机酸）和强酸弱碱盐［如 $FeCl_3$、$Al_2(SO_4)_3$ 等］。离子酸度和分子酸度之和称为总酸度（total acid），也称酚酞酸度。

五、有机物

天然水中的有机物种类众多，成分也很复杂，如果受到工业废水或生活污水的污染，成分就更加复杂，因此难以进行逐个测定。但是，可以利用有机物的可氧化性或可燃性，用某些指标间接地反映水中有机物的含量。下面对这些间接技术指标的概念作简单介绍。

1. 化学需氧量（COD）

化学需氧量（chemical oxygen demand）是指用化学氧化剂氧化水中有机物时所需要的氧量，单位以 mg/L O_2 表示。化学需氧量越高，表示水中有机物越多。目前常用的氧化剂有高锰酸钾和重铬酸钾。由于每一种有机物的可氧化性不同，每一种氧化剂的氧化能力也不同，所以化学需氧量只能表示所用氧化剂在规定条件下所能氧化的那一部分有机物的含量，并不表示水中全部有机物的含量。若用重铬酸钾作氧化剂，在强酸加热沸腾回流的条件下对水中有机物进行氧化（并以银离子作催化剂），可将水中 80% 以上的有机物氧化（COD_{Cr}）；若用高锰酸钾作氧化剂，只能将水中 70% 左右的有机物氧化（COD_{Mn}）。所以高锰酸钾法多用于轻度污染的天然水和清水的测定，重铬酸钾法多用于废水中有机物的测定。对同一种水质，通常是 $COD_{Cr} > COD_{Mn}$。

2. 生化需氧量（BOD）

生化需氧量（bio-chemical oxygen demand）是指利用微生物氧化水中有机物所需要的氧量，单位也是用 mg/L O_2 表示。生化需氧量越高，表示水中可生物降解的有机物含量越多，所以它也是水体通过微生物作用发生自净能力的一个指标。同样，它也不能表示水中全部的有机物。在水质相对稳定的条件下，一般是 $COD_{Cr} > BOD_5 > COD_{Mn}$。

由于利用微生物氧化水中有机物是一种生化反应，所以反应速率一般比化学反应慢，而且受温度的影响。因此，测定生化需氧量时，一般规定在 20℃ 下测定。当温度等于 20℃ 时，河流中有机物的氧化分解时间大约 100 多天才能完成，全过程需要的氧量叫总生化需氧量。

水中有机物被生物降解的过程可以分为两个阶段，第一阶段将有机物（主要是碳水化合物、蛋白质、脂肪等）氧化成 CO_2、H_2O、NH_3，称为碳化阶段，需要的氧量称为碳化需氧量；第二阶段将 NH_3 氧化成 NO_3^-、NO_2^-，称为消化阶段，需要的氧量称为消化需氧量。因此，目前都以 5d 或 20d 作为测定生化需氧量的标准时间，分别用 BOD_5 和 BOD_{20} 表示。对于一般有机物，BOD_5 相当于碳化需氧量的 $60\% \sim 70\%$（因为完成碳化阶段大约需要 20d），BOD_{20} 相当于最终需氧量的 70% 左右。

BOD_5 多用于废水中有机物的测定，BOD_5 和 COD_{Cr} 的比值反映水的可生化程度，当比值大于 30% 的水才可能进行生物氧化处理。

3. 总有机碳（TOC）

总有机碳（total organic carbon，TOC）是指水中有机物的总含碳量。因为有机物都是含碳的，所以它更能反映水中有机物的多少，单位是 mg/L。总有机碳有两种测定方法：一种是燃烧氧化法，它是将水样放在 $680 \sim 1000\,℃$ 的高温下，在氧气或空气中燃烧，使水样中的有机碳和无机碳全部氧化成 CO_2，然后用非色散红外线气体分析仪分别测定总的 CO_2 量和无机碳产生的 CO_2 量，两者之差即为总有机碳量；另一种方法是用紫外线（185nm）或在二氧化钛催化下的紫外线或用过硫酸盐作氧化剂，将水中有机物氧化，用红外线或电导率进行测量，电导率测量是利用有机物被氧化成有机酸而促使电导率上升的原理来测有机物含碳量。前者多用于高有机物含量测定，后者多用于低有机物含量的测定。

TOC 又可分为非吹脱性的 NPTOC（non-purgeable）和吹脱性的 PTOC（purgeable）两种。水样用纯 N_2 吹脱后测得的 TOC 称为 NPTOC。NPTOC 与未经吹脱的 TOC 之差为 PTOC，PTOC 相当于水中挥发性有机物的含量。

4. 总需氧量（TOD）

因为水中的有机物如碳水化合物、蛋白质、脂肪等的主要元素都是碳、氢、氧、氮、硫，所以当有机物全部被氧化时，碳被氧化成 CO_2，氢、氮、硫分别被氧化成 H_2O、NO 和 SO_2，这时的需氧量称为总需氧量（total oxygen demand）。因此，TOD 既包括难以分解的有机物含量，也包括一些无机硫、磷等元素，全部氧化所需的氧量。对同一水样，一般 TOD>COD，它是通过专业仪器测定的。

第二节 天然水体的分类

天然水体分类的方法有许多种，下面从锅炉水处理的角度介绍几种分类方法。

一、按主要水质指标分类

1. 按含盐量分类

按水中含盐量的高低，可将天然水分为四种类型，见表 2-3。

表 2-3　　　　　　　　　　　　天然水按含盐量分类

分　类	低含盐量水	中等含盐量水	较高含盐量水	高含盐量水
含盐量（mg/L）	<200	200～500	500～1000	>1000

按水中离子总量，水可分成四种类型：O. A. 阿列金提出，离子总量小于 1000mg/kg 为淡水，1000～25 000mg/kg 为微咸水，25 000～50 000mg/kg 为咸水，大于 50 000mg/kg

为盐水；美国科研人员提出，离子总量0～1000mg/kg为淡水，1000～10 000mg/kg为微咸水，10 000～100 000mg/kg为咸水，大于100 000mg/kg为盐水。

也有人按水中含盐量将天然水划分为七种苦咸类型，见表2-4。

表2-4 水的苦咸类型

类　型	淡水	弱咸水	咸水	苦咸水	盐水	浓盐水	强盐水
含盐量（g/L）	<1	1～3	3～5	5～10	10～25	25～30	>50

2. 按硬度分类

按水中硬度的高低，可将天然水分为五种类型，见表2-5。

表2-5 天然水按硬度分类

分类	极软水	软　水	中等硬度水	硬　水	极硬水
硬度（mmol/L）	<1.0	1.0～3.0	3.0～6.0	6.0～9.0	>9.0

二、按阴阳离子的相对含量分类

水中溶解性的盐类都是以离子状态存在的，所以水分析的结果常以离子表示，但在水处理中有时将阴、阳离子结合起来，写成化合物的形式。结合顺序的排列原则是：阳离子与阴离子的结合顺序为 Ca^{2+}、Mg^{2+}、$Na^+ + K^+$，即 Ca^{2+} 与阴离子首先结合，Ca^{2+} 结合完后，Mg^{2+} 再与剩余的阴离子结合，$Na^+ + K^+$ 与最后剩下的阴离子结合；阴离子与阳离子的结合顺序为 HCO_3^-、SO_4^{2-}、Cl^-，即 HCO_3^- 与阳离子首先结合，HCO_3^- 结合完后，SO_4^{2-} 再与剩下的 Ca^{2+} 结合，然后再与 Mg^{2+} 结合，Cl^- 最后与剩下的阳离子结合。

这种结合排列的原因：①根据电中性原则，即全部阳离子所带的正电荷与全部阴离子所带的负电荷相等，当以带一个电荷的摩尔质量为基本单元时，全部阳离子的物质的量等于全部阴离子的物质的量；②根据组合形成化合物的溶解度大小，溶解度小的先结合。

根据上述这种假想结合原则，将天然水分成碱性水和非碱性水。

1. 碱性水（$B > H$）

碱性水是指碱度大于硬度的水，即 $[HCO_3^-] > [1/2Ca^{2+}] + [1/2Mg^{2+}]$，如图2-3（a）所示。由图可知，在碱性水中，$Ca^{2+}$、$Mg^{2+}$ 都是以 $Ca(HCO_3)_2$、$Mg(HCO_3)_2$ 的状态存在，而没有 Ca^{2+} 的非碳酸盐硬度，另外还有一部分 $NaHCO_3$，称过剩碱度 B_G，在早期的水处理中也称"负硬"。

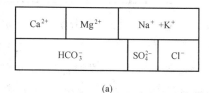 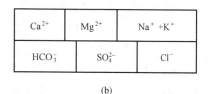

（a） （b）

图2-3 水中阴、阳离子的假想结合
（a）碱性水；（b）非碱性水

2. 非碱性水（$H > B$）

非碱性水是指硬度大于碱度的水，即 $([1/2Ca^{2+}] + [1/2Mg^{2+}]) > [HCO_3^-]$，如图

2-3（b）所示。在非碱性水中，有 Ca^{2+} 和 Mg^{2+} 的非碳酸盐硬度，而没有 B_G。

非碱性水又可分为钙硬水和镁硬水，前者是 $[1/2Ca^{2+}] > [HCO_3^-]$，后者是 $[1/2Ca^{2+}] < [HCO_3^-]$，如图 2-4 所示。

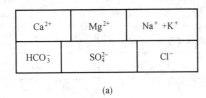 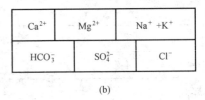

(a) (b)

图 2-4　非碱性水中钙、镁的分配关系
(a) 钙硬水；(b) 镁硬水

可见，这种分类方法是按水中主要阴阳离子的相对含量来分的。在实际的天然水中，阳离子还有 Mn^{2+}、Fe^{2+}、Al^{3+}、NH_4^+ 等，阴离子还有 PO_4^{3-}、CO_3^{2-}、OH^-、F^-、SO_4^{2-}、NO_3^- 等，只是它们的含量比上述主要离子要少得多，而且对于不同的天然水体，它们的含量也不相同。

三、按水中阴离子（或阳离子）的含量大小分类

按水中阴离子的含量大小，天然水体分为三类，即碳酸盐型（HCO_3^-）、硫酸盐型（SO_4^{2-}）和氯化物型（Cl^-）。按水中阳离子的含量大小分为三组；即钙组（Ca^{2+}）、镁组（Mg^{2+}）和钠组（$Na^+ + K^+$）。如果再按阴离子和阳离子的相对含量大小，又可将每一组分为四种类型：第 I 型是 $[HCO_3^-] > [1/2Ca^{2+}] + [1/2Mg^{2+}]$；第 II 型是 $[HCO_3^-] > [1/2Ca^{2+}] + [1/2Mg^{2+}] < [HCO_3^-] + [1/2SO_4^{2-}]$；第 III 型是 $[HCO_3^-] + [1/2SO_4^{2-}] < [1/2Ca^{2+}] + [1/2Mg^{2+}]$；第 IV 型是 $[HCO_3^-] = 0$。这样可将天然水分为 27 种类型，见表 2-6。

表 2-6　　　　　　　　　　　天 然 水 分 类

分类	碳酸盐[HCO_3^-]			硫酸盐[$1/2SO_4^{2-}$]			氯化物[Cl^-]		
分组	钙 [$1/2Ca^{2+}$]	镁 [$1/2Mg^{2+}$]	钠 [Na^+]	钙 [$1/2Ca^{2+}$]	镁 [$1/2Mg^{2+}$]	钠 [Na^+]	钙 [$1/2Ca^{2+}$]	镁 [$1/2Mg^{2+}$]	钠 [Na^+]
类型	I	I	I	II	II	I	II	II	I
	II	II	II	III	III	II	III	III	I
	III	III	III	IV	IV	III	IV	IV	III

这种分类方法是苏联学者 O. A. 阿列金于 1970 年提出的。按这种分类方法，如水质分析结果为 $[HCO_3^-] > [1/2SO_4^{2-}] > [Cl^-]$，$[1/2Ca^{2+}] > [1/2Mg^{2+}] > [Na^+]$，而且 $[HCO_3^-] + [1/2SO_4^{2-}] < [1/2Ca^{2+}] + [1/2Mg^{2+}] > [HCO_3^-]$，则此水属于碳酸盐钙组 II 型水，即 $[C]Ca$ II 型。说明这种水阴离子中 $[HCO_3^-]$ 最多，阳离子中 $[1/2Ca^{2+}]$ 最多，而且 $H > B$，存在镁的非碳酸盐硬度。

四、按水的纯度分类

在工业应用上，对水质有不同的要求，为此有人提出，按水的纯度分类可分为四种，见表 2-7，但这种水已超出天然水体的范畴。

表 2-7 水 的 纯 度 类 型

类型	淡化水	脱盐水	纯　水	高纯水
含盐量（mg/L）	<1000	1.0～5.0	<1.0	<0.1
电阻率（25℃，Ω·cm）	>800	$(0.1～1.0)×10^6$	$(1.0～10)×10^6$	$>10×10^6$

（1）淡化水。是指将高含盐量的水，经过局部除盐处理后变成可用于生产和生活的淡水。例如，海水或苦咸水淡化可得淡化水。

（2）脱盐水。相当于普通蒸馏水，水中强电解质大部分已经被去除。

（3）纯水，也叫去离子水或深度除盐水。水中绝大部分强电解质已经被去除，同时诸如硅酸、碳酸等弱电解质也去除到一定程度。

（4）高纯水，又称超纯水。水中电解质几乎全部去除，且水中的胶体微粒、微生物、溶解气体和有机物也去除到最低程度。

当水中某些离子和含盐量（TDS）较高时，会产生异味，从而影响水的可饮性，所以还可按水中 TDS 的浓度（mg/L）对天然水的可饮性进行分级：≤300 为优，301～600 为良，601～900 为中，901～1100 为差，≥1100 为不合格。它是通过专业品水组织划分的。

另外，也有人根据水中含盐量划分水的苦咸类型，见表 2-8。

表 2-8 水 的 苦 咸 类 型

类　型	淡水	弱咸水	咸水	苦咸水	盐水	浓盐水	强盐水
含盐量（g/L）	<1	1～3	3～5	5～10	10～25	25～30	>50

可见，不同学者根据不同需要，从不同角度对水体进行分类，这只能作为一种参考，并没有严格的界定。

第三节　天然水体的水化学特性

一、大气降水

大气降水（如雨、雪）是指大气圈中的水蒸气和由水蒸气冷凝并处于高度分散状态的细小水滴。它除含有 O_2、CO_2、N_2 及一些惰性气体以外，还含有少量的离子组分。这些离子组分主要来自海水飞溅的细小盐晶、陆地飞扬的尘埃、火山灰的可溶性盐类以及人类释放的各种污染物。这种天然水体虽然纯度较高，适宜作为锅炉用水的水源，但难以收集，不能采用。大气降水是天然水体自然循环运动的重要组成部分，是陆地水的补充水源。

二、江河水

1. 江河水的化学组分

江河水是水圈中最为活跃的部分，这种水的化学组分具有多样性和易变性，因为这种水在时间和空间上都有很大差异，如一条河流的化学组分在冬季和夏季可能有很大变化，在上游和下游也有很大差异。

表 2-9 列出世界河水的平均化学组分。一般来讲：低含盐量水（<200mg/L）为碳酸盐型水质，阳离子以 Ca^{2+} 为主；较高含盐量水（>500mg/L）为硫酸盐型水质，阳离子以

Na^+ 为主；高含盐量水（>1000mg/L）为氯化物型水质，阳离子也以 Na^+ 为主。

表 2-9 世界河水的平均化学组分

主要离子（mg/kg）		微量离子（μg/kg）		
HCO_3^-	58.4	卤素	F^-	<1（mg/kg）
SO_4^{2-}	11.2		Br^-	≈0.02（mg/kg）
Cl^-	7.8		I^-	≈0.02（mg/kg）
NO_3^-	1	过渡元素	V	≪1
Ca^{2+}	15		Ni	≈10
Mg^{2+}	4.1		Cu	≈10
Na^+	6.3		B	≈13
K^+	2.3		Rb	1
Fe（总）	0.67	其他	Ba	50
SiO_2	13.1		Zn	10
总离子量	120		Pb	1～10
			U	≈1

2. 我国江河水的主要特征

我国河流水中离子总量的变化及化学类型的变更，几乎有以下规律：东南沿海地区，由于受太平洋潮湿气流的影响，降水量大，气候潮湿，土壤、岩石矿物处于常年淋溶作用下，可溶性组分难以积累，使河水中的离子总量低于 50mg/L，硬度在 0.5～1.0mmol/L 之间，大都属于重碳酸型钠组或钙组水型，称为潮湿地区。淮河、长江中下游以南的广大地区，降水量较大，气候湿润，河水中的离子总量在 200mg/L 以下，硬度在 1～3mmol/L 之间，大都属于重碳酸盐型钙组水型，称为湿润地区。长江上游的云贵高原，由于受印度洋潮湿气流的影响，河水中离子总量和硬度几乎介于以上两个地区之间。淮河、秦岭以北的华北地区、太行山、燕山一带，降水量较小，蒸发量较大，干湿季节明显，地表呈季节性积盐状态，河水中离子总量在 300～500mg/L 之间，硬度在 3～5mmol/L 之间，大都属于重碳酸盐型钙组水型，称为过渡地区。西北内陆地区，由于远离海洋，干旱少雨，有利于可溶性组分积累，河水中的离子总量达到 1000mg/L 以上，硬度大于 5～6mmol/L，是全国河水离子总量和硬度最高的地区，大都属于氯化物型钠组水型。我国东北地区，由于受北冰洋潮湿气流的影响，气温偏低，降雪较多。特别是大兴安岭以北的地区，年平均气温在 0℃ 以下，土壤常年处于冻结状态，降水不易下渗，使河水离子总量小于 100mg/L，硬度在 0.5～1.0mmol/L 之间，与东南沿海一带基本相似。我国河水化学组分的这种由从东南沿海向西北内陆渐变的趋势，是由我国处的地理位置和地形、地貌等因素所决定的。

江河水的化学组分还受海水的影响。有些沿海地区的河流，虽然平时 Cl^- 含量不高，但枯水期时因海水倒灌，Cl^- 含量急剧上升，可由平时的几十毫克/升增加到几千毫克/升。

表 2-10 列出我国地表水的水质概况，表 2-11 列出部分江河水的水质资料。

表 2-10　　　　　　　　我国地表水的水质概况

年降水量 （mm）	悬浮固体 （mg/L）	含盐量 （mg/L）	硬度 （mmol/L）	碱度 （mmol/L）	中性盐 （mmol/L）	HCO_3^-/总阴离子	Ca^{2+}/Mg^{2+}	SiO_2/强酸阴离子	硅酸 （mg/L）
>1600	30～500	<150*	<1.5*	<1.5*	<0.5	0.79	3.32	0.67	<15
800～1600	100～2000	150～300	1.5～3	1.5～3	0.5～1.5	0.80	2.25	0.22	<10**
	500～20000	300～600	3～6	3～5	1.5～4	0.68	1.66	0.15	<12
400～800		600～1000	6～10	4～5	4～10	0.42	1.43	0.05	6～40
<400		>1000	>10	2～6	>10	0.21	0.63		

*　广西某些河流除外。

**　西藏河流除外。

表 2-11　　　　　　　江 河 水 水 质 资 料

项　　目		单　位	长江水 （武汉）	黄河水 （甘肃）	湘江水 （湘潭）	赣江水 （南昌）	额尔齐斯河水 （新疆）	珠江水 （广州）
pH 值		—	7.54	7.92	7.17	7.64	7.86	7.28
悬浮固体		mg/L	49.5	624	48.3	15.6	8	38
含盐量		mg/L	221	502	138	90.4	385	210
总硬度		mg/L	2.76	4.63	1.82	1.05	3.9	2.18
全碱度		mmol/L	1.82	3.29	1.08	0.74	2.1	1.25
阳离子	Ca^{2+}	mg/L	39.03	50.44	27.4	16.88	71.14	34.61
	Mg^{2+}	mg/L	9.78	21.44	5.4	2.47	4.27	5.36
	Na^+	mg/L	8.4	54.80	2.7	3.89	34	18.0
	K^+	mg/L	—		—	1.74	4.86	4.36
阴离子	HCO_3^-	mg/L	110.6	188.83	65.88	45.34	128.14	76.25
	SO_4^{2-}	mg/L	37.04	98.09	17.9	8.53	107.30	23.54
	Cl^-	mg/L	15.8	57.08	11.8	9.6	28.0	49.0
	NO_3^-	mg/L	—	5.50	—	0.6	0.82	0.70
游离 CO_2		mg/L						9.90
全 SiO_2		mg/L	9.44	7.44	—	8.24	5.0	10.60
活性 SiO_2		mg/L	5.34	5.28	6.8	6.89	4.68	8.60
COD_{Mn}		mg/L	—	2.09	1.4	1.38	2.10	14.40
取样时间			2003-03	2003 均	2003-06	2003-09	2002-03	2004-09

三、湖水

1. 湖水的化学组分

由于湖泊的进水与出水交替缓慢，所以即使处于同一气候带的湖水和河水，湖水中离子总量的变化额度也比河水大，从数十毫克/升到上万毫克/升。

湖水中化学组分的变化与河水相似，随着离子总量的增加，优势离子的顺序是：

$HCO_3^- \rightarrow SO_4^{2-} \rightarrow Cl^-$，$Ca^{2+} \rightarrow Mg^{2+} \rightarrow Na^+$。

湖水按其离子总量分为淡水湖、咸水湖和盐湖，淡水湖的离子总量为小于 1000mg/L，咸水湖的离子总量为 1000～25 000mg/L，盐水湖的离子总量为大于 25 000mg/L。

2. 我国淡水湖的主要特征

我国淡水湖主要分布在东部平原、东北平原和云贵高原三大区域。在东部平原有著名的五大淡水湖，即鄱阳湖、洞庭湖、太湖、洪泽湖、巢湖。这些湖水的离子总量大部分小于 200mg/L，也有些在 100mg/L 以下的。如鄱阳湖的离子总量仅有 37mg/L（1964 年 7 月全湖平均值），洞庭湖的离子总量为 184mg/L，洪泽湖为 208mg/L，邵阳湖为 240mg/L，微山湖为 290mg/L，白洋淀为 357mg/L，呈现出由南向北逐渐增加的趋势，这种变化趋势是由这些地区的气候条件和土壤条件所决定的。东北平原地区的湖水离子总量为150～250mg/L，略高于长江中下游的湖水离子总量。云贵高原地区的湖水离子总量基本与东北平原的湖水离子总量相等。

我国湖水的主要阴离子是 HCO_3^-，占阴离子毫摩尔总数的 65.47%～87.44%，Cl^- 占 5.61%～18.48%，$1/2SO_4^{2-}$ 占 2.0%～14.96%。阳离子中以 $1/2Ca^{2+}$ 为主，占阳离子毫摩尔总数的 38.67%～55.94%，$1/2Mg^{2+}$ 占 22.1%～43.0%，$Na^+ + K^+$ 最少，占 17.16%～31.6%。

四、地下水

1. 地下水的化学组分

埋藏在地表以下的所有天然水都称为地下水。按其埋藏的条件分为潜水（浅层地下水）和承压水（深层地下水）两种。浅层地下水是指分布在第一个隔水层以上靠近地表面的沉积物孔隙内水、风化岩石裂缝内水、碳酸盐岩溶洞内水等。深层地下水是指隔水层之间的水。

地下水的化学组分有以下特点：由于地下水与大气圈接触少，而与岩石矿物接触时间长，使地下水不同程度地含有地壳中所有的化学元素；地下水与地表水相比，悬浮固体含量很少，清澈透明，除含有主要离子 HCO_3^-、SO_4^{2-}、Cl^-、Ca^{2+}、Mg^{2+}、Na^+ 以外，还含有较多的 Fe^{2+}、Mn^{2+}、NO_3^-、NO_2^-、H^+、As^{3+} 等。

浅层地下水的分布深度可在 100～500m，主要依靠大气降水、地表水和水库渗漏水补充，有时也由深层地下水补充，大部分情况下是混合补充。由于浅层水与大气接触多，水中富氧及淋溶作用强烈，所以浅层水的化学组分及数量与岩石矿物的化学组分有关。

2. 我国浅层地下水的特征

我国浅层地下水的化学组分与江河水类似，呈现出从南和东南向西和西北方向逐渐演变的特征。在秦岭—淮河以南和东南一带，为离子总量小于 500mg/L 的重碳酸盐型淡水。向西至广西、云贵高原一带，离子总量增至 500mg/L，水化学类型以 HCO_3^--Ca^{2+}、HCO_3^--Mg^{2+} 型为主。再向西至横断山脉以北和青藏高原东部，离子总量增至 500～1000mg/L，水化学类型仍是 HCO_3^--Ca^{2+} 型。

在秦岭—淮河以北的华北平原一带，年蒸发量大于降水量，离子总量小于 500mg/L。在太行山中南段，气候更加干燥，离子总量逐渐从 500mg/L 增加到 1000～3000mg/L，甚至到 5000mg/L，水化学类型也由重碳酸盐逐渐转化为重碳酸盐—氯化物型和碳酸盐—氯化物型，最后转化为氯化物型的盐水。

在东北大兴安岭一带，平均气温在 0℃ 以下，不利于盐分积累，离子总量一般小于 200mg/L，水化学类型为 HCO_3^--Ca^{2+} 型水。松辽平原一带则离子总量低于

$500\sim1000\text{mg/L}$，水化学类型为 $HCO_3^- \text{-} Na^+$、$HCO_3^- \text{-} Ca^{2+}$ 型水。

华北平原以西的黄土高原一带，离子总量一般小于 1000mg/L，水化学类型为 $HCO_3^- \text{-} Ca^{2+}$、Na^+ 型水。至长城以北，气候更加干燥，离子总量增加至 $1000\sim5000\text{mg/L}$，水化学类型为硫酸盐—氯化物型或氯化物—硫酸盐型。

西北地区为荒漠地带，降水稀少，蒸发强烈，河流基本枯竭，盆地中分布有卤盐水，离子总量一般为 $3000\sim16\,000\text{mg/L}$，甚至 $50\,000\text{mg/L}$，水化学类型为氯化物—钠型或氯化物—钙型。

东部沿海一带，地下水受海水的影响，长江以北的渤海湾一带，离子总量大于 $10\,000\text{mg/L}$，甚至 $50\,000\text{mg/L}$，水化学类型为氯化物—钠型水。在东南沿海一带，年降水量大于 2000mm，离子总量一般在 $1000\sim5000\text{mg/L}$，水化学类型以氯化物—钠型为主。

五、海水

海水（seawater）是天然水体的主要组成部分，是一种中等浓度的电解质水溶液。它覆盖的面积约占地球表面的 71%。表 2-12 是世界各大洋的基本数据。

表 2-12　　　　　　　　　　世界各大洋的基本数据

项　　目		太平洋	大西洋	印度洋	北冰洋	总　　计
面积（$\times10^3\text{km}^2$）	实际面积	179 679	93 360	74 917	13 000	361 056
	占地球表面（%）	35.2	18.3	14.5	2.6	70.6
	占海洋表面（%）	50.0	25.0	21.4	3.6	100.000
体积（$\times10^3\text{km}^3$）		723 747	338 523	291 963	17 000	1 366 233
深度（m）	平均深度	4028	3626	3897	1300	3704
	最大深度	11 034	9218	9074	5449	11 034
水通量（mm/年）	降水量	1330	890	1170		
	蒸发量	1320	1240	1320		
	河川径流	70	230	80		

由于海水长期的蒸发、浓缩作用，其含盐量高达 $30\sim35\text{g/L}$。其中，以氯化钠的含量最高，约占含盐量的 89%；其次是硫酸盐和硅酸盐。由于世界各大洋相通，水质基本稳定，各主要离子之间的比例也基本一致，除 HCO_3^-、CO_3^{2-} 两种离子变化较大外，其他各离子的含量大小依次是：$(K^+ + Na^+) > Mg^{2+} > Ca^{2+}$；$Cl^- > SO_4^{2-} > (HCO_3^- + CO_3^{2-})$。

海水的化学组分通常用氯度和盐度表示。氯度定义为在 1000g 海水中，若将溴和碘以氯代替时所含氯、溴、碘的总质量。盐度的定义是在 1000g 海水中，将所有的碳酸盐转变成氧化物，所有溴和碘用氯代替，以及有机物均已完全氧化后所含全部固体物质的总质量数。两者之间的关系是

$$盐度 = 1.806\,55\,氯度 \qquad (2\text{-}11)$$

由于海水中离子总量比地表水和地下水高得多，所以有部分离子以离子对的形式存在。表 2-13 列出了主要离子组分的存在形式。除表中的主要离子组分之外，还有少量微量浓度的碘（0.06mg/L）、汞（$0.000\,03\text{mg/L}$）、镉（$0.000\,1\text{mg/L}$）和镭（$1\times10^{-10}\text{mg/L}$）等。

表 2-13　　　　　　　　　　　　　　海水中主要离子组分的存在形式

离　子	质量摩尔浓度（mol）	自由离子（%）	与 SO_4^{2-} 成离子对（%）	与 HCO_3^- 成离子对（%）	与 CO_3^{2-} 成离子对（%）
Ca^{2+}	0.010 4	91	8	1	0.2
Mg^{2+}	0.054 0	87	11	1	0.3
Na^+	0.475 2	99	1.2	0.01	—
K^+	0.010 0	99	1	—	—

离　子	质量摩尔浓度（mol）	自由离子（%）	与 Ca^{2+} 成离子对（%）	与 Mg^{2+} 成离子对（%）	与 Na^+ 成离子对（%）	与 K^+ 成离子对（%）
SO_4^{2-}	0.028 4	54	3	21.5	21	0.5
HCO_3^-	0.002 38	69	4	19	8	—
CO_3^{2-}	0.000 269	9	7	67	17	—

目前，随着沿海城市的人口增加和工业的迅猛发展，海水已成为制取淡水的水资源，也是工业冷却用水的水资源。在海滨的火力发电厂，海水是凝汽器的冷却用水。

第四节　天然水体中的化合物

天然水体中存在许多无机化合物和有机化合物，它们不仅在数量上占有很大的比例，对水体的性质也起着很重要的作用。如碳酸化合物，它是低含盐量淡水中的主要化学组分，对外加酸碱有一定的缓冲能力，它不仅是决定水体 pH 值的重要因素，而且是造成结垢和腐蚀的主要因素，是锅炉水处理的重要去除对象。

一、碳酸化合物

（一）水中的碳酸化合物

天然水中的碳酸化合物主要来自以下几个方面：空气中二氧化碳的溶解；岩石矿物中碳酸盐和重碳酸盐的溶解；水中动植物的生命活动及水中有机物的生物氧化等。上述各种来源的碳酸化合物构成了水中的碳酸化合物总量。

二氧化碳（CO_2）与水化合形成碳酸（H_2CO_3），所以 CO_2 是碳酸的酸酐。碳酸是二元弱酸，在水中可以形成两种酸根（HCO_3^- 和 CO_3^{2-}），故水中的碳酸化合物有四种存在形态：

（1）溶于水的二氧化碳气体 $[CO_{2(aq)}]$。

（2）溶于水的分子态碳酸（H_2CO_3），H_2CO_3 与 $CO_{2(aq)}$ 都称为游离 CO_2 或游离碳酸。

（3）碳酸氢根（HCO_3^-），称半结合性二氧化碳或半结合性碳酸。

（4）碳酸根（CO_3^{2-}），称结合性二氧化碳或结合性碳酸。

在水溶液中，上述这四种碳酸化合物之间，存在以下几种化学平衡

$$CO_{2(g)} = CO_{2(aq)}, \quad K_H = 10^{-1.47} \ (25℃) \tag{2-12}$$

$$CO_{2(aq)} + H_2O \Longrightarrow H_2CO_3 \tag{2-13}$$

$$K = \frac{[H_2CO_3]}{[CO_2]} \tag{2-14}$$

$$H_2CO_3 \Longrightarrow H^+ + HCO_3^- \tag{2-15}$$

$$K'_1 = \frac{f_1 \; [H^+] \; f_1 \; [HCO_3^-]}{[H_2CO_3]} \tag{2-16}$$

$$HCO_3^- \rightleftharpoons H^+ + CO_3^{2-} \tag{2-17}$$

$$K_2 = \frac{f_1 \; [H^+] \; f_2 \; [CO_3^{2-}]}{f_1 \; [HCO_3^-]}, \quad K_2 = 4.69 \times 10^{-11} \; (25℃) \tag{2-18}$$

式中：K_H 为亨利常数；K 为 CO_2 的水化平衡常数，$K = 10^{-2.8}$ （25℃）；K'_1 为 H_2CO_3 的真实一级电离平衡常数；K_2 为 H_2SO_3 的二级电离平衡常数，$K_2 = 10^{-10.33}$ （25℃）；f_1、f_2 为 1 价和 2 价离子的活度系数。

由于在水质分析中不能区分水中的 $CO_{2(aq)}$ 和 H_2CO_3，用酸碱滴定法测得的游离二氧化碳实际是它们两者之和，而且在式（2-13）所表示的化学平衡中，$CO_{2(aq)}$ 和 H_2CO_3 两者可以相互转化，并以 CO_2 的形态为主。例如，在 25℃时，$[H_2CO_3] / [CO_{2(aq)}] = 0.003\,7$，所以在实际应用中都是按式（2-19）和式（2-20）所表示的一级电离平衡及平衡常数进行有关计算

$$H_2CO_3^* \; （表示\; CO_{2(aq)} + H_2CO_3 ） \rightleftharpoons H^+ + HCO_3^- \tag{2-19}$$

$$K_1 = \frac{f_1 \; [H^+] \; f_1 \; [HCO_3^-]}{[H_2CO_3^*]} = \frac{f_1 \; [H^+] \; f_1 \; [HCO_3^-]}{[CO_{2(aq)}] + [H_2CO_3]} \tag{2-20}$$

式中：K_1 为 H_2CO_3 的一级表观电离常数，简称一级电离平衡常数。

如将式（2-14）和式（2-16）代入式（2-20），可得

$$K_1 = \frac{K'_1 K}{K+1} \tag{2-21}$$

由于水化平衡常数 K 值很小，25℃时，$K = 0.001\,5$，故式（2-21）可简化为

$$K_1 \approx K'_1 K \tag{2-22}$$

式（2-19）可简化为式（2-23）

$$CO_{2(aq)} + H_2O \rightleftharpoons H^+ + HCO_3^- \tag{2-23}$$

（二）碳酸化合物与 pH 值的关系

1. 水的 pH 值与 $[HCO_3^-]$ 和 $[H_2CO_3^*]$ 的关系

如对式（2-20）两边取对数，并加以整理，可得

$$pH = pK_1 + \lg [HCO_3^-] - \lg [CO_3^*] + \lg f_1$$

对稀的水溶液，$f_1 \approx 1$，$\lg f_1 \approx 0$，25℃时 $K_1 = 4.45 \times 10^{-7}$，$pK_1 = 6.35$，故得

$$pH = 6.35 + \lg [HCO_3^-] - \lg [CO_2^*] \tag{2-24}$$

式中的 $[CO_2^*] = [H_2CO_3^*]$，表示用酸、碱滴定法测得的游离 CO_2。另外，对大多数天然淡水，都是碳酸盐型水，而水的 pH 值都在 8.3 以下，所以水中 HCO_3^- 的浓度实际上就是水的碱度 B，所以式（2-24）可改写为

$$pH = 6.35 + \lg B - \lg [CO_2^*] \tag{2-25}$$

式（2-25）表示了水的 pH 值与水中碱度和游离 CO_2 之间的关系。

我国的天然水体，从东南沿海到西北内陆，水中碱度（B）从 $0.5 \sim 1.0$mmol/L 逐渐上升到 $5.0 \sim 7.0$mmol/L，但水的 pH 值一直保持在 7.0 左右，这说明天然水体的 pH 值不仅与水的碱度有关，还与水中的 CO_2 含量有关。

2. 水的 pH 值与各种碳酸化合物相对含量间的关系

设水中碳酸化合物的总浓度为 c（mol/L），则因 H_2CO_3、HCO_3^- 和 CO_3^{2-} 之间总是 1:1 的相互转化，所以它们的总浓度不变，即有以下关系

$$c = [H_2CO_3^*] + [HCO_3^-] + [CO_3^{2-}] = [CO_2^*] + [HCO_3^-] + [CO_3^{2-}] \quad (2\text{-}26)$$

$$\frac{[CO_2^*]}{c} + \frac{[HCO_3^-]}{c} + \frac{[CO_3^{2-}]}{c} = 1 \quad (2\text{-}27)$$

根据式（2-20），并假设 $f_1 = 1$，可得

$$[CO_2^*] = \frac{[H^+][HCO_3^-]}{K_1} \quad (2\text{-}28)$$

根据式（2-18），并假设 $f_1 = f_2 = 1$，则得

$$[CO_3^{2-}] = \frac{K_2[HCO_3^-]}{[H^+]} \quad (2\text{-}29)$$

将式（2-28）和式（2-29）代入式（2-27），得

$$\frac{[H^+]}{K_1}\frac{[HCO_3^-]}{c} + \frac{[HCO_3^-]}{c} + \frac{K_2}{[H^+]}\frac{[HCO_3^-]}{c} = 1$$

或

$$\frac{[HCO_3^-]}{c} = \frac{1}{1 + \frac{[H^+]}{K_1} + \frac{K_2}{[H^+]}} = \frac{K_1[H^+]}{[H^+]^2 + K_1[H^+] + K_1K_2} \quad (2\text{-}30)$$

同样的方法可得

$$\frac{[CO_2^*]}{c} = \frac{1}{1 + \frac{K_1}{[H^+]} + \frac{K_1K_2}{[H^+]^2}} = \frac{[H^+]^2}{[H^+]^2 + K_1[H^+] + K_1K_2} \quad (2\text{-}31)$$

$$\frac{[CO_3^{2-}]}{c} = \frac{1}{1 + \frac{[H^+]}{K_2} + \frac{[H^+]^2}{K_1K_2}} = \frac{K_1K_2}{[H^+]^2 + K_1[H^+] + K_1K_2} \quad (2\text{-}32)$$

由式（2-30）～式（2-32）可计算出不同 pH 值时，各种碳酸化合物含量的相对比例，见图 2-5。

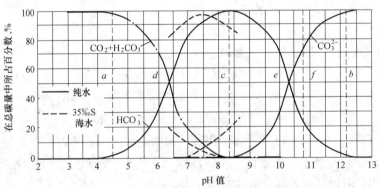

图 2-5 水中各种碳酸化合物相对含量与 pH 值的关系

由图 2-5 可知，在低 pH 值区内，溶液中只有 $CO_2 + H_2CO_3$，在高 pH 值区则只有 CO_3^{2-}，而 HCO_3^- 在中等 pH 区内占绝对优势。三种碳酸在平衡时的浓度比例与溶液 pH 值有完全对应的关系。每种碳酸浓度受外界影响而变化时，将会引起其他各种碳酸浓度以及溶液 pH 值的变化，而溶液 pH 值的变化同时也会引起不同碳酸浓度比例的变化。

图 2-5 中的几个特殊点含义如下：

（1）a 点。a 点为溶液中只存在 $CO_2 + H_2CO_3$ 的点，a 点的 pH 值可用下面的近似式求解

$$[H^+] \approx [cK_1 + K_w]^{0.5} \tag{2-33}$$

式中：c 为溶液中碳酸总浓度。

若进一步简化，用弱酸溶液 pH 值近似计算式求解，即为

$$[H^+] \approx [cK_1]^{0.5} \tag{2-34}$$

若溶液中 $c = 2 \times 10^{-3}$ mol/L，则从式（2-33）、式（2-34）均可得到 a 点的 pH 值为 4.5 左右（甲基橙变色点）。在 pH 值小于 4.5 的酸性水中，CO_2 是碳的主要化学组分，即水中的各种碳酸化合物都转化为 CO_2，它在水中的溶解度符合亨利定律。

（2）c 点。c 点为溶液中 HCO_3^- 占最高比例（>98%）的点，c 点的 pH 值可用下面的近似式计算

$$[H^+] \approx [K_1 (K_2 + K_w/c)]^{0.5} \tag{2-35}$$

若以 $c = 2 \times 10^{-3}$ mol/L 代入可求得 pH = 8.34（酚酞变色点）。同时，由图 2-5 可见，在 c 点处，$[CO_2 + H_2CO_3]$ 和 $[CO_3^{2-}]$ 均甚微小，且数值相等。

（3）b 点。b 点为溶液中 CO_3^{2-} 占最高比例的点，由图 2-5 可知，若以 c 点为中心，b 点和 a 点是对称的，这样可以推断出 b 点的位置应在

$$pH = 8.34 + (8.34 - 4.5) = 12.18$$

（4）d 点和 e 点。d 点为溶液中 $[H_2CO_3] = [HCO_3^-]$ 的点，e 点为溶液中 $[HCO_3^-] = [CO_3^{2-}]$ 的点，d 点的 pH 值 = $pK_1 = 6.35$，e 点的 pH = $pK_2 = 10.33$。

在上述各点中，c 点最有意义：当溶液的 pH 值低于 8.34 时，可只考虑一级碳酸平衡；当溶液的 pH 值超过 8.34 时，认为只存在 HCO_3^- 和 CO_3^{2-} 的二级碳酸平衡，因水中 CO_2 的含量已很小，根据式（2-18）得

$$[H^+] = \frac{K_2 [HCO_3^-]}{[CO_3^{2-}]}$$

$$pH = pK_2 - lg [HCO_3^-] + lg [CO_3^{2-}] \tag{2-36}$$

从图 2-5 还可看出，由纯水过渡到海水时，图中曲线将向左推移。在海水的 pH 范围内，最主要的化学组分是 HCO_3^-。在海洋学的 pH 范围低端，即 pH = 7 时，80% 以上的碳是以 HCO_3^- 的形式存在，其余部分是 CO_2。而在 pH 范围高端，即 pH = 8.5 时，则比 80% 还多得多的碳是 HCO_3^-，其余部分是以 CO_3^{2-} 的形式存在的。

根据图 2-5，在 pH < 4.3 的酸性水中，CO_2 是碳的最主要化学组分，即水中的各种碳酸化合物都转化为 CO_2，它在水中溶解度符合亨利定律。

（三）各种碳酸化合物的计算

如水的总碱度以 B 表示，则电中性方程表示如下

$$B = [HCO_3^-] + 2 [CO_3^{2-}] + [OH^-] - [H^+] \tag{2-37}$$

由水的电离平衡式可得

$$[OH^-] = \frac{K_w}{[H^+]} \tag{2-38}$$

如将式（2-38）和式（2-29）代入式（2-37），可得

$$[HCO_3^-] = \frac{B + [H^+] - K_W/[H^+]}{1 + 2K_2/[H^+]} \qquad (2-39)$$

再将式（2-39）代入式（2-29）中，可得

$$[CO_3^{2-}] = \frac{K_2}{[H^+]}\left(\frac{B + [H^+] - K_W/[H^+]}{1 + 2K_2/[H^+]}\right) \qquad (2-40)$$

当水的 pH 值小于 8.3 时，可只考虑碳酸的一级电离平衡，即

$$[CO_2^*] = \frac{[H^+]}{K_1}\left(\frac{B + [H^+] - K_W/[H^+]}{1 + 2K_2/[H^+]}\right) \qquad (2-41)$$

所以，只要知道水的总碱度和 pH 值，就可根据式（2-39）～式（2-41）和式（2-38），求出水中各种碱度和 $[CO_2^*]$ 的大小。

利用 pH、pK_W、pK_2 的表示方法可将式（2-39）～式（2-41）改写为

$$[HCO_3^-] = \frac{B + 10^{-pH} - \dfrac{10^{-pK_W}}{10^{-pH}}}{1 + \dfrac{2 \times 10^{-pK_2}}{10^{-pH}}} \qquad (2-42)$$

$$[CO_3^{2-}] = \frac{10^{-pK_2}}{10^{-pH}} \times [HCO_3^-] \qquad (2-43)$$

$$[OH^-] = \frac{10^{-pK_W}}{10^{-pH}} \qquad (2-44)$$

式（2-42）～式（2-44）说明水中每一种碱度都与水的 pH 值和总碱度有关。

必须指出，以上所讨论的水中碳酸化合物的平衡关系式是一种封闭体系，即水中的碳酸化合物总量保持不变，水中的 CO_2 与周围空气中的 CO_2 没有交换作用。但对一个敞开体系，即水与周围空气中的 CO_2 有交换作用时，水中碳酸化合物的总量是变化的，各种碳酸化合物之间的平衡关系也是变化的。

（四）天然水体的缓冲能力

天然水体的 pH 值通常在 6.5～8.5 之间，而且对某种水，在一定范围内可以保持为一常数，很少受外来酸碱的影响，即天然水体是一个缓冲体系。一般认为，这是由于水中含有各种碳酸化合物，控制着水的 pH 值而具有缓冲作用。如前所述，天然水体的 pH 值一般小于 8.34，可只考虑一级碳酸平衡，其 pH 值由下式确定

$$pH = pK_1 - \lg\frac{[H_2CO_3]}{[HCO_3^-]}$$

如果向水体中排放碱性废水，在水中形成的摩尔浓度为 ΔB，则产生的反应为

$$OH^- + H_2CO_3 \Longleftrightarrow HCO_3^- + H_2O$$

使水中有 ΔB 量的 H_2CO_3 转化为 HCO_3^-。这时，水体的 pH 值升高为 pH'，则有

$$pH' = pK_1 - \lg\frac{[H_2CO_3] - \Delta B}{[HCO_3^-] + \Delta B}$$

则水体 pH 值的变化为 $\Delta pH = pH' - pH$，而有

$$\Delta pH = -\lg\frac{[H_2CO_3] - \Delta B}{[HCO_3^-] + \Delta B} + \lg\frac{[H_2CO_3]}{[HCO_3^-]}$$

上式可转化为

$$\Delta pH = \lg\frac{([HCO_3^-] + \Delta B)[H_2CO_3]}{([H_2CO_3] - \Delta B)[HCO_3^-]}$$

变化此式可以求得，使水体 pH 值提高 ΔpH 值时向水中加入的碱量 ΔB，即

$$\Delta B = \frac{\left[HCO_3^-\right]\left[H_2CO_3\right]\left(10^{\Delta pH}-1\right)}{\left[HCO_3^-\right]\times 10^{\Delta pH}+\left[H_2CO_3\right]} \tag{2-45}$$

如把 $\left[HCO_3^-\right]$ 作为水的碱度 $[B]$，把 $\left[H_2CO_3\right]$ 作为水中游离碳酸 $\left[CO_2\right]$，则有

$$\Delta B = \frac{B\left[CO_2\right]\left(10^{\Delta pH}-1\right)}{B\times 10^{\Delta pH}+\left[CO_2\right]} \tag{2-46}$$

因此，当已知水的碱度和游离碳酸测定值时，应用式（2-46）可以进行计算。

由于

$$\left[CO_2\right] = \frac{\left[H^+\right]}{K_1}B$$

代入式（2-46）可得到

$$\Delta B = \frac{B\left(10^{\Delta pH}-1\right)}{1+K_1\times 10^{pH+\Delta pH}} \tag{2-47}$$

若已知某一天然水体的 pH=7.0，碱度 $B=2.0mmol/L$，并规定水的 pH 值不得超过 6.5～8.5，则可求出最大允许排放的酸、碱量。

当排入碱性废水时，最大允许升高 pH 值为

$$\Delta pH = 8.5-7.0 = 1.5$$

代入式（2-47）后可得某一正值，即为最大允许排放的碱量。

当排入酸性废水时，最大允许降低 pH 值为

$$\Delta pH = 6.5-7.0 = -0.5$$

代入式（2-47）后可得某一负值，即为最大允许排放的酸量。

当水的 pH 值在 9.0 以下时，离子态 $HSiO_3^-$ 的量非常少，几乎都呈分子态，而分子态 H_2SiO_3 在水中的溶解度是一定的。

上面讨论天然水体对外加酸或碱有一定的缓冲能力，从环境保护的观点，并不允许作为解决酸、碱废水的一种途径，必须将废水处理达到排放标准后才能排放。

二、硅酸化合物

硅的氧化物（SiO_2）是火成岩和变质岩中大部分矿物的基本结构单元，也是天然水中硅化合物的基本结构单元。在锅炉水处理中，水中的 Si 均以 SiO_2 表示。由于硅化物在锅炉的金属表面上或者在汽轮机的叶片上形成沉积物后，非常难以清除，所以成为锅炉水处理中的重点清除对象。

天然水中的硅酸化合物主要来源于硅酸盐、铝硅酸盐的水解，如

$$Mg_2SiO_4(s)+4H_2CO_3 \rightleftharpoons 2Mg^{2+}+4HCO_3^-+H_4SiO_4$$

$$4KAlSi_3O_8(s)+22H_2O \rightleftharpoons Al_4Si_4O_{10}(OH)_8(s)+4K^++4OH^-+8H_4SiO_4$$

当水中含有 CO_2 时，反应为

$$MgSiO_3+2CO_2+2H_2O \rightleftharpoons H_4SiO_4+Mg(HCO_3)_2$$

$$4KAlSi_3O_8(s)+4H_2CO_3+18H_2O \rightleftharpoons Al_4Si_4O_{10}(OH)_8(s)+4K^++4OH^-+8H_4SiO_4+4CO_2$$

所以，硅酸盐矿物的水解，不仅是天然水中碱金属和碱土金属阳离子的主要来源，也是水中硅酸化合物的主要来源。

硅酸是一种复杂的化合物，在水中可呈离子态、分子态和胶态，它的通式常表示成 $xSiO_2 \cdot yH_2O$。当 $x=1$、$y=1$ 时，分子式写成 H_2SiO_3，称为偏硅酸；当 $x=1$、$y=2$ 时，

分子式写成 H_4SiO_4，称为正硅酸；当 $x=2$、$y=1$ 时，分子式写成 $H_2Si_2O_5$，称为二偏硅酸；当 $x=2$、$y=3$ 时，分子式写成 $H_6Si_2O_7$，称为焦硅酸等。

当 $x>1$ 时，硅酸呈聚合态，称为多硅酸；当硅酸的聚合度较大时，由溶解态变为胶态；当浓度再大和聚合度更大时，会呈凝胶状从水中析出

$$H_4SiO_4 \rightleftharpoons SiO_2(s)+2H_2O$$

天然水中硅化合物的含量一般在 $1\sim20mg/L$ SiO_2 的范围内，地下水有时高达 $60mg/L$ 以上。这与 SiO_2 和水之间的溶解平衡有关

$$SiO_2(s,石英)+2H_2O \rightleftharpoons SiO_2(s)+2H_2O, \lg K=-3.7(25℃)$$

$$SiO_2(s,无定形)+2H_2O \rightleftharpoons Si(OH)_4 或 H_4SiO_4, \lg K=-2.7(25℃)$$

$$Si(OH)_4 \rightleftharpoons SiO(OH)_3^- +H^+, \lg K=-9.46 \tag{2-48}$$

$$4H_2SiO_3 \rightleftharpoons H_6Si_4O_{12}^{-2}+2H^+, \lg K=-12.56 \tag{2-49}$$

莫尼（Money）与福尼尔（Fouinier，1962）曾测定了石英的溶解度：25℃ 时为 $6.0mg/L$，84℃ 时为 $26mg/L$；无定形 SiO_2 的溶解度在 25℃ 时为 $115mg/L$，100℃ 时为 $370mg/L$。说明温度对 SiO_2 的溶解度有明显影响。所以在有些温度较高的泉水中，SiO_2 的含量可达到 $760\sim800mg/L$，但在表层海水中 SiO_2 的含量可低于 $1mg/L$，这可能与生物的吸附作用有关，如图 2-6 所示。

根据式（2-48）和式（2-49），水中硅化合物的含量与水的 pH 值有关。根据计算，在 $pH=8.41\sim8.91$ 时，$SiO(OH)_3^-$ 的含量占总溶解硅的 10%；在 $pH=9.41\sim9.91$ 时，$SiO(OH)_3^-$ 可占总溶解硅的 50%，pH 值对 SiO_2 溶解度的影响如图 2-7 所示。另外，$SiO(OH)_3^-$ 也可生成多核络合物

$$4Si(OH)_4 \rightleftharpoons Si_4O_6(OH)_6^{2-}+2H^++4H_2O, \lg K=-12.57$$

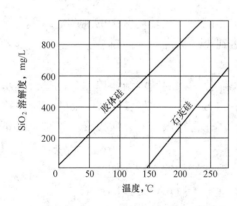 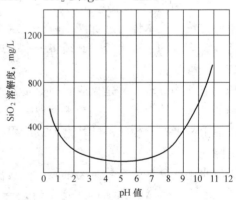

图 2-6　温度对 SiO_2 溶解度的影响（pH=7）　图 2-7　pH 值对 SiO_2 溶解度的影响（25℃）

由于硅酸化合物有多种存在形态（见图 2-8），所以它的测定方法与其他化合物有些不同。通常采用的钼蓝比色法只能测得水中分子量较低的硅酸化合物，分子量较大的硅酸，有的不与钼酸反应，有的反应缓慢。所以根据反应能力不同，将水中硅酸化合物分成两种：凡是能够直接用比色法测得的称为活性二氧化硅（简称活性硅），凡是不能直接用比色法测得的称为非活性二氧化硅（简称非活性硅）。

在水质分析中，称活性硅为溶解硅或反应硅，非活性硅为胶体硅，溶解硅（dissolved

silica）与胶体硅（colloidal silical）之和为全硅（total silica）。溶解硅与胶体硅之间可以相互转换，转换条件与水的 pH 值、温度和浓度有关，如图 2-9 所示。图 2-9 中的虚线为单核墙，它表示多聚体量达到单体量的 $\frac{1}{100}$ 的情况，阴影部分表示水中溶解的多聚体已超过 $\frac{1}{100}$。

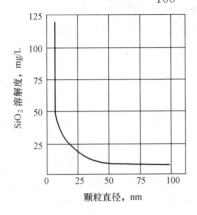

图 2-8 SiO_2 的颗粒直径与溶解度的关系

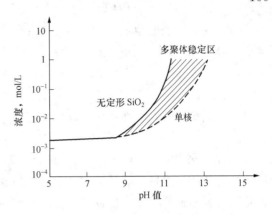

图 2-9 pH 值与 SiO_2 形态的关系

溶解硅中最简单的是偏硅酸 H_2SiO_3，所以经常用它代表水中硅酸化合物，有时简称为硅酸。它是二元弱酸，可以进行二级解离

$$H_2SiO_3 \Longleftrightarrow H^+ + HSiO_3^- \Longleftrightarrow 2H^+ + SiO_3^{2-} \qquad (2\text{-}50)$$

一级解离常数 $\qquad K_1 = \dfrac{f_1^2 [H^+][HSiO_3^-]}{[H_2SiO_3]} = 1\times10^{-9}$

二级解离常数 $\qquad K_2 = \dfrac{f_1 f_2 [H^+][SiO_3^{2-}]}{f_1 [HSiO_3^-]} = 1\times10^{-13} \qquad (2\text{-}51)$

与碳酸化合物解离一样，硅酸化合物的解离程度也与水的 pH 值有关，不同 pH 值时 H_2SiO_3 解离程度见表 2-14。由表 2-14 可见，在天然水的中性 pH 值下，水中溶解硅大都以 H_2SiO_3 形式存在，$HSiO_3^-$ 仅占 0.3%（pH＝7）。当水的 pH 值在 9.0 以下时，离子态 $HSiO_3^-$ 的量非常少，几乎都呈分子态（H_2SiO_3），而分子态 H_2SiO_3 在水中的溶解度是一定的。SiO_3^{2-} 在水的 pH＝9.5 时才有少量存在，而 H_2SiO_3 和 $HSiO_3^-$ 各占 50% 左右。

表 2-14 　　　　　　　　　　　　水中硅酸解离程度与 pH 值关系　　　　　　　　　　　　%

pH	5	6	7	8	8.5	9	9.5	10	11	12	12.9
H_2SiO_3	100	100	99.7	96.9	90.8	75.8	49.6	23.5	2.6	0.1	0
$HSiO_3^-$			0.3	3.1	9.2	24.2	50.2	75.3	84	38.4	7.3
SiO_3^{2-}							0.2	1.2	13.4	61.5	92.7

不论溶解硅还是胶体硅，它们对水电导率的影响都很小，不能用电导率来判断水中的 SiO_2 含量，如纯水中 SiO_2 若未彻底去除，在纯水电导率上基本反映不出来。

三、铁的化合物

天然水中，铁的化合物也有溶解态、胶体和颗粒状三种形态，颗粒状的主要是铁及其氧化物，如 Fe_2O_3、Fe_3O_4 等，溶解态有 Fe^{2+} 和 Fe^{3+} 两种。

溶解态的 Fe^{2+} 通常存在于一部分地下水中，它主要通过以下几种途径进入地下水中。

（1）当含有 CO_2 的地下水与菱铁矿 $FeSO_4$ 或 FeO 的地层接触时，会发生以下反应

$$FeSO_4 \rightleftharpoons Fe^{2+} + SO_4^{2-}$$

$$FeO + 2CO_2 + H_2O \rightleftharpoons Fe^{2+} + 2HCO_3^-$$

$$FeCO_3 + CO_2 + H_2O \rightleftharpoons Fe(HCO_3)_2$$

（2）在含有机质的地下水中，由于微生物的厌氧分解，常含有一定量的 H_2S 气体，可将地层中高价铁 Fe_2O_3 还原，并在 CO_2 的作用下溶入水中，即

$$Fe_2O_3 + 3H_2S \rightleftharpoons 2FeS + 3H_2O + S$$

$$FeS + 2CO_2 + 2H_2O \rightleftharpoons Fe^{2+} + 2HCO_3^- + S$$

（3）铁的硫化物在酸性矿水中被氧化而溶于水中，即

$$2FeS + 7O_2 + 2H_2O \rightleftharpoons 2FeSO_4 + 2H_2SO_4$$

从而使酸性矿水中的含铁浓度高达数百毫克/升，故一般不作为给水水源。

（4）有机物对含铁矿物的溶解。有些有机酸能溶解岩石矿物中的二价铁进入水中；有些有机物能将岩石矿物中的三价铁还原为二价铁而溶入水中；还有些有机物能与铁生成有机铁而溶入水中。

由于地下水溶解氧的浓度偏低及 pH 值偏中性或微酸性，所以二价铁在地下水中的溶解度较大，而且比较稳定，不易析出。但当地下水流出地面暴露大气后，由于水中 CO_2 散失、pH 值升高和溶解氧浓度提高，Fe^{2+} 会很快发生以下氧化反应

$$4Fe^{2+} + 3O_2 + 6H_2O \longrightarrow 4Fe(OH)_3 \downarrow$$

生成的 $Fe(OH)_3$ 溶解度很小，很容易形成胶体颗粒或沉淀，所以地表水的含铁量比地下水小得多。

四、含氮化合物

天然水体中的含氮化合物主要有 N_2、NO_3^-、NO_2^- 和 NH_4^+，其中 N_2 主要来自空气中氮气的溶解。在大气的氮气分压（约 $0.078MPa$）下，$25℃$ 时水中饱和溶解量可达 $14.1mg/L$。由于氮气为惰性气体，很少引起重视。所以，天然水中的氮气是稳定的，只有在固氮生物（如豆科植物）内部，N_2 在还原条件下才转变为 NH_4^+，即

$$N_2 + 8H^+ + 6e \longrightarrow 2NH_4^+$$

但在天然水中，由 N_2 转变为 NH_4^+ 的量很少，所以水中的含氮化合物主要来源于含氮有机物的降解及工业水和农田水的排放。

随人们生活污水和工业废水排入天然水体的含氮有机物（如蛋白质、尿素等），在微生物的作用下，逐渐分解为简单的氮化合物。如含氮的氨基酸（含有 $-NH_2$），在有氧环境中，经亚消化细菌作用变为 NO_2^-（$2NH_4^+ + 3O_2 \xrightarrow{\text{亚消化反应}} 2NO_2^- + 4H^+ + 2H_2O$），再由消化细菌变为 NO_3^-（$NH_4^+ + 2O_2 \xrightarrow{\text{消化反应}} NO_3^- + 2H^+ + H_2O$）。在缺氧环境中，$NO_3^-$ 在还原细菌的作用下变为 NO_4^+ 或 N_2（或 NH_3）（$4NO_3^- + 5[CH_2O] + 4H^+ \xrightarrow{\text{反消化反应}} 2N_2 + 5CO_2 + 7H_2O$）。

五、有机化合物

1. 有机化合物的来源

天然水体中的有机化合物主要来自以下几个方面：

（1）土壤中有机物的溶入。天然水体在自然循环运动中，由于对土壤、农田、河床、湖泊底部沉积物及沼泽地的冲刷，使其中的有机物溶入水中。

（2）生活污水的排入。生活污水排入天然水体，往往会含有大量营养物质，如蛋白质、脂肪和淀粉等。

（3）工业废水的排入。未经处理的工业废水排入天然水体，往往含有大量有机物。不同工业排放的工业废水有机物种类不同，如食品工业排放的废水主要含有营养物质，农药厂排放的废水主要含有人工合成的有机物。

（4）生物降解产物。排入天然水体中的有机物会被水中的微生物降解，降解产物为 CO_2、H_2O、CH_4 及腐殖质类化合物。

2. 有机化合物的分类

天然水体中的有机物种类繁多，对其分类也比较困难，目前多是根据不同研究目的做大体分类。

（1）按有机物颗粒大小分类。按有机物颗粒大小，可分为悬浮态、胶态和溶解态。如前所述，目前是将水通过 $0.45\mu m$ 的微孔滤膜后的水中有机物当作溶解态有机物。

（2）按有机物分子质量大小进行分段。它是将水中有机物按分子质量大小分成若干段，如<500、500～1000、1000～2000、2000～5000、5000～10 000 等。这种分类方法与测量分子质量的检测方法有关。如：超滤法是用一系列不同截留分子质量的超滤膜对水中有机物进行过滤分段；凝胶色谱法是让水通过一个多孔凝胶，不同分子质量的有机物在凝胶孔中通过的路径不同，流出时间也不同，以此对水中有机物进行分离、分段；气相色谱、色—质谱仪法是将水中有机物分成两类：一类是分子质量小于 300～500 的有机物，称为低分子质量有机物；另一类是大于 500 的有机物，称为高分子质量有机物。

（3）其他分类方法。从处理难易程度分为挥发性有机物和非挥发性有机物，前者可用鼓风吹脱的方法从水中除去，如甲烷等。从病理学角度将水中有机物分为致突变性有机物、潜在致突变性有机物和非致突变性有机物等。

有人认为，水中的天然有机物可分为腐殖酸、富里酸、木质素和丹宁四类。腐殖酸和富里酸属于腐殖质类有机物，它在天然水中的含量一般为 $1\sim10mg/L$，有的可达 $50mg/L$，其中富里酸约占腐殖质类化合物的 80% 左右。

3. 腐殖质化合物

天然水体中的腐殖质化合物也不是单一的化合物，而是许多性质相近分子结构复杂化合物的混合物。

（1）腐殖质化合物的分类。在土壤学中腐殖质的组分如下：

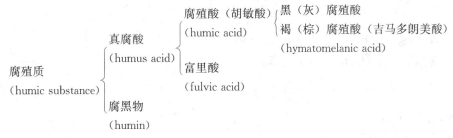

各个组分的定义如下：

1）腐殖酸。腐殖质中能溶于稀碱[0.1mmol/L Na（OH）]，但不溶于稀酸（pH＝1～1.5）的部分。

2）富里酸。腐殖质中在稀酸和稀碱中均能溶解的部分。

3）腐黑物。腐殖质中在稀碱和稀酸中均不溶解的部分。

4）黑（灰）腐殖酸。腐殖酸中在丙酮、酒精、苯酚等含氧有机溶剂中溶解的部分。

5）褐（棕）腐殖酸。腐殖酸中在丙酮、酒精、苯酚等含氧有机溶剂中不溶解的部分。

（2）腐殖质化合物的化学组分。对腐殖质类化合物的元素分析表明，它除含有碳、氢两个主要化学组分之外，还含有氮、氧、磷、硫等元素，说明在腐殖质的分子结构中含有羟基、醇、酚羟基、羧基、甲氧基等官能团，所以对外呈弱酸性，其总酸度为 5～10mmol/g。

由于腐殖质类化合物的分子结构中含有带双键的苯环，所以能强烈吸收紫外光，可以用 UV_{254} 来检测它在水中的浓度。

（3）腐殖质类化合物的性质。腐殖质类化合物的化学组分决定它有以下几个性质：

1）富里酸的水溶性比腐殖酸好，溶解度也大。如果在碱性溶液中生成相应的盐则水溶性更好，往往可以形成透明的真溶液。

2）由于分子结构中含有大量的羧基、酚羟基等官能团，对外呈现弱酸性，它们在水中解离出 H^+ 后，大分子成为带负电荷的阴离子。

3）处于胶体态和悬浮态的腐殖质类化合物，由于比表面积大，对水中金属离子、有机质表现出很强的吸附性，所以在水环境中可对金属离子（Ca^{2+}、Mg^{2+}、Fe^{3+}、Al^{3+}、Ba^{2+}）起到吸附、输送、浓缩和沉积作用。

4）由于它们是具有弱酸性的高分子化合物，因此也具有一定的离子交换能力。

5）由于腐殖质类化合物在水中解离出 H^+ 后，大分子部分成为带负电荷的有机胶体，所以能被水中带正电荷的胶体和电解质凝聚。

6）腐殖类化合物可被强氧化剂（如 $KMnO_4$、O_3、H_2O_2、紫外光、Cl_2 等）氧化降解，氧化产物为低分子有机物及 CO_2、H_2O 等。

7）有人测得腐殖酸的氧化还原电位为 ＋0.7V，可以将 Fe^{3+} 还原为 Fe^{2+}。

【例 2-1】某电厂冲灰水的水质分析结果为 $[Ca^{2+}]＝180mg/L$，$[HCO_3^-]＝220mg/L$，pH＝9.0，试根据碳酸钙的溶解平衡关系，计算该水中 $CaCO_3$ 是溶解还是析出（已知 $K_2＝4.69\times10^{-11}$，$K_{CaCO_3}＝4.8\times10^{-9}$）。

解 （1）求水中 $[CO_3^{2+}]$ 的含量。因为 pH＝9.0＞8.3，所以根据式（2-36）
$$pH＝pK_2-\lg[HCO_3^-]+\lg[CO_3^{2-}]$$
$$\lg[CO_3^{2-}]＝pH-pK_2+\lg[HCO_3^-]$$
$$＝9.0+\lg4.69\times10^{-11}+\lg\frac{220}{61}\times10^{-3}＝-3.77$$
$$[CO_3^{2-}]＝1.698\times10^{-4}mol/L$$

（2）计算 $[Ca^{2+}]$、$[CO_3^{2-}]$ 的浓度积。
$$[Ca^{2+}][CO_3^{2-}]＝\left(\frac{180}{40}\times10^{-3}\right)\times(1.698\times10^{-4})＝7.64\times10^{-7}＞K_{CaCO_3}$$

故有 $CaCO_3$ 析出。

第三章

水 的 混 凝 处 理

天然水体中常含有泥沙、黏土、腐殖质等悬浮固体和胶体杂质及细菌、真菌、藻类、病毒等微生物，它们在水中具有一定的稳定性，是造成水体浑浊、带颜色和异味的主要原因。混凝处理、沉降澄清、过滤和吸附处理，就是以除去这些杂质为主要目的，使水中悬浮固体的含量降至 5mg/L 以下，即得到澄清水，习惯上称它们为水的预处理。经过预处理后的水，根据不同的用途再进行深度处理。如作为锅炉用水，还必须用离子交换的方法除去水中溶解性的盐类及用加热或抽真空和鼓风的方法除去水中溶解性的气体。如不首先除去这些杂质，后续处理（如除盐等）将无法进行。

水的混凝处理是水处理工艺流程中的一个重要环节。混凝处理包括药剂、水的混合及反应（包括脱稳、凝聚、絮凝）两个阶段。为了提高混凝处理的效果，必须选用性能良好的药剂，创造适宜的化学和水力学条件。

第一节　水中胶体颗粒的主要特性

一、胶体分散体系

根据胶体化学的概念，一种或几种物质均匀地分散在另一种物质中，它们共同组成的体系称为分散体系，其中被分散为许多微小粒子的物质称为分散相，而微小粒子周围的另一种连续物质称为分散介质。如悬浮黏土颗粒分散在水中，黏土颗粒叫分散相，水就是分散介质。

把天然水中粒径在 $10^{-6} \sim 10^{-4}$ mm 的各种微小粒子都划为胶体范围，是因为它们都具有胶体的性质。这些微小粒子可以是细小的黏土颗粒，也可以是溶质分子的集合体或分子量比较大的高分子化合物。黏土颗粒和溶质分子的集合体都占有一定的体积和面积，由于它们不溶于水，所以与水之间存在相间分界面，组成一个微多相分散体系。

天然水体虽然是一种由多种胶体颗粒共存的体系，但其中以黏土矿物质及腐殖质最为普遍。黏土微粒是造成天然水体混浊的主要物质，其中粒径大于 $10\mu m$ 的主要是石英、长石、云母等原生矿物颗粒，粒径小于 $10\mu m$ 的主要是高岭石、蒙脱石等次生矿物颗粒，后者是混凝处理的主要对象。高岭石的化学通式为 $Al_4Si_4O_{10}(OH)_8$，蒙脱石的化学通式为 $Al_4Si_8O_{20}(OH)_4$，所以各类黏土矿物质都属于铝硅酸盐类，具有不同的形状，呈非对称性，即长度和宽度比厚度大得多。

二、胶体颗粒的主要特性

1. 水中分散颗粒的稳定性

表 3-1 是球形悬浮颗粒（砂）在 10℃水中的沉降速度（相对密度为 2.65）。

表 3-1 球形颗粒的沉降速度

颗粒直径 （mm）	颗粒名称	沉降速度 （mm/s）	沉降 1m 所需时间	颗粒直径 （mm）	颗粒名称	沉降速度 （mm/s）	沉降 1m 所需时间
10	—	1000	1s	0.001	细粒黏土	0.001 54	7d
1	粗砂	100	10s				
0.1	细砂	8	2min	0.000 1		0.000 015 4	2 年
0.01	泥土	0.154	2h	0.000 01	胶体	0.000 001 54	200 年

表 3-1 中的数据说明，颗粒直径大于 0.1mm 以上的细砂，可借助重力在 2min 以内除去。而颗粒直径小于 0.001mm 的细粒黏土，沉降速度非常缓慢。当颗粒直径达到胶体大小时，实际上已不可能自行沉降，它们能长时间在水中保持悬浮分散状态，这种现象统称为"分散颗粒的稳定性。"因为从水处理的观点，凡沉降速度缓慢的颗粒都不可能在停留时间很短的水处理设备中沉降分离出来，所以认为它们在水中均是稳定的。

2. 胶体颗粒的动力稳定性

分散于水中的各种悬浮颗粒，随时都受到水分子热运动的撞击。当悬浮颗粒直径比较大时，每一个颗粒从各个方向同时受到水分子的数次撞击，所以各个方向的撞击力可以相互平衡抵消，使这种颗粒能在重力作用下沉降分离。当颗粒直径小至胶体范围时，每一个颗粒受到水分子撞击的次数较少，各个方向的撞击力在瞬间内达不到平衡，朝合力的方向不断高速位移，运动的轨迹是不规则的，这种运动被称为"布朗运动"。另外，由于这种颗粒质量很轻，重力沉降作用甚微，从而导致胶体颗粒处于均匀的分散状态，这称为胶体颗粒的动力稳定性。这是黏土颗粒能长期稳定存在于水中，致使天然水体产生混浊的主要原因。

布朗运动的速度与颗粒的直径大小有关，粒径越大，布朗运动的速度就越小，当颗粒直径达到 $3\sim5\mu m$ 以上时，布朗运动就停止了。

3. 胶体颗粒的带电现象

如果将胶体颗粒的水溶液加入一支 U 形管中，两端插入电极并接直流电源，可见到水中胶体颗粒向某一个电极方向迁移和浓集，说明这些胶体颗粒是带电的。有的胶体颗粒向正极方向移动，如黏土颗粒、细菌及蛋白质一类的高分子有机化合物，说明它们带有负电荷；有的胶体颗粒向负极方向移动，如金属铝和铁的氢氧化物等，说明它们带有正电荷。由于胶体颗粒的这种带电现象，使相同的胶体颗粒之间产生静电斥力，这种静电斥力的大小决定于两个胶体颗粒所带电荷的数目和相互间的距离，并与两个胶体颗粒间距的平方成反比。如果胶体颗粒之间的静电斥力大于它们之间的范德华尔兹引力，它们之间就会产生相互排斥作用，不能相互凝聚，而长期稳定地存在于水中。

胶体颗粒带电的原因有以下几种情况：

（1）同晶置换。水中的黏土颗粒大都是硅和铝的氧化物，当晶格中的 Si^{4+} 被水中大小几乎相同价数较低的 Al^{3+} 或 Ca^{2+} 置换后，或晶格中的 Al^{3+} 被水中的 Ca^{2+} 置换后，都不会影响黏土颗粒的晶体结构，但却使黏土颗粒带上了负电荷，这种作用称为同晶置换。

（2）胶体颗粒表面分子的电离。含有羧酸基团或胺基团的高分子有机化合物胶体颗粒，如腐殖酸、蛋白质等，由于颗粒表面活性基团的电离作用而带正电荷或负电荷。如蛋白质在碱性溶液中易带负电荷

$$R \begin{matrix} COOH \\ \\ NH_2 \end{matrix} + NaOH \longrightarrow R \begin{matrix} COO^- \\ \\ NH_2 \end{matrix} + Na^+ + H_2O \tag{3-1}$$

在酸性溶液中易带正电荷

$$R \begin{matrix} COOH \\ \\ NH_2 \end{matrix} + HCl \longrightarrow R \begin{matrix} COOH \\ \\ NH_3^+ \end{matrix} + Cl^- \tag{3-2}$$

细菌的原生质主要成分是蛋白质，在天然水体的 pH 值条件下，易带负电荷。

（3）不溶氧化物对水中离子的摄取。石英砂表面的硅原子水合后生成硅烷醇基团≡SiOH，从水中摄取 H^+ 时带正电荷

$$\equiv SiOH + H_3^+ \longrightarrow \equiv SiH_2^+ + H_2O \tag{3-3}$$

从水中摄取 OH^- 时带负电荷

$$\equiv SiOH + OH^- \longrightarrow \equiv SiO^- + H_2O \tag{3-4}$$

（4）胶体颗粒的表面吸附。由于胶体颗粒有巨大的表面积，有着很强的吸附能力，因此，能对溶液中某些离子产生选择性吸附。现以 $FeCl_3$ 水解形成的 $Fe(OH)_3$ 胶体为例，说明其带电的原因。

$FeCl_3$ 的水解反应

$$FeCl_3 + 3H_2O \longrightarrow Fe(OH)_3 + 3HCl \tag{3-5}$$

水解形成的 $Fe(OH)_3$ 分子聚合在一起构成胶体的核心，称为胶核。胶核表面上的 $Fe(OH)_3$ 又与 HCl 作用生成 FeOCl，FeOCl 进而解离成 FeO^+ 和 Cl^-

$$Fe(OH)_3 + HCl \longrightarrow FeOCl + 2H_2O \tag{3-6}$$

$$FeOCl \longrightarrow FeO^+ + Cl^- \tag{3-7}$$

这时，胶核表面上的 $Fe(OH)_3$ 能选择性地吸附 FeO^+ 而带上正电荷。

当水中存在表面活性剂时，胶体颗粒也会因选择性吸附而带电。表面活性剂分子一端为憎水性，另一端为亲水性。憎水性一端容易吸附在胶体颗粒的表面上，亲水端伸入水体中，解离后可带正电荷或负电荷。

4. 胶体颗粒的溶剂化作用

胶体颗粒按其对溶剂（水）的亲和力强弱，分为亲水性胶体和憎水性胶体。亲水性胶体在水中保持稳定性的原因是在胶体颗粒表面上有一个具有一定厚度的水膜。水膜具有定向排列结构，当两个亲水性胶体颗粒相碰时，水膜被挤压变形，但因水膜有力图恢复原定向排列结构的能力，而使水膜具有弹性，从而使两个相碰撞的胶体颗粒"擦肩而过"，而不凝聚。

天然水体中的亲水胶体主要是一些高分子的有机化合物，在其分子结构中含有带正电的 $—NH_3^+$ 或带负电的 $—COO^-$ 等极性基团。它们具有吸附大量水分子的能力，在其表面形成一个水膜，增加了这种胶体颗粒在水中的稳定性。

憎水胶体颗粒在水中的稳定性在于它的带电性，这可由双电层结构来说明。

第二节　胶体颗粒的稳定性与脱稳方法

一、胶体颗粒的双电层结构

根据胶体化学的概念，胶体（colloid）颗粒由胶核、吸附层和扩散层三部分组成。$Fe(OH)_3$ 胶体的双电层的结构，可表示为

$$mFe(OH)_3 \cdot nFeO^+ (n-p)Cl^- \cdot pCl^- \tag{3-8}$$

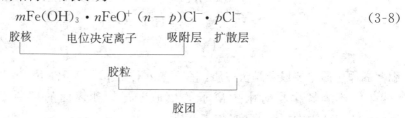

式中的 m、n、p 表示任何正整数，m 表示胶核中 $Fe(OH)_3$ 的分子数，n 表示吸附在胶核表示面上的电位决定离子数，p 表示扩散层中的反离子数。

胶核、电位决定离子、反离子的吸附层和扩散层组成一个整体，叫胶团，胶团是不带电的。图 3-1（a）所示为胶体颗粒的结构。

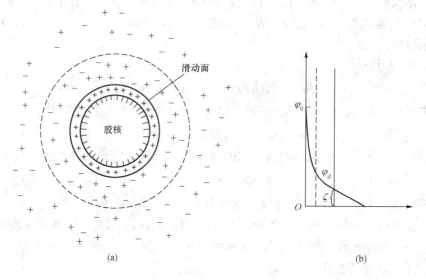

图 3-1　胶体结构和双电层中的电位分布
（a）胶体结构；（b）双电层中的电位分布

当胶体颗粒在某种力的作用下与水溶液之间发生相对位移时，吸附层中的反离子和扩散层中的部分反离子随胶核一起运动，而扩散层的其余反离子滞留在水溶液中，这样就形成了一个脱开的界面，称为滑动面。滑动面的电位叫 ζ 电位，吸附层与扩散层分界面处的电位用 φ_d 表示，胶核表面上的电位叫总电位，也称热力学电位 φ_0，如图 3-1（b）所示。在水处理中，经常把 ζ 电位与 φ_d 等同看待。ζ 电位的大小直接影响到胶体颗粒的稳定性，ζ 电位越高，颗粒之间的斥力越大，稳定性就越高。反之，ζ 电位越低，颗粒之间的斥力越小，也就越不稳定。ζ 电位可用微电泳仪测定胶体颗粒的电泳速度（也称电泳迁移率）u 计算得出。有资料认为，在 25℃的水中，ζ 与 u 之间的大致关系是

$$\zeta = 12.8u, \text{mV} \tag{3-9}$$

式（3-9）在颗粒直径大小为 $1\mu m$、ζ 值为 $50\sim$ 60mV 范围内是正确的。

二、胶体颗粒之间的排斥力与吸引力

带有相同电荷的胶体颗粒之间除了存在静电排斥力之外，还存在有吸引力，这种吸引力称为范德华尔兹引力。

当两个胶体颗粒在运动中相互接近时，实际上它们是以滑动面为界面的带相同电荷的两个颗粒相互接近。按库仑定律，相同电荷的两个颗粒之间的静电斥力大小与两个颗粒中心距的 $2\sim3$ 次方成反比关系，即靠得越近斥力越大，如图 3-2 所示。如果排斥力的大小用排斥位能 E_R 表示，则两个球形颗粒之间的排斥位能 E_R 可表示为

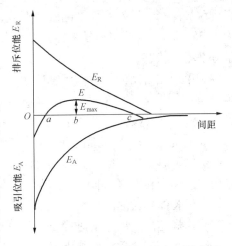

图 3-2 相互作用位能与颗粒间距的关系

$$E_R = \frac{1}{2}\varepsilon r\varphi_B^2 e^{-kh}, \text{J} \tag{3-10}$$

式中：ε 为水的介电常数；r 为颗粒半径；φ_B 为颗粒的表面电位；e 为元电荷，1.6×10^{-19} C；k 为水中离子浓度的函数，可由式（3-11）求出；h 为两个颗粒之间的表面距离。

$$k = \sqrt{\frac{4\pi e^2 \sum Z_i^2 n_i}{\varepsilon k_p T}} \tag{3-11}$$

式中：Z_i 为 i 种离子的价数；n_i 为水中 i 种离子的个数浓度，个/L；k_p 为波尔兹曼常数，$1.38\times10^{-23}\text{J/K}$；$T$ 为绝对温度，K。

两个胶体颗粒之间的范德华尔兹引力是由胶体中的分子产生的，它包括静电力、感应力和色散力三个部分。如果用 E_A 表示由范德华尔兹引力产生的相应吸引位能，其数值大小与分子间距 h_0 的 6 次方成反比，如图 3-2 所示，可表示为

$$E_A = -\beta h_0^{-6} \tag{3-12}$$

式中：β 为相互作用参数。

在两个半径为 r 的球形胶体颗粒之间产生的吸引位能 E_A 为

$$E_A = -\frac{Ar}{12h^2} \tag{3-13}$$

式中：A 为与颗粒界面物理性质有关的常数。

在图 3-2 中，以排斥位能 E_R 为正，以吸引位能 E_A 为负，则两个颗粒之间相互作用的总位能（或称合成势能）为排斥位能减去吸引位能之差，即

$$E = E_R - E_A \tag{3-14}$$

或

$$E = \frac{1}{2}\varepsilon r\varphi_B^2 e^{-kh} - \frac{Ar}{12h^2} \tag{3-15}$$

由图 3-2 可知，当胶体颗粒之间的表面距离大于 Oc 或小于 Oa 时，才表现为吸引作用，但距离大于 Oc 时，双电层未能重叠，吸引位能甚小，不能发生凝聚。当距离为 Ob 时，排斥位能最大，称为排斥势能峰 E_{max}。所以，要想使两个颗粒凝聚，必须使运动的动能足以克

服排斥势能峰。天然水体中的胶体颗粒，其排斥位能 E_{max} 一般比布朗运动的平均动能（大约为 $1.5k_pT$，k_p 为波尔兹曼常数，T 为水的绝对温度）大几百倍甚至几千倍，所以能长期处于分散稳定状态。

利用颗粒之间的相互作用来阐述天然水体中胶体颗粒的分散稳定性及凝聚性，是 1941 年由苏联学者德加根（Derja-guin）、兰道（Landon）和 1948 年荷兰学者伏维（E. J. W. Verwey）、奥伏贝克（J. Th. G. Over-beek）提出的，故称 DLVO 理论。

如上所述，DLVO 理论是建立在静电排斥位能的基础上的，没有考虑水化膜对颗粒之间产生的阻碍作用。因此，如果要使亲水胶体颗粒发生凝聚，应首先降低水化膜的厚度。而对憎水胶体颗粒而言，自然会随着 ζ 电位的降低或消失，水化膜的厚度也随之减小或消失。

三、胶体颗粒的脱稳

胶体颗粒的脱稳是指通过降低胶体颗粒的 ζ 电位或减小水化膜的厚度，破坏它的稳定性，使相互碰撞的颗粒聚集成大的絮凝物，最后从水中沉降分离出来的过程。下面介绍在水处理领域内经常采用的几种脱稳方法。

1. 投加带高价反离子的电解质

在含有带负电荷的黏土胶体颗粒的水中，投加带高价反离子（异号离子）的电解质后，水中反离子浓度增大，胶体颗粒的扩散层因受到压缩而变薄，ζ 电位降低或消失。此时颗粒之间的排斥位能减小或消失，总位能为吸引位能，颗粒之间很容易凝聚。ζ 电位等于零的状态，称为等电点。但凝聚不一定在 ζ 电位降至等电点时才开始发生，而在 ζ 电位大致等于 0.03V 时就开始凝聚，ζ 电位值是胶体颗粒保持稳定的限度，故称临界电位值。

电解质的凝聚能力有两种表示方法：一是临界凝聚浓度（或聚沉值），它是在指定条件下，使胶体颗粒凝聚沉降所需的最低浓度，以 mmol/L 表示；二是聚沉率，它是聚沉值的倒数。

试验证明，投加的电解质，其反离子的价数越高，凝聚的效果越好。在投加量相同的情况下，二价离子的凝聚效果为一价离子的 $50\sim60$ 倍，三价离子为一价离子的 $700\sim1000$ 倍，即要使水中带负电荷的胶体颗粒凝聚，所需正一价、二价、三价离子的投加量之比，大致为 $1:0.01:0.001$，这条规则被称为叔尔采—哈迪（Schulze-Hardy）法则。但叔尔采—哈迪法则只表示数量级的近似关系，而且各个文献资料提供的数值也不完全一致，这说明电解质的凝聚能力不但与反离子的价数有关，还与其他因素有关，这些因素有：

（1）反离子的大小。同价离子的凝聚效率虽然相近，但也有差别，特别是一价离子比较明显，若将各种离子按其凝聚能力大小顺序排列，则一价正离子可排列为：$H^+ > Cs^+ > Rb^+ > NH_4^+ > K^+ > Na^+ > Li^+$；一价负离子可排列为 $F^- > HCO_3^- > H_2PO_4^- > BrO_3^- > Cl^- > ClO_3^- > Br^- > I^- > SCN^-$。同价离子的凝聚能力次序与水合离子半径从小到大的次序大体相同，这可能与水合离子半径越小越容易靠近胶体颗粒有关。高价离子的凝聚能力主要由其价数决定，受离子大小的影响相对较小。

（2）同号离子的影响。同号离子是指与胶体颗粒所带电荷相同的离子，一般情况下，它们对胶体颗粒有一定的稳定作用，可以降低异号离子（反离子）的凝聚能力。但也有相反的情况，特别是有机大离子。

（3）不规则凝聚。它是指加入少量电解质就使胶体颗粒凝聚，但投加稍有过量，絮凝物又重新分散，而且电荷符号改变。如果继续提高投加电解质的量，则又可以使新形成的分散体系再次凝聚,这种现象称为不规则凝聚。

2. 投加带相反电荷的胶体

向天然水中投加与原有胶体电荷相反的胶体后,由于电性中和作用,使两种胶体的ζ电位值均降低或消失而发生脱稳,产生凝聚。为使两种胶体凝聚,必须控制适当的投加量,如投加量不足,仍保持一定的ζ电位值,凝聚效果不好。但如果投加量过大,由于原来水中带负电荷的黏土颗粒因吸附了过多的正离子而带正电荷,使胶体颗粒发生再稳定现象,这称为电荷变号。

3. 投加高分子絮凝剂

高分子絮凝剂是一种水溶性的线型化合物,分子呈链状,由大量的链节组成,每一个链节是一个化学单体。如果化合物中的单体含有可离解的官能团,则称为聚合电解质。聚丙烯酰胺(PAM)就是一种典型代表,其分子式为

$$\left[\begin{array}{c} CH_2-CH \\ | \\ C=O \\ | \\ NH_2 \end{array} \right]_n$$

当高分子絮凝剂投加到水中后,开始时是某一个链节的官能团吸附在某一个胶粒上,而另一个链节伸展到水中吸附在另一个胶粒上,从而形成了一个"胶体颗粒—高分子絮凝剂—胶体颗粒"的絮凝体,即高分子絮凝剂在两个颗粒之间起到一个吸附架桥作用,如图3-3反应2所

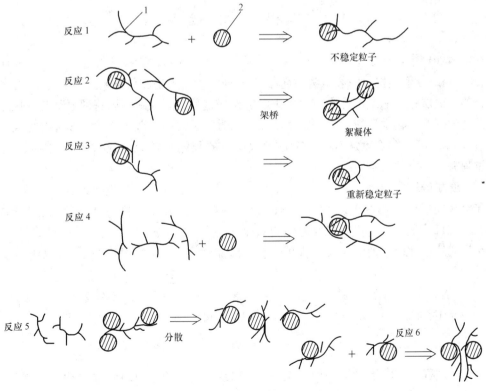

图3-3 高分子絮凝剂的吸附架桥作用示意图

1—高分子絮凝剂;2—胶粒

示。高分子絮凝剂与胶体颗粒之间的这种吸附力可能来源于范德华尔兹引力，也可能来源于氢键、配位键或某一种电性吸引力，高分子絮凝剂的性质不同，吸引力的性质和大小也不同。

如果高分子絮凝剂伸展到水中的链节没有被另一个胶体颗粒所吸附，就有可能折回吸附到所在胶体颗粒表面上的另一个吸附位上，使胶体颗粒表面的吸附位全部被占据，从而失去再吸附的能力，形成再稳定状态，如图3-3反应3所示。

如果投加的高分子絮凝剂过多，致使每一个胶体颗粒的吸附位都被高分子絮凝剂所占据，失去同其他胶体颗粒吸附架桥的可能性，胶体颗粒的稳定性不但不被破坏，反而得到加强，这种现象称为胶体的保护作用，如图3-3反应4所示。这种胶体的保护作用可使胶体颗粒处于再分散稳定状态，而这种再保护作用可能是由于某一种排斥力产生的（如由于高分子絮凝剂受压变形而产生的排斥势能，或带电高分子絮凝剂之间的电性斥力，或水化膜弹性）。

由于高分子絮凝剂是一种水溶性的线型化合物，对水中的胶体颗粒还有分散作用，特别是当水中胶体颗粒浓度偏低而絮凝剂浓度偏高时，分散作用就更明显，如图3-3反应5所示。

絮凝剂高分子链上的带电官能团对带异号电荷的胶体颗粒，还可能产生范德华尔兹引力引起胶凝作用或产生电性中和作用引起凝聚，如图3-3反应6所示。

如果受到强烈的搅动作用，通过吸附架桥作用形成的絮凝体将被打碎，断裂的高分子链节就会折转过来再吸附在本身所占颗粒的其他吸附位上，又重新成为分散稳定状态。

除了链状高分子化合物以外，无机高分子化合物，如铁盐、铝盐的水解产物，也能起到吸附架桥作用。

第三节　混凝处理原理

在给水处理中，从原水投加混凝剂开始，到产生大颗粒的絮凝物为止，整个过程叫混凝（coagulation）处理过程。一般认为它包括两个阶段：首先是胶体颗粒脱稳，它是指水中胶体颗粒的双电层被压缩或电性中和而失去稳定性的过程，即在瞬间内将混凝剂与水快速均匀混合并产生一系列化学反应，这一过程所需要的时间很短，一般可在 $10 \sim 30s$ 内完成，最多不超过 $2min$；第二个阶段是絮凝，它是指脱稳后的胶体颗粒聚合成大颗粒絮凝物的过程，这一过程需要一定的聚合时间。

一、混凝处理原理

在给水处理中采用的混凝剂（coagulant）一般为铝盐和铁盐两种，现以硫酸铝 $[Al_2(SO_4)_3 \cdot 18H_2O]$ 为例，说明混凝处理的原理。

在早期的水处理原理中，认为硫酸铝和硫酸亚铁（$FeSO_4 \cdot 7H_2O$）加入水中后发生如下反应

$$Al_2(SO_4)_3 \cdot 18H_2O + Ca(HCO_3)_2 \longrightarrow 3CaSO_4 + 2Al(OH)_3 \downarrow + 6CO_2 + 18H_2O \qquad (3-16)$$

$$FeSO_4 \cdot 7H_2O + Ca(HCO_3)_2 \longrightarrow Fe(OH)_2 + CaSO_4 + 2CO_2 + 7H_2O$$

$$2Fe(OH)_2 + \frac{1}{2}O_2 + H_2O \longrightarrow 2Fe(OH)_3 \downarrow \qquad (3-17)$$

在反应过程中，由于水解作用产生的 Al^{3+}（或 Fe^{2+}、Fe^{3+}）的电性中和、压缩双电层、降低 ζ 电位等作用，完成混凝处理的目的。

但近些年来的水处理文献中，认为铝盐或铁盐加入水中后，立刻解离成 Al^{3+} 或 Fe^{2+}、

Fe^{3+}，但它们并不是以这种裸露的简单离子形式存在于水中，而是以 H_2O 为配位体的水合铝离子 $[Al(H_2O)_6]^{3+}$ 或水合铁离子 $[Fe(H_2O)_6]^{3+}$ 的形式存在，这是一种最简单的单核络合物。由于水的混合和稀释作用，pH 值上升，水合离子发生水解反应

$$[Al(H_2O)_6]^{3+}+H_2O \rightleftharpoons [Al(OH)(H_2O_5)]^{2+}+H_3^+O \tag{3-18}$$

$$[Al(OH)(H_2O)_5]^{2+}+H_2O \rightleftharpoons [Al(OH)_2(H_2O)_4]^++H_3^+O \tag{3-19}$$

$$[Al(OH)_2(H_2O)_4]^++H_2O \rightleftharpoons [Al(OH)_3(H_2O)_3]\downarrow+H_3^+O \tag{3-20}$$

上述水解过程可以看作是水合络合离子中的配位体由 H_2O 转化为—OH 的置换过程，最终生成中性的氢氧化铝难溶沉淀物。这一过程同时也是一个不断放出质子 H^+ 的过程，使水的酸性增强。因此，如果水解产生的 H^+ 能及时被水中碱度所中和，会使水解反应进行得更加迅速和充分。因为这些水合络合离子都是以一个金属离子为核心外加配位体的结构形态存在的，所以叫单核羟基络合物。

水解反应的结果，使水合络合离子的电荷数逐渐降低，但羟基铝离子数增多。由于各离子的羟基有剩余弧电子对，配位能力未达到饱和，这有利于产生以羟基为中间体，并把各个单核络合物中的金属离子结合起来的双核双羟基络合物

$$2[Al(OH)(H_2O)_5]^{2+} \rightleftharpoons \left[(H_2O)_4Al \begin{array}{c} H \\ O \\ \diagup \diagdown \\ \diagdown \diagup \\ O \\ H \end{array} Al(H_2O)_4\right]^{4+}+2H_2O \tag{3-21}$$

这一反应也称高分子缩聚反应，是由于初步水解产物中的羟基 OH^- 具有桥键性质引起的。如果继续进行还可生成三核、四核等多核络合物。这些多核络合物认为是 $[Al_3(OH)_4]^{5+}$、$[Al_4(OH)_6]^{6+}$、$[Al_6(OH)_{14}]^{4+}$、$[Al_6(OH)_{15}]^{3+}$、$[Al_8(OH)_{20}]^{4+}$、$[Al_7(OH)_{17}]^{4+}$、$[Al_{13}(OH)_{34}]^{5+}$ 及 $[Al_{18}(OH)_{49}]^{5+}$ 等（略去配位水），水中实际存在的配位络合物可能还要复杂得多。

这种以羟基架桥联结的过程称为羟基桥联。在羟基桥联生成多核络合物的过程中，生成物的配位水减少了，但生成物的电荷量增加了。这就增加了络合离子之间的斥力，阻碍进一步桥联，促使发生水解反应，又使这些多核络合离子的电荷降低，羟基数目增多，向有利于桥联方向转移。因此，水解反应和羟基桥联反应，实际上是不同配位体转换的络合反应。

上述水解反应虽然可在一个很短的时间内完成，但羟基桥联和水解反应的交错进行却需要一个过程才能完成，这样水中就有各种形态和不同电荷的可溶性络合离子同时存在。一般来讲：在低 pH 值下，高电荷低聚合度的多核羟基络合离子占主要地位；在高 pH 值下，低电荷高聚合度的高聚离子占主要地位；当 pH 值为 7～8 时，聚合度很大的中性氢氧化铝沉淀物 $[Al(OH)_3(H_2O)_3]_n$ 占绝大多数；当 pH>8.5 时，氢氧化铝沉淀物又重新溶解为阴离子。

如果将铁（Fe^{3+}）盐投入水中，与铝盐凝聚剂相类似，铁盐的所有水解聚合形态也不是等量地同时存在于溶液中，而是只有某些形态存在，并以其中的一种或者几种的浓度较大，即为优势形态。所以，在混凝处理中起混凝作用的是这些水解、桥联的中间产物。在高 pH 值时，具有低电荷高聚合度的多核羟基络合离子，由于分子结构呈链状，可通过吸附架桥作用（adsorption and interparticle bridging）发生凝聚；在低 pH 值时，具有高电荷低聚

合度的多核羟基络合离子，可通过电性中和（charge neutarlization），压缩双电层（double-layer compression），降低 ζ 电位，减少胶体颗粒之间的斥力，使颗粒之间发生碰撞而凝聚；天然水体中的 pH 值一般在 6.5～7.8 之间，此时以聚合度很大的氢氧化铝沉淀物为主，由于它的表面积大，吸附能力强，可通过与水中脱稳的胶体颗粒发生吸附，形成网状沉淀物，进一步卷扫、网捕水中胶体颗粒及 SiO_2 和有机物，形成共沉淀。

二、溶解—沉淀平衡

铁盐（或铝盐）在水中的离子及其各种水解形态（包括各种多核羟基配位离子）均与沉淀物 $Fe(OH)_3$ 有溶解—沉淀平衡关系。在它们的饱和溶液中，各种形态离子的饱和浓度（即最大浓度）直接决定于水的 pH 值。下面以铁盐为例，介绍几种水解形态与 $Fe(OH)_3(s)$ 之间的平衡关系。如

$$Fe^{3+} + H_2O \Longrightarrow Fe(OH)^{2+} + H^+ \qquad (\lg K_1 = -2.16) \tag{3-22}$$

$$Fe(OH)_3(s) \Longrightarrow Fe^{3+} + 3OH^- \qquad (\lg K_{SP} = -38) \tag{3-23}$$

$$H^+ + OH^- \Longrightarrow H_2O \qquad (\lg K_W = -14) \tag{3-24}$$

将以上三式相加可得 $Fe(OH)^{2+}$ 与 $Fe(OH)_3(s)$ 之间的平衡关系

$$Fe(OH)_3(s) \Longrightarrow Fe(OH)^{2+} + 2OH^- \tag{3-25}$$

$$\lg K_{SP,1} = -26.16$$

由此可以推导出 $Fe(OH)_2^+$、$Fe(OH)_4^-$ 和 $Fe_2(OH)_2^{2+}$ 分别与 $Fe(OH)_3(s)$ 的关系

$$Fe(OH)_3(s) \Longrightarrow Fe(OH)_2^+ + OH^- \tag{3-26}$$

$$\lg K_{SP,2} = -16.74$$

$$Fe(OH)_3(s) + OH^- \Longrightarrow Fe(OH)_4^- \tag{3-27}$$

$$\lg K_{SP,4} = -5$$

$$2Fe(OH)_3(s) \Longrightarrow Fe_2(OH)_2^{2+} + 4OH^- \tag{3-28}$$

$$\lg K_{SP,2,2} = -50.8$$

式（3-25）～式（3-28）可以画在 $\lg c$-pH 图上。例如对式（3-25）有

$$K_{SP,1} = \frac{[Fe(OH)^{2+}][OH^-]^2}{[Fe(OH)_3(s)]} = [Fe(OH)^{2+}][OH^-]^2$$

取对数得

$$\lg K_{SP,1} = \lg[Fe(OH)^{+2}] + 2\lg[OH^-]$$

或

$$\lg[Fe(OH)^{2+}] = 2pOH - 26.16$$

因为 pOH+pH=14，所以有

$$\lg[Fe(OH)^{2+}] = 1.84 - 2pH \tag{3-29}$$

同样可以推出

$$\lg[Fe(OH)_2^+] = -2.74 - pH \tag{3-30}$$

$$\lg[Fe(OH)_4^-] = pH - 19 \tag{3-31}$$

$$\lg[Fe_2(OH)_2^{4+}] = 5.2 - 4pH \tag{3-32}$$

$$\lg[Fe^{3+}] = 4 - 3pH \tag{3-33}$$

将式（3-29）～式（3-33）画在 $\lg c$-pH 图上得如图 3-4 所示的溶解—沉淀平衡图。

图 3-4 中的直线分别表示在饱和溶液中，各种溶解性化合态在不同 pH 值时的饱和浓度，超过这些浓度时，这些溶解性化合态就会变为沉淀，所以这些直线也是各种溶解性化合态转入沉淀状态的分界线。综合这些直线可以得到图中包围着阴影区域的一条综合曲线，它代表饱和溶液中各种溶解性化合态的最大饱和浓度，在此浓度之上所有溶解物的形态都将变为沉淀。

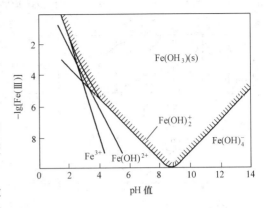

图 3-4 Fe^{3+} 在水中存在形态与 pH 值关系

从图 3-4 中还可看出，溶解区域存在某最低溶解度区段，在此区段右侧，随着 pH 值增大，溶解度增加，因此不能认为金属氢氧化物总是随 pH 值上升而溶解度降低或保持溶解度不变，因为许多金属氢氧化物不但可以配位阳离子，也可以配位阴离子，这些配位离子都可使金属氢氧化物的溶解度增大。

三、影响因素

如前所述，混凝处理包括了药剂与水的混合，混凝剂的水解、羟基桥联、吸附、电性中和、架桥、凝聚及絮凝物的沉降分离等一系列过程，因此混凝处理的效果受到许多因素的影响。

1. 水温

水温对混凝处理效果有明显影响，低温水是水处理中的一个较难解决的问题。高价金属盐类的混凝剂，其水解反应是吸热反应，水温低时，混凝剂水解更加困难，特别是当水温低于 5℃ 时，水解速率极其缓慢（如硫酸铝，水温降低 10℃，水解速度常数降低 2～4 倍），所形成的絮凝物结构疏松，含水量多，颗粒细小；水温低时，水的黏度大，胶体颗粒运动的阻力加大，布朗运动减弱，水流的剪切力也大，使絮凝物不易长大，已长大的絮凝物也可能被水流切碎；水温低时，胶体颗粒的溶剂化作用增强，形成絮凝物的时间长，沉降速度慢。

用铝盐作混凝剂时，水温为 25～30℃ 比较适宜。铁盐受温度的影响较小。图 3-5 的试验曲线说明，不同混凝剂受温度的影响是不同的。

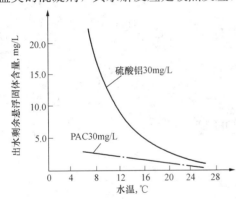

图 3-5 水温对出水剩余悬浮固体的影响

2. 水的 pH 值

如上所述，水中水合络合离子的水解过程是一个不断放出质子 H^+ 的过程。因此，在不同的 pH 值条件下，将有不同形态的水解中间产物。当 pH<4.0 时，水解受到抑制，水中存在的主要是 $[Al(H_2O)_6]^{3+}$；当 pH=4～6 时，水中出现 $[Al(OH)(H_2O)_5]^{2+}$、$[Al(OH)_2(H_2O)_4]^+$ 以及少量的 $[Al(OH)_3(H_2O)_3]_n$；当 pH=7～8 时，水中主要是中性的 $[Al(OH)_3(H_2O)_3]_n$ 沉淀物；当 pH=8～9 时，氢氧化铝被溶解为可溶性的带负电荷的络合阴离子（如 $[Al(OH)_4]^-$、$[Al_8(OH)_{26}]^{2-}$）。所以，在某一 pH 值条件下，可能有几种不同形态的水解中间产物同时存在，只是各自所占的比例不同，其值与化学平衡常数有关。

图 3-6 和图 3-7 分别示出不同 pH 值所对应的铝盐、铁盐的水解产物。

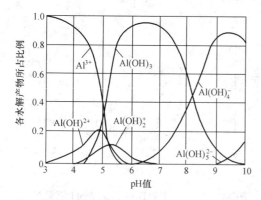

图 3-6　不同 pH 值所对应的三价铝水解产物

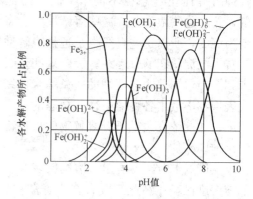

图 3-7　不同 pH 值所对应的三价铁水解产物

与铁盐一样，水中 $[Al^{3+}]$、$[Al(OH)]^{2+}$ 等水解产物浓度的对数与水的 pH 值之间也存在直线关系，下面再举两个铝盐的典型例子。

$$Al(OH)_3(s) \Longleftrightarrow Al^{3+} + 3OH^-$$

$$[Al^{3+}][OH^-]^3 = K_{SP} \tag{3-34}$$

对式(3-26)两边取对数

$$\lg K_{SP} = \lg[Al^{3+}] + 3\lg[OH^-] = -33$$

以 $\lg[OH^-] = 14 - pH$ 代入上式得

$$\lg[Al^{3+}] = -33 + 3(14 - pH) = 9 - 3pH \tag{3-35}$$

同样

$$Al^{3+} + H_2O \Longleftrightarrow Al(OH)^{2+} + H^+, \quad K_1 = 10^{-5}$$
$$Al(OH)_3(s) \Longleftrightarrow Al(OH)^{2+} + 2OH^-$$

$$K_2 = \frac{[Al(OH)^{2+}][OH^-]^2}{[Al(OH)_3(s)]} \tag{3-36}$$

因为

$$K_2 = K_1 K_{SP} / K_w$$
$$\lg K_2 = \lg K_1 + \lg K_{SP} - \lg K_w = -5 - 33 + 14 = -24$$

所以，对式(3-38)两边取对数后得

$$\lg K_2 = \lg[Al(OH)^{2+}] + 2\lg[OH^-] = -24$$
$$\lg[Al(OH)^{2+}] = -24 + 2(14 - pH) = 4 - 2pH \tag{3-37}$$

另外，pH 值对水中有机物的形态也有一定的影响。当 pH 值较低时，有机物如腐殖质为带负电荷的腐殖酸，容易通过混凝处理除去；当 pH 值较高时，成为溶解性的腐殖酸盐，除去效果较差。如果水中有机物含量较高，一些溶解性有机物分子会吸附在胶体颗粒表面形成一个有机外壳(organic coating)，阻碍混凝剂与胶体颗粒之间脱稳凝聚。这时必须加大投药量或投加氧化剂破坏有机物对胶体颗粒的保护作用。

各种混凝剂适用的 pH 值不同，硫酸铝的 pH 值为 6.5～7.5，硫酸亚铁的 pH 值大于

8.4，常与 $Ca(OH)_2$ 混合使用或加 Cl_2 氧化使之变为三价铁。高分子絮凝剂受 pH 值影响小。水中碱度应足以中和铁、铝盐水解产生的酸，否则应碱化。水的 pH 值不同时，混凝剂的加药量也不同，如 pH=9.0 时，铝盐用量为 100mg/L，pH=8.0 时为 20mg/L，pH=6.0时为 0.6mg/L。

尽管水的 pH 值对混凝处理效果影响较大，但在天然水体的混凝处理中，却很少投加碱性药剂或酸性药剂调节 pH 值。这一方面是因为天然水体比较接近最优 pH 值；另一方面水中投加了碱性物质或酸性物质以后又增加了其他物质的含量，给后续处理带来一些不必要的麻烦。只有当天然水体受到某种严重污染时，才对水的 pH 值进行调节。

3. 混凝剂剂量

混凝剂的剂量是影响混凝效果的重要因素。图 3-8 所示为混凝剂剂量与出水剩余浊度之间的关系。曲线分成三个区域。在第 I 区，因剂量不足，尚未起到脱稳作用，剩余浊度较高；在第 II 区，因剂量适当，产生快速凝聚，出水剩余浊度急剧下降；在第 III 区，剂量继续增加，出水剩余浊度不再明显降低。通常认为，在第 II 区和第 III 区之间的 m 点为最佳混凝剂剂量。

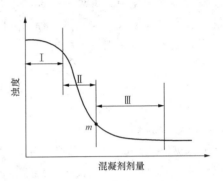

图 3-8　混凝曲线

在目前的水处理设计中，几种常用混凝剂的加药量可参考以下数据：硫酸铝 33～77mg/L［以 $Al_2(SO_4)_3 \cdot 18H_2O$ 计］；聚合铝 5～8mg/L（以 Al_2O_3 计）；硫酸亚铁 42～97mg/L（以 $FeSO_4 \cdot 7H_2O$ 计）；三氯化铁 27～63mg/L（以 $FeCl_3 \cdot 6H_2O$ 计）；聚合铁 5～10mg/L（以 Fe^{3+} 计）。

4. 接触介质

在进行混凝处理或混凝与石灰沉淀同时处理时，如果在水中保持一定数量的泥渣层，可明显提高混凝处理的效果。这个泥渣层就是前期混凝处理过程中生成的絮凝物，它可提供巨大的表面积，通过吸附、催化及结晶核心等作用，提高混凝处理的效果，所以在目前设计的混凝沉降处理设备中，都设计了泥渣层。如原水中悬浮固体含量较低（低浊水），相互撞碰的概率就少，产生大絮凝体的机会也少了。为了改善混凝处理效果，可采取增加混凝剂量、投加高分子絮凝剂或增加一部分活性黏土、提高结晶核心等措施。

5. 混凝剂的性质

一般来讲，线型高分子絮凝剂比环状结构或支链结构的效果好。相对分子量越大，越有利于产生架桥和卷扫作用，一般不宜小于 30 000。除以上几点之外，原水中悬浮固体含量、水利条件、加药方式和加药顺序等也对混凝剂有一定的影响。

四、强化混凝

强化混凝（enhanced coagulation）是指强化混凝条件的混凝处理，这种处理工艺最初是为了提高饮用水消毒副产物前驱物质的去除效果而发展起来的，近年来在工业水处理中也得到应用。

强化混凝水处理常用的方法是向水中投加过量的混凝剂，并控制较低的 pH 值。过量的混凝剂会使铁盐或铝盐形成大量的氢氧化物，并使混凝剂的水解产物正电荷密度上升；控制较低的 pH 值会影响水中有机物的离解度和提高有机物的质子化程度，降低电荷密度，进而降低有机物的溶解度和亲水性，成为较易被吸附的形态，吸附在大量已存在的金属氢氧化物颗粒的表面上共沉淀，从而提高了对水中有机物及消毒副产物前驱物质的去除率。因为常规的混凝处理工艺，混凝剂的投加量较小，控制的 pH 值也较高，不易形成大量的氢氧化物，所以对水中分子质量较小、溶解度较大的有机物（主要是低分子腐殖质类）难易吸附形成共沉淀，去降率较低。

虽然混凝剂的投加量越大，形成的金属氢氧化物也越多，对有机物的去降率也越高，但过多的混凝剂也有一定的弱点：①有可能使胶体颗粒变号，形成再稳定；②增加了水中的盐类，给后续深度处理增加了负担。因此，应根据水源水质和后续处理对水质的要求确定合理的投加量。强化混凝处理一般控制水的 pH 值在 5.5～6.5 之间，pH 值过高，水中有机物溶解度和亲水性增大，去除率下降。pH 值过低，设备会受到腐蚀，对有机物的去除效果也会下降，因为有可能出现再稳现象。

第四节　混凝剂、助凝剂和混凝试验

一、混凝剂

根据 Schulze-Hardy 法则，用作混凝处理的混凝剂主要是无机盐电解质（包括无机聚合电解质）。这些无机盐电解质的金属离子应与水中胶体颗粒表面所带电荷的电性相反，而且金属离子的价态越高，凝聚效果越好，另外还有价格低廉、对微小胶体颗粒较为有效的特点。目前在世界范围内，在天然水体和废水处理中使用最多的无机盐电解质主要是铝盐和铁盐两大类。

（一）铝盐

用作混凝剂的铝盐有硫酸铝 $Al_2(SO_4)_3 \cdot 18H_2O$、氯化铝 $AlCl_3 \cdot 6H_2O$、明矾 $Al_2(SO_4)_3 \cdot K_2SO_4 \cdot 24H_2O$、铝酸钠 $NaAlO_2$、聚合铝等，其中以硫酸铝和聚合铝应用最多。

1. 硫酸铝（aluminium sulfate）

用作水处理剂的硫酸铝有固体和液体两种产品，分子式可表示为 $Al_2(SO_4)_3 \cdot xH_2O$，分子量为 342.15[以 $Al_2(SO_4)_3$ 计]。固体产品外观呈白色或微带灰色的粒状或块状，在空气中长期存放易吸潮结块。由于有少量 $FeSO_4$ 存在，使产品表面发黄，有涩味，易溶于水，室温下在水中的质量分数为 50%，水溶液呈酸性，难溶于醇。在水中发生水解反应，水解反应速度缓慢。工业纯的硫酸铝含 $Al_2(SO_4)_3$ 为 20%～25%，化学纯的硫酸铝含 $Al_2(SO_4)_3$ 为 50%～60%。液体产品呈微绿或微灰黄色。过饱和溶液在常温下结晶为无色单斜晶体的 18 水合物，8.8℃下结晶为 27 水合物。合格产品中氧化铝（以 Al_2O_3 计）的含量：液体为 7.6%，固体为 15.6%。

以铝矿粉为原料，用 55%～60% 的硫酸与其反应，并控制反应压力（0.3MPa）和反应时间（6～8h），然后经过沉降分离、蒸发浓缩、冷却凝固和粉碎等工序，即可生成硫酸铝成品。

当硫酸铝用于不同的水处理目的时，其最优 pH 值范围有所不同。主要用于除去水中的有机物时，应使水的 pH＝4.0～7.0；主要用于除去水中的悬浮固体时，应使水的 pH＝5.7～7.8；处理浊度高、色度低的水时，应使水的 pH＝6.0～7.8。

2. 聚合氯化铝 PAC(aluminium polychloride)

混凝处理的效果在很大程度上取决于它的存在形态是否能对水中的胶体颗粒发挥最有效的混凝作用。硫酸铝虽然是一种被广泛采用的混凝剂，但毕竟会受到水解中间产物种类及所占比例的限制，很难对各种水质和处理条件都产生理想的效果。聚合铝则是以各种中间产物和 $Al(OH)_3(s)$ 的形式直接投入水中，不再经过水解、羟基桥联等一系列过程，因此能对各种水质和处理条件产生比较理想的处理效果。

聚合铝可看作 $AlCl_3$ 经水解逐步趋向氢氧化铝的过程中，各种中间产物通过羟基桥联缩合成的高分子化合物的总称，即看作是 $AlCl_3$ 中的 Cl^- 逐步被 OH^- 所代换的产品。它的化学表达式有两种形式：一种称为聚合氯化铝 $[Al_2(OH)_nCl_{6-n}]_m$，其中 $n=1\sim5$，m 则小于 10 的整数。当 $n=2$ 时，分子式为 $[Al_2(OH)_2Cl_4]_m$，说明它是一个有 m 个 $Al_2(OH)_2Cl_4$ 单体的聚合物。当 $n=5$、$m=8$ 时，聚合物（或称多核络合物）的分子式为 $Al_{16}(OH)_{40}Cl_8$。另一种称为碱式氯化铝，分子式为 $Al_n(OH)_mCl_{3n-m}$，可看作是各种复杂的多核络合物，如 $Al_6(OH)_{14}Cl_4$ 及 $Al_{13}(OH)_{34}Cl_5$ 等形式。

聚合铝是在一定温度和一定压力下，用碱和氧化铝制取的一类聚合物。因此，聚合物中 $[OH^-]$ 与 $[1/3Al^{3+}]$ 的相对比值可在一定程度上反映它的成分，这个比值称为碱化度（盐基度），用 B 表示，即

$$B=\frac{[OH^-]}{[1/3Al^{3+}]}\times100\%\qquad(3\text{-}38)$$

例如 $AlCl_3$ 的碱化度为 0；$[Al(OH)_3]_n$ 的碱化度为 100%；$Al_2(OH)_5Cl$ 的碱化度为 83.3%。碱化度越高，越有利于吸附架桥凝聚，但碱化度越高越容易沉淀，碱化度与剩余悬浮固体的关系如图 3-9 所示。目前生产的聚合铝，碱化度一般控制在 $45\%\sim85\%$。市售的聚合铝有固体和液体两种：液体 PAC 为淡黄色或无色，但实际色泽因含杂质及碱化度大小不同而异，有黄褐色、灰黑色、灰白色多种。固体 PAC 色泽与液体产品类似，其形状也随碱化度而变。碱化度在 30% 以

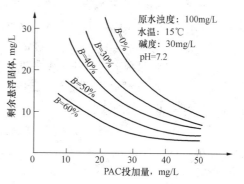

图 3-9 碱化度与剩余悬浮固体的关系

下时为晶体，在 $30\%\sim60\%$ 为胶状物，在 60% 以上时逐渐变为玻璃体或树脂状。固体 PAC 碱化度在 70% 以上时不易潮解，而在 70% 以下易吸潮并液化，不便保存。PAC 味酸涩，易溶于水并发生水解，加热到 $110℃$ 以上时发生分解，放出氯化氢，并分解为氧化铝。PAC 与酸作用时发生解聚作用，使聚合度和碱度降低，最后变成为正铝盐。与碱作用使聚合度和碱度提高，最终可生成氢氧化铝沉淀或铝酸盐。合格产品中氧化铝(Al_2O_3)含量：液体为 $9\%\sim12\%$，固体为 $27\%\sim32\%$。

PAC 以结晶氯化铝为原料，经过一定温度加热分解，再加水聚合而成。其热分解机理和加水聚合反应式如下

$$2AlCl_3\cdot6H_2O\xrightarrow{\triangle}Al_2(OH)_nCl_{6-n}+(12-n)H_2O+nHCl$$

$$mAl_2(OH)_nCl_{6-n}+mxH_2O\Longrightarrow[Al_2(OH)_nCl_{6-n}\cdot xH_2O]_m$$

首先向沸腾炉内通入热风，一般温度控制在 $170\sim180℃$，陆续将结晶氯化铝加入沸腾

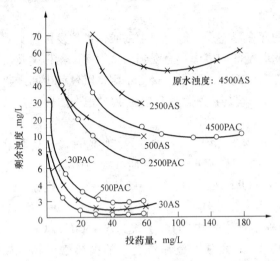

图 3-10 聚合氯化铝与硫酸铝絮凝效果的比较
×—硫酸铝；○— 聚合氯化铝

炉内，经分解得聚合铝的单体；控制单体碱化度在 70%～75%，然后加水熟化聚合得固体聚合铝。在热分解过程中，放出的氯化氢气体，利用吸收塔回收副产品盐酸复用。

聚合氯化铝（PAC）与硫酸铝（AS）相比有以下优点：

（1）在一般原水条件下，当投药量相同时，PAC 的混凝效果优于 AS。如在低浊度（<500mg/L）时，按氧化铝计，混凝效果 PAC 为 AS 的 1.25～2.00 倍。在高浊度（>500mg/L）时，按氧化铝计，混凝效果 PAC 为 AS 的 2.0～5.0 倍。图 3-10 所示为聚合氯化铝与硫酸铝混凝效果的比较。

（2）在混凝处理过程中，PAC 的絮凝体形成速度快、沉降速度大，因而使反应沉降时间缩短，提高相应处理能力 1.5～3.0 倍，而且沉渣的脱水性能优于 AS。

（3）在投药量相同条件下，PAC 消耗水中碱度小于 AS，使处理后出水的 pH 值降低少，因此在处理高浊度水时，可不加或少加碱性助凝剂。

（4）适宜的投药范围比较宽，过量投加不易引起水质恶化，便于操作管理。

（5）PAC 对原水 pH 值和水温的适应性比 AS 宽。

（6）PAC 对原水水质（浊度、碱度、COD）变化适应性比 AS 强，而且增加出水的盐分少，故可降低纯水制取成本。

（7）PAC（s）比 AS（s）的有效成分高2.5～3.0倍，故投药量少，运输成本低，而且腐蚀性小，便于操作。

（二）铁盐

用作混凝剂的铁盐有硫酸亚铁（$FeSO_4 \cdot 7H_2O$）、三氯化铁（$FeCl_3 \cdot 6H_2O$）、硫酸铁 [$Fe_2(SO_4)_3$]和聚合硫酸铁等，其中以硫酸亚铁和聚合硫酸铁应用较广。

1. 硫酸亚铁（ferrous sulfate）

硫酸亚铁是半透明的淡绿色晶体，又名绿矾，易溶于水，呈酸性，在水温 20℃时溶解度为 21%。由于它溶解度大，易水解，并具有一定的还原性，对水体中的色度、硫和 COD 等具有较好的脱除效果，适于处理高浓度碱性废水。在空气中由于常常有一些 Fe^{2+} 氧化成 Fe^{3+} 而带有棕黄色，硫酸亚铁的分子量为 278.01。合格产品中硫酸亚铁（$FeSO_4 \cdot 7H_2O$）的含量为 90%～97%，水不溶物含量小于或等于0.75%。

硫酸亚铁解离出来的 Fe^{2+} 只能生成比较简单的单核络合离子，其混凝效果不如 Fe^{3+}。所以，采用硫酸亚铁作混凝剂时，应首先将 Fe^{2+} 氧化成 Fe^{3+}。其方法有两种：

（1）使水的 pH 值调节到 8.5 以上，为此常与石灰沉淀联合处理，提高水的 pH 值（8.5～11.0），加速 Fe^{2+} 氧化成 Fe^{3+}

$$FeSO_4 + Ca(HCO_3)_2 \Longleftrightarrow Fe(OH)_2 + CaSO_4 + 2CO_2$$

$$FeSO_4 + Ca(OH)_2 \Longleftrightarrow Fe(OH)_2 + CaSO_4$$

$$4Fe(OH)_2 + 2H_2O + O_2 \Longleftrightarrow 4Fe(OH)_3 \downarrow$$

（2）向水中投加氧化剂，如氯或漂白粉等

$$6FeSO_4 + 3Cl_2 \Longleftrightarrow 2Fe_2(SO_4)_3 + 2FeCl_3$$

即 $1mgFeSO_4$ 需加氯 $0.234mg$。

硫酸亚铁可采用废铁废酸制取，反应式如下

$$Fe + H_2SO_4 \Longleftrightarrow FeSO_4 + H_2 \uparrow$$

首先将废铁片（或铁屑、铁丝等）溶解于硫酸与母液混合液中，再用蒸汽加热至 $80℃$，即有硫酸亚铁析出，经澄清去除杂质后，再经冷却结晶、洗涤、离心脱水后制得产品。

此外，也可由硫酸法制取钛白（TiO_2）的生产过程中回收副产品而得。

2. 三氯化铁（ferric chloride）

三氯化铁的化学式为 $FeCl_3 \cdot 6H_2O$，分为固体和液体两种。固体产品为褐绿色六方晶系片状或块状物质，密度 $2.898g/cm^3$，熔点 $282℃$，在空气中容易吸收水分而潮解。液体产品为红棕色溶液，其水溶液因水解而易生成 $Fe(OH)_3$ 沉淀。三氯化铁在水体中形成的絮体粗大紧密，沉淀速度快，受温度影响较小，较适于处理高浊度水、低温水和废水。三氯化铁具有强烈的吸水性，为包装、储存和运输带来不便，对设备有强腐蚀性，能腐蚀混凝土，且出水的残余铁含量易超标。其最佳 pH 值范围为 $6.0 \sim 8.4$。

用铁屑、盐酸与氯反应制得三氯化铁，其反应式如下

$$Fe + 2HCl \Longleftrightarrow FeCl_2 + H_2 \uparrow$$

$$2FeCl_2 + Cl_2 \Longleftrightarrow 2FeCl_3$$

工艺过程：将干净铁屑投入亚铁槽内，槽内有 31% 的盐酸，控制亚铁溶液的质量百分浓度在 $21.4\% \sim 27.6\%$ 范围内，静置 $24h$ 以上，倒入氯化槽通氯，控制到质量百分浓度为 $29.8\% \sim 30.4\%$ 时静置 $24h$，化验合格后出料而得成品。

3. 聚合硫酸铁 PFS（poly ferric sulphate）

聚合硫酸铁又称碱式硫酸铁，有固体和液体两种产品，液体产品为红褐色黏稠透明液体，固体为黄色无定型固体，相对密度 1.450。PFS 是以硫酸亚铁和硫酸为原料，以亚硝酸钠为催化剂，用纯氧作氧化剂，在高压反应釜中缩合制成，分子表达式为 $[Fe_2(OH)_n(SO_4)_{3-n/2}]_m$，可看作是以 $[Fe_2(OH)_n(SO_4)_{3-n/2}]_m$ 为单体的一类聚合物。同样，聚合物中的 $[OH^-]$ 与 $[1/3Fe^{3+}]$ 的相对比值称为碱化度，也在一定程度上反映了它的成分

$$B = \frac{[OH^-]}{[1/3Fe^{3+}]} \times 100\%$$

目前，在水处理中，多采用聚合硫酸铁，它的碱化度为 $9\% \sim 14\%$，相对密度大于 1.45。

聚合硫酸铁在水中生成的疏水性聚合体表面积可达 $200 \sim 1000m^2/g$。所以它能强烈地吸附水中胶体微粒、重金属离子、浮游生物、有机物和微气泡等，具有脱色、除金属离子，降低水中 COD、BOD 和提高加氯灭菌效果的作用。多年的应用实践表明，聚合硫酸铁有以下优点：适应原水悬浮固体变化范围（$60 \sim 225mg/L$）比较宽，在投药量为 $9.4 \sim 22.5g/m^3$ 的情况下，均可使澄清水浊度达到饮用水标准；原水经聚合硫酸铁处理后，pH 值变化小，既能符合国家饮用水规定的 $6.5 \sim 8.5$ 的标准，也能满足锅炉补给水的要求；对原水中溶解性铁的去除率可达 $97\% \sim 99\%$，在设备运行正常的情况下，不会发生增加亚硝氮和混凝剂

本身铁离子后移的现象；药剂用量少；适用水体 pH 范围广，pH 值在 4～11 范围内均能形成稳定的絮凝体；PFS 对低温低浊水有优良的处理效能，适合的水温为 20～40℃。

4. 聚合三氯化铁 PFC（polyferric chloride）

聚合三氯化铁的化学结构式为 $[Fe_2(OH)_nCl_{6-n}]_m$，棕黄色黏稠液体，相对密度 1.45 呈酸性，易溶于水。PFC 是 20 世纪 80 年代后期，针对铝盐凝聚剂残留铝对人体带来严重危害及铝的生物毒性，铁盐凝聚剂混凝效果差、产品稳定性不好等不足，研制开发的新型无机高分子凝聚剂。PFC 的适用 pH 范围广，其净水效果比氯化铁好，特别适用于处理低温水（15℃以下）。

铁盐与铝盐相比：铁盐生成的絮凝物密度大，沉降速度快，最优 pH 值范围比铝盐宽；混凝效果受温度的影响比铝盐小；一旦由于运行不正常，出水中的铁离子会使水带色。如将铁盐与铝盐联合使用，有利于处理低温水。

（三）复合聚合混凝剂

无机复合聚合混凝剂的研制与开发开始于 20 世纪 80 年代，它是以聚合铝和聚硅铁为基础，再向其中引入其他阳离子和阴离子或两种无机混凝剂或无机混凝剂与有机絮凝剂按一定方式和比例制成，使之达到兼有各种混凝剂的功能。

复合聚合混凝剂目前有以下几种：

（1）聚合氯化铝铁 PAFC（polyaluminum ferric chloride）。它的结构式为 $[Al_2(OH)_nCl_{6-n}]_m \cdot [Fe_2(OH)_NCl_{6-N}]_m$，利用煤矸石、铁矿石或高铁、钛煤系高岭岩为原料均可制取。

（2）聚合硫酸铝铁、PAFS（polyaluminum ferric sulfate）。它是铝铁的复合产品，以 $FeSO_4$ 为原料，以 $Al(NO_3)_3$ 为催化剂，在酸性条件下进行氧化、水解、聚合反应约 1h 后可以得到碱化度 20% 以上的 PAFS 产品。

（3）聚合硅酸铝铁、PAFST，结构式为 $AL_2(OH)_B(SiO_x)_D(SO_4)_CFe \cdot (OH)_ECl_F(H_2O)_G$，是铝、铁、硅水解—溶胶—沉淀过程的中间产物，为黄色或黄褐色粉状固体，易溶于水，具有较强的吸附、架桥性能。

（4）聚氯硫酸铁、PFCS，结构式为 $[Fe_2Cl_n(SO_4)_{3-n/2}]_m$，是棕黄色黏稠液体，无味或略带氯气味。相对密度 1.450，呈酸性，易溶于水。它是以 $FeSO_4$ 为原料，NaClO 为氧化剂或者以 $Fe_2(SO_4)_3$ 为原料，以氯气为氧化剂，或者利用硫酸—盐酸混酸溶解轧钢废钢渣的溶出液等为原料，均可制取。

（5）聚硅硫酸铝 PASS，结构式为 $Al_2(OH)_B(SiO_x)_D(SO_4)_C(H_2O)_E$（式中 $B=0.75～2.0$；$C=0.3～1.12$；$D=0.005～0.10$；$2 \leqslant x \leqslant 4$；$E \geqslant 4$），为无色透明液体，有效浓度约为 2%。它是以 Na_2SiO_3、H_2SO_4 和 $Al_2(SO_4)_3$ 作原料制取的。

（6）聚合硫酸氯化铝铁 PAFCS。它是以铝土矿、活性铝酸钙、盐酸、硫酸等为原料制取的。这种复合混凝剂的组成为含有多核聚铁及聚铝与氯离子、硫酸根配位的复合型无机高分子混凝剂。

（7）聚磷硫酸铁 PPFS。其结构式为 $[Fe_3(PO_4)(SO_4)_3]_m$，为深红棕色液体，经浓缩、干燥得红棕色固体。PPFS 是在 PFS 的基础上引入磷酸根而合成的。

上述这些复合型聚合混凝剂的共同特点是：制取原料价格便宜，货源充足易得；适宜处理低温水，pH 值范围较宽，在 6～9 或 7～11 范围内均有效；混凝过程中所形成的矾花大、沉降快，对降低浊度、COD、色度等方面均优于单独的聚合铝和聚合铁。除此之外，它们还有自身的一些优点，应用者可通过混凝试验筛选。但对聚合硅酸铝铁和聚硅硫酸铝等含硅复合型混凝剂，在电厂锅炉补给水处理中应用时要慎重，以免硅化合物进入热力系统，而且处理水量小，药剂用量也少。

二、助凝剂与絮凝剂

当由于原水水质方面的原因单独采用混凝剂不能取得良好的效果时，需投加一些辅助药剂来提高混凝处理的效果，这种辅助药剂称为助凝剂。助凝剂也有许多种，有无机类的也有有机类的。

在无机类的助凝剂中，有的用来调整混凝过程中的 pH 值，有的用来增加絮凝物的密度和牢固性。当原水碱度不能满足最佳 pH 值要求时，需要投加一些碱性药剂或酸性药剂。常用的碱性药剂有 CaO 和 NaOH 等，常用的酸性药剂有硫酸和 CO_2 等。

近些年来人工合成了许多有机高分子絮凝剂，开始时多与铝盐或铁盐联合使用，即作为一种助凝剂，目前也单独作为混凝剂使用。这类絮凝剂大都是水溶性的聚合物，分子有的呈链状，有的呈不同程度的枝状；有的只含有一种化学单体，有的含有两种或三种不同的化学单体。每一个化学单体为一个链节，各单体之间以共价键结合。由于单体的数目不同，分子量也不同。一般相对分子量由数千到数百万，甚至上千万为各单体分子量之和，链的长度为 400～800nm，单体的总数称为聚合度。相对分子量从 1000 至几万的属于低聚合度，从几千至 1500 万～2000 万的属于高聚合度，前者作为分散剂，后者作为絮凝剂（flocculant）。

这种高分子聚合物作混凝剂使用时，有两种作用：一是离子性作用，即利用离子性基团的电荷进行电性中和起凝聚作用；二是利用高分子聚合物的链状结构，借助吸附架桥起凝聚作用。

因为这类高分子聚合物大都是水溶性的，在水中进行电离，所以也称高分子聚合电解质。按其电离性质分为阳离子型、阴离子型和非离子型三种。

阳离子型高分子聚合电解质在水中电离后，高分子的链节上带上许多正电荷，所以叫阳离子型聚合电解质。它对天然水体中带负电荷的胶体颗粒主要起电性中和、压缩双电层和吸附架桥作用。因此，它适应的 pH 值范围较宽，对大多数水质都有效。这类聚合物的基团有 $-NH_3OH$、$-NH_2OH$、$-CONH_2OH$、$\equiv NCl$ 等，如聚二烯丙基二甲基氯化铵，分子式为

$$\begin{bmatrix} -CH_2-CH-CH-CH_2- \\ \quad\ H_2C \quad\ CH_2 \\ \qquad N^+Cl^- \\ \quad\ H_3C \quad\ CH_3 \end{bmatrix}_n$$

该系列产品是用二甲胺和烯丙基氯合成的，相对分子量为 1 万～100 万，有粉状产品和液态产品，液态产品含量为 20%～40%，正电荷位于分子主链上，电荷密度范围小于 15%。存放稳定性好，既可直接投加，也可稀释后投加。

阴离子型高分子聚合电解质在水中电离后，高分子的链节上带上许多负电荷，所以叫阴离子型聚合电解质。它对天然水体中带负电荷的胶体颗粒主要起吸附架桥作用。这类聚合物的基团有 $-COOH$、$-SO_3H$ 等，如聚甲基丙烯酸钠，分子式为

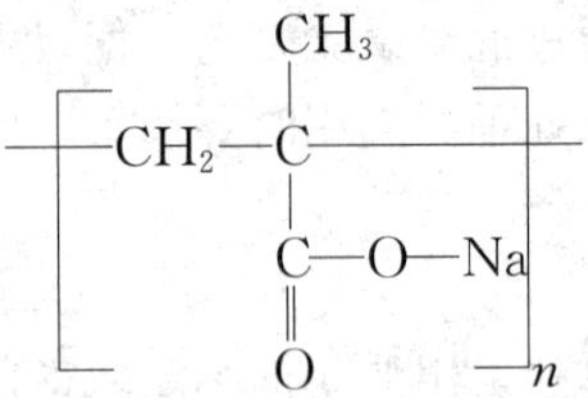

$$\left[CH_2-\overset{\underset{\displaystyle |}{CH_3}}{\underset{\displaystyle \underset{\displaystyle O}{\overset{\displaystyle |}{C=}}}{C}}-C-O-Na\right]_n$$

该产品的相对分子量为 500 万～2200 万，负电荷位于分子主链上，电荷密度范围为1%～50%。

非离子型高分子聚合电解质是一种没有解离基团的高分子化合物，主要起吸附架桥作用，适应的 pH 值范围也比较宽。目前使用较多的聚丙烯酰胺（PAM）就是一种典型的非离子型絮凝剂。有文献报道，它的产量占高分子混凝剂生产总量的80%，其分子式为

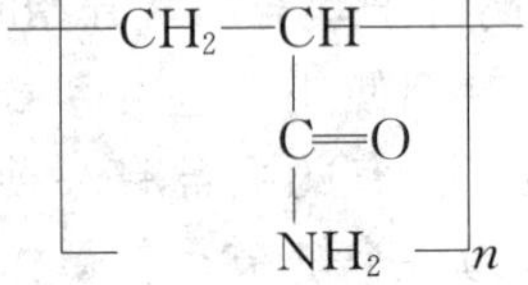

$$\left[CH_2-\underset{\underset{\displaystyle NH_2}{\overset{\displaystyle |}{C=O}}}{CH}\right]_n$$

每一个链节的分子量为 71.08，n 值为$(2\sim9)\times10^4$，所以聚丙烯酰胺的分子量一般为$(1.5\sim6.0)\times10^6$。国产的聚丙烯酰胺有粉剂和透明胶状物两种，前者的有效含量为 80%，后者的仅为$8\%\sim9\%$。

聚丙烯酰胺实际上是一大类产品，它又可以分为阳离子型、阴离子型、非离子型和两性型，阳、阴离子型主要用于水处理，两性型主要用于污泥脱水，它们的分子结构分别是

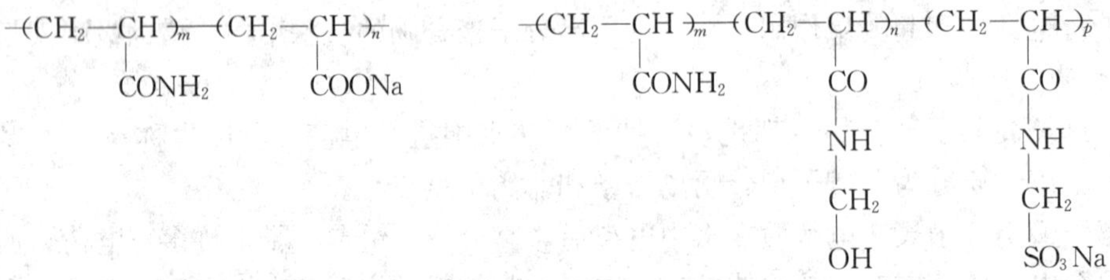

阴离子型结构及两性型结构（图示）

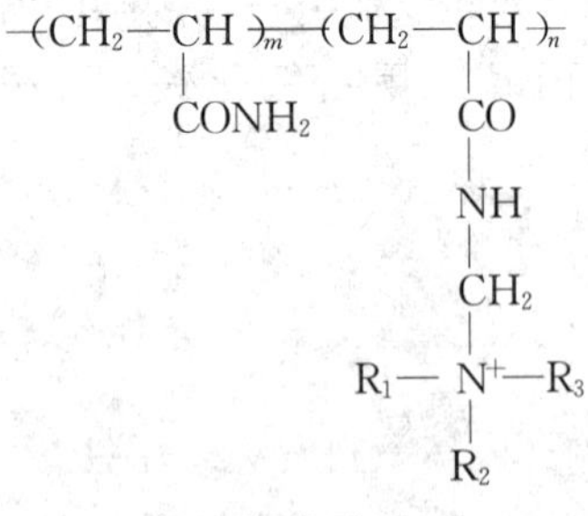

阳离子型（图示）

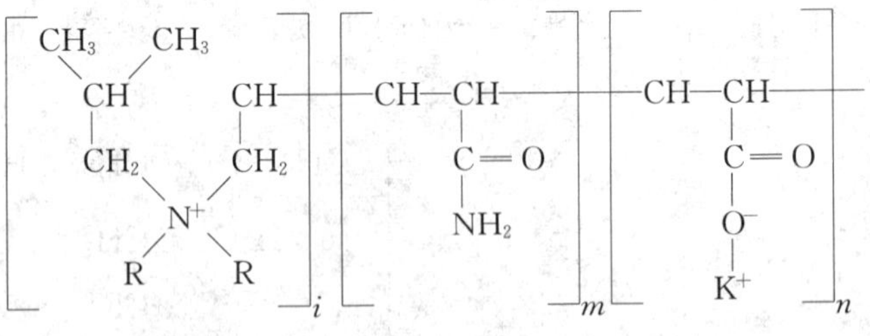

两性型（图示）

因为酰胺基团之间容易发生氢键结合，结果使线型的分子结构呈卷曲状，架桥作用削弱。所以在实际应用中，往往加入一定量的碱液（NaOH），使部分酰胺基转化为羧酸基，羧酸基进一步水解，产生带负电荷的部位（—COO⁻）。由于相邻负电部位的相互排斥，使高分子的链条延伸到最大长度，有利吸附架桥凝聚，化学反应式为

$$\left[\begin{array}{c} CH_2-CH \\ | \\ C=O \\ | \\ NH_2 \end{array}\right]_n + nNaOH + nH_2O \longrightarrow \left[\begin{array}{c} CH_2-CH \\ | \\ C=O \\ | \\ ONa \end{array}\right]_n + nNH_4OH$$

PAM 与 NaOH 用量的质量比称为水解比（也称碱化比），一般为 $1:0.01\sim1:0.05$。也有用水解度表示这种转化的，水解度是指由酰胺基转化为羧基的百分数，目前一般控制水解度在 $30\%\sim40\%$ 范围内。

高分子聚合电解质与铁盐和铝盐相比，有以下特点：因为这类化合物是人工合成的产物，它可根据人们的意图改变其分子量、分子结构及电荷密度等，所以它的药剂用量应该更低，适应的水质也应该更宽；由于这类化合物易受水的 pH 值及离子强度的影响，所以水的 pH 值、水中离子浓度、种类及使用方法都影响混凝效果。一般来说，阳离子型适用于 pH 值较低的水质，阴离子型适用于 pH 值较高的水质，非离子型受 pH 值影响很小；PAM 单体有一定毒性，饮用水中单体丙烯酰胺的最高允许浓度为 $0.5\mu g/L$；它不能提高除铁和除有机物的效果。

三、生物絮凝剂

生物絮凝剂（micro bial floculant，MBF）的研究开始于 20 世纪 50 年代，到 20 世纪 70 年代以后，随着人们对环保意识的不断增强，对传统应用的无机盐混凝剂和高分子絮凝剂（PAM）所带来的二次污染而感到不安。为此，世界各国都采取了一些限制措施，如美国对铝的限值为 $0.05mg/L$，世界卫生组织和我国对铝含量的限值为 $0.2mg/L$。许多研究都认定单体丙烯酰胺（acryla mide，AM）具有累积性神经毒性，而且确定为有基因性的致癌物。这些传统混凝剂和絮凝剂不仅对人体有一定的毒性，就是对水生生物和植物也有一定的毒性。为此许多学者对生物絮凝剂进行了关注和研究，并把生物絮凝剂称为第三代絮凝剂。

生物絮凝剂与传统的无机和有机高分子絮凝剂相比有以下特点：

（1）生物絮凝剂同样可使水体中的悬浮颗粒、胶体微粒、菌体细胞产生絮凝、沉降分离，而且分离快、沉淀物少。

（2）易被生物降解，无二次污染，对环境和人类无害，应用领域不受限制。

（3）产生生物絮凝剂的微生物大都来自自然界中，土壤、活性污泥、废水中都含有大量的絮凝剂产生菌，资源丰富、价格低廉。

（4）生物絮凝剂产生菌转化能力强，繁殖快，生产周期短，易于生物工程产业化。

（5）生物絮凝剂对有机悬浊液絮凝速度快，用量少，效果好，絮凝物易脱水。

生物絮凝剂的主要成分有糖蛋白、多糖、蛋白质、纤维素和 DNA 等，它是由微生物产生，通过微生物发酵、分离提取而得到的一类次生代谢产物。它的种类很多，按产生菌可分为单一生物絮凝剂、混合型生物絮凝剂、基因复合型絮凝剂，还可按生产方式和絮凝剂成分进行分类。生物絮凝剂目前还处于开始研究阶段，在电厂水处理中尚未得到应用。

四、混凝试验

如上所述，混凝过程是一个比较复杂的物理化学过程，影响混凝效果的因素很多。对某一具体水质或水处理工艺流程，可以根据混凝剂的特性及具体情况，先决定采用哪一种混凝剂，但其最优混凝条件必须通过模拟试验来确定。

模拟试验的内容一般只需确定最优加药量和 pH 值。在电厂水处理中，往往以出水剩余浊度及硅化合物和有机物的去除率判断混凝效果的好坏。

模拟试验的设备目前大都采用定时变速搅拌机，搅拌机的叶片有四组的、也有六组的，叶片的旋转速度可以在 25～160r/min 内变化。由于水样是在完全相同的条件下进行混凝的，所以可由混凝效果的差异确定最优加药量。

确定最优加药量的方法如下：

（1）测定原水的浊度、pH 值、温度。

（2）在每一个 1000mL 的烧杯中，分别加入代表性水样 1000mL，将烧杯放入搅拌机中，并与叶片位置相适应。

（3）在各个烧杯中，同时加入不同的混凝剂量，即开动搅拌机，待旋转速度 160r/min 稳定后，转动加药柄，同时向各烧杯中倾注混凝溶液，2min 后，搅拌机转速降至 40r/min，持续 20min 后停止。

（4）从倾注混凝剂开始，注意观察各个烧杯产生絮凝物（矾花）的时间、大小及密疏程度。

（5）搅拌结束后，轻轻提起搅拌机叶片，使水样静止沉降 20min，观察矾花沉降情况。

（6）在各烧杯水面下 1.5cm 处取水样，测定各水样的剩余浊度、硅化合物和有机物，计算去除率，画出加药量与去除率的关系曲线，通过分析确定最优加药量。

在实际设备投运时，还需根据出水水质对最优加药量进行调整，同时确定其他最优混凝条件，如污泥沉降比、水力负荷变化速度、最高设备出力、最低设备出力、最佳水温等。

第五节　絮凝反应与动力学过程

一、絮凝反应

混凝剂加入水中后，会立即进行水解、桥联、吸附架桥等一系列化学反应，很快使水中胶体颗粒脱稳，并在脱稳颗粒之间或脱稳颗粒与混凝剂之间发生凝聚，形成许多微小的絮凝物，但仍达不到靠自身重力而沉降分离的大小。絮凝反应的目的就是让这些很微小的絮凝物之间相互吸附凝聚，逐渐长成大颗粒（直径为 0.6～1.0mm）的絮凝物而沉降分离。所以，这一过程不仅要求颗粒之间有充分的接触机会，而且要求已形成的大颗粒絮凝物不再被水流的剪切力所剪碎。

水中脱稳胶体颗粒之间的接触或碰撞机会，主要通过以下三个途径来实现的。

1. 布朗运动

刚失去稳定性的胶体颗粒，由于直径比较小，可在水分子的撞击下作布朗运动，而使颗粒之间接触、絮凝。在单位体积和单位时间内，由布朗运动所造成的颗粒碰撞次数 N_P 可表示为

$$N_P = \frac{4k_P T}{3\mu}n^2 \tag{3-39}$$

式中：n 为胶体颗粒的个数浓度。

由式（3-39）可知，由布朗运动引起的颗粒之间的碰撞次数与个数浓度 n 的平方成正比。一般认为，当颗粒的直径大于 $1\mu m$ 时，由布朗运动引起的颗粒碰撞次数已经少至可以忽略不计。

2. 颗粒沉降速度差异

颗粒之间的沉降速度差异，在一定条件下也会引起颗粒之间的碰撞。在反应池中的絮凝反应阶段，水流仍然有比较激烈的湍动，所以颗粒之间的沉降速度差异是很小的，特别是在絮凝反应的初始阶段，絮凝颗粒还非常小，沉降速度差异就更小。因此，由颗粒沉降速度差异引起的颗粒碰撞次数几乎可以忽略不计。

3. 水体流动

由水体流动引起的颗粒碰撞在絮凝反应阶段起着主要作用，而影响水体流动状态的水力学参数是速度梯度。在水力学中速度梯度是指两个相邻水层的水流速度差 $\mathrm{d}u$ 与它们之间距离 $\mathrm{d}y$ 之比，用 G 表示，即

$$G=\frac{\mathrm{d}u}{\mathrm{d}y}, \quad 1/\mathrm{s} \tag{3-40}$$

根据水力学中牛顿内摩擦定律，相邻两层水流之间的摩擦力 F 与水层之间的接触面积 A 和速度梯度 G 之间有以下关系

$$F=\mu\frac{\mathrm{d}u}{\mathrm{d}y}A \tag{3-41}$$

单位体积水流搅拌所需要的功率 P 为

$$P=F\mathrm{d}u\frac{1}{水体体积}=F\mathrm{d}u\frac{1}{A\mathrm{d}y} \tag{3-42}$$

将式（3-40）和式（3-41）代入式（3-42）中可得

$$P=\mu\frac{\mathrm{d}u}{\mathrm{d}y}A\mathrm{d}u\frac{1}{A\mathrm{d}y}=\mu\left(\frac{\mathrm{d}u}{\mathrm{d}y}\right)^2=\mu G^2 \tag{3-43}$$

所以

$$G=\sqrt{\frac{P}{\mu}} \tag{3-44}$$

式中：P 为单位体积水流搅拌所需要的功率，$\mathrm{W/m^3}$。

图 3-11（a）表示水中两个相邻的颗粒、半径分别为 $d_1/2$ 和 $d_2/2$，由于受到搅拌作用而在某一时刻朝同一个方向运动的情况。两个颗粒在垂直于运动方向的距离恰好为 $d_1/2+d_2/2=\mathrm{d}y$，运动速度分别为 u 和 $u+\Delta u$，即在两个颗粒之间存在一个速度梯度。速度梯度 $\mathrm{d}u/\mathrm{d}y$ 的量纲为 s^{-1}，由于颗粒 d_1 比 d_2 每秒快一个 Δu 的距离，d_1 在 1s 后必然赶上 d_2 而相互碰撞，如图 3-11（b）所示。这说明水中颗粒之间相互碰撞的必要条件是必须存在一个速度梯度，当然还必须具备 $\mathrm{d}y\leqslant\frac{1}{2}(d_1+d_2)$ 这个条件。所以速度梯度一方面反映了单位时间单位体积内所消耗的功率大小，另一方面也反映了水流的搅拌强度和颗粒之间的碰撞机会。速度梯度越大，颗粒之间的碰撞机会就越多，絮凝速度也就越快。

如水体采用机械搅拌，被搅拌的水体体积为 V，则搅拌器向水体输入的功率应为 PV；当采用水力搅拌时，P 应为水流本身的能量消耗，所以

$$PV=\rho g q_v h$$

$$V=q_v t$$

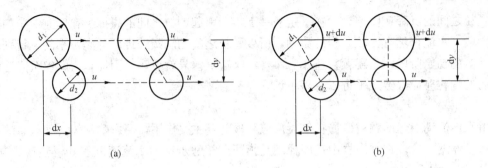

图 3-11　速度梯度

$$P = \frac{\rho g q_V h}{q_V t} = \frac{\rho g h}{t}$$

将上式代入式（3-44）得

$$G = \sqrt{\frac{\rho g h}{\mu t}} \tag{3-45}$$

式中：ρg 为水的密度与重力加速度的乘积，N/m^3；h 为设备中的水头损失，m；t 为水流在设备中的停留时间，s。

二、絮凝反应的动力学过程

研究絮凝反应的动力学过程，实际上就是研究脱稳后的胶体颗粒粒径与数量随时间的变化规律。由于在絮凝反应过程中，单位体积水体中颗粒的实际体积并不发生变化，所以颗粒数的变化也就反映了粒径的变化。

如果在絮凝反应过程中，不考虑浓度扩散、颗粒沉降和破碎所引起的颗粒数的变化，而只考虑颗粒碰撞凝聚所引起的颗粒数变化，并假定每次碰撞均可凝聚。这样可使对许多问题的处理就变得容易些。

1. 异向絮凝的动力学过程

由布朗运动引起的颗粒之间的碰撞絮凝称为异向絮凝，是指胶体颗粒在不同运动方向产生的一种碰撞絮凝（perikinetic flocculation）。如假设水中脱稳颗粒为单一分散相，其个数浓度为 n，则因布朗运动相碰而减少的速率可表示为 n 的二级反应

$$\frac{dn}{dt} = -K_B n^2 \tag{3-46}$$

$$K_B = 8\pi \alpha_p D_B r \tag{3-47}$$

式中：K_B 为布朗速率常数；D_B 为布朗扩散系数，cm^2/s；r 为颗粒半径，cm；α_p 为有效碰撞黏结系数。

布朗运动扩散系数 D_B 可用 Einstein-Stokes 公式表示为

$$D_B = \frac{k_p T}{6\pi \mu r} \tag{3-48}$$

式中：k_p 为波尔兹曼（Boltzmann）常数，$1.38 \times 10^{-16} g \cdot cm^2 / (s^2 \cdot K)$；$T$ 为水的热力学温度，K。

如将式（3-47）和式（3-48）代入式（3-46）可得

$$\frac{dn}{dt} = -\frac{4\alpha_p k_p T}{3\mu}n^2 \tag{3-49}$$

可见，由布朗运动相碰而减少的速率与水温和颗粒的个数浓度成正比，而与颗粒尺寸无关。

对式（3-49）积分后得

$$\frac{1}{n} - \frac{1}{n_0} = \frac{4\alpha_p k_p T}{3\mu}t \tag{3-50}$$

式中：n_0、n 为时间 $t=0$ 和 $t=t$ 时的颗粒个数浓度。

如以 $n=n_0/2$ 代入式（3-50），得半衰期 $t_{1/2}$ 为

$$t_{1/2} = \frac{3\mu}{4\alpha_p k_p T n_0} \tag{3-51}$$

由式（3-50）可知，颗粒的初始浓度越大，颗粒的减少速度就越快，但需时间很长，而且当胶体颗粒凝聚成直径大于 $1\mu m$ 时，由布朗运动引起的碰撞就几乎停止了，所以絮凝过程单靠布朗运动是难以实现的。

2. 同向絮凝的动力学过程

借助于机械搅拌或水力搅拌作用使胶体颗粒之间碰撞絮凝称为同向絮凝，是指胶体颗粒在某一运动方向产生的碰撞絮凝（orthokinetic flocculation）。在研究同向絮凝的动力学过程时，往往做如下假设：水流为层流状态，在 y 轴方向的速度梯度是均匀的；水中只存在两种粒径的球形颗粒，即作为两体问题进行研究，其中一种颗粒的中心处于坐标原点（如图 3-12 中的第 1 种颗粒所示），并处于静止状态。在 x 轴方向的第 2 种颗粒随水流沿 x 方向流动；1、

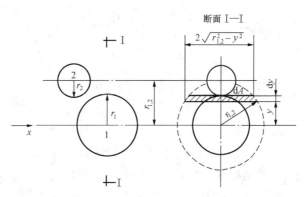

图 3-12　层流状态下两种颗粒相碰的示意图

2 两种颗粒的半径分别为 r_1 和 r_2，运动速度分别为 u 和 $u+\Delta u$，而两种颗粒之间在垂直运动方向的距离 $r_{1,2}=r_1+r_2$，即在两种颗粒之间存在一个速度梯度

$$\frac{du}{dy} = \frac{\Delta u}{r_{1,2}} \tag{3-52}$$

所以，凡中心处于以 $r_{1,2}=r_1+r_2$ 范围内的 x 轴上方和下方的第 2 种颗粒都会与第 1 种颗粒相碰，否则两种颗粒不会相碰。在 x 轴方向，$r_{1,2}$ 圆柱范围内的流量 $q_{1,2}$ 应为

$$q_{1,2} = 2\int_0^{r_{1,2}} u dA \tag{3-53}$$

$$u = (du/dy)y$$
$$dA = 2(r_{1,2}^2 - y^2)^{1/2}dy$$

式中：dA 为纵坐标 y 处的微分过水面积；u 为相应点的流速。

如果将上述关系代入式（3-53）积分后得相对第 1 种颗粒中心的总流量 q 为

$$q = \frac{4}{3}\left(\frac{du}{dy}\right)r_{1,2}^3 \tag{3-54}$$

如果两种颗粒的个数浓度分别以 n_1 和 n_2 表示，则两种颗粒的碰撞总次数 $N_{1,2}$ 为

$$N_{1,2} = \frac{4}{3}\left(\frac{du}{dy}\right)n_1 n_2 r_{1,2}^3 \tag{3-55}$$

$$N_{1,2} = \frac{1}{6}n_1 n_2 (d_1 + d_2)^3 G \tag{3-56}$$

其中 $G = du/dy$，$r_{1,2} = d_1/2 + d_2/2$。

当假定两种颗粒相同时，$r_{1,2}$ 应为颗粒的直径 d，而 $n_1 = n_2 = n$，根据式（3-55）和式（3-56），颗粒数随时间的变化率为

$$\frac{dn}{dt} = -\alpha_p \frac{4}{3}n^2 d^3 G \tag{3-57}$$

式（3-57）说明，由搅拌作用引起的颗粒之间碰撞絮凝，其颗粒数的减少速率也是颗粒个数浓度的二级反应。

因为在单位体积水体中，颗粒的总容积是一个常数 $V = n\frac{\pi d^3}{6}$，代入式（3-57）后得

$$\frac{dn}{dt} = -\alpha_p \frac{8}{\pi}VnG \tag{3-58}$$

积分后得

$$\ln n - \ln n_0 = -\alpha_p V \frac{8}{\pi}Gt \tag{3-59}$$

如以 $n = 1/2 n_0$ 代入式（3-59）可得

$$t_{1/2} = \frac{0.693}{\alpha_p \frac{8}{\pi}VG} \tag{3-60}$$

由式（3-58）和式（3-60）可以看出，因搅拌作用引起的颗粒数减少速率不仅与颗粒个数浓度和颗粒直径有关，而且与搅拌强度有关。颗粒数浓度越高，直径越大和搅拌强度越强，减少速率越快，半衰期也就越短。因为同样数目的大颗粒与小颗粒相比，其 $t_{1/2}$ 相差的数量级为 $(d_1/d_2)^3$（d_1 为大颗粒直径，d_2 为小颗粒直径）。因此，直径为 $10\mu m$ 的颗粒，其半衰期只有 $1\mu m$ 直径颗粒的 1/1000，这说明搅拌絮凝过程中，随着絮凝颗粒的不断长大，$t_{1/2}$ 会迅速缩短。也说明，如果在搅拌絮凝开始就有较大的絮凝颗粒存在，则总的颗粒数下降必然会很快，这也为在澄清池中利用泥渣层提供了依据。

根据式（3-59）可得

$$Gt = \frac{\ln n_0 - \ln n}{\alpha_p \frac{8}{\pi}V} \tag{3-61}$$

式中：t 为从初始颗粒数 n_0 减少到 n 所需要的时间。

在反应池中，目前实际统计资料，G 值一般在 $20\sim70 s^{-1}$，最大值为 $10\sim100 s^{-1}$。Gt 值在 $10^4\sim10^5$ 之间。对混合设备来说，混合时间为 2min 时，$G = 500\sim1000 s^{-1}$；混合时间为 5min 时，$G < 500 s^{-1}$；$G > 1000 s^{-1}$ 时会产生不利影响。

随着絮凝过程的进行，絮凝物的直径不断增大，所以 G 值必须有一个上限，否则就会使已长大的絮凝物被水流的剪切力所裂碎，或从大絮凝物的表面上剥落下一些小絮凝体，因为大絮凝物是从原胶体颗粒→原絮凝颗粒→小絮凝体→大絮凝物逐渐长大的。

应该说明，在实际的反应池中，胶体颗粒既不是一种，也不是两种，而是有许多种大小不同甚至直径相差数千倍的许多种颗粒，而且水流状态是紊流而不是层流，即水流除具有前进方向的速度之外，还有纵向和横向的脉动速度，所以它们之间的碰撞絮凝动力学过程远远比上述要复杂得多。但上述这些假定条件下的推论，对人们理解絮凝过程是有益的，而且在工程上得到认可和应用，并沿用至今。

由于上述有关同向絮凝的动力学理论公式都是在假定水流处于层流状态下推导出来的，所以很难准确地对絮凝过程中的颗粒碰撞速率进行描述。为此，近些年来，不少学者直接利用水利学中的各向同性紊流（isotropic turbulence）理论探讨絮凝过程中的颗粒碰撞速率，其中列维奇（Levich）和科尔摩哥罗夫（Kolmogoroff）的研究，引起许多人的关注，下面作简单介绍。

这种理论认为，当搅拌装置处于稳定运转的情况下，某一局部水体可认为处于各向同性紊流状态，其中存在各种尺度不等的涡旋，大尺度的涡旋一方面使流体各部分相互混合，颗粒均匀地扩散于水体中，另一方面将从外部获得的能量输送给小涡旋，小涡旋又将一部分能量输送给更小的微涡旋。随着微涡旋数量的增多，水的黏性增强，进而造成能量消耗。在这些大小尺度不同的涡旋中，大涡旋往往使颗粒随水体作整体移动而不相互碰撞絮凝，过小的微涡旋其能量又不足以使颗粒相互碰撞，只有那些大小尺度与颗粒尺寸相近（或碰撞半径相近）的小涡旋才能引起颗粒之间的相互碰撞絮凝。由于这种小涡旋在水流中的脉动是无规则的，由此引起的颗粒碰撞与异向絮凝中布朗运动造成的颗粒碰撞是相似的。因此，可以导出各向同性紊流状态下颗粒碰撞絮凝的减少速率表达式

$$\frac{\mathrm{d}n}{\mathrm{d}t} = -8\pi\alpha_\mathrm{p}Drn^2 \tag{3-62}$$

式中：D 为紊流扩散系数与布朗扩散系数之和。

由于布朗扩散系数比紊流扩散系数小得多，故可将 D 近似看作紊流扩散系数，紊流扩散系数可表示为

$$D = \lambda u_\lambda \tag{3-63}$$

式中：λ 为涡旋尺度（或称脉动尺度）；u_λ 为对应于 λ 尺度的脉动速度。

根据流体力学可知，在各向同性紊流中，脉动速度的表达式为

$$u_\lambda = \frac{1}{\sqrt{15}}\sqrt{\frac{\varepsilon}{\nu}}\lambda \tag{3-64}$$

式中：ε 为单位时间、单位体积水体的有效能耗；ν 为水的运动黏度，$\mathrm{m^2/s}$。

设涡旋尺度等于颗粒直径，即 $\lambda = d$，并将式（3-65）和式（3-66）代入式（3-64），可得

$$\frac{\mathrm{d}n}{\mathrm{d}t} = -\frac{8\pi}{\sqrt{15}}\sqrt{\frac{\varepsilon}{\nu}}d^3n^2 \tag{3-65}$$

式中：$\sqrt{\frac{\varepsilon}{\nu}}$ 为速度梯度；ε 为脉动速度所消耗的功率。

因难以确定 ε，使式（3-65）的实际应用受到一定限制。

因难以确定 ε，使式（3-61）的实际应用受到一定限制。

在本节对絮凝反应与动力学过程的讨论中，涉及到一个影响水流状态的水力学参数，即速度梯度 G，它的数学表达式为式（3-40）。

该式是假定水流处于层流状态，以水力学中的一些基本概念推导出来的。但在絮凝反应池中，水流的状态不是层流而是紊流，所以用式（3-36）～式（3-40）描述速度梯度并不是很适宜，也不能表达促使絮凝池中絮凝颗粒之间相互碰撞而絮凝的主要原因。为此，T. R. 甘布（T. R. Camp）和 P. C. 斯泰因（P. C. Sterin）提出，用一个瞬间受剪力而扭转的单位体积水流所消耗的功率来计算 G 值，以代替水力学中的 $G=\dfrac{\Delta u}{\Delta y}$。

他们假定在搅动的水流中，存在一个瞬间受剪应力而扭转的隔离体（$\Delta x \Delta y \Delta z$），在隔离体被扭转的过程中，剪应力 τ 做了扭转功，并在 Δt 时间内隔离体扭转了 θ 角。然后又根据角速度 $\Delta\omega = \Delta\theta/\Delta t = \Delta u/\Delta y$（$\Delta u$ 为扭转线速度）、转矩 $\Delta J = (\tau \Delta x \Delta y) \Delta z$，以及牛顿内摩擦定律（$\tau = \mu G$）的概念，得出隔离体扭转所消耗的功率 P（角速度与转矩的乘积）为

$$P = \frac{\Delta J \Delta\omega}{\Delta x \Delta y \Delta z} = \frac{G\tau \Delta x \Delta y \Delta z}{\Delta x \Delta y \Delta z} = \tau G = \mu G^2$$

故可得 $G=\sqrt{P/\mu}$，即得出的速度梯度表达式与从水力学中推导出的表达式（3-44）在形式上的一样的，从而使前面对絮凝反应及动力学过程的讨论更加完善。

第六节　混凝处理设备

一、混凝剂的配制与计量设备

混凝剂的投加方式有两种：一种为干投法，它是按规定的投药量连续或间断地投入水中，一边计量，一边投加，所以干投法适用于干燥易溶的粉末状固体药剂；另一种为湿投法，它是先在溶解池中溶解，然后在溶液箱内配制成一定的浓度，由计量设备进行定量投加，由于便于操作，目前采用较多。

溶解池的作用是将固体药剂溶解成浓溶液，为了加速溶解过程，多半在溶解池上配备搅拌装置。目前采用的搅拌装置有机械搅拌、压缩空气搅拌、水泵搅拌或水力搅拌等。机械搅拌采用较广，它是由电动机驱动桨板或蜗轮搅拌溶液，促进药剂溶解。压缩空气搅拌就是向溶解池内通入压缩空气，由于水溶液中没有转动设备，维护工作量较小，但动力消耗大。水泵搅拌是将水溶液打循环，即从溶解池内抽出再打回溶解池，促使药剂溶解。水力搅拌是利用一股压力较高的水流冲动药剂促使溶解，所以水泵搅拌也是一种水力搅拌。由于水泵搅拌在溶解池内没有转动机械，所以在药剂用量不太大的火力发电厂采用较多，如图 3-13 所示。

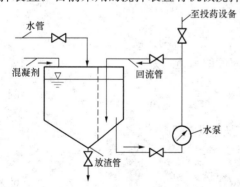

图 3-13　混凝剂的溶解与配制

将溶解完的浓溶液用泵打入溶液池（箱），并在此配制所需要的浓度，一般为 5%～20%。当药剂用量不大时，可将药剂溶解池和溶液池合并为一个溶液剂量箱，即在剂量箱内同时完成药剂溶解和配制两个过程。

药液必须通过计量设备投加，而且应能随时调节投药量。计量设备有多种，如计量活塞泵、转子流量计、电磁流量计及孔口计量设备等。目前在电厂水处理中多采用活塞泵。活塞

泵可通过调节活塞的冲程或调节药液浓度调节投药量，它不仅计量准确、运行可靠，而且调节也很方便。

二、混合设备

混合设备的作用是让药剂迅速而且均匀地扩散到水流中，使形成的带电胶体颗粒与原水中的胶体颗粒及其他悬浮颗粒充分接触，形成许多微小的絮凝物（俗称小矾花）。因此，这一过程要求水流产生激烈的湍流，所需要的时间很短，一般在 2min 以内，因为铝盐和铁盐混凝剂的水解速度很快，大约在 1～10s 之内就可生成单核单羟基聚合物，1min 之内就可形成多核多羟基聚合物。为使水流产生湍流，可利用水力或机械设备来完成。

混合设备种类很多，分管道混合、水泵混合、水力混合和机械混合等。

1. 管道混合

管道混合是将配制好的药液直接加到进入混凝沉降设备或絮凝池的管道中。为使药剂能与水迅速混合，加药管应伸入水管中，伸入距离一般为水管直径的 1/4～1/3。另外，管道混合还规定投药点至水管末端出口的距离不小于 50 倍的水管直径，而且建议管道内的水流速度采用 1.5～2.0m/s，并使投药后的管道内产生的水头损失不小于 0.3～0.4m。

2. 水泵混合

水泵混合是一种机械混合，它是将药剂加至水泵吸水管中或吸水喇叭口处，利用水泵叶轮高速旋转产生的局部涡流，使水和药剂快速混合，它不仅混合效果好，而且不需另外的机械设备，也是目前经常采用的一种混合方式。

管道混合与水泵混合都常用于靠近沉降澄清设备的场合，因为距离太长时，容易在管道内形成絮凝物，导致在管道内沉积而堵塞管路。

3. 水力混合

水力混合形式很多，在早期的水处理中曾采用过水跃混合和跌水混合，它们都是将药剂加至水流的旋涡区，利用激烈旋转的水流达到快速混合。近些年来，人们研究了各种形式的静态混合器，并广泛应用。

这种混合装置呈管状，接在待处理水的管路上。管内按设计要求装设若干个固定混合单元，每一个混合单元由 2～3 块挡板按一定角度交叉组合而成，形式多种多样，图 3-14 给出一种单元的示意图。当水流

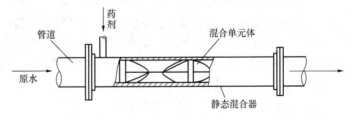

图 3-14　静态混合器示意图

通过这些混合单元时，被多次分割和转向，达到快速混合的目的。它具有结构简单、安装方便等优点。管式静态混合器的水头损失可参考下式估算：

$$h = 0.1184 \frac{Q^2}{d^{4.4}} n \tag{3-66}$$

式中：h 为管式静态混合器的水头损失，m；Q 为管道流量，m³/s；d 为管道直径，m；n 为静态混合器单元数。

4. 机械混合

机械混合是利用电动机驱动桨板或螺旋器进行强烈混合，混合时间在 10～30s 以内。一

般认为螺旋器的效果比桨板好，因为桨板容易使整个水流随桨板一起转动，混合效果较差。

三、絮凝池

絮凝池也称反应池，它的作用是使失去稳定性的胶体颗粒或刚开始进行絮凝的小絮凝物继续进行絮凝反应，最后形成大颗粒的絮凝物。絮凝池在水处理的工艺流程中放在混合池的后面，是完成混凝处理的最后设备。为了使絮凝反应顺利进行，也像混合设备一样，要对水流的搅拌强度和搅拌时间进行控制。絮凝池的形式也有许多种。下面介绍净水处理中常见的几种。

1. 隔板式絮凝池

隔板式絮凝池也是一种水力搅拌式反应池，主要借助水流与壁面产生的近壁紊流和水流转弯处的水头损失促使絮凝反应。为了使水流在隔板间的直线段产生有利于絮凝反应的紊动状态，有的将隔板做成折板状或波纹状，有的将隔板平行布置，有的交错布置，如图 3-15 所示。

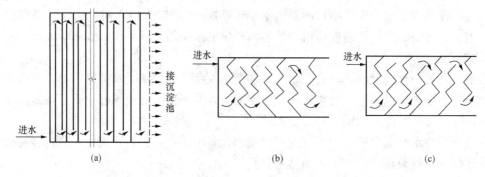

图 3-15 隔板式絮凝池

(a) 往复隔板絮凝池；(b) 平行布置的折板絮凝池；(c) 交错布置折板絮凝池

隔板絮凝池的主要设计参数：

（1）隔板间（又称廊道）的水流速度。起始端一般为 0.5～0.6m/s，末端一般为0.15～0.2m/s，为此设计中将隔板间距从水流进口到出口逐渐加宽，池底相平。或者是隔板间距保持不变，池底逐渐加深，以达到水流速度逐渐减小的目的。

（2）停留时间。水流在絮凝池中的停留时间一般为 20～30min，对于色度或有机物含量比较高的水，设计中取上限。

（3）隔板间距。从施工、清洗淤泥及检修等方面考虑，隔板间距不宜小于 0.5m。为便于排泥，池底应有 0.02～0.03 的坡度，并设置排泥管道，直径不小于 150mm。

（4）过水断面。为了避免水流在转弯处过于激烈旋转，使已长大的絮凝物被水流裂碎或剥落，转弯处的过水断面比隔板间的过水断面大 1.2～1.5 倍。

（5）水头损失计算。隔板式絮凝池中的总水头损失 h_Z（包括沿程水头损失和转弯处的局部水头损失），一般为 0.3～0.5mH$_2$O，可由式（3-67）计算

$$h_z = \zeta N \frac{v_0^2}{2g} + \frac{v^2}{C_n^2 R} L_z, mH_2O \tag{3-67}$$

式中：v_0 为隔板转弯处的水流速度，m/s；v 为隔板间直流段（廊道）的水流速度，m/s；N 为整个絮凝池水流转弯的次数；ζ 为隔板转弯处的局部阻力系数；R 为隔板间过水断面的水力半径，m；C_n 为水流的流速系数；L_z 为絮凝池中隔板间水流的总长度，m。

2. 机械搅拌絮凝池

机械搅拌絮凝池是利用电动机经减速器驱动搅拌器的桨板对水流进行搅拌，因为桨板前后压差可使水流产生旋涡，促使胶体颗粒与混凝剂相互絮凝。按搅拌器桨板（或叶轮）的形状分为桨板式、涡轮式和轴流桨式多种，我国大都采用桨板式。按搅拌器转轴的布置又分为水平轴式和垂直轴式两种，目前采用垂直轴式的较多，如图 3-16 所示。

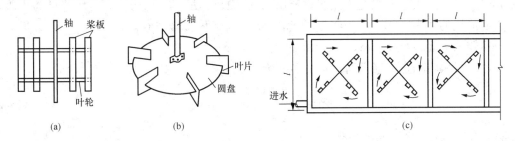

图 3-16 机械搅拌器形式与布置

（a）桨板式；（b）涡轮式；（c）垂直轴式

为了避免水流短路，沿絮凝池水流方向，用导流墙分成几格，每一格装一个搅拌器。通过改变转速或桨板数量和桨板面积，使搅拌强度逐渐减小，以免将逐渐长大的絮凝物打碎。

桨板式机械搅拌絮凝池主要设计参数：

（1）桨板。每台搅拌器的桨板总面积不宜超过水流截面积的 25%，一般为 10%～20%。桨板宽度取 10～30cm，长度不大于叶轮直径的 75%。

（2）停留时间。停留时间一般为 15～20min。

（3）叶轮旋转线速度。叶轮半径中心点处的线速度按以下参数设计：第一格取 0.5～0.6m/s，最后一格取 0.1～0.3m/s，从第一格到最后一格，叶轮旋转的线速度应依次逐渐降低。

（4）功率计算。电动机通过转轴带动桨板旋转时，水流在桨板 $\mathrm{d}A$ 面积上产生的阻力 $\mathrm{d}F_1$，可用因次分析的方法得到下式（见图 3-17）

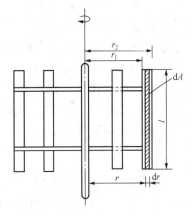

图 3-17 桨板功率计算

$$\mathrm{d}F_1 = C_\mathrm{D}\rho\frac{v^2}{2}\mathrm{d}A \qquad (3-68)$$

式中：$\mathrm{d}F_1$ 为水流在桨板 $\mathrm{d}A$ 面积上产生的阻力，N；C_D 为阻力系数，与桨板几何尺寸有关；v 为水流对桨板的相对速度，一般为桨板旋转线速度的 0.5～0.75 倍，m/s。

桨板为克服水流阻力所消耗的功率为

$$\mathrm{d}P_1 = \mathrm{d}F_1 v = C_\mathrm{D}\rho\frac{v^3}{2}\mathrm{d}A = \frac{C_\mathrm{D}\rho}{2}L\omega^3 r^3\mathrm{d}r$$

令

$$k = \frac{C_\mathrm{D}\rho}{2}$$

$$dP_1 = kL\omega^3 r^3 dr$$

因此

$$P_1 = \int_{r_1}^{r_2} kL\omega^3 r^3 dr = \frac{kL\omega^3}{4}(r_2^4 - r_1^4) \tag{3-69}$$

式中：dP_1 为桨板 dF_1 面积上为克服水流阻力所消耗的功率，W；P_1 为一块桨板为克服水流阻力所消耗的功率，W；L 为桨板长度，m；r 为桨板旋转半径，m；r_1、r_2 为桨板外缘旋转半径和内缘旋转半径，m；ρ 为水的密度，kg/m^3。

因此，每根转轴全部桨板所消耗的功率 P 为

$$P = \sum \frac{nkL\omega^3}{4}(r_2^4 - r_1^4) \tag{3-70}$$

式中：n 为每一根转轴上的桨板数。

每一根转轴所需要的电动机功率 P_0（kW）为

$$P_0 = \frac{P}{1000\eta_1\eta_2} \tag{3-71}$$

式中：η_1 为搅拌设备的机械效率，取 0.75；η_2 为传动设备的传动效率，取 0.6～0.95。

上述混凝设备主要用于澄清处理水量比较大的场合，如城市供水、大型企业工业用水等。因为电厂锅炉补给水量一般都比较小，水的澄清处理一般都设计澄清池，药剂与水的混合和絮凝反应都不单独设计专用设备，而是包含在澄清池内。

图 3-18 所示为某电厂设计的混凝剂或助凝剂的加药设备与系统。在该系统中，药剂放入投药口，在搅拌装置的作用下，药剂逐渐溶解，并在溶药箱内配制成一定的浓度，如 5%～20%。然后通过活塞式计量泵加至加药点。在计量泵前设计一个小型过滤器，滤去杂质，避免将计量泵堵塞或磨损。

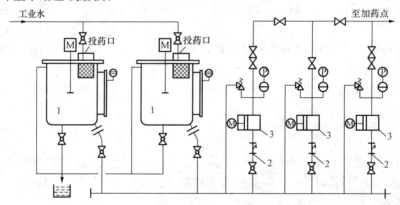

图 3-18　混凝剂（助凝剂）的加药系统
1—溶药箱；2—过滤器；3—隔膜式计量泵

图 3-18 中的隔膜式计量泵的结构如图 3-19 所示。齿轮机构是将变频调速电动机转变成可往复运动的冲程，并带动活塞推动泵头中的隔膜做往复运动，同时吸入、排出药液。泵头内有隔膜、药液吸入口和排出口单向阀。当活塞带动隔膜后退时，吸入口单向阀打开，排出

口单向阀关闭，吸入药液到泵头内。当活塞带动隔膜前进时，吸入口单向阀关闭，排出口单向阀打开，泵头内药液被压出泵头，到排出口连接的加药管内，到此完成一次加药。活塞冲程的长度可通过调整冲程长度调节旋钮，实现药液体积的定量投加。每次吸入、排出的药液体积也随之固定，即达到定量投加药液的目的。这是目前应用较多的一种加药方式。

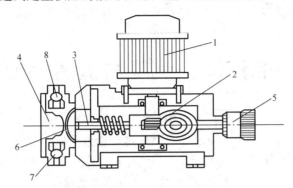

图 3-19　隔膜式计量泵结构示意

1—电动机；2—齿轮机构；3—活塞；4—泵头；5—冲程长度调节旋钮；

6—隔膜；7—吸入口及单向阀；8—排出口及单向阀

第四章

水的沉淀、沉降与澄清处理

在水处理领域内,将用化学方法把水中溶解性物质转化为难溶性物质而析出的过程称为沉淀,把水中的固体颗粒借助重力下沉而分离的过程称为沉降。

天然水体通过混凝、沉淀(或沉降)与澄清处理,水中悬浮固体的含量可降至 20mg/L 以下,其他水质指标(如 COD、SiO_2 等)也有不同程度的降低。

第一节 水的沉淀处理

水的沉淀处理就是向水中投加一种化学药剂,使该药剂与水中某些欲除去离子进行化学反应,生成难溶的化合物,从水中沉淀析出,所用的化学药剂称为沉淀剂。根据使用沉淀剂的不同,化学沉淀法可分为碳酸盐法、氢氧化物法、硫化物法、钡盐法。在锅炉水处理中大都采用碳酸盐沉淀法,它是以石灰作沉淀剂,与水中结垢性离子 [Ca^{2+}、Mg^{2+}] 进行化学反应,生成难溶的化合物[如 $CaCO_3$、$Mg(OH)_2$ 等],从水中沉淀析出。这种沉淀法在早期的水处理中所用的沉淀剂有石灰、苏打、氯化钙、氢氧化钠和磷酸钠等。由于离子交换水处理和膜分离等技术的发展,水的沉淀处理法已很少采用,但因为石灰有价格便宜、处理效果好等优点,所以目前它不仅用于工业水的处理,也用于循环冷却水和锅炉补充水的处理,故本节主要对石灰处理作介绍,对其他沉淀法作简单介绍。

一、石灰处理的化学反应

生石灰(CaO)加水反应称为消化反应,生成的 $Ca(OH)_2$ 称为熟石灰或消石灰。石灰处理实质上是向水中投加消石灰,首先将消石灰配制成一定浓度的石灰乳液,然后向处理水中投加,化学反应如下

$$CaO + H_2O \rightleftharpoons Ca(OH)_2 \quad （消化反应）$$
$$CO_2 + Ca(OH)_2 \rightleftharpoons CaCO_3 \downarrow + H_2O$$
$$Ca(HCO_3)_2 + Ca(OH)_2 \rightleftharpoons 2CaCO_3 \downarrow + 2H_2O$$
$$Mg(HCO_3)_2 + Ca(OH)_2 \rightleftharpoons MgCO_3 + CaCO_3 \downarrow + 2H_2O \tag{4-1}$$

反应式(4-1)生成的 $MgCO_3$ 在水中有少量可溶,如果石灰加药量足够,则它可以进一步转化成溶解度更小的 $Mg(OH)_2$,即

$$MgCO_3 + Ca(OH)_2 \rightleftharpoons Mg(OH)_2 \downarrow + CaCO_3 \downarrow \tag{4-2}$$

反应式(4-1)和式(4-2)进行的结果,不仅除去了水中游离 CO_2 和碳酸盐硬度,而且也除去了与碳酸盐硬度相对应的碱度。

当水为碱性水时,水中有过剩碱度($NaHCO_3$、$KHCO_3$),它们也会与 $Ca(OH)_2$ 反应,

如反应式（4-3）。但此时 $NaHCO_3$（或 $KHCO_3$）被等物质的量的 Na_2CO_3 所代替，它们都是碱性化合物，所以石灰处理不能去除水中的过剩碱度

$$2NaHCO_3 + Ca(OH)_2 \Longrightarrow Na_2CO_3 + CaCO_3 \downarrow + 2H_2O \tag{4-3}$$

当水为非碱性水或水中有 $MgSO_4$、$MgCl_2$ 时，还可发生以下反应

$$MgSO_4 + Ca(OH)_2 \Longrightarrow Mg(OH)_2 \downarrow + CaSO_4$$

$$MgCl_2 + Ca(OH)_2 \Longrightarrow Mg(OH)_2 \downarrow + CaCl_2 \tag{4-4}$$

反应的结果只是水中镁的非碳酸盐硬度被钙的非碳酸盐硬度所代替，水中总硬度不变。

当水中还有铁和硅的化合物（如地下水）时，可与消石灰发生以下反应

$$\left. \begin{aligned} 4Fe(HCO_3)_2 + 8Ca(OH)_2 + O_2 \Longrightarrow 4Fe(OH)_3 \downarrow + 8CaCO_3 \downarrow + 6H_2O \\ Fe_2(SO_4)_3 + 3Ca(OH)_2 \Longrightarrow 2Fe(OH)_3 \downarrow + 3CaSO_4 \end{aligned} \right\} \tag{4-5}$$

$$\left. \begin{aligned} H_2SiO_3 + Ca(OH)_2 \Longrightarrow CaSiO_3 \downarrow + 2H_2O \\ mH_2SiO_3 + nMg(OH)_2 \Longrightarrow nMg(OH)_2 \cdot mH_2SiO_3 \downarrow \end{aligned} \right\} \tag{4-6}$$

上述各种化合物与石灰反应的倾向是不同的，它们可以排列成以下顺序：

$$CO_2 > Ca(HCO_3)_2 > Mg(HCO_3)_2 > NaHCO_3 > MgCO_3 > MgSO_4 + MgCl_2$$

之所以会形成这样的次序，有以下两个原因：①加石灰时，水溶液的碱性增强，于是这些化合物中酸性最强的 CO_2 首先与之反应，其次是各种碳酸氢盐，最后是碳酸盐和强酸盐类；②$Ca(HCO_3)_2$ 比 $Mg(HCO_3)_2$ 的反应倾向大的原因为，Mg^{2+} 是以 $Mg(OH)_2$ 的形式沉淀出来的，所以只有当水中添加的石灰量较多，以至除了将各种碳酸化合物均转化成碳酸盐以后，水中还有一定量 OH^- 时，才会发生这样的沉淀反应。

二、石灰加药量的估算

石灰的投加量与处理目的有关，当只要求去除水中钙的碳酸盐硬度时，按式（4-7）估算

$$[1/2CaO] = [1/2CO_2] + [1/2Ca(HCO_3)_2] \tag{4-7}$$

当要求同时去除水中钙和镁的碳酸盐硬度时，按式（4-8）估算

$$[1/2CaO] = [1/2CO_2] + [1/2Ca(HCO_3)_2] + 2[1/2Mg(HCO_3)_2] + \alpha \tag{4-8}$$

式中：$[1/2CaO]$ 为石灰投加量，mmol/L；α 为石灰过剩量，其值为 $0.1 \sim 0.3$mmol/L。

其余表示相应化合物在水中的含量，mmol/L。

式（4-8）中系数 2 是因 1mmol/L 的 $1/2Mg(HCO_3)_2$ 需要 2mmol/L 的 $1/2CaO$ 与之反应［参见反应式（4-1）和式（4-2）］。如果水中有过剩碱度（$NaHCO_3$），也应加在式（4-8）中，因为在发生 $Mg(OH)_2$ 沉淀之前，$NaHCO_3$ 必先反应。过剩量是为沉淀 $Mg(OH)_2$ 所必需的。

在水的实际处理中，往往有许多因素影响上述化学反应，所以石灰的投加量只能是估算，实际投加量应由调整试验来确定。

三、石灰处理后的水质

水经石灰处理后，水质发生了明显变化，主要有以下几个方面。

1. 游离 CO_2

因为水经石灰处理后的 pH 值一般为 $10.1 \sim 10.3$，所以水中游离 CO_2 能全部除去。

2. 残余硬度

水经石灰处理后的残余硬度，与钙、镁化合物的溶解度和络合反应有关。理论上应根据这些化合物和络合物的溶解平衡关系计算，但这种计算比较麻烦，所以在工程设计中，常按

式（4-9）进行估算

$$H_C = H_F + B_C + c(H^+) \tag{4-9}$$

式中：H_C 为经石灰处理后水的残余硬度，mmol/L；H_F 为原水中的非碳酸盐硬度，mmol/L；B_C 为经石灰处理后水的残余碱度，mmol/L；$c(H^+)$ 为混凝剂投加量，mmol/L。

3. 碱度

经石灰处理后的残余碱度一般为 $0.7\sim1.1$mmol/L，其中包括因 $CaCO_3$ 的溶解产生 $0.6\sim0.8$mmol/L，另外一部分是石灰的过剩量 $0.1\sim0.3$mmol/L（以 $[1/2CaO]$ 计）。

因为 $CaCO_3$ 的溶解度与原水 H_F 有关，水中 Ca^{2+} 含量越高，出水中 CO_3^{2-} 碱度就越少。

表 4-1 列出的是经验数据，它可用作评价处理效果的标准，如果出水碱度大于表上所列出的值，则说明沉淀反应不完全。

表 4-1 水经石灰处理后可达到的残留碱度（$t=20\sim40℃$）

出水的钙含量 $[1/2Ca^{2+}]$（mmol/L）	>3	$1\sim3$	$0.5\sim1$
残留碱度（mmol/L）	$0.5\sim0.6$	$0.6\sim0.7$	$0.7\sim0.75$

注 如果原水中有过剩碱度，经石灰处理后水的残留碱度较高，此时不能按此表来判断。

4. 有机物

经石灰（或与混凝处理一起）处理后，水中有机物可降低 $20\%\sim40\%$，它主要是通过沉淀物或絮凝物的吸附和共沉淀作用除去的，所以沉淀物或絮凝物越多，活性越强，对有机物的去除率越高。

5. 硅化合物

石灰处理时生成的 $Mg(OH)_2$ 沉淀物，或石灰与混凝同时处理时生成的絮凝物，都呈絮凝状，具有很强的吸附能力，可使水中的硅化合物明显降低。在正常情况下（如水温 40℃）可将硅化合物的含量降低 $30\%\sim35\%$，但如不采取专门措施，其残余量一般不会小于 $3\sim5$mg/L（SiO_3^{2-}）。

四、石灰的投加

在锅炉补给水处理中，往往采用湿法投加，其工艺流程是：粉状石灰（CaO）→储存槽→消石灰机→$Ca(OH)_2$ 浓浆槽→浓浆泵→石灰乳溶液箱→石灰乳液泵→石灰乳计量装置→被处理水中。

有关石灰处理的运行参数、典型工艺流程及配制剂量系统等，可参见本书第二十章循环冷却水处理部分。

五、其他沉淀法

1. 氢氧化物沉淀法

在工业废水处理中，经常遇到需要去除水中的重金属离子（如镉、铅、铬等），这时可采用氢氧化物沉淀法，因为许多金属离子的氢氧化物是难溶的。对一定浓度的某种金属离子来说，能否生成难溶的氢氧化物沉淀，取决于溶液中金属离子和 OH^- 的浓度，即与 pH 值有很大关系，如以 $M(OH)_n$ 表示金属氢氧化物，则有

$$M(OH)_n \rightleftharpoons M^{n+} + nOH^-$$

$$K_{SP} = [M^{n+}][OH^-]^n$$

$$H_2O \Longrightarrow H^+ + OH^-$$

水的离子积 K_W 为

$$K_W = [H^+][OH^-]$$

整理上式，可得金属离子 M^{n+} 的浓度为

$$[M^{n+}] = \frac{K_{SP}}{[OH^-]^n} = \frac{K_{SP}}{\left(\dfrac{K_w}{[H^+]}\right)^n}$$

上式两边取对数，可得

$$\lg[M^{n+}] = \lg K_{SP} - n(\lg K_w - \lg[H^+])$$

或
$$\lg[M^{n+}] = -pK_{SP} + 14n - npH \qquad (4\text{-}10)$$

因此，可以通过以上关系，计算出将某一浓度的某种金属离子生成氢氧化物沉淀所需的 pH 值。

由式（4-10）可以看出：金属离子浓度相同时，溶度积 K_{SP} 越小，开始析出氢氧化物沉淀的 pH 值就越低；同一金属离子，浓度越大，开始析出沉淀的 pH 值越低。如以 pH 值为横坐标，以 $\lg[M^{n+}]$ 为纵坐标，可绘制出溶解度平衡图。如果已知某金属离子的浓度，就可根据该图查出该金属氢氧化物开始沉淀的 pH 值。

应当指出，有些金属氢氧化物沉淀（例如 Zn、Pb、Cr、Sn、Al 等）具有两性，既具有酸性，又具有碱性，既能和酸作用，又能和碱作用。以 Zn 为例，在 pH＝9 时，Zn 几乎全部以 $Zn(OH)_2$ 的形式沉淀，但当 pH＞11 时，生成的 $Zn(OH)_2$ 又能和碱起作用，生成 $Zn(OH)_4^{2-}$ 或 ZnO_2^{2-} 离子，随着 pH 值的增大，ZnO_2^{2-} 离子浓度呈直线增加。

2. 硫化物沉淀法

由于大多数金属的硫化物都难溶于水，其溶解度一般比其氢氧化物还要小很多，因此采用硫化物作沉淀剂，可使废水中的金属离子得到更彻底去除。硫化物沉淀法常用的沉淀剂有硫化氢、硫化钠、硫化钾等。

若以 K_{MS} 表示某种金属硫化物（MS）的溶度积，以硫化氢（H_2S）为沉淀剂时，则在难溶金属硫化物的饱和溶液中，有

$$MS \Longrightarrow M^{2+} + S^{2-}$$
$$K_{MS} = [M^{2+}][S^{2-}] \qquad (4\text{-}11)$$

若以硫化氢为沉淀剂，则有

$$H_2S \Longrightarrow H^+ + HS^- \quad ; \quad HS^- \Longrightarrow H^+ + S^{2-}$$

离解常数分别为

$$K_1 = \frac{[H^+][HS^-]}{[H_2S]} = 9.1 \times 10^{-8}$$

$$K_2 = \frac{[H^+][S^{2-}]}{[HS^-]} = 1.2 \times 10^{-15}$$

若 K_1 与 K_2 相乘，则有

$$\frac{[H^+]^2[S^{2-}]}{[H_2S]} = 1.1 \times 10^{-22}$$

$$[S^{2-}] = \frac{1.1 \times 10^{-22}[H_2S]}{[H^+]^2}$$

代入式（4-11），可得

$$[M^{2+}] = \frac{K_{MS}[H^+]^2}{1.1 \times 10^{-22}[H_2S]}$$

在 0.1MPa 和 25℃ 条件下，硫化氢在水中的饱和浓度大约为 0.1mol/L(pH≤6)，将 $[H_2S] = 1 \times 10^{-1}$ 代入式(4-11)，得

$$[M^{2+}] = \frac{K_{MS}[H^+]^2}{1.1 \times 10^{-23}} \qquad (4-12)$$

因此，金属离子的浓度和 pH 值有关，随着 pH 值的增加而降低。

S^{2-} 离子与 OH^- 离子一样，也能与许多金属离子形成络合阴离子，使金属硫化物的溶解度增大，不利于用金属硫化物的沉淀去除。所以应控制沉淀剂的投加量和水的 pH 值。

3. 钡盐沉淀法

当废水中含有六价铬，往往利用沉淀转化原理，采用钡盐沉淀法去除废水中的六价铬。所谓沉淀转化就是由一种沉淀物质转化为另外一种沉淀物质的过程。采用的沉淀剂有碳酸钡、氯化钡、硝酸钡、氢氧化钡等。这种方法是向含有六价铬的废水中投加过量的碳酸钡，使之生成 $BaCrO_4$ 沉淀，过量的钡再用石膏（$CaSO_4$）生成硫酸钡去除。

4. MAP 法

在城市污水处理中，有时用沉淀法去除污水中的营养元素氨氮。如向污水中投加磷酸盐（$NaHPO_4$）和镁盐（$MgCl_2$）与污水中的氨氮结合，生成难溶的磷酸铵镁沉淀，随污泥分离去除，简称 MAP 法。

$$Mg^{2+} + NH_4^+ + PO_4^{3-} + 6H_2O \Longrightarrow MgNH_4PO_4 \cdot 6H_2O\downarrow$$
$$K_{SP} = [Mg^{2+}][NH_4^+][PO_4^{3-}] = 2.51 \times 10^{-13}(25℃)$$

由于该反应速度快且比较完全，以及 MAP 的溶度积常数 K_{SP} 较小，所以可使污水中的残余 NH_4^+ 降至 1.2mg/L 以下，达到脱氮的目的。

由上述反应可知，氨氮的去除率与污水的 pH 值、氨氮浓度（N：P：Mg）的配比等因素有关。试验表明，当污水的 pH 值为 9.0～9.5 时，$m(PO_4^{3-})：m(NH_4^+) = 1.04$，$m(Mg^{2+})：m(NH_4^+) = 1.2$，反应时间为 10min，搅拌速度为 100r/min 时，可使污水中残留氨氮降至 20～30mg/L，余磷<6.0 mg/L。说明利用该法去除污水中的氨氮达不到排放标准，必须再进行深度处理。所以该法适宜处理高浓度含氨氮的城市污水。

第二节　悬浮颗粒在静水中的沉降

水中悬浮颗粒在重力的作用下，从水中分离出来的过程称为沉降（沉淀）。这里所说的悬浮颗粒可以是天然水体中的泥沙、黏土颗粒，也可以是在混凝处理中形成的絮凝体，或在沉淀处理中形成的难溶沉淀物。这些悬浮颗粒在沉降与澄清过程中常有四种情况：当水中悬浮颗粒浓度较小时，沉降过程可以按絮凝性的强弱分成离散沉降和絮凝沉降；当颗粒浓度较大而且颗粒具有絮凝性时，呈层状沉降；当浓度很大时，颗粒呈压缩状态。

一、离散颗粒在静水中的自由沉降

在水处理中，研究离散颗粒在静水中的沉降规律时，往往作如下理想假设：颗粒在沉降过程中，该颗粒不受其他颗粒的干扰，也不受器壁的干扰，完全处于自由沉降状态；虽然水

中的悬浮颗粒形状都是不规则的，但为了便于研究，假定它们的形状为体积相等的球形；水中颗粒表面都吸附了一层水膜，所以颗粒在静水中沉降时，可以认为是水膜与水之间的一种相对滑动；颗粒在沉降过程中，颗粒之间不发生任何絮凝现象，即它的形状、大小、质量等均不发生变化。

在以上假定条件下，一个单独的离散颗粒在静水中沉降时，该颗粒受到的力有：

1. 颗粒在水中的重力 F_{ZH}

$$F_{ZH}=\frac{1}{6}\pi d^3\ (\rho_K-\rho)\ g \tag{4-13}$$

式中：d 为与颗粒相同体积的直径，m；ρ_K 为颗粒的密度，kg/m³；ρ 为水的密度，1000kg/m³；g 为重力加速度，9.81m/s²。

2. 水流对颗粒产生的阻力（浮力）F_F

$$F_F=C_Z\rho\frac{u^2}{2}\ \frac{\pi d^2}{4}=C_Z\rho\frac{u^2}{2}A \tag{4-14}$$

式中：C_Z 为阻力系数，与雷诺数 Re 有关；u 为颗粒在静水中的沉降速度，m/s；A 为球形颗粒在垂直沉降方向的投影面积，为 $\frac{\pi d^2}{4}$，m²。

当颗粒在静水中开始沉降时，$F_{ZH}>F_F$，颗粒加速沉降。此时阻力 F_F 也随之增大，一直到 $F_{ZH}=F_F$ 时，颗粒的沉降速度不再发生变化，以后便以等速沉降。

这时，因为 $F_{ZH}=F_F$，即

$$\frac{1}{6}\pi d^3\ (\rho_K-\rho)\ g=C_Z\rho\frac{\pi u^2 d^2}{8}$$

简化后得

$$u=\sqrt{\frac{4}{3C_Z}\frac{\rho_K-\rho}{\rho}gd} \tag{4-15}$$

式（4-15）即为颗粒沉降的速度公式。该式表明，只要知道颗粒大小 d、密度 ρ_K 和阻力系数 C_Z，就可算出沉降速度 u。式中阻力系数 C_Z 是水流雷诺数的函数，即 C_Z 与沉降阻力中黏滞力和惯性力的大小有关

$$C_Z=f\ (Re)$$

$$Re=\frac{ud}{\nu}=\frac{ud\rho}{\mu} \tag{4-16}$$

式中：Re 为水流的雷诺数；μ 为水的动力黏度，Pa·s；ν 为水的运动黏度，cm²/s。

通过一系列试验，将得到的 u、d、ρ_K、ρ 与 ν 等数据代入式（4-15）和式（4-16），即可求出 C_Z 和 Re，绘制 $C_Z=f\ (Re)$ 曲线，如图 4-1 所示。在不同 Re 值范围内，曲线呈不同的形状，分为层流区、过渡区和紊流区。

在层流区，$Re=10^{-4}\sim1.0$，$C_Z=$

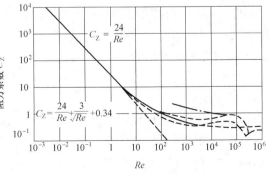

图 4-1　阻力系数 C_Z 与雷诺数 Re 的关系（球形颗粒）

$24/Re$，将 C_Z 代入式（4-15），得到斯托克斯（Stokes）公式

$$u = \frac{\rho_K - \rho}{18\mu} g d^2 \tag{4-17}$$

在过渡区，$Re = 1.0 \sim 1000$，C_Z 近似于

$$C_Z = \frac{12.65}{Re^{0.5}} \tag{4-18}$$

将 C_Z 代入式（4-15），得艾伦（Allen）公式

$$u = 0.223 \left[\frac{(\rho_K - \rho)^2 g^2}{\mu\rho} \right]^{1/3} d \tag{4-19}$$

在紊流区，$Re = 1000 \sim 25\,000$，C_Z 近似等于常数 0.4，代入式（4-15）得牛顿（Newton）公式

$$u = 1.82 \sqrt{\frac{\rho_K - \rho}{\rho} dg} \tag{4-20}$$

在实际应用中，即使在 Re 很小的层流区范围内，由于颗粒很小，颗粒的粒径也难以测定。所以，往往是测定颗粒的沉降速度，利用斯托克斯公式反算与颗粒体积相应的球形直径。

在实际水处理中，颗粒并非是球形，而是不规则的。因此，上述阻力系数 C_Z 应加以校正。如在层流区

$$C_Z = \frac{24}{Re} \alpha^2 \tag{4-21}$$

式中：α 为球体因素，它等于与颗粒有相同表面积的球形体积与该颗粒实际体积之比，如石英砂 $\alpha = 2.0$，煤 $\alpha = 2.25$，石膏 $\alpha = 4.0$。

二、絮凝颗粒的自由沉降

在水的沉降处理中，只有当水中的悬浮颗粒全部由泥沙所组成，而且浓度小于 5000mg/L 时，才会发生上述自由沉降的现象。而天然水体中的悬浮颗粒或混凝处理中形成的絮凝体大都具有絮凝性能，颗粒之间发生碰撞和聚集后，沉降速度不断加快，不再像离散颗粒那样在沉降过程中保持沉降速度不变。

在沉淀池中造成颗粒之间碰撞的因素主要有两种。

1. *沉降速度差异*

粒径不同的颗粒在沉降过程中，粒径大或密度大的颗粒沉降速度快，总是能追上粒径小或密度小而沉降速度慢的颗粒发生碰撞。在层流区内，单位时间、单位体积内因两种粒径颗粒沉降速度差异而发生的碰撞频率为

$$n_{1,2} = n_1 n_2 \frac{\pi g(\rho_K - 1)}{72\nu} (d_1 + d_2)^3 (d_1 - d_2) \tag{4-22}$$

式中：n_1、n_2 为单位体积水中直径为 d_1、d_2 的颗粒数。

但水中的悬浮颗粒都是由各种不同粒径的颗粒组成的，其总碰撞次数应为各种碰撞次数的总和。式（4-22）表明，颗粒之间的碰撞频率不仅与单位体积水中的颗粒数和颗粒大小有关，而且还与颗粒之间的粒径差大小有关。粒径和密度相同的颗粒，即使沉降速度很快，也不会发生碰撞而聚集。

2. 速度梯度差异

由于流体的速度梯度差异而引起颗粒的碰撞，虽然在混合反应池内的作用非常微小，但在沉淀池中却具有一定的作用。对于一个矩形沉淀池，水流的能量消耗主要是水流对池底和池壁的摩擦阻力而损失的，所以由速度梯度而产生的碰撞频率 $n_{1,2}$ 为

$$n_{1,2} = \frac{n_1 n_2}{6} \sqrt{\frac{f}{8\nu R} v^3 (d_1 + d_2)^3} \qquad (4\text{-}23)$$

式中：v 为沉淀池的水平流速；R 为沉淀池的水力半径；f 为达西阻力系数。

由式（4-23）可知，因流体的速度梯度差异而引起的颗粒碰撞频率，只随单位体积水中的颗粒数、水平流速和粒径的加大而增加，与颗粒粒径的大小差异无关。另外，颗粒之间的碰撞频率还与水力半径的平方根成反比，即在相同水平流速的情况下，采用浅池比深池具有更大的碰撞频率，因沉淀池越浅，水力半径越小。

颗粒之间的碰撞频率越大，聚集絮凝成大颗粒的机会也就越多。大颗粒的沉降速度总是大于密度相同的小颗粒。因此，絮凝颗粒在沉降过程中的沉降速度不是恒定的，而是随着其工艺流程逐渐增大的。

目前关于絮凝颗粒的沉降速度研究得不多，日本人丹保宪仁提出 $C_Z = 45/Re$，代入式(4-15)，得

$$u = \sqrt{\frac{4}{3} \times \frac{gu(\rho_K - \rho)d^2}{45\mu}} = \sqrt{\frac{4gu(\rho_K - \rho)d^2}{135\mu}} \qquad (4\text{-}24)$$

三、层状沉降

当水中悬浮颗粒浓度继续增大时，如悬浮固体占水溶液体积的 1% 以上时，颗粒下沉所交换出来的水将会上升而影响周围颗粒的沉降速度，同时也增加了下层的颗粒浓度。最终可以看到水体中有一个清水与浑水的交界面，并以界面的形式不断下沉，故称这种沉降为层状沉降。

若将一个高浊度水样放入沉降筒内进行静止沉降试验，经过一个很短的时间，就会在清水与浑水之间形成一个交界面，称为浑液面。随后浑液面以等速下沉，一直沉到一定高度后，浑液面的沉速才逐渐减慢，从浑液面的等速沉降转入降速沉降的转折点称为临界点。临界点以前为层状沉降，临界点以后为压缩沉降。

层状沉降现象如图 4-2 所示。在整个沉降过程中，出现了清水区 A、等浓度区 B、过渡区 C 和压缩区 D 四个区。在等浓度区 B 内，悬浮颗粒的浓度是均匀的，虽然颗粒大小不同，但由于相互干扰的结果，出现了等速沉降现象，因此沉降曲线 bc 段为一直线。等速沉降的

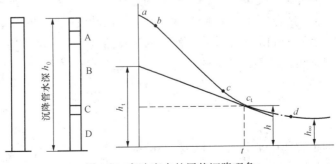

图 4-2　高浓度水的层状沉降现象

结果，是在沉降筒上部出现了一个清水区，清水区与等浓度区之间的交界面就是浑液面，它的沉降速度代表了颗粒的平均沉降速度。沉降曲线的 ab 段是一段向下弯的曲线，说明在开始沉降的最初一小段时间内，由于颗粒之间的絮凝作用逐渐加大了粒径，使沉降速度也逐渐增加。靠近沉降筒底部的悬浮颗粒很快被筒底截留，并逐渐增多，形成一个压缩区，到达筒底的颗粒沉降速度为零。

压缩区内颗粒的缓慢沉降过程也是压缩区内悬浮颗粒的缓慢压缩过程，曲线的 cd 段代表了这一过程，h_∞ 表示压实高度。从等浓度区 B 到压缩区 D 之间必然存在一个过渡区 C。

利用层状沉降曲线，可以求出曲线上任意一点的浓度及浑液面的沉降速度。现以图 4-2 曲线上的 c_t 点为例说明。

在 c_t 点作曲线的切线，并交纵坐标于 h_t 处，则 c_t 点的悬浮颗粒浓度为

$$c_t = c_0 \frac{h_0}{h_t} \ (\text{或} \ c_0 h_0 A = c_t h_t A) \tag{4-25}$$

式中：c_0、c_t 为等浓度区水中悬浮颗粒浓度和 c_t 点颗粒浓度；h_0、h_t 为等浓度区界面的初始高度和 c_t 点切线与纵坐标相交处的高度；A 为沉降筒的截面积。

浑液面的沉降速度，可按切线的斜率来计算，如 c_t 点的沉降速度

$$u_t = \frac{h_t - h}{t} \tag{4-26}$$

如上所述，层状沉降时，浑液面的沉降速度表示颗粒的平均沉降速度，它与水中悬浮颗粒浓度有关。故与自由沉降速度之间有以下关系

$$u_c = \beta u_0 \tag{4-27}$$

式中：u_c 为悬浮颗粒浓度为 c 时的层状沉降速度；u_0 为悬浮颗粒浓度趋向于 0 时的自由沉降速度；β 为沉降速度降低系数，小于 1.0。

β 值在颗粒密度、形状及水流特性相同的情况下，只是颗粒浓度 c 的函数

$$\beta = f(c) \tag{4-28}$$

式 (4-28) 有许多经验公式表示法，其中最简单的表达式为

$$\beta = 10^{-kc} \tag{4-29}$$

式中：c 为悬浮颗粒的体积浓度；k 为悬浮物颗粒的特性常数。

四、压缩沉降

在沉降筒的压缩区，先沉降到筒底的悬浮颗粒将承受上部后沉降颗粒的重量，在此过程中，颗粒之间的孔隙水就会由于压力增加和结构变形而被挤出，使颗粒浓度不断上升。因此，压缩沉降过程也是不断排除颗粒之间孔隙水的过程。

压缩区内任意一点的颗粒浓度及沉降速度，可模拟层状沉降的方法，首先作出压缩沉降曲线，即沉降高度与沉降时间的关系曲线，然后通过在曲线上某一点作切线的方法，求出该点的颗粒浓度和沉降速度，表达形式与式 (4-25) 和式 (4-26) 相似。

第三节 平流式沉淀池

利用悬浮颗粒的重力作用来分离固体颗粒的设备称为沉淀池。沉淀池的形式有多种，但平流式沉淀池是使用最早的一种沉淀设备，由于它结构简单、运行可靠，对水质适应性强，

故目前仍在城市自来水系统广泛应用。因它占地面积大，适宜处理大水量，所以在电厂水处理中采用的不多，但通过对平流式沉淀池的讨论，可以帮助理解各种沉淀设备的原理、水力学条件及工艺参数。

一、结构

平流式沉淀池一般是一个矩形结构的池子，常称为矩形沉淀池。一般长宽比为 4∶1 左右，长深比为 8∶1～10∶1。整个池子可分为进水区、沉淀区、出水区和排泥区（污泥区），如图 4-3 所示。

1. 进水区

通过混凝处理后的水先进入沉淀池的进水区，进水区内设有配水渠和穿孔墙，如图 4-4 所示。配水渠的作用是使进水均匀分布在整个池子的宽度上，穿孔墙的作用是让水均匀分布在整个池子的断面上。为了保证穿孔墙的均匀布水作用，穿孔墙的开孔率应为断面面积的 6%～8%，孔径为 125mm 左右。配水孔沿水流方向做成喇叭状，孔口流速应在 0.2～0.3m/s 以内，最上一排孔应淹没在水面下 12～15cm 处，最下一排孔应距污泥区以上 0.3～0.5m 处，以免将已沉降的污泥再冲起来。

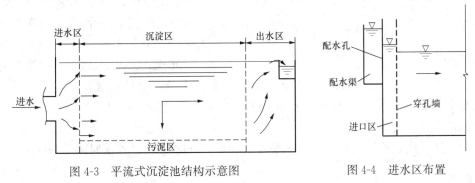

图 4-3　平流式沉淀池结构示意图　　　图 4-4　进水区布置

2. 沉淀区

沉淀区是沉淀池的核心，其作用是完成固体颗粒与水的分离。在此，固体颗粒以水平流速 v_s 和沉降速度 u 的合成速度一边向前行进一边向下沉降。

3. 出水区

出水区的作用是均匀收集经沉淀区沉降后的出水，使其进入出水渠后流出池外。为保证在整个沉淀池宽度上均匀集水和不让水流将已沉到池底的悬浮固体带出池外，必须合理设计出水渠的进水结构。图 4-5 示出三种结构。图 4-5（a）为溢流堰式，这种形式结构简单，但堰顶必须水平，才能保证出水均匀。图 4-5（b）为淹没孔口式，它是在出水渠内墙上均匀布孔，尽量保证每个小孔流量相等。图 4-5（c）为锯齿三角堰式，为保证整个堰口的流量相等，锯齿堰应该用薄壁材料制作，堰顶要在同一个水平线上。

4. 排泥区

排泥区的作用是收集从沉淀区沉下来的悬浮固体颗粒并排出池外，这一区域的深度和结构与沉淀区的排泥方法有关。

二、离散颗粒在沉淀池中的沉降

1. 截留速度和表面负荷

如图 4-6 所示，进入沉淀区的水流中有一种颗粒从池顶 A 点开始以水平流速 v_s 和沉降

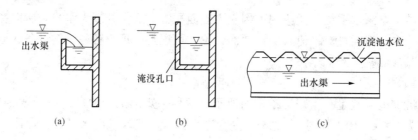

图 4-5　出水区布置

（a）溢流堰式；（b）淹没孔口式；（c）锯齿三角堰式

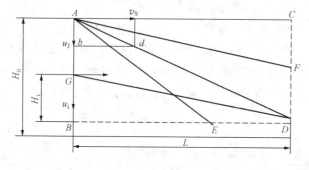

图 4-6　离散颗粒在沉淀池中的沉降

速度 u 的合速度一边向前行进一边向下沉降，到达池底最远处 D 点时刚好沉到池底，AD 线即表示这种颗粒的运动轨迹。这种颗粒的沉降速度表示在池中可以截留下来的临界速度，也称截留速度，用 u_J 表示。可见，凡是沉降速度大于或等于 u_J 的颗粒，从池顶 A 点开始下沉，必然能够在 D 点以前沉至池底，AE 线表示这类颗粒的运动轨迹。所以，u_J 表示沉淀池中能够全部去除的颗粒中最小颗粒的沉降速度。同样，凡是沉降速度小于 u_J 的颗粒，从池顶 A 点开始下沉，必然不能到达池底而被带出池外，AF 线表示这类颗粒的运动轨迹。

对于 AD 线代表的一类颗粒，沿水平方向和垂直方向到达 D 点的时间是相同的，即

$$t = \frac{L}{v_S} \tag{4-30}$$

$$t = \frac{H_0}{u_J} \tag{4-31}$$

$$v_S = \frac{q_V}{H_0 B} \tag{4-32}$$

$$u_J = \frac{q_V}{LB} = \frac{q_V}{A}, \; \mathrm{m^3/(m^2 \cdot h)} \tag{4-33}$$

式中：v_S 为水平流速，m/s；u_J 为截留速度，m/s；H_0 为沉淀池的水深，m；q_V 为处理水量，$\mathrm{m^3/s}$；B 为沉淀池的 A-B 断面宽度，m；L 为沉淀池的长度，m；t 为水在沉淀区中的停留时间，s。

式（4-33）中 $\dfrac{q_V}{A}$ 称为表面负荷，它表示单位面积、单位时间内的出水量，也称溢流率。表面负荷在数值和量纲上等于截留速度。

2. 沉淀效率

沉淀池的沉淀效率表示沉淀池的沉降澄清处理效果，而去除率是表示沉淀效率的一个指标，它是指沉降于池底的悬浮固体颗粒占水中总悬浮固体颗粒的百分率。

如上所述，沉降速度大于 u_J 的颗粒可全部沉于池底而去除，不必再进行讨论。而对于

沉降速度小于 u_J 的某一种颗粒，其沉降速度为 u_i，如从池顶 A 点开始下沉，沿 AF 运动轨迹将不能沉到池底，而被带出池外，如果过 D 点引一条平行于 AF 的线，交 AB 于 G 点，则当这种颗粒在 G 点或 G 点以下进入沉淀区时，仍然可以沉于池底，而被去除。因为进水中悬浮固体颗粒的浓度 c 是均匀分布的，水平流速也是相同的，因此沉降速度为 u_i 的颗粒的去除率可用 GB/AB 的比值表示，而且可以证明

$$\frac{H_i \cdot BC \cdot v_S}{H_0 \cdot BC \cdot v_S} = \frac{H_i}{H_0} = \frac{GB}{AB} = \frac{u_i}{u_J} = \text{去除率} \tag{4-34}$$

由于 $\triangle ABD \cong \triangle Abd$，得

$$\frac{H_0}{u_J} = \frac{L}{v_S}, \text{ 即 } H_0 = \frac{Lu_J}{v_S} \tag{4-35}$$

同理

$$\frac{H_i}{u_i} = \frac{L}{v_S}, \text{ 即 } H_i = \frac{Lu_i}{v_S} \tag{4-36}$$

所以，沉降速度为 u_i 的颗粒，其去除率为

$$\text{去除率} = \frac{H_i}{H_0} = \frac{Lu_i/v_S}{Lu_J/v_S} = \frac{u_i}{u_J} = \frac{u_i}{q_V/A} = \frac{u_i A}{q_V} \tag{4-37}$$

在沉淀池中，水中沉降速度小于 u_J 的颗粒众多，它们的总去除率 P 应为各种颗粒去除率的总和。为此，有以下关系

$$P = (1 - P_0) + \int_0^{P_0} \frac{u_i}{u_J} dP_i \tag{4-38}$$

式中：P_0 为所有能够在沉淀池中沉降且沉降速度小于 u_J 的颗粒质量占进水中全部颗粒质量的百分率；dP_i 为具有沉降速度 u_i 的颗粒质量占进水中全部颗粒质量的百分率；P_i 为所有沉降速度小于 u_i 的颗粒质量占进水中全部颗粒质量的百分率；$1 - P_0$ 为沉降速度大于或等于 u_J 的颗粒的去除率。

三、絮凝性颗粒在沉淀池中的沉降

在水处理中所遇到的悬浮颗粒大都具有絮凝性，在沉降过程中，颗粒的大小、形状及密度都在不断地发生变化，即随着沉降深度和时间的增长，沉降速度越来越快。所以，絮凝性颗粒在沉淀池中的运动轨迹已不是直线，而是曲线。这类颗粒的去除率一般由去除百分率等值线来计算。

1. 去除百分率等值线

测定去除百分率等值线的方法是取一定量的水样，放入一个多口取样的沉降筒中，充分搅拌均匀并测定初始浓度，然后在静止条件下自由沉降。每隔一定时间，同时在各个取样口取样并测定颗粒浓度，根据所测结果可以计算出去除百分率。以沉降筒各取样口高度 h 为纵坐标，以沉降时间 t 为横坐标，将各取样点测得的去除百分率 P 的数值绘于图中，然后将去除百分率相同的各点连成曲线，就是所求的去除百分率等值线，如图4-7所示。

去除百分率等值线的含义是：沉降深度与沉降时间的比值为相应去除百分率时的颗粒的最小平均沉降速度，它表明每一种颗粒沉降时间、沉降深度与去除率之间的关系。

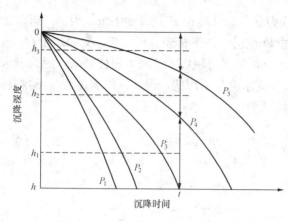

图 4-7 絮凝颗粒去除百分率等值线

2. 去除率

由图 4-7 可知, 去除率为 P_3 的颗粒, 其沉降速度 $u_3 = u_J = h/t$, 如上所述, 凡是沉降速度等于或大于 u_3 的颗粒都能全部去除。而处于 P_3 与 P_4 之间的颗粒, 以 h_1/t 的平均沉降速度下沉; 处于 P_4 与 P_5 之间的颗粒, 以 h_2/t 的平均沉降速度下沉; 处于 P_5 与去除率 100% 之间的颗粒, 以 h_3/t 的平均沉降速度下沉, 它们都是按 u_i/u_J 的比例部分去除。因此, 沉淀池中颗粒的总去除率为

$$P = P_3 + \frac{h_1/t}{u_J}(P_4 - P_3) + \frac{h_2/t}{u_J}(P_5 - P_4) + \frac{h_3/t}{u_J}(1 - P_5)$$

$$= P_3 + \frac{h_1}{h}(P_4 - P_3) + \frac{h_2}{h}(P_5 - P_4) + \frac{h_3}{h}(1 - P_5) \tag{4-39}$$

四、影响平流式沉淀池沉淀效率的因素

实际沉淀池的效率要比上述理想沉淀池的效率低, 主要因素如下:

1. 容积利用系数 β

沉淀池的容积利用系数是指水流在沉淀池内的实际停留时间与理论停留时间的比值, 即

$$\beta = \frac{实际停留时间}{理论停留时间} = \frac{t}{t_0} \tag{4-40}$$

在理想沉淀池中, 假定水流的流动状态以活塞式流动向前推进, 因此理论停留时间 t_0 为

$$t_0 = \frac{V}{q_V} \tag{4-41}$$

式中: V 为沉淀池的容积, m^3; q_V 为处理水量, m^3/h。

在实际沉淀池中, 往往由于惯性力、温差、风浪、池内设施等因素, 产生短流现象, 使一部分水流在池中的停留时间小于 t_0, 而另外一部分水流在池中的停留时间大于 t_0。因此, 对水流在池中的实际停留时间难以进行估算, 必须由实验求取。

常用的实验方法是在进水中加入一种示踪离子 (如 Cl^-), 在出水中不断取样测定 Cl^- 含量, 并以时间为横坐标, 以出水中示踪离子的含量为纵坐标, 画出曲线, 此曲线所围面积的重心所对应的时间, 即为实际停留时间。

容积利用系数的大小, 在一定程度上反映了水流在沉淀池中的均匀性, 它通常在 0.35~0.60 之间。

2. 水流的紊动性

水流的惯性力、黏滞力、温差、池内设施等因素, 会造成水流的紊动, 其紊动程度常用雷诺数 Re 判别, 它是水流惯性力与黏滞力的比值

$$Re = \frac{惯性力}{黏滞力} = \frac{v_S R \rho}{\mu} \tag{4-42}$$

式中: v_S 为水平流速, cm/s; ρ 为水的密度, g/cm^3; μ 为水的动力黏度, $Pa \cdot s$; R 为断面

的水力半径，cm。

对于平流式沉淀池

$$R=\frac{湿润面积}{湿周}=\frac{HB}{2H+B}$$

式中：H 为池深，cm；B 为池宽，cm。

研究得知，如果计算的 Re 大于 500，则沉淀池中的水流呈紊流状态，小于 500 时则趋向于层流状态。平流式沉淀池中的 Re 一般为 4000～15 000，属于紊流状态，说明池中除水平流速外，还有上、下、左、右脉动的各种分速。这种脉动现象，使相邻流层之间不断地进行流体体积和质量的交换，颗粒浓度也发生了相应的变换，从而也影响着悬浮颗粒的去除率。

3. 水流的稳定性

反映水流稳定性的准数是弗罗德数 Fr，它是水流惯性力与重力的比值

$$Fr=\frac{惯性力}{重力}=\frac{v_S^2}{Rg} \tag{4-43}$$

式中：g 为重力加速度，$9.81\mathrm{m/s^2}$。

可见，弗罗德数 Fr 越大，表示重力相对惯性力的作用越小，水流越稳定，固体颗粒沉降就越容易，去除率也就越高。

影响水流稳定性的因素是水流温度变动形成的温差异重流。水温低、密度大的水流在下层，水温高、密度小的水流在上层，上层水流动快，下层水流动慢，形成分层流动状态而影响固体颗粒的去除率。一般认为，平流式沉淀池的 Fr 宜大于 10^{-5}。

4. 水的沉降时间和水深

将经混凝处理后的水引入沉淀池后，悬浮颗粒的絮凝过程还会继续进行，由于速度梯度引起的颗粒碰撞，絮凝随时发生，因此，水在沉淀池中的停留时间越长、水越深，这种碰撞絮凝的机会也就越多，对沉淀效果和去除率的影响也越大。

五、平流式沉淀池的设计

1. 主要设计参数

（1）当进行混凝沉淀处理时，出水悬浮固体含量一般低于 10mg/L，特殊情况下为 15～20mg/L。

（2）停留时间。它是指水流在沉淀池中的沉淀时间，如果悬浮颗粒在该时间内能够沉到池底，那么它就能从水中分离出来，因此停留时间是沉淀池设计中的一个重要控制参数。

平流式沉淀池的沉淀时间应根据原水水质、水温、污泥特性、表面负荷大小等因素，并参照相似条件下的运行经验确定。当采用混凝沉淀时，一般为 1～3h。如果原水以泥沙为主，沉淀时间可适当缩短。如果原水以有机质或色度为主，沉淀时间可适当延长；如果原水水温较低，沉淀时间也可适当延长。如果池深较浅，表面负荷较小，可适当缩短沉淀时间。

（3）表面负荷。它是沉淀池设计中的一个重要控制参数，按其定义为

$$表面负荷 \ q=\frac{处理水量}{池子表面积}=\frac{q_V}{A}，\mathrm{m^3/（m^2 \cdot h）}$$

表 4-2 列出一般平流式沉淀池表面负荷的参考数据。

表 4-2 设计表面负荷的参考数据

原 水 水 质	表面负荷 $[m^3/(m^2 \cdot d)]$	原 水 水 质	表面负荷 $[m^3/(m^2 \cdot d)]$
浊度在 100~200F.T.U 的混凝处理	40~70	低温低浊度的混凝处理	25~35
浊度大于 500F.T.U 的混凝处理	25~40	不用混凝剂的自然沉降处理	10~15
低浊度高色度的混凝处理	30~40		

如前所述，表面负荷在数值上等于截留速度，因此去除率

$$P = \frac{u_i}{u_J} = \frac{\mu_i}{q_V/A} \tag{4-44}$$

式（4-44）表明，悬浮颗粒在沉淀池中的去除率只与表面负荷有关，而与沉淀池的水深、池长、水平流速和沉淀时间无关。悬浮颗粒的沉降速度 u_i 越大，则池子的表面负荷越大，产水量也越大，如果表面负荷不变，u_i 越大，去除率越高。另外，如果 u_i 不变，增加沉淀池的表面积，减小表面负荷，也会提高去除率，此即所谓浅池理论。

（4）水平流速。提高水平流速，可减少短流现象，并提高了池子的容积利用系数，但提高水平流速后，会使水流挟带颗粒的作用加强，流速过大，还会冲起已沉到池底的污泥。所以，沉淀池中的水平流速一般都设计得很小，例如，对自然沉降，可取 1~3mm/s；对混凝沉降，设计规范中规定为 5~20mm/s，个别情况下允许为 30~50mm/s。

（5）几何尺寸。确定了池子的停留时间和表面负荷以后，就可根据处理水量计算池子应有的水容积 V、池高 H 和表面面积 A。池子的长度 L 与宽度 B，可按长度比确定，一般 $L:B=3:1\sim5:1$。也可按水平流速 v_S 求 B，即

$$v_S = \frac{处理水量}{水流断面积} = \frac{q_V}{HB} \tag{4-45}$$

式（4-45）中的水深（或池高）H，对于平流式沉淀池一般为 2.5~3.5m，设计规范中规定，$L:H \geqslant 10:1$。

（6）沉淀池内的有效水深一般为 3~5m，超高为 0.3~0.5m。每一格宽度为 3~9m，最宽为 15m。

（7）沉淀池的排空时间一般不超过 6h，池内弗劳德数一般控制在 $Fr=10^{-5}\sim10^{-4}$，池内雷诺数一般控制在 $Re=4000\sim15\,000$ 之间，属于紊流状态。

（8）沉淀池的分格数一般不少于两座，只有水中悬浮固体含量常年低于 30mg/L 或为地下水时，可考虑只设一座，但应有旁路管。

2. 工艺计算

平流式沉淀池的工艺计算是确定沉淀池的主要几何尺寸，如长、宽、高等。

（1）按水流在池中停留时间，计算沉淀池有效容积

$$V = q_V T \tag{4-46}$$

式中：V 为沉淀池的有效容积，m^3；T 为水流在池中停留时间，h。

根据选定的池深 H（一般为 2.5~3.0m）计算池宽

$$B = \frac{V}{LH} \tag{4-47}$$

$$L = 3.6 v_S T \tag{4-48}$$

式中：L 为池长。

（2）按表面负荷 u_J 计算沉淀池表面积 A

$$A = \frac{q_V}{u_J} \tag{4-49}$$

（3）根据几何尺寸和有关参数，计算核对 Re 和 Fr。

（4）平流式沉淀池排泥管直径，利用水力学公式计算

$$d = \sqrt{\frac{0.7BLH^{0.5}}{T}} \tag{4-50}$$

式中：d 为排泥管直径，m。

（5）沉淀池出水渠起端水深 h，利用下式计算

$$h = 1.73\sqrt[3]{\frac{q_V}{gB^2}} \tag{4-51}$$

式中：g 为重力加速度，$9.81\mathrm{m/s^2}$；B 为渠道宽度，m。

第四节　斜板、斜管沉淀池

斜板、斜管沉淀池是一种在沉淀池内设置许多间隔较小的平行倾斜板或直径较小的平行倾斜管的一种沉淀装置。它不仅沉淀效率高，而且池子容积小，占地面积少。但对水量、水质变化的适应性较差，所以应加强管理和注意排泥。

一、斜板、斜管沉淀池的特点

（1）根据平流式沉淀池离散颗粒的沉淀原理，在处理水量 q_V 和颗粒沉降速度 u_J 一定的条件下，沉淀效率（或去除率）与池子的平面面积成正比，即去除率 $= \dfrac{u_J A}{q_V}$。如将池子沿高度分成 n 个间隔，使平面面积增加 n 倍，沉淀效率也应提高 n 倍。如果去除率不变，沉淀池长度也不变，则处理水量为原来沉淀池的 n 倍。如果去除率不变，处理水量也不变，则沉淀池的长度会相应减小。为解决排泥问题，不能沿池子高度无限分隔。如将众多水平隔板用斜板、斜管代替，就成为斜板、斜管沉淀池。

（2）池内设置斜板、斜管以后，加大了池子过水断面的湿周，使水力半径和雷诺数减小，在水平流速一定的情况下，沉淀效率提高。

以水流截面积为 m^2 的正方形为例，它的水力半径 R 为

$$R = \frac{m^2}{4m} = \frac{m}{4}$$

如果用隔板沿深度方向分成 n 等份，则水力半径 R 为

$$R = \frac{m^2/n}{2(m/n + m)} = \frac{m}{2(1+n)}$$

由于 $n > 1$，$2(1+n) > 4$，因此

$$\frac{m}{2(1+n)} < \frac{m}{4} \tag{4-52}$$

如果 n 值足够大，可使水力半径 R 很小。因为雷诺数 Re 与 R 成正比，R 值越小，Re 也越小。

一般来讲，斜板、斜管沉淀池的水流属于层流状态，Re 多在 200 以下，甚至低于 100。

由于弗罗德数 Fr 与 R 成反比，R 值减小，Fr 值增大，水流的稳定性增强，也有利颗粒沉降，提高沉淀效率。斜板沉淀池的 Fr 数一般为 $10^{-4} \sim 10^{-3}$，斜管的 Fr 数会更大。

（3）斜板、斜管沉淀池按水流方向，一般分为上向流、下向流和平向流三种，如图 4-8 所示。上向流的水流方向是水流自下向上流动的，而沉泥是自上向下滑动的，两者流动的方向正好相反，故常称为异向流，斜管沉淀池均属异向流。下向流的水流方向和沉泥的滑动方向都是自上向下的，故常称为同向流，同流向的特点是沉泥和水为同一流向，但清水流至沉淀区底部后仍需返回到沉淀池顶部引出，使沉淀区的水流过程复杂化。平向流的水流方向是水平的，而沉泥仍然是自上向下滑动的，两者的流动方向正好垂直，也称横向流或侧向流。

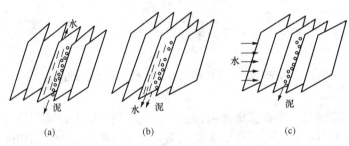

图 4-8　斜板沉淀池中水流与沉泥的流向

（a）上向流；（b）下向流；（c）平向流（只适用于斜板式）

目前，在电厂水处理中多采用上向流，而且是在澄清池的澄清区内，加装斜管组件，即所谓的斜管澄清池。

二、上向流斜板、斜管沉淀池的结构

上向流斜板、斜管沉淀池的结构与平流式沉淀池相似，由进水区，斜板、斜管沉淀区，出水区和污泥区四个部分组成，如图 4-9 所示。

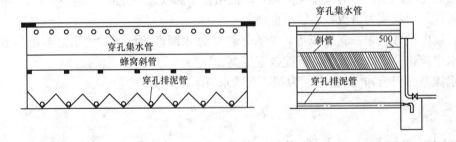

图 4-9　斜管沉淀池示意图

1. 进水区

进入沉淀池的水流多为水平方向，而在斜板、斜管沉淀区的水流方向是自下向上的。目前设计的斜板、斜管沉淀池，进水布置主要有穿孔墙、缝隙墙和下向流斜管进水等形式，以使水流在池宽方向上布水均匀，其要求和设计布置与平流式沉淀池相同。为了使下向流斜管均匀出水，需要在斜管以下保持一定的配水区高度（一般大于 1.5m），并使进口断面处的水流速度不大于 0.02～0.05m/s。

2. 斜板、斜管的倾斜角

斜板与水平方向的夹角称为倾斜角，倾斜角 α 越小，截留速度 u_J 越小，沉降效果越好。但为排泥通畅，α 值不能太小，对于异向流斜板、斜管沉淀池，α 一般小于 55°；对于同向流斜板、斜管沉淀池，因排泥比较容易，α 一般小于 30°。

3. 斜板、斜管的形状与材质

为了充分利用沉淀池的有限容积，斜板、斜管都设计成截面为密集型的几何图形，其中有正方形、长方形、正六边形和波纹形等，如图 4-10 所示。为了便于安装，一般将几个或几百个斜管组成一个整体，作为一个安装组件，然后在沉淀区安放几个或几十个这样的组件。

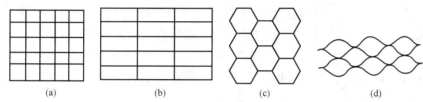

图 4-10　斜板、斜管簇的截面图形
(a) 正方形；(b) 长方形；(c) 六边形；(d) 波纹形

斜板、斜管的材料要求轻质、坚牢、无毒、价廉。目前使用较多的有纸质蜂窝、薄塑料板等。蜂窝斜管可以用浸渍纸制成，并用酚醛树脂固化定形，一般做成正六边形，内切圆直径为 25～40mm。塑料板一般用厚 0.4～0.5mm 的硬聚氯乙烯板或聚丙烯薄片热压成形。

4. 斜板的长度与间距

斜板、斜管的长度越长，沉降效率越高。但斜板、斜管过长，制作和安装都比较困难，而且长度增加到一定程度后，再增加长度对沉降效率的提高却是有限的。如果长度过短，进口过渡段（是指水流由斜管进口端的紊流过渡到层流的区段）长度所占的比例增加，有效沉降区的长度相应减少，斜管过渡段的长度为 100～200mm。

根据经验，上向流斜板长度一般为 0.8～1.0m，不宜小于 0.5m，下向流为 2.5m 左右。

在截流速度不变的情况下，斜板间距或管径越小，管内流速越大，表面负荷也就越高，因此池体体积可以相应减少。但斜板间距或管径过小，加工困难，而且易于堵塞。目前在给水处理中采用的上向流沉淀池，斜板间距或管径为 50～150mm，下向流斜板沉淀池的斜板间距为 35mm。

5. 出水区

为了保证斜板、斜管出水均匀，出水区中集水装置的布置也很重要。集水装置一般由集水支槽（管）和集水总渠组成。集水支槽有带孔眼的集水槽、三角锯齿堰、薄型堰和穿孔管等形式。

斜管出口到集水堰（孔）的高度（即清水区高度）与集水支槽（管）之间的间距有关，应满足

$$h \geqslant \frac{\sqrt{3}}{2}L \tag{4-53}$$

式中：h 为清水区高度；L 为集水支槽之间的间距。

一般 L 值为 1.2～1.8m，故 h 一般为 1.0～1.5m。

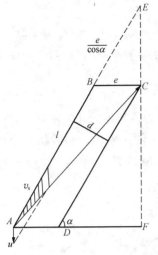

图 4-11　上向流沉降过程分析

6. 颗粒的沉降速度 u_J

采用混凝处理时 u_J 一般为 0.3～0.6mm/s。斜板间内的水流速度与平流式沉淀池的水平流速基本相当，一般为 10～20mm/s。

三、上向流斜板沉淀池中沉降过程的分析

图 4-11 所示上向流斜板内水流的纵剖面，斜板的长度为 l，断面高度为 d，宽为 B，倾斜角为 α，板间水流平均流速为 v_S，截留速度为 u_J。

在图 4-11 中 $ABCD$ 表示两块斜板之间水流的纵断面，固体颗粒由 A 点进入，沿对角线 AC 方向行进，到达 C 点沉于板底，所以该颗粒的沉降速度即为它的截留速度。

由图 4-11 中的几何关系，以 u_J 和 v_S 为两边所构成的三角形与以 EC 和 AE 为两边所构成的三角形是相似的，因此

$$\frac{u_J}{v_S} = \frac{EC}{AE} = \frac{e\tan\alpha}{l + \frac{e}{\cos\alpha}} = \frac{\frac{d}{\sin\alpha}\tan\alpha}{l + \frac{d/\sin\alpha}{\cos\alpha}} = \frac{d\sin\alpha}{l\cos\alpha\sin\alpha + d} \tag{4-54}$$

所以

$$u_J = \left(\frac{d\sin\alpha}{l\cos\alpha\sin\alpha + d}\right)v_S \tag{4-55}$$

由式 (4-55) 可求出斜板长度 l 为

$$l = \left(\frac{v_S}{u_J} - \frac{1}{\sin\alpha}\right)\frac{d}{\cos\alpha} \tag{4-56}$$

每一个沉淀单元的面积为 dB，水流量 q'_V 为

$$q'_V = v_S dB$$

因此，由式 (4-55) 可得 u_J 与水流量 q'_V 的关系为

$$u_J = \left(\frac{d\sin\alpha}{l\cos\alpha\sin\alpha + d}\right)\frac{q'_V}{Bd} = \left(\frac{\sin\alpha}{l\cos\alpha\sin\alpha + d}\right)\frac{q'_V}{B} = \frac{q'_V}{Bl\cos\alpha + \frac{Bd}{\sin\alpha}} \tag{4-57}$$

或

$$q'_V = u_J\left(lB\cos\alpha + \frac{Bd}{\sin\alpha}\right) \tag{4-58}$$

式中：$lB\cos\alpha$ 为斜板面积在水平方向的投影；$\dfrac{Bd}{\sin\alpha}$ 为板间水流断面面积在水平方向的投影，如图 4-12 所示。

因此，斜板沉淀池的截留速度也等于表面负荷，只是其表面面积是按整个水流部分在水

平方向的投影计算的。由于在上述计算中用平均流速代替了实际流速以及忽略了进口处受水流紊动的影响，因此实际的截留速度 u'_J 与 u_J 之间应加一个校正系数 η，即

$$u'_J = \eta u_J \qquad (4\text{-}59)$$

式中的校正系数 η 一般取 $0.75\sim0.85$。

对应式（4-56），斜板的实际长度 L' 为

$$L' = \frac{1}{\eta}\left(\frac{v_S}{u_J} - \frac{1}{\sin\alpha}\right)\frac{d}{\cos\alpha} \qquad (4\text{-}60)$$

式（4-58）和式（4-60）是计算斜板沉淀池的基本公式。表 4-3 是主要设计参数。

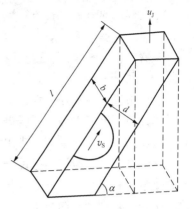

图 4-12 上向流沉淀单元投影
面积与表面负荷的关系

表 4-3　　　　　斜板、斜管沉淀池的设计参数

参数　　　　类型	设计表面负荷 q [m³/(m²·h)]	安装倾角 θ (°)	斜板、斜管长度 l (m)	斜板、斜管断面高度 d (mm)	入流区高度 h_1 (m)	出流区高度 h_2 (m)	斜板、斜管利用系数
上向流斜板	4～6	50～60	0.8～1.2	80～100	0.6～1.2	0.5～1.0	0.9～0.95
上向流斜管	4～6	50～60	0.8～1.0	50～80	0.5～1.2	0.5～1.0	0.85～0.9
下向流斜板	10～15	上段 30～40 下段 50～60	上段 1.5～2.0 下段 0.5～0.8	50～80	0.6～1.2	0.5～1.0	0.8～0.9

第五节　澄　清　池

澄清池是利用原先在池中积聚的絮凝体（泥渣）与原水中刚失去稳定性的微絮凝颗粒相互接触、吸附，以达到与清水较快分离的净水构筑物。由于它是将药剂与水的混合、沉淀反应和沉淀物的沉降分离三个步骤在一个构筑物内完成的，因此具有占地面积少、设备小、沉淀效率高等优点。

一、工作原理

1. 澄清池的类型

澄清池自开发应用以来，已有近百年的历史，由于各国不断地研究和改进，因此类型众多，结构各异，按其工作原理可分为两大类。

（1）泥渣悬浮式澄清池。在这类设备的沉淀区内，已形成的大粒径絮凝颗粒处于与上升水流成平衡的静止悬浮状态，构成所谓的悬浮泥渣层。投加混凝剂的原水通过搅拌作用所生成的微小絮凝颗粒随上升水流自下而上通过悬浮泥渣层时被吸附和絮凝，迅速生成结实易沉的粗大絮凝颗粒，从而使水得到净化。因为这个絮凝过程是发生在两种絮凝颗粒表面上的，所以称为接触絮凝过程，并将泥渣称为接触介质。

（2）泥渣循环式澄清池。在这类设备的沉淀区内，除了有悬浮泥渣层以外，还有相当一部分泥渣从分离区回流到进水区，与加有混凝剂的原水混合，经过接触絮凝过程，然后再返回分离区。

2. 澄清池的组成

澄清池的类型虽然众多，但工作原理基本相同，它们都是由进水配水装置、接触絮凝区、澄清区、出水收集装置及泥渣浓缩和排放装置组成，只是不同池型各个组成部分的结构不同。

原水由进水装置经配水系统配水后，进入接触絮凝区，在此进行混合、接触絮凝和沉降分离等过程，澄清水经澄清区进入出水配水系统流出池外，完成澄清净化作用。部分多余泥渣进入泥渣浓缩区，浓缩后排出池外。

接触絮凝区是澄清池的最关键部分，其中絮凝颗粒的浓度一般为 $3\sim10g/L$，它们在该区处于悬浮稳定状态，其总容积保持不变，以保证澄清效果基本稳定。为此，必须控制絮凝体的沉降比，即用量筒在接触絮凝区取 100mL 水样，静止沉降 5min，观察絮凝体所占的毫升数，用百分数表示。一般把 5min 沉降比控制在 $15\%\sim20\%$ 以内。

为了使澄清池能始终获得良好的处理效果，应使水量、泥量处于动态平衡。

3. 泥渣层的作用

在接触絮凝过程中，泥渣层是关键，泥渣层中的各种粒子都会受到紊动水流的搅拌作用，发生相互碰撞，并进行接触絮凝，但对接触絮凝起主要作用的是原有的絮凝颗粒（粒径 D）和新生微絮凝颗粒（粒径 d）之间的碰撞。因为原有大颗粒（$D+D$）之间的碰撞，对絮凝颗粒的组成没有明显的影响，而新生微絮凝颗粒（$d+d$）之间的碰撞实际上可以忽略。

由于 $D\gg d$，所以碰撞半径 $1/2$ $(D+d)\approx D/2$，如用 N 和 n 分别表示大絮凝颗粒和微絮凝颗粒的个数浓度，则 $ND^3\gg nd^3$，所以可以认为颗粒 D 与颗料 d 之间的碰撞絮凝并不改变原有大絮凝颗粒的粒径和个数浓度，这说明在澄清池的接触絮凝过程中，絮凝颗粒的形成速度受原有大絮凝颗粒的体积浓度 N 的影响，当然也受搅拌强度和搅拌时间的影响。因此，澄清池接触絮凝区中的泥渣层不仅起絮凝核心的作用，而且在水流穿过泥渣间隙时对水流中的絮凝物起接触、吸附、网捕和过滤作用。

在早期的水处理文献中，曾有人认为悬浮泥渣层主要起了过滤作用，但这种论点被后人否定，因为在悬浮泥渣中颗粒与颗粒之间的间距比颗粒的直径大得多，所以难以起到截留作用。

4. 澄清池的工艺要求和优缺点

(1) 工艺要求。

1) 当进行混凝处理时，混凝剂不宜过早投加，以免形成的絮凝体堵塞管路和被水流打碎。为此，将混凝剂直接加到混合区，使它们在接触絮凝区的水中生成絮凝体。

当混凝与石灰软化同时在澄清池中处理时，石灰也不宜加在管路中，以免在管道中结垢（$CaCO_3$）。石灰要直接投加在澄清池的混合区内。

2) 为使接触絮凝区内的泥渣保持良好活性，必须将澄清池内的泥渣不断排出，即通过连续或定期排污排出一部分失去活性的泥渣，并由澄清处理中新生成的泥渣给予补充。

3) 在澄清池的泥渣层中不应有气泡进入，以免对泥渣层产生骚动，使出水水质变差。进入澄清池以前的空气分离器就起这个作用。

4) 澄清池的进出水装置应保证均匀布水，避免出现短流现象。

(2) 优缺点。

1) 澄清池是将水与药剂的混合、反应及沉淀物分离等过程在一个设备内完成的，可以减少设备，减少占地面积。

2）水在澄清池内的停留时间大约为沉淀池停留时间的 1/2～1/1.5，这样可在处理水量不变的情况下减小设备体积，降低造价。

3）澄清池与沉淀池相比，投药量少，出水悬浮固体含量可小于 20mg/L。

4）澄清池的结构比沉淀池复杂，有的还需较高的建筑物相配套。

下面介绍几种在电厂水处理中应用较多的澄清池的结构和工作原理。

二、ЦНИИ 型澄清池

它是苏联设计的一种泥渣悬浮型澄清池，我国从 20 世纪 50 年代开始在电厂水处理中应用，至今已有近 70 年的历史。澄清池本体可用钢板焊接制成，也可用钢筋混凝土构筑，池体各截面为不同大小的圆形。实践证明，这种设备运行比较稳定。它可单独进行混凝处理，也可同时进行石灰沉淀软化的混凝澄清处理。缺点是整个设备很高，大约为 15m，相当于四层楼房的高度，这一方面需要配备有相应高度的房屋建筑，另一方面运行管理也不方便。因此，在目前的设计中采用较少，故只作简单介绍。

ЦНИИ 型悬浮澄清池的结构如图 4-13 所示。

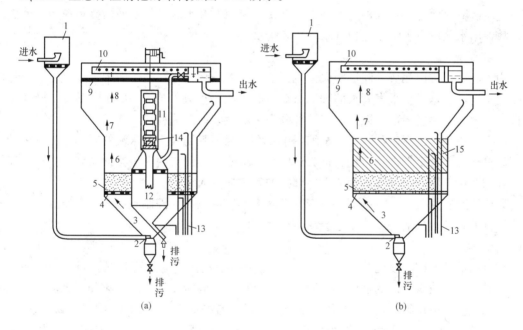

图 4-13 ЦНИИ 型悬浮澄清池结构

（a）原设计结构；（b）改进后结构

1—空气分离器；2—喷嘴；3—混合区；4—水平隔板；5—垂直隔板；6—反应区；7—过渡区；
8—清水区；9—水栅；10—集水槽；11—排泥系统；12—泥渣浓缩器；13—采样管；14—可动
罩子；15—斜板、斜管

1. 空气分离器

空气分离器通过利用水流方向改变及截面扩大使水流速度降低，使水中气泡在惯性力的作用下分离出来，以防止气泡在泥渣悬浮层中产生骚动，影响出水水质。水流在分离器中的流速为 50～100m/h。

2. 混合区

除去气泡的水，依靠位差落至澄清池底部，并通过喷嘴以切线方向进入混合区，在此与药剂充分混合并进行反应，为此设计中要求水流每上升 1m 要旋转 30~60 圈，混合区呈圆锥形。

3. 水平和垂直隔板

在混合区上部设置有一块水平隔板，隔板上开有许多通水用的圆孔，再向上是几块开有圆孔的垂直隔板。水平隔板的作用是增加水流上升的阻力，保证混合区水流的旋转，以防止水流直接窜向上部。垂直隔板的作用是消除水流的旋转，使水流平稳上升。当水流通向圆孔时，由于产生一股股涡流，使水和药剂进一步混合和反应。

4. 泥渣悬浮区和过渡区

垂直隔板以上的空间是泥渣悬浮层，带有微絮凝颗粒的原水与原先已集聚的泥渣颗粒在此相互接触、吸附、絮凝。泥渣悬浮层的上部是过渡区，由于截面自下向上逐渐扩大，水流速度逐渐降低。新生成的大的絮凝颗粒在重力作用下向下沉降，澄清后的水流继续上升。

5. 出水区

过渡区的上面是出水区，为保证出水水质，应使上升水流平稳及使絮凝颗粒与水彻底分离，故在出水区设置了水平孔板（水栅）和集水槽。

6. 排泥系统

为了能即时排出泥渣悬浮层中失去表面活性的泥渣颗粒，在池子的中央设置了一个专用的排泥系统，它是一个垂直安放的圆筒，在筒的不同高度处开有 5~6 排排泥窗。最低一排窗口位于泥渣悬浮区上部，以便收集一部分失去活性的泥渣颗粒。

排入泥渣筒内的泥渣跌入泥渣浓缩器中，在此因不受筒外上升水流的影响，泥渣中的水会逐渐挤出并上升至上部集水槽，称为返回水。浓缩后的泥渣由泥渣浓缩器底部排泥管连续排入地沟。积于澄清池底部的泥渣由底部排泥管定期排入地沟。

在返回水管上装有一个阀门，改变其开度大小，可以人为控制集泥浓度大小。返回水量改变，排泥系统收集的泥渣流量也会相应改变。

7. 取样管

在澄清池的不同高度处装有 4~5 根取样管，用于监督它的运行工况。当只用于混凝澄清处理时，一般监督出水的浊度和泥渣层的沉降比。当同时用于石灰软化和混凝澄清时，除监督出水浊度、pH 值和泥渣层沉降比以外，有时也监测水中 SiO_2 和 COD 的去除情况。

ЦНИИ 型澄清池适用于处理水量不大的场合，一般为 $50 \sim 200 \text{m}^3/\text{h}$，很少有超过 $500 \text{m}^3/\text{h}$ 的。目前有些厂为了提高出水水质或设备出力，对它进行了许多改进。如池子中央的排泥系统，不仅占去了很大一部分体积，而且每次启动时必须先灌水，操作麻烦。所以将排泥系统去掉，加装了斜板、斜管，成为斜板、斜管澄清池，如图 4-13（b）所示。又如有的在底部喷嘴出口加装了导流板，促使水流在混合区平稳旋转。也有的加大了集水槽出水孔的面积，使出水进一步均匀引出等。

三、脉冲澄清池

脉冲澄清池也是一种泥渣悬浮型澄清池，池形大都做成圆形，如图 4-14 所示为一种真空式脉冲澄清池。它主要由以下四个系统组成：脉冲发生器系统；配水稳流系统（包括中央落水渠、配水干渠、多孔配水支管和稳流板）；澄清系统（包括泥渣悬浮层、清水层、多孔集水管和集水槽）；排泥系统（包括泥渣浓缩室和排泥管）。

真空式脉冲澄清池的工作原理是：加有混凝剂的原水首先由进水管进入落水井，在此一方面由于原水不断进入，另一方面由于真空泵的抽气，使井内水位不断上升，这称为充水期。当井内水位上升到最高水位时，继电器自动打开空气阀，外界空气进入破坏真空。这时水从落水井急剧下降，向澄清池底部放水，这称为放水期。当水位下降到最低水位时，继电器自动关闭空气阀，真空泵重新启动，再次使水进入落水井，水位又次上升，如此进行周期性的脉冲工作。

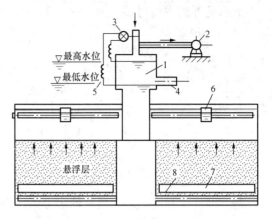

图 4-14　真空式脉冲澄清池
1—落水井；2—真空泵；3—空气阀开关；4—进水管；
5—水位电极；6—集水槽；7—稳流挡板；8—配水管

从落水井下降的水进入配水系统，由配水支管的孔眼中喷出，喷出的水流在挡板的作用下产生涡流，以促使药剂和水的混合与反应。然后水流从两块挡板的狭缝中向上冲出，使泥渣层上浮、膨胀，并在此进行接触絮凝。通过泥渣层的清水上升至集水管和集水槽后流出池外，完成净化作用。多余的泥渣在膨胀时溢流入泥渣浓缩室，在此浓缩后排出池外。

可见，脉冲澄清池也是利用上升水流的能量来完成泥渣颗粒的悬浮和搅拌作用的，只是它的上升水流是利用脉冲配水的方法发生周期性的变化。当水的上升流速小时，泥渣悬浮层在重力作用下沉降、收缩，浓度增大，使颗粒排列紧密。当水的上升流速大时，泥渣悬浮层在水流的上涌下而上浮、膨胀，浓度减小，使颗粒排列稀疏。泥渣悬浮层的这种周期性的脉冲式收缩与膨胀，不仅有利于颗粒之间的接触絮凝，还会使泥渣悬浮层内浓度分布均匀和防止泥渣沉降到池底。

1. 主要设计参数

（1）清水区的上升流速一般在 0.8～1.2mm/s 之间。

（2）水在澄清池中的总停留时间一般为 60～70min，其中配水区的停留时间为 6～12min，泥渣悬浮层的停留时间在 20min 以上。

（3）脉冲澄清池进水悬浮固体含量一般小于 3000mg/L。

（4）池体总高度。保护高度为 0.3m，清水区高度为 1.5～2.0m，泥渣悬浮层高度为 1.5～2.0m（自稳流板顶计），配水区高度为 1.0m。

2. 脉冲平均放水流量

脉冲放水时，水流量随落水井内的水位不断下降而变化，其平均放水流量 $q_{V,P}$ 可按式(4-61)计算

$$q_{V,P} t_2 = q_V t_1 + q_V t_2$$
$$q_{V,P} = \left(\frac{t_1}{t_2} + 1\right) q_V \qquad (4-61)$$

式中：q_V 为脉冲澄清池的设计水流量，m^3/s；t_1 为落水井的充水时间，一般取 30～36s；t_2 为落水井的放水时间，一般取 10～12s；$\frac{t_1}{t_2}$ 为充放比，与原水水质有关。

原水悬浮固体高时，t_1 可短些，反之，则长些；一般取 3：1～4：1。一个脉冲周期 ($t_1 + t_2$) 为 30～50s。

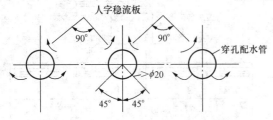

图 4-15　穿孔配水管和人字稳流板

3. 配水系统

配水系统的作用是将原水均匀地分布于全池，使原水与混凝剂快速充分混合和反应。目前设计的脉冲澄清池大多采用穿孔管上设人字形稳流板的配水系统，稳流板的工作情况如图 4-15 所示。加有混凝剂的原水从穿孔管的小孔中喷出，并在稳流板下的空间产生涡流，造成良好的水力紊动条件，最后从稳流板间的缝隙中窜出，向上通过泥渣悬浮层进行接触絮凝作用。

为保证配水均匀，使水流经穿孔管孔口的水头损失远大于配水系统中其他部位的水头损失，所以穿孔配水管的最大孔口流速为 2.5～3.0m/s。配水管之间的间距应满足施工要求，一般取 0.4～1.0m。穿孔管上孔口的直径应大于 20mm，开孔角度均为向下 45°，两侧交叉开孔，以保证不被堵塞。

穿孔配水管上面的人字形稳流板夹角，多采用 90°，稳流板之间缝隙中的水流速度为 50～80mm/s。配水总渠中的水流速度一般为 0.5～0.7m/s，太低时容易积泥，太高时配水不均。

4. 集水系统

集水系统的作用是使池子出水均匀。目前多设计穿孔集水槽和穿孔集水管两种。前者由钢板焊制，也可由钢筋混凝土构筑。两者都要求孔口在一个水平面上。为保证出水均匀，孔口上部的淹没水深为 0.07～0.1m，孔口直径一般取 20～25mm。

5. 排泥系统

排泥系统的作用是维持泥渣悬浮层处于动态平衡，即不断排除一部分失去表面活性的絮凝颗粒，同时补充一部分新生成的絮凝颗粒。为此在池中设置一个或几个槽形泥渣浓缩室，其面积大约占池子总面积的 15%～25%。

6. 脉冲发生器

按工作原理分为真空式、虹吸式、浮筒切门式等多种，目前多设计真空式和虹吸式。真空式脉冲发生器中的真空室容积 V，一般按充水设计水量的 2/3 计算，而澄清池进入 1/3 的设计水量，所以

$$V = \frac{2}{3} q_V t_1 \tag{4-62}$$

抽气量 $q_{V,c}$ 为

$$q_{V,c} = (1.2 \sim 1.5) \frac{2}{3} q_V \tag{4-63}$$

四、水力循环澄清池

水力循环澄清池是一种泥渣循环型澄清池，其基本原理和结构与机械搅拌澄清池的相似，只是泥渣循环的动力不是采用专用的搅拌机，而是靠进水本身的动能，所以它的池内没有转动部件。由于它结构简单，运行管理方便、成本低，适宜处理水量为 50～400m³/h，进

水悬浮固体含量小于 2000mg/L，高度上很适宜与无阀滤池相配套，因此在电厂水处理中应用较多。

水力循环加速澄清池主要由进水混合室（喷嘴、喉管）、第一反应室、第二反应室、分离室、排泥系统、出水系统等部分组成，如图 4-16 所示。

原水由池底进入，经喷嘴高速喷入喉管内，此时在喉管下部喇叭口处造成一个负压区，使高速水流将数倍于进水量的泥渣吸入混合室。水、混凝剂和回流的泥渣在混合室和喉管内快速、充分混合与反应。混合后的水的流程是：第一反应室→第二反应室→分离室→集水系统。从分离室沉下来的泥渣大部分回流再循环，少部分泥渣进入泥渣浓缩室浓缩后排出池外或由池底排出池外。

喷嘴是水力循环澄清池的关键部件，它关系到泥渣回流量的大小。泥渣回流量

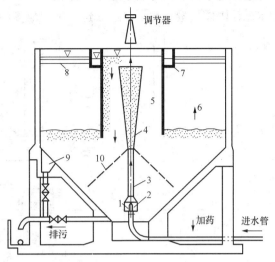

图 4-16　水力循环澄清池
1—混合室；2—喷嘴；3—喉管；4—第一反应室；
5—第二反应室；6—分离室；7—环形集水槽；
8—穿孔集水管；9—污泥斗；10—伞形罩

除与原水浊度、泥渣浓度有关以外，还与进水压力、喷嘴内水的流速、喉管的大小等因素有关。运行中可调节喷嘴与喉管下部喇叭口的间距来调整回流量。调节方法：一是利用池顶的升降机构使喉管和第一反应室一起上升或下降，二是利用检修期间更换喷嘴。

水力循环澄清池的工艺设计参数见表 4-4。

表 4-4　水力循环澄清池的工艺设计参数

参　　　数	设　计　值	参　　　数	设　计　值
进水管流速 v（m/s）	1～2	第二反应室出口流速 v_3（mm/s）	30～40
喷嘴流速 v_0（m/s）	7～11	第二反应室停留时间（s）	80～100
喉管流速 v_1（m/s）	2～3	第二反应室有效高度（m）	3.0
喷嘴直径与喉管直径之比	1∶3～1∶4	池子斜壁与水平面夹角	≥45°
喷嘴水头损失（m）	3～4	喷嘴口离池底距离（m）	<0.6
喷嘴口与喉管口的间距	一般为喷嘴直径的1～2倍	排泥耗水量	5%
第一反应室出口流速 v_2（mm/s）	50～80	池底直径（m）	一般为1～1.5
喉管内混合时间（s）	0.5～1.0	清水区上升流速 v_4（mm/s）	0.7～1.0
第一反应室停留时间（s）	15～30	水在池内总停留时间（h）	1.0～1.5

五、辐流式沉淀池

随着火电机组单机容量的增大，发电厂水处理量也越来越大，设置大型辐流式沉淀（澄清）池是解决方案之一。辐流式沉淀池一般为圆形，也有正方形的，主要由进水管、出水管、沉淀（澄清）区，污泥区和排泥装置组成。按进出水的方式不同可分为中心进水、周边出水，周边进水、中心出水，以及周边进水、周边出水三种形式，其中以中心进水、周边出水的辐流式沉淀池应用最广，如图 4-17 所示。它的工艺流程是：水经中心进水管头部的出

水口流入池内,在挡板的作用下平稳均匀地流向周边出水堰,由于水流断面急剧扩大,水流速度越来越小,非常有利于悬浮固体颗粒沉降分离。所以,这种沉淀池有利于处理水量大和进水悬浮固体含量高的水,过去这种沉淀池多用于城市污水的处理。

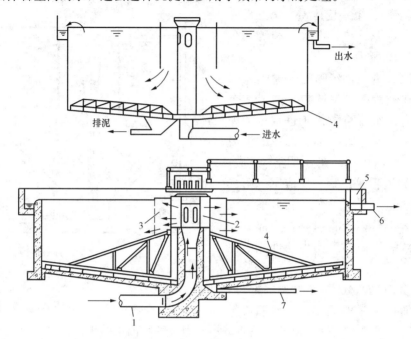

图 4-17　中心进水、周边出水辐流式沉淀池
1—进水管;2—中心管;3—穿孔挡板;4—刮泥机;5—出水槽;6—出水管;7—排泥管

近些年也有采用周边进水、中心出水和周边进水、周边出水辐流式沉淀池,如图 4-18 所示。由于这两种沉淀池都采用周边进水、进水流速大大降低,从而可以避免进水冲击池底沉泥,提高池的容积利用系数,所以这两种沉淀池多用于污水处理中的二次沉淀池。

辐流式沉淀池由于处理水量大,沉淀区的污泥多,一般由刮泥机刮至池中心排出池外,而二次沉淀池的污泥多采用吸泥机排出。

六、机械搅拌澄清池

机械搅拌澄清池在国内自 1965 年开始设计、投运,目前已广泛用于各种水处理工艺。单池处理能力已高达 $3650m^3/h$ 以上,池径为 36m 以上。它对原水浊度、温度和处理水量的变化有较强的适应性,而且处理效率高,运行比较稳定,出水浊度一般不大于 10NTU。无机械刮泥时,进水浊度一般不大于 500NTU,短时间内不宜超过 1000NTU。有机械刮泥时,进水浊度一般为 500~3000NTU,短时间内不宜超过 5000NTU。所以,它适用于大、中型水厂,但在电厂水处理中,一般都设计为 $100~1000m^3/h$ 的中、小型澄清池,很少设计机械刮泥机。

1. 工作原理

机械搅拌澄清池也是一种泥渣循环型澄清池。池体主要由第一反应室、第二反应室和分离室三部分组成,并设置有相应的进出水系统、排泥系统、搅拌机及调流系统,另外还有加药管、透气管和取样管等,如图 4-19 所示。它的特点是利用机械搅拌机的提升作用来完成

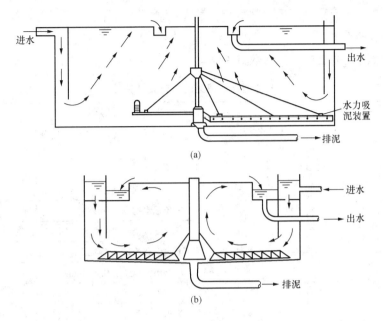

图 4-18 周边进水、中心出水和周边进水、周边出水的辐流式沉淀池
(a) 周边进水、中心出水；(b) 周边进水、周边出水

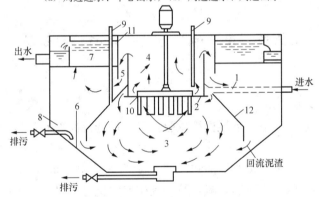

图 4-19 机械搅拌澄清池
1—进水管；2—环形进水槽；3—第一反应室；4—第二反应室；5—导流室；
6—分离室；7—集水槽；8—泥渣浓缩室；9—加药管；10—搅拌叶轮；
11—导流板；12—伞形板

泥渣回流和接触絮凝作用。

原水由进水管进入环形三角配水槽后，由槽底配水孔流入第一反应室，在此与分离室回流的泥渣混合。混合后的水由于叶轮的提升作用，从叶轮中心处进入，再向外沿辐射方向流出来，经叶轮与第二反应室底板间的缝隙流入第二反应室。在第一反应室和第二反应室完成接触絮凝作用。第二反应室内设置有导流板，以消除因叶轮提升作用所造成的水流旋转，使水流平稳地经导流室流入分离室，导流室也设有导流板。分离室的上部为清水区，清水向上流入集水槽和出水管。分离室的下部为悬浮泥渣层，下沉的泥渣大部分沿锥底的回流缝再次流入第一反应室重新与原水进行接触絮凝反应，少部分排入泥渣浓缩器，浓缩至一定浓度后排出池外，以便节省耗水量。环形三角配水槽上设置有排气管，以排除进水中带入的空气。

药剂可加入第一反应室，也可加至环形三角配水槽或进水管中。

2. 工艺设计参数

机械搅拌澄清池的工艺设计参数见表4-5。

表 4-5 机械搅拌澄清池的工艺设计参数

参　　数	设计值	参　　数	设计值
停留时间（h）	1.2～1.5	第一、第二反应室的停留时间（min）	20～30
第一反应室、第二反应室、分离室容积比	1:2:7	清水区高度(m)	1.5～2.0
分离室上升流速 v_0(mm/s)	0.6～1.2	进水管内水流速度(mm/s)	0.7～1.0
回流比	3～5 倍进水量	三角配水槽高度(m)	进水管直径加 0.2～0.3
第二反应室上升流速 v_1 和导流室的下降流速 v_3(mm/s)	40～60	三角配水槽配水圆孔孔径(mm)	100
第二反应室高度(m)	>1.8	配水圆孔流速(m/s)	0.4～0.5
第二反应室出口折流速度 v_2(mm/s)	100	环形出水槽壁上孔径(mm)	20～30
		孔口流速(m/s)	0.5～0.6
进水悬浮固体含量(mg/L)	<1000	集水槽中流速(m/s)	0.4～0.6
清水区保护高度(m)	0.3	出水管中流速(m/s)	1.0

第六节　澄清池的运行管理与调整试验

一、运行管理

1. 初次投运

澄清池在投运前，应先进行混凝模拟试验，确定最佳混凝剂和最佳剂量，并检查各部件是否正常。

（1）尽快形成所需泥渣浓度。这时可使进水量为设计出水量的 1/2～2/3，并增加混凝剂量（一般为正常药量的 1～2 倍），减少第一反应室的提升水量。

（2）在泥渣形成过程中，逐步提高泥渣回流量。加强搅拌措施，并经常取水样测定泥渣的沉降比，若第一反应室和池底部的泥渣浓度开始逐步提高，则表明泥渣层在 2～3h 后即可形成。若发现泥渣比较松散、絮凝体较小或原水水温和浊度较低，可适当投加黏土促使泥渣尽快形成。

（3）当泥渣形成以后，出水残留浊度应达到设计要求。

（4）当泥渣面达到规定高度时，应开始排泥，使泥渣层高度稳定。为使泥渣保持最佳活性，一般控制第二反应室的泥渣 5min 的沉降比为 10%～20%。

2. 停运后的重新投运

澄清池停运后（小于 24h），泥渣处于压实状态，所以重新投运时，应先开启底部放空阀门，排出底部少量泥渣，并加大进水量和投药量，使泥渣松动，然后调整到设计值的 2/3 左右运行，待出水水质稳定后，再逐步减少药量和提高水量，直到设计值。

3. 运行中的故障处理

（1）当清水区出现细小絮凝体、出水水质浑浊、第一反应室絮凝体细小、反应室泥渣浓度变小时，都可能是由于加药量不足或原水碱度（或浊度）不足造成的，应随时调整加药量或投加助凝剂。

（2）当分离室泥渣层逐渐上升、出水水质变坏、反应室泥渣浓度增高、泥渣沉降比达到25％以上或泥渣斗的泥渣沉降比超过80％时，都可能是由于排泥量不足造成的，应缩短排泥周期，加大排泥量。

（3）清水区出现絮凝体明显上升，甚至出现翻池现象，可能有以下几种原因：日光强烈照晒，造成池水对流；进水量超过设计值或配水不均造成短流；投药中断或排泥不适；进水温度突然上升。这时应根据不同原因进行调整。

二、澄清池的调试

由于澄清池是将水的混凝处理与絮凝体的沉降分离合为一体的水处理设备，因此它的调试内容除包括混凝剂的筛选、最优加药量、最佳水温、最佳混凝条件之外，还包括澄清池的最佳出力、最大出力、最小出力、最适泥渣浓度、出力变化速度等。

1. 最佳出力调整

由于澄清池的最佳出力必须满足出水水质的要求，因此最佳出力就是在出水水质合格情况下的最大出力。调整时，是在最优加药量的条件下，逐渐提高出力，并不断取出水样品，测定残留浊度、硅化合物和有机物，画出设备出力与出水水质的关系曲线。以此确定最大出力、最佳出力和最低出力。

2. 最适泥渣浓度

在进水水质、加药量和设备出力一定的情况下，逐渐提高泥渣浓度（如5min沉降比），并不断取水样测定残留浊度、硅化合物和有机物等，画出泥渣浓度与出水水质的关系曲线，以此确定最适泥渣浓度。

3. 出力变化速度

为了解设备对水量变化的适应能力，应对设备的出力变化速度进行调整。调整时先将出力降至最小出力，然后每隔一定时间（如1～2h）提高一次出力（如每次按设计值的5％～10％提升），测定出水水质，在出水水质合格的前提下确定出力变化速度。

除以上调整内容外，还有搅拌机旋转速度（机械搅拌澄清池）、泥渣回流比，水温变化等也需调整，可根据具体情况确定。

第五章

水 的 过 滤 处 理

水经过澄清处理后，悬浮固体通常为 10~20mg/L。这种水不能直接送入后续除盐系统，例如逆流再生离子交换器要求悬浮固体不超过 2mg/L。进一步降低水中悬浮固体的方法之一就是过滤处理。

在重力或压力差作用下，水通过多孔材料层孔道时杂质被截留的过程，称为过滤。用于过滤的多孔材料称为滤料或过滤介质。过滤设备中堆积的滤料层称为滤层或滤床。装填粒状滤料的钢筋混凝土构筑物称为滤池；装填粒状滤料的钢制设备称为过滤器，运行时相对压力大于零的过滤器又称机械过滤器。悬浮杂质在滤床表面截留的过滤称为表面过滤，而在滤床内部截留的过滤称为深层过滤或滤床过滤。水流通过滤床的空塔流速简称滤速。慢滤池的滤速一般为 0.1~0.3m/h，快滤池的滤速一般大于 5m/h。快滤池出力大，应用最为普遍。快滤池按水流方向分有下向流、上向流、双向流和辐射流滤池；按构成滤床的滤料品种数目分有单层滤料、双层滤料和三层滤料滤池；按阀门个数分有四阀、双阀、单阀和无阀滤池；按滤料的几何形状分有粒状滤料、粉末滤料、纤维滤料、滤膜、盘片和筛网等过滤设备等。

过滤设备进水浊度一般在 15NTU 以下，滤出水浊度一般低于 2NTU。当原水浊度低于 50NTU 时，也可以采用原水直接过滤或接触混凝过滤。接触混凝过滤是指过滤器进水中加入了混凝剂的过滤方式。变孔隙过滤是采用变孔隙滤床进行的过滤方式。所谓变孔隙滤床是指沿着过滤水流方向孔隙由大变小的滤床，或者是小颗粒滤料嵌入大颗粒滤料空隙中而形成孔隙大小交错的滤床。

有的水源，虽然悬浮物含量较低（如低于 5mg/L），但为了除硅或者除铁、除锰，常用接触混凝过滤或者锰砂过滤。过滤不仅可以降低水的浊度，而且随浊度的降低可同时除去水中的有机物，此外过滤还可以除去微生物，包括细菌甚至病毒，这可以提高饮用水处理的质量和改善消毒效果。过滤和反洗是过滤设备两个最基本的操作。过滤设备的运行实际上是"过滤→反洗→过滤→反洗……"的周而复始。

第一节 过 滤 介 质

一、过滤精度

过滤精度是表示滤料截流能力的指标，主要有过滤比、过滤效率、公称过滤精度、绝对过滤精度和名义过滤精度等。

1. 过滤比

过滤比（β）又称分离率，指过滤前后同一尺寸颗粒的浓度之比。

2. 过滤效率

过滤效率（E_c）是滤料滤除某一尺寸颗粒的百分数。过滤比与过滤效率换算见表5-1。

表 5-1　　　　　　　　　　　　　　过滤比与过滤效率换算表

过滤比 β	1	2	5	10	20	50	100	1000
过滤效率 E_c（%）	0	50	80	90	95	98	99	99.9

3. 公称过滤精度

公称过滤精度是过滤器制造厂为区分滤料孔隙大小等级所标识的孔径尺寸。

4. 绝对过滤精度

绝对过滤精度是指在规定的测试条件下，能够通过过滤材料的最大硬质球形颗粒的直径，它是过滤器元件中的最大孔径。

5. 名义过滤精度

名义过滤精度是指95%的颗粒能够滤除的颗粒直径，即该颗粒的 $\beta=20$、$E_c=95\%$。

二、过滤介质的种类

从几何形状看，过滤介质有粒状、粉状、纤维状、膜状、盘片状和筛网等多种。

1. 粒状滤料

几何形状呈不规则球体的滤料称为粒状滤料。粒状滤料的直径一般为 0.3～1.2mm，水处理中广泛使用的粒状滤料有石英砂、无烟煤、活性炭、磁铁矿、石榴石等。

粒状滤料应当具备如下条件：①足够的机械强度，以降低破损率，延长使用寿命；②足够的化学稳定性，以免污染水质；③合适的颗粒级配和空隙率。

由粒状滤料构成的过滤设备称粒状滤料过滤设备，又称常规过滤设备，如砂滤器、双介质过滤器、无阀滤池。

2. 纤维滤料

几何形状呈纤维状的滤料称为纤维滤料。主要有两类：一类是由纤维材料制成的纤维球和纤维束长丝；另一类是将纤维丝卷绕在多孔骨架上构成的纤维滤芯。

（1）纤维球和纤维束长丝。它们是以聚酯纤维（锦纶、涤纶）、聚丙烯纤维或聚丙烯腈纤维为素材，加工而成的纤维球或长纤维束。

纤维球有以下几种：①实心纤维球：在实心球体表面上贴附着长 2～50mm 的纤维丝。②中心结扎纤维球：以纤维球直径长度作为节距，用细绳将纤维丝束扎起来，在结扎间的中央处切断，形成大小一致纤维球。③卷缩纤维中心结扎纤维球：将卷曲度高的纤维束结扎、切断后形成纤维球，特点是弹性好。常用的纤维球是以聚酯纤维为素材，用中间结扎或热熔黏结的方法制成的球形绒团，所用的纤维丝直径为 20～80μm，制成的球体直径为 10～55mm。

长纤维束有以下几种：①棒状纤维束：将卷曲纤维长丝集束，用黏合剂喷雾收束，纤维丝之间形成多点接触的棒状，类似于去除外皮的香烟滤嘴。②常规纤维束：将纤维长丝拉直后构成束状，然后采用悬挂或者是两端固定的方式充填在过滤设备中。

此外，还有彗星式纤维过滤材料，这是一种不对称构型的过滤材料，一端为松散的纤维丝束，另一端纤维丝束固定在密度较大的实心体内，外形像彗星。

与粒状滤料相比，纤维滤料的特点是密度小、比表面积大和空隙率高，因而具有过滤精度高、阻力小、纳污容量大等优点。采用纤维滤料的过滤设备，可以通过水力或机械的方式改变纤维滤床的孔隙分布，实现变孔隙过滤。

（2）纤维过滤滤芯。纤维过滤滤芯简称为纤维滤芯，有线绕式和熔喷式两种，都是将纤维按特定工艺缠绕在多孔骨架（聚丙烯或不锈钢材质）上面制成的。线绕式滤芯用的是纺织纤维线（丙纶线、脱脂棉线等）；熔喷滤芯是以聚丙烯纤维丝为素材，通过熔喷工艺将其缠绕在骨架上的。通过控制缠绕工艺，纤维滤芯可以形成滤芯内层纤维细、结构紧密、孔径小，而外层纤维粗、结构疏松、孔径大的分层结构，实现变孔隙深层过滤，这样不同大小的颗粒可以在滤芯中分层滤除。纤维滤芯能有效地去除水中的悬浮物、微粒、铁锈等杂物，在水处理中广泛应用于反渗透给水的保安过滤和纯水制备系统的终端过滤。

常见的滤芯长度有 250mm（约 10in）、500mm（约 20in）、750mm（约 30in）和 1000mm（约 40in）等，外径为 55、63mm 或 65mm，内径为 28mm 或 30mm。

由纤维构成滤床的过滤设备称为纤维过滤器，它的公称过滤精度为 1、5、10、20、30、50、75、100μm 等。

3. 盘片滤料

盘片过滤介质是由许多张盘片叠加而成的。盘片的两面有沟槽，沟槽的尺寸决定了过滤精度。多张盘片被压紧在一起时，相邻盘片的沟槽形成水流通道，图 5-1 示意了两种通道形状。

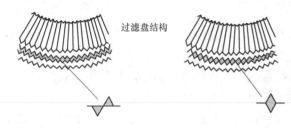

图 5-1　盘片沟槽形成的两种过滤通道形状

4. 筛网

筛网过滤介质是具有网眼的硬质片状物，过滤精度取决于网眼大小。一般，在过滤精度 10μm～20mm 范围内有许多种规格的筛网。

筛网种类较多，根据几何形状分有平板状和筒状等筛网；根据网眼形状分有圆孔、长圆孔、长方孔、正方孔、三角孔、菱形孔、凸形孔、六角孔、八字孔、十字孔、梅花孔、鱼鳞孔、楔形（V形）孔筛网；根据网眼形成机制分有冲孔网、编织网、电焊网；根据材质分有不锈钢、碳钢、镀锌钢、铜和塑料材质的筛网；根据过滤对象分有过滤空气、液体、粉末固体的筛网。图 5-2 列举了四种筛网。

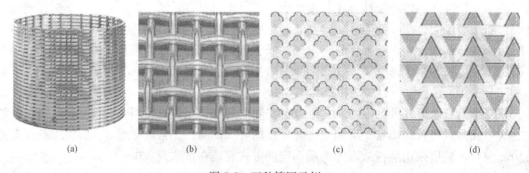

图 5-2　四种筛网示例

（a）楔形长方孔电焊网；（b）方孔编织网；（c）梅花冲孔网；（d）三角冲孔网

三、滤床特性

1. 粒状滤料床

（1）滤料的粒度。滤料的粒度（又称滤料的级配）包括滤料的粗细和大小的分散程度两个方面，常用一组标准筛过筛滤料获得粒度信息。筛分分析的大致过程是：将 $M(g)$ 滤料放在标准筛上过筛，通过筛孔的滤料量称筛过量。通常用 n 把筛子筛分滤料，并先用大孔径筛子筛，其筛过量又用稍小孔径的筛子过筛，依次进行。每次过筛后，筛过量记作 $m_i(g)$，对应筛孔孔径记作 d_i，并以 $F_i = m_i/M$ 表示粒径小于筛孔孔径的滤料在全部滤料中所占的质量分率，其中 $i = 1, 2, 3, \cdots, n$。以 d_i 为横坐标、F_i 为纵坐标作图，所得到的曲线称筛分曲线，图 5-3 是某滤料的筛分曲线。显然，筛分曲线沿横轴延伸越长，说明滤料颗粒的大小差别越大；曲线整体在横轴上的位置表示了滤料的整体粗细。所以，筛分曲线比较全面地描述了滤料颗粒大小的分布情况，但是用起来不太方便。在实际生产中，通常是从筛分曲线上选取以下几个代表点来描述滤料粒度特性：

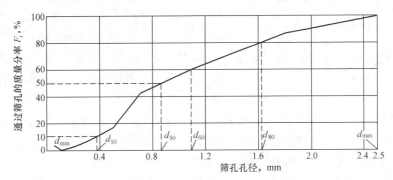

图 5-3 某粒状滤料的筛分曲线

1）粒径。表征滤料粒径的代表点是有效粒径 d_{10}、平均粒径 d_{50}、最大粒径 d_{max} 和最小粒径 d_{min}、当量粒径 d_e。① d_{10} 表示 10% 质量的滤料能通过的筛孔孔径；② d_{50} 表示 50% 质量的滤料能通过的筛孔孔径；③ d_{max} 和 d_{min} 共同给出了滤料大小的界限，表示所有滤料粒径均处在这一范围内，水处理一般要求石英砂滤料的粒径范围为 $0.5 \sim 1.2\text{mm}$；④ d_e 又称等效粒径，是基于以下认识而虚拟的粒径指标。滤料的过滤性能主要由滤料颗粒的表面积所决定，因此在保持表面积相等的前提下，可将形状不规则大小参差不齐的实际滤料颗粒群，假想成等径球形滤料群（等效滤料），如图 5-4 所示。此等效球形滤料颗粒的直径称等效粒径，也称当量粒径，计算公式为

$$d_e = \frac{1}{\alpha \sum (p_i/d_{pi})} \tag{5-1}$$

其中 $\qquad d_{pi} = (d_i + d_{i+1})/2$

式中：p_i 为粒径介于 (d_i, d_{i+1}) 范围内的滤料的质量分率；d_{pi} 为粒径介于 (d_i, d_{i+1}) 范围内的滤料的平均粒径；α 为形状系数，定义为实际滤料表面积与等体积球形滤料表面积之比，其值大于 1。

滤料颗粒大小必须合适。粒径过小，则

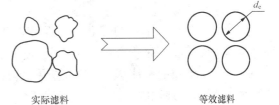

图 5-4 实际滤料与等效滤料示意

107

水流阻力大，滤层水头损失增加快，过滤周期短；反之，细小悬浮物容易穿过滤层，出水水质差。

2) 不均匀系数。不均匀系数反映了滤料的大小差别程度，一般用 k_{80} 表示，定义为 80% 质量的滤料能通过的筛孔孔径（d_{80}）与有效粒径（d_{10}）的比值，即 $k_{80}=d_{80}/d_{10}$。不均匀系数也可以用 k_{60} 表示，它是 60% 质量的滤料能通过的筛孔孔径（d_{60}）与有效粒径（d_{10}）的比值，即 $k_{60}=d_{60}/d_{10}$。

k_{80} 对滤层的截污能力有较大影响。对于向下流过滤器，k_{80} 越大，则滤床上层孔隙越小，下层孔隙越大，不利于发挥整个滤层的截污能力，故希望 k_{80} 小些，一般不应超过 2.0。对于向上流过滤器，情况则不大相同，滤层截污容量随 k_{80} 递增，图 5-5 是某向上流过滤器的实测结果，可见：当 k_{80} 从 1.11 增至 1.4 时，截污容量迅速增加了约 25%，当 k_{80} 继续由 1.4 增至 2.76 时，截污容量仅增加了约 4%。

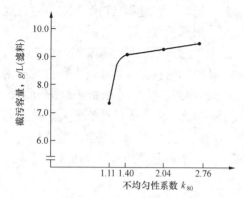

图 5-5 k_{80} 对截污容量的影响

测定条件：$d_{50}=0.995mm$；滤层厚度 = 700mm；进水浊度（ρ_0）=143～159mg/L；滤速（u）=15.0～16.1m/h；水温 =17～21℃；原水混凝剂 PAC 投加量=10～20mg/L

k_{80} 对滤层的反洗也有较大影响，k_{80} 越大，反洗流量越不易控制。例如，欲使冲洗流速达到粗大滤料松动时，细小滤料可能被水流携带出过滤设备而流失；反之，若保证细滤料不流失，必须降低冲洗流速，这时粗大滤料又流化不起来，冲洗效果差。

滤料的粒度指标可以从图 5-3 所示的筛分曲线上查得（d_e 需通过查出 p_i 和 d_{p_i} 计算求得）。从图上查得 $d_{10}=0.38mm$，$d_{50}=0.86mm$，$d_{60}=1.10mm$，$d_{80}=1.62mm$，$d_{min}=0.125mm$，$d_{max}=2.50mm$，然后求得 $k_{80}=4.26$，$k_{60}=2.89$，计算得 $d_e=0.59mm$（假设 $\alpha=1.2$）。

（2）滤料的机械强度。粒状滤料应当具有足够的机械强度，因为在反洗过程中，处于流态化的滤料颗粒之间会不断碰撞和摩擦，强度低的滤料容易破碎，而破碎的细小滤料容易流失，还会增加滤层阻力，使过滤周期缩短。

常用磨损率和破碎率表征滤料的机械强度，测定方法见 CJ/T 43—2005《水处理用滤料》。水处理中要求石英砂和无烟煤滤料的磨损率和破损率之和小于 2%。

（3）滤料的化学稳定性。滤料必须化学稳定，以免污染水质。一般，石英砂在中性、酸性介质中比较稳定，在碱性介质中有溶解现象；无烟煤在酸性、中性和碱性介质都比较稳定。因此，当过滤碱性水（如经石灰处理后的水）时，不能用石英砂，宜用无烟煤或大理石。

滤料化学稳定性的有关规定见 CJ/T 43—2005 和国家及行业相关标准。

（4）床层。

1) 滤层厚度。滤层厚度是指滤料在过滤设备中的堆积高度。过滤时，达到某规定水质所需要的滤层厚度，称悬浮杂质的穿透深度。穿透深度加上一定安全因素的厚度（例如增加 400mm）即为滤层的设计厚度。研究结果表明，穿透深度与滤速的 1.56 次方和滤料有效粒径的 2.46 次方的乘积成正比。

2) 孔隙率。孔隙率表示单位堆积体积滤料层中空隙的体积。滤层的孔隙率与滤料颗粒形状、粗细程度、堆积时的松密程度等有关。均径的球状颗粒层，孔隙率在 0.26～0.48 之间。非均径颗粒床层，因小颗粒可嵌入大颗粒之间的孔隙中，孔隙率减少。颗粒越带棱角，越偏离球形，则孔隙率越大，甚至高达 0.6 以上。一般，石英砂滤料层的孔隙率在 0.38～0.43 之间。滤层的孔隙既是水流通道，又是储泥空间。过大的孔隙率，悬浮杂质易穿透；过小的孔隙率，则储泥空间小，过滤周期短，水流阻力大。

3）滤床中滤料的排列。顺着过滤水流方向观察滤料粒径的变化，共有四种不同情况，即粒径相同的均径滤床、粒径由小变大的向下流普通滤床、粒径由大变小的向上流滤床和粒径每层由大变小但同一层内部粒径由小变大排列的多层滤床，如图 5-6 所示。

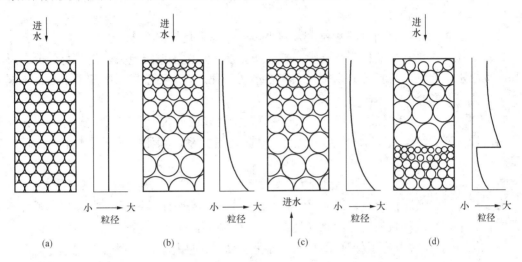

图 5-6　滤床粒径排列示意
（a）均径滤床；（b）普通滤床；（c）向上流滤床；（d）多层滤床（以双层滤床为例）

（5）孔隙排列与过滤性能。水在滤层流动过程中，上游滤层优先截获易除去的大颗粒悬浮杂质，残留的较难除去的小颗粒悬浮杂质进入下游滤层。因此，从悬浮杂质除去难度看，沿过滤水流方向，越往下游所剩悬浮杂质的除去难度越大，图 5-7 以虚直线示意了这一变化趋势。从滤料的截污能力看，粒径小，比表面积大，孔隙小，截污能力强，图 5-7 以实直线示意了这一变化趋势。

1）均径料床。缺点是滤料截污能力没有沿水流方向增强，因此上游没能截留的悬浮物也更难被下游滤层截获。

2）普通滤床。缺点是滤料截污能力沿水流方向减弱，它是用截污能力最强的细滤料（表层）去拦截水中最容易除去的大颗粒杂质，用截污能力最弱的粗滤料（底层）去拦截水中最难除去的小颗粒杂质，因此过滤性能比均径滤床差。

3）多层滤床。以三层滤料床为例，上层粒径最大，由密度小的轻质滤料（如无烟煤或活性炭）组成，

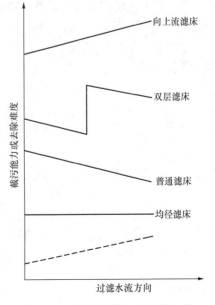

图 5-7　滤层截污能力和悬浮杂质
去除难度沿水流方向变化示意

中层粒径居中，由密度比上层大、比下层小的中等密度滤料（如石英砂）组成，下层则由粒径最小、密度比上面两层都大的重质滤料（如磁铁矿）构成。当水由上而下通过三层滤料床时，上部粗滤料除去水中较大尺寸的杂质起粗滤作用，下部细滤料进一步除去细小的剩余杂质起精滤作用，这样每层滤料均发挥截污能力。因此，三层滤床比均径滤床过滤性能优越。但是，因每层滤床仍然是上细下粗，故没有彻底克服上述普通滤料床的缺点。

4）向上流滤床。滤料沿水流方向从粗到细，截污能力渐增，因而实现了整层滤料截污能力与残留杂质除去难度的最佳匹配。这种滤床性能优越，截污容量大，过滤周期长，出水水质好，水头损失增长慢。

总之，沿过滤水流方向滤料颗粒由大到小排列的滤床是最佳滤床。

（6）承托层。承托层的作用是支承滤料，防止滤料从配水系统流失，以及均匀分布反洗水和收集出水。目前，承托层有水帽式和卵石垫层两种。对卵石垫层的级配要求是：不漏滤料、不流化、不移动和不偏流。

1）不漏滤料。承托层最上层与滤料的最下层接触，因此，上层卵石组成的最大孔隙要比滤料的最大粒径小，滤料才不会漏下去。根据几何关系，承托层的最小粒径（D_{min}）应满足

$$D_{min} \leqslant 2.4 d_{max} \tag{5-2}$$

为安全起见，实际使用时，以 d_{80} 代替 d_{max} 计算。为了保证承托层内部的上方颗粒不漏入下方孔隙中，每层颗粒间也应同时满足式（5-2）所表示的粒径关系。

2）不流化。反洗时为了保证承托层不流化，D_{min} 不能太小。根据流态化理论，D_{min} 应满足

$$D_{min} \geqslant \sqrt{\frac{200\mu u(1-m_0)\alpha^2}{g(\rho_s - \rho)m_0^3}} \tag{5-3}$$

式中：μ 为反洗水的黏度；u 为反冲洗流速；m_0 为流化前承托层的孔隙率；α 为卵石的形状系数；ρ_s、ρ 为卵石和水的密度；g 为重力加速度。

如果式（5-2）计算值大于式（5-3）计算值则说明按式（5-2）选择的颗粒不会流化。否则，应调整冲洗流速或选用重质材料作承托层。

3）不移动。反冲洗时，最下层的颗粒粒径应大于配水系统孔眼的直径，保证承托层自身不漏入配水系统中，以及能抵抗孔眼射流的冲动力而不移动。设配水系统的开孔比为 a，则抵抗射流冲动所要求承托层下层颗粒的粒径为

$$D_{min} \geqslant \sqrt{\frac{0.3}{a} \times \frac{200\mu u(1-m_0)\alpha^2}{g(\rho_s - \rho)m_0^3}} \tag{5-4}$$

4）不偏流。承托层应保持一定厚度，以便将孔眼射流的动能转化为位能，均匀分配射流水，消除偏流。从水力学角度看，要求过水断面上承托层本身的水头损失处处相同以及水头损失较小。藤田贤二（1972 年）在承托层本身水头损失均匀的前提下导出了计算承托层厚度的公式，即

$$L_q = D_q \left[\frac{\pi}{6(1-m_0)} \right]^{1/3} \left(\frac{k_1}{k_2} \right)^2 \tag{5-5}$$

式中：L_q 为承托层厚度；D_q 为承托层颗粒的平均粒径；k_1 为承托层铺垫误差，一般可取 25%；k_2 为承托层水头损失的不均匀度，一般可取 5%。

用式（5-5）计算承托层中颗粒较小的上层厚度比较合适，而计算颗粒较大的中下层时明显偏高。生产实际中，承托层级配常参照经验值选择，例如用卵石或碎石时，一般按其颗粒大小分四层铺成，每层粒径自上而下以 2 倍关系递增，表 5-2 是某承托层的组成和厚度。

表 5-2　　　　　　　　　　　　　某承托层的组成和厚度

层次（自上而下）	粒径（mm）	厚度（mm）
1	2～4	100
2	4～8	100
3	8～16	100
4	16～32	本层顶面应高出配水系统孔眼 100

2. 纤维滤床

表示纤维滤床特性的指标有纤维直径、孔隙尺寸、比表面积和孔隙率等。其中孔隙尺寸、比表面积与过滤时纤维的挤压状态、纤维丝弯曲程度有关。从理论上讲，平行纤维丝束受挤压时存在着三角形和方格形等两种极端排列，其中三角形排列为稳态，方格形排列为非稳态。

（1）纤维直径。一般用作滤料的纤维直径为 $20\sim50\mu m$。

（2）孔隙尺寸。直径为 $20\sim50\mu m$ 的纤维，稳态排列的孔隙尺寸为 $3.2\sim8.1\mu m$，非稳态的孔隙尺寸大致是稳态的 2 倍多。

（3）比表面积。直径为 $20\sim50\mu m$ 的纤维，稳态排列的比表面积为 $20.7\times10^4\sim8.3\times10^4 m^2/m^3$，非稳态排列的比表面积为 $15.7\times10^4\sim6.3\times10^4 m^2/m^3$。

（4）孔隙率。直径为 $20\sim50\mu m$ 的纤维，稳态和非稳态排列的孔隙率分别为 10.3% 和 21.5%。

纤维滤料的截污能力明显高于粒状滤料，原因是纤维滤料的孔隙尺寸小，大约为粒状滤料的 1/25，而比表面积大，大约为粒状滤料的 29 倍。这里，粒状滤料的直径 0.85mm，孔隙尺寸和比表面积分别为 $136\mu m$ 和 $4928 m^2/m^3$。

经过混凝沉淀处理后，水中悬浮颗粒粒径大都在 $2\sim30\mu m$ 之间。所以，纤维滤床的孔隙尺寸与粒状滤料床相比，更适合过滤这些悬浮颗粒。

3. 盘片滤床

盘片滤床是由许多盘片叠加而成的，过滤精度取决于沟槽大小，通常有 20、50、55、100、130、200、$400\mu m$ 多种规格，工作压力为 0.28～0.8MPa，工作温度为 4～70℃，使用 pH 值范围为 5～11.5，过滤时压力损失一般为 0.001～0.08MPa。

盘片滤床的孔隙特点是：从盘片的外缘向盘心孔隙逐渐变小，属于变孔隙滤床。

盘片滤床的工作特点是：压紧状态下过滤，松散状态下反洗。当原水从压紧的叠加盘片外部进入时，大尺寸的颗粒被拦截在外缘沟槽中，而比较小的颗粒则可以随水流沿沟槽进入到盘片内部，由于沿程孔隙逐渐减小，于是小颗粒也能被截留在盘片内部沟槽中。当沟槽累积了一定量杂质后，改变进出水流方向，压紧的盘片自动松开，并喷射压力水冲刷盘片，使盘片高速旋转，通过冲刷和旋转作用，盘片得到清洗。然后再改变进出水流向，恢复到初始的过滤状态。

4. 筛网滤床

与上述三种滤床相比，筛网滤床的特点是：

（1）滤床较薄，它一般由单层筛网构成。因此，这种滤床阻力小、过滤周期短、清洗频繁。

（2）拦截杂质完全是靠网眼的机械筛分作用完成的。

（3）过滤精度分布范围宽，既有适用于粗滤的大孔筛网（如过滤精度 4mm），又有适用于精密过滤的小孔筛网（如过滤精度 10μm）。因此，它的适用范围广，可根据杂质颗粒大小，选择网眼尺寸。

（4）水处理中，筛网常作为自清洗过滤器的滤床，或拦截大尺寸漂浮物的格栅。

第二节　粒状滤料床的截污原理

滤料的截污机理比较复杂，一般认为包括迁移、黏附和剥落三个过程。迁移过程是指滤层孔隙水中的悬浮杂质运动到滤料表面上，这一过程也称输送过程、碰撞过程；黏附过程是指滤料对其表面处的悬浮杂质的黏合，这一过程又称吸附过程或吸着过程；剥落过程是指水流剪切力将已经黏附的杂质从滤料表面剥离下来的过程。

一、迁移过程

迁移的途径如图 5-8 所示，主要有：

（1）布朗运动。较小的悬浮杂质颗粒，由于布朗运动与滤料颗粒发生碰撞。

（2）惯性运动。水通过滤料空隙所形成的弯弯曲曲通道时，被迫经常改变流动方向，而具有一定质量的悬浮杂质又具有力图保持原运动方向不变的惯性，这样杂质可能沿水流切线方向被抛至滤料表面。

（3）重力沉降。具有一定质量的杂质，在重力作用下脱离流线而直接沉降在滤料颗粒上。

（4）拦截。尺寸较大的悬浮杂质颗粒，被空隙小的滤料层阻拦不能前进，直接与滤料颗粒接触。

（5）水力学作用。在滤料表面附近存在水流速度梯度，非规则形状杂质在力矩作用下，会产生转动而脱离流线与滤料颗粒表面接触。另外，杂质在水流紊动下也会跨越流线运动至滤料表面。

目前，对于上述迁移过程仅能作定性描述，尚无法定量估算。

一般的粒状滤料床，每平方米过滤面积上滤料颗粒总表面积约为 $4000m^2$，即使有效沉淀面积按其 1/2 计算，也高达 $2000m^2$。因此，可以将滤池看成是一个表面负荷很小的多级沉淀池，进而推测重力沉降在输送过程诸因素中占主导地位。有人发现滤料表面污泥分布普遍呈"泥帽子"现象，如图 5-9 所示。

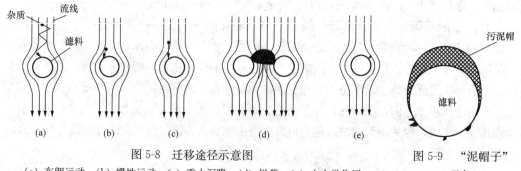

图 5-8　迁移途径示意图

（a）布朗运动；（b）惯性运动；（c）重力沉降；（d）拦截；（e）水力学作用

图 5-9　"泥帽子"现象

二、黏附过程

关于悬浮杂质与滤料间的黏附力，目前研究得还不透彻，仅能笼统列举如下：机械筛除、化学键、范德华力、絮凝和生物作用等，这些作用与原水条件、药品的添加量、添加药品的种类和滤料特性等因素有关。当水中杂质迁移至滤料表面上时，在上述若干种力的共同作用下，被黏附于滤料颗粒表面上，或者黏附在滤料表面上原先黏附的杂质上。在接触絮凝过滤时，絮凝颗粒的架桥作用比较明显，这时滤料颗粒或已黏附污泥的滤料颗粒类似晶种，可加速絮凝颗粒长大。

三、剥落过程

滤料空隙中水流产生的剥落作用涉及两个方面问题：一方面，剥落导致杂质与滤料颗粒间的碰撞无效；另一方面，剥落有利于杂质输送到滤层内部，避免了污泥局部聚积，使整个滤层滤料的截污能力得以发挥。任何杂质颗粒，当黏附力大于剥落力时则被滤料滤除，反之则脱落或保留在水流中继续前进。过滤初期，滤料较干净，孔隙率较大，孔隙中的水流速度较慢，水流剪切力较小，剥落作用较弱，因而黏附作用占优势；随着过滤时间的延长，滤料表面黏附的杂质逐渐增多，孔隙通道变窄，水流速度增加，剪切力增大，当剥落力与黏附力相等时，已黏附的杂质仍不会脱落，而随水流输送到此处的杂质也不能被截留，继续被水流携带到后续较为清洁的滤料层中滤除。上述过程持续下去，层层滤料的截污能力渐次得以发挥。

黏附力由滤料和杂质的性质所决定，剥落力则由过滤操作的外部条件如滤速所决定。滤速快，剥落作用强。滤速突变会破坏黏附力与剥落力之间的平衡，因而对过滤过程有影响。试验结果表明，其影响程度与过滤进程有关，滤速变化若处于过滤阶段的中期或者前期，出水端尚有大量干净滤料保持着较强的应变能力，因而对出水水质影响不大；若处于失效点附近，则滤速降低，出水浊度减少，反之出水浊度增加。例如某过滤器，当运行至出水浊度 11.5NTU 时，滤速由 25m/h 突然降低至 10m/h，4min 后出水浊度降低至 4.4NTU，8min 后降低至 0.3NTU，此时又将滤速恢复至 25m/h，出水浊度又回升到 10NTU。因此，生产实际中应尽量避免在过滤临近失效时增加滤速。

剪切力随水温递减。水温低，水的黏度大，水流的剪切力大，因而杂质的穿透深度大。设计滤层时，应考虑当地气候条件，低温地区或低温季节时间长的地区宜选择较高的滤层、较小的滤料粒径和较低的滤速。

过滤结束后，滤层不同部位截污份额沿过滤水流方向变化很大。以向下流过滤为例，污泥主要集中在上部一小部分薄薄的滤料层中，而大量中、下层滤料层截留的污泥量较少。由于下层滤料承担着截留除去难度较大杂质的任务，所以这部分滤料对保证出水质量至关重要。图 5-10 是某石英砂滤层失效时不同深度处截污份额，表明 200mm 厚的表层

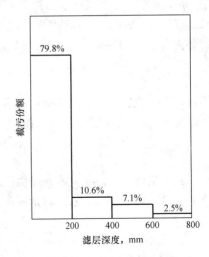

图 5-10　滤层不同深度处污泥分布
测定条件：$d_{50} = 0.995mm$；$k_{80} = 1.11$ 滤层总厚度 $=800mm$；进水浊度（ρ_0）$=143.9mg/L$；滤速（u）$=14.99m/h$；水温为 17~18℃；原水混凝剂 PAC 投加量为 10mg/L

滤料截污份额高达 79.8%，而同样是 200mm 厚的底层滤料截污份额仅为 2.5%。

四、截污方程

假设滤层孔隙水中悬浮杂质浓度 ρ 是时间 t 和滤层厚度 x 的函数，又设在厚度为 $\mathrm{d}x$ 的滤层微元中悬浮物的除去反应为一级反应，则下式成立

$$\frac{\partial \rho}{\partial t} + \frac{u}{m_0 - \sigma} \times \frac{\partial \rho}{\partial x} = -k\rho$$

式中：u 为滤速；m_0 为滤层的初期孔隙率；σ 为悬浮杂质的比堆积量，即单位体积滤料截留悬浮杂质的体积；k 为比例系数。

同上述假设，对微元 $\mathrm{d}x$ 进行物料衡算，可得

$$\frac{\partial \rho}{\partial t} + \frac{u}{m_0 - \sigma} \times \frac{\partial \rho}{\partial x} = -\frac{\rho_\mathrm{k}}{m_0 - \sigma} \times \frac{\partial \sigma}{\partial t}$$

式中：ρ_k 为悬浮杂质的密度。

通常，以上两式中左边第一项比第二项小，忽略第一项，得

$$\frac{\partial \rho}{\partial x} = -\lambda \rho \tag{5-6}$$

$$\frac{\partial \rho}{\partial x} = -\frac{\rho_\mathrm{k}}{u} \times \frac{\partial \sigma}{\partial t} \tag{5-7}$$

其中

$$\lambda = \frac{(m_0 - \sigma)k}{u}$$

式（5-6）称岩崎方程（1937 年），λ 称阻止率或过滤系数。假定 λ 为常数，对式（5-6）积分得

$$\rho = \rho_0 \mathrm{e}^{-\lambda L} \tag{5-8}$$

式中：ρ_0、ρ 分别为水流通过厚度为 L 的滤层前、后的悬浮物浓度。

式（5-8）表明，在 λ 不变的情况下，滤层孔隙水中悬浮物浓度遵循指数规律衰减。

藤田贤二（1975 年）认为过滤系数与滤料粒径和球度系数之积成反比，即

$$\lambda = \frac{\eta}{\Phi D} \tag{5-9}$$

式中：η 为悬浮杂质的去除效率；Φ 为滤料的球度系数，$\Phi = 1/\alpha$；D 为滤料粒径。

将式（5-9）代入式（5-6），得

$$\frac{\partial \rho}{\partial x} = -\frac{\eta}{\Phi D} \rho \tag{5-10}$$

研究结果表明，λ 或 η 随悬浮物比堆积量 σ 增加而变化，目前已建立了这种变化的多种函数关系式，依文斯（Ives）归纳成如下形式

$$\frac{\eta}{\eta_0} = \frac{\lambda}{\lambda_0} = A \left(1 - \frac{\sigma}{\sigma_\mathrm{c}}\right)^\beta \left(1 + \frac{b\sigma}{m_0}\right)^\theta \left(1 - \frac{\sigma}{m_0}\right)^\gamma \tag{5-11}$$

式中：σ_c 为悬浮杂质的极限比堆积量；b 为有关滤料充填情况的系数；A、β、θ、γ 为试验常数；角标"0"表示初期值。

式（5-11）中，第一个括号代表了孔隙内实际流速对过滤系数的影响；第二个括号代表了滤料表面被悬浮杂质覆盖后表面积的变化对过滤系数的影响；第三个括号代表了滤层毛细管模型中毛细管的表面积变化对过滤系数的影响。

当 $A = \beta = 1, \theta = \gamma = 0$ 时，将式（5-11）代入式（5-7）、式（5-10），通过数值计算，得

$$\frac{\rho}{\rho_0} = \frac{\exp\left(\dfrac{\eta_0 \rho_0 ut}{\rho_k \Phi D \sigma_c}\right)}{\exp\left(\dfrac{\eta_0 L}{\Phi D}\right) + \exp\left(\dfrac{\eta_0 \rho_0 ut}{\rho_k \Phi D \sigma_c}\right) - 1} \tag{5-12}$$

$$\frac{\sigma}{\sigma_c} = \frac{\exp\left(\dfrac{\eta_0 \rho_0 ut}{\rho_k \Phi D \sigma_c}\right) - 1}{\exp\left(\dfrac{\eta_0 L}{\Phi D}\right) + \exp\left(\dfrac{\eta_0 \rho_0 ut}{\rho_k \Phi D \sigma_c}\right) - 1} \tag{5-13}$$

由式（5-12）和式（5-13）可知：当 $t \to 0^+$，式（5-12）与式（5-8）完全相同，而且 σ 也趋近于 0，表明过滤刚开始瞬间，因滤床不含污泥（σ 约为 0），滤层水中悬浮物的变化符合式（5-8）所表示的指数规律；当 $t \to +\infty$ 时，$\rho = \rho_0$ 和 $\sigma = \sigma_c$，表明当过滤一直进行下去时，滤床污泥含量将增大到极限值（即最大值），这时滤床完全丧失截污能力，或者说整个滤床达到了黏附与剥落的动态平衡。

初期除去效率 η_0 随原水条件、药品加入量、滤速及滤料粒径变化，大致为 $10^{-3} \sim 10^{-2}$，有的试验结果显示，η_0 大致与 $u^{0.5 \sim 0.7} \times D^{0.5}$ 成反比。

A. A. 卡斯塔尔斯基和 Д. M. 明茨认为，截污过程是两个相反过程的叠加，即剥离与黏着。剥离使水中浊度的增加值与单位体积滤层中泥渣量（G）及滤层厚度（$\mathrm{d}x$）的乘积成正比，黏着使水中浊度减少量与浊度 $\rho(x, t)$ 及滤层厚度（$\mathrm{d}x$）的乘积成正比，并导出如下形式的截污方程

$$\frac{\partial^2 \rho}{\partial x \partial t} + a \frac{\partial \rho}{\partial x} + b \frac{\partial \rho}{\partial t} = 0 \tag{5-14}$$

式中：a 为与剥离有关的系数；b 为与黏着有关的系数。

第三节　粒状滤层的水头损失

粒状滤层（简称滤层）的水头损失（head loss）是过滤设备运行费用的主要构成要素之一。计算水头损失的公式比较多，但其基本形式是一致的，只是公式表达形式和有关常数不同。这里介绍计算清洁滤层水头损失的卡门—康采尼（Carman-Kezeny）公式、欧根（Ergun）公式和计算堵塞滤层水头损失的依文斯（Ives）公式。

一、清洁滤层的水头损失

理想的清洁滤层是不含污泥的滤料层，滤层反洗后可近似认为是洁净的。在滤层中，孔隙构成的水流通道纵横交错，过水断面的形状和大小很不规则，目前在理论上直接计算水头损失很困难。对此，人们采用数学模拟法，建立滤层的等效模型，例如用毛细管模型将复杂的问题简化成易计算的简单问题。

1. 毛细管模型

水在滤层孔隙中的水流为速度非常慢的层流，阻力取决于孔隙通道的表面积。因此，解决水头损失时，可在保证表面积不变的情况下将实际流动过程简化。水通过滤层时，被滤料

颗粒切割成众多微小支流，且反复汇合与分开，总体向前推进。为了简化问题，将这些支流近似看成互不干扰的管式流，即将互为贯通的复杂孔道简化成长度为 L_e 的 N 根平行毛细管，如图 5-11 所示。毛细管的内壁面相当于滤料表面，管内空间相当于滤层孔隙。模型与原型之间同时满足两个条件：

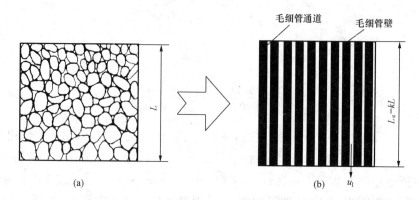

图 5-11　滤层原型和毛细管模型示意
(a) 原型（实际滤层）；(b) 模型（毛细管滤层）

（1）表面积相等，即毛细管总内表面积等于实际滤层颗粒的总表面积。

（2）空隙体积相等，即毛细管的空间体积等于实际滤层的空隙体积。

原型的表面积 S_0

$$S_0 = \frac{6m'}{\rho_s} \times \frac{1}{d_e} = \frac{6AL(1-m)}{d_e}$$

式中：m' 为滤料质量；ρ_s 为滤料密度；d_e 为滤料当量粒径；A 为滤层过水断面积；L 为滤层厚度；m 为滤层孔隙率。

模型表面积 S_m

$$S_m = N\pi D_e L_e$$

式中：N 为毛细管根数；D_e 为毛细管直径；L_e 为毛细管长度，$L_e = kL$，其中 k 为常数。

原型空隙总体积 V_0

$$V_0 = ALm$$

模型空隙总体积 V_m

$$V_m = \frac{N\pi D_e^2 L_e}{4}$$

令 $S_0 = S_m$ 和 $V_0 = V_m$，联立求解得

$$D_e = \frac{4md_e}{6(1-m)} \tag{5-15}$$

2. 水头损失的数学表达式

根据水力学关于管道沿程水头损失计算公式，得

$$h_f = C_D \frac{L_e}{D_e} \frac{u_1^2}{2g} \tag{5-16}$$

式中：h_f 为水头损失；C_D 为阻力系数；u_1 为毛细管中水流速度，u_1 与滤速 u 的关系为 $u_1 =$

ku/m，其中 k 为比例系数。

将式（5-15）代入式（5-16）中，整理后得

$$h_{\mathrm{f}} = \frac{6C_{\mathrm{D}}k^3}{8g}\frac{1-m}{m^3}\frac{u^2 L}{d_{\mathrm{e}}} = C_{\mathrm{D}}' \frac{6(1-m)}{gm^3}u^2 L \frac{1}{d_{\mathrm{e}}} \tag{5-17}$$

3. 参数 C_{D}' 估值

（1）卡门—康采尼公式。卡门—康采尼发现

$$C_{\mathrm{D}}' = \frac{5}{R_{\mathrm{e}}'} \qquad (R_{\mathrm{e}}' < 2)$$

$$R_{\mathrm{e}}' = \frac{u\rho d_{\mathrm{e}}}{6\mu(1-m)}$$

将 C_{D}' 值代入式（5-17）中，可得清洁滤层水头损失的卡门—康采尼公式

$$h_{\mathrm{f,o}} = \frac{180\mu(1-m)^2}{\rho g m^3 d_{\mathrm{e}}^2}uL \tag{5-18}$$

式中：$h_{\mathrm{f,o}}$ 为清洁滤层水头损失。

（2）欧根公式。欧根在 $R_{\mathrm{e}}' = (1\sim2500)/6$ 范围内得到如下 C_{D}' 与 R_{e}' 关系式

$$C_{\mathrm{D}}' = \frac{4.17}{R_{\mathrm{e}}'} + 0.29$$

将上式代入式（5-17）中，可得清洁滤层水头损失的欧根公式

$$h_{\mathrm{f,o}} = \frac{150\mu(1-m)^2}{\rho g m^3 d_{\mathrm{e}}^2}uL + 1.75\frac{1-m}{g d_{\mathrm{e}} m^3}u^2 L \tag{5-19}$$

欧根公式适用于层流、过渡区和紊流区，计算误差大致在 $\pm25\%$。与卡门—康采尼公式（5-18）的差别在于：欧根公式（5-19）右边多了紊流项（第二项），而层流项（第一项）的常数值稍小。以外，对于同一滤料床，用式（5-1）计算当量粒径时所划分的 (d_i, d_{i+1}) 范围不同，其 d_{e} 也不同，而有不同的 $h_{\mathrm{f,o}}$ 计算值。

二、堵塞滤层的水头损失

与清洁滤层相比，堵塞滤层的水力学更加复杂，表现在：由于悬浮固体沉积在滤料表面引起滤层空隙率（m）下降、滤料粒径（d_{e}）增大、滤料颗粒的形状系数（a）变化和水流在滤料中的流态变化（R_{e}'）。由于这四个方面的变化程度难以定量计算，且这种变化在滤层不同深度又无规律可循，难以进行数学描述。所以，从理论上计算堵塞滤层的水头损失比较困难。对此，依文斯从实验角度观察了堵塞滤层水头损失变化规律，将堵塞滤层水头损失分解成清洁滤层水头损失（$h_{\mathrm{f,o}}$）和由上述原因引起的附加水头损失之和，得到以下经验公式

$$h_{\mathrm{f,t}} = h_{\mathrm{f,o}} + \frac{Ku\rho_0 t}{1-m_0} \tag{5-20}$$

式中：$h_{\mathrm{f,t}}$ 为堵塞滤层的水头损失；K 为比例系数，由试验确定；m_0 为清洁滤层孔隙率。

式（5-18）～式（5-20）表明，水头损失由三个方面因素决定：①滤层特性：孔隙小、滤料细、滤层厚的水头损失大。②进水水质：进水浊度高时水头损失大。③操作条件：提高滤速、降低水温或延长过滤时间，则水头损失上升。

式（5-20）表明，堵塞滤层水头损失随过滤时间线性增长。图 5-12 是某石英砂滤层不

同深度处水头损失的经时变化。图中 $h_{f,t2}$、$h_{f,t3}$、$h_{f,t4}$、$h_{f,t5}$ 分别代表深度 200、400、600、700mm 处的水头损失。由该图可知，不同深度的水头损失均比较符合依文斯公式。图中直线外推至 $t=0$ 与纵轴交点处的值即为清洁滤层的水头损失。

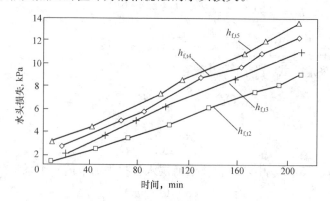

图 5-12 某滤层水头损失的经时变化

测定条件：$d_{50}=0.995mm$；$k_{80}=2.04$；滤层总厚度为 800mm；进水浊度 $\rho_o=148.2mg/L$；

滤速 $u=15.51m/h$；水温为 20～21℃；原水混凝剂 PAC 投加量为 10mg/L

第四节 过滤设备的工作过程

下面以机械过滤器为例，介绍过滤设备的工作过程。

图 5-13 所示机械过滤器由进水管、出水管、筒体、滤层和阀门等组成。在进水管和出水管上分别安装有压力表，分别为 p_1、p_2，过滤时 p_1 与 p_2 之差 $h_{f,t}=p_1-p_2$，相当于过滤器的水头损失。出水管上还接有浊度计 Z，用以监测滤出水浊度 ρ，滤层厚度通常在 700～1200mm 之间。

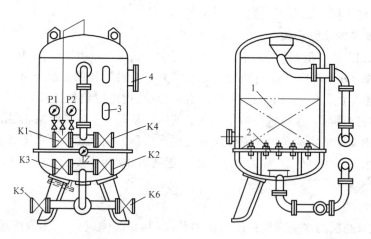

图 5-13 机械过滤器

K1—进水阀；K2—出水阀；K3—反洗水进水阀；K4—反洗水排水阀；

K5—进压缩空气阀；K6—正洗排水阀

1—滤层；2—多孔板水帽配水系统；3—视镜；4—人孔

一、过滤

过滤时，关闭反洗水进水阀 K3、反洗排水阀 K4、进压缩空气阀 K5，以及出水阀 K2，开启进水阀 K1 和正洗排水阀 K6，浑水自上而下流经滤料层，不合格出水经 K6 排放。当排水浊度满足要求时，关闭 K6，打开 K2，过滤正式开始。在过滤初期，杂质截留主要发生在最上一层滤料中，而大部分下层滤料尚处在清洁状态。随着过滤的进行，上层滤料污泥不断增多，孔隙减少，水流通道变窄。其结果，一方面使水流阻力增加，即 $h_{f,t}$ 增加；另一方面水流速度增大，对已截留的污泥冲刷剥落作用增强，迫使一部分杂质输送到下一层滤除，这时水中悬浮物的截留带从上层转移到下一层。继续过滤，截留带进一步向下推进，当截留带前锋接近最底部滤层后再继续过滤，则出水浊度增加。过滤过程中水头损失 $h_{f,t}$ 和出水浊度 ρ 呈现图 5-14 所示的变化趋势。

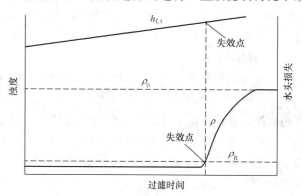

图 5-14　水头损失和出水浊度的变化

图 5-15 是某石英砂滤层不同深度处水中浊度的经时变化。图中曲线 ρ_2、ρ_3、ρ_4、ρ_5 分别代表深度 200、400、600、800mm 处的浊度变化。可以看出，随着过滤的进行，截留带依次向纵深推进，水中浊度依 $\rho_2 \rightarrow \rho_3 \rightarrow \rho_4 \rightarrow \rho_5$ 曲线排列的先后顺序上升。

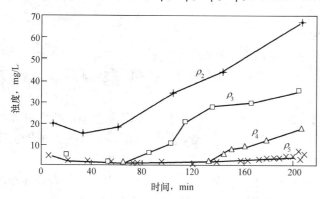

图 5-15　滤层不同深度处水中浊度的经时变化

测定条件：$d_{50}=0.995mm$；$k_{80}=2.04$；滤层总厚度为 800mm；

进水浊度 $\rho_0=148.2mg/L$；滤速 $u=15.51m/h$；水温为 20～21℃；

原水混凝剂 PAC 投加量为 10mg/L

为了保证出水水质，控制水头损失，降低制水能耗，过滤器通常运行到一定程度后停止过滤，然后实施反冲洗，清除滤层中的污泥，恢复滤料过滤能力。例如，当过滤器运行到出水浊度达到规定的允许值 ρ_R（如 3mg/L），或者是进出口压差达到规定的允许值（如 29.4kPa）时，则认为过滤器失效而不再运行。图 5-14 所示曲线上过滤器失效所对应的状态点称失效点。

过滤器失效而停止运行时刻称过滤终点。过滤终点与失效点是两个不同而又是紧密相关的概念。失效点是由滤床特性和操作条件所决定的。失效并不意味着滤床完全丧失截污能力。从滤出水水质来看，失效点是出水水质经时曲线上水质合格与不合格的分界点。显然，人为规定的允许压差或允许浊度不同，失效点不一样，运行周期也不同。一般情况下，过滤器失效时，滤床仍残留相当多的截污容量。过滤终点以失效点作为停止过滤的目标，但常因操作和检测等方面的原因，它可能比失效点提前也可能滞后，往往不会正好停止在失效点上。生产实际中，多保守地在失效点之前结束过滤。因为与失效点对应存在着唯一的水头损失、出水浊度和过滤时间。所以，过滤器是否失效，可以从出水浊度、进出口压差和过滤时间是否超过允许值这三个方面中任一项指标来判断。

从过滤开始到反冲洗结束这一阶段的工作时间称为工作周期；从过滤开始到过滤结束这一阶段的实际工作时间称为过滤周期。过滤周期由滤床特性、原水水质、过滤速度等因素所决定，一般为 12～24h。过滤器的产水量取决于滤速，滤速相当于滤池负荷。滤池负荷以单位时间单位过滤截面积上的过滤水量计，单位为 $m^3/(m^2 \cdot h)$ 或 m/h。一般单层砂滤池的滤速为 8～10m/h，双层滤料池的滤速为 10～14m/h，三层滤料池的滤速为 18～20m/h。

二、反冲洗

反冲洗简称反洗、冲洗，因水流方向与过滤的水流方向相反，故称反洗。

反洗时，关闭进水阀 K1 和出水阀 K2，开反洗水排水阀 K4 和反洗水进水阀 K3，反洗水由过滤器底部经配水系统，均匀分配在整个滤料层水平截面上。控制水流速度，使滤层发生流态化，滤料在悬浮状态下得以清洗，冲洗至滤料基本干净为止。冲洗水经排水阀排入地沟。冲洗结束后，过滤重新开始。

1. 反冲洗方式

反冲洗可以采用水冲洗或水气联合清洗的方式。水冲洗是让冲洗水以较大的流速沿着与过滤相反的方向通过滤层，使滤料呈悬浮状态，利用水流剪切力和滤料间的碰撞摩擦作用，将滤层截留的杂质剥离下来，随水排出；水气联合清洗则是采用空气和水交替或混合进行清洗，空气在滤料间隙穿过，促使孔隙胀缩，造成滤料颗粒的升落、旋转、碰撞和摩擦，使附着的杂质脱落后随水排出。

2. 反冲洗原理

下面以水冲洗为例说明反冲洗的原理。

反冲洗除去滤床污泥的主要原因是水流剪切作用和滤料间碰撞摩擦作用。前者通过水对黏附在滤料表面污物的冲刷剪力作用，以及滤料颗粒旋转的离心作用，使污泥脱落；后者则在滤料颗粒碰撞摩擦作用下，使污泥脱落下来。

剪切力与冲洗流速、滤层膨胀率有关，冲洗流速过小，水流剪切力也小；冲洗流速过大，滤层膨胀率过大，剪切力也会降低。计算结果表明，膨胀率为 80%～100%，或者膨胀后的孔隙率为 0.68～0.7 时，剪切力最大。

反冲洗时颗粒间碰撞摩擦频率和冲量与滤层膨胀率有关。膨胀率过大，滤料颗粒间距离太大，碰撞机会和冲量总和减少；膨胀率过小，水流紊动强度或扰动强度过小，同样也会导致碰撞频率和冲量下降；当滤层膨胀率为 20%～30% 时，冲量和碰撞频率最大。

按剪切力最大要求，应采用高的膨胀率；按冲量最大要求，则应采用低的膨胀率。兼顾剪切力和摩擦力，目前推荐使用的膨胀率在 50% 左右。

3. 反冲洗条件

反冲洗对过滤运行至关重要，如果反冲洗强度或者冲洗时间不够，滤层中的污泥得不到及时清除，当污泥积累较多时，滤料和污泥黏结在一起变成泥球甚至泥毯时，过滤过程严重恶化；如果反冲洗强度过大或历时太长，则细小滤料流失，甚至底部承托层（如卵石层）错动而引起漏滤料现象，而且耗水量也必然增大。因此，反冲洗的关键是控制合适的反冲洗强度（或膨胀率）和适当的冲洗时间。

（1）滤层膨胀率。滤层膨胀率用反冲洗时滤层增加的高度与滤层原高度比值的百分数来

表示，即

$$e=\frac{L-L_0}{L_0}\times100\%$$ (5-21)

式中：e 为滤层膨胀率；L_0 为滤层膨胀前的高度；L 为滤层膨胀后的高度。

当冲洗流速一定时，则滤料粒径不同，膨胀率也不同，粒径小的滤料膨胀率大，粒径大的滤料膨胀率小。对于同质滤料层，反洗时，细滤料趋向上部，粗滤料趋向下部，形成上细下粗的排列方式，滤料的膨胀率自上而下减少。鉴于上层细滤料截留污物比较多，反洗时，应尽量满足这层滤料对膨胀率的要求，同时下层最大的滤料也应达到最小流化的程度，即刚刚开始膨胀的程度。通常，单层、双层滤床的 e 为 $45\%\sim50\%$，三层滤床的 e 约为 55%。

膨胀率还与水温有关。水的黏度随水温递减，为了保证清洗效果，冲洗水的流量应随水温增减作相应的增减。

（2）冲洗强度。反冲洗时，单位时间单位过滤截面积上反冲洗水量，称反冲洗强度，简称反洗强度，用 q 表示，单位为 $L/(m^2 \cdot s)$。以流速单位表示的冲洗强度称冲洗流速，以 cm/s 计，$1cm/s=10L/(m^2 \cdot s)$。

冲洗强度取决于滤料的粒度和密度，当要求的膨胀率一定时，滤料越粗和密度越大，需要的冲洗强度也越大。

设 u_{mf} 为最粗粒径滤料的最小流化速度，则冲洗强度可按式（5-22）确定

$$q=10ku_{mf}$$ (5-22)

式中：q 为设计的冲洗强度，$L/(m^2 \cdot s)$；u_{mf} 为最大粒径滤料的最小流化速度，cm/s；k 为富裕系数，一般为 $1.1\sim1.3$。

膨胀率和冲洗强度是从两个不同角度表示同一反冲洗强弱程度的指标，膨胀率是用滤床流态化程度表示冲洗强弱的，而冲洗强度则是以反洗水流速大小表示反冲洗强弱的。因此，生产中可用其中一个指标作为控制的依据。

1）u_{mf} 的计算。根据水力学，水流通过膨胀滤床时的水头损失（h）等于单位过滤截面积上滤料颗粒质量，即

$$h=\frac{\rho_s-\rho}{\rho}(1-m),L=\frac{\rho_s-\rho}{\rho}(1-m_0)L_0$$ (5-23)

最小流化速度是滤层由静止状态向膨胀状态过渡的临界水流速度，在临界点，水头损失同时满足式（5-19）和式（5-23）。用式（5-19）和式（5-23）联立求解或图解（见图 5-16），可求 u_{mf}。图 5-16 中，u_{mf} 是式（5-19）和式（5-23）所表达的两条线交叉处的冲洗流速。

最小流化速度除按上述方法计算外，还可用下列经验公式计算。

Wen-Yu 发现 $a/m^3 \approx 14$、$(1-m)a^2/m^3 \approx 11$。将其代入欧根公式并与式（5-23）联

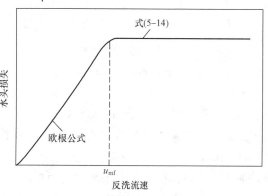

图 5-16　作图求解 u_{mf} 示意图

121

立求解，得

$$u_{mf} = \frac{Re_{mf}\mu}{\rho d_0}, d_0 = \alpha d_e \tag{5-24}$$

式中：Re_{mf} 为流化点雷诺数；d_0 为滤料颗粒的同体积球直径。

Re_{mf} 可按下式计算

$$Re_{mf} = \sqrt{33.7^2 + 0.040\,8G_a} - 33.7$$

$$G_a = \frac{d_0^3\rho(\rho_s - \rho)g}{\mu^2}$$

式中：G_a 为伽利略数。

敏茨（Д. М. Минц）和舒别尔特（С. А. щубеот）经验公式为

$$q = 100\,\frac{d_e^{1.31}}{\mu^{0.54}} \times \frac{(e + m_0)^{2.31}}{(1 + e)^{1.77}(1 - m_0)^{0.54}} \tag{5-25}$$

式中：q 以 $L/(m^2 \cdot s)$ 计，d_e 以 cm 计，μ 以 $g/(cm \cdot s)$ 计。该式适用于滤料相对密度为 2.6、水的相对密度等于 1 的条件。

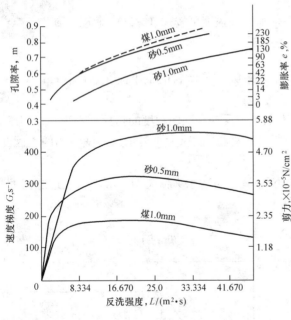

图 5-17　G 和 m 与 q 关系（14℃）

式（5-25）可以这样简化，使一个有代表性的最大滤料颗粒（d_{max}）正好处于临界流化状态，那么比 d_{max} 小的滤料一定会膨胀起来。设 $m_0 = 0.41$，$e = 0$，$d_e = d_{max}$，则式（5-25）简化为

$$q = 16.9\,\frac{d_{max}^{1.31}}{\mu^{0.54}} \tag{5-26}$$

式中：d_{max} 可用 d_{95} 代替。

2）最佳冲洗强度。产生最大速度梯度（G_{max}）的反冲洗强度定义为最佳反冲洗强度。

一些学者根据反冲洗消耗的功率（P）与速度梯度（G）的关系式 $G = \sqrt{P/\mu}$，建立了冲洗强度（q）、孔隙率（m）与速度梯度（G）的函数关系式。图 5-17 表示了这种关系，G-q 关系曲线上最高点即为最佳冲洗点。图 5-18 是不同滤料粒径对应的最佳冲洗强度。

依据上述最大速度梯度原理计算出的最佳冲洗强度比较大。由图 5-18 可知，当水温 14℃时，0.5mm 砂粒的最佳冲洗强度约为 22.3L/（m² · s），1.0mm 砂粒的最佳冲洗强度约为 35L/（m² · s）。显然，采用这样高的反冲洗强度必然消耗大量反冲洗水，是不经济的。

因为速度梯度在最佳点附近的变化平缓，即使在稍低于最佳膨胀率的条件下反冲洗，速度梯度降低也不多，而冲洗强度可较大地降低。例如，对于 0.5mm 砂粒，最佳膨胀率为

134％。如果将膨胀率减少到 42.5％，速度梯度约从 330s^{-1} 降到 286s^{-1}，只下降约 15％，而反冲洗强度可从 21.7L/(m^2·s)降至 8.3L/(m^2·s)。所以，目前生产实际采用低于最佳反冲洗强度的值是合适的。

（3）反洗时间。滤床反冲洗时，即使冲洗强度符合要求，若冲洗时间不足，也不能洗净滤料。反冲洗时间可通过试验确定。图 5-19 所示是某砂滤池洗净进度随冲洗时间变化，它表明随着冲洗的进行，滤层中残留污泥不断减少，排水浊度随之下降，例如当冲洗约 4min 时，滤料中绝大部分污泥被除去；冲洗至 8min 时，滤料已基本恢复干净；当冲洗约 15min 以后，继续反洗对恢复滤池过滤能力并无帮助。由于反洗的难易与污泥附着力大小有关，故实际工作中应根据具体情况选择合适的反洗方式和条件。

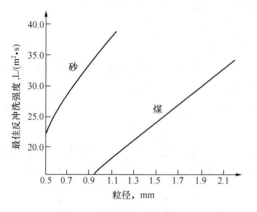

图 5-18　两种滤料粒径对应的最佳冲洗强度（14℃）　　图 5-19　某砂滤池洗净进度随冲洗时间变化

水气联合清洗时，颗粒相互冲撞和摩擦的作用强烈，因而效率高。例如某滤层，单独水洗后，滤层残留含泥量为 100mg/L，而采用水气联合清洗后，残留污泥量仅为 2mg/L。

一般，水反洗的控制条件见表 5-3，气—水联合清洗的控制条件见表 5-4。

表 5-3　　　　　　　　　　水 反 洗 控 制 条 件

滤 层 形 式		冲洗强度[L/(m^2·s)]	反洗时间(min)
重力式过滤	无烟煤	10	5～10
	石英砂	12～15	5～10
	无烟煤＋石英砂	13～16	5～10
	无烟煤＋石英砂＋重质矿石	16～18	5～10
压力式过滤	细石英砂	10～12	10～15
	石英砂	12～15	5～10
	无烟煤	10～12	5～10
	石英砂＋无烟煤	13～16	5～10
	无烟煤＋石英砂＋重质矿石	16～18	5～10

注　1. 水温每增减 1℃,冲洗强度相应增减 1％。
　　2. 由于全年水温、水质有变化,应考虑有适当调整冲洗强度的可能。
　　3. 选择冲洗强度应考虑所用混凝剂品种的因素。
　　4. 无阀滤池冲洗时间可采用低限。

表 5-4 气—水联合清洗控制条件

冲 洗 方 式	冲洗强度 $q[\mathrm{L}/(\mathrm{m}^2 \cdot \mathrm{s})]$		气水合洗	
	气洗	水洗	气洗	水洗
先用空气擦洗，再用水低速反冲洗	10～20	3～5		
先用空气擦洗，再用水高速反冲洗	15～25	10～15		
先同时用空气和水低速反洗，再用水低速反冲洗			4～5	8～16	2.5～4
先同时用空气和水低速反洗，再用水高速反冲洗			4～5	8～16	2.5～4

注 上述各种冲洗方法的冲洗时间，气洗控制在 2～5min，水单独反洗控制在 2～4min。

三、配水系统

1. 配水均匀性

滤床水流均匀性对冲洗与过滤效果影响较大，这主要取决于配水系统的配水均匀性。通常将配水系统配水时的阻力划分成三个范围，即大阻力配水、中阻力配水和小阻力配水。大阻力配水时，水头损失一般大于 29.4kPa，其配水系统的主要形式有母管支管式和干管

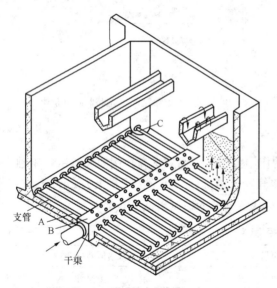

图 5-20 快滤池干渠支管配水系统

（渠）支管式等；中阻力配水时，水头损失在 4.9～29.4kPa，其配水系统的主要形式有滤球式、管板式和两次配水滤砖等；小阻力配水时，水头损失一般小于 4.9kPa，其配水系统的主要形式有豆石滤板、格栅式、平板孔式和三角槽孔板式等。同一结构配水系统可有多种配水阻力，例如生产实际中的母管支管配水系统，有的在水头损失高达 68.6kPa 的条件下配水，属大阻力配水范畴；有的在水头损失低至 14.7kPa 的条件下配水，属中阻力配水范畴。下面以图 5-20 所示的干渠支管式配水系统为例，介绍有关配水均匀性的问题。该配水系统的中间是一条干渠［也有用母（干）管的］，干渠两侧等距接出若干根相互平行的支管，支管下方开两排小孔，与铅垂线成 45°角交错排列。冲洗时，水流自小孔流出，再经承托层分配后进入滤料层；过滤时，水流方向相反。

图 5-20 中，C 处孔眼离 B 点最远，A 处孔眼离 B 点最近，所以 C 点与 A 点孔眼流量差别最大。设 C 点和 A 点处的孔眼流量分别为 q_A 和 q_C，定义配水系统的配水均匀性系数（β）为两者的最小流量比，即

$$\beta = \frac{q_{\min}}{q_{\max}} \tag{5-27}$$

式中：β 为配水均性系数；$q_{\min}$ 为最小流量，取 q_A、q_C 中较小者；$q_{\max}$ 为最大流量，取 q_A、q_C 中较大者。

根据水力学，孔眼出流的流量按式（5-28a）和式（5-28b）计算

$$q_A = \mu_A \omega_A \sqrt{2gH_A} \tag{5-28a}$$

$$q_C = \mu_C \omega_C \sqrt{2gH_C} \tag{5-28b}$$

式中：μ_A、μ_C 为 A 处孔和 C 处孔的流量系数；ω_A、ω_C 为 A 处孔和 C 处孔的面积；H_A、H_C 为 A 处孔和 C 处孔的压力水头。

若 $\mu_A = \mu_C$、$\omega_A = \omega_C$ 和 $H_C > H_A$，则

$$\beta = \frac{q_{min}}{q_{max}} = \frac{q_A}{q_C} = \sqrt{\frac{H_A}{H_C}} \tag{5-29}$$

式（5-29）说明，配水均匀性取决于 A、C 两处孔的压力水头 H_A、H_C 的相对大小。

假定各支管入口处局部水头损失相等，忽略干渠和支管沿程水头损失，则 A 孔与 C 孔处的压头有如下关系

$$H_C = H_A + \frac{1}{2g}(u_0^2 + u_a^2) \tag{5-30}$$

式中：u_0 为干渠起端流速；u_a 为支管起端流速。

所以

$$\beta = \sqrt{\frac{H_A}{H_C}} = \sqrt{\frac{H_A}{H_A + \frac{1}{2g}(u_0^2 + u_a^2)}} \tag{5-31}$$

因为 $(u_0^2 + u_a^2) \geqslant 0$，所以 $\beta \leqslant 100\%$。

式（5-31）指明了提高配水均匀性应努力的方向：①增大孔眼阻力 H_A，使 $H_C = H_A + \frac{1}{2g}(u_0^2 + u_a^2) \approx H_A$，$\beta$ 趋近于 100%，这就是大阻力配水的基本原理；②降低干渠和支管流速，削弱 $\frac{1}{2g}(u_0^2 + u_a^2)$ 的影响，同样可使 $H_C \approx H_A$，β 趋近于 100%，这就是小阻力配水的基本原理。

2. 大阻力配水

设 β_0 是希望的配水均匀性系数（一般要求 $\beta_0 \geqslant 90\%$），令 $\beta \geqslant \beta_0$，由式（5-31）得

$$H_A \geqslant \frac{\beta_0^2(u_0^2 + u_a^2)}{(1 - \beta_0^2)2g} \tag{5-32}$$

式（5-32）表明，欲使配水系统的配水均匀性大于 β_0，孔眼阻力应超过式（5-32）右边的值。

为了简化计算，用配水系统的平均孔眼流速 u_k、平均孔眼流量系数 μ 和平均孔眼面积 ω 分别代替式（5-28a）中 A 孔的流速（q_A/ω_A）、流量系数和孔眼面积，得

$$H_A = \left(\frac{q_A}{\mu_A \omega_A}\right)^2 \frac{1}{2g} = \left(\frac{u_k}{\mu_A}\right)^2 \frac{1}{2g} \tag{5-33}$$

将式（5-33）代入式（5-32）整理后得

$$u_k^2 \geqslant \frac{\mu^2 \beta_0^2}{1 - \beta_0^2}(u_0^2 + u_a^2) \tag{5-34}$$

式（5-34）是孔眼流速、干渠流速、支管流速和配水均匀性系数四者相互间的约束条件，它是设计大阻力配水系统流速的理论依据。生产实践中，一般将条件表达式（5-34）简化成所谓的大阻力配水原则，即孔眼流速＞支管流速＞干管流速。

根据流速（u）、流量（q）和过水断面积（A）三者关系式 $u＝q/A$，式（5-34）可表达成另外一种形式

$$\left(\frac{\phi_k}{\phi_a}\right)^4\left(\frac{n_k}{n_a}\right)^2+\left(\frac{\phi_k}{\phi_0}\right)^4 n_k^2\leqslant\frac{1-\beta_0^2}{\mu^2\beta_0^2} \tag{5-35}$$

式中：ϕ_k 为孔眼直径；ϕ_0 为干渠的等效内直径；ϕ_a 为支管内直径；n_k 为孔眼个数；n_a 为支管根数。

式（5-35）是设计大阻力配水系统几何尺寸的理论依据。表 5-5 摘录了有关设计规定，它充分体现了式（5-34）对流速的要求和式（5-35）对几何尺寸的要求。

从理论上讲，即使实际流速和几何尺寸偏离表 5-5 规定值，但是只要流速和几何尺寸的搭配分别满足式（5-34）和式（5-35）的基本要求，就可做到配水均匀。据国内 23 座滤池的调查资料，实际使用的干渠流速、支管流速和孔眼流速分别为 0.63～1.95m/s、1.61～2.64m/s、3.36～7.5m/s，孔眼水头损失为 14.7～72.52kPa。除一座滤池配水不理想外，其他滤池配水均匀性系数在 90％以上，反洗效果满意。因此，从经济角度考虑，建议在满足上述两式基本要求的前提下，尽量采用小流速搭配，以利降低能耗，例如干管流速、支管流速和孔眼流速分别采用 0.7～1.1m/s、1.4～1.8m/s 和 3.5～4.5m/s。

表 5-5　　　　　　　　　　　　　　大阻力配水系统设计规定

项　　目	室外给水设计规范	给水设计手册	英、美设计标准
u_0（m/s）	1.0～1.5	1.0～1.5	＜2
u_a（m/s）	1.5～2.0	1.5～2.0	＜2
u_k（m/s）	3～6	5～6	4～6
开孔比（％）	0.2～0.25	0.2～0.25	0.15～0.5
干管支管面积比	—	1.75～2.0	1.75～2.0
管长管径比	—	小于 60	小于 60
支管中距（mm）	—	0.2～0.3	0.08～0.3
孔眼中距（mm）	—	0.2～0.3	0.08～0.3
孔眼直径（mm）	—	9～12	6～1

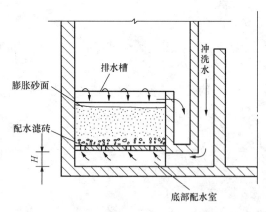

图 5-21　小（中）阻力配水系统示例

3. 小（中）阻力配水

大阻力配水的优点是配水均匀性较好，抗御承托层阻力及进水压力波动的能力强，但结构复杂，冲洗能耗高。所以，在冲洗水头不高的重力式滤池（如无阀滤池）设计中，宜选用小（中）阻力配水方式。

根据式（5-31）引申出来的小阻力配水原理，人们设计出了多种配水系统，图 5-21 是其中一种。该配水系统没有支管，并以池底较大的配水空间代替干渠，以开孔比大的滤砖代替支管上的孔眼，通过降低流速水头

实现均匀配水。

令 $u_a = 0$，对式（5-31）进行如下变换

$$\beta = \sqrt{\frac{H_A}{H_C}} = \sqrt{\frac{H_A}{H_A + \frac{1}{2g}(u_0^2 + u_a^2)}}$$

$$= \sqrt{\frac{\left(\frac{u_k}{\mu}\right)^2/(2g)}{\left(\frac{u_k}{\mu}\right)^2/(2g) + \frac{1}{2g}u_0^2}} = \sqrt{\frac{1}{1 + \left(\frac{\mu u_0}{u_k}\right)^2}} \tag{5-36}$$

式中：u_0 为配水室进水流速；其他符号同前。

式（5-36）表明，小（中）阻力配水的均匀性取决于流速比 $\left(\frac{u_0}{u_k}\right)$，进水流速小或孔眼流速大，配水均匀性好，反之配水均匀性差。

由水力学连续性方程，有

$$\frac{u_0}{u_k} = \frac{aS}{BH}$$

式中：a 为开孔比，即配水孔总面积/滤池总面积；S 为滤池总面积；B 为矩形配水室过水断面宽度（垂直纸面）；H 为矩形配水室过水断面高度。

将上式代入式（5-36），得

$$\beta = \sqrt{\frac{1}{1 + \left(\frac{\mu\, aS}{BH}\right)^2}} \tag{5-37}$$

式（5-37）体现了小（中）阻力配水对几何尺寸的基本要求。当滤池面积、配水室高度和宽度已定时，配水均匀性取决于开孔比。开孔比小，孔眼阻力大，配水均匀性好。生产实际中开孔比变化范围较大，在 $0.72\% \sim 47\%$ 之间，因此，配水均匀性相差很大。表 5-6 列示了部分小（中）阻力配水系统的一些参数。

表 5-6　　　　　　　　　部分小（中）阻力配水系统的有关参数

名　称	流量系数	开孔比（%）	不同反冲洗强度时的水头损失（kPa）		
			9L/(m²·s)	12L/(m²·s)	15L/(m²·s)
钢格栅	0.85	13~47	0.004~0.000 3	0.006~0.000 5	0.009~0.001
条隙孔板	0.75	6.74	0.098	0.245	0.372
三角槽孔板	0.75	0.87	—	1.18	2.84
梅花形叠片	0.7	0.66	2.16	4.02	6.17
瓷质滤头	0.8	0.32	6.47	11.56	18.03
空心管板	0.75	0.5	2.84	5.10	8.04
两次配水滤砖	0.75	1.1	2.45	3.43	4.90
		0.72	2.06	3.63	5.68

第五节 过 滤 设 备

机械过滤器已在本章第四节作过介绍，本节主要介绍自清洗过滤器、盘片过滤器、纤维过滤器、普通快滤池、重力无阀滤池、重力单阀滤池、空气擦洗滤池、重力三阀自动滤池。

一、自清洗过滤器

目前，有许多种自动清洗过滤设备（见表 5-7）在各行业中使用。用于水过滤的自清洗过滤器大都具有以下特点：① 安装方便，可以在多种地方以任意方向安装，例如可以在室内外、田间、地边、无人看管的野外的管道上，呈水平、垂直、倾斜、倒置安装；② 体积小、质量轻、维护量小，例如产水量 750m³/h 的 MCFM 312LP 过滤器，长 5.72m，高 1.45m，质量为 360kg；③ 规格多，用户选择空间大，接管直径通常在 DN25～DN2500、过滤精度在 10～3500μm、单台处理能力在 20～40 000m³/h 的范围内均有产品，例如 FIL-TOMAT 过滤器多达 5 个系列 70 余个品种；④ 自动化程度高，有的过滤器配备了 PCL 控制器，可实现自动运行；⑤ 阻力小，压力损失为 0.01～0.05MPa，工作压力为 0.2～2.5MPa，因而可直接利用主管道水压工作；⑥可根据差压、时间或手动方式控制反洗，反洗水耗仅为产水量的 0.1%～0.5%。

表 5-7 自动清洗过滤设备类别

分类依据	类 别	特 征
过滤精度	低精度过滤器	液体通道由孔径为 2～10mm 圆孔或锥孔构成
	中精度过滤器	液体通道由孔径为 0.2～2mm 的 V 形断面构成
	高精度过滤器	液体通道由孔径为 0.03～0.2mm 的 V 形断面及其特种编织网构成
	超高精度过滤器	液体通道由孔径小于 30μm 的特种编织网或烧结网构成
主管道接口方位	直通式过滤器	进出口管道在同一中心线上
	非直通式过滤器	进出口管口不在同一中心线上
过滤网筒数量	单筒式过滤器	
	双筒式过滤器	由粗滤筒和精滤筒组成过滤单元
供水方式	连续式过滤设备	个别过滤单元反洗，大部分过滤单元运行，以保障正常供水量
	间断式过滤设备	反洗期间中止供水
壳体材料	滤池	混凝土构筑物，一般在大气压下工作
	过滤器	主要是钢制设备，一般在高于大气压下工作
用途	水过滤设备	水固分离
	气体过滤设备	气固分离
	油过滤设备	油固分离、油水分离

根据清洗方式，自清洗过滤器有吸污式、刷式、转臂式和刮盘式四类。

吸污式自清洗过滤器的清洗机构是具有多个吸嘴的吸污器，它与排污阀相通，并由双向电动机驱动，使吸嘴在截污滤网表面来回螺旋运动，而吸遍整个滤网表面；刷式自清洗过滤器的清洗机构是不锈钢刷，它在电动机带动下在截污滤网表面运动，刷下的杂质从排污阀排出；转臂式自清洗过滤器的清洗机构是冲洗臂，它由电动机带动并定位到欲清洗滤筒下面，反冲洗水将筒表面污物松开，并通过冲洗臂将污物冲进反冲洗管路；刮盘式自清洗过滤器的清洗机构是带有弹簧的清洗圆盘，它在截污滤网表面运动，将污物清除到集渣室中。

自清洗过滤器的国外产品有以色列 AMIAD 公司的 FILTOMAT 产品、美国的 TECLEEN 产品等；国产器有 TLS 滤水器、自循环反冲式清水过滤器、全自动反冲式过滤机等。

1. 设备构造

过滤器构造随生产厂家而异，主要由以下几部分组成：进水管、出水管、排污管、壳体、粗滤网滤筒（简称粗滤筒）、细滤网滤筒（简称细滤筒）、反洗驱动装置、排污阀（电动、气动或液动）、压力表及差压（开关）、控制器和控制箱等。

图 5-22 和图 5-23 分别为 FILTOMAT 的有活塞型和无活塞型自清洗过滤器结构，图 5-24 为 TECLEEN 某产品结构。

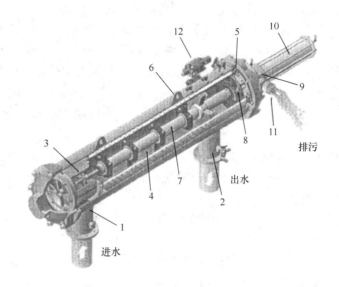

图 5-22 M100P 系列活塞型自清洗过滤器结构

1—进水管；2—出水管；3—粗滤网；4—细滤网；5—转子组件；6—吸嘴；7—集污管；8—液动转子；9—冲洗阀；10—活塞；11—排污管；12—冲洗控制器

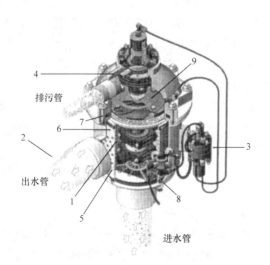

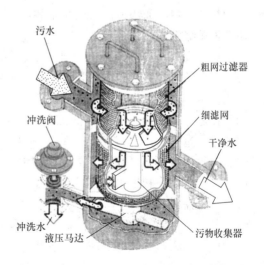

图 5-23 M100C 系列无活塞型自清洗过滤器结构

1—细滤网；2—出水管；3—冲洗控制器；4—冲洗阀；5—吸嘴；6—集污管；7—液动转子；8—吸污器组件；9—转子室阀

图 5-24 TECLEEN 自清洗过滤器结构

2. 工作原理

被处理水进入过滤器后，首先通过粗滤筒，然后进入细滤筒内腔，径向由内壁向外壁过滤，从细滤筒外四周收集清水。随着过滤进行，细滤筒内壁截留的污物增多，过滤阻力随之增加，导致细滤筒内外压力差增大。当压差达到预设值（如 0.03～0.07MPa）时，压差传感器将信号传至控制器，指令冲洗阀打开，因为排污管口与大气相通，所以排污使集污管上的吸嘴口压力明显低于细滤筒外侧压力，形成反冲洗。即吸嘴处的细滤筒外清水被吸入集污管，此反向水流将附着在滤筒内壁上的污物剥落下来，污物经吸嘴、集污管、冲洗阀，从排污管排出（见图 5-23）。当滤网内壁上的杂质被冲洗掉后，滤网内外侧间压差下降至规定值时，差压控制器又发出信号给控制器，指令冲洗阀关闭，设备恢复到过滤状态。因为反洗时，主要是与吸嘴相接触的小部分滤网处清水反流，而其他大部分滤网仍在正常过滤，所以可以连续供水。

反冲洗时间为 6～150s，它与反冲洗装置结构、冲洗频率、设备出力、生产厂家等有关。

为了提高清洗效果，保证整个筒内壁都能得到清洗，一些自清洗过滤器采取了以下措施：

（1）设置液压马达（液动转子），利用反冲洗水驱动马达，带动污物收集器旋转，这样吸嘴可以将整个滤网上不同角度的污物吸走。

（2）配备活塞，利用活塞往复运动带动吸嘴将滤网上不同部位的污物吸走。有的设备利用压缩空气推动活塞运行。

（3）安装反洗电动机，利用差压控制器启动电动机运行，带动吸嘴旋转，同时与冲洗阀联动，腔内泄压，吸嘴口形成负压，将污物吸走。

（4）配置增压泵，将出水管中的一小部分清水增压，对滤网反冲洗，以增强清洗效果。

（5）采用 V 形断面（又称三角形断面）滤网，其开口面向滤筒外侧，反洗水进入 V 形断面后，流口截面快速由大变小了数倍，或者说速度突然增加数倍，而形成高速水流，可将楔入网眼缝隙的污物冲出来。除根据差压外，还可根据时间或手动控制反冲洗过程。

（6）设置全方位滚刀，它具有刮、铲、位移补偿、弹簧补偿、交叉刮铲以及刮刀的正转、反转功能，强化了清除效果，特别适用纤维类条状杂质的清除。

为了实现连续供水，有的过滤器采用多支滤芯，在反洗过程中，只有处于反洗区域的一两只滤芯进行反洗，随着反洗区域的位移逐个把所有滤芯反洗完毕，而不在反洗区域的滤芯仍在进行过滤工作。

自清洗过滤器可以安装在被处理水管道上，如图 5-25 所示，过滤器检修时，打开旁通阀，关闭进水阀和出水阀。

二、盘式过滤器

某盘式过滤器的结构如图 5-26 所示，主要由盘片及其支撑装置、弹簧活塞式压紧部件、单向阀、出入口、壳体等部分组成。盘片及其支撑装置居中安装在圆筒形壳体内，上部压紧装置可以在进水压力作用下将盘片压紧，也可在外加流体压力作用下松开压盖。下部漏斗式橡胶筒套单向阀允许通过盘片进入内腔的过滤水流至出口，并能阻止清洗水从单向阀进入内腔。盘片内周通常有三根直立的清洗导管，导管的上端封闭，下端与出口相通，每根导管上有一列喷嘴，清洗时压力水可以从喷嘴喷出。

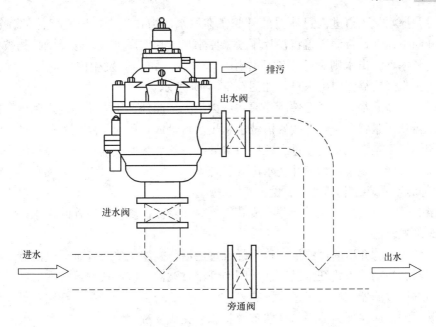

图 5-25　某自清洗过滤器的安装示意

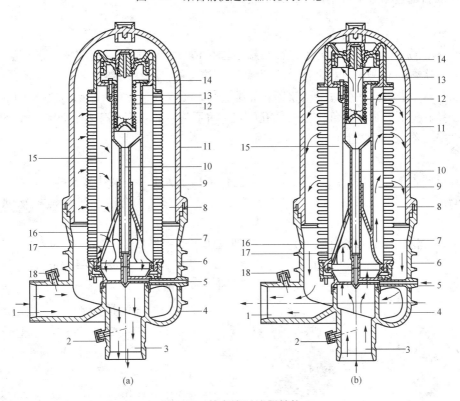

图 5-26　某盘式过滤器结构

（a）过滤状态；（b）反洗状态

1—入口；2—出口压力测点；3—出口；4—出入口壳体；5—加压流体入口；6—下部壳体；
7—盘片；8—外腔；9—清洗喷嘴导管；10—压力控制连通管；11—上部壳体；12—弹簧；
13—十字杆；14—压盖；15—内腔；16—出水狭缝；17—漏斗式单向阀；18—入口压力测点

过滤时，原水从入口进入过滤器的外腔，在原水压力作用下，压紧部件的弹簧受力压缩，十字杆向下运动，带动压盖将盘片压紧。原水从盘片四周进入，悬浮颗粒物被截留在盘片外部或沟槽内，滤出水则到达内腔后作用于单向阀，单向阀发生内向变形，露出出水狭缝，于是滤出水经狭缝流向出水口，如图 5-26（a）所示。

清洗时，切断原水，压紧部件所受原水压力消失，而外加压力流体进入到压力控制连通管，使得压盖从压紧状态松开，接着清洗水从出水口进入，单向阀发生外向变形，阻止水流通过出水狭缝。于是清洗水只能进入三根清洗导管，从导管的喷嘴喷出。喷射流不断冲刷盘片，并使盘片旋转，脱落污物随冲洗水由外腔流至出口，从排污管排出，如图 5-26（b）所示。清洗时间约为 20s，清洗水耗约为 0.5%。

通常由 2~11 个盘式过滤单元并联成一组，单元轮流清洗，全组连续供水。

三、纤维过滤器

以纤维作为过滤介质的过滤设备称为纤维过滤器，类型主要有纤维球过滤器、胶囊挤压式纤维过滤器、活动孔板式纤维过滤器、刷型纤维过滤器、旋压式纤维过滤器和活塞式纤维过滤器等。纤维过滤器（纤维球过滤器除外）的一个显著工作特点是：纤维在外力作用下被压密后实现过滤，而在外力消失呈自然疏散状态后完成反洗。

纤维滤料的过滤效率可用式（5-38）表达

$$c = c_0 e^{-\frac{9}{4}(1-m)\eta \frac{d_p^2}{d_c^3}L} \tag{5-38}$$

式中：c_0、c 分别为水通过滤层前、后的悬浮固体浓度；m 为滤层孔隙率；η 为碰撞效率，即有效碰撞次数与总碰撞次数之比；d_p 为悬浮颗粒直径；d_c 为纤维直径；L 为滤层厚度。

式（5-38）表明，减小滤层孔隙率和纤维直径，可提高过滤效率。纤维滤料的截污能力明显高于粒状滤料，原因是纤维滤料的孔隙尺寸和孔隙率都明显小于粒状滤料，它的孔隙尺寸和孔隙率大约分别是粒状滤料的 1/25 和 1/4。

1. 纤维球过滤器

这种过滤器的床层由纤维球堆积而成。过滤器内设置上、下两块多孔挡板，纤维球置于两板之间。原水自上而下经过滤层，反洗方式是主要有气水合洗和机械搅拌辅助水力反冲洗。

有两种方法制作的纤维球：一是用热处理方法将许多根长 15~20mm 的聚酯纤维弯曲、黏结成直径为 15~20mm 的纤维球，见图 5-27（a）；二是将一束纤维丝从中间处紧密结扎或热熔黏结，使纤维形成呈辐射状的球体，见图 5-27（b）。

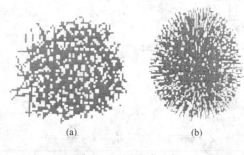

(a)　　　　　(b)

图 5-27　纤维球示意

（a）热处理纤维球；（b）结扎纤维球

纤维球过滤器的技术参数：①滤层高度：一般为 1.2m。②滤速：25~30m/h。③悬浮固体去除率：≥85%。④工作周期：8~48h。⑤截污容量：2~12kg/m³。⑥水头损失：0.02~0.15MPa。⑦水反洗强度：6~10L/(m²·s)。⑧水反洗时间：10~20min。⑨自用水率：1%~3%。

纤维球过滤器具有以下特点：①纤维球的孔隙分布不均匀，球心处纤维最密，球边处纤维最松；在床层中，纤维球之间的纤维丝相互穿插；过滤时，床层在水压，以及上层截泥和滤料的自重作用下，形成滤层空隙沿水流方向逐渐变小的理想分布状态。②深层过滤明显，截污容量大。③纤维球容易流化，反洗强度低，自用水量少。④球中心部位的纤维密实，反洗时无法实现疏松，截留的污物难于彻底清除，故一般需要联合使用机械搅拌或压缩空气清洗，增加球间碰撞频率和摩擦力。

2. 胶囊挤压式纤维束过滤器

将长度大约 1m 的纤维束的一端悬挂在过滤器上部的多孔板上，另一端系上重坠而下垂，纤维束中有一个或多个胶囊。过滤时胶囊充水或充气，将周围纤维束挤压成密实状态，以保证过滤精度；反洗时胶囊排水或排气，纤维束恢复成松散状态，以提高反洗效果。

胶囊装置分为外囊式和内囊式两种，如图 5-28 所示。为了保障纤维加压室密度的均匀性，可设置多个胶囊。

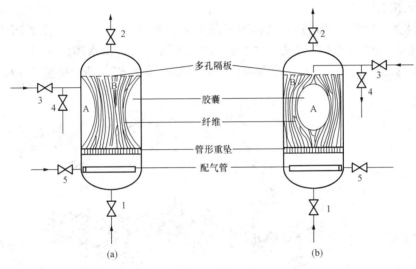

图 5-28 胶囊挤压式纤维过滤器

(a) 外囊式；(b) 内囊式

1—进水阀；2—出水阀；3—加压室充水阀；4—加压室泄水阀；5—压缩空气阀

A—加压室；B—过滤室

胶囊挤压式纤维过滤器的滤速一般为 20～40m/h，截污容量是砂滤器的 2～4 倍。

因为充满水的胶囊相当于一个挡水板，所以过滤时承受着很大的推力，此推力是导致胶囊移位而撕破的原因。为了彻底解决胶囊破损问题，有的过滤器取消了胶囊，取而代之的是其他挤压装置，如多孔推力板、旋压器和活塞等。取消胶囊的过滤器统称无囊式纤维过滤器。

3. 活动孔板式纤维束过滤器

过滤器内安装有一个固定孔板和一个活动孔板，两孔板在过滤器内部的位置可以上下对调。纤维束一端固定在出水孔板（固定孔板）上，另一端固定在活动孔板上。活动孔板开孔率为固定孔板开孔率的 50%，且与罐壁间留有约 20mm 的缝隙，移动幅度受到罐壁上的限位装置的控制。有的上部进水的纤维过滤器，在活动孔板的上部连接几条限位链索以取代限位装置。以活动孔板在下部的过滤器为例，在运行时，水流自底端进入，依靠水流压力将活动孔板托起，靠近孔板侧的下层纤维首先被压弯，被压弯的纤维层阻力增大，进一步挤压上部纤维层，使纤维密度逐渐加大，相应的滤层孔隙直径逐渐减小，形成变孔隙滤床。在清洗时，纤维滤层拉开，处于放松状态，水自上而下、空气由下至上，进行水气联合清洗。

对于小直径过滤器，活动孔板可以采用相对密度小的非金属材料，而对于大直径过滤器，为了保证孔板强度，常用金属材料，这时需要在孔板上加装浮体，增加活动孔板的浮力，提高孔板随压力差变化的自行调节位置能力。

有的过滤器依靠机械装置控制活动孔板的位置。这种过滤器的活动孔板位于过滤器上端，通过螺杆、滑轮绳索、液压或气压活塞来调节位置。需要过滤时，则孔板下移，把纤维压实到需要的高度，原水从上端进入，滤出水从下端流出。当出水水质不合格，或者是进出口压差大于 0.1MPa 时，则提升孔板到最高位置，以松散纤维层，然后用压缩空气和水冲洗。

四、普通快滤池

普遍快滤池的应用比较广泛，其构造见图 5-29。普遍快滤池有四个主要阀门，包括控制过滤进水和出水用的进水阀（又称浑水阀）和出水阀（又称清水阀）、控制反洗进水和排水用的进反洗水阀（又称冲洗阀）和排反洗水阀（又称排水阀），所以快滤池又称四阀滤池。

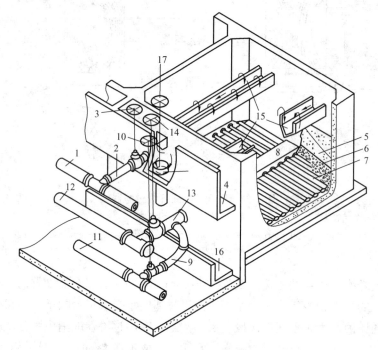

图 5-29　普通快滤池构造

1—进水总管；2—进水支管；3—进水阀；4—浑水渠；5—滤料层；6—承托层；7—配水系统支管；8—配水干渠；9—清水支管；10—出水阀；11—清水总管；12—冲洗水总管；13—冲洗支管；14—冲洗水阀；15—排水槽；16—废水渠；17—排水阀

快滤池的工作过程是：过滤时，关闭冲洗水阀和排水阀，开启进水阀和出水阀。浑水经进水总管、进水支管和浑水渠进入滤池，再通过滤料层、承托层。滤后清水由配水系统支管汇集起来，从配水干渠、清水支管、清水总管流向清水池。随着滤层中截留杂质的增加，滤层产生的水头损失随之增加，滤池水位也相应上升。当池内水位上升到一定高度或水头损失增加到规定值（一般为 19.8～24.5kPa）时，停止过滤，进行反洗。反洗时，关闭出水阀和进水阀，开启冲洗水阀和排水阀。冲洗水依次经过冲洗水总管、冲洗支管、配水干渠和配水系统支管，经支管上的孔眼流出，再经承托层均匀分布后，自下而上通过滤料层，滤料流态化，得到清洗。冲洗废水流入排水槽，经浑水渠、排水管和废水渠排入下水道。冲洗结束后，过滤重新开始。

五、重力无阀滤池

无阀滤池以无阀门而得名，特点是过滤和反洗过程自动地周而复始进行。图 5-30 是重力式无阀滤池示意图。过滤时，水顺次经过进水分配槽、进水管、虹吸上升管、顶盖下面的挡板后，均匀地分布在滤料层上。过滤后的水通过承托层、小阻力配水系统、底部配水区，经连通管（渠）上升后进入冲洗水箱中。当水箱水位达到出水渠的溢流堰顶后，溢入出水渠内，最后流入清水池。水流方向如图 5-30 中箭头所示。过滤刚开始时，虹吸上升管与冲洗水箱中的水位差为过滤起始水头损失 h_{ft0}。随着过滤时间的推移，滤料层水头损失逐渐增加，

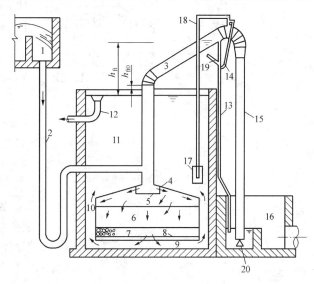

虹吸上升管中水位逐渐升高，排挤管内空气从虹吸下降管的出口端穿过水封进入大气。当水位上升到虹吸辅助管的管口时，水从辅助管流下，下降水流在管中形成的真空使抽气管不断将虹吸管中空气抽出，虹吸管中真空度逐渐增大。其结果，一方面虹吸上升管中水位升高，另一方面虹吸下降管将水封井中的水吸上一定高度。当下降管中的上升水柱与上升管中的水汇合后，在冲洗水箱水位与排水井的水位之间的较大落差作用下，促使水箱内的水循着过滤时的相反方向进入虹吸管，滤料层因而受到反冲洗。冲洗废水由排水水封井流入下水道。冲洗过程中，水箱内水位逐渐下降。当水位下降到虹吸破坏斗以下时，虹吸破坏管将小斗中的水吸完。管口与大气相通，虹吸破坏，冲洗结束，过滤重新开始。如果在滤池水头损失还未

图 5-30　重力式无阀滤池
1—进水分配槽；2—进水管；3—虹吸上升管；4—顶盖；
5—挡板；6—滤料层；7—承托层；8—小阻力配水系统；
9—底部配水区；10—连通管；11—冲洗水箱；12—出水渠；
13—虹吸辅助管；14—抽气管；15—虹吸下降管；16—排水
水封井；17—虹吸破坏斗；18—虹吸破坏管；19—强制冲洗
管；20—冲洗强制调节器

到达规定值而又因某种原因需要提前冲洗时，可进行人工强制冲洗，这就是在辅助管与抽气管相连接的三通上部，接一根强制冲洗管，强制冲洗水高速经过虹吸辅助管进入水封井，使虹吸很快形成。

无阀滤池失效水头损失一般为 14.7～19.6kPa，滤速为 10m/h，反冲洗强度为 12～15L/(m^2·s），反洗历时 4～5min。

无阀滤池多用于中、小型给水工程，单池面积一般不大于 16m^2，少数也有高达 25m^2 的。

六、重力单阀滤池

重力单阀滤池因只有一个阀门而得名，简称单阀滤池。单阀滤池实际上是无阀滤池的简化池型，并有多种形式，图 5-31 是最简单的单阀滤池示意图。其特征是，虹吸管在滤池伞形顶盖上接出后直接下弯，并在虹吸管上设置一个用于排水的闸阀。因省去了虹吸辅助系统无法自动形成反洗虹吸，所以不能像无阀滤池那样自动反洗和自动过滤，而需通过开关排水闸阀来实现。过滤时，关闭排水闸阀，浑水走向基本同无阀滤池。反洗时，开启排水闸阀，冲洗水循过滤水流相反方向冲洗滤料层。废水经排水闸阀排入下水道。反洗结束时，关闭排水闸阀，过滤重新开始。

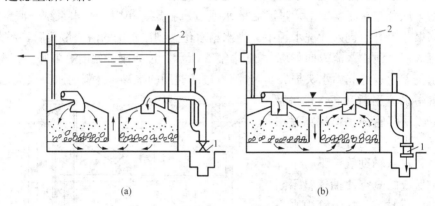

(a)　　　　　　　　　　　　　(b)

图 5-31　单阀滤池

（a）左右两室同时过滤；（b）左室过滤，右室反洗

1—排水闸阀；2—水头损失计；▲—水位上升；▼—水位下降

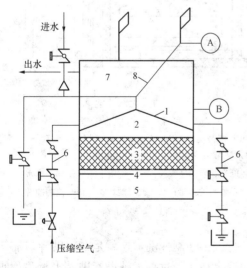

图 5-32　空气擦洗滤池

1—过滤室顶盖；2—反洗膨胀空间；3—滤料层；
4—配水配气系统；5—集水室；6—连通管；
7—冲洗水箱；8—水头损失计
A—高水位点；B—低水位点

七、重力空气擦洗滤池

重力空气擦洗滤池与单阀滤池一样，也是由无阀滤池演变而来的，所以滤池的结构和运行方式都与无阀滤池有许多相同之处。区别在于：它不仅降低了虹吸管的高度和在虹吸下降管上设置了反洗排水阀，而且改进了进水分配装置，既能分配进水，也能分配进气，克服了无阀滤池不能进行空气擦洗的缺点。另外，还在滤池顶盖上安装了一个水位管作为水头损失计，以观测滤池的水头损失。

空气擦洗滤池反冲洗的形成与终止是由高低水位信号指令反洗排水阀的开与关来实现的，如图 5-32 所示，随着过滤时间的延长，滤层的水流阻力增大，水头损失计管内的水位上升，当水位上升到高水位 A 点时，发出指令，打开反冲洗排水阀，冲洗水箱内的水通过连通管倒流，对滤层从下而上地反洗，这时可同时送入压缩空气擦洗。当冲洗水箱内的水位下降至低水位 B 点时，发出指令，关闭反冲洗排水阀，反冲洗结束，然后打开进水阀，过滤重新开始。所以，滤池中高水位信号 A 点在冲洗水箱内的相对高度就是滤池过滤终止时的允许水头损失（一般为 1.5~2.0m），而低水位信号点 B 在冲洗水箱内的深度则决定了反冲洗水量和反冲洗时间。

空气擦洗滤池目前已大型化，直径可达 9m，滤层上部有 50％的反洗空间。由于这种滤池是借助引入的压缩空气，将被压实的滤层松动，促进滤料颗粒之间相互擦洗，所以清洗比较彻底，但不一定每次反洗均进行空气擦洗。这种滤池适用于进水悬浮固体不超过 20mg/L（短期可大于 30mg/L）的水源，出水悬浮固体低于 2.0mg/L。

八、重力式三阀自动滤池

重力式三阀自动控制滤池，简称三阀滤池，因设置有进水阀、排水阀和反洗水阀而得名，也是从重力式无阀滤池演变而来的，它的过滤、反洗、擦洗等工艺过程均能自动进行。由于在滤池水室底部出水管上增加了放水阀，除正常放水时开启放水阀外，也兼作正洗排水阀，以排放初期浊度不合格的水，直到出水浊度降低到 1~2NTU 以下。

滤池的工作过程如图 5-33 所示，从澄清池出来的澄清水，先经过空气分离器。空气分离器内装一挡板，水流进入后发生流向变化，水中气体逸出，排气挟带水分由排气管引入到澄清池出水口。进水通过十字形布水器均匀地淋在滤池上部，通过滤层后进入下部集水管，再由连通管送至冲洗水箱。冲洗水箱水位逐渐上升，最后进入溢流管口，再流入地下水池。

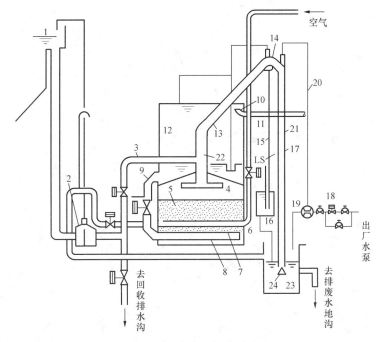

图 5-33　重力式三阀自动滤池

1—澄清池；2—空气分离器；3—进水管；4—过滤水室；5—滤层；6—承托层；7—集水滤网；8—集水管；9—连通管；10—溢流管口；11—流出管；12—冲洗水箱；13—虹吸上升管；14—虹吸上升管顶部（虹吸发生处）；15—虹吸辅助管；16—电极槽；17—电动式液位控制器；18—自动阀；19—反洗喷射器；20—抽气管；21—虹吸下降管；22—虹吸破坏管；23—排水井；24—反洗水量调节器

137

随着过滤的进行，水头损失增加，因进水流量不变，故虹吸上升管水位不断升高。当虹吸上升管水位上升到虹吸辅助管的顶端管口后，上升水流流向电极槽，当电极槽内水位达到一定高度时，电极发出信号，反洗操作自动进行。当冲洗水箱水位下降至虹吸破坏器时，器内水很快被吸干，虹吸破坏管的管口露出水面，空气进入虹吸破坏管，虹吸破坏，反洗操作停止。进水再次进入滤池，过滤重新开始。

通常三阀滤池的主要运行参数是：滤速为 6.3m/h，水头损失为 17.64kPa，平均反洗流速为 32m/h，反洗强度为 $8 \sim 12L/(m^2 \cdot s)$，反洗时间为 $3 \sim 5min$，滤层膨胀率为 $30\% \sim 50\%$，进气压力为 196kPa，进气量为 $8 \sim 16L/(m^2 \cdot s)$。

三阀滤池的滤层一般为双层滤料，其组成是：顶层为无烟煤，粒径为 1.2mm，层高为 350mm；下层为石英砂，粒径为 0.6mm，层高为 350mm。

第六章

水的吸附、除铁、除锰、除氟、除砷与消毒处理

在天然水中含有各种有机物，虽然通过水的混凝沉降与过滤处理除去了一部分，但大部分有机物会进入后续处理。如果后续处理是离子交换树脂，它会造成树脂的有机物污染；如果后续处理是精过滤——膜分离，它会使精密过滤器提前失效；如果有机物进入热力系统，它会分解出一些低分子有机酸，影响锅炉水和蒸汽的品质。除去水中有机物的方法除氧化破坏之外，吸附处理（adsorption treatment）也是一种行之有效的方法。

在锅炉补给水的预处理中，有时为了减少水中有机物的含量，也进行氯化处理，并维持水中有一定的余氯。余氯是强氧化剂，为了防止余氯对后续处理的离子交换树脂和分离膜的氧化破坏，也采用吸附处理除去余氯。

因此，水的吸附处理不仅用于酿造用水、自来水脱氯、糖液精制及各种清凉饮料水的高度净化，就是在锅炉补给水的处理中，也已逐渐成为一种不可缺少的水处理工艺，而且随着天然水体污染日益严重，采用水的吸附处理还会逐渐增加。

我国北方许多地区的饮用水和工业用水取自地下水，而地下水中往往含有铁、锰、氟、砷等元素，会造成各种危害。因此，本章除对水的吸附处理做比较详细的介绍外，对地下水的除铁、除锰、除氟、除砷以及城市饮用水消毒处理的原理和工艺也进行一些介绍。

第一节　吸附处理原理与类型

一、吸附处理原理

吸附处理是指当气体或液体的流动相与多孔的固体颗粒相接触时，流动相中的一种或几种组分选择性地吸附在固体颗粒相内部或从固体颗粒相内部解析出来的一种物质转移过程。所以，吸附可以发生在气—固和液—固之间，也可发生在气—液之间。但在水处理领域中，只讨论液—固两相之间的物质转移过程。液相中被吸附的物质称为吸附质（adsorbate），固体颗粒称为吸附剂（adsorbent）。在工业水处理中用的吸附剂主要是活性炭（active carbon，AC），另外还有大孔吸附树脂和废弃的阴离子交换树脂等。

例如，将活性炭放入含有苯酚或 ABS（烷基苯磺酸盐）的水中，连续搅拌一会儿后，水中苯酚或 ABS 的浓度就会慢慢降低，最后达到某一平衡浓度。说明苯酚或 ABS 两种吸附质富集在活性炭的固体颗粒上，这种现象就称为吸附。产生这种吸附现象是因为固体颗粒界面上的分子受力不平衡，因而产生一种表面张力，并具有表面能。根据热力学第二定律，当液相中的吸附质被吸附到固体颗粒表面上后，固体颗粒界面上的表面张力和表面能就会降低，从而发生液—固两相之间的物质转移过程。而两相界面上的吸附量与表面张力之间的关系，可用经典的吉布斯（Gibbs）方程式表示

$$\Gamma = -\frac{c}{RT} \times \frac{\partial r}{\partial c}$$ (6-1)

式中：Γ 为吸附量；c 为吸附质在主体溶液中的浓度；R、T、r 为气体常数、绝对温度和表面张力。

从式（6-1）可知，如果水中的吸附质能够降低吸附剂的表面张力，则由于 $\partial r / \partial c < 0$，所以 Γ 为正值，此时吸附剂的界面浓度增加，产生正吸附，如上面所说的苯酚和 ABS 及天然水体中的有机物、卤素（Cl_2、I_2、Br_2）、重金属（Ag^+、Cd^+、Pb^{2+}、CrO_4^{2-}）等都是这类吸附质。如果水中的吸附质能增加表面张力，则 $\partial r / \partial c > 0$，所以 Γ 为负值，此时吸附剂的界面浓度减小，产生负吸附，或称解析，如一些无机盐类（Cl^-、Na^+、K^+、Ca^{2+}）和氢氧化物等都是这类吸附质。这时，固体颗粒的吸附剂不仅不能吸附水中的吸附质，而且还有一定的排斥作用。

吉布斯公式虽然是两相界面上吸附的基本公式，但由于固体颗粒界面上的表面张力难以测定，所以利用吉布斯公式计算吸附量或判断吸附质被吸附的难易程度也受到一定的限制。

二、吸附类型

根据吸附剂表面上吸附力的性质，吸附过程又可分为物理吸附、化学吸附和离子交换吸附三种类型。

（1）物理吸附。指吸附剂与吸附质之间的吸附力是由于分子引力（范德华尔兹力）产生的，即主要是由色散力产生的，所以物理吸附也称范德华尔兹吸附，其吸附力大小与分子间距离的 7 次方成反比。物理吸附的特征是：

1）吸附时表面张力和表面能都降低，是放热反应，放出的热量称为吸附热，大多数情况下小于 $41.8kJ/mol$。

2）由于吸附剂与吸附质的分子之间都普遍存在吸引力，一种吸附剂往往能吸附许多种吸附质，所以物理吸附一般没有选择性，只是吸附力大小随吸附剂和吸附质种类不同而有所变化。

3）因为在吸附过程中不发生化学反应，而且能在界面上自由移动，所以不需要活化能，可以在低温下进行。

4）由于早先吸附在吸附剂上的吸附质，对未被吸附的吸附质仍有吸附力，所以物理吸附可以是单分子层吸附，也可以是多分子层吸附。

5）物理吸附的吸附速度较快，而吸附力较弱，容易达到吸附平衡，也容易脱附或解析，是可逆的。例如，在低温下，让氮气与活性炭接触，很快达到吸附平衡，此后如对活性炭加热，随着温度的上升，氮气又很快脱附。

（2）化学吸附。指吸附剂与吸附质之间发生化学反应，即吸附力是由化学键力产生的，吸附后化学性质发生变化。化学吸附的特征是：

1）化学吸附热比物理吸附热大得多，为 $83.7 \sim 418.7kJ/mol$。

2）化学吸附有明显的选择性，即某种吸附剂只能对某些吸附质有吸附作用，而对另外一些吸附质的吸附作用可能很小或没有。

3）因为化学吸附有化学键力，其作用力强，而且是单分子层的，不易脱附，往往是不

可逆的。

4）化学吸附和脱附速度都比较缓慢，所以不易达到平衡，往往需要在高温下进行。

（3）离子交换吸附。吸附质的离子依靠静电引力吸附到吸附剂表面的带电质点上，与此同时，吸附剂也放出一个等电荷量的离子。有关离子交换吸附的原理与特征，将在离子交换水处理中详细介绍。

第二节　活性炭的性能

目前使用的吸附剂有天然矿物和人工合成材料两种类型。天然矿物类的有活性白土、硅藻土和漂白土等。因为它们价廉易得，吸附能力小，所以一般都是一次性应用后就废弃。人工合成类的有硅胶、活性氧化铝、合成沸石分子筛和活性炭等。因为它们价格贵、吸附能力大，所以一般都是重复利用。在水处理领域中，大都是应用活性炭。

一、活性炭的吸附性能

1. 活性炭的多孔结构

炭有两种：一种是像金刚石、石墨等具有整齐晶体结构的炭；另一种是无定形碳，即活性炭。活性炭一般以木材、果壳、煤炭为原料，通过粉碎、混合、碳化、活化、筛分等工艺制造而成。按活性炭形状可分为粉状炭和粒状炭（包括无定形碳、粒炭、球形炭）；按原料可分为木质炭和煤质炭；按制造方法可分为药剂活性炭和气体活性炭。

在制造活性炭过程中，碳化和活化两步对它的吸附性能起关键作用。碳化也称热解，是在隔绝空气的条件下对原材料进行加热，加热温度一般在900℃以下。碳化过程中，可将原材料中的水分、CO_2、CO 和 H_2 等气体赶出，并使原材料分解成片状，形成一种多孔结构的微晶体，这种微晶体是由碳原子以六角晶格排列的片状结构堆积而成的。微晶体的大小除与原材料的成分和结构有关以外，还与碳化温度有关，而且随温度升高而增大。整个碳化过程可分为三个反应阶段，即400℃以下的一次分解反应，400～700℃的氧键断裂反应和700～1000℃的脱氧反应，最后将原材料中的链状分子结构或芳香族分子结构变成具有三维网状结构的碳化物，碳化后在微晶体的边界原子上还吸附有一些残余的碳氢化合物。

活化分物理活化和化学活化两种：物理活化也称气体活化，它是用水蒸气和一部分 CO_2 或空气在900℃左右对活性炭进行处理，水蒸气和 CO_2（或 O_2）在活化时均能与碳进行反应，水蒸气的反应能力比 CO_2 大8倍，调节水蒸气和 CO_2 的比例可以改变活性炭的孔结构；化学活化是用化学药品同时进行碳化和活化，常用的化学药品有 $ZnCl_2$、$CaCl_2$、H_3PO_4、KOH、$NaOH$、K_2CO_3 等。它是将原材料在含有化学药品的溶液中浸泡，将化学药品吸收并干燥后，在600～700℃的氮气中对活性炭处理，$ZnCl_2$、$CaCl_2$ 等化学药品的作用是脱水，使原材料中的氢和氧以水蒸气的形式放出，以形成多孔结构。由于物理活化是在有氧化剂（如空气、蒸汽或 CO_2）的条件下进行加热的，加热温度一般为600～900℃。所以在活化过程中，烧掉了碳化时吸附的碳氢化合物及孔隙边缘上的碳原子，这一方面将一些闭塞的细孔打通，使相邻的孔道连通；另一方面是扩大了孔径，使活化后的活性炭比表面积从200～400m^2/g 扩大到1000～1300m^2/g 以上，孔的结构与分布也更加稳定和完善，从而使活性炭具有以下特征：外观呈暗黑色；具有良好的吸附性能；化学性能非常稳定，可耐酸耐碱；能承受水浸和高温；密度比水大，属于多孔疏水性吸附剂。

活性炭不仅吸附能力强，而且吸附容量大，其主要原因就是它的多孔结构。这是由于活性炭在制造过程中，一些挥发性有机物去除以后，在微晶体晶格之间形成许多形状和大小不同的细孔。这些细孔的构造和分布与活性炭的原料、活化方法和活化条件等因素有关。一般根据细孔半径的大小分为三种：大微孔（大孔）为 $100\sim10\,000$nm；过渡孔（中孔）为 $10\sim100$nm；小微孔（细孔）为 $1\sim10$nm。国际纯化学与应用化学联合会（IUPAC）将活性炭纤维的细孔划分为以下三种类型：孔径大于 50nm 的称大孔；孔径为 $2\sim50$nm 的称为中孔；孔径小于 2.0nm 的称微孔（相当于纳米空间）。纳米空间的微孔又可分两种：0.7nm 及以下的称为极微孔（ultramicropore），大于 0.7nm 的称为超微孔（supermicropore）。活性炭大微孔的容积为 $0.2\sim0.5$mL/g，表面积只有 $0.5\sim2.0$m^2/g 占活性炭总表面积的 1% 以下；过渡孔的容积为 $0.02\sim0.1$mL/g，表面积一般不超过总表面积的 5%；小微孔的容积为 $0.15\sim0.9$mL/g，表面积占活性炭总表面积的 95%。

2. 活性炭的吸附性能

活性炭的吸附性能不仅与细孔的结构和分布有关，而且还受其表面化学性质的影响。在组成活性炭的元素中，碳元素占 70%$\sim$95%，另外还有氧和氢等元素，灰分一般在 3% 左右（椰壳类）和 20%$\sim$30%（煤质炭）。灰分在吸附过程中起催化作用。另外，活性炭在高温碳化和活化过程中，由于氢和氧两种元素与碳元素的化学键结合，使其在活性炭表面上形成各种带有羧基、酚羟基、醚、酯、环状过氧化物等官能团的氧化物及碳氢化合物。这些氧化物使活性炭与吸附质分子发生化学作用，表现出一定的选择性吸附特征。

活性炭表面上的氧化物成分与活化过程的温度有关。一般在 $300\sim500$℃ 以下用湿空气活化时，酸性氧化物占优势；在 $800\sim900$℃ 以下用空气、水蒸气或 CO_2 活化时，碱性氧化物占优势；在 $500\sim800$℃ 下活化时，两种氧化物都存在，所以活化温度宜控制在 900℃ 左右。因为表面带有酸性官能团时一般具有极性，容易吸附极性分子，水分子是极性分子，易被吸附，所以只有比水分子极性更强的吸附质才能被吸附，非极性或弱极性的吸附质则不容易被吸附。因此，在活性炭活化时，应尽量避免酸性氧化物的产生。

由于活性炭具有发达的细孔结构和巨大的比表面积，因此对水中溶解性的各种有机物，如苯类化合物、酚类化合物等具有很强的吸附能力，而且对用生物法或其他化学法难以除去的有机污染物，如色度、异臭、表面活性剂、合成洗涤剂和染料等都有较好的除去效果。另外，粒状活性炭对水中 Ag^+、Cd^{2+}、CrO_4^{2-} 等的去除率也可达到 85% 以上。

活性炭对水中余氯的吸附，是基于活性炭与余氯的氧化还原反应

$$C+Cl_2+2H_2O \Longleftrightarrow CO_2+4H^++2Cl^- \tag{6-2}$$

$$C+2HClO \Longleftrightarrow CO_2+2H^++2Cl^- \tag{6-3}$$

或

$$C+HClO \Longleftrightarrow CO+H^++Cl^-$$

$$C+2ClO^- \Longleftrightarrow CO_2+2Cl^-$$

或

$$C+ClO^- \Longleftrightarrow CO+Cl^-$$

活性炭对水中余氯的去除效率由高到低的顺序是 $Cl_2 > HClO > ClO^-$，因此，pH 值升高，脱氯效率下降；温度升高，脱氯效率上升。活性炭对卤素元素分子的吸附顺序是 $Cl_2 < Br_2 < I_2$，而对 F^-、Cl^-、Br^-、I^- 的吸附效果均不好。

有人认为，活性炭对余氯（Cl_2）的吸附不仅是一种氧化还原反应，而且对余氯的水解和产生新生态氧也起一定的催化作用，从而提高了对余氯的去除效果

$$Cl_2 + H_2O \Longrightarrow HCl + HOCl$$

$$HOCl \xrightleftharpoons{\text{活性炭}} HCl + [O]（新生态氧）\tag{6-4}$$

$$C + 2[O] \Longrightarrow CO_2 \uparrow \tag{6-5}$$

$$C + [O] \Longrightarrow CO \uparrow$$

由于活性炭对余氯的吸附速度很快，因此可采用过滤法。过滤前后水中余氯的含量可用式（6-6）表示

$$\lg \frac{c_0}{c} = K\left(\frac{H}{v}\right) \tag{6-6}$$

式中：c_0、c 为过滤前后水中的余氯含量；K 为常数；H 为活性炭过滤层的高度；v 为水流速度。

当水中有氯胺时，一部分氯胺会被活性炭分解成氨、氯离子和氮气，但分解速度比较慢

$$NH_2Cl + H_2 + C \Longrightarrow NH_3 + H^+ + Cl^- + CO$$
$$2NH_2Cl + CO \Longrightarrow N_2 + H_2O + 2H^+ + 2Cl^- + C$$
$$2NHCl_2 + C + H_2O \Longrightarrow N_2 + 4H^+ + 4Cl^- + CO \tag{6-7}$$

二、活性炭的型号命名

活性炭的型号由三部分组成：

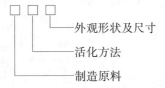

外观形状及尺寸

活化方法

制造原料

（1）第一部分以汉语拼音字母表示制造原料，见表 6-1。

（2）第二部分以汉语拼音字母表示活化方法，见表 6-2。

（3）第三部分以汉语拼音字母表示外观形状，并以一组或两组阿拉伯数字表示粒状活性炭的几何尺寸，见表 6-3 和表 6-4。

表 6-1　活性炭型号第一部分符号意义

符号	Z	G	M	J
意义	木质	果壳（核）	煤质	废活性炭

表 6-2　活性炭型号第二部分符号意义

符　号	H	W
意义	化学活化	物理活化

表 6-3　　　　　　　　　活性炭型号第三部分符号意义

符　号	F	B	Y	Q
意义	粒状活性炭	无定形颗粒活性炭	圆柱形活性炭	球形活性炭

表 6-4   活性炭型号中的几何尺寸

活 性 炭 形 状	标 注 法	示 例	意 义
无定形颗粒活性炭	下限×上限	35×59	颗粒范围 0.35～0.59mm
圆柱形颗粒活性炭	直径	30	圆柱截面直径 3mm
球形颗粒活性炭	直径	20	球体直径 2mm

在标注几何尺寸时，标准中规定：对于无定形颗粒活性炭，以上下限尺寸乘以 100 标出；对于柱形颗粒活性炭及球形颗粒活性炭，是以直径乘以 10 标出，尺寸单位为 mm。如 GWY30，表示果壳（核）为原料，以物理法活化制取的直径为 3mm 的圆柱形活性炭。

（4）粉末炭与无定形颗粒活性炭的区别是以外观尺寸 0.18mm 为限，大于 0.18mm 颗粒占多数的为无定形颗粒活性炭，小于 0.18mm 颗粒占多数的为粉状活性炭。

三、活性炭理化性能指标

对吸附用活性炭，常用下列一些技术指标对其理化性能进行描述：

（1）外观：活性炭外观呈黑色，可分为粉末状、无定形或柱形颗粒。

（2）粒度（particle size）和粒径分布（particle size distribution）：无定形活性炭粒度范围一般为 0.63～2.75mm，粉末状活性炭颗粒小于 0.18mm（一般在 80 目以下），柱形活性炭直径一般为 3～4mm，长 2.5～5.1mm。

（3）水分（moisture content）：又称干燥减量，它是将活性炭在 150℃±5℃恒温条件下干燥 3h 后测得的数据。

（4）表观密度（apparent density）：即充填密度（视密度），指单位体积活性炭具有的质量。对无定形活性炭，该值为 0.4～0.5g/cm³。

（5）强度（abrasion resistance）：对木质活性炭，是将活性炭放在一圆筒形球磨机中，在 50r/min±2r/min 的转速下研磨，根据破碎情况计算其强度，一般要求其强度值不小于 90%。对煤质活性炭是将活性炭放在盛有不锈钢球的专用盘中，在振筛机上进行旋转和击打组合，经一定时间后测定活性炭破碎后的粒度变化，计算活性炭强度。

（6）灰分（ash content）：木质炭在 650℃±20℃下灰化，煤质炭在 800℃±25℃下灰化，所得灰分的质量占原试样质量的百分数。

（7）漂浮率（floatation ratio）：干燥的活性炭试样在水中浸渍，搅拌静置后，漂浮在水面的活性炭质量占试样质量的百分数。

（8）亚甲基蓝吸附值（methylene blue adsorption）：在浓度 1.5mg/mL 的亚甲基蓝溶液中加入活性炭，振荡 20min，吸附后根据剩余亚甲基蓝浓度计算单位活性炭吸附的亚甲基蓝，单位为 mg/g。

（9）碘吸附值（iodine number）：和亚甲基蓝吸附值的测定相同，它是用每克活性炭能吸附多少毫克碘来表示，试验时取浓度 0.1mol/L±0.002mol/L 的碘溶液（内含 25g/L 的 KI）50mL，加入活性炭试样 0.5g，经 5min 振荡，根据剩余碘浓度计算每克活性炭吸附碘的量，单位为 mg/g。

（10）苯酚吸附值（phenol adsorption）：取 0.1% 苯酚溶液 50mL，加入 0.2g 活性炭试样，经 2h 振荡并静置 22h 后，根据吸附后剩余的苯酚浓度计算苯酚吸附值，其单位为 mg/g。

（11）ABS 值（sodium alkyl benzene sulfonate）：在含有 ABS（烷基苯磺酸钠）5mg/L 的溶液中，加入粉末状活性炭，经 1d 吸附之后，依剩余浓度计算将 ABS 降至 0.5mg/L 所需的活性炭量。

在上述活性炭的理化性能指标中，有些指标是描述活性炭的物理性能，如外观、粒度、强度、漂浮率等；有些指标是描述活性炭的吸附性能，如亚甲基蓝吸附值、碘吸附值、苯酚吸附值和 ABS 值等，这些指标只表示活性炭对这些单一化合物的吸附性能，而且分子质量和分子尺寸都比较小，而天然水体中的天然有机物（如腐殖质类·化合物）分子质量一般是几百至几十万，分子尺寸为 1～3nm，所以在选用活性炭时，除考虑表面积外，还应考虑孔径。

第三节　活性炭的吸附容量与吸附速度

一、吸附容量

吸附容量（adsorptive capacity）是指吸附剂对吸附质吸附能力的大小，即单位吸附剂所吸附的吸附质的量，单位为 mg/g 或其他。

吸附是一种界面现象，要想使吸附剂具有较高的吸附容量，吸附剂必须是具有很大比表面积的多孔物质，比表面积（specific surface area）是指单位质量的物质（如活性炭）所具有的表面积，活性炭的比表面积可达 1000～1300m^2/g。

当用活性炭吸附水中有机物或其他吸附质时，是以物理吸附为主，所以吸附剂与吸附质之间不存在简单的化学计量关系，影响吸附容量大小的因素，除吸附剂和吸附质的性质以外，还与温度和平衡浓度有关。当用不同的活性炭对相同的吸附质进行吸附试验时，或用同一种活性炭对不同的吸附质进行吸附试验时，所得的平衡吸附容量是不同的。当活性炭和水中被吸附的吸附质都确定的情况下，活性炭的平衡吸附容量 q_e 只与平衡浓度 ρ_e 和温度 T 有关，如果试验温度也不变，则 q_e 只与 ρ_e 有关。在温度一定的情况下，利用 q_e 与 ρ_e 所得的关系曲线，称为吸附等温线（adsorption isotherm）。

吸附等温线的绘制是将逐点测得不同平衡浓度时的吸附容量，绘制在吸附容量—平衡浓度坐标体系中。以活性炭为例，其测定方法为：先将试验的活性炭洗涤干燥，研磨至 200 目以下，在一系列磨口三角瓶中放入同体积同浓度的吸附质（如有机物）溶液，然后加入不同数量的活性炭样品，在恒温情况下振荡，达到吸附平衡后，测定吸附后溶液中剩余吸附质浓度，按下式计算单位质量活性炭的平衡吸附容量 q_e

$$q_e = \frac{V(\rho_0 - \rho_e)}{m}, \text{mg/g} \tag{6-8}$$

式中：V 为水样体积，L；ρ_0、ρ_e 为水中吸附质的初始质量浓度和平衡质量浓度（或称剩余质量浓度），mg/L；m 为活性炭投加量，g。

由于各研究者对描述吸附平衡现象采用了不同的假设和模型，因此推导出各种类型的吸附等温线。在水处理领域内，常见的吸附等温线有三种，每一种都对应一个吸附方程式，但这些方程式是相互有联系的。

1. 弗里德里希（Freundlich）型

这种吸附类型在水处理领域中应用最多，q_e 与 ρ_e 之间的关系如图 6-1 所示，公式表达

形式为

$$q_e = q/m = k\rho_e^{1/n} \tag{6-9}$$

式中：q 为吸附剂的总吸附量，mg；k、n 为常数。

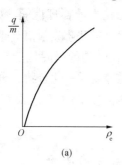
(a)

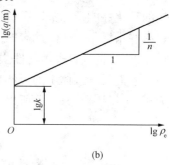
(b)

图 6-1　弗里德里希型

对式（6-9）双边取对数，则有

$$\lg q_e = \lg\left(\frac{q}{m}\right) = \lg k + \frac{1}{n}\lg\rho_e \tag{6-10}$$

根据图 6-1（a），平均平衡吸附量（q/m）和平衡浓度 ρ_e 都不存在极限值，在双对数坐标上有直线关系，直线的截距为 $\lg k$，斜率为 $1/n$，如图 6-1（b）所示。根据 $\rho_e = 1$ 时的吸附量可求出常数 k 值，吸附剂的 k 值越大，吸附性能越好。根据直线的斜率可求出 n 值，$1/n$ 称为吸附指数，它与吸附质的性质有关。一般认为，$1/n$ 在 0.1～0.5 之间时容易被吸附，$1/n > 2.0$ 时不容易被吸附。由此可判断吸附质被吸附的难易程度。

2. 朗格缪尔（Langmuir）型

这种吸附类型 q_e（q/m）与 ρ_e 之间的关系如图 6-2 所示，公式表达形式为

$$q_e = \frac{q}{m} = \frac{b\,(q/m)'\rho_e}{1 + b\rho_e} \tag{6-11}$$

式中：b 为与吸附能有关的常数；$(q/m)'$ 为 (q/m) 的极限值，mg/g。

根据图 6-2（a），平衡浓度 ρ_e 没有极限值，但平均平衡吸附量（q/m）有一个极限值 $(q/m)'$。当 ρ_e 值小于 1 时，可改写式（6-11），得

$$\frac{1}{(q/m)} = \frac{1}{b(q/m)'} \times \frac{1}{\rho_e} + \frac{1}{(q/m)'} \tag{6-12}$$

以 $\dfrac{1}{(q/m)}$ 为纵坐标，以 $\dfrac{1}{\rho_e}$ 为横坐标，可得图 6-2(b)。

当 ρ_e 值大于 1 时，改写式(6-11)，得

$$\frac{\rho_e}{(q/m)} = \frac{1}{(q/m)'}\rho_e + \frac{1}{b(q/m)'} \tag{6-13}$$

以 $\dfrac{\rho_e}{(q/m)}$ 为纵坐标，以 ρ_e 为横坐标，可得图 6-2（c）。同样，可由直线的截距和斜率求出 $(q/m)'$ 和 b 两个常数。

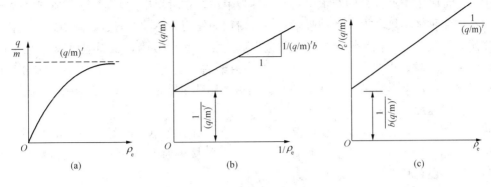

图 6-2　朗格缪尔型

朗格缪尔吸附类型是假定被吸附的吸附质只有一个分子层厚，而且被吸附的吸附质分子与水分子一样大小，所以它有一个吸附极限值。

3. BET 型

这种吸附类型是由鲁瑙尔(Brunauer)、埃米特(Emmett)、特勒(Teller)等人提出的，所以称 BET 型。他们的假定与朗格缪尔的假定相反，即吸附质在吸附剂表面上不是单分子层排列，而是能够不断重叠，是一个无限吸附的多分子层吸附模型。在此基础上推导出式(6-14)

$$q_e = \frac{q}{m} = \frac{B\rho_e (q/m)'}{(\rho_B - \rho_e)[1 + (B-1)(\rho_e/\rho_B)]} \tag{6-14}$$

式中：ρ_B 为饱和浓度；B 为与吸附能有关的常数。

如果改写式（6-14），可得式（6-15）

$$\frac{\rho_e}{(q/m)(\rho_B - \rho_e)} = \frac{1}{(q/m)'B} + \left[\frac{B-1}{(q/m)'B}\right]\frac{\rho_e}{\rho_B} \tag{6-15}$$

如以 $\rho_e/[(q/m)(\rho_B - \rho_e)]$ 为纵坐标，以 (ρ_e/ρ_B) 为横坐标作图，也可得直线关系，其截距为 $1/B(q/m)'$，斜率为 $B-1/(q/m)'B$，可求出 B 和 $(q/m)'$ 两个常数值，如图 6-3(b)所示。

因为这种吸附类型是一个无限吸附的多分子层吸附模型，所以平均平衡吸附容量没有极限值，但 ρ_e 有一个极限值 ρ_B，称饱和浓度 ρ_B，如图 6-3(a)所示，为 (q/m) 与 ρ_e 的关系。

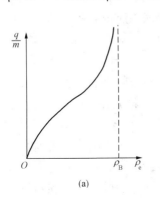
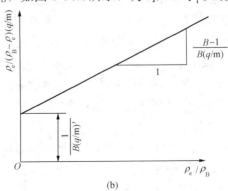

图 6-3　BET 型

147

上述三种吸附类型都是假定水中只有一种吸附质存在时得出的表达形式，但在待处理水中往往有许多种吸附质。由于各种吸附质与吸附剂的作用力不同及各种吸附质之间也会发生相互作用等因素，造成在活性炭的同一部位上产生相互竞争吸附，从而造成吸附容量下降，这时的吸附等温线如用数学表达式表示是比较困难的。因此，人们往往用某一综合水质指标，如 COD 或 TOC 表示水中各种有机物，然后再用弗里德里希式来处理吸附等温线。

二、吸附速度

吸附速度（adsorbing velocity）是指单位质量的吸附剂在单位时间内吸附的吸附质的质量，单位为 mg/(g·min)。吸附速度越快，所需要的接触时间就越短，不仅可以减少设备和材料，而且还有利于提高出水水质。

活性炭的吸附速度测定与吸附容量测定相似，也是在一定浓度的吸附质溶液中加入一定量（g）的活性炭，并充分振荡让其吸附。每隔一定时间测定吸附质溶液中剩余浓度，按下式计算吸附速度

$$v = \frac{V(\rho_0 - \rho_t)}{mt} \tag{6-16}$$

式中：v 为 t 时间内平均吸附速度，mg/(g·min)；t 为吸附时间，min；V 为试样体积，L；ρ_0 为吸附质初始浓度，mg/L；ρ_t 为吸附 t 时间后取样测定的剩余浓度，mg/L。

在水处理的实际应用中，通常把活性炭等吸附剂作为一种过滤材料，让水以过滤的方式通过活性炭吸附层。在此过程中，水中的吸附质从液相转移到固相活性炭的表面上。这个过程可看作是由液膜扩散、细孔内扩散和细孔内表面的吸附反应三个过程组成的。而吸附速度的快慢主要是由液膜扩散和细孔内扩散决定的，因为吸附反应速度是很快的。

1. 液膜扩散速度

当将活性炭放入含有吸附质的水中，或让含有吸附质的水流过活性炭层时，靠近活性炭表面的吸附质很快被吸附，水中吸附质在水流的作用下向活性炭表面移动，并不断被活性炭吸附，从而使靠近活性炭表面的水中吸附质浓度与远离活性炭表面的水中吸附质浓度不同，即存在一个浓度梯度。这样就可以假想在活性炭表面和外侧水溶液之间有一个溶液层，通常称为液膜。液膜的厚度与水流的紊动条件有关，一般假设为 0.01～0.1mm。在液膜中，吸附质是通过扩散作用从液膜外表面向层内转移的，这种扩散称为液膜扩散。

液膜扩散速度与液膜内外两侧的浓度差和膜的表面积成正比，与液膜的厚度成反比。因此，活性炭的颗粒越小和表面积越大，水流紊动性越强及液膜越薄，吸附速度就越快。但颗粒过小时水流阻力增大，而且水流速度过快时会使接触时间过短，使出水吸附质浓度上升。

2. 内扩散

移动到活性炭表面的吸附质，一部分就地被吸附在活性炭的外表面上，剩余的部分在浓度梯度的推动下沿着细孔孔道向内部慢慢转移，并不断被吸附在细孔的壁面上，这种扩散称为内扩散（颗粒扩散）。

因为活性炭的细孔内表面面积比外表面面积大得多，所以对于吸附质的吸附量，内表面比外表面的大。但就单位面积上的吸附量来讲，外表面最大，因为它最先与水流接触，随着向活性炭颗粒内部深入，吸附量逐渐减小，从而使活性炭外表面的吸附量和颗粒内部的平均吸附量之间出现一个差值，这个差值成为内扩散吸附质转移的推动力。

三、影响吸附的因素

吸附剂对水中有机物的吸附量与很多因素有关，因此它不能百分之百地将有机物除尽，在 20%～80% 之间，波动范围很大。

1. 吸附剂的性质

因为吸附剂对水中有机物的吸附主要是在孔的内表面进行的，所以吸附量的大小主要与吸附剂的比表面积和孔径分布有关。一般情况下，吸附剂的比表面积越大，吸附容量越大，吸附速度越快。孔径分布是吸附剂的孔径与吸附质分子尺寸之间的相对关系，即吸附质分子越小，越容易被吸附，吸附容量也大。当吸附质分子较大时，在吸附剂孔中的扩散阻力增大，吸附容量明显下降。有人认为，当吸附质的分子直径为吸附剂孔径的 $\frac{1}{6}$～$\frac{1}{3}$ 时，很容易被吸附，如果吸附质的分子直径大于此范围，则不易被吸附，吸附容量下降。所以，对于分子直径较大的吸附质应选用孔径大的吸附剂。

2. 吸附质的性质

用相同的活性炭对不同的有机物吸附时，其吸附量与吸附速度都有明显差别，这主要与吸附质在水中的溶解度、分子量大小和浓度高低等因素有关。

根据吉布斯吸附理论，越是能使溶液表面张力降低的物质就越容易被吸附，所以芳香族化合物比脂肪族化合物容易被活性炭吸附。这说明随着吸附质分子量的增大，吸附量也增大，但分子量增大到一定程度时，因扩散速度减慢，反而使吸附量和吸附速度降低。

活性炭是一种憎水性物质，所以越是憎水性强的吸附质越容易被活性炭吸附，因吸附质的憎水性越强，在水中的溶解度越小。相反，吸附质的亲水性越强，溶解度越大，水分子与吸附质分子之间形成氢键的能力也越大，就越不容易被吸附。

另外，当分子质量相近时，支侧链有机物比直链有机物容易吸附，非极性有机物比极性有机物容易吸附，在一定范围内分子质量大的有机物比分子质量小的有机物容易吸附，如丙酸＞乙酸＞甲酸、丁醇＞丙醇＞乙醇＞甲醇。

3. 水的 pH 值

当水中的有机物是一些有机酸或胺类化合物时，它们在水中溶解后使水呈弱酸性或弱碱性。因此，水的 pH 值高低会直接影响这些有机物的存在形态，从而也影响吸附量的大小。因为活性炭对这些弱电解质的吸附量，其分子态的比离子态的大，所以在低 pH 值条件下对有机酸的吸附量大，在高 pH 值条件下对胺类的吸附量大。

在水的除盐工艺中，有时将活性炭吸附与离子交换除盐联合进行，这时一般是将活性炭床放在阳离子交换器之前。有时为了提高除有机物的效果，将活性炭床放在阳离子交换器之后，以使活性炭床在酸性条件下吸附，然后再通过强碱性阴离子交换器除去残留的酸。

图 6-4 示出活性炭对腐殖质类物质吸附能力与 pH 值的关系。

4. 水的温度与共存物

因为活性炭吸附是以物理吸附为主，所以在低温下的吸附能力应比高温时大。但有时提高温度也能增大吸附能力，这是由于在液相中，温度上升后降低了水的黏度和增大了吸附质的溶解度及扩散速度，因为活性炭对吸附质的吸附速度往往受内扩散所控制。

当天然水体中有无机离子与有机物共存时，无机离子也会不同程度地影响活性炭对有机物的吸附，如水中 Ca^{2+} 能提高活性炭对腐殖质的吸附容量，Mg^{2+} 则提高很少（见图 6-4）。

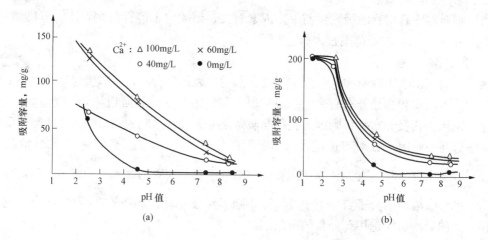

图 6-4　活性炭对腐殖质类物质吸附能力与 pH 值的关系

(a) 腐殖酸；(b) 富里酸

只有当水中的汞、铬、铁等金属离子在活性炭表面上发生氧化还原反应，其反应产物沉积在活性炭细孔内部时，才使细孔孔道变窄，阻碍有机物扩散而影响吸附。当吸附质之间产生相互竞争吸附位时，也会使吸附能力降低。

5. 接触时间

因为吸附是液相中的吸附质向固相表面的一个转移过程，所以吸附质与吸附剂之间应有一定的接触时间，以便使吸附剂发挥最大的吸附能力。因此，在设计时要综合考虑吸附量与接触时间的关系，一般不超过 20～30min。

6. 水中吸附质的初始浓度

一般随着吸附质浓度增加，吸附量按指数函数增加。初始浓度越小，平衡浓度越低。相反，初始浓度越大，平衡浓度越高，吸附量也高。

第四节　活性炭在水处理中的应用

在水处理中应用的活性炭有粉状活性炭、粒状活性炭、活性炭纤维和生物活性炭等。

一、粉状活性炭

粉状活性炭（powdered activated carbon，PAC）和粒状活性炭一样，不仅能吸附水中各种有机物，而且还有脱色、除臭、除味作用。它是将 80～200 目的木质炭或煤质炭配制成 5%～10% 的炭浆加入被处理水中，经沉淀或处理后再分离出来或与泥浆一起废弃。由于粉状活性炭粒度小，接触面积大，所以吸附速度快，吸附效果好。粉状活性炭可以作为正常处理的连续投加，也可以作为应急时的间断投加，目前国内大部分是应急间断投加，因为它是一次性应用，不易再生重复利用，所以运行费用较高，但基建投资费用低。

在水处理的工艺流程中，粉状活性炭的投加地点各有不同，有的在吸水口，有的在混合器前，有的在沉淀池出水处，还有的在滤池进水处。在吸水口处投加，虽然接触时间长、混合效果好，但投加量大，因为很多可以通过混凝处理除去的有机物也会被吸附。在混合器前投加可保证混合效果，但有可能被混凝剂的水解产物包裹而降低吸附性能。在沉淀池出水口或滤池的入水口投加可以有效利用粉状活性炭的吸附容量，但有时粉状活性炭会穿透滤池，进入后续处理。目前的试验结果认为，投加在澄清池的中段（即澄清池的第一反应室或第二反应室）效果最好，因为此时在混凝过程中形成的絮凝体已经定型，其大小与粉状活性炭（0.1mm）基本相当，粉状活性炭吸附于絮凝体表面，可发挥最大吸附能力。也有人提出多点投加，效果虽好，但操作麻烦。所以投加点的选择不仅要求良好的混合效果和足够的接触时间（一般为15min），而且还要考虑避免药剂对吸附的干扰。

粉状活性炭的投加量可通过试验确定，即试验投加量与有机物去除率之间的关系，从中确定最佳投加量。也可通过测定吸附等温线，确定粉状活性炭的吸附容量 q（mg/g），再由下式计算投加量 q_m

$$q_m = \frac{Q(\rho_J - \rho_C)}{q}, \text{kg/h} \tag{6-17}$$

式中：Q 为处理水量，m^3/m；ρ_J 为被处理水（进水）中吸附质的质量浓度，mg/L；ρ_C 为处理后水（出水）中吸附质的剩余质量浓度，mg/L。

一般情况下，对轻度污染水进行预处理时，PAC 投加量为 10～30mg/L。

二、粒状活性炭

在一般工业用水或电厂锅炉用水处理中，多采用粒状活性炭（granular activated carbon，GAC）。粒状活性炭的吸附装置结构类似滤池，只是用粒状活性炭作滤料。活性炭滤床有压力式的，也有重力式的，在电厂锅炉用水处理中多采用压力式的，运行时让水以过滤的方式从上向下或从下向上通过活性炭滤层。

当水连续通过活性炭滤床时，随时间的推移，出水中有机物浓度开始上升，这称为有机物穿透现象，继续通水时出水中有机物浓度上升加快。当活性炭滤层达到饱和时，进出水中有机物浓度几乎相同，活性炭滤床失效。

在活性炭滤层中有一段滤层正在发生吸附过程，在该段前沿，沿水流方向的活性炭尚未发生吸附作用，而在该段后端的活性炭已吸附达到饱和，该段活性炭被称为吸附带（mass transfer zone，MTZ）。可见，在吸附带中，活性炭的饱和程度从 0 到 100%。当活性炭床层开始过滤时，吸附带处于活性炭滤层最上面，表面活性炭饱和后，吸附带逐渐下移，当吸附带移动到活性炭层下边沿，出水中有机物浓度急剧上升超过设计值时，活性炭滤层穿透。

由于吸附带中的活性炭未得到全部利用，所以吸附带的高度是影响活性炭滤床利用率的一个重要因素，即吸附速度越快，吸附带的高度越短，活性炭滤层的利用率越高。吸附带也称吸附层或工作层。

三、活性炭纤维

活性炭纤维（activated carbon fiber，ACF）作为一种新型吸附材料已有半个多世纪了，目前已广泛用于水处理、催化、医药、电子、环保等领域。它是将一些有机纤维材料（如沥青基纤维、聚乙烯醇基纤维、人造丝纤维等）在一定温度下碳化、活化后就可得到直径为5～30μm 的活性炭纤维，然后制成纤维束状、毛毡状、布状等，以供社会需求。为使有机纤维在高温（800～1500℃）、惰性气氛中碳化，使碳化物形成一定的有序结构和一定的孔隙度，有机纤维在碳化、活化前必须进行预处理。预处理的结果使原料纤维形成较稳定的结构，在高温碳化时不至于熔融变形、分解，并提高其使用性能。预处理方法有两种：一是在150～300℃下逐步升温预氧化，使聚合物分子形成热稳定性结构，以及保持纤维形状；另一种是将有机纤维浸渍在无机盐（磷酸或磷酸二氢铵）溶液中一定时间，晾干后再进行碳化、活化，以防止在碳化、活化时收缩变形。

它与粒状活性炭相比有以下特点：

（1）比表面积大，可达 $1000 \sim 2500 \mathrm{m^2/g}$。孔径绝大部分是微孔，孔径在 2nm 以下的约占 95% 以上，中孔很少，几乎无大孔。所以它吸附容量大，吸附速度快，容易吸附分子量比较小的气体或小分子吸附质（<300）。

（2）对许多金属离子（如金、银、镉、铅、铂、汞、铁等）有很好的吸附功能，而且吸附后能将其还原为低价离子或金属单质，所以可用于重金属离子的去除、回收和利用。

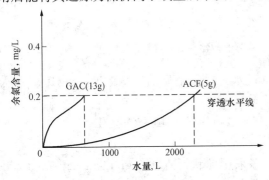

注：进水余氯含量2mg/L，流速25L/min。

图6-5　活性炭纤维和粒状活性炭吸附工作曲线

（3）与粒状活性炭相比，活性炭纤维的吸附工作曲线如图 6-5 所示，更有利于提高吸附率和降低出水中吸附质的残余浓度。

（4）强度好，而且易于脱附，常用的再生方法是高压水蒸气处理及热的空气或氮气处理。

（5）由于活性炭纤维长径比大，与被吸附质接触面积大，所以它的吸附范围很广。活性炭纤维对无机气体（NO_2、NO、SO_2、H_2S、NH_3）、有机气体、水中无机化合物、有机物（染料、酚醛）均有较好的吸附能力，甚至对微生物都有良好的富集作用，如对大肠杆菌的吸附率可达 94%～99%。

四、生物活性炭

生物活性炭（biological activated carbon，BAC）处理，是以粒状活性炭床作为好氧微生物（主要是细菌类）的载体，当含有机物的水通过活性炭滤床时，在吸附水中有机物的同时，再充分利用活性炭滤床中生长的好氧微生物对水中有机物吸收并氧化，从而降低水中有机物的含量。这种活性炭滤床不仅能提高有机物的除去效果，延长滤床的运行周期和改善出水水质，而且能除去单一采用生化处理或单一采用粒状活性炭处理所不能除去的有机物。

这种处理技术是因为活性炭在吸附水中有机物和溶解氧的同时，也截留水中的微生物物种，并为这些微生物提供了丰富的营养（有机物）和氧气，创造了良好的生长、繁殖环境，所以很快在活性炭表面及与表面毗邻的大孔中生成一种生物膜。这种生物膜可以富集水中有机物，并将其氧化、降解。在微生物的新陈代谢过程中产生的酶具有很强的氧化、分解、还原、裂合等功能，而且这种生物酶的直径只有几个纳米数量级，比细菌的直径和活性炭的孔径小很多，所以可以进入活性炭的中孔和大孔内对吸附的有机物降解。

粒状活性炭表面上的生物膜是自然形成的，称为自然挂膜，挂膜时间长。常温下挂膜时间为 20～35d，水温为 20～35℃，水的 pH 值为 6.5～7.5，而且要求水的浊度低，溶解氧高。生物活性炭适用于含有有机物较高的工业废水或生活污水处理。

目前，在美国和欧洲广泛应用臭氧和活性炭联合处理，即称为臭氧—生物活性炭法（O_3-BAC）。一般将这种生物活性炭池置于砂滤池之后，用于生活饮用水和污水的深度处理。投加 O_3 的作用主要是将水中难以生物降解的有机物分解为可生物降解的有机物，同时也增加了水中溶解氧的含量，为活性炭表面生物膜的降解创造条件。所以，该系统既有粒状活性炭对水中有机物的吸附和臭氧对水中有机物的氧化与分解，又有生物膜对水中有机物的降解与转化，从而使水中有机物的去除率明显提高。

第五节　活性炭床的运行与管理

一、工程设计实例

设计单位为某电厂设计的活性炭床主要设计参数如下：

活性炭床的构造如图 6-6 所示。活性炭床的进水装置分以下两种：①大锅底石英砂垫层式；②水帽式。石英砂垫层高度为 250～300mm，粒径为 0.5～1.0mm。活性炭床内部必须衬塑（胶）防腐。上部排水装置开孔面积为进水管径的 5～8 倍，滤网底层用 25 目做骨架，外层为 50 目。由此可知，活性炭床的设备结构、运行方式及工艺计算与粒状滤床基本相同。

（1）活性炭床的水流速度。$v=5～15\text{m/h}$，一般不大于 15m/h。

（2）活性炭床的层高。$H=1000～2500\text{mm}$，一般不低于 1000mm。

（3）活性炭滤料。当处理饮用水时，多采用木质炭，如椰壳炭、桔核炭，山核桃炭等；当处理工业水时，多采用煤质炭，粒径一般为 1～3mm。

（4）活性炭床的运行周期可按下式估算

$$T = \frac{\frac{\pi}{4}d^2 h\rho q}{Q(C_J - C_C)} \times 10^3 h \qquad (6-18)$$

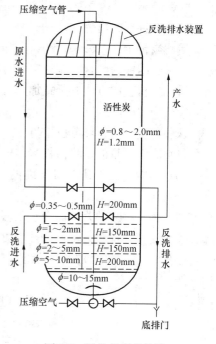

图 6-6　活性炭床的构造

ϕ—活性炭滤料粒径；H—粒径滤料层高度

式中：d 为活性炭床的直径，m；h 为活性炭床中活性炭的装载高度，m；ρ 为活性炭的视密度，g/cm^3；q 为活性炭的吸附容量，一般可按对水中 COD_{Mn} 吸附容量为 200g/kg 估算；Q 为水流量，m^3/h；C_J、C_C 分别为进、出水中 COD_{Mn} 值，C_C 可按 C_J 的 1/2 取值，mg/L。

（5）反洗方式。采用空气和水联合反洗，反洗强度为 $0.5\text{m}^3/(\text{m}^2 \cdot \text{s})$，反洗时间为 10～15min（或反洗流速为 20～30m/h，反洗时间为 4～10min，一般 3～6d 反洗一次，也有的 6～15d 反洗一次，滤层膨胀率为 30%～50%）。

（6）活性炭使用寿命。一般为 2～3 年，饱和炭去再生或更换。目前有的厂每年更换 50%。

二、活性炭床的预处理

（1）在水处理领域内，多选用果壳类活性炭，粉状的在 200 目以下，粒状的在 10～28 目之间，过渡孔半径为 2～100nm。

（2）将选用的粒状活性炭先用 5%HCl 水溶液浸泡 12～14h，然后排放。再用清水正洗和反冲洗，洗去活性炭床层中的残留 HCl。

（3）反洗放水后，刮去最上面的粉末状活性炭，以减小床层阻力，最后正洗至出水硬度小于 $10\mu mol/L$，即可投入运行。

三、活性炭床的吸附处理

粒状活性炭装入过滤设备内成为滤床，其吸附处理与水的过滤处理基本相同。通过吸附处理后，水中的悬浮固体小于 1.0mg/L，SDL≤2，有机物（COD_{Mn}）的去除率一般为 40%～50%，新投运的活性炭滤床在运行初期的去除率可达 70%～80%，出水 COD_{Mn}< 2.0mg/L，游离氯小于 0.1mg/L。活性炭滤床的运行终点通常是按活性炭床对水中有机物的去除率降至 15%～20%为标准，也可按出水中有机物含量超过设计值作为运行终点。

四、活性炭的再生

活性炭再生（regeneration of activated carbon）是指活性炭床运行一段时间后便逐渐饱和、失去吸附能力，这时应对它进行再生处理，以便重复利用，因为活性炭价格较贵。

活性炭再生的方法有干式加热法、湿式氧化法、药剂再生法和水蒸气再生法等。

1. 干式加热法

这种再生过程大体分以下五个工序：

（1）脱水。目的是将活性炭与输送水分离，减少活性炭的处理负担。

（2）干燥。目的是使细孔内的水分和低分子、低沸点的吸附质挥发出去，加热温度为100～150℃。

（3）碳化。目的是使高沸点的吸附质热分解，一部分变为低沸点的物质挥发出去，另一部分碳化后留在细孔内部，加热温度为 300～700℃，碳化恢复率可达 60%～80%。

（4）活化。目的是利用活化气体（如水蒸气、CO_2、O_2 等）进行活化反应（700～1000℃）

$$2C+O_2 \rightleftharpoons 2CO_2+242.8kJ/mol$$
$$C+H_2O \rightleftharpoons CO+H_2-118kJ/mol$$
$$C+CO_2 \rightleftharpoons 2CO-162.4kJ/mol$$

活化起到重新造孔的作用，使吸附能力进一步提高。但过分活化会使再生损失增大。

（5）冷却。活化后的活性炭需立刻放入水中急速冷却，以防活性炭的母体结构氧化破坏。

干式加热再生活化法的优点是：几乎能除去所有吸附的有机物；再生恢复率高，再生时间短，粉末状活性炭只需几秒，粒状活性炭只需 0.5～1.0h；不产生有机性再生废液。缺点是：活性炭损失大，再生一次损失 3%～10%；因为再生温度高，炉膛内耐火材料消耗较大，使活性炭成本升高；再生过程中需严格控制温度和活化气体的条件；设备费用高。

目前用的活性炭再生炉有多段再生炉、回转再生炉、流动层再生炉、填充层再生炉、粉末状活性炭再生炉等。

2. 湿式氧化法

这种再生法主要用于处理吸附高浓度有机物的粉末状活性炭。它是用高压泵将粉末状活性炭泥浆经过热交换器加热之后，再送到反应器中，在压力为 5.19×10^6Pa、温度为 221℃ 的条件下，利用空气中的氧来氧化降解吸附在活性炭上的有机物，从而使粉末状活性炭得到再生。再生后的活性炭被热交换器冷却后送到储存槽备用。

湿式氧化法也可用于粒状活性炭的再生，吸附能力恢复率几乎可达到100%。

3. 药剂再生法

它是将某种化学药剂配制成一定的浓度，流过活性炭床，使活性炭吸附的吸附质与化学药剂相互作用，活性炭得到再生。为此，将化学药剂分为两种：一种是用酸、碱、有机溶剂（如苯、丙酮、甲醇等）将吸附质从活性炭上洗脱下来，称为溶剂法；另一种是用氧化剂（如高锰酸钾、重铬酸钾、过氧化氢和臭氧等）将吸附质氧化分解，称为氧化法。当采用碱洗时，可使用5%NaOH+2%NaCl，用量为活性炭体积的1.5～2倍，方法是先排空后从上部进碱液，下部排出，然后进行大流量反洗直至水清。

药剂再生法对活性炭的吸附能力恢复率与吸附质的性质和再生条件有关，一般可达10%～70%，波动范围较大，因为吸附质的性质相差非常悬殊。

4. 水蒸气再生法

它是将失效的活性炭与水蒸气接触，进行吹脱，除去那些低沸点、低分子的有机物。水蒸气的用量一般为吸附剂体积的5倍以上。

水蒸气的压力为0.105MPa，温度为122℃左右，吹洗时间为8～10h以上。这种再生方法操作方便，可在活性炭床内进行，不需要另外的专用设备，但再生效率较低。

除此之外，还有微波再生、电化学再生和生物再生等，因在电厂水处理中尚未应用，故不再一一介绍。

第六节　地下水的除铁

铁在地球表面分布很广，在地壳表层（深15m）的含量大约有6.1%，其中二价铁的氧化物为3.4%，三价铁的氧化物为2.7%，它们大都是难溶性化合物，分散在各种岩石矿物中。

一、地下水中铁的来源与危害

我国含铁量较高的地下水分布甚广，从东北的松花江流域到长江中、下游，乃至珠江流域。如东北地区地下水的含铁量浓度一般为6～15mg/L，低的在1mg/L左右，高的达到27mg/L；武汉地区一般为10～16mg/L，低的有1～2mg/L左右，高的达到15～20mg/L。

地下水中铁的来源主要是含有CO_2的地下水对铁质矿物的溶解。因此，铁在水中的存在形态主要是二价铁和三价铁，三价铁在pH>5的水中，溶解度极小，$Fe(OH)_3$在25℃时溶度积常数（K_{SP}）为3.8×10^{-38}，溶解度为2.85×10^{-5} mg/L，而且地层又有过滤作用，所以中性含铁地下水主要含二价铁，并且一般为重碳酸亚铁$Fe(HCO_3)_2$。当以含铁和锰的地下水作为饮用水和工业用水水源时，往往会造成以下几种危害：

（1）虽然水中铁和锰都是人体的营养元素，但如果水中铁、锰的含量超过饮用水标准中限定的铁和锰的总含量0.3mg/L时，在白色织物及用具上留下黄斑，严重时会使自来水变成"红水"。

（2）在水处理过程中会造成危害，如铁、锰的沉淀物会影响处理水的水质，污染过滤材料、离子交换树脂、离子交换膜、超滤膜和反渗透膜等。

（3）铁、锰的沉淀物如在输水管路上沉积，会堵塞管路，降低输水能力，严重时会损坏用水设备。

二、除铁原理

1. 锰砂的除铁过程

对地下水除铁、除锰的研究与应用，我国始于 20 世纪 60 年代，在研究和实践中，积累了很丰富的经验。

当含铁地下水与空气接触时，空气中的氧就会溶入地下水中，地下水中的 CO_2 也会逸散，从而提高水的 pH 值，这时水中的二价铁易被氧化为三价铁，化学反应为

$$4Fe^{2+} + O_2 + 2H_2O \Longrightarrow 4Fe^{3+} + 4OH^- \tag{6-19}$$

氧化生成的三价铁，经水解后成为溶解度很小的氢氧化铁胶体，并逐渐凝聚成絮状沉淀物，从水中析出，然后再用固液分离的方法将其去除，从而达到地下水除铁的目的。

可用于地下水除铁的氧化剂，有氧、氯和高锰酸钾等，其中以利用空气中的氧最为经济，在生产中广泛采用。用空气中的氧为氧化剂的除铁方法，习惯上称为曝气自然氧化法除铁，其工艺流程如下：

$$\begin{array}{cc} O_2 & CO_2 \\ \downarrow & \uparrow \end{array}$$

含铁地下水→曝气装置→氧化反应池→快滤池→除铁水

根据式（6-19），每氧化 1mg/L 的二价铁约需 0.14mg/L 氧，但实际上所需溶解氧的浓度比理论值要高，因此除铁所需溶解氧的浓度按下式计算

$$[O_2] = 0.14\alpha[Fe^{2+}], \text{ mg/L} \tag{6-20}$$

式中：α 为过剩溶氧系数，是指水中实际所需溶解氧的浓度与理论值的比值，一般 $\alpha = 2\sim5$。

在上述曝气自然氧化除铁工艺流程中，曝气装置因除铁工艺不同而异，当只要求向水中溶氧时，由于溶氧过程比较迅速，可选用尺寸较小的简单曝气装置，如压缩空气曝气器及射流泵等。当除要求向水中溶解氧气外，还要求除去部分二氧化碳以提高水的 pH 值时，因散除二氧化碳的量较大及传质速度较慢，常采用大型曝气装置，如自然通风曝气塔、机械曝气塔等。曝气后的水只需在氧化反应池中停留 1h 左右，就可将水中二价铁充分氧化成三价铁，还可将三价铁的部分水解产物沉淀出来。对于工艺流程中的快滤池，如要求滤后水含铁量小于 0.3mg/L，则必须采用较厚的滤层才能得到合格的过滤水。为此，众多学者对除铁过程进行了深入研究，试图简化地下水的这种除铁工艺。实验表明，用天然锰砂作滤料除铁时，能大大加快二价铁的氧化反应速度。将曝气后的含铁地下水经过天然锰砂滤层过滤，水中二价铁的氧化反应能迅速地在滤层中完成，并同时将铁质截留于滤层中，从而一次完成全部除铁过程，使处理流程得到简化。天然锰砂接触氧化除铁工艺一般由曝气溶氧和锰砂过滤组成。水的总停留时间只有 5~30min。随着对锰砂除铁的更深入研究发现，锰砂表面覆盖的铁质活性滤膜具有催化作用，催化剂是铁质化合物，而不是早先认为的锰质化合物，天然锰砂对铁质活性滤膜只起载体作用。所以，滤池中可以用石英砂、无烟煤等廉价材料代替天然锰砂做接触氧化滤料，但天然锰砂的吸附容量比石英砂、无烟煤的吸附容量大。

铁质活性滤膜的化学组成，经测定为 $Fe(OH)_3 \cdot 2H_2O$。铁质活性滤膜接触氧化除铁的过程，目前认为是，铁质活性滤膜首先以离子交换方式吸附水中的二价铁离子

$$Fe(OH)_3 \cdot 2H_2O + Fe^{2+} \Longrightarrow Fe(OH)_2 \cdot (FeO) \cdot 2H_2O^+ + H^+$$

当水中有溶解氧时，被吸附的二价铁离子在活性滤膜的催化下迅速地氧化并水解，从而使催化剂得到再生

$$Fe(OH)_2 \cdot (OFe) \cdot 2H_2O^+ + \frac{1}{4}O_2 + \frac{5}{2}H_2O \rightleftharpoons 2Fe(OH)_3 \cdot 2H_2O + H^+$$

反应生成物又作为催化剂参与反应，因此，铁质活性滤膜接触氧化除铁是一个自催化过程。

曝气接触氧化法除铁工艺流程如下：

$$含铁地下水 \xrightarrow{\quad O_2 \downarrow \quad} 曝气装置 \rightarrow 接触氧化滤池 \rightarrow 除铁水$$

2. 水中二价铁的自然氧化反应速度

如上所述，在自然氧化法除铁过程中，二价铁的氧化和三价氢氧化铁的絮凝是除铁过程中的两个重要步骤，这两个步骤的快慢对除铁效果有重要影响。

水中溶解氧对二价铁的氧化反应如式（6-19）所示，多数研究学者认为，二价铁的氧化反应速度与水中二价铁浓度的一次方成正比（为一级反应），即有以下关系

$$-\frac{d[Fe^{2+}]}{dt} = K[Fe^{2+}] \tag{6-21}$$

式中：$[Fe^{2+}]$ 为水中二价铁的浓度，mol/L；t 为时间，min；K 为反应速度常数。

式中左端 $[Fe^{2+}]$ 对 t 的导数为水中二价铁的氧化反应速度，负号表示二价铁离子浓度 $[Fe^{2+}]$ 随氧化反应时间 t 不断减小。

根据式(6-20)，过剩溶氧系数 α 为

$$\alpha = \frac{[O_2]}{0.14[Fe^{2+}]} \tag{6-22}$$

式中：$[O_2]$ 为除铁实际需要的溶解氧浓度，mg/L；$[Fe^{2+}]$ 为地下水中的含铁量，mg/L。

说明水中二价铁的氧化反应速度与水中溶解氧浓度之间也为一级反应关系。由于氧在水中的溶解度有限，所以 α 值也有限值。当氧在水中的浓度达到饱和时，对应的 α 值即为在该条件下，所能达到的最大值。

水的 pH 值对二价铁的氧化反应速度影响很大，即二价铁的氧化反应速度与水中氢氧根浓度 $[OH^-]$ 的 b 次方成正比。实验数据表明，当 pH<4 时，$b \approx 0$，即在酸性水中，二价铁的氧化反应速度与 pH 值无关；当 pH>5.5(或 pH=6.0～7.5)时，$b=2.0$，即在弱酸性、中性和弱碱性水中，二价铁的氧化反应速度与 $[OH^-]$ 的二次方成正比，即 pH 值每升高 1，二价铁的氧化反应速度将增大 100 倍，为二级反应关系。

综合以上所述，二价铁的氧化反应速度关系式可表示为

$$-\frac{d[Fe^{2+}]}{dt} = K[Fe^{2+}][O_2][OH^-]^2 \tag{6-23}$$

式中：K 为二价铁的反应速度常数，其值与水温有关，实验表明，水温每升高 15℃，二价铁的氧化反应速度大约增大 10 倍。

3. 滤层的接触氧化除铁速率

曝气后地下水中二价铁浓度在接触氧化滤层中的变化速率，即滤层中二价铁沿水流流动方向的减少速率，与该处二价铁浓度、溶解氧浓度、过滤时间成正比，与滤料粒径、滤速成反比，可表示为

$$-\frac{d[Fe^{2+}]}{dx} = \frac{\beta[O_2]T^n}{dv^P}[Fe^{2+}] \tag{6-24}$$

式中：$[Fe^{2+}]$ 为滤层深度 x 处的二价铁浓度；d 为滤料粒径；$[O_2]$ 为水中溶解氧的浓度；v 为滤速；P 为与水流状态有关的指数，当水在滤层中过滤流态为层流时 $P=1$，当流态为紊流时 $P=0$，当流态处于过渡区时，$0<P<1$；T 为过滤时间；n 为与过滤时间有关的指数；β 为滤层的接触氧化活性系数，它与滤料积累的铁质活性滤膜的数量大小有关。

由于新鲜滤料或反冲洗后清洁滤料表面尚无铁质活性滤膜，没有接触氧化除铁能力，只能靠滤料自身的吸附或机械截留除去少量铁质，故出水水质较差。随着滤池不断通水运行，滤料表面的铁质活性滤膜不断积累、加厚，接触氧化除铁能力逐渐增强，出水水质变好，并达到出水水质要求。继续通水运行，滤料表面的铁质活性滤膜不断增多，出水水质也会越来越好，所以接触氧化除铁滤池的制水周期可以无限延长，而且除铁效果也比较稳定。但滤层的水流阻力也会不断上升，当滤层的水流阻力超过允许上限时，必须进行反洗，所以接触氧化除铁滤池总是以压力周期进行反洗，而不是以出水水质好坏为周期。

三、含铁地下水的曝气

1. 曝气水中溶解氧的平衡饱和浓度

在一般情况下，含铁含锰地下水中不含溶解氧，而含有较多的二氧化碳，所以在曝气过程中，空气中的氧会溶于水中，水中的部分二氧化碳也会从水中逸出，使水的 pH 值升高。

根据气体亨利定律和理想气体方程式，可以得出在地下水曝气过程中，水中溶解氧的平衡饱和浓度

$$c_B = \frac{0.231R\rho_K}{1 + \frac{273}{273+t} \times \frac{H_{O_2}}{0.724} \times \left(\frac{R}{1+p} - \frac{1}{H_K}\right)} \times 10^3 \tag{6-25}$$

式中：c_B 为曝气后水中溶解氧的平衡饱和浓度，mg/L；H_{O_2}、H_K 分别表示氧气和空气的亨利系数；ρ_K 为空气的密度，g/L；0.231 为氧气在空气中所占的质量比例；p 为相对大气压力，绝对大气压力为 $(1+p)$；R 为水进行曝气时，参与曝气的空气体积和水的体积之比，即是与单位体积水相接触的空气的体积数，称为气水比，单位 L/L 或 m^3/m^3；t 为工作温度，℃，绝对温度 $T=273+t(K)$。

式(6-25)是按在曝气溶氧过程中达到平衡状态下推导出来的，所以计算出来的溶解平衡饱和浓度为理论最大值，在实际曝气过程中不可能达到平衡状态，水中溶解氧浓度会低于式(6-25)计算值。

在实际应用中，控制气水比 $R=0.1\sim0.2$（相对压力 $p=0$），可使水中溶解氧达到最大理论值的 80%。对于压力式曝气系统（相对压力 $p>0$），只要控制气水比 $R=0.05\sim0.1$，就可使水中溶解氧浓度达到 10mg/L 以上，满足地下水除铁除锰的要求。

2.曝气装置

根据气体传质方程式可知，气体在气、水之间传质的数量，不仅与气体在气、水之间的平均浓度差成正比，还与气、水之间的接触表面积成正比，曝气装置的结构就是根据这一要求而设计的。另外，增加曝气时间和气水之间的相对运动速度等，也会提高气体在气、水之间的传质数量。

曝气装置按形成气、水接触表面的方法，可分为以下几种：

(1)气泡式。它使空气以气泡形式分散于水中，这时水是连续介质，空气是不连续物质。气泡式曝气装置多用于压力式系统，一般采用较小的气水比，曝气的目的主要是向水中溶氧。属于这类曝气装置的有压缩空气曝气装置(如喷嘴式气水混合器和穿孔管式气水混合器等)、射流泵曝气装置、跌水曝气装置及叶轮表面曝气装置等。图 6-7 为射流泵曝气除铁装置，图 6-8 为跌水曝气除铁装置。

水自高处自由下落，能挟带一定量的空气进入下部受水池，空气以气泡形式与水接触，使水得以曝气。跌水曝气的溶氧效率与跌水的单宽流量、跌水高度以及跌水级数有关。曝气后水中溶解氧含量可达 $2 \sim 5 \mathrm{mg/L}$。

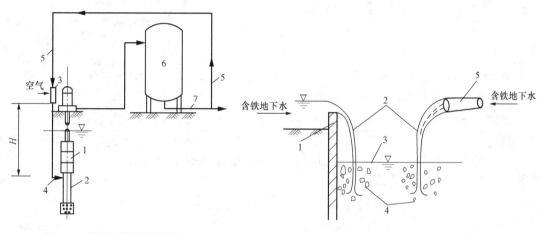

图 6-7　射流泵曝气除铁装置
1—深井泵；2—吸水管；3—水—气射流泵；4—气水乳浊液输送管；5—压力除铁水管；6—压力除铁滤池；7—除铁压力水送往用户

图 6-8　跌水曝气除铁装置
1—溢流堰；2—下落水舌；3—受水池；4—气泡；5—来水管

(2)喷淋式。它使水以水滴形式分散于空气中，这时空气是连续介质，水是不连续物质。喷淋式曝气装置一般采用较大的气水比，曝气的目的不仅是向水中溶氧，而且还为除去水中的二氧化碳、提高水的 pH 值。属于这类曝气装置的有莲蓬头和穿孔管曝气装置及喷水式曝气装置等。图 6-9 为莲蓬头曝气装置。

莲蓬头和穿孔管是一种喷淋式曝气装置、地下水通过莲蓬头和穿孔管上的小孔向下喷淋，把水分散成许多小水滴与空气接触，从而实现水的曝气。

(3)薄膜式。它使水以薄膜的形式与空气接触，这时水和空气都是连续介质。属于这类曝气装置的有机械通风式曝气塔、接触式曝气塔及板条式曝气塔等。图 6-10 为叶轮表面曝气装置。

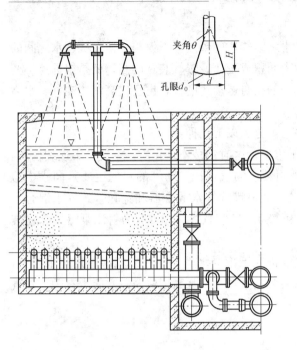

图 6-9　莲蓬头曝气装置

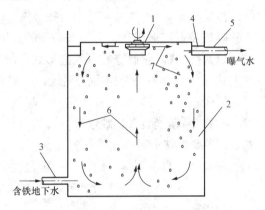

图 6-10　叶轮表面曝气装置

1—曝气叶轮；2—曝气池；3—进水管；4—溢流水槽；5—出水管；6—循环水流；7—空气泡

叶轮表面曝气装置，在水停留时间为 20min 的情况下，水中溶氧饱和度可达 80％～90％，二氧化碳去除率可达 50％～70％。

曝气后产生的三价铁沉淀，可以用重力式或压力式过滤设备除去。滤料可以采用石英砂或锰砂等，石英砂粒径范围为 0.5～1.2mm，锰砂为 0.6～2.0mm。滤层厚度，重力式为 700～1000mm，压力式为 1000～1500mm，过滤速度一般为 5～10m/h。

第七节　地下水的除锰

我国含锰地下水与含铁地下水一样，分布很广，但含锰量比含铁量低。长江中下游和珠江流域一般在 2.0mg/L 以下，东北松花江流域可达到 4～5mg/L，而国内饮用水标准中规定锰的含量不能超过 0.1mg/L。

一、除锰原理

在一般天然地下水中，锰主要以重碳酸亚锰 $Mn(HCO_3)_2$ 存在，即以二价锰的价态存在于接近中性的地下水中，因为四价态的锰（MnO_2）溶解度很小，其他价态的锰不稳定。因此，可用氧化的办法将水中的二价锰氧化成四价锰，四价锰从水中析出，再用固液分离的方法去除，就可达到除锰的目的。利用空气中的氧为氧化剂，使水中二价锰氧化成四价锰最为经济、可行，但二价锰的氧化速度只有水的 pH 值大于 9.0 时才能比较快，这比一般含铁含锰的地下水 pH 值高。

在二价锰氧化为四价锰的过程中，过去人们一直认为起催化作用的是二氧化锰。二氧化锰沉淀物的催化过程如下：

首先吸附二价锰离子

$$Mn^{2+}+MnO_2 \longrightarrow MnO_2 \cdot Mn^{2+}（吸附）$$

被吸附的二价锰在二氧化锰沉淀物表面被溶解氧氧化

$$MnO_2 \cdot Mn^{2+}+\frac{1}{2}O_2+H_2O \longrightarrow 2MnO_2+2H^+（氧化）$$

由上式可知，每氧化 $1mg/LMn^{2+}$，需溶解氧 $0.29mg/L$。地下水中的含锰量一般较低，只要略经曝气，就能满足氧化二价锰所需溶解氧的要求。

由于二氧化锰沉淀物的表面催化作用，使二价锰的氧化速度较无催化剂时的自然氧化显著加快。因为反应生成物是催化剂，所以二价锰的氧化也是自催化反应过程。

近来人们认为催化剂不是二氧化锰，而是浅褐色的 α 型 Mn_3O_4（可写成 MnO_x，$x=1.33$），并发现它可能是黑锰矿（$x=1.33\sim1.42$）和水黑锰矿（$x=1.15\sim1.45$）的混合物。水中二价锰在接触催化作用下的总反应式为

$$2Mn^{2+}+O_2+2H_2O \longrightarrow 2MnO_2+4H^+$$

二、曝气水中二氧化碳的理论最大去除率

在含铁含锰地下水的曝气过程中，由于空气中二氧化碳的体积比只有 $0.03\%\sim0.04\%$，所以在水、气之间存在较大的浓度差，在曝气溶氧过程中，必然会有部分二氧化碳从水中逸出到空气中，并导致水的 pH 值上升。

同样，根据气体亨利定律和理想气体方程式，可以导出在地下水曝气过程中二氧化碳的理论最大去除率 η_{max}

$$\eta_{max}=\frac{\rho_o-\rho_e}{\rho_e}\times100\%=\frac{1}{1+\frac{273+t}{273}\times\frac{0.525}{H_{CO_2}}\times\left(\frac{1}{\frac{R}{1+P}-\frac{1}{H_K}}\right)}\times100\% \quad (6-26)$$

式中：η_{max} 为曝气过程中 CO_2 的理论最大去除率，$\%$；ρ_o、ρ_e 分别为地下水中 CO_2 的初始浓度和达到平衡状态的 CO_2 剩余浓度，mg/L；H_{CO_2}、H_K 分别为二氧化碳和空气的亨利系数；t 为工作温度，$℃$，热力学温度 $T=273+t(K)$。

其他符号同式(6-25)。

与式(6-25)一样，式(6-26)也是曝气过程达到平衡状态下导出的，而在实际曝气过程中达不到平衡状态，二氧化碳的去除率会低于上式计算值。由实验得知，在正常大气压力下，要使 CO_2 去除率 η 达到 50%，$R>1.5$。要使 $\eta=80\%$，$R>5.0$。

三、曝气水的理论最高 pH 值

由以上计算分析可知，在气、水比一定的情况下，只能除去部分二氧化碳，即二氧化碳的去除率有一个上限，同样水的 pH 值上升也有一个上限。对应二氧化碳最大去除率所能得到的曝气水的理论最高 pH 值，可由以下各式导出

当水的总碱度以[碱]表示时，则由中性方程可表示为

$$[碱]=[HCO_3^-]+2[CO_3^{2-}]+[OH^-]-[H^+]$$

如果忽略[OH^-]和[H^+]二项不计，可得式(6-27)

$$[碱]=[HCO_3^-]+2[CO_3^{2-}] \quad (6-27)$$

若将碳酸的一级和二级电离平衡常数表达式[式(2-28)和式(2-29)]代入式(6-27)，可得

$$[碱]=\frac{K_1[CO_2^*]}{[H^+]}+2\times\frac{K_1K_2[CO_2^*]}{[H^+]^2} \quad (6-28)$$

161

由式(6-28)可得

$$[H^+] = \frac{K_1[CO_2] + \sqrt{(K_1[CO_2^*])^2 + 8[碱]K_1K_2[CO_2^*]}}{2[碱]} \quad (6-29)$$

式中：$[CO_2^*]$为曝气后剩余 CO_2 浓度。

式(6-29)说明，曝气水的理论最高 pH 值只与水中总碱度和水温有关，与水的初始 pH 值和初始二氧化碳浓度无关。

四、地下水除锰的工艺流程

由于锰和铁的化学性质相近，含锰地下水中也常含有铁，所以过去很长时间认为，在除铁的同时也除去了水中锰，对除锰不予重视。随着人们的不断研究，认识到铁的氧化还原电位比锰低，二价铁便成了高价锰的还原剂，因此二价铁大大阻碍二价锰的氧化。

所以，在地下水中铁、锰共存时，应先除铁、后除锰。某种先除铁后除锰的两级曝气两级过滤工艺系统如下：

$$\overset{O_2}{\downarrow} \qquad \overset{CO_2}{\downarrow}$$

含铁、锰地下水→简单曝气→接触氧化除铁滤池→充分曝气→接触氧化除锰滤池→除铁除锰水

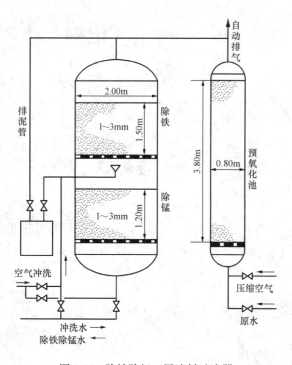

图 6-11　除铁除锰双层滤料过滤器

当水中含铁量低于 $2\sim5mg/L$ 和含锰量低于 $1.5mg/L$ 时，只需一次曝气和一次过滤，便可除去铁和锰，这时铁被截留于滤层上部，锰被截留于滤层下部，但这种工艺要求将水的 pH 值提高到 7.5。当地下水中铁、锰含量较高时，则除铁层的范围会增大，剩余的滤层不能很好地截留水中锰，影响出水水质。此时，为了防止锰泄漏，可在流程中设置两个过滤设备，前面是除铁设备，后面是除锰设备。也可将滤层做成两层，上层除铁，下层用于除锰，如图 6-11 所示。

除锰过滤设备的滤料可用石英砂或锰料，滤料粒径、滤层厚度与除铁相同，过滤速度为 $5\sim8m/h$，石英砂冲洗强度为 $12\sim14L/(m^2\cdot s)$，膨胀率为 $28\%\sim35\%$，冲洗时间为 $5\sim15min$。

第八节　水的除氟和除砷

一、水的除氟

1. 概述

氟在地壳中的含量大约为 0.03％，也是地球表面分布较广的元素之一，在土壤、岩石

中多以磷灰石[$3Ca_3(PO_4)_2 \cdot CaF$]、萤石(CaF_2)和冰晶石(Na_3AlF_6)等形式存在，另外还有氟化钠、氟化铝、氟硅酸盐等，其中以氟化钠的溶解度最大，萤石的溶解度最小。

氟在水中一般呈离子状态，是人体必需的元素之一，人体吸收适量的氟，有利于骨、齿坚实，有防龋齿作用，还可控制口腔里的细菌繁殖，减少糖发酵和牙齿腐蚀，使牙齿钙化，抗酸能力提高。一般认为，当饮水中氟浓度低于 0.5mg/L，会引起儿童龋齿症。当饮水中氟浓度高于 1.5mg/L 时，会引起氟斑牙。当饮水中氟浓度高于 3～6mg/L 时，会发生骨氟中毒(骨骼结构出现不利改变)。当饮水中氟浓度超过 10mg/L 时，会发展为致残性氟骨症。我国生活饮用水卫生标准规定，水中氟浓度应保持在 0.5～1.0mg/L(以 F 计)范围内。除上海外，我国各省、自治区、直辖市都有不同范围的高氟水地区，其中以北方的陕西、甘肃、内蒙古、新疆、河南、山东、山西、天津与河北最为严重。高氟区的地下水，大部分含氟量为 2～4mg/L，有的达 5～10mg/L，最高可达 30mg/L 以上。

在燃煤发电厂，煤中的含氟量（氟化物）相差比较悬殊，少则有 0.001%，高则可达 0.1%。煤粉在锅炉内燃烧时，煤中的氟化物在高温下分解，并形成 HF 和 SiF_4 等酸性气体。当这些酸性气体与飞灰一起进入烟气湿式除尘器时，便转入湿灰和冲灰水中，从而产生高含氟废水。只有一小部分酸性气体随烟气排入大气，但最终也会降入地表水中，并逐渐渗入地下水中。

HF 气体溶于水中后形成氢氟酸

$$HF \longrightarrow H^+ + F^-$$

SiF_4 气体溶于水后形成氟硅酸

$$3SiF_4 + 2H_2O \longrightarrow SiO_2 + 2H_2SiF_6$$

$$SiF_4 + 2HF + H_2O \longrightarrow H_2SiF_6$$

$$H_2SiF_6 + 6OH^- \longrightarrow 6F^- + H_4SiO_4 + 2H_2O$$

2. 除氟方法

由于氟离子半径小，溶解性能好，是比较难以去除的污染物之一。目前常用的除氟方法有混凝沉淀法、吸附过滤法、离子交换法、电渗析法、反渗透法、电凝聚法等，其中以吸附法应用最多。

（1）混凝沉淀法。该法通常是利用石灰中的钙离子与水中的氟离子反应，生成比较难溶的 CaF_2 沉淀除去，其化学反应为

$$CaO + H_2O \Longleftrightarrow Ca(OH)_2 \Longleftrightarrow Ca^{2+} + 2OH^-$$

$$Ca^{2+} + 2F^- \Longleftrightarrow CaF_2 \downarrow$$

经石灰沉淀处理后，水中残余 F^- 的含量可以进行理论计算。对于一个理想的氟化钙溶液体系，可同时存在以下几个平衡，即

$$CaF_{2(S)} \Longleftrightarrow Ca^{2+} + 2F^-, K_{CaF_2} = 4.0 \times 10^{-11} = 10^{-10.4}$$

$$[F^-] = \left\{ \frac{K_{CaF_2}}{[Ca^{2+}]} \right\}^{\frac{1}{2}} = \left\{ \frac{10^{-10.4}}{[Ca^{2+}]} \right\}^{\frac{1}{2}} \tag{6-30}$$

$$Ca^{2+} + F^- \Longleftrightarrow CaF^+, \quad K_{CaF^+} = 10$$

$$[CaF^+] = K_{CaF^+}[Ca^{2+}][F^-] = 10[Ca^{2+}][F^-] \tag{6-31}$$

$$H^+ + F^- \Longleftrightarrow HF, K_{HF} = 1.5 \times 10^3$$

$$[HF] = K_{HF}[H^+][F^-] = 1.5 \times 10^3 [H^+][F^-] \tag{6-32}$$

$$HF + F^- \rightleftharpoons HF_2^-, \quad K_{HF_2^-} = 3.9$$

$$[HF_2^-] = K_{HF_2^-}[HF][F^-] = K_{HF_2^-}K_{HF}[H^+][F^-]^2 = 3.9 \times 1.5 \times 10^3[H^+][F^-]$$

$$(6-33)$$

所以，水溶液中的总含氟量 $[F]_T$ 为

$$[F]_T = [F^-] + [CaF^+] + [HF] + [HF_2^-] \tag{6-34}$$

将式 (6-30)~式 (6-33) 代入式 (6-34)，可得

$$[F^-]_T = \left\{\frac{10^{-10.4}}{[Ca^{2+}]}\right\}^{\frac{1}{2}}\left\{1 + 10[Ca^{2+}] + 1.5 \times 10^3[H^+] + 3.9 \times 1.5 \times 10^3[H^+]\left[\frac{10^{-10.4}}{[Ca^{2+}]}\right]^{\frac{1}{2}}\right\}$$

$$(6-35)$$

由式 (6-35) 可知，水溶液中的总含氟量是水溶液中钙离子浓度和 pH 值的函数。如将 $[Ca^{2+}] = 40mg/L$ 和 pH=4.0 代入式 (6-35)，可得 $[F^-]_T = 4.28mg/L$；如将 $[Ca^{2+}] = 400mg/L$ 和 pH=4.0 代入式 (6-35)，可得 $[F^-]_T = 1.46mg/L$；如将 $[Ca^{2+}] = 40mg/L$ 和 pH=12.0 代入式 (6-35)，可得 $[F^-]_T = 3.73mg/L$。

由以上计算说明，影响水溶液中总含氟量的主要是钙离子浓度，pH 值的影响较小。

采用石灰沉淀法处理含氟水，理论上可使水中 F^- 浓度降到小于 10mg/L，而且投加过量的钙离子（如大于 40mg/L），水中 F^- 浓度可以降得很小，但水中残余 F^- 浓度往往达不到小于 10mg/L 的排放标准，这是因为在生成 CaF_2 的同时，很快在氧化钙颗粒表面上生成一层 CaF_2 硬壳，使氧化钙的利用率降低，而且生成的 CaF_2 为胶体状沉淀物，难以用沉降法分离。因此，要想进一步降低水中 F^- 的浓度，必须再做进一步深度处理。如在进行石灰沉淀处理的同时，加入混凝剂 $Al_2(SO_4)_3$（如投加量为 300mg/L），使之形成氢氧化铝胶体，吸附水中 F^- 并形成共沉淀，可使水中 F^- 浓度降至 3.0mg/L 以下。

由于该法需将水的 pH 值调节至 10~12，而且水中 F^- 浓度难以降低到 1.0mg/L 以下，所以它通常用于高含氟废水的处理。

如果原水的含氟量小于 4.0mg/L，pH 值为 6.0~8.0 时，混凝沉淀法也可用于饮用水的处理，其工艺流程为：地下水→混凝→沉淀→过滤。主要设计参数为：混凝时间 5~60min，pH 值控制在 6.5~7.5 之间，沉淀时间在 4h 左右。混凝剂的选择原则是：水中 Cl^- 浓度高时宜选用硫酸铝；当水中硫酸盐浓度高时宜选用氯盐混凝剂；当水中两种盐浓度均高时宜选用碱式氯化铝。

（2）活性氧化铝吸附过滤法。活性氧化铝吸附过滤是目前技术比较成熟、应用最广的一种除氟方法。

活性氧化铝是由氧化铝的水化物经 400~600℃灼烧而成，制成颗粒状滤料，具有比较大的比表面积，是一种多孔分子筛吸附剂。氧化铝是一种两性物质，等电点约为 pH9.5，当水的 pH 值小于 9.5 时能吸附阳离子。氧化铝吸附阴离子的顺序为 $OH^- > PO_4^{3-} > F^- > SO_3^- > CrO_4^{2-} > SO_4^{2-} > NO_2^- > Cl^- > HCO_3^- > NO_3^-$，说明它对吸附 F^- 具有相当高的选择性。

氟离子浓度高的水，由于对氧化铝颗粒能形成较高的浓度梯度，有利于氟离子进入颗粒内部，从而能获得高的容量。pH 值约为 5.5 时，氧化铝的吸附速率最大，故可得最大吸附容量。粒度小的吸附容量高于粒度大的。

活性氧化铝再生时，先用原水对滤层进行反冲洗，反冲洗强度为 11~12L/(s·m²)，冲洗 5min，再用 2% 的硫酸铝溶液以 0.6m/h 的滤速自上而下通过滤层对滤料进行循环再生，

再生时间需 18～45h。如果采用浸泡再生，约需 48h。再生 1mg 氟约需 15mg 硫酸铝。再生后，需用除氟水对滤层再进行反冲洗，冲洗时间为 8～10min，以除净滤层中残留的硫酸铝再生液。

活性氧化铝除氟的设备与离子交换的设备类似。活性氧化铝装填入吸附滤池中，一般采用下向流运行方式。吸附滤料料径为 0.5～2.5mm，滤层厚度为 700～1000mm，滤料不均匀系数 $K \leqslant 2$，承托层为卵石，层厚 400～700mm。滤料干密度为 800kg/m^3。滤速与水的含氟量及滤层厚度有关，一般为 1.5～2.5m/h。

当城市饮用水中氟浓度低于 0.5mg/L 时，可向水中加氟，称为氟化处理，但国内很少采用。

（3）骨炭吸附过滤法。骨炭吸附过滤法也是应用较多的一种除氟方法。骨炭是一种黑色、多孔的颗粒状物质，主要由 Ca、P、S 等化学元素组成，其中羟基磷酸钙 57%～80%、碳酸钙 6%～10%、活性炭 7%～10%。当含氟水与骨炭接触时，出水中的 Ca^{2+} 浓度和 F^- 浓度都明显降低，说明 F^- 与 Ca^{2+} 被骨炭的巨大表面积所吸附，从而降低了原水中的 F^- 浓度。骨炭的主要成分是羟基磷酸钙，分子式为 $Ca_{10}(PO_4)_6 \cdot (OH)_2$，其分子中的羟基与水中的氟离子进行离子交换，从而将氟由水中除去，反应过程为

$$Ca_{10}(PO_4)_6 \cdot (OH)_2 + 2F^- \rightleftharpoons Ca_{10}(PO_4)_6 \cdot F_2 + 2OH^-$$

这个反应是可逆的。当滤料吸附饱和后，用 1‰NaOH 溶液对滤料进行再生，这时水中 OH^- 浓度大大提高，反应便由右向左反方向进行，使滤料上吸附的 F^- 解吸下来，从而使吸附剂得到再生。

骨炭除氟的工艺流程与活性氧化铝除氟的工艺流程基本相同，也是地下水→混凝→沉淀→过滤。它是将骨炭作为一种吸附除氟剂装入交换罐内，水自上而下进行吸附过滤处理，处理后的水含氟量可达到饮用水要求，除氟容量为 3～4mgF⁻/g 骨炭。

骨炭吸附过滤法的主要工艺参数为：水与骨炭吸附剂的接触时间为 5～10min；水的 pH 值为 6.5～8.5，因此无须调节原水的 pH 值；最佳流速为 3.5～4.0m/h，流速越慢，接触时间越长，除氟容量越高；水温越高，除氟容量越高。

骨炭再生时一般用 1‰NaOH 溶液浸泡，然后再用 2‰硫酸溶液中和。再生工艺过程为：反冲洗→碱再生→淋洗→酸中和→淋洗。

二、水的除砷

砷在地壳中分布也很广，主要是以硫化物矿或金属砷酸盐、砷化物的形式存在。水中的砷来自于矿物、矿石的分解，在地表水中，主要是五价砷；在地下水中，主要是三价砷。砷在水中的存在形态与水的 pH 值有关，当 pH 值低于 7 时，三价砷以 $H_2AsO_3^-$ 的形式存在，五价砷以 H_3AsO_4 的形式存在。三价砷比五价砷的毒性大。当人体慢性砷中毒时，唯一症状是疲乏和失去活力；较重的中毒时会出现胃肠道黏膜炎、肾功能下降、水肿倾向、多发性神经炎等。

当地表水含有砷时，可在常规的预处理过程中去除，它是通过混凝剂水解生成的氢氧化物絮凝体吸附和共沉淀及过滤设备的吸附与拦截作用去除的。这种方法一般可将水中含砷量降至 $50\mu g/L$ 以下，达到饮用水卫生标准。如将三价砷氧化为五价砷，去除效果会显著提高（如加氯）。当地下水含有砷时，虽然也可通过常规预处理去除，但需要增大絮凝体颗粒浓度的措施，如投加适当量的黏土或采用泥渣循环型澄清池等。也可采用除氟的办法，用活性氧

化铝除砷，用 NaOH 溶液再生。

第九节 饮用水的消毒处理

饮用水的消毒处理（drinking water disinfection tretment）是指消灭（杀死）或灭活（inactivation）水中绝大部分病原体，使水的微生物学（细菌学）指标满足人们健康要求的一种水处理技术。因为在天然水体中含有各式各样的微生物，特别是那些细菌性病原体微生物和病毒性微生物，它们会通过水体传播疾病。联合国环境与发展机构指出，有 60％以上的疾病是通过水体传播的。有 50％的儿童死亡率（每年有约 600 万儿童）与饮用水的水质有关，平均每年有 2.5 亿人因饮用不洁净水而发生疾病。水的消毒处理是解决这一社会问题的有效途径之一。

一、城市饮用水水质标准

为防止水致疾病的传播，各国都制定了自己的饮用水水质标准，特别是对饮用水的微生物学（细菌学）指标，都作了严格的规定。表 6-5 是我国建设部 2005 年 6 月 1 日实施的生活饮用水水质标准。

表 6-5 生活饮用水水质标准（CJ/T 206—2005《城市供水水质标准》）的常规细菌学指标

项　　目	指　标　值
细菌总数	≤80cfu/mL*
总大肠菌群	0cfu/100mL 或 mpn/100mL
耐热（粪）大肠菌群	0cfu/100mL 或 mpn/100mL**
管网末梢的余氯（适用于加氯消毒）	与水接触 30min 后游离氯≥0.3mg/L 或与水接触 120min 后总氯≥0.5mg/L 总氯≥0.05mg/L
出厂水的余氯（适用于加氯消毒）	与水接触 30min 后出厂游离氯≥0.1mg/L 官网末梢水的总氯≥0.05mg/L
二氧化氯（适用于二氧化氯消毒）	二氧化氯余量≥0.02mg/L

＊　cfu 表示菌落形成单位。

＊＊　mpn 表示最可能数。

表 6-6 是世界卫生组织 WHO（world health organization ）关于饮用水中的微生物学指标。

表 6-6　饮用水中的微生物学指标

系　　统	有　机　体	指　　标
所有饮用水	大肠杆菌或耐热大肠菌	在任意 100mL 水样中检测不出
出厂水	大肠杆菌或耐热大肠菌	100mL 水样中检测不出
	总大肠菌落	在任意 100mL 水样中检测不出
配水系统中的已处理水	大肠杆菌或耐热大肠菌	在任意 100mL 水样中检测不出
	总大肠菌落	在任意 100mL 水样中检测不出。对于大供水系应检测足够多的水样，任意 12 个月中 95％水样应合格

二、城市饮用水的消毒处理

水中的微生物大部分都黏附在悬浮物颗粒上，即使在水的混凝沉降和过滤处理中已除去一大部分（40%～60%），但仍达不到饮用水标准中的规定，更达不到完全消毒的要求。所以消毒处理是保证饮用水细菌学指标的一个不可缺少的水处理单元。

水的消毒处理分为化学法和物理法两种。化学法包括加氯或氯化物、臭氧和二氧化氯处理等；物理法包括加热、紫外线和超声波处理等。目前我国的饮用水处理中多用氯化处理，而美国已于 19 世纪 70 年代明文规定不加氯。这是因为饮用水采用氯气消毒处理虽已有上百年历史，而且技术可靠、消毒效果理想，但在饮用水加氯过程中又有新的氯化物产生，而且认为它们是对人身体危害更大的消毒副产物。其中主要是三卤甲烷、卤代乙酸和溴酸根离子（BrO_3^-）。三卤甲烷（THM）由三氯甲烷（$CHCl_3$）、一溴二氯甲烷（$CHBrCl_2$）、二溴一氯甲烷（$CHBr_2Cl$）和三溴甲烷（$CHBr_3$）组成，它们的毒性大小顺序为 $CHBrCl_2 >CHBr_2Cl>CHCl_3>CHBr_3$。卤代乙酸（HAA）由一氯乙酸、二氯乙酸、三氯乙酸、一溴乙酸和三溴乙酸五种化合物组成。它们都是在消毒过程中，水中的氯和溴与水中的有机物发生化学反应生成的。水中的氯一般是人为投加的氯化物消毒剂，而溴是水中已存在的溴离子。在沿海地区，水中溴离子的含量偏高。所以现在有一种趋势，就是利用臭氧、二氧化氯、双氧水、紫外线等替代传统的氯化物消毒，以及利用强化混凝沉降、生物氧化、化学氧化、活性炭吸附及膜分离等工艺，去除氯化物消毒副产品的前驱物，以降低消毒副产品的含量。

尽管氯气和氯化物存在以上缺点，但在城市饮用水处理中，以氯气或氯化物作为消毒剂仍比较普遍，其加氯量有需氯量和余氯之分。需氯量是指用于杀死病原微生物、氧化水中有机物和还原性物质所消耗的氯的总量。余氯是为防止残存的病原微生物在管网中再度繁殖而多加的一部分剩余的氯，也称过剩氯。我国饮用水水质标准中规定，水厂出水余氯在接触 30min 后应不低于 0.3mg/L，管网末端水中余氯不低于 0.05mg/L，表示仍有一定的消毒能力。加氯量应为需氯量和余氯之和。

有关氯气及其氯化物消毒的其他详细内容，可参见本书第二十章，下面仅就臭氧消毒和紫外线消毒进行介绍。

1. 臭氧消毒

（1）臭氧的性质。臭氧的含义是臭气，是氧的同素异形体，由 3 个氧原子组成，分子量为 48，臭氧分子可以结合一个电子成为臭氧离子（O_3^-），它所形成的化合物叫做臭氧化合物。臭氧在空气中的浓度达到 0.01mg/L 既能嗅出，安全浓度为 1.0mg/L，达到 1000mg/L 时有致命危险。

由于臭氧是一种强氧化剂，它的氧化能力是氯的 1.52 倍，杀菌速度比氯快 3125 倍。因此它除有消毒作用以外，还能使水中许多物质氧化分解，而且具有一定的脱色能力。臭氧可以氧化一些无机物，如二价铁、锰、氰化物、硫化氢等，也可氧化许多种有机物，如蛋白质、芳香化合物、木质素、腐殖酸、酚类化合物、有机胺等。

臭氧消毒和氧化分解有机物的机理与臭氧在水中的分解机理有关。它可在水中分解为原子氧和氧气，还可转变为 HO·、HO_2、O_2^-、H_2O_2 等中间产物：$O_3 \rightleftharpoons O_2+[O]$；$[O]+O_3 \longrightarrow 2O_2$；$[O]+H_2O \longrightarrow 2HO·$；$2HO· \longrightarrow H_2O_2 \longrightarrow H_2O+[O]$。

因此，臭氧消毒和氧化水中的有机物，可由臭氧直接消毒和氧化某些有机物，也可以是分解产生的中间产物 HO·消毒和氧化有机物。

（2）臭氧的杀生和氧化特点。

1）臭氧作为杀菌剂时，可百分之百地杀死水中各种细菌性病原微生物和病毒性微生物。从消毒效果比较，其排序为臭氧＞二氧化氯＞氯＞氯胺；从消毒后水的致突变性看，其排序为氯＞氯胺≥二氧化氯＞臭氧。作为氧化剂时，对水中有机物的氧化能力常因各种有机物的抗氧化能力不同而有较大差异，其去除率常在 $10\%\sim100\%$ 不等，对挥发性酚类化合物一般在 30% 以上。

2）利用臭氧氧化水中有机物时，可被氧化的有机物有蛋白质、氨基酸、腐殖酸、木质素等，可被氧化的官能团有—CHO、—NH₂、—SH、—NO、—OH 等，但难于达到完全无机物生成 H_2O、CO_2，只能形成一些中间产物如甲醛、丙酮、乙酸等，使水的可生化性得到改善。对水中有机物的去除率与水的 pH 值有关：pH＝7.0 左右时，COD 去除率为 40% 左右；在 pH＝12 时，可达到 $80\%\sim90\%$。

3）臭氧是一种极不稳定的气体，在水溶液中只能存在几分钟，在空气中分解消失的半衰期为 $12\sim16h$。在常温下可慢慢地自行分解为 O_2，同时放出大量热量，这与水中是否存在还原性物质、有机物及微生物等因素有关。它的氧化分解反应可表示为

$$O_3 + 3H_2O \longrightarrow H_3^+O + 3OH^-$$
$$H_3O^+ + 3OH^- \longrightarrow 2H_2O + O_2$$
$$O_3 + OH^- \longrightarrow HO_2^- + O_2$$
$$O_3 + HO_2^- \longrightarrow OH^- + 2O_2$$

4）臭氧氧化有机物的效果还与臭氧投加量和接触时间有关。一般在饮用水处理中，臭氧投加量为 $0.2\sim1.5mg/L$，接触时间为 $5\sim30min$。

5）利用臭氧氧化有机物和杀菌处理过的水是完全无毒的，残余臭氧分解产生的氧气还可以补充水中的溶解氧。

6）臭氧在水中的溶解度比氧高，在 $10\sim30℃$ 范围内臭氧在水中的溶解度为氧的 13 倍，但在处于常温和接近中性的天然水中，一般只有十几毫克/升。所以，臭氧发生器产生的臭氧不能充分发挥消毒和氧化作用，有将近 40% 以上的量会损失掉。为此。应使臭氧与水体有充分的接触时间。

7）臭氧氧化法的缺点是耗电量高，每产生 1kg 臭氧理论耗电量为 0.82kWh，但工业生产中每 1kg 臭氧的耗电量为 $15\sim20kWh$，即有 95% 以上的输入电能变成热能而损耗掉，所以需装设冷却水系统。

8）由于臭氧对人体呼吸道有害，而且使植物枯萎、污染环境，所以必须对其尾气加以处理。处理方法有燃烧法（热分解）、活性炭吸附法、催化分解法和碱液吸收法等，目前多用于垃圾燃烧。

（3）臭氧的制取。制取臭氧的工艺流程如图 6-12 所示。当利用空气制取臭氧时，产率只有 $1\%\sim2\%$，利用氧气制取臭氧时为 $2\%\sim6\%$，所以成本较高。在水处理领域中主要是采用空气为气源，以高压无声放电法产生低浓度的臭氧化空气。臭氧发生器有板式和管式两种，板式臭氧发生器又分为立板式和卧板式，管式臭氧发生器又分为立管式和卧管式，目前大都采用卧管式。

臭氧化空气的浓度与产率除与输入电流的电压和频率及输入空气的气压、气量和温度有

关外，还与发生器的具体结构有关，如电极材料、电极厚度、电极板之间的间隙等。

在图 6-12 所示的臭氧制取工艺流程中，接触反应装置（池）是臭氧消毒的重要设备，在此设备中完成臭氧对水的消毒和氧化作用。影响消毒效果的因素有：水中污染物的物种和浓度大小（或数量）；臭氧与水的接触时间与方式；臭氧的投加量与气温高低；水的温度和压力高低等。

接触反应装置的形式有鼓泡塔、固定螺旋混合器、涡轮注入器和喷射器等多种。图6-13为涡轮注入器的臭氧接触反应装置，其吸附率可达到 $75\% \sim 95\%$，接触时间一般为 $3 \sim 10 \mathrm{min}$。

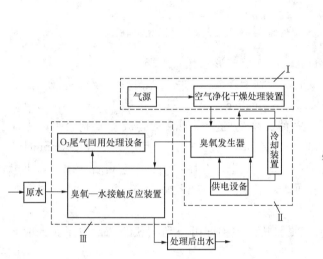

图 6-12　臭氧制取工艺流程

Ⅰ—空气净化系统；Ⅱ—臭氧发生系统；Ⅲ—水与臭氧接触系统

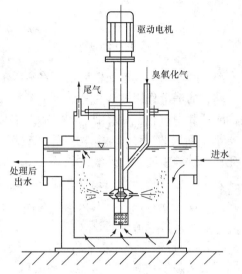

图 6-13　蜗轮注入器臭氧接触反应装置

（4）臭氧尾气的处理。由于水和臭氧在接触反应装置中的吸收率很难达到 100%，因此会排出一定数量的剩余臭氧（称为尾气），其量大小与处理水质、臭氧投加量大小、水汽接触时间、臭氧化的浓度及水温等因素有关。

如将尾气直接排入大气并使大气中的臭氧浓度大于 $0.1 \mathrm{mg/L}$，就会对人的眼、鼻、喉及呼吸器官带来刺激性，并造成大气的二次污染。因此，用臭氧消毒时必须考虑尾气处理。

尾气的处理方法可用活性炭吸附，也可将尾气回收利用。图 6-14 为尾气回收利用的工艺流程。

在图 6-14 所示的工艺流程中，臭氧的利用率可达到 $95\% \sim 98\%$ 以上。如果二级吸收后尾气浓度仍然超过 $0.1 \sim 0.5 \mathrm{mg/L}$，可采用活性炭吸附或氧化法破坏。

2. 紫外线消毒

（1）紫外线消毒原理。紫外线消毒是目前高纯饮用水及各种饮料常用的一种消毒方法。紫外线是一种波长范围为 $100 \sim 400 \mathrm{nm}$ 的不可见光，在光谱中的位置介于 X 射线与可见光之间。紫外线的光源通常由水银蒸汽电弧灯产生。用石英玻璃做外壳，在灯管内充有一定量的惰性气体和水银。紫外线灯通电后电极受热发射电子，使水银蒸汽原子中的一部分电子受激发跃到较高能量级的轨道，原子也达到较高能态。由于这些较高能态的原子和电子不稳定，

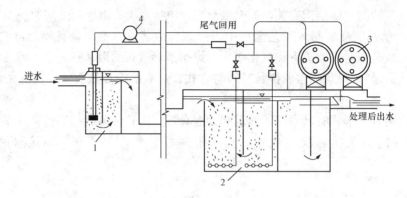

图 6-14　尾气回收利用的工艺流程

1—预臭氧化接触池；2—臭氧化接触池；3—臭氧发生器；4—空气压缩机

力图回到原来的基态和轨道，并将吸收的能量以光波的形式释放出来。

它的消毒作用被认为是：水中菌类微生物受到紫外线照射后，紫外线光谱能量被细菌的核酸〔其中包括脱氧核糖核酸 DNA（deoxyribonucleic acid）、核糖核酸 RNA（ribonucleic aeid）〕所吸收，使核酸结构变异和破坏，并使微生物的蛋白质失去合成和复制繁殖能力而死亡。试验表明，紫外线波长为 200～300nm 时，消毒效果较好，其中以波长 260nm 时消毒效果最佳。紫外线的光源有高压、低压之分，一般采用高压水银灯。它可置于水中，也可置于水面。前者称为浸入式，后者称为水面式，消毒效果前者比后者好。

（2）紫外线消毒的特点：

1）消毒速度快，效率高，只要将水体照射几十秒钟即可得到满意的消毒效果。一般大肠杆菌去除率达到 98% 以上，细菌总数达到 96% 以上。

2）紫外线能杀死氯化法难以杀死的芽孢和病毒微生物，而且不影响水的物理性质和化学性质，也不增加水的臭味及杂质。

3）高压水银灯消毒水量比较大，3000W 的灯管每小时可消毒 50m³ 的水。4 个 30W 的低压灯管每小时只能消毒 6～8m³ 的水。

4）水的色度、浊度和含铁量等都能吸收一定的紫外线，从而影响消毒效果，其中以色度影响最大。

5）灯管周围水的温度也影响消毒效果，一般温度低时，消毒效果差。所以，当采用高压水银灯时，需在灯管外面再装石英套管，灯管与套管之间形成一个空气夹层，使灯管能量得到发挥。

6）消毒设备可根据处理水量大小，采用串联或并联布置。前者管路简单，但水头损失大；后者管路复杂，但操作灵活。

7）紫外线消毒效果与水中细菌总数和大肠杆菌指数有关，在照射条件相同的情况下，消毒效果随水中细菌总数和大肠杆菌指数增加而有所降低。

8）紫外线消毒法的缺点是耗电量大，而且没有持续消毒能力，可能会有微生物的复活问题，所以管网过长时难以防止水的二次污染。

第七章

微滤、超滤、纳滤和渗透

用膜对混合物的组分进行分离、分级、提纯和浓缩的方法称膜分离过程或膜分离方法。膜分离过程主要有精密过滤（microfiltration，MF）、超滤（ultrafiltration，UF）、纳滤（nanofiltration，NF）、渗透（forwardosmosis，FO）、反渗透（reverse osmosis，RO）、电渗析（electrodialysis，ED）、电除盐（electrodeionization，EDI）、渗析（dialysis，D）、控制释放（control release，CR）、气体膜分离（gas permeation，GP）、渗透汽化（pervaporation，PV）、膜蒸馏（menbrane distillation，MD）、膜萃取（membrane extraction，ME）、亲和膜分离（affinity membrane separation，AMS）、液膜（liquid membrane，L）、促进传递（facilitated transport，FT）、膜反应（membrane reaction，MR），本章介绍 MF、UF、NF 和 FO 技术，第八章介绍 RO 技术。

MF、UF 和 NF 的共同特征是：以多孔材料为过滤介质，以压力为推动力，实现水与杂质的分离。膜孔径由大到小顺序为：MF＞UF＞NL。目前，这三类过滤技术已广泛用于各行业。FO 处理溶液的特征是：以选择性透过膜为溶剂迁移通道，以渗透压为推动力，实现溶剂与溶质的分离。

第一节 微 滤

微滤又称微孔过滤、精密过滤，推动压力一般为 0.05～0.3MPa，主要截留的是尺寸超过 $0.1\mu m$ 的物质，可以有效地去除流体中的悬浮物、微粒、铁锈等杂物，以及贾第虫、隐孢子虫、藻类和一些细菌等。微滤广泛应用于制药、微电子、食品饮料、生物、化工、水处理、实验室及国防等领域的气体、液体过滤分离及检测。火力发电厂水处理中，常用 $5\mu m$ 过滤精度的微滤器作为反渗透装置的保安过滤器，用 $1\mu m$ 过滤精度的微滤器作为电除盐设备的保安过滤器，用 $20\sim100\mu m$ 过滤精度的微滤器作为超滤的前置过滤设备。

一、微滤原理

1. 截留机理

根据杂质在膜中的截留位置，可分为表面截留和内部截留，如图 7-1 所示。截留机理主要有以下三类：

（1）筛分。指膜拦截比其孔径大或与孔径相当的微粒，也称机械截留。

（2）吸附。膜通过物理化学吸附截获微粒。因此，即使微粒尺寸小于孔径，也能因吸附而被膜截留。

（3）架桥。微粒相互推挤导致大家都不能进入膜孔或卡在孔中不能动弹。

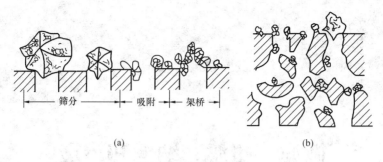

图 7-1　微粒截留位置

(a) 表面截留；(b) 内部截留

筛分、吸附和架桥既可以发生在膜表面，也可发生在膜内部。

2. 微滤方程

（1）死端过滤方程。没有浓水排放的过滤方式称死端过滤，这种过滤通常是透过液（滤液）与料液（被处理溶液）的流动方向平行，故又称并流过滤。死端过滤过程中，膜截留的固体颗粒（杂质）全部转化成滤饼，溶剂（水）全部转化为滤液。随着过滤时间延长，伴随滤饼层变厚，过滤阻力的增加，水透过速度（又称水通量）下降。根据 Darcy（达西）定律导出的水通量为

$$J_v(t) = \frac{\Delta p}{\eta R_m}\Big[1 + \frac{2\hat{R}_c\Phi_b\Delta p}{(\Phi_c - \Phi_b)\eta R_m^2}t\Big]^{-1/2} \tag{7-1}$$

式中：$J_v(t)$ 为过滤时间 t 时的水通量；Δp 为膜两侧压力差，简称推动压力；$\hat{R}_c$ 为单位厚度滤饼的阻力，简称比阻；Φ_b 为主体溶液中固体颗粒的体积分率；η 为滤液黏度；Φ_c 为滤饼中固体颗粒的体积分率；R_m 为膜阻力。

式（7-1）表明，水通量大体上与推动压力成正比，与滤液黏度、膜阻力成反比，并随过滤时间衰减；料液中固体颗粒浓度越高，水通量衰减越快。

（2）错流过滤方程。有浓水排放的过滤方式称错流过滤，这种过滤与死端过滤不同，通常是料液沿膜面流动，不断地剪切冲刷膜表面的截留物，使其部分返回料液并随浓水排放，从而减轻了膜污染，水通量衰减慢。

描述错流微滤的模型较多，它们间的主要区别在于用什么机理解释粒子从膜表面返回到主体流的迁移过程。错流微滤模型大致分为剪切扩散模型和径向迁移模型两类。式（7-2）是剪切扩散模型导出的过滤方程

$$J_v(t) = 0.078\Big(\frac{a^4}{L}\Big)^{1/3}\gamma_0\ln\Big(\frac{\Phi_w}{\Phi_b}\Big) \tag{7-2}$$

式中：a 为固体颗粒半径；γ_0 为膜表面处的剪切速率；Φ_w 为滤饼表面即极化边界层内侧粒子的体积分率；L 为料液流道长度。

二、微滤膜及其组件

1. 微滤膜孔道

微滤膜的孔径一般在 $0.1\sim10\mu m$，且孔径分布范围窄，孔隙率可高达 80%，厚度在 $150\mu m$ 左右。微滤膜的这些特征决定了微滤具有较高的分离精度和较大的水通量。

微滤膜按形态结构可大致分为两种：一种是筛网膜，如核孔膜，其孔呈毛细管状，不均匀地分布并垂直于膜表面；另一种是曲孔膜，也叫深层膜，这种膜的微观结构与开孔型的泡沫海绵相似。图7-2是两种膜微观形态的典型代表。

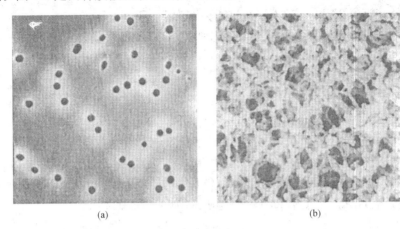

(a)　　　　　　　　　　(b)

图7-2　微孔滤膜的形态
(a) 筛网膜；(b) 曲孔膜

常用过滤精度表示微滤膜及其组件中过滤孔隙的大小（如孔径）。

2. 微滤膜材料

可用作微滤膜的材料有很多，常用聚丙烯（PP）、聚四氟乙烯（PTFE）和聚偏氟乙烯（PVDF）。此外，微滤膜材料还有纤维素酯、聚酰胺、聚砜、聚碳酸酯等有机物，以及氧化铝、氧化锆、陶瓷、玻璃等无机物。

3. 微滤膜组件

微滤膜组件常称微孔滤芯，水处理中常用多个滤芯组装而成微滤器。从膜形状上看，微孔滤芯有管式、褶皱筒式、板式、卷式和中空纤维式等。卷式和中空纤维式由于难以清洗，在微滤中较少见。在水处理中，管式使用较广泛，褶皱筒式和板框式也有应用。

为了便于工业应用，有的将微滤装置与其配套的辅助设备有机结合起来，组装成一个独立的微滤系统，连续微滤系统就是一例。

（1）管状滤芯。主要有线绕滤芯、喷熔滤芯和折叠滤芯、不锈钢滤芯等多种，见图7-3。

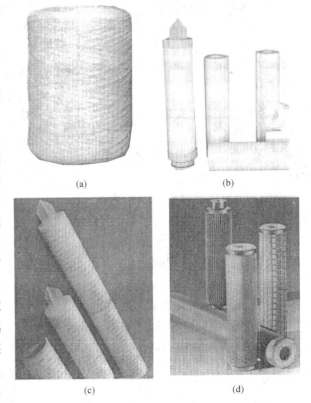

(a)　　　　　　　(b)

(c)　　　　　　　(d)

图7-3　管状微孔滤芯外观
(a) 线绕滤芯；(b) PP喷熔滤芯；(c) 折叠滤芯；(d) 不锈钢滤芯

173

1）线绕滤芯。又称蜂房式线绕滤芯，它是由纺织纤维线（如丙纶线、脱脂棉线、玻璃纤维线）依各种特定的方式在内芯（又称多孔骨架，如聚丙烯管、不锈钢管）上缠绕而成，具有外疏内密的蜂窝状结构。一般，滤芯长 $5''$（127mm）～$40''$（1016mm），外直径 40～63mm，内直径一般为28mm 或 30mm；过滤精度为 1～$50\mu m$。

2）PP 熔喷滤芯。是用聚丙烯粒子，经过加热熔融、喷丝、牵引、成形而制成的管状滤芯。一般，滤芯长 $5''$（127mm）～$60''$（1524mm），外直径 60～120mm，内直径一般为28mm 或 30mm；过滤精度为 0.5～$100\mu m$。

3）折叠式滤芯。用微孔滤膜制作的过滤器件，膜材料主要有聚醚砜膜（PES）、聚四氟乙烯膜（PTFE）、聚偏氟乙烯膜（PVDF）、尼龙膜（N6/N66）、混纤膜（CN-CA）、聚丙烯（PP）和活性炭纤维（ACF）等。一般，滤芯长 $5''$（127mm）～$40''$（1016mm），外直径 10～300mm；过滤精度为 0.05～$100\mu m$，常用 0.05、0.1、0.22、0.45、1、3、$5\mu m$；工作温度与膜材料有关，例如 PTFE 滤芯可在90℃下使用，还可以在125℃下蒸汽消毒，玻璃纤维线和不锈钢骨架的滤芯应低于200℃；工作压降为 0.02～0.2MPa。

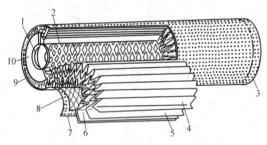

图 7-4　褶皱筒式微孔滤芯结构

1—O 形环；2—轴芯；3—固定材；4—内层材；5—滤膜；
6—外层材；7—护罩；8—网；9—固定材；10—垫圈

4）不锈钢滤芯。有多种方法制作滤孔，如不锈钢板冲孔，用不锈钢丝缠绕、编织，以及用不锈钢纤维烧结等，在过滤精度 1～$200\mu m$ 范围内有许多规格。不锈钢滤芯耐高温（<300℃）、耐高压（<30MPa）、抗腐蚀和阻力小，可经化学清洗、高温消毒、超声波清洗后反复使用。

（2）褶皱筒式滤芯。褶皱筒式滤芯的结构如图 7-4 所示。垫圈和 O 形环起密封的作用；微滤膜则由内、外层材来支撑，并一起被固定材固定在轴芯周围；外部护罩和网起保护和水流分布的作用。原水由外部进入，杂质颗粒被微滤膜截留，透过水进入轴芯的内部管中再流出。通常由多个滤芯组成一筒式过滤器。这种过滤器具有过滤面积大、操作方便的优点，滤芯堵塞后即可抛弃更换。

该滤芯通常用于电子工业高纯水过滤；制药工业药液及水的过滤；食品工业的饮料、酒类等的除菌过滤。

（3）板状滤芯。图 7-5 所示的陶瓷滤芯属于这类滤芯，它一般由硅藻土和黏土经配料、混料、成型、高温烧结制成，有管式和板式两种滤元，具有耐酸碱腐蚀、耐高温、孔径分布均匀等特点，过滤精度有 0.22、0.45、1、3、5、10、20、$30\mu m$ 等规格。

（4）连续微滤成套装置。连续微滤成套装置以微滤组件为中心，配以清洗系统、空气系统和控制系统。系统中有许多个过滤单元，轮流工作，轮流清洗，从而保证整个系统连续供水。

在国外，连续微滤在饮用水处理、反渗透预处理和污水处理方面得到了广泛的应用。下

图 7-5　板状陶瓷微孔滤芯外观

面以 US Filter 公司的 Memcor CMF 成套装置为例，说明连续微滤系统的设备组成、流程和运行。

（1）组成：主要有微滤膜组件、供水泵、循环水罐、反洗泵、反洗水罐、空压机、贮气罐、阀门、流量传感器、可编程控制器（PLC）、软件、电气控制箱、加药计量系统、聚氯乙烯管（UPVC）或不锈钢管路、监测仪表等组成。

（2）流程：图 7-6 是 Memcor 的 $2\times5\times90$M10C 连续微滤系统的示意，该系统含有 2 列微滤处理系统，每列又有 5 个微滤单元，每个微滤单元包含 90 个微滤组件。

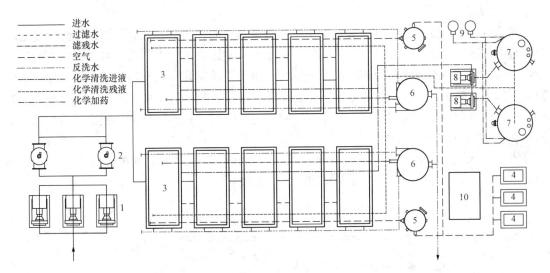

图 7-6　Memcor 的 $2\times5\times90$M10C 连续微滤系统示意

1—给水泵；2—粗滤网；3—CMF 单元；4—空气压缩机；5—空气储存罐；6—反洗水箱；
7—化学清洗药箱；8—化学清洗循环泵；9—化学加药；10—主控制柜

（3）运行：

1）过滤。原水从顶端和底部同时进入组件，在压力推动下，原水从中空纤维外侧透过到纤维内腔中，经出水母管流出，悬浮颗粒、胶体和细菌等则被截留在纤维外壁。

2）排水。随着过滤的进行，纤维外侧污物不断聚集，导致进出口压差上升。当某一单元压差上升到设定值时，开始反洗。反洗伊始，停止过滤，打开排放阀，并向纤维内腔内充入空气以加速排放。

3）加压/卸压。当内腔水全部排掉，但外侧仍充满水时，关闭所有阀门，使空气压力增至大约 0.6MPa 后，打开反洗阀，压缩空气爆破滤饼，气水混合物夹带着污物迅速排出。

4）清扫。卸压完成后，打开底部进水阀，同时打开顶部反洗阀，于是高速原水从底部流至顶端，气水混合物将膜外部清扫干净。

5）充水。清扫完毕，开始过滤，待整个组件充满水时，再用空气将内腔水增压至约 0.6MPa 后，再卸压，以排走组件内的残余空气。此步完成后，该组件即可并入系统，投入正常过滤。

第二节 超 滤

超滤（UF）作为一门成熟的膜分离技术，已广泛用于水的深度过滤、酒类除浊、血液净化、蛋白质浓缩、回收电泳漆及膜生物反应器。超滤膜的孔径介于纳滤膜和微滤膜之间，故在纳滤/反渗透给水的预处理系统中，超滤装置通常设置在微滤装置之后、纳滤/反渗透装置之前，用微滤装置除去较大颗粒的微粒，用超滤装置除去较小颗粒的微粒，以进一步改善水质。

一、超滤原理

1. 截留原理

超滤也是利用选择性透过膜除去水中某些特定物质的，图 7-7 所示为管式超滤膜过滤原理示意图。超滤膜壁上有许多细孔，原液（原水）从左边进入管内，由于管内比管外的压力高，此压力差就是施加给原液透过细孔的推力。由于膜的细孔筛选作用，只允许尺寸较小的物质（如水、离子、小分子）通过，而不允许较大尺寸物质（如细菌、胶体、大分子等）通过，这样便可利用超滤实现原水中较小尺寸物质与较大尺寸物质的分离。超滤膜的孔径一般为 $0.002\sim0.1\mu m$，水中的杂质尺寸是：悬浮物大于 $1\mu m$；胶体为 $0.001\sim1\mu m$；乳胶大于或等于 $0.5\mu m$；细菌大于或等于 $0.2\mu m$。因此，超滤可以滤除水中细菌、胶体、悬浮固体和蛋白质等大分子物质，表 7-1 是某超滤膜的过滤效果。

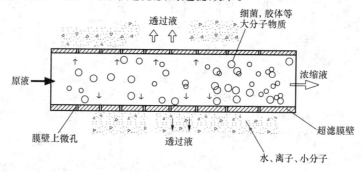

图 7-7 超滤原理示意图

表 7-1   **某超滤膜的过滤效果**

水中杂质	滤除效果	水中杂质	滤除效果
悬浮固体，微粒大于 $2\mu m$	100%	溶解性总固体	>30%
污染密度指数（SDI）	出水<1		
病原体	>99.99%	胶体硅、胶体铁、胶体铝	>99.0%
浊 度	出水<0.5NTU	微生物	99.999%

2. 超滤方程

假设膜孔为一组垂直于膜表面且直径相同的直筒细管，流体流过细管的流态为层流，则水通量 J 可用 Hagen-Poiseuille 方程表示为

$$J = \left(\frac{n_p d_p^4}{128\eta}\right)\frac{\Delta p}{L} \tag{7-3}$$

式中：n_p 为单位膜面积上的孔数；d_p 为膜孔的直径；Δp 为膜两侧的压差（即推动压力），一般为 $0.1\sim1.0$MPa；η 为透过液的黏度；L 为膜孔长度，与膜厚度相当。

式（7-3）表明，超滤装置的产水量与推动压力、细孔密度和细孔直径的 4 次方的积成正比，与通过液黏度、膜厚度两者之积成反比。值得注意的是，当推动压力超过一定数值时，因膜压密后细孔数减少和孔直径减小，产水量反而下降。

J 还常用式（7-4）表达

$$J = \frac{\Delta p - \Delta \pi}{\mu(R_m + R_{abs} + R_{cp} + R_g)} \tag{7-4}$$

式中：Δp 为推动压力；$\Delta \pi$ 为渗透压力；μ 为水的黏度；R_m 为洁净膜的阻力；R_{abs} 为溶质阻塞膜孔所产生阻力；R_{cp} 为浓差极化层的阻力；R_g 为滤饼阻力，又称凝胶阻力。

假设某杂质 i 的直径为 d_i，则该物质的截留率 R_i 可以表示成

$$R_i = \begin{cases} \dfrac{c_{ir} - c_{ip}}{c_{ir}} = \lambda^2(2-\lambda)^2 & \lambda \leqslant 1 \\ 100\% & \lambda > 1 \end{cases} \tag{7-5}$$

其中
$$\lambda = d_i/d_p$$

式中：c_{ir} 为浓缩液中 i 物质的浓度；c_{ip} 为透过液中 i 物质的浓度。

式（7-5）表明，某物质的滤除效果取决于该物质与细孔的相对大小 λ。

二、超滤膜

1. 膜材料

超滤膜材料见表 7-2。在水处理中一般用聚偏氟乙烯（PVDF）和聚丙烯（PP）超滤膜。

表 7-2   超滤膜材料

序号	种类	名称
1	纤维素酯	醋酸纤维素（CA）、三醋酸纤维素（CTA）、醋酸硝酸混合纤维素（CA-CN）
2	聚砜类	聚砜（PSF）、聚醚砜（PES）
3	聚烯烃	聚丙烯（PP）、聚丙烯腈（PAN）、聚乙烯醇（PVA）、聚氯乙烯（PVC）
4	含氟聚合物	聚偏氟乙烯（PVDF）、聚四氟乙烯（PTFE）
5	其他	聚砜酰胺（PSA）；聚苯硫醚（PPS）；无机膜材料，如陶瓷（Al_2O_3、ZrO_2）、玻璃和金属等

2. 膜性能

（1）水通量：又称透水通量、透过通量，是指单位时间、单位有效膜面积透过的水体积，单位常用 L/($m^2 \cdot$ h) 或 m^3/($m^2 \cdot$ h)。商品膜通常标示纯水通量，它是在 $25℃$、0.1MPa 压力下用洁净的新膜所测得的透水通量。根据透水通量和膜组件的有效面积，可以计算膜组件的产水量。

（2）截留率：又称去除率、滤除率，是指一定分子量的溶质被超滤膜所截留的百分数，即

$$R = \frac{c_b - c_p}{c_b} \times 100\% \tag{7-6}$$

式中：R 为截留率，%；c_b、c_p 分别为进水和透过水中的溶质浓度。

截留率有时用"log"形式表示，例如截留率 2log、4log、6log 依次表示截留率为 99%、99.99% 和 99.9999%。通常，人们将膜过滤装置的进水、透过水和浓缩水分别称为料液、透过液和浓缩液。

（3）截留分子量：又称切割分子量（MWCO），一般是指能被滤膜截留住 90% 的溶质分子量，单位为道尔顿（Dalton，简记 D）。截留分子量小，表明膜孔径小。通过测定膜对一系列不同分子量标准物质的截留率，作如图 7-8 所示的截留率—分子量曲线，即可确定截留分子量。图 7-8 中 A、B 和 C 分别代表三种不同孔径的膜，其截留分子量分别约为 2000、3500、20 000D。

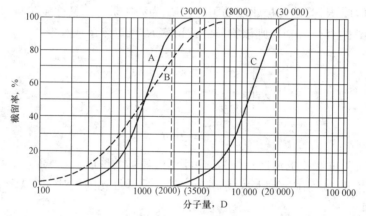

图 7-8　超滤膜筛分曲线示意图

同一张膜，其孔径不可能完全相同，而是分布在一定范围内，表现为膜对不同分子量的溶质具有不同的截留率。图 7-8 所示曲线越陡，表明膜的截留分子量范围越狭窄，孔径越均匀一致，性能越好；曲线整体越靠近纵轴，表明膜孔径越小，过滤能力越强，但过滤阻力越大。

（4）跨膜压差：指水透过超滤膜时的压降，常用 TMP 表示。通常用原液进出口平均压力与透过液压力的差值表示 TMP。孔径小、水温低、水通量大，则跨膜压差大。随着膜污染的加重，跨膜压差增加，当增加到某一规定值时，应进行清洗。

此外，表示超滤膜性能的指标还有 pH 值范围、最高使用温度、强度和化学耐久性等。

三、超滤组件

超滤组件的类型主要有平板式、管式、卷式、中空纤维式、垫式、浸没式和可逆螺旋式，电厂水处理中常用中空纤维式。

1. 平板式组件

如图 7-9 所示，膜堆由多个平板膜单元叠加而成，膜与膜之间用隔网支撑，以形成水流通道。将膜堆装入耐压容器中，就构成了平板式膜组件。

2. 管式组件

在多孔管内壁或外壁上刮出一层超滤膜，得到内压或外压式膜管；也可以在管内壁先覆上滤布，再涂上超滤膜构成内压式膜管。把多个膜管装配在一起就成为管式组件，如图7-10所示。膜管直径多为 5mm，可以用海绵球清洗。

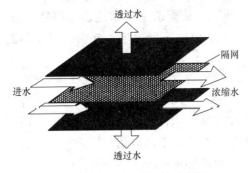

图 7-9 平板式超滤组件示意图

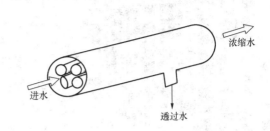

图 7-10 管式超滤组件示意图

图 7-11 所示是美国 Romicon 公司的薄层流道管式超滤组件构造。在钢套内装有一支八角形的芯棒，芯棒外周沿纵向刻有深 0.38mm 或 0.76mm 的沟槽。超滤膜刮制在芯棒的周围，膜的外部有支撑网套。原水在沟槽与膜之间的薄层流道内流动，透过膜的水从支撑网套流到外部。用 60 根这种管膜组装成一支管式组件。

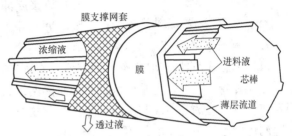

图 7-11 薄层流道管式超滤组件

3. 螺旋卷式组件

与卷式反渗透膜组件构造类似（见图 8-12），区别在于它是用超滤膜制作膜袋的。

4. 中空纤维组件

中空纤维膜实际上是很细的管状膜，一般外径为 0.5～2.0mm，内径为 0.3～1.4mm。用几千甚至上万根中空纤维膜并排捆扎成一个膜组件。它有内压式和外压式两种：前者进水在纤维管内流动，从管外壁收集透过水，外压式则正好相反。

5. 垫式组件

德国 Rochem 公司开发的 Rochem FM 垫式组件如图 7-12 所示，其基本单元是膜垫。每个膜垫的中间为一块支撑板，两张透过水收集网紧贴在支撑板的正反两面，然后用两张矩形超滤膜包夹在最外层。支撑板起增加组件强度的作用。膜垫中间穿有两根透过水收集管，通过橡胶隔条将膜垫与收集管之间的缝隙密封，隔条同时起到将膜垫与膜垫之间隔开的作用，以形成进水通道。进水经两膜垫之间的空隙通道流过，变成浓缩水，溶剂则从膜垫上下两面透过超滤膜，经透过水收集隔网收集后，进入透过水收集管，再由组件两端引出。另外，橡胶隔条的厚度可以在 1～3mm 之间调节，用以调

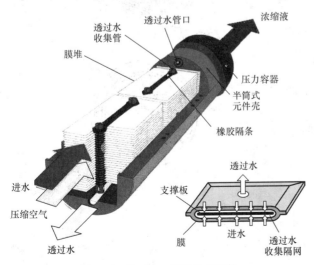

图 7-12 Rochem FM 垫式组件

图 7-13　浸没式超滤组件

整膜垫之间的间隔，从而改变进水流道的厚度。通常，27 个膜垫叠在一起形成一个膜堆，并由两个半筒封装起来。

6. 浸没式组件

某浸没式组件外观如图 7-13 所示，它是一种没有外壳的外压式中空纤维组件，纤维两端安装集水管，组件直接放入被处理水中，既可以用抽吸透过水的方式实现真空过滤，也可增加进水压头实现重力过滤。

膜组件底部通常装有曝气装置，利用气泡上升产生的紊流对纤维进行擦洗。另外，采用了间歇抽吸或用透过水频繁反冲洗的脉冲运行方式，避免了污物过多堆积，防止污物在膜面形成稳固层。

7. 可逆螺旋式组件

可逆螺旋式组件（RS 组件）是日本日东电工株式会社开发的，其结构如图 7-14(a) 所示，与螺旋卷式相似，也是由膜袋与原水隔网组成的，不同的是 RS 组件并不围中心水管多层卷绕，各膜袋的开口端与中心的透过水收集管相连，而外端直接搭接在外周导向隔网上，此隔网还能起到预过滤的作用。

如图 7-14(b) 所示，过滤时，原水从进水管进入后充满整个组件，从组件两端和四周的各个方向流到膜表面，外周隔网将水中较大的颗粒捕获，而微细悬浮物和微生物则被超滤膜截留，透过水沿着透过水隔网流至中心管后再被引出。反洗时，反洗水从中心集水管进入膜的透过水侧，在膜的进水侧形成背压，较大颗粒自外周剥离，微细颗粒等则自膜表面洗脱。

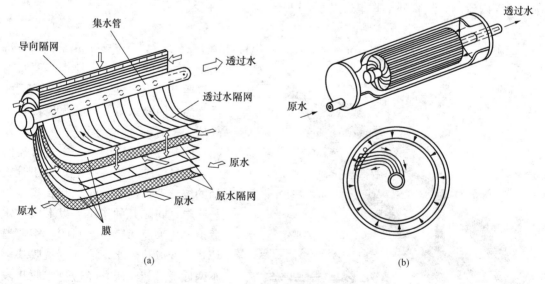

(a)　　　　　　　　　　　　　　(b)

图 7-14　可逆螺旋式超滤组件

(a) 结构；(b) 运行

四、超滤系统的运行方式

中空纤维超滤装置主要有以下五种运行方式：

（1）死端过滤。死端过滤即进水全部透过膜而成为产品水的过滤方式，又称全量过滤，如图 7-15（a）所示。这种运行方式适宜悬浮固体、浊度较低的地下水、山泉水等水质，或者是精密过滤器、多介质过滤器处理过的水，以及缺水地区。被超滤膜截留的悬浮固体颗粒、大分子、胶体、微生物等杂质，可在反洗或化学清洗时排出。

（2）错流过滤。错流过滤是有浓水排放的过滤方式，即进水沿膜表面流动，浓缩后经浓水排放口排出，透过水垂直透过膜表面，穿过膜后成为产品水，经产品水排放口收集，如图 7-15（b）所示。这种过滤方式适宜的水质条件没有死端过滤严格，例如水源 SS<5mg/L、浊度<5NTU。

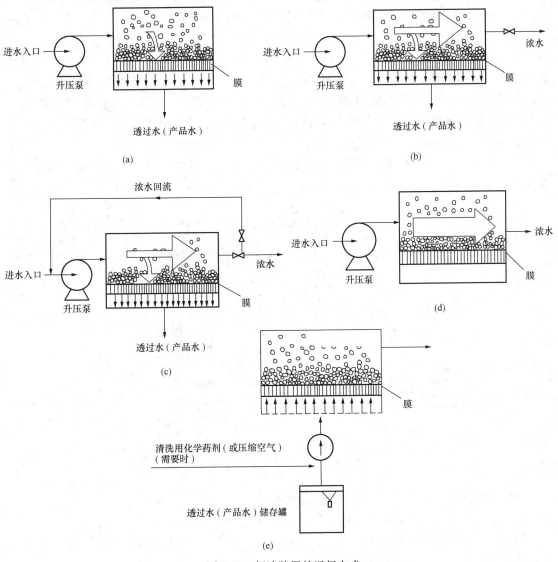

图 7-15　超滤装置的运行方式

（a）死端过滤；（b）错流过滤；（c）循环错流过滤；（d）正洗；（e）反洗

（3）循环错流过滤。循环错流过滤是指只有小部分浓水排放、大部分浓水重新回流到升压泵入口，参与循环过滤的运行方式，图 7-15（c）所示。由于大部分浓水回流到进水，增加了膜装置的进水流量，故提高了膜表面流速，有利于减轻膜表面浓差极化，抑制杂质在膜表面堆积。这种过滤方式适宜悬浮固体、浊度较高的水或工业废水、生活污水。

（4）正洗。正洗又称顺洗，即用流量较大的水流快速冲洗浓水侧的膜表面，将膜表面的污染物冲掉，如图 7-15（d）所示。为了保证清洗效果，正洗时产品水排出口应处于关闭状态，否则因有水透过膜，膜表面沿程流量会不断减少，清洗能力会不断降低。

（5）反洗。反洗就是反向过滤，即与过滤的方向相反，进水沿产品水侧膜表面流动，透过膜后由浓水排放口排出，由于透过水与正常过滤相反，故可将膜孔内部的污染物冲至膜外。在反洗时，可根据膜污堵程度加入压缩空气，强化清洗，这就是水气合洗。如果反洗或水气合洗不能恢复膜的水通量时，可根据污堵的性质，向反洗水中投加化学药剂（如酸、碱、络合剂、表面活性剂、杀菌剂等），进行化学清洗，如图 7-15（e）所示。

随着超滤的进行，滤元逐渐被水中微小颗粒、胶体堵塞，引起水流阻力上升、产水量下降。另外，超滤膜截留微生物能力较强，那些从杀菌过程中侥幸逃生的微生物就会在超滤膜表面聚集，并在那里生长繁殖，导致超滤膜的生物污染，所以，超滤运行一段时间，必须进行清洗和消毒。一般，当超滤装置的进出口压差超过 0.05MPa，或者产水流量减少了 30% 左右，或者出口水质不符合要求时，则可以采取以下措施：①用含杀菌剂的水反洗；②用清洗液清洗；③水气合洗；④上述清洗无法取得明显效果时，更换滤元。

图 7-16 是某厂超滤系统，它对进水的要求如下：① 水温为 5～40℃；② 浊度<5NTU；③ 残余氯为 1～2mg/L；④ pH 值为 2～13。

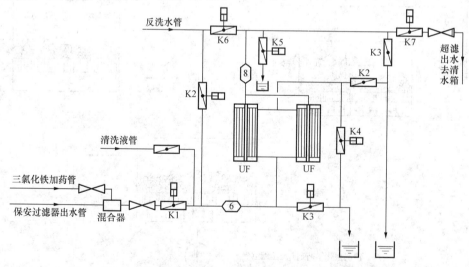

图 7-16 某厂超滤装置管系

超滤系统的胶体硅去除率>98%，产品水 SDI<2。

超滤系统运行过程中，应做好运行数据的记录与分析工作，主要内容如下：

（1）每两小时记录一次进水压力、进水温度、产水压力、淡水流量、产水浊度，每周测定一次进水 COD_{Mn}、产水 COD_{Mn} 和产水 SDI_{15}。

（2）计算产水压力指数，当其值比初始值下降了 20% 以上时，应考虑对超滤系统进行化学清洗。产水压力指数按式（7-7）计算：

$$QI = \frac{Q_P}{TMP} \tag{7-7}$$

式中：QI 为产水压力指数；Q_P 为产水流量，应根据膜厂商温度校正系数换算成 25℃时的值；TMP 为跨膜压差，为进水平均压力减产水压力。全量过滤时，进水平均压力为进水压力；错流过滤时，进水平均压力为进水压力与浓水压力的平均值。

五、超滤过程污染与控制

1. 浓差极化

在超滤过程中，透过液将溶质带到膜表面，导致膜表面浓度上升，形成从膜表面溶质浓度 c_m 到主体溶液浓度 c_b 的浓度梯度边界层，即浓差极化。由于 c_m 高于 c_b，浓度梯度形成的同时也出现了溶质由膜表面向主体溶液方向的反向扩散，如图 7-17 所示。

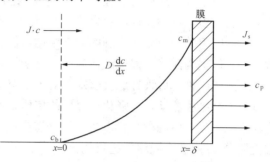

图 7-17　超滤过程中的浓差极化

设 c 为溶质浓度，D 为溶质扩散系数，x 为离开膜表面的距离，c_p 为透过液中溶质浓度，J_s 为透过膜的溶质通量，δ 为浓度边界层厚度，则

$$J = \frac{D}{\delta}\ln\frac{c_m - c_p}{c_b - c_p} = k\ln\frac{c_m - c_p}{c_b - c_p} \approx k\ln\frac{c_m}{c_b} \tag{7-8}$$

式中：k 为传质系数 $\left(k = \dfrac{D}{\delta}\right)$。

根据式（7-8），降低原液浓度或改变膜表面的水力条件，可以减轻浓差极化，所以浓差极化是可逆的。

2. 污染原因

与浓差极化不同，膜污染是指料液中的颗粒、胶体或溶质大分子通过物理吸附、化学作用或机械截获在膜表面或膜孔内聚积而造成膜孔堵塞，使膜透过通量下降和分离效果变差的现象。

膜污染是一个复杂、渐变的过程，膜是否污染以及污染的程度归根于污染物与膜之间以及不同污染物之间的相互作用，其中最主要的是膜与污染物之间的静电作用和疏水作用。

（1）静电作用。因静电吸引或排斥，膜易被异号电荷杂质所污染。膜表面荷负电或荷正电的原因是膜表面某些极性基团（如羧基、胺基等）在与溶液接触后发生了解离。在天然水的 pH 值条件下，水中的胶体、杂质颗粒和有机物一般荷负电，因此，这些物质会造成荷正电膜的污染。阳离子絮凝剂（如铝盐）带正电荷，所以它可引起荷负电膜的污染。杂质和膜的极性越强，电荷密度越高，膜与杂质之间的吸引力或排斥力越大。另外，杂质和膜表面极性基团的解离与 pH 值有关，所以，膜的污染程度也受 pH 值影响。

（2）疏水作用。一般，疏水性的膜易受疏水性杂质的污染，造成污染的原因是膜与污染物相互吸引。水溶液中，膜的疏水作用越强，污染程度越严重。

3. 防污对策

（1）膜材料的选择与改性。选择亲水性强、疏水性弱的抗污染超滤膜是控制膜污染的有效途径之一。膜的疏水性通常用水在膜表面上的接触角（润湿角）衡量。接触角越大，说明膜的疏水性越强，越易被水中疏水性的污染物所污染。

对于某些疏水性较强的膜材料，可以采用改性的办法增强亲水性。例如，对于 PVDF，可以进行磺化改性，制备出亲水性好的磺化聚偏氟乙烯（SPVDF），利用等离子体处理疏水性较强的膜材料可以使膜表面带上羰基、羟基等极性基团，增强亲水性能。

（2）膜组件的选择与合理设计。不同的组件和设计形式，抗污染性能不一样。如果原水中悬浮物较多，可考虑选用容易清洗的板式或管式组件。

对于膜组件，应设计合理的流道结构，使截留物能及时被水带走，同时可适当减小流道截面积，以提高流速，促进液体湍动。对于平板膜，通常采用薄层流道，以增强携带能力；对于管式膜组件，可设计成套管式；对于中空纤维膜，可以用横向流代替切向流，即让原料液垂直于纤维膜流动，以强化边界层的传质，此时纤维本身起到湍流促进器的作用。此外，应注意减少设备中的死角，以防止污染物躲藏。在膜组件设计中，可结合其他措施（如增设湍流器等），对整个膜组件进行优化。

（3）强化超滤过程。

1）湍流和脉冲流技术。使用湍流促进器或脉冲流技术等可以改善膜面料液的水力学条件，减小膜面流体边界层厚度，降低浓差极化，减轻膜污染。湍流促进器是一种可强化流态的障碍物。可以直接将湍流促进器放置在膜面上，或将其放在组件的上游，以后者较为常见。脉冲流技术则是指对流体施加一个脉动的压力梯度，使其产生具有两个峰值的速度曲线，从而显著提高膜表面的剪切速率，促使表面截留物向主体流转移，从而强化了超滤过程。

2）两相流技术。为了强化膜界面处的传质效果，可以向料液中通入气体，使膜表面产生气—液两相流，利用流体不稳定流动产生高剪切力，防止杂质沉积，同时使滤饼膨松。实践表明，即使在很低的气速下，超滤通量也能明显提高。

3）物理场强化过滤。物理场包括电场、超声波等。外加电场或超声对某些料液的超滤能起到强化作用，可一定程度控制膜污染。

（4）及时清洗。

1）物理清洗。①等压冲洗：主要适用于中空纤维组件。冲洗时先降压运行，关闭透过水出口，加大原水流量，此时透水侧压力上升，达到与进水侧相等的压力，即等压时，滞留于膜表面的松软溶质就会悬浮于水中，并随浓缩液排出。②负压冲洗：是指从膜的透过侧进行冲洗，而使透过侧压力高于浓水侧，以除去膜表面和膜内部的污染物。负压冲洗效果较好，但是有一定的风险，如果压力控制不当，很可能导致膜的破损。③空气清洗：通常将水与压缩空气混合后一起送入超滤装置，利用水—气两相流的搅动作用对膜表面进行清扫。④机械清洗：对于管式组件，可用水力将直径略大于膜管内径的软质泡沫塑料球或海绵球送入膜管内，对膜表面进行擦洗。这种方法适用于除去软垢，对于硬垢，不但不易去除，而且容易造成膜表面的损伤。因此，该法特别适用于以有机胶体为主要成分的污染物清洗。⑤物理场清洗：由于物理场可以改变水或水中杂质的某些物理或化学性质，于是可以在水冲洗的同时，施以物理场帮助清洗。如将超声或电场施加于膜上，利用超声波的空化作用或电场对带电粒子的电场力，帮助去除膜表面的污染物。

2）化学清洗。应根据污染的类型和程度、膜的物理化学性能来选择清洗剂。例如，污垢主要组成是无机物质如水垢、铁盐、铝盐等，则可用酸、螯合剂、非离子型表面活性剂以及分散剂的复合配方；如果污垢主要组成是有机物，包括黏泥和油类，则通常采用阴离子型或非离子型表面活性剂、碱类、氧化剂或还原剂、分散剂和酶洗涤剂的复合配方。常见膜清洗化学药剂见表7-3。

表 7-3　　　　　　　　　　　　常见膜清洗化学药剂

分　类	功　能	常用清洗剂	去除的污染物类型
碱	亲水、溶解	NaOH	有机物
酸	溶　解	柠檬酸、硝酸	垢类、金属氧化物
氧化/杀生剂	氧化、杀菌	$NaClO$、H_2O_2	微生物
螯合剂	螯　合	柠檬酸、EDTA	垢类、金属氧化物
表面活性剂	乳化、分散和膜表面性质调节	十二烷基苯磺酸钠、酶清洗剂	油类、蛋白质等

第三节　纳　　　滤

纳滤简记 NF，是 20 世纪 80 年代末期问世的一种膜分离技术，已成功用于软化、除有机物、垃圾渗透液的深度处理等领域。

在水处理中，纳滤的主要用途是除去结垢离子和有机污染物，例如用纳滤处理反渗透装置的给水，以提高反渗透系统水的回收率；用纳滤对生活用水进行深度处理，以降低水的硬度和有机污染物；用纳滤处理循环冷却水，以提高循环冷却水的浓缩倍数。与反渗透相比，纳滤处理循环冷却水更具技术优势，因为它具有选择性除去结垢离子的特性。

一、纳滤特点

纳滤技术具有以下特点：

（1）纳滤膜的孔径在 1nm 以上，一般 1～2nm，它主要用于截留纳米级大小的杂质。

（2）纳滤膜的截留分子量在 200～1000D，过滤精度介于超滤膜和反渗透之间。

（3）纳滤膜通常具有荷电性，一般带负电，因此，纳滤膜既具有机械筛分作用，又具有电排斥作用。

（4）与反渗透类似，纳滤的推动力为压力，但因纳滤膜阻力较小，故操作压力较低，一般为 0.5～1.0MPa。

（5）为了减轻膜的结垢、污染，纳滤装置的进水必须进行预处理。此外，纳滤过程中需要不断地排放浓水，水的回收率一般为 80% 左右。

（6）纳滤膜的脱盐率与膜种类有关，对二价离子的去除率在 90% 以上，一价离子的去除率在 10%～80%。

二、纳滤原理

迄今，对于纳滤膜的研究多集中在应用方面，而有关纳滤膜的制备、传质机理、性能表征等方面的研究还不够系统、深入。

1. 纳滤方程

Spiegler-Kedem 基于非平衡热力学原理，提出了式（7-9）所示的计算截留率的方程，这一方程也称 Spiegler-Kedem 方程

$$R = \frac{\sigma(1-F)}{1-\sigma F} \tag{7-9}$$

其中

$$F = \exp\left(-\frac{1-\sigma}{P_s}J_v\right)$$

式中：R 为截留率；σ 为反射系数；P_s 为溶质透过系数；J_v 为水通量。

从式（7-9）可知：膜的特征参数可用双参数 σ 和 P_s 表达；反射系数相当于水通量无限大时的最大截留率；截留率随反射系数递增，当反射系数增加到 1 时，则截留率上升到 100%，亦即溶质被膜完全阻挡。

2. 纳滤模型

已建立了一些描述纳滤分离机理的模型，主要有细孔模型、TMS 模型、空间电荷模型、Donnan 平衡模型、溶解—扩散模型等，其中细孔模型和 TMS 模型数学表述简单，目前应用最为广泛。不过，由于纳滤膜通常带电，其分离机理比超滤膜和反渗透膜更加复杂，仅用单个模型很难解释所有纳滤现象，故目前多个模型并存，以待完善。

（1）细孔模型。细孔模型假设：纳滤膜具有均一的细孔结构，细孔半径为 r_p；溶质为均一大小的刚性球体，球体半径为 r_s；溶质透过细孔的方式是对流扩散和分子扩散，前者的推动力是膜两侧的压力差，后者的推动力是膜两侧的浓度差（又称浓度梯度）。根据细孔模型，膜的反射系数和溶质透过系数为

$$\sigma = 1 - \left(1+\frac{16}{9}\eta^2\right)(1-\eta)^2\left[2-(1-\eta)^2\right] \tag{7-10}$$

$$P_s = D_s(1-\eta)^2(A_t/\Delta x) \tag{7-11}$$

其中

$$\eta = r_s/r_p$$

式中：r_s、r_p 分别为溶质半径和膜孔半径；D_s 为溶质扩散系数；$A_t/\Delta x$ 为膜的孔隙率与厚度之比。

式（7-10）表明，反射系数随着 η 的增加而增大，亦即反射系数随着溶质半径的增加或膜孔半径的减少而增大，或者说纳滤膜的孔径越小、溶质的尺寸越大，则溶质的去除率越高，这正是膜机械筛分作用的体现。

（2）TMS 模型。这一模型由 Teorell—Meyer 和 Sievers 提出，故称 TMS 模型。TMS 模型假设：膜分离层具有凝胶相的微孔结构，其上固定电荷分布均匀，并且它对被分离的电解质或离子作用相同。对于 1-1 型电解质（如 NaCl）的单一组分体系，带负电荷膜的反射系数和溶质透过系数可由 TMS 模型与扩展的 Nernst—Planck 方程联合得到下列公式

$$\sigma = 1 - \frac{2}{(2\alpha-1)\zeta+\sqrt{\zeta^2+4}} \tag{7-12}$$

$$P_s = D_s(A_t/\Delta x)(1-\sigma) \tag{7-13}$$

其中

$$\alpha = \frac{D_1}{D_1+D_2}$$

$$D_s = \frac{2D_1D_2}{D_1+D_2}$$

式中：D_1、D_2 分别为电解质的阳离子和阴离子的扩散系数；ζ 为膜的体积电荷密度（x）与

膜面电解质浓度（c）之比。

如果已知膜的结构参数（r_p、$A_t/\Delta x$）、膜的荷电特性（ζ），以及电解质特性（r_s、D_1 和 D_2），则根据式（7-10）～式（7-13）计算膜反射系数（σ）和溶质透过系数（P_s），进而根据 Spiegler—Kedem 方程式（7-9）求得膜的截留率与水通量的关系。

三、影响因素

研究表明，纳滤膜特性（如孔径、孔径分布、膜厚度、孔隙率、粗糙度、表面电荷、亲疏水性等）、溶液特性（溶质的尺寸、电荷、疏水性、浓度，以及溶液的 pH 值等）、操作条件（压力、过滤时间、膜面流速、水温等），以及膜污染都会影响纳滤膜的截留率和水通量。

1. 纳滤膜特性

纳滤膜通常由表皮层和支撑层组成。表皮层致密，常带有荷电的化学基团，其特性决定了膜的截留性能，这层也是水通过的主要阻力层；支撑层疏松，水通过的阻力小，主要起增强膜机械强度的作用。

纳滤膜的孔径、孔径分布、孔隙率、粗糙度、表面电荷、亲疏水性、厚度与制膜条件、膜材料有关。纳滤膜的厚度远大于膜孔径，而且大多数纳滤膜浸湿后带有电荷，溶质在纳米级膜孔内透过时，受许多因素影响。因此，纳滤膜截留溶质的方式有多种，例如，按溶质颗粒大小截留、按电荷截留、按不同扩散系数截留、按不同溶解度即亲疏水性截留、按分子极性截留、按感交离子序截留等。

（1）膜孔。一般，水通量随膜孔径递增，截留率随膜孔径递减；孔径较大的纳滤膜，易发生膜孔堵塞，反之，易发生浓差极化和滤饼层污染；水通量和溶质透过速度随孔隙率递增。由于膜孔并非均一大小，孔径大都呈对数正态分布，故纳滤膜的表面透水、截留溶质的能力具有微观不均匀性。类似超滤膜（参照图 7-8），可用纳滤膜截留曲线描述孔径分布。纳滤膜孔径分布越窄，选择分离性越好。若纳滤膜截留率为 90％和 10％所对应的分子量相差 5～10 倍，则可认为膜的选择分离性能良好。

（2）膜的粗糙度。纳滤膜表面具有一定的粗糙度。粗糙度增加，则膜表面积增大，水通量随之增加。粗糙度对膜污染有重要影响，例如粗糙度影响膜表面污染层形貌，表面光滑的膜倾向于形成致密的污染层，水通量衰减较快，表面粗糙度大的膜倾向形成疏松的污染层，水通量衰减较慢。不过，粗糙度太大，污染物容易沉积到膜的凹处，污染速度加快。

（3）膜的荷电性。膜表面电荷变化影响膜的静电排斥作用和空间筛分作用。纳滤膜荷电量增加，膜与同号电荷离子之间、膜孔内壁之间的静电排斥力增加，前者导致离子难以进入膜孔而增加离子截留率，后者导致膜孔径增大（膜溶胀）而降低溶质截留率。膜的荷电特性与使用纳滤的目的密切相关，例如可利用荷正电纳滤膜的静电吸引作用，除去水中带负电的胶体微粒、细菌内毒素，也可利用荷正电纳滤膜的静电排斥作用，除去带正电的氨基酸、蛋白质。

（4）膜的亲疏水性。膜的亲疏水性与膜的表面能、膜面电荷、官能团等因素有关。表面能和膜面电荷高，膜含极性基团（如—OH、—COOH、—NH$_2$、—SO$_3$）多，则亲水性强，水通量上升；反之，疏水性强，水通量下降。亲疏水性对于膜的抗污染能力有较大影响，通常是膜越亲水，表面能越高，与蛋白质等污染物之间相互作用力越小，越耐污染，即使污染物沉积在膜表面，也是可逆的，易于清洗。

总之，纳滤膜特性是溶质去除率的主要决定条件，表 7-4 为某试验结果。

表 7-4 两种 NF 膜的平均去除率 ％

NF 膜		TDS	硬度	NH_4^+	碱度	Cl^-	F^-	NO_2^-	SO_4^{2-}
种类	标准脱盐率								
NF 膜 1	70	95.4	94.6	91.6	94	91.7	90.1	76.0	98.1
NF 膜 2	90	67	55.7	65.9	68	65	62.8	51.8	78.7

2. 溶液特性

一般，电荷多、尺寸大、空间位阻强的溶质截留率高；同分异构体有机物依邻位→间位→对位的顺序、不同形状分子有机物依球形→支链→线性分子的顺序，截留率下降；对于荷电膜，同离子价态高，反离子价态低，膜电荷多，则截留率高；对于中性膜，扩散系数大的溶质截留率低；对于两性膜，膜在等电点时的截留率最低。

纳滤膜具有一定弹性和带电性，若环境条件（如 pH 值、浓度、温度等）发生了变化，则会削弱或增强膜孔壁间的静电斥力，从而导致膜孔的收缩或溶胀，溶质截留率随之升降。

（1）溶质尺寸。溶质尺寸越大，受膜机械筛分作用越强，故截留率越高。

（2）溶质电荷。溶质电荷越多，与膜之间的 Donnan 排斥力越大，故截留率越高。例如截留率，$SO_4^{2-}>Cl^-$；$Ca^{2+}>Na^+$。

（3）溶质亲疏水性。根据"相似相溶"原理，极性或结构相似的物质易于相互吸附，因此溶质的亲疏水性对截留率有影响。例如，溶质亲水性增强，则因水合作用增强而尺寸增大，截留率上升；疏水性有机物易被疏水膜吸附，虽然过滤初期截留率较大，但随着过滤时间的延长，截留率降低，水通量衰减，污染加快。

（4）溶质浓度。电解质浓度升高，膜的反射系数下降，溶质透过膜的扩散能力上升，截留率下降。

（5）溶液 pH 值。pH 值对于纳滤膜的荷电性质和溶质的解离状态有影响，进而影响纳滤膜的分离性能。此外，随着 pH 值的增加，有机物和钙的沉积趋势增强，膜污染程度增加。

3. 操作条件

操作条件对膜的孔隙率、厚度、浓差极化、污染速度有影响。

（1）操作压力。操作压力对水通量和截留率均有影响。

1）水通量。当没有发生明显浓差极化和膜污染时，水通量一般随操作压力线性增加。

2）截留率。一方面，随着操作压力增加，水通量增大，故截留率增大；另一方面，膜两侧溶质浓度差增大，盐通量上升，截留率下降。两者相互部分抵消，截留率随操作压力变化平缓，例如某试验结果显示，截留率随压力先少许降低后缓慢增加，最后趋于某一定值。另外，截留率越低的物质，受压力影响越大，例如 Na^+、Cl^- 与 Ca^{2+}、Mg^{2+}、SO_4^{2-} 相比，截留率受压力的影响更加明显。

（2）过滤时间。过滤时间对水通量和截留率也有影响。

1）水通量。随着过滤时间的延长，膜面浓差极化程度和膜污染物逐渐积累，导致水通量随过滤时间递减。

2）截留率。截留率一般随过滤时间递减，原因是异号离子在荷电纳滤膜的静电吸引下穿过膜、水通量衰减，以及溶质在膜面浓度增加而导致扩散透过膜的通量上升。

（3）膜面流速。膜表面水流速度增加，因剪切力增大，污染速度下降，而且膜表面污染物倾向形成疏松结构；反之，污染速度快，膜表面污染物倾向形成密实结构。

（4）水温。水温对纳滤影响包括以下几个方面：膜的厚度与孔隙率之比值随水温升高而增大（孔壁膨胀），溶质透过膜的难度增加；水通量和溶质通量随水温上升，引起截留率升降；溶质的水化、解离和溶解随水温而变。

4. 膜污染

膜污染对截留率的影响主要依赖于污染物引起膜孔径的变化。例如粒径小于膜孔的污染物在膜孔中的吸附，引起膜孔窄化或膜孔堵塞，可导致额外的筛分效应，故溶质截留率因污染而增加。污染物尺寸越大，所形成的滤饼层孔隙率也越大，因而水通量衰减越慢。污染还会引起膜表面形貌的变化，粗糙度较大的膜，污染物填充凹处后粗糙度下降；相反，表面光滑的膜，污染后粗糙度增大。

疏水性大分子有机物是引起疏水性膜污染的主要物质之一，蛋白质、多糖等亲水性大分子有机物，容易在膜表面沉积，往往也是引起膜通量衰减的主要物质。

四、纳滤膜元件

复合纳滤膜材料主要有芳香聚酰胺类、聚哌嗪酰胺类、磺化聚醚砜类三种系列，纳滤膜元件的主要类型是卷式，其结构与 RO 卷式膜元件类似（见图 8-12）。下面主要介绍 NF、HNF 和 TMN 系列膜元件。

1. NF 系列膜元件

NF 系列膜为聚酰胺复合膜。膜元件的主要型号有 NF200-400、NF270-400、NF90-400，有效膜面积均为 $37m^2$（$400ft^2$）；$CaCl_2$ 的去除率分别为 $35\%\sim50\%$、$40\%\sim60\%$、$85\%\sim95\%$；$MgSO_4$ 的去除率分别为 97%、$>97\%$、$>97\%$。NF200、NF270 和 NF90 可有效脱除 TOC 类杂质，如杀虫剂、除草剂和 THM（三卤代烷）前驱物。膜元件的技术参数（以 NF270-400 为例）为：直径约为 8in（约 201mm）；长为 40in（约 1016mm）；透水量约为 $50m^3/d$。操作条件为：操作压力 $<4.1MPa$；进水温度 $<45℃$；进水 SDI<5；进水自由氯浓度 $<0.1mg/L$；连续使用 pH=$3\sim10$，短期使用（如 30min 左右）pH=$1\sim12$；进水流量 $<16m^3/h$。

2. HNF 系列膜元件

膜元件主要有 HNF40、HNF70、HNF90 三个系列，直径主要有 4in（约 101mm）和 8in（约 201mm）两种，长度通常为 40in（约 1016mm），水的回收率为 15%。4in 和 8in 膜元件的有效膜面积分别为 $7.0m^2$（$75ft^2$）、$35m^2$（$375ft^2$）。HNF40、HNF70、HNF90 系列膜元件 NaCl 的去除率分别为 $35\%\sim45\%$、$65\%\sim75\%$ 和 $85\%\sim95\%$，$MgSO_4$ 的去除率分别为 $>90\%$、95%、$>95\%$，4in 膜元件透水量分别为 $9.46m^3/d$、$8.7m^3/d$ 和 $7.2m^3/d$，8in 膜元件透水量分别为 $36m^3/d$、$38m^3/d$ 和 $32m^3/d$。操作条件为：操作压力 $<4.1MPa$；进水温度为 $5\sim45℃$；进水 SDI<5；进水自由氯浓度 $<0.1mg/L$；连续使用 pH=$3\sim10$，短期使用（如 30min 左右）pH=$1\sim11$。

3. TMN 系列膜元件

TMN 系列膜为聚酰胺复合膜，适合于以地表水和大多数井水为水源的市政用水的硬度软化、色度除去等深度处理，可有效地除去杀虫剂、除草剂、THM 前驱物质等有机化合物、细菌和病毒。膜元件的主要型号有 TMN10、TMN20-370、TMN20-400 三个，前者直径为 4in（约 101mm），后两者直径为 8in（约 201mm），长度通常为 40in（约 1016mm），水的回收率为 15%。TMN10、TMN20-370、TMN20-400 膜元件的有效膜面积分别为 7.0m² （75ft²）、34m²（370ft²）和 37m²（400ft²），NaCl 的去除率均为 85%，透水量分别为 5.5、28m³/d 和 30m³/d。操作条件为：操作压力<2.1MPa；进水温度<40℃；进水 SDI<5；进水自由氯浓度为检测不到；连续使用 pH=2~11，短期使用（如 30min 左右）pH=1~12。

五、纳滤工艺流程

目前，纳滤已经成功应用于水处理工程，从应用纳滤的目的看，主要是需要比较彻底地除去污染物（如有机物、重金属）和结垢性物质（如硬度、SO_4^{2-}、HCO_3^- 等）的场合，需要有限地除去盐类（如 NaCl）的场合；从应用纳滤的领域看，主要是饮用水净化、海水和苦咸水的软化，以及垃圾渗滤液深度处理。

1. 饮用水处理

饮用水处理工艺主要用于生产直饮水、净化微污染水。目前应用比较成熟的直饮水处理工艺有 UF、NF 和 RO。从处理水的纯净度看，UF 水纯净度最低，水中仍残留较多有害物；RO 水纯净度最高，但水中有益的微量元素和矿物质也被除去了；NF 水纯净度介于 UF 水和 RO 水之间，既保留了部分有益的微量元素和矿物质，也除去了水中有害物质，作为饮用水比较合适。此外，纳滤微污染水是未来发展方向。

（1）工艺流程。代表性工艺见流程 1 和流程 2。

流程 1：自来水→原水箱→增压泵→活性炭吸附过滤器→精密过滤器→高压泵→NF→淡水→
　　　　　　　　　　　　　　　　　　　　　　　　　　　阻垢剂↑　　　　　　　　　　　　└→浓水

杀菌器→保安过滤器→直饮水

流程 2：河水→增压泵→澄清器→清水池→增压泵→多介质过滤器→精密过滤器→高压泵→
　　　　　　　　　PAC↑　ClO₂↑

→NF→淡水→活性炭吸附过滤器→自来水池
　└→浓水　　　ClO₂↑

（2）技术效果。有人对流程 1 进行了试验研究，其中 NF 膜元件型号为 ESNA1-4040 （标准脱盐率为 70%），试验结果如下：

1）有机物的去除率较高。当原水中 COD_{Mn} 和 TOC 平均浓度分别为 4.54mg/L 和 7.82mg/L，UV_{254} 平均浓度为 0.14cm⁻¹ 时，经流程 1 处理后，COD_{Mn}、TOC 和 UV_{254} 的平均去除率依次为 83.8%、84.7% 和 91.9%。

2）除浊能力强。当原水浊度为 1.85~2.37NTU，出水浊度一直小于 0.2NTU，平均去除率为 93.7%。

3）矿物质的去除率与膜标准脱盐率相当。NF 对 Cl^-、F^-、总碱度、SO_4^{2-}、硬度、Fe、Mn 的平均去除率分别为 67.3%、69.1%、71.6%、75.0%、71.3%、74.1% 和 73.4%。

4）有毒物质的除去比较彻底。当进水阿特拉津和壬基酚（代表内分泌干扰物）分别为 513.5μg/L 和 724.6μg/L 时，去除率分别为 88.8% 和 90.1%；当进水藻毒素为 20.6~

315.3μg/L 时，出水检测不出，去除率为 100%；在进水 Cr^{6+} 为 1000μg/L 左右时，平均去除率为 91.3%。

2. 海水和苦咸水软化

与江河水相比，海水和苦咸水的结垢性物质（如 Ca^{2+}、Mg^{2+}、SO_4^{2-}）含量高，这也是制约海水和苦咸水淡化系统水回收率的根本原因。与 RO 相比，NF 在降低结垢性物质、TDS 和有机物方面具有明显的经济优势，因为它在较小的推动压力下即可获得较大的水通量，故制水成本低。NF 一般作为海水淡化工艺的预处理单元或用来直接淡化苦咸水。

（1）工艺流程。代表性工艺见流程 3 和流程 4。

```
                          阻垢剂    酸
流程3：海水 → 潜水泵 → 砂滤池 → 保安过滤器 → UF → 增压泵—NF→淡水
                                                          └→浓水
```

```
                             阻垢剂   pH调节剂
流程4：苦咸水 → 原水箱 → 增压泵 → 多介质过滤器 → 精密过滤器 → 高压泵→NF→淡水 → 杀菌
                                                                    └→浓水
```

（2）技术效果。表 7-5 是某海水和苦咸水的 NF 效果，其中 NF-Ⅰ～NF-Ⅳ分别代表四种不同的 NF 膜。表 7-5 的数据表明，不同 NF 膜、不同物质的去除率差别较大。

表 7-5　　　　　　　　　　某海水和苦咸水的 NF 效果

指标	单位	海水[①]						苦咸水[②]		
		进水	出水			去除率（%）			进水	出水	去除率（%）
			NF-Ⅰ	NF-Ⅱ	NF-Ⅲ	NF-Ⅰ	NF-Ⅱ	NF-Ⅲ		NF-Ⅳ	NF-Ⅳ
含盐量	mg/L	33 000	5640	13 100	17 800	82.91	60.30	46.06			
Na^+	mg/L	13 621.97	2379.31	7029.12	7655.67	82.53	48.40	43.80	811.41	243.5	69.99
Ca^{2+}	mg/L	490.76	4.49	128.19	147.11	99.09	73.88	70.02	145.11	9.36	93.55
Mg^{2+}	mg/L	1382.72	10.09	147.89	237.65	99.27	89.30	82.81	43.00	6.20	85.58
SO_4^{2-}	mg/L	2434.21	11.31	6.72	26.48	99.54	99.72	98.91	1572.86	19.58	98.76
HCO_3^-	mg/L								70.56	13.11	81.42
Cl^-	mg/L								429.13	203.57	52.56
TDS	mg/L								3062.25	388.79	87.30

① 数据摘自《石油炼制与化工》（2009，Vol.40 No.1）郑雅梅等人论文《纳滤软化海水配制驱油聚丙烯酰胺溶液的研究》。

② 数据摘自《供水技术》（2008，Vol.2 No.5）吕建国等人论文《纳滤膜在苦咸水淡化工程中的应用》。

3. 垃圾渗滤液处理

垃圾在堆放、填埋过程中，经过有机物降解、微生物分解、雨水冲淋、形成高浓度、高毒性有机废水，这种废水称为垃圾渗滤液（简称渗滤液）。渗滤液中污染物浓度高于城市污水的近百倍，毒性比城市污水的大得多，因而对环境危害较大。

处理渗滤液的方法主要有回灌法、物化法、生化法、膜法。由于渗滤液成分复杂、污染物浓度变化幅度大，仅用单一方法不能实现渗滤液的无害化，必须联合运用多种处理方法，按照 GB 16889—2008《生活垃圾填埋场污染控制标准》，对渗滤液进行深度处理。当今渗滤液深度处理技术的标志就是 MBR 和 NF 的应用。

（1）工艺流程。代表性工艺见流程5：

流程5：渗滤液 → 调节池 → 提升泵 → 反消化池 → 消化池 → MBR → 透过液 → 增压泵 → ┌→ 浓缩液 → 反消化池

NF → 透过水 → 达标排放
┌→ 浓水 → 脱水机 → 清水 → 调节池
└→ 干污泥 → 填埋场

（2）技术效果。某渗滤液 COD_{Cr} 为 12 600～27 500mg/L、BOD_5 为 3000～8000mg/L、SS 为 500～800mg/L、NH_3-N 为 1390～2300mg/L，采用流程5进行深度处理后，NF 透过水：$COD_{Cr}<100$mg/L、$BOD_5<5$mg/L、SS<1mg/L、NH_3-N 平均值为 9.4mg/L。此外，Pb、Mn 的去除率均在 95% 左右，Cr^{6+} 去除率达到 90%，而且 NF 透过水中 Pb、Mn、Cr^{6+} 含量远优于排放标准。表 7-6 是两工程中渗滤液的 NF 效果。

表 7-6　　　　　　　　　　渗滤液的 NF 效果

指标	单位	工程1[①]			工程[②]		
		NF 进水	NF 透过水	去除率（%）	NF 进水	NF 透过水	去除率（%）
COD_{Cr}	mg/L	265	75	71.7	500～800	<160	～75
BOD_5	mg/L	30	10	69.7			

① 数据摘自《污染与防治》（2009，No.21）王薇等人论文《纳滤技术处理垃圾渗滤液国内应用实例》。

② 数据摘自《膜科学与技术》（2010，Vol.30 No.1）杜巍等人论文《纳滤膜在北京阿苏卫填埋场渗滤液改扩建工程中的应用》。

第四节　渗　　透

渗透是指溶剂（常指水）由低浓度区域透过选择性透过膜（半透膜）迁移到高浓度区域的过程。低浓度溶液和高浓度溶液分别称为原料液和汲取液。原料液简称料液，汲取液又称驱动溶液，简称驱动液。渗透是自然界中广泛存在的一种自发过程，它无需外加能量（如压力）即可实现。

一般，渗透膜为双层结构：皮层和支撑层。皮层也称致密层、活性层，支撑层又称多孔支撑层。皮层决定渗透膜的选择透过性，支撑层决定膜的机械强度。

根据溶剂渗透方向，渗透可分为正渗透（forwardosmosis，FO）和压力阻尼渗透（pressure retarded osmosis，PRO）。FO 是指溶剂依次透过皮层、支撑层，最后进入汲取液的过程；PRO 是指溶剂依次透过支撑层、皮层，最后进入汲取液的过程。显然，FO 实际上是皮层面向原料液、支撑层面向汲取液的渗透过程；PRO 与 FO 相反，实际上是支撑层面向原料液、皮层面向汲取液的渗透过程。

本节无特殊说明时，渗透即为正渗透，原料液即为盐水溶液，简称水溶液。

一、渗透原理

对于盐水溶液，水分子的化学位随盐浓度递减，因此 FO 是指水通过选择性渗透膜从高水化学位区域向低水化学位区域的迁移过程。FO 脱盐的基本原理是：借助选择性透过膜，采用高浓度溶液从低浓度盐水溶液中汲取水分子，然后将汲取足够水分子的高浓度溶液进行水与溶质的分离，最终获得除盐水。例如，利用 NH_3 和 CO_2 混合水溶液（汲取液）从盐水中汲取水分子，然后低温（如 60℃）蒸馏汲取液，NH_3 和 CO_2 蒸发，蒸馏剩余液即为除盐水。

1. 传质方程

渗透过程实际是两个过程的叠加，即溶剂渗透过程和溶质渗透过程。前者是溶剂自发地从料液迁移到汲取液的过程，常用溶剂通量表征；后者是因膜不可能完全截留溶质，故有少量溶质从高浓度区域扩散到低浓度区域，常用溶质通量表征。溶剂通量、溶质通量用式 (7-14) 描述

$$J_w = A\Delta\Pi \qquad J_s = B\Delta c \qquad\qquad (7\text{-}14)$$

式中：J_w 为溶剂通量，当溶剂为水时，则常称水通量，也称透水速度；A 为溶剂透过系数；$\Delta\Pi$ 为汲取液与原料液之间的渗透压差，详见第八章；J_s 为溶质通量，当溶质为盐时，则称盐通量，也称透盐速度；B 为溶质渗透系数；Δc 为膜两侧溶液浓度差。

为了提高水通量，可采取以下措施：①改善膜结构，减轻浓差极化；②增加膜的亲水性，强化水的渗透迁移；③选择合适的汲取液，改善溶质特性以提高渗透压；④降低溶液黏度，提高溶剂扩散系数；⑤提高料液和汲取液的流速，减轻浓差极化。

FO 膜对料液溶质（i），或者对汲取液溶质（j）的截留率用式（7-15）表达

$$R_i = \frac{c_{ri} - c_{di}}{c_{ri}} \qquad R_j = \frac{c_{dj} - c_{rj}}{c_{dj}} \qquad\qquad (7\text{-}15)$$

式中：R_i、R_j 分别为料液溶质和汲取液溶质的截留率；c_{ri}、c_{di} 分别为料液和汲取液的溶质（i）浓度；c_{dj}、c_{rj} 分别为汲取液和原料液的溶质（j）浓度。

一般，主要是吸取液中溶质扩散到料液中，减少这种溶质扩散的主要措施是提高膜的选择性。

2. FO 膜材料

FO 膜是渗透的核心部件之一。优良的渗透膜材料应具备以下特性：①致密层的溶质截留率高；②较强亲水性，水通量大，耐污染；③支撑层薄，孔隙率高；④机械强度好；⑤具有良好的耐酸、碱、盐的能力，pH 值适应范围宽。

目前，FO 膜材料主要有：基于反渗透的 FO 膜材料、三乙酸纤维素（CTA）、乙酸纤维素（CA）、聚苯并咪唑（PBI）、聚酰胺（PA）、复合膜材料。例如 HTI（Hydration Technologies Inc）公司的乙酸纤维素类 FO 膜，它是采用相转化法制备而成，膜为两层结构（见图 7-18）：致密层和多孔支撑层。另外，多孔支撑层内镶嵌聚酯网丝以提高强度。致密层非常致密（类似于反渗透膜），多孔支撑层孔径约为 0.5nm，膜厚度约为 $50\mu m$，水通量可以达到 $43.2L/(m^2 \cdot h)$。图 7-19 是某 PBI 中空纤维 FO 膜，厚度为 $68\mu m$，在 pH 值为 7.0 的条件下，膜表面呈正电性，亲水性较好，抗污染能力较强。因中空纤维自身具有较强支撑能力，故这种膜强度高。PBI 中空纤维 FO 膜为双层结构：皮层和多孔支撑层。皮层位于中空纤维外层，孔径约为 0.32nm，Mg^{2+} 和 SO_4^{2-} 的截留率为 99.99％，NaCl 的截留率约

为 97%。22.5℃时，以 2mol/L 的 $MgCl_2$ 为驱动液，按 PRO 操作方式的水通量为 9.02L/$(m^2 \cdot h)$。

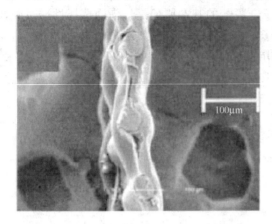

图 7-18　HTI 公司的 FO 膜 SEM 截面

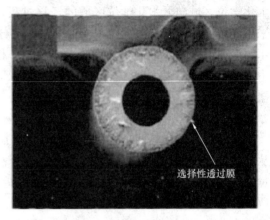

图 7-19　PBI 中空纤维 FO 膜的 SEM 截面

3. 汲取液

汲取液是提供渗透压的主体，故选择合适的汲取液是应用 FO 的技术关键之一。汲取液是具有高渗透压的溶液，由汲取溶质（驱动溶质）和溶剂（一般是水）组成。已研究出的汲取液主要有 NH_4HCO_3 水溶液、NH_4HCO_3 和 NH_4OH 的混合液、磁性铁蛋白溶液、磁性纳米粒子溶液、高浓度葡萄糖溶液、NaCl 水溶液、$MgCl_2$ 水溶液等。

驱动溶质应具备以下特征：①溶解度高，分子量小，以便产生较高渗透压；②与渗透膜化学兼容，不溶解膜，也不与膜发生化学反应；③可方便、经济地实现溶剂与溶质的分离，能够重复使用；④无毒。

汲取液的再生方法包括磁场分离、蒸馏、结晶等。

4. 浓差极化

研究表明，渗透的水通量实际值明显低于理论值，主要原因是渗透过程中出现了浓差极化。渗透的浓差极化包括外浓差极化和内浓差极化两类。

（1）外浓差极化（external concentration polarization，ECP）。渗透过程中膜两侧表面溶质浓度与主体溶液溶质浓度不相同的现象称为外浓差极化。外浓差极化的原因是膜透水不透溶质，以及膜表面存在滞留层。外浓差极化有两种类型：浓缩型外浓差极化（concentrative ECP）和稀释型外浓差极化（dilutive ECP）。料液中溶剂透过膜后，膜表面处料液溶质浓度升高的现象称为浓缩型外浓差极化；溶剂渗透进入汲取液后，膜表面处汲取液溶质浓度下降的现象称为稀释型外浓差极化。

（2）内浓差极化（internal concentration polarization，ICP）。渗透过程中膜多孔支撑层内部出现溶质浓度梯度的现象称为内浓差极化。内浓差极化有两种类型：稀释型内浓差极化（dilutive ICP）和浓缩型内浓差极化（concentrative ICP）。前者是指正渗透（FO）过程中（即皮层面向料液），支撑层内的汲取液因料液溶剂迁入导致溶质浓度下降的现象；后者是指压力阻尼渗透（PRO）过程中（即多孔支撑层面向料液），支撑层内的料液因溶剂透过皮层导致溶质浓度升高的现象。

无论是外浓差极化还是内浓差极化，都会导致 $\Delta \Pi$ 减小，溶剂通量下降。减轻外部浓差极化的方法主要有提高料液流速和温度、设置湍流促进器、设计合理的流通结构等；减轻内部浓差极化的方法主要有改善膜结构和膜性能。

5. 膜污染

膜污染是导致 FO 水通量下降的主要原因之一。膜污染机理分为两类：膜表面吸附溶质和形成滤饼层（凝胶层）。前者是指渗透过程中膜在范德华力或化学键作用下吸附污染物，后者是指渗透过程中膜表面污染积累成滤饼层，它主要是由于溶液中污染物与膜表面已吸附的污染物之间的相互作用。

膜污染物一般为溶解性无机物、胶体和悬浮物、有机物及微生物。溶解性无机物的常见元素为 Fe、Al、Si、Ca、S、C、O，一般形成沉淀物；胶体和悬浮物通常形成滤饼；有机物一般是腐殖酸、蛋白质、多糖、氨基糖、核酸及微生物。Ca^{2+} 可促进腐殖酸污染；有机污染与有机物分子内部黏附力关系密切。如果污染物之间存在强黏附力，则会引起污染物在膜表面快速积聚，导致严重的膜污染。

二、应用研究

FO 具有低能耗、环境友好等特点，具有广阔的应用前景，可用于海水脱盐、发电、废水处理、饮料生产、太空水回收、液态食品加工等。

1. 淡化海水

近几年来，美国 Yale 大学的 Elimelech 和 McCutcheon 等开发了一种 FO 海水脱盐系统（见图 7-20），以 NH_3/CO_2 混合水溶液为驱动液，从盐水中汲取水分子，然后蒸发回收驱动液，NH_3/CO_2 气体返回驱动液重复使用，蒸发残液即为产品水。研究表明，50℃时料液（盐水）为 0.5mol/L 的 NaCl，驱动液为 6mol/L 的铵盐，膜两侧渗透压差达到 22.5MPa，使用 HTI 公司的 FO 膜，水通量为 25L/(m²·h)，盐的截留率大于 95%。软件模拟结果表明，当驱动液浓度为 1.5mol/L 时，FO 比多级闪蒸（MSF）和 RO 分别节省能量 85% 和 72%，整

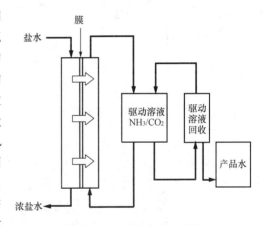

图 7-20　FO 海水脱盐系统

个 FO 过程电能消耗为 $0.25kWh/m^3$，低于目前脱盐技术的电能消耗（$1.6\sim3.02kWh/m^3$）。

2. 处理废水和垃圾渗出液

垃圾渗出液成分复杂，通常含有机物、重金属、氨氮和溶解性固体（TDS）。Osmotek 使用中试规模的 FO 系统处理垃圾渗出液，处理后 TDS 低于 100mg/L。

废水处理产生的淤泥中常含有高浓度氨氮、磷酸盐、重金属、TOC、TDS、色素和 SS，Holloway 等联合使用 FO 和 RO 技术浓缩淤泥，结果表明：磷、氨和总凯氏氮（TKN）去除率分别大于 99%、87% 和 92%，色素和气味几乎全部脱除。在 FO 操作条件下，水通量在 20h 内基本保持恒定，之后以 NaOH 清洗后水通量几乎完全恢复。

3. 发电

20 世纪 70 年代，以色列的 Loeb 提出了基于渗透发电的构想，其流程参见图 7-21。淡水通过过滤器进入 FO 装置后沿着膜一侧表面流动，海水通过过滤器、压力交换器后进入

FO 装置后沿膜另一侧表面流动。在渗透压作用下淡水渗透到海水中，由此而稀释的海水一分为二，一部分冲动涡轮发电机产生电能，另一部分通过压力交换器为海水加压。PRO 发电的优点是：无 CO_2 排放，输出稳定，占地少，操作灵活，成本低。从图 7-21 渗透膜的两侧压力看，海水侧明显高于淡水侧，因此渗透膜必须是皮层面向海水、支撑层面向淡水，即应该是基于 PRO 方式发电。

4. 生产饮料

美国 HTI 公司开发的基于渗透的水袋（hydrationbag）已商品化，某型号水袋示意见图 7-22，它为双层袋，内袋为渗透膜袋，外袋为非渗水材料袋，内袋装入外袋中。原水装入内袋与外袋之间的夹层中，内袋装入可饮用的驱动液（如糖类或浓缩饮料），原水中水分子渗透进入驱动液中，稀释的驱动液作为饮料。水袋质量轻，携带方便，价格低。以某产品为例，100g 驱动液生产 3～5L 饮料，可满足一人一天的饮用。

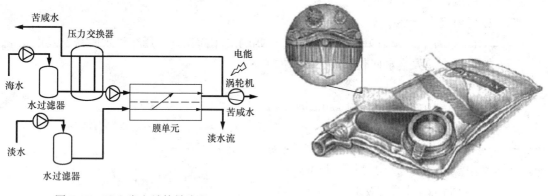

图 7-21　PRO 发电站简易流程　　　　　　　图 7-22　水袋示意

5. 回收太空水

载人空间站需要水的回收利用系统，主要从废水、尿和湿空气回收水。NASA 和 Osmotek 设计出基于渗透的太空水回收系统，称为 DOC 系统，见图 7-23。第一个子系统（DOC 1 号）为 FO 系统，主要作用是截留离子和污染物（如表面活性剂）；第二个子系统（DOC 2 号）为 FO 和渗透蒸馏（OD）的联用过程，主要作用是脱除尿素。

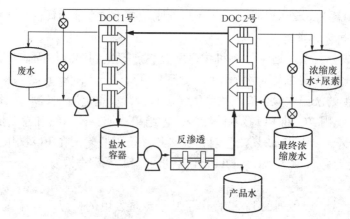

图 7-23　DOC 系统流程示意

6. 食品和医药方面的运用

渗透可在低温、低压、低污染下进行，适用于液体食品的浓缩。渗透膜一般具有纳米或微米级多孔，物质在膜中迁移取决于扩散速度，因此可以通过控制膜孔大小实现物质扩散速度的控制，进而制造出控制释放膜，这种膜可用于控制药物释放时间，实现药物的定点、定量输送。

目前，渗透技术大多处于试验阶段，尽管已有商品化 FO 膜，但因渗透过程中内浓差极化严重，水通量较低，故距离工业化应用还有一段很长的路程。另外，在具体应用领域，FO 膜的使用性能有待考查。将来，渗透商业化的工作主要集中在膜制备、渗透装置设计和渗透工艺设计等方面。

第八章

反 渗 透 除 盐

反渗透（RO）除盐是目前普及速度最快的新兴除盐技术之一，起源于 20 世纪 60 年代。该技术的核心是利用了反渗透膜，这种膜具有透水而难透盐的特性，在压力推动下，盐水中水分子透过膜成为无盐水，盐分继续保留在原水中而被浓缩。

反渗透除盐具有以下特点：

（1）水与盐分离的推动力为压力。

（2）可适用于各种浓度的含盐量水源，但用于含盐量大致在 300mg/L 以上的水源经济性更好，已广泛用于生产饮用纯净水、医用纯化水、电子级水和高压及以上锅炉的补给水。

（3）除盐率一般为 99%，低于离子交换法的，故一般用于高含盐量水源的初步除盐，或作为离子交换法的前置脱盐技术，不作为生产超纯水的终端除盐手段。

（4）化学药品用量少，没有酸碱废水排放（清洗除外）。

（5）必须不断排放一定量的浓水。对于苦咸水和含盐量不高的天然水，水的利用率一般为 75%～85%；对于海水，水的利用率一般为 30%～50%。

第一节　基　本　原　理

反渗透是从动植物细胞膜的渗透现象中得到启发而开发出来的水处理技术。渗透是动植物普遍具有的生理功能。例如，动物通过细胞膜的渗透作用从外界吸收养料，同时向外界排出代谢产物。细胞膜对物质透过具有选择性，有许多人造或天然膜对于物质的透过也有选择性。例如，醋酸纤维素膜，水容易透过它，而盐难以透过；阳离子交换膜允许阳离子透过，而不允许阴离子和水透过。这类允许某些特定物质透过的膜称为半透膜。反渗透膜就是一种半透膜。

一、渗透与反渗透

以盐水体系为例，在一定温度下，用一张易透水而难透盐的半透膜将淡水与海水隔开，如图 8-1 所示，由于淡水中水的化学位比盐水中水的化学位高，从热力学观点看，水分子会自动地从左边淡水室经过半透膜向右边盐水室转移，这一过程称为渗透，如图 8-1(a) 所示。这时，虽然盐在右室中的化学位比在左室中的高，但由于膜的半透性，不会发生盐从右室进入左室的迁移过程。随着左室中的水不断进入右室，右室含盐量下降，加之右室水位升高和左室水位下降，导致右室水的化学位增加，直到与左室中水的化学位相等，渗透停止。这种对溶剂（这里为水）的膜平衡称渗透平衡，如图 8-1(b) 所示。平衡时淡水液面和同一水平面的盐水液面上所受的压力分别为 p 和 $p+\rho gh$，后者与前者之差（ρgh）称为渗透压差，以 $\Delta \Pi$ 表示。这里，p 表示大气压力，ρ 表示水的密度，g 表示重力加速度，h 表示两室水位

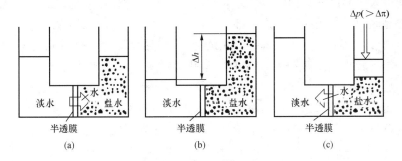

图 8-1 渗透与反渗透现象

(a) 渗透；(b) 渗透平衡；(c) 反渗透

差。若在右边盐水液面上施加一个超过渗透压差的外压（即 $\Delta p > \Delta \Pi$，Δp 为外加压差，简称外压），则可以驱使右室中的一部分水分子循渗透相反的方向穿过膜进入左室，即盐水室中的水被迫反渗透到右室淡水中，如图 8-1（c）所示。反渗透过去的水分子随外压增加而增多。因此，可以利用反渗透从盐水中获得淡水。

反渗透脱盐必须满足两个基本条件：①半透膜具有选择地透水而不透盐的特性；②盐水室与淡水室之间的外加压差（Δp）大于渗透压差，即净推动压力（$\Delta p - \Delta \Pi$）> 0。

这里将符合条件①的半透膜称之为反渗透膜。目前，常见的反渗透膜材料为芳香聚酰胺和醋酸纤维素。

二、渗透压与操作压力

渗透压是选择反渗透装置给水泵的重要依据。对于盐水，渗透压与含盐量、盐的种类和温度有关。

计算渗透压公式较多，可用式（8-1）近似计算

$$\Pi = R \times (t + 273) \times \Sigma c_i \tag{8-1}$$

式中：Π 为渗透压，MPa；R 为气体常数，0.008 31MPa · L(mol · K)；t 为水温，℃；Σc_i 为溶质浓度之和，它包括溶质的阳离子、阴离子和未电离的分子，mol/L。

计算反渗透装置的渗透压时，必须考虑到反渗透对盐的浓缩所引起 Σc_i 的增加。

渗透压可以用经验公式估算

$$\begin{cases} \Pi = 2.04 \times 10^{-7} \times (t + 320) \times \text{TDS} & \text{TDS} < 20\ 000\text{mg/L} \\ \Pi = 2.04 \times 10^{-5} \times (t + 320) \times (0.011\ 7 \times \text{TDS} - 34) & \text{TDS} > 20\ 000\text{mg/L} \end{cases} \tag{8-2}$$

式中：TDS 为总溶解固体含量，mg/L。

设淡水和盐水的渗透压分别为 Π_1 和 Π_2，则渗透压差 $\Delta \Pi = \Pi_2 - \Pi_1$。通常，$\Pi_2 \gg \Pi_1$，故近似计算时，可用盐水的渗透压（$\Pi_2$）近似代替渗透压差（$\Delta \Pi$）。

操作压力是指反渗透装置的实际运行压力，它为渗透压、反渗透装置的水流阻力、维持膜足够的透水速度所必需的推动压力之和。实际操作压力大致是渗透压的 2～20 倍，甚至更高一些。例如，海水渗透压约为 2.5MPa，实际操作压力一般为 5.5～8.0MPa。

三、选择性透过模型

下面介绍两种解释反渗透膜选择性透过现象的模型。

1. 氢键结合水——空穴有序扩散模型

图 8-2 为该模型示意图。该模型将醋酸纤维素膜描述为结晶区域和非结晶区域两部分，

水和溶质不能进入结晶区域，但可以进入非结晶区域。因此，可以把非结晶区域看成是细孔或空穴，把结晶区域看成是孔壁。进入细孔中的水有两种：一种水称为结合水，它是水分子上的氢与孔道内壁羧基上的氧以氢键的形式结合在一起的水；另一种水称为自由水，是受羧基上的氧原子影响较小的那部分水，大多位于孔道中央。结合水排列整齐，有类似冰的构造，不能溶解盐类。自由水与普通水的构造相同，能溶解盐类。非结晶区域越大，普通水所占比例越大，膜内溶解的盐越多，因而盐透过膜的量也越多。在压力推动下，氢键断开，结合的水分子脱解下来，并转移到下一个羧基上的氧原子处形成新的氢键，这一新的氢键又会

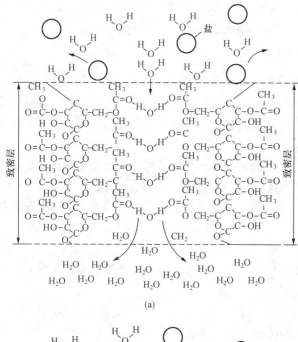

(a)

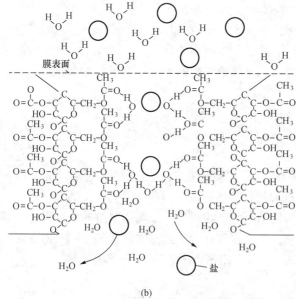

(b)

图 8-2　氢键结合水—空穴有序扩散示意图
(a) 致密层；(b) 多孔层

在压力作用下断开，于是水分子通过这一连串有序的氢键形成与断开，向淡水侧方向转移，直至穿过膜层进入淡水室。与此同时，含有盐分的普通水也会在压力作用下通过空穴中央穿过膜进入淡水室，这种迁移称为空穴扩散。

醋酸纤维素膜大致分为两层，表面一层比较致密，孔径较小，通过这一层的主要是结合水，如图 8-2(a) 所示。但是膜表面存在某些缺陷，会有少量溶解有盐类的普遍水通过这一层。下层为多孔层，如图 8-2 (b) 所示，主要起支撑作用，结合水和普遍水都能顺利通过该层。由于通过致密层的结合水多于普通水，所以从醋酸纤维素膜的另一侧流出的是含盐量较少的淡水。

2. 优先吸附——毛细管流模型

该模型认为，膜内具有许多细小孔道，类似毛细管，当膜与盐水接触时，会优先吸附水分子，而排斥盐分。这样，在"膜—盐水"界面处富集了一层厚度为 δ 的纯水分子层。在压力推动力，纯水经过毛细管孔道流出，于是从盐水中分离出所需要的淡水。

依据这一模型，毛细管孔径 (ϕ) 的大小对产品水的质量和流量有显著的影响。当 $\phi = 2\delta$ 时，毛细管正好为纯水所充满，主体溶液中的盐不能进入毛细管中，这时纯水流

量最大，透过水中不含盐类；当 $\phi < 2\delta$ 时，纯水层在毛细管中相互挤压或重叠，这时虽然盐不能通过毛细管，但纯水流量减少；当 $\phi > 2\delta$ 时，毛细管中心存在直径为 "$\phi - 2\delta$" 的盐水溶液流，虽然透过水的流量大，但因含盐量多而水质较差。所以，毛细管的最佳孔径为 2δ。

四、反渗透方程

计算水和盐透过反渗透膜的公式称为反渗透方程。研究者所依据的反渗透理论不同，所推导出的反渗透方程亦有差异，式（8-3）为其代表

$$v_s = B(c_2 - c_3)$$
$$v_v = A(\Delta p - \Delta \Pi) \tag{8-3}$$

式中：v_s 为盐的透过速度；B 为比例系数；c_2 为盐水侧膜表面处盐的浓度；c_3 为淡水侧膜表面处盐的浓度；v_v 为溶液（主要为水）的透过速度；A 为纯水透过系数。

第二节 反 渗 透 膜

一、材料

人们根据脱盐的要求，从大量的高分子材料中筛选出醋酸纤维素（CA）和芳香聚酰胺（PA）两大类膜材料。此外，复合膜的表皮层还用到其他一些特殊材料。

1. 醋酸纤维素

醋酸纤维素又称乙酰纤维素或纤维素醋酸酯。常以含纤维素的棉花、木材等为原料，经过酯化和水解反应制成醋酸纤维素，再加工成反渗透膜。

2. 聚酰胺

聚酰胺膜材料包括脂肪族聚酰胺和芳香族聚酰胺两类。20 世纪 70 年代应用的主要是脂肪族聚酰胺膜，如尼龙-4、尼龙-6 和尼龙-66 膜；目前使用最多的是芳香族聚酰胺膜，膜材料为芳香族聚酰胺、芳香族聚酰胺-酰肼以及一些含氮芳香聚合物。

芳香族聚酰胺膜适应的 pH 值范围可以宽到 2～11，但对水中游离氯比较敏感。

3. 复合膜

复合膜的特征是由两种以上的材料制成，它是用很薄的致密层与多孔支撑层复合而成的。多孔支撑层又称基膜，起增强机械强度作用；致密层也称表皮层，起脱盐作用，故又称脱盐层。脱盐层厚度一般为 300×10^{-10} m。

由单一材料制成的非对称膜，有下列不足之处：①致密层与支撑层之间存在着易被压密的过渡层；②表皮层厚度的最薄极限约为 1000×10^{-10} m，很难通过减少膜厚度降低推动压力；③脱盐率与透水速度相互制约，因为同种材料很难兼具脱盐与支撑两者均优。复合膜较好地解决了上述问题，它可以分别针对致密层的功能要求选择一种脱盐性能最优的材料，针对支撑层的功能要求选择另一种机械强度高的材料。复合膜脱盐层可以做得很薄，有利于降低推动压力；它消除了过渡区，抗压密能力强。

基膜材料以聚砜应用最普遍，其次为聚丙烯和聚丙烯腈。因为聚砜原料价廉易得，制膜简单，机械强度高，抗压密能力强，化学性能稳定，无毒，能抗微生物降解。为了更进一步增加多孔支撑层的强度，常用聚酯无纺布增强。

脱盐层的材料主要为芳香聚酰胺。此外，还有聚哌嗪酰胺、丙烯—烷基聚酰胺与缩合尿素、糠醇与三羟乙基异氰酸酯、间苯二胺与均苯三甲酰氯等。

二、微观结构

膜的结构包括宏观结构和微观结构。前者是指膜几何形状，主要有板式、管式、卷式和中空纤维式四种；后者是指膜的断面结构和结晶状态等。

1. 断面结构

从形貌看，膜大致可分为两类：均相膜和非均相膜。非均相膜又称非对称结构膜，简称非对称膜或不对称膜。其形貌特征是在垂直于膜表面的截面上孔隙分布不均匀，由表向里孔隙渐增，表层孔隙最小，底层孔隙最大。目前应用最为广泛的是非对称膜。

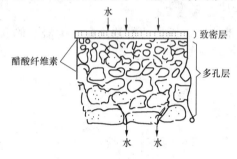

图 8-3　膜双层结构断面模型

（1）非对称膜的断面结构模型。

1）双层结构模型。双层结构模型即致密层—多孔层结构模型，如图 8-3 所示。致密层较薄，厚度小于 $1\mu m$；多孔层较厚，厚度为 $100\sim150\mu m$。表皮层孔隙最小，故称致密层，又因为该层决定了膜对溶质和溶剂的选择透过性，故致密层又称活性层。致密层细孔孔径小于 10nm。多孔层起支撑致密层以及增强整个膜的机械强度作用，故多孔层又称支撑层。多孔层的孔径在数微米以下。

2）三层结构模型。事实上致密层与多孔层之间并无明确的分界面，为此，有人提出了"致密层—过渡层—多孔层"结构模型，如图 8-4 所示。上层（A）是致密层，该层孔径小于 10nm；中间层为过渡层（B），比致密层的孔径大，但仍有孔径小于 10nm 的细孔；底层（C）是多孔层，有孔径 50nm 以上的细孔。

膜的非对称结构决定了膜的方向性。当致密层面向高压侧时，可获得预期的脱盐率；反之，致密层就会在反方向压力作用下破裂而丧失脱盐能力。膜的致密层表面与多孔层表面相比，平滑且有光泽。

（2）复合膜的断面结构。一般复合膜的断面结构模型如图 8-5 所示，大致分三层。表层为超薄膜层，又称功能层，厚度约为 $0.2\mu m$；中间一层为支撑层，厚度约为 $60\mu m$；底层为一层较厚的基膜，厚度约为 $150\mu m$。目前市场上大部分复合膜的超薄膜层均为交联全芳香族聚酰胺，支撑层为聚砜，基膜为聚酯不织布（无纺布）。

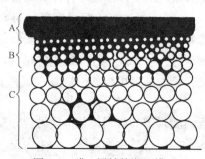

图 8-4　膜三层结构断面模型

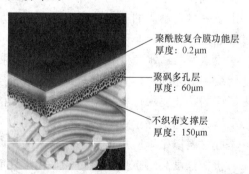

聚酰胺复合膜功能层
厚度：$0.2\mu m$

聚砜多孔层
厚度：$60\mu m$

不织布支撑层
厚度：$150\mu m$

图 8-5　复合膜的断面结构模型

图 8-6 是东丽公司生产的低压反渗透膜片（UTC-70）、超低压反渗透膜片（UTC-70U）和极超低压反渗透膜片（UTC-70UL）断面的场发射—扫描电镜（FE-SEM）照片，可见表皮层为褶皱状结构，支撑层类似海绵结构。显然，褶皱越高，则膜表面与水接触的比表面积越大，透水速度越快，所需推动压力越低。

(a)　　　　　　　　　　(b)　　　　　　　　　　(c)

图 8-6　反渗透膜的断面 FE-SEM 照片
(a) UTC-70；(b) UTC-70U；(c) UTC-70UL

2. 结晶构型

Schultz 和 Asunmaa 用电子显微镜观察了厚度为 60nm 的醋酸纤维素膜和 L-S 型非对称醋酸纤维素膜的表皮层，提出了表皮层的结晶构型。他们认为表皮层由平均直径为 18.8nm 的超微晶粒（简称球晶）以最紧充填方式排列而成。根据这一模型，三个球面所围成的三角形间隙形成细孔，三角间隙的面积为 $14.25nm^2$。如果把三角形细孔看作成圆形，则平均孔径为 4.26nm。

对于芳香聚酰胺酰肼膜的断面，Panar、Hoeho 和 Hebert 用电子显微镜进行了研究分析，也发现了膜表面有一层呈紧密排列的球晶，只不过是粒径比醋酸纤维素膜的大，直径为数十纳米，而且球晶之间相互挤压后发生了一定程度的变形。

三、分类

基于不同考虑，膜的分类有许多方法：

（1）按膜材料分类。主要有醋酸纤维素膜和芳香聚酰胺膜。此外，还有聚酰亚胺膜、磺化聚砜膜、磺化聚砜醚膜等。

（2）按制膜工艺分类。可分为溶液相转化膜、熔融热相转变膜、复合膜和动力膜。水处理中普遍使用复合膜。

（3）按膜元件的大小分类。例如卷式膜元件按元件直径分有 101.6mm（4in）膜元件、152.4mm（6in）膜元件、203.2mm（8in）膜元件和 215.9mm（8.5in）膜元件等。

（4）按膜的形状分类。主要有板式膜、管式膜、卷式膜和中空纤维膜四种。

（5）按膜出厂时的检测压力分类。有的膜生产厂商分别将膜出厂时检测压力为 1.03MPa（150psi）、1.55MPa（225psi）和 2.90MPa（420psi）的膜划分为超低压膜、低压膜和中压膜。

（6）按膜的用途分类。有苦咸水淡化膜、海水淡化膜、抗污染膜等多个品种。

（7）按膜结构特点分类。可分为均相膜和非对称膜。水处理中常用非对称膜。

（8）按传质机理分类。有活性膜和被动膜之分。活性膜是指在溶液透过膜的过程中，透过组分的化学性质可改变；被动膜是指溶液透过膜的前后化学性质没有发生变化。目前所有反渗透膜都属于被动膜。

四、商品牌号

目前，有关膜产品的命名没有统一，各厂商有各自的商品牌号。下面举例介绍几种膜系列的产品牌号。

1. BW 系列膜

BW 系列膜为芳香族聚酰胺复合膜，由陶氏公司生产，适用于含盐量低于 10 000mg/L 的苦咸水淡化。膜元件的主要型号有 BW30-330、BW30-365、BW30-400、BW30LE-440，有效膜面积依次为 31m^2（330ft^2）、34m^2（365ft^2）、37m^2（400ft^2）、41m^2（440ft^2）。BW30 为低压膜元件，主要用于多支串联高脱盐率反渗透系统，BW30LE 为低能耗膜元件。膜元件（以 BW30-400 为例）的技术参数如下：直径为 8in（约 201mm）；长为 40in（约 1016mm）；湿态质量为 17kg；标准脱盐率为 99.5%；透水量为 40m^3/d。操作条件控制如下：操作压力<4.1MPa；进水温度<45℃；进水 SDI<5；进水自由氯浓度<0.1mg/L；连续使用 pH＝2～11，短期使用（如 30min 左右）pH＝1～12；进水流量<19m^3/h。

2. ESPA 系列膜

ESPA 系列膜为超低压聚酰胺复合膜，由海德能公司生产，1995 年 5 月开始投入市场。膜元件的主要型号有 ESPA1、ESPA2、ESPA 2＋、ESPA4 和 ESPAB。ESPA 2＋的有效膜面积为 41m^2（440ft^2）、其他的有效膜面积为 37m^2（400ft^2）。ESPA 系列膜元件的脱盐率为 99.0%～99.6%；水通量为 0.9～1.2m^3/（m^2·d）。操作条件控制如下：操作压力<4.1MPa；进水温度<45℃；进水 SDI<5；进水自由氯浓度<0.1mg/L；进水 pH＝3～10，进水流量<17m^3/h。

3. TFC 系列膜

TFC 系列膜简称 TFC 膜，为聚酰胺复合膜，由科氏（KOCH）滤膜系统公司生产，主要有苦咸水淡化膜和海水淡化膜两类。其中苦咸水淡化膜主要有 TFC-ULP 系列超低压反渗透膜，TFC-HR 系列高脱盐率反渗透膜，TFC-FR 系列抗污染反渗透膜，TFC-XR 系列特高脱盐、脱硅、脱 TOC 反渗透膜。

TFC 膜元件（以 TFC-8060-FR-590 为例）的技术参数如下：直径为 203.2mm（8in），长度为 1524mm（60in），有效膜面积为 54.8m^2（590ft^2），脱盐率为 99.55%，透过水流量 62.8m^3/d，常规运行压力为 0.69～1.21MPa，最高运行压力为 2.4MPa，使用温度<45℃，进水 SDI<5，进水浊度<1NTU，进水余氯浓度<0.1mg/L，连续使用 pH＝4～11，短期使用 pH＝2.5～11。这里，短期使用是指清洗阶段，持续时间一般为几小时。

4. 抗污染膜

提高膜元件抗污染能力的方法有：①改变膜的带电状态，降低膜与污染物的静电吸引力；②提高膜表面的光滑度，减少膜面微观凹凸不平处对污染物的隐藏概率；③提高膜材料的亲水性，削弱膜与污染物之间的范德华引力；④优化进水通道结构，不但为污染物顺利通过创造了条件，而且增强了清洗效果；⑤增加膜的叶片数，缩短淡水通道长度，减少淡水通道压力损失，以便膜沿程净推动压力趋于相同，尽量保持膜面不同地方水通量大小相等，降低浓差极化程度；⑥采用自动卷膜，减少膜层之间水流通道的过水截面积差异，均匀分配沿程水流阻力。

(1) LFC 系列膜。LFC 系列膜为低污染聚酰胺复合膜，由海德能公司生产，1998 年之后陆续上市。膜元件的主要型号有 LFC1、LFC2、LFC3 和 LFC3-LD。这类膜元件耐污染的原因之一就是膜表面的带电性质不同。传统复合膜表面带负电，而 LFC1 和 LFC3 膜表面不带电，LFC2 膜表面带正电，LFC3-LD 则在 LFC3 的基础上改进了给水隔网的结构，降低了压力损失，增强了抗污染能力。根据同电相吸异电相斥原理，带正电的膜适合于处理污染物带正电荷的水源，不带电的膜适合于处理正、负电荷的混合污染物的水源。LFC2 的有效膜面积为 $34m^2$（$365ft^2$），其他的有效膜面积为 $37m^2$（$400ft^2$）。LFC1 和 LFC3 的脱盐率为 99.5%～99.7%，LFC2 的脱盐率为 95%。LFC 系列膜元件的水通量为 0.9～1.2 $m^3/(m^2 \cdot d)$。操作条件控制与 ESPA 系列膜元件相同。

(2) FR 系列膜。如 Filmtec-FR 系列膜元件，由陶氏公司生产，1996 年开始在工业中应用，主要用于高污染的地表水、复杂水源、各种废水回用处理和高附加值物料的浓缩分离。膜元件的主要型号有 BW30-365FR1、BW30-365FR2 和 BW30-400FR，有效膜面积依次为 $34m^2$（$365ft^2$）、$34m^2$（$365ft^2$）和 $37m^2$（$400ft^2$）。除耐污能力外，BW30-365FR 与 BW30-365、BW30-400FR 与 BW30-400 的产水量、脱盐率和操作条件基本相同。

此外，还有 X-20 和 SC、SG 等系列抗污染膜元件。

五、性能

1. 脱盐率

脱盐率又称除盐率，通称分离度、截留率，记作 R。R 的定义为进水含盐量经反渗透分离成淡水后所下降的分率，按式（8-4）计算

$$R = \frac{c_f - c_p}{c_f} \times 100\% \tag{8-4}$$

式中：c_f 为进水含盐量，mg/L；c_p 为淡水含盐量，mg/L。

水处理中常用进水的 TDS 或电导率作为 c_f，淡水 TDS 或电导率作为 c_p。

反渗透膜的分离度与以下四类因素有关：

(1) 操作条件。包括压力、浓水流量、回收率、水温和 pH 值。分离度随操作压力和浓水流量递增，随回收率和水温（恒流量）递减；对于天然水，碳酸化合物的各种形态是 pH 值函数，若降低给水 pH 值，则 CO_2 分率增加，因为 CO_2 很容易透过膜，所以淡水电导率升高。

(2) 污染程度。膜被水垢、生物黏泥、铁铝硅化合物污染后，分离性能变差。

(3) 溶液特性。包括溶质的尺寸、电荷、电离度、极性和支链数，以及溶质浓度等。一般，尺寸大、电荷多、电离度高、极性强、支链多的溶质，去除率高。在含盐量较低的范围内（如小于 800mg/L），除盐率随含盐量递增；在含盐量较高的范围内（如大于 1000mg/L），除盐率随含盐量递减。

(4) 膜特性。孔径小、介电常数低的膜分离效果好，膜厚度对分离效果无影响。

膜的脱盐率高，则淡水含盐量少，后续除盐设备（离子交换器和电除盐设备）负担轻，这有利于延长离子交换器的运行周期，降低酸碱费用，提高电除盐设备的产品水质。

反渗透膜的脱盐率一般大于 98%。随着反渗透膜使用年限的增加，脱盐率必然呈下降趋势，但其衰减速度应在允许的范围内，否则，若脱盐率明显下降，则提示膜可能出现了污

染、划伤或密封不严等问题。

2. 透过速度

（1）水通量（v_w）。在单位时间、单位有效膜面积上透过的水量称水通量，又称透水速度，通称溶剂透过速度，用 v_w 表示。水通量单位可用 GFD［加仑/（英尺^2·天）］、LMH［升/（米^2·时）］和 MMD［米^3/（米^2·天）］表示。1MMD＝24.54GFD＝41.67LMH。操作压力大、水温高、含盐量低、回收率小、膜孔隙大，则 v_w 亦大；当浓差极化严重或沉积物较多时，v_w 明显下降。反渗透装置运行时，为了减轻膜的污染速度，通常需要将 v_w 控制在膜选用导则所规定的范围内，该规定值与水源有关，井水的较高，地表水的较小。

（2）盐透过速度（v_s）。在单位时间、单位膜面积上透过的盐量，又称透盐率、透盐速度和盐通量，通称溶质透过速度，用 v_s 表示。水温和回收率低、含盐量和膜孔径小、膜材料对盐的排斥力大，则 v_s 小；浓差极化严重时，v_s 显著增加。一般情况下，v_s 受压力影响较小。

（3）溶液透过速度（v_v）。在单位时间、单位膜面积上透过的溶液量。透过液包括盐和水两部分，故 $v_v＝v_w＋v_s$。一般情况下，$v_w \gg v_s$，所以 $v_v \approx v_w$，故生产中通常不区分 v_w 与 v_v，而等同使用。

一般，水通量大的膜，盐透过速度也高。

3. 回收率

反渗透系统从盐水中获得的淡水分率称水的回收率，简称回收率，例如回收率 65％ 表示用 1t 盐水可生产出 0.65t 淡水。被处理水的含盐量越高，允许的回收率越低。例如，反渗透处理海水时回收率一般为 30％～40％，处理江河水时回收率一般为 70％～85％。

4. 耐氧化能力

膜的耐氧化能力与膜材料有关。芳香聚酰胺膜和复合膜比醋酸纤维素膜更易受到水中氧化剂的侵蚀。水中常见的氧化剂有游离氯、次氯酸钠、溶解氧和六价铬等。膜被氧化后，化学结构和形态结构发生了不可逆破坏。为了减轻反渗透膜的氧化程度，反渗透装置进水中允许的游离氯最高含量，醋酸纤维素膜为 1mg/L，芳香聚酰胺膜和复合膜为 0.1mg/L。

5. 纯水透过系数

膜的纯水透过能力用纯水透过系数 A 表示。A 也是膜总孔隙的量度。A 值与测定时的温度和压力有关。当压力一定时，温度增加，水的黏度减少，因而透水速度增加。一般情况下，温度每增加 1℃，透水速度增加 2％～3％。但是，温度太高，可能导致膜材料变软而发生压密，透水速度反而下降。通常以 25℃时的 A 值作为标准值，其他温度条件下的透水系数 A_t 用式（8-5）计算

$$A_t = \frac{A_{25}}{f_T} \tag{8-5}$$

式中：A_{25} 为 25℃时的 A 值；A_t 为 t℃时的 A 值；f_T 为校正系数，查产品说明书，当缺乏这方面的数据时，也可从图 8-7 中获取。

f_T 的倒数称为温度校正因子（系数），用 T_{cf} 表示。在 10～30℃范围内，温度校正系数可按式（8-6）估算

$$T_{cf} = 0.418\,6e^{0.0345t} \tag{8-6}$$

式中：t 为水温，℃。

通常以 25℃ 时的淡水流量作为标准值，其他温度条件下的实际淡水流量可以校正到标准值。标准流量等于实际流量除以 T_{cf}。

温度不变时，A 值随压力（Δp）呈负指数规律下降，即

$$A = A_0 \exp(-\alpha \Delta p)$$

式中：A_0 为外推至 $\Delta p = 0$ 时的 A 值，它是膜初始孔隙的量度；α 为膜对压力敏感性的量度常数，反映了膜的压密效应。

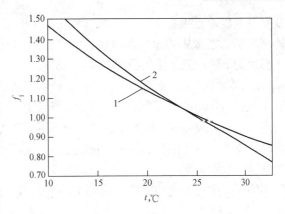

图 8-7　A 值的温度修正曲线

1—用黏度修正的曲线；2—用分子扩散系数修正的曲线

6. 流量衰减系数

即使在正常运行条件下，反渗透膜也会在压力的长期作用下，随着运行时间的延长，孔隙率缓慢减少，水通量缓慢下降，这种现象称为膜的压密。在生产实践中人们发现，v_v 与运行时间 τ 的 m 次方成反比，即

$$v_{vt} \propto v_{vt0}/(\tau/t_0)^m$$

式中：v_{vt} 为运行时间 $\tau = t$ 时溶液透过速度；v_{vt0} 为运行时间 $\tau = t_0$ 时溶液透过速度；m 为流量衰减系数，$m > 0$；τ 为运行时间，$\tau > t_0$。

对于新的反渗透膜，运行开始 24～48h 后透水速度趋于稳定，所以 t_0 常取 24～48h。

除压力外，膜表面物质的沉积、膜的水解、水中有机物长期与膜接触而使膜溶解、膜表面微生物繁殖或细菌侵蚀、膜被氧化和水温季节性下降等原因也会引起膜透水速度的升降。膜压密属非弹性变形，一旦发生了压密化，即使泄去压力，透过性能也难以恢复。提高操作压力固然可以增加透水量，但会加重膜的压密，所以生产中应将操作压力控制在允许范围内。

7. 抗水解能力

抗水解能力与高分子材料的化学结构和介质性质有关。当高分子链中具有易水解的 —CONH、—CO—OR、—CN、—CH$_2$—O 等时，就会在酸或碱的作用下发生水解或降解反应，于是膜被破坏。例如，芳香聚酰胺膜分子中的 —CONH 在酸或碱的作用下 C—N 断裂后生成羧酸或羧酸盐；醋酸纤维素膜（CA 膜）分子链中的 —COOR 在酸或碱作用下更易水解，图 8-8 是温度和 pH 值对 CA 膜水解速度的影响。为了降低水解速度，一般将 CA 膜使用 pH 值控制在 5～6 之间。

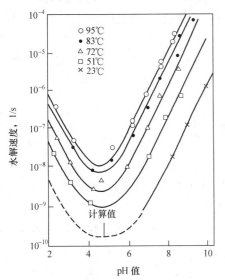

图 8-8　温度和 pH 值对 CA 膜水解速度的影响

8. 耐热抗寒能力

耐热抗寒能力取决于高分子材料的化学结构。如前所述，水温增加，有利于提高脱盐率、透水速

度以及减轻浓差极化，但膜变软、氧化和水解速度快。反渗透膜本身含有许多水分，结冰时体积增加，造成膜的永久性破坏。所以，反渗透膜应防热防寒。一般水处理用 RO 膜最低使用温度为 5℃，最高使用温度为 40~45℃。

9. 机械强度

在压力作用下，膜会被压缩变形，导致透过速度下降。膜的变形可分为弹性变形和非弹性变形，当压力较低时，膜处于弹性变形范围，压力消失后，膜的透过能力可以恢复；当压力较高时，膜处于非弹性变形范围，将发生不可逆压实，压力消失后，膜的透过能力不能恢复。压力越大，水温越高，作用时间越长，膜发生非弹性变形的可能性就越大。不同的膜元件耐压极限不同，应注意查阅相关产品说明书。卷式 RO 膜元件（海水淡化膜除外）的耐压极限一般为 4.2MPa。

10. 物质迁移系数

物质迁移系数是表示反渗透装置运行时浓差极化的指标。由于水透过膜的量远大于盐透过膜的量，导致膜表面处盐浓度 c_2 升高，反渗透方程式（8-3）中 $\Delta\Pi$ 增加，水透过速度下降，盐透过速度增加。膜两侧浓度有式（8-7）所示关系

$$\frac{c_2 - c_3}{c_1 - c_3} = \exp\left(\frac{v_v}{k}\right) \tag{8-7}$$

式中：c_1 为高压侧主体溶液中盐浓度；k 为物质迁移系数。

物质迁移系数可表达成式（8-8）所示形式

$$k \propto D \cdot u^n \cdot \exp(0.005T) \tag{8-8}$$

式中：D 为盐的扩散系数；u 为高压侧水流速度；n 为系数，随装置不同而异，一般为 0.6~0.8；T 为温度。

式（8-7）中，当 $k \rightarrow +\infty$ 时，$c_2 = c_1$，膜不发生浓差极化；当 k 为任一有限正值时，$c_2 > c_1$，即膜表面处浓度大于主体溶液浓度；k 值越小，差值（$c_2 - c_1$）越大，浓差极化越厉害。浓差极化发生后，膜透过性能下降，膜表面可能析出沉淀物。增强水流紊动、提高浓水流速和水温，以及缩短浓水流程是减少浓差极化的有效途径。

生产实际中是通过保持足够的浓水流量而减轻浓差极化的。该浓水流量的最低限值称最小浓水流量。

第三节　膜元件（膜组件）

反渗透膜必须与其他器件组合成具有引进高压盐水、收集淡水和排放浓水功能的设备后才能用于生产实际。这种具有进出水功能的反渗透脱盐单元称为膜元件。膜元件通常按水处理工艺需要，可多个膜元件组合起来形成一个较大的脱盐单元，这种单元称膜组件。多个膜组件又可进一步组合成更大的脱盐单元，形成反渗透装置。由于膜形状及膜装置的多样性，膜元件与膜组件之间的界线有的比较清楚，有的比较模糊。例如，卷式反渗透装置中，膜元件与膜组件之间界线明确，一般是多个膜元件串联在一个压力容器内构成一个膜组件；中空纤维式反渗透装置中，每根纤维本身就具有进水、出水功能，故它就是膜元件。习惯上，膜元件的概念仅用于卷式反渗透装置。

广义地讲，反渗透装置应包括所有膜组件、连接管道、阀门、仪表以及高压泵等相关设备，甚至可以延伸到整个反渗透系统；狭义地讲，反渗透装置仅指膜组件本身。

一、形式

膜元件（膜组件）有平板式、圆管式、螺旋卷式和中空纤维式四种形式。前三者又分别简称为板式、管式和卷式。管式又可分为内压管式（内压式）、外压管式（外压式）和套管式。中空纤维式也有内压式和外压式两种。这些组件均有自己独特的优点，因而不可能将其中任何一种淘汰。电厂水处理以卷式应用最为普遍，约占用户的99%；中空纤维式主要用于海水淡化领域；管式和板式主要用于食品和环保方面。对膜元件（膜组件）的基本要求是：①尽可能高的膜装填密度，膜装填密度是指单位体积膜装置中膜的面积（m^2/m^3）；②不易浓差极化；③抗污染能力强；④清洗和换膜方便；⑤价格便宜。

二、组成

膜元件（膜组件）的基本组成包括膜、膜的支撑物或连接物、水流通道、密封、外皮、进水口和出水口等。

1. 膜

膜是膜元件乃至反渗透膜装置的核心部分，详见本章第二节。

2. 支撑物

支撑物又称连接物。反渗透膜在组装成膜元件的过程中，为了固定膜使其具有一定形状和强度，需要支撑物。例如，平板膜一般将它平铺在平滑的多孔支撑体上，以免受压时膜破裂；螺旋卷式膜一般将隔网夹在两膜之间，隔网既是支撑物又是水流通道；管式膜通常将膜涂敷在多孔管上，管内外形成浓淡水道；中空纤维膜比较特殊，由于本身很细，机械强度高，故不需外加支撑物。由于支撑物兼有搅拌功能，所以选择合适的支撑物，对于改善水流状态、防止浓差极化非常重要。

3. 水流通道

从盐水进入到浓水和淡水流出器件的全部水流空间称为水流通道。大多数水流通道是通过膜与膜之间的支撑体、导流板或隔网来实现的。图8-9（a）、（b）主要用于平板膜装置，导流板厚度为0.5～1.0mm；图8-9（c）普遍用于卷式反渗透膜元件，水流在隔网的间隙中流动，隔网厚度一般为0.71mm或0.78mm。管式膜装置水流通道在管内和管外，内压膜管进水和浓水在管内流动，淡水在管外流动，外压膜管则正好相反。中空纤维膜的水流通道与管式膜类似，通常是浓水在纤维外壁流动，淡水从纤维管内收集。良好的水流通道应该是水流分布均匀、没有死角、流速合适、浓差极化轻、容易清洗和占用空间小。

4. 密封

反渗透需要在一定压力下才能进行，为了防止浓淡水互窜，必须采取密封措施，让这两股水流各行其道。密封位置主要在膜与膜之间、膜与支撑物之间、膜元件之间，以及与外界接口处等。膜元件不同，对密封的要求也不同。例如，螺旋卷式膜元件主要是将重叠的两张膜的三边密封形成膜袋，以及串联膜元件中心管之间的密封；中空纤维膜元件的密封主要在纤维一端的环氧管板密封和另一端的环氧封头密封；其他膜元件可用橡胶垫圈或O形圈等方法加以密封。

5. 外皮

卷式膜元件的最外层壳体称为外皮，膜袋被卷成像布匹样的圆柱体后再包上外皮。外皮

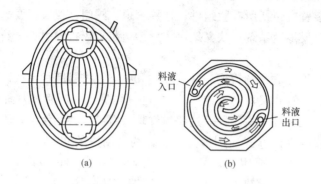

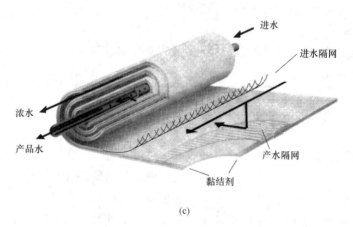

图 8-9　水流通道示意图

（a）空心导流板；（b）涡轮导流板；（c）卷式膜元件隔网

材料一般为玻璃钢（FPR）。

6. 外接口

膜元件主要有进水口、浓水出口和淡水出口 3 个外接口。卷式反渗透膜元件的中心管的两端均可作为淡水出口，膜元件两头的多孔端板（或涡轮板）的一头为进水口，另一头为浓水出口。多孔板具有均匀布水、防止膜卷突出的作用。

7. 压力容器

压力容器是安装膜元件的耐压圆柱壳体，两端具有便于装配、密封的扩张口，如图 8-10 所示。

压力容器规格常用其直径表示，有直径 63.5mm（2.5in）、101.6mm（4in）、203.2mm（8in）等多种规格。每个压力容器可以安装一个膜元件，也可以串联安装 2～7 个膜元件。压力容器中膜元件与膜元件之间采用内连接管连接，膜元件与压力容器两端口则采用支撑板、密封板等支撑密封。压力容器端口因厂家不同可有不同结构，如给水（或浓水）口有端接和侧接之分。侧接压力容器可以不要外接母管。给水从压力容器一端进入，然后沿轴线方向流动，由另一端浓水口排出，透过膜的淡水则绕中心管螺旋前进，最后进入中心管，由中心管的一端或两端排出。

为了防止膜卷在给水压力推动下凸出，膜元件的浓水排出端应有阻止膜卷凸出的装置。

卷式膜元件和膜组件是应用最广泛的反渗透构件之一，外观见图 8-11。

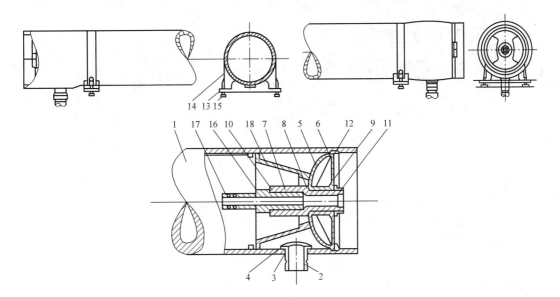

图 8-10　压力容器示意图

1—外壳；2—进水/浓水管；3、12—固定环；4—进水/浓水密封；5—蝶形金属端板；6—端板密封；7—淡水管；
8—淡水密封；9—固定板；10—适配器密封；11—紧固螺母；13—底托；14—包箍组件；15—包箍螺母；
16—适配器；17—浓水密封；18—锥形推环

三、卷式膜元件（膜组件）

1. 特点

（1）水流通道由隔网空隙构成，水在流动过程中被隔网反复切割、反复汇集呈波浪状起伏前进，提高了水流紊动强度，减少了浓差极化。

（2）水沿膜表面呈薄层流动，层厚一般为 $0.7\sim1.1mm$，流速（不考虑流道中隔网所占体积）一般为 $0.1\sim0.6m/s$，雷诺数为 $100\sim1300$。这种薄层流动提高了膜的装填密度，也有利于降低膜表面的滞流层厚度，同样有利于减少浓差极化。

（3）膜的装填密度比较高，一般为 $650\sim1600m^2/m^3$，仅次于中空纤维膜组件。

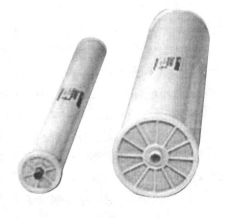

图 8-11　某卷式反渗透膜元件
（膜组件）外观

（4）抗污染能力比中空纤维式强。

（5）水流阻力介于管式与中空纤维式之间，当隔网中流速为 $0.25m/s$ 时，水头损失一般为 $0.1\sim0.14MPa$。

2. 结构

卷式反渗透膜元件结构如图 8-12 所示。

膜元件核心部分由膜、进水隔网和透过水隔网围中心管卷绕而成。膜、进水隔网和透过水隔网排列顺序为：

膜 1/透过水（产品水）隔网/膜 2/进水或给水（浓水）隔网/膜 3/透过水（产品水）隔网/膜 4……

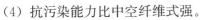

　　透过水通道　　　　　　　进水和浓水通道　　　　　　透过水通道

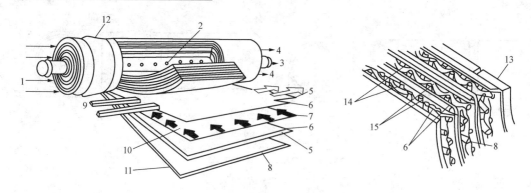

图 8-12　卷式反渗透膜元件结构

1—进水；2—透过水集水孔；3—透过水；4—浓缩水；5—进水隔网；6—膜；7—透过水隔网；8—黏结剂；
9—进水流动方向；10—透过水流动方向；11—外套；12—组件外壳；13—中心透过水集水管；
14—膜间支撑材料；15—多孔支撑材料

膜 1 与膜 2、膜 3 与膜 4 密封形成一个膜袋，透过水隔网位于袋中，膜袋开口与多孔中心管相连。膜袋连同进水隔网一起在中心管外缠绕成卷。缠绕的膜袋数目称为叶数。用一个膜袋缠绕所做成的膜元件称一叶型膜元件；将多个膜袋叠放在一起缠绕所做成的膜元件称为多叶型膜元件。若膜面积相同，则多叶型与一叶型相比，淡水流程短，阻力小。一般，203.2mm（8in）膜元件的膜袋长度为 750～1300mm，膜叶数为 15～20。

在膜元件内部，膜的脱盐层面对给水隔网，承托层面对透过水隔网。透过水隔网构成透过水通道，并起支撑膜的作用。进水隔网构成进水和浓水通道，并起扰动水流、防止浓差极化的作用。多孔中心管与透过水通道相通，收集透过水。在压力推动下，原水在进水隔网中流动，水量不断减少，浓度不断增加，最后变成浓水从下游排出。透过水在透过水隔网内流动，流量不断增加，最后进入中心淡水管。

在图 8-12 所示的膜元件中，透过水绕中心管流动，进水和浓水与中心管平行流动。因为膜袋的长度一般比中心管长，所以这种膜元件进水和浓水的流程比透过水的短，水的回收率低。又由于透过水流程长，所以水流阻力大，膜卷内圈与外圈的透水速度相差较大，内卷膜负担过重，外圈膜负担过轻。另外，平行中心管流动的水流还可能引起膜卷外凸。

透过水隔网可用树脂增强涤纶织物、人造纤维布、编织聚酯布和玻璃珠等，布厚度一般在 0.3mm 左右，玻璃珠一般为 3 层，中间层粒径为 0.1～0.2mm，表层和底层的粒径为 0.015～0.06mm；给水隔网一般采用聚丙烯挤出网或其他聚烯烃挤出网材，厚度一般为 0.71mm 或 0.78mm；中心管为聚氯乙烯或其他塑料管材，中心管直径与膜元件大小有关，101.6mm（4in）膜元件约为 20mm，203.2mm（8in）膜元件约为 30mm。压力容器材料主要有玻璃钢（FPR）和不锈钢管等，大小应与膜元件相匹配。

3. 规格

一般卷式反渗透膜元件直径为 50.8～203.2mm（2～8in），长度为 305～2032mm（12～80in），质量为 4～20kg。例如，2521 膜元件的直径为 61.0mm（2.4in），长 533.4mm（21in）；4040 膜元件的直径为 101.6mm（4in），长 1016mm（40in）；8040 膜元件的直径为 203.2mm（8in），长 1016mm（40in）。

膜元件的安装尺寸可查膜产品说明书。

4. 性能

一般用下列指标表达膜元件的性能：脱盐率、水通量，以及脱盐率和水通量的年衰减速度。由于反渗透膜的脱盐率和水通量与测定条件（如压力、温度、回收率、pH 值、含盐量和运行时间等）有关，故应注意说明书所标注的测定条件。

5. 使用条件

为了保证膜长期稳定安全运行，膜生产厂家规定了使用膜元件时所限制的条件，运行时必须将反渗透装置控制在这些条件所规定范围内。

（1）操作压力。由于膜元件机械强度的限制，一般规定了最高运行压力，反渗透装置必须在低于此压力下运行。海水淡化膜元件的最高运行压力一般为 6.9MPa，其他膜元件的最高运行压力一般为 4.1MPa。大多数情况下，反渗透装置的实际运行压力要比上述规定值小得多。

（2）进水流量。限制最高进水流量的目的是保护压力容器始端的第 1 根膜元件的进水—浓水压力降不超过 0.07MPa（10psi）。过高的进水流量可能会使膜元件中出水端凸出和隔水网变形，从而损坏膜元件。某公司膜元件所允许的最高进水流量见表 8-1。

（3）浓水流量。反渗透装置运行时，如果浓水流量太小，浓水侧的膜表面水流速度太慢，一方面容易产生严重的浓差极化，另一方面水流携带盐类能力下降，膜元件污染速度加剧。因此，需要对最低浓水流量进行限制。某公司膜元件所允许的最低浓水流量见表 8-1。

表 8-1　　　　　　　某公司膜元件所允许的最高进水流量和最低浓水流量

膜元件直径（in）	4（101.6mm）	6（152.4mm）	8（203.2mm）	8.5（215.9mm）
最高进水流量（m³/h）	3.6	8.8	17.0	19.3
最低浓水流量（m³/h）	0.7	1.6	2.7	3.2

（4）温度。提高水温虽然有利于增加产水量，但过高的温度会导致膜高分子材料的分解以及机械强度的下降。所以，根据膜材料耐温能力，规定了膜元件的最高使用温度，反渗透膜元件的最高使用温度一般为 40～45℃。

（5）进水 pH 值范围。为了防止膜高分子水解，需要控制进水 pH 值。醋酸纤维素膜（CA 膜）使用的 pH 值范围比较窄，一般为 5～6；聚酰胺膜（PA 膜）使用的 pH 值范围比较宽，一般为 2～11，但不同的厂商规定其产品使用的 pH 值范围存在一些差异。

（6）进水浊度。控制进水浊度的目的在于防止浊质颗粒划伤高压泵和膜，以及这些颗粒堵塞膜孔道和膜元件的水流通道。膜元件水流通道越狭窄，对进水浊度的要求越严格，不同膜元件对浊度要求的从严到宽的顺序为：中空纤维膜＞螺旋卷式膜＞管式膜＞板式膜。

（7）进水 SDI。工程实际经验表明，给水 SDI 不合格的反渗透系统出现污堵的可能性很大，因此应保证给水 SDI 合格。但是，即使给水 SDI 合格，也难以确保反渗透系统不发生污堵故障。这既说明用 SDI 评价水质的局限性，又表明了应从多方面借助其他技术指标去综合评价水质。

SDI 不适合评价污染严重的水质。

（8）进水余氯。限制进水余氯含量的目的是防止膜被氧化分解。由于醋酸纤维素膜比芳香聚酰胺膜的抗氧化能力稍强，故前者允许的余氯量比后者的大些。

（9）单支膜元件的浓缩水与透过水量的比例。当进水流量一定时，虽然降低浓缩水量与透过水量的比例可以提高装置出力，但是由于浓水流量的下降会导致浓差极化增强，膜元件被污染、结垢的危险性增大，所以应该限制这一比例，使其不至低于某一数值，如某膜元件规定不低于 5：1，这相当于单支膜元件的水回收率不超过 16.7%。最大回收率除与给水有关外，还与膜元件串联个数有关，例如串联个数为 2 和 4 时，最大回收率分别约为 30% 和 50%。

提高水的回收率，有利于减少浓水排放量，但是过高的回收率可能引起两个方面的问题。首先是膜表面的结垢问题，例如当回收率为 50%～75% 时，原水盐类被浓缩 2～4 倍，某些溶解度较小的盐可能达到过饱和而沉积于膜表面；其次，回收率过高还会产生上述浓水流量太小所引发的问题。实际中应以浓水不结垢为原则确定水的最大回收率。

（10）单支膜元件压力损失。在其他条件不变的前提下，膜元件的水头损失与进水流量有关，进入膜元件的水量越大，则水流通过膜元件的压力损失（水头损失）越高，所以，控制膜元件的压力损失相当于是控制进水流量，只不过以另一种方式控制进水最高流量而已。

（11）膜元件的允许透水量。当膜元件或膜组件数量一定时，提高运行压力可以提高透水量。虽然大多数反渗透膜元件或膜组件允许压力高达 4.1MPa，但是实际使用时，很少考虑在这么高的压力下运行。因为依靠提高压力来增加透水量，可能导致膜表面污染速度加快，缩短膜的使用寿命，表 8-2 为某厂商规定的反渗透膜元件允许的透水量。

表 8-2　　　　　　　　　　某反渗透膜元件允许透水量

规　　格	透水量（m³/d）			
外径×长度（in×in）	市政废水	河　水	井　水	反渗透透过水
4×40（101.6mm×1016mm）	2.4～3.6	3.0～4.2	5.1～6.1	6.1～9.1
4×60（101.6mm×1524mm）	3.6～5.5	4.5～6.4	7.7～9.1	9.1～13.6
8×40（203.2mm×1016mm）	10～15	12～17.2	21～25	25～37
8×60（203.2mm×1524mm）	16～24	20～28	34～40	40～60

一般将 1～8 个膜元件串联起来装入压力容器便成为卷式膜组件。

对于以地表水作为水源的反渗透系统，一般可用 6 个 1016mm（40in）长的膜元件串联装入同一个压力容器中，对于以井水或 MF、UF 和 RO 出水等 SDI 较低、污染较轻的水作为水源的反渗透系统，由于进水—浓水压降一般较小，因而每个压力容器可串联装入 7～8 个膜元件。

第四节　给 水 预 处 理

为了保障反渗透装置的安全稳定运行，通常需要在原水进入反渗透装置之前将其处理成符合反渗透装置对进水的质量要求，这种位于反渗透装置之前的处理工序称为预处理或前处理。用反渗透法除盐时，要求透过水含盐量小于一定数值，例如，从海水制取饮用水，要求透过水含盐量小于 500mg/L。对于废水处理，既要考虑透过水是否符合排放标准，又要考虑浓水有无回用价值或后续处理是否简便。有时仅靠反渗透不能达到质量要求，则需要对反渗透的透过水或浓水作进一步处理，这种位于反渗透装置之后的处理工序称为后处理。例如，为了从盐水中制取电导率小于 $0.2\mu S/cm$ 的锅炉补给水，往往是将离子交换装置或电除盐装置串联在反渗透装置之后，用反渗透除去水中大部分盐类，用离子交换装置或电除盐装置进行深度除盐。反渗透的相关工艺如下：

原水→预处理→反渗透装置→透过水→后处理
　　　　　　　　↓
　　　　　　浓水→后处理

一、对给水的要求

这里所述的给水也称进水，是指反渗透装置第一根膜元件的入口盐水。为了减轻反渗透膜在使用过程中可能发生的污染、浓差极化、结垢、微生物侵蚀、水解氧化、压密以及高温变质等，保证反渗透装置长期稳定运行，根据运行经验，对反渗透装置的进水质量作了较为严格的规定。例如，某卷式芳香聚酰胺复合膜对进水水质的要求是：$SDI<5$，浊度$<1NTU$，游离氯$<0.1mg/L$，水温$\leqslant45℃$，压力$\leqslant4.1MPa$，$pH=2\sim10$。不同的生产厂家、不同的膜材料和膜元件，对进水质量的要求有所差异，例如，CA膜可允许游离氯最高值达$1mg/L$。当原水水质达不到上述要求时，则必须对原水进行预处理。

二、预处理工艺流程

水源不同，预处理工艺不一样。为了保证反渗透装置进水水质，必须针对不同水源，将各种水处理单元有机地组合起来，形成一个技术上可行、经济上合算的预处理系统。水处理单元主要有混凝、澄清、过滤、吸附、消毒、脱氯（或投加还原剂）、软化、加酸、投加阻垢剂、微孔过滤（精密过滤）和超滤等。

1. 地下水

地下水一般含盐量、硬度、碱度和 CO_2 含量较高，悬浮物和胶体的含量较少，色度、浊度和 pH 值较低，但可能存在 Fe^{2+}、Mn^{2+} 和硅酸化合物等。地下水预处理系统见流程1：

　　　　　酸——↘阻垢剂
流程1：地下水→砂滤器→管道混合器→精密过滤器→（反渗透装置进水）

地下水预处理应注意以下几个问题：

（1）防止深井泵取水带砂。

（2）当水中铁、锰含量高时（如 Fe 含量大于 $0.3mg/L$），应增加除铁除锰措施，例如，通过曝气或氧化将 Fe^{2+} 和 Mn^{2+} 氧化成高价状态，然后通过混凝过滤除去。

（3）当地下水受到污染而生物活性较高（例如，地下水中菌群数达到或超过 $1.0\times10^4 cfu/mL$，cfu 表示菌落数）时，应增加杀菌措施。

（4）当水中 HCO_3^- 含量较多时，可通过曝气或加酸脱除 CO_2。

（5）当水中硅化合物含量超过 $20mg/L$ 时，建议考虑去除措施或通过添加分散剂、调节 pH 值和温度等方法防止硅垢。

（6）应留有应对地下水水质日趋恶化的预案。据调查，我国 97% 以上的城市地下水受到严重污染，污染物一般以酚、氰、硝酸盐为主，铬、硫、汞次之，另外，随着地下水的开采，水位下降，含盐量逐年上升。

2. 地表水

与地下水相比，地表水（这里不包括海水）由于工业废水、城市污水、农业排水、固体废弃物、大气污染物、农药和化肥等污染，成分比较复杂，尤其是悬浮物、胶体物质、有机物和微生物等含量较多，对反渗透膜的危害也大。地表水水质与其水系所处环境密切相关。

首先，应根据水源的悬浮物含量（SS）决定预处理方法，当水中 SS 小于 50mg/L 时，可采用流程 2 所示的预处理系统；当 SS 大于 50mg/L 时，则应在流程 2 之前，增加"混凝—沉淀"等除去悬浮固体和胶体的手段。

流程 2： 地表水(SS 小于 50mg/L)→管道混合器→砂滤器→活性炭过滤器→管道混合器→精密过滤器→（反渗透装置进水）

（上有：杀菌剂——— 混凝剂———助凝剂 酸 阻垢剂）

其次，地表水处理还应注意以下几个问题：

（1）水污染。江河、湖泊和水库与工农业生产和人民生活密切相关，直接接纳着工业废水和生活废水，污染严重时，水中氰化物、酚、石油类、氨氮化合物、重金属、砷等含量突出。这时，应根据污染物种类和浓度，在流程 2 中增加一些除去它们的有效设施（如生物氧化池、超滤装置）。

（2）我国幅员辽阔，环境条件差别很大，水质复杂，所以流程 2 不能看成是对所有地表水都适用的工艺，必须根据水源多样性，对众多的水处理方法进行灵活取舍，有效组合。

3. 海水

海水取水点离海边较近。潮汐和风浪对海岸的冲刷使海水夹带泥沙，陆地排水和养殖等会污染海水，因而所取海水一般含有较多的悬浮物、胶体、有机物、微生物（如藻类）和贝壳等，浊度和色度较大。周期性涨退潮是造成海水水质不稳定的主要原因之一，也直接影响预处理系统的正常运转。海水含盐量很高，具有很强的腐蚀性。为了减少潮汐、风浪等的影响，可采用打井取水的方法。

海水的预处理手段主要有：①加氯或加次氯酸钠杀菌灭藻；②用常规的混凝、澄清和过滤去除悬浮物及胶体；③加酸和加阻垢剂，防止碳酸盐和硫酸盐在膜表面结垢；④用活性炭吸附有机物和除去余氯；⑤加还原剂（如亚硫酸氢钠）去除余氯。

流程 3 和流程 4 是生产实际中应用的海水淡化预处理工艺。

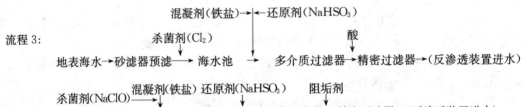

流程 3： 地表海水→砂滤器预滤——→海水池————多介质过滤器→精密过滤器→（反渗透装置进水）
（上有：混凝剂(铁盐)→ ←还原剂(NaHSO₃) 杀菌剂(Cl₂) 酸）

流程 4： 沉井海水————→多介质过滤器——→活性炭过滤器→精密过滤器→（反渗透装置进水）
（上有：杀菌剂(NaClO) 混凝剂(铁盐) 还原剂(NaHSO₃) 阻垢剂）

与其他水源的预处理工艺一样，上述海水预处理工艺也在不断技术革新。例如，用微滤、超滤代替常规混凝过滤，旨在减少混凝剂、杀菌剂和余氯脱除剂等化学药品的用量；增加纳滤设备，脱除硬度和总溶解固体，提高海水反渗透水的回收率。

4. 废水

我国水的供求矛盾日益突出，实施水的重复使用是解决这一矛盾的根本出路，例如，用市政废水、工业排水作为工业水源。对于电厂，可用循环冷却水系统的排污水作为补给水或冲灰水的水源，用灰场澄清水反复冲灰或作为循环冷却水系统的补充水源。某电厂以循环冷却系统的排污水作为反渗透的水源，流程 5 是其预处理工艺。

次氯酸钠　　　　　还原剂

流程5：　排污水→砂滤器→弱酸氢离子交换器→除碳器→除碳水箱→除碳水泵→软水箱→软水泵→

阻垢剂

保安过滤器→超滤装置→清水箱→高压泵→（反渗透装置进水）

循环冷却水与地表水、地下水的水质差别如下：

（1）微生物多。微生物在冷却水的温度和营养环境下繁殖较快。

（2）水质复杂。水中除含有原水中原有的杂质外，还含有为了防垢、防腐和杀生而加入的阻垢剂、缓蚀剂和杀菌剂。

（3）含盐量较高。原水补充到冷却水系统后，经过反复浓缩，含盐量明显升高。

（4）结垢倾向较大。循环水浓缩倍数高达5以上，水质几乎处于结垢与不结垢的临界状态，例如碳酸盐硬度接近极限值，pH 值位于微碱性区域。

因此，冷却水在进入反渗透之前，应采用比流程1或流程2更为复杂的预处理工艺。

市政废水和工业污水即使经过二级生化处理，因其生物活性高、有机物多，仍然是反渗透膜的高危水源。如果沿用常规预处理工艺，则不管膜材料是醋酸纤维素还是复合聚酰胺，污染速度都非常快，为了维持产水量，必须频繁清洗膜装置。试验结果表明，在常规保安过滤器之后增加中空纤维超滤装置、在废水中加入絮凝剂和选择抗污染的反渗透膜，以及采用高效反渗透（HERO）技术，可大大降低反渗透装置的清洗频率。这里，超滤装置为可反洗的中空纤维，运行时频繁、短时、自动地进行冲洗（或反洗），以保持稳定的透水通量。资料报道，同一超滤装置处理市政二级排水时，用与不用絮凝剂的清洗频率明显不同，不用则3~5d清洗一次，用则30d以上清洗一次。超滤膜材料应是亲水的，以避免它对有机物的吸引，提高抗污能力。超滤膜的孔径比微滤膜（常作保安过滤的滤芯）的更小，所以超滤器水质明显优于保安过滤器。反渗透膜多选用亲水、不带电、表面光滑的特殊膜，目的也在于增强膜的抗污染能力。流程6是以城市污水处理厂的再生水为水源的某一级、二级反渗透的预处理工艺流程。

NaClO

流程6：城市污水厂再生水→生水箱→生水泵→双介质过滤器→自清洗过滤器→

NaHSO₃、阻垢剂　　　　　　　　　　　　　　NaOH

超滤装置→超滤水箱→清水泵→一级保安过滤器→一级高压泵→一级RO装置→一级淡水箱→

二级高压泵→二级保安过滤器→二级RO装置→（二级淡水箱）

三、预处理内容

1. 除去悬浮固体

（1）给水的SDI值。由于膜元件内部的给水和浓水流道非常薄，容易卡住固体颗粒，造成堵塞，因此，应该严格控制进水悬浮固体含量。从水质方面看，一是控制浊度，二是控制SDI值。例如，对于卷式组件，要求进水浊度小于1NTU，最好低于0.2NTU，SDI<5；对于中空纤维组件，则要求进水浊度小于0.3NTU，SDI<3。

除了控制给水悬浮固体含量外，还应控制给水大颗粒杂质，不让其进入反渗透装置。例如，应防止粒径大于 $5\mu m$ 的固体颗粒进入高压泵和反渗透装置，以避免划伤高压泵叶片，避免这些颗粒经高压泵加速后击穿膜元件而引起脱盐率下降。

NTU 称为散射浊度单位，当以福尔马肼聚合物作为基准物质，采用散射光浊度仪测定浊度时，1L 水中含有 1mg 的福尔马肼聚合物悬浮物质，称为一个散射浊度单位，即 1NTU。

SDI 又称淤塞指数，它是表示微量固体颗粒的水质指标。测定 SDI 的大致步骤是：用直径为 47mm、平均孔径为 $0.45\mu m$ 的微孔滤膜，在 0.21MPa 的压力下过滤水样，记录最初滤过 500mL 的水样所花费的时间 t_0；继续过滤 15min 后，再记录滤过 500mL 水样所花费的时间 t_{15}，用式（8-9）计算 SDI_{15}

$$SDI_{15} = \frac{100(t_{15} - t_0)}{15t_{15}}$$ (8-9)

通常，SDI_{15} 简记为 SDI。

从理论上讲，在上述过滤过程中，凡是粒径大于 $0.45\mu m$ 的微粒、胶体和细菌大都被截留在膜面上，引起透水速度下降，过滤同等体积水样所需时间延长，所以 $t_0/t_{15} < 1$。水中悬浮固体越多，t_0/t_{15} 值越小，SDI 越大；当水污染很严重时，$t_{15} \rightarrow +\infty$，SDI 趋近极限值 6.7；当水中杂质尺寸小于 $0.45\mu m$ 时，$t_0 \approx t_{15}$，SDI 接近于 0。

（2）深度除浊方法。为了满足反渗透装置对进水浊度和 SDI 的要求，常在预处理系统中设置多层滤料过滤器、细砂过滤器、微滤器和超滤器等深度过滤装置。多层滤料过滤器又称多介质过滤器，常用无烟煤和石英砂所组成的双层滤料过滤器；细砂过滤器常用粒径为 $0.3\sim0.5mm$ 石英砂，层高为 $800\sim1000mm$，滤速约为 5m/h；微滤器孔径范围大都在 $0.1\sim35\mu m$ 范围内，但也有孔径超过 $300\mu m$ 的，微滤器有几十种孔径规格，以满足不同过滤精度的需要；超滤器的过滤精度用截留分子量表示，其值一般为 $500\sim500\,000D$，相应孔径近似为 $(20\sim1000)\times10^{-10}m$。以前的反渗透系统设计中，常用孔径 $5\mu m$ 微滤器（俗称 5μ 过滤器），作为预处理系统中的最后一道处理工序，对反渗透装置起安全保障作用，故又称保安过滤器。随着超滤技术的兴起，预处理系统中大都采用超滤。

2. 防止结垢

盐水经过反渗透后，水中 98% 以上的含盐量被阻挡在浓水中，导致浓水含盐量上升，例如水的回收率为 75%，即进水经反渗透浓缩后，其体积减小至原来的 25% 时，浓水中盐的浓度也大致增加至进水的 4 倍。盐类的这种浓缩是反渗透装置结垢的主要原因。反渗透装置结垢的物质主要是溶解度较小的盐类，例如 $CaCO_3$、$CaSO_4$、$BaSO_4$、$SrSO_4$、CaF_2 和铁铝硅化合物等。对于特定的水质和系统，这些物质是否结垢，视浓水中它的浓度积是否超过了该条件下的溶度积，如果超过而又没有采取任何防垢措施，则有可能结垢。防止反渗透膜结垢的方法主要有：①加酸降低水中 CO_3^{2-} 及 HCO_3^- 的浓度，防止生成 $CaCO_3$ 垢；②加阻垢剂控制 $CaCO_3$、$CaSO_4$、$BaSO_4$ 和 $SrSO_4$ 等垢的生成；③用钠离子交换法除去 Ca^{2+}、Mg^{2+}、Ba^{2+} 和 Sr^{2+} 等结垢的阳离子，或用弱酸氢离子交换法同时除去这些结垢阳离子和结垢阴离子（CO_3^{2-}、HCO_3^-）；④降低水的回收率，避免浓缩倍数过大；纳滤（见第七章）给水，降低水中结垢性阳离子（Ca^{2+}、Mg^{2+}、Ba^{2+}、Sr^{2+} 等）和结垢性阴离子（HCO_3^-、SO_4^{2-} 等）的浓度。实际应用中，多采用①和②两种方法。

3. 杀菌处理

水中有机物一般是微生物的饵料，含有微生物和有机物的水进入反渗透装置后，会在膜表面发生浓缩，造成膜的生物污染。生物污染会严重影响膜性能，例如引起压差升高、膜元件变形和水通量下降。因此，反渗透系统必须进行杀菌处理。常用的杀菌剂是具有氧化能力的氯化物，如 Cl_2、ClO_2、$NaClO$，此外还有 H_2O_2、O_3 和 $KMnO_4$ 等。一般很少用紫外线和臭氧杀菌，因为它们没有残余消毒能力。加氯点应尽可能安排在靠前工序中，以便有足够的接触时间，使水在进入膜装置之前完成消毒过程。

膜装置允许进水中余氯量视膜材料有所不同，当膜材料为醋酸纤维素时，要求有 $0.2\sim$ 1mg/L 的余氯量；当膜材料为复合膜时，加氯消毒后应除去残余氯，使余氯量为 0。消除余氯的方法主要有两种：将 $NaHSO_3$ 或 Na_2SO_3 投加到水中，进行脱氯；利用活性炭的还原性过滤除去余氯。

可根据反渗透装置浓水中的细菌数判断杀菌效果：①细菌数小于 10^3 cfu/mL，则微生物已得到有效控制；②细菌数为 $10^4\sim10^6$ cfu/mL，应引起注意；③细菌数大于或等于 10^6 cfu/mL，则应加强杀菌。

4. 防止硅垢

大多数天然水中含 $1\sim50$ mg/L 的溶解性硅酸化合物（以 SiO_2 形式表示）。当硅酸化合物在反渗透装置中浓缩至过饱和状态时，就会聚合成不溶性胶态硅酸沉积在膜表面。浓水中允许的 SiO_2 含量取决于 SiO_2 的溶解度。SiO_2 的溶解度随水温递增，在 pH＝7 的条件下，水温为 25℃和 40℃时 SiO_2 的溶解度分别约为 120mg/L 和 160mg/L；pH 值高的水，SiO_2 溶解度也高；水中共存金属氢氧化物会促进硅酸化合物沉积。为了避免硅酸化合物的沉积，一般要求浓水中 SiO_2 浓度小于其所在条件下的溶解度。浓水中 SiO_2 的浓度近似等于进水中 SiO_2 浓度与浓缩倍数的积。增加水的回收率，浓缩倍数随之增加，因而浓水中 SiO_2 浓度亦增加。因为在温度和 pH 值一定的条件下，SiO_2 的溶解度基本为一定值，所以为了保证浓水中 SiO_2 不沉积，允许的回收率与进水 SiO_2 浓度存在着一定的制约关系。对于 pH 值近似中性的水源，反渗透装置允许的回收率与进水 SiO_2 浓度和温度的关系如图 8-13 所示。由该图可查得：对于回收率为 75% 的反渗透系统，水温为 20℃和 40℃时允许的进水 SiO_2 浓度分别约为 18mg/L 和 42mg/L。如果进水 SiO_2 浓度超过允许值，则应在预处理系统中考虑防止 SiO_2 沉积的措施，例如提高水温、提高 pH 值、超滤除去胶体硅、石灰软化原水和降低水的回收率等。

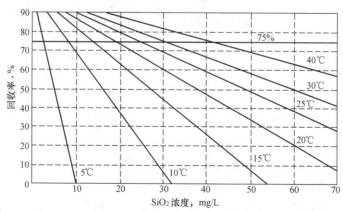

图 8-13　允许的进水 SiO_2 浓度与回收率和温度的关系

5. 调整水温

反渗透膜适宜的温度范围一般为 $5\sim40$℃。适当地提高水温，有利于降低水的黏度，增加膜的透过速度。通常在膜的允许使用温度范围内，水温每增加 1℃，水的透过速度约增加

$2\%\sim3\%$；在高于膜的最高允许温度下使用，膜不仅变软后易压密，还会加快 CA 膜的水解和降低碳酸钙的溶解度促其结垢。有时为了防止 SiO_2 析出，也可以提高水温，增加其溶解度。膜材料不同，最高允许使用温度不同。一般，醋酸纤维素膜最高允许使用温度为 $40℃$，芳香聚酰胺膜和复合膜的最高允许使用温度为 $45℃$。当水温超过最高允许温度时，应采取降温措施，如设置冷却装置。当水的温度太低时，应采取加热措施，如蒸汽加热、电加热等。

6. 调整 pH 值

反渗透膜必须在允许的 pH 值范围内使用，否则可能造成膜的永久性破坏。例如醋酸纤维素（CA）膜在碱性和酸性溶液中都会发生水解，而丧失选择性透过能力。醋酸纤维素膜可使用的 pH 值范围一般为 $5\sim6$，聚酰胺（PA）膜可使用的 pH 值范围一般为 $3\sim10$，但不同的厂商规定其产品使用的 pH 值范围存在一些差异。

7. 除铁、除锰

Fe、Mn 和 Cu 等过渡金属有时会成为氧化反应的催化剂，它们会加快膜的氧化和衰老，故一般应尽量除去这些物质。胶态铁、锰（如氢氧化铁和氧化锰）还可引起膜的堵塞。铁的允许浓度随 pH 值和溶解氧量而有所不同，通常为 $0.1\sim0.05mg/L$。如果配水管使用了易腐蚀的钢管且进水中又有较充足的氧时，那么配水管铁的溶出会影响膜装置运行，这时应考虑管道防腐。反渗透系统停运期间的腐蚀会造成启动时进水含铁量增加，应在该水进入反渗透装置前排放掉。

对于地表水，经加氯、澄清、过滤后，水中铁、锰含量一般是合格的；对于地下水，特别是富含铁、锰的地下水，应采取除去铁、锰的措施，例如曝气原水，使铁生成 $Fe(OH)_3$ 沉淀，然后利用接触氧化过滤法加以去除；加 $NaHSO_3$ 除去溶解氧，以阻止铁、锰氧化，使其保持溶解状态。

8. 除去有机物

有机物的危害：①助长生物繁殖。因为有机物是微生物的饵料；②污染膜。有机物特别是带异号电荷的有机物，牢固地吸附在 RO 膜表面，且很难清除干净；③破坏膜材料。当有机物浓缩到一定程度后，可以溶解有机膜材料。有机物污染可引起反渗透装置脱盐率和产水量下降。

水中有机物种类繁多，不同的有机物对反渗透膜的危害也不一样，因而在反渗透预处理系统设计时，也很难给一个定量指标，但如果水中总有机碳（TOC）的含量超过 $2\sim3mg/L$ 时，则应引起足够的重视。

对于胶态有机物，可用混凝、石灰处理等方法除去。对于溶解性有机物，则用以下方法除去：

（1）氧化法。就是利用有机物的可氧化性，向水中投加氧化剂，如用 Cl_2、$NaClO$、H_2O_2、O_3 和 $KMnO_4$ 等，将有机物氧化成无机物如 CO_2。

（2）吸附法。一般用活性炭或吸附树脂除去有机物。

（3）生化法。例如用膜生物反应器除去有机物。

澄清、活性炭吸附和纳滤都有去除有机物的作用，三种方法的除去效果都与有机物分子量密切相关。例如，对于分子量超过 10 000 的有机物，混凝澄清可以除去 90% 以上，但对于分子量在 $1000\sim10\ 000$ 范围内的有机物，去除率为 $10\%\sim30\%$。目前，混凝澄清处理对天然水源有机物的去除率一般为 $20\%\sim40\%$。试验数据表明，活性炭对分子量 $500\sim3000$ 范围内的有机物去除效果较好，纳滤膜主要去除尺寸超过 1nm 左右的有机物，如分子量超

过 $100 \sim 2000$ 的有机物。

第五节　反渗透装置及其运行

一、反渗透装置

反渗透装置由膜组件、高压泵及相关仪表、阀门和管件组成。对于海水淡化系统，还配备有能量回收装置。

1. 给水泵

反渗透装置的给水泵又称高压泵，为反渗透装置的运行提供动力。某厂高压泵管系见图 8-14，高压泵为丹麦格兰富产多级立式离心泵，型号为 CRN90-6，共 2 台，每套反渗透装置 1 台。单台泵流量 $78.4\text{m}^3/\text{h}$，扬程 1.46MPa，电机功率 45kW，转速 2900r/min，泵壳、叶轮和轴的材料为 316SS。

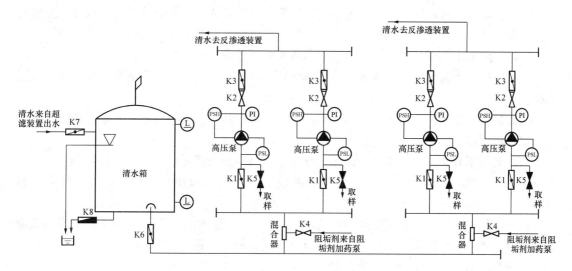

图 8-14　某厂反渗透装置高压泵供水管系

2. 膜组件

一般每个压力容器（即膜组件）内装 6 个膜元件，膜组件的排列方式多为一级两段，按 $2N : N$ 排列，即第 1 段由 $2N$ 个压力容器并联而成，第 2 段由 N 个压力容器并联而成。第 1 段的浓水作为第 2 段的进水，两段共 $3N$ 个压力容器的淡水汇集到一起流入淡水箱。由于经过第 1 段反渗透后，进水变成浓水后水量减少了约 50%，为了保证第 2 段膜表面足够的浓水流速，减少浓差极化，故相应减少了第 2 段并联的压力容器个数。

3. 膜元件

电厂水处理一般用卷式膜元件和复合膜材料。

4. 压力容器

通常串联 6 个膜元件的压力容器的直径为 216mm，长度为 6558mm，筒体材料一般为 FRP。

5. 仪表

为了保证 RO 装置安全经济运行和运行监督，应装设必需的仪表和控制设备。

（1）温度表。因淡水产量与温度有关，故应安装进水温度表，大型反渗透系统还要求能自动记录温度；为了防止水温过高而损坏反渗透膜，对有进水加热器的反渗透系统应安装温度超温报警、超温水自动排放和自动停运反渗透装置的设备。

（2）压力表。反渗透装置淡水水质、水量和膜的压密化与运行压力有关，所以应安装进水压力表、各段出水压力表和排水压力表，用于监控运行压力和计算各段压降；保安过滤器进出口应安装压力开关或压差表，以便了解滤芯堵塞情况；高压泵出口应安装压力表，进口和出口应安装压力开关，以便进水压力偏低时报警停泵或出口压力偏高且持续有一定时间仍不回复正常时报警停泵。高压泵出口应装设慢开门装置（控制阀门开启速度）和压力开关，以防启动时膜组件受高压水的冲击及延时压力高报警及停泵。高压泵进口应装压力开关（进口产品），压力低时停泵。

温度和压力还是对淡水流量和脱盐率进行"标准化"换算的依据，以便对反渗透系统不同运行时间的性能进行比较和故障诊断。

（3）流量表。每段应安装淡水流量表，监督运行中淡水流量的变化。流量表应单独安装以便对 RO 性能数据进行"标准化"换算；应安装浓水排水流量表，运行中监督和控制浓水排放量，严防浓水断流的现象发生；淡水和浓水的流量表应具有指示、累计和记录功能。

根据各段淡水流量表和排水流量表可以计算各段的进水流量、回收率和整个 RO 系统回收率。

应安装进水流量表，主要用于 RO 加药量的自动控制，除应具备指示和累计功能外，还应有信号输出以调节加药量。

（4）电导率表。应安装进水和淡水电导率表，且应具有指示、记录和报警功能，当电导率异常时，可以排放不合格淡水，保护下游设备。由进水和淡水电导率计算 RO 系统脱盐率。

（5）pH 表。当进水需加酸调节 pH 值时，加酸后的进水管上需安装 pH 表。该表除应具有指示、记录和超限报警功能外，还应具有自动排放不合格进水和停运反渗透系统，以及与流量表配合时对加酸量进行调节的功能。

（6）余氯表。使用 CA 膜时进水中必须保持 $0.1\sim0.5mg/L$ 的游离氯，但最大值不得超过 $1mg/L$。使用 PA 膜时，则不允许进水中有游离氯。因此进水管上必须安装氯表，且应具有指示、记录和超限报警功能。

（7）氧化还原电位表。氧化还原电位表简称 ORP 表。当用氧化性杀菌剂控制微生物时，给水应安装具有指示、记录和超限报警功能的 ORP 表。

（8）硬度表。当预处理系统中有软化器时，应在其出口安装硬度在线仪表，以监督是否失效。

上述仪表应至少每三个月校准一次。

6. 能量回收装置

海水反渗透（SWRO）系统中，高压泵的电耗大约占运行费用的 35%，故电耗对产品水成本影响较大，这是由于反渗透装置排出的浓水压力高达 $5.0\sim6.0MPa$，造成了较多的能量损失。为此，如今所建中、大型的 SWRO 系统都配有能量回收装置，可回收高压浓水的 90% 左右能量。

早期投产的 SWRO 系统，每吨淡水的能耗为 $5\sim6kWh$；近期投产的 SWRO 系统，因有机械效率高的能量回收装置，每吨淡水的能耗可以低至 2.2kWh。

最初的能量回收装置是利用高压浓水驱动的涡轮机（ERT），涡轮机可以与高压给水泵轴连接，增加高压泵轴功率，也可以与发电机连接，增加电网的电能。ERT 有逆转泵型、法兰西斯型（FRANCIS，混流型）、卡普兰型（KAPLAN，转桨式）和佩尔顿型（PELTON，冲击式）等多种形式，我国应用较多的是逆转泵型和佩尔顿型。逆转泵型和佩尔顿型的机械效率❶分别约为 70% 和 90%，前者结构简单，但对流量变化的适应能力差，后者则正好与它相反。

20 世纪 80 年代末出现了一些新的能量回收装置，例如压力交换器（PE）和功交换器（WE），利用液体压力直接交换原理，可以把浓海水压能直接传递给低压海水，机械效率为90%～95%。功交换器能够在很大的流量变化范围内保持稳定，结构简单，操作方便，大幅度降低了 SWRO 系统能耗，已逐渐成为提高淡化系统操作效率的有效手段。目前已经有两种基本的功交换器投入市场：一种是利用阀和活塞实现能量交换，另一种是仅用一个圆柱形转子实现能量交换。

压力交换器采用一个多沟槽的无轴陶瓷转子在压力容器内旋转，连续地把高压浓水中的能量直接传递给低压海水。转子置于一个两端带有封盖的压力容器内，两端封盖开有高、低压水通道。封盖和转子之间的密封区把转子分成高压区和低压区。转子转动时，其沟槽首先与低压海水连通，低压海水注满沟槽，并置换出低压浓水。转子继续转动，沟槽越过密封区，与高压浓水通道连通，高压浓水注满沟槽，并把压力传递给低压海水，置换出高压海水。如此循环，像无数水枪在不停地装入低压海水，然后射出高压海水。转子转速很快，可达 1000r/min。有这种能量回收装置的反渗透系统，大致只需要高压泵提供成为反渗透产品水的那部分海水所需的能量。

7. 工艺性能

作为预脱盐的反渗透系统，脱盐率大于或等于 97%。若以海水为水源，则水的回收率一般为 35%～40%；若以其他水为水源，则水的回收率一般为 75%。

二、投运

（1）做好启动前的各项准备工作。

（2）确认保安过滤器、超滤器和还原剂投加装置运行正常。

（3）启动阻垢剂计量泵，开始投加阻垢剂。

（4）依次打开反渗透装置浓水排放电动阀、浓水排放阀和不合格淡水的排放阀。

（5）以低压、低流量对反渗透装置进行排气和冲洗。一般冲洗时间为 30～60min，水压为 2×10^5～4×10^5Pa，流量符合化学清洗时的建议值，如每支 4in 压力容器的冲洗流量为0.6～3.0m³/h，每支 8in 压力容器的冲洗流量为 2.4～12.0m³/h。注意检查设备配管的连接状态是否良好，以及阀门有无漏水现象。冲洗结束后，关闭浓水排放阀和不合格淡水的排放阀。

（6）启动高压泵。当高压泵启动后，微开高压泵出口阀，打开高压泵出口电动慢开阀、浓水排放阀和不合格淡水的排放阀，缓缓加大高压泵出口阀开度，保证升压速度不超过400～600kPa/min，或升压到正常运行状态的时间不少于 30～60s，膜元件进水从开始到流量达到规定值的时间不少于 30～60s。开启浓水回收阀，关闭浓水排放阀。

---

❶ 机械效率定义为回收的流体能量占流体总可回收能量的百分比。

（7）调整反渗透装置浓水排放阀，观察第一段反渗透装置进水压力表，使其压力逐渐升高，直到浓水流量、淡水流量和一段压力达到规定值。

（8）调整阻垢剂计量泵流量至规定值。

（9）当反渗透淡水质量达到要求后，打开淡水阀，关闭不合格淡水排放阀，向淡水箱供水。

（10）反渗透装置投入运行后，监测有关指标，如余氯量、SDI、氧化还原电位（ORP）；进水、各段产水以及系统出水的电导率；进水的 pH 值、硬度、碱度、温度等；各段的压力、流量等，不合格时应及时调整，同时计算浓水 LSI 值，判断在目前的水回收率下反渗透系统有无污垢形成。

三、停机

1. 条件

当遇到下列情况之一时，应停止运行反渗透装置：①RO 进水水质不合格；②自清洗过滤器、保安过滤器、超滤装置不能正常运行；③反渗透预处理系统发生了在短时间内不能排除的故障；④除盐设备不能正常运行或需要停运；⑤指令停运，如检修停运、清洗停运等；⑥淡水箱水满。

2. 操作

（1）关闭高压泵电动慢开阀。

（2）当压力降至 0.5MPa 左右时，停运高压泵。

（3）关闭反渗透装置所有阀门，如浓水排放阀、淡水阀。

3. 注意事项

（1）立即冲洗。停机后应立即用淡水或进水将反渗透装置中残留的浓水冲洗出来，用进水冲洗过程中，应停止投加阻垢剂。

（2）防背压。膜产水侧高于浓水侧的压力差称背压。由于反渗透膜元件耐压的方向性，即膜脱盐层面对高压水时，耐压强度高，反之支撑层面对高压水时，产水从支撑层向脱盐层方向回流，回流水可导致脱盐层从支撑层剥离，甚至破裂。所以，一般要求反渗透膜在任何情况下所承受的背压不得高于 300kPa（5psi）。

（3）防脱水。停机冲洗结束后，应关严反渗透装置所有进、出口阀门，防止漏水、漏气，以免膜脱水变形和空气中的细菌入侵。

（4）防回吸。反渗透装置停止运行后，淡水从膜的透过水侧向浓水侧的渗透现象称淡水回吸，简称回吸。淡水回吸的原因是浓水侧的盐浓度高于淡水侧的盐浓度，回吸的危害是回吸水流可导致脱盐层破裂。

（5）防微生物。反渗透装置停运期间，必须采取措施抑制微生物生长。

4. 停机冲洗

冲洗的目的是防止浓水侧亚稳态过饱和溶液的结晶沉积。反渗透装置一般设置有程序启停装置，停用后能延时自动冲洗 10min 左右。停机冲洗的压力较低，一般在 0.3MPa 左右，故停机冲洗又称低压冲洗。

若反渗透装置停运时间较短，应每 1～3d 低压冲洗一次，防止微生物滋生。

四、膜元件的保护

1. 保护剂

储存膜元件时，为了防止微生物侵蚀，可用加有杀菌剂的溶液浸泡保护，这种用于保护膜元件的杀菌液又称保护液。对于运行中的反渗透膜元件的微生物污染，也可用杀菌剂进行消毒。使用杀菌剂之前，应首先弄清楚膜材料，了解它对某些化学药品的限制。含有游离氯的杀菌剂只能用于醋酸纤维素膜，不可用于复合膜。如果水中含有 H_2S 或溶解性铁离子和锰离子，则不宜使用氧化性杀菌剂。常用于膜元件的杀菌剂有如下几种：

（1）氯的氧化物。只能用于醋酸纤维素膜。连续使用时，游离氯浓度一般为 0.1～1.0mg/L；冲击使用时，游离氯浓度可以高达 50mg/L，接触时间不超过 1h。如果水中含有腐蚀产物，则游离氯会引起膜的降解，这种情况可以用氯胺代替游离氯，其最高浓度不超过 10mg/L。

（2）甲醛。适用于醋酸纤维素膜、复合膜和聚烯烃膜，使用浓度一般为 0.1％～1.0％。

（3）异噻唑啉酮。适用于醋酸纤维素膜、复合膜和聚烯烃膜，使用浓度一般为 15～20mg/L。商品名为 Kathon，市售溶液有两种规格：①浓溶液，有效活性组分 13.9％，密度 1.32g/mL；②稀溶液，有效活性组分 1.5％，密度 1.02g/mL。

（4）亚硫酸氢钠。可用于复合膜和聚烯烃膜。短期保护时，使用浓度一般为 500～1000mg/L，长期保护时，使用浓度一般为 1％。

（5）2，2-双溴代-3-次氮基-丙酰胺（简记为 DBNPA）。DBNPA 用于复合膜的消毒和杀菌。消毒剂量：生物活动低的水源，每 5d 加入活性成分含量为 10～30mg/L 的 DBNPA 消毒 0.5～3h；细菌含量在 100cfu/mL 以上的水源，或确诊存在生物污染膜时，可用活性成分含量为 30mg/L 的 DBNPA 消毒 3h。杀菌剂量：连续投加活性成分含量为 0.5～1.0mg/L 的 DBNPA，将细菌数量控制在零含量水平。

2. 保护方法

（1）长期保护。反渗透装置长期停运时，应将保护液充满反渗透装置，抑制微生物生长。当膜已经存在污染时，应先清洗后杀菌，例如冲洗后先碱洗或酸洗，然后杀菌。

（2）储存保护。某些公司膜元件出厂时，将膜元件密封在塑料袋中，袋中含有保护液，即使是为了确认同一包装的数量而需暂时打开时，也不要捅破塑料袋。

膜元件储存温度以 5～10℃为宜。当温度低于 0℃有冻结可能时，应采取防冻结措施；一般储存温度不应超过 45℃。

膜元件应避免阳光直射，不要接触氧化性气体。

五、化学清洗

根据经验，如果反渗透装置每隔 3 个月或者更长时间清洗 1 次，则表明预处理和反渗透系统设计是合理的；如果 1～3 个月清洗 1 次，则需要改进运行工况，提高预处理效果；如果不到 1 个月就得清洗 1 次，则需要增加预处理设备。

1. 清洗时机

即使在正常运行情况下，反渗透膜也会逐渐被浓水中的无机物、微生物、金属氢氧化物、胶体和不溶有机物等所污染，当膜表面沉积物积累到一定程度后，产水量和脱盐率就会下降到某一限值。一般，当反渗透装置出现下列情况之一时，则需要考虑对反渗透装置进行清洗，以恢复正常工作能力。

（1）标准化的淡水产量下降了 10％～15％。

（2）标准化的淡水水质降低 10％～15％或盐透过率增加了 10％～15％。

（3）为了维持正常的淡水流量，经温度校正后的进水压力增加了 10％～15％或给水与浓水间的压降增加了 $10\%\sim15\%$。

（4）已证实装置内部有严重污染物或结垢物。

（5）RO 装置长期停用前。

（6）RO 装置的例行维护。

判断是否对反渗透系统实施清洗前，还应综合考虑以下一些可能产生上述现象的其他原因：操作压力下降，如压力控制装置失灵和高压泵出现异常等引起压力下降；进水温度降低，如加热器故障、寒潮或季节变化引起水温降低；进水含盐量升高，如海水倒灌等引起含盐量升高；预处理异常；膜损伤；串联膜元件中心管不对中；压力容器 O 形密封圈密封不严而发生浓水渗入淡水。

因为反渗透装置的产水量和透盐率与水温、压力、含盐量、回收率和膜的使用时间等条件有关，所以，只有将不同时期的产水量和透盐率换算到相同基准条件下，才能正确判断膜的性能变化趋势。

标准化的基准点可以是设计的启动条件，也可以是启动后 $50\sim100\text{h}$ 之后的实际条件，一般以反渗透系统投产正常后的 $24\sim48\text{h}$ 之内的温度和压力作为以后产水量和透盐率换算的标准条件或基准条件。例如，按式（8-10）计算标准化产水量

$$Q_{pn} = \frac{(p_{fo} - \Delta p_o/2 - p_{po} - \pi_{fo})}{(p_f - \Delta p/2 - p_p - \pi_f)} \times \frac{T_{cfo}}{T_{cf}} \times Q_p \tag{8-10}$$

式中：Q_{pn}、Q_p 为标准化产水量和实际产水量；p_{fo}、Δp_o、p_{po}、π_{fo}、T_{cfo} 为投运初期的进水压力、浓水侧进出水压差、淡水压力、浓水平均渗透压和温度校正因子；p_f、Δp、p_p、π_f、T_{cf} 为反渗透装置运行一段时间后的进水压力、浓水侧进出水压差、淡水压力、浓水平均渗透压和温度校正因子。

浓水平均渗透压根据式（8-2）计算，式中 TDS 用浓水的平均值代替，即

$$\overline{\text{TDS}} = \frac{\ln\left(\dfrac{1}{1-Y}\right)}{Y} \times \text{TDS}_f \tag{8-11}$$

式中：TDS_f、$\overline{\text{TDS}}$ 为进水和浓水平均溶解固体含量，mg/L；Y 为水的回收率。

可使用膜供应商提供的标准化软件完成上述计算过程。

2. 清洗液配方

不同的污染物会对膜造成不同程度的损害，不同的污染物应该用不同的清洗液。

反渗透膜元件中常见的污染物主要有 $CaCO_3$、$CaSO_4$、$BaSO_4$、$SrSO_4$、金属氧化物、硅沉积物、有机物和生物黏泥。在阻垢剂投加系统或加酸系统出现故障时，$CaCO_3$ 有可能沉积在膜元件中。应将 $CaCO_3$ 消除在萌芽状态，以免长大的晶体损伤膜表面。如早期发现了 $CaCO_3$，可采取降低进水 pH 值至 $3.0\sim5.0$ 之间运行 $1\sim2\text{h}$ 的方法除去。对于沉淀时间较长的 $CaCO_3$ 垢，则应采取化学清洗的方法进行循环清洗或者是通宵浸泡。应确保清洗液的 pH 值在允许范围（如不低于 2 和不超过 11），否则会造成膜的永久性损坏，特别是温度较高时更应注意。当清洗液 pH 值超过允许范围时，可用 $NH_3 \cdot H_2O$、$NaOH$ 或 H_2SO_4、HCl 调节。

膜的污染是一个渐变过程，任其发展，终将会损坏膜元件或降低其性能。所以应在早期采取措施，消除污染物。

表 8-3 列出了常见污染物对复合膜性能影响的特征和清洗液配方。对于聚酰胺膜，配制清洗剂的水应不含游离氯。

表 8-3 复合膜污染特征和清洗液配方

序号	污染物	清洗液配方（kg 药剂/m³ 水）	序号	污染物	清洗液配方（kg 药剂/m³ 水）
1	碳酸钙	清洗液 A：柠檬酸 20.3，氨水调节 pH 值至 3.0	4	有机物	（1）清洗液 B。 （2）严重时用清洗液 C：三聚磷酸钠 20.3、十二烷基苯磺酸钠 2.6、硫酸调节 pH 值至 10.0
2	氧化物				
3	胶体	清洗液 B：三聚磷酸钠 20.3、EDTA8.4，硫酸调节 pH 值至 10.0	5	细菌	依据污染种类，选择清洗液 A、B 和 C 中的一种

3. 清洗系统

即使反渗透预处理系统的设计和运行符合规范，膜仍然避免不了污染，一般大约半年或一年需要清洗一次反渗透装置。所以，反渗透系统设计时应考虑设计一套专用清洗系统。清洗系统一般由清洗泵、药剂配制箱、$5\sim20\mu m$ 保安过滤器、加热器、相关管道阀门和控制仪表等组成，如图 8-15 所示。

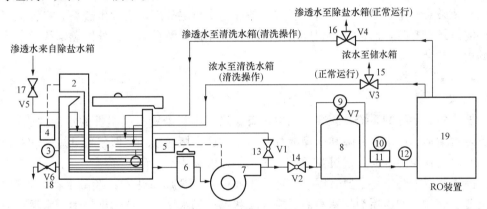

图 8-15 清洗系统

1—药剂配制箱；2—加热器；3—温度指示器；4—温度控制器；5—低液位停泵开关；6—保安过滤器；7—清洗泵；8—精密过滤器；9—差压计；10—流量表；11—流量传感器；12—压力表；13—泵循环阀门；14—流量控制阀门；15—浓水阀门；16—淡水阀门；17—淡水进水阀门；18—排空阀门；19—反渗透装置

第六节 反渗透装置的故障与对策

反渗透装置的故障集中表现在淡水水质、产水量或运行压力的异常，主要特征是淡水电导率上升、产水量减少或运行压力增加。

一、故障原因

膜组件故障主要是由膜氧化变质、脱盐层磨损、机械损伤、污染、膜压密等原因引起的。

1. 膜氧化

膜被给水中 Cl_2、O_3 或其他氧化剂的氧化后，会出现盐通量和水通量升高，通常第一段比第二段的膜易氧化。解剖膜元件，取出一小片膜，与亚甲基蓝溶液接触，膜背面若有黑色出现，则表明膜被氧化，否则，膜背面仍然为白色，则未受伤害。

2. 脱盐层磨损

主要是悬浮颗粒和难溶盐晶体与脱盐层相互摩擦的结果。前者是随进水带入的外形尖锐的金属物颗粒和其他颗粒，损伤的主要部位是最前端膜元件；后者则是由于浓缩过程新生的难溶盐，损伤的主要部位是最后端膜元件。可用显微镜检查膜表面损伤程度。当发生脱盐层损伤后，应采取以下措施：①更换膜元件；②改善预处理工艺；③投运前彻底清洗给水管路；④加强阻垢处理或降低回收率。

3. 机械损伤

膜组件的机械损伤可能造成给水或浓水渗入产品水中，引起脱盐率下降、产品水流量升高。机械损伤可通过真空试验确诊。

机械损伤的形式主要有以下几种：

(1) O 形圈泄漏。如忘记装 O 形圈、装配位置不当、密封元件老化、水流冲击造成元件移位等。

(2) 膜卷窜动。由于串联膜元件之间间隙较大，在压力和温差作用下膜卷窜动，可造成膜黏结线破裂，甚至膜的破裂。

(3) 膜破裂。主要是背压过高，引起脱盐层与支撑层分离，而发生破裂。将背压损坏的膜元件的口袋打开时，通常会看到进水侧黏结线、靠近外侧黏结线、外层黏结线及浓水侧黏结线的边缘破裂。

(4) 连接件损坏。

4. 污染

预处理效果不好的系统，膜容易发生污染。当水中污染物在膜组件的水流通道沉积后，则水流阻力增加、产水量下降和压降上升。污染物还会堵塞膜孔，偶尔可见短暂的脱盐率上升现象，之后在压力推动下透过膜而进入淡水中，引起淡水质量下降。

反渗透装置的污染物主要有以下几种：①胶体；②金属氧化物；③微生物；④有机物；⑤药剂非兼容物，如阻垢剂与絮凝剂反应的胶状物；⑥水垢。上述污染物中，水垢一般发生在最后一段的最后一根膜元件上，其他污染一般发生在第一段。

5. 膜压密

一般是由于压力和温度过高、水流冲击力而引起的。膜压密后，产品水流量下降，解剖膜元件，有时可以看到膜体嵌入透过水隔网之内的现象。

二、故障诊断

1. 检验仪表

为了排除因仪表故障所显示、记录的失真数据，应检验压力表、流量计、pH 表、电导率仪、温度计等，保证数据准确；对于已记录的异常数据，应查明原因，予以标记。失真数据不得作为故障诊断依据。

2. 检查操作数据

检查和校核操作记录，包括配药、投药记录，反渗透装置的启停、运行记录，水质化验记录，膜组件的安装、清洗、保养记录，检修记录等。

3. 标准化

对反渗透装置的产水量、电导率数据进行标准计算。

4. 排查机械故障

重点调查膜组件的O形圈环、盐水密封环、泵、管道和阀门是否损坏，反渗透装置振动是否较大，消除背压装置是否失灵，加热器工作是否正常等。对于膜组件，可用真空查漏法、着色查漏法和插管查漏法，以判断有无机械损伤。

（1）真空查漏法。检测步骤：①排放膜元件内存水；②密封产水管一端管口，另一端与真空系统连接；③抽真空，当绝对压力达到 $10\sim30$ kPa 时，关闭阀门，若压力上升速度超过 20kPa/min，则表明有泄漏。

（2）着色查漏法。让一种染料溶液透过膜，检测产品水中染料浓度，若染料透过率超过 0.5%，则意味着存在泄漏。可用 1.5g/L 的 NaCl 水溶液配制甲基紫浓度为 100mg/L 的染料溶液进行试验。检测步骤：①启动反渗透系统，当流量、压力和水温稳定后，向进水中加入染料溶液，稳定运行 30min；②分别测定进水和产品水中染料浓度，计算染料透过率；③试验结束后，用水彻底冲洗反渗透系统。

（3）插管查漏法。压力容器内漏，因含盐量较高的浓水进入淡水中，泄漏点所对应膜元件中心管位置处产品水电导率增加，增加幅度与泄漏量有关。检测步骤：

1）确定泄漏膜组件，测定每个压力容器（膜组件）淡水电导率。因为同段膜组件淡水电导率应该相同，所以，若某膜组件电导率较大，则该组件存在泄漏。

2）确定膜组件中泄漏位置。拆掉正在泄漏的膜组件中心产品水管堵头或淡水收集母管的端帽。

3）将一根塑料管插入产品水管中不同部位，测定沿程不同部位的电导率，电导率明显上升的位置就是泄漏点。

5. 评估加药系统

重点评估阻垢剂、杀菌剂、还原剂、酸等投加装置是否正常。阻垢剂的高剂量可导致膜污染，低剂量则导致结垢；杀菌剂剂量不足，膜则发生生物污堵，反之还原剂量相对减少，可导致膜氧化破坏；加酸量不当，碳酸盐、金属氢氧化物可能沉积，膜可能水解变质。

6. 鉴定污染物

根据诊断需要，选择进行以下工作：①根据水质资料，分析进水中存在的可能污染物成分；②分析 SDI 膜片、过滤器的截留物成分；③解剖膜元件，分析污染物成分。

三、故障对策

常见故障及其对策见表 8-4。

表 8-4   反渗透装置的故障与对策

症 状		原 因		对 策
产水流量	产水电导率	直接原因	间接原因	
增加	增加	膜氧化损伤	进水氧化剂多，如加氯量太大；还原剂量不足	更换膜元件；调整加药量
增加	增加	膜损伤渗漏	背压、水锤冲击；固体颗粒磨损，如漏滤料、硫酸盐析出	消除背压；降低升压速度；消除停机淡水管正压；改善保安过滤和超滤
增加	增加	O形圈泄漏	老化；安装缺陷；振动	重新安装；更换O形圈

症　状		原　因		对　策
产水流量	产水电导率	直接原因	间　接　原　因	
增加	增加	中心产水管泄漏	安装不对中或损坏	重新安装；更换膜元件
减少	增加	水垢	阻垢剂和加酸的剂量不够；回收率太高	清洗；调整加药量；增加浓水排放量
减少	不变	胶体污染	预处理不当，如混凝效果欠佳	清洗；改善预处理
减少	不变	生物污染	水源污染；杀菌不彻底；过滤设备生物繁殖	加强杀菌；过滤设备消毒
减少	不变	有机物污染	原水污染；混凝不良；活性炭失效	清洗；改善预处理；更换活性炭
减少	不变	油、阳离子聚电解质污染	水源污染；药剂不兼容	清洗；更换药剂
减少	减少	膜压密	水温偏高；运行压力高	更换膜元件；调整加热器运行工况

230

第九章

离子交换理论概述

在电厂水处理中，除去水中溶解性盐类除有膜分离法外，还有离子交换法和蒸馏法，其中以离子交换法最为普遍，而且往往是最终处理。当水的含盐量较低时，采用离子交换法除盐是首选方案。当水的含盐量较高时，一般以膜分离作为预脱盐，以离子交换法除盐作为最终处理。

离子交换法是指某些材料遇水时，能将本身具有的离子与水中带同类电荷的离子进行交换反应的方法，这些材料称离子交换剂（ion exchange material）。本章介绍有关离子交换法除盐的一些基础知识。

第一节　离子交换树脂

一、离子交换现象与离子交换树脂

离子交换现象首先由英国科学家于 19 世纪中期发现，直到 20 世纪初才用于水处理。最初是让水通过一种无机天然矿物海绿砂，使水中的 Ca^{2+}、Mg^{2+} 与海绿砂中的 Na^+ 进行交换，达到除去水中 Ca^{2+}、Mg^{2+} 的目的，后又用人工合成沸石代替海绿砂。由于这些无机矿物都是实体材料，只能进行表面交换，交换能力很低。在后来的研究过程中，发现无机天然矿物可以被人工合成的有机交换剂代替。还发现水通过交换剂时，交换剂中所具有的可交换离子与水中同电荷符号的被交换离子发生相互交换反应，是按化学计量关系进行的，而且这种离子交换现象是可逆的，并于 20 世纪 40 年代人工合成了第一种有机离子交换剂，即阳离子交换剂，称为树脂（resin）。

目前离子交换已广泛用于国防、医药、电子、化工、电力等各个领域，在水处理工艺中已占有非常重要的地位。在我国电厂水处理中的应用，大体可分为两个阶段：第一阶段是 20 世纪 50 年代初期到 70 年代中期，交换剂主要是采用磺化煤，它是利用无烟煤经过发烟硫酸处理后而得，它的可交换离子可以是 Na^+，也可以是 H^+。当 Na^+ 与水中的 Ca^{2+}、Mg^{2+} 交换时为水的软化处理，当 H^+ 与水中的 Na^+、Ca^{2+}、Mg^{2+} 交换时为水的软化、降碱处理。第二阶段是 20 世纪 70 年代中期至今，离子交换技术不仅可以除去水中的所有阳离子，也能除去水中的所有阴离子，成为制取高纯水的重要技术手段。

目前在水处理中应用的交换剂都是人工合成的离子交换树脂，它是一种具有多维网状结构的高分子有机化合物，在它的分子结构中，可以人为地分为两部分：一部分称为离子交换树脂的骨架，它是高分子化合物的母体，具有庞大的空间结构，支撑着整个化合物，它使离子交换树脂不溶于各种溶剂（如水、酸、碱等）；另一部分是带有可交换离子的活性基团，它化合在高分子骨架上，起提供可交换离子的作用。活性基团也是由两部分组成：一是固定部分，它牢固地化合在高分子骨架上，成为一个整体，不能自由移动，称为固定离子；二是活动部分，遇水可以电离，可与周围水中的其他带有相同电荷的离子进行离子交换反应，称为可交换离子。

二、离子交换树脂的合成

目前采用的有机离子交换树脂的合成过程，是首先将有机单体采用悬浮聚合工艺制成球状颗粒的高分子聚合物，并进行烘干、筛分后，再在这种高分子聚合物上引入带有可交换离子的活性基团。也有些离子交换树脂是由已具备活性基团的单体经过聚合，或在聚合过程中同时引入活性基团，直接一步制得的，如丙烯酸系树脂。在悬浮聚合过程中，只要控制好投料速度、搅拌机旋转速度、温度、压力等工艺条件，就可制得颗粒直径在一定范围内的球状高分子聚合物。之所以制成球状颗粒是因为球形颗粒具有填充性好、流动性好、耐磨性好等优点。填充性好是指单位体积内填装树脂多，流动性好是指便于水力或气力输送和装卸，耐磨性好是指运行、反洗和再生时摩擦损失小。

烘干是用热空气将树脂球表面和内部的水分蒸干，便于在热空气中流动输送，进入筛分阶段。筛分是采用二层电动筛，上层孔径为 1.25mm，下层孔径为 0.315mm，二层筛子组成一个整体，与水平面夹角为 15°左右，一边流动一边筛分。大于 1.25mm 的树脂球不能通过上层筛被清除，只有小于 1.25mm 的树脂球通过上层筛，而小于 0.315mm 的细树脂球通过下层筛也被清除，截留在上下两层筛之间的树脂球即为所要求的颗粒范围，最后进行导入活性基团阶段。

下面介绍在电厂水处理中采用最广的苯乙烯系离子交换树脂和丙烯酸系离子交换树脂的合成方法。

1. 苯乙烯系离子交换树脂

苯乙烯系离子交换树脂是以苯乙烯和二乙烯苯聚合成的高分子化合物为骨架，其反应为

在上述聚合反应中，主要原料苯乙烯为无色易燃液体，有芳香气味，是一种在苯环侧链上带有双键的芳烃化合物。烯烃上的碳碳双键是由一个 σ 键和一个较弱的 π 键所组成，由于 π 键的键能比 σ 键的键能小，在加压、加温和催化剂（过氧化苯甲酰）的作用下，π 键很容

易断裂，发生聚合反应，形成线型高分子聚合物。在二乙烯苯的分子上有两个带有双键的乙烯基，可以把两个由苯乙烯聚合成的线型高分子化合物通过架桥的方式交联起来，使聚合物成为具有三维空间网状结构的体型高分子化合物，即成为不溶于水的固体，所以二乙烯苯称为交联剂，也称架桥物质。二乙烯苯在聚合物中的重量分率称为树脂的交联度（degree of crosslinkage），用 DVB（divinyle benzene）表示。因为此时制得的球状聚合物还没有带可交换离子的沽性基团，没有交换作用，故称为白球或惰性树脂。必须再通过化学处理，引入活性基团后，才成为离子交换树脂（ionexchange resin）。

根据引入活性基团种类的不同，由聚苯乙烯可以制成阳离子交换树脂（cation exchange resin），也可制成阴离子交换树脂（anion erchange resin）。

（1）苯乙烯系磺酸型阳离子交换树脂。如用浓硫酸处理惰性树脂，在它的分子上引入磺酸基（—SO$_3$H），即可制得磺酸型阳离子交换树脂。其反应为

此反应称为磺化反应，其产物磺酸型阳离子交换树脂具有强酸性。为了使磺化反应能在白球内部进行，在制备时常采用加入溶胀剂二氯乙烷，以扩大树脂的网孔，待磺化完成后，再将二氯乙烷蒸馏出来。

（2）苯乙烯系阴离子交换树脂。如在聚苯乙烯的分子上引入胺基，则可制得阴离子交换树脂。但在苯环上很难直接将胺基接上，所以通常是先用氯甲醚进行氯甲基化处理白球，使苯环上带氯甲基，其反应为

然后，用胺处理氯甲基聚苯乙烯，称为胺化。

根据有机化学中的概念，胺可以看作是氨分子中的氢原子被甲基（烷基）取代后的生成物（即氨的烷基衍生物），根据氨分子中氢原子被甲基取代的数目不同，可分为：

1）伯胺。氨分子中的一个氢原子被一个甲基取代后的化合物，$R—N$ 。

233

2）仲胺。氨分子中的两个氢原子被两个甲基取代后的化合物，$R-\overset{\underset{\displaystyle CH_3}{|}}{\underset{}{N}}\overset{\displaystyle H}{}:$ 。

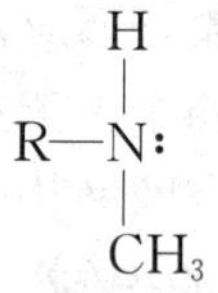

3）叔胺。氨分子中的三个氢原子被三个甲基取代后的化合物，$R-\overset{\underset{\displaystyle CH_3}{|}}{\overset{\displaystyle CH_3}{|}}{N}:$ 。

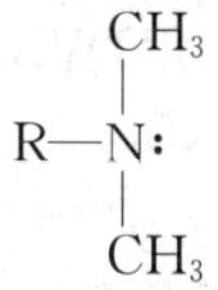

4）季胺盐。可看作是卤化胺分子中的四个氢原子被四个甲基取代后的化合物，$\left[R-\overset{\underset{\displaystyle CH_3}{|}}{\overset{\displaystyle CH_3}{|}}{N}-CH_3\right]^+X^-$ 。

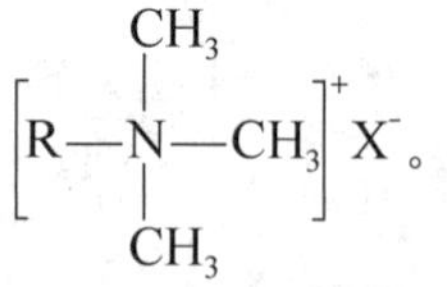

5）季胺碱。可看作是季胺盐中的卤负离子（X^-）被 OH^- 取代后的化合物，$\left[R-\overset{\underset{\displaystyle CH_3}{|}}{\overset{\displaystyle CH_3}{|}}{N}-CH_3\right]^+OH^-$ 。

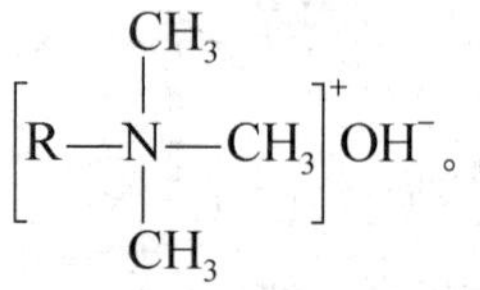

由于甲基是供电子的，氨分子中氢原子被甲基取代得越多，氮原子周围的电子密度就越大，对季胺碱中的 OH^- 基排斥力也越大，碱性也就越强；反之，碱性越弱。因此，根据胺化所用的药剂不同，可以制得碱性强弱不同的各种阴离子交换树脂，如用叔胺（$R\equiv N$）处理，则得到季铵型（$R\equiv NCl$）强碱性阴离子交换树脂，其反应为

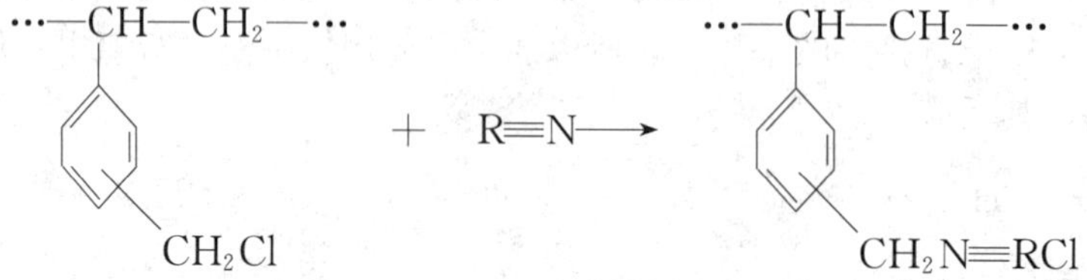

氯甲基聚苯乙烯　　　　　　叔胺　　　　苯乙烯系季铵型阴树脂

由于季铵型阴树脂上的 OH^- 很活泼，所以它是强碱性阴树脂。根据胺化时所用叔胺品种的不同，季铵型树脂又可分为 Ⅰ 型和 Ⅱ 型两种。如用三甲胺（$(CH_3)_3N$）胺化，所得到产品称 Ⅰ 型；如用二甲基乙醇胺 $(CH_3)_2NC_2H_4OH$ 胺化，其产品称 Ⅱ 型。Ⅰ 型的碱性比 Ⅱ 型强，Ⅱ 型的交换容量比 Ⅰ 型大。

如果胺化时采用的是伯胺或仲胺，则生成的产品是弱碱性阴离子交换树脂，下式为用二乙撑三胺进行胺化的反应

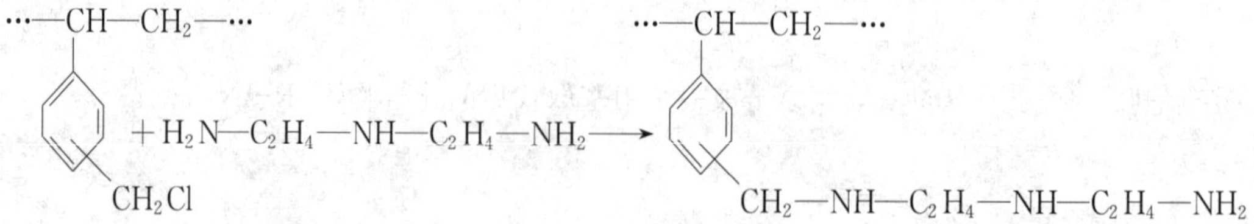

二乙撑三胺　　　　　　苯乙烯系弱碱性阴树脂

实际上，在阴离子交换树脂的制备过程中，发生的反应较复杂，所得到的强碱性阴树脂产品不会是纯季胺型阴树脂，在它的分子结构中常带有一些弱碱性基团。同样道理，在弱碱性阴树脂产品的分子结构中，也常有一些强碱性基团。

2. 丙烯酸系离子交换树脂

丙烯酸系离子交换树脂的高分子骨架有两种：一种是由丙烯酸甲酯 $CH_2=CH-COOCH_3$ 与交联剂共聚，另一种是甲基丙烯酸甲酯 $CH_2=C-COOCH_3$ 与交联剂共聚。按
$\ |$
$\ CH_3$

交联剂不同又分为以二乙烯苯为交联剂和以衣康酸烯丙酯为主交联剂及以二乙烯苯为副交联剂的两种。前者的树脂牌号为 D111，后者的树脂牌号为 D113，后者多用于冷却水处理。

当丙烯酸甲酯或甲基丙烯酸甲酯与二乙烯苯共聚时，聚合反应为

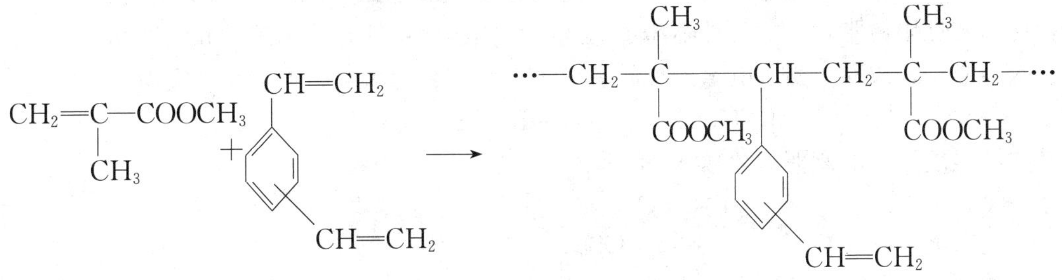

甲基丙烯酸甲酯　　　　二乙烯苯　　　　　　　　　　　　　大孔共聚白球

当丙烯酸甲酯与衣康酸烯丙酯和二乙烯苯共聚时，聚合反应为

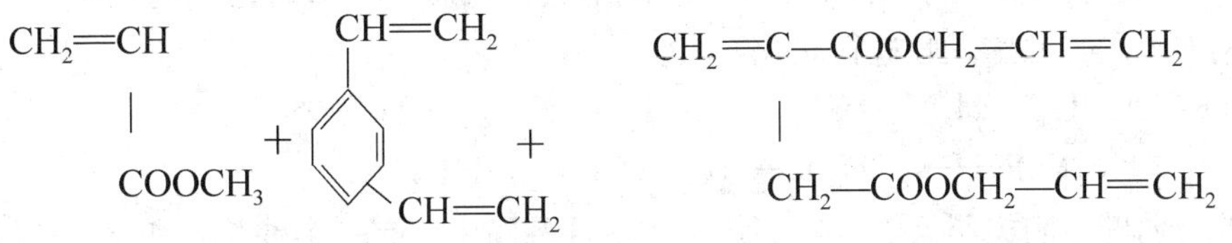

丙烯酸甲酯　　　　二乙烯苯　　　　　　　　衣康酸烯丙酯
　　　　　　　　（副交联剂）　　　　　　　（主交联剂）

（简写为R—COOCH₃）

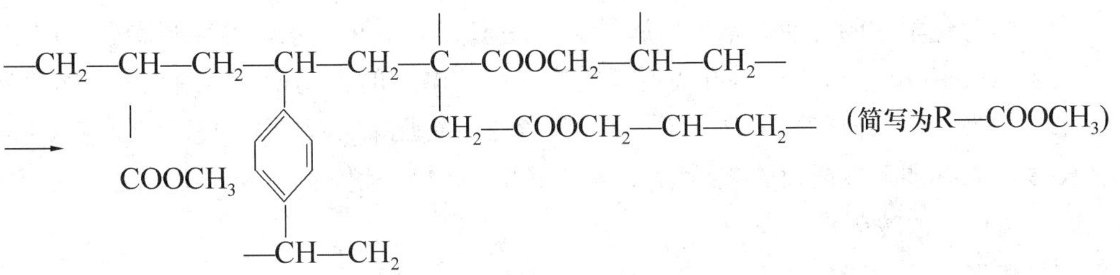

大孔共聚白球

此聚合物可用以下方法转化成阳树脂或阴树脂。若在单体混合物中加入适量的致孔剂也可制成大孔共聚物。

（1）丙烯酸系羧酸型阳离子交换树脂。将 $RCCOCH_3$ 进行水解，可得到丙烯酸系羧酸型树脂，其反应为

$$RCOOCH_3 \xrightarrow[\text{水解}]{10\%\sim20\%NaOH78℃} RCOOH$$

羧酸型树脂是弱酸性阳离子交换树脂。

可见弱酸性阳离子交换树脂的活性基团是羧基，根据有机化学中的概念，烃分子中的氢原子被羧基（—COOH）取代所生成的化合物叫羧酸，羧基是羧酸的官能团。羧酸的许多化学性质都是由羧基官能团所引起的，羧基由—OH 基和 $\diagdown$C＝O 基直接相连而成，由于两者相互影响，使羧基具有自己一些特有的性质，下面仅介绍一下它的酸性。

在羧基 $\diagdown$C＝O 中有一个碳氧双键，虽然也是由一个 σ 键和一个 π 键所组成，但由于氧的电负性（3.5）大于碳的电负性（2.6），所以羧基也是一个极性基团，而且 π 电子云易于极化，因此电子云密度偏向氧的一边，使氧原子带上部分负电荷，碳原子带上部分正电荷，导致—OH 基团中的电子云向碳原子偏移，进而造成羧酸基团—COO$^-$ 对 H$^+$ 产生较大的亲和力，使弱酸性阳树脂对水中各种阳离子的选择性顺序为：H$^+$＞Ca^{2+}＞Mg^{2+}＞Na$^+$。

在水溶液中，羧酸基团所电离出来的氢离子与水结合为水合离子，其反应为

$$RCOOH + H_2O \Longleftrightarrow RCOO^- + H_3^+O$$

其酸性强度可用电离平衡常数 K_a 表示，即

$$K_a = \frac{[H_3^+O][RCOO^-]}{[RCOOH]} = 10^{-5} \sim 10^{-4}$$

所以，羧酸属于弱酸，但比碳酸的酸性（25℃时 $K_1 = 4.45 \times 10^{-7}$）要强 100～1000 倍，故有分解水中碳酸盐的能力。

（2）丙烯酸系阴离子交换树脂。将 RCOOCH$_3$ 用多胺进行胺化，就可得到丙烯酸系阴离子交换树脂。例如，用二乙撑三胺进行胺化，其反应为

$$RCOOCH_3 + H_2N—(CH_2)_2—NH—(CH_2)_2—NH_2 \longrightarrow$$
$$RCONH—(CH_2)_2—NH—(CH_2)_2—HN_2$$

此反应制得的是弱碱性阴树脂。因为它的每一个活性基团中都有一个仲胺基和一个伯胺基，故其交换容量很大。

此外，还有酚醛系、环氧系、乙烯吡啶系和脲醛系等离子交换树脂。由于它们未在水处理领域中使用，所以这里不作介绍。

为了书写化学式的方便，常把树脂骨架和固定离子用 R 表示，酸性树脂表示成 RH，碱性树脂表示成 ROH。这种表示方法不能反映树脂酸碱性的强弱，所以有时把固定离子也表示出来。如强酸性阳树脂表示为 RSO$_3$H，弱酸性阳树脂表示为 RCOOH，强碱性阴树脂表示为 R≡NOH，弱碱性阴树脂表示为 R≡NHOH（叔胺型）、R＝NH$_2$OH（仲胺型）和 R—NH$_3$OH（伯胺型）。

三、离子交换树脂的分类

1. 按活性基团的性质分类

根据所带活性基团的性质，离子交换树脂可分为阳离子交换树脂和阴离子交换树脂。带有酸性活性基团、能与水中阳离子进行交换的称阳离子交换树脂；带有碱性活性基团，能与水中阴离子进行交换的称阴离子交换树脂。按活性基团上 H$^+$ 或 OH$^-$ 电离程度的强弱，又可分为强酸性阳离子交换树脂和弱酸性阳离子交换树脂；强碱性阴离子交换树脂和弱碱性阴离子交换树脂。

此外，按活性基团的性质还可分为螯合性、两性以及氧化还原性树脂。

2. 按单体种类分类

按合成树脂的单体种类不同，离子交换树脂还可分为苯乙烯系、丙烯酸系等。

3. 按离子交换树脂的孔型分类

（1）凝胶型树脂。按上述方法合成的离子交换树脂是带有立体网状结构的有机高分子聚合物，外观呈透明或半透明状，网孔的孔径很小，半均孔径只有 $1\sim2nm$，而且大小不一。这些细孔在干树脂中并不存在，只有把树脂浸入水中时才显示出来，这种结构与凝胶有些相似，所以称为凝胶型树脂。

因凝胶型树脂孔径小，不利于交换离子的运动，当直径较大的有机物分子通过时，容易堵塞网孔，再生时也不易洗脱下来，所以凝胶型树脂易受到有机物污染。

凝胶型树脂的机械强度和抗氧化性都比较差，这是因为聚合反应的速度不一样，苯乙烯和二乙烯苯的聚合反应比两个苯乙烯分子之间聚合反应快，余下的苯乙烯聚合成的线型高分子就是凝胶型树脂的薄弱环节。因此人为控制苯乙烯和二乙烯苯的反应速度，使其不发生苯乙烯的单独聚合，从而改善了凝胶型树脂的机械强度和抗氧化性，这就是人们说的超凝胶型树脂。

（2）大孔型树脂。大孔型树脂（MR 型树脂）是在制备大孔高分子骨架时，在单体混合物中加入一种致孔剂（如甲苯），待聚合反应完成后，再将致孔剂抽提出来，所以这种网孔是永久性的，在树脂干状态或湿状态及在树脂收缩或溶胀时都存在，故称是物理孔。它的孔径一般为 $20\sim100nm$，比表面积达几十到数百平方米/克，孔隙率在 30% 左右。所以，它具有抗有机物污染的能力，被截留在网孔中的有机物容易在再生过程中被洗脱下来。大孔型树脂由于孔隙占据一定的空间，离子交换基团含量相应减少，所以交换容量比凝胶型树脂低些。

为使大孔树脂在具有较高机械强度和抗氧化性的情况下，提高其交换容量，可在制备过程中适当控制致孔剂和交联剂的数量，使其更符合实际要求，这就是人们说的第二代大孔型树脂。它的孔隙率一般在 1%～2%，交换容量与凝胶型树脂相近，同时还保持了离子交换反应速度快的优点，而且物理性能、抗污染性能及机械强度都有所提高。通常，大孔型树脂的交联度可高达 16%～20%，而凝胶型树脂的交联度在 7% 左右。

（3）均孔型树脂。这种树脂是为防止强碱阴树脂易受有机物污染而制取的，认为阴树脂被有机物污染是由于苯乙烯和二乙烯苯是两种不同的单体，聚合过程中出现孔径不均匀是难免的。因此在制取均孔树脂时不用二乙烯苯做交联剂，而且在引入氯甲基时，利用傅氏反应的副反应，使树脂骨架上的氯甲基和邻近的苯环之间生成次甲基桥，其反应为

237

这种交联使网孔比较均匀，故称均孔型。

四、离子交换树脂的命名方法

离子交换树脂产品的型号是根据 GB/T 1631—2008《离子交换树脂命名系统和基本规范》而制定的。

1. 名称

离子交换树脂的全名称由分类名称、骨架（或基团）名称、基本名称依次排列组成。基本名称为离子交换树脂。大孔型树脂在全名称前加"大孔"两字。分类属酸性的应在基本名称前加"阳"字；分类属碱性的，应在基本名称前加"阴"字。

2. 型号

离子交换树脂产品的型号以三位阿拉伯数字组成，第一位数字代表产品分类，第二位数字代表骨架组成，第三位数字为顺序号，用以区别活性基团或交联剂的差异。代号数字的意义见表 9-1 和表 9-2。

表 9-1   分类代号（第一位数字）

代 号	0	1	2	3	4	5	6
分类名称	强酸性	弱酸性	强碱性	弱碱性	螯合性	两 性	氧化还原性

表 9-2   骨架代号（第二位数字）

代 号	0	1	2	3	4	5	6
骨架名称	苯乙烯系	丙烯酸系	酚醛系	环氧系	乙烯吡啶系	脲醛系	氯乙烯系

凡属大孔型树脂，在型号前加"大"字的汉语拼音首位字母"D"；凡属凝胶型树脂，在型号前不加任何字母。交联度值可在型号后用"×"符号连接阿拉伯数字表示。

离子交换树脂型号图解如下：

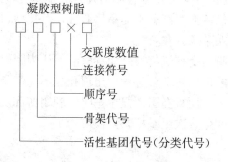

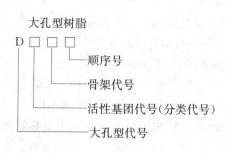

另外，GB/T 1631—2008《离子交换树脂命名系统和基本规范》规定，对不同床型使用的树脂，在其型号后加注专用符号：R——软化器用树脂；MB——混床用树脂；FC——浮床用树脂；SC——双层床用树脂；MBP——凝结水混床用树脂；P——凝结水单床用树脂；TR——三层混床用树脂。

对于某些特殊用途的树脂分别加注下述字符组表示："—NR"——核级树脂；"—ER"——电子级树脂；"—FR"——食品级树脂。

例如，型号为 001×7 的离子交换树脂，全名称为凝胶型苯乙烯系强酸性阳离子交换树脂，其交联度为 7%；D301 为大孔型苯乙烯系弱碱性阴离子交换树脂；201×7MBP 为凝结水混床用凝胶型苯乙烯系交联度为 7% 的强碱性阴离子交换树脂。

五、离子交换原理

从发现离子交换现象到今天被广泛应用的近两个世纪的过程中，人们对离子交换的原理曾经进行过很多研究。因为离子交换现象在自然界中非常普遍，矿物界和生物界的各种常见的物质都会发生，但发生这些离子交换过程的原因各有不同，所以人们常用不同的原理解释不同情况下的离子交换现象。下面仅对水处理领域内应用过的双电层理论进行说明。

目前在水处理领域内采用的交换剂是人工合成的离子交换树脂，具有凝胶状结构，可以用胶体化学中的双电层理论来解释水处理中的离子交换现象，这与混凝处理理论有些相似。

下面以磺酸型阳树脂为例，说明胶体化学中的双电层理论在离子交换中的应用。磺酸型阳树脂的高分子骨架可看作是胶体颗粒的胶核，磺酸基团中的 $—SO_3^-$ 为电位决定离子，而磺酸基团中的可交换离子（H^+）为反离子。当此种树脂遇水时，由于磺酸基团的水化与电离，产生了 $—SO_3^-$ 和 H^+ 两种离子，因 $—SO_3^-$ 与高分子骨架以化学键相连接，形成一个整体，附着在骨架的表面，从而形成了由负离子所组成的内层，电离出来的 H^+，由于受浓差扩散和静电引力两种相反力的作用，不能远离高分子骨架表面，只能排布在内层离子的外侧，组成了外层离子，从而形成了双电层式的结构，如图 9-1 所示。

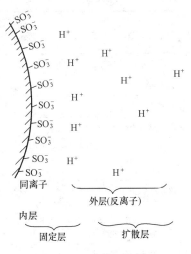

图 9-1 离子交换树脂的双电层结构示意

与胶体颗粒的结构一样，离子交换树脂双电层中的许多外层离子（即反离子），在水分子和浓差扩散的作用下，也可分成固定层和扩散层，那些与内层离子较远的外层离子，因受内层离子的引力较小，所以会形成浓度自高分子骨架表面向溶液深处越来越小的扩散层。同时溶液中同类电荷的离子（如 Na^+），在水分子和浓差扩散的作用下，也能扩散到树脂颗粒表面及内部网孔，并发生离子交换反应。而溶液中带相反电荷的离子（如 Cl^-），由于受到树脂活性基团负电场的排斥作用而不能发生离子交换。

另外，由于离子交换树脂活性基团对水中各种离子的亲和力大小是不同的，所以当磺酸型阳树脂（$R—SO_3H$）与含有 NaCl 的稀溶液接触时，因树脂上 H^+ 浓度大，而且磺酸基对 Na^+ 的亲和力比对 H^+ 大，树脂上的 H^+ 就会与溶液中的 Na^+ 发生交换，其交换反应可表示为（右向箭头所示）

$$R—SO_3H + NaCl \rightleftharpoons R—SO_3Na + HCl$$

交换后，树脂由原来的 H 型变成了 Na 型，失去交换水中 Na^+ 的能力。若这时在 Na 型树脂中通入浓度较大的 HCl（如 5%），此时由于溶液中的 H^+ 浓度大，故可将树脂上的 Na^+ 置换下来，使树脂重新带上可交换的 H^+（左向箭头所示），恢复了树脂的交换能力，又可重新利用。

第二节　离子交换树脂的性能指标

一、树脂的性能指标

如前所述，离子交换树脂是人工合成的有机高分子化合物，因此在制造过程中，由于单体原料的配方不同或合成工艺条件不同，所得产品的分子结构和性能有可能产生较大的差异，这就需要用一系列指标来评判，这对生产单位和使用单位都是必要的。

表 9-3 和表 9-4 列出了国家标准和化工部标准中规定的几种水处理中常用离子交换树脂的性能指标。

表 9-3　　　　　　　　　　001×7、001×7MB、D113 阳树脂的技术要求

指　标　名　称	001×7(氢型/钠型)	001×7MB(氢型/钠型)	D113(氢型)
含水率(%)	51.00～56.00/45.00～50.00		45.00～52.00
全交换容量(mmol/g)	≥5.00/≥4.50		≥10.80
体积交换容量(mmol/mL)	≥1.75/≥1.90		≥4.40
湿视密度(g/mL)	0.73～0.83/0.77～0.87		0.72～0.80
湿真密度(g/mL)	1.170～1.220/1.250～1.290		1.140～1.200
粒度(%)	—/(0.315～1.250mm)≥95.0	—/(0.500～1.250mm)≥95.0	(0.315～1.250mm)≥95.0
	—/(<0.315mm)≤1.0	—/(<0.500mm)≤1.0	(<0.315mm)≤1.0
有效粒径(mm)	—/0.400～0.700	—/0.550～0.900①	0.400～0.700
均一系数	—/≤1.60	—/≤1.40	≤1.60
渗磨圆球率(原样测定,%)	≥60.00		≥95
转型膨胀率(H→Na,%)	—		≤70.00
氢型率(%)			≥98.00

① 与阴树脂组成混床时，阳、阴树脂有效粒径之差的绝对值不大于 0.10mm。

表 9-4　　　　　　　　　201×7、201×7MB、D301 阴树脂的技术要求

指　标　名　称	201×7(氢氧型/氯型)	201×7MB(氢氧型/氯型)	D301(游离胺型)
全交换容量(mmol/g)	≥3.80/—		≥4.80
强型基团容量(mmol/g)	≥3.60/≥3.50		≤1.00
体积交换容量(mmol/mL)	≥1.10/≥1.35		≥1.45
含水率(%)	53.00～58.00/42.00～48.00		48.00～58.00
湿视密度(g/mL)	0.66～0.71/0.67～0.73		0.65～0.72
湿真密度(g/mL)	1.060～1.090/1.070～1.100		1.030～1.060
有效粒径(mm)	—/0.400～0.700	—/0.500～0.800*	0.400～0.700
均一系数	—/≤1.60	—/≤1.40	≤1.60
粒度(%)	—/(0.315～1.250mm)≥95.0	—/(0.400～0.900mm)≥95.0	(0.315～1.250mm)≥95.0
	—/(<0.315mm)≤1.0	—/(>0.900mm)≤1.0	(<0.315mm)≤1.0
渗磨圆球率(原样测定,%)	≥60.00		≥90
转型膨胀率(OH→Cl,%)	—		≤28

* 与阳树脂组成混床时，阳、阴树脂有效粒径之差的绝对值不大于 0.10mm。

二、物理性能指标

1. 外观

离子交换树脂一般制成小球状，这不仅填充性好、流动性好，而且有利于树脂层中水流分布均匀和水流阻力小。球状颗粒树脂质量占树脂总质量的百分数称为圆球率，它应在90％以上。它是将一定质量的干树脂放入倾斜15°左右的瓷盘中，让其自由向下滚动，并不断用毛刷扫动，滚动下来的为球状，不能滚动下来的就不是球状，然后称重，可得圆球率。

离子交换树脂有透明的、半透明的和不透明的。通常，凝胶型是透明的或半透明的，大孔型是不透明的。离子交换树脂由于组成的不同，呈现的颜色也各有差异，凝胶型苯乙烯系树脂大都呈淡黄色，大孔苯乙烯系阳树脂一般呈淡灰褐色，大孔苯乙烯系阴树脂为白色或淡黄褐色，丙烯酸系树脂呈白色或乳白色。

2. 粒度

按技术规定，树脂的粒度范围应为0.315～1.250mm内的颗粒体积占全部颗粒的95％，即要求小于0.315mm的颗粒和大于1.250mm的颗粒体积不能超过全部树脂体积的5％，下限粒度（或上限粒度）为小于0.315mm的颗粒体积不能超过全部树脂体积的1％。除了要求粒度范围之外，还规定了有效粒径和均一系数。

有效粒径是指筛上保留90％（体积）树脂样品的相应试验筛筛孔孔径（mm），用符号d_{90}表示。均一系数是指筛上保留40％（体积）树脂样品的相应试验筛筛孔孔径与保留90％（体积）树脂样品的相应试验筛筛孔孔径的比值，用符号K_{40}表示，即

$$K_{40} = \frac{d_{40}}{d_{90}} \tag{9-1}$$

显然，均一系数越趋于1，则组分越狭窄，树脂的颗粒也越均匀。

树脂的粒度分布也可通过筛分曲线来测定，但除试验研究外，在实际应用中很少进行测定。在水处理中，离子交换树脂应颗粒大小适中、粒度分布均匀。颗粒太小，则水流阻力大；颗粒太大，则交换速度慢。若颗粒大小不均，小颗粒夹在大颗粒之间，会使水流阻力增加，也不利于树脂的反洗，因反洗强度大，会冲走小颗粒；反洗强度小，又不能松动大颗粒。

3. 孔径、孔度、孔容和比表面积

离子交换树脂是一种多孔网状的高分子结构，它的活性基团主要分布在树脂颗粒的内部，所以从不同的角度用孔径、孔度、孔容和比表面积等来描述树脂的这种微孔结构。

孔径（pore size）是指微孔的大小；孔度是指单位体积干树脂内部孔的容积；而孔容（pore volume）是指单位质量干树脂内部孔的容积，它们的单位分别为nm、mL/mL和mL/g。树脂的比表面积是指单位质量树脂具有的表面积（包括树脂的外表面积和孔道内表面积），其单位为m^2/g。凝胶型树脂的比表面积不到$1m^2/g$，而大孔型树脂的比表面积则可由数平方米/克至数百平方米/克。在孔径大小合适的基础上，比表面积越大，越有利于交换。

树脂的孔结构会直接影响树脂的交换容量。树脂的孔体积越大，树脂的交换基团数量就越少。一般是大孔强酸性阳树脂的体积交换容量比凝胶型的低10％左右；大孔强碱性阴树脂的体积交换容量比凝胶型的低20％左右。

4. 水溶性溶出物（leachables）

将新树脂样品浸泡水中，经过一定时间以后，浸泡树脂的水就呈黄色，浸泡时间越长颜色越深。水的颜色是由于树脂中存在水溶性溶出物造成的，主要来自以下三个方面：一是残留在树脂内部的合成原料；二是树脂结构中的低分子聚合物；三是树脂的分解产物。试验证明：阴离子交换树脂的溶出物呈阳离子性质，主要是胺类和钠。强酸性阳离子交换树脂的溶出物为低分子磺酸盐。这种水溶性溶出物不仅会影响出水水质，还会污染阴树脂，所以必须对它的允许含量有所限制。

5. 密度

（1）湿视密度。湿视密度是指树脂在水中充分溶胀后的堆积密度（或装载密度），计算公式为

$$\text{湿视密度}(\rho_s) = \frac{\text{湿树脂质量}}{\text{湿树脂的堆积体积}}$$

湿树脂的堆积体积包括湿树脂的颗粒体积和颗粒间的空隙体积。湿树脂的湿视密度一般为 $0.60 \sim 0.85 \text{g/mL}$。

（2）湿真密度。湿真密度是指树脂在水中经充分溶胀后的真密度，计算公式为

$$\text{湿真密度}(\rho_z) = \frac{\text{湿树脂质量}}{\text{湿树脂的真实体积}}$$

湿树脂的真实体积是指树脂在湿状态下的颗粒体积，此体积包括颗粒内网孔的体积，但颗粒和颗粒间的空隙体积不应计入。

树脂的湿真密度与其在水中所表现的水力学特性有密切关系，它直接影响到树脂在水中的沉降速度和反洗膨胀率，是树脂的一项重要实用性能。其值一般在 $1.04 \sim 1.30 \text{g/mL}$ 之间。

由于湿真密度测定准确度较高，所以可用式（9-2）来检验湿视密度测定结果，或近似估算湿视密度。在已知 ρ_s 和 ρ_z 的情况下，也可根据式（9-2）求相应条件下树脂层的空隙率。空隙率越大，说明树脂颗粒均匀性越好。

湿视密度和湿真密度有如下关系

$$\rho_s = (1-p)\rho_z \tag{9-2}$$

式中：ρ_s、ρ_z 为树脂湿视密度、湿真密度；p 为树脂层空隙率。

（3）干真密度。干真密度是指树脂在干燥状态下的质量与它的真实体积之比，即

$$\text{干真密度} = \frac{\text{干树脂的质量}}{\text{树脂的真实体积}}$$

树脂的真实体积是树脂的排液体积，它不包括树脂颗粒内的网孔体积和树脂颗粒之间的空隙体积，所以求取树脂真实体积时，不能用水作排液介质，应该用不会使树脂溶胀的溶剂作排液介质，如甲苯。离子交换树脂的干真密度一般在 1.6g/cm^3 左右，它主要用于研究树脂的结构和性能。

树脂的密度与其交联度有关，交联度越高，树脂的密度越大；树脂的密度随其交换基团的离子型不同而改变；阳树脂的密度比阴树脂大；强型树脂的密度比弱型树脂大。

6. 含水率

树脂的含水率（moisture content）是指单位质量的湿树脂（已除去表面水分）所含水

量的百分数，一般在 50% 左右。这种水称为产品水，是离子交换树脂的固有性质，它包括活性基团上可交换离子的水化水和网孔中的游离水两个部分。

图 9-2 示出了树脂含水率与交联度之间的关系：对同一种树脂来讲，树脂的含水率大则表示它的交联度低和空隙率大；同一种树脂（如磺酸苯乙烯树脂）和相同交联度时，可交换离子的水化水不同，含水率也不同，H 型的含水率比 Na 型的含水率大；交联度相同，树脂的高分子骨架不同时，含水率也不相同，磺酸型树脂比羧酸型树脂的含水率大。

测定树脂含水率的关键是如何既除去表面水分，而又能保持内部水分不损失。除去颗粒表面水分的方法有吸干法、抽滤法和离心法。

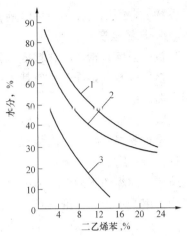

图 9-2　树脂含水率与交联度关系
1—H 型磺酸苯乙烯树脂；2—Na 型磺酸苯乙烯树脂；3—H 型羧酸树脂

7. 溶胀和转型体积改变率

当将干的离子交换树脂浸入水中时，其体积会膨胀，这种现象称为溶胀（swelling）。树脂的溶胀现象有两种：一种是不可逆的，即新树脂经溶胀后，如重新干燥，它不再恢复到原来的大小；另一种是可逆的，即当树脂浸入水中时其体积会胀大，干燥时会复原，如此反复地溶胀和收缩。

造成离子交换树脂溶胀现象的原因是活性基团上可交换离子的溶剂化作用。离子交换树脂颗粒内部存在着很多可交换离子，在水中与外围水溶液之间，由于离子浓度的差别，产生渗透压，这种渗透压可使树脂颗粒从外围水溶液中吸取水分来降低其离子浓度。因为树脂颗粒是不溶的，所以这种渗透压力被树脂骨架碳原子之间电荷密度松弛产生的弹性张力抵消而达到平衡，从而表现出溶胀现象。树脂的溶胀性决定于以下因素：

（1）树脂的交联度。交联度越大，溶胀性越小。

（2）活性基团。此基团越易电离，则树脂的溶胀性就越强；此基团越多，或吸水性越强，溶胀性也越大。

（3）溶液中离子浓度。溶液中离子浓度越大，则因树脂颗粒内部与外围水溶液之间的渗透压越小，所以树脂的溶胀性就越小。

（4）可交换离子。可交换离子价数越高，溶胀性越小；对于同价离子，水合能力越强，溶胀性就越大。强酸性阳离子交换树脂，对于不同的交换离子，其溶胀性大小顺序为：H^+ > Na^+ > NH_4^+ > K^+ > Ag^+；H^+ > Mg^{2+} > Na^+ > Ca^{2+}。强酸 001×7 阳树脂由 Na 型转为 H 型时，体积增大 5%～8%；由 Ca 型转为 H 型时，体积增大 12%～13%。

强碱性阴离子交换树脂，对于不同的交换离子，其溶胀性大小顺序为：OH^- > HCO_3^- ≈ CO_3^{2-} > SO_4^{2-} > Cl^-。强碱 201×7 阴树脂由 Cl 型转为 OH 型时，体积增大 15%～20%。

弱型树脂转型体积改变也很明显，尤其是弱酸性阳树脂，由 H 型转为 Na 型时，体积一般可增大 70%～80%；由 H 型转为 Ca、Mg 型时，体积可增大 10%～30%。

因此，当树脂由一种离子型转为另一种离子型时，其体积就会发生改变，此时树脂体积改变的百分数称树脂转型体积改变率。

此外，溶剂的不同对树脂的溶胀性也有很大影响。由于离子交换树脂是带有活性基团的极性物质，所以它在强极性溶剂中的溶胀性较大，在非极性溶剂中不溶胀。

8. 机械强度

机械强度是指树脂颗粒抵抗各种机械力保持其完整球状的能力。在实际应用中，由于摩擦、挤压以及周期性转型使其体积胀缩等，都有可能造成树脂颗粒的破裂，而影响树脂的使用寿命。

国家标准曾规定采用磨后圆球率和渗磨圆球率来判断树脂的机械强度。此法是按规定称取一定量的湿树脂，放入装有瓷球的滚筒中滚磨，磨后的树脂圆球颗粒占样品总量的百分数即为树脂的磨后圆球率；若将树脂用酸、碱交错转型一次，然后用前述方法测得树脂的磨后圆球率，称为树脂的渗磨圆球率，该指标表示树脂的耐渗透压能力，目前凝胶型和大孔型树脂均采用这一指标评价树脂的机械强度。

另外，还有用压脂法和循环法表示树脂机械强度的：压脂法是取三颗直径相近的树脂颗粒放在一块玻璃下面，成三点支撑，然后在玻璃上加砝码，直到树脂颗粒被压碎，此时砝码的质量就称压脂强度；循环法是将树脂用酸、碱反复交错转型后，检查树脂的破碎程度。一般情况下，树脂因机械强度而造成的年损失率不应大于 3%～7%。

离子交换树脂的机械强度、耐渗透性也可用裂球率表示，它是指磨后树脂的裂球颗粒占样品总量的百分数。

9. 耐热性

树脂的耐热性表示树脂受热时仍保持其理化性能的能力。各种树脂都有自己的最高使用温度限值，超过这个限值，树脂的热分解加重，理化性能就会变差。强碱性阴离子交换树脂受热后的变化主要表现为：部分强碱基团转变为弱碱基团及部分基团脱落，使交换容量和碱性同时降低。不同树脂的耐热性是不同的，一般规律是，阳树脂比阴树脂耐热性强，盐型树脂比游离酸或碱型树脂强，Ⅰ型强碱性阴树脂比Ⅱ型耐热性强（ROH Ⅰ型允许使用温度为60℃，ROH Ⅱ型为40℃），弱碱基团要比强碱基团耐热性强，苯乙烯系强碱性阴树脂要比丙烯酸系强碱性阴树脂耐热性强。

一般阳树脂可耐100℃或更高些的温度：如 Na 型苯乙烯系磺酸型阳树脂可在150℃下使用，而 H 型应在 100～120℃下使用；苯乙烯系阴树脂，强碱性的使用温度不超过50～60℃，弱碱性的可在80℃下使用，丙烯酸系强碱性阴树脂的使用温度应低于38℃。

三、化学性能指标

1. 交换反应的可逆性

离子交换树脂的离子交换反应是可逆的，所以可以反复使用，但这种可逆反应不是在均相溶液中进行的，而是在非均相固—液之间进行的。如用含有 Ca^{2+} 的水通过 Na 型阳树脂时，其交换反应为

$$2RNa + Ca^{2+} \longrightarrow R_2Ca + 2Na^+$$

当反应进行到不能再继续将水中 Ca^{2+} 交换成 Na^+ 时，离子交换树脂大都转为 Ca 型，失去交换能力。这时可用含有 NaCl 的水溶液通过 Ca 型树脂，利用上述反应的逆反应，使树脂重新恢复为 Na 型，其交换反应为

$$R_2Ca + 2Na^+ \longrightarrow 2RNa + Ca^{2+}$$

上述两个交换反应实际上就是下面可逆离子交换反应的平衡移动，即

$$2RNa + Ca^{2+} \rightleftharpoons R_2Ca + 2Na^+$$

这就是离子交换反应的可逆性。

2. 酸、碱性和中性盐分解能力

H 型阳离子交换树脂相当于一个多价固体酸，OH 型阴离子交换树脂相当于一个多价固体碱，它们具有酸或碱的性质，在水中可以电离出 H^+ 和 OH^-，这种性质被称为树脂的酸、碱性。根据电离出 H^+ 和 OH^- 的能力大小，它们又有强、弱之分。在水处理中常用的有：

磺酸型强酸性阳离子交换树脂：$R—SO_3H$。

羧酸型弱酸性阳离子交换树脂：$R—COOH$。

季铵型强碱性阴离子交换树脂：$R\equiv NCl$。

叔、仲、伯型弱碱性阴离子交换树脂：$R\equiv NHOH$、$R\equiv NH_2OH$、$R—NH_3OH$。

强酸性 H 型阳树脂或强碱性 OH 型阴树脂在水中电离出 H^+ 或 OH^- 的能力较大，它们很容易和水中的阳离子或阴离子进行交换反应，受水的 pH 值影响小。强酸性 H 型阳树脂在 pH＝1～14 范围内都可以交换，强碱性 OH^- 型阴树脂在 pH＝1～12 范围内也都可以交换。例如，强酸性 H 型阳树脂在与中性盐如 NaCl、$CaCl_2$ 等交换时，其反应进行容易，可示意为

$$R—SO_3H+NaCl \rightleftharpoons R—SO_3Na+HCl$$

$$2R—SO_3H+CaCl_2 \rightleftharpoons (R—SO_3)_2Ca+2HCl$$

弱酸性 H 型阳树脂或弱碱性 OH 型阴树脂在水中电离出 H^+ 或 OH^- 的能力较小，当水中存在一定量的 H^+ 或 OH^- 时，交换反应就难以进行。弱酸性 H 型阳树脂只能在中性或碱性(pH＝5～14)介质中交换，在酸性介质中不能交换。弱碱性 OH 型阴树脂只能在酸性或中性(pH＝0～7)介质中交换，在碱性介质中不能交换。例如，弱酸性 H 型阳树脂与中性盐 NaCl、$CaCl_2$ 交换时，反应比较困难，可示意为

$$R—COOH+NaCl \rightleftharpoons R—COONa+HCl$$

$$2R—COOH+CaCl_2 \rightleftharpoons (R—COO)_2Ca+2HCl$$

强碱性 OH 型和弱碱性 OH 型阴树脂与中性盐(如 NaCl、Na_2SO_4 等)进行离子交换时，其交换 Cl^- 或 SO_4^{2-} 并向溶液中释放出 OH^- 的能力也有很大差别，可示意为

$$R\equiv NOH+NaCl \rightleftharpoons R\equiv NCl+NaOH$$

$$R—NH_3OH+NaCl \rightleftharpoons R—NH_3Cl+NaOH$$

上述这种离子交换树脂与中性盐进行离子交换反应，同时在溶液中生成游离酸或碱的能力，通常称之为树脂的中性盐分解能力。显然，强酸性阳树脂和强碱性阴树脂具有中性盐分解能力，而弱酸性阳树脂和弱碱性阴树脂基本无中性盐分解能力。

3. 中和与水解

H 型阳树脂在碱性溶液中必然发生中和反应。同样，OH 型阴树脂在酸性溶液中必然也发生中和反应，如

$$R—SO_3H+NaOH \longrightarrow R—SO_3Na+H_2O$$

$$R—COOH+NaOH \longrightarrow R—COONa+H_2O$$

$$R\equiv NOH+HCl \longrightarrow R\equiv NCl+H_2O$$

$$R—NH_3OH+HCl \longrightarrow R—NH_3Cl+H_2O$$

由于在溶液中的反应产物是水，所以不论树脂酸性、碱性强弱如何，反应都容易进行。

对于 H 型阳树脂来说，除可以和强碱进行中和反应外，在水处理工艺中，还常遇到下述与弱酸强碱盐的中和反应

$$R—SO_3H + NaHCO_3 \longrightarrow R—SO_3Na + H_2CO_3$$
$$2R—SO_3H + Ca(HCO_3)_2 \longrightarrow (R—SO_3)_2Ca + 2H_2CO_3$$
$$2R—COOH + Ca(HCO_3)_2 \longrightarrow (R—COO)_2Ca + 2H_2CO_3$$

由于反应生成了难以电离的 H_2CO_3，所以交换反应也都容易向右进行。

盐型弱酸性阳树脂的水解反应和强碱弱酸盐的水解反应类似，如

$$R—COONa + H_2O \longrightarrow R—COOH + NaOH$$

盐型弱碱性阴树脂的水解反应和强酸弱碱盐的水解反应类似，如

$$R—NH_3Cl + H_2O \longrightarrow R—NH_3OH + HCl$$

所以，具有弱酸性基团或弱碱性基团的盐型离子交换树脂，容易水解。

4. 离子交换树脂的选择性

离子交换树脂对水中各种离子的交换（或吸着）能力不同，有些离子容易被树脂交换，交换后却较难把它置换下来；而另一些离子不易被树脂交换，但却比较容易把它置换下来。这种性能称为离子交换树脂的选择性。

离子交换树脂的选择性一方面与被交换离子的性能有关，另一方面与离子交换树脂的本身结构有关。在被交换离子方面有两个规律：一是离子带的电荷越多，则越易被树脂交换，这是因为离子带电荷越多，与树脂活性基团固定离子的静电引力越大，因而亲和力也越大；二是对于带有相同电荷的离子，水合离子半径小者较易被交换，这是因为形成的水合离子半径小，电荷密度大，因此与活性基团固定离子的静电引力就大。在离子交换树脂的结构方面，特别是活性基团方面，一般的规律是：能与活性基团形成电离度很小的化合物优先被交换；树脂的交联度越大，对不同离子的选择性差异也越大。树脂的交联度越小，这种选择性差异越小。总的选择性规律是：

强酸性阳树脂，在稀溶液中对常见阳离子的选择性顺序为：$Fe^{3+} > Al^{3+} > Ca^{2+} > Mg^{2+} > (K^+ \approx NH_4^+) > Na^+ > H^+$。

对于弱酸性阳树脂，例如羧酸型阳树脂，对 H^+ 有特别强的亲和力，对 H^+ 的选择性比对 Fe^{3+} 还强，其选择性顺序为：$H^+ > Fe^{3+} > Al^{3+} > Ca^{2+} > Mg^{2+} > (K^+ \approx NH_4^+) > Na^+$。

强碱性阴树脂在稀溶液中，对常见阴离子的选择性顺序为：SO_4^{2-}（HSO_4^-）$> NO_3^- > Cl^- > OH^- > HCO_3^- > HSiO_3^-$。

弱碱性阴树脂的选择性顺序为：$OH^- > SO_4^{2-} > NO_3^- > Cl^- > HCO_3^-$。

对 HCO_3^- 交换能力很差，对 $HSiO_3^-$ 甚至不交换。

在浓溶液中离子间的干扰较大，且水合半径的大小顺序与在稀溶液中有些差别，其结果使得在浓溶液中各离子间的选择性差别较小，有时甚至出现有相反的顺序。

5. 交换容量

离子交换树脂的交换容量（exchange capacity）是表示离子交换树脂交换能力大小的一项性能指标。按树脂计量方式的不同，其单位有两种表示方法：一种是质量表示方法，即单位质量离子交换树脂中可交换的离子量，通常用 mmol/g 表示；另一种是体积表示法，即单

位体积树脂中可交换的离子量，这里的体积是指湿状态下树脂的堆积体积，通常用 mol/m^3 或 $mmol/L$ 表示。

（1）全交换容量（total exchange capacity）。树脂的全交换容量是指单位质量或体积的离子交换树脂中可交换离子的总量，前者称质量全交换容量，后者称体积全交换容量，两者之间有以下关系：

$$q_V = q_m(1-W)\rho_s \tag{9-3}$$

式中：q_V 为体积交换容量，$mmol/mL$；q_m 为干态质量交换容量，$mmol/g$；W 为树脂含水率；ρ_s 为树脂湿视密度，g/mL。

树脂的交换容量与其离子型有关，这是因为树脂为不同离子型时，其质量和体积是不相同的。

（2）平衡交换容量（equilibria exchange capacity）。平衡交换容量是指在给定条件下（通常是一定浓度的被交换离子），离子交换反应达到平衡状态时，单位质量或单位体积树脂中参与交换反应的可交换离子量。因此，它是该树脂在给定条件下可能发挥的最大交换容量，它不是一个恒定值，与给定的平衡条件有关。

（3）工作交换容量（work exchange capacity）。工作交换容量是指在具体工作条件下，单位体积树脂在一个交换周期中实际发挥的交换容量，即从再生型离子交换基团变为失效型离子交换基团的量，单位用 $mmol/L$ 或 mol/m^3 表示。所以树脂的工作交换容量不仅与树脂本身的性能有关，还与具体工作条件有关。工作条件包括进出水水质条件、运行控制条件、再生条件、交换器结构等。

（4）基团交换容量（group exchange capacity）。基团交换容量是指有些树脂同时含有两种或两种以上的离子交换基团，它们各有不同的交换特性，所以基团交换容量是表示单位质量或单位体积树脂中某种交换基团的数量，如强酸基团交换容量、弱酸基团交换容量、强碱基团交换容量，弱碱基团交换容量以及中性盐分解容量等。全交换容量与中性盐分解容量之差，即为弱酸或弱碱基团交换容量。

6. 化学稳定性

（1）对酸、碱的稳定性。离子交换树脂对酸、碱是稳定的，特别对非氧化性的酸更稳定。相对来说，树脂对碱的稳定性不如对酸高，尤其是缩聚型阳树脂对强碱是不稳定的，故这类树脂不宜长期浸泡于 $2mol/L$ 以上的浓碱液中；阴树脂对碱液都不太稳定，特别是浓碱液，因此阴树脂应以较稳定的 Cl 型储存。

一般来说，阳树脂盐型比 H 型稳定，阴树脂 Cl 型比 OH 型稳定。

（2）抗氧化性。不同类型树脂抗氧化性能不一样。通常，交联度高的树脂抗氧化性好，大孔型树脂比凝胶型树脂抗氧化性好。

强氧化剂对树脂骨架和活性基团都能引起氧化反应，从而使交联结构降解，活性基团遭破坏。因此，使用时应注意调整和提供适宜的介质条件，以避免因氧化而引起树脂的破坏，从而延长树脂的使用寿命。

（3）抗辐射性。离子交换树脂也像其他一些高分子化合物一样，在射线作用下能引起辐射破坏，如活性基团脱落，高分子化合物降解产生低分子物质及强度下降等。离子交换树脂抗辐射能力的一般规律是：阳树脂优于阴树脂；高交联度树脂优于低交联度树脂；交联均匀的树脂优于均匀性较差的树脂。

树脂中的重金属（如 Fe、Cu、Pb、Ni 等）会加速树脂的辐射损坏，所以目前用于核电站水处理的核级树脂，不仅要求交联度高、抗辐射性能强，而且对树脂中的重金属含量也有严格的要求。

第三节　离子交换平衡

离子交换树脂上的可交换离子与水溶液中被交换离子之间进行的交换反应，具有可逆性，应服从质量作用定律，但这种可逆反应是在固—液两相的界面上发生的，离子交换树脂的溶胀性会使反应前后的体积发生变化，以及树脂对水溶液中的被交换离子有吸附和解吸作用，因此，它和水溶液间的平衡关系与普通的化学平衡不完全相同，用质量作用定律研究这种离子交换平衡只能是近似地。

一、离子交换平衡常数

以阳离子交换树脂的离子交换反应为例，可由下面的通式表达

$$nRB + A^{n+} \rightleftharpoons R_nA + nB^+ \tag{9-4}$$

如果此反应不伴随有反应物质的吸附或解吸等过程，根据质量作用定律，当交换反应达到平衡时，有

$$\frac{f_{R_nA}[1/nR_nA]f_B^n[B^+]^n}{f_{RB}^n[RB]^nf_A[1/nA^{n+}]} = K \tag{9-5}$$

式中：K 为假定没有吸附或解吸过程的条件下离子交换的平衡常数，由于树脂相中的离子活度现在还无法测定，因此这种常数无法在实际中应用；$[1/nR_nA]$、$[RB]$ 为平衡时，树脂相中 A、B 离子的浓度，mol/L；$[1/nA^{n+}]$、$[B^+]$ 为平衡时，溶液相中 A、B 离子的浓度，mol/L；f_{R_nA}、f_{RB} 为平衡时，树脂相中 A、B 离子的活度系数；f_A、f_B 为平衡时，溶液相中 A、B 离子的活度系数。

二、选择性系数（selection coefficient）

鉴于上述原因，可将式（9-5）改写成如下形式

$$\frac{[1/nR_nA][B^+]^n}{[RB]^n[1/nA^{n+}]} = \frac{f_{RB}^n f_A}{f_{R_nA} f_B^n} K = K_B^A \tag{9-6}$$

这里，用 K_B^A 来代替 $K\dfrac{f_{RB}^n f_A}{f_{R_nA} f_B^n}$，称为选择性系数。此系数仅表示离子交换平衡时，各种离子间一种量的关系。由式（9-6）可以看出，此系数不是常数，因为活度系数是随离子浓度而变的，所以选择性系数也随离子浓度而变。

显然，选择性系数 K_B^A 大，则式（9-4）所示的离子交换反应易向右进行。

选择性系数的值会随溶液的浓度、离子组成以及树脂的高分子骨架等因素而发生一定的变化。根据实际测得的数据，凝胶型和大孔型强酸阳树脂的 K_H^{Na} 值在溶液浓度为 5mmol/L 时分别为 1.46 和 1.68，大孔型强酸阳树脂的 K_H^{Na} 值在溶液浓度为 1.0mmol/L 时由 1.68 下降为 1.03，说明溶液中离子浓度的影响大于高分子骨架。

在锅炉水处理中，经常遇到的阳离子交换有 RH—Na$^+$ 和 RNa—Ca^{2+}，根据式（9-6），

选择性系数可表示为

$$K_H^{Na} = \frac{[RNa][H^+]}{[RH][Na^+]}, \quad K_{Na}^{Ca} = \frac{\left[\frac{1}{2}R_2Ca\right][Na^+]^2}{[RNa]^2\left[\frac{1}{2}Ca^{2+}\right]}$$

表 9-5 列出了不同交联度时强酸性阳离子交换树脂在稀溶液中的选择性系数。

表 9-5　　　　　　　　　　　强酸阳树脂的选择性系数

交联度	K_H^{Li}	K_H^{Na}	$K_H^{NH_4}$	K_H^{K}	K_H^{Mg}	K_H^{Ca}
4%	0.8	1.2	1.4	1.7	2.2	3.1
8%	0.8	1.6	2.0	2.3	2.6	4.1
16%	0.7	1.6	2.3	3.1	2.4	4.9

对于下面的阴离子交换反应

$$nRB + A^{n-} \Longleftrightarrow R_nA + nB^-$$

在交换反应达到平衡时有

$$K_B^A = \frac{[1/nR_nA][B^-]^n}{[RB]^n[1/nA^{n-}]} \tag{9-7}$$

在锅炉水处理中，经常遇到的阴离子交换有 $ROH—Cl^-$、$ROH—HCO_3^-$、$ROH—HSiO_3^-$、$ROH—SO_4^{2-}$，同样根据式 (9-6)，写出它们的选择性系数表达式。

强碱 I 型 OH 阴离子交换树脂对水中几种常见一价阴离子的选择性系数见表 9-6。

表 9-6　　　　　　　强碱 I 型 OH 阴离子交换树脂的选择性系数

离子种类	$K_{OH}^{HCO_3}$	K_{OH}^{Cl}	$K_{OH}^{NO_3}$	$K_{OH}^{HSO_4}$
选择性系数	6.0	15～20	65	85

当水中同时存在 1 价、2 价、3 价阴离子时，强碱阴离子树脂 I 型对水中各价阴离子的选择性系数，仍遵循离子带的电荷越多（即价数越高），选择性系数也越大这一规律。测定结果为：$PO_4^{3-} > SO_4^{2-} > Cl^-$。

这可由水中离子的电势来说明：离子交换树脂的活性基团与反离子之间的吸引力是静电引力（库仑力），活性基团上的固定电荷是固定不变的，因它和反离子的电荷相反，所以相互吸引（或交换）。而反离子的电荷和半径是可变的，所以影响树脂活性基团与反离子的结合能力主要在反离子一方的电性能。

根据物理学的概念，质点的电性能常用电势来表示，电势是指离子所带电量和其半径的商。因此，水溶液中离子的电势是电荷量与水合离子半径的商。电荷量是决定电势的主要因素，高价离子的电势往往比低价离子的大，所以高价离子对树脂活性基团的亲和力也大，即选择性系数或表观选择性系数大的树脂就优先吸收或交换。但当溶液浓度改变时，表观选择性系数会改变，树脂对水中离子的选择顺序也会改变。

三、平衡曲线

选择性系数的表达式如用各种离子的摩尔浓度分率表示成另一种形式，则更便于平衡计算，即用摩尔浓度分率表示任何一相中某种离子的量与相同电荷离子量总和的比值。

1. 等价离子的交换

以离子交换水处理中 H—Na 离子交换为例，介绍等价离子交换的平衡计算。

$$RH+Na^+ \rightleftharpoons RNa+H^+$$

$$K_H^{Na}=\frac{[RNa][H^+]}{[RH][Na^+]} \tag{9-8}$$

令树脂中 RNa 和 RH 的浓度分率分别为 $\overline{x}_{Na}$ 和 $\overline{x}_H$，则有

$$\overline{x}_{Na}=\frac{[RNa]}{[RNa]+[RH]},\ \overline{x}_H=\frac{[RH]}{[RNa]+[RH]}$$

溶液中 Na^+ 和 H^+ 的浓度分率分别为 x_{Na} 和 x_H，则有

$$x_{Na}=\frac{[Na^+]}{[Na^+]+[H^+]},\ x_H=\frac{[H^+]}{[Na^+]+[H^+]}$$

由此，可推导出

$$K_H^{Na}=\frac{[RNa][H^+]}{[RH][Na^+]}=\frac{\overline{x}_{Na}x_H}{\overline{x}_H x_{Na}} \tag{9-9}$$

因为

$$\overline{x}_{Na}+\overline{x}_H=1,\ x_{Na}+x_H=1$$

所以式（9-9）可以写成

$$K_H^{Na}=\frac{\overline{x}_{Na}}{1-\overline{x}_{Na}}\frac{1-x_{Na}}{x_{Na}}\ \text{或}\ \frac{\overline{x}_{Na}}{1-\overline{x}_{Na}}=K_H^{Na}\frac{x_{Na}}{1-x_{Na}} \tag{9-10}$$

故可以将 1、1 价 B、A 离子交换表示成以下通式

$$RB+A^+ \rightleftharpoons RA+B^+$$

$$\frac{\overline{x}_A}{1-\overline{x}_A}=K_B^A\frac{x_A}{1-x_A} \tag{9-11}$$

由式（9-11）可以看出，如果 K_B^A 是定值，那么树脂相中 RA 的浓度分率 $\overline{x}_A$ 只与溶液中 A^+ 的浓度分率 x_A 有关，其关系可用如图 9-3 所示的交换平衡曲线表示。

实际上，由于 K_B^A 常常不是定值，因此实测的曲线与理想曲线有差别。图 9-4 所示的是强酸性阳树脂 H—Na 离子交换时的实测平衡曲线，图中 c_0 为溶液中离子总浓度。

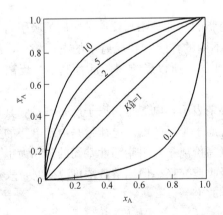
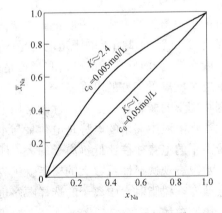

图 9-3　1 价与 1 价离子交换的理想平衡曲线　　图 9-4　H—Na 离子交换的实测平衡曲线

由图 9-4 可看出：

（1）当溶液的总浓度差别较大时，选择性系数明显不同，这说明选择性系数随溶液浓度的不同而有差异。

（2）当溶液浓度一定时，实测曲线与理想曲线不完全重合，这说明选择性系数并不是定值。

2. 不等价离子的交换

以水的软化处理中 Na—Ca 离子交换为例，介绍不等价离子交换的平衡计算。

$$2RNa + Ca^{2+} \rightleftharpoons R_2Ca + 2Na^+$$

$$K_{Na}^{Ca} = \frac{\left[\frac{1}{2}R_2Ca\right][Na^+]^2}{[RNa]^2\left[\frac{1}{2}Ca^{2+}\right]} \tag{9-12}$$

令 Ca^{2+}、Na^+ 在树脂相和水中的浓度分率分别为

$$\bar{x}_{Ca} = \frac{\left[\frac{1}{2}R_2Ca\right]}{\left[\frac{1}{2}R_2Ca\right] + [RNa]}, \quad \bar{x}_{Na} = \frac{[RNa]}{\left[\frac{1}{2}R_2Ca\right] + [RNa]}$$

$$x_{Ca} = \frac{\left[\frac{1}{2}Ca^{2+}\right]}{\left[\frac{1}{2}Ca^{2+}\right] + [Na^+]}, \quad x_{Na} = \frac{[Na^+]}{\left[\frac{1}{2}Ca^{2+}\right] + [Na^+]}$$

并且有
$$\bar{x}_{Ca} + \bar{x}_{Na} = 1, \quad x_{Ca} + x_{Na} = 1$$

式中：$\{[1/2R_2Ca] + [RNa]\}$ 为离子交换树脂的全交换容量，用 q_0 表示；$\{[1/2Ca^{2+}] + [Na^+]\}$ 为水溶液中交换离子的总浓度，用 c_0 表示。

与推导式（9-10）相似，可以将式（9-12）演变成下述形式

$$K_{Na}^{Ca} = \frac{c_0\bar{x}_{Ca}(1-x_{Ca})^2}{q_0(1-\bar{x}_{Ca})^2 x_{Ca}} \quad \text{或} \quad \frac{\bar{x}_{Ca}}{(1-\bar{x}_{Ca})^2} = K_{Na}^{Ca}\frac{q_0}{c_0}\frac{x_{Ca}}{(1-x_{Ca})^2} \tag{9-13}$$

同理，对于 $RCl—SO_4^{2-}$ 离子交换可写成

$$\frac{\bar{x}_{SO_4}}{(1-\bar{x}_{SO_4})^2} = K_{Cl}^{SO_4}\frac{q_0}{c_0}\frac{x_{SO_4}}{(1-x_{SO_4})^2} \tag{9-14}$$

因此，可以将 1、2 价 B、D 离子交换表示成以下通式

$$\frac{\bar{x}_D}{(1-\bar{x}_D)^2} = K_B^D\frac{q_0}{c_0}\frac{x_D}{(1-x_D)^2} \tag{9-15}$$

由式（9-15）可以看出，不等价离子交换的选择性，除了与选择性系数有关外，还与树脂的全交换容量和溶液中交换离子的总浓度有关。对于某种已确定的离子交换树脂来说，全交换容量是定值，而溶液中离子的总浓度在不同体系中往往有较大差别，因此不等价离子交换的选择性会因溶液浓度而有差异。

根据给定的 $K_B^D\dfrac{q_0}{c_0}$ 值，用式（9-15）可以做出如图 9-5 所示的不等价离子交换的理想平

衡曲线。若 K_B^D 为常数，则图 9-5 中的曲线表示该树脂对不同浓度溶液的平衡关系。

由式（9-15）和图 9-5 可以看出，对于不等价离子的交换，溶液浓度对选择性有较大的影响，溶液浓度越小，离子交换树脂越易交换高价离子，这种影响称之为不等价离子交换的浓度效应。

浓度效应对离子交换软化工艺非常有利。图 9-6 所示为 Na—Ca 离子交换的实测平衡曲线。由图 9-6 可看见，当溶液浓度较低时，如 $c_0 = 0.005$mol/L（相当于一般淡水），交换反应强烈地偏向于树脂交换 Ca^{2+}；当溶液浓度较大时如 $c_0 = 1$mol/L（相当于 $5\% \sim 8\%$NaCl 再生液），交换反应偏向于树脂交换 Na^+，而交换 Ca^{2+} 的倾向减小，甚至会出现 Na^+ 优先交换的现象。在水的离子交换软化处理过程中，被处理水的浓度通常较低，此时非常有利于水中 Ca^{2+}、Mg^{2+} 被阳树脂所交换；在再生过程中，用的是较浓的 NaCl 溶液作再生剂，树脂交换 Na^+ 的倾向比它在稀溶液中的强，所以再生过程不会因 Na^+ 难于被阳树脂吸着而发生困难。

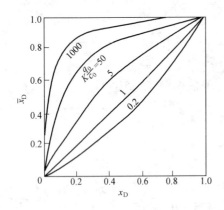

图 9-5　1 价与 2 价离子交换的理想平衡曲线

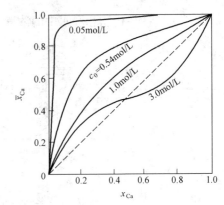

图 9-6　Na—Ca 离子交换实测平衡曲线

阴离子交换树脂的 SO_4^{2-}—Cl^- 交换平衡关系也遵循浓度效应这一规律，如图 9-7 所示。由图可知，当 $c_0 = 0.005$mol/L 时，树脂优先交换 SO_4^{2-}，而当 c_0 增加到 0.6mol/L 时，则 Cl^- 被优先交换。

如果上述离子交换平衡曲线是在恒温条件下测定的，则这种曲线称离子交换平衡等温线。

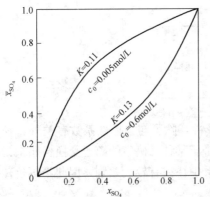

图 9-7　强碱性阴树脂 SO_4^{2-}—Cl^-
交换平衡曲线

四、平衡计算

利用离子交换平衡计算，可以求得离子交换过程中的某些极限值。例如，可以用来估算：用已知成分的再生剂再生树脂时，所能达到的最大再生度（树脂的再生度是指树脂再生后，树脂层中再生态树脂的百分含量）；欲除离子泄漏量与交换器出水端树脂层再生度的关系；计算失效树脂的失效度（树脂的失效度是交换器运行到进水与树脂平衡时，失效树脂层中含有从水中所交换离子的百分含量）；某些条件下树脂的极限工作交换容量。

第四节　离子交换动力学

离子交换平衡，是研究在某种具体条件下离子交换能达到的极限情况，但在实际应用中，水总是以一定速度流过树脂层，因此反应时间是有限的，不可能让离子交换达到完全平衡状态。离子交换动力学是研究离子交换与时间的关系，即离子交换速度（ion exchange velocity）问题。

一、离子交换过程的控制步骤

1. 离子交换动力学过程

当树脂与水接触时，在树脂颗粒表面形成一层不流动的水膜。因此，离子交换过程不单是离子间交换位置，还有离子在水中和树脂颗粒内部的扩散过程。

离子交换过程一般可分为七个步骤，以 RB 树脂与水中 A 离子的交换为例，这七个步骤如图 9-8 所示。

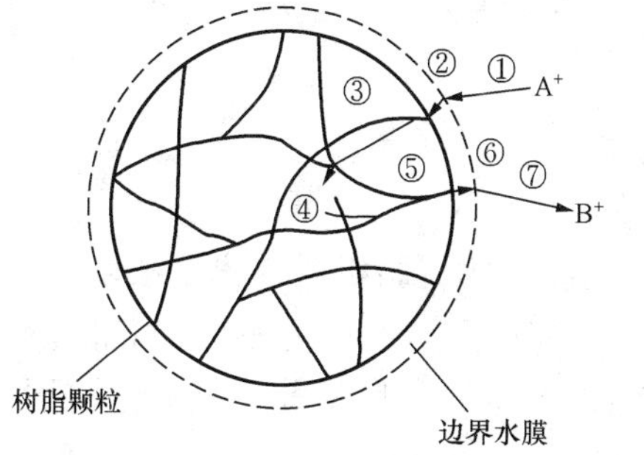

图 9-8 中⑤、⑥、⑦三个步骤与③、②、①相似，只是被交换下来的 B 离子由树脂颗粒网孔内向水溶液中的扩散。②、⑥步是交换离子在边界水膜中的扩散，称为膜扩散（film diffusion）；③、⑤步是交换离子在树脂颗粒内网孔中的扩散，称为颗粒扩散或内扩散（pore diffusion）。

2. 离子交换速度控制步骤

上述离子交换过程实际上是水溶液中的 A 离子群向树脂颗粒内部运动，而树脂颗粒内部的 B 离子群向树脂外面运动，直到 A 离子群与 B 离子群的运动速度达到平衡。为使问题简单化，可将上述离子群的交换过程看作水溶液中某一特定 A 离子

图 9-8　离子交换动力学过程示意图

①—A 离子在水溶液中向树脂颗粒表面的扩散；②—A 离子通过边界水膜的扩散；③—A 离子在树脂颗粒网孔内的扩散；④—A 离子和交换基团上的 B 离子相互交换；⑤—被交换下来的 B 离子在树脂颗粒网孔内向颗粒表面扩散；⑥—B 离子通过边界水膜的扩散；⑦—B 离子从树脂表面向水溶液的扩散

与树脂颗粒内部的某一特定 B 离子之间的交换，这两个特定离子的交换过程就必须相继通过这七个步骤才能完成，如其中某一步骤的速度特别慢，则离子交换反应的大部分时间就消耗在这一步骤上，这个步骤就称为反应速度的控制步骤。

在前述的七个步骤中，步骤④属于离子间的化学反应，通常是很快的。在水溶液是流动或搅动的条件下，离子在主体溶液中的扩散通常也比较快。所以，实际运行中离子交换的速度控制步骤常常是膜扩散或者颗粒扩散过程。此外，也可能有两种过程都影响交换速度的中间状态。

速度控制步骤的不同，对体系中离子浓度的分布有很大影响。如果膜扩散是控制步骤，则离子的浓度梯度集中在树脂颗粒表面的水膜中，而在树脂颗粒内基本无浓度梯度，如图 9-9（a）所示；反之，如果颗粒扩散是控制步骤，则离子的浓度梯度集中在树脂颗粒内，而水膜中无浓度梯度，如图 9-9（b）所示。

二、离子交换过程的扩散速度

描述扩散的基本定律是费克（Fick）定律，但费克定律仅局限于同位素交换。对于离子

交换，其扩散是两种不同离子相互扩散，扩散通量不仅取决于各自的浓度梯度和扩散系数，而且还与各离子的扩散速度、交换剂的溶胀性和选择性有关。

由于离子交换比同位素交换复杂得多，所以在实际应用中，常用一些半经验的简化速度方程来研究离子交换速度。这些方程大都不考虑离子交换过程的复杂性，而把它看成某种简单的理想过程。

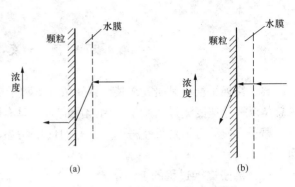

图 9-9　离子交换过程中的浓度梯度

(a) 膜扩散控制；(b) 颗粒扩散控制

1. 膜扩散控制的速度方程

在膜扩散控制的离子交换中，可用式（9-16）表示

$$\frac{\mathrm{d}q_A}{\mathrm{d}t} = K(c_A - c_A^*) \tag{9-16}$$

$$K = \frac{D}{\delta}S$$

式中：q_A 为树脂相中 A 离子浓度，mol/L；c_A 为溶液中 A 离子浓度，mol/L；c_A^* 为和树脂相中 A 离子浓度（q_A）平衡时，溶液中 A 离子浓度，见图 9-10(a)，mol/L；K 为液膜中的传质系数，1/s；D 为 A 离子在液膜中的扩散系数，cm^2/s；δ 为膜厚，cm；S 为树脂颗粒的比表面积，cm^2/cm^3。

S 与树脂颗粒的空隙度 ρ、有效粒径 d_{10} 和粒度均匀系数 φ 有关，即

$$S = \varphi(1-\rho)/d_{10}$$

代入式（9-16）得

$$\frac{\mathrm{d}q_A}{\mathrm{d}t} = \frac{D\varphi(1-\rho)(c_A - c_A^*)}{\delta d_{10}}$$

2. 颗粒扩散控制的速度方程

在颗粒扩散控制的离子交换中，可用式（9-17）表示

$$\frac{\mathrm{d}q_A}{\mathrm{d}t} = \overline{K}(q_A^* - q_A) \tag{9-17}$$

$$\overline{K} = \frac{\overline{D}}{d}S$$

式中：q_A^* 为和溶液中 A 离子浓度（c_A）平衡时，树脂相中 A 离子浓度，见图 9-10（b），mol/L；$\overline{K}$ 为在树脂中的传质系数，1/s；$\overline{D}$ 为 A 离子在树脂颗粒内的扩散系数，cm^2/s；d 为颗粒直径，cm；S 为树脂的比表面积，cm^2/cm^3。

式（9-17）建立在这样的颗粒扩散模型上，即树脂颗粒有一个固体外壳层，外壳层本身不具有交换容量，但提供了交换离子向内部扩散的全部阻力，且处处浓度相等。

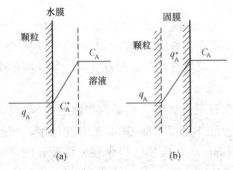

图 9-10　离子交换动力

过程中的浓度图解

(a) 膜扩散控制；(b) 颗粒扩散控制

同样可得

$$\frac{\mathrm{d}q_A}{\mathrm{d}t} = \frac{\overline{D}\varphi(1-\rho)(q^*-q)}{\delta d_{10}}$$

三、速度控制步骤的判断

离子交换速度是膜扩散控制还是颗粒扩散控制，取决于交换离子的浓度、树脂颗粒大小、膜厚度、扩散系数等。

赫尔菲里奇（Helfferich）提出用膜扩散半交换期与颗粒扩散半交换期（交换进行到一半所需的时间）比值的理论判断方法，即

$$(5+2\alpha)\frac{\delta q\overline{D}}{rcD}$$

式中：α 为分离系数；δ 为水膜厚度，cm；r 为树脂球形颗粒半径，cm；q 为树脂的全交换容量，mol/L；c 为溶液中离子总浓度，mol/L；D、$\overline{D}$ 分别为膜扩散系数和颗粒扩散系数，cm^2/s。

（1）若 $(5+2\alpha)\dfrac{\delta q\overline{D}}{rcD}\approx 1$，表示颗粒扩散所需半交换期约等于膜扩散所需半交换期，在此情况下，两种扩散控制都起作用。

（2）若 $(5+2\alpha)\dfrac{\delta q\overline{D}}{rcD}\gg 1$，表示颗粒扩散所需半交换期远远小于膜扩散的，说明离子交换速度为膜扩散控制。

（3）若 $(5+2\alpha)\dfrac{\delta q\overline{D}}{rcD}\ll 1$，表示膜扩散所需半交换期远远小于颗粒扩散的，说明离子交换速度为颗粒扩散控制。

实践证明，当速度控制步骤由水中离子浓度决定时，若水中离子浓度较低，则趋于膜扩散控制；若水中离子浓度较高，则趋于颗粒扩散控制。例如，当水中离子浓度在 0.1mol/L 以上时（这相当于离子交换器再生时的情况），膜扩散速度已相当快，而颗粒扩散速度却不能提高到与之相当的程度，这时颗粒扩散成为控制步骤。相反，当水中离子浓度在 0.005mol/L 以下时（这相当于离子交换器运行时的情况），膜扩散成为控制步骤。

除水中离子浓度大小影响离子交换速度外，还有以下因素影响离子交换速度（或扩散系数）：

（1）树脂的交联度。树脂的交联度越大，内部网孔越小，离子的颗粒扩散越困难，交换速度也就越慢。对膜扩散，只是因为它影响树脂的溶胀率，而使颗粒外表面有所改变。所以，交联度的大小对颗粒扩散的影响比对膜扩散的影响大。

（2）树脂的颗粒大小。树脂的颗粒越小，无论是颗粒扩散还是膜扩散，速度都会加快。颗粒越小，它的比表面积越大，水膜的比表面积也就越大，所以膜扩散速度相应增加。颗粒扩散速度受颗粒大小的影响更大，因为颗粒越小，离子在颗粒内的扩散距离越短。因此，这两方面的因素都会加快离子交换速度。但树脂颗粒太小时，会使水流过树脂层的阻力增加。

（3）树脂颗粒的均匀性。当树脂的有效粒径一定时，若树脂的均匀程度越高（即均一系数小），则交换速度也就越快。

（4）水流速度。提高水流速度可减少树脂颗粒表面的水膜厚度，加快膜扩散速度，但不

影响颗粒扩散。因此，在离子交换器运行中，提高水的流速不仅可以提高设备出力，还可以加快离子交换速度。但是，水的流速也不是越高越好，流速太大时，水流阻力也会迅速增大，工作层厚度增加。

由于再生过程是颗粒扩散控制，所以增加再生流速并不能加快交换速度，反而减少了再生液与树脂的接触时间。因此，再生过程多在较低的流速下进行。

（5）水温。提高水温能提高离子的热运动速度和降低水的黏度，同时加快膜扩散速度和颗粒扩散速度，因此提高水温对提高离子交换速度是有利的。但水温也不宜过高，因为水温过高会影响树脂的热稳定性，尤其是强碱性阴树脂。

第五节　动态离子交换过程

水的离子交换处理是在离子交换器中连续进行的，即水在流动的情况下完成交换过程。这不但可以连续制水，而且由于交换反应的生成物不断被排除，因此离子交换反应进行得较为完全。

一、制水运行时树脂层内的交换过程

1. 水中只有一种离子与树脂的交换

如果树脂层全为 H 型，让含有一定浓度 NaCl 的水自上而下通过，则上部树脂将首先进行交换，进而失效。经过一段时间，整个树脂层就可分为三个层区。若以白色表示 H 型，以黑色表示 Na 型，可得如图 9-11（b）所示的树脂层状态示意图。图中 AB 层称失效层，树脂均呈 Na 型，原水通过它时，水质不发生变化；BC 层称工作层，也称离子交换带（ion exchange zone），其中 Na 型和 H 型并存，上部 Na 型多，下部 H 型多。水流经这一层时，水中的 Na^+ 与树脂相的 H 型相交换，使水中的 Na^+ 由初始浓度降至接近于 0；CD 层为未开始交换的树脂层，称为未工作层，树脂仍全为 H 型，水通过这一层区时，水质不再发生任何变化。

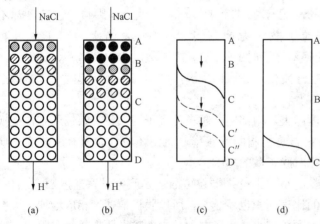

图 9-11　离子交换过程中树脂层态的变化
●—RNa；◐—RNa+RH；○—RH

如果以纵向表示树脂层高度，以横向表示树脂中 H、Na 离子的浓度分率，那么就可以将图 9-11（b）换成如图 9-11（c）所示的各离子型树脂沿树脂层高度分布的树脂层态。

实验证明，上述树脂层态的变化过程可分为两个阶段。第一阶段，即交换初期，工作层曲线形状不断变化，经过一段时间后，才形成固定形状的工作层，此阶段为工作层形成阶段。第二阶段，在进水离子浓度和流速一定的条件下，是已定形的工作层沿水流方向以定速向下推移的过程。在工作层下端还未和树脂层下端重合时，出水中几乎没有 Na^+。随着流过水量的增加，工作层下移，如图 9-11（c）中逐

渐下移的虚线所示。当工作层移至最下部出水端 [见图 9-11（d）] 时，出水中便开始有 Na^+，之后 Na^+ 上升。当出水中 Na^+ 浓度达到规定的值时，即运行终点，停止通水。图 9-11（c）为运行中的树脂层态，图 9-11（d）为运行终点时的树脂层态。

随着树脂层态的变化，其出水水质也相应变化，如图 9-12 所示。图中 ABC 曲线表示交换器出水中漏出的 Na^+ 量与相应出水量之间的关系，称为出水水质变化曲线，图 9-12 中 B 点所示为运行终点。当出水中 Na^+ 含量升至与进水 Na^+ 含量完全相等时，交换达到平衡，如图 9-12 中 C 点所示。

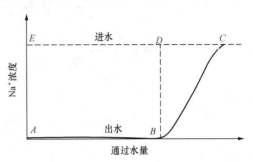

图 9-12　出水水质变化

2. 水中多种离子与树脂的交换

天然水中通常含有 Ca^{2+}、Mg^{2+}、Na^+ 等多种阳离子及 HCO_3^-、$HSiO_3^-$、SO_4^{2-}、Cl^- 等多种阴离子，因此离子交换过程就不像只含一种离子那么简单。下面讨论同时含有上述多种离子的水，由上而下通过装有 RH 树脂交换器的离子交换过程。

通水初期，水中各种阳离子都与树脂中 H^+ 进行交换，依据它们被树脂吸着能力的大小，最上层以最易被吸着的 Ca^{2+} 为主，自上而下依次排列的顺序大致为 Ca^{2+}、Mg^{2+}、Na^+。随着通过水量的增加，进水中的 Ca^{2+} 也与生成的 Mg 型树脂进行交换，使 Ca 型树脂层不断扩大；当被交换下来的 Mg^{2+} 连同进水中的 Mg^{2+} 一起进入 Na 型树脂层时，又会将

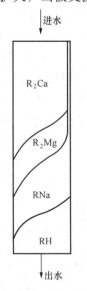

图 9-13　Ca^{2+}、Mg^{2+}、Na^+
在树脂层中的分布

Na 型树脂中的 Na^+ 交换出来，结果 Mg 型树脂层也会不断地扩大和下移；同理，Na 型树脂层也会不断地扩大和下移，逐渐形成 R_2Mg—Ca、RNa—Mg、RH—Na 的交换区域，如图 9-13 所示。当 RH—Na 交换区域移至最下端后再继续通水时，则进水中选择性顺序居于末位的 Na^+ 首先泄漏于出水中。之后，RNa—Mg 交换区域移至最下端，Mg^{2+} 泄漏于出水中，最后泄漏的是 Ca^{2+}。

出水水质的变化如图 9-14 所示。通水初期阶段，进水中所有阳离子均被交换成 H^+，其中一部分 H^+ 与进水中的 HCO_3^- 反应生成 CO_2 和 H_2O，其余以强酸酸度形式存在于水中，其值与进水中强酸阴离子总浓度相等。运行至 Na^+ 泄漏（图中 a 点）时，出水中强酸酸度开始下降，之后随 Na^+ 泄漏量的增加，出水强酸酸度相应等量降低；当出水 Na^+ 浓度增加到与进水强酸阴离子总浓度相等（图中 b 点）时，出水中既无强酸酸度，也无碱度，再之后开始出现碱度；当 Na^+ 增加到与进水阳离子总浓度相等（图中 c 点）时，碱度也增加到与进水碱度相等，至

此，H 离子交换结束，相继开始进行 Na 离子交换；当运行至硬度泄漏（图中 d 点）时，出水 Na^+ 浓度又开始下降，最后进出水 Na^+ 浓度相等（图中 e 点），硬度也相等，树脂的交换能力消耗殆尽。

由图 9-14 可知，在 H 离子交换阶段，出水呈酸性；在 Na 离子交换阶段，水中的碱度

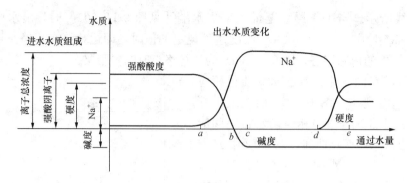

图 9-14　RH 树脂与水中 Ca^{2+}、Mg^{2+}、Na^+ 交换时的出水水质变化

不变。

这里需要指出的是，由于工业再生剂不纯，如工业盐酸中含有少量 NaCl，并且生产实际中再生剂用量也不是无限度的，所以树脂的再生度不可能达到 100%。因此图 9-14 中 a 点前的出水中仍含有微量的 Na^+，出水强酸酸度小于强酸阴离子总浓度，其差值与出水 Na^+ 浓度相等。由于在正常运行条件下 Na^+ 泄漏量很小。

3. 水中阴离子与树脂的交换

生产实践中，OH 交换器总是设置在 H 交换器之后，所以 OH 交换器进水中有强酸，如 HCl、H_2SO_2；也有弱酸，如 H_2CO_3、H_2SiO_3。含有上述多种阴离子的水与 ROH 阴树脂的交换也是按它们被树脂吸着能力的大小在树脂层中依次分布，尽管通水初期在上部树脂层中阴离子都参与交换，但之后的交换仍是依次排代分步进行的。在最上面进行的交换主要是 SO_4^{2-} 及少量的 HSO_4^-，其中以 HSO_4^- 进行交换的一般约占进水 H_2SO_4 的 5% 以下。下面树脂层中进行的 OH 交换是一个多组分参与的复杂交换过程，既有 Cl^- 的交换，也有 HCO_3^-、$HSiO_3^-$ 的交换，如图 9-15 所示。在这一层区中，除了离子交换外，无论在水相还是树脂相，仍然存在着上述两种弱酸电离平衡的转移。

二、工作层

工作层是指进行离子交换的树脂层区，工作层越厚，离子泄漏出现越早，交换器内树脂的交换容量利用率就越低。由此可知，生产中交换器到达运行终点时，树脂并没有 100% 失效。

图 9-15　阴离子在树脂层中的分布

影响工作层厚度的因素很多，这些因素有树脂种类、树脂颗粒大小、进水离子浓度及离子比、出水水质的控制标准、水通过树脂层时的流速以及水温等。

试验研究发现，当进水中离子为有利交换时，工作层厚度不变，并以一定速度向水流方向推移；当进水中离子为不利交换时，工作层除了随时间向水流方向推移外，其厚度会逐渐扩大。

对于给定的树脂，工作层厚度（Z）主要取决于水通过树脂层时的流速（u）和水中离子浓度（c），它们有如下关系

$$Z = ku^m c^n \tag{9-18}$$

式中的 k、m、n 为系数，它们与树脂本性、床层条件有关。由式（9-18）可知，若流速增大或水中离子浓度增加，则工作层厚度也将增加。

对于有利交换，当运行工况稳定时，工作层的推移速度可由树脂层内的物料平衡计算得出。

在图 9-16 所示的过水断面积为 A 的交换柱中，取厚度为 ΔZ 的树脂层，设经过 Δt 时间，其中的反离子全部移至水流下游的树脂层中。根据在 Δt 时间内输入的反离子量为 $A\Delta Z$ $(q_0 + pc)$，可得

$$A\Delta Z(q_0 + pc) = \Delta t A u c$$

$$u_y = \frac{\Delta Z}{\Delta t} = \frac{u}{q_0/c + p} \qquad (9\text{-}19)$$

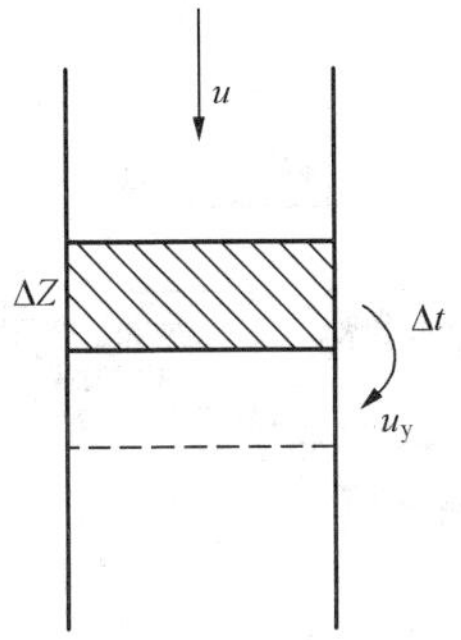

式中：u_y 为工作层推移速度；u 为水流速度；q_0 为树脂全交换容量；c 为水中离子浓度；p 为树脂层中的空隙率。

这里，由于 p 远小于 q_0/c，故式（9-19）可以近似表示为

$$u_y = \frac{uc}{q_0} \qquad (9\text{-}20)$$

图 9-16　求工作层移动速度的图解

由式（9-20）可知，对于给定的树脂，q_0 为定值，所以工作层推移速度主要正比于水流速度以及水中欲除去离子的浓度，这一结论与试验数据是一致的。

三、工作交换容量与残余交换容量

在离子交换器的工作过程中，树脂交换的离子量等于水中离子的去除量。后者等于交换器的出水体积与水中离子浓度降低量的乘积，因此有

$$Q = \int \Delta c \mathrm{d}V \qquad (9\text{-}21)$$

式中：Q 为树脂交换的离子量；Δc 为进出水中离子浓度差；V 为出水体积。

根据工作交换容量的定义，如果将式（9-21）中 Q 除以交换器内树脂的体积，即为树脂的工作交换容量。在生产实际中，Δc 常用进水离子平均浓度与出水离子平均浓度之差求得，因此工作交换容量可用式（9-22）表示

$$q = \frac{(c_J - c_C)V}{V_R} \qquad (9\text{-}22)$$

式中：q 为树脂的工作交换容量，mol/m^3；c_J 为交换器进水中离子的平均浓度，$mmol/L$；c_C 为交换器出水中残留离子的平均浓度，$mmol/L$；V 为出水体积，m^3；V_R 为交换器中树脂的堆积体积，m^3。

对照图 9-12 可知，如果将 B 点作为运行终点，那么图中面积 $ABDE$ 即为式（9-21）中的 Q 值，而面积 $ABCDE$ 则表示全部可利用的交换容量，它的大小与树脂的再生度有关。由此可知，面积 $ABDE$ 与面积 $ABCDE$ 之比，就是树脂交换容量的利用率。面积 $ABCDE$ 所表示的交换容量除以树脂体积，即为工作交换容量的极限值，称极限工作交换容量。显然，极限工作交换容量也是取决于树脂的再生度。

图 9-12 中面积 BCD 表示运行终点时，工作层中可以发挥而尚未发挥的交换容量，称为

残余交换容量。残余交换容量与工作层的厚度有关，因此凡是影响工作层厚度的因素也都影响残余交换容量的大小。

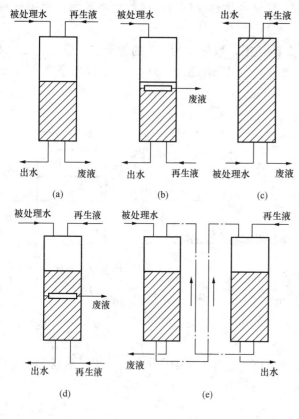

图 9-17　再生方式示意图
(a) 顺流式；(b)、(c) 对流式；(d) 分流式；(e) 复床串联式

四、失效树脂的再生及再生剂用量

失效树脂需经再生，才能恢复其交换能力。再生所用的化学药剂称为再生剂，目前使用的再生剂有 NaCl 、HCl （或 H_2SO_4 ）和 NaOH 。

按被处理水和再生液流动的方向，将再生方式分为顺流式、对流式、分流式和复床串联式，如图 9-17 所示。

再生剂的用量常用再生剂耗量 W （盐耗 W_Y、酸耗 W_S、碱耗 W_J ）和比耗 R 来表示。再生剂耗量是指恢复树脂 1mol 的交换容量所用纯再生剂的量，可用式（9-23）计算

$$W = \frac{G}{(c_J - c_C)V}$$
$$= \frac{G/V_R}{(c_J - c_C)V/V_R}$$
$$= \frac{L}{q}, \text{g/mol} \qquad (9\text{-}23)$$

式中：G 为一次再生所用纯再生剂的质量，g；L 为单位体积树脂的纯再生剂用量（也称再生水平），g/m^3。

再生剂的比耗是指恢复树脂 1mol 的交换容量，实际用纯再生剂的量与理论量的比值，可按式（9-24）计算

$$R = \frac{W}{m} \qquad (9\text{-}24)$$

式中：m 为再生剂的摩尔质量，g/mol。

离 子 交 换 除 盐

　　用离子交换法除去或改变水中离子成分的处理工艺称为离子交换水处理，它包括除去水中硬度的 Na 离子交换软化处理、除去水中硬度并降低碱度的软化降碱处理、除去水中某一种或几种特定离子的特殊处理，以及除去水中全部溶解盐类的 H—OH 离子交换除盐处理。本章只讨论离子交换除盐处理。

　　为保证离子交换发挥正常交换性能，进入除盐系统的水应满足以下水质要求：悬浮固体小于 5mg/L（当 H 交换器为顺流再生时）或小于 2mg/L（当 H 交换器为对流再生时）；游离氯含量小于 0.1mg/L、铁含量小于 0.3mg/L、COD_{Mn} 小于 2mg/L。

　　在发电厂水处理中，应用最普遍的是一级复床离子交换除盐。原水经一级复床除盐系统处理后的出水水质，应达到硬度约为 0mol/L、电导率小于 $5\mu S/cm$、SiO_2 浓度小于 $100\mu g/L$。一般情况下，其出水电导率为 $1\sim5\mu S/cm$，SiO_2 浓度为 $10\sim30\mu g/L$，pH 值为 $7\sim8$。

第 一 节　一 级 复 床 除 盐

　　一级复床除盐系统由 H 交换器、除碳器和 OH 交换器串联而成，如图 10-1 所示。它是用 H 型阳树脂将水中各种阳离子交换成 H^+，用 OH 型阴树脂将水中各种阴离子交换成 OH^-，交换生成的 H^+ 和 OH^- 中和生成水，从而达到除盐的目的。所谓复床，是指阳树脂和阴树脂分放在两个设备中，以与后述阳、阴两种树脂混合放在一起的混合床除盐相区别。

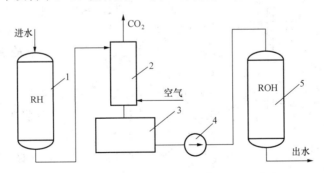

图 10-1　一级复床除盐系统
1—H 交换器；2—除碳器；3—中间水箱；4—中间水泵；5—OH 交换器

　　在复床除盐系统中，通常是第一个交换器是 H 交换器，OH 交换器设置在 H 交换器和除碳器之后，原因如下：H 交换器可将水中 HCO_3^- 转换成的 CO_2 在除碳器中除去，从而减轻 OH 交换器的负担，降低碱耗；这样设置比较经济，因为第一个交换器在交换过程中有反离子的影响，其交换能力不能充分发挥，而阳树脂交换容量大，且价格比阴树脂便宜，抗有机物污染能力也强；如果第一个交换器是 OH 交换器，在运行过程中，有可能在 H 交换器中生成 $Mg(OH)_2$、$CaCO_3$ 沉淀物，沉积在树脂颗粒表面，影响水与树脂的接触；OH 交换器处于 H 交换器之后，有利于 OH 交换器的除硅或使其后的弱碱 OH 交换顺利进行。

一级复床除盐系统中，H 交换器可以是强酸 H 交换器，也可以是强酸 H 交换器和弱酸 H 交换器的组合；OH 交换器可以是强碱 OH 交换器，也可以是强碱 OH 交换器和弱碱 OH 交换器的组合。这里先介绍由强酸 H 交换器和强碱 OH 交换器组成的一级复床除盐。

一、H 交换器中的阳离子交换

1. 交换反应与水质变化

强酸性阳树脂具有强酸的性质，对水中各主要盐类的阳离子均有交换能力，这些交换反应为

$$2RH + \begin{Bmatrix} Ca \\ Mg \end{Bmatrix}(HCO_3)_2 \longrightarrow R_2\begin{Bmatrix} Ca \\ Mg \end{Bmatrix} + 2H_2CO_3$$
$$\longrightarrow 2H_2O + 2CO_2$$

$$2RH + \begin{Bmatrix} Ca \\ Mg \end{Bmatrix}SO_4 \longrightarrow R_2\begin{Bmatrix} Ca \\ Mg \end{Bmatrix} + H_2SO_4$$

$$2RH + Na_2SO_4 \longrightarrow 2RNa + H_2SO_4$$

$$RH + NaCl \longrightarrow RNa + HCl$$

$$RH + NaHCO_3 \longrightarrow RNa + H_2CO_3$$
$$\longrightarrow H_2O + CO_2$$

当含有多种离子的水通过强酸性阳树脂层时，由于在树脂层中存在排代效应（arrangement effect），在沿水流方向最前沿的离子交换仍是 H 型树脂与水中 Na^+ 的交换，即

$$2RH + Na_2\begin{Bmatrix} (HCO_3)_2 \\ SO_4 \\ (Cl)_2 \end{Bmatrix} \longrightarrow 2RNa + \begin{matrix} H_2CO_3 \\ H_2SO_4 \\ 2HCl \end{matrix}$$

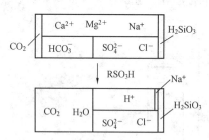

图 10-2　H 离子交换前后的水质组成

由以上交换反应可知，经 H 离子交换后，水中各种盐类都变成了相应的酸，其中的碳酸盐转变成弱酸 H_2CO_3，中性盐转变成相应的强酸，如 H_2SO_4、HCl 等。

在生产实践中，树脂并未完全被再生成 H 型，因此运行时出水中总还残留有少量阳离子。由于树脂对 Na^+ 的选择性最小，所以出水中残留的主要是 Na^+。图 10-2 所示为 H 离子交换前后的水质组成。

2. H 交换器的出水流出曲线与水质控制

图 10-3 所示为 H 交换器从正洗开始到运行失效之后的出水水质变化情况。在稳定工况下，制水阶段（*ab* 段）出水水质稳定，通常 $Na^+ < 5\mu g/L$；运行末期 Na^+ 穿透后，随着水 Na^+ 浓度升高，强酸酸度相应降低，电导率先下降，之后又上升。上述电导率的这种变化是因为尽管随 Na^+ 的升高，H^+ 等量下降，但由于 Na^+ 的导电能力小于 H^+，所以共同作用的

结果是水的电导率下降。当 H^+ 降至与进水中 HCO_3^- 等量时，出水电导率最低。之后，由于交换产生的 H^+ 不足以中和水中的 HCO_3^-，所以随 Na^+ 和 HCO_3^- 的升高，电导率又开始升高。因此，为了除去水中 H^+ 以外的所有阳离子，除盐系统中 H 交换器必须在 Na^+ 穿透时停止运行，然后用酸溶液进行再生。

由 H 交换器的出水流出曲线可知，可通过出水酸度下降、电导率变化和 Na^+ 含量上升判断 H 交换器的运行终点。所以，目前在生产实践中均采用 pNa 计测定出水的 Na^+ 浓度，并控制在 $100\sim200\mu g/L$，最大不超过 $400\mu g/L$。也可采用差式电导法测定失效时与未失效时电导率的相对值，判断运行终点。其原理是，在阳床出口引一小股水样通过小直径的 H 型交换柱，用仪表连续测定它的出水和阳床本身出水的电导差，当电导差较正常情况下上升时，表示阳床出水 Na^+ 含量已上升，阳床将失效。

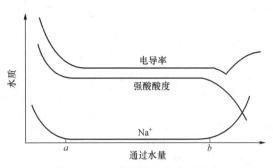

图 10-3　H 交换器出水水质变化

3. H 交换器阳树脂的工作交换容量

离子交换树脂的工作交换容量是指在一个运行周期中，平均单位体积树脂所交换出的离子量，其单位是 $mol/(m^3 \cdot R)$。

影响强酸性阳离子交换树脂工作交换容量的因素有水质条件、运行条件、再生条件及树脂层高度。其中水质条件包括进水离子总浓度、强酸阴离子浓度分率、进水硬度分率及钙硬与总硬度的比值；运行条件包括流速、水温及失效 Na^+ 浓度；再生条件包括再生剂用量、再生流速、再生液浓度等。

在上述诸因素中，再生剂用量和进水硬度分率是主要影响因素，它们对工作交换容量的影响如图 10-4 所示。图中 P_Y 表示进水硬度分率，它是指进水中硬度占进水阳离子总浓度的比值。

由图 10-4 可知，当进水水质一定时，提高再生剂用量可提高阳树脂的工作交换容量，但随着再生剂用量的不断增加，工作交换容量增加的速度在不断减缓。再生剂用量相同时，树脂的工作交换容量随进水中硬度浓度分率的增大而不断降低，因为硬度浓度分率越大，再生度越低，从而导致工作交换容量也越低。

对于 H 交换器中的阳树脂，其工作交换容量 q 可根据式（9-23）变换成如下形式

$$q = \frac{(B+A)V}{V_R}, \quad mol/m^3 \quad (10\text{-}1)$$

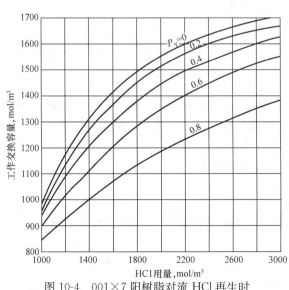

图 10-4　001×7 阳树脂对流 HCl 再生时
工作交换容量曲线

式中：B 为进水平均碱度，mmol/L；A 为出水平均酸度，mmol/L；V 为一周期内的制水量，m^3；V_R 为交换器内失效树脂经反洗沉降后的堆积体积，不包括压脂层树脂，m^3。

生产中 H 交换器的工作交换容量一般在 $800\sim1000mol/m^3$ 的范围内。

4. H 交换器阳树脂的再生

H 交换器失效后，必须用强酸（HCl、H_2SO_4）进行再生，再生时的交换反应为

$$R_2Ca + 2HCl \longrightarrow 2RH + CaCl_2$$
$$R_2Mg + 2HCl \longrightarrow 2RH + MgCl_2$$
$$RNa + HCl \longrightarrow RH + NaCl$$

或

$$R_2Ca + H_2SO_4 \longrightarrow 2RH + CaSO_4$$
$$R_2Mg + H_2SO_4 \longrightarrow 2RH + MgSO_4$$
$$2RNa + H_2SO_4 \longrightarrow 2RH + Na_2SO_4$$

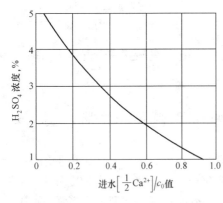

图 10-5　进水 Ca^{2+} 浓度比值与允许的 H_2SO_4 再生液最高浓度的关系曲线

由上式可知，当采用 H_2SO_4 再生时，再生产物中有易沉淀的 $CaSO_4$，需采用高流速，低浓度，或先低浓度和高流速，再较高浓度和较低流速的分步再生等措施，以防止 $CaSO_4$ 在树脂颗粒表面上析出。

再生过程中是否析出 $CaSO_4$ 沉淀，与进水水质、再生流速和再生液浓度有关，如果进水中 Ca^{2+} 含量占全部阳离子含量的比值 $[1/2Ca^{2+}]/c_0$ 越大，则失效后树脂中 Ca^{2+} 的相对含量也越大。若用浓度高的 H_2SO_4 再生，就很容易在树脂层析出 $CaSO_4$ 沉淀，故必须对 H_2SO_4 的浓度加以限制。图 10-5 给出了进水 Ca^{2+} 的浓度比值与允许的 H_2SO_4 再生液最高浓度的关系曲线。表 10-1 给出了硫酸两步再生法的数据。

表 10-1　　　　　　　　　　　　　　硫酸两步再生法数据

再生步骤	硫酸用量占总量的分率	浓度（%）	流速（m/h）
第一步	1/2～2/3	0.8～1.0	7～10
第二步	1/3～1/2	1.5～2.0	3～5

由于 HCl 再生时不会有沉淀物析出，所以操作比较简单。再生液浓度一般为 2%～4%，再生流速一般为 5m/h。

H 型阳树脂的酸耗可根据式（9-23）变换成如下形式

$$W_S = \frac{G}{(B+A)V}, \text{g/mol} \tag{10-2}$$

式中：G 为一次再生所用的纯酸量，g；$(B+A)V$ 为用酸量 G 再生后，在一个运行周期中所交换的离子总量，mol。

根据式（9-24），再生剂比耗为

$$R_{HCl} = \frac{W_{HCl}}{36.5} \tag{10-3}$$

$$R_{\mathrm{H_2SO_4}} = \frac{W_{\mathrm{H_2SO_4}}}{49} \tag{10-4}$$

式中，R_{HCl}、$R_{\mathrm{H_2SO_4}}$ 为 HCl 和 $\mathrm{H_2SO_4}$ 的比耗；W_{HCl}、$W_{\mathrm{H_2SO_4}}$ 为 HCl 和 $\mathrm{H_2SO_4}$ 的酸耗，g/mol；36.5、49 为 HCl 和 $\mathrm{H_2SO_4}$ 的摩尔质量，g/mol。

生产上对流再生设备的比耗一般为 1.1～1.5，顺流再生设备的比耗一般为 1.5～2.5，$\mathrm{H_2SO_4}$ 再生的比耗高于 HCl 的。

二、除碳器

1. 工作原理

水经 H 离子交换后，原水中的 $\mathrm{HCO_3^-}$ 变成了碳酸 $\mathrm{H_2CO_3}$，而且以 96% 以上的比例以游离 $\mathrm{CO_2}$ 状态存在，连同进水中原有的游离 $\mathrm{CO_2}$，可很容易地由除碳器除掉。因为空气中的 $\mathrm{CO_2}$ 含量或分压很低，所以除碳器可采用鼓风机鼓风的办法，将水中游离 $\mathrm{CO_2}$ 解析出来，随空气一起排入大气。也可采用抽真空的办法，将水中游离 $\mathrm{CO_2}$ 和溶解的 $\mathrm{O_2}$ 一起抽出，但这需将后续设备及管路系统采取密封措施。前者称大气式除碳器，后者称真空式除碳器。因此除碳器的除 $\mathrm{CO_2}$ 过程是属于气—液相转移分离法（吹脱法），是以气液平衡和传质速度理论为基础的，即当溶质组分（$\mathrm{CO_2}$）的气相分压低于其溶液中（水）该组分浓度对应的气相平衡分压时，就会发生溶质组分从液相向气相的转移，转移传质速度取决于该组分平衡分压和气相分压的差值。故通过提高水温、不断鼓入新鲜空气或负压操作、增大气—液接触面积和接触时间，减少传质阻力等，都可达到降低液相中的溶质浓度、增大传质速度的目的，除碳器的内部结构就是根据这一原理设计的。

2. 除碳效果

除碳器需脱除的 $\mathrm{CO_2}$ 量 G 为

$$G = q(c_1 - c_2) \times 10^{-3}, \mathrm{kg/h} \tag{10-5}$$

式中：c_1 为进水中 $\mathrm{CO_2}$ 含量，mg/L，可按式（10-6）估算；c_2 为出水中 $\mathrm{CO_2}$ 含量，一般可降到 2～5mg/L，设计时一般采用 5mg/L。

$$c_1 = 44[\mathrm{HCO_3^-}] + 22[1/2\mathrm{CO_3^{2-}}] + [\mathrm{CO_2}], \mathrm{mg/L} \tag{10-6}$$

式中：$[\mathrm{HCO_3^-}]$、$[1/2\mathrm{CO_3^{2-}}]$ 为阳床进水中 $\mathrm{HCO_3^-}$、$\mathrm{CO_3^{2-}}$ 的含量，mmol/L；$[\mathrm{CO_2}]$ 为阳床进水中的游离 $\mathrm{CO_2}$ 含量，mg/L，如果水质分析中没有 $\mathrm{CO_2}$ 含量的测定数据，则可按式（10-7)近似估算。

$$[\mathrm{CO_2}] = 0.268[\mathrm{HCO_3^-}]^3, \mathrm{mg/L} \tag{10-7}$$

除碳器的除碳（吹脱）效果可用式（10-8）表示

$$\lg\frac{c_1}{c_2} = 0.43\beta\, t\, \frac{A}{V} \tag{10-8}$$

式中：t 为吹脱时间，min；A 为气、液接触面积，$\mathrm{m^2}$；V 为水的体积，$\mathrm{m^3}$；β 为吹脱系数，随温度上升而增大，25℃时 $\mathrm{CO_2}$ 为 0.17。

当原水碱度很低时，如低于 0.5mmol/L 或水的预处理中设置有石灰处理时，除盐系统中也可不设除碳器，水中这部分碱度经 H 离子交换后生成的少量 $\mathrm{CO_2}$，在经强碱 OH 交换器时以 $\mathrm{HCO_3^-}$ 形式被阴树脂交换除去。

三、OH 交换器中的阴离子交换

1. 交换反应与水质变化

强碱性阴树脂具有强碱的性质，对水中各种无机酸的阴离子均有交换能力，这些交换反应为

$$ROH + HCl \longrightarrow RCl + H_2O$$
$$2ROH + H_2SO_4 \longrightarrow R_2SO_4 + 2H_2O$$
$$2ROH + H_2SO_4 \longrightarrow 2RHSO_4 + H_2O$$
$$ROH + H_2CO_3 \longrightarrow RHCO_3 + H_2O$$
$$ROH + H_2SiO_3 \longrightarrow RHSiO_3 + H_2O$$

当含有多种阴离子的水通过强碱性阴树脂层时，同样由于树脂层中存在排代效应，在最上面进行的是 SO_4^{2-}、HSO_4^- 与 RCl 的交换；在下面树脂层中，进行的依次是 Cl^-、HCO_3^- 及 $HSiO_3^-$ 与 ROH 的交换外，在最前沿是 HCO_3^-、$HSiO_3^-$ 与 ROH 的交换。

由于经 H 离子交换的出水中含有微量的 Na^+，因此进入 OH 交换器的水中除无机酸外，还有微量的钠盐，所以还有少部分树脂与微量钠盐进行的可逆交换反应，其反应式为

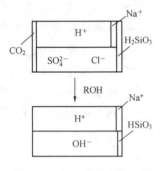

图 10-6　OH 离子交换前后的水质组成

$$ROH + Na\left\{\begin{array}{l} HCO_3 \\ HSiO_3 \end{array}\right. \Longleftrightarrow R\left\{\begin{array}{l} HCO_3 + NaOH \\ HSiO_3 \end{array}\right.$$

由于强碱性 OH 型阴树脂对 $HSiO_3^-$ 的交换能力最差，而且又存在上式的可逆交换，因此 OH 交换器出水中有少量 $HSiO_3^-$，并呈微碱性。图 10-6 所示为 OH 离子交换前后的水质组成。

随 H 交换器漏 Na^+ 量的增加，OH 交换器出水中 SiO_2 的含量也增加，而且对 II 型树脂除硅的影响比对 I 型树脂的大，因为 I 型树脂比 II 型树脂碱性强，除硅能力也强的原因。因此，要想提高 OH 交换器的出水水质和制水量，就必须严格控制 H 交换器出水中 Na^+ 的泄漏量。

2. 位置共用

在 OH 离子交换器的交换反应中，还能发生以下交换反应

$$R{=}SO_4 + H_2SO_4 \longrightarrow R\Big\langle\begin{array}{l} HSO_4 \\ HSO_4 \end{array}$$

$$R{=}SO_4 + HCl \longrightarrow R\Big\langle\begin{array}{l} HSO_4 \\ Cl \end{array}$$

反应的结果是离子交换树脂上酸根原来单独占有的吸附位置与水溶液中酸的其他阴离子共用，所以称为"位置共用"。位置共用的结果，使阳床出水中的酸根离子以不同的形态与 OH 型树脂发生离子交换反应，即 ROH 可与 HSO_4^- 或 SO_4^{2-}、ROH 可与 $HSiO_3^-$ 或 SiO_3^{2-} 以及 ROH 可与 HCO_3^- 或 CO_3^{2-} 进行离子交换。如在计算参与交换反应的阴离子总量时只按一种离子形态计算，就会出现偏差。尽管以 HSO_4^- 的形态进行交换的一般只占水中 H_2SO_4 总量的 5% 左右，但对进水 H_2SO_4 含量较高的水，有可能使 OH 交换器的实际碱耗接近甚至低于理论碱耗，这种现象曾在对流再生和进水含盐量较低的情况下出现过。

3. 弱酸阴离子交换

如前所述，原水经过 H 交换器后，水中的盐类全部转化为相应的酸，除水中的碳酸化合物经脱碳器脱碳后只剩下 $2\sim5mg/L$，其他酸性化合物并无变化。由于水呈酸性，pH 值一般在 $2\sim3$ 之间，这主要与水中强酸阴离子含量有关。强酸阴离子含量高，pH 值偏低；强酸性阴离子含量低，pH 值偏高。水的 pH 值影响弱酸的电离平衡，例如

$$H_2SiO_3 \rightleftharpoons HSiO_3^- + H^+ \rightleftharpoons SiO_3^{2-} + 2H^+$$

$$H_2CO_3 \rightleftharpoons HCO_3^- + H^+ \rightleftharpoons CO_3^{2-} + 2H^+$$

在 pH$=2\sim3$ 时，弱酸化合物的存在形态偏向于左边的酸。因此提出弱酸化合物能否在 OH 交换器中进行交换的问题。

实验与实践证明，这些弱酸化合物在 OH 交换器中能顺利交换，而且由于排代效应而处于交换带的前沿。一是因为在 pH$=2\sim3$ 的水中并不影响强酸阴离子与 ROH 型树脂的交换反应，强酸阴离子交换的结果使水的 pH 值逐渐上升至 $5\sim6$，从而使弱酸化合物电离平衡向右边离子态转移；二是离子交换主要是在树脂内部的网孔中进行的，而树脂网孔内的水溶液是 OH^- 的高浓度区，水的 pH 值可在 $10\sim12$ 以上，H_2CO_3 和 H_2SiO_3 化合物的主要存在形态是 HCO_3^- 和 $HSiO_3^-$，所以在 OH 交换器中对 H_2SiO_3 和 H_2CO_3 的交换主要是以 $HSiO_3^-$ 和 HCO_3^- 的形态进行的。这与强碱和弱酸之间的中和反应生成强碱弱酸盐有些相似。

应该说明，这里讨论的交换反应是指呈分子态的偏硅酸，至于那些未转化为溶解硅并呈聚合态的硅酸化合物则主要是以吸着为主。

4. OH 交换器的出水流出曲线与水质控制

图 10-7 所示为 OH 交换器从正洗开始到运行失效之后的出水水质变化情况，图 10-7 (a) 表示 H 交换器先失效时的水质变化情况，图 10-7 (b) 表示 OH 交换器先失效时的水质变化情况。

当 H 交换器先失效时，相当于 OH 交换器进水中 Na^+ 含量增大，于是 OH 交换器出水的 pH 值、电导率、SiO_2 和 Na^+ 含量均增大。

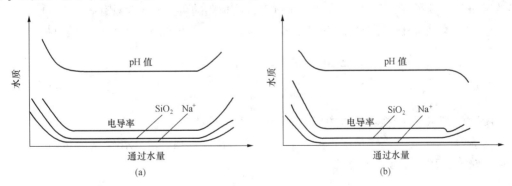

图 10-7　OH 交换器的出水水质变化
(a) H 交换器先失效；(b) OH 交换器先失效

当 OH 交换器先失效时，首先是出水中的 SiO_2 含量增大，随后是 H_2CO_3 或 HCl 泄漏，pH 值明显下降。出水的电导率往往会在失效点处先呈微小的下降，然后急剧上升，这是因

为 OH 交换器未失效时，其出水 pH 值通常为 7～8，而当其失效时，交换产生的 OH^- 减少，所以电导率有微小下降。当 OH^- 减少到与进水 H^+ 正好等量时，电导率最低。之后，由于出水中 H^+ 的增加而使电导率急剧增大。

在目前的工程设计中，当采用单元制连接方式时，多设计成 H 交换器先失效，这是因为随 H 交换器漏 Na^+ 增加，将导致 OH 交换器出水电导率急剧升高，便于终点控制，同时也可防止 SiO_2 漏过。OH 交换器先失效主要用于母管制连接方式时。

由 OH 交换器的出水流出曲线可知，可通过出水电导率和 SiO_2 含量上升判断 OH 交换器的运行终点。

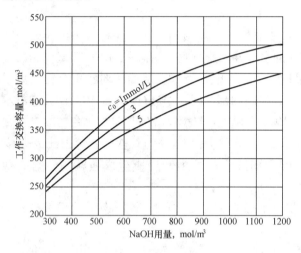

图 10-8 201×7 阴树脂对流再生时工作
交换容量曲线

5. OH 交换器阴树脂的工作交换容量

影响强碱性阴离子交换树脂工作交换容量的因素也是水质条件、运行条件、再生剂和再生条件，以及树脂层高度等几个方面。这里的水质条件是指进水阴离子总浓度（c_0）、SiO_2 浓度以及 H_2SO_4 酸度的浓度分率，再生剂及再生条件中还包括再生剂纯度、再生温度及再生接触时间等。图 10-8 为对流再生工况时，201×7 阴树脂工作交换容量曲线。

由图 10-8 可知，当进水阴离子总浓度一定时，提高再生剂用量也可提高强碱阴树脂的工作交换容量。再生剂用量相同时，随进水阴离子总浓度增加，工作交换容量在下降，因为工作层厚度在增加。

另外，再生用碱的纯度对阴树脂的工作交换容量也有较大的影响，而且不同生产工艺所制得的工业碱中 NaCl 含量相差也较大。因为水中 Cl^- 对阴树脂的亲和力远远大于 OH 离子对阴树脂的亲和力，即 $K_{OH}^{Cl}=15～20$，所以目前强碱性阴树脂的再生度一般只有 30%～60%。

对于 OH 交换器中的阴树脂，其工作交换容量（q）可根据式（9-22）变换成如下形式

$$q=\frac{\left(A+\frac{[CO_2]}{44}+\frac{[SiO_2]}{60}+\frac{[Na^+]}{23}\times 10^{-3}-\frac{[SiO_2]_c}{60}\times 10^{-3}\right)V}{V_R}, \text{mol/m}^3 \quad (10\text{-}9)$$

式中：$[Na^+]$ 为 OH 交换器进水中以 Na 盐形式存在的阴离子量；$[SiO_2]_c$ 为 OH 交换器出水残留的 SiO_2 量。正常工作情况下，它们的含量非常少，在计算工作交换容量时，可忽略不计，此时式（10-9）可简化为

$$q=\frac{\left(A+\frac{[CO_2]}{44}+\frac{[SiO_2]}{60}\right)V}{V_R}, \text{mol/m}^3 \quad (10\text{-}10)$$

式中：A 为进水平均强酸酸度（它表示 OH 交换器进水中以强酸形式存在的阴离子含量），mmol/L；$[CO_2]$ 为进水平均 CO_2 含量，mg/L；$[SiO_2]$ 为进水平均 SiO_2 含量，mg/L；44、60 为 CO_2 和 SiO_2 的摩尔质量。

6. OH 交换器阴树脂的再生

失效的强碱阴树脂一般都采用 NaOH 再生，其交换反应为

$$R_2SO_4 + 2NaOH \longrightarrow 2ROH + Na_2SO_4$$

$$RCl + NaOH \longrightarrow ROH + NaCl$$

$$RHCO_3 + NaOH \longrightarrow ROH + NaHCO_3 \quad (Na_2CO_3)$$

$$RHSiO_3 + NaOH \longrightarrow ROH + NaHSiO_3 \quad (Na_2SiO_3)$$

为了有效除硅，除了满足 OH 交换器进水水质条件外，还应提高树脂的再生度。为此，强碱 OH 交换器除了再生剂必须用强碱外，还必须满足以下条件：再生剂纯度要高，用量应充足，提高再生液温度，增加接触时间。

试验表明，当再生剂用量达到某一定值后，硅的洗脱效果才明显，因此增加再生剂用量，不仅能提高除硅效果，而且能提高树脂的交换容量。提高再生温度，可以改善对硅的置换效果，并缩短再生时间，但由于树脂热稳定性的限制，故再生温度也不宜过高，通常对于Ⅰ型强碱性阴树脂再生温度为 40℃左右，Ⅱ型为 35℃±3℃。提高再生接触时间是保证硅酸型树脂得到良好再生的另一个重要条件，一般不得低于 40min，而且随硅酸型树脂含量增加，再生接触时间应越长。

OH 交换器再生液浓度一般为 1%～3%（浮动床为 0.5%～2%），流速小于或等于 5m/h（浮动床为 4～6m/h）。

OH 型阴树脂的碱耗可按式（10-11）计算

$$W_J = \frac{G}{\left(A + \dfrac{[CO_2]}{44} + \dfrac{[SiO_2]}{60}\right)V} \ , \ g/mol \tag{10-11}$$

式中：G 为一次再生所用的碱量（纯），g；$\left(A + \dfrac{[CO_2]}{44} + \dfrac{[SiO_2]}{60}\right)V$ 为用碱量 G 再生后，在一个运行周期中所交换的离子总量，mol。

根据式（9-24），再生剂比耗为

$$R_{NaOH} = \frac{W_{NaOH}}{40} \tag{10-12}$$

式中：R_{NaOH} 为 NaOH 比耗；W_{NaOH} 为 NaOH 碱耗，g/mol；40 为 NaOH 的摩尔质量，g/mol。

生产上对流再生 OH 交换器的比耗一般为 1.3～1.8，顺流再生的比耗一般为 1.8～3.0。

工作交换容量和再生剂比耗是两个重要的技术经济指标。在进水水质和运行条件不变的情况下，工作交换容量越大，周期制水量也越多。比耗越高，再生剂的利用率就越低，经济性越差。

第二节　带有弱性树脂的一级复床除盐

当水的含盐量、碳酸盐硬度或中性盐含量较高时，可利用弱酸性阳树脂或弱碱性阴树脂交换容量高和容易再生的特点，与强酸性阳树脂或强碱性阴树脂组成强弱性树脂联合应用的除盐工艺，以提高出水水质和经济性。这里将强酸性阳树脂和强碱性阴树脂通称强性树脂，

弱酸性阳树脂和弱碱性阴树脂通称弱性树脂。图 10-9 所示为几种常见的组合形式。

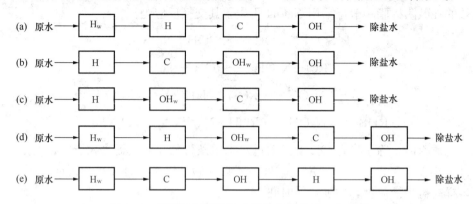

图 10-9　强弱性树脂联合应用的几种常见工艺流程

$\boxed{\text{H}}$—强酸 H 交换器；$\boxed{\text{H}_\text{w}}$—弱酸 H 交换器；$\boxed{\text{C}}$—除碳器；$\boxed{\text{OH}}$—强碱 OH 交换器；$\boxed{\text{OH}_\text{w}}$—弱碱 OH 交换器

强弱性树脂联合应用除图 10-9 中的复床串联形式外，还可以是双层床、双室床、双室浮动床的床型，如图 10-10 所示，图中 RS 代表强型树脂，RW 代表弱型树脂。

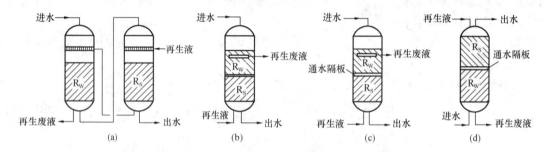

图 10-10　强弱性树脂联合应用的床型
（a）复床串联；（b）双层床；（c）双室床；（d）双室浮动床

一、带有弱性阳树脂交换器的复床除盐

当原水碳酸盐硬度较高（如 >3.0mmol/L）或碳酸盐硬度大于总阳离子含量的 50％时，可采用弱酸性阳树脂和强酸性阳树脂联合应用的除盐工艺，如图 10-9（a）所示。

1. 弱酸性阳树脂的交换特性

由于羧酸基团的酸性比碳酸大 100～1000 倍，而且反应产物是 CO_2 和 H_2O，所以弱酸性阳树脂的—COOH 基团对水中碳酸盐有较强的交换能力，其交换反应为

$$2RCOOH + \left.\begin{matrix} Ca \\ Mg \end{matrix}\right\}(HCO_3)_2 \longrightarrow (RCOO)_2\left\{\begin{matrix} Ca \\ Mg \end{matrix}\right. + 2H_2O + 2CO_2$$

$$RCOOH + NaHCO_3 \longrightarrow RCOONa + H_2O + CO_2$$

弱酸性阳树脂对水中非碳酸盐硬度和中性盐基本上无交换能力，但某些酸性稍强些的弱酸性阳树脂，例如 D113 丙烯酸树脂也具有少量中性盐分解能力，因此当水通过 H 型 D113 树脂时，除与 $Ca(HCO_3)_2$、$Mg(HCO_3)_2$ 和 $NaHCO_3$ 起交换反应外，还与中性盐发生微弱的交换反应，使出水有微量酸性。例如

$$2RCOOH + \left.\begin{matrix} Ca \\ Mg \end{matrix}\right\} SO_4 \Longrightarrow (RCOO)_2 \left\{\begin{matrix} Ca \\ Mg \end{matrix}\right. + H_2SO_4$$

$$2RCOOH + NaCl \Longrightarrow RCOONa + HCl$$

因此，通常用中性盐分解容量来表示弱酸性阳树脂酸性的强弱。

弱酸性阳树脂的交换容量比强酸性阳树脂高得多，一般可达 $1500\sim1800mol/m^3$，甚至更高。此外，由于它与 H^+ 的亲和力特别强，因而很容易再生，不论再生方式如何，都能得到较好的再生效果。

2. 弱酸性 H 交换器运行中的水质变化与水质监督

在强弱性阳树脂联合应用工艺中，运行时水先流经弱酸性树脂层，除去水中绝大部分碳酸盐硬度，再流经强酸性树脂层时，除去水中残留的碳酸盐硬度和水中其他阳离子。

弱酸性 H 交换器出水水质与进水硬碱比的关系如图 10-11 所示，它具有以下几个特点：

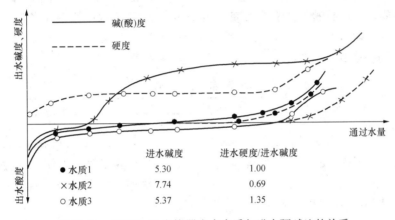

图 10-11　弱酸性 H 交换器出水水质与进水硬碱比的关系

（1）弱酸性 H 交换器的出水水质（碱度、酸度、硬度）每个周期都是自始至终在变化着。这说明弱酸性阳树脂在制水过程中交换出 H^+ 的能力逐渐下降，而且不会形成固定形状的交换带，所以其出水水质是指一个周期的平均水质。

（2）运行初期，弱酸性 H 交换器出水呈微酸性，说明弱酸性阳树脂对中性盐有微弱的分解能力，硬碱比越大，出水酸度维持时间越长。

（3）弱酸性 H 交换器的出水中残留硬度和残留碱度的变化与进水中硬碱比有关。在进水硬碱比小于 1（碱性水）时，运行开始出水酸度较低，时间也短，之后大部分时间有碱度，即交换的 Na^+ 较多，持续时间也长。在该水质条件下，碳酸盐硬度去除比较彻底，如要充分发挥其交换容量，须运行到硬度明显漏出，这时原先吸着的 Na^+ 大部分被 Ca^{2+}、Mg^{2+} 置换到水中；在进水硬碱比大于 1（非碱性水）时，运行开始出水酸度较高，时间也长。在该水质条件下，由于进水中有非碳酸盐硬度，所以运行开始就有硬度漏出。在运行之初交换的少量 Na^+ 很快被 Ca^{2+}、Mg^{2+} 置换出来。所以，在出水呈碱性后，仍有较大的交换能力，如要充分发挥其交换容量，须运行到平均出水水质为碱性以后；在进水硬碱比等于 1 时，出水水质介于以上两者之间，运行开始出水硬度很低，直到有碱度穿透后硬度才明显漏出。

271

（4）在除盐系统中，弱酸性 H 交换器通常以出水碱度或硬度作为运行控制指标。

3. 强弱性阳树脂的配比

在强弱性树脂的联合应用中，两种树脂应保持，有相同的运行周期，使各自的交换容量得以充分发挥。两种树脂的比例可根据进水水质和它们的工作交换容量按下述公式计算：

强弱性阳树脂的体积比。根据周期产水量相等的原则，即

$$V = \frac{q_R V_{RR}}{H_T - \alpha} = \frac{q_Q V_{RQ}}{c_Y - H_T + \alpha}$$

所以

$$\frac{V_{RQ}}{V_{RR}} = \frac{q_R(c_Y - H_T + \alpha)}{q_Q(H_T - \alpha)} \tag{10-13}$$

式中：V 为周期产水量，m^3；V_{RQ}、V_{RR} 为强酸性树脂和弱酸性树脂的体积，m^3；q_Q、q_R 为强酸性树脂和弱酸性树脂的工作交换容量，mol/m^3；c_Y 为进水中阳离子总浓度，$mmol/L$；H_T 为进水中碳酸盐硬度，$mmol/L$；α 为弱酸性树脂层出水中平均碳酸盐硬度泄漏量，$mmol/L$，α 值可按表10-2选取。

表 10-2 α 值 参 考 数 据

进水水质	硬度/碱度	1.0～1.4		1.5～2.0	
	H_T（mmol/L）	<2	>2	<3	>3
α 值（mmol/L）		0.15～0.20	0.20～0.30	0.10～0.20	0.30～0.40

通常，强酸性阳树脂的工作交换容量应有 $10\%～20\%$ 的裕量，以使弱酸性阳树脂交换容量得以充分发挥。此外，选用双层床、双室床时，弱酸性树脂层和强酸性树脂层都不应低于 0.8m，以保证出水水质和基本的工作交换容量。

4. 弱酸性阳树脂的工作交换容量

由于弱性树脂容易再生，所以影响弱性树脂工作交换容量的主要因素是进水水质和运行条件，影响弱酸性阳树脂工作交换容量的水质条件主要是指进水的硬碱比。阳树脂的平均工作交换容量按式（10-1）计算，此时式中 B 为弱酸性 H 交换器进水碱度，A 为强酸性 H 交换器出水酸度，V_R 为强弱性两种树脂体积之和。

弱酸性 H 交换器的工作交换容量 $q_{R,S}$ 按式（10-14）和式（10-15）计算：

当该交换器平均出水有碱度时

$$q_{R,S} = \frac{(B_J - B_C)V}{V_{R,RS}}, \ mol/m^3 \tag{10-14}$$

当该交换器平均出水有酸度时

$$q_{R,S} = \frac{(B_J + A_C)V}{V_{R,RS}}, \ mol/m^3 \tag{10-15}$$

式中：B_J、B_C 为弱酸性 H 交换器进水碱度和出水残留碱度，$mmol/L$；A_C 为弱酸性 H 交换器出水强酸酸度，$mmol/L$；$V_{R,RS}$ 为弱酸性 H 交换器中树脂体积，m^3。

二、带有弱性阴树脂交换器的复床除盐

当原水中性盐含量较高或有机物含量较高时，可采用强碱性阴树脂和弱碱性阴树脂联合

应用的除盐工艺，如图 10-9（b）或（c）所示。

1. 弱碱性阴树脂的交换特性

OH 型弱碱性阴树脂只能与强酸阴离子起交换作用，对弱酸阴离子 HCO_3^- 的交换能力很弱，对更弱的 $HSiO_3^-$ 则无交换能力。由于树脂上的功能基在水中离解能力很低，所以弱碱性阴树脂对强酸阴离子的交换反应只能在酸性溶液中进行，其交换反应如下

$$R-NH_3OH+HCl \longrightarrow R-NH_3Cl+H_2O$$

$$2R-NH_3OH+H_2SO_4 \longrightarrow (R-NH_3)_2SO_4+2H_2O$$

弱碱性阴树脂具有较高的交换容量，一般可达 $700 \sim 900mol/m^3$。但交换容量发挥的程度与运行流速及水温有密切的关系，流速过高或水温过低都会使工作交换容量明显降低。

由于弱碱性树脂在对阴离子的选择性顺序中，OH^- 居于首位，所以这种树脂极容易用碱再生成 OH 型。另外，大孔型弱碱性树脂具有抗有机物污染的能力，运行中吸着的有机物可以在再生时被洗脱下来。所以，若在强碱性阴树脂之前设置大孔弱碱性阴树脂，既可减轻强碱性阴树脂的负担，又能减轻有机物污染。

弱碱性阴树脂在化学性质上需特别指明两点：

（1）任何弱碱性阴树脂产品几乎都含有少量（20％以下）强碱性基团。因此，再生较充分的弱碱性树脂层在运行初期有除去部分 H_2CO_3 和 H_2SiO_3 的能力。

（2）从化学结构上讲，弱碱基团上并没有可离解的离子，这从以下基团结构式中可以看出

$$R-N: (伯胺基), \quad R-N: (仲胺基), \quad R-N: (叔胺基)$$

因此无法进行离子间的交换反应。

在弱碱基团的氮原子上有一对自由电子对，它在水中可以吸引极性分子（H_2O），并使氢和氢氧根的键能降低。但是，这个 OH^- 并不能离解出来，氮原子也终不能带上电荷。但在酸性环境中，溶液里的 H^+ 很容易夺取这种 OH^- 生成 H_2O，反应如下

$$R-N: H\cdots OH+H^++Cl^- \longrightarrow R-N: H-Cl+H_2O$$

根据上式，称弱碱性树脂除去水中酸的反应为吸收更为合理。但从现象上看，与用 Cl^- 去置换树脂上 OH^- 的结果是一样的。因此，一般水处理书籍中还是按离子交换来解释弱碱性树脂在制水和再生时所发生的反应。

2. 弱碱性 OH 交换器运行中的水质变化及水质监督

同样，在强弱性阴树脂联合应用工艺中，运行时经 H 离子交换的水先流经弱碱性树脂层，除去水中的强酸性阴离子，再流经强碱性树脂层时，除去水中其他阴离子（包括弱碱性树脂层运行终期时允许漏过的少量强酸阴离子）。

弱碱性 OH 交换器的出水水质变化如图 10-12 所示，它有以下几个特点：

（1）由于弱碱性阴树脂中总含有少量强碱性基团，所以运行初期也交换部分弱酸性阴离子（如 CO_2），但在后期它们又被进水中强酸阴离子排代下来。因此，从整个运行周期来看，

弱碱性阴树脂基本不交换 HCO_3^- 和 $HSiO_3^-$。

（2）当强酸阴离子穿透后，出水中的强酸酸度、电导率升高。因此可用出水强酸酸度或电导率作为弱碱性 OH 交换器的运行控制指标。

（3）弱碱性 OH 交换器运行前半周期对有机物的去除率较高，之后逐渐降低，当有酸度穿透时，有机物去除率明显下降，甚至开始析出已吸着的有机物。因此，当用弱碱性交换器去除有机物时，宜在酸度穿透之前停止运行。

（4）由于弱碱性阴树脂与进水发生的是中和反应，因此可以在树脂层内形成近似固定形状的工作层，沿进水流向向前推移，树脂层越高，穿透越晚。

（5）出水 pH 值的变化与 CO_2 的排代释放有关。当运行初期交换（吸着）的 CO_2 被后期进水中的强酸阴离子排代释放时，出水 pH 值由 7.5 左右下降至 4.5 左右，这有利于弱碱性阴树脂对水中强酸阴离子的交换。因此，图 10-9（c）所示流程比图 10-9（b）所示流程更有利于发挥弱碱性阴树脂的工作交换容量。

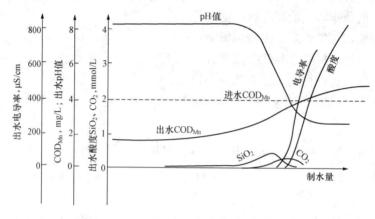

图 10-12　弱碱性 OH 交换器出水水质变化

3. 强弱性阴树脂的配比

在强弱性阴树脂的联合应用中，两种树脂也应保持相同的运行周期。根据周期产水量相同的原则，两种树脂的体积比为

$$V = \frac{q_R V_{RR}}{c_Q - \beta} = \frac{q_Q V_{RQ}}{c_R + \beta}$$

所以

$$\frac{V_{RQ}}{V_{RR}} = \frac{q_R(c_R + \beta)}{q_Q(c_Q - \beta)} \tag{10-16}$$

式中：V_{RQ}、V_{RR} 为强碱性树脂和弱碱性树脂的体积，m^3；q_Q、q_R 为强碱性树脂和弱碱性树脂的工作交换容量，mol/m^3；c_Q、c_R 为进水中强酸阴离子和弱酸阴离子的浓度，$mmol/L$；β 为运行终期时，弱碱性树脂层出水允许漏过酸度的平均值，$mmol/L$。

β 值可按下述不同要求选取：①设置弱碱性阴树脂，若以保护强碱性阴树脂免受有机物污染为目的，则 β 取 0；②若是为了充分发挥弱碱性树脂的交换容量，以提高平均工作交换容量为目的，则 β 可在出水酸度比（出水平均酸度占进水酸度的比值）为 $0.1 \sim 0.2$ 的范围内取值，并保证碱性树脂层不低于 0.8m。

4. 弱碱性阴树脂的工作交换容量

影响弱碱性阴树脂工作交换容量的水质条件主要是进水中 H_2SO_4 酸度分率和进水 CO_2 含量，进水 H_2SO_4 酸度分率大或 CO_2 含量高都会提高树脂的工作交换容量。运行流速过大或水温偏低都会增加工作层厚度而降低树脂的工作交换容量。

阴树脂的平均工作交换容量按式（10-10）计算，此时式中 V_R 是强弱性两种树脂体积之和。

弱碱性 OH 交换器的工作交换容量 $q_{R,J}$ 按式（10-17）和式（10-18）计算：

当该交换器平均出水有酸度时

$$q_{R,J} = \frac{(A_J - A_C)V}{V_{R,RJ}}, \text{mol/m}^3 \tag{10-17}$$

当该交换器平均出水有碱度时

$$q_{R,J} = \frac{(A_J + B_C)V}{V_{R,RJ}}, \text{mol/m}^3 \tag{10-18}$$

式中：A_J、A_C 为弱碱性 OH 交换器进水酸度和出水残留酸度，mmol/L；B_C 为弱碱性 OH 交换器出水碱度，mmol/L；$V_{R,RJ}$ 为弱碱性 OH 交换器中树脂体积，m^3。

三、弱性树脂的再生

失效的弱性树脂很容易再生，无论再生方式如何，都能得到较好的再生效果。用作弱酸性树脂再生剂的可以是 HCl、H_2SO_4，也可以是 H_2CO_3，当用强酸作再生剂时，比耗一般为 $1.05\sim1.10$；用作弱碱性树脂再生剂的可以是 NaOH，也可以是 NH_4OH、Na_2CO_3 或 $NaHCO_3$，当用强碱作再生剂时，比耗一般为 1.2 左右，若同时兼顾除有机物时，再生剂比耗一般为 1.4 左右。

对于强弱性树脂联合应用工艺，弱性树脂的再生通常都是与强性树脂串联进行的，即再生液先流经强性树脂，再流经弱性树脂，用强性树脂排液中未被利用的酸或碱再生弱性树脂。采用这种方式再生时，再生剂的总量除保证恢复强性树脂工作交换容量的理论用量外，其剩余量应能满足弱性树脂的需要。

因此，强弱性树脂串联再生时需要再生剂总量 G 为

$$G = m(q_Q V_{RQ} + R q_R V_{RR}) \times 10^{-3}, \text{kg} \tag{10-19}$$

式中：q_Q、q_R 为强性树脂和弱性树脂的工作交换容量，mol/m^3；V_{RQ}、V_{RR} 为强性树脂的体积和弱性树脂的体积，m^3；R 为弱性树脂的再生剂比耗；m 为再生剂的摩尔质量，g/mol。

生产中也可按经验数据选取，例如：阳双层床、双室床和双室浮动床再生时的 HCl 酸耗可按 $40\sim50$g/mol 选取，H_2SO_4 酸耗可按 60g/mol 选取；阴双层床、双室床和双室浮动床再生时的 NaOH 碱耗可按 50g/mol 选取。

强弱性树脂的联合应用不仅会提高树脂的平均工作交换容量，而且能提高强性树脂的再生度，保证更好的出水水质，同时也会降低再生剂比耗。

为防止再生时，在弱碱性阴树脂层中有胶态硅析出，而导致运行时强碱性阴树脂床提前漏硅，应采取以下几种措施：再生初期采用较低的再生液浓度（1%～2%）和较高的流速（6～12m/h）；提高再生液的温度（35～40℃）；采用适宜的 NaOH 比耗（＞1.2），控制通过弱碱性阴树脂后的废碱液 pH 值大于 10。

当水中含盐量很高（如大于 500mg/L）时，即水中碳酸盐硬度和中性盐均较高时，除去水中盐类通常有两种途径：一是增加离子交换除盐级数［见图 10-8（d）、（e）］；二是采用

膜分离预脱盐。

第三节　离子交换装置及运行操作

在电厂水处理中采用的离子交换装置大都是固定床离子交换器（床），固定床是指在离子交换过程中，离子交换剂层是固定不动的床型。固定床离子交换器又有多种床型，按水和再生液的流动方向分为顺流再生离子交换器、对流再生离子交换器（包括逆流再生离子交换器和浮床式离子交换器）和分流再生离子交换器。按交换器内树脂的状态又分为单层（树脂）床、双层床、双室双层床、双室双层浮动床、满室床以及混合床。按设备的功能又分为阳离子交换器（包括钠离子交换器和氢离子交换器）、阴离子交换器和混合离子交换器。

本节主要介绍常用离子交换器的结构、工作过程和工艺特点，混合离子交换器在本章第三节中叙述。

一、顺流再生离子交换器

顺流再生（coincidence current regeneration）离子交换器是应用最早的床型，这种设备运行时，水流自上而下通过树脂层；再生时，再生液也是自上而下通过树脂层，即水和再生液的流向是相同的。

顺流再生离子交换器虽然目前在电厂水处理设计中已很少采用，但在要求水质不是很高的其他行业仍有应用。此外，采用弱酸性阳树脂和弱碱性阴树脂时，一般采用顺流再生离子交换器。

1. 交换器的结构

交换器的主体是一个承压的圆柱形容器，器体上设有阀门接口、人孔、树脂装卸孔和用以观察树脂状态的窥视孔。体内设有进水装置、排水装置和再生液分配装置。交换器中装有一定高度的树脂，树脂层上面留有反洗膨胀空间，以防止小颗粒树脂被反洗水带出，其高度相当于树脂层高度的 50%～100%，当这一空间充满水时，称为水垫层，如图 10-13 所示。其外部管路系统如图 10-14 所示。

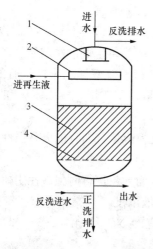

图 10-13　顺流再生离子交换器内部结构
1—进水装置；2—再生液分配装置；
3—树脂层；4—排水装置

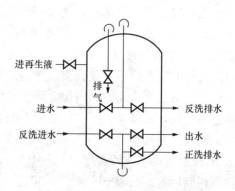

图 10-14　顺流再生离子交换器
外部管路系统

（1）进水装置。进水装置的作用是均匀分布进水于交换器的过水断面上，所以也称布水装置；它的另一个作用是均匀收集反洗排水。由于水垫层可以起到缓冲进水的冲击力和均匀布水的作用，因此对进水装置要求不高，常用的进水装置如图 10-15 所示。

漏斗式进水装置结构简单，但当安装倾斜时易发生偏流，反洗时应注意树脂的膨胀高度，以防树脂流失。十字管式是在十字管上开有许多小孔（$\phi 6 \sim \phi 8$）或在管壁上开有细裂缝（$0.3 \sim 0.4mm$），管外包滤网或绕不锈钢丝，常用材料为不锈钢或工程塑料。穹形孔板式是在穹形板上开许多小孔，孔板材料多为碳钢衬胶。多孔板水帽式的布水均匀性较好，孔板材料有碳钢衬胶或工程塑料等。

（2）排水装置。排水装置的作用是均匀收集处理好的水，也起均匀分配反洗进水的作用，所以也称配水装置。一般对排水装置布集水的均匀性要求较高，常用的排水装置如图 10-16 所示。

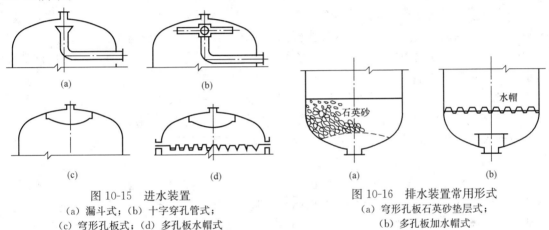

图 10-15　进水装置
(a) 漏斗式；(b) 十字穿孔管式；
(c) 穹形孔板式；(d) 多孔板水帽式

图 10-16　排水装置常用形式
(a) 穹形孔板石英砂垫层式；
(b) 多孔板加水帽式

在穹形孔板石英砂垫层式的排水装置中，穹形孔板起支撑石英砂垫层的作用，常用材料有碳钢衬胶、不锈钢等。石英砂垫层的级配和厚度见表 10-3。这种石英垫层的配水均匀性可达 95％，而且在反洗流速 $17 \sim 30m/h$ 的条件下，垫层稳定，面层砂粒不浮动。

表 10-3　　　　　　　　　　石英砂垫层的级配和厚度

粒径 (mm)	设备直径（mm）		
	≤1600	1600～2500	2500～3200
1～2	200	200	200
2～4	100	150	150
4～8	100	100	100
8～16	100	150	200
16～32	250	250	300
总厚度	750	850	950

石英砂的质量为 SiO_2 含量大于或等于 99％，使用前应用 5％～10％的 HCl 浸泡 12～24 h，以除去其中的可溶性杂质。

（3）再生液分配装置。再生液分配装置应能保证再生液均匀地分布在树脂层面上，常用的再生液分配装置如图 10-17 所示。再生液分配装置一般采用母管支管式，距树脂层面约 200～300mm，在管的两侧下方 45°开孔，孔径一般为 6～8mm，并在支管外缠绕不锈钢丝，缝隙为 0.27mm。

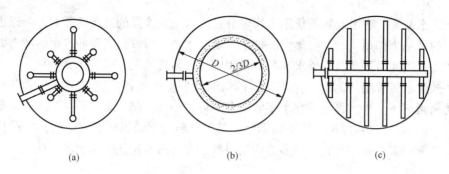

图 10-17　再生液分配装置

(a) 辐射式；(b) 圆环式；(c) 母管支管式

2. 交换器的运行

顺流再生离子交换器的运行通常分为五步，从交换器失效后算起为：反洗、进再生液、置换、正洗和制水。这五个步骤组成交换器的一个运行循环，称运行周期。

（1）反洗。交换器中的树脂失效后，在进再生液之前，先用水自下而上进行短时间的强烈反洗。反洗的目的是：

1）松动树脂层，使再生液在树脂层中均匀分布、充分接触，提高再生效果。

2）清除上层树脂在运行过程中截留的悬浮固体，树脂碎屑和气泡。

反洗水的水质应清澈，不污染树脂。对阳离子交换器可用清水，阴离子交换器则用阳离子交换器的出水。

对于不同种类的树脂，反洗强度可由实验求得，一般应控制在既能使污染树脂层表面的杂质和树脂碎屑被带走，又不使完好的树脂颗粒跑掉，而且树脂层又能得到充分松动。经验表明，反洗时使树脂层膨胀 $50\%\sim60\%$ 效果较好。反洗要一直进行到排水不浑为止，一般需 $10\sim15min$。

（2）进再生液。进再生液前，先将交换器内的水放至树脂层以上约 $200\sim300mm$ 处，然后用一定浓度的再生液以一定流速自上而下流过树脂层。

（3）置换。当全部再生液送完后，树脂层中仍有正在反应的再生液，而树脂层面至计量箱之间的再生液则尚未进入树脂层。为了使这部分再生液全部通过树脂层，须用水按再生液的流程及流速通过交换器，这一过程称为置换。置换水一般用配再生液的水，水量约为树脂层体积的 $1.5\sim2$ 倍，以排出液离子总浓度下降到再生液浓度的 $10\%\sim20\%$ 以下为宜。

（4）正洗。置换结束后，为了清除交换器内残留的再生产物，应用运行时的进水自上而下清洗树脂层，正洗一直进行到出水水质合格为止。

（5）制水。正洗合格后即可投入制水。

3. 工艺特点

顺流再生离子交换器运行失效后，再生前(反洗后)和再生后的树脂层态如图 10-18 所示。图 10-18(a)为运行失效后的树脂层态，最下层树脂尚存部分 H 型树脂，未得到充分利用；图 10-18(b)为交换器反洗后的树脂层态，各离子型树脂在交换器内几乎呈均匀分布状态；图 10-18(c)为再生后的树脂层态，由于各离子的排代效应，自上而下 H 型树脂逐渐减少，下层树脂主要为 Ca、Mg 型和少量 Na 型，最下层树脂在运行期间未发生交换作用的 H

型树脂也逐渐转变为难以再生的 Ca、Mg 型。所以，顺流再生工艺的特点是：最下层的树脂再生度较低；再生剂耗量高；制水水质较差。

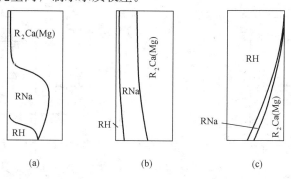

图 10-18 顺流再生离子交换器树脂层态

(a)失效后；(b)再生前；(c)再生后

在顺流工艺中，由于与出水相接触的正好是再生最不完全的部分，因此即使在进水端水质已经处理得很好，但当它流至出水端时，又与再生不完全的树脂进行反交换（达成新的平衡）重新使水质变差。

正是由于这种反交换，随运行的继续，底部树脂层的再生度逐渐略有提高。因此，随运行时间的延续，其出水会略有变好，直至穿透。图

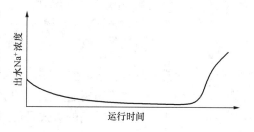

图 10-19 顺流再生 H 离子交换器出水 Na⁺
浓度变化曲线

10-19 所示为顺流再生 H 离子交换器出水 Na^+ 浓度变化曲线。

二、逆流再生离子交换器

为了克服顺流再生工艺出水端树脂再生度低的缺点，现在广泛采用对流再生（convection current regeneration）工艺，即运行时水流方向和再生时再生液流动方向相对进行的水处理工艺。习惯上将运行时水向下流动、再生时再生液向上流动的对流水处理工艺称逆流再生工艺，采用逆流再生工艺的装置称逆流再生离子交换器；将运行时水向上流动、再生时再生液向下流动的对流水处理工艺称浮动床水处理工艺。这里先介绍逆流再生离子交换器。

由于逆流再生工艺中再生液及置换水都是从下而上流动的，如果不采取措施，流速稍大就会发生树脂层扰动，有利于再生的层态会被打乱，这通常称乱层。若再生后期发生乱层，会将上层再生差的树脂或多或少地翻到底部，失去逆流再生工艺的优点。为此，在采用逆流再生工艺时，必须采取相应措施，防止树脂乱层。

防止再生时树脂乱层可采取的措施是：在交换器内增设中间排液装置和压脂层；再生时采用气（或水）进行顶压。

1. 交换器的结构

逆流再生离子交换器的结构和管路系统如图 10-20 和图 10-21 所示。与顺流再生离子交换器结构不同的地方是，在树脂层表面处设有中间排液装置，以及在树脂层上面增加压脂层。

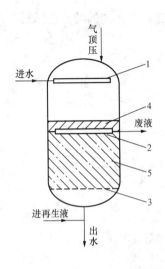

图 10-20　逆流再生离子交换器结构

1—进水装置；2—中间排液装置；3—排水装置；

4—压脂层；5—树脂层

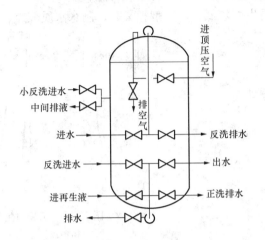

图 10-21　气顶压逆流再生离子

交换器管路系统

（1）中间排液装置。该装置的作用主要是使向上流动的再生液和清洗水能均匀地从此装置排走，不会因为有水流向树脂层上面的空间而扰动树脂层。其次它还兼作小反洗的进水装置和小正洗的排水装置。常用的形式是母管支管式，其结构如图 10-22（a）所示，支管用法兰与母管连接，支管距离一般为 150～250mm。目前广泛采用在多孔支管上设 T 型不锈钢绕丝，绕丝缝隙为 0.27mm。对于大直径的交换器，常采用碳钢衬胶母管和不锈钢支管，小直径的交换器，支母管均采用不锈钢。

此外，还有插入管式的中间排液装置，如图 10-22（b）所示，插入树脂层的支管长度一般与压脂层厚度相同，这种中排装置能承受树脂层上、下移动时较大的推力，不易弯曲、断裂。

（2）压脂层。设置压脂层的目的除是为了在溶液向上流时起一定的压脂作用外，另外还有两个作用：一是过滤掉水中的悬浮杂质，使它不进入下部树脂层中，这样便于将其洗去而又不影响下部的树脂层态；二是可以使顶压空气或水通过压脂层均匀地作用于整个树脂层表面，从而起到防止树脂向上串动的作用。

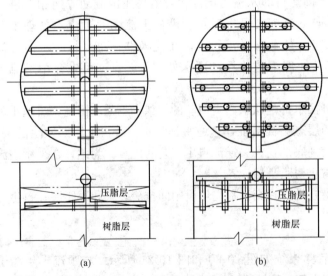

图 10-22　中间排液装置

（a）母管支管式；（b）插入管式

压脂层的材料，目前一般都用树脂，即与下面树脂层相同的材料，其厚度约为 150～200mm。由于运行中树脂被压实，加上失效转型后体积缩小（强酸树脂及强碱树脂），所以压脂层厚度应是在树脂失效后的压实状态下，能维持在中间排液管以上的厚度。

2. 交换器的运行

在逆流再生离子交换器的运行操作中，制水过程和顺流式没有区别。再生操作是随防止乱层措施的不同而异，下面以采用压缩空气顶压的方法为例说明其再生操作，如图 10-23 所示。

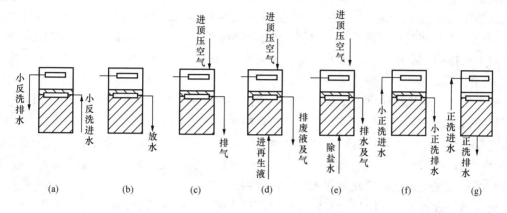

图 10-23 逆流再生操作过程示意图

(a) 小反洗；(b) 放水；(c) 顶压；(d) 进再生液；(e) 逆流清洗；(f) 小正洗；(g) 正洗

（1）小反洗[图 10-23(a)]。由于逆流再生离子交换器进水中的悬浮固体含量低和有压脂层的过滤作用，以及为了保持有利于再生的失效树脂层不乱，所以不必像顺流再生那样，每次再生前都对整个树脂层进行反洗，而只对中间排液管上面的压脂层进行小反洗，以冲洗掉运行时积聚在压脂层中的污物。小反洗用水为该级交换器的进口水，反洗一直到排水不浑浊为止。

（2）放水[图 10-23(b)]。小反洗后，待树脂沉降下来以后，打开中排放水门，放掉中间排液装置以上的水，使压脂层处于无水状态。

（3）顶压[图 10-23(c)]。从交换器顶部送入压缩空气，使气压维持在 0.03～0.05MPa。用来顶压的空气应经除油净化。

（4）进再生液[图 10-23(d)]。在顶压的情况下，将再生液送入交换器内，控制再生液浓度和再生流速，进行再生。

（5）逆流清洗[图 10-23(e)]。当再生液进完后，关闭再生液计量器出口门，按再生液的流速和流程继续用稀释再生剂的水进行清洗，直到氢离子交换器排水酸度小于 3～5mol/L、阴离子交换器排水碱度小于 0.5mmol/L 为止。清洗时间一般为 30～40min，清洗水量约为树脂体积的 1.5～2 倍。

逆流清洗结束后，应先关闭进水门停止进水，然后再停止顶压，防止乱层。在逆流清洗过程中，应使气压稳定。

（6）小正洗[图 10-23(f)]。再生后压脂层中往往有部分残留的再生废液和再生产物，如不清洗干净，将影响运行时的出水水质。小正洗时，水从上部进入，从中间排液管排出。小正洗用水为运行时进口水。此步也可以用小反洗的方式进行。

（7）正洗[图 10-23(g)]。最后按一般运行方式用进水自上而下进行正洗，流速为 10～

15m/h，直至出水水质合格，即可投入运行。

交换器经过多周期运行后，下部树脂层也会受到一定程度的污染，因此必须定期地对整个树脂层进行大反洗。由于大反洗扰乱了树脂层，所以大反洗后再生时，再生剂用量应比平时增加50%～100%。大反洗用水为运行时的进口水。

大反洗前应进行小反洗，松动压脂层和去掉其中的悬浮固体。进行大反洗的流量应由小到大逐步增加，以防中间排液装置损坏。

水顶压法就是用压力水代替压缩空气，使树脂层处于压实状态。再生时将压力0.05MPa的水以再生流量的0.4～1倍引入交换器顶部，通过压脂层后，与再生废液一起由中间排液管排出。水顶压法的操作与气顶压法基本相同。

3. 无顶压逆流再生

如上所述，逆流再生离子交换器为了保持再生时树脂层稳定，必须采用空气顶压或水顶压，这不仅增加了一套顶压设备和系统，而且操作也比较麻烦。研究指出，如果将中间排液装置上的孔开得足够大，使这些孔的水流阻力较小，并且在中间排液装置以上仍装有一定厚度的压脂层，那么在无顶压情况下逆流再生操作时就不会出现水面超过压脂层的现象，因而树脂层就不会发生扰动，这就是无顶压逆流再生。

研究结果表明，对于阳离子交换器来说，只要将中间排液装置的小孔流速控制在0.1～0.15m/s和压脂层厚度保持在100～200mm之间，就可在再生液的上升流速为7m/h时不需任何顶压措施，树脂层也能保持稳定。对于阴离子交换器来说，因阴树脂的湿真密度比阳树脂小，小孔流速控制在不超过0.1m/s，再生液上升流速为4m/h时，树脂层也是稳定的。但是，由于孔阻力减少，其排液均匀性差一些，因此无顶压逆流再生的中间排液装置的水平性更为重要。

无顶压逆流再生的操作步骤与顶压再生操作步骤基本相同，只是不进行顶压。

4. 工艺特点

逆流再生离子交换器运行失效后，各离子在树脂层中的分布规律与顺流再生离子交换器基本上是一致的，不同的是再生前的层态及再生后的层态。由于逆流再生离子交换器再生前仅对压脂层进行小反洗，树脂层仍保持着运行失效时的层态，即图10-24(a)，这种层态对再生液由下而上通过树脂层的再生极为有利，例如对于H离子交换器来说，新鲜的酸再生液首先接触底部未失效的H型树脂，酸中H$^+$未被消耗，进一步向上流动进入Na型树脂层区，将Na型树脂再生为H型树脂，再生液中尚未被消耗的H$^+$以及被置换出的Na$^+$继续向上流动与Mg型树脂接触，将树脂转为H型和Na型，含有H$^+$、Na$^+$的再生液和被置换下来的Mg^{2+}再继续通过Ca型树脂，使Ca型树脂得到再生。由于再生液中的H$^+$不是直接接触最难再生的Ca型树脂，而是先接触容易再生的Na型树脂并依次进行排代，这样就大大提高了H型树脂的转换率，所以相同条件下，再生效果比顺流式好。由于出水端树脂的再生度最高[如图10-24(b)所示]，所以运行时，可获得很好的出水水质。

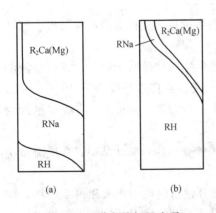

图10-24 逆流再生 H 离子
交换器树脂层态

(a)失效后(即再生前)；(b)再生后

与顺流再生相比，逆流再生工艺具有以下优点：

（1）对水质适应性强。当进水含盐量较高或 Na^+ 比值较大而顺流工艺达不到水质要求时，可采用逆流再生工艺。

（2）出水水质好。由逆流再生离子交换器组成的复床除盐系统，H 交换器出水 Na^+ 含量一般在 $20\sim30\mu g/L$；OH 交换器出水 SiO_2 含量一般在 $10\sim20\mu g/L$，电导率通常低于 $2\mu S/cm$。

（3）再生剂比耗低。一般小于 1.5，视水质条件的不同，再生剂用量比顺流再生节约 $50\%\sim100\%$，因而排废酸、废碱量也少。

（4）自用水率低。一般比顺流的低 $30\%\sim40\%$。

（5）设备结构和运行操作均较复杂。为减少大反洗次数，对进水悬浮固体含量要求也较严格。

三、分流再生离子交换器

1. 交换器结构

分流再生离子交换器的结构和逆流再生离子交换器基本相似，只是将中间排液装置设置在树脂层表面下约 $400\sim600mm$ 处，不设压脂层，其结构如图 10-25 所示。

2. 工作过程

交换器运行时，进水从上部进入通过树脂层进行交换后，从底部排出。失效后，可只对上部树脂进行小反洗，水由中排装置进入，从交换器顶部排出。再生时，可将再生液分为两股，小部分从交换器上部进入，大部分从交换器下部进入，两股再生液均从中排装置排出。置换时与再生时相同。所以，这种再生工艺，上部树脂层为顺流再生，下部为逆流再生，故称为对顺流再生法，简称 CCCR 法。

运行若干周期后，如下部树脂层需要反洗，可从交换器底部进反洗水，对整个树脂层进行大反洗，从交换器顶部排出。

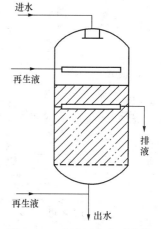

图 10-25 分流再生离子交换器结构示意图

3. 工艺特点

（1）再生时，流过上部的再生液可以起到顶压作用，所以无需另外用水或空气顶压；中排管以上的树脂起到了压脂层的作用，并且也获得了再生，所以交换器中树脂的交换容量利用率较高。

（2）分流再生 H 离子交换器运行失效和再生后的树脂层态如图 10-26 所示。由图 10-26 (a) 可知，再生后，最下端树脂的再生度最高，从而保证了运行出水的水质。由图 10-26 (b) 可知，由于每周期仅对中排管以上的失效树脂进行反洗，中排管以下树脂层仍保持着逆流再生的有利层态，所以可取得较好的再生效果。

（3）当用 H_2SO_4 进行再生时，这种再生方式可以有效地防止 $CaSO_4$ 沉淀在树脂层中析出。由于在失效后的树脂中，上层中主要是 Ca 型树脂，为此可用较低浓度的 H_2SO_4 以较高的流速进行再生，加之含有 Ca^{2+} 的水流经树脂层的距离短，所以可防止 $CaSO_4$ 沉淀在这一层树脂中析出。而下部树脂层中主要是 Mg 型和 Na 型树脂，故可以用最佳浓度的 H_2SO_4 和最佳的流速进行再生，保证了再生效果。

四、浮床式离子交换器

浮床式离子交换器简称浮动床或浮床，是对流再生离子交换的另一种床型。

浮动床的运行是在整个树脂层被托起的悬浮状态下（称成床）进行的，离子交换反应在水向上流动的过程中完成。树脂失效后，停止进水，使整个树脂层下落（称落床），进行自上而下的再生。浮动床的工作过程如图 10-27 所示。

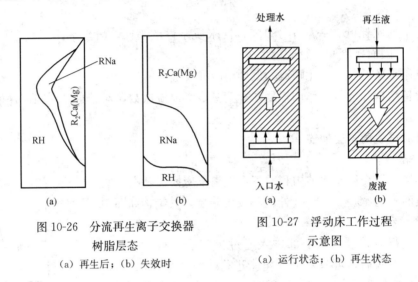

图 10-26　分流再生离子交换器
树脂层态

（a）再生后；（b）失效时

图 10-27　浮动床工作过程
示意图

（a）运行状态；（b）再生状态

1. 交换器的结构

浮动床本体结构如图 10-28 所示，管路系统如图 10-29 所示。

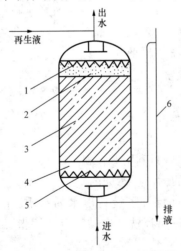

图 10-28　浮动床本体结构示意图

1—顶部出水装置；2—惰性树脂层；3—树脂层；4—水垫层；5—下部进水装置；6—倒 U 形排液管

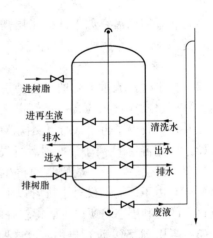

图 10-29　浮动床管路系统

（1）底部进水装置。该装置起分配进水和汇集再生废液的作用。有穿形孔板石英砂垫层式、多孔板加水帽式（见图10-16）。大、中型设备用得最多的是穿形孔板石英砂垫层式，石英砂层在流速 80m/h 以下不会乱层。

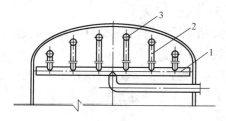

图 10-30　弧形支管式出水装置
1—母管；2—短管；3—弧形支管

（2）顶部出水装置。这个装置起收集处理好的水、分配再生液和清洗水的作用。常用形式有多孔板夹滤网式、多孔板加水帽式和弧形支管式。前两者多用于小直径浮动床；大直径浮动床多采用弧形支管式，如图 10-30 所示。

多数浮动床以出水装置兼作再生液分配装置，但由于再生液流量比进水流量小得多，故这种方式很难使再生液分配均匀。为此，通常在树脂层面以上填充约 200～300mm 高、密度小于水、粒径为 1.0～1.5mm 的惰性树脂层，以改善再生液分布的均匀性，或采用带双流速水帽的出水装置，如图 10-31 所示，以适应运行和再生时不同流量的要求。

（3）树脂层和水垫层。运行时，树脂层在上部，水垫层在下部；再生时，树脂层在下部，水垫层在上部。

为防止成床或落床时树脂层乱层，浮动床内树脂基本上是装满的，水垫层很薄。

水垫层的作用：一是作为树脂层体积变化时的缓冲高度；二是使水流和再生液分配均匀。水垫层不宜过厚，否则在成床或落床时，树脂会乱层；若水垫层厚度不足，则树脂层体积增大时会因没有足够的缓冲高度，而使树脂受压、挤碎以及水流阻力增大。合理的水垫层厚度，应是树脂在最大体积（水压实）状态下，以 50mm 左右为宜。

（4）倒 U 形排液管。浮动床再生时，如废液直接由底部排出容易造成交换器内负压而进入空气。为解决这一问题，常在再生排液管上加装如图 10-26 所示的倒 U 形管，并在倒 U 形管顶开孔通大气，以破坏可能造成的虹吸，倒 U 形管顶应高出交换器上封头。

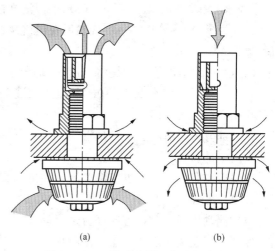

图 10-31　双流速水帽工作过程示意图
（a）运行时；（b）再生时

2. 运行

浮动床的运行过程为：制水→落床→进再生液→置换→下向流清洗→成床、上向流清洗，转入制水。上述过程构成一个运行周期。

（1）落床。当运行至出水水质达到失效标准时，停止制水，靠树脂本身重力从下部起逐层下落，在这一过程中同时还可起到疏松树脂层的作用。落床有两种方式：一是重力落床，即停运后，树脂靠自身的重力降落，这种方式适用于水垫层较低的情况；二是排水落床，即停运后排水，利用排水迫使树脂下落，这种方式适用于水垫层较高的情况。

（2）进再生液。落床后，从上部进再生液，底部经倒 U 形管排液。调整再生流速和再生液浓度进行再生，保证树脂与再生液有 30～60min 的接触时间。

（3）置换。待再生液进完后，关闭计量箱出口门，继续按再生流速和流向进行置换，置

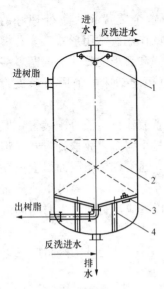

图 10-32　树脂清洗罐
1—布水装置；2—树脂层；
3—水帽；4—支架

换水量约为树脂体积的 1.5～2 倍。

（4）下向流清洗。置换结束后，开清洗水门，调整流速至 10～15m/h 进行下向流清洗，一般需 15～30min。

（5）成床、上向流清洗。用进水以较高流速将树脂层托起，并进行上向流清洗，直至出水水质达到标准时，即可转入制水。

3. 树脂的体外清洗

由于浮动床内树脂是基本装满的，没有反洗空间，故无法进行体内反洗。当树脂内截留的悬浮固体或碎树脂逐渐增加，进出口压差增大需要反洗时，需将部分或全部树脂移至专用清洗装置内进行清洗，清洗罐如图 10-32 所示。经清洗后的树脂送回交换器后再进行下一个周期的运行。清洗周期取决于进水中悬浮固体含量的多少和设备在工艺流程中的位置，一般是 10～20 个周期清洗一次。清洗方法有下述三种：

（1）水力清洗法。它是将约一半的树脂输送到体外清洗罐中，然后在清洗罐和交换器串联的情况下进行水反洗，反洗时间通常为 40～60min。

（2）气—水清洗法。它是将树脂全部送到体外清洗罐中，先用经净化的压缩空气擦洗 5～10min，然后再用水以 7～10m/h 流速反洗至排水不浑为止。该法清洗效果好，但清洗罐容积要比交换器大 1 倍左右。

（3）部分树脂清洗法。它是将约 1/3 的下部树脂移到清洗罐中清洗，清洗后的树脂送回浮动床内上部。

清洗后树脂的再生，也应像逆流再生离子交换器那样增加 50%～100% 的再生剂用量。

4. 工艺特点

（1）浮动床成床时，宜较高流速启动以便成床状态良好。在制水过程中，应保持足够的水流速度，以避免出现树脂层下落的现象。为了防止低流速时树脂层下落，可在交换器出口设再循环管，当系统出力较低时，可将部分出水回流到该级之前的水箱中。此外，浮动床制水周期中不宜停床，尤其是后半周期，否则会导致交换器提前失效。

（2）由于浮动床制水时和再生时的液流方向相反，因此与逆流再生离子交换器一样，可以获得较好的再生效果。

（3）浮动床具有水流过树脂层时压头损失小的特点。这是因为它的水流方向和重力方向相反，在相同流速条件下，与水流从上至下的流向相比，树脂层的压实程度较小，因而水流阻力也小，这也是浮动床可以高流速运行和树脂层可以较高的原因。

（4）浮动床体外清洗增加了设备和操作的复杂性，为了不使体外清洗次数过于频繁，因此对进水悬浮固体含量要求严格。

五、其他床型

（1）双层床。双层床是将强弱型两种树脂分层装填在一个交换器中，如上层装填弱酸性阳树脂，下层装填强酸性阳树脂称阳双层床；上层装填弱碱性阴树脂，下层装填强碱性阴树脂称阴双层床。双层床的运行和再生操作与逆流再生离子交换器相同，所以它具有逆流再生工艺和强弱型树脂联合应用的特点。

（2）双室双层床。双室双层床是将交换器用带有双头水帽的多孔板分隔成上、下两室，弱型树脂在上室、强型树脂在下室。如将室内装满树脂则必须设置体外清洗装置。双室双层床的运行和再生操作与双层床相同，如图10-33所示。

（3）双室双层浮动床。在双室双层床中，如将弱性树脂放下室，强性树脂放上室，运行时采用水流自下向上，则称双室双层浮动床，如图10-34所示。它的运行和再生操作与浮动床相同。

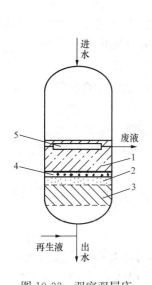

图10-33　双室双层床
结构示意图

1—弱性树脂层；2—惰性树脂层；3—强性
树脂层；4—多孔板；5—中间排液装置

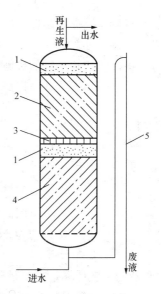

图10-34　双室双层浮
动床结构示意图

1—惰性树脂层；2—强性树脂层；3—多孔板；
4—弱性树脂层；5—倒U形排液管

（4）满室床。满室床是将交换器内装满树脂，它可以是单室满室床，也可以是双室满室床，其运行和再生操作与浮动床相同。

第四节　除　碳　器

一、大气式除碳器

1. 除碳器的结构与工作过程

大气式除碳器的结构如图10-35所示。本体是一个圆柱形常压容器，用碳钢衬胶制成；上部有布水装置，下部有风室，器内装有填料层。除碳器风机一般都采用高效离心式风机。填料层的作用是将水分散成许多水滴、水膜或小股水流，用以增大水与空气的接触面积。近几年常用塑料多面空心球作填料。塑料多面空心球有很大的比表面积（一般在几百平方米/立方米）。

除碳器工作时，水从上部进入，经布水装置淋下，通过填料层后，从下部排入水箱。用

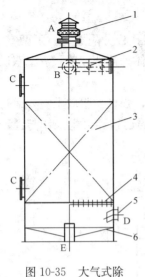

图 10-35　大气式除
碳器结构

1—收水器；2—布水装置；
3—填料层；4—格栅；
5—进风管；6—出水锥底
A—排风口；B—进水口；
C—人孔；D—进风口；
E—出水口

来除 CO_2 的空气由风机从除碳器底部送入，通过填料层后由顶部排出。淋水密度（除碳器单位时间、单位面积处理的水量）一般小于或等于 $60m^3/(m^2 \cdot h)$。

2. 影响除 CO_2 效果的工艺条件

当处理水量、原水中碳酸化合物含量和出水中 CO_2 要求一定时，影响除 CO_2 效果的工艺条件有：

（1）水温。水温越高，CO_2 在水中的溶解度越小，因此除去的效果也就越好。但工程上一般为自然环境温度，很少专门为此提高温度。

（2）水和空气的接触面积。比表面积大的填料不仅增大了水和空气的接触面积，也缩短了 CO_2 从水中析出的路程，降低了阻力，从而提高了 CO_2 从水中析出的速度。

（3）水和空气的流动工况。水和空气的逆向流动可一直保持有较大的浓度梯度，不仅可以提高脱 CO_2 的效果。

（4）风量和风压。风机的风量是根据处理水量、填料类型等因素决定的。通常，在淋水密度为 $60m^3/(m^2 \cdot h)$ 时，每处理 $1m^3$ 的水需空气量为 $15\sim30m^3$。风机的风压与风管的阻力以及填料种类、填料层高度有关，采用轻质的 $\phi50$ 塑料多面空心球时，填料层阻力约为 $120\sim140Pa/m$。

3. 大气式除碳器的工艺计算

大气式除碳器的工艺计算，主要是确定除碳器的工艺尺寸、填料层高度及配套风机的风压和风量。计算用的原始资料是处理水量、进水 CO_2 含量、出水允许 CO_2 含量以及处理水的温度等。

（1）除碳器的本体尺寸。

1）工作面积 A 为

$$A = \frac{q}{b}, m^2 \tag{10-20}$$

式中：q 为除碳器的处理水量，m^3/h；b 为除碳器的淋水密度，一般采用 $60m^3/(m^2 \cdot h)$。

2）直径 d 为

$$d = \sqrt{4A/\pi} = 1.13\sqrt{A}, m \tag{10-21}$$

（2）除碳器所需填料高度 h 为

$$h = \frac{V}{A} = \frac{a}{SA}, m \tag{10-22}$$

式中：V 为除碳器所需填料体积，m^3；S 为单位体积填料所具有的表面积，可按选定的填料品种及规格由表 10-4 中查得，m^2/m^3；a 为除碳器所需填料的工作面积，m^2。

表 10-4　　　　　　　　　　　　　　　常用填料的技术特性

填料名称	规格① (mm×mm×mm)	空隙率 ε (m³/m³)	比表面积 S (m²/m³)	堆集个数 n (个/m³)	堆集密度 ρ (kg/m³)	当量直径 d_e (m)
聚丙烯塑料 多面空心球	$\phi25$	0.81	460	85 000	145	0.007 32
	$\phi38$	0.87	320	23 500	125	
	$\phi50$	0.90	240	11 500	105	0.015 25
	$\phi75$	0.92	210	3000	80	
聚丙烯鲍尔环	$\phi16×16×1$	0.91	287	112 000	141	
	$\phi25×25×1.2$	0.90	194	63 500	110	0.018 12
	$\phi38×38×1.4$	0.89	155	15 700	98	0.022 45
	$\phi50×50×1.5$	0.90	112	7000	87	0.033 83
	$\phi76×76×2.5$	0.92	73	1930	71	
聚丙烯阶梯环	$\phi16×8.9×1.1$	0.85	370	299 000	136	
	$\phi25×12.5×1.4$	0.90	228	81 500	98	
	$\phi38×19×1$	0.91	133	27 200		
	$\phi50×25×1.5$	0.92	114	10 740	77	
	$\phi76×37×3$	0.93	90	3420	68	

①　外径×高×厚。

$$a = \frac{G}{K\Delta\rho} \tag{10-23}$$

式中：K 为除碳器的解吸系数，它与淋水密度、填料的技术参数以及水温有关。当采用 $\phi50$ 塑料多面空心球时，K 值由表 10-5 查得，非上述条件时，K 值由式(10-24)计算求得，m/h；$\Delta\rho$ 为脱除 CO_2 的平均推动力，kg/m³，由式(10-26)计算求得或由图 10-36 查得。

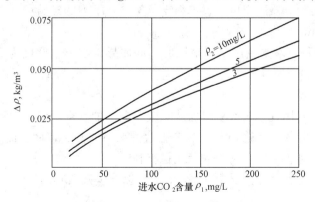

图 10-36　脱除 CO_2 的平均推动力 $\Delta\rho$

表 10-5　　　　　　　　　　　　　　　$\phi50$ 塑料多面空心球解吸系数 K

淋水密度[m³/(m²·h)]	33.1		42.6		61.5	
水温（℃）	13	22	13	22	13	22
K（m/h）	0.295	0.375	0.355	0.470	0.450	0.555

$$K = \frac{1.02 D_t^{0.67} b^{0.86}}{d_e^{0.14} \nu^{0.53}} \tag{10-24}$$

$$D_t = D_{20}[1 + 0.02(t - 20)] \tag{10-25}$$

式中：ν 为水的运动黏度，m^2/h；d_e 为填料的当量直径，m；D_t 为水温 t 时，水中 CO_2 的解吸系数，m/h；D_{20} 为水温 20℃时的解吸系数，其值为 $6.4 \times 10^{-6} m/h$；t 为设计温度。

$$\Delta\rho = \frac{\rho_1 ❶ - \rho_2 ❶}{2.44 \lg(\rho_1/\rho_2)} \times 10^{-3}，kg/m^3 \tag{10-26}$$

（3）填料体积 V 为

$$V = Ah，m^3 \tag{10-27}$$

（4）风机的选择。

1）风机的风量 W 为

$$W = \beta_w aq，m^3/h \tag{10-28}$$

式中：a 为气水比，即每立方米水所需的空气量，一般为 $20\sim30m^3/m^3$；β_w 为温度修正系数，由表 10-6 查得。

表 10-6 温度修正系数

水温（℃）	0	5	10	15	20	25	30	35	40	45	50	55	60
β_w	1.80	1.60	1.30	1.10	0.90	0.80	0.70	0.60	0.50	0.45	0.40	0.35	0.30

2）风机的风压 p 为

$$p = \alpha h + (295 \sim 392)，Pa \tag{10-29}$$

式中：$(295\sim392)$ 为除碳器进出风管、填料支承架空气阻力的经验值，Pa；α 为单位填料高度的空气阻力，Pa/m。

α 的值随填料品种、淋水密度、气水比的不同而异。在淋水密度为 $60m^3/(m^2 \cdot h)$、气水比为 $20\sim30m^3/m^3$ 的条件下，对于塑料多面空心球，α 一般为 $120\sim140$Pa/m。

二、真空式除碳器

真空式除碳器是利用真空泵或喷射器从除碳器上部抽真空，使水达到沸点而除去溶于水中的气体，所以也称除气器。这种方式不仅能除去水中的 CO_2，而且能除去溶于水中的 O_2 和其他气体，因此对防止后面阴树脂的氧化是有利的。

通过真空除碳器后，水中 CO_2 可降至 3mg/L 以下，残余 O_2 低于 0.03mg/L。

1. 结构

真空式除碳器的基本构造如图 10-37 所示。由于真空式除碳器是在负压下工作的，所以要求外壳具有密闭性和足够的强度。壳体下部设存水区，其容积应根据处理水量及停留时间

---

❶ 严格说，式（10-26）中 CO_2 浓度 ρ_1、ρ_2 应是 $\Delta\rho_1$、$\Delta\rho_2$，即进水中、出水中，水相的 CO_2 浓度与气相平衡时的 CO_2 浓度之差。这里略去了平衡时的 CO_2 浓度，故在分母上乘以修正系数 1.06，即 $1.06 \times 2.30 \lg(\rho_1/\rho_2) = 2.44 \lg(\rho_1/\rho_2)$。

决定，也可在下方另设卧式水箱(见图 10-38)以增加存水的容积。真空式除碳器所用的填料与大气式的相同，其淋水密度一般为 $40\sim60m^3/(m^2\cdot h)$。

2. 系统

真空除碳系统由真空式除碳器及真空系统组成。

真空状态可用水射器、蒸汽喷射器或真空机组形成。

真空式除碳器内的真空度使输出水泵吸水困难，为保证水泵的正常工作条件，一般设计成高位式系统和低位式系统的布置方式。

(1) 高位式系统。提高除碳器布置位置，增大除碳器内水面与水泵轴线的高度差，以满足输出水泵吸水所需的正水头，如图 10-38 所示。

(2) 低位式系统。在水泵吸入管上增设一个水射器，以水射器的抽吸能力克服除碳器内的负压，维持输出水泵吸水所需的正水头，如图 10-39 所示。

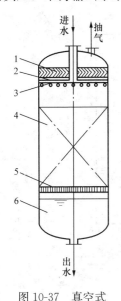

图 10-37 真空式
除碳器结构

1—收水器；2—布水管；

3—喷嘴；4—填料层；

5—填料支撑；6—存水区

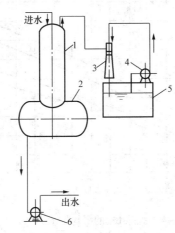

图 10-38 高位式水射器真空除碳器系统

1—除碳器；2—存水箱；3—水射器；

4—工作水泵；5—工作水箱；

6—输出水泵

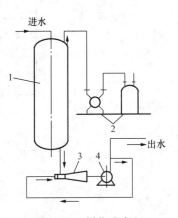

图 10-39 低位式真空
除碳器系统

1—除碳器；2—真空机组；

3—水射器；4—输出水泵

3. 真空式除碳器的工艺计算

真空式除碳器的工艺计算包括本体和真空系统两部分。

(1) 本体尺寸的确定。

1) 工作面积 A 为

$$A = \frac{q}{b}, \ m^2 \tag{10-30}$$

式中：q 为除碳器设计处理水量，m^3/h；b 为设计淋水密度，一般取 $40\sim60m^3/(m^2\cdot h)$。

2) 直径 d 为

$$d = 1.13\sqrt{A}, \ m \tag{10-31}$$

3）所需填料高度 h 为

$$h = \frac{V}{A} = \frac{a}{SA}, \text{ m} \tag{10-32}$$

其中

$$a = \frac{G}{K\Delta\rho}, \text{ m}^2 \tag{10-33}$$

$$G = q(\rho_1 - \rho_2) \times 10^{-3}, \text{ kg/h} \tag{10-34}$$

式中：G 为需除去的 CO_2 量或 O_2 量，kg/h；ρ_1 为进水 CO_2 含量或 O_2 含量，mg/L，CO_2 量由式（10-6）计算，O_2 含量无测定数据时，可由表 1-9 查得；ρ_2 为设计出水允许的 CO_2 含量，一般取 3mg/L，或 O_2 含量，一般取 $0.05\sim0.3$mg/L；K 为除碳器的解吸系数，m/h，由式（10-24）计算求得；$\Delta\rho$ 为除气平均推动力，kg/m^3，按除去 CO_2 设计时由式（10-26）计算求得或由图 10-36 查得，按除 O_2 设计时由图 10-40 查得。

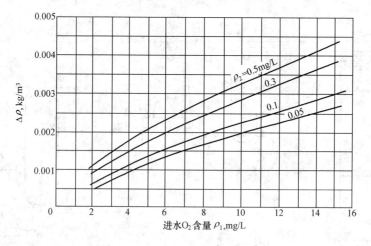

图 10-40 脱除 O_2 的平均推动力 $\Delta\rho$

真空式除碳器同时用于除 CO_2 和 O_2 时，其填料层高度取高者。

（2）真空系统设计。

1）抽气量的计算。

① O_2 抽气量 W_{O_2} 为

$$W_{O_2} = \frac{G_{O_2}(273 + t)}{3.72 p_{O_2}}, \text{ m}^3/\text{h} \tag{10-35}$$

$$p_{O_2} = 101.3[O_2]/Y_{O_2}, \text{ kPa} \tag{10-36}$$

式中：G_{O_2} 为需除的 O_2 量，kg/h，由式（10-34）计算求得；考虑到大气中 O_2 的漏入，G_{O_2} 按计算值的 1.3 倍计；t 为设计进水温度，℃；3.72 为常数；p_{O_2} 为出水中残留的 O_2 含量所对应的水面上 O_2 的分压，kPa；$[O_2]$ 为出水中残余 O_2 量，mg/L；Y_{O_2} 为水面上 O_2 的分压为 101.3kPa 时，O_2 在水中的溶解度，由表 1-9 查得，mg/L。

② CO_2 抽气量 W_{CO_2} 为

$$W_{CO_2} = \frac{G_{CO_2}(273 + t)}{5.13 p_{CO_2}}, \text{ m}^3/\text{h} \tag{10-37}$$

式中：G_{CO_2} 为需除的 CO_2 量，由式（10-34）计算求得，kg/h；5.13 为常数；p_{CO_2} 为出水中残留的 CO_2 含量所对应的水面上的分压，按式（10-38）计算。

$$p_{CO_2} = 101.3[CO_2]/Y_{CO_2}，kPa \tag{10-38}$$

式中：$[CO_2]$ 为出水中残余 CO_2 含量，mg/L；Y_{CO_2} 为水面上 CO_2 的分压为 101.3kPa 时，CO_2 在水中的溶解度，由表 1-8 查得，mg/L。

③ 总抽气量 W 为

$$W = W_{O_2} + W_{CO_2}，m^3/h \tag{10-39}$$

换算成标准状态下的抽气量

$$W_B = \frac{Wp}{101.3 \times (1 + 0.003\ 66t)}，m^3/h \tag{10-40}$$

式中：0.003 66 为空气的膨胀系数；p 为除碳器中混合气体的压力，kPa。

2）真空度。式（10-40）中 p 为真空除碳器的设计真空度，其值等于对应进水温度的饱和蒸汽压力，由图 10-41 查得。

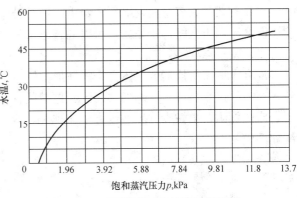

图 10-41　不同温度下水的饱和蒸汽压

计算出的抽气量和真空度作为选择真空设备的技术要求，抽真空方式可用真空泵或多级蒸汽喷射泵。

第五节　混合床除盐

经过一级复床除盐处理过的水，仍达不到高参数机组对水质的要求，进一步提高水质的办法有两种：一是增加除盐级数；二是增加混合床。由于后者设备少、系统简单、出水水质好，所以目前多设计后者。

所谓混合床就是将阴、阳树脂按一定比例均匀混合装在同一个交换器中，水通过混合床时能完成许多级阴、阳离子交换过程。混合床中所用树脂一般都是强型的。混合床按再生方式分体内再生和体外再生两种。体外再生混合床将在凝结水处理部分讲述，本节介绍的混合床均是指体内再生混合床（intenal regeneration mixed bed）。

一、除盐原理

混合床离子交换除盐，就是在运行前，先把阴、阳树脂分别再生成 OH 型和 H 型，然后混合均匀。所以，混合床可以看作是由许许多多阴、阳树脂交错排列而组成的多级式复床。

在混合床中，由于运行时阴、阳树脂是相互混匀的，所以其阴、阳离子的交换反应几乎是同时进行的，因此经 H 离子交换所产生的 H^+ 和经 OH 离子交换所产生的 OH^- 会马上互相中和生成 H_2O，使交换反应进行得十分彻底，出水水质好。其交换反应可用式（10-39）表示

$$2RH+2R'OH+\begin{matrix}Ca\\Mg\\Na_2\end{matrix}\begin{cases}SO_4\\Cl_2\\(HCO_3)_2\\(HSiO_3)_2\end{cases}\longrightarrow R_2\begin{Bmatrix}Ca\\Mg\\Na_2\end{Bmatrix}+R'_2\begin{cases}SO_4\\Cl_2\\(HCO_3)_2\\(HSiO_3)_2\end{cases}+2H_2O \qquad (10\text{-}41)$$

为了区分阳树脂和阴树脂的骨架，式（10-41）中将阴树脂的骨架用 R' 表示，以示区别。

混合床中树脂失效后，应先将两种树脂分离，然后分别进行再生和清洗。再生清洗后，再将两种树脂混合均匀，又投入运行。

在高参数、大容量的发电厂中，由于锅炉补给水的用量较大和原水含盐量较高，如单独使用混合床，再生将过于频繁，所以混合床都是串联在复床除盐系统之后使用的。

二、设备结构

混合床离子交换器的本体是个圆柱形承压容器，有内部装置和外部管路系统。内部主要装置有上部进水装置、下部配水装置、进碱装置、进酸装置及进压缩空气装置，在体内再生混合床中阴、阳树脂分界处设有中间排液装置。混合床结构如图 10-42 所示，外部管路系统如图 10-43 所示。

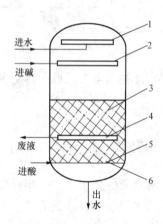

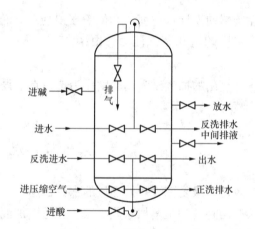

图 10-42　混合床结构示意图

1—进水装置；2—进碱装置；

3—树脂层；4—中间排液装置；

5—下部配水装置；6—进酸装置

图 10-43　混合床外部管路系统

三、混合床中树脂

为便于混合床中阴、阳树脂分离，两种树脂的湿真密度差应大于 $0.15g/cm^3$。为适应高流速运行，混合床使用的树脂应该机械强度高、颗粒大小均匀。

确定混合床中阴、阳树脂比例的原则是使两种树脂同时失效，以获得树脂交换容量的最大利用率。

一般来说，混合床中阳树脂的工作交换量为阴树脂的 2～3 倍。因此，如果单独采用混合床除盐，则阴、阳树脂的体积比应为（2～3）∶1；若用于一级复床之后，因其进水 pH 值在 7～8 之间，所以阳树脂的比例应比单独混床时高些，目前国内用于一级复床之后的混床，其强碱性阴树脂与强酸性阳树脂的体积比通常为 2∶1。

四、运行操作

由于混床是将阴、阳树脂装在同一个容器中运行，所以在运行上有许多特殊的地方。下面讨论一个运行周期中各步操作。

1. 反洗分层

混合床除盐装置运行操作中的关键问题之一，就是如何将失效的阴阳树脂分开，以便分别进行再生。在火力发电厂水处理中，目前都是用水力筛分法对阴阳树脂进行分层。这种方法就是借反洗的水力将树脂悬浮起来，使树脂层达到一定的膨胀率，并维持一定时间，然后停止进反洗水，利用阴、阳树脂的湿真密度差，达到分层的目的。阴树脂的密度较阳树脂的小，分层后阴树脂在上，阳树脂在下。所以只要控制适当，可以做到两层树脂之间有一明显的分界面。反洗开始时，流速宜小，待树脂层松动后，逐渐加大流速到 10m/h 左右，使整个树脂层的膨胀率在 $50\% \sim 70\%$，维持 $10 \sim 15min$，一般即可达到较好的分离效果。

两种树脂是否能分层明显，除与阴、阳树脂的湿真密度差、反洗水流速有关外，还与树脂的失效程度有关，树脂失效程度大的容易分层，否则就比较困难，这是由于树脂在吸着不同离子后，密度不同、沉降速度不同所致。阳树脂不同离子型的湿真密度排列顺序为：$H^+ < NH_4^+ < Ca^{2+} < Na^+ < K^+$；阴树脂不同离子型的湿真密度排列顺序为：$OH^- < Cl^- < CO_3^{2-} < HCO_3^- < NO_3^- < SO_4^{2-}$。由上述排列顺序可知，失效程度大者容易分层，反之困难。

新的 H 型和 OH 型树脂由于活性基团的静电引力作用有时有抱团现象（即互相黏结成团），使分层困难。为此，可在分层前先通入 NaOH 溶液，使阳树脂变为 Na 型，阴树脂变为 OH 型，从而加大阳、阴树脂的湿真密度差，以破坏抱团现象，这对提高阳、阴树脂的分层也是有利的。

混床再生过程中阳、阴树脂的水力反洗分离效果是关键。其分离效果可用分离系数 β_F 表示，β_F 值越大，表示分离效果越好、越彻底，但不能为负值。分离系数概念在这里是指混床内的阳树脂最小颗粒的沉降速度 ν_1 与阴树脂最大颗粒的沉降速度 ν_2 之差占阳树脂最小颗粒沉降速度的比值，即 $\beta_F = (\nu_1 - \nu_2)/\nu_1$。它表示在同样的水力反洗条件下，阳、阴两种树脂的最大分离程度。

2. 再生

这里只介绍体内再生法。体内再生法可根据进酸、进碱和清洗步骤的不同分为两步再生法和一步再生法。

（1）两步再生法。指再生时酸、碱再生液不是同时进入交换器，而是分先后进入。它又分为碱液流过阴、阳树脂的两步法和碱、酸先后分别通过阴、阳树脂的两步法。

在大型装置中，一般采用后者，其操作过程如图 10-44 所示。

其具体做法是在反洗分层后，放水至树脂表面上约 150mm 处，从上部送入碱液再生阴树脂，废液从阴、阳树脂分界处的中排管排出，接着按同样的流程清洗阴树脂，直至排水的 OH^- 降至 0.5mmol/L 以下。在上述过程中，也可以用少量水自下部通过阳树脂层，以减轻碱液对阳树脂的污染。然后，由底部进酸再生阳树脂，废液也由中排管排出。同时，为防止酸液进入已再生好的阴树脂层中，需继续自上部通以小流量的水清洗阴树脂。阳树脂的清洗流程也和再生时相同，清洗至排水的酸度降到 0.5mmol/L 以下为止。最后进行整体正洗，即从上部进水底部排水，直到出水电导率小于 $1.5\mu S/cm$ 为止。

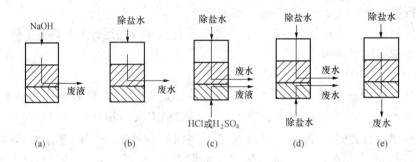

图 10-44　混合床两步再生法示意图

（a）阴树脂再生；（b）阴树脂清洗；（c）阳树脂再生，阴树脂清洗；
（d）阴、阳树脂各自清洗；（e）正洗

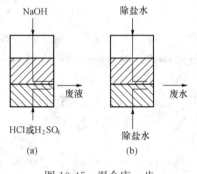

图 10-45　混合床一步
再生法示意图

（a）阴、阳树脂同时分别再生；
（b）阴、阳树脂同时分别清洗

（2）一步再生法。再生时，由混床上、下同时送入碱液和酸液，并接着进清洗水，使之分别经阴、阳树脂层后，由中排管同时排出。采用此法时，若酸液进完后，碱液还未进完时，下部仍应以同样流速通清洗水，以防碱液窜入下部污染已再生好的阳树脂。一步再生法的操作过程如图 10-45 所示。

为保证混合床的出水水质，再生剂的比耗比一级复床中的阴、阳树脂大，一般阳树脂为 2～4，阴树脂为 3～5。

3. 阴、阳树脂的混合

树脂经再生和清洗后，在投入运行前必须将分层的树脂重新混合均匀。通常用从底部通入压缩空气的办法搅拌混合。这里所用的压缩空气应经过净化处理，以防止其中有油类杂质污染树脂。压缩空气压力一般采用 0.1～0.15MPa，流量为 2.0～3.0m³/（m²·min）。混合时间，主要视树脂是否混合均匀为准，一般为 0.5～1.0min。

为了获得较好的混合效果，混合前应把交换器中的水面下降到树脂层表面上 100～150mm 处。此外，为防止树脂在沉降过程中又重新分离而影响其混合程度，树脂沉降过程中还需有足够大的排水速度，迫使树脂迅速降落，避免树脂重新分离。若树脂下降时，采用顶部进水，对加速其沉降也有一定的效果。

4. 正洗

混合后的树脂层，还要用除盐水以 10～20m/h 的流速进行正洗，直至出水合格后方可投入运行。正洗初期，由于排出水浑浊，可将其排入地沟，待排水合格后，可转入运行制水。

5. 制水

混合床的运行制水与普通固定床相同，只是它可以采用更高的流速，通常对凝胶型树脂可取 40～60m/h，如用大孔型树脂可高达 100m/h 以上。

混合床的运行失效标准，通常是按规定的失效水质标准控制，也可按预定的运行时间或产水量控制。此外，还有按进出口压力差控制的。

五、混合床运行的特点

1. 优点

（1）出水水质优良。由强酸性阳树脂和强碱性阴树脂组成的混床，其出水残留的含盐量在 1.0mg/L 以下，电导率在 0.2μS/cm 以下，残留的 SiO_2 在 10μg/L 以下，pH 值接近中性。

（2）出水水质稳定。混合床经再生清洗后开始制水时，出水电导率下降极快，这是由于在树脂中残留的再生剂和再生产物，可立即被混合后的树脂交换。混合床运行工况有变化时，一般对出水水质影响不大。

（3）间断运行对出水水质影响较小。无论是混床或是复床，当停止制水后再投入时，开始时的出水水质都会下降，要经短时间后才能恢复到原来的水平。但恢复到正常所需的时间，混床只要 3～5min，而复床则需要 10min 以上。

（4）终点明显。混床在运行失效时，出水电导率上升很快，这有利于运行监督。

2. 缺点

主要缺点：①树脂交换容量的利用率低；②树脂损耗率大；③再生操作复杂，需要的时间长；④为保证出水水质，常需投入较多的再生剂，再生剂比耗高。

第六节 离子交换除盐系统

一、主系统

为了充分利用各种离子交换工艺的特点和各种离子交换设备的功能，在水处理应用中，常将它们组成各种除盐系统。表 10-7 列出了常用的离子交换除盐系统及出水水质和适用情况。

表 10-7　　　　　　　常用的离子交换除盐系统及出水水质和适用情况

序号	系统组成	出水水质		适用情况
		电导率 (25℃，μS/cm)	SiO_2 (mg/L)	
1	H—C—OH	<10 (5)	<0.1	补给水率高的中压锅炉
2	H—C—OH—H/OH	<0.2	<0.02	高压及以上汽包炉、直流炉
3	Hw—H—C—OH	<10 (5)	<0.1	(1) 补给水率高的中压锅炉；(2) 进水碳酸盐硬度大于 3mmol/L
4	Hw—H—C—OH—H/OH	<0.2	<0.02	(1) 高压及以上汽包炉、直流炉；(2) 进水碳酸盐硬度大于 3mmol/L
5	H—OHw—C—OH 或 H—C—OHw—OH	<10 (5)	<0.1	(1) 补给水率高的中压锅炉；(2) 进水强酸阴离子大于 2mmol/L 或进水有机物较高
6	H—C—OHw—H/OH 或 H—OHw—C—H/OH	<0.2	<0.05	进水强酸阴离子含量较高，但 SiO_2 含量低

续表

序号	系统组成	出水水质		适用情况
		电导率 (25℃，μS/cm)	SiO$_2$ (mg/L)	
7	H—C—OHw—OH—H/OH 或 H—OHw—C—OH—H/OH	<1.0	<0.02	（1）高压及以上汽包炉、直流炉； （2）进水强酸阴离子大于 2mmol/L 或进水有机物较高
8	Hw—H—OHw—C—OH 或 Hw—H—C—OHw—OH	<10（5）	<0.1	（1）补给水率高的中压锅炉； （2）进水碳酸盐硬度、强酸阴离子都高
9	Hw—H—OHw—C—OH—H/OH 或 Hw—H—C—OHw—OH—H/OH	<0.2	<0.02	（1）高压及以上汽包炉、直流炉； （2）进水碳酸盐硬度、强酸阴离子都高
10	RO—H/OH	<0.1	<0.02	较高含盐量水
11	RO—H—C—OH—H/OH	<0.1	<0.02	高含盐量水和苦咸水

注 1. 表中符号：H—强酸 H 离子交换器；Hw—弱酸 H 离子交换器；OH—强碱 OH 离子交换器；OHw—弱碱 OH 离子交换器；H/OH—混合离子交换器；C—除碳器；RO—反渗透器。

2. 凡有括号内、外者，括号外为顺流再生工艺的出水电导率，括号内为对流再生工艺的出水电导率。

二、复床除盐系统的组合方式

复床除盐系统的组合方式一般分为单元制和母管制。

1. 单元制

单元制除盐系统一般由两个或两个以上系列组成，每个系列由一台 H 离子交换器、一台除碳器和一台 OH 离子交换器串联构成。图 10-46（a）为单元制的一级复床除盐工艺流程图，图中符号的意义与表 10-7 中的相同。

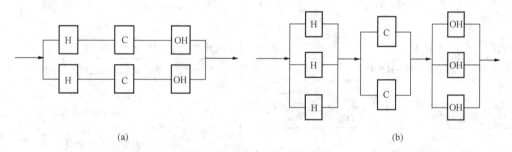

图 10-46　复床系统的组合方式

（a）单元制；（b）母管制

该组合方式适用于进水中强、弱酸阴离子比值稳定，处理水量不大、一套或两套单元可满足水量要求的情况。单元制系统中，通常 OH 交换器中树脂的装入体积富裕 10%～15%，其目的是让 H 交换器先失效，泄漏的 Na$^+$ 经过 OH 交换器后，在其出水中生成 NaOH，导致出水电导率发生显著升高，便于运行监督。此时，只需监督复床除盐系统中 OH 交换器

出水的电导率和 SiO_2 即可，当电导率或 SiO_2 显示失效时，H 交换器和 OH 交换器同时停止运行，分别进行再生后，再同时投入运行。

此组合方式易自动控制，但系统中 OH 交换器中树脂的交换容量往往未能充分利用，故碱耗较高。

2. 母管制

母管制除盐系统中，多台（两台或两台以上）H 离子交换器、除碳器、OH 离子交换器各自母管并联，并按先后次序组成系统。图 10-46（b）所示为母管制的一级复床除盐工艺流程图。

在此组合方式中，阴、阳离子交换器的运行、再生都是独立进行的，失效者从系统中解列出来并进行再生，与此同时将已再生好的备用交换器投入运行。该组合方式适用于进水水质组成不稳定，处理水量较大的情况。

此组合方式运行的灵活性较大，树脂交换容量的利用率高，但需对每台交换器的出水水质进行监督，自动控制较单元制麻烦。

三、再生液系统

离子交换除盐装置的再生剂是酸和碱，所以在用离子交换法除盐时，必须有一套用来储存、配制、输送和投加酸、碱的再生液系统。

桶装固体碱一般采用干式储存，液态的酸、碱常用储存罐储存。储存罐有高位布置和低位（半地下）布置；当低位布置时，运输槽车中的酸、碱靠其自身的重力卸入储存罐中；当高位布置时，槽车中酸、碱是用卸酸、卸碱泵送入储存罐中的。

液态再生剂的输送方法有压力法、负压法和泵输送法。压力法是用压缩空气挤压酸、碱的输送方法，这种方式一旦设备发生漏损就有溢出酸、碱的危险；负压输送法就是利用抽负压使酸、碱在大气压力下自动流入，此法因受大气压的限制，输送高度不能太高；用泵输送比较简单易行。

将浓的酸、碱稀释成所需浓度的再生液，常用的配制方法有容积法、比例流量法和水射器输送配制法。容积法是在溶液箱（槽、池）内先放入定量的稀释水，再放入定量的再生剂，搅拌成所需浓度；比例流量法是通过计量泵或借助流量计按比例控制稀释水和再生剂的流量，在管道内混合成所需浓度的再生液；水射器输送配制法是用压力、流量稳定的稀释水通过水射器，在抽吸和输送过程中配制成所需浓度的再生液，这种方法大都直接用在再生液投加的时候，即在配制的同时，将再生液投加至交换器中。

下面介绍几种酸、碱再生液系统。

1. 盐酸再生液系统

盐酸再生液系统如图 10-47 所示，其中图 10-47（a）为储存罐高位布置，再生剂靠储存罐与计量箱之位差，将一次的用量卸入计量箱。再生时，首先开启水射器压力水门，调节再生流速，然后再开计量箱出口门，调节再生液浓度，与此同时将再生液送入交换器中。图 10-47（b）为储存罐低位布置，利用负压输送法将酸送入计量箱中，也可以采用泵输送的办法。

为防止酸雾，盐酸再生液系统中储存罐、计量箱的排气口应设酸雾吸收器。

2. 硫酸再生液系统

浓硫酸在稀释过程中会放出大量的热量，所以硫酸一般采用二级配制方法，即先在稀释

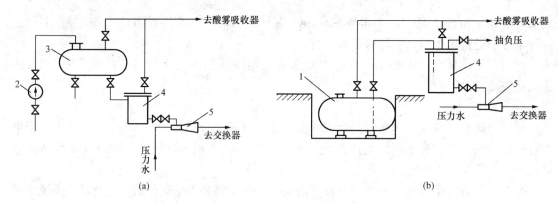

图 10-47　盐酸再生液系统

（a）储存罐高位布置；（b）储存罐低位布置负压输送

1—低位储存罐；2—酸泵；3—高位储存罐；4—计量箱；5—水射器

箱中配成 20％ 左右的硫酸，再用水射器稀释成所需浓度并送入交换器中，图 10-48 所示为负压输送的硫酸再生液系统。

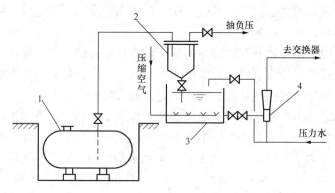

图 10-48　负压输送的硫酸再生液系统

1—储存罐；2—计量箱；3—稀释箱；4—水射器

3．碱再生液系统

用于再生阴离子交换器的碱有液体的，也可用固体的。液体碱浓度一般为 30％～42％，其配制、输送与盐酸再生系统相同。

固体碱通常含 NaOH 在 95％ 以上，使用时一般先将其溶解成 30％～40％ 的浓碱液，存入碱液储存罐，使用时再配制成所需浓度的再生液，图 10-49 为这种类型的系统。也可先将其溶解成 30％～40％ 的浓碱液后，再按类似于图 10-47 所示的系统用 CO_2 吸收器代替酸雾吸收器配制和输送。

为加快固体碱的溶解过程，溶解槽需设搅拌装置。由于固体

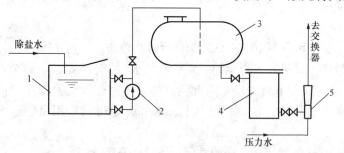

图 10-49　固体碱配制系统

1—溶解槽；2—泵；3—高位储存罐；4—计量箱；5—水射器

碱在溶解过程中放出大量热量，溶液温度升高，为此溶解槽及其附设管路、阀门一般采用不锈钢材料。

碱再生液的加热有两种方式：一种是加热再生液，它是在水射器后增设蒸汽喷射器，用蒸汽直接加热再生液；另一种是加热配制再生液的水，它是在水射器前增设加热器，用蒸汽或电将压力水加热。

碱再生液系统中，储存罐及计量箱的排气口宜设 CO_2 吸收器。

第七节　除盐单元的工艺计算

下面介绍离子交换除盐系统中主要单元设备的工艺计算。如果设计中需要强、弱树脂联合应用，可选用复床串联、双层床、双室床或双室双层浮动床。在进行计算阴阳树脂体积比、再生剂用量及工作交换容量时，可参照本章第一节有关公式计算。

一、离子交换设备

当采用离子交换水处理时，通过工艺计算确定各设备的工艺尺寸、规格，确定交换剂的用量、交换器的工作周期，以及估算自用水量、再生剂消耗量等。

1. 一台交换器的出力 Q

$$Q = \frac{D_Z}{n}, m^3/h \tag{10-42}$$

式中：D_Z 为设备设计总出力，m^3/h；n 为交换器台数。

对于电厂锅炉水处理来讲，设备设计的总出力应包括正常水汽损失的水量和机组启动或事故增加的损失水量两部分，前者又包括厂内水汽损失水量、厂外供汽损失水量、电厂其他用汽损失水量和锅炉排污损失水量。另外，还要考虑固定床离子交换器因再生时不能连续供水而增加的供水量。

为了保证系统安全、正常运行，除盐系统中各种离子交换器应不少于两台，当一台设备检修时，其余设备应能满足正常供水量。

2. 一台交换器的工作面积 A

$$A = \frac{Q}{u}, m^2 \tag{10-43}$$

式中：u 为交换器中水流速度，m/h，按表 10-8～表 10-11 选取。

3. 交换器直径 d

$$d = \sqrt{4A/\pi} = 1.13\sqrt{A}, m \tag{10-44}$$

按计算出的交换器直径，选取系列产品中直径相近者。

4. 实际水流速度 u'

$$u' = \frac{Q}{A'}, m/h \tag{10-45}$$

式中：A' 为选用交换器的实际面积，m^2。

实际水流速度不得超过规定的上限。

5. 一台交换器一个周期交换的离子量 E

$$E = Q_c T, mol \tag{10-46}$$

式中：c 为进水中需除去的离子浓度，mmol/L；T 为交换器一个运行周期的制水时间，h。

离子交换器的再生次数应根据进水水质和再生方式确定。正常再生次数可按每昼夜每台 1~2 次考虑，当采用程序控制时，可按 2~3 次考虑。

6. 一台交换器装载树脂体积 V_R

$$V_R = \frac{E}{q}, m^3 \tag{10-47}$$

式中：q 为树脂的工作交换容量，mol/m³。

设计时，q 值可根据条件参考表 10-8~表 10-11 选用。

7. 交换器内树脂装载高度 h_R

$$h_R = \frac{V_R}{A'}, m \tag{10-48}$$

强性树脂 h_R 一般不低于 1.2m，弱性树脂 h_R 一般不低于 0.8m。

8. 自用水量

（1）反洗水量 V_F 为

$$V_F = \frac{A'u_F t_F}{60}, m^3 \tag{10-49}$$

式中：u_F 为反洗流速，m/h；t_F 为反洗时间，min；A' 为一台交换器的工作面积，m²。

设计计算时，阳树脂的反洗流速一般取 15m/h，阴树脂的反洗流速取 6~10m/h；反洗时间一般取 15min，参见表 10-8~表 10-11 选用。

（2）置换水量 V_H 为

$$V_H = \frac{A'u_H t_H}{60}, m^3 \tag{10-50}$$

式中：u_H 为置换流速，m/h；t_H 为置换时间，min。

其他符号同式（10-47）。

设计计算时，置换流速和置换时间参见表 10-8~表 10-11 选用。

（3）正洗水量 V_Z 为

$$V_Z = aV_R, m^3 \tag{10-51}$$

式中：a 为正洗水耗，m³/m³（树脂）。

正洗水耗与离子交换工艺和树脂种类有关。对于顺流再生离子交换器，一般强酸阳树脂的 a 值取 5~6m³/m³，强碱阴树脂的 a 值取 10~12m³/m³，弱酸或弱碱树脂的 a 值取 2~5m³/m³；对于对流再生离子交换器，树脂的 a 值取 1~3m³/m³。对于逆流再生离子交换器，自用水量还应包括小反洗、小正洗的用水量。a 值的选取见表 10-8~表 10-11。

（4）配制再生液用水量 V_P 为

$$V_P = qV_R W\left(\frac{1}{c_1} - \frac{1}{c_2}\right)/d \times 10^{-6} \tag{10-52}$$

式中：W 为再生剂耗量，g/mol；c_1 为再生液质量百分浓度，%；c_2 为浓再生液的质量百分浓度，%；d 为水的密度，g/mL。

（5）自用水率 γ。离子交换设备的自用水率是指树脂再生时所耗用水量之和与周期制水量 Q_T 之比，这其中以正洗耗水量最大。其公式为

$$\gamma = \frac{V_F + V_H + V_Z + V_P}{Q_T} \times 100\% \tag{10-53}$$

二、除盐单元的设计数据

离子交换单元设备常用的设计数据见表10-8～表10-11，供设计时参考。

表 10-8　顺流再生离子交换器设计参考数据

设备名称	强酸阳离子交换器		强碱阴离子交换器	混合离子交换器		钠离子交换器	Ⅱ级钠离子交换器	弱酸阳离子交换器		弱碱阴离子交换器
运行滤速(m/h)	20~30	20~30	20~30	40~60	40~60	20~30	≤60	20~30	20~30	20~30
反洗　流速(m/h)	15	15	6~10	10	10	15	15	15	15	5~8
反洗　时间(min)	15	15	15	15	15	15	15	15	15	15~30
再生　再生剂	H_2SO_4	HCl	NaOH	HCl	NaOH	NaCl	NaCl	H_2SO_4	HCl	NaOH
再生　耗量(g/mol)	100~150	70~80	100~120	80 kg/(m³·R)	100 kg/(m³·R)	100~120	400	60	40	40~50
再生　浓度(%)		2~4	2~3	5	4	5~8	5~8	1	2~2.5	2
再生　流速(m/h)		4~6	4~6	5	5	4~6	4~6	>10	4~5	4~5
置换　时间(min)	25~30	25~30	25~40					20~40	20~40	40~60
正洗　水耗(m³/m³)	5~6	5~6	10~12			3~6		2~2.5	2~2.5	2.5~5
正洗　流速(m/h)	12	12	10~15			15~20	20~30	15~20	15~20	10~20
正洗　时间(min)	30	30	60			30		10~20	10~20	25~30
工作交换容量(mol/m³)	500~650	500~650	800~1000	250~300	250~300	900~1000		1800~2300	1800~2300	800~1200

注　1. 运行滤速上限为短时最大值。

　　2. 置换流速与再生流速相同。

表 10-9　逆流再生离子交换器设计参考数据

设备名称	强酸阳离子交换器		强碱阴离子交换器	钠离子交换器(装树脂)
运行滤速(m/h)	20~30		20~30	20~30
小反洗　流速(m/h)	5~10		5~10	5~10
小反洗　时间(min)	15		15	3~5
放水	至树脂层之上		至树脂层之上	至树脂层之上
顶压　无顶压	—		—	—
顶压　气顶压(MPa)	0.03~0.05		0.03~0.05	0.03~0.05
顶压　水顶压(MPa)	0.05, 流量为再生流量的0.4~1		0.05, 流量为再生流量的0.4~1	0.05, 流量为再生流量的0.4~1
再生　再生剂	H_2SO_4	HCl	NaOH	NaCl
再生　耗量(g/mol)	≤70	50~55	≤60~65	80~100
再生　浓度(%)	满足分步再生的技术条件	1.5~3	1~3	5~8
再生　流速(m/h)	满足分步再生的技术条件	≤5	≤5	≤5

设 备 名 称		强酸阳离子交换器		强碱阴离子交换器	钠离子交换器(装树脂)
置换 (逆洗)	流速(m/h)	8～10	≤5	≤5	≤5
	时间(min)	30		30	—
小正洗	流速(m/h)	10～15		7～10	10～15
	时间(min)	5～10		5～10	5～10
正洗	流速(m/h)	10～15		10～15	15～20
	水耗(m³/m³)	1～3		1～3	3～6
工作交换容量(mol/m³)		500～650	800～900	250～300	800～900
出水质量		$Na^+ < 50\mu g/L$		$SiO_2 < 100\mu g/L$	—

注 1. 大反洗的间隔时间与进水浊度、周期制水量等因素有关，一般约10～20d进行一次。大反洗后可视具体情况增加再生剂量50%～100%。

2. 顶压空气量以上部空间体积计算，一般约为0.2～0.3m³/(m³·min)；压缩空气应有稳压装置。

表 10-10　　　　　　　　　　浮床式离子交换器设计参考数据

设 备 名 称		强酸阳离子交换器		强碱阴离子交换器	钠离子交换器（装树脂）
运行滤速（m/h）		30～50		30～50	30～50
再生	再生剂	H_2SO_4	HCl	NaOH	NaCl
	耗量（g/mol）	55～65	40～50	60	80～100
	浓度（%）	满足分步再生 的技术条件	1.5～3	0.5～2	5～8
	流速（m/h）	满足分步再生 的技术条件	5～7	4～6	2～5
置换	时间（min）	20		30	15～20
	流速（m/h）		5～7	4～6	2～5
正洗	时间（min）			计算确定	
	流速（m/h）	15		15	15
	水耗（m³/m³）	1～2		1～2	1～3
成床	流速（m/h）	15～20		15～20	15～20
	时间（min）	—		—	—
	顺洗时间（min）	3～5		3～5	3～5
工作交换容量（mol/m³）		500～650	800～900	250～300	800～900
出水质量		$Na^+ < 50\mu g/L$		$SiO_2 < 50\mu g/L$	—
反洗	周期	体外定期反洗		体外定期反洗	体外定期反洗
	流速（m/h）	10～15		10～15	10～15
	时间（min）	—		—	—

注 1. 最低滤速（防止落床、乱层）：阳离子交换器大于10m/h，阴离子交换器大于7m/h；树脂输送管内流速为1～2m/s。

2. 反洗周期一般与进水浊度、周期制水量等因素有关。反洗在清洗罐中进行，每次反洗后可视具体情况增加再生剂量50%～100%。

表 10-11　　　　　　　　　　　　　　**双室床、双室浮床设计参考数据**

设 备 名 称		双室阳、阴离子交换器（双室床）			双室浮动阳、阴离子交换器（双室浮床）		
		阳离子交换器		阴离子交换器	阳离子交换器		阴离子交换器
运行流速（m/h）		25～30		25～30	30～50		30～50
再生	再生剂	H_2SO_4	HCl	NaOH	H_2SO_4	HCl	NaOH
	耗量（g/mol）	≤60	40～50	≤50	≤60	40～50	≤50
	浓度（%）		1.5～3	1～3		1.5～3	0.5～2
	流速（m/h）		≤5	≤5		5～7	4～6
置换（逆洗）	流速（m/h）	8～10	≤5	≤5		5～7	4～6
	时间（min）	30		30		20	30
正洗	时间（min）	—			计算确定		
	流速（m/h）	10～15		10～15	15		15
	水耗（m³/m³）	1～3		1～3	1～2		1～2
成床	流速（m/h）	—			15～20		15～20
	时间（min）	—					
	顺洗时间（min）				3～5		3～5
工作交换容量（mol/m³）	弱型	2000～2500	2000～2500	600～900	2000～2500	2000～2500	600～900
	强型	600～750	1000～1400	400～500	600～750	1000～1400	400～500
出水质量（μg/L）		Na^+＜50		SiO_2＜100	Na^+＜50		SiO_2＜100
反洗	周期	体外定期反洗		体外定期反洗	体外定期反洗		体外定期反洗
	流速（m/h）	10～15		10～15	10～15		10～15
	时间（min）	—					

三、水箱的选择

1. 一般要求

水箱应设有水位计、进水管、出水管、溢流管、排污管、呼吸管及入孔等，水箱应有防腐措施，必要时水箱还应装设高、低水位报警装置。

超高压、亚临界汽包炉及直流炉的除盐水箱，宜采取减少水质被空气污染的措施。

2. 水箱容积

水箱应有足够储存水量的能力，水箱的实际容积一般为理论计算值的 1.2 倍。在火力发电厂除盐系统中，主要水箱的容积可按下述要求选择：

（1）清水箱的有效容积。一般为 1～2h 的清水用量，台数不宜少于 2 台。

（2）中间水箱的有效容积。单元制系统一般为该系列出力的 2～5min 储水量，且不小于 2m³；母管制系统宜为水处理出力的 15～30min 储水量。

（3）除盐水箱的总有效容积。应能配合水处理系统出力，并满足最大一台锅炉酸洗或机组启动用水需要。对于凝汽式电厂，一般为最大一台锅炉 2～3h 的最大连续蒸发量；对于供热式电厂，一般为 1～2h 的正常补给水量。

在目前的工程设计中，往往有意加大除盐水箱的容积，即除满足以上有关技术规定外，还能保证夜间不制水而能连续供水，以减少夜间值班人员数量。另外，为防止除盐水箱中的除盐水被空气中的 CO_2 和灰尘污染，有的在除盐水箱的水面上堆放一层塑料球，有的在水面上设置浮顶。

四、泵的选择及水流阻力的计算

1. 泵的选择

泵是根据输送介质的性质、流量和扬程来选择的。流量是指被输送介质的最大流量，扬程是指泵应能克服介质流经管道、设备的阻力，并按要求把介质送到指定的净高度所需的压力。因此，选择的泵除了其出力应能满足最大流量外，它的扬程还应足以克服其流程中各种阻力和送出的净高度。

2. 水流阻力计算

水流阻力 H 应按式（10-54）计算

$$H \geqslant h_G + h_J + h_S + h_Z + h_T, \text{m} \tag{10-54}$$

式中：h_G 为管道沿程阻力，m；h_J 为管件局部阻力，m；h_S 为树脂层阻力，m；h_Z 为进、出水装置阻力，m；h_T 为提升净高度，m。

（1）管道沿程阻力 h_G 为

$$h_G = \lambda \times \frac{L}{d} \times \frac{u^2}{2g}, \text{m} \tag{10-55}$$

式中：λ 为摩擦系数；L 为管道长度，m；d 为管道的计算内径，m；g 为重力加速度，m/s^2；u 为平均流速，m/s。

常用管道的允许流速见表10-12。

当管道的管材、直径、流速、水温一定时，$(\lambda/d) \cdot [u^2/(2g)]$ 为常数，称为水力坡降，以 i 表示。这样，式（10-51）则可简化为式（10-56）

$$h_G = iL, \text{m} \tag{10-56}$$

为方便应用，i 值通常绘制成图表。对于新钢管，i 与各量的关系如图 10-50 所示；对于硬聚氯乙烯塑料管，i 值可按式（10-57）计算

表 10-12　常用管道的允许流速

介质	管道种类	允许流速（m/s）
盐溶液		1~2.4
污水	压力管	≥0.9
浓酸		0.5~1
稀酸		1~2
浓碱液		0.5~1
稀碱液		1~2
水	离心泵进水管	0.5~1
	离心泵出水管及压力水管	2~3
	虹吸管	0.8~1

$$i = 0.000\,915\,\frac{q^{1.774}}{d^{4.774}} \tag{10-57}$$

式中：q 为塑料管流量，m^3/s；d 为塑料管内径。

对工作压力为 1.0MPa、直径 $\phi25 \sim \phi200$ 的聚氯乙烯塑料管，计算的 h_G 应乘以 1.3~1.9 的系数。

（2）管件局部阻力 h_J。当水流流过缩口、阀门、三通管、弯管等部件时，都会有水头损失，因为这些部件有阻力，这种阻力称为局部阻力，计算方法见式（10-58）

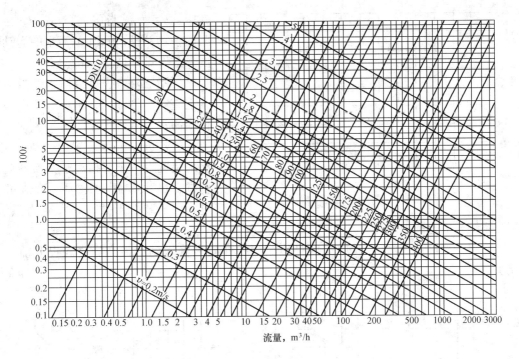

图 10-50　新钢管水力计算图

$$h_{\mathrm{J}} = \zeta \frac{u^2}{2g}, \ \mathrm{m} \tag{10-58}$$

式中：ζ 为局部阻力系数。

其余符号同式（10-55）。常用局部阻力系数见表 10-13。

表 10-13　　　　　　　　　　常 用 局 部 阻 力 系 数

名称	局部阻力系数 ζ								
进　口	0.5（未修圆），0.2～0.25（稍修圆），0.05～0.1（完全修圆）								
等径三通	0.1（直流时），1.5（转弯流时）								
90°弯头	R/d	0.5	1.0	1.5	2.0	3.0	4.0	5.0	
	ζ	1.2	0.8	0.6	0.48	0.36	0.3	0.29	
闸阀（全开时）	d (mm)	15	20～50	80	100	150	100～250	300～450	
	ζ	1.5	0.5	0.4	0.2	0.1	0.08	0.07	
止回阀（升降式）	7.5								
截止阀（全开时）	4.3～6.1（普通式），1.4～2.5（斜轴杆式）								
孔板	x/y	0.30	0.40	0.45	0.50	0.55	0.60	0.65	0.70	0.75	0.80
	ζ	309	87	50.4	29.8	18.4	11.3	7.35	4.37	2.66	1.55

注　R 表示弯管曲率半径；d 表示管子直径；x 表示收缩截面直径；y 表示进水管直径。

（3）树脂层阻力 h_{S}。树脂层对水流的阻力可按经验公式（10-59）估算

$$h_{\mathrm{S}} = 5\nu \frac{u h_{\mathrm{R}}}{d_{\mathrm{R}}^2}, \ \mathrm{m} \tag{10-59}$$

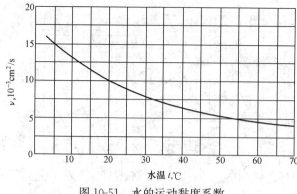

图 10-51　水的运动黏度系数

式中：h_R 为树脂层高，m；d_R 为树脂的平均粒径，mm；ν 为水的运动黏度系数，见图10-51，cm^2/s。

树脂层阻力也可由树脂的阻力曲线上查得，图 10-52 所示为常用国产树脂的水流阻力曲线。

（4）进、出水装置阻力 h_Z。进、出水装置阻力主要指离子交换器等设备进、出水装置的阻力，该值可按进、出水装置形式（如大阻力系统、小阻力系统）等进行取值。

（5）提升净高度 h_T。提升净高度是指流程中介质被输送到的最高标高和提升前的标高差。

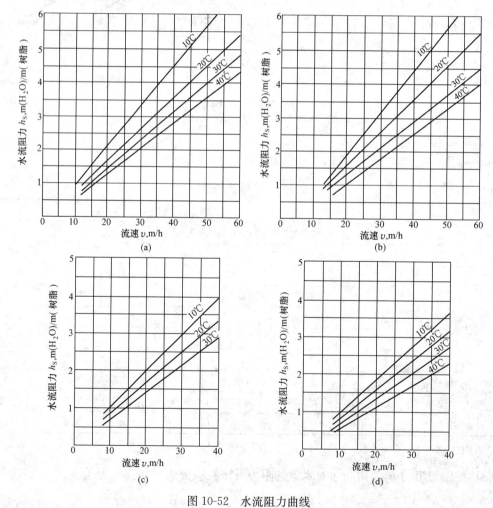

图 10-52　水流阻力曲线

（a）001×7 树脂；（b）201×7 树脂；（c）D113 树脂；（d）D301 树脂

第十一章

电 除 盐 技 术

电除盐技术又称电去离子技术、填充式电去离子技术、连续电去离子技术等，常简记为 EDI（electrodeionization），也有简记为 CEDI（continuous electrodeionization）、CDI（continuous deionization），本书使用 EDI。EDI 的应用始于 20 世纪 90 年代，目前已在电子、医药、电力、化工等行业得到了较为广泛的应用。EDI 通常与 RO 联合使用，组成 RO—EDI、RO—RO—EDI 等系统。

EDI 是由阳阴离子交换膜 、浓淡水隔板、阳阴离子交换树脂、正负电极和端压板等组装的除盐设备。EDI 是一种新兴的膜分离技术，技术核心是以离子交换树脂作为离子迁移的载体，以阳膜和阴膜作为阳离子和阴离子选择性通行的关卡，以直流电场作为离子迁移的推动力，从而实现盐与水的分离。

EDI 具有以下特点：

（1）水与盐分离的推动力为直流电场，这正是"电除盐"名称的由来。

（2）大致适用于电导率低于 $20\mu S/cm$ 的水源的深度除盐，用于生产电阻率为 $10\sim18.2M\Omega\cdot cm$ 或电导率为 $0.055\sim0.1\mu S/cm$ 的纯水、锅炉补给水和电子级水。

（3）除盐非常彻底，不但能除去电解质杂质（如 $NaCl$），还能除去非电解质杂质（如 H_2SiO_3），产品水质优于混合离子交换器的，故它常作为生产纯水的终端除盐技术。

（4）生产除盐水的过程中只需电能，不用酸碱，有时使用少量的 $NaCl$。

（5）必须不断排放极水和部分浓水，水的利用率一般为 $80\%\sim99\%$。

（6）EDI 装置普遍采用模块化设计，便于维修和扩容。

（7）具有替代混合离子交换除盐技术的发展前景。

第一节　EDI 除 盐 原 理

一、离子交换膜

离子交换膜是一种具有选择透过性功能的高分子片状薄膜。离子交换膜的主体材料是离子交换树脂，因此，可用离子交换树脂的有关知识解读离子交换膜的微观结构和物理化学性能。

1. 组成

离子交换膜的组成如下：

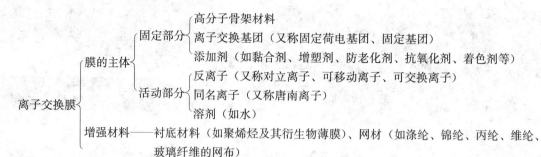

2. 性能

离子交换膜的主要性能指标见表 11-1。

表 11-1 离子交换膜的性能指标

性能分类	意义	具体性能指标	符号	单位
交换性能	表征膜质量的基本指标	交换容量	A_R	mmol/g（干）
		含水量或含水率	W	%
机械性能	表征膜的尺寸稳定性与机械强度	厚度（包括干膜厚和湿膜厚）		mm
		线性溶胀率（干膜浸泡在电解质溶液中在平面两个方向上的溶胀率）	t_m	%
		爆破强度	E_w	MPa
		抗拉强度	B_S	kg/cm²
		耐拆强度		
		平整度		
传质性能	控制 EDI 的脱盐效果、电耗、产品水质量等指标的因素	离子迁移数	$\bar{t}$	%
		水的电渗系数	β	mL/（cm²·mA·h）
		水的浓差渗透系数	K_W	mL/〔cm²·h·（mol/L）〕
		盐的扩散系数	K_S	mmol/〔cm²·h·（mol/L）〕
		液体的压渗系数	L_P	mL/（cm²·h·MPa）
电学性能	影响 EDI 能耗的性能指标	面电阻或面电阻率	R_S	Ω·cm²
化学稳定性	膜对介质、温度、化学药剂以及存放条件的适应能力	耐酸性		
		耐碱性		
		耐氧化性		
		耐温性		

（1）交换容量。单位质量膜所含有的交换基团量称为交换容量，一般以每克干膜所含交换基团的毫摩尔数表示，单位为 mmol/g（干）。此外，也有用每克湿膜所含交换基团的毫摩尔数表示的，单位为 mmol/g（湿）。交换容量高的膜，含水率高，导电性能好，但膜的尺寸稳定性差，机械强度低。交换容量对膜的选择性有较大影响。提高交换容量，一方面根据道南（Donnan）平衡，有利于增强膜的选择性，但是另一方面，高交换容量的膜往往结构疏松，同名离子容易进入膜内，选择性反而下降。

（2）含水率。湿膜中水分的百分含量称为含水率，又称含水量。含水量随膜交联度递减，随交换基团浓度递增。此外，含水量还受交换基团酸碱强弱和浸泡液浓度的影响。一般，含水量大的膜，孔隙多，交换容量高，导电性能好，但选择性低，膜易溶胀变形。

（3）厚度。一般，厚度增加，膜的选择性和机械强度提高，但导电性能下降，电阻增加。为了减少电耗，在保证机械强度和组装不渗漏的前提下，尽量降低膜厚度。

（4）溶胀率。同张膜在干态与湿态、不同介质或同一介质不同浓度的条件下，其尺寸不同的现象称溶胀性。溶胀是膜内水量增减的反映，所以，一切影响含水量的因素也会影响溶胀率。

伴随溶胀，膜的长度、宽度和厚度随之改变。常用线性溶胀率或面积溶胀率表示这种溶胀程度。线性溶胀率是指膜溶胀前后长度改变率或宽度改变率，面积溶胀率是指膜溶胀前后面积的改变率。习惯用正值表示膨胀，负值表示收缩。溶胀率小的膜，尺寸稳定性好，使用时不易弯曲和胀缩变形。

（5）爆破强度。膜面上能承受来自垂直方向的最大正压力称爆破强度。

（6）抗拉强度。膜所能承受来自平行方向的最大拉力称抗拉强度。

（7）迁移数与选择性。常用式（11-1）表示膜的选择性

$$P = \frac{\bar{t} - t}{1 - t} \times 100\% \tag{11-1}$$

式中：P 为膜的选择性；$\bar{t}$，t 为膜内和膜外的反离子迁移数。

（8）水的电渗系数。水溶液中，离子呈水化状态。这些水化水与其相伴离子结合紧密，在 EDI 过程中随离子一起运动。所以，离子从淡水室透过膜进入浓水室时，必然同时引起水的流失，淡水产量下降。这种现象称为水的电渗。

水的电渗系数是指单位膜面积单位时间内通过一定电流后水透过膜的体积，用 β 表示，常用单位为 mL/（$cm^2 \cdot mA \cdot h$）。离子半径越小，电荷越多，则水化能力越强，水的电渗系数越大。一般阳离子的水化能力比阴离子的强，故阳膜的电渗水现象比阴膜明显。

（9）水的浓差渗透系数。若离子交换膜两侧溶液的浓度不同，即使没有外加电场，也会有少量离子从高浓度区向低浓度区迁移，这种离子的迁移同样伴随着水化水的迁移，这就是水的浓差渗透。

水的浓差渗透系数是指膜在 1mol/L 的某电解质溶液中单位膜面积单位时间内水透过膜的体积，用 K_w 表示，常用单位为 mL/［$cm^2 \cdot h \cdot$（mol/L）］。水的浓差渗透系数与膜孔隙率、含水量和厚度等有关。通常异相膜比均相膜的浓差渗透系数大。

（10）盐的扩散系数。当膜两侧的盐溶液存在浓度差时，盐由浓度较大的一侧向浓度较小的一侧扩散。在一定浓度下单位膜面积、单位时间透过的盐量称为盐的扩散系数，用 K_S 表示，常用单位为 mol/［$cm^2 \cdot h \cdot$（mol/L）］。膜孔道小、弯曲程度大，或者离子水化半径大，温度低，则盐的扩散系数小。

（11）液体的压渗系数。当膜两侧的溶液存在压力差时，溶液由压力较大的一侧向压力较小的一侧渗漏。在一定压差下单位膜面积、单位时间渗漏的水体积称为液体的压渗系数，用 L_P 表示，常用单位为 mL/（$cm^2 \cdot h \cdot MPa$）。为了防止浓水室、极水室溶液向淡水室压渗而降低淡水质量，运行时 EDI 的淡水压力应略高于浓水、极水的压力。

（12）面电阻。导电是离子交换膜的重要特征之一。膜的导电性能可用电导率、膜电阻、电阻率和面电阻任一指标表示，以面电阻常用。面电阻是面电阻率的简称，数值上等于膜电阻与测量电阻时所用膜面积的乘积。例如，用有效面积为 9.6cm^2 的膜测量电阻，测得膜电阻为 0.5Ω，则该膜的面电阻为 4.8Ω·cm^2。厚度薄、交换容量高、活性基团电离能力强、

交联度低的膜，则面电阻低，离子在膜内迁移速度快，EDI脱盐效率高，电耗小。

（13）化学稳定性。离子交换膜应具备较强的耐氧化、耐酸碱、耐寒、耐热、耐辐照和抗腐蚀、抗水解的能力。

此外，膜应当光滑平整，无针孔，厚度合适均匀，有一定弹性等。

3. 选择透过性

离子交换膜允许某种特定组分优先从其孔道通行的特性称为选择透过性，简称选择性。例如，阳膜允许阳离子优先通行，而阻滞阴离子通行，阴膜则正好相反。膜的选择性以及离子在膜中迁移历程可用膜的筛选作用、静电作用和扩散作用加以说明。

（1）筛选作用。膜具有孔隙结构，这些孔隙类似筛孔，故能将不同大小的物质加以分离，那些水合半径小于孔道半径的离子、分子才有通行的可能性。

（2）静电作用。膜孔道是一种特殊通道，它受电场控制，一些组分被静电吸引而进入孔道，另一些组分则受静电排斥而阻挡在膜外。离子交换膜在湿的状态下，孔道内充满水，活性基团电离出的反离子进入水中，而留下带相反电荷的固定基团。此固定基团分布于孔道内壁，将孔道变成带有电场的孔道。例如，磺酸型阳膜，活性基团"—SO_3H"上的反离子"H^+"电离后，"—SO_3^-"使孔道成为负电场；同理，季胺型阴膜的固定基团电离出"OH^-"使孔道成为正电场。根据异电相吸、同电相斥原理，膜吸引反离子而排斥同名离子，即阳膜选择性吸附阳离子让其顺利通行，而排斥阴离子，阴膜则正好相反，阴离子能顺利通行，而阳离子被排斥。

由于孔道带电，所以即使水合半径小于孔道半径的荷电物质也因电场排斥而难以通行。

（3）扩散作用。离子交换膜的扩散作用又称溶解扩散作用，它包括选择吸附、交换解吸和传递转移三个阶段。选择吸附依赖于孔道电场的正负，交换解吸依赖于树脂活性基团的特性，传递转移则依赖于外加电场力的推动。孔隙形成无数迂回曲折的通道，在通道口和内壁上分布着带电荷的固定基团，对进入膜内的离子进行着鉴别和选择性吸附。这种吸附—解吸—迁移的方式，就像接力赛，交替地一个传一个，直至把离子从膜的一侧输送到另一侧，这就是膜对离子定向扩散作用的全过程。

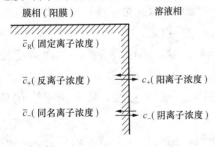

图11-1 阳膜-电解质溶液的离子平衡

4. 唐南平衡

将固定基团浓度为 $\bar{c}_R$ 的离子交换膜（简称膜相）放入浓度为 c 的电解质溶液（简称液相）中，膜内反离子便会解离，解离下来的离子通过孔道扩散出来进入液相，同时液相中的离子也扩散至膜相，两相离子相互扩散转移的结果，最后必然达到动态平衡，即膜内外离子虽然继续扩散，但它们各自迁移的速度相等，各种离子浓度保持不变。这种平衡称为唐南（Donnan）平衡。Donnan平衡理论研究的是这种平衡状态下膜内外离子浓度的分布关系。图11-1为阳膜置于溶液中的平衡情况，$\bar{c}_R$ 为膜中—SO_3^- 的浓度。

Donnan平衡的标志是电解质在膜相的化学位与在液相的化学位相等。假设各离子活度系数为1，则此时膜内外离子浓度可表达成

$$\bar{c}_+^{n+} \times \bar{c}_-^{n-} = c_+^{n+} \times c_-^{n-} \tag{11-2}$$

式中：$n+$ 和 $n-$ 分别为1个电解质分子完全电离后的阳离子数和阴离子数。

对于 $1-1$ 价电解质，$n_+ = n_- = 1$，液相中 $c_+ = c_- = c$，膜相中离子满足电中性条件，对于阳膜

$$\bar{c}_+ = \bar{c}_- + \bar{c}_R \tag{11-3}$$

从式（11-2）和式（11-3）解得

$$\bar{c}_+ = \sqrt{\left(\frac{\bar{c}_R}{2}\right)^2 + c^2} + \frac{\bar{c}_R}{2} \tag{11-4}$$

$$\bar{c}_- = \sqrt{\left(\frac{\bar{c}_R}{2}\right)^2 + c^2} - \frac{\bar{c}_R}{2} \tag{11-5}$$

比较式（11-4）与式（11-5）两式右边表达式，可知 $\bar{c}_+ / \bar{c}_- > 1$，即在阳膜内部，阳离子浓度大于阴离子浓度。类似上述有关阳膜 Donnan 平衡的分析过程，可知：在阴膜内部，阴离子浓度大于阳离子浓度。这便是膜对离子选择性吸附的客观反映。

假设阳膜 $\bar{c}_R$ 为 6mol/L，当此膜置于含盐量为 8mmol/L 的淡水中并达到 Donnan 平衡时，计算得 $\bar{c}_+ / \bar{c}_- \approx 56$ 万（倍）。可见，膜的选择性吸附是非常明显的。

离子在膜内的定向迁移必然产生电流，电流越大，则离子定向迁移的数量越多。溶液中阳离子与阳离子的逆向运动所产生的总电流为阳离子迁移电流与阴离子迁移电流之和。通常阳离子与阴离子的导电能力不一样，所产生的电流有差异。特别是在膜内，由于电场的影响，这种差异非常大。例如，在阴膜中，阴离子迁移所产生的电流一般占总电流的 90% 以上，也就是说，穿透阴膜的离子绝大多数为阴离子。常用迁移数表示膜对某种离子选择性透过的多寡。某种离子迁移数是指该种离子的迁移电流与总电流之比。

设 $\bar{t}_+$ 和 $\bar{t}_-$ 分别为膜中阳离子和阴离子的迁移数，显然，$\bar{t}_+ + \bar{t}_- = 1$。以 $1-1$ 价电解质为例，假设膜内阳离子与阴离子的淌度相等，则

$$\bar{t}_+ = \bar{c}_+ / (\bar{c}_+ + \bar{c}_-) \text{ 和 } \bar{t}_- = \bar{c}_- / (\bar{c}_+ + \bar{c}_-) \tag{11-6}$$

$$\bar{t}_+ = \frac{1}{2} + \frac{\dfrac{\bar{c}_R}{c}}{2\sqrt{\left(\dfrac{\bar{c}_R}{c}\right)^2 + 4}} \tag{11-7}$$

$\bar{c}_R$ 实际上是膜的交换容量，式（11-7）说明，膜的离子交换容量越高或被处理水含盐量（c）越低，则膜的选择透过性越好。因电解质浓度 $c > 0$，且有限，故离子交换膜的选择透过性只能是小于 100% 的某值。

二、电除盐过程

1. 除盐原理

图 11-2 为板框式 EDI 装置外观及膜堆结构示意。许多对阳膜和阴膜（图中只画了一对膜）交替排列在阳、阴两个电极之间，相邻两膜之间、膜与电极之间用隔板隔开，形成阴极室、淡水室、浓水室和阳极室。淡水室中填充有混合离子交换树脂。当 RO 淡水进入隔室后，在直流电场作用下，阳离子（图中 Na^+、H^+）移向阴极，阴离子（图中 Cl^-、OH^-）移向阳极，由于离子交换膜的选择性透过性，淡水室中阳离子和阴离子分别顺利透过右边阳膜和左边阴膜，进入两边浓水室中；浓水室中离子迁移则相反，阳离子和阴离子分别被右边阴膜和左边阳膜阻挡，不能进入淡水室中；浓水室及淡水室中的水分子由于不带电荷仍保留

在各自室中。随着上述阳阴离子迁移过程的进行，淡水室中离子浓度下降，浓水室中离子浓度上升。因此，利用 EDI 可实现水与盐的分离。

EDI 除盐的依据是：①阳膜选择透过阳离子排斥阴离子，而阴膜选择透过阴离子排斥阳离子；②在外加直流电场作用下，离子发生定向迁移，而不带电荷的水分子则不受电场驱动。

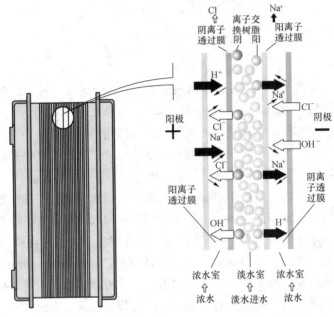

图 11-2　板框式 EDI 外观及膜堆结构示意

2. 传质途径

在 EDI 中，离子的传质途径包括对流、扩散、电迁移和离子交换等。离子在隔室主体溶液中的传质，主要靠流体微团的对流传质；离子在膜两侧层流边界层内的传质，主要靠扩散传质；离子通过离子交换膜，主要靠电迁移传质；离子通过树脂层则是靠离子交换传质。

（1）对流传质。在 EDI 中，主要是水流紊乱引起的对流传质。此外，还存在浓度差、温度差以及重力场所引起的自然对流传质。水流速度越快，对流传质的量越多。

（2）扩散传质。由离子浓度梯度引起的扩散传质速度符合菲克（Fick）扩散定理。离子的浓度梯度和扩散系数越大，则扩散传质的量越多；提高水温，可加快离子扩散速度，故有利于传质；提高水流速度，或在水流通道安装隔网，增加水流紊乱度，可降低层流边界层厚度，同样有利于传质。

（3）电迁移传质。在直流电场作用下，离子的定向迁移称为电迁移传质。根据同电相吸、异电相斥原理，在 EDI 中，阳离子向负极迁移，阴离子向正极迁移。离子的电迁移速率与电位梯度、离子价数成正比。因此，提高 EDI 的外压电压，可增强除盐效率，但也增加了水的电离速度。

（4）离子交换传质。离子通过扩散进入树脂内部孔道中，与固定基团上可交换离子（H^+ 或 OH^-）进行离子交换反应，即

$$RH+Na^+\underset{解吸}{\overset{交换}{\rightleftharpoons}}RNa+H^+$$

$$ROH+Cl^-\underset{解吸}{\overset{交换}{\rightleftharpoons}}RCl+OH^-$$

在直流电场推动下，RNa上Na$^+$和RCl的Cl$^-$又会解离下来，被电场推移到下一个位置的树脂处重复上述交换—解吸反应，这种交换—解吸循序进行，直到离子从淡水室迁移到离子交换膜表面，最后穿过膜进入浓水室。

淡水室中混合离子交换树脂（简称树脂）的作用是：①利用离子交换特性传递离子，帮助离子迁移；②利用树脂良好的导电特性降低淡水室电阻，使离子在电导率很低的淡水中也能快速迁移；③促进弱电解质（如硅酸）的电离，提高其除去效率。因此，树脂降低了淡水室电阻，提高了杂质电离和迁移速度，是制备高纯水的必要条件。

3. 除盐规律

EDI去离子的一般规律是：

（1）优选除去电荷高、尺寸小、选择性系数大的离子，如H$^+$、OH$^-$、Na$^+$、Cl$^-$、Ca^{2+}和SO$_4^{2-}$，这类离子往往构成强电解质。淡水室中除去强电解质的区域称为第一区域，又称工作床，位于淡水室的进水区。

（2）其次去除中等强度电离的物质，如CO$_2$。这类物质电离度越高，除去效率也越高。pH值对于这类物质电离度有较大影响，例如，当pH值上升到7.0左右时，大部分CO$_2$转化为HCO$_3^-$。因为带电的HCO$_3^-$比不带电的CO$_2$迁移速度快，所以提高pH值，有利于提高碳酸化合物的除去效率。

pH值还会强烈影响产品水电阻率，以及SiO$_2$和硼酸的去除效率。淡水室中除去中等强度电离物质的区域称为第二区域，位于淡水室的中部。

（3）最后去除微弱强度电离的物质，如SiO$_2$和硼酸。当所有的强电解质、中等强度电离物质去除到一定限度后，EDI才能有效地去除这类物质。EDI中除去微弱强度电离物质的区域称为第三区域，位于淡水室的出水区。

水在第三个区域的停留时间非常重要，停留时间越长，杂质的去除效率越高，产品水电导率越低。EDI模块的第二个区域和第三个区域总称抛光床。

为了提高EDI的产品水质，需要降低进水（通常为RO淡水）电导率、CO$_2$含量，延长水在第三个区域的停留时间。

4. 电极反应

电极反应随电解质的种类、电极材料以及电流密度等条件的不同会有较大的差异。

（1）阳极反应。以不溶性电极作为阳极，若水溶液主要成分为NaCl，则阳极反应的主要产物为Cl$_2$和O$_2$；若水溶液主要成分为硫酸盐或碳酸盐，则阳极反应的主要产物为O$_2$；以可溶电极作为阳极时，还会发生电极的溶解。

EDI的阳极反应如下：

主要反应 $\qquad\qquad 4OH^--4e\rightleftharpoons O_2\uparrow+2H_2O$

次要反应 $\qquad\qquad 2Cl^--2e\rightleftharpoons Cl_2$

上述反应使阳极水pH值下降，产生气泡。生成的Cl$_2$一般全溶于水，进而生成HOCl、HCl等；生成的O$_2$小部分溶于水，大部分以气泡形式逸出。所以，应注意阳极和靠近阳极膜的氧化、腐蚀问题。

（2）阴极反应。以不溶性电极作为阴极，无论是 NaCl、硫酸盐或碳酸盐等溶液，其阴极反应的主要产物为 H_2；如果溶液中含有重金属离子，例如 Cu^{2+}、Fe^{2+}、Zn^{2+}、Pb^{2+} 等，则还会发生这些重金属离子在阴极上的还原沉积反应。

EDI 的阴极反应如下

$$2H^+ + 2e \Longleftrightarrow H_2 \uparrow$$

阴极反应的结果，使阴极水 H^+ 减少而呈碱性，$CaCO_3$ 和 $Mg(OH)_2$ 等可能在阴极表面上形成水垢。

由于 EDI 运行过程中极水不断地产生酸、碱、气体、沉积物等电极反应产物，还伴随发热。所以，为了保证 EDI 正常运行，应及时、连续地排放极水，带走电极反应产物和热量，避免 H_2 与 O_2 混合可能引起的爆炸危险。

为了降低阴极水的 pH 值，防止阴极室结垢，通常将 pH 值较低的阳极水引入阴极室，与 pH 值较高的阴极水中和后排放。

5. 物理化学过程

淡水室中发生的物理化学过程包括以下八个方面：

（1）反离子迁出。与膜固定基团电荷符号相反的离子迁移出淡水室。由于膜的选择透过性，故反离子迁移是主要过程，它也是脱盐过程。反离子的迁出过程既可发生在水相，也可发生在树脂相。

（2）同名离子迁入。与膜固定基团电荷符号相同的离子迁入淡水室，即两侧浓水室中的阳离子穿过阴膜、阴离子穿过阳膜而进入淡水室，使淡水质量下降。同名离子迁入的原因是膜的选择性不能达到 100%，允许少量的同名离子通过。

（3）离子交换迁出。阳离子和阴离子分别借助阳树脂和阴树脂进行接力式的传递而迁出淡水室。EDI 运行时，淡水室中的离子同时受到两种力量的作用：一是在树脂的离子交换作用下被树脂所吸着，二是在电场力作用下吸着的离子又会从树脂上脱吸下来向电极方向迁移。由于树脂颗粒排列紧密，树脂内部又有大量孔隙，所以，离子在电场驱动和离子交换的双重作用下，表现出不断地从树脂上一个交换点向下游的另一个交换点转移，最终进入浓水室。

（4）浓差扩散迁入。由于浓水的盐浓度比淡水的高，故在浓度差推动下，盐从浓水室向淡水室扩散，使淡水质量下降。

（5）水的渗透迁出。由于淡水中水的化学位比浓水中的高，水会渗透进入浓水室中，淡水产量下降。

（6）水的电渗。上述离子迁移的同时携带一定数量的水化水分子一起迁移。

（7）水的压渗。当浓水、淡水和极水之间存在压力差时，水会从压力高的一侧向压力低的一侧渗漏。因此，操作时应注意保持淡水压力略高于浓水压力、浓水压力略高于极水压力，防止浓水被压渗到淡水中和极水被压渗到浓、淡水中。

（8）水的电离迁出。当外加电流较大而超过 EDI 所具有的最大电流输送能力时，可造成淡水中的水分子电离生成 H^+ 和 OH^-，并在电场作用下迁入浓水室。

6. 极化

（1）极化的原因。EDI 的极化包括膜的极化、阳极极化和阴极极化。后两者符合一般电极极化的规律。膜的极化符合浓差极化规律，又称浓差极化。电除盐开始后，阳膜极化和阴膜极化示意如图 11-3 所示。随着外加电流的增加或 EDI 过程的进行，膜表面离子浓度不断下降，当离子浓度下降至接近 10^{-7} mol/L（即水电离产生的 OH^- 或 H^+ 浓度的数量级）时，水电离产生的 OH^- 和 H^+ 开始大量迁移，以补充其他离子输送电荷的不足，与此对应的外加电流密度称极限电流密度，它表示 EDI 在一定条件下最大输送电荷的能力。

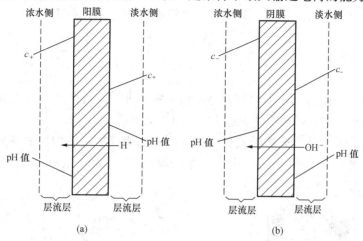

图 11-3　阳膜极化和阴膜极化示意图
(a) 阳膜极化；(b) 阴膜极化
$c+$—阳离子浓度；$c-$—阴离子浓度

离子交换膜发生极化的原因：①外加电流密度超过了极限电流密度；②膜存在对阳离子与阴离子的选择性透过性的差异；③膜表面存在滞流层，使膜表面处的离子得不到及时补充。

增加水温，提高水流速度，有利于提高极限电流密度；高选择性的膜，极限电流密度小，易发生极化。

（2）极化对 EDI 运行的影响。

1）引起 pH 值升降。水的极化电离，一方面电耗增加，另一方面，H^+ 和 OH^- 可使混合树脂维持在较高的 H、OH 形态。在电位梯度高的特定区域，水电离出大量的 H^+ 和 OH^-。由于 H^+ 与 OH^- 的迁移速度不同，所以这种 H^+ 和 OH^- 不等量迁移会造成局部区域 pH 值升降，即一部分区域呈酸性，另一部分区域呈碱性，这种 pH 值偏离中性的水有利于抑制细菌繁殖。

2）降低了电流效率。极化会产生较大过电位，削弱了外加电动势，降低了电流效率。

3）导致浓水室结垢。EDI 运行时，阳膜和阴膜的两边，都存在滞流层，见图 11-3。阳膜极化后，淡水室阳膜滞流层中 H_2O 电离出 H^+ 和 OH^-，H^+ 透过阳膜，使浓水室阳膜表面 pH 值下降，留下的 OH^- 导致淡水室阳膜表面 pH 值上升；同理，阴膜极化后，淡水室阴膜表面 pH 值下降，浓水室阴膜表面 pH 值上升。EDI 运行时，淡水室中 Ca^{2+}、HCO_3^- 不断迁移到浓水室，导致浓水室阳膜表面的 Ca^{2+} 浓度和阴膜表面的 HCO_3^- 浓度增加。由于浓水室阴膜表面 HCO_3^- 浓度和 pH 值都增加，故结垢倾向最大。为了防止 EDI 结垢，应严格控制进水的硬度和碳酸化合物含量。

第二节　EDI　装　置

EDI 装置通常采用模块化设计，即将若干个 EDI 模块组合成一套 EDI 装置。如果其中的一个模块出现故障，可以对故障模块进行维修或更换处理。

为了使极室中产生的气体易于排净，EDI 模块一般设计为立式，从下部进水，从上部出水。

一、EDI 模块的分类

1. 按结构形式分类

按离子交换膜组装在 EDI 中的形状分，EDI 模块可分为板框式和卷式两类，前者组装的是平板状离子交换膜，后者组装的是卷筒状离子交换膜。

(1) 板框式 EDI 模块，简称板式模块。它的内部为板框式结构，主要由阳电极板、阴电极板、极框、离子交换膜、淡水隔板、浓水隔板及端板等部件按一定的顺序组装而成，设备的外形一般为方形或圆形，如图 11-4（a）、（b）所示。

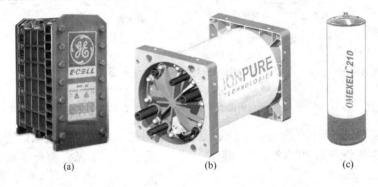

图 11-4　板框式和卷式 EDI 模块外观

(a) 加拿大 E-CELL 公司某板框模板；(b) 美国 Ionpure 公司某板框模块；
(c) OMEXELL 公司某卷式模块

(2) 螺旋卷式 EDI 模块，简称卷式模块。它主要由电极、阳膜、阴膜、淡水隔板、浓水隔板、浓水配集管和淡水配集管等组成。它的组装方式与卷式 RO 相似，即按"浓水隔板→阴膜→淡水隔板→阳膜→浓水隔板→阴膜→淡水隔板→阳膜…"的顺序，将它们叠放后，以浓水配集管为中心卷制成型，其中浓水配集管兼作 EDI 的负极，膜卷包覆的一层外壳作为阳极，设备的外形如图 11-4（c）所示。

2. 按浓水处理方式分类

根据浓水处理方式，可将 EDI 模块分为浓水循环式和浓水直排式两类。

(1) 浓水循环式 EDI 模块。浓水循环式 EDI 系统流程如图 11-5 所示，进水一分为二，大部分水由模块下部进入淡水室中脱盐，小部分水作为浓水循环回路的补充水。浓水从模块的浓水室出来后，进入浓水循环泵入口，升压后送入模块的下部，并在模块内一分为二，大部分水送入浓水室内，继续参与浓水循环，小部分水送入极水室作为电解液，电解后携带电极反应的产物和热量而排放。为了避免浓水的浓缩倍数过高，运行中连续不断地排出一部分浓水。

当浓水排放回收到 RO 进水中时，EDI 水的回收率可以达到 99%。

与浓水直排式相比，浓水循环式的特点是：①通过浓水循环浓缩，提高了浓水和极水的含盐量，从而提高了工作电流；②一部分浓水参与再循环，增大了浓水流量，亦即提高了浓水室的水流速度，因而膜面滞流层厚度减薄，浓差极化减轻，浓水系统结垢的可能性减少；③较高的工作电流使 EDI 模块中的树脂处于较多的 H 型和 OH 型状态，保证了 EDI 除去 SiO_2 等弱电解质的有效性。

（2）浓水直排式 EDI 模块。这种模块称为浓水全部外排或返回 RO 进水的模块，如

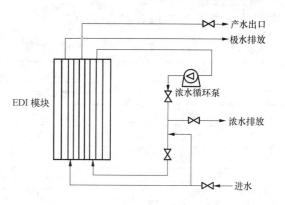

图 11-5　浓水循环式 EDI 示意

图 11-6 所示。例如，在浓水室和极水室填充了离子交换树脂等导电性材料，由于浓水、极水导电能力的提高，故可以不设浓水循环系统。

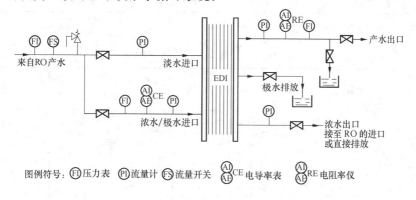

图例符号：(FI)压力表　(PI)流量计　(FS)流量开关　(AI/AE)CE电导率表　(AI/AE)RE电阻率仪

图 11-6　浓水直排式 EDI 示意

与浓水循环式相比，浓水直排环式有如下特点：①提高工作电流的方法不是靠增加含盐量，而是借助于导电材料。因为在 EDI 模块中，树脂比被处理水的电导率高几个数量级，所以，在电压相同的情况下，工作电流更大，从而可以用较少的电能获得较好的除盐效果。②当进水电导率不太低时，浓水室和极水室的电阻主要取决于导电材料，而与水的含盐量关系不大，所以，当进水电导率波动幅度不大时，膜堆电阻基本不变，这样工作电流变化小，脱盐过程稳定。③浓水室中树脂可以迅速地吸着迁移进来的可交换物质，包括 SiO_2 及 CO_2，这样降低了膜表面浓度，减轻了浓差极化，减缓了浓水室的结垢速度。④因无浓水循环，故系统简单。⑤浓水室的水流速度不高。⑥进水电导率太低时，EDI 装置可能无法适应。在此种情况下，可采取浓水循环或加盐措施。

二、EDI 模块的规格

1. MK 系列模块

MK 系列模块属浓水循环式 EDI 模块，由加拿大 E-CELL 公司生产，主要技术参数见表 11-2。

2. XL 系列模块

XL 系列模块属浓水直排式 EDI 模块，由美国 Electropure 公司生产，无加盐系统，

主要技术参数见表 11-3 和表 11-4。

表 11-2　　　　　　　　　　MK 系列模块主要技术参数

序号	项　目	技　术　参　数			
		MK-1E 型	MK-2E 型	MK-2MINI 型	MK-2Pharm 型 *
1	产水量（m³/h）	1.36～2.84	1.7～3.41	0.57～1.14	1.59～4.09
2	回收率（%）	90～95	80～95	80～95	80～95
3	工作温度（℃）	4.4～38	4.4～38	4.4～38	4.4～38
4	进水压力（bar）	3.1～6.9	3.1～6.9	3.1～6.9	3.4～6.9
5	最大运行电压（V，DC）	600	600	400	600
6	最大运行电流（A，DC）	4.5	4.5	4.5	4.5
7	外形尺寸（宽×深×高）（cm×cm×cm）	30×45×61	30×49×61	30×27×61	30×48×61
8	产品水管材	PP（聚丙烯）	PP（聚丙烯）	PP（聚丙烯）	PP（聚丙烯）

* 医药及生物行业专用模块。

表 11-3　　　　　　　　Electropure 公司 XL 系列模块规格

产品型号	流量范围（L/h）	工作电压（V，DC）	外形尺寸（宽×高×深）（cm×cm×cm）	净重（kg）
XL-100-R	80～150	48（30～60）	22×56×17	19.0
XL-200-R	100～300	100（60～120）	22×56×19	21.0
XL-300-R	30～1000	150（120～160）	22×56×26	27.0
XL-400-R	600～1500	200（150～220）	22×56×29	30.5
XL-500-R	1300～2300	300（250～320）	22×56×37	35.5

表 11-4　　　　　　Electropure 公司 XL-500 型模块主要技术参数

序号	项　目	技术参数	序号	项　目	技术参数
1	产水量（m³/h）	1.3～2.3	5	最大运行电压（V，DC）	400
2	回收率（%）	80～95	6	最大运行电流（A，DC）	6
3	工作温度（℃）	5～35	7	外形尺寸（宽×深×高，cm×cm×cm）	36×21×56
4	进水压力（bar）	1.5～4.0	8	产品水管材	PS（聚砜）

3. IPLX 系列模块

IPLX 系列模块由美国 Ionpure 公司（1993 年并入 U. S. Filter 公司）生产，属浓水直排式 EDI 模块，主要的技术参数见表 11-5。

4. VNX-X3 型模块

VNX-X3 型模块是由三个 VNX 子模块进行内部连接而成，属浓水直排式 EDI 模块，由美国 Ionpure 公司生产。VNX 子模块既可以单独使用，还也可以由两个组合成一个模块使用。VNX 子模块这种独特的内部连接方式，减少了 EDI 系统的连接管道和占地面积。

VNX-X3 型模块的主要技术参数见表 11-6。

三、淡浓水隔板

1. 淡水隔板

淡水隔板位于 EDI 模块的淡水室中，作用是：①构成淡水室的水流通道；②支撑离子交换膜和离了交换填充材料；③改善淡水流态，降低层流层厚度，减少离子扩散阻力。

表 11-5　　　　　　　　　　**美国 Ionpure 公司 IPLX 系列模块主要技术参数**

型 号	高温专用模块		一般模块		
	IPLX10H	IPLX24H	IPLX10X	IPLX24X	IPLX30X
产水量（最小/正常/最大，m³/h）	0.55/1.1/1.65	1.4/2.8/4.2	0.55/1.1/1.65	1.4/2.8/4.2	1.65/3.3/4.95
回收率（%）	90～95	90～95	90	95	90
进水及产品水管规格	DN32	DN32	DN32	DN32	DN32
浓水管规格	DN20	DN20	DN20	DN20	DN20
最大进水压力（bar）	6.9	6.9	6.9	6.9	6.9
正常运行压降（bar）	1.1～1.4	1.1～1.4	1.1～1.4	1.1～1.4	1.1～1.4
最高进水温度（℃）	80	80	45	45	45
外形尺寸（宽×深×高，cm×cm×cm）	33×30×61	33×68×61	33×30×61	33×68×61	33×89×61
设备质量（kg）	50	100	50	100	114
运行质量（kg）	108.8	145	108.8	145	168

注　1bar=100kPa。

表 11-6　　　　　　　　　　**美国 Ionpure 公司 VNX-X3 型模块主要技术参数**

序号	项目	技术参数	序号	项目	技术参数
1	产水量（最小/正常/最大，m³/h）	5.7/11.4/17	5	电压（V，DC）	0～600
2	回收率（%）	90～95	6	电流（A，DC）	0～19.5
3	工作温度（℃）	5～45	7	外形尺寸（宽×高×长，cm×cm×cm）	50.8×50.8×198.1
4	进水压力（bar）	1.4～7	8	设备质量（kg）	276.7

注　VNX-X3 型模块由三个 VNX 子模块组成。

2. 浓水隔板

浓水隔板位于 EDI 模块的浓水室中，作用是：①构成浓水室的水流通道；②强化水流紊乱，减薄层流层厚度，降低浓差极化程度，防止结垢。

淡浓水隔板通常为无回程形式，材质有聚乙烯、聚砜等；淡水隔板厚度一般为 3～10mm；浓水隔板厚度一般为 1～4.5mm；隔板内可填充隔网、离子交换树脂和离子交换纤维等。隔网主要起促进湍流、提高极限电流密度作用。常用的隔网材料有聚氯乙烯、聚乙烯、聚丙烯、涂塑玻璃丝等。网孔形式有鱼鳞网、纺织网和窗纱网等。

隔板的结构、厚度对 EDI 性能有影响。例如，淡水隔板越厚，即离子由淡水室迁移至浓水室的路程越长，因而残留在淡水中离子越多。另外，隔板结构还会影响树脂的密实程度。

四、填充材料

EDI 装置中的填充材料对 EDI 的性能有重要影响。

1. 填充材料种类

（1）离子交换树脂。一般选择均粒的强型树脂作为填充物，填充的强酸阳树脂和强碱阴树脂比例应与进水可交换阴、阳离子的比例相适应，例如 1∶2 或 2∶3 等。使用均粒树脂的优点是空隙均匀、阻力小、不易偏流。

（2）离子交换纤维。离子交换纤维是一种以纤维素为骨架的离子交换剂，有阳离子交换纤维、阴离子交换纤维和两性离子交换纤维三种。离子交换纤维的比表面积明显高于粒状离子交换树脂的比表面积，因而吸附离子能力强、再生性能好、离子迁移速度快、交换容量大、脱盐率高。离子交换纤维的外观有织物状、泡沫状、中空状、纤维层压品等。

2. 树脂的填充方式

离子交换树脂的填充方式对 EDI 装置的出水水质影响较大，具体的填充方式有以下两种：

（1）分层填充。从隔室出水端起，阳树脂与阴树脂交替分层填充，即第 1 层为阳树脂，第 2 层为阴树脂，第 3 层为阳树脂，……，依次类推，直至填满隔室。有的将阳、阴树脂制成同心柱体后填充，就是用阴树脂将阳树脂围成一个柱形，柱轴与两侧的离子交换膜垂直，并用惰性黏结材料将树脂柱定位在隔室中。

（2）混匀填充。就是将阳树脂与阴树脂混合均匀后，再填充到 EDI 中，它充分地利用了树脂层中各处水分子电离出的 H^+ 及 OH^-，以保持树脂的高再生度，这对于去除弱酸弱碱性物质（如 SiO_2、CO_2）有利。

五、EDI 电极

如前所述，极水中含电极反应产物，故电极应耐酸碱、不腐蚀、抗氧化和难极化。此外，电极结构应保证电流分布均匀、电流密度低、排气和极水流动通畅。

目前，常用钛涂层（如钛涂钌或铱等）材料作阳极，用不锈钢材料作阴极。

电极形式有多种，卷式 EDI 模块的阴电极为管式（同时还兼作模块的中心配集管），阳电极一般板状或网状；板框式 EDI 模块的阳、阴电极一般为栅板式或丝状。

六、整流器

整流器输出的直流电压及电流应满足 EDI 装置在各种运行条件包括极端条件下的要求，即直流输出电压满足模块的最大电压值，直流输出电流为各模块的最大运行电流之和，且有一定裕量。

当整流器输出功率较大时，为了保证电源的稳定，应采用三相交流电输入，并设置隔离变压器。另外，为了保证整流器的运行不对附近的分析仪表产生影响，整流器的直流输出电压纹波系数应小于最大输出量的 5%。

整流器应具备以下功能：①电流输出连续可调；②有稳压、稳流及手动三种控制方式；③过流保护、快速熔断、可控硅过压保护、合闸过电压冲击保护等；④通电指示及电压和电流指示。

七、测量仪表

EDI 系统需配置压力表、流量表、温度计及水质监测仪表等。

（1）压力表。在 EDI 模块淡水的进出口、浓水的进出口、极水的出口等处应设置压力测量仪表，这样既可以监测各种水流的运行压力及压降，还可以根据压力、压降值调整运行上况。

（2）流量表。可以是每个模块都安装一个流量开关以便报警，或者对一个框架内三路主要的水流（淡水、浓水及极水）分别设置流量表，以便指示运行流量及流量调整。

可以选用带触点开关的浮子流量表或其他带信号输出的流量表，当通过 EDI 模块的流量过小或者断流时，流量表应能将信号发送至控制器，实现报警或者停机。

（3）水质分析仪表。通常采用电导率表在线测量 EDI 装置的进水水质，采用电阻率仪在线测量 EDI 的产品水水质。各监测仪表可以与控制器结合成为系统保护装置的一部分。

另外也可以采用多参数（或多通道）水质分析仪表同时监测整个 EDI 系统的几个参数，如流量、压力、水温、电导率/电阻率等。

八、浓水循环泵

浓水循环泵的出力及扬程应根据 EDI 模块的性能参数选取。其中，扬程一般高于浓水回流压力 0.2～0.3MPa，另加上浓水循环泵到模块间的压力损失。泵的最大扬程不能超过 EDI 模块的允许值。

应选择流体接触部件为耐腐蚀材料的泵，如不锈钢泵。

九、系统管道及阀门

EDI 模块的外部接口有淡水进出口、浓水进出口和极水出口等，这些接口与对应的集水管之间通常采用软管或硬管连接，其管件的材质一般选用 PVC、UPVC、PP 等非金属管材。如果选用不锈钢管道，则在 EDI 模块和不锈钢管道之间应留有足够的绝缘管线距离以防漏电。

设计淡水进水和浓水进水等的配水管路系统时，应尽量保持所有模块的进水压力和进水流量相同。

管路中的阀门可以根据系统的需要设置，包括各种调节阀、阻断阀、隔离阀、排气阀、取样阀、卸压阀等，阀门材质应与管路材质匹配。如果采用金属阀门，应有安全的接地措施。

十、接地

EDI 系统充满水，环境潮湿，工作电压较高，必须从设备制造、设计、安装、调试、运行维护等环节，确保电气安全，防止触电事故。因此，电源和模块的正确接地非常重要。下面以 EXL 模块（见图 11-7）为例，介绍 EDI 系统的接地。

（1）模块所有导电部件共用一根接地导线与大地连接。因为水可导电，故所有进水口和出水口通过"T"形三通接地。

（2）直流（DC）电源必须与模块的阳极和阴极牢固连接。直流电源配线颜色一般是：地线（0）为绿色，阴极（一）线为黑色，阳极（＋）线为红色。

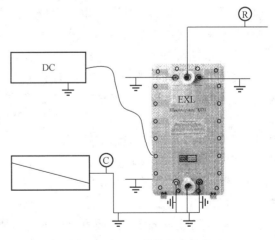

图 11-7　EXL 模块接地示意

（3）电源通过主直流（DC）系统接地。

（4）系统安装后，必须测试接地性能，确保运行过程中任何金属表面不带电。

十一、控制系统

1. 控制柜

EDI 装置的就地控制柜主要包括以下部件：①电源；②PLC 控制系统；③EDI 系统操作界面；④报警用继电器等；⑤在线电导率/电阻率仪等。

2. PLC 控制系统

（1）功能。EDI 装置的 PLC 控制系统应具有以下功能：

1）监视在线仪表的运行状况。

2）对整流器、浓水循环泵及加盐系统进行控制操作。

3）内部故障诊断及报警。

4）远程控制。

（2）操作界面。PLC 操作界面应能显示系统运行、备用的状态及报警信号。操作人员可以通过操作界面操作和监控 EDI 系统，包括加盐等辅助系统。

（3）控制点及联动信号。连接到 PLC 系统的输出信号包括浓水循环泵运行信号、整流器运行信号、出水电阻率信号、通用报警信号、三室压力信号、三室流量信号等。

在下述联动信号报警时，PLC 应能自动停机：①浓水循环流量低；②浓水排放流量低；③极水排放流量低；④EDI 产水流量低。

（4）远程控制。当系统发出报警信号时，可以通过远程 PLC 控制 EDI 系统的启停，例如 EDI 装置出现产水流量过低等异常情况时，远程 PLC 可以停运 EDI 装置中整流器、浓水循环泵等设备，一旦消除了故障，又可以通过远程重新启动 EDI 系统。

（5）手动操作。整流器、浓水循环泵及加盐泵等都应设有手动/自动选择开关。

（6）辅助系统的控制。不经常工作或动作不频繁的设备可以设计成手动操作，反之，则应设计成自动操作。对于清洗装置，由于清洗周期比较长，故通常采用手动操作；对于加盐装置，则可以采用自动操作的方式控制盐的投加。加盐计量泵可以由外部信号调节出力和控制启停。这些外部信号包括盐溶液箱的低液位信号、浓水循环泵的运行信号和浓水电导率信号等。当浓水循环泵启动且浓水电导率低于设定值时，PLC 控制加盐泵启动工作；当浓水循环泵停止运行或浓水电导率高于设定值时，PLC 控制加盐泵停止运行。

十二、加盐系统

若浓水室内没有充填导电材料，则浓水室靠离子传输电流。当进水电导率较低时，因为浓水室电阻较高，所以需要向浓水中加盐（一般用 NaCl），以维持模块较高的电流，保证足够的除去弱电解质的能力。一般，要求浓水室的进水电导率为 $10\sim100\mu S/cm$，出水电导率为 $40\sim100\mu S/cm$。以二级反渗透（RO—RO）淡水作为 EDI 给水时，如果 RO 淡水电导率小于 $2\mu S/cm$，则应采取以下措施，将浓水进水电导率提高至上述范围内：①浓水循环；②浓水、极水加盐；③选择电导率大于 $10\mu S/cm$ 的 RO 淡水（如第一级 RO 淡水）作为浓水和极水；④取消第二级 RO，或者以第一、二级 RO 淡水的混合水作为浓水和极水。对于第①种措施，应防止浓水循环浓缩可能造成硬度等危害物质累积，以及细菌的繁衍；对于第②种措施，为了减少杂质随盐进入系统，所用盐的纯度应达到分析纯度及以上。

加盐系统一般采用一个溶液箱和两台计量泵（一用一备）的配置形式。盐溶液箱的容积和计量泵的出力可以根据 EDI 装置的进水水质、水量确定。

十三、清洗装置

EDI 的化学清洗装置可以根据 EDI 装置容量配置，也可以与反渗透的清洗装置共用（参阅第八章第五节）。清洗装置包括一个溶液箱、一台清洗水泵、一台精密过滤器，以及流量表、压力表、配套的阀门和管道等。

十四、其他部件

包括端板（板框式 EDI 模块）、外壳（卷式 EDI 模块）、外部接管、电源接头、框架、螺栓等。

1. 端板

板框式 EDI 模块的端板通常采用轻型铝合金材料制成，以减轻质量，方便安装和维修。端板上一般喷涂了防腐涂料，以保证模块在潮湿环境中工作良好。

2. 外壳

卷式 EDI 模块的外壳通常采用玻璃钢制作，这样的外壳具有一定的强度、耐腐蚀能力和绝缘性能。

3. 外部接管

EDI 模块的外部接管包括淡水进口、产品水出口、极水出口和浓水进出口等，一般使用非金属（如 PVC、UPVC 及 PP）接管，以防止模块漏电，保证本体绝缘。

4. 电源接头

EDI 模块一般采用专用的两相或三相接头与外部电源连接。

5. 框架

材质一般为碳钢（外涂防腐涂料）或者高强度的玻璃钢（FRP）。框架上有 J 型螺栓或 L 型托架等定位装置，以便在安装或更换 EDI 模块时定位模块。

6. 螺栓

螺栓及其扭矩大小对于控制 EDI 的内漏、外漏和产品水质量非常重要。

（1）调整扭矩的时机。在以下时机，应重新调整模块的螺栓扭矩：①在安装到防滑支架之后；②在用户现场调试操作之前；③当带压运行后；④在使用第一个月，定期（如每周）调整扭矩，直到所有内部的塑料部件都被充分压缩、充实；⑤在产品水质量异常下降后。

（2）调整扭矩的顺序。扭矩调整顺序的原则是，确保模块各部位扭矩均匀，尽量避免某点锁紧力过大。图 11-8 是调整 XL 模块扭矩的顺序。按图中数字顺序均匀地上紧螺栓，每次增加的扭矩应低于 2.7N·m，直到所有的螺栓扭矩都达到了推荐值（20～27N·m）。调节模块角处的螺栓要特别当心，防止紧固不当造成端板破裂。

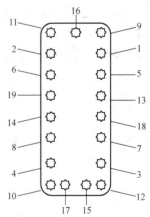

图 11-8　XL 模块扭矩顺序
1～19—调整顺序

第三节　EDI 运 行 技 术

为了保证 EDI 装置的正常工作，EDI 装置的进水水质必须控制在规定的范围内，淡水、浓水、极水的流量及压力也应满足一定的要求，同时操作电流也不宜过大或过小。如果其中一个条件达不到要求，则系统无法制备出高品质的纯水。

一、EDI 对进水的要求

进水水质特别是进水中的污染物对 EDI 模块的寿命、运行性能、清洗频率及维护费用等方面有重要影响。进水主要污染物包括有机物（如 TOC）、固体颗粒（如 SDI）、金属（如 Fe、Mn）、氧化剂（如 Cl_2、O_3）和 CO_2。

1. 含盐量

EDI 工作电流中只有不到 30% 的电流消耗于离子迁移，而约 70% 的电流消耗于水的电离，故 EDI 的电能效率低。所以，EDI 适用于低含盐量（如电导率 $<6\mu S/cm$ 或含盐量 $<12mg/L$）水的精处理，通常是用 EDI 对 RO 淡水进行深度除盐。

一般用电导率、总可交换离子和当量电导率等指标表示含盐量。

（1）电导率。进水电导率低，EDI 产品水质好，SiO_2 及 CO_2 等弱酸性物质的去除率高。进水电导率高，一方面工作床的深度增加，抛光床的深度减少，因而 EDI 去除弱电离物质（如 SiO_2）的能力减弱；另一方面需要增加电流，相应地增加了电解 H_2O 的能耗。

（2）总可交换阴离子（TEA）及总可交换阳离子（TEC）。对于 EDI 模块，电导率不能准确反映进水中杂质的含量，因为有些杂质并不是以离子状态存在的，例如硅酸化合物和碳酸。所以，常采用 TEA 或 TEC 等指标表示进水杂质含量。TEA 中除包括水中离子态杂质外，还应包括 CO_2 等分子态杂质。

即使含盐量相同，但组成不同时，EDI 产品水质也有差异，这是由于不同离子的迁移速率和交换能力不同，例如二价离子比一价离子的迁移速率和"交换—解吸"速率慢，Ⅱ—Ⅱ型（如 $CaSO_4$）水比 Ⅰ—Ⅰ型（如 NaCl）水的脱盐率更易受淡水室水流速度的影响。

（3）当量电导率（FCE）。可用 FCE 衡量 TEA 的大小，按式（11-8）计算

$$FCE = DD + 2.79 [CO_2] + 1.94 [SiO_2] \tag{11-8}$$

式中：FCE 为当量电导率，$\mu S/cm$；DD 为电导率，$\mu S/cm$；$[CO_2]$、$[SiO_2]$ 分别为 CO_2、SiO_2 浓度，mg/L。

2. 硬度

硬度是 EDI 模块的主要结垢物质。EDI 运行过程中，H_2O 会不断地电离出大量的 H^+ 和 OH^-。大量的 OH^- 迁移至浓水室阴膜表面，pH 值明显升高，加快了水垢的形成。因此，必须严格限制进水结垢物质含量，延长清洗周期。例如，要求进水硬度小于 $1.0mg/L$（以 $CaCO_3$ 计）。

3. pH 值

进水 pH 值对弱电解质电离平衡有影响。弱电解质的电离度越高，与树脂发生交换反应的能力越强，在电场中迁移的份额越高。EDI 模块运行时，若进水 pH 值较低，意味着 CO_2 较多，也表明水中 CO_2 等弱酸性物质的电离度不高，结果是有较多 CO_2 留在淡水室，产品水电导率较高；若进水 pH 值过高，则又会产生另一个问题，即 EDI 模块易结垢。某卷式 EDI 装置，当进水 pH 值 7 增至 8.5 时，产品水电阻率由 $14.3M\Omega \cdot cm$ 上升至 $17.5M\Omega \cdot cm$。

EDI 运行过程中，淡水、浓水和极水的任何区域必须维持电中性。因此，在水的任何区域，如果阳离子杂质与阴离子杂质的迁移量不相等，则必然是 H^+ 或 OH^- 弥补空缺，或者

是 EDI 自动调节驱动力，直到所有阳离子与所有阴离子的迁移量相等。一般，水电离的 H^+、OH^- 在维持电中性过程中发挥着重要作用。如果进水中阳离子杂质与阴离子杂质含量相差较大，则产品水与浓水的 pH 值差别也大。

pH 值高低还会影响离子杂质的除去。例如，在淡水室中，若 pH 值较低，则有较多 H^+ 与阳离子杂质竞争迁移，导致阳离子杂质不能有效去除；反之，若 pH 值较高，则阴离子杂质不能有效去除。所以，EDI 除盐时淡水的理想 pH 值为 7.0。

4. 氧化剂

如果进水中 Cl_2 和 O_3 等氧化剂的含量过高，则可导致树脂和膜的快速降解，离子交换能力和选择性透过能力衰退，除盐效果恶化，模块寿命缩短。树脂和膜的氧化产物为小分子有机物，溶入水中后，一方面使产品水 TOC 增加，另一方面污染阴树脂和阴膜。另外，被氧化降解的树脂机械强度下降，容易破碎，产生的碎片堵塞树脂间空隙，增加了水流阻力。一般，将 Cl_2 和 O_3 等的浓度控制在零的水平。

5. 铁、锰

Fe、Mn 的危害如下：

(1) 中毒。树脂和膜的活性基团功能类似半导体的空穴，它是离子迁移的中转站。因为 Fe、Mn 与树脂活性基团间存在强大的亲和力，所以它们一旦进入阳树脂和阳膜孔道，就会占据一些"中转站"，阻碍其他离子的接力传递。换句话说，Fe、Mn 与活性基团结合后，阳树脂和阳膜中能发挥作用的活性基团减少，导电能力下降，离子电迁移速度降低，电除盐效果变差。

(2) 催化。Fe、Mn 还会扮演催化剂的角色，会加快树脂和膜的氧化速度，造成树脂和膜的永久性破坏。

(3) 沉积。在 pH 值偏离中性区域，Fe、Mn 转化成胶态（如氧化铁和氧化锰）而沉积。

6. 颗粒杂质

颗粒杂质包括胶体和悬浮物，因为 EDI 进水颗粒杂质很少，所以常以 SDI 表示其含量。颗粒杂质会污堵水流通道、树脂空隙、树脂和膜的孔道，导致模块的压降升高、离子迁移速度下降。一般要求 EDI 进水的 SDI<1.0。为了降低 EDI 进水 SDI，可用 $1\mu m$ 精度的保安过滤器过滤 EDI 的进水。

7. 有机物

常用 TOC 表示有机物含量。有机物主要污染树脂和膜，导致传递离子的效率降低，膜堆电阻增加。

8. CO_2

CO_2 随 pH 值变化呈不同形态分布，它们的影响可分为三个方面：一是 CO_3^{2-} 与 Ca^{2+}、Mg^{2+} 生成碳酸盐垢；二是呈分子态的 CO_2 不易被 EDI 除去，某试验结果表明，即使 CO_2 含量低至 5mg/L，也能显著地降低产品水的电阻率；三是 CO_2 的存在显著影响 EDI 对 SiO_2、硼酸的去除。

9. 硅酸化合物

在 EDI 中，硅酸是最难去除的杂质之一。硅酸的去除效果取决于它的电离。电离越多，受到电场的驱动力越大，与树脂的交换能力越强，去除率越高。pH 值在 7.0 附近，硅酸几乎不电离，除去效果差；当 pH 值升高到 9.8 左右，则除去效果显著。

硅酸对 EDI 运行的影响包括两个方面：一是在浓水室生成硅垢；二是需要强化 EDI 运行条件，才能去除彻底。

控制硅垢和提高除硅效果的措施如下：

（1）优化 RO 系统，降低进水硅含量（小于 0.5mg/L）。例如，采用除硅能力强的 RO 膜、提高 EDI 进水 pH 值、采用 HERO（高效反渗透）技术。

（2）减少进水 CO_2 含量，削弱硅酸的竞争对象。例如，用 $MgO/CaCO_3$ 滤床过滤 RO 淡水，提高 RO 进水 pH 值至 8.3，采用多级 RO，用脱气膜去除 RO 淡水中的 CO_2。

（3）控制 EDI 电压，使抛光床区域的水能有效电离。

上述进水指标对 EDI 的影响还与模块结构、树脂和膜的性能、隔板水流通道、工作电流和电压及浓水循环与否有关，表 11-7～表 11-10 是几家模块生产厂提出的进水水质标准。

表 11-7　　　　　　　　　　加拿大 E-CELL 公司 MK-2 系列模块对进水要求

序号	项　目	MK-2E/Mini 型控制值	MK-2Pharm 型控制值
1	TEA（包括 CO_2）（以 $CaCO_3$ 计，mg/L）	＜25.0	＜16.0
2	电导率（μS/cm）	＜60	＜40
3	pH 值	5.0～9.0	5.0～9.0
4	硬度（以 $CaCO_3$ 计，mg/L）	＜0.5	＜0.5
5	活性二氧化硅（mg/L）	＜0.5	＜0.5
6	TOC（mg/L）	＜0.5	＜0.5
7	余氯（mg/L）	＜0.05	＜0.05
8	Fe、Mn、H_2S（mg/L）	＜0.01	＜0.01
9	SDI（15min）	＜1.0	＜1.0

表 11-8　　　　　　　　　　美国 Ionpure 公司某 CEDI 模块对进水要求

序号	项　目	控制值	序号	项　目	控制值
1	电导率（μS/cm）	＜40	5	TOC（mg/L）	＜0.5
2	pH 值	12～11	6	余氯（mg/L）	＜0.02
3	硬度（以 $CaCO_3$ 计，mg/L）	＜1.0	7	Fe、Mn、H_2S（mg/L）	＜0.01
4	活性二氧化硅（mg/L）	＜1.0			

表 11-9　　　　　　　　　　美国 Electropure 公司 EDI 模块对进水要求

序号	项　目	控制值	推荐值	序号	项　目	控制值	推荐值
1	电导率（μS/cm）	1～20	1～6	7	氧化剂（以 Cl_2、O_3 代表）（mg/L）	检测不出	检测不出
2	当量电导率（μS/cm）	＜50	＜10	8	金属（如 Fe、Mn、变价金属，mg/L）	＜0.01	检测不出
3	pH 值	5.0～9.5	7.0～7.5	9	总 CO_2（mg/L）	＜5	＜1
4	硬度（以 $CaCO_3$ 计，mg/L）	＜1.0（90% 回收率时）		10	水温（℃）	5～40	20～30
5	二氧化硅（mg/L）	＜0.5	＜0.2	11	SDI	＜1	＜0.5
6	TOC（mg/L）	＜0.5	检测不出				

表 11-10　　　　　　　　　　　OMEXELL 公司某卷式 EDI 模块对进水要求

序号	项　　目	控制值①	控制值②	序号	项　　目	控制值①	控制值②
1	TEA（以 $CaCO_3$ 计，mg/L）	≤25	≤8	5	TOC（mg/L）	≤0.5	≤0.3
2	pH 值	6.5～9	7～9	6	余氯（mg/L）	≤0.05	≤0.05
3	硬度（以 $CaCO_3$ 计，mg/L）	≤2	≤0.5	7	Fe、Mn、H_2S（mg/L）	≤0.01	≤0.01
4	活性二氧化硅（mg/L）	≤0.5	≤0.2	8	总 CO_2（mg/L）	≤5	≤3

① OMEXELL-210 模块。

② OMEXELL-210UPW 模块。

二、EDI 的操作参数

1. 水温

(1) 水温与产品水质量。EDI 存在着一个适宜的运行水温。水温升高，离子活度增大，在电场作用下迁移加快，故产品水质提高。不过水温高于 35℃后，杂质离子不容易被树脂吸着，产品水质量下降；当水温低至 2～5℃时，杂质迁移慢、树脂难吸着，产品水品质也会降低。表 11-11 是水温对出水水质的影响实例。

表 11-11　　　　　　　　　　　水温、电流对 CDI-LX 型模块出水水质的影响

进水温度（℃）	10		17	
进水电导率（μS/cm）	6.45	5.94	6.61	6.51
进水 CO_2（mg/L）	1.88	1.88	1.88	1.88
进水 SiO_2（μg/L）	315.5	249.5	313.5	326.5
产品水电阻率（MΩ·cm）	14.3	16.3	16.2	17.2
产品水 SiO_2（μg/L）	27.5	6.5	13.5	3.5
SiO_2 去除率（%）	91.3	97.4	95.7	98.9
电流（A）	3.22	5.99	3.21	6.01

(2) 水温与水流阻力。水温增加，水的黏度降低，故水流通过三室（淡水室、浓水室和极水室）的阻力减小，亦即水通过三室的压力降减小。水温从 25℃下降到 5℃时黏度增加 69.7%，压力降也相应大幅增加。

(3) 水温与模块电阻。水温增加，模块电阻下降，在给定电压下电流增加。一般，水温增加 1℃，模块电阻下降约 2%。

(4) 水温与电压。若维持除盐效果不变，则升高水温，可相应降低电压。例如，在水温 2～35℃范围内，每升高 10℃，可以降低电压 10%。

(5) 水温与水的电导率/电阻率测量。水温对水的电阻率有显著影响。水温升高，离子杂质的导电能力增强，H_2O 也电离出更多的 H^+ 和 OH^- 参与导电，两者叠加，水的电导率

增加，电阻率下降。为了消除水温的影响，一般通过仪表的温度校验，以 25℃时电阻率或电导率表示水的纯度。

2. 压力与压降

EDI 运行压力一般为 2～7bar。由于内部密封条件的限制，运行压力不能太高，但是，运行压力太低时，无法保证出力。

EDI 运行过程中，应保持淡水压力略高于浓水、极水压力，但压差不能太大，以避免淡水漏入浓水中。通常淡水压力比浓水的高 0.3～0.7bar。若淡、浓水压差小于 0.3bar，则不足以保证浓水不渗入淡水；若其淡浓水压差高于 0.7bar，则可能造成 EDI 装置变形。

由于淡水室、浓水室和极水室水流通道不同，水流过三室的压力损失（或称压降）也不同，所以即使进口处三者压力符合上述要求，出口处可能也会偏离平衡状态。由此看来，运行时还应注意淡水的进出口压降（称淡水室压降）、浓水的进出口压降（称浓水室压降）、极水的进出口压降（称极室压降）和淡、浓水间压降。

影响压降的因素有流量、水温、隔室数量和水的回收率等。

（1）对于新模块，压降几乎随流量呈线性关系递增，例如 XL-500 型 EDI 模块，淡水流量从 6gpm（1gpm＝227L/h）增至 10gpm 时，压降从 0.7bar 增至 1.7bar。

（2）水温升降，水的黏度减增，故压降相应减增。

（3）流量一定时，压降与隔室数量成反比。

（4）当进水总量不变时，提高水的回收率，相当于降低了分配给浓水室的水量，增加了淡水室流量，所以浓水室压降下降，淡水室压降上升。

极水流量较小，而且直接排放，所以，极室压降较低，一般小于 2.5bar。

比较三室压降的运行值与初始值（或经验值），可以帮助判断 EDI 模块的故障。例如，极水压降经验值，XL 系列模块在极水流量为 10L/h（0.05gpm）时大约为 1.4bar（20psi），EXL 系列模块在极水流量为 30L/h（0.15gpm）时大约为 2.4bar（35psi）。如果在上述极水流量条件下运行的压力降高于这个值，则极水室可能发生了堵塞、水温明显下降或者结垢等情况。

3. 流量

流量对水流阻力、产品水质、层流层厚度、离子迁移速度、极限电流和浓差极化都有影响，所以控制合适的流量，对稳定 EDI 运行非常重要。一般当其他条件不变时，淡水流量随淡水室压降近似呈直线关系递增。

（1）产水流量。又称淡水流量或产品水流量。流量低，滞流层厚、离子迁移慢、极限电流小和浓差极化程度大；流量高，虽然可能改善因流量低而引发的上述问题，但是运行压差大，水在淡水室停留时间短，盐类可能来不及从该室迁出，导致产品水质量差。所以，EDI 模块一般都有一个适宜的产水流量范围。

（2）浓水流量。除类似产水流量影响外，它还对膜表面结垢有显著影响。浓水流量越低，结垢越易发生；浓水流量高，对于浓水直排式 EDI 系统，则水耗高。所以，EDI 系统中一般采取了浓水循环或加盐的措施。此外，为了避免浓水中离子过度积累，需要排放出少量浓水，补充相应量的进水。

（3）极水流量。极水流量应能保证冷却电极和及时地将电极反应产物带走，一般为进水流量的 1％～3％。

4. 回收率

EDI 模块的水回收率定义为

$$y = \frac{q_P}{q_F} \times 100\% = \frac{q_P}{q_P + q_B + q_E} \times 100\% \tag{11-9}$$

式中，y 为水的回收率，%；q_F、q_P、q_B、q_E 分别为进水总流量、产水流量、浓水排放流量和极水排放流量，m^3/h。

EDI 系统中，q_E 仅为 1%～3%，可将它近似看成为对式（11-8）分母没有影响的定值。从式（11-8）可知，增加回收率，浓水排放量降低。因为在 EDI 模块的运行过程中，淡水中的盐分几乎全部迁移至浓水中，所以，浓水中盐浓度随回收率递增，浓水结垢倾向增加。为了保证浓水室的结垢量不因回收率增加而增多，所以回收率越高，要求进水硬度越小，或者说，EDI 模块允许的回收率与进水水质有关。例如，ECELL 公司生产的 MK-2 型模块，当进水硬度＜0.1mg/L（以 $CaCO_3$ 计）时，最高回收率为 95%；当进水硬度＞1mg/L（以 $CaCO_3$ 计）时，最高回收率则为 80%。

5. 电压

电压过低，离子迁移驱动力小，产品水残留的盐类多。相反，电压过高，水分解太快，耗电量过大，过多的 H^+ 和 OH^- 还会挤压其他杂质离子的迁移，加之同名离子从浓水室向淡水室的迁移量增加，同样出水水质不好。过高的电压也会造成极室产生大量气体。所以，EDI 的工作电压应控制在一定的范围内。

EDI 的适宜工作电压取决于模块内部单元的数目、水温、浓水电导率、回收率。一般正常工作电压为 5～8V/单元。

6. 电流

电流与迁移离子的总数成正比，这些离子包括杂质离子（如 Na^+ 和 Cl^-）和水电离的 H^+ 和 OH^-。

EDI 的工作电流与水中离子浓度、水的回收率、水分解量和水温有关。进水离子浓度越高，运行电流越大；水的回收率越高，则浓水室的电阻越小，运行电流也越高；工作电压越高，水分解出 H^+ 和 OH^- 量越多，所需要的运行电流也越高；水温升高，膜堆电阻下降，离子迁移速度加快，电流增大。

三、EDI 的再生

下列三种情况可能导致树脂失效，因而需要对模块进行电再生：①化学清洗后的模块；②较长时间停运的模块；③在低电流甚至断电的情况下运行了一段时间的模块。再生的目的是清除树脂吸着的多余离子，使 H 型和 OH 型树脂的份额恢复到正常水平，以及使 EDI 恢复到正常的工作状态。

电再生的实质就是水电离出的 H^+ 和 OH^- 与树脂中的杂质离子的交换反应。为了提高再生度和再生速度，需要调整设备的运行工况，如提高工作电流，强化水的电离。表 11-12 是 Electropure 公司 XL 系列模块的电再生条件。

在对 EDI 模块再生时，可以按正常的操作程序启动 EDI 系统。当模块进入再生过程时，初始运行电流较高，产品水水质较差，此时产品水应外排。当产品水的电阻率逐步升高到合格值时，可以停止再生，将装置按正常的程序投入运行。

表 11-12 XL 系列模块电再生条件

型号	淡水流量 （L/h）	浓水流量 （L/h）	回收率 （%）	电压（DC，V）
XL-100R	50	10	80	60
XL-200R	110	25	80	120
XL-300R	350	70	80	120
XL-400R	700	120	85	250～300
XL-500R	1300	220	85	350～400
XL-500RL	1600	300	85	350～400
EXL-600	3000	530	85	350～450
EXL-700	4000	700	85	350～500

四、EDI 的运行控制

通常 EDI 模块在额定工况下运行，产品水质稳定可靠。但是，运行条件改变之后，模块自调节功能大约在 8～24h 内可以使 EDI 自动达到与新的条件相适应的另一稳定状态。例如，在电压降低或者进水电导率增加后，树脂开始吸附增加的离子。这样，离子离开模块的量比进入模块的量少，工作床增厚，抛光床减薄，这种现象称为模块的离子填充状态。在电压增加或者进水电导率下降后，树脂开始向淡水中释放吸附的离子。这样，离子离开模块的量比进入模块的量多，工作床减薄，抛光床增厚，这种现象称为模块的离子恢复状态，它是模块从过负荷向额定负荷的恢复过程。

在运行过程中，根据进出模块离子量的大小，可以判断 EDI 的工作状态。设：Q_i 和 Q_o 分别为进、出模块的离子量，则：$Q_i = Q_o$，表示 EDI 处于稳定工作状态；$Q_i > Q_o$，表示 EDI 处于离子填充状态；$Q_i < Q_o$，表示 EDI 处于离子恢复状态。

1. 电压和电流

EDI 装置的工作电流随着工作电压递增（见图 11-9），当工作电流超过极限电流时，H_2O 开始电离出 H^+ 和 OH^-，膜堆电阻发生第 1 次突增，形成电压—电流曲线的第 1 个拐点（I_1，U_1），这些 H^+、OH^- 可以将淡水室树脂所吸着的杂质离子置换下来，相当于电再生树脂；当工作电压继续增加至某值后，膜堆电阻发生第 2 次突增，形成电压—电流曲线的第 2 个拐点（I_2，U_2），这时 H_2O 大量电离，电再生作用更强，置换下来的杂质离子更多，EDI 装置的出水会出现一段时间水质恶化。

图 11-9 中，第 1 拐点处的 I_1 称为 EDI 的极限电流，U_1 称为 EDI 的分解电压；第 2 拐点处的 I_2 称为 EDI 的再生电流，U_2 称为 EDI 的再生电压。

EDI 的工作电压应控制在 U_1 与 U_2 之间，当工作电压低于 U_1 时，因工作电流太小，故除盐不彻底；当工作电压高于 U_2 时，因大量的 H^+、OH^- 与杂质离子竞争迁移，故出水水质较差。

EDI 的工作电压或工作电流应随进水电导率递增，以增强离子的电迁移。但是，当进水电导率增加到某一数值后，即使通过加大工作电压或提高工作电流，也不能保证出水水质，这是由于所增加的工作电流更多地消耗在水的电解上，没有发挥电迁移离子的作用。例如某 EDI 装置，当进水电导率大于 $100\mu S/cm$ 时，则即使提高工作电流，也不能保证产品水水质。

一般在额定工况下产品水的质量最好，若偏离了额定工况，则除盐效果变差。图 11-10 是某 EDI 装置的工作电流（I）偏离额定工作电流（I_0）对去除 SiO_2 的影响。图 11-10 的进水水质：电导率为 $20\mu S/cm$；CO_2 为 6mg/L。

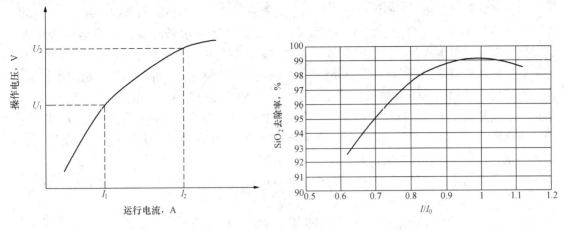

图 11-9 电压—电流曲线

图 11-10 不同电流密度情况下 SiO$_2$ 的去除率

2. 进水流量

提高进水流量，有利于增强传质，防止浓差极化，避免模块温升过高，但可能造成某些离子既来不及发生交换反应，又没有足够的时间迁出淡水室，加之随进水带入的盐量多，电流相对不足，结果是产品水电阻率下降。图 11-11 是两个 EDI 装置的产品水电阻率与进水流量、进水电导率的关系。

EDI 模块中淡水室的水流速度一般控制在 20～50m/h。

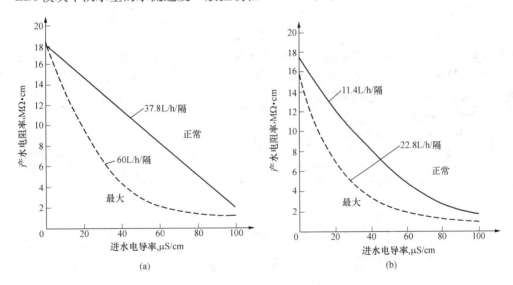

图 11-11 产品水电阻率与产品水流量及进水电导率关系

（a）H 系列 CDI 系统；（b）Compact CDI（C-040）系统

3. 水温

EDI 运行温度一般控制在 5～35℃。

五、停机保护

EDI 装置停机后，应采取措施，防止微生物繁殖和脱水进气。停机时间少于 7d 的，称为短期停机；否则，称为长期停机。

333

（1）短期停机保护。短期停机可能是由于报警或工艺方面的原因所造成的停机。可参照下述步骤停运和保护 EDI 装置：①停运整流器；②停运浓水循环泵；③停运加盐装置；④关闭所有进、出水阀门，停止向 EDI 装置进水；⑤保持模块内部的水分，防止模块脱水。

（2）长期停机保护。可参照下述步骤停运和保护 EDI 装置：①先按短期停机的步骤①～④进行处理；②卸去 EDI 装置的内部压力；③如果停机时间为 8～31d，则对装置杀菌，如果停机时间超过 1 个月，则排空内存水，再对装置杀菌；④关闭所有的进出口阀门，以保持模块内部的湿润；⑤断开整流器、控制盘和泵的电源。长期停机的 EDI 装置在重新使用前，应注意检查和调整模块端板的间距。

需要说明的是：上述有关停机时间长短的界定，用户应根据本厂环境温度进行调整。

第四节　EDI 的维护

一、储藏

EDI 模块应安装在避免风雨、污染、振动和阳光直接照射的环境中，一般安装在室内。由于模块树脂和膜的耐温能力有限，要求使用和储藏温度不低于 2℃。不高于 50℃。

短期储藏的注意事项：①确保模块密封；②膜和树脂不能脱水。

长期储藏的注意事项：①按 EDI 模块的出厂状态，排出多余的水分并保持内部湿润；②必须向模块内加入杀菌剂进行封存。按此方法处理的模块最多可保存一年。

二、防冻

出厂的 EDI 模块通常包装在无菌、排尽水、湿润的密封状态，里面没有注入防冻剂或盐溶液。EDI 结冰将造成不可恢复的损坏。可采取以下措施防冻：①始终保持环境温度高于 2℃。②将防冻液灌入模块。常用的有机防冻剂有丙三醇（甘油）、丙烯乙二醇和戊二醛。其中，丙三醇防冻后冲洗最快，丙烯乙二醇使用最广，戊二醛还具有杀菌作用。

三、故障与对策

表 11-13 列举了 EDI 装置的常见故障与对策。

表 11-13　　　　　　　　　　　　EDI 装置的常见故障与对策

序号	故障现象	故障原因	对　策
1	产品水水质差	进水水质超标	控制 EDI 装置的进水水质
		进水流量低于最小限值高于最大限值	调整浓水室、极水室和淡水室的进水压力
		一个或多个模块没有电流或电流很低	检查所有的熔断器熔丝、电线接头及整流器的接地情况
		浓水压力比进水和产品水压力高	重新调整浓水压力
		电极接线松动或极性接反	检查电源接线情况
		运行电流过低或过高	检查浓水电导率是否过低或过高，整流器的电流输出是否低于下限或高于上限
		离子交换膜损坏	提高电流产品水水质应升高，否则有可能是离子交换膜已损坏，应考虑更换膜块
		锁紧螺栓锁紧力过小	按要求紧固锁紧螺栓
		模块有污堵或结垢现象	按清洗程序对模块进行清洗

续表

序号	故障现象	故障原因	对　策
2	产品水水量不足	个别模块堵塞	清洗模块
		进水压力低	提高进水压力
		进水温度下降	检查水温和给水加热器
		流量设定不正确	重新设定流量
3	浓水电导率低	加盐装置工作不正常	检查加盐装置
		浓水循环流量低	减小浓水排放量
		进水电导率下降	向浓水中加盐
4	浓水流量过低或断流	阀门设置不正确	调节阀门，增大流量
		浓水系统结垢	检查进水水质是否符合要求，按清洗程序对模块进行清洗
5	产品水 pH 值过高或过低	运行电压设定太高	调低运行电压
		模块内树脂有分层现象	检查模块内部树脂
6	模块逸出气体太多	运行电压过高	降低运行电压
7	模块电流过大	进水电导率过高	检查 RO 淡水的电导率、TDS
		模块断水	确保模块有水流过，否则模块可能被烧毁

四、清洗

随着运行时间的延长或偏离最佳工况运行时间较长，EDI 膜堆和管路可能沉积颗粒杂质、微生物、有机物、金属氧化物，引起污染或结垢，统称污堵，当 EDI 模块发生明显污堵时，需要进行清洗。此外，当 EDI 模块需要长期储存或发生微生物污染时，应选用合适的消毒剂进行消毒。

1. 污堵原因

污堵原因包括以下几个方面：

（1）运行的积累。即使在正常运行条件下，EDI 系统也会慢慢结垢，长时间可积累较多垢物。EDI 模块结垢主要集中在浓水室阴膜表面和阴极室。

（2）进水水质不符合要求。如果进水中的 Ca^{2+}、Mg^{2+} 的浓度超过规定值，就会引起 EDI 模块结垢。另外，进水中 SiO_2 含量过高，也会在模块内生成很难清除的硅垢。

（3）回收率太高。

（4）微生物滋生。EDI 模块运行过程中，可以连续地电离水分子，在模块内部形成一部分区域 pH 值升高，另一部分局部区域 pH 值降低，偏离中性的水有利于抑制微生物繁殖。所以，运行中的 EDI 装置不易发生微生物故障。但是，EDI 装置停运后，上述抑菌作用消失，模块内的细菌及微生物就会很快繁殖。停机时间越长，微生物危害越大；气温较高时，微生物问题更为突出。有的 EDI 装置，在浓水循环回路中设置有紫外线杀菌器，就是为了防止浓水系统中微生物的繁殖。

2. 清洗时间

污垢虽然降低了 EDI 装置的运行效果，但并不意味着清洗越频繁越好，这是因为：①当污垢较少时，EDI 模块的富裕容量足以弥补污垢的影响；②清洗会耽误制水和消耗化学药品，清洗不当还会伤害模块。所以，应根据 EDI 装置的运行状况作出清洗判断，确定合适的清洗时间。

EDI 模块中若有污堵，则必然造成过水断面缩小，水流阻力系数（ξ）增加，引起流量下降和压降上升。因此，可根据流量（Q）和压降（Δp）的变化决定清洗时间。由水力学有关知识可知，ζ、Q 和 Δp 之间存在式（11-10）的关系

$$\Delta p = k\zeta Q^2 \tag{11-10}$$

式中：Δp 为浓水室或淡水室进出口压力差，MPa；k 为常数；ζ 为阻力系数；Q 为浓水室或淡水室流量，m^3/h。

式（11-10）表明，即使 ζ 不变，Q 的变化也可引起压降 Δp 变化，或者 Δp 的变化可以引起 Q 变化，因此不能仅根据流量或仅根据压降这一单一指标的变化判断污垢的多少。将式（11-10）改写成式（11-11）的形式

$$\sqrt{\frac{1}{\kappa\xi}} = \frac{Q}{\sqrt{\Delta p}} \tag{11-11}$$

可以看出：比值 $Q/\sqrt{\Delta p}$ 仅依赖于阻力系数 ζ。所以，可以根据 $Q/\sqrt{\Delta p}$ 的变化幅度判断污垢的多少。具体判断方法如下：用式（11-11）分别计算浓水室和淡水室的 $Q/\sqrt{\Delta p}$，如果该值比初始值减少了 20%，则应采取措施，清除污垢。

根据式（11-11）决定清洗时，还应注意水温对流量和压降的影响。

3. 清洗方法

清洗前，应根据模块的运行状况或取出污垢进行分析，以确定污垢化学成分，然后用针对性强的清洗液，进行浸泡或动态循环清洗。根据污垢的主要成分，可将常见的污垢类型分为如下几种：

（1）钙镁垢。通常是由于进水水质未达到要求或回收率控制过高而造成的。易发部位为浓水室和阴极室。

（2）硅垢。这是由进水硅酸浓度较高引起的。硅垢较难除去，易发部位为浓水室和阴极室。

（3）有机物污染。如果进水中有机物含量过高，则树脂和膜就会发生有机物污染。易发部位为淡水室。

（4）铁锰污垢。当进水铁锰含量过高时，可引起树脂和膜的中毒。易发部位为淡水室。

（5）微生物污染。当进水生物活性较高，或停用时间较长，气温较高时，可引起微生物污染。

对于钙镁垢，可以用有机酸（如柠檬酸）、无机酸或螯合剂清洗；对于有机物污染，可用碱性食盐水或非离子型表面活性剂清洗；对于铁锰污垢可用螯合剂清洗。

表 11-14 为某清洗消毒方案。

表 11-14　　　　　　　　　　　　　　　　　某清洗消毒方案

序号	污垢类型	清洗方案
1	钙镁垢	配方1
2	有机物污染	配方3
3	钙镁垢、有机物及微生物污染	配方1→配方3
4	有机物及微生物污染	配方2→配方4→配方2
5	钙、镁垢及较重的生物污染同时存在	配方1→配方2→配方4→配方2
6	极严重的微生物污染	配方2→配方4→配方3
7	顽固的微生物污染并伴随无机物结垢	配方1→配方2→配方4→配方3

注　配方1为1.8%HCl；配方2为5%NaCl；配方3为5%NaCl+1%NaOH；配方4为0.04%过氧乙酸+0.2%过氧化氢。

五、消毒

常用的消毒剂有离子型和有机物消毒剂，如过氧乙酸、丙烯乙二醇、甲醛等。

应注意消毒剂对模块的负面影响，尽量选用对树脂和膜无损害或副作用较小的化学药剂。由于树脂和膜耐温性能差，所以不能用温度高的热水（如65～80℃）消毒。

用离子型消毒剂消毒后的模块，在下次开机前应进行再生；使用有机消毒剂消毒后，EDI装置投运时需要经过较长的正洗时间，才能将产品水TOC降低下来。

第十二章

蒸 馏 法 除 盐

蒸馏法（distillation）除盐又称蒸发法除盐，是最早被人们用以制取淡水的一种除盐技术，只是在早期只用于小量的蒸馏水生产，如实验室用的除盐水。但近几十年来，已逐渐用于大型发电厂锅炉用水、大型工业用水及海水、苦咸水的淡化等领域。

据国外有关技术研究机构统计，世界各地利用蒸馏法除盐的海水或苦咸水淡化装置，在20世纪70年代，曾一度被认为是三大除盐技术中最为经济的一种，这三大除盐技术是指离子交换法除盐、膜分离法除盐及蒸馏法除盐。但自20世纪80年代以后，由于膜分离技术的发展，特别是反渗透除盐技术（即RO除盐技术）的发展，使蒸馏法除盐技术受到前所未有的冷落，因为蒸馏法除盐技术不仅投资高，而且运行成本也高，见表12-1。我国自20世纪90年代以来，不仅在沿海地区，而且在内陆设计的大型发电厂锅炉用水，甚至于循环冷却用水，也采用了RO除盐技术。但随着我国沿海城市的工业发展和人口数量的急剧增长以及淡水资源的日益枯竭，蒸馏法除盐，特别是电水联产的低温多效蒸馏（MED）技术和低温多级闪蒸（MSF）技术仍有很大的发展潜力。本章对蒸馏法除盐技术的原理、MED技术、MSF技术及防垢处理技术作些简单介绍。

表 12-1 海水淡化方式的能耗比较

淡化方式	多级闪蒸（MSF）	多效蒸馏（MED）	电渗析（ED）	反渗透（RO）	
				无能量回收	有能量回收
能耗(kW·h/m³)	14.5	5.8	>5.0	7.0	4.5

蒸馏法有许多种，如多效蒸馏法（MED）、多级闪蒸法（MSF）、压汽蒸馏法（VC）、太阳能蒸馏法等。但不管哪种蒸馏法，都是把苦咸水或海水加热使之沸腾蒸发，再把蒸汽冷凝成淡水的过程，即其基本原理都是将原料水进行相变，进而获取淡水的一种化工工艺。

多效蒸馏法是将加热后的原料水在多个串联的蒸馏器中蒸馏，前一个蒸馏器蒸馏出来的蒸汽作为下一级蒸馏器的热源，并冷凝成为淡水；闪蒸过程是原料水的减压汽化过程；压汽蒸馏法是将蒸发器中沸腾溶液（或海水）蒸发出来的二次蒸汽通过压缩机的绝热压缩，提高其压力、温度及热焓后再回到蒸发器的加热室，作为加热热源使用，使蒸发器内的溶液继续蒸发；太阳能蒸馏法是指直接或间接利用太阳能，直接蒸发海水获得淡水或为其他淡化装置提供能源而进行海水淡化的方法。

多级闪蒸法在大型海水淡化装置上应用较多；多效蒸馏法在技术和经济上更具优势，正在成为海水淡化的主流技术；压汽蒸馏法通常适用于小型海水淡化装置；太阳能蒸馏器结构简单，运行费用低，维护方便，适宜在气温高、日照时间长的地区应用，但它占地面积大、单位面积产水量低、受地区和气象条件影响较大。

第一节 多效蒸馏法除盐

低温多效蒸馏是利用电厂汽轮机低压段 50～70℃ 的蒸汽作为蒸发装置的热源，不仅大大减轻背压蒸汽因需冷却而造成的热量损失，而且使原料海水的预处理更为简单。另外，还可提高蒸发装置的传热效率，因为只要有 30℃ 左右的温差，就可设置 12 以上的效数，使造水比达到 10 左右。因此，自 20 世纪 90 年代以后新建的海水淡化工程中，低温多效蒸馏所占的份额逐渐增加。

一、多效蒸馏法除盐原理

1. 单效蒸馏法除盐

图 12-1 所示为单效蒸馏法（single effect distillation）制取淡水的工艺过程。蒸发装置的给水一般是经过预处理（澄清过滤）和软化后的水。一次加热蒸汽来自汽轮机的低压段抽汽，经加热给水后本身变成疏水，回到疏水系统。给水受热沸腾并汽化，蒸发出来的蒸汽称为二次蒸汽，在冷凝器中冷凝后成为蒸馏水，即淡水。冷凝器中的冷却水从冷凝器顶部引入，与上升的水蒸气接触换热。蒸发装置内的水浓缩到一定程度后成了浓盐水，为防止受热面上结垢和腐蚀需要进行排污。

因为这种制取淡水的方法与化工工艺中的蒸馏过程相似，故称蒸馏法除盐。所以，蒸发器实质上是一个热交换器，它由加热室和分离室组成。加热室是将给水加热使水沸腾汽化，分离室是将汽化的蒸汽分离冷凝。

在用蒸馏法从海水或苦咸水中制取淡水的工艺流程中，通常根据从第一效蒸发装置产生出来的二次蒸汽是否用来作为第二效蒸发装置的加热蒸汽（即一次蒸汽），将蒸发系统分为单效蒸发和多效蒸发。在图 12-1 所示的单效蒸发装置的工艺流程中，从蒸发装置出来的二次蒸汽在冷凝器中被一股冷却水冷凝，所得到的凝结水即为所制取的淡水，从下部排出送至热力系统作为锅炉补给水的水源，但二次蒸汽所携带的热能却被这股冷却水带走了，未得到充分利用，从而导致热经济性下降。

2. 单效蒸发器在热力系统中的布置

单效蒸发器在热力系统中的布置如图 12-2 所示。

由图 12-2 可知，在单效蒸发器系统中，经软化处理后的水首先在一级和二级软化水加热器中提高温度，再进入低压除氧器中初步除氧，然后由补给水泵提压，在一级和二级给水加热器中升温后，作为蒸发器的给水。汽轮机抽汽在蒸汽过热器中加热至设计温度后，作为蒸发器的一次蒸汽。蒸发器产生的二次蒸汽，一部分引入二级给水加热

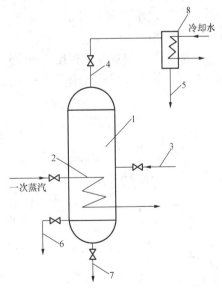

图 12-1 单效蒸馏法除盐示意图

1—蒸发器外壳；2—受热部件；3—给水导入管；
4—二次蒸汽引出管；5—蒸馏水引出管；
6—排污；7—放空管；8—冷凝器

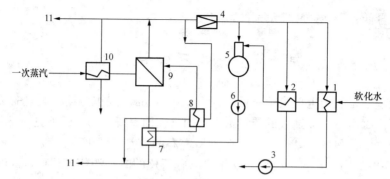

图 12-2 单效蒸发器在热力系统中的布置

1——级软化水加热器；2—二级软化水加热器；3—凝结水泵；4—减压阀；

5—低压除氧器；6—补给水泵；7——级给水加热器；8—二级给水加热器；

9—蒸发器；10—蒸汽过热器；11—高压除氧器

器中提高给水温度，另一部分经减压后作为低压除氧器、软化水加热器的热源，在软化水加热器中与软化水热交换后变为凝结水，由凝结水泵送入高压除氧器。

3. 多效蒸馏法除盐系统

如果把第一个蒸发器产生的一部分二次蒸汽作为第二个蒸发器的一次蒸汽，使第二个蒸发器产生的二次蒸汽作为低压除氧器和软化水加热器的热源，就成为二效蒸发器热力系统。这样可将造水比增加 30% 左右，提高了热经济性。如果把第一个蒸发器的二次蒸汽全部作为第二个蒸发器的一次蒸汽，造水比可增加 90% 左右。

如果将前一个蒸发器产生的二次蒸汽作为下一个蒸发器的一次蒸汽，并在下一个蒸发器中冷凝为凝结水（即蒸馏水），以此类推，就成为多效蒸发器系统（multiple effect distillation，MED）。

多效蒸发与单效蒸发相比，不仅热量得到多次重复利用，而且造水比几乎按效数成倍增加。如在一效蒸发器系统中 1kg 一次蒸汽只能产生 0.9kg 蒸馏水，二效蒸发器可产生 1.5～1.8kg 蒸馏水，而六效蒸发器则可产生 4.2kg 以上的蒸馏水。

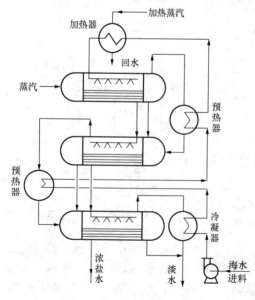

图 12-3 串联多效蒸发原理

在多效蒸发系统中，按给水的供给方式分为并联供水和串联供水。并联供水是给水通过公共母管，进入每一个（效）蒸发器。串联供水是全部供水进入第一效蒸发器，在此一部分水受热蒸发成为二次蒸汽，其余部分送入下一效蒸发器，一直到倒数第二效为止。末效蒸发器中浓水的一部分要排掉，以保证水的质量。

图 12-3 所示为串联供水的多效蒸发系统原理图。由图可知，串联多效蒸发系统是由若干个单元蒸发器串联起来的，除第一效的加热蒸汽是来自汽轮机的抽汽外，以后各效的加热蒸汽均来自前一效产生的二次蒸汽。效数越多，不仅造水比高，而且能耗也低，但效数越多，

投资费用也越高。目前设计中一般控制造水比在 10 以下。

4. 造水比与浓缩比

(1) 造水比。蒸馏法的造水比又称蒸发比，它是指蒸发装置在 1h 内产生的蒸馏水总量与一次蒸汽 1h 的消耗量之比，常用 R 表示，即

$$R = \frac{q_{m,\text{D}}}{q_{m,\text{q}}} \tag{12-1}$$

式中：$q_{m,\text{D}}$ 为蒸发装置 1h 产生的蒸馏水总量，kg/h；$q_{m,\text{q}}$ 为一次蒸汽 1h 的消耗量，kg/h。

理论上，在不考虑各种热量损失的情况下，1kg 蒸汽应产生 1kg 蒸馏水，但实际上要得到 1kg 蒸馏水，必须消耗 1.1kg 一次蒸汽，这显然是不经济的。所以，工业上应用蒸馏法制取淡水时往往采用多效串联，即由第一效蒸发装置产生的二次蒸汽，又作为下一效蒸发装置的一次蒸汽，二效蒸发装置产生的二次蒸汽又作为第三效蒸发装置的一次蒸汽，以此类推。效数越多，单位蒸馏水量所消耗的一次蒸汽就越少，它们之间的关系见表 12-2。

表 12-2　　　　　　　　　　　　　　效数与蒸汽消耗量的关系

效　　　数	1	2	3	4	5
单位质量蒸馏水的蒸汽消耗量	1.1	0.57	0.4	0.3	0.27

目前，效数的设计范围是：当产水容量在 2000t/d 以下时，一般为 4～6 效；为 4000～10 000t/d 时，一般为 6～8 效；为 10 000～20 000t/d 时，一般为 8～10 效；为 20 000～30 000t/d 时，一般为 10～13 效。

从表 12-2 可知，多效蒸发与单效蒸发相比，热能得到充分利用，造水比几乎按效数成倍增加，但单产设备的费用也随效数增加而逐渐升高，所以也不能无限制地增加效数。因此，造水比是蒸发装置的一个很重要的经济指标。

(2) 浓缩比。浓缩比是指经浓缩后所排放的盐水浓度（按总溶解固体计）与原料水的浓度之比，对标准海水一般在 1.5～1.7 之间。显然，效数越多，浓缩比也越大，换热段管内的结垢和腐蚀也就越严重。

5. 蒸馏法的特点

(1) 蒸馏法除盐适合利用低位热能，既可造水又可节能。这一方面可以利用热电厂低压段抽汽造水，另一方面又可利用工业余热造水。

(2) 蒸馏法与膜法不同，它一效蒸发就可得到蒸馏水，而且水质很好，含盐量可降至 5～10mg/L 以下，膜法则需 2 级以上。

(3) 蒸馏法除盐所能处理的原水水质比其他除盐方法更加广泛，原水含盐量从几百毫克每升到几万毫克每升都适应。当含盐量处于中、低等情况下，蒸馏法的耗能量一般高于膜法。但对于高含盐量的苦咸水或海水，目前还是以蒸馏法最为经济，所以，蒸馏法曾一度是装置数量和产量最多，单机容量最大的淡化方法。

(4) 蒸馏装置正向节能化方向发展。目前的大中型蒸馏厂多数采用电水联产的双目的方案。电水比值可根据不同情况进行调整，一般为 1 万 kW 电配以 4000～5000t/d 的产水量。

(5) 蒸馏法除盐的彻底性不如离子交换法，所以在电厂水处理中常与离子交换法联合应用，但蒸馏法有杀菌作用，所以它广泛用于医药卫生行业制取无菌除盐水。

(6) 用蒸馏法制取淡水有两次相变过程，能耗高。

二、多效蒸馏法的分类与工艺流程

1. 多效蒸馏法的分类

（1）按控制温度分类。按多效蒸馏的最高沸腾温度可分为高温多效蒸馏和低温多效蒸馏。

1）高温多效蒸馏是指最高蒸馏温度高于 90℃，在 90～120℃ 之间，它可设置较多的传热效数，造水比高，热效率也高，但受热面上易结垢。

2）低温多效蒸馏是指最高蒸馏温度低于 70℃，受热面上结垢较轻，只要合理设计，造水比也可达到 10 左右。

（2）按设备连接方式分类。多效蒸馏按设备连接方式可分为水平多效蒸馏和塔式多效蒸馏。

1）水平多效蒸馏是指多效蒸馏设备均采用水平连接方式安装，这种安装方式稳定可靠，便于操作、维护，大型多效蒸馏装置采用较多。

2）塔式多效蒸馏是指多效蒸馏设备采用垂直安装，故设备紧凑、占地面积小，靠重力自流可省去效间泵，适宜小型多效蒸馏装置。

另外，还可按所配置的热泵类型分类。

2. 多效蒸馏法的工艺流程

多效蒸馏法的工艺流程分为顺流、逆流、平流、错流和混合流五种。

（1）顺流。是指原料水与加热蒸汽的流向相同，都是由第一效顺序流至最后一效，加热蒸汽进入一效加热室，蒸馏出来的二次蒸汽进入第二效加热室作为加热蒸汽，第二效的二次蒸汽又作为第三效加热室的加热蒸汽，直到最后一效，最后一效的二次蒸汽送至冷凝器冷凝。原料水在第一效蒸发浓缩后由底部排出，依次流过后面各效，不断蒸发和浓缩，浓盐水由最后一效底排出。顺流多效蒸馏工艺流程如图 12-4 所示。

由于原料水从高压效流向低压效，是靠两邻效之间的压力差自然流动，所以不需设置中间原料水泵。由于原料水的温度也是依次降低，所以从前一效流到后一效时均存在过热现象，而发生闪蒸会产生一部分蒸汽，即也产生一部分淡水。

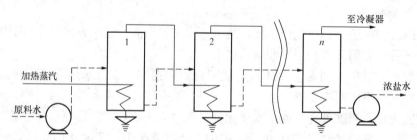

图 12-4　顺流多效蒸馏工艺流程

（2）逆流。是指加热蒸汽的流向与原料水的流向恰好相反，原料水从负压最大的最后一效进入，逐步向前各效流动，一边蒸发，一边浓缩，浓度越来越高。由于前面各效压力逐渐升高，所以必须在两邻效之间设置输送泵。又由于前面各效温度越来越高，所以原料水在进入前面一效时不仅没有闪蒸，而且还要预热才能沸腾。图 12-5 为逆流多效蒸馏的工艺流程。

由于在两邻效之间需设置输送泵，而且各效的温度低于沸点，需要再加热才能蒸发，所以能量消耗大，它适宜浓度大、黏度大的料液，因为这样可保持各效之间的传热系数大致相同。

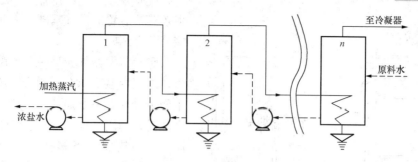

图 12-5　逆流多效蒸馏工艺流程

（3）平流。是指加热蒸汽的流向还是从第一效流向最后一效，但原料水是分别从各效加入，浓缩后的浓盐水从各效底部抽出。其工艺流程如图 12-6 所示。它适宜处理蒸馏过程中有结晶析出的料液，一经加热蒸馏，很快达到过饱和，有结晶析出，如制盐工业。

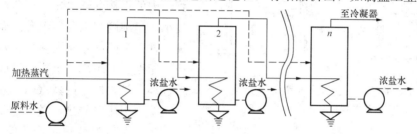

图 12-6　平流多效蒸馏工艺流程

（4）错流。是指加热蒸汽还是从第一效流向最后一效，而原料水是从中间效加入，从最低效或从最高效排出。

（5）混合流。是指将上述两种或两种以上工艺流程结合而形成的一种混合型工艺流程，如海水淡化过程中，为均衡各效的热负荷，经常采用逆流与平流相结合的混合工艺流程。

三、蒸发（器）装置

蒸发装置主要包括蒸发器、冷凝器和除泡沫器等。

蒸发器有多种形式：按蒸发管的排列方向分为水平管蒸发器（HTE）和竖管蒸发器（VTE）；按蒸发物料流动方式分为强制对流蒸发器和膜式蒸发器，膜式蒸发器分为升膜式蒸发器和降膜式蒸发器，降膜式蒸发器分为竖管降膜蒸发器和水平管降膜蒸发器；按各效组合的布置方式又分为水平组合式蒸发器和塔式组合式蒸发器；按蒸发器原料水的循环方式分为立式自然循环蒸发器、外加热自然循环蒸发器、强制循环蒸发器（即利用泵强制原料水循环，因其水流速度高，结垢强度减弱）和蒸汽压缩蒸发器（即将二次蒸汽用压缩机加压提高温度后，作为加热蒸汽利用，使新鲜的加热蒸汽仅用于补充蒸发过程中的热损失）等。

目前组成多效蒸发器系统的主要有浸没管式蒸发器（ST）、竖管蒸发器（VTE）和水平管蒸发器（HTE）三种。下面只对在电厂水处理中应用的立式（竖管）蒸发器作简单介绍。

1. 单效竖管蒸发器

单效蒸发器有立式和卧式两种，其结构和原理基本相同。图 12-7 所示为竖管蒸发器的内部结构和外部管路系统。应该说明，这种单效蒸发器是 20 世纪 50 年代锅炉补给水的处理方式采用软化法的前提下设计的，只能满足锅炉压力为 9.0～11.0MPa 以下的汽包锅炉的水质要求，已于 20 世纪 70 年代逐渐被淘汰。但单效蒸发器的设计原则及所遇到的问题是目前

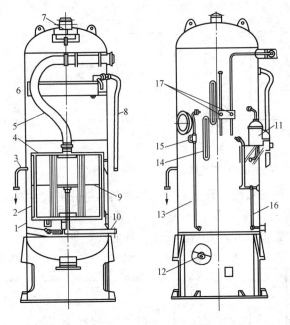

图 12-7　竖管蒸发器

1—蒸发器外壳；2—加热器管束；3—连续排污管；4—管板；5—加热蒸汽（一次蒸汽）引入管；6—除沫器；7—二次蒸汽引出管；8—软化水引入管；9—隔板；10—一次蒸汽凝结水引出管；11—水位调节器；12—定期排污管；13—从加热器到二次蒸汽空间的排汽管；14—蒸发室水位计；15—阀门；16—压力表；17—取样管

多效蒸馏装置的设计基础，为此下面作一些简单介绍。

竖管蒸发器外壳是一个圆筒形压力容器，外壳内装有大约一半被加热的给水，水面下悬挂着一个加热器。加热器也是一个圆筒，筒内有许多管子，管子两端分别胀接在加热器上下多孔管板上，形成管束，这些管束的管壁就是蒸发器的主要传热面。在管束之间的间隙内引入加热蒸汽（一次蒸汽），把热量通过管壁传给管子内的水和加热器圆筒与外壳之间的水。由于管子内的水接受热量多，产蒸汽量大，密度小，呈沸腾状而急速上升。而加热器圆筒与外壳之间的水接受热量少，产蒸汽量小，密度大而下降，这样就构成了一个自然循环。管内产生的蒸汽逸出水面后，由二次蒸汽引出管导出，送入冷凝器冷凝。

为了在温度变化时管路能自由膨胀，一次蒸汽的引入管和二次蒸汽凝结水的引出管均做成弯曲状。为了排出加热器内的不凝结气体，在加热器下半部的中心处设有一根排汽管，它与蒸发器上部的二次蒸汽空间相连接，管上装有阀门调节排气（汽）流量，使不凝结气体和少量一次蒸汽一起排出。蒸发器的给水一般是经过软化处理的水，以防止在管壁上结垢，由水位调节器调节补水量。在加热器的外壳下部装有一根放水管，用于定期排污和放水用。在加热器圆筒与外壳之间还装有连续排污管，以保证给水的水质。

在二次蒸汽形成和分离过程中，会携带一定数量的直径大小不同的水滴，从而导致二次蒸汽的凝结水水质恶化。为此，在蒸发器上部汽空间设置了不同类型的汽水分离装置和蒸汽清洗装置。

蒸汽清洗装置多采用多孔板式，它位于汽空间上部，给水首先进入多孔板上面，并形成 $50\sim60\text{mm}$ 厚的水层，当蒸发出来的二次蒸汽由下向上通过水层时得到清洗，清洗水通过溢流管流入蒸发器的水容积内。当要求蒸馏水的水质较高时，可在多孔清洗板上面再设置第二级多孔清洗板，二层清洗板之间的间距为 $800\sim1000\text{mm}$。清洗水的含盐量控制不大于 $2000\sim3000\text{mg/L}$。

汽水分离装置多采用百叶窗式，如图 12-8 所示。百叶窗安放在清洗装置的上方 $600\sim800\text{mm}$ 处。运行经验表明，设有百叶窗的蒸发器，二次蒸汽的水分含量比无百叶窗的低 85% 左右。

在有的蒸发器系统中还设有泡沫破坏

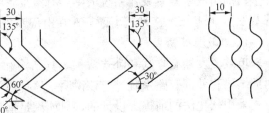

图 12-8　百叶窗式分离器

装置或投加少量消泡剂，以进一步提高二次蒸汽的质量。因为原料水中含有非常高的溶解性盐类和各种有机物，随着二次蒸汽的不断产生，原料海水中的这些溶解性盐类和各种有机物的浓度越来越高，在加热、汽化过程中形成许多泡沫。另外，在蒸发器本体中还设有水位自动控制装置，以便在运行中严格控制水位，因为二次蒸汽的品质在一定程度上还取决于能否保持正常水位。

由上述可知，该竖管蒸发器是一种管内降膜式蒸发装置，管内为膜状汽化，传热壁两侧都有相变，所以传热效率高，造水比也高。目前设计效数可达 11～13 效，造水比达 9～10，但这种蒸发器管内容易结垢，原料水需经过软化处理。

2. 多效竖管蒸发器

水平排列的竖管降膜式多效蒸发装置如图 12-9 所示。该装置每一效都设置一个循环泵，以控制各效循环盐水的流量相等和传热面积相等，而不受原料海水因逐效浓缩而导致的流量减少的限制。该装置为 8 效（图 12-9 中 1～8）水平排列，造水比为 6，淡水产量为 1300t/d，淡水含盐量达 10mg/L 以下。

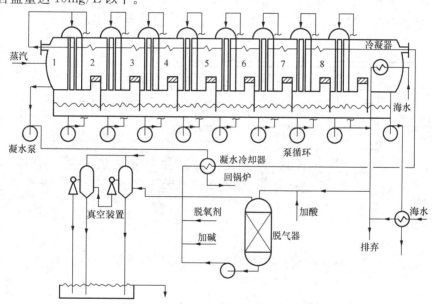

图 12-9　水平排列的竖管降膜多效蒸发器

3. 浸没管蒸发器

浸没管蒸发器的加热管全部被原料盐水浸没。按其原料盐水在蒸发器内的流动方式分为自然对流循环和强制循环两种；按其蒸发器的结构又有直管、蛇管、竖管、横管等多种。这种蒸发器虽然操作方便，但温差损失大，结垢严重，设计效数一般都在 10 效以下，目前采用较少。

4. 横管降膜蒸发器

这种蒸发器的循环原料盐水通过喷淋装置在横管管束外表面形成水膜，被管内加热蒸汽加热蒸发，加热蒸汽在管内凝结，所以设备高度较低，所有各效的管束、喷淋管和汽水分离器都安装在一个筒体内，具有热损失小、设备紧凑、传热温差小、传热系数高和结垢腐蚀轻等优点。

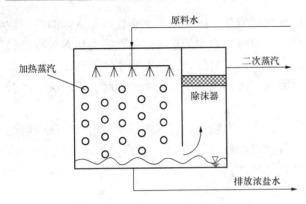

图 12-10　横管降膜蒸发原理示意图

因此，这种蒸发器适用于以电厂汽轮机的低压段抽汽作为一次加热蒸汽，第一效加热蒸汽温度仅有 55～75℃。

横管降膜蒸发原理示意如图 12-10 所示。

图 12-11 示出一种横管降膜式低温多效蒸发器的流程和结构原理，内部共有 7 效，分为两组循环。前 6 效为热回收段（效），最后一效为排热段（效）。从排热段出来的冷却海水大部分排回大海，一小部分作为原料海水回到 4～6 效

在管外进行降膜蒸发，经过这三效蒸发、浓缩后的盐水再回 1～3 效继续受热蒸发，最后的浓盐水由浓盐水泵排出。蒸馏水（淡水）则是从第 1 效开始依次流经各效由淡水泵送出。第一效的加热蒸汽为汽轮机低压段抽汽，放热后在管内冷凝后再送回热力系统。

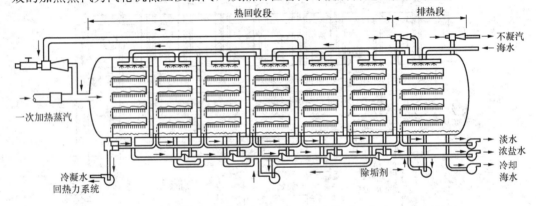

图 12-11　横管降膜式低温多效蒸馏装置的流程和结构原理

第二节　闪蒸蒸发法除盐

一、闪蒸蒸发的原理

1. 表面沸腾型蒸发器存在的问题

表面沸腾型蒸发器（见图 12-7）的一次蒸汽通过管壁将热量传递给原料水（又称蒸发水），原料水在管壁上被加热到接近饱和温度，并在此沸腾汽化。因此，在靠近管壁的水膜内，盐类浓度很快达到过饱和，并产生结垢。为了减弱这种蒸发装置受热面上的结垢强度，曾一度设计外置式沸腾型蒸发装置。在这种蒸发装置中，原料水在受热面上同样被加热到接近饱和温度，蒸发是在受热面的上部进行的，从而使结垢强度减弱。但外置式沸腾型蒸发装置难以达到完全防垢，只是在一定程度上结垢有所减弱。

为了防止受热面上结垢，原料水必须经过软化处理，有的采用二级 Na 离子交换，有的采用 H-Na 离子交换或 Cl-Na 离子交换。如水源为地表水，应首先进行混凝沉降和过滤处理

或混凝、石灰沉淀和过滤处理，从而使蒸馏法制取淡水的成本增加。

2. 闪蒸蒸发的原理

闪蒸蒸发是针对上述蒸发器结垢比较严重而发展起来的。它是预先将原料水在一定压力下加热到某一温度，然后引入一个压力较低的扩容室（即闪蒸室）中，这时由于原料水的温度高于该室压力所对应的饱和温度，故此时一部分原料水即作为过热水而急速汽化变为蒸汽，即所谓闪蒸（flash distillation），而蒸汽被冷凝后即为所需的淡水。与此同时，剩余原料水的温度降低，直到水和蒸汽都达到该压力下的饱和状态。所以闪蒸时原料水汽化所需要的潜热是由原料水提供的，即闪蒸过程是原料水的减压汽化过程。由于水的加热和蒸汽形成是在不同的部位上进行的，即水的传热面和蒸发面不直接接触，从而降低了结垢的强度，而且使传热效率稳定，因此闪蒸蒸发装置的给水不一定需要进行软化处理，而只需作简单的水质调节。为防止淡水被蒸汽携带的盐水污染，闪蒸出来的蒸汽在到达冷凝管之前，必须先经过捕沫网捕捉盐水滴，捕沫网一般由致密的金属丝网制成。

运行经验表明，在给水（原料水）只作简单水质调节的条件下，给水被加热到120℃时，在蒸发装置内不会产生结垢现象。图12-12所示为闪蒸蒸发装置的工作原理示意图。

由图12-12可知，每一个（级）闪蒸室都有节流孔、汽水分离室、捕沫网、冷凝器和淡水集水盘等装置。

如设原料水的流量为 $q'_{m,\text{s}}$，温度为 t_1，闪蒸室的温度为 t_2，汽化量为 $q'_{m,\text{D}}$，由热量平衡关系可得

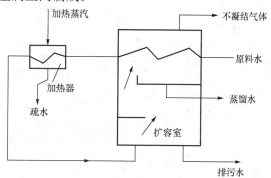

图 12-12　闪蒸蒸发器工作原理示意图

$$q'_{m,\text{D}}\gamma = q'_{m,\text{s}}c(t_1 - t_2) \tag{12-2}$$

式中：γ 为汽化潜热，取平均汽化潜热 $550 \times 4.184\text{kJ/kg}$；$c$ 为原料水的比热容，取 4.184kJ/(kg·℃)。

汽化率 $q'_{m,\text{D}}/q'_{m,\text{s}}$ 为

$$\frac{q'_{m,\text{D}}}{q'_{m,\text{s}}} = \frac{c}{\gamma}(t_1 - t_2) = 0.001\,82(t_1 - t_2) \tag{12-3}$$

可见，汽化率只与闪蒸前后的温度差有关，而且每一度温度差的汽化率是很低的。因此，要想得到足够数量的蒸馏水量，应尽量扩大原料水的闪蒸温差和增加原料水和加热蒸汽的流量。汽化率又称蒸发分数或蒸发系数（淡水产量与原料盐水循环流量之比）。

二、多级闪蒸

1. 多级闪蒸的原理

因为单级闪蒸只有一级，原料水可以在很低的温度下闪蒸，所以加热器的一次蒸汽参数不需要很高，这有利于利用汽轮发电机的低压段抽汽作为热源，设备简单可靠，但汽化率低，产水量少。

多级闪蒸（multistage flash distillation）装置是由单级闪蒸装置串联而成，闪蒸室的个

数称为级数，一般最常见的闪蒸装置有 20～30 级，大型装置的级数可达 40 级以上。原料水从第一级到最后一级依次流经若干个压力逐渐降低的扩容室，逐级蒸发、逐级降温、逐级浓缩，直到最后一级的最低盐水温度。因为进入每一级扩容室中的水，相对该级的压力来说都是过热的，因此每一级扩容室都有一部分水汽化为蒸汽，剩余水的温度随之降低，并保持在与该压力相对应的饱和温度。每一级扩容室的温度降低值最小可达到 1.6～2.0℃，一般设计为 5℃ 左右。每级扩容室中形成的蒸汽在各自的冷凝器中冷凝成蒸馏水，然后从各级的受水盘和输水孔流出，冷凝时放出的热量用于加热原料水。

2. 多级闪蒸的类型

多级闪蒸又分直流型和循环型两种。图 12-13 所示为直流型多级闪蒸的原理，原料水一次通过整个闪蒸系统，经各级闪蒸蒸发浓缩后的浓盐水在最后一级全部排放。所以，水的回收率低，原料水用量大，制水成本偏高。多用于废热水或地热水的直接闪蒸，而很少用于大型装置生产蒸馏水或海水淡化。

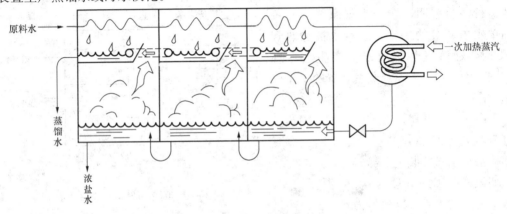

图 12-13　直流型多级闪蒸原理

循环型多级闪蒸装置如图 12-14 所示，在这种闪蒸装置中，末级的浓缩水不是全部排放，而是只排放一小部分，大部分浓缩水与原料水一起返回系统再循环，并作为前若干级的冷却水。这不仅回收了热量及减少了原料水的用量，而且提高了造水比，降低了制水成本。

由图 12-14 可知，原料水首先由盐水泵送至排热段，在排热段的冷凝管内被预热，同时由盐水闪蒸产生的蒸汽在管外被冷凝。然后，大部分海水作为排热水排回大海，只有一小部分被预热的海水作为闪蒸装置的原料补给水。为满足后续工艺要求，需将这部分原料水进行前处理，如除 CO_2、除 O_2、加阻垢剂和调整 pH 值等。

经前处理后的原料水汇入循环盐水，在循环盐水泵的驱动下，循环盐水流过热回收段的冷凝器，逐级冷凝热回收段扩容室各级产生的二次蒸汽，循环盐水自身得到预热。经预热的原料水离开热回收段后进入加热段的盐水加热器，使原料水温度升至设计值。然后原料水进入闪蒸装置的第一级扩容室底部，由于此处的原料水温度比冷凝管内的原料水温度高，所以它会自发地闪蒸并被冷却到一个对应压力下的平衡状态。降温后的原料水通过级间孔口进入下一级，闪蒸蒸发后温度再次降低并达到一个新的平衡状态。依此类推，闪蒸过程重复发生。

各级产生的二次蒸汽在冷凝管外被冷凝，即成为所需的淡水，淡水逐级汇合到最后一级，由淡水泵送出至用户。淡水在级间孔口汇流过程中，同时会发生与盐水（原料水）相同

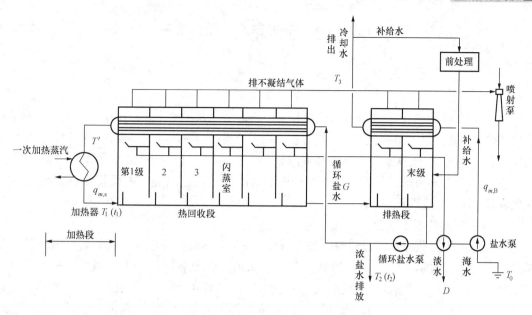

图 12-14 循环型多级闪蒸流程示意图

的闪蒸过程，因为它的压力和温度也是逐级降低的。

由于在闪蒸过程中，原料水的含盐量逐级升高，并在热回收段最后一级达到最高，为防止原料水的含盐量过高而引起结垢、腐蚀问题，需要在热回收段最后排放一定量的浓盐水，故设置浓盐水排放泵。

3. 多级闪蒸的造水比

循环型多级闪蒸蒸发装置的造水比同样与原料水的循环流量 $q'_{m,s}$ 和温降有关。多级闪蒸的汽化总量（即蒸馏水总量）$q^\circ_{m,D}$ 可按式（12-4）计算

$$q^\circ_{m,D} = \frac{c}{\gamma} q'_{m,s}(t_1 - t_2), \text{kg/h} \tag{12-4}$$

式中：$q^\circ_{m,D}$ 为多级闪蒸装置的蒸馏水总量，kg/h；t_1 为原料水的最高温度，℃；t_2 为浓盐水的最低温度，℃。其他符号同式（12-2）。

在多级闪蒸蒸发装置中一次加热蒸汽的耗量 $q_{m,q}$ 可按式（12-5）计算

$$q_{m,q} = \frac{c}{\gamma} q'_{m,s}(t_1 - t') + \frac{c}{\gamma} q_{m,B}(t_2 - t_3) \tag{12-5}$$

$$t_3 = t_0 + n\Delta t \tag{12-6}$$

式中：t' 为加热器入口处原料水的温度（即换热段出口处原料水的温度），℃；$q_{m,B}$ 为补给水流量，kg/h；t_3 为排热段排出水（浓盐水）的温度，℃，t_3 可由式（12-6）求出；t_0 为原料水的初始温度，℃；Δt 为每级的平均温降，℃；n 为排热段的级数。

如将式（12-4）和式（12-5）代入式（12-1），可得式（12-7）

$$R = \frac{q^\circ_{m,D}}{q_{m,q}} = \frac{\frac{c}{\gamma} q'_{m,s}(t_1 - t_2)}{\frac{c}{\gamma} q'_{m,s}(t_1 - t') + \frac{c}{\gamma} q_{m,B}(t_2 - t_3)} \tag{12-7}$$

由于式（12-7）中 $\frac{c}{\gamma}q_{m,B}(t_2-t_3)$ 的值很小，可以忽略，故式（12-7）可改写为式（12-8）

$$R = \frac{t_1-t_2}{t_1-t'} \tag{12-8}$$

由式（12-8）可知，在多级闪蒸蒸发装置中，造水比 R 的值主要取决于 t_1 和 t_2。t_1 是原料水经加热器加热后进入第一级扩容室的温度，它主要受扩容室内结垢和腐蚀的限制，其值大小与防垢、防腐的方法有关。t_2 是末级排放浓盐水的温度，它与 t_0 和总级数及每级温降有关。

造水比 R 在不考虑级间温差和热量损失的情况下，可近似等于闪蒸装置总级数 n_z 与排热段级数 n_0 之比，即 $R = n_z/n_0$。

4. 多级闪蒸装置的级数

在设计多级闪蒸装置的级数时，一般设计 3～6 级，大型海水淡化装置可达几十级。虽然蒸发装置的级数越多，造水比越高，但由于受到每级温差降的限制，级数不可能无限增多。因为一次加热蒸汽的最高温度 t_{max} 一般为 110～130℃，最低冷凝温度 t_{min} 为 25℃，所以最大温度差（$t_{max}-t_{min}$）为 85～105℃。如果每级温差降设计 5℃，则最多设计 17～21 级，如果温差降设计 2～4℃，级数可达 40 以上。

循环型多级闪蒸装置可分成三段：一次蒸汽加热器前面各级称为换热段，也称热回收段，在此利用汽化蒸汽冷凝时放出的热量加热了原料水，回收了热量；后面几级称为排热段，在此没有利用蒸汽冷凝放出的热量，而是被冷却水排放时带走了，而且部分浓盐水的热量也未利用而排放了，故称排热段；换热段出口至第一级闪蒸室中间的加热器称为加热段，在此利用一次蒸汽的热量将原料水加热到最大设计温度。

5. 多级闪蒸装置的结构形式

多级闪蒸装置的结构形式有短管式、长管式和竖管式多种。

（1）短管式。短管式也称横管式，冷凝器管束与闪蒸盐水的流动方向垂直。每一级的冷凝器都是独立地架设在闪蒸室的上面，冷却盐水以 S 形流过各个冷凝器。这种结构制造简单、维修方便，但级数多时材料用量大、动力消耗多。

（2）长管式。长管式多级闪蒸装置的冷凝器管束与闪蒸盐水的流动方向相同，即若干级共用一个管束。当级数多时可以分成几个组，每一组设置一个管束。所以，这种结构虽然复杂、制造麻烦、维修不太方便，但材料用量少、动力消耗少，多用于大型海水淡化，如图 12-15 所示。

（3）竖管式。竖管式与短管式相似，也是在各级分别装设短管束，但管束是竖直布置。

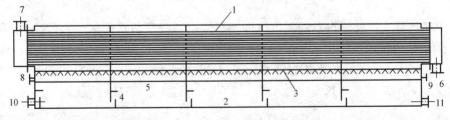

图 12-15　长管式多级闪蒸蒸发装置

1—冷凝管束；2—闪蒸室；3—除沫器；4—盐水节流孔；5—淡水输送槽；6—循环盐水进口；
7—循环盐水出口；8—前级淡水进口；9—淡水出口；10—闪蒸盐水进口；11—闪蒸盐水出口

所以，这种结构布置紧凑，适用于中小型淡化装置。

第三节　水垢的形成与防止

一、水垢的形成

在蒸发器和闪蒸蒸发装置的运行过程中，一部分原料海水（或苦咸水）因受热汽化变成了蒸汽（二次蒸汽），这部分蒸汽带出的盐分却比较少，而是将其中的盐分留在了未汽化的原料水中，从而使剩下来的原料海水中的盐类浓度迅速增大。因为海水中的盐分本来就很高，所以经蒸发浓缩后很快达到过饱和，并在受热面上结晶析出成为水垢。

水垢往往不是单一的化合物，而是由许多化合物组成的混合物。其外观、物理特性及化学组分常因水质不同、生成部位不同而有很大差异。虽然水垢的化学组分比较复杂，但往往以某种组分为主，因此常根据水垢的化学组分分析，判断水垢形成的原因。

当原料海水受热时，水中碳酸盐首先发生热分解，生成 CO_3^{2-} 和 CO_2，反应为

$$2HCO_3^- \longrightarrow CO_3^{2-} + CO_2 \uparrow + H_2O$$

由于生成的 CO_2 气体和汽化蒸汽一起急速逸出，使 HCO_3^- 的热分解反应加快。当水中有一定数量 Ca^{2+} 时，就会在受热部位上生成 $CaCO_3$ 水垢。因为这种水垢是水沸腾的条件下形成的，所以结垢比较疏松，密度只有 $2.7g/cm^3$ 左右。当水温高于 $85℃$ 时，CO_3^{2-} 进一步水解

$$CO_3^{2-} + H_2O \longrightarrow 2OH^- + CO_2 \uparrow$$

当水中有一定数量的 Mg^{2+} 时，就会析出难溶的$Mg(OH)_2$，它黏结力强，易附着在传热管壁上。特别是海水中 Mg^{2+} 的数量要比一般天然淡水中高得多。因此，在蒸发器和闪蒸蒸发装置的受热面上，生成黏附力很强的 $Mg(OH)_2$ 水垢的可能性更大。

在受热面上析出水垢的化学组分还与原料海水的温度和加热条件有关：当水温为 $40\sim85℃$ 时，水垢的组分主要是 $CaCO_3$；当水温超过 $110℃$ 时，水垢的组分主要是不同形态的 $CaSO_4$ 晶体，即 $CaSO_4 \cdot 2H_2O$，$CaSO_4 \cdot 1/2H_2O$ 和 $CaSO_4$。图 12-16 所示为不同形态 $CaSO_4$ 与水温和浓度之间的关系。在蒸发器的运行条件下，析出 $CaSO_4$ 的形态主要是 $CaSO_4 \cdot 1/2H_2O$ 和 $CaSO_4$（称为硬质垢）。

另外，由图 12-16 可知，在原料水浓度不变的情况下，随着蒸发器热负荷增大（水温上升），$CaSO_4$ 析出的温度降低。在热负荷一定的情况下，在较低浓度下就可能有 $CaSO_4$ 晶体析出。

二、影响结垢强度的因素

1. 温度

水的蒸发温度对结垢强度的影响如图 12-17 所示。图中曲线有三个不同的区段：第Ⅰ区为 $CaCO_3$ 水垢形成区，单位质量水中形成的垢量 $m(g/t)$ 随温度 t 上升而增大，而且在较低温度下就有 $CaCO_3$ 析出；第Ⅱ区为过渡区，在此区 $CaCO_3$ 水垢向 $Mg(OH)_2$ 水垢转化。因为有 CO_2 逸出，垢量有所下

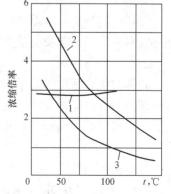

图 12-16　$CaSO_4$ 析出形态与
水温、浓度的关系
1—$CaSO_4 \cdot 2H_2O$；
2—$CaSO_4 \cdot 1/2H_2O$；3—$CaSO_4$

降；第Ⅲ区为 $Mg(OH)_2$ 和 $CaSO_4$ 水垢的形成区，垢量随温度上升而增大。水的蒸发温度高低实际上反映了热负荷的大小，热负荷高，水温也高，结垢强度就大。

2. 原料水的溶液浓度

在原料水蒸发过程中，水中盐类的浓度逐渐增大，即浓缩作用，其浓缩程度常用浓缩倍数表示。浓缩倍数越高，结垢强度越大。海水在蒸发过程中，水溶液浓度在很大范围内，$CaSO_4$ 垢的生成量保持一个常数，这种现象可能是因为海水中有大量的 SO_4^{2-} 和 Ca^{2+} 存在造成的。在中等含盐量水的试验中，$CaCO_3$ 水垢的结垢强度随着水溶液浓度增大而加快，如图 12-18 所示，图中 $\Delta\rho$ 表示结垢试验前后 Ca^{2+} 的浓度差，它是生成 $CaCO_3$ 垢的推动力。

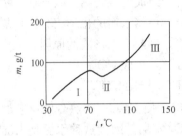
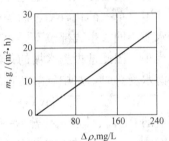

图 12-17 水温与结垢　　　　图 12-18 水的浓度与结垢
　　强度的关系　　　　　　　　强度的关系

3. 水的流速

试验表明，当受热面温度为 $75\sim76℃$、水温为 $45℃$ 时，水流速度为 $25\sim82\text{cm/s}$，$pH=7.3\sim7.5$，$[Ca^{2+}]=300\sim320\text{mg/L}$。碱度为 $600\sim750\text{mg/L}$ 的条件下，$CaCO_3$ 水垢的结垢速度直接取决于相界面上 Ca^{2+} 的扩散速度。但当受热面温度为 $55\sim58℃$，水流速度为 $0.6\sim2.4\text{cm/s}$、热负荷为 $(37\sim92)\times10^3\text{W/m}^2$ 条件下，$CaCO_3$ 水垢的结垢速度与水流速度无关，只与化学反应速度有关。

4. 原料水在蒸发装置中的停留时间

停留时间越长，水垢的析出量就越多，水中析出垢量与残留量的比值也就越大。这个比值还与水的流速、热负荷及受热面的表面状态有关。

三、防垢方法

在蒸馏法中采用的防垢方法与前面有关章节中介绍的水的软化、除盐等处理以及后面将要介绍的循环冷却水的防垢处理，其原理基本相似。但因水质、设备结构及处理工艺不同，也有一定差异，下面作简单介绍。

1. 加酸法

加酸法是利用 H_2SO_4 或 HCl 中和原料水中的碱度，使碳酸盐转化为非碳酸盐，达到防止 $CaCO_3$ 垢和 $Mg(OH)_2$ 垢的目的。据统计，大约有 90% 以上的蒸发装置采用加酸处理法防垢。投加方式有两种：一种只是将水中碱度降到某允许值，此时不会析出 $CaCO_3$ 和 $Mg(OH)_2$ 水垢；另一种将水中全部碱度中和或略有过量，并用除 CO_2 器除去水中游离 CO_2，最后再投加适量碱性药剂，将水的 pH 值调节到 $7.2\sim7.5$。

为了防止水中溶解氧的腐蚀，可采用真空除气，不仅除去水中游离的 CO_2，也除去水中的溶解氧。

2. 投加药剂法

这种方法是向原料水中投加阻垢剂、缓蚀剂和除氧剂，达到防垢和防腐的目的。阻垢剂的投加量一般为 4～6mg/L；缓蚀剂的投加量较高，往往达到每升几十毫克或更高；除氧剂的投加量一般超过理论量。

在目前的蒸发装置中，为了减少加酸量，在加酸的同时，再投加少量（3～5mg/L）磷酸盐或聚合磷酸盐或其他阻垢剂。这种联合处理可降低加酸量 30%。也可单独投加阻垢剂代替加酸处理。运行经验表明，在水温为 100℃左右时，投药量为 4～6mg/L 和浓缩倍数为 1.5～2.5 条件下，与无处理相比，结垢强度减小了 1～2 倍。

3. 投加晶种法

投加晶种的作用是为结垢物质提供结晶核心，加快结晶过程，使结垢物质附着在晶种表面上提前析出，而不在受热面上沉积成垢或使垢层疏松。所以，它不仅能防止 $CaCO_3$ 和 $Mg(OH)_2$ 水垢，而且能防止 $CaSO_4$ 水垢。目前已被药剂法所代替。

4. 水质控制

当以上述蒸发装置的蒸馏水作为高压锅炉的补给水时，钠离子含量不应超过 $100\mu g/L$，游离 CO_2 不应超过 2mg/L。蒸发水的排污水量一般不低于 1%～2%，当以海水作为蒸发装置的给水水源，而且只用加酸处理时，排污水量可达到 30%。

第十三章

热力设备的腐蚀

热力设备的腐蚀、结垢和积盐是造成火力发电机组发生事故而停机的主要原因之一。在目前炉外水处理系统能够提供优质高纯水（电导率小于 $0.10\mu S/cm$）的情况下，腐蚀问题更加突出，必须加以有效的控制。

第一节　腐蚀的基本原理

一、腐蚀的定义与分类

腐蚀（corrosion）是金属受环境介质的化学或电化学作用而引起的破坏或变质。这一定义明确指出了腐蚀是包括金属材料和环境介质两者在内的一个具有反应作用的体系。从热力学的观点来看，绝大多数金属都具有被环境介质中的氧化剂（如溶解氧等）氧化的倾向。因此，金属发生腐蚀是一种自然趋势和普遍现象。腐蚀必然会导致金属材料化学成分的改变，同时还可能引起材料金相组织的变化（如碳钢脱碳等）和机械性能的劣化（如氢脆等）。

腐蚀有多种分类方法。根据环境的不同，腐蚀大致可分为在干燥气体介质中发生的干腐蚀、在潮湿环境或含水介质中发生的湿腐蚀、熔盐腐蚀和有机介质腐蚀；根据腐蚀过程的特点，金属的腐蚀可分为化学腐蚀（chemical corrosion）和电化学腐蚀（electrochemical corrosion）；根据腐蚀在金属表面的分布情况，可把腐蚀分为全面腐蚀（general corrosion）和局部腐蚀（localized corrosion）。以上只是粗略的划分，每一类腐蚀又可能分为多种。

二、腐蚀速度的表示方法

对于全面腐蚀，特别是均匀腐蚀，可用失重法和深度法来表示金属的平均腐蚀速度。

1. 失重法

失重法就是用腐蚀前后金属试件质量减小的速率来表示腐蚀速度。这样，金属的平均腐蚀速度可用式（13-1）表示

$$v^- = \frac{m_0 - m_1}{St} \tag{13-1}$$

式中：v^- 为试件的失重腐蚀速度，$g/(m^2 \cdot h)$；m_0、m_1 分别为腐蚀前和清除表面腐蚀产物后试件的质量，g；S 为试件暴露于腐蚀介质中的表面积，m^2；t 为腐蚀进行的时间，h。

失重法也是测定腐蚀速度的一种经典方法。此法简单、可靠，但要求表面腐蚀产物比较容易除净，且不会因为清除腐蚀产物而损坏金属基体。

2. 深度法

深度法就是用单位时间的腐蚀深度来表示腐蚀速度。失重腐蚀速度可用式（13-2）换算为年腐蚀深度，即

$$v_t = \frac{v^- \times 365 \times 24}{10^4 \rho} \times 10 = \frac{8.76}{\rho} v^- \tag{13-2}$$

式中：v_t 为年腐蚀深度，mm/a；ρ 为金属的密度，g/cm^3；v^- 为失重腐蚀速度，$g/(m^2 \cdot h)$。

由式（13-2）可知，v^- 不变时，v_t 与 ρ 成反比。因此，比较不同金属的耐蚀性能时用 v_t 比较方便。另外，v_t 还常用于防腐蚀强度设计中确定金属构件的腐蚀裕量。

用失重法和深度法表示腐蚀速度时，除了上述单位外，在国外的文献、资料上还常用到 mdd[$mg/(dm^2 \cdot day)$，即毫克/（分米^2·天）]、ipy（inches per year，即英寸/年）和 mpy（mils per year，即密耳/年）。这些单位之间可以相互换算。表 13-1 列出了一些常用的腐蚀速度单位的换算因子。

表 13-1　　　　　　　　　　　　　一些常用的腐蚀速度单位的换算因子

腐蚀速度单位	换算因子				
	$g/(m^2 \cdot h)$	mdd	mm/a	ipy	mpy
$g/(m^2 \cdot h)$	1	240	$8.76/\rho$	$0.354/\rho$	$354/\rho$
mdd	4.17×10^{-3}	1	$3.65 \times 10^{-2}/\rho$	$1.44 \times 10^{-3}/\rho$	$1.44/\rho$
mm/a	0.114ρ	274ρ	1	3.94×10^{-2}	39.4
ipy	2.9ρ	696ρ	25.4	1	10^3
mpy	$2.9 \times 10^{-3}\rho$	0.696ρ	2.54×10^{-2}	10^{-3}	1

三、金属电化学腐蚀的基本原理

热力设备的腐蚀大都属于电化学腐蚀。电化学腐蚀是指金属表面与电解质发生电化学作用而引起的破坏。在电化学腐蚀过程中，金属氧化（阳极反应）和氧化剂还原（阴极反应）在金属表面上的不同区域同时进行，电子通过金属基体从阳极区流向阴极区，从而产生电流。例如，碳钢在酸溶液中腐蚀时，在阳极区铁被氧化为 Fe^{2+}，所释放的电子通过金属基体由阳极（Fe）流至钢中的阴极（Fe_3C）表面，被 H^+ 吸收而产生氢气，即

阳极反应　　　　　　　　$Fe \longrightarrow Fe^{2+} + 2e$

阴极反应　　　　　　　　$2H^+ + 2e \longrightarrow H_2$

总反应　　　　　　　$Fe + 2H^+ \longrightarrow Fe^{2+} + H_2$

可见，电化学腐蚀实际上是一种短路原电池反应的结果，这种短路原电池称为腐蚀电池。因此，要掌握电化学腐蚀的基本规律，就必须了解腐蚀电池的相关概念和基本原理。

1. 电极与电极电位

（1）电极体系。电极是电化学中常用的术语，要说明其含义，必须先明确电极体系这一概念。如果一个电子导体相和一个离子导体相直接接触，并有电荷（电子或离子）通过相界面在这两个异类导体相之间转移，则形成一个电极体系。在写电极体系的组成时，一般用单垂线"|"表示相界面。例如，$Cu|CuSO_4$ 表示金属铜与硫酸铜溶液组成的电极体系。

（2）电极反应。在电极体系中，伴随着上述电荷相间转移，必然会在相界面上发生某种物质得到或失去电子的化学反应，称为电极反应。一般情况下，电极反应可简单地表示为

$$O + ne \underset{\text{氧化}}{\overset{\text{还原}}{\rightleftharpoons}} R \tag{13-3}$$

式中：O 为氧化态物质；R 为还原态物质；n 为反应中电子的计量系数。

反应式（13-3）表示，同一个电极反应有两个相反的反应方向。其中，反应物得到电子（从左向右进行）的反应称为还原反应；反应物失去电子（从右向左进行）的反应称为氧化反应。氧化反应与还原反应的速度相等时，电极反应达到平衡状态。此时，反应体系不仅保持电荷平衡——还原态物质失去的电子恰好为氧化态物质所吸收，而且保持物质平衡——氧化态物质和还原态物质的数量不变。

在电化学腐蚀过程中，阳极反应就是金属的溶解，如 $Fe \longrightarrow Fe^{2+} + 2e$ 等；阴极反应是介质中某种氧化剂(溶解氧、H^+ 等)的还原，如 $O_2 + 2H_2O + 4e \longrightarrow 4OH^-$、$2H^+ + 2e \longrightarrow H_2$ 等。

（3）电极。在电化学中，术语"电极"可能有两种含义：第一种含义是指电极体系，如参比电极（reference electrode，RE）、氢电极、氧电极等；第二种含义仅指电极体系中的电子导体相或电极材料，如工作电极（working electrode，WE）、辅助电极（auxiliary electrode，AE）、电极表面，以及铂电极、铁电极等。

（4）电极电位。在测量电极电位时，被测电极又可称为工作电极。对于任意给定的工作电极（WE），使其与参比电极（RE）组成原电池 RE∥WE（假设 WE 为正极，双垂线"∥"表示消除了液接电位），则该电池的电动势称为 WE（相对 RE）的电极电位，常用 φ 来表示。如果参比电极是标准氢电极（SHE），所测电极电位又可称为氢标（电极）电位。目前，中国大陆常用的参比电极是饱和甘汞电极（SCE），25℃时其氢标电位 $\varphi_{SCE} = +0.2412V$。

WE 相对于两种不同的参比电极（RE1 和 RE2）的电极电位之间的换算公式为

$$\varphi_{WE\ vs.\ RE2} = \varphi_{WE\ vs.\ RE1} - \varphi_{RE2\ vs.\ RE1} \tag{13-4}$$

式中：$\varphi_{WE\ vs.\ RE1}$、$\varphi_{WE\ vs.\ RE2}$ 分别为 WE 相对于 RE1、RE2 的电极电位；$\varphi_{RE2\ vs.\ RE1}$ 为 RE2 相对于 RE1 的电极电位。

由于 $\varphi_{RE2\ vs.\ RE1} \neq 0$，电极电位值随所用参比电极的不同而变化。因此，在给出电极电位值时，一般都应注明所用参比电极；如不注明，则参比电极通常为 SHE。

（5）平衡电位及其数值的意义。电极反应达到平衡状态时的电极电位称为平衡电位。对于式（13-3）表示的电极反应，其平衡电位可用下面的能斯特（Nernst）公式来计算

$$\varphi_e = \varphi_e^\circ + \frac{RT}{nF}\ln\frac{a_O}{a_R} \tag{13-5}$$

式中：φ_e 为平衡电位，V；a_O 为氧化态物质的活度；a_R 为还原态物质的活度，对于金属电极，还原态物质（金属）的活度为 1；φ_e° 为标准电极电位，即 $a_O = a_R = 1$ 时的平衡电位，V；R 为气体常数，其值为 $8.314J/(K \cdot mol)$；T 为绝对温度，K；F 为法拉第常数，其值为 96 485.3C/mol。

表 13-2 为常见电极反应的标准电位表，也称为电动序。

表 13-2　　　　　　　　常见电极反应的标准电位表（电动序）

电极	电极反应	φ°(V, 25℃)	温度系数（mV/K）
Cl^-/Cl_2, Pt	$Cl_2 + 2e \Longrightarrow 2Cl^-$	+1.359	−1.260
H^+/O_2, Pt	$O_2 + 4H^+ + 4e \Longrightarrow 2H_2O$	+1.229	—
Pt^{2+}/Pt	$Pt^{2+} + 2e \Longrightarrow Pt$	+1.2	

电 极	电 极 反 应	φ°(V，25℃)	温度系数（mV/K）
Ag^+ / Ag	$Ag^+ + e \rightleftharpoons Ag$	+0.799	+1.000
Fe^{3+}，Fe^{2+}/Pt	$Fe^{3+} + e \rightleftharpoons Fe^{2+}$	+0.771	+1.188
OH^-/O_2，Pt	$O_2 + 2H_2O + 4e \rightleftharpoons 4OH^-$	+0.401	−0.44
Cu^{2+}/Cu	$Cu^{2+} + 2e \rightleftharpoons Cu$	+0.337	+0.008
H^+/H_2，Pt	$2H^+ + 2e \rightleftharpoons H_2$	0.000	+0.00
Pb^{2+} / Pb	$Pb^{2+} + 2e \rightleftharpoons Pb$	−0.126	−0.451
Fe^{2+}/Fe	$Fe^{2+} + 2e \rightleftharpoons Fe$	−0.440	+0.052
Zn^{2+}/Zn	$Zn^{2+} + 2e \rightleftharpoons Zn$	−0.763	+0.091
OH^-/H_2，Pt	$2H_2O + 2e \rightleftharpoons H_2 + 2OH^-$	−0.828	—
Ti^{2+}/Ti	$Ti^{2+} + 2e \rightleftharpoons Ti$	−1.628	
Al^{3+}/Al	$Al^{3+} + 3e \rightleftharpoons Al$	−1.662	+0.504
Mg^{2+}/Mg	$Mg^{2+} + 2e \rightleftharpoons Mg$	−2.363	+0.103

根据热力学原理，在恒温恒压条件下，可逆电池所做的最大电功等于该体系吉布斯自由能的减少量，即

$$\Delta G = -nFE \tag{13-6}$$

式中：ΔG 为电池反应进度为1mol时体系吉布斯自由能的变化量，J/mol；n 为电池反应中反应物得到或失去的电子数；F 为法拉第常数；E 为可逆电池的电动势，V。

对于给定电极（WE）平衡电位（φ_e）的测量电池 SHE‖WE，若假设 WE 为正极（阴极）则 $E = \varphi_e - \varphi_{SHE} = \varphi_e$，根据式（13-6）可得

$$\Delta G = -nFE = -nF\varphi_e \tag{13-7}$$

由式（13-7）可知，$\varphi_e > 0$ 时，$\Delta G < 0$，电池反应可自发进行，则 WE 确实是阴极，且 φ_e 越正（$|\Delta G|$ 越大），WE 上发生还原反应的倾向越大；$\varphi_e < 0$ 时，$\Delta G > 0$，电池反应不能自发进行，但其逆反应可自发进行，则 WE 实际上是阳极，且 φ_e 越负（ΔG 越大），WE 上发生氧化反应的倾向越大。可见，平衡电位的高低可反映电极反应的倾向。

由表 13-2 可见，不同金属电极的 φ_e° 值相差较大；而由式（13-5）可知，对数的作用使得浓度变化对 φ_e 的影响通常较小。因此，很多情况下可以比较方便地利用金属的电动序（φ_e° 值）来粗略地判断金属的腐蚀倾向，即 φ_e° 值越低的金属腐蚀倾向越大。

（6）腐蚀电位。如前所述，金属的电化学腐蚀是腐蚀电池作用的结果。因此，在发生腐蚀的金属电极表面，即使是最简单的情况，也至少有两个反应在同时进行。例如，将铁浸入 1mol/L 盐酸溶液中可构成一个电极体系。如果溶液中不存在溶解氧等其他氧化剂，则只有铁的阳极溶解反应和氢离子的阴极还原反应同时在铁表面进行。如果该体系是孤立（没有电流流入或流出这个铁电极）的，当阳极反应（释放电子）和阴极反应（吸收电子）的速度相等时，该腐蚀体系也可达到电荷平衡状态，从而建立一个稳定的电极电位。但是，此时腐蚀反应使溶液中 Fe^{2+} 不断产生，而 H^+ 不断消耗，所以该腐蚀体系不可能建立物质平衡。该稳定电位为非平衡电位，其数值介于阴极反应和阳极反应的平衡电位值之间。由于电极反应导致铁的腐蚀，该电极体系属于腐蚀金属电极，该稳定电位又称为腐蚀电位。

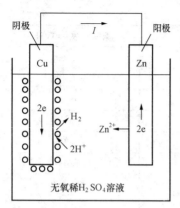

图 13-1　铜—锌腐蚀电池示意图

2. 腐蚀电池工作原理

电化学腐蚀是腐蚀电池作用的结果。下面以铜—锌腐蚀电池为例来分析腐蚀电池的工作原理。

如图 13-1 所示，将一块铜片和一块锌片用导线连接后，同时浸入无氧稀硫酸溶液，从而形成一种铜—锌腐蚀电池。此时会发现锌片逐渐溶解，但其表面几乎没有气泡析出；铜片不溶解，但其表面有大量的气泡（氢气）不断析出。这些现象表明，在锌片上主要发生锌的阳极溶解反应（析氢反应可以忽略），即锌失去电子的氧化反应

$$Zn \longrightarrow Zn^{2+} + 2e \tag{13-8}$$

同时，在铜片上只发生析氢反应，即氢离子得到电子的阴极还原反应

$$2H^+ + 2e \longrightarrow H_2 \tag{13-9}$$

在原电池中，发生氧化反应的电极称为阳极，阳极上的氧化反应称为阳极反应；发生还原反应的电极称为阴极，阴极上的还原反应称为阴极反应。因此，在该腐蚀电池中，锌电极（锌片）为阳极，式（13-8）所示为阳极反应；铜电极（铜片）为阴极，式（13-9）所示为阴极反应。阳极反应和阴极反应既相互独立，又通过电子的传递（电池的工作电流）紧密地联系在一起。两者相加得到以下电池反应（即腐蚀反应）：

$$Zn + 2H^+ \longrightarrow Zn^{2+} + H_2$$

根据式（13-6），发生上述腐蚀反应的必要条件是：氢离子阴极还原反应的平衡电位（$\varphi_{e,H}$）高于锌阳极氧化反应的平衡电位（$\varphi_{e,Zn}$），即 $\varphi_{e,H} > \varphi_{e,Zn}$。腐蚀电池的电动势（$E = \varphi_{e,H} - \varphi_{e,Zn}$）是腐蚀反应的驱动力。

在原电池中，阴、阳极分别为电池的正、负极。因此，阳极反应产生的电子必然会通过导线（外电路）从阳极流向阴极，从而在导线中产生由阴极流向阳极的电流（I）；在电解质溶液（无氧稀硫酸）中，阳离子（H^+ 和 Zn^{2+}）向阴极迁移，阴离子（SO_4^{2-}）则向阳极迁移，从而在溶液中产生由阳极流向阴极的电流。与此同时，阳极反应（Zn^{2+} 由金属相向液相转移）产生直接由阳极流入溶液的阳极电流，阴极反应（电子由金属相向液相转移）则产生直接由溶液流入阴极的阴极电流。这样就形成了一个闭合的电流回路，使阳极反应产生的电子能不断地被阴极反应所消耗，腐蚀反应得以持续进行。

上述铜—锌腐蚀电池是为了便于理解腐蚀电池的组成和工作原理而设计的一种特殊的腐蚀电池，其外电路是人为连接的导线，而在实际的腐蚀电池中，外电路通常就是被腐蚀金属的基体，但是它们所起的作用都是使阴极和阳极短路。显然，这种差别并不会改变腐蚀电池中发生的反应过程。即使是将一块锌片单独浸入无氧稀硫酸溶液中，也将发生类似的变化。因为，实际上金属锌中不可避免地含有少量电极电位较高的阴极性杂质（如铁、铜等），它们可与锌形成很多微小的腐蚀电池，即微电池。

当其他金属材料与腐蚀介质相接触时，也会形成类似的腐蚀电池。例如，由于氧化还原反应的平衡电位（$\varphi_{e,O}$）高于铁氧化反应的平衡电位（$\varphi_{e,Fe}$），在含氧中性水溶液中铁可能通过微电池作用而发生腐蚀。当铁与含氧水接触时，由于种种原因，铁表面各部位的电位不相等，从而形成很多微电池。其中，电位较高的部位为局部阴极，电位较低的部位为局部阳

极。图 13-2 所示为这种微电池的工作历程，垂直分界线的右边是电解质溶液（含氧中性水溶液），左边的阴影部分表示金属（铁）。在金属相中，水平分界线上为阳极，水平分界线之下为阴极。在阳极区表面主要发生铁的氧化反应，即 $Fe \longrightarrow Fe^{2+} + 2e$，产生阳极电流；在阴极区表面主要发生氧化还原反应，即 $O_2 + 2H_2O + 4e \longrightarrow 4OH^-$，产生阴极电流。与此同时，阳极反应产生的电子通过金属基体从阳极区流向阴极区，在阴极区表面被氧化还原反应所消耗；溶液中的阳离子（Fe^{2+}）向阴极迁移，阴离子（OH^-）则向阳极迁移，从而形成了一个闭合的电流回路，使腐蚀过程得以持续进行。

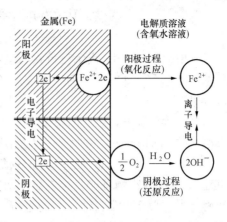

图 13-2　铁在含氧中性水溶液中腐蚀
过程示意图

综上所述，腐蚀电池由阳极、阴极、电解质溶液和外电路（通常就是被腐蚀金属的基体）四个不可分割的部分组成。相应地，腐蚀电池的工作历程主要包括下面四个基本过程：

（1）阳极过程。在阳极表面，金属发生氧化反应，以离子形式溶入电解质溶液，并将所释放的电子留在金属上。显然，阳极过程是直接导致金属腐蚀的过程，所以腐蚀破坏主要发生在金属表面的阳极区。但是，阳极过程不可能孤立地进行下去。如果它产生的电子不能及时地被转移和吸收，则将会在金属中积累，从而阻碍阳极过程的继续进行。

（2）阴极过程。如果电解质溶液中存在某种氧化剂，并且它在阴极上发生还原反应的平衡电位（φ_{ec}）高于金属在阳极上发生氧化反应的平衡电位（φ_{ea}），它就可能在阴极表面吸收从阳极迁移过来的电子而发生还原反应，从而使阳极过程可能进行下去。因此，$\varphi_{ec} > \varphi_{ea}$ 是金属发生电化学腐蚀的必要条件。

（3）电子导电过程。由于阴极电位高于阳极电位，阳极过程产生的电子必然通过金属基体从阳极流向阴极，从而在金属基体中产生由阴极流向阳极的电流。

（4）离子导电过程。在电解质溶液中，阴、阳极间的电场作用使阳离子向阴极迁移，阴离子则向阳极迁移，从而形成了一个闭合的电流回路，使腐蚀过程能不断地进行。

显然，这四个基本过程既相互独立，又通过腐蚀电池的电流串联在一起。因此，电化学腐蚀的速度取决于其中阻力最大、最缓慢的过程——速度控制过程。如果能增大速度控制过程的阻力，就可有效地降低金属的腐蚀速度。例如，停炉保护时经常采用的"热炉放水、余热烘干"方法就是通过增加离子导电过程的阻力来控制锅炉钢的锈蚀。

3. 腐蚀的次生过程

在腐蚀过程中，阳极反应产生的金属离子与阴极反应产物或介质中的某种物质之间进一步发生的反应，称为腐蚀的次生过程或次生反应，其产物称为腐蚀的次生产物。

如果金属的腐蚀产物存在更高价态，并且水溶液中存在溶解氧等氧化剂，低价腐蚀产物就可能发生进一步氧化。例如，铁在含氧水中腐蚀产生的 Fe^{2+} 遇到 OH^- 后，首先生成难溶性的氢氧化亚铁 $Fe(OH)_2$

$$Fe^{2+} + 2OH^- \longrightarrow Fe(OH)_2$$

$Fe(OH)_2$ 在含氧水中极不稳定，很容易被氧化为氢氧化铁 $Fe(OH)_3$，并且可与氢氧化铁反应而转化为四氧化三铁 Fe_3O_4

$$4Fe(OH)_2 + O_2 + 2H_2O \longrightarrow 4Fe(OH)_3$$
$$Fe(OH)_2 + 2Fe(OH)_3 \longrightarrow Fe_3O_4 + 4H_2O$$

其中，$Fe(OH)_3$ 表示三价铁的氢氧化物，常常是各种含水氧化铁（$Fe_2O_3 \cdot nH_2O$）或羟基氧化铁（$FeOOH$）的混合物。因此，最后的腐蚀产物主要是 Fe_3O_4 和 Fe_2O_3 或 $FeOOH$。

在一般情况下，难溶的腐蚀次生产物并不一定直接在金属表面的阳极区生成。因此，如果溶液的 pH 值较低，并且金属表面阴极区和阳极区相距较远，则次生产物对金属腐蚀速度的影响不大。但是，如果溶液的 pH 值较高，并且阴极和阳极相距较近，或直接交界（如微电池），则次生产物可能直接在金属表面形成表面膜。如果这种表面膜稳定、牢固、完整、致密，则它必将阻滞腐蚀过程的进行，从而对金属起到保护作用，此时可称其为表面保护膜。但是，如果它不够完整、致密，则可能促进金属局部腐蚀。

4. 腐蚀电池的类型

根据电极的大小，可将腐蚀电池分为宏观腐蚀电池和微观腐蚀电池两大类。

（1）宏观腐蚀电池。宏观腐蚀电池的阳极区和阴极区可由肉眼分辨，且其极性能长时间保持稳定，从而引起阳极区表面发生明显的宏观局部腐蚀。宏观腐蚀电池主要有以下两种：

1）电偶腐蚀电池。两种电极电位不同的金属在电解质溶液中相接触所构成的腐蚀电池称为电偶腐蚀电池。在电偶腐蚀电池中，电位较正的金属表面为阴极区，得到一定程度的保护（阴极保护效应），腐蚀减慢；而电位较负的金属表面为阳极区，腐蚀加快（电偶腐蚀效应），这种腐蚀称为电偶腐蚀或接触腐蚀。在各种工业设备中，不同金属的组合件（如凝汽器水侧的碳钢管板与铜管）常发生电偶腐蚀。金属发生电偶腐蚀时，两种金属在腐蚀介质中的电极电位差越大，阴极和阳极的面积比越大，腐蚀介质的电导率越高，电偶腐蚀越严重。

2）浓差腐蚀电池。由于同一金属的不同部位所接触介质的浓度不同而形成的腐蚀电池，称为浓差腐蚀电池。最常见的浓差腐蚀电池是氧浓差电池，又称差异充气电池。

当金属表面不同区域所接触的介质中溶解氧浓度不同时，就会产生电位差，从而形成氧浓差电池。在氧浓度较高的区域，金属的电极电位较正而成为阴极；而在氧浓度较低区域，金属的电极电位较负而成为阳极。在腐蚀电池的作用下，富氧的阴极区主要发生溶解氧的还原反应，而贫氧的阳极区主要发生金属溶解反应。阴极区的氧化还原反应所产生的 OH^- 不仅可提高溶液的 pH 值，而且对溶液中 Cl^- 等腐蚀性阴离子具有排斥作用；而阳极区的金属溶解反应所产生的金属离子不仅可通过水解反应使溶液的 pH 值降低（酸化），而且可吸引 Cl^- 等腐蚀性阴离子向阳极区富集。这样，阴极区溶液的腐蚀性逐渐减弱，使金属溶解反应因阻力的增大而减速；而阳极区溶液的腐蚀性逐渐增强，使金属溶解反应因阻力减小而加速，即产生所谓的自催化效应。于是，腐蚀破坏将集中在金属表面氧浓度较低的区域。

如果在腐蚀介质中的金属表面存在狭小的缝隙，缝隙内外的溶液不能对流，缝隙外的溶解氧只能通过缝口向缝内缓慢地扩散，这样缝隙内的溶解氧将很快被缝隙内的腐蚀反应所耗尽。于是，在缝隙内外就形成了一种非常典型的氧浓差电池。由于缝隙内外的溶液不能对流，并且缝隙内溶液很少，在氧浓差电池作用下，缝隙内金属溶解的自催化效应必然更加显著，从而导致严重的局部腐蚀——缝隙腐蚀。因此，金属的缝隙腐蚀也是由氧浓差电池引起的。

（2）微观腐蚀电池。微观腐蚀电池简称微电池，其电极尺寸极其微小，可与金属晶粒的尺度相近（$0.1\mu m \sim 1mm$）。在腐蚀介质中，金属表面各部位的物理和化学性质常存在差异，使金属表面各部位的电极电位不相等。这种现象称为金属表面的电化学不均匀性，它是形成微电池的原因。金属表面电化学不均匀性的原因是多方面的，但主要有以下四方面：

1）化学成分的不均匀性。由于含有各种杂质或合金元素，工业用金属材料的化学成分在微观上都是不均匀的。当金属与电解质溶液接触时，金属表面的杂质微粒就会作为微电极与基体金属构成许多微电池。因此，电位较正的阴极性杂质（如工业锌中的铁等）、阴极性合金成分或金相组织（如碳钢中的 Fe_3C 等）均可加速基体金属的腐蚀。

2）金相组织的不均匀性。因为工业用金属材料一般都是由很多晶粒组成的，所以其表面必然存在大量的晶界。金属的晶界是金属原子排列比较疏松、紊乱的区域，容易富集杂质原子和产生晶体缺陷。因此，晶界区（$<0.5\mu m$）比晶粒内部更为活泼，电极电位更负，在腐蚀介质中常成为优先溶解的阳极区。例如，奥氏体不锈钢在焊接过程中，由于 $Cr_{23}C_6$ 沿晶界析出，使晶界区贫铬，成为微电池的阳极区，从而引起不锈钢的晶间腐蚀。

3）物理状态的不均匀性。在机械加工或装配过程中，常常造成金属构件各部分变形和内部应力的不均匀性。一般情况下，变形较大和应力集中的部位成为阳极。例如，铁板弯曲处容易腐蚀就是这个原因。另外，金属结构在使用过程中也可能承受各种负荷的作用。实践证明，在锅炉、桥梁等金属设备和结构上，往往是拉应力集中的部位首先发生腐蚀。

4）金属表面膜的不完整性。如果金属表面膜不完整、有孔隙或破损等缺陷，则这些缺陷部位的电极电位相对较低，成为微电池的阳极而首先发生腐蚀。例如碳钢，特别是不锈钢在含 Cl^- 的介质中，常因 Cl^- 对钝化膜的局部破坏作用而发生点蚀。

5. 腐蚀电池的极化作用

由于通过电流而引起腐蚀电池两极间电位差减小，从而使电池工作电流减小的现象，称为腐蚀电池的极化。腐蚀电池的极化是阳极极化和阴极极化的结果。

（1）阳极极化。腐蚀电池的阳极因通过电流而电位正移的现象，称为阳极极化。阳极极化主要有下列原因：

1）在阳极反应过程中，金属原子失去电子并变成金属离子进入溶液的过程，称为阳极反应的电化学步骤。由于该步骤的进行需要克服一定的活化能，所以金属离子进入溶液的速度必然小于电子离开阳极表面的速度。因此，在阳极表面就会积累正电荷，从而使阳极电位正移。这种由于电化学步骤的缓慢而引起的阳极极化，称为阳极的电化学极化或活化极化。

2）在阳极表面附近溶液中，如果金属离子向溶液深处扩散的速度小于电化学步骤的速度，金属离子的浓度就会逐渐升高，从而使阳极电位正移。这种由于扩散步骤的缓慢而引起的阳极极化称为阳极的浓度极化。

3）如果金属表面生成了保护膜，不仅会阻碍电化学步骤而使阳极电位剧烈正移，而且会使电极体系的电阻大为增加，从而在通过电流时产生很大的欧姆电位降。因此，由于生成保护膜而引起的阳极极化，通常称为阳极的电阻极化。

（2）阴极极化。腐蚀电池的阴极因通过电流而电位负移的现象，称为阴极极化。阴极极化主要有下列原因：

1）在阴极反应过程中，氧化剂从阴极表面吸收电子变成还原产物的过程，称为阴极反应的电化学步骤或电子转移步骤。该步骤的进行同样需要克服一定的活化能，所以阴极反应消耗电子的速度必然小于电子从阳极流入阴极的速度。因此，在阴极表面就会积累电子，从而使阴极电位负移。这种由于电子转移（进入溶液相）的缓慢而引起的阴极极化，称为阴极的电化学极化或活化极化。

2）如果氧化剂（反应物）向阴极表面或还原产物向溶液深处的扩散速度落后于电化学步骤的速度，都将降低阴极反应消耗电子的速度，从而使阴极电位负移。这种由于反应物或产物的扩散缓慢而引起的阴极极化，称为阴极的浓度极化。

显然，腐蚀电池的极化使电化学腐蚀速度减小，从而有利于对腐蚀的控制。相反，如能消除或减弱腐蚀电池的极化，将使电化学腐蚀速度增大，这种作用称为去极化，起去极化作用的物质称为去极化剂。例如，对溶液进行搅拌可减弱腐蚀电池阳极和阴极的浓度极化；使阳极反应产物（如 Fe^{2+}）形成稳定的络合物或沉淀物，不仅可基本消除阳极的浓度极化，而且可减弱阳极的活化极化；增加氧化剂的浓度可减弱阴极极化，所以氧化剂又常称为阴极去极化剂。在电化学腐蚀过程中，常见的阴极去极化剂主要是水中的溶解氧和氢离子。

四、电位—pH 图

在腐蚀过程中，电极电位 φ 是金属阳极溶解过程的控制因素，而溶液 pH 值则是表面保护膜稳定性的控制因素。以 φ 为纵坐标，以溶液 pH 值为横坐标，可把金属—水溶液体系中各种反应在给定条件下的平衡关系简单而直观地表示出来，这就是金属—水溶液体系的化学位—pH 图。根据电位—pH 图可预测金属腐蚀的可能性和腐蚀产物的稳定性。

1. 电位—pH 图的绘制

绘制金属—水溶液体系电位—pH 图的步骤如下：

（1）选定在该体系中要考虑的平衡固相（如金属的氧化物或氢氧化物），列出有关物质的存在状态及其标准化学位（25℃）。

（2）列出这些物质间可能发生的反应及其标准电极电位或标准平衡常数（如果这些数据查不到，则可用反应物质的标准化学位来计算），并用能斯特公式或平衡常数表示式建立反应平衡关系式。这些反应可分成三类（见表 13-3），其平衡关系均可表示为某种电位—pH图线——平衡线。

（3）在同一电位—pH 坐标系中逐一画出这些反应的平衡线，则得该体系的电位—pH 图。

图 13-3 为离子浓度均取 10^{-6} mol/L、以铁的氧化物为平衡固相时，Fe—H_2O 体系的电位—pH 图。图中的 a 线和 b 线分别为氢气和氧气的分压为标准压力时氢电极和氧电极反应的平衡线。

表 13-3   **Fe—H_2O 体系中的反应类型及其平衡关系**

反应类型	反应式及其平衡关系	平衡关系的电位—pH 图线	偏离平衡时的变化趋势
有电子、无 H^+ 参加	$Fe^{2+}+2e \rightleftharpoons Fe$ $\varphi_e=-0.440+0.0296 \lg a_{Fe^{2+}}$	平行于 pH 轴的水平直线，见图 13-3 中直线 ①	φ ↑，则 $a_{Fe^{2+}}$ ↑，即铁溶解
有 H^+、无电子参加	$Fe_2O_3+6H^+ \rightleftharpoons 2Fe^{3+}+3H_2O$ $\lg a_{Fe^{3+}}=-0.723-3pH$	平行于 φ 轴的垂直直线，见图 13-3 中直线②	pH 值↑，则 $a_{Fe^{3+}}$ ↓，并生成 Fe_2O_3
电子和 H^+ 均参加	$Fe_2O_3+6H^++2e \rightleftharpoons 2Fe^{2+}+6H_2O$ $\varphi_e=0.728-0.177 \lg a_{Fe^{2+}}-0.591pH$	负斜率的直线，见图 13-3 中直线 ③	φ ↑ 或 pH 值↑，则 $a_{Fe^{2+}}$ ↓，并生成 Fe_2O_3

2. 电位—pH 图中点、线、面的意义

电位—pH 图中所画的每一条线都表示两种物质间的反应平衡关系（或反应平衡的电位

和 pH 条件）。电位和 pH 值偏离平衡线，则平衡被破坏，反应将向一定方向进行直至达到新的平衡（见表 13-3 的最后一列）。电位—pH 图中三条线的交点表示三种物质（如 $Fe—Fe^{2+}—Fe_3O_4$）间平衡的电位和 pH 值条件。若电位和 pH 值偏离该点，则必有一种物质趋于消失。

电位—pH 图中由若干条线（包括坐标轴）所包围的区域为某种物质能稳定存在的电位—pH 范围，即热力学稳定区。图 13-3 中，标示有 Fe、Fe_3O_4、Fe_2O_3、Fe^{2+}、Fe^{3+} 和 $HFeO_2^-$ 的热力学稳定区。此外，a 线和 b 线之间为水（或 H^+ 和

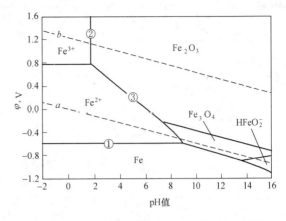

图 13-3 $Fe—H_2O$ 体系的电位—pH 图（金属可溶性离子的总浓度为 $10^{-6}\,mol/L$）

OH^-）的热力学稳定区，而 a 线以下和 b 线之上分别为氢气和氧气的热力学稳定区。

3. 电位—pH 图在腐蚀与防护中的应用

（1）电位—pH 图中的腐蚀区、免蚀区和钝化区。为了判断金属的腐蚀倾向，通常取 $10^{-6}\,mol/L$ 作为金属发生腐蚀与否的界限。也就是说，当金属或其化合物（覆盖在金属表面上）的溶解度小于 $10^{-6}\,mol/L$ 时，可认为该金属在水溶液中没有发生腐蚀；否则，可认为该金属被腐蚀了。倘若平衡计算中有关离子的浓度均取 $10^{-6}\,mol/L$，则可得到一种简化了的电位—pH 图，如图 13-3 所示。

根据图 13-3 中不同区域内物质的稳定存在状态，可将 $Fe—H_2O$ 体系的电位—pH 图划分为下列三类不同的区域（见图 13-4）：

1）免蚀区，即图 13-3 中 Fe 的热力学稳定区。当 $Fe—H_2O$ 体系的电位和 pH 值处于该区域内时，即使铁暴露在溶液中，也不会发生腐蚀。

2）腐蚀区，包括图 13-3 中 Fe^{2+}、Fe^{3+} 或 $HFeO_2^-$ 的热力学稳定区。当 $Fe—H_2O$ 体系的电位和 pH 值处于这些区域内时，铁将被溶解并变成 Fe^{2+}、Fe^{3+} 或 $HFeO_2^-$，从而发生腐蚀。其中，Fe^{2+} 和 Fe^{3+} 的稳定区可合并为一个腐蚀区。

3）钝化区，包括 Fe_3O_4 和 Fe_2O_3 的热力学稳定区。当 $Fe—H_2O$ 体系的电位和 pH 值处于这些区域内时，铁表面上可能形成的保护膜，从而使铁的溶解受到强烈的抑制，铁的腐蚀速度降到极低的程度，即发生钝化。

（2）腐蚀反应的可能性。在实际的腐蚀介质中，可能导致金属腐蚀的氧化剂有 O_2、H^+（或 H_2O）、Fe^{3+}、Cu^{2+} 等，但最常见的是前两种。

当金属氧化反应的平衡电位 $\varphi_{e,M} < \varphi_{e,O}$ 时，腐蚀电池的阴极上就会发生氧化还原反应，反应式如下：

在酸性溶液中

$$O_2 + 4H^+ + 4e \longrightarrow 2H_2O$$

在中性或碱性溶液中

$$O_2 + 2H_2O + 4e \longrightarrow 4OH^-$$

这种由于氧化还原反应导致的腐蚀称为耗氧腐蚀或氧腐蚀。

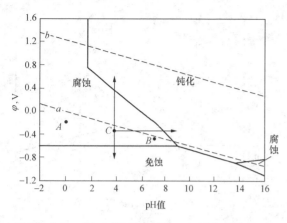

图 13-4　Fe—H₂O 体系的电位—pH 图中的腐蚀区、
免蚀区和钝化区

当 $\varphi_{e,M} < \varphi_{e,H}$ 时，腐蚀电池的阴极上就会发生析氢反应，反应式如下：

在酸性溶液中
$$2H^+ + 2e \longrightarrow H_2$$

在中性或碱性溶液中
$$2H_2O + 2e \longrightarrow H_2 + 2OH^-$$

这种由于析氢反应导致的腐蚀称为析氢腐蚀，当腐蚀介质呈酸性时常称为酸性腐蚀，当腐蚀介质为酸溶液（如盐酸溶液）时常称为酸腐蚀。

在图 13-4 所示的 pH 值范围内，铁电极反应的平衡线（$\varphi_{e,M}$）始终低于 a 线（$\varphi_{e,H}$）。这表明在常见的 pH 值条件下，铁在热力学上都是不稳定的，它不仅可能发生氧腐蚀，而且可能发生析氢腐蚀。但是，在不同的电位和 pH 值条件下，其腐蚀反应和腐蚀产物不同。在不含其他氧化剂的酸溶液（如盐酸溶液）中，Fe—H₂O 体系的电位（即铁的腐蚀电位）和 pH 值可能位于图 13-4 中的 A 点，此时铁主要发生析氢腐蚀，氧腐蚀的作用可忽略。在中性溶液（如冷却水）中，Fe—H₂O 体系的电位和 pH 值可能位于图 13-4 中的 B 点，此时铁主要发生氧腐蚀，析氢腐蚀的作用可忽略。在一定条件下，如在流动的水中，铁的腐蚀电位可能高于 $\varphi_{e,H}$，此时铁只发生氧腐蚀。但是，在含氧的弱酸性溶液中，Fe—H₂O 体系的电位和 pH 值可能位于图 13-4 中的 C 点，此时这两种腐蚀作用都不能忽略。在酸性 pH 值范围内，腐蚀产物是 Fe^{2+} 和 Fe^{3+}；在中性和弱碱性 pH 值范围内，腐蚀产物可能是 Fe_3O_4 和 Fe_2O_3（或 FeOOH）。

（3）防止金属腐蚀的可能途径。如果要将铁从 C 点移出腐蚀区，从图 13-4 来看，可以采取以下三种措施：

1）使铁的电极电位负移（降低）到免蚀区，这可通过阴极保护的方法来实现。

2）使铁的电极电位正移（升高）到钝化区，这可通过阳极保护或化学钝化的方法来实现。化学钝化方法是向溶液中添加钝化剂（如亚硝酸钠、氧气、双氧水等氧化剂），通过金属与钝化剂的自然作用使金属的电位正移到钝化区而钝化，如给水的加氧处理。

3）提高溶液的 pH 值，使溶液呈碱性，也可使铁进入钝化区，如给水的 pH 值调节。

第二节　火力发电机组水汽系统概况

一、火力发电机组的水汽系统及其设备

在火力发电机组中，锅炉和汽轮机及其辅助设备按照热力循环的顺序通过管道和附件连接起来所构成的系统称为热力系统，该系统中的各种热交换设备或水汽流经的设备统称为热力设备。水和蒸汽是热力设备中的工作介质，在热力系统中作水汽循环运行，所以热力系统又可称为水汽（循环）系统。某国产 1000MW 超超临界燃煤机组水汽系统如图 13-5 所示。

该机组的补给水补入凝汽器，其高压和低压加热器疏水均采取逐级自流方式，高压加热器的疏水最后流入除氧器，低压加热器疏水最后流入凝汽器，轴封加热器的疏水也流入凝汽

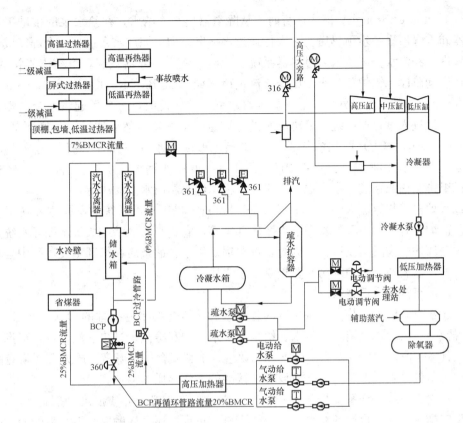

注：316 阀（汽轮机高压旁路阀）控制主蒸汽压力；361 阀（启动分离器储水箱溢流调节阀）控制
储水箱水位；360 阀（锅炉循环水流量调节阀）控制锅炉循环水流量。

图 13-5　某国产 1000MW 超超临界燃煤机组水汽系统示意图

器。这样，该机组直流运行时的水汽流程可简单表示成图 13-6。

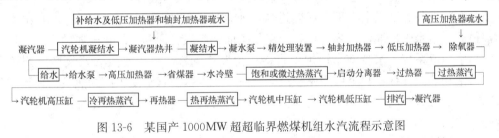

图 13-6　某国产 1000MW 超超临界燃煤机组水汽流程示意图

在图 13-6 中，从凝汽器出口至省煤器入口的部分，用以完成锅炉给水的汇集、预热和水质调节，称为锅炉给水系统。有时为了叙述方便，将凝汽器出口至除氧器出口的部分称为凝结水系统或低压给水系统，将除氧器出口至省煤器入口的部分称为给水系统或高压给水系统。

由图 13-6 可知，给水由汽轮机凝结水、补给水和各种疏水通过两次汇集而成。首先，补给水及低压加热器、轴封加热器等的疏水在凝汽器热井中与汽轮机凝结水汇合，形成凝结水；然后，高压加热器疏水在除氧器中与经过精处理及轴封加热器和低压加热器预热的凝结水汇合，形成给水。

在直流（once-through）模式运行时，从除氧器出来的给水，在给水泵的推动下，经高压加热器和省煤器进一步预热后，一次性通过水冷壁，即可完成蒸发过程，全部变成饱和或微过热蒸汽，经汽水分离器送入过热器系统。此时，汽水分离器只起一个蒸汽集箱的作用。但是，在启动阶段，锅炉负荷小于最低直流负荷（如 30% BMCR，即 boiler maximum continuous rating），进入汽水分离器的工质为汽水混合物。此时，分离器起汽水分离作用，分离出来的蒸汽进入过热器系统；分离出来的水则进入储水箱，然后通过锅炉循环泵（boiler circulation pump，BCP）回到省煤器入口集箱，形成炉水的再循环（有些超临界机组无BCP）。当机组过度膨胀时，储水箱中的水经由 361 阀排入锅炉疏水扩容器，然后经过疏水箱排入机组排水槽或通过疏水泵送入凝汽器（根据储水箱出水水质决定）。

汽包锅炉机组与直流锅炉（once-through boiler）机组水汽系统的不同主要在于炉水系统。汽包锅炉设有汽包、下降管和水冷壁底部集箱，它们与水冷壁组成炉水循环系统，炉水通过多次循环才能完成蒸发过程。因此，汽包锅炉炉水中的杂质在循环蒸发过程中会有一定程度的浓缩，需要通过锅炉排污装置控制炉水水质。

二、水汽系统的介质特点

在上述水汽系统中，热力设备接触的各种水和蒸汽包括未经处理的水（生水）、补给水（二级除盐水）、汽轮机凝结水、疏水、给水、炉水、饱和蒸汽、过热蒸汽、再热蒸汽等。其腐蚀性与其 pH 值、所含杂质离子的种类和数量、溶解氧含量、温度和压力等因素有关。下面从腐蚀的角度分别讨论不同的热力设备所接触的工作介质的特点。

（1）补给水系统。该系统接触的介质有生水、除盐水等，介质温度一般低于 50℃，但溶氧含量较高，离子交换设备在离子交换树脂再生过程中还会接触腐蚀性很强的酸、碱、盐的溶液。因此，为了防止腐蚀和保证补给水水质，该系统内部，特别是离子交换设备的内表面常采取衬胶等措施进行保护。

（2）给水系统。该系统包括从凝结水泵直到省煤器的设备及连接管道，其内壁接触的介质是凝结水或给水，高、低压加热器管外壁接触的介质是加热蒸汽。在该系统中，水温随流程逐渐升高，亚临界及以上机组省煤器进口给水温度可达 263～298℃。凝结水和给水的含盐量都很低，但水中可能含有溶解氧和二氧化碳而引起氧腐蚀和二氧化碳腐蚀。

（3）水冷壁系统。水冷壁是锅炉中直接产生蒸汽的部位，给水进入蒸发区后将逐渐蒸发，水与饱和蒸汽并存，甚至可能完全汽化。由于水冷壁炉管承受很高的热负荷，给水带入的杂质在蒸发区有被局部浓缩的可能，从而引起炉管内壁的结垢和介质浓缩腐蚀。另外，水冷壁外壁与高温烟气接触，可能发生高温氧化和熔盐腐蚀。

（4）过热器和再热器。亚临界和超临界锅炉的过热蒸汽和再热蒸汽的含盐量都很低，但温度都很高。例如，过热器和再热器出口的蒸汽温度，亚临界、超临界和超超临界锅炉分别可达 541℃、542～571℃和 603～605℃。另外，过热器出口的蒸汽压力，亚临界、超临界和超超临界锅炉分别可达 18MPa、25～26MPa 和 27.56MPa。但是，再热蒸汽压力只有中压等级。过热器和再热器管内壁与这样的高温蒸汽接触，外壁则与高温烟气接触，管壁温度很高，所以其内壁可能发生汽水腐蚀，外壁可能发生高温氧化和熔盐腐蚀，并且管壁温度越高，腐蚀和氧化作用越强。

（5）汽轮机。进入汽轮机的主蒸汽和再热主蒸汽的温度和压力接近过热器和再热器出口蒸汽的温度和压力，所以同样具有较强的腐蚀作用。进入汽轮机后，随着做功，温度和压力逐渐降低，蒸汽中含有的杂质将逐步沉积到叶片等蒸汽流通部位的表面，造成汽轮机的积盐。在汽轮机的高压、中压和低压缸中，蒸汽中的杂质种类和含量均不同。在汽轮机的尾部几级，蒸汽中出现湿分，变成饱和蒸汽，这时蒸汽中的酸性物质及盐类会溶入湿分而导致汽轮机的腐蚀。

（6）凝汽器。凝汽器汽侧是蒸汽和凝结水，其含盐量很低，但氨含量可能较高。如果凝汽器热交换管采用黄铜，可能发生铜管的氨腐蚀和应力腐蚀。凝汽器水侧是各种冷却水，虽然其 pH 值大于 7，但是其溶解氧浓度和含盐量都较高，对凝汽器管具有较强的腐蚀性。特别是当冷却水中氯化物含量较高时（如海水、咸水等），容易引起不锈钢、黄铜等管材发生点蚀等局部腐蚀。

（7）疏水系统。疏水的含盐量与凝结水相近，但如果系统不够严密，其溶解氧和二氧化碳含量可能较高，从而使疏水系统的腐蚀比凝结水系统严重、含铁量比凝结水高。

三、主要热力设备的金属材料

1. 锅炉受热面钢管及蒸汽管道和集箱常用钢材

（1）省煤器与亚临界及以下参数锅炉的水冷壁主要用优质碳钢 20G 或碳锰钢 SA-210C；超临界锅炉水冷壁主要用 T2（12CrMoG）、T12（15CrMo）、T22 等低合金耐热钢。

（2）高参数锅炉汽包材料多使用 16MnG（SA-299）、14MnMoV（BHW38）、13MnNiMo54（BHW35）等含锰低合金高强钢。

（3）超临界锅炉的汽水分离器及其储水箱使用 SA-336 F12、SA-182 F12-2 等低合金钢。

（4）过热器和再热器，除了低温再热器管可部分用 SA-210C 等碳钢外，随管壁工作温度的升高，需选用低合金耐热钢（T2、T12、T22、T23 等）、马氏体耐热钢（T91、T92、T122 等），甚至奥氏体耐热钢（TP304H，TP347H、TP347HFG、Super304H、TP310NbN 等）。

（5）省煤器进口集箱至水冷壁进口集箱之间的集箱及其连接管道，启动分离器和储水箱的进出口管和连接管道主要用碳钢（如 20G、SA-106 C 等）；其他水汽集箱和管道，随其使用温度和压力的提高，常选用合适的低合金耐热钢（如 P12、P22、12Cr1MoVG）或马氏体耐热钢（如 P91、P92、P122 等）。

2. 汽轮机主要部件的材料

（1）汽轮机叶片材料，当汽温在 538℃ 以下时，常用 1Cr12Mo、2Cr12Ni2Mo1W1V 和 0Cr17Ni4Cu4Nb（17-4PH）等马氏体不锈钢；汽温在 538℃ 以上时，常用添加 Ni、Mo、W、V、Nb、N 等多种强化元素改良的 12%Cr 马氏体不锈钢。

（2）高、中压转子常用 30Cr1Mo1V 等低合金钢或 12%Cr 型转子钢（如美国的 C422 钢）；低压转子材料常用 30Cr2Ni4MoV 等低合金钢。

（3）高、中压内缸、喷嘴室、蒸汽阀等部件常用 ZG15Cr1Mo、ZG15Cr1Mo1V、ZG15Cr2Mo1 等低合金铸钢或 ZG1Cr10MoVNbN 等马氏体不锈钢；低压内缸材料常用 20G 等碳钢。

3. 凝汽器、加热器和除氧器主要部件材料

（1）凝汽器、轴封加热器和低压加热器的管材，在亚临界及以下参数机组中，以前主要采用黄铜；在超临界机组中，一般采用不锈钢。但是，以海水冷却的凝汽器通常采用钛管。

（2）凝汽器水室、壳体、管子支撑板和热井，以及轴封加热器和低压加热器壳体常用

Q235 系列普通低碳钢；轴封加热器水室和管板及低压加热器水室常用 16MnR 等，高、低压加热器管板常用 20MnMo 等；高压加热器壳体和水室常用 SA516Gr70，管材常用 SA556GrC2；除氧器壳体和封头材料常用 20R 低碳钢。

（3）在我国北方有些缺水地区（如山西大同、内蒙古丰镇等），电厂采用凝汽器空气冷却系统（干冷系统），其干冷塔采用铝管作为热交换管。因此，在该系统中铁、黄铜（低压加热器）和铝共存，所以热力系统金属腐蚀及水质调节具有不同于一般火电机组的特殊性。

由于在超临界参数下铜会溶解于蒸汽而被带进汽轮机，析出并沉积在叶片上，降低汽轮机出力，并可能造成汽轮机腐蚀，而且直流锅炉对铜的沉积也十分敏感，不仅会使压降增大，还会导致炉管的腐蚀，因此超临界机组都采用不锈钢管低压加热器，则给水系统内的管道及设备全部由钢材制成，故称为无铜给水系统；反之，则称为有铜给水系统。这两种系统对给水水质的要求和水质调节方式都有所不同。

第三节 热力设备的氧腐蚀

热力设备在运行和停用期间都可能发生氧腐蚀。

一、运行中氧腐蚀的部位

金属发生氧腐蚀的根本原因是金属所接触的介质中含有溶解氧（dissolved oxygen，DO），所以凡有溶解氧的部位，都有可能发生氧腐蚀。但不同部位，介质条件（氧浓度、pH 值、温度等）不同，腐蚀程度也就不同。在除氧水工况下，氧腐蚀主要发生在温度较高的高压给水管道、省煤器等部位。另外，在疏水系统中，如果疏水箱不密闭，溶解氧浓度接近饱和值，并且水中溶解有较多的游离二氧化碳，氧腐蚀就会比较严重。凝结水系统也会遭受氧腐蚀，但腐蚀程度较轻，因为凝结水中正常溶解氧含量低于 $20\mu g/L$，且水温较低。除氧器运行正常时，给水中的氧一般在省煤器就耗尽了，所以水冷壁系统不会遭受氧腐蚀，但当除氧器运行不正常时或在锅炉启动初期，溶解氧可能进入水冷壁系统，造成水冷壁管的腐蚀。锅炉运行时，省煤器入口段的腐蚀一般比较严重。

二、氧腐蚀过程

由于表面保护膜的缺陷、硫化物夹杂等原因，当碳钢与含氧中性或弱碱性水接触时，金属表面各部位的电极电位不相等，从而形成微电池。另外，根据 $Fe—H_2O$ 体系的电位—pH 图可知，在中性或碱性水中，碳钢主要发生氧腐蚀。因此，在腐蚀电池的作用下，阳极区表面发生铁的溶解反应

$$Fe \longrightarrow Fe^{2+} + 2e$$

而阴极区表面主要发生溶解氧的还原反应

$$O_2 + 2H_2O + 4e \longrightarrow 4OH^-$$

在氧腐蚀初期，微电池起主要作用，发生全面腐蚀，腐蚀速度受金属表面扩散层中溶解氧扩散控制，即氧腐蚀电流密度等于溶解氧的极限扩散电流密度

$$i_{corr} = i_L = 4FD \frac{c^0}{\delta} \tag{13-10}$$

式中：i_{corr}、i_L 分别为氧腐蚀电流密度、溶解氧的极限扩散电流密度，A/cm^2；F 为法拉第常数；D 为溶解氧的扩散系数，cm^2/s；c^0 为溶解氧的浓度，mol/cm^3；δ 为溶解氧的扩散层

厚度，cm。

式（13-10）表明，碳钢在中性和弱碱性水中的氧腐蚀速度与水中溶解氧的浓度成正比，与扩散层厚度成反比。

然而，在氧腐蚀的后期，起主要作用的腐蚀电池会由微电池转变成氧浓差电池，从而使全面腐蚀演变成局部腐蚀。如前所述，上面阳极反应产生的 Fe^{2+} 在遇到水中的 OH^- 和 O_2 时会生成 Fe_3O_4 和 Fe_2O_3 或 $FeOOH$，且这些次生产物会在金属表面沉积，形成疏松的表面沉积物。这种沉积物没有保护性，不能阻止腐蚀的继续进行，但却会妨碍水中溶解氧向金属表面的扩散，使沉积物下面的溶解氧

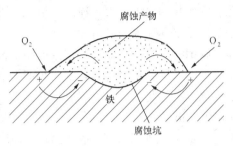

图 13-7 氧腐蚀过程示意图

浓度低于其周围钢表面的溶解氧浓度，从而形成氧浓差腐蚀电池，如图 13-7 所示。这样，沉积物周围的钢表面则成为氧浓差电池的阴极区，铁的阳极溶解受到抑制，主要发生氧化还原反应；沉积物下面的钢表面就成为氧浓差电池的阳极区，"自催化效应"使铁的阳极溶解反应加快，从而形成腐蚀坑。阳极反应产生的部分 Fe^{2+} 会不断地通过疏松的沉积物向外扩散，并产生越来越多的次生产物，结果形成小鼓包。

三、氧腐蚀的特征

当钢铁在水中发生氧腐蚀时，常常在其表面形成许多小鼓包。这些鼓包的大小差别很大，其直径从 $1\sim30mm$ 不等。鼓包表面的颜色可能呈黄褐色、砖红色或黑褐色，次层是黑色粉末状物，这些都是腐蚀产物。将这些腐蚀产物除去之后，便可看到一些大小不一的腐蚀坑，这种腐蚀特征称为溃疡腐蚀。

各层腐蚀产物的颜色不同，是因为它们是组成或晶态不同的物质，见表 13-4。表层的腐蚀产物，在较低温度下主要是铁锈（即 $FeOOH$），其颜色较浅，以黄褐色为主；在较高温度下，主要是 Fe_3O_4 和 Fe_2O_3，其颜色较深，为黑褐色或砖红色。因为沉积的腐蚀产物内部缺氧，所以由表及里腐蚀产物的价态降低。因此，次层的黑色粉末通常是 Fe_3O_4，而在紧靠金属表面处还可能有黑色的 FeO 层。

表 13-4　　　　　　　　　　　　　　　不同铁腐蚀产物的若干物理性质

组成	颜色	磁性	密度（g/cm³）	热稳定性
$Fe(OH)_2$	白	顺磁性	3.40	在 100℃时分解为 Fe_3O_4 和 H_2
FeO	黑	顺磁性	$5.4\sim5.73$	在 1371~1424℃时熔化，低于 570℃时分解为 Fe 和 Fe_3O_4
Fe_3O_4	黑	铁磁性	5.20	在 1597℃时熔化
$\alpha-FeOOH$	黄	顺磁性	4.20	约 200℃时失水生成 $\alpha-Fe_2O_3$
$\beta-FeOOH$	淡褐	—	—	约 230℃时失水生成 $\alpha-Fe_2O_3$
$\gamma-FeOOH$	橙	顺磁性	3.9	约 200℃时转变为 $\alpha-Fe_2O_3$
$\gamma-Fe_2O_3$	褐	铁磁性	4.88	在大于 250℃时转变为 $\alpha-Fe_2O_3$
$\alpha-Fe_2O_3$	砖红	顺磁性	5.25	在 0.098MPa、1457℃时分解为 Fe_3O_4

注　$Fe(OH)_2$ 在有氧的环境中是不稳定的，在室温下以不同条件转变为 $\gamma-FeOOH$、$\alpha-FeOOH$ 或 Fe_3O_4。

四、氧腐蚀的影响因素

1. 溶解氧浓度的影响

溶解氧对水中碳钢的腐蚀具有双重作用，它既可导致钢铁的腐蚀，又可使碳钢发生钝化。它所起的作用与水的纯度（氢电导率）、溶解氧浓度、pH 值、流速等因素有关。当水中杂质较多（如水的氢电导率 $>0.3\mu S/cm$ 时，溶解氧主要起腐蚀作用，由式（13-10）可知，碳钢的腐蚀速度随溶解氧浓度的提高而增大。因此，当水质较差时，为了控制氧腐蚀，应尽可能除尽给水中的溶解氧。但是，在高纯水中（氢电导率 $<0.15\mu S/cm$），溶解氧主要起钝化作用。此时，随溶解氧浓度的提高，碳钢表面氧化膜的保护性加强，所以碳钢腐蚀速度降低。试验结果表明，在 250℃、$pH_{25℃}=9.0$（NH_3）、0.5m/s 的流动高温水中，当溶解氧的浓度提高到 $25\mu g/L$ 时，低碳钢表面即可形成良好的 Fe_3O_4—Fe_2O_3 双层保护膜，使低碳钢的腐蚀速度由除氧条件下的 44.6 mg/（$m^2\cdot h$）降低到 7.1mg/（$m^2\cdot h$）。

2. pH 值的影响

试验发现 pH 值对铁在室温下含氧软水中腐蚀速率的影响具有以下规律：

（1）当 pH<4 时，由于 H^+ 浓度较大，钢铁开始发生明显的酸性腐蚀（有氢气析出），并且随着 pH 值的降低，腐蚀速度迅速增大。

（2）当 4<pH<9 时，水中 H^+ 浓度很低，铁的腐蚀速度主要取决于氧浓度，并随溶解氧浓度的增大而增大，而与水的 pH 值基本无关。

（3）当 9<pH<13 时，铁表面发生钝化，从而抑制了氧腐蚀，且 pH 值越高，钝化膜越稳定，钢的腐蚀速度越低。

此外，低碳钢在 232℃、含氧量低于 0.1mg/L 的高温水中的动态腐蚀试验表明，当 pH 值在 6.5～10.5 的范围内时，pH 值越低，低碳钢的腐蚀速度越高；特别是当 pH<8 时，碳钢的腐蚀速度随 pH 值的降低而迅速上升。因此，为了控制低碳钢的腐蚀，至少应将给水的 pH 值提高到 8 以上，最好在 9.5 以上。

3. 离子成分的影响

水中离子种类对腐蚀速率的影响很大。水中的 H^+、Cl^-、SO_4^{2-} 等离子对钢铁表面的氧化物保护膜具有破坏作用，故随它们的浓度增加，氧腐蚀的速度增大。特别是 Cl^- 能破坏金属表面的钝化膜，所以具有促进金属点蚀的作用。

4. 温度的影响

在密闭系统内，当溶解氧浓度一定时，水温升高，铁溶解和氧化还原的反应速度加快。因此，温度越高，氧腐蚀速度越快。

温度对腐蚀形态及腐蚀产物的特征也有影响。在敞口系统中，常温或温度较低的情况下，钢铁氧腐蚀的蚀坑较大，腐蚀产物松软，如在疏水箱里所见到的情况；而密闭系统中，温度较高时氧腐蚀的蚀坑较小，腐蚀产物也较坚硬，如在给水系统中所见到的情况。

5. 流速的影响

在一般情况下，水的流速增大，钢铁的氧腐蚀速度提高。因为随着水流速增大，扩散层厚度减小，由式（13-10）可知，钢的腐蚀速度将因此而提高。但是，当水流速增大到一定程度时，可能使钢表面发生钝化，氧腐蚀速度又会下降。如果水流速度进一步增大到一定程度后，由于水流的加速或冲刷作用，腐蚀速度又将开始迅速上升，如全挥发处理水工况下省煤器管道中发生的流动加速腐蚀（详见本章第五节）。

根据以上对氧腐蚀影响因素的分析可知，防止热力设备的氧腐蚀，一是严格控制凝结水和给水的氢电导率；二是通过加氨适当地提高凝结水和给水的 pH 值，同时适当控制氧浓度。

第四节 热力设备的酸性腐蚀

一、水汽系统中酸性物质的来源

1. 二氧化碳

补给水中所含的碳酸化合物是水汽系统中二氧化碳的主要来源之一。凝汽器发生泄漏时，漏入凝结水的冷却水也会带入碳酸化合物，其中主要是碳酸氢盐。另外，水汽系统中有些设备是在真空状态下运行的。当这些设备的结构不严密时，外界空气会漏入，这也会使系统中二氧化碳的含量有所增加。例如，从汽轮机低压缸接合面、汽轮机端部的汽封装置以及凝汽器汽侧漏入空气。尤其是在凝汽器汽侧负荷较低，冷却水的水温也较低，抽汽器的出力又不够时，凝结水中氧和二氧化碳的量就会增加。

碳酸化合物进入给水系统后，在高压除氧器中，碳酸氢盐会受热分解一部分，碳酸盐也会部分水解，放出二氧化碳，这两个反应可表示如下：

$$2HCO_3^- \longrightarrow CO_3^{2-} + H_2O + CO_2 \uparrow$$
$$CO_3^{2-} + H_2O \longrightarrow 2OH^- + CO_2 \uparrow$$

在除氧工况下，热力除氧器能除去水中大部分的二氧化碳。因此，在除氧器后的给水中碳酸化合物主要是碳酸氢盐和碳酸盐。当它们进入锅炉后，随着温度和压力的提高，分解速度加快，几乎能完全分解成二氧化碳。生成的二氧化碳随着蒸汽进入汽轮机和凝汽器。在凝汽器中会有一部分二氧化碳被凝汽器抽汽器抽出，但仍有相当一部分二氧化碳溶入凝结水，使凝结水受到二氧化碳污染。但是，在加氨的碱性条件下，如果凝结水精处理系统的运行状况良好，可将凝结水中的碳酸化合物除去。

2. 低分子有机酸和无机强酸

火力发电厂使用的原水，若使用地表水，则往往含较多的有机物。天然水中有机物的主要成分是腐殖酸和富维酸，它们都是含羧基（—COOH）的高分子有机酸。在正常运行情况下，原水中这些有机物在补给水处理系统中，只能除去 80% 左右，所以仍有部分有机物进入给水系统。另外，由于凝汽器的泄漏，冷却水中的有机物也可能直接进入水汽系统。补给水和凝结水处理用的离子交换树脂保管、使用不当或者机械强度较差，都会使树脂在使用过程中容易产生碎末。此外，水处理设备中还会滋生一些细菌和微生物。

腐殖酸类有机物在给水和炉水中受热分解后，可产生甲酸、乙酸、丙酸等低分子有机酸。被污染原水中的人造有机物在炉水中热分解，不仅可产生低分子有机酸，还可产生无机酸。一般阴离子交换树脂在温度超过 60℃ 时就开始降解，温度升高到 150℃ 时降解十分迅速；阳离子交换树脂在 150℃ 时开始降解，温度升高到 200℃ 时降解十分剧烈。在高温、高压下，这些降解反应均释放出低分子有机酸，其中主要是乙酸，但也有甲酸、丙酸等。强酸阳离子交换树脂分解产生的低分子有机酸比强碱阴离子交换树脂所释放出的低分子有机酸多得多。离子交换树脂在高温下的降解过程中还释放出大量的无机阴离子（如 Cl^-）。强酸阳离子交换树脂上的磺酸基在高温高压下会从链上脱落，并在水中生成硫酸。

综上所述，热力设备运行时，水汽系统中可能存在的酸性物质主要是游离二氧化碳以及低分子有机酸和无机强酸。这些酸性物质随着水汽在系统中循环，在一定条件下可能引起水的 pH 值降低，并导致热力设备的酸性腐蚀，包括凝结水系统的二氧化碳腐蚀、汽轮机的酸性腐蚀等。

二、水汽系统中的二氧化碳腐蚀

1. 二氧化碳腐蚀的部位和特征

水汽系统中的二氧化碳腐蚀是指溶解在水中的游离二氧化碳导致的析氢腐蚀。二氧化碳腐蚀比较严重的部位是在凝结水系统。因为凝结水中难免受到二氧化碳污染，并且其水质较纯，缓冲性很小，溶入少量二氧化碳，其 pH 值就会显著降低。例如，室温时，纯水中溶有 1mg/L 二氧化碳，其 pH 值即可由 7.0 降至 5.5。如果除氧器后的给水中仍有少量二氧化碳，水的 pH 值就会明显下降，使除氧器之后的设备（如给水泵）遭受二氧化碳腐蚀。

碳钢和低合金钢在流动介质中受二氧化碳腐蚀时，在温度不太高的情况下，其特征是材料的均匀减薄。因为在这种条件下生成的腐蚀产物的溶解度较大，易被水流带走。因此，一旦设备发生二氧化碳腐蚀，往往出现大面积的损坏。

2. 二氧化碳腐蚀的过程

钢铁在无氧的二氧化碳水溶液中的腐蚀速度主要取决于钢表面上氢气的析出速度。氢气的析出速度越快，则钢的腐蚀速度也就越快。研究发现，含二氧化碳的水溶液中析氢反应是通过下面两个途径同时进行的：一条途径是，水中二氧化碳与水结合成碳酸，碳酸电离产生的氢离子迁移到金属表面，得电子还原为氢气；另一条途径是，水中二氧化碳向钢铁表面扩散，被吸附在金属表面，并与水结合形成吸附碳酸，后者直接还原析出氢气。由于碳酸是弱酸，在水溶液中存在以下弱酸电离平衡：

$$H_2CO_3 \rightleftharpoons H^+ + HCO_3^-$$

这样，在腐蚀过程中被消耗的氢离子，可由碳酸分子的继续电离而不断得以补充，在水中的游离二氧化碳没有被消耗完之前，水溶液的 pH 值基本维持不变，钢的腐蚀速率也基本保持不变。而在完全电离的强酸溶液中，随着腐蚀反应的进行，溶液 pH 值逐渐上升，钢的腐蚀速率也就逐渐减小。另外，水中游离二氧化碳又能通过吸附，在钢铁表面直接得电子还原，促进腐蚀的阴极过程，从而使铁的腐蚀速度增大。因此，二氧化碳水溶液对钢铁的腐蚀性比相同 pH 值的强酸溶液更强。

3. 二氧化碳腐蚀的影响因素

（1）金属材质。从金属材质方面看，容易受二氧化碳腐蚀的金属材料主要有铸铁、铸钢、碳钢和低合金钢。增加合金元素铬的含量，可以提高钢材耐二氧化碳腐蚀的性能，如果含铬量增加到 12.5% 以上，则可耐二氧化碳腐蚀。例如，用化学除盐水作补给水时，给水泵的叶轮和导叶材料改用 1Cr13 不锈钢后，原先的腐蚀严重情况就得到了缓和。

（2）游离二氧化碳的含量。水中游离二氧化碳的含量对腐蚀速度的影响很大。在密闭的热力系统中，压力随温度升高而增大，二氧化碳溶解量随其分压的上升而增大。钢铁的腐蚀速度也随溶解二氧化碳量的增多而增加。图 13-8 所示为 25℃时碳钢的腐蚀速度与水中二氧化碳含量的关系。

（3）水的温度。温度对钢铁二氧化碳腐蚀的影响较大，它不仅影响碳酸的电离程度和腐蚀速度，而且对腐蚀产物的性质有很大的影响。当温度较低时，碳钢、低合金钢的二氧化碳腐蚀速度随温度升高而增大。其原因是碳酸的一级电离常数随温度升高而增大，使水中氢离子浓度提高；另外，此时金属表面只沉积少量较软、无黏附性的腐蚀产物，难以形成保护膜。当温度提高到100℃附近时，腐蚀速度达到最大值。此时，钢铁表面形成的碳酸铁膜不致密，且孔隙较多，不仅没有保护性，还使钢铁发生点蚀的可能性增大。温度更高时，钢铁表面上生成了较薄、致密且黏附性好的碳酸铁保护膜，因而腐蚀速度反而降低了。

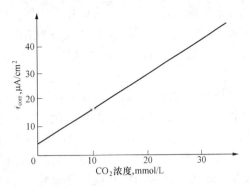

图13-8 碳钢的腐蚀速率与水中CO_2含量的关系

（4）水的流速。水的流速对二氧化碳腐蚀也有一定影响，随着流速的增大，腐蚀速度增加，但当流速增大到紊流状态时，腐蚀速度不再随流速变化而改变。

（5）水中的溶解氧。如果水中除了含二氧化碳外，同时还有溶解氧，腐蚀将更加严重。这时，金属除发生二氧化碳腐蚀外，还发生氧腐蚀，并且二氧化碳的存在使水呈酸性，原来的保护膜容易被破坏，新的保护膜难以生成，因而使氧腐蚀更严重。这种腐蚀不仅具有酸性腐蚀的一般特征，表面往往没有或只有很少的腐蚀产物，还具有氧腐蚀的特征，腐蚀表面呈溃疡状，并有腐蚀坑。这种情况常常出现在凝结水系统、给水系统及疏水系统中。

根据以上对二氧化碳腐蚀影响因素的分析可知，防止二氧化碳腐蚀，除了选用不锈钢来制造某些关键部件外，首先应设法减少进入系统的碳酸化合物。为此，应采用二级除盐水作补给水，并降低系统的补水率；防止凝汽器泄漏，并对凝结水进行完全精处理；防止空气漏入水汽系统，并提高除氧器和凝汽器的除气效率。除了采取上述措施外，还应向凝结水和给水中加氨，以中和水中的游离二氧化碳。

三、汽轮机的酸性腐蚀

1. 汽轮机酸性腐蚀的部位和特征

由于用氨调节给水的pH值，水中某些酸性物质的阴离子容易被蒸汽带入汽轮机，从而引发汽轮机的酸性腐蚀。汽轮机的酸性腐蚀主要发生在低压缸的入口分流装置、隔板、隔板套、叶轮，以及排汽室缸壁等部位。受腐蚀部件的金属表面保护膜被破坏，金属晶粒裸露，表面呈现银灰色，类似钢铁受酸浸洗后的表面状况。隔板导叶根部常形成腐蚀凹坑，严重时，蚀坑深达几毫米，以致影响叶片与隔板的结合，危及汽轮机的安全运行。这种腐蚀常发生在铸铁、铸钢或普通碳钢部件上，而在这些部位的合金钢部件则不发生酸性腐蚀。

2. 汽轮机发生酸性腐蚀的原因

汽轮机中上述部位发生酸性腐蚀的原因与这些部位的金属接触的蒸汽和凝结水的性质有关。通常，过热蒸汽中携带的挥发性酸的含量是很低的，仅有$\mu g/L$数量级的浓度，而蒸汽中的氨含量要高约两个数量级。这种蒸汽大量凝结所产生的凝结水，其pH值一般在8.5左右，不会导致低压缸中的金属材料发生严重腐蚀。但是，蒸汽的凝结和水的蒸发都不是瞬间就能完成的。如果把水迅速加热或冷却，则在相变时会发生水的过热或过冷现象；蒸汽的迅速膨胀，也会产生蒸汽过冷现象。在汽轮机中，蒸汽以音速流动，迅速膨胀。在蒸汽凝结成水的过程中，水凝结成核，继而形成水滴的速度很慢。因此，实际上汽轮机运行时，蒸汽凝结成水并不是在饱和温度和压力下进行的，而是在相当于理论（平衡）湿度4％附近的湿蒸汽区发生的，这个区域称为威尔逊线区。因此，汽轮机运行时，蒸汽膨胀做功过程中，在威尔逊线区才真正开始凝结而形成最初的凝结水。在再热式汽轮机中，产生最初凝结水的这个区域是在低压段的最后几级。由于汽轮机运行条件的变化，这个区域的位置也会有一些变动。

汽轮机的酸性腐蚀恰好是发生在产生初凝水的部位，因而它与蒸汽初凝水的化学特性是密切相关的。过热蒸汽所携带的化学物质在蒸汽相和初凝水中的浓度取决于它们的分配系数的大小。过热蒸汽中携带的酸性物质的分配系数值通常都小于 1。例如，100℃时，盐酸、硫酸等的分配系数均在 3×10^{-4} 左右；甲酸、乙酸、丙酸的分配系数分别为 0.20、0.44 和 0.92。因此，当蒸汽中形成初凝水时，它们将被初凝水"洗出"，造成酸性物质在初凝水中富集和浓缩。试验数据表明，初凝水中乙酸的浓缩倍率在 10 以上，氯离子的浓缩倍率达到 20 以上；而对增大初凝水的缓冲性、平衡酸性物质阴离子有利的钠离子的浓缩倍率却不大，初凝水中钠离子浓度只比过热蒸汽中的钠离子浓度略高一点。这样，初凝水中浓缩的酸性物质如果没有被碱性物质所中和，将使初凝水呈酸性，它们只有在初凝水被带到流程中温度更低的区域时才会稀释。高参数机组采用化学除盐水作补给水后，一般采用氨作碱化剂来提高水汽系统介质的 pH 值。但是，由于氨的分配系数大，因而在汽轮机低压缸中汽、液两相共存的湿蒸汽区，氨大部分留在蒸汽相中。因此，即使在给水中所含的氨量是足够的，在这些部位的液相中，氨含量也仍可能不够。氨本身又是弱碱，它只能部分地中和初凝水中的酸性物质，这将导致初凝水的 pH 值低于蒸汽的 pH 值。实测结果表明，初凝水的 pH 值可能降到中性，甚至酸性 pH 值范围。这种性质的初凝水对形成部位的铸钢、铸铁和碳钢部件具有侵蚀性。当有空气漏入热力设备水汽系统中使蒸汽中氧含量增大时，也会使蒸汽初凝水中的溶解氧含量增大，从而大大增加初凝水对低压缸金属材料的侵蚀性。

防止汽轮机酸性腐蚀最根本的措施是确保给水氢电导率（25℃）$< 0.1 \mu S/cm$。为此，必须认真地做好补给水处理工作，对全部凝结水进行净化处理，并且要特别注意防止给水被有机物污染。

第五节　热力设备的流动加速腐蚀

一、历史背景

1985～1986 年，美国的压水堆核电站二回路相继发生了碳钢管道破裂事故。其中，最严重的是 1986 年 12 月 9 日，宾夕法尼亚州萨里核电站 2 号机组的给水泵入口管道上一个 18in 的弯头在运行中突然破裂，造成 4 死、4 伤的严重后果。这些事故引起了美国核管理委员会（The Nuclear Regulatory Commission，NRC）的高度关注，并成立了专门的调查组。

NRC 调查结果表明，这些核电站的给水处理均采用同时加氨和联氨的还原性全挥发处理〔AVT（R）〕，碳钢管道破裂事故主要是由于流动加速腐蚀（flow-accelerated corrosion，FAC）导致管道局部壁厚严重减薄而造成的。事故后所做的检查表明，萨里核电站 2 台机组都有大范围 FAC 导致的管道壁厚减薄现象，最后有 190 个管道部件被更换。

二、腐蚀机理

在 AVT（R）水工况下，水呈还原性，凝结水和给水系统中（水温直到约 300℃）碳钢表面的保护膜几乎完全由黑色的磁性氧化铁（magnetite，即 Fe_3O_4）组成，其厚度一般小于

$30\mu m$。

如图 13-9 所示，上述 Fe_3O_4 保护膜由内伸层和外延层构成。内伸层是铁素体的氧化由碳钢表面逐渐向基体内部延伸而形成的，比较致密；而外延层是通过铁的腐蚀及一系列次生反应逐渐向外延展而形成的，比较疏松。

外延层生长过程的总反应为

$$3Fe + 4H_2O \longrightarrow Fe_3O_4 + 4H_2 \tag{13-11}$$

该过程大致可分成下面两个同时进行的反应步骤：

（1）铁在还原性水中腐蚀，生成 $Fe(OH)_2$。其反应如下：

阳极反应 $\qquad\qquad Fe \longrightarrow Fe^{2+} + 2e \tag{13-12}$

阴极反应 $\qquad 2H_2O + 2e \longrightarrow 2OH^- + H_2 \tag{13-13}$

总反应 $\qquad Fe + 2H_2O \longrightarrow Fe(OH)_2 + H_2 \tag{13-14}$

$$Fe^{2+} \underset{-OH^-}{\overset{+OH^-}{\rightleftharpoons}} Fe(OH)^+ \underset{-OH^-}{\overset{+OH^-}{\rightleftharpoons}} Fe(OH)_2 \tag{13-15}$$

根据反应式（13-15）可知，水中同时存在 Fe^{2+}、$Fe(OH)^+$ 和 $Fe(OH)_2$ 三种不同形态的腐蚀产物。

（2）$Fe(OH)_2$ 通过 Schikorr 反应转化为 Fe_3O_4。该反应为

$$3Fe(OH)_2 \longrightarrow Fe_3O_4 + H_2 + 2H_2O \tag{13-16}$$

在碱性水中，Fe^{2+} 倾向于转化为 $Fe(OH)^+$，所以 Schikorr 反应可能通过下列反应完成

$$Fe^{2+} + OH^- \longrightarrow Fe(OH)^+ \tag{13-17}$$

$$2Fe(OH)^+ + 2H_2O \longrightarrow 2Fe(OH)_2^+ + H_2 \tag{13-18}$$

$$Fe(OH)^+ + 2Fe(OH)_2^+ + 3OH^- \longrightarrow Fe_3O_4 + 4H_2O \tag{13-19}$$

在 AVT（R）水工况下，水呈还原性，反应式（13-15）的速度较慢，腐蚀过程产生的配合离子 $Fe(OH)^+$ 难以全部被氧化成 Fe_3O_4，有一部分就扩散到水中去了（见图 13-9），因此所形成的外延层比较疏松，不能抑制铁的继续溶解。另外，Fe_3O_4 的溶解度比较高（高于 Fe_2O_3），所以 AVT（R）水工况下碳钢腐蚀较快，给水中的铁含量较高。

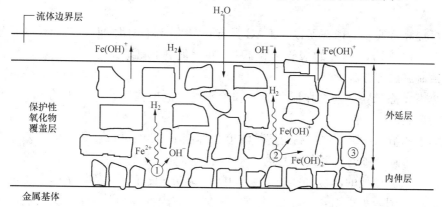

图 13-9　AVT（R）水工况下碳钢表面保护膜的生长和结构示意图

①—反应式（13-12）和式（13-13）；②—反应式（13-17）和式（13-18）；③—反应式（13-19）

水的流动，特别是湍流可通过下列两种方式加速碳钢的腐蚀：

（1）加快边界层中可溶的铁腐蚀产物向本体扩散，从而加快 Fe_3O_4 保护膜的溶解；同时，还会加快膜中 $FeOH^+$ 的扩散，从而促进铁的溶解。

（2）对 Fe_3O_4 保护膜产生散裂和剥离作用，使氧化物以颗粒形态进入水流，从而加强对保护膜的侵蚀作用。

在低流速下，水流为层流，与表面平行，表面流速为零。此时，氧化膜生长速度能与溶解速度相匹配，其厚度可保持不变；然而，在高流速下，边界层中将产生强烈的湍流。这不仅会加速氧化膜的溶解，而且会产生散裂和剥离作用，使氧化物以颗粒形态加速溶解。此时，氧化膜生长速度难以与溶解速度相匹配，其厚度减薄，保护性降低。其结果必将导致腐蚀加速，碳钢管壁持续减薄，并可能在运行压力的作用下破裂。

三、影响因素

通过上面的机理分析可知，FAC 的速度主要取决于水的流速和影响表面保护膜稳定性的因素，包括水的 pH 值及溶解氧和联氨的浓度。

1. 流速

水的流速越高，边界层中可溶腐蚀产物向本体的扩散越快，FAC 越严重。因此，FAC 特别容易发生在产生湍流的部位，如管道弯头、不同直径管道不合理连接等处。

2. pH 值

实验室试验数据表明，在 180℃ 和 148℃ 下，水的 pH_T 值（at-temperature pH，即在实际水温下的 pH 值）从 6.7 提高到 7.0 后，FAC 分别降低 9 倍和 6.7 倍。现场测量结果也显示，pH_T 值提高 0.3，使水中铁浓度降低 2～3 倍。可见，提高 pH_T 值可明显降低 FAC 速率。

3. 溶解氧和联氨的浓度

美国核电站二回路的运行经验表明，水中溶解氧浓度过低（<1ppb）反而会加速 FAC；但是，即使存在大量过剩的联氨（50～90ppb），水中存在微量溶解氧（2～7ppb）也可有效地抑制 FAC，使给水中的铁含量显著降低。

溶解氧的作用可用电位—pH 图来解释。水中添加微量溶解氧可使碳钢的电位提高 150～300mV，而当碳钢的电位高于氢电极反应的平衡线 150mV 时就会进入 Fe_2O_3 稳定区，从而减轻 FAC。

联氨可提高水的 pH_T 值，所以对 FAC 具有一定的抑制作用。但是，如果联氨使水中溶解氧含量低于抑制 FAC 所需的水平，增加联氨将会促进 FAC。

四、控制腐蚀的方法

防止热力设备 FAC，应在保证凝结水和给水纯度的前提下，进行水的 pH 值调节和溶解氧浓度的控制。

在凝结水和给水系统中，控制溶解氧浓度是抑制 FAC 的可行途径，但必须注意保证汽包锅炉炉水，特别是核电站蒸汽发生器（SG）中的水完全呈还原性。

在溶解氧浓度很低的部位（如疏水系统中），调节 pH_T 值是控制 FAC 唯一可行的水化学措施。目前，国内火电机组 pH 值调节一般都是采用挥发性较强的无机氨（NH_3）。但是，必须注意的是，在汽液两相共存的部位（如回热加热器的汽侧、核电站蒸汽除湿再热器中等），碱化剂的挥发性（分配系数）越大，液相（疏水）的 pH_T 值越低。因此，加氨往往难以有效提高疏水的 pH_T 值。此时，可采用挥发性较小的吗啉、乙醇胺等有机胺代替无机氨。

第六节 热力设备的介质浓缩腐蚀和应力腐蚀

一、介质浓缩腐蚀

1. 介质浓缩腐蚀的部位和特征

介质浓缩腐蚀是汽包锅炉特有的一类腐蚀，主要发生在水冷壁上可能导致炉水局部浓缩的部位，即沉积物下面、缝隙内部和发生汽水分层的部位。这种腐蚀特别容易发生在热负荷较高的部位，如喷燃器附近、炉管的向火侧等处。炉管遭受介质浓缩腐蚀时，被腐蚀的金属表面往往覆盖有沉积物。介质浓缩腐蚀的产物主要是 Fe_3O_4，其中夹有炉水的成分。

炉管的介质浓缩腐蚀有两种不同的形态。如果被损坏炉管的机械性能没有变化，金相组织正常，则称为延性损坏。炉管发生延性损坏的过程中，被腐蚀的炉管各部分不同程度地减薄，呈现凹凸不平的表面。当管壁减薄至极限厚度时，将在锅炉工作压力的作用下发生塑性变形而产生鼓包，直至发生破裂，即锅炉爆管。如果在腐蚀过程中，炉管变脆，金相组织发生变化，出现脱碳现象和微裂纹，则称为脆性损坏。炉管发生脆性损坏的过程中，管壁在减薄到极限厚度之前，就会发生脆性破裂。

2. 介质浓缩腐蚀的原因和对策

在锅炉运行过程中，如果炉水的 pH 值在正常范围内，钢表面与无氧炉水接触，就会发生反应：$3Fe+4H_2O \longrightarrow Fe_3O_4+8H$，结果在金属表面形成 Fe_3O_4 保护膜，有效地抑制高温炉水对锅炉钢的腐蚀。但是，如果炉水的 pH 值不在正常范围内，Fe_3O_4 保护膜将会被破坏，使钢的腐蚀速度明显上升。导致保护膜溶解的反应如下：

当 pH<8 时

$$Fe_3O_4+8HCl \longrightarrow FeCl_2+2FeCl_3+4H_2O$$

当 pH>13 时

$$Fe_3O_4+4NaOH \longrightarrow 2NaFeO_2+Na_2FeO_2+2H_2O$$

炉管保护膜破坏以后，它的局部区域暴露在浓碱或酸中，产生严重腐蚀。如果浓缩炉水是浓碱，将发生碱性腐蚀，导致延性损坏；如果浓缩炉水是酸，则发生酸性腐蚀，此时腐蚀产生的氢有一部分扩散到钢中，产生氢脆，从而导致脆性损坏。

炉水 pH 值异常的原因主要是炉水含有游离 NaOH 或酸性物质，并且炉水产生局部浓缩而形成浓碱或浓酸。

对以除盐水作补给水的汽包锅炉，炉水中的游离 NaOH 和酸性物质主要来源于由凝汽器漏入的冷却水。冷却水中的碳酸盐或酸性氯化物等进入凝结水，并随给水进入锅炉，在高温下将发生下列化学反应，生成游离 NaOH 或酸：

$$2HCO_3^- \longrightarrow CO_2 \uparrow +H_2O+CO_3^{2-}$$

$$CO_3^{2-}+H_2O \longrightarrow CO_2 \uparrow +2OH^-$$

$$MgCl_2+2H_2O \longrightarrow Mg(OH)_2+2HCl$$

$$CaCl_2+2H_2O \longrightarrow Ca(OH)_2+2HCl$$

炉水产生局部浓缩的原因主要是受热面蒸发浓缩形成的浓炉水与稀炉水之间对流受到阻

碍，不能均匀混合，使受热面的炉水越来越浓，形成浓缩膜。这种情况主要是发生在沉积物下、焊接不良所产生的缝隙内部，以及水循环不良或汽水分层等部位。试验结果表明，局部浓缩可使局部炉水中游离 NaOH 或酸浓度大大提高，从而使其 pH 值发生较大的变化。此时，磷酸盐与管壁上的 Fe_3O_4 发生反应，在金属表面生成钠铁复合磷酸盐固相附着物。

防止介质浓缩腐蚀的措施：一是进行化学清洗，保持金属表面清洁，并形成良好的保护膜；二是保持锅炉正确的运行方式和合理的炉水调节方式。

二、应力腐蚀

应力腐蚀是金属材料在腐蚀介质和应力的共同作用下产生的腐蚀。热力设备的应力腐蚀主要有过热器、再热器不锈钢管的应力腐蚀破裂（stress corrosion cracking，SCC），以及汽轮机叶片、水冷壁炉管等部件的腐蚀疲劳（corrosion fatigue）。

1. 应力腐蚀破裂

（1）SCC 的条件。应力腐蚀破裂是指金属材料在拉应力和特定的腐蚀介质共同作用下所产生的破裂现象。导致 SCC 的拉应力可源于残余应力、外加应力或热应力，但它在大多数情况下必须大于某个临界应力值。导致 SCC 的特定介质，对于锅炉钢的"碱脆"为浓碱溶液，对于奥氏体不锈钢的"氯脆"为含 Cl^- 的溶液，对于黄铜的"氨脆"为含氨溶液。

（2）SCC 的特征与部位。SCC 属于脆性断裂，其裂纹既有主干又有分支，主裂纹的方向垂直于拉应力的方向。从宏观上看，其断口可分为裂纹源、扩展区和脆断区三部分。裂纹源和扩展区因介质的腐蚀作用而呈黑色或灰黑色，脆断区则往往呈现典型的脆性断裂特征，最初应没有腐蚀产物，并呈金属本色。断口的微观特征与合金的成分、金相结构、应力状态和介质条件有关，往往比较复杂，有沿晶、穿晶和混合多种形式。例如，黄铜和碳钢多是沿晶裂纹，奥氏体不锈钢多是穿晶裂纹。有时，随着介质某些性质的改变，裂纹形式也发生转变。Cu-Zn 合金在铵盐溶液中，pH 值由 7 增加到 11 时，裂纹从沿晶转变为穿晶。

在热力设备中，容易发生 SCC 的不锈钢部件主要是不锈钢过热器管和再热器管。它们发生 SCC 时，一般是产生脆性断裂，裂纹既有主干，又有分支，主裂纹与所受拉应力的方向垂直。裂纹的微观形态与不锈钢的种类和介质条件有关。例如，马氏体和铁素体不锈钢在含氯离子的高温水和蒸汽中多为沿晶裂纹，奥氏体不锈钢则多为穿晶裂纹。

2. 腐蚀疲劳

腐蚀疲劳是金属材料受腐蚀介质和交变应力的共同作用引起的一种破坏形式。

（1）腐蚀疲劳的特征。在有腐蚀介质的作用下，金属产生疲劳裂纹所需的应力大大降低，并且没有真正的疲劳极限。因为交变应力循环的次数越多，产生腐蚀裂纹所需的交变应力就越小，一般将指定循环次数（例如 10^7）下的交变应力（半幅）称为腐蚀疲劳强度。

腐蚀疲劳断口从宏观上看，也可分为三个区域，即疲劳源、裂纹扩展区和脆断区。腐蚀疲劳裂纹一般起源于材料表面，但如果材料内部存在严重的缺陷，如脆性夹杂物、空洞等，裂纹也可以从材料内部起源。有时，可能出现两个甚至两个以上疲劳源，但裂纹没有分支或分支不明显。裂纹扩展区一般呈贝纹状，并覆盖有腐蚀产物，这些特征是事故分析的重要依据。脆断区的特征与应力腐蚀破裂相似。

（2）热力设备腐蚀疲劳的部位。锅炉设备中容易发生腐蚀疲劳的部位有锅炉的集汽联箱的排水孔处、汽包和给水管、排污管和磷酸盐加药管的结合处。其原因可能是结构设计或安装不合理，接触的介质发生冷、热周期性变化引起交变应力等。汽轮机初凝区的叶片也容易发生腐蚀疲劳。如果机组启停频繁，不仅上述部位产生腐蚀疲劳的可能性将会更大，而且水冷壁管也可能发生腐蚀疲劳。因为启动或停用期间系统内氧含量较高，容易造成设备的点蚀，在启停时产生的交变应力的作用下，这些点蚀将成为疲劳源，而引发腐蚀疲劳。

第七节 凝汽器管的腐蚀及其控制

凝汽器是火力发电机组的主要换热设备，其换热面管材常选用耐蚀性较强的铜合金、不锈钢或工业纯钛，因为这些材料不仅具有优良的导热性、良好的可塑性和必要的机械强度，而且便于机械加工。

在运行中，凝汽器发生腐蚀损坏是影响大容量机组安全、经济运行的主要因素之一。有文献报道，在大型机组的腐蚀损坏事故中，凝汽器管腐蚀损坏事故占30%以上。因为凝汽器管内是冷却水，一旦有泄漏，就会导致凝结水水质的劣化，以高含盐量的苦咸水或海水为冷却水时后果就更为严重。因此，防止凝汽器管的腐蚀，将凝汽器的泄漏率控制在0.005%～0.02%（用淡水冷却时）或0.0035%～0.004%（用海水冷却时），是保证机组安全、经济运行的重要措施之一。

一、凝汽器铜管

在除盐水或含盐量不是很高的冷却水中，铜合金表面在溶解氧的作用下生成具有双层结构的保护膜，其底层为Cu_2O内伸层，表层为Cu_2O与CuO混合形成的外延层。这种氧化膜均匀、致密，对铜合金基体具有良好的保护作用。但是，如果水中含盐量较大，特别是含Cl^-、NH_3等腐蚀性成分，这种保护膜将被破坏，从而可能发生多种形态的腐蚀，包括水侧的脱锌、点蚀、冲刷腐蚀和汽侧的氨腐蚀、应力腐蚀等。另外，凝汽器碳钢管板还可能发生电偶腐蚀。

1. 选择性腐蚀（脱锌）

选择性腐蚀（selective corrosion）是指合金材料在腐蚀介质中各种合金元素不是按它们在合金中比例溶解的一种腐蚀形式。通常是化学性质比较活泼、电位较负的元素因电化学作用而被选择性溶解到介质中，而电位较正的元素在合金中富集。例如，黄铜由于锌的选择性溶出而产生的脱锌（dezincification）腐蚀是凝汽器黄铜管腐蚀损坏的一种主要形式。

2. 点蚀

点蚀（pitting）又称小孔腐蚀，是一种典型的局部腐蚀形态。其特征是：在金属表面发生点蚀后，其纵向发展的速度大于或等于横向发展速度，结果在金属表面很快形成一个腐蚀坑或孔，而周围的大部分金属表面未受到腐蚀或只是受到轻微腐蚀。点蚀的直径比较小，多数情况下只有1～2mm，甚至几十微米，这些蚀点有时彼此孤立，有时靠得很近，很像一个粗糙的表面。

在凝汽器铜管内形成的点蚀，大部分集中在水平铜管的底部。其特征是：点蚀坑的底部有白色的$CuCl$沉淀，其上是疏松的红色Cu_2O粗晶，后者支撑着横跨蚀孔口、带有孔隙的Cu_2O隔膜，该隔膜上往往覆盖一层绿色的碱式碳酸铜和白色的碳酸钙。

3. 冲刷腐蚀

当冷却水中含有气体或砂砾时，就会在凝汽器铜管的入口湍流区产生冲击磨削作用，使铜管表面的保护膜遭到破坏，形成阳极区，而保护膜未受到破坏的部位成为阴极区，在腐蚀介质和机械冲刷的共同作用下产生冲刷腐蚀（impingement attack）或磨损腐蚀（erosion corrosion）。所以，这种腐蚀的特征是：铜管表面常常出现沿水流方向分布的腐蚀坑，并且这些腐蚀坑一般都是顺着水流方向剜陷而成的。

4. 氨腐蚀

由于给水采用加氨调节 pH 值，因此蒸汽中含有大量的氨。在凝汽器的空冷区和抽出区还会发生氨的局部富集，并且此处蒸汽凝结量很少，所以凝结水中的氨浓度可能大大超过主蒸汽中的氨浓度。若凝结水中同时有溶解氧作为阴极去极化剂，就会导致该区域铜管汽侧表面的络合溶解：$Cu + 4NH_3 \longrightarrow [Cu(NH_3)_4]^{2+} + 2e$。这种腐蚀称为铜管的氨腐蚀。

由于铜管氨腐蚀的产物为可溶性的络合离子，其特征往往表现为管外壁的均匀减薄，但有时也可能在铜管支承隔板的两侧的管壁上形成横向的条状腐蚀沟。

由上述机理可知，氨腐蚀的速度取决于水中氨和氧的含量。当氨含量超过 10mg/L 时，黄铜的腐蚀将出现增大的趋势，并且氧含量越高，这种趋势越明显。试验研究和在凝汽器中的观察结果表明，凝结水中的氨含量超过 100mg/L 时，空抽区的黄铜管才会产生较明显的氨腐蚀现象。凝汽器空冷区的结构会影响空冷区中氨的富集程度，所以也将影响空冷区内铜管氨腐蚀的程度。

统计结果表明，在使用黄铜冷凝管的凝汽器中，氨腐蚀导致的凝汽器泄漏事故占此类事故总数的 10%～20%。因此，防止铜管的氨腐蚀非常重要。为此，可考虑采取下列措施：①对凝汽器空冷区的结构进行合理的设计，如不设置分离隔板，以尽可能地降低此处氨的富集程度；②提高汽轮机低压缸和凝汽器的严密性，避免给水加氨过量；③在空冷区加装喷水装置，向空冷区喷入少量凝结水，以使管壁水膜中的氨浓度低于 10mg/L；④在凝汽器空冷区装设耐氨腐蚀性能较好的白铜管。

5. 应力腐蚀破裂

凝汽器黄铜管在含氧和氨的环境中受到拉应力的作用将会发生应力腐蚀破裂，即氨脆。铜管氨脆的特征是：在铜管上产生一些纵向或横向裂纹，严重时甚至发生破裂或断裂；裂纹的方向一般垂直于铜管所受拉应力的方向，它们主要是沿晶性的，但也有穿晶开裂。

在运行条件下，凝汽器空冷区和空抽区的凝结水中的氨浓度通常较高，并由于空气的漏入而含有溶解氧，这就形成了铜管氨脆的特定环境。导致铜管氨脆的拉应力可能来自铜管生产、运输和安装过程中发生变形而产生的残余应力，也可能来自运行中铜管和管内冷却水的重力、排汽或水流的冲击、膨胀不均匀等作用产生的内应力。为了消除铜管的残余应力，在安装前必须进行现场退火处理，使残余应力不大于 50～200kPa。

6. 腐蚀疲劳

凝汽器铜管管束在运行中受汽轮机高速排汽的冲击而发生振动，从而使铜管受交变应力的作用。另外，介质温度的周期性变化也可能在铜管内产生交变应力。在这些交变应力的作用下，铜管的表面保护膜发生破裂，产生点蚀等局部腐蚀。由于应力集中在点蚀坑处，使点蚀坑常成为疲劳源，在水中 O_2、NH_3 等的侵蚀下逐渐扩展，直至破裂。

凝汽器铜管发生腐蚀疲劳后，常常在铜管的两个支撑隔板的中段出现横向裂纹。这些裂纹一般较短，无分支或分支较少，一般是穿晶发展。

7. 电偶腐蚀

如上所述，凝汽器管材一般选用耐蚀性较强的黄铜、白铜、不锈钢或钛，若凝汽器管板选用碳钢板。凝汽器管以胀接方式与管板相连，使两者在冷却水中接触而形成电偶腐蚀电池，导致电位较低的碳钢管板发生电偶腐蚀。由于碳钢管板较厚，在淡水中电偶腐蚀一般难以导致管板腐蚀穿孔，但管板胀接部位的腐蚀可能导致严密性下降，使冷却水泄漏率增大，在受污染淡水中更为如此。在海水中，由于介质含盐量比淡水高得多，如果仍选用碳钢管板，电偶作用将造成管板的严重腐蚀，大大缩短其使用寿命。

为了控制凝汽器铜管腐蚀，首先应根据冷却水水质和汽侧环境选择比较耐蚀的管材。当冷却水为淡水时，通常可采用 HSn70-1 黄铜，但在空冷区常选用耐氨腐蚀性能较好的白铜管；近些年来，凝汽器铜合金管逐渐由耐蚀性更好的不锈钢管所取代。对于给定的管材，还可采取保持管内清洁（如胶球清洗）、硫酸亚铁成膜保护、阴极保护、向循环冷却水中添加缓蚀阻垢剂等措施。

二、凝汽器不锈钢管

随着冷却水源污染的加重和循环冷却水浓缩倍率的提高，凝汽器的冷却水质越来越差，对凝汽器管的耐蚀性提出了更高的要求。与铜合金管相比，不锈钢管不仅具有较高的机械强度和弹性模量，而且具有更好的抗污染水体腐蚀和抗冲刷腐蚀性能；就单位长度价格而言，薄壁焊接不锈钢管与黄铜管相近，但比白铜管低得多。因此，薄壁焊接不锈钢管具有明显的竞争优势，目前已在我国凝汽器上得到广泛应用。但是，在不锈钢管的选用中，必须注意其质量标准，合理选材，规范安装，做好运行维护，以充分发挥其优越性。

1. 凝汽器不锈钢管材的化学成分

不锈钢的牌号很多，凝汽器管多数使用奥氏体不锈钢。在淡水、微咸水、咸水中使用的奥氏体不锈钢主要是 Fe-Cr-Ni 系合金，即美国 AISI 300 系不锈钢，包括 304、316 和 317 系列不锈钢管，其主要化学成分列于表 13-5。

表 13-5　　　　　　　　　　　不锈钢管的化学成分　　　　　　　　　　　　%

管材牌号	Cr	Ni	C	Mn	Si	P	S	Mo	N
304	18～20	8～10.5	0.08	2	1	0.035	0.03	—	—
304L	18～20	9～13	0.03	2	1	0.035	0.03		
304LN	18～20	9～12	0.03	2.5	1	0.035	0.03	—	0.1～0.22
304N	18～20	7～10.5	0.08	2.5	1	0.035	0.03		0.1～0.22
316	16～18	10～14	0.08	2	1	0.035	0.03	2～3	—
316L	16～18	10～15	0.03	2	1	0.035	0.03	2～3	
316N	16～18	10～14	0.08	2	1	0.035	0.03	2～3	0.1～0.22
317	18～20	11～15	0.08	2	1	0.035	0.03	3～4	
317L	18～20	11～15	0.03	2	1	0.035	0.03	3～4	0.1～0.22

奥氏体不锈钢自 1913 年在德国问世后，在随后的 70 多年内，其成分在 18－8 不锈钢（Cr18Ni8，相当于 304）的基础上有以下几方面的重要发展：

(1) 增加不锈钢中合金元素 Mo 的含量（2%～4%），可以有效地提高不锈钢在含 Cl^- 介质中耐缝隙腐蚀和点蚀的性能，由此开发出了 316 和 317 系列不锈钢。

(2) 降低不锈钢的碳含量（如 304L）或加入稳定化元素 Ti、Nb、Ta（如 1Cr18Ni9Ti 等），可减小焊接材料时发生晶间腐蚀的倾向。试验结果表明，如果不锈钢中 C＞0.03%，在焊接时焊缝附近温度处于 427～816℃ 的区域，$Cr_{23}C_6$ 容易沿晶界析出，引起晶界区贫铬，从而导致晶间腐蚀。稳定化元素可与 C 形成稳定的碳化物，降低固溶体中的碳含量，从而抑制 $Cr_{23}C_6$ 析出。

(3) 在不锈钢中添加 N 元素可以提高其强度，以补偿降低碳带来的强度降低，还可以增进其耐点蚀性能和奥氏体相的稳定性能。

(4) 增加 Ni 含量可提高其强度，并改善抗应力腐蚀和高温氧化的性能。

2. 凝汽器不锈钢管材的耐蚀性

不锈钢管具有优良的钝化性能和较高的机械强度，具有良好的耐冲刷腐蚀性能，可大幅度提高管内的冷却水流速。

在冷却水中，奥氏体不锈钢的 SCC 主要与氯化物种类、Cl^- 含量和溶液温度有关。一般认为，$CaCl$、$MgCl$ 等酸性氯化物能引起奥氏体不锈钢的 SCC，并且 Cl^- 含量和温度越高，发生 SCC 的倾向越大。但是，常温下这种倾向很小。因此，在凝汽器运行时的正常冷却水温度下，不锈钢管一般不会发生 SCC。一般情况下，增加抗拉强度、提高耐蚀性和减小晶粒度，均有利于提高材料的耐腐蚀疲劳性能。但是，304、304L、316、316L 的腐蚀疲劳性能差别很小。介质的腐蚀性越强，温度越高，交变应力的幅度越大，不锈钢越容易发生腐蚀疲劳。此外，点蚀因可作为疲劳源而诱发腐蚀疲劳。

在冷却水中，不锈钢管可能发生的腐蚀主要是点蚀和缝隙腐蚀，其环境影响因素主要有 Cl^-、SO_4^{2-}、pH 值、溶解氧量、流速和温度。Cl^- 的含量越高，pH 值越低，不锈钢管越容易发生点蚀和缝隙腐蚀。然而，当溶液中 SO_4^{2-} 的浓度为 Cl^- 浓度的两倍以上时即可抑制点蚀。溶液温度提高，将加速离子的迁移过程和阳极反应速度，从而增加点蚀倾向，加速缝隙腐蚀。增加溶解氧浓度或水的流速都会使金属表面的氧浓度提高，在未发生腐蚀的情况下，有利于金属表面钝化；但在腐蚀发生后，将促进蚀孔和缝隙外部阴极反应，从而使局部腐蚀速度增大。当流速过低时，冷却水中的悬浮物或泥沙容易在管内沉积，从而导致沉积物下的局部腐蚀（缝隙腐蚀和点蚀）。

3. 凝汽器不锈钢管的选用

(1) 原则：不锈钢管材在冷却水中不发生点蚀，并且价格较低，容易购得。

(2) 方法：①不锈钢管材在冷却水中是否发生点蚀，可通过点蚀试验测定点蚀电位（φ_b），然后根据点蚀的电化学条件（$\varphi_{corr}＞\varphi_b$）判断；②按冷却水中的 Cl^- 浓度，根据表 13-6 初选合适管材后，再测定其 φ_b，进行选材验证。

不锈钢管导热系数与钛管差不多，比铜合金管低得多，但由于强度高，耐蚀性好，可通过减小管壁厚度来减小管壁的热阻。为了降低成本和管壁的热阻，主凝结区通常采用壁厚为 0.5mm 的薄壁焊接不锈钢管，但顶部上层和空气抽出区则选用壁厚为 0.7mm 的薄壁焊接不锈钢管，以增加管材的强度和腐蚀裕量，减小蒸汽冲击引起的振荡。

表 13-6 常用凝汽器不锈钢管适用水质的参考标准

(DL/T 712—2010《发电厂凝汽器及辅机冷却器管选材导则》)

Cl⁻ (mg/L)	中国 GB/T 20878—2007		美国 ASTM A959-04	日本 JIS G4303-1998 JIS G4311-1991	国际标准 ISO/TS 15510：2003	欧洲 EN1008: 1-1995 EN10005 1000 等
	统一数字代码	牌 号				
<200	—	—	S30400，304	SUS304	X5CrNi18-10	X5CrNi18-10，1.4301
	S30403	022Cr19Ni10	S30403，304L	SUS304L	X2CrNi19-11	X2CrNi19-11，1.4306
	S32168	06Cr18Ni11Ti	S32100，321	SUS321	X6CrNiTi18-10	X6CrNiTi18-10，1.4541
<1000	S31608	06Cr17Ni12Mo2	S31600，316	SUS316	X5CrNiMo17-12-2	X5CrNiMo17-12-2，1.4401
	S31603	022Cr17Ni12Mo2	S31603，316L	SUS316L	X2CrNiMo17-12-2	X2CrNiMo17-12-2，1.4404
<2000*	S31708	06Cr19Ni13Mo3	S31700，317	SUS317	—	—
<5000**	S31703	022Cr19Ni13Mo3	S31700，317L	SUS317L	X2CrNiMo19-14-4	X2CrNiMo18-15-4，1.4438

* 可用于再生水；

** 适用于无污染咸水。

4. 凝汽器不锈钢管的维护

不锈钢管内产生水垢、泥沙等沉积物或滋生微生物，不仅严重影响传热，而且很容易引起点蚀。因此，不锈钢管凝汽器应更加重视防止产生沉积物。为此，冷却水应尽可能在较高流速下运行，避免长期低流速运行或长期停留在凝汽器内，停运时应进行干燥保护，胶球等清洗装置应正常运行，对循环冷却水进行杀生处理。

但是，在对冷却水加氯时要特别小心。因为含氯杀生剂会使不锈钢的点蚀电位有所下降。游离氯过大或由于分配不均使局部氯含量过高都会引起管子出现点蚀；固体含氯杀生剂停留在不锈钢上会在较短时间内引起该处点蚀。因此，选用杀生剂等水处理药剂时应考虑其对不锈钢耐蚀性能的影响，必要时应通过试验来筛选。

三、凝汽器钛管

由于海水含盐量高，并可能含有大量泥沙，铜管因水侧很容易发生点蚀、冲刷腐蚀等局部腐蚀而引起凝汽器频繁地发生泄漏，而钛管以其优异的耐腐蚀、抗冲刷、高强度、比重轻和良好的综合机械性能，已成为采用海水冷却的滨海电厂凝汽器的理想管材。我国全钛凝汽器的应用，已从沿海和海水倒灌水域，发展到部分内陆水域，特便是高含盐量或高含砂量的水域。

1. 凝汽器钛管的耐蚀性

凝汽器钛管常采用工业纯钛，如 SB-338 Gr.2，以及我国的 TA0、TA1 和 TA2 等。钛的耐蚀性与铝一样，起因于钛表面的保护性氧化膜。钛的新鲜表面一旦暴露在大气或水中，就会立即自动形成新的氧化膜。在室温大气中，该膜的厚度为 1.2～1.6nm；随着时间的延长，该膜会自动地逐渐增厚到几百 nm。钛表面的氧化膜通常是多层结构的氧化膜，它从氧化膜表面的 TiO_2 逐渐过渡到中间的 Ti_2O_3，在氧化物金属界面则以 TiO 为主。

钛在海水等自然水中几乎都不会发生任何形式的腐蚀。因此，钛在所有天然水中是最理想的耐蚀材料，在海水中尤其可贵。在污染海水中的钛管凝汽器使用 16 年，只发现稍有变色而没有任何腐蚀迹象。海水中存在硫化物也不影响钛的耐蚀性。在海水中，即使钛表面有沉积物或海生物，也不会发生缝隙腐蚀和点蚀。钛也能抵抗高速海水的冲刷腐蚀，水速高达36.6m/s时，只引起冲刷腐蚀速度稍有增加，海水中固体悬浮物颗粒（例如砂粒）对钛的影响不大。工业纯钛在海水中基本不发生应力腐蚀开裂，疲劳性能也不会明显下降。但是，钛在海水中电极电位低于−0.70V（SCE）时，就可能析氢而发生氢脆。这种情况可能在对凝汽器进行阴极保护，或当钛管与电极电位较低的金属（如铜合金管板）形成电偶腐蚀电池时发生。对此，应予以足够的重视。

2. 钛管凝汽器的合理设计与维护

(1) 防腐蚀设计。在钛管凝汽器的设计中，为了防止海水对凝汽器冷凝管水侧的腐蚀，冷凝管全部选用钛管；为了防止钛管与管板构成电偶腐蚀电池，管板常选用钛板或碳钢板外侧包覆薄钛板（0.3~0.5mm）组成的复合管板。这样，就构成了所谓的全钛凝汽器。为了保证全钛凝汽器的严密性，钛管经过胀管、翻边后直接与钛板焊接。另外，为了防止全钛凝汽器碳钢水室的腐蚀，应对碳钢水室进行衬胶处理，使整个凝汽器将具有良好的耐蚀性和严密性。

(2) 钛管的热传系数。为了提高钛管传热效果，利用钛强度高和耐蚀性优异的特点，可尽量减小管壁厚度，火力发电厂的凝汽器钛管壁厚通常选0.5mm。国外的试验结果表明，虽然铝黄铜的总传热系数是按3050~3300W/（m²·K）设计的，但实际上用0℃的海水运行时，只能达到2300~2600W/（m²·K）；而在同样的条件下，加强胶球清洗，钛管的传热系数可达到2900~3000W/（m²·K），与设计值相同。

(3) 钛管的振动。由于钛管壁厚仅为0.5mm，钛的弹性模量约为铜的1/2，因此解决凝汽器钛管的振动问题直接关系到凝汽器的可靠性和使用寿命。为此，对最外一圈钛管采用较大的壁厚（如0.7mm），但更重要的是适当减小支撑板间距，以700~800mm为宜，以保证排汽压力使钛管发生弯曲时，相邻钛管不会接触，并且钛管的固有频率与汽轮机的转数不发生共振。此外，还应注意避免补给水、疏水和辅助蒸汽等直接冲击钛管，并且防冲击挡板一定要牢固可靠。

(4) 钛管凝汽器的运行维护。钛管凝汽器与黄铜管凝汽器一样，合理的运行维护和定期检修是保证机组安全经济运行的重要措施。这些措施包括：采用胶球清洗，保持钛管水侧表面清洁；向循环冷却水中添加杀生剂，防止水生物附着、繁殖；尽量提高冷却水的流速（设计流速一般在2.3m/s左右），以抑制生物附着和减少污泥等的沉积。

第八节　停用腐蚀与停用保护

一、停用腐蚀

热力设备（锅炉、汽轮机、凝汽器、加热器等）在停运期间，如果未能采取有效的保护措施，水汽系统内部可能遭受严重的氧腐蚀。其原因，一是金属表面有水膜或局部有积水；二是外界空气进入系统后，带入的氧溶解在水中成为氧腐蚀的阴极去极化剂。因为这种腐蚀是在热力设备停用期间发生的，所以称为停用腐蚀。

1. 停用腐蚀的特征

各种热力设备的停用腐蚀主要是氧腐蚀，但各自有不同的特点。停炉时氧可以扩散到锅炉的各个部位，因而锅炉的所有部位几乎都会发生氧腐蚀。与锅炉运行时的氧腐蚀相比，停用时的氧腐蚀在腐蚀部位、腐蚀程度、腐蚀形态、腐蚀产物的颜色及组成等方面都有明显不同。在正常运行过程中，在 CWT 水工况下，锅炉本体各部位都不会发生明显的氧腐蚀；在 AVT 水工况下，锅炉本体的氧腐蚀主要发生在省煤器中，并且入口段的腐蚀比出口段的腐蚀严重，但其腐蚀程度比停用腐蚀要低得多。在停用期间，过热器和再热器中有积水的部位，如立式过热器和再热器的下弯头部位常发生严重的氧腐蚀；同时，水冷壁和省煤器系统都可能遭受大面积的氧腐蚀，并且省煤器出口段腐蚀更严重。

汽轮机的停用腐蚀，通常在喷嘴和叶片上出现，有时也在转子叶轮和转子本体上发生。停机腐蚀在有氯化物污染的机组上更严重，并表现为点蚀。

停用时氧腐蚀的主要形态是点蚀。停用时的氧浓度比运行时大，腐蚀范围广、面积大。停用时温度低，所以形成的腐蚀产物表层显黄褐色，其附着力低、疏松、易被水带走。因此，停用腐蚀往往比运行时的氧腐蚀更严重。

2. 停用腐蚀的影响因素

（1）湿度。对放水停用的设备，其内部的湿度对腐蚀速度影响大。因为在潮湿的大气中，金属表面会形成水膜。大气湿度越大，越容易在金属表面结露，形成的水膜越厚，水膜中离子导电阻力越小，腐蚀速度可能越快。各种金属都有一个腐蚀速度开始急剧增加的湿度范围，人们把金属大气腐蚀速度开始剧增时的大气相对湿度称为临界湿度。在表面无强烈的吸湿性沾污的情况下，钢和其他金属的临界湿度为 $50\%\sim70\%$，小于临界湿度时，金属的腐蚀速度极慢，可认为几乎不腐蚀。

（2）含盐量。水中或金属表面水膜中盐分浓度增加，腐蚀速度增加，特别是氯化物和硫酸盐含量的增加使腐蚀速度上升很明显。汽轮机停用时，叶片等部件上有氯化物沉积时，可能引起点蚀。

（3）金属表面清洁程度。当金属表面有沉积物时，一方面使金属表面的吸湿性增强，发生大气腐蚀的临界湿度降低。另一方面，会妨碍氧扩散，使沉积物下面的金属电位较负，成为阳极；而在沉积物周围，氧容易扩散到金属表面，金属电位较正，成为阴极。由于这种氧浓差电池的存在，使腐蚀加剧。

二、停用保护

根据停用腐蚀产生的原因，对热力设备进行停用保护，不仅应设法阻止空气进入水汽系统内部，而且应降低水汽系统内部的湿度。此外，还可使用缓蚀剂或加碱化剂来抑制金属的腐蚀。

1. 锅炉停用保护方法

锅炉停用保护方法有干式保护法、湿式保护法以及联合保护法。

（1）烘干法。锅炉（固态排渣）停运后，当汽包压力降到 $0.6\sim1.6MPa$，或直流炉分离器压力降到 $0.6\sim2.4MPa$ 时，迅速放尽炉水，并利用炉膛余热烘干受热面。若炉膛温度降至 $105℃$，锅内空气湿度仍高于 70%，则进行锅炉点火继续烘干。这就是热炉放水、余热烘干法，这种方法非常简单，但保护期很短，一般在一周以内。在烘干的过程中，若进行抽真空，可加速锅内排出湿气的过程，并提高烘干效果，这就是负压余热烘干法；若将正在运行的邻炉的热风引入炉膛，同样可加速锅内的干燥过程，这就是邻炉热风烘干法。在保护的过程中，采用抽真空或引入邻炉热风的方法使锅内空气湿度低于 70%，可将烘干法的保护期延长到 1 个月。

（2）充氮法。当锅炉压力降到 0.5MPa 时，开始向锅炉充入氮气，并保持氮气压力在 0.03～0.05MPa（不放水时）或 0.01～0.03MPa（放水时），阻止空气漏入锅内。

（3）蒸汽压力法。有时锅炉因临时小故障或外部电负荷需求情况而处于热态备用状态，需采取保护措施，但锅炉必须准备随时再投入运行，所以锅炉不能放水，也不能改变炉水成分。在这种情况下，可采用蒸汽压力法。其方法是，锅炉停运后，用间歇点火方法，保持蒸汽压力在 0.4～0.6MPa 范围内，以防止外部空气漏入。

（4）给水压力法。锅炉停运后，用除氧合格（溶解氧含量小于 $7\mu g/L$）的给水充满锅内，并保持给水压力为 0.5～1.0MPa，以及一定的溢流量，以防空气漏入。

（5）氨水法。锅炉停运后，放尽锅内存水，用氨溶液作防锈蚀介质充满锅炉，防止空气进入。使用的氨液浓度为 500～700mg/L。因为浓度较大，氨液对铜合金有腐蚀，因此使用此法保护前应隔离可能与氨液接触的铜合金部件。

（6）联氨法。锅炉停运后，把锅内存水放尽，充入在除盐水中加有适量联氨且用氨调节 pH 值的保护液。该保护液中联氨过剩量应为 200～300mg/L，保护液的 pH 值应达到 10.0～10.5。联氨法在汽包炉和直流炉上都可采用，锅炉本体、过热器均可采用此法保护。但中间再热机组的再热系统不能用此法保护，因为再热器与汽轮机系统连接，若采用湿式保护法，汽轮机有进水的危险，再热器系统可用干燥热风保护。应用联氨法保护的机组再启动时，应先将保护液排放干净，并彻底冲洗。锅炉点火后，应先后向空排汽，直至蒸汽中氨含量小于 2mg/kg 时才可送气，以免氨浓度过大而腐蚀凝汽器铜管。

（7）联合保护法。联合保护法是最主要的保护法，因单靠一种保护法难以长期有效地防止锅炉的停用腐蚀。联合保护法中最常用的方法是：在锅炉停运后，先完成锅炉放水，然后充入氮气，并在水中加入联氨和氨，使联氨量达 200～300mg/L，水的 pH 值达 10.0～10.5，氮压保持在 0.03～0.05MPa。若保护时间较长，联氨量还需再增加。

2. 汽轮机和凝汽器停用保护方法

汽轮机和凝汽器在停用期间，采用干法保护。首先必须使汽轮机和凝汽器停运后内部保持干燥。为此，凝汽器在停用以后，须先排水，使其自然干燥，如底部有积水，可以采用吹干的办法除去。

3. 加热器的停用保护方法

（1）低压加热器。如果低压加热器的管材是铜管，所采用的停用保护方法为干法保护或充氮气保护；如果低压加热器的管材是不锈钢，可采用干法保护。

（2）高压加热器。高压加热器所用的管材为低合金钢管，停用保护方法为充氮保护或加联氨保护。加联氨保护时，联氨溶液的浓度视保护时间长短而不同，可以是 50～200mg/L，pH 值用氨调节至大于 10。

4. 除氧器的停用保护方法

若机组停运时间在一周以内，并且除氧器不需放水，则除氧器宜采用热备用，向除氧器水箱通辅助蒸汽，定期启动除氧器循环泵，维持水温高于 105℃。对短期停运，并且需要放水的除氧器，可在停运放水前适当加大凝结水加氨量，以提高除氧器中水的 pH 值至 9.4～10。

若机组停运时间在一周以上，可采用下列保护：①充氮保护；②水箱充保护液，充氮密封；③通干风干燥；④成膜胺法。

5. 超临界机组采用 CWT 方式运行后的停炉保护措施

（1）机组停运 1～2 天。机组停运前 2h，给水处理方式由 CWT 方式切换至 AVT 方式，机组停运后再提高加热器氨量至 pH＞10，机组采用加氨湿法保护。

（2）机组停运 2 天至一周。如热力系统无检修工作，且不要求放水，可采用加氨至 pH＞10 的湿法保护；如要求系统放水，可采用热炉放水、余热烘干法保护；高、低压加热器汽侧采用充氮保护。

（3）机组停运一周以上。高、低压加热器水侧、省煤器、水冷壁采用热炉放水、余热烘干法保护，并从水冷壁管及省煤器入口联箱疏水门导入加有气相缓蚀剂的压缩空气，采用气相缓蚀剂保护；高、低压加热器汽侧采用充氮保护。

三、成膜胺保护

在停用保护中，采用的成膜胺主要是 $C_nH_{2n+1}NH_2$ 的直链化合物，其中以 $n=10～18$ 的直链伯胺缓蚀效果最好，仲胺和叔胺缓蚀效果较差。成膜胺的分子具有"两亲"结构，即由亲水的胺基和疏水（亲油）长链烷基构成。在水溶液中，亲水基团通过化学和物理作用吸附于金属表面，而直链烷基伸向水中，形成一层憎水性保护膜，阻挡侵蚀性介质（含 O_2 和 CO_2）与金属表面接触，从而起到缓蚀作用。因为成膜胺在金属表面的吸附为非定位吸附，故可均匀地吸附于整个金属表面。

目前，应用较普遍的成膜胺是十八烷基胺（$C_{18}H_{37}NH_2$），简称十八胺。其密度为 0.78～0.83g/cm^3，熔点为 35～40℃，凝点为 42～50℃，沸点为 280～320℃，闪点为 130～150℃，不溶于水，但可溶于乙醇和异丙醇中，也可溶于醋酸、醚和其他有机溶剂中。目前采用的十八胺保护液通常为乳浊液。

十八胺热分解反应与温度和时间有关，在 80℃ 以上可以发生下列分解反应，并生成仲胺、叔胺及氨。十八胺的最终分解温度高于 450℃，生成低沸点化合物和气体 NH_3、CO、CH_4。

$$2RNH_2 \longrightarrow R_2NH + NH_3$$
$$3RNH_2 \longrightarrow R_3N + 2NH_3$$
$$RNH_2 + R_2NH \longrightarrow R_3N + NH_3$$
$$RNH_2 \longrightarrow R'-CH=CH + NH_3$$

式中：R 为直链烃基；R′ 为烯烃链终端基（中间产物）。

在专利文献中报道的其他成膜胺主要有以下几种：

（1）有机羧酸和聚胺的合成物，如油酸和二乙基三胺反应得到的酰胺混合物。

（2）通式为 $C_nH_{2n+1}CONH_2$ 与 $C_nH_{2n+1}OH$ 的混合物（n 值介于 13～21），如十八烷醇和硬脂酸酰胺的混合物。

（3）具有 C_{12} 到 C_{18} 侧链的咪唑啉和具有相同侧链的嘧啶的混合物。

（4）长链聚胺离子表面活性剂与聚丙烯酸酯的混合物。

采用成膜胺保护与其他停用保护相比，除保护锅炉本体之外，过热器、汽轮机、凝结水和给水系统都可同时得到保护，即水、汽流经的所有设备和管路系统均可得到保护。另外，利用成膜胺解决生产返回水管道的二氧化碳腐蚀问题，也是一种经济有效的方法。

通常在机组滑参数停机过程中，当锅炉压力和温度降低合适条件（主蒸汽温度降至500℃以下）时投加成膜胺保护液。可采用的加药点主要有凝汽器热井、除氧器出口、省煤器入口（母管制机组汽包锅炉保护时）和汽包（炉水磷酸盐加药点）等处。加药装置可利用已有的给水和炉水加药装置，也可根据需要采用专门加药装置，采用较大流量的加药泵，以便大幅度缩短加药时间。投药量因机组大小而异，300MW 机组大约需 400kg。

目前，成膜胺保护常用于无凝结水精处理及对蒸汽又无特殊要求的汽包锅炉机组。有凝结水精处理的机组，开始加药前凝结水精处理系统应该退出运行；实施成膜胺保护后，机组启动时，必须确认凝结水不含成膜胺后，方可投运凝结水精处理系统。实践证明，利用成膜胺保护是防止热力设备停用腐蚀的有效方法。DL/T 956—2005《火力发电厂停（备）用热力设备防锈蚀导则》中已将成膜胺法正式纳入保护方法之列。但是，给水采用加氧处理的机组不宜使用成膜胺保护。

第十四章

锅炉给水水质调节

第一节　给水水质调节的重要性

一、给水系统的腐蚀产物

在机组运行过程中，锅炉给水系统的腐蚀是不可避免的。给水系统的腐蚀不仅会造成给水系统设备及管道的损坏，而且可能产生大量不同成分和形态的腐蚀产物。

随着腐蚀条件（如温度、pH 值、氧化剂或还原剂的存在等）的不同，铁在凝结水和给水中可形成多种不同类型的腐蚀产物。除了表 13-4 所列的一些氧化物外，还可能生成可溶性的离子和络合物，如 Fe^{2+}、$FeOH^+$、$Fe(OH)^{2+}$、$Fe(OH)_2^+$ 等。

在常温下，碳钢腐蚀产生的铁锈通常呈黄橙色，其成分主要是 $\alpha—FeOOH$ 和 $\gamma—FeOOH$。当温度提高到约 200℃ 时，这两种 FeOOH 都会失水变成 $\alpha—Fe_2O_3$。因此，停用期间产生的黄橙色铁锈，在机组运行时将会转化为砖红色的 $\alpha—Fe_2O_3$，然后可能进一步与金属 Fe 反应生成 Fe_3O_4。这是停用腐蚀会加剧锅炉运行中腐蚀的主要原因。其反应式为

$$Fe+4\alpha—Fe_2O_3 \longrightarrow 3Fe_3O_4 \quad (<570℃)$$

此外，由于热力系统中还有其他金属材料（如不锈钢、低合金钢、铜合金等），因此在腐蚀产物中还可能存在尖晶石结构的金属氧化物 MFe_2O_4（其中 M 为非铁金属元素，如 Cr、Ni、Mn、Cu、Zn 等）。

铜合金的主要腐蚀产物是 Cu_2O 和 CuO 及它们的水合物，在水冷壁管内由于铁的还原作用还可能存在金属铜。此外，依腐蚀环境的不同，还可能存在 CuOH 和 $Cu(OH)_2$，以及铜与氨或联氨组成的络合物，例如 $CuNH_3^{2+}$、$Cu(NH_3)_2^{2+}$、$Cu(NH_3)_3^{2+}$、$Cu(NH_3)_4^{2+}$、$CuNH_3^+$、$Cu(NH_3)_2^+$、$CuN_2H_4^{2+}$ 等。黄铜的腐蚀产物还有 ZnO、$Zn(OH)_2$ 以及锌和氨或联氨的络合物等。

电厂水汽热力系统金属腐蚀产物除以溶解和胶体形态存在外，大部分是以颗粒状存在于水或蒸汽中。颗粒状腐蚀产物含量的测定对研究腐蚀产物在热力设备中的沉积过程具有重要意义，而且颗粒状腐蚀产物的存在对化学监督中汽水取样的代表性也有重要影响。在静态试验条件下（300℃，100h），20 号碳钢和 X18H10T 不锈钢腐蚀产物的颗粒度分布见表 14-1。

表 14-1　静态试验条件下钢腐蚀产物颗粒度分布（颗粒所占份额）　　　　%

腐蚀产物颗粒尺寸 (μm)	20 号碳钢			X18H10T 不锈钢	
	除氧蒸馏水	除氧水 pH=10 (NH₃)	蒸馏水 DO=40μg/L	除氧蒸馏水	除氧水 pH=3 (HNO₃)
10	93.7	71.2	72.8	49.3	51.8

腐蚀产物颗粒尺寸 (μm)	20 号碳钢			X18H10T 不锈钢	
	除氧蒸馏水	除氧水 pH＝10（NH₃）	蒸馏水 DO＝40μg/L	除氧蒸馏水	除氧水 pH＝3（HNO₃）
1.2～10	1.8	5.7	18.0	16.4	20.1
0.9～1.2	2.2	9.6	5.3	9.0	11.0
0.3～0.6	1.9	7.1	3.4	12.0	11.1
0.3	0.2	6.3	0.5	13.2	5.8

水中腐蚀产物颗粒度的分布与水温有关。一般来说，温度越高，尺寸大的颗粒所占比例越大，而最小颗粒所占比例越少，见表 14-2。

表 14-2　　　　　　　　　　**钢腐蚀产物颗粒度分布和温度的关系**

颗粒尺寸（μm）		10	1.2～10	0.9～1.2	0.3～0.6	0.3
颗粒所占份额（％）	100℃	81.15	7.56	1.47	1.47	8.22
	200℃	85.98	8.95	1.13	0.74	3.23
	300℃	93.7	1.8	2.2	1.9	0.2

二、腐蚀产物的危害及其控制措施

给水系统的腐蚀产物随水进入锅炉后，不仅可能在水冷壁炉管内沉积，导致锅炉结垢，而且可能被蒸汽带出锅炉，在汽轮机中沉积（俗称积盐）。

锅炉结垢可能从下列几方面对锅炉机组的安全、经济运行造成危害：

（1）降低锅炉的热效率，增加煤耗。水垢的导热性很差，如氧化铁垢的导热系数为 $0.116～0.232W/(m \cdot ℃)$，而钢材的导热系数为 $46.40～69.60W/(m \cdot ℃)$；另外，水垢中常含有孔隙。因此，水冷壁炉管结垢必然显著影响炉管传热，从而使锅炉的热效率降低，煤耗增加。

（2）导致炉管过热。同样由于上述原因，结垢同时也必然会显著妨碍炉水对炉管管壁的冷却作用，从而引起管壁过热（炉管外壁温度超过炉管金属材料的最高允许使用温度）、强度下降。水垢极易在热负荷很高的部位生成，所以在这些部位管壁很容易过热，严重时可能导致管壁发生局部变形、鼓包，甚至爆管。

（3）促进炉管的腐蚀。管壁上的垢层常含有孔隙，所以它不仅对管壁没有保护作用，而且可能因炉水中的腐蚀性杂质（如 Cl^- 等）在孔隙中浓缩而加剧管壁的腐蚀。热负荷越高的部位，结垢越严重，腐蚀性杂质浓缩的程度越高，所以腐蚀也越严重。当管壁腐蚀到一定程度时，同样可能导致局部变形、鼓包，甚至爆管。

（4）锅炉的运行压差增大。结垢可能引起直流锅炉水汽回路中的压力损失（即压差）因流动总阻力增加而增大。这不仅会增大给水泵的电耗，而且当流动阻力增大的数值超过给水泵的富裕压头时，还会迫使锅炉降负荷运行。这种情况最易发生在超临界直流锅炉中，因为这种锅炉的水冷壁管的内径很小，即使管内有少量沉积物，也会明显地减小流通截面。

汽轮机积盐会大大降低汽轮机的效率和出力，并使其可靠性降低，严重时可能引起汽轮机内部零件的严重破坏。特别是高温高压的大容量汽轮机，其高压部分蒸汽通流的截面积很小，少量的积盐也会大大增加蒸汽流通的阻力，使汽轮机的出力下降。当汽轮机内积盐较严重时，还会使推力轴承负荷增大，隔板弯曲，造成事故停机。

因此，为了防止热力设备的腐蚀、结垢和积盐，保证火电机组的安全、经济运行，除了保证给水的纯度（$\kappa_H \leqslant 0.1\mu S/cm$，25℃）外，还必须通过给水水质调节来控制给水系统的腐蚀。给水水质调节主要是对锅炉给水的 pH 值和溶解氧含量进行合理的调节和控制，其主要目的是使金属表面形成稳定的保护膜，以控制给水系统的全面腐蚀和流动加速腐蚀（FAC），保证给水中铁和铜的含量符合水质标准的要求。

第二节　给水水质调节方式与水质标准

一、给水水质调节方式及其特点

1. 给水水质调节方式与水化学工况

根据 2004 年 10 月 20 日发布的 DL/T 805.4—2016《火电厂汽水化学导则　第 4 部分：锅炉给水处理》，锅炉的给水水质调节方式有以下三种：

（1）还原性全挥发处理：在对给水进行热力除氧的同时，向给水中加氨和还原剂（又称除氧剂，如联氨等）的给水水质调节方式。因其所用药品（氨和联氨）都是挥发性的，这种给水处理方式称为全挥发处理（all volatile treatment，AVT）。由于深度除氧和还原剂（联氨等）的加入，给水具有较强的还原性，故又称为还原性全挥发处理（reducing AVT），简称 AVT（R）。

（2）氧化性全挥发处理：在对给水进行热力除氧的同时，只向给水中加氨（不再加任何其他药品）的给水水质调节方式。由于不向给水中加还原剂，给水具有一定的氧化性，故称为氧化性全挥发处理（oxidizing AVT），简称 AVT（O）。

（3）加氧处理（oxygenated treatment，OT）：向给水中加氧的给水水质调节方式。此时，给水中因含有微量的溶解氧（DO）而具有较强的氧化性。如果只加氧，不加氨，给水呈中性，称为中性加氧处理或中性水处理（neutral water treatment，NWT）。但是，目前通常采用碱性加氧处理——加氧与加氨的联合水处理（combined water treatment，CWT）。

水化学工况（water chemistry operating mode）是指锅炉给水和炉水的水质调节方式及其所控制的水汽质量标准。对于直流炉机组，由于只进行给水的水质调节，其水化学工况就是按照给水水质调节方式来命名的。例如，超临界机组锅炉给水水质调节采用 AVT（O）或 AVT（R）时的水化学工况可统称为全挥发处理水化学工况，简称 AVT 水化学工况；采用 CWT 或 NWT 时的水化学工况则可统称为加氧处理水化学工况，简称为 CWT 水化学工况或 NWT 水化学工况。但是，对于汽包炉机组，由于炉水和给水可能采取不同的水质调节方式，其水化学工况通常是按照炉水水质调节的方式来命名。本章主要讨论给水水质调节和超临界机组的水化学工况。

2. 给水水质调节方式的特点

（1）如前所述，AVT（R）是一种还原性处理方式。对于有铜给水系统，它兼顾了抑制铁、铜腐蚀的作用，给水含铜量和汽轮机中铜的沉积量通常小于 AVT（O）和 OT 方式下的相应值；对于无铜给水系统，适当提高给水的 pH 值可进一步提高抑制铁腐蚀的效果。但是，在 AVT（R）方式下，个别机组的给水和湿蒸汽系统易发生 FAC，而通过更换材料或改变给水处理方式可消除或减轻 FAC。

（2）对于无铜给水系统，给水处理采用 AVT（O）后，通常给水含铁量会有所降低，省煤器和水冷壁管的结垢速率相应降低。

（3）采用 OT 可使给水系统 FAC 现象减轻或消除，给水含铁量明显降低，因而省煤器和水冷壁管的结垢速率降低，锅炉化学清洗周期延长；同时，由于给水 pH 值控制在较低范围内，可使凝结水精处理混床的运行周期明显延长。但是，OT 对水质要求严格，对于没有凝结水精处理系统或凝结水精处理系统运行不正常的机组，给水的氢电导率难以达到水质标准的要求，故不宜采用 OT。

上述三种给水水质调节方式的比较概括于表 14-3。表中的 ORP 表示给水的氧化—还原电位，即以 Ag—AgCl 电极为参比电极（25℃时，它相对 SHE 的电极电位为 $+208mV$），在密闭流动的给水中测量的铂电极的电极电位。ORP 数值越高，表明水的氧化性越强，铁越容易被氧化成较高价态的氧化物，如 Fe_2O_3。

表 14-3   三种锅炉给水水质调节方式的比较

处理方式名称	还原性全挥发处理	氧化性全挥发处理	加氧处理（碱性）
处理方式定义	给水加氨和还原剂（如联氨）的处理	给水只加氨的处理	给水加氧的处理
处理方式英文缩写	AVT（R）	AVT（O）	OT（CWT）
ORP（mV）	<-200	$0\sim80$	>100
给水和湿蒸汽系统 FAC	容易发生	有所减轻	显著减轻或消除
给水含铁量及省煤器和水冷壁管结垢速率	相对较高	有所降低	显著降低
给水含铜量及汽轮机铜垢沉积量	较低	较高	较高
凝结水精处理混床运行周期	缩短（pH 值较高，加氨较多）	缩短（pH 值较高，加氨较多）	延长（pH 值较低）

二、给水水质调节方式的选择

在选择给水水质调节方式时，首先应考虑的是水汽系统热力设备的材质和给水水质要求。对于运行机组，在目前的给水处理方式下，如果机组无腐蚀问题，可按此方式继续运行；如果机组存在腐蚀问题，则应通过图 14-1 所示的流程选择其他给水处理方式。主要步骤如下：

（1）对于无铜给水系统，应优先采用 AVT（O）方式。在 AVT（O）方式下，如果给水 $\kappa_H<0.15\mu S/cm$，且精处理系统运行正常，宜转为 OT 方式；否则，应按原处理方式继续运行。

（2）对于有铜给水系统，应采用 AVT（R）方式，并进行优化。在 AVT（R）方式下，如果给水 $\kappa_H<0.15\mu S/cm$，且精处理系统运行正常，可进行加氧试验。在试验过程中，如能保持水汽系统含铜量合格，可转为 OT 方式；否则，应按原处理方式继续运行。

对于汽包锅炉，由于浓缩作用，炉水中杂质含量比给水中高得多，如果给水加氧控制不当，使溶解氧进入水冷壁，必将导致水冷壁管发生严重的氧腐蚀。因此，与直流炉相比，汽包锅炉给水加氧处理的控制难度较高，危险性更大，选择上应慎重。

但是，对于某些采用空气冷却系统（即所谓"干冷"系统）的汽包锅炉机组，由于其水汽系统内同时存在碳钢、黄铜和铝，为兼顾这三种金属材料的腐蚀控制，在保证给水高纯度

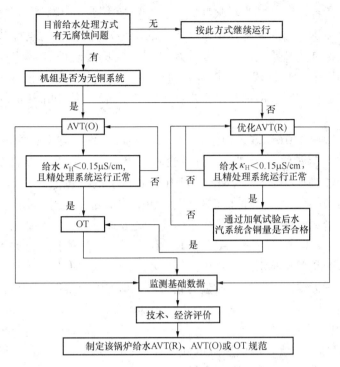

图 14-1 选择给水水质调节方式的流程

($\leqslant 0.15\mu S/cm$) 的条件下，只能在中性（$pH=6.7\sim7.5$）条件下运行。在这种情况下，可采用低氧处理（$DO<50\mu g/L$，经常保持在 $20\sim40\mu g/L$）。运行经验表明，这种空冷机组给水采用中性低氧处理，同时炉水辅以 $NaOH$ 处理（当 $pH<6.5$ 时），对于防止锅炉水冷壁的腐蚀和结垢是有利的。

三、给水质量标准

目前，国内涉及锅炉给水处理的标准和导则，除了 DL/T 805.4—2016 外，还有 DL/T 912—2005《超临界火力发电机组水汽质量标准》、DL/T 805.1—2011《火电厂汽水化学导则 第 1 部分：锅炉给水加氧处理导则》和 GB/T 12145—2016《火力发电机组及蒸汽动力设备水汽质量》。

（1）DL/T 912—2005：该标准适用于超临界火力发电机组，规定了采用 AVT（R）和 CWT 水化学工况的超临界火力发电机组在正常运行和停（备）用机组启动时的水汽质量控制指标，并给出了水汽质量劣化时的应急处理方法。它相对以前其他相关标准的主要变化为：①首次提出了给水 TOC 和 Cl^- 的标准，并将 Cl^- 列入精处理后凝结水质量标准；② 将 CWT 的给水 DO 上限降低到 $150\mu g/L$。这些改变主要是为了适应机组在超临界参数下工作对腐蚀控制的更高要求。但是，该标准缺乏 AVT（O）水化学工况的给水质量标准。

（2）DL/T 805.1—2011：该导则是在 DL/T 805.1—2002 和以前相关标准的基础上结合 CWT 运行经验修订的，2011 年 11 月 1 日实施。它规定了火力发电厂锅炉给水加氧处理（CWT）的基本要求和水汽控制指标，适用于配备凝结水精处理系统的火力发电机组（包括直流锅炉和汽包锅炉机组），是此类机组实施 CWT 水化学工况的全面性指导规范。它给出了有关加氧系统的规定，说明了直流锅炉和汽包锅炉给水加氧处理的先决条件、pH 控制方式、机组启动时水质控制的方法、给水处理方式转换的方法（包括准备工作、加氧量控制、除氧器和高压加热器排气门的调整、给水 pH 值的调整）、运行中的监督措施（包括机组正常运行时水汽质量标准及其监测方法、给水水质异常时的处理原则），以及机组的停（备）用保养措施。与 GB/T 12145—2016 和 DL/T 805.4—2016 相比较，该导则对 CWT 的水汽监测更全面，便于运行控制，但部分水汽指标，特别是给水 DO 和 pH 值的控制值与上述标准有所不同。

（3）DL/T 805.4—2016：该导则是在 DL/T 805.4—2004 和上述标准的基础上结合近年来国内火力发电厂锅炉给水处理的运行经验修订的，2016 年 2 月 5 日发布，同年 7 月 1 日实施。它适用于过热蒸汽压力 3.8MPa（表压）及以上的汽包锅炉和 5.9MPa（表压）及以上的直流锅炉给水的全挥发处理和加氧处理，包括给水处理方式选用的基本原则、锅炉启动和正常运行时的给水质量标准、给水质量劣化时的处理方法、给水加药和水质指标检测方法。DL/T 805.4—2004 首次引入了 AVT（R）和 AVT（O）的概念，并可指导电厂根据机组的材料特性、锅炉类型和给水纯度正确选用给水处理方式。但是，该标准没有凝结水、蒸汽等其他水汽的质量标准以及凝结水质量劣化时的处理方法，难以全面地指导火力发电机组水化学工况的实施。DL/T 805.4—2016 是 DL/T 805.4 的首次修订版，它相对以前相关标准的主要变化：①首次以 TOCi（total organic carbon ion，总有机碳离子）指标取代给水的 TOC 指标，以更好地防止汽轮机低压缸的酸性腐蚀；②对给水 CWT 的调节指标进行了修改，统一了直流炉和汽包炉给水 pH 值控制范围（8.5～9.3）和 DO 标准值下限（10μg/L），并将汽包炉给水 DO 期望值修改为 20～30μg/L。

（4）GB/T 12145—2016：该标准是在 GB/T 12145—2008 的基础上修订的，2016 年 2 月 24 日发布，同年 9 月 1 日实施。它适用于锅炉主蒸汽压力不低于 3.8MPa（表压）的火力发电机组和蒸汽动力设备，规定了给水 AVT 和 OT 模式正常运行和停（备）用机组启动时的水汽质量标准及水质劣化时的处理方法。但是，该标准缺乏关于给水 AVT，特别是 OT 运行控制方法的指导性内容。就给水质量标准而言，该标准与 DL/T 805.4—2016 基本相同；但是，对于给水 CWT 的 DO 控制范围，DL/T 805.4—2016 对直流炉和汽包炉分别规定为 10～80μg/L 和 10～150μg/L，而该标准则不加区分地规定为 10～150μg/L。这样，对于汽包炉来说，DO 上限提高近一倍，在运行加药量控制中应特别注意确保汽包下降管炉水 DO≤10μg/L。

根据上述各标准的特点，建议运行中水汽质量的全面控制一般应执行 GB/T 12145—2016 的规定，给水处理应同时参考 DL/T 805.4—2016 规定的给水质量标准及其运行控制方法；给水处理采用 CWT 时，则还应参考 DL/T 805.1—2011 规定的运行监督和控制方法。

第三节　AVT 水化学工况

AVT 水化学工况就是在对给水进行热力除氧的同时，向给水中加氨和联氨或只加氨，以维持一个除氧碱性水工况，从而达到抑制给水系统金属腐蚀的目的。它主要用于直流炉，但我国有些 600MW 亚临界汽包炉机组的炉水在启动时采用磷酸盐处理，而在正常运行时则采用 AVT 方式。

一、给水 pH 值调节——加氨处理

给水处理无论是采用 AVT，还是 CWT，都要进行给水 pH 值的调节。给水 pH 值调节不仅可中和水中的二氧化碳等酸性物质，防止酸性腐蚀，而且可适当提高给水的 pH 值，以增强金属表面保护膜在水中的稳定性。

在给水 pH 值调节中，要求采用挥发碱。其中，应用最广泛的挥发碱是氨（NH_3）。此外，还可采用吗啉（morpholine）、乙醇胺（ethanolamine，ETA）等有机胺。目前，在我国吗啉（morpholine）仅在秦山核电站等少数核电站的二回路有所应用，ETA 尚处于试验研究阶段。因此，这里主要讨论给水的加氨处理。

1. 氨的弱碱性及其中和作用

在常温常压下，氨是一种有刺激性气味的无色气体，极易溶于水，其水溶液称为氨水，属弱碱性物质。一般商品浓氨水的浓度约为 28%，密度为 $0.91g/cm^3$，在常温下加压，氨很容易液化而变成液氨，液氨的沸点为 $-33.4℃$。氨在高温高压下不会分解，易挥发、无毒，可以在各种压力等级的机组和各种类型的电厂中使用。

造成锅炉给水 pH 值降低的一个主要原因是水中存在 CO_2。NH_3 和 CO_2 溶解在水中将发生下列电离反应，而分别呈现出弱酸性和弱碱性，即

$$NH_3 + H_2O \rightleftharpoons NH_3 \cdot H_2O \rightleftharpoons NH_4^+ + OH^-$$

$$CO_2 + H_2O \rightleftharpoons H_2CO_3 \rightleftharpoons H^+ + HCO_3^-$$

$$HCO_3^- \rightleftharpoons H^+ + CO_3^{2-}$$

上述电离反应的平衡常数及水的离子积（25℃）可分别表示为

$$K_{NH_3} = \frac{[OH^-][NH_4^+]}{[NH_3 \cdot H_2O]} = 1.8 \times 10^{-5} \tag{14-1}$$

$$K_1 = \frac{[HCO_3^-][H^+]}{[H_2CO_3]} = 4.5 \times 10^{-7} \tag{14-2}$$

$$K_2 = \frac{[CO_3^{2-}][H^+]}{[HCO_3^-]} = 4.8 \times 10^{-11} \tag{14-3}$$

$$K_{H_2O} = [H^+][OH^-] = 1 \times 10^{-14} \tag{14-4}$$

水中氨的总浓度为

$$[NH_3] = [NH_3 \cdot H_2O] + [NH_4^+] \tag{14-5}$$

CO_2 的总浓度为

$$[CO_2] = [H_2CO_3] + [HCO_3^-] + [CO_3^{2-}] \tag{14-6}$$

根据电中性原则，可得

$$[NH_4^+] + [H^+] = [HCO_3^-] + 2[CO_3^{2-}] + [OH^-] \tag{14-7}$$

由于氨具有弱碱性，它可以中和给水中游离 CO_2 等酸性物质，并使给水呈碱性。由于 CO_2 与水结合产生的碳酸（H_2CO_3）是二元弱酸，该中和反应有以下两步：

$$NH_3 \cdot H_2O + H_2CO_3 \rightleftharpoons NH_4HCO_3 + H_2O$$

$$NH_3 \cdot H_2O + NH_4HCO_3 \rightleftharpoons (NH_4)_2CO_3 + H_2O$$

计算结果表明，加氨量恰好将 H_2CO_3 中和成 NH_4HCO_3 时（其分布系数达到最大值的 98%），水的 pH 值约为 8.34；$(NH_4)_2CO_3$ 的分布系数达约 16% 时，水的 pH 值约为 9.6。

水中 CO_2 对 pH 值的影响是随的水的温度升高而减弱，在除氧器之后（＞160℃），水的 pH 值实际上仅取决于氨浓度和水的离子积。

2. 给水加氨量和 pH 值控制范围

如果给水中的酸性物质主要是游离 CO_2，由式（14-1）～式（14-7）可推导出加氨量的计算式为

$$[NH_3] = \left\{1 + \frac{K_{H_2O}}{K_{NH_3}[H^+]}\right\} \cdot \left\{\frac{K_1[H^+] + 2K_1K_2}{[H^+] + K_1[H^+] + K_1K_2}[CO_2] - [H^+] + \frac{K_{H_2O}}{[H^+]}\right\}$$

$$(14-8)$$

式（14-8）说明，在温度一定的情况下，给水的加氨量主要取决于给水中的 CO_2 含量和目标 pH 值，所以在给水质量标准中只要求控制 pH 值。

在确定给水 pH 值的控制范围时，首先要考虑水的 pH 值对金属腐蚀的影响。从控制碳钢的腐蚀考虑，应将给水的 pH 值调节到 9.5 以上。但是，目前很多热力系统中的凝汽器、低压加热器等都使用了铜合金材料，所以还必须考虑到 pH 值对铜合金的腐蚀影响。试验结果表明，在 90℃、用氨碱化的水中，当 pH = 8.5～9.5 时铜合金的腐蚀最小；pH＞9.5，或 pH＜8.5 时，铜合金的腐蚀都会迅速增大。其次，还要考虑水的 pH 值对凝结水精处理混床的影响，给水 pH 值过高，将使精处理混床的运行周期大大缩短。

综合考虑上述两方面因素，目前在采用除氧处理时，对钢铁和铜合金混用的热力系统，为兼顾钢铁和铜合金的防腐蚀要求，一般将给水的 pH 值控制在 8.8～9.3 的范围内；如果仅凝汽器管为黄铜管的机组，应将给水的 pH 值调节到 9.1～9.4；对无铜热力系统，一般是将给水的 pH 值控制在 9.2～9.6 的范围内。

3. 氨在水汽系统中的分布规律

当对给水进行氨处理时，NH_3 随给水进入锅炉后会随蒸汽挥发出来，并随蒸汽通过汽轮机后排入凝汽器；在凝汽器中，一部分 NH_3 被抽气器抽走，余下的 NH_3 则溶入凝结水；当凝结水进入除氧器后，NH_3 又会随除氧器排汽而损失一些，剩余的 NH_3 则进入给水中，继续在水汽系统中循环。试验结果表明，NH_3 在凝汽器和除氧器中的损失率为 20%～30%。如果机组设置有凝结水净化处理系统，则 NH_3 将在其中全部被除去。因此，在加氨处理时，估计加氨量的多少，要考虑氨在水汽系统中的实际损失情况，一般通过加氨量调整试验来确定。

在水汽系统中，NH_3 的这种流程和 CO_2 基本相同，但这两种物质的分配系数相差很大。所谓分配系数（K_F）是指某种物质在相互接触的汽和水两相中含量的比值。显然，分配系数越大，则该物质在气相中的含量越大，而在液相中的含量越小。分配系数除了取决于该物质的本性外，还与水汽温度有关。NH_3 和 CO_2 的分配系数都大于 1，但在相同的温度下，CO_2 的分配系数远远大于 NH_3 的分配系数。因此，当蒸汽凝结时，在最初形成的凝结水中，NH_3 和 CO_2 含量的比值要比蒸汽中的大；而当水蒸发时，在最初形成的蒸汽中，NH_3 和 CO_2 含量的比值要比水中的小。于是，在发生蒸发和凝结过程的热力设备中，水汽中 NH_3 和 CO_2 含量的比值和 pH 值就会发生变化，其大致情况如下：

（1）在热力除氧器中，因为排汽带出的 CO_2 比 NH_3 多，所以出水 pH 值大于进水 pH 值。

（2）在凝汽器中，因为抽气器抽走的 CO_2 比 NH_3 多，所以凝结水 pH 值大于蒸汽 pH 值。

（3）在射汽式抽气器中，因为抽气器内的蒸汽中 NH_3 和 CO_2 含量的比值要比汽轮机凝结水中的小，所以蒸汽凝结水的 pH 值小于汽轮机凝结水的 pH 值。

（4）在加热器中，因为疏水中 NH_3 含量多，而蒸汽中 CO_2 含量多，所以汽相的 pH 值 ＜进汽的 pH 值＜疏水的 pH 值。

4. 给水加氨处理的方法

（1）化学药品。加氨处理的药品通常为液体无水氨，它应符合 GB 536—1988《液体无水氨》中优等品的质量要求：$NH_3 \geqslant 99.9\%$、残留物小于或等于 0.1%、$H_2O \leqslant 0.1\%$、油小于或等于 5g/kg（质量法）、铁含量 $\leqslant$ 1mg/kg。

（2）加药点。因为氨是挥发性很强的物质，无论在水汽系统的哪个部位加入，整个系统的各个部位都会有氨，但在加入部位附近的设备及管道中，水的 pH 值会明显高一些。而经过凝汽器和除氧器后，水中的氨含量将会显著降低，通过凝结水净化处理系统时，水中的氨将全部被除去。因此，为抑制凝结水—给水系统设备和管道，以及锅炉水冷壁系统炉管的腐蚀，在凝结水净化装置的出水母管和除氧器出水管道上分别设置加氨点，进行一级或两级加氨处理具体方式见 DL/T 805.4—2016 中 7.1.2 的规定，将给水的 pH 值调节到规定的弱碱性范围，以使系统中铁和铜的含量都符合水质标准的要求。

（3）加药系统。目前，在我国的火电机组中，通常每台机组配置一套组合加氨装置，可进行给水、凝结水及闭式冷却水的加氨。

某电厂 350MW 超临界机组的组合加氨装置如图 14-2 所示。该装置为 2 箱 6 泵制设计，包括 2 台氨溶液箱（$1.0m^3$，$\phi1000$，材质 S32168）、3 台给水加氨计量泵（50L/h，2.5MPa，2 用 1 备）和 3 台凝结水加氨计量泵（50L/h，6.7MPa，2 用 1 备）。6 台计量泵

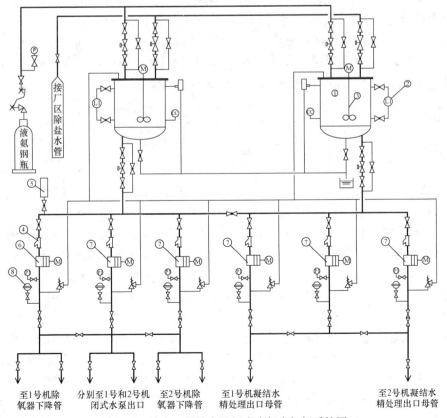

图 14-2　给水、凝结水及闭式冷却水加氨系统图

均为美国海王星液压隔膜泵，其泵头材质为316SS，每台计量泵后配置一个美国海王星不锈钢缓冲器。

凝结水自动加氨通过凝结水流量表和精处理装置出口母管加药点后电导率或pH信号表送出4～20mA模拟信号与凝结水加氨泵联锁实现；给水自动加氨通过省煤器入口pH电导率或表（安装于汽水取样架）及给水泵流量表送出的4～20mA模拟信号与给水加氨泵联锁实现。加氨泵采用变频电动机，通过瑞士ABB的ACS355型变频器自动调节加药量。该加氨装置还用于闭式冷却水加药，加药量采用手动调节，加药点设在闭式冷却水泵出口。各加药点参数见表14-4。

表14-4　　　　　　　　给水、凝结水及闭冷水加药点相关参数

加药点	压力（MPa）	温度（℃）	pH值（25℃）	流量（m³/h）
凝结水精处理混床出口	4.5	50	6.5～7.5	855
给水泵进口	1.7	182	8.5～9.0	855
闭式循环冷却水泵出口	0.6	39		3000

在25℃下，加氨的纯水中，水的pH值和水中氨的浓度（A，mg/L）与电导率（κ，μS/cm）之间的关系分别符合式（14-9）和式（14-10）。

$$pH = \lg\kappa + 8.57 \tag{14-9}$$
$$A = 0.001(13.1\kappa^2 + 62.5\kappa) \tag{14-10}$$

由于正常情况下，凝结水和给水中含有一定浓度的氨，而水中杂质很少，对水电导率值的影响完全可以忽略，即凝结水和给水的pH值和氨浓度也分别符合式（14-9）和式（14-10）。这样，测量给水或凝结水的电导率，可用式（14-9）和式（14-10）计算pH值和氨浓度（见表14-5），从而达到间接测量这两个水质指标的目的；另外，在自动加氨时，经常采用与上述pH信号相应取样点的电导率作为自动控制信号。

表14-5　　　　　　25℃下加氨的纯水中的pH值、电导率、氨浓度对照表

pH值	8.00	8.20	8.40	8.60	8.80	9.00	9.20	9.40	9.60	9.80	10.00
κ（μS/cm）	0.27	0.43	0.68	1.07	1.70	2.69	4.27	6.76	10.72	16.98	26.92
A（mg/L）	0.018	0.029	0.048	0.082	0.144	0.263	0.505	1.021	2.174	4.839	11.172

上述加氨装置能够做到自动配药，并保证溶药箱的药液浓度稳定。在每台溶液箱上设置电导率监测仪表，据此控制自动配药过程。自动配药方式如下：①当运行溶液箱液位低报警时，关闭运行溶液箱出口电动阀，同时打开备用溶液箱出口电动阀；②需要配药的溶液箱打开进水电动阀，向溶液箱中进水，当溶液箱达到满液位时，自动关闭进水电动阀；③进氨电动阀自动打开，向溶液箱中注入氨气，进行配药，同时搅拌机开始自动运行，当溶液箱电导率达到预设值时，配药过程结束，自动关闭进氨电动阀。该溶液箱进入备用状态。

5. 加氨处理存在的问题

由于氨在高温高压下不会分解、易挥发、无毒，因此可以在各种压力等级的机组及各种类型的电厂中使用。给水加氨处理的防腐效果十分明显，但因氨本身的性质和热力系统的特点，它也存在一些问题。如前所述，由于NH_3的挥发性，NH_3在水汽系统各部位的分布不均匀，对给水进行氨处理时，会出现某些地方NH_3过多，另一些地方NH_3过少的矛盾。另外，NH_3的电离平衡常数K随水温的升高而显著降低，如温度从25℃升高到270℃，K则

从 1.8×10^{-5} 降到 1.12×10^{-5}。这样，给水温度较低时比较合适的加氨量，在给水温度升高后就会显得不够，不足以维持必要的给水 pH 值。这是造成高压加热器碳钢管束腐蚀加剧的原因之一，由此还造成高压加热器后给水含铁量增加的不良后果。为了维持高温给水中较高的 pH 值，必须增加给水的含氨量，这就可能使水汽中氨浓度过高，从而使凝结水精处理混床设备的运行周期缩短。因此，防止二氧化碳腐蚀首先应尽量降低给水中碳酸化合物的含量和防止空气漏入系统，加氨处理只能作为辅助性的措施。

二、热力除氧

根据气体溶解定律（亨利定律），一种气体在与之相接触的液相中的溶解度与它在汽、液分界面上汽相中的平衡分压成正比。在敞口设备中把水温提高时，水面上水蒸气的分压增大，其他气体的分压下降，则这些气体在水中的溶解度也下降，因而不断从水中析出。当水温达到沸点时，水面上水蒸气的压力和外界压力相等。其他气体的分压降至零，溶解在水中的气体可能全部逸出。

利用气体溶解定律，在敞口设备（如热力除氧器）中将水加热到沸点，使水沸腾，这样水中溶解的氧就会析出。这就是热力除氧的原理。热力法不仅可除去水中溶解的氧，也能同时除去水中的二氧化碳等其他气体。而二氧化碳的去除，又会促使水中碳酸氢盐的分解，所以热力法还可除去水中部分碳酸氢盐。

热力除氧器的功能就是把水加热到除氧器工作压力下的沸点，并且通过喷嘴产生水雾及淋水盘或填料等措施尽可能地使水流分散，以使溶解于水中的氧及其他气体能尽快析出。因此，电厂常用的除氧器按构造基本上可分为淋水盘式、喷雾填料式和喷雾淋水盘式等。在我国的发电机组中，以前的亚临界机组多采用喷雾淋水盘卧式除氧器；而近年来的新建机组，常采用内置（无头）、喷雾、卧式除氧器。例如，某发电厂 600MW 超临界压力机组的除氧器为 GC2210 型内置、卧式除氧器。其壳体及封头均采用 SA-516Gr.70 钢板制成，最高工作压力为 1.0683MPa（a），最高工作温度为 367.5℃；除氧水箱型号为 GS-200，有效容积为 200m³。该除氧器额定出力为 2210t/h，滑压范围为 $0.147\sim1.0683$MPa（a）。

热力除氧器的除氧效果除与除氧器的结构形式有关外，还与运行工况有关。因此，在除氧器投运前应做必要的调整试验，使其处于最佳运行状态。调整试验的内容包括除氧器的温度和压力与加热蒸汽量的关系，除氧器的最小和最大允许负荷及排气量与排气阀门开度的关系，以及允许的进水温度等。

三、联氨处理

1. 联氨的性质

锅炉给水化学除氧所使用的药品，一般是采用联氨。联氨（N_2H_4）又称肼，在常温下是一种无色液体，易溶于水。它和水结合成稳定的水合联氨（$N_2H_4\cdot H_2O$），水合联氨在常温下也是一种无色液体。在 25℃，联氨的密度为 1.004g/cm³，100% 的水合联氨的密度为 1.032g/cm³，24% 的水合联氨的密度为 1.01g/cm³。在 101.3kPa 的大气压力下，联氨和水合联氨的沸点分别为 113.5℃和 119.5℃；凝固点分别为 2.0℃和 -51.7℃。

联氨易挥发，但当溶液中 N_2H_4 的浓度不超过 40% 时，常温下联氨的蒸发量不大。空气中联氨蒸汽对呼吸系统和皮肤有侵害作用，所以空气中的联氨蒸汽含量不允许超过 1mg/L。联氨能在空气中燃烧，当其蒸汽量达 4.7%（按体积计）时，遇火便发生爆炸。无水联氨的闪点为 52℃，85% 的水合联氨溶液的闪点可达 90℃，水合联氨的浓度低于 24% 时则不会燃烧。

联氨水溶液呈弱碱性，因为它在水中会发生下面的电离反应而产生 OH^-，即

$$N_2H_4 + H_2O \Longrightarrow N_2H_5^+ + OH^-$$

25℃时联氨的电离平衡常数为 8.5×10^{-7}，它的碱性比氨的水溶液略弱。

2. 联氨除氧原理

对于联氨的除氧原理，不同研究者提出了不同的观点，归纳起来主要有以下三种：

（1）联氨和氧在水溶液中直接反应，反应式如下：

$$N_2H_4 + O_2 \longrightarrow N_2 + 2H_2O \tag{14-11}$$

由于该反应在液相（水）中进行，且反应物的浓度都很低，反应速度很慢。采用放射性示踪技术进行的研究表明，该反应包括 10 个步骤，中间产物包括 NH_2^+、过氧化氢等。因此，该反应的速度不可能用一个简单的双分子反应速度方程式来表示，研究者只能提出一些经验公式，但这些公式对于锅炉给水联氨处理都很少有指导意义。

（2）表面吸附反应。这种观点认为，联氨和氧不是直接进行液相反应，而是吸附在金属和金属氧化物或其他具有很大比表面积的分散固体物质上，并发生表面催化反应。J. Leicester 认为，固体表面或液体中悬浮颗粒表面上形成的氧化膜，可提供联氨与氧反应的载体。因此，在锅炉设备保养良好和给水中比较彻底地除去了悬浮态氧化铁的情况下，联氨和水中溶氧之间的反应速度是比较慢的。向水中添加分散的悬浮物质（例如萘甲基磺酸联氨），可加速联氨和氧之间的反应速度。

（3）间接反应。1956 年 J. Leicester 提出，联氨和氧的反应很可能最先是在联氨和水中存在的氧化铁之间进行的，联氨先将氧化铁还原为低价状态，然后低价氧化物又被水中溶解氧氧化为高价态氧化物。这样，联氨与氧通过铁氧化物的还原和氧化而发生间接反应，其依据是下列反应的反应速度明显地超过式（14-11）的反应速度。

$$6Fe_2O_3 + N_2H_4 \longrightarrow N_2 + 2H_2O + 4Fe_3O_4$$
$$2Fe_3O_4 + N_2H_4 + 4H_2O \longrightarrow N_2 + 6Fe(OH)_2$$
$$2Cu_2O + N_2H_4 \longrightarrow N_2 + 2H_2O + 4Cu$$
$$2CuO + N_2H_4 \longrightarrow N_2 + 2H_2O + 2Cu$$

因此，当给水中同时存在氧化铁、氧和联氨时，首先将发生下列反应，其次才是联氨和氧之间的直接反应。

$$4Fe(OH)_3 + N_2H_4 \longrightarrow N_2 + 4H_2O + 4Fe(OH)_2$$
$$4Fe(OH)_2 + O_2 + 2H_2O \longrightarrow 4Fe(OH)_3$$

根据金属腐蚀产物分析和溶解氧测定结果可以认为，在锅炉机组的运行条件下，联氨与水中溶氧的反应是通过表面催化反应（铜、铁等金属表面）实现的。在此过程中，由于水中悬浮的金属氧化物粒子具有很大的比表面积，促进了联氨与水中氧的接触，加速了表面催化反应的进程。

3. 影响联氨和氧反应的主要因素

（1）温度的影响。联氨在室温时与水中溶解氧的反应速度是比较缓慢的，随着温度的升高，反应速度加快。例如，艾利斯（Ellis）等的试验结果表明，温度每升高 10℃，反应速度约提高 1.2 倍。但是，由于不同研究者进行试验的条件不同，所以试验结果也有所不同。

Кострцкцна Е. Ю. 对电厂锅炉给水条件下联氨和氧反应速度的研究表明，反应速度常数和温度的关系可精确地用阿累尼乌斯方程式表示为

$$k = A\exp\left(-\frac{E}{RT}\right)$$

（2）pH 值的影响。基尔伯特（Gilbert）在研究联氨在其稀水溶液被溶解氧氧化的过程时发现，反应速度随着 OH^- 浓度的提高而增大，NaOH 浓度为 $0.01\sim0.03\text{mol/L}$ 时达到最大值，然后随 OH^- 浓度的进一步提高而降低。

（3）催化剂的影响。某些金属离子对联氨和氧之间的反应具有明显的催化作用，催化作用大小顺序是 $Cu>Co>Mn>Fe$。铜和铁及其氧化物表面，包括凝汽器或低压加热器的铜管表面、给水管道和高压加热器钢管表面，以及水中悬浮的金属氧化物颗粒表面，都有催化作用，这对于提高联氨的使用效果是有利的。

（4）联氨和氧浓度比例的影响。在一定条件下，随着联氨和氧浓度比例的提高，两者之间的反应速度增大，但并不是单纯的正比关系。这是因为在联氨和氧浓度低时，反应接近于一级反应；而在浓度高时，反应接近于二级反应。

（5）反应时间的影响。反应时间越长，反应进行越完全。但是，除去一定量（例如90%）的水中溶氧所需要的时间并不是一个常数，它与温度、催化剂的存在和联氨及溶氧的浓度都有关系。

4. 联氨加药点的选择

我国火电机组的联氨加药点主要有下列两种设置：①在给水泵入口侧的除氧器出口母管上设置一个联氨加药点，这样既可避免联氨在除氧器中被部分除去，又可通过给水泵的搅动，使药液和给水混合均匀；②在除氧器出口的母管上和凝结水精处理设备的出水母管上同时设置两个加药点。在机组启动时，同时从两个加药点加入联氨，而在正常运行时无铜给水系统只采用给水泵入口侧加药点。在凝结水精处理设备的出水母管加联氨可延长联氨与氧的作用时间，并可利用联氨的还原性减轻低压加热器管，特别是黄铜管的腐蚀，以降低给水中铜的含量。

此外，我国也有少数机组对于加药点设置在汽轮机中、低压缸导汽管进行过试验，并取得较好效果。在汽轮机低压缸内注入联氨，主要是解决由于蒸汽带入酸性物质而造成汽轮机低压通流部分金属材料的酸性腐蚀问题。联氨在 130℃ 以下范围内的汽液分配系数 K_d 小于0.05，换句话说，在该条件下发生蒸汽凝结时，液膜中的联氨浓度会超过汽相中联氨浓度的20 倍。另外，在中、低压汽缸之间补充注入联氨，不仅对低压缸内的蒸汽凝结区有保护效果，对保护凝汽器铜管也有好处。

5. 联氨的剂量

若按式（14-11）计算，$1\text{mg O}_2/\text{L}$ 恰好需要 $1\text{mg N}_2\text{H}_4/\text{L}$（$N_2H_4$ 和 O_2 的分子量都是32），但实际上要使反应进行得比较完全，联氨相对于氧必须有一定的过剩量。各国对此过剩量的规定有所不同，见表14-6。

表 14-6   各国规定的锅炉给水联氨过剩量

指标	美国 （EPRI）	德国 （VGB）	英国 （CEGB）	日本 （JIS）	苏联 （ПТЭ）	中国 （GB/T 12145）
DO（μg/L）	<5	<20	$\leqslant5$	<7	<10	$\leqslant7$
N_2H_4（μg/L）	$\geqslant20$ 或 $\geqslant3\times$DO	—	$2\times$DO	$10\sim30$	$30\sim100$	$\leqslant30$
N_2H_4/DO	$\geqslant3\sim4$	—	2	$1.4\sim4.3$	$3\sim10$	4.3

6. 联氨的热分解

锅炉内剩余联氨在温度和催化物质（金属和金属氧化物）的影响下，会发生热分解。较早的资料认为，联氨热分解反应是

$$3N_2H_4 \longrightarrow 4NH_3 + N_2$$

但现在一般认为其反应是

$$2N_2H_4 \longrightarrow 2NH_3 + N_2 + H_2$$

或

$$3N_2H_4 \longrightarrow 2NH_3 + 2N_2 + 2H_2$$

由于氨也可按下式分解

$$2NH_3 \longrightarrow N_2 + 3H_2$$

因此，上述联氨分解反应是一次完成的，还是分步完成的仍不清楚。由于锅炉水汽系统和运行情况复杂，难以根据反应产生的 NH_3 和 H_2 数量来确定联氨热分解的反应式。

联氨的热分解受温度、pH 值、反应时间和催化剂存在的影响。研究表明，联氨开始分解的温度是在 200℃左右，而在 350℃左右可达到完全分解的程度。联氨的热分解与反应时间的关系可用下式表示

$$P = 100c^{-Kt}$$

式中：P 为未分解联氨占联氨总量的百分率；c 为给水中联氨浓度；K 为与温度和 pH 值有关的常数，见表 14-7；t 为反应时间。

表 14-7 联氨分解反应常数 K 值

温度（℃）	pH=8	pH=9	pH=10
300	0.45	0.22	0.10
350	14.4	7.0	3.3

7. 联氨的加药方法和装置

锅炉给水联氨处理所用药剂一般为水合联氨溶液，其质量应符合下列要求：$N_2H_4 \cdot H_2O$ ≥80%、Cl^-≤0.001%、SO_4^{2-}≤0.0005%、Fe≤0.0005%、Pb≤0.0005%。

给水联氨加药装置同样为一套完整的药液配制、计量和投加单元系统，如图 14-3 所示。该系统可向除氧器下降管和凝结水精处理混床出口母管，以及闭式冷却水系统加药。加药时，首先将联氨在溶液箱内配制成 0.1%～0.3%的浓度，然后启动计量泵加药，并根据水中联氨含量调整加药量。

四、AVT 水工况运行控制

1. 机组正常运行时的控制方法

在机组正常运行时，应在保证给水 κ_H 合格的基础上，根据所选择的给水处理方式，控制热力除氧器的运行状态，并进行适当的给水加药处理，使给水水质调节指标（pH 值、DO、N_2H_4）符合 GB/T 12145—2016 规定的给水质量标准，从而有效控制给水系统的腐蚀，保证给水中铁、铜含量也符合上述标准。具体控制方法如下：

（1）采用 AVT（R）方式运行时，应使热力除氧器保持除氧运行状态（除氧器的排气阀应保持适当的开度），同时向给水中加氨和联氨，使给水水质符合表 14-8 中相应的质量标准。在这些表中及之后内容，均用 κ_H 表示氢电导率（水样经过强酸性氢型阳离子交换柱后在 25℃下测定的电导率），用 DO 表示溶解氧含量，用 H 表示硬度。

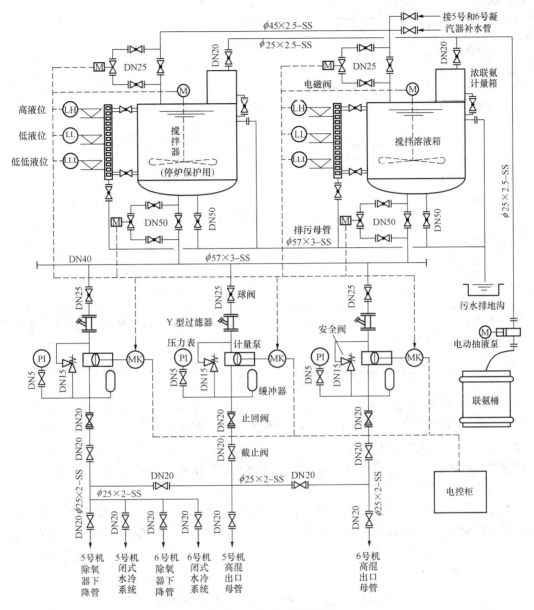

图 14-3　联氨加药系统图

表 14-8　锅炉给水质量标准（GB/T 12145—2016）

项　目		过热蒸汽压力（MPa）					
		汽包锅炉				直流锅炉	
		3.8～5.8	5.9～12.6	12.7～15.6	>15.6	5.9～18.3	>18.3
κ_H（μS/cm, 25℃）	AVT	—	≤0.30	≤0.30	≤0.15(0.10)①	≤0.15(0.10)	≤0.10(0.08)
	OT				≤0.15(0.10)		
pH(25℃)	AVT	8.8～9.3	8.8～9.3(有铜给水系统)或 9.2～9.6②(无铜给水系统)				
	OT	—	—	—	8.5～9.3(CWT)或 7.0～8.0(NWT)		

403

项 目		过热蒸汽压力（MPa）					
		汽包锅炉				直流锅炉	
		3.8～5.8	5.9～12.6	12.7～15.6	>15.6	5.9～18.3	>18.3
DO（μg/L）	AVT	≤15			≤7（还原性）或≤10（氧化性）		
	OT	—	—	—	10～150③（CWT）或50～250（NWT）		
N_2H_4（μg/L）	AVT				≤30（还原性）或不加（氧化性）		
Fe（μg/L）		≤50	≤30	≤20	≤15（10）	≤10（5）	≤5（3）
Cu（μg/L）		≤10	≤5	≤5	≤3（2）	≤3（2）	≤2（1）
Na（μg/L）						≤3（2）	≤2（1）
SiO_2（μg/L）		应保证蒸汽 SiO_2 符合标准			≤20（10）	≤15（10）	≤10（5）
H（μmol/L）		≤2.0					
Cl^-（μg/L）		—	—	—	≤2	≤1	≤1
TOCi（μg/L）		—	≤500	≤500	≤200	≤200	≤200

注 在 DL/T 805.4—2016 中，规定了直流炉和过热蒸汽压力大于 15.6MPa 的汽包锅炉给水加氧处理时的质量标准，DO 控制范围为 10～150μg/L（直流炉，仅 CWT）或 10～80（20～30）μg/L（汽包炉），pH 值控制范围为 8.5～9.3（CWT，直流炉和汽包炉）或 6.7～8.0（NWT，仅汽包炉）。

① 无凝结水精除盐装置的水冷机组，给水 κ_H≤0.30μS/cm。

② 凝汽器管为铜管而其他换热器管为钢管的机组，给水 pH 值宜为 9.1～9.4，并控制凝结水 Cu<2μg/L；无凝结水精除盐装置、无铜给水系统的直接空冷机组，给水 pH 值应大于 9.4。

③ DO 接近下限时，pH 值应大于 9.0。

（2）采用 AVT（O）方式运行时，除了不需要向给水加联氨 DO 标准值不同外，其他控制方法与 AVT（R）方式相同。此时，给水 DO 的控制可参考 DL/T 805.4—2016 推荐的相应标准（过热蒸汽压力≥5.9MPa 的汽包炉和直流炉，DO≤10μg/L）。

2. 锅炉启动时的控制方法

对于给水处理采用 AVT 方式的停、备用机组，启动时锅炉给水质量应符合表 14-9 的规定，并在热启动 2h 内或冷启动 8h 内达到正常运行的标准值。为了保证锅炉启动时给水中 Fe 和 DO 含量合格，应及时加氨控制给水 pH＝9.5～10，同时向给水中加入适量（如 300～500μg/L）联氨，以有效控制给水系统的腐蚀。

表 14-9　　　　　　　　　锅炉启动时给水质量标准（GB/T 12145—2016）

锅炉过热蒸汽压力（MPa）	汽包锅炉			直流锅炉
	3.8～5.8	5.9～12.6	>12.6	—
H（μmol/L）	≤10.0	≤5.0	≤5.0	≈0
κ_H（μS/cm）	—	—	≤1.00	≤0.50
Fe（μg/L）	≤150	≤100	≤75	≤50
DO（μg/L）	≤50	≤40	≤30	≤30
SiO_2（μg/L）			≤80	≤30

3. 给水质量劣化时的处理方法

（1）水汽质量劣化情况的处理原则。在火力发电机组的运行过程中，给水可能受到污染（如发生凝汽器泄漏，冷却水漏入而引起的污染等）而发生水质劣化，导致水汽系统腐蚀、结垢和积盐等故障。给水水质劣化越严重，所引起的故障危害越大，越需要尽快查明原因，使水质恢复正常。因此，为了及时、有效地处理水汽质量劣化现象，GB/T 12145—2016 规定了水汽质量劣化情况的处理原则，见表 14-10。

表 14-10　　　　　　　水汽质量劣化情况的处理原则（GB/T 12145—2016）

处理等级	水汽质量异常的危害程度	处理原则
一	有发生水汽系统腐蚀、结垢、积盐的可能性	应在 72h 内恢复至相应的标准值[①]；否则，应采取二级处理
二	正在发生水汽系统腐蚀、结垢、积盐	应在 24h 内恢复至相应的标准值；否则，应采取三级处理
三	正在发生快速腐蚀、结垢、积盐	如果 4h 内水汽质量不好转，应立即停炉

① 对于汽包炉的各级异常处理，使水质恢复正常的方法之一是降压运行。

当水汽质量劣化时，应迅速检查取样是否具有代表性、测量结果是否准确，并综合分析水汽系统中水汽质量的变化。确认劣化判断无误后，应立即按照 GB/T 12145—2016 的规定采取相应的处理措施，在规定的时间内找到并消除引起水质劣化的原因，并使水质恢复到标准值的范围内。

（2）给水水质的异常处理。给水处理采用 AVT 方式时，给水水质异常的处理值见表 14-10。

表 14-11　　　　　　　锅炉给水水质异常的处理值（GB/T 12145—2016）

项目		标准值	处理等级		
			一级处理	二级处理	三级处理
κ_H （μS/cm，25℃）	有精处理除盐	≤0.15	>0.15	>0.20	>0.30
	无精处理除盐	≤0.30	>0.30	>0.40	>0.65
pH 值[①] （25℃）	有铜给水系统	8.8~9.3	<8.8 或>9.3	—	—
	无铜给水系统[②]	9.2~9.6	<9.2	—	—
DO[③] （μg/L）	AVT（R）	≤7	>7	>20	

① 直流锅炉给水 pH 值低于 7.0 时，按三级处理。

② 凝汽器管为铜管时，给水 pH 标准值为 9.1~9.4，则一级处理值为 pH<9.1 或>9.4。采用 CWT 的机组，一级处理为 pH<8.5。

③ DL/T 805.4—2016 规定给水处理采用 AVT（O）方式时，一级和二级处理值分别为 DO>10 和 DO>20。

（3）凝结水水质标准及其水质异常处理。对凝结水泵出口的凝结水进行监测，可及时发现凝汽器的渗漏迹象和泄漏事故，掌握凝汽器的运行状态。正常情况下，凝结水泵出口凝结水水质应符合表 14-12 的规定，水质异常时的处理值见表 14-13。

表 14-12　　　　　　　凝结水泵出口凝结水质量标准（GB/T 12145—2016）

锅炉过热蒸汽压力（MPa）	3.8~5.8	5.9~12.6	12.7~15.6	15.7~18.3	>18.3
$\kappa_H^{①}$（μS/cm）	—	≤0.30	≤0.30（0.20）	≤0.30（0.15）	<0.20（0.15）
H（μmol/L）	≤2.0	≈0	≈0	≈0	≈0

续表

锅炉过热蒸汽压力 （MPa）	3.8~5.8	5.9~12.6	12.7~15.6	15.7~18.3	>18.3
DO[②]（μg/L）	≤50	≤50	≤40	≤30	<20
Na（μg/L）	—	—	—	≤5[③]	≤5

① 括号中为 κ_H 的期望值。

② 直接空冷机组凝结水 DO 标准值应小于 $100\mu g/L$，期望值应小于 $30\mu g/L$。配有混合式凝汽器的间接空冷机组凝结水 DO 宜小于 $200\mu g/L$。

③ 有凝结水精处理除盐装置时，凝结水的钠浓度可放宽至 $10\mu g/L$。

表 14-13　　凝结水泵出口凝结水水质异常的处理值（GB/T 12145—2016）

项　目		标准值	处理等级		
			一级处理	二级处理	三级处理
κ_H （μS/cm，25℃）	有精处理除盐	≤0.30[①]	>0.30[①]	—	—
	无精处理除盐	≤0.30	>0.30	>0.40	>0.65
Na[②]（25℃）	有精处理除盐	≤10	>10		
	无精处理除盐	≤5	>5	>10	>20

① 主蒸汽压力大于 18.3MPa 的直流锅炉，凝结水 κ_H 的标准值为不大于 $0.2\mu S/cm$，一级处理值为大于 $0.2\mu S/cm$。

② 用海水或苦咸水冷却的电厂，当凝结水含钠量大于 $400\mu g/L$ 时，应紧急停机。

五、AVT 工况存在的问题

1. 给水铁含量较高

在 AVT 水工况下，凝结水和给水系统中碳钢表面的保护膜几乎完全由 Fe_3O_4 组成。这种保护膜的外延层比较疏松，不能抑制铁的继续溶解；另外，Fe_3O_4 的溶解度较高。所以，AVT 水工况下钢的腐蚀较快，给水铁含量较高。例如，苏联某电站两台超临界直流锅炉机组实施 AVT 水工况，机组维持的给水水质标准为：$\kappa_H \leqslant 0.3\mu S/cm$（25℃），$pH=9.1\pm0.1$（25℃），$DO \leqslant 10\mu g/L$，$N_2H_4=20\sim60\mu g/L$，$Fe \leqslant 10\mu g/L$，$Cu \leqslant 5\mu g/L$，$Na \leqslant 5\mu g/L$，$SiO_2 \leqslant 15\mu g/L$。在 1973~1975 年的三年运行过程中，这两台机组给水水质是合格的，但往往运行 4500h 就需要进行一次化学清洗。因为这些锅炉下辐射区管材是低合金钢，其允许的极限温度是 595℃，所以当锅炉下辐射区管外壁温度达 590~595℃时，就必须进行化学清洗。化学清洗前割管检查得知，两台机组下辐射区中的沉积物量分别为 250~400g/m² 和 270~390g/m²。这主要是给水带入的大量铁的腐蚀产物在锅炉内沉积的结果。可见，给水含铁量高容易导致锅炉结垢，从而使化学清洗周期缩短。

在 AVT 水工况下，水汽系统中铁含量通常具有如下变化规律：高压加热器至锅炉省煤器入口这部分管道系统中，由于 FAC 和全面腐蚀，水中含铁量是上升的；在下辐射区，由于铁化合物在受热面上沉积，水中含铁量下降。在过热器中，由于汽水腐蚀结果，含铁量有所上升。锅炉本体水汽系统中铁氧化物含量的变化如图 14-4 所示。从图中可以看出，虽然锅炉的省煤器、悬吊管等水预热区域的受热面面积大、热负荷低、容许的沉积物量大，而且危险性极小，但是，水中的铁氧化物实际上却不沉积在省煤器和悬吊管中。铁的氧化物主要沉积在下辐射区。下辐射区受热面面积较小，热负荷很高，沉积物聚集使得管壁温度上升，例如在苏联的这两台直流锅炉中，大约每运行 1000h，管壁温度上升 14～20℃。从图 14-4 中还可看出，流经上辐射区后工质中铁化合物的浓度有所增加，这表明锅炉上辐射区的炉管内并没有形成良好的防蚀保护膜。

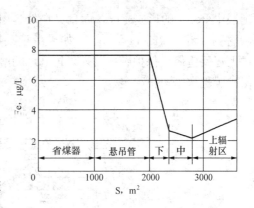

图 14-4　ATV 水工况下超临界锅炉水汽系统中铁氧化物含量的变化

2. 凝结水精处理混床运行周期缩短

在 AVT 水化学工况下，凝结水精处理混床中阳树脂的交换容量有相当多的一部分被凝结水中的氨消耗掉了。因此，该混床的运行周期缩短，再生频率提高，再生排放的废水量增多，处理再生废水的费用加大，而且再生过程所损耗的树脂量也增大，这些都提高了凝结水精处理设备的运行费用。为了解决这一问题，有的机组采用了氨化混床，即 NH_4-OH 型混合床，但氨化混床存在难再生、出水水质差、操作复杂的问题，使其应用受到限制。

第四节　CWT 水化学工况

为解决 AVT 水工况存在的问题，德国 20 世纪 70 年代中叶提出了 NWT 水工况。NWT 就是利用溶解氧的钝化作用，在高纯度中性锅炉给水中加入适量的氧化剂（氧气或过氧化氢），以使金属表面上形成更加稳定的钝化膜，从而达到进一步减少金属腐蚀之目的。虽然 NWT 在直流锅炉上的应用取得了显著的效果，但在 NWT 工况下给水为中性高纯水，其缓冲性很小，稍有污染即可能使给水的 pH 值降低到 6.5 以下，此时加氧反而会加速金属的腐蚀。为了克服 NWT 的这一不足，德国又在 NWT 的基础上发展出 CWT，并在 1982 年将其正式确立为一种直流锅炉给水处理新技术。目前，CWT 已在欧洲、美国及亚洲许多国家的直流炉机组上得到了广泛应用。我国 1988 年首先在望亭电厂 300MW 直流锅炉上进行了 CWT 试验，取得了较好效果，在 1991 年通过了部级鉴定。现在，CWT 在国内超临界机组上得到越来越多的应用。

一、CWT 的基本原理

如第十三章第五节所述，在 AVT（R）水工况下，碳钢表面形成的保护膜外延层中 Fe_3O_4 晶粒间的间隙较大，保护效果较差。但是，如果向高纯水中加入了足量的气态氧，不仅可通过式（14-12）所示的氧化反应加快 Fe_3O_4 的生成速度，而且可通过式（14-13）和式（14-14）所示的阳极反应（阴极反应均为溶解氧的还原），在 Fe_3O_4 膜的孔隙和表面生成更加稳定的 $\gamma-FeOOH$ 或 $\alpha-Fe_2O_3$。

$$3Fe^{2+}+0.5O_2+3H_2O\longrightarrow Fe_3O_4+6H^+ \tag{14-12}$$

$$2Fe_3O_4+H_2O\longrightarrow 3Fe_2O_3+2H^++2e \tag{14-13}$$

$$Fe_3O_4+H_2O\longrightarrow 3FeOOH+H^++e \tag{14-14}$$

这样，在加氧水工况下形成的碳钢表面膜具有 $Fe_3O_4-Fe_2O_3$ 双层结构，其内层是紧贴在钢表面的 Fe_3O_4 内伸层，外层是高 Fe_2O_3 含量的外延层。氧的存在不仅加快了内伸层和外

延层中 Fe_3O_4 的形成速度，而且又在外延层的间隙内和表面上生成 Fe_2O_3，使外延层孔隙和沟槽被封闭，如图 14-5 所示。如果由于某些原因使保护膜损坏，水中的溶解氧能迅速地通过上述反应修复保护膜。另外，Fe_2O_3 的溶解度远比 Fe_3O_4 低。因此，加氧水工况下形成的保护膜更致密、更稳定。

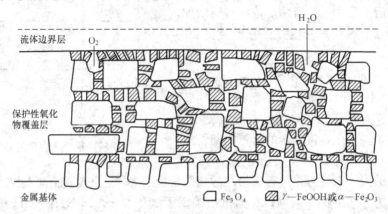

图 14-5　加氧工况下碳钢表面钝化膜生长和结构示意图

但是，如果水中存在 Cl^- 等侵蚀性离子，将使钢表面的保护膜受到破坏。例如，Cl^- 会按下式与 Fe^{2+} 生成可溶于水的络合离子。因此，给水必须保持高纯度（$\kappa_H \leqslant 0.15 \mu S/cm$）。

$$2Fe^{2+} + 0.5O_2 + 8Cl^- + H_2O \longrightarrow 2[FeCl_4]^- + 2OH^-$$

二、CWT 的水汽质量标准

超临界机组和亚临界汽包炉机组（应配备凝结水精处理系统）实施给水加氧处理（CWT）应执行 DL/T 805.1—2011 的规定，正常运行时应分别按表 14-14 和表 14-15 对所列水质监督项目进行监督和控制。

表 14-14　　直流锅炉给水加氧处理正常运行水汽质量标准（DL/T 805.1—2011）

取样点	监督项目	项目单位	控制值	期望值	监测频率
凝结水泵出口	κ_H（25℃）	$\mu S/cm$	<0.3	<0.2	连续
	DO	$\mu g/L$	≤30	≤20	连续
	Na^+	$\mu g/L$	<10①	—	连续
	Cl^-	$\mu g/L$	—	—	根据需要
凝结水精处理出口	κ_H（25℃）	$\mu S/cm$	<0.10	<0.08	连续
	SiO_2	$\mu g/L$	≤10	≤5	连续
	Na^+	$\mu g/L$	≤3	≤1	连续
	Fe	$\mu g/L$	≤5	≤3	每周一次
	Cu	$\mu g/L$	≤2	≤1	每周一次
	Cl^-	$\mu g/L$	≤3	≤1	根据需要
除氧器入口	κ（25℃）	$\mu S/cm$	0.5～2.7（pH≈8.3～9.0）	1.0～2.7（pH≈8.6～9.0）	连续
	DO	$\mu g/L$	30～150	30～100	连续

续表

取样点	监督项目	项目单位	控制值	期望值	监测频率
省煤器入口	pH（25℃）		8.0～9.0[②]	—	连续
	κ_H（25℃）	μS/cm	＜0.15	＜0.10	连续
	DO	μg/L	30～150	30～100	连续
	SiO₂	μg/L	≤15	≤10	根据需要
	Na⁺	μg/L	≤5	≤2	—
	Fe	μg/L	≤5	≤3	每周一次
	Cu	μg/L	≤3	≤2	每周一次
	Cl⁻	μg/L	≤3	≤1	根据需要
主蒸汽	κ_H（25℃）	μS/cm	＜0.15	＜0.10	连续
	DO	μg/kg	≥10	—	根据需要
	SiO₂	μg/kg	≤15	≤10	根据需要
	Na⁺	μg/kg	≤5	≤2	连续
	Fe	μg/kg	≤5	≤3	每周一次
	Cu	μg/kg	≤3	≤2	每周一次
	Cl⁻	μg/kg	—	—	根据需要
高压加热器疏水	DO	μg/L	≥5	≥10	根据需要
	Fe	μg/L	≤5	≤3	每周一次
	Cu	μg/L	—	—	每周一次

① DL/T 805.1—2011 建议对凝结水泵出口 Na⁺ 含量进行连续监测，但却未给出标准，这是 DL/T 805.1—2002 推荐的标准。

② 由于直接空冷机组的空冷凝汽器存在腐蚀问题，其给水 pH 值应通过试验确定。

表 14-15　汽包锅炉给水加氧处理正常运行水汽质量标准（DL/T 805.1—2011）

取样点	监督项目	项目单位	控制值	期望值	监测频率
凝结水泵出口	κ_H（25℃）	μS/cm	≤0.3	≤0.2	连续
	DO	μg/L	≤30	≤20	连续
	Fe	μg/L	—	—	每周一次
	Cl⁻	μg/L	—	—	根据需要
凝结水精处理出口	κ_H（25℃）	μS/cm	≤0.12	≤0.10	连续
	SiO₂	μg/L	≤15	≤10	连续
	Na⁺	μg/L	≤5	≤3	连续
	Fe	μg/L	≤5	≤3	每周一次
	Cl⁻	μg/L	≤3	≤1	根据需要
除氧器入口	κ（25℃）	μS/cm	1.8～3.5	2.0～3.0	连续
	DO	μg/L	30～150	30～100	连续
省煤器入口	κ（25℃）	μS/cm	1.8～3.5	2.0～3.0	连续
	pH 值（25℃）		8.8～9.1[①]	8.9～9.0[②]	连续

取样点	监督项目	项目单位	控制值	期望值	监测频率
省煤器入口	κ_H（25℃）	$\mu S/cm$	≤0.15	≤0.12	连续
	DO	$\mu g/L$	20～80③	30～80	连续
	Fe	$\mu g/L$	≤5	≤3	每周一次
	Cl^-	$\mu g/L$	≤3	≤1	根据需要
下降管炉水	κ_H（25℃）	$\mu S/cm$	≤1.5	≤1.3	连续
	DO	$\mu g/L$	≤10	≤5	连续
	Cl^-	$\mu g/L$	≤120	≤100	根据需要
汽包炉水	κ（25℃）	$\mu S/cm$	4～12	4～8	连续
	pH 值（25℃）		9.0～9.5	9.1～9.4	连续
	SiO_2	$\mu g/L$	≤150	≤120	连续
	Fe	$\mu g/L$	—	—	每周一次
	Cl^-	$\mu g/L$			根据需要
主蒸汽	κ_H（25℃）	$\mu S/cm$	<0.15	<0.10	连续
	DO	$\mu g/kg$	≥10		根据需要
	SiO_2	$\mu g/kg$	≤15	≤10	连续
	Na^+	$\mu g/kg$	≤5	≤2	连续
	Fe	$\mu g/kg$	≤5	≤3	每周一次
高压加热器疏水	DO	$\mu g/L$	≥5	≥10	根据需要
	Fe	$\mu g/L$	≤5	≤3	每周一次

① 由于直接空冷机组的空冷凝汽器存在腐蚀问题，其给水 pH 值应通过试验确定。

② DL/T 805.1—2011 没有推荐该期望值，这是与省煤器入口 κ 期望值相当的 pH 值。

③ 给水 DO 的控制值应通过锅炉下降管炉水允许的 DO 值与给水 DO 值的关系试验确定。

三、CWT 的加氧系统

CWT 水工况下，除了 pH 值的控制范围之外，氨的加药方法均与 AVT 水工况相同。因此，下面主要介绍加氧系统。

CWT 应选用纯度大于 99％的氧气作为氧化剂。加氧系统由氧气钢瓶（承压 14.7MPa、容积为 44L）、氧气流量控制器和氧气输送管线组成。氧气管线系统包括母管和支管，母管可采用黄铜管或不锈钢管，支管应采用不锈钢管。母管与氧气瓶的连接应采用专用卡具，氧气在母管出口减压后经氧流量控制器与支管连接。

为了控制水中溶解氧的浓度，应在凝结水和给水系统中设有两个氧加入点：一点在凝结水处理装置出口的凝结水管道上；另一点在给水泵吸入侧（除氧器出口）的给水管道上。

图 14-6 所示为一个比较典型的加氧系统。该系统采用汇流排，其主要作用是将多个氧气瓶的氧气汇集在一起，经过减压处理，集中提供给系统。该汇流排采用 2×5 结构，即五瓶向凝结水系统供氧，五瓶向给水系统供氧。每瓶氧气可用 3d 左右，五瓶氧气可用 15d。这样，氧瓶的更换周期一般为半个月左右。为了提高系统的安全性和耐用性，系统中将减压器放在汇流排一侧，使输氧管道具有低中压的耐压性即可，可防止氧气在高压状态下长距离

输送而产生泄漏等。操作柜布置于主厂房加药间内，操作柜作为加氧装置的控制柜，可以方便地对加氧流量进行控制。

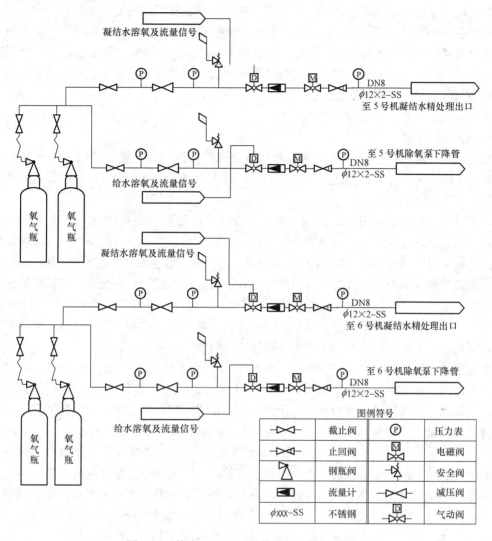

图 14-6 某 2×600MW 超临界机组加氧系统图

该系统加氧采取自动调节方式，由凝结水精处理系统出口母管和给水管路氧表或凝结水流量表和给水流量表送出的模拟信号与气体质量流量调节器联锁实现。

加氧系统的日常使用方法如下：

（1）每套装置分给水加氧和凝结水加氧两部分，每五个气瓶对应一个系统（给水或凝结水）。使用时应分别打开给水加氧母管（汇流排上较低的母管）上的主阀门或凝结水加氧母管（汇流排上较高的母管）上的主阀门，以分别向给水和凝结水系统供氧。

（2）由于给水加氧的系统压力较低，氧气可充分得到使用；而凝结水加氧的系统压力较高，当氧瓶压力下降至 4.0MPa 时，已不能向凝结水系统中加入氧气。为了避免氧气浪费，此时可将给水加氧瓶组和凝结水加氧瓶组进行切换，即将原凝结水加氧瓶组中的剩余氧气加入给水系统中，而原给水加氧瓶组则更换新氧瓶加入凝结水系统中。

（3）加氧量的调节。加氧量的调节通过分别调节给水加氧流量计和凝结水加氧流量计下的小调节阀实现。当加氧量较小时，加氧流量可能小于流量计的最低刻度。因此，有时加氧系统流量计无显示，这是正常情况。最终加氧量应通过加氧试验确定。

（4）系统的紧急关断。加氧工况运行时，给水氢电导率一般要求小于 $0.2\mu S/cm$。因此，当给水氢电导率大于 $0.2\mu S/cm$ 时，必须停止加氧。汇流排中有两个电动阀，分别对应给水加氧系统和凝结水加氧系统，它们与给水和凝结水的水质信号联锁，当水质不满足要求时，电动阀自动关断，停止加氧。

四、加氧处理的运行控制方法

1. 启动运行控制方法

在机组启动阶段，锅炉给水 κ_H 达不到加氧处理的标准，并且随负荷的上升而变化。因此，从锅炉冷态循环冲洗直至机组稳定运行，给水处理都应采用 AVT（O）方式，通过加氨将给水 pH 值调至 9.2~9.6。

机组启动时，加氨采用手动控制。此时，应将自动加氨系统的控制方式设为手动；然后，启动加氨泵，根据机组凝结水流量的变化手动调节加氨泵变频器的转速，将除氧器进口给水的电导率（κ）控制在 $7\mu S/cm$ 左右（相应的给水 pH 值在 9.4 左右）。机组并网稳定运行后，加氨采用自动控制。此时，应将控制方式设为自动；然后，将加氨泵变频器的控制反馈信号设定为除氧器进口给水 κ，设定值为 $7\mu S/cm$。这样，控制系统会根据机组除氧器进口给水 κ 的变化，通过自动调节加氨泵的转速来调节加氨量，将除氧器进口给水电导率控制在设定值附近，从而保证给水 pH 值在控制标准范围内。

当机组稳定运行后，给水 $\kappa_H<0.15\mu S/cm$，并有继续降低的趋势，且热力系统的其他水汽品质指标均正常时，给水处理可由 AVT（O）方式向 CWT 方式转换。开始加氧后 4h 内，应调节除氧器的排气阀至微开，关闭高压加热器排气门；根据给水 DO 的监测结果调节加氧流量及除氧器的排气阀开度，将除氧器和省煤器进口的给水 DO 控制在 $30\sim150\mu g/L$ 的范围内，确保加热器疏水 DO$>5\mu g/L$。在转换初期，为了加快水汽系统钢表面保护膜的形成和溶解氧的平衡，可适当提高加氧流量，将给水 DO 维持在控制标准的上限。但是，此时应注意给水 κ_H 的变化。如给水 κ_H 随加氧流量的提高而上升，则应适当调低加氧流量，确保给水 $\kappa_H\leqslant0.15\mu S/cm$。加氧 8h 后，可将自动加氨的设定值（$\kappa$）由 $7\mu S/cm$ 调至 $1.0\sim2.7\mu S/cm$（或 $2.0\sim3.0\mu S/cm$，对于汽包炉），将给水的 pH 值控制在 8.0~9.0（或 8.8~9.1，对于汽包炉）的范围内。

2. 正常运行控制方法

在正常运行中，应使除氧器、高压加热器和低压加热器的排气阀保持微开状态，自动加氨的设定值保持不变。同时，应根据机组运行状态，及时调整加氧流量，以确保机组稳定运行和负荷变动时，都能将给水 DO 控制在标准范围内。

运行中，应按表 14-14 或表 14-15 监控水汽质量，使各项控制指标，特别是给水的各项指标达到相应的期望值。

3. 水质异常的处理原则

只有在高纯水中氧才可能起钝化作用，所以给水保持高纯度是实施 CWT 水化学工况的前提条件。因此，在 CWT 水化学工况下水质的各项监督项目中，最重要的是凝结水和给水的 κ_H（25℃），通过对其监测可及时、准确地发现水质的变化。当凝结水和给水 κ_H 偏离控制指标时，应迅速检查取样的代表性、确认测量结果的准确性，然后根据表 14-16 采取相应的措施，分析水汽系统中水汽质量的变化情况，查找并消除引起污染的原因，以保持 CWT 所要求的高纯水质。

表 14-16 水质异常处理措施 （DL/T 805.1—2011）

水质异常情况	应采取的措施
凝结水 $\kappa_H >$ 0.3μS/cm	查找原因，并按 GB/T 12145—2016 的要求采取三级处理
凝结水精处理出口、除氧器入口 $\kappa_H >$ 0.12μS/cm 省煤器入口 $\kappa_H >$ 0.2μS/cm	停止加氧，转换为 AVT（O）方式运行。此时，应打开除氧器启动排气门和高压加热器运行连续排气一、二次门；将除氧器入口电导率控制值改为 7μS/cm，将给水 pH 值提高至 9.3～9.6；待省煤器入口 κ_H 合格后，再恢复加氧处理工况

汽包锅炉给水加氧处理时，给水或下降管炉水的 κ_H 异常时，应按表 14-17 采取处理措施。

表 14-17 汽包锅炉给水加氧处理时给水或下降管炉水 κ_H 异常情况的
处理措施 （DL/T 805.1—2011）

等级	κ_H （μS/cm，25℃）		应采取的措施
	省煤器入口	下降管炉水	
1	0.15～0.20	1.3～3.0	适当减小加氧量，并增加锅炉排污，检查并控制凝结水精处理出水水质，使给水和下降管炉水尽快满足表 14-15 的要求
2	>0.20	>3.0	停止加氧，加大凝结水精处理出口的加氨量，使给水 pH＝9.2～9.5，并维持炉水 pH＝9.1～9.4。查找给水和下降管炉水 κ_H 高的原因，加大锅炉排污，使水质尽快满足加氧处理的要求

在运行中，对凝结水泵出口的凝结水进行监测可及时发现凝汽器的渗漏迹象和泄漏事故，掌握凝汽器的运行状态。正常情况下，凝结水泵出口凝结水水质应符合表 14-14 或表 14-15 的规定，水质劣化时的处理值见表 14-13。

4. 非正常运行时给水处理方式的转换

（1）CWT 向 AVT 切换的条件：①机组正常停机前 1～2h；②给水电导率 ≥0.2μS/cm 或凝汽器存在严重泄漏而影响水质时；③加氧装置因故障无法加氧时；④发生锅炉主燃料跳闸（MFT）时。

（2）CWT 向 AVT 切换的操作：①关闭凝结水和给水加氧二次门，退出减压阀，关闭氧气瓶；②提高自动加氨装置的控制值，提高给水 pH 值至 9.2～9.6；③加大除氧器、高压加热器和低压加热器的排气门开度。保持 AVT 方式至停机保护或机组正常运行。

5. 注意事项

实行 CWT 水化学工况必须注意的事项如下：

（1）凝结水必须 100％经过深度除盐处理，给水水质应保持高纯度，以免影响碳钢表面氧化膜的形成和降低氧化—还原电位。

（2）要注意防止凝汽器和凝结水系统漏入少量空气，否则给水的电导率会增加，漏进空气中的 CO_2 会使水的 pH 值下降，在这种条件下，加入氧化剂反而会加速金属的腐蚀，导致凝结水、给水中 Fe、Cu 含量的增加。

（3）实行 CWT 水工况时，不能停止或间断加药。实践表明，CWT 水工况下钢表面上的保护膜在机组运行过程中经常"自修补"，中途停止加药或间断加药，防蚀效果不好。

（4）实行 CWT 水工况时，除氧器的排气阀由全开调至微开的位置，以便使给水保持一定的含氧量。但是，在这种情况下，除氧器作为一种混合式给水加热器以及承接高压加热器疏水、汇集热力系统其他疏水和蒸汽等还是必要的；另外，它还可除去水汽系统中部分不凝结气体和微量二氧化碳，并有利于机组变负荷运行时给水中溶解氧浓度的控制。

五、加氧处理的效果

国内外直流锅炉机组实施 CWT 水工况有以下效果：

（1）给水含铁量降低，下辐射区水冷壁管上的铁沉积量减少。

（2）锅炉化学清洗间隔时间延长。

（3）凝结水除盐设备的运行周期增长。

（4）锅炉的启动时间缩短。例如，一台采用 CWT 的超临界机组在因重大事故停机后启动需 1.5h，而采用 AVT 工况时需 3～4h。在 CWT 工况下，可以用没有除氧的水点火，并且运行经验表明系统清洗时水中腐蚀产物含量低得多，从而使机组清洗时间缩短，加快了机组的启动过程。

第十五章

汽包锅炉的炉水调节与蒸汽质量控制

经过给水水质调节以后，锅炉给水的水质又得到一次改善，对保证热力设备安全经济运行起到很重要的作用。对于直流锅炉，给水调节已是最终处理，给水的水质与蒸汽的质量比较接近。但对于汽包锅炉，由于给水进入锅炉以后，在高温高压下吸收炉膛热能转变为蒸汽，而炉水得以浓缩，这时各种盐类和金属腐蚀产物的溶解特性及蒸汽对它们的携带性能，都与常温状态下不同。如控制不当，它们会在炉管管壁上、过热器和汽轮机内沉积。因此，可根据汽包锅炉的结构特点对炉水水质进行调节（处理），它是汽包锅炉为保证蒸汽质量而进行的最终处理。本章就是研究炉水调节原理、各种盐类和金属腐蚀产物在炉水和过热蒸汽中的溶解特性及蒸汽对它们的携带能力和获得清洁蒸汽的方法。

第一节　水垢和水渣的特性

热力设备投运以后，在某些条件下，水中的某些杂质就会在受热面与水接触的金属表面上生成一些坚硬的固态附着物，称为水垢。如果析出的固态物质在锅炉水中呈悬浮状态，或沉积在汽包和下联箱底部的水流缓慢处，则称为水渣。它们都会影响热力设备的安全经济运行。

一、水垢

水垢往往不是单一的化合物，而是由许多化合物组成的混合物。水垢的化学组分虽然比较复杂，但往往以某种组分为主，因此水垢可按其主要化学组分分成钙镁水垢、硅酸盐水垢、氧化铁垢、铜垢和磷酸盐铁垢等。以下主要针对亚临界（汽包锅炉）和超临界机组讨论不同水垢的特性及其主要形成部位。

1. 钙镁水垢

在钙镁水垢中，以钙镁盐类为主，有时可达 90% 以上。按其化学组分又可分为碳酸钙水垢($CaCO_3$)、硫酸钙水垢($CaSO_4$、$CaSO_4 \cdot 2H_2O$)、硅酸钙水垢($CaSiO_3$、$5CaO \cdot 5SiO_2 \cdot H_2O$)、镁垢[$Mg(OH)_2$、$Mg_3(PO_4)_2$]等。

水中存在硬度时，钙镁盐类比较容易在省煤器、水冷壁等受热面上析出而形成水垢。其原因有以下几方面：一是因为随着水的温度升高，某些钙镁化合物在水中的溶解度下降，如图 15-1 所示；二是因为在蒸发过程中，水中盐类逐渐浓缩；三是因为水中一些钙镁的碳酸氢盐受热分解

$$Ca(HCO_3)_2 \longrightarrow CaCO_3 \downarrow + CO_2 \uparrow + H_2O$$
$$Mg(HCO_3)_2 \longrightarrow Mg(OH)_2 \downarrow + 2CO_2 \uparrow$$

当水中这些钙镁盐类的离子浓度超过其溶度积时，就会从水中析出并附着在受热面上，逐渐

成为坚硬的沉积物，即水垢。

图 15-1 表示出了部分钙盐和镁盐的溶解度与炉水温度的关系。

钙镁水垢的形成速度主要与锅炉的热负荷和结垢物质的离子浓度有关。在水的 pH 值为 7～11 范围内，结垢物质的离子浓度超过溶度积时，钙镁水垢的形成速度符合苏联学者提出的以下经验公式

$$A_{Ca,Mg} = 1.3 \times 10^{-13} S_{G,Ca,Mg} q^2 \tag{15-1}$$

式中：$A_{Ca,Mg}$ 为钙镁水垢的形成速度，$mg/(cm^2 \cdot h)$；q 为锅炉受热面上的热负荷，W/m^2；$S_{G,Ca,Mg}$ 为锅炉水中钙镁离子的含量，mg/L。

在亚临界和超临界机组中，以二级除盐水为锅炉的补给水，天然水中一些常见的杂质已基本除尽，而且凝汽器的严密性较高，通常还设有凝结水精处理装置，所以在热力设备受热面上生成钙镁水垢的情况已不多见。

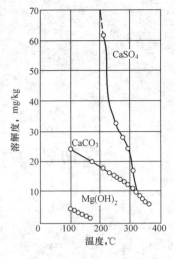

图 15-1　难溶钙镁盐类在炉水中的溶解度

2. 硅酸盐水垢

硅酸盐水垢的化学组分比较复杂，大部分是铁、铝的硅酸化合物。在这种水垢中，往往含有 40%～50%的 SiO_2，25%～30%的铁、铝的氧化物以及 10%～20%的 Na_2O，钙镁化合物一般只有百分之几。所以，这类水垢按其化学组分及结构与一些天然的矿物基本相同，如方沸石（$Na_2O \cdot Al_2O_3 \cdot 4SiO_2 \cdot 2H_2O$）和钠沸石（$Na_2O \cdot Al_2O_3 \cdot 3SiO_2 \cdot 2H_2O$）等。

对于无凝结水精处理装置的机组，补给水中铁、铝的化合物和硅的化合物含量偏高、凝汽器泄漏冷却水及锅炉受热面上热负荷过高等因素是生成硅酸盐水垢的主要原因。关于硅酸盐水垢的形成过程，目前有两种看法：一种看法认为，硅酸盐水垢是在高热负荷的炉管管壁上从高度浓缩的锅炉水中直接结晶出来的；另一种看法认为，碳酸盐水垢在高热负荷的作用下，黏附于锅炉管壁金属表面上的一些附着物之间发生以下化学作用生成的

$$Na_2SiO_3 + Fe_2O_3 \longrightarrow Na_2O \cdot Fe_2O_3 \cdot SiO_2$$

3. 氧化铁垢

氧化铁垢的外观呈黑色或咖啡色，内层呈黑色或灰色，垢的下面可能有少量白色盐类的沉积物。其主要化学组分是铁的氧化物，高达 70%～90%，另外还可能有少量金属铜、铜的氧化物以及一些钙、镁的盐类。

氧化铁垢的生成部位，主要是在一些高参数、大容量锅炉热负荷比较高的管壁上，如燃烧器附近及燃烧带上下部的炉管管壁上。

在锅炉管壁上形成氧化铁垢主要与炉水中铁氧化物的含量及锅炉的热负荷有关。炉水中的铁氧化物有的是锅炉给水带入的，有的是运行中或停炉期间腐蚀产生的。氧化铁垢的生成速度，可以按以下经验公式计算

$$A_{Fe} = K_{Fe} S_{G,Fe} q \tag{15-2}$$

式中：A_{Fe} 为氧化铁垢的形成速度，$mg/(cm^2 \cdot h)$；$S_{G,Fe}$ 为锅炉水中铁的含量，mg/L；K_{Fe} 为比例系数，一般在 $5.7 \times 10^{-4} \sim 8.3 \times 10^{-4}$ 之间。

图 15-2 所示为氧化铁垢形成速度与热负荷之间的关系。由图 15-2 可知，热负荷越大，

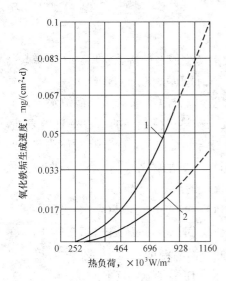

图 15-2 氧化铁垢的形成速度
与热负荷的关系

1—给水含铁量为 $50\mu g/L$；
2—给水含铁量为 $20\mu g/L$

给水含铁量越高，氧化铁垢的形成速度越快。研究表明，当炉管热负荷达到 $350\times10^3\,W/m^2[30\times10^4\,kcal/(cm^2\cdot h)]$ 时，只要炉水中的含铁量超过 $100\mu g/L$ 以上，就会形成氧化铁垢。

研究还表明，在 AVT 水化学工况下，氧化铁垢的主要化学组分是磁性 Fe_3O_4。三氧化二铁（$\alpha\text{-}Fe_2O_3$）在 CWT 水化学工况下是稳定的，往往是铁氧化物的最外层。方铁矿（FeO）在较低氧气浓度下是稳定的，而且依据钢材中合金的含量，当低于某一温度范围时将不再稳定，并将分解转化为铁和磁性氧化铁，如 1Cr0.5Mo 和 2.25Cr1Mo 钢，这一温度范围为 $560\sim620\,℃$。如果方铁矿形成在过热器或再热器管道的蒸汽侧，则它可能位于管金属和磁性氧化铁垢的层间，成为蒸汽管路中多层氧化物扩展的主要原因，所以它一旦形成将加速氧化。

关于氧化铁垢的形成过程有两种观点：一种观点认为，当锅炉金属遭受到碱性腐蚀、汽水腐蚀或停用腐蚀时，金属腐蚀产物在锅炉运行过程中直接在管壁上沉积并转化为氧化铁垢；另一种观点认为，炉水中铁的化合物主要呈胶体态氧化铁，并带有正电荷，而热负荷很高的管壁表面一般都呈现负电性，在静电引力的作用下，带正电荷的氧化铁便向显负电性的金属表面上聚集，逐渐转化为氧化铁垢。

另外，在锅炉水冷壁管热负荷很高的局部区域，锅炉水在近壁层急剧汽化而高度浓缩，而且铁氧化物在水中的溶解度随温度升高而下降，这些现象都会促使氧化铁垢的形成。

4. 铜垢

当热力系统中的含铜部件（如凝汽器和低压加热器的传热管）遭受腐蚀时，铜的腐蚀产物便随给水进入锅炉而形成铜垢。在铜垢中，金属铜的含量比较高，可占 20% 以上，而且沿垢层厚分布非常不均匀，表面部分高达 $70\%\sim90\%$，靠近炉管金属基体只有 $10\%\sim20\%$。

铜垢也是经常在热负荷高的部位产生，并在此进行以下电化学过程：

阳极过程 $\qquad\qquad\qquad Fe\longrightarrow Fe^{2+}+2e$

阴极过程 $\qquad\qquad\qquad Cu^{2+}+2e\longrightarrow Cu$

苏联学者认为，在沸腾的碱性炉水中，铜主要是以络合离子状态存在。在热负荷高的部位，炉水中部分络合离子的离解倾向增大，使炉水中铜离子含量升高，促使上述阴极过程进行。另外，锅炉金属在高热负荷的作用下，金属表面上的保护膜遭到破坏，促使上述阳极过程进行。

铜垢的形成速度与热负荷之间的关系，可用以下经验公式表示

$$A_{Cu}=K_{Cu}\,(S_{G,Cu})^{1/n}q\,(q-q_0) \qquad\qquad (15\text{-}3)$$

式中：A_{Cu} 为铜垢的形成速度，$mg/(cm^2\cdot h)$；$S_{G,Cu}$ 为炉水中铜的含量，mg/kg；q_0 为产生铜垢的最低热负荷，W/m^2；K_{Cu} 为比例系数；n 为表明炉水中铜离子浓度与总含铜量之间关

系的数值。

5. 磷酸盐铁垢

磷酸盐铁垢是锅炉发生酸性腐蚀时，在锅炉受热面上产生的一种特殊水垢。产生磷酸盐铁垢的必要条件是锅炉水中长期含有酸式磷酸盐（包括 NaH_2PO_4 和 Na_2HPO_4）。

据有关资料介绍，对于 15.5MPa 以上的锅炉，磷酸盐以分散状态悬浮于锅炉水中，并吸附腐蚀产物，形成具有高表面电荷的磷酸盐颗粒，沉积在热负荷最高的水冷壁管内表面，最后形成磷酸盐铁垢。这种垢外观呈灰白色、坚硬多孔、导热性能低，上面有时还覆盖有红色氧化铁斑点。它的主要化学组分是酸式磷酸盐的腐蚀产物磷酸亚铁钠（$NaFePO_4$）。而 $NaFePO_4$ 是磁性氧化铁与 Na_2HPO_4 及 NaH_2PO_4 发生反应的产物，反应为

$$Fe_3O_4+5Na^++5HPO_4^{2-}+H_2O \Longleftrightarrow 2Na_2Fe(HPO_4)PO_4+NaFePO_4+5OH^-$$

$$Fe_3O_4+29/3Na^++5HPO_4^{2-} \Longleftrightarrow 2Na_4FeOH(PO_4)_2 \cdot 1/3NaOH+NaFePO_4+1/3OH^-+H_2O$$

这两个反应会导致锅炉 pH 值升高，PO_4^{3-} 浓度降低。而当温度和压力降低时，反应产物 $NaFePO_4$ 和 $Na_4FeOH(PO_4)_2 \cdot 1/3NaOH$ 又溶于水，使锅炉水 pH 值降低（<9.0），从而导致锅炉管全面腐蚀。

磷酸盐铁垢一般发生在以下部位：①高热负荷区域；②炉管内水循环受干扰的部位，如沉积物沉积部位、管路转弯处等。

二、水渣

水渣与水垢一样，也是一种含有许多化合物的混合物，而且随水质不同差异很大。在以除盐水或蒸馏水为锅炉补给水的锅炉中，水渣的主要组分是一些金属的腐蚀产物，如铁的氧化物（Fe_2O_3、Fe_3O_4）、铜的氧化物（CuO、Cu_2O）、碱式磷酸钙 [$Ca_{10}(OH)_2(PO_4)_6$]、蛇纹石（$MgO \cdot 2SiO_2 \cdot 2H_2O$）和钙镁盐类 [$CaCO_3$、$Mg(OH)_2$、$Mg(OH)_2 \cdot CaCO_3$、$Mg_3(PO_4)_2$]，有时水渣中还含有一些随给水带入的悬浮固体。

由于各种水渣的化学组分和形成过程不同，有的水渣不易黏附于锅炉金属的受热面上，在炉水中呈悬浮状态，这种水渣可借锅炉排污排出炉外，如碱式磷酸钙和蛇纹石等。有的水渣则易黏附于受热面上，经高温焙烧，可形成软垢，如氢氧化镁等。

三、水垢和水渣的危害

由于水垢的导热性能很差，所以水垢会降低热力设备的传热效率，增加热损失。如果在省煤器中生成 1mm 厚的水垢，可使燃煤消耗量增加 $1.0\% \sim 1.5\%$；如果在水冷壁管上结有 1mm 的水垢，燃煤消耗量增加 10%。结有水垢的炉管还容易因过热而产生蠕变、鼓包、穿孔、破裂、爆管等事故。在高参数锅炉的水冷壁管上，只要结有 $0.1 \sim 0.5mm$ 厚的水垢，就可能引起爆管。

如以 Δt 表示锅炉水冷壁管内壁金属温度与管内工质温度之差，Δt 可按式（15-4）计算

$$\Delta t = \left(\frac{\delta}{\lambda} + \frac{1}{\alpha}\right)q \tag{15-4}$$

式中：δ 为水冷壁管内壁表面上水垢的厚度，m；λ 为水垢的导热系数，W/(m·℃)；α 为金属管壁对管内工质的放热系数，W/(m²·℃)。

因为在式（15-4）中，$1/\alpha$ 比 δ/λ 小得多，故式（15-4）可改写为式（15-5）

$$\Delta t' = \frac{\delta}{\lambda}q \tag{15-5}$$

式中：$\Delta t'$ 为因水垢而产生的温差，℃。

如果水冷壁管内壁的氧化铁垢厚为 0.1mm，$q=232\times10^3\,W/m^2$，氧化铁垢的导热系数 $\lambda=0.116W/(m\cdot℃)$，则 $\Delta t'=200℃$，即氧化铁垢使管壁温度提高 200℃。如果锅炉是汽包压力为 15.19MPa 的超高压锅炉，相应饱和水温度为 343℃，优质 20 号钢的使用温度不应超过 500℃，则因水冷壁管结有 0.1mm 的氧化铁垢，将使水冷壁管温度达到 543℃。如长期在此温度下运行，将会导致过热而爆管。

另外，水垢还可导致金属发生沉积物下腐蚀。在锅炉运行中，炉水从水垢的孔隙中渗入垢层，并很快被蒸干，从而使炉水在垢层下高度浓缩，达到很高的浓度，如 NaOH 可达到 5％以上，对锅炉金属产生严重腐蚀。这种结垢与腐蚀又是相互促进的。

炉水中水渣过多，一方面会影响蒸汽品质，另一方面可能堵塞管路。在热负荷高的情况下，水渣也可转化为水垢。

所以，水垢和水渣对热力设备的运行都是不利的，必须严格控制炉水水质和热负荷，使热力设备在无垢、无水渣和正常状态下安全运行。

第二节　汽包锅炉的炉水水质调节

一、炉水水质调节方式与水质标准

1. 炉水水质调节方式

汽包锅炉的炉水水质调节（又称炉水处理）就是通过向锅炉水中投加某种化学药剂，控制锅炉水循环系统、特别是水冷壁受热面的腐蚀及结垢。

炉水处理的方式可分为固体碱化剂处理（solid alkalizing agent treatment，SAAT）和全挥发处理（AVT）两大类。固体碱化剂处理指炉水加入磷酸盐、氢氧化钠等固体碱化剂的处理方式。按照 DL/T 805.2—2004《火电厂汽水化学导则　第 2 部分：锅炉炉水磷酸盐处理》的规定，磷酸盐处理随着所用药剂品种及剂量的不同又有 4 种不同方式。各种炉水处理方式的要点和使用条件见表 15-1。

表 15-1　　　　　　　　　各种炉水处理方式的要点和使用条件

中英文名称	缩写	要点	使用条件
传统磷酸盐处理 Phosphate Treatment	PT	向炉水中加适量（1～15mg/L）Na_3PO_4，以防止炉内生成钙镁垢和水冷壁管的腐蚀	汽包压力<15.8MPa，锅炉补给水用软化水或除盐水
协调 pH-磷酸盐处理 Congruent Phosphate Treatment	CPT	维持 Na^+ 与 PO_4^{3-} 的摩尔比为 2.6～3.0，以防止炉水产生游离氢氧化钠，但仍可能发生磷酸盐隐藏现象、甚至导致酸性磷酸盐腐蚀	DL/T 805.2—2016 删除了 CPT
低磷酸盐处理 Low Phosphate Treatment	LPT	向炉水中加入少量（0.3～2mg/L）Na_3PO_4，以防止水冷壁管的腐蚀及炉内生成钙镁垢	用除盐水作锅炉补给水，且给水无硬度或 κ_H 合格。采用 PT 时出现磷酸盐隐藏现象可改用 LPT。DL/T 805.2—2016 已删除 EPT
平衡磷酸盐处理 Equilibrium Phosphate Treatment	EPT	维持炉水中 Na_3PO_4 含量低于发生磷酸盐隐藏现象的临界值，同时允许炉水中含有不超过 1mg/L 的游离 NaOH，以防止水冷壁管发生酸性腐蚀和炉内生成钙镁垢	

中英文名称	缩写	要点	使用条件
氢氧化钠处理 Caustic Treatment	CT	向炉水中加少量 NaOH（≤1.5mg/L），以使炉水保持适量的 OH⁻，抑制炉水中 Cl⁻ 和应力对炉管表面氧化膜的破坏作用。它是解决炉水 pH 值降低的有效方法之一	汽包压力＞12.7MPa，给水 κ_H＜0.2 μS/cm（25℃），且锅内不会发生 NaOH 局部浓缩
全挥发处理 All Volatile Treatment	AVT	锅炉给水加挥发性碱，炉水不加固体碱化剂。当汽包压力＞18.3MPa，或炉水用固体碱化处理导致蒸汽品质不符合 GB/T 12145 的要求或汽轮机内杂质沉积量达到 DL/T 1115 规定的二级及以上标准时，宜采用炉水 AVT	汽包压力≥15.9 MPa，给水系统和凝汽器无铜，凝汽器无泄漏或凝结水 100% 精处理

2. 炉水水质标准

目前，可用于指导汽包锅炉炉水处理的标准除了 DL/T 805.2—2016 外，还有 DL/T 805.3—2013《火电厂汽水化学导则　第 3 部分：汽包锅炉炉水氢氧化钠处理》、DL/T 805.5—2013《火电厂汽水化学导则　第 5 部分：汽包锅炉炉水全挥发处理》和 GB/T 12145—2016。

DL/T 805.2—2016（2016 年 6 月 1 日实施，代替 DL/T 805.2—2004）给出了火力发电厂锅炉炉水磷酸盐处理的条件、原则和控制指标，适用于火力发电厂汽包压力为 3.8～18.3MPa 的汽包锅炉炉水处理。它给出了根据汽包压力选择炉水处理方式的原则（汽包压力＞15.8 MPa 时，宜选用 LPT；否则，宜选用 PT），以及当炉水 PT 处理出现磷酸盐隐藏现象或 LPT 处理汽轮机严重积盐时选择、转换炉水处理方式的流程图（PT→LPT 或 LPT→CT→AVT）。它对不同的磷酸盐处理方式规定了炉水电导率等控制指标，以控制锅炉杂质的含量；通过对炉水加药、取样、检测方法和药品纯度的规定，使炉水磷酸盐处理规范化。另外，还提出了炉水质量劣化时的处理措施。磷酸盐处理时的炉水质量标准见表 15-2。

表 15-2　　　　　　　磷酸盐处理时的炉水质量标准（DL/T 805.2—2016）

方式	汽包压力（MPa）	3.8～5.8	5.9～12.6	12.7～15.8	15.9～18.3
All①	SiO₂（mg/L）	—	≤2.0	≤0.45	≤0.20
PT	Cl⁻（mg/L）			≤1.5	
LPT				≤1.0	≤0.3
PT	PO₄³⁻（mg/L）	5～15	2～6	1～3	
LPT			0.5～2.0	0.5～1.5	0.3～1.0
PT	pH（25℃）	9.0～11.0	9.0～9.8	9.0～9.7	
LPT			9.0～9.7	9.0～9.7	9.0～9.7
PT	κ（μS/cm，25℃）	—	＜50	＜25	—
LPT			＜20	＜15	＜12

① All 表示 PT 和 LPT 两种方式，但 PT 适用的汽包压力范围为 3.8～15.8 MPa，LPT 适用的汽包压力范围为 5.9～18.3MPa。

DL/T 805.3—2013 给出了火力发电厂汽包锅炉炉水进行氢氧化钠处理的原理、应用条件、处理方式转换的条件和步骤,以及运行监控方法(包括水汽质量监督项目、炉水控制指标及水质异常时的处理),适用于汽包压力 12.7MPa 以上超高压和亚临界汽包锅炉炉水的氢氧化钠处理。氢氧化钠处理和全挥发处理的炉水质量标准见表 15-3。

表 15-3 氢氧化钠处理和全挥发处理的炉水质量标准

处理方式	CT		AVT	
标准编号	DL/T 805.3—2013		DL/T 805.5—2013	
汽包压力(MPa)	12.7~15.8	15.9~18.3	15.8~18.3	>18.3
pH 值(25℃)	9.3~9.7	9.2~9.6	9.0~9.6（期望值9.2~9.6)	
NaOH(mg/L)	0.4~1.0	0.2~0.6	—	—
Na(mg/L)	0.3~0.8	0.2~0.5	≤0.35	≤0.3
κ_H(μS/cm,25℃)	≤5.0	≤3.0	<1.2	<1.0
κ(μS/cm,25℃)	5~15	4~12	—	—
SiO_2(mg/L)	≤0.25	≤0.18	≤0.090	≤0.060
Cl^-(mg/L)	≤0.35	≤0.2	≤0.050	≤0.040
SO_4^{2-}(mg/L)	—	—	≤0.075	≤0.060

注 1. 采用 CT 时的 pH 值为含氨炉水的实测值。

2. 给水采用加氧处理时,炉水的 κ_H 和 Cl^- 应相应调整为控制值的 50%。

3. 采用 AVT 时,应同时保证蒸汽 SiO_2 符合 GB/T 12145—2016 的规定。

DL/T 805.5—2013 给出了火力发电厂汽包锅炉炉水进行全挥发处理的使用条件和选用原则、炉水质量标准(见表 15-3)、药品纯度要求、炉水取样方法,以及水汽质量劣化时的处理措施,适用于汽包锅炉压力为 15.9 MPa 及以上的炉水处理。

相对于 DL/T 805 系列的炉水处理导则而言,GB/T 12145—2016 比较简单,仅给出了 SAAT 和 AVT 的炉水质量标准(见表 15-4)及炉水 pH 值异常的处理值,而且其汽包压力范围的划分和相同汽包压力范围内炉水质量的标准值均与 DL/T 805 系列的炉水处理导则有所不同。因此,建议在选择和实施炉水处理方法时主要参考 DL/T 805 系列的炉水处理导则。

表 15-4 固体碱化剂处理和全挥发处理时的单段蒸发炉水质量标准(GB/T 12145—2016)

方式	SAAT					AVT
汽包压力(MPa)	3.8~5.8	5.9~10.0	10.1~12.6	12.7~15.6	>15.6	>15.6
SiO_2(mg/L)	—	≤2.0[①]	≤2.0[①]	≤0.45[①]	≤0.10	≤0.08
Cl^-(mg/L)	—	—	—	≤1.5	≤0.4	≤0.03
PO_4^{3-}(mg/L)[②]	5~15	2~10	2~6	≤3[②]	≤1[②]	/
pH(25℃)[③]	9.0~11.0	9.0~10.5（9.5~10.0)	9.0~10.0（9.5~9.7)	9.0~9.7（9.3~9.7)	9.0~9.7（9.3~9.6)	9.0~9.7
κ(μS/cm,25℃)	—	<50	<30	<20	<15	—
κ_H(μS/cm,25℃)	—	—	—	—	<5[④]	<1.0

① 汽包内有清洗装置时,其控制指标可适当放宽。炉水 SiO_2 浓度应保证蒸汽 SiO_2 浓度符合标准。

② 控制炉水无硬度。

③ 小括号中的 pH 值为期望值。

④ 炉水氢氧化钠处理。

3. 汽包锅炉常用的水化学工况

汽包锅炉的水化学工况实际上就是炉水处理与给水处理的某种组合，但它主要是按炉水处理的方式来命名。目前，汽包锅炉的给水一般采用 AVT，OT 的应用较少；炉水则主要采用 PT、LPT 或 EPT，但也有一部分采用 CT 或 AVT。因此，目前汽包锅炉有以下水化学工况：

（1）磷酸盐水化学工况。在汽包锅炉的运行过程中，给水处理采用 AVT（或 OT），同时炉水采用磷酸盐处理（PT、LPT 或 EPT），这种水化学工况可称为汽包锅炉的磷酸盐水化学工况。目前，亚临界汽包锅炉的炉水处理通常采用 LPT 或 EPT，相应的水化学工况又可称为低磷酸盐水化学工况或平衡磷酸盐水化学工况，简称 LPT 水工况或 EPT 水工况。

（2）氢氧化钠水化学工况。在汽包锅炉的运行过程中，给水处理采用 AVT（或 OT），同时炉水采用氢氧化钠处理，这种水化学工况可称为汽包锅炉的氢氧化钠（处理）水化学工况，简称 CT 水工况。

研究表明，在对炉水进行氢氧化钠处理的条件下，钢表面不仅有 Fe_3O_4 保护层，而且在 Fe_3O_4 保护层上还会形成一层铁的羟基络合物，从而使钢表面的保护膜变得更加致密，保护效果更好。另外，这种炉水处理方式不仅可以保证炉水，特别是沸腾的近壁层炉水有足够高的 pH 值，防止锅炉发生酸性腐蚀，而且可以完全避免炉水采用磷酸盐碱化时盐类隐藏现象所产生的危害。因此，随着锅炉制造技术的进步（由铆接改为焊接）和给水水质的不断提高，采用 NaOH 碱化炉水导致锅炉发生碱性腐蚀和苛性脆化的危险性越来越小，而且炉水氢氧化钠处理的应用越来越多。

但是，在实际应用时，应注意以下使用条件：① 水冷壁无孔蚀；② 给水 25℃ 下的氢电导率应小于 $0.2\mu S/cm$；③ 锅炉热负荷分配均匀，水循环良好；④ 在采用氢氧化钠处理前宜进行锅炉的化学清洗。水冷壁的结垢量不大于 $150g/m^2$ 时，也可直接实施氢氧化钠处理；大于 $200g/m^2$ 时，则必须先进行锅炉化学清洗。

（3）全挥发处理水化学工况。在汽包锅炉的运行过程中，给水处理采用 AVT，炉水中不加固体碱化剂（通常是不再加任何药剂），这种水化学工况称为汽包锅炉全挥发处理水化学工况，简称为 AVT 水工况。随着补给水和凝结水处理技术的发展，现在 AVT 水工况在国外有和没有凝结水精处理装置的汽包炉上都有一些成功应用的实例，我国也已在亚临界强制循环汽包锅炉上采用了这种水工况。

与磷酸盐水化学工况相比较，AVT 水工况的主要问题是炉水的 pH 值难以控制。在 AVT 水工况下，炉水的 pH 值通常只能通过向给水中加氨来调节，炉水的 pH 值较低、缓冲性较差，当凝汽器发生渗漏（特别是泄漏）时，使给水将酸性物质带入锅炉，很容易引起炉水的 pH 值下降到 9.0 以下，甚至可能下降到 8.0 以下，其结果是锅炉发生严重的酸性腐蚀。当给水将酸性物质（如酸性氯化物等）带入锅炉时，即使炉水总体的 pH 值变化不大，AVT 水工况也难以保证受热面所有部位的 pH 值都在 9.0 以上。因为氨的分配系数较大，它在水冷壁蒸发区的炉管中随着炉水的蒸发，大部分进入蒸汽，在炉水中产生游离酸（如盐酸等），从而导致局部酸性腐蚀。为了防止 AVT 水工况下锅炉发生酸性腐蚀，必须做好凝汽器的维护工作，尽可能减小其渗漏率，应特别注意防止其发生腐蚀或机械损坏而导致泄漏，同时还要对凝结水进行 100% 的精处理，以保证给水的水质。

汽包锅炉炉水的全挥发处理通常只向给水中加氨和联氨或只加氨，而炉水中不再加任何药剂。给水的全挥发处理在前一章中已作介绍，而炉水的氢氧化钠处理目前应用很少。因此，下面主要介绍和讨论炉水的磷酸盐处理。

二、磷酸盐处理（PT）

炉水磷酸盐处理是指通过向炉水中添加适量的 Na_3PO_4 的方法，将炉水的 pH 值和磷酸根离子（PO_4^{3-}）的浓度控制在一定范围内。

1. 磷酸盐处理的原理

Na_3PO_4 是一种强酸弱碱盐，在炉水中可发生如下水解平衡反应

$$Na_3PO_4 + H_2O \Longleftrightarrow Na_2HPO_4 + NaOH$$

该反应产生的 NaOH 可提高炉水的 pH 值。炉水中添加 Na_3PO_4 后，如果有酸性物质进入炉水，使炉水 pH 值降低，将促进 Na_3PO_4 的水解，其结果是被酸性物质所消耗的 NaOH 得到补充，从而使炉水的 pH 值得以保持在适当的碱性范围内。可见，向炉水中添加 Na_3PO_4 不仅可提高炉水的 pH 值，而且可提高炉水的缓冲性。

另外，由于炉水处在沸腾条件下，而且呈碱性，炉水中的 Ca^{2+} 与 PO_4^{3-} 会发生如下反应

$$10Ca^{2+} + 6PO_4^{3-} + 2OH^- \longrightarrow Ca_{10}(OH)_2(PO_4)_6 \tag{15-6}$$

该反应生成的 $Ca_{10}(OH)_2(PO_4)_6$ 称为碱式磷酸钙，是一种松软且不会转变成二次水垢的水渣，可通过锅炉排污的方式排除。由于碱式磷酸钙的溶度积很小，所以当炉水中维持一定浓度的 PO_4^{3-} 时，可以使炉水中的 Ca^{2+} 浓度降低到非常低的水平，以至在炉水中 Ca^{2+} 与 SO_4^{2-} 或 SiO_3^{2-} 的浓度积始终低于 $CaSO_4$ 或 $CaSiO_3$ 的溶度积，从而可有效抑制钙垢的形成。

2. 炉水中的磷酸根浓度标准

炉水中 PO_4^{3-} 浓度标准是根据长期的实践经验和试验确定的，它取决于锅炉的参数和炉水磷酸盐处理的方法，见表 15-2。

为了保证磷酸盐处理的防垢效果，炉水中应维持一定的 PO_4^{3-} 浓度；若凝汽器泄漏频繁，给水硬度波动较大，则 PO_4^{3-} 的量应控制得高一些。但是，炉水中的 PO_4^{3-} 不应太多，否则不仅锅炉排污造成的药品损失增大，而且还会产生下列不良后果：

（1）增大炉水的含盐量，从而影响蒸汽品质。

（2）当给水中 Mg^{2+} 浓度较高时，会生成 $Mg_3(PO_4)_2$ 二次水垢。

一般情况下，给水带入锅内的 Mg^{2+} 很少，在沸腾的碱性炉水中，这些 Mg^{2+} 可与给水带入的 SiO_3^{2-} 发生如下反应

$$3Mg^{2+} + 2SiO_3^{2-} + 2OH^- + H_2O \longrightarrow 3MgO \cdot 2SiO_2 \cdot 2H_2O \downarrow$$

该反应生成的 $3MgO \cdot 2SiO_2 \cdot 2H_2O$ 称为蛇纹石，也是一种不会形成二次水垢的水渣，可随炉水的排污排除。但是，当炉水中 PO_4^{3-} 过多时，会生成 $Mg_3(PO_4)_2$。$Mg_3(PO_4)_2$ 在高温炉水中的溶解度非常小，并且能黏附在炉管上形成导热性很差的二次水垢。

（3）容易发生磷酸盐的隐藏现象。锅炉参数（过热蒸汽压力）越高，越容易发生磷酸盐隐藏现象，所以炉水 PO_4^{3-} 浓度的标准值应越低。

3. 加药方法

（1）加药点。对炉水进行加药处理一般是直接加至汽包内的炉水中。为此，汽包内一般都设有沿汽包长度方向水平布置的加药管。为了减小排污造成的药品损失，该加药管比连续排污管低 100～200mm，管上有许多直径为 3～5mm、水平或朝下且均匀分布的出药孔，以使加入的药液能沿汽包全长均匀分配。

（2）加药装置。某电厂 2 台 DG2030/17.45-II3 型亚临界汽包锅炉设有一套 NTJY-PHA23664 型炉水磷酸盐加药装置，它是一套完整的药液配制、计量和投加单元系统，如图 15-3 所示。该系统为两箱三泵制，正常情况下，两台加药溶液箱一运一备；三台计量泵两运一备。计量泵均为 Milton roy 公司制造的 MBH101-8M 型液压隔膜式计量泵，流量为 0～47L/h，排出压力为 24MPa，并随计量泵标准配置 Milton roy 公司制造的电动机。

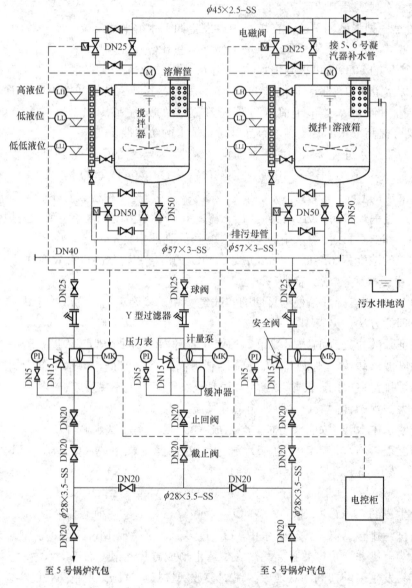

图 15-3　锅炉磷酸盐加药系统

（3）注意事项。炉水磷酸盐处理的注意事项如下：

1）磷酸盐药液的配制。锅炉汽包压力为 5.9～15.8MPa 时，应使用化学纯（CP）或更高纯度级别的药剂；锅炉汽包压力为 15.9～18.3MPa 时，应使用分析纯（AR）或更高纯度级别的药剂，包括磷酸盐和辅助使用的 NaOH。配制的磷酸盐溶液的浓度视加药泵的容量和应加入锅内的药量而定，一般为 1% ~ 5%。

2）加药方式。对炉水进行磷酸盐处理时，一般应采取连续投加方式。这种加药方式的优点是进药量均匀，炉水中 PO_4^{3-} 浓度稳定。如果要改变磷酸盐的加药速度，可调节加药泵的活塞行程或改变加药箱中的磷酸盐浓度。在锅炉运行中，当发现炉水中 PO_4^{3-} 浓度过高时，可暂停加药泵，待炉水中 PO_4^{3-} 浓度正常后，再启动加药泵。

4. 水质异常情况的处理

水质异常情况的处理原则见表 14-10。但对于汽包锅炉来说，降压运行是恢复标准值的有效措施之一。锅炉水质异常情况的监督主要是监测炉水的 pH 值，其汽包压力≥12.7MPa 时的异常处理值如下：<9.0 或>9.7，一级处理；<8.5 或>10.0，二级处理；<8.0 或>10.5，三级处理。当炉水 pH 值偏高时，应及时调整炉水加药至炉水 pH 值合格；当炉水 pH 值偏低时，还应分析炉水中的氯离子含量、电导率和碱度，以便综合分析异常原因。

确认炉水水质异常后，应及时采取下列紧急处理措施：

（1）加大锅炉排污量和进行凝汽器泄漏检查。

1）如果出现给水有硬度、炉水 pH 值大幅度下降或升高、凝结水含钠量骤增等现象之一时，均应加大锅炉排污量，同时迅速查找异常原因，并采取有效措施予以消除。

2）对于有凝结水精处理系统的机组，应检查混床漏氯离子及漏树脂等情况，并对炉水中的氯离子进行测定；对于无凝结水精处理系统的机组，应重点检查凝汽器是否发生泄漏，然后再根据具体情况采取下面的第（2）条或第（3）条措施。

（2）加大磷酸盐加药量。如果进入炉水的钙镁过多，使炉水中的磷酸根离子浓度大幅度下降，则应加大磷酸盐的加入量。

（3）适量加入 NaOH 以维持炉水的 pH 值合格。如果炉水的 pH 值大幅度下降，应及时加入适量 NaOH 使炉水的 pH 值尽快上升到合格范围内。

5. 存在的问题

通过向炉水中添加单组分 Na_3PO_4 溶液的方法，对炉水进行磷酸盐处理不仅可有效地防止钙镁垢在锅内沉积，而且可提高炉水的缓冲性，防止锅炉发生酸性腐蚀。但是，它也存在一些问题。它不仅可能发生炉水中游离 NaOH 导致的碱性腐蚀，而且难以避免磷酸盐隐藏带来的危害。

三、磷酸盐隐藏现象、原因及其危害

1. 磷酸盐隐藏现象

高参数汽包锅炉在磷酸盐水工况下运行时可能会出现下述一些水质异常的现象：当锅炉负荷提高时，炉水中磷酸盐浓度明显下降，而炉水 pH 值却上升；当锅炉负荷降低或停炉时，炉水中磷酸盐浓度增加，而 pH 值却下降；有的锅炉在停运后重新启动时，开始磷酸盐加药之前，炉水中就出现了磷酸盐，有时炉水 PO_4^{3-} 含量达到每升几毫克，但炉水 pH 值却明显低于 9，甚至不显示酚酞碱度。这些现象都与炉水中磷酸盐的"隐藏"或"暂时消失"现象有关，故称为磷酸盐隐藏现象或磷酸盐暂时消失现象。据调查，国内采用磷酸盐水工况的锅炉磷酸盐隐藏现象的发生率高达 90% 以上，其中一些锅炉的水冷壁因此发生了严重的腐蚀。

2. 磷酸盐隐藏的原因

研究认为磷酸盐隐藏主要有沉积和反应两种机制。

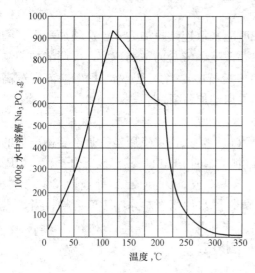

图 15-4　Na_3PO_4 在水中的溶解度与温度的关系

（1）磷酸盐在炉管表面沉积。在水冷壁管内近壁层炉水中，剧烈蒸发使炉水中的磷酸钠盐被浓缩到其饱和浓度，因而在金属表面上析出，并形成磷酸钠盐的固相附着物。

磷酸盐处理常用的药品是 Na_3PO_4，在水温超过 120℃后，其溶解度随水温升高而急剧下降。在高温水中，Na_3PO_4 的溶解度很小，在压力为 15MPa 的锅炉水饱和温度下，其溶解度仅有 0.15%，如图 15-4 所示。因此，近壁层炉水中 Na_3PO_4 的浓度很容易达到和超过其饱和浓度而析出。

磷酸盐隐藏时管壁上析出物的成分与炉水中磷酸盐的组分有关。为了描述水溶液中不同组分的磷酸盐，定义一个比值记为 Na/PO_4，来表示磷酸盐溶液中 Na^+ 的摩尔数与 PO_4^{3-} 的摩尔数之比，有时简称为摩尔比，并用 R 表示。例如，在 Na_3PO_4 溶液中 $R=3$；在 Na_2HPO_4 溶液中 $R=2$；对于各种不同组成比例的 Na_3PO_4 和 Na_2HPO_4 混合溶液，R 值在 2～3 之间。

若炉水中只有 $Na_3PO_4(R=3)$，当发生盐类隐藏现象时，在高热负荷的管壁上产生的磷酸盐附着物是 Na_3PO_4 和 Na_2HPO_4 的混合物，这种固相附着物析出过程的反应式可写为

$$Na_3PO_4 + 0.15H_2O \longrightarrow Na_{2.85}H_{0.15}PO_4\downarrow + 0.15NaOH \tag{15-7}$$

从上面的反应式可看出，发生 Na_3PO_4 隐藏现象时，炉水中会出现游离 NaOH。如果炉水 pH 值偏低，炉水中可能只有 Na_2HPO_4 和 NaH_2PO_4（$1<R<2$）。在这种情况下，如果发生磷酸盐的隐藏现象，则在水冷壁管上析出的将可能是 Na_2HPO_4 和 NaH_2PO_4 的混合物。

（2）磷酸盐与管壁上的 Fe_3O_4 发生反应（隐藏反应）。实际上，磷酸钠盐不仅发生了沉积，而且与炉管内壁上的 Fe_3O_4 保护膜发生了反应，在金属表面上生成钠铁复合磷酸盐固相附着物，并在炉水中产生游离 NaOH。该反应是磷酸盐隐藏的控制机制。

研究表明，磷酸钠盐与 Fe_3O_4 的反应是可逆的，但是只有当磷酸钠盐溶液浓度超过某一个临界值时，该反应才能发生，并且该临界值随温度的提高而降低。因此，温度越高，该反应越容易发生。

隐藏反应的产物随炉水 R 值的不同而异。R 值接近 2.5 时，隐藏反应产物是 $NaFePO_4$ 和 $Na_4Fe(OH)(PO_4)_2 \cdot 1/3NaOH$。当 $R>2.5$ 时，$Na_{3-2x}Fe_xPO_4$（一种立方磷酸三钠固溶体）代替了 $NaFePO_4$ 作为稳定的反应产物，$R=3$ 时，固溶体的 $x=0.2$；$R=3.5$ 时，$x<0.1$。当 $R>3.5$ 时，几乎不发生有关的隐藏反应。

上述两种隐藏过程的一个共同前提就是炉水中磷酸钠盐的浓缩。在锅炉运行过程中，水冷壁管内近壁层炉水不断汽化，近壁层外面的炉水则不断向管壁运动，以补充汽化了的水。这样，炉水中的磷酸钠盐就不断被运送到近壁层炉水中，并在那里不断地浓缩。当磷酸钠盐被浓缩到其饱和浓度时，就开始沉积过程；当磷酸盐浓缩到它和 Fe_3O_4 反应的临界浓度时，则开始发生隐藏反应。如果炉水的流速不足以将这些析出的固态盐分冲刷掉或再溶解下来，它们就会在金属表面形成固相附着物。因为水冷壁管的热负荷越高，管壁和炉水的温度越

高，近壁层炉水蒸发越剧烈，浓缩程度越高，而隐藏反应的临界浓度和磷酸钠盐的饱和浓度越低，发生磷酸盐隐藏现象的倾向越大。

因此，磷酸盐隐藏现象与锅炉的参数和容量以及运行工况密切相关。锅炉参数越高，容量越大，水冷壁管的热负荷越高，越容易发生磷酸盐隐藏现象。锅炉高负荷运行时，水冷壁管的热负荷很高，磷酸盐析出并附着在管壁上，使炉水 PO_4^{3-} 含量降低，而 pH 值上升。当水冷壁局部发生膜态沸腾、汽水分层等不良运行工况时，由于蒸汽导热不良，将造成与汽膜或汽泡接触的管壁局部过热，引起炉水局部高度浓缩，甚至可使流近管壁的炉水被立即蒸干，此时盐类析出现象更为严重。锅炉低负荷运行时，水冷壁管的热负荷较低，水冷壁管内恢复正常的沸腾和流动工况，近壁层炉水沸腾减弱，附着在管壁上的酸性磷酸盐又重新溶入炉水中，使炉水 PO_4^{3-} 含量升高，而 pH 值下降。同理，锅炉停运或启动时，附着在管壁上的磷酸盐也会重新溶入炉水中。如果运行时炉管管壁上沉积的磷酸盐较多，启动时这些磷酸盐溶入炉水，使炉水在加药之前就出现 PO_4^{3-}；如果这些磷酸盐的 $R<2$，炉水就不会显示酚酞碱度。

总之，磷酸盐隐藏是上述沉积过程和隐藏反应共同作用的结果，但起主要作用的是隐藏反应。磷酸盐隐藏不仅使炉水中磷酸盐浓度明显下降，而且使炉水中出现游离 NaOH，pH 值明显升高。

3. 磷酸盐隐藏现象的危害

锅炉发生磷酸盐的隐藏现象，将造成下列危害：

（1）发生磷酸盐隐藏现象时，析出的磷酸盐主要附着在热负荷高的管壁上，这些附着物传热不良，可能造成炉管金属过热、发生高温氧化和汽水腐蚀而被损坏。

（2）磷酸盐的析出使水冷壁管内近壁层炉水中产生游离 NaOH，从而可能引起炉管金属的碱性腐蚀。

（3）当炉水 pH 值偏低（如 pH<9）时，会引起炉管的酸性磷酸盐腐蚀。炉水 pH 值偏低可能是给水带入的有机物杂质在锅炉中分解产生的酸性物质引起的，也可能是在对炉水进行协调 pH—磷酸盐处理时控制不当，在发生磷酸盐隐藏时过量添加 Na_2HPO_4 和 NaH_2PO_4 造成的。酸性磷酸盐腐蚀发生的部位和特征与碱性腐蚀基本相同，但它们的腐蚀产物组成不同。酸性磷酸盐腐蚀的腐蚀产物通常有两个明显区别的层，外层呈黑色，内层呈透明的灰色，并且有 $NaFePO_4$。腐蚀产物中存在 $NaFePO_4$ 是酸性磷酸盐腐蚀的一个关键特征。

（4）磷酸盐的隐藏和再溶出，不仅使炉管表面的保护膜被破坏，而且使锅炉停运和启动早期炉水 pH 值偏低，而此时机组所受的应力最高，因此容易引发炉管的腐蚀疲劳。

四、磷酸盐处理的发展

为了既能有效发挥磷酸盐处理的防垢作用，又能减少磷酸盐隐藏现象带来的危害，国外和国内的锅炉水化学工作者进行大量的研究，提出了多种改进措施。另外，机组参数的提高和水质净化技术的进步也为磷酸盐处理的发展创造了有利的条件，使其主要作用由最初的防垢逐渐转变为控制炉水的 pH 值和防腐蚀，因而炉水磷酸盐处理也由最初的高浓度磷酸盐处理向低浓度磷酸盐处理的方向发展。

1. 磷酸盐精确控制

为了防止 $Mg_3(PO_4)_2$ 二次水垢在受热面上形成，1948 年 Hall 首先提出了磷酸盐精确控制（precision control），并应用于发电锅炉。该方法要求维持炉水中 PO_4^{3-} 为 2～4mg/L，OH^- 过剩在 10～25mg/L 之间，以促使给水带入锅内的 Mg^{2+} 与 SiO_3^{2-} 反应生成蛇纹石水渣。虽然该方法成功地避免了磷酸镁的形成，但它在许多高压锅炉上的应用还存在一些问题，主要是经常发生碱性腐蚀。

2. 低磷酸盐处理

为了避免炉水中磷酸盐含量过高带来的不良后果，特别是磷酸盐隐藏现象所产生的危害，一个必然的改进措施就是尽可能降低炉水中的 PO_4^{3-} 浓度。为此，研究人员提出了低磷酸盐处理（LPT），将炉水中 PO_4^{3-} 含量下限控制在 0.3～0.5mg/L，上限一般不超过 2～3mg/L，以期在局部浓缩处，不至于超过磷酸盐的溶解度，从而避免磷酸盐的析出。但是，炉水在低磷酸盐处理时缓冲性较低，发生凝汽器泄漏、特别是由酸性物质进入锅内时炉水的 pH 值不易控制，容易发生酸性腐蚀。另外，对于亚临界汽包锅炉，仍难以完全避免磷酸盐隐藏现象。

3. 协调 pH—磷酸盐处理

协调 pH—磷酸盐处理（coordinated phosphate-pH treatment or congruent phosphate treatment，CPT）主要是针对游离 NaOH 导致的碱性腐蚀而提出的。

如果向炉水中加入足量的 Na_2HPO_4，它可以与游离 NaOH 发生如下反应

$$Na_2HPO_4 + NaOH \longrightarrow Na_3PO_4 + H_2O \tag{15-8}$$

使炉水中的 NaOH 都成为 Na_3PO_4 的一级水解产物，这样就消除了炉水中的游离 NaOH。但是，当发生磷酸盐隐藏现象时，在管壁边界层液相中又会产生游离 NaOH。

研究结果和实践经验表明，当磷酸盐溶液的 R 值小于 2.85 时，即使发生磷酸盐隐藏现象，炉管管壁边界层中也不会产生游离 NaOH。因此，如果能使炉水同时含有 Na_3PO_4 和 Na_2HPO_4 这两种磷酸盐，并且 R 值小于 2.85，则不仅炉水中没有游离 NaOH，而且即使发生盐类隐藏现象，也不可能出现游离 NaOH，这样就可避免炉管发生碱性腐蚀。此外，为了防止炉管又发生酸性腐蚀，必须保证炉水的 pH 值足够高，因此炉水 R 值的下限应大于 2.2。综上所述，CPT 要求炉水的 R 值在 2.2～2.85 的范围内，这既可以防止炉管上产生钙垢，又可消除炉水中的游离 NaOH，防止炉管发生碱性腐蚀，并且不会发生炉水 pH 值偏低所引起的结垢和酸性腐蚀。

CPT 以前主要应用于高压或超高压汽包锅炉，其炉水水质控制指标如下：pH（25℃）＝9～10；PO_4^{3-}＝2～8mg/L；R＝2.3～2.8。为了防止发生酸性磷酸盐腐蚀，后来将 R 值控制范围提高到 2.6～3.0。对于亚临界汽包锅炉，由于炉管热负荷很高，磷酸盐隐藏现象难以避免，炉水水质难以控制，甚至可能导致酸性磷酸盐腐蚀。因此，亚临界汽包锅炉一般不采用 CPT，DL/T 805.2—2016 这种炉水处理方式。

4. 平衡磷酸盐处理

平衡磷酸盐处理（EPT）是由加拿大专家提出的，它和美国专家提出的低磷酸盐—低氢氧化钠处理相似。这种处理方式要求维持炉水中磷酸三钠含量低于发生磷酸盐隐藏现象的临界值，同时允许炉水中含有不超过 1mg/L 的 NaOH，因而炉水的 R 值大于 3。它不仅消除了磷酸盐隐藏现象，而且与其相关的锅炉腐蚀破坏问题也大大减少了，锅炉内部十分干净。国外许多汽包锅炉已经在 EPT 方式下运行了二十多年而没有发生任何问题，国内也有不少汽包锅炉比较成功地应用了 EPT。因此，下面主要介绍这种炉水水质调节方式。

表 15-5 对四种炉水磷酸盐处理方式进行了简单的比较，供参考。

表 15-5　　　　　　　　　　四种常用的炉水磷酸盐处理方式的比较

处理方式	PT	CPT	LPT	EPT
磷酸盐隐藏现象	不同程度存在	仍可能发生	减轻	消除
酸性磷酸盐腐蚀	不易发生	较易发生	很少发生	很少发生

五、平衡磷酸盐处理（EPT）

1. EPT 的控制参数

如前所述，磷酸盐隐藏主要是隐藏反应作用的结果，而隐藏反应在磷酸钠盐溶液浓度低于临界值的条件下不会发生。因此，EPT 要求将炉水中磷酸盐浓度维持在与硬度物质平衡的水平，即在达到防垢目的的前提下将炉水 PO_4^{3-} 的浓度维持在尽可能低的水平，以避免沉积物下等处的局部炉水中磷酸钠盐溶液浓度超过上述临界值而发生隐藏反应。这一平衡点与锅炉的结构、燃烧工况、沉积物的厚度等因素有关，只能通过试验来确定。在加拿大采用 EPT 的发电锅炉中，PO_4^{3-} 的平衡浓度一般为 $0.1 \sim 2 mg/L$，最大不超过 $2.4 mg/L$。另外，试验结果表明，磷酸盐溶液 R 值越高，隐藏反应生成的酸性磷酸盐越少；当磷酸盐溶液 R 值为 3.5 时，Na_3PO_4 作为主要的反应产物说明它几乎没有和 Fe_3O_4 反应。因此，为了减少隐藏反应的发生，EPT 要求炉水 $R > 3.0$，并控制炉水 pH $= 9.0 \sim 9.7$。为此，EPT 运行控制中只加 Na_3PO_4 和少量 $NaOH$（$<1ppm$）。总之，比较典型的 EPT 炉水控制参数如下：$PO_4^{3-} < 2.4 mg/L$，游离 $NaOH < 1\ mg/L$，pH $= 9.0 \sim 9.7$。

采用 EPT 的锅炉，在运行过程中只添加 Na_3PO_4，将炉水中磷酸盐浓度维持在平衡水平，且允许有少量游离 $NaOH$ 存在。$NaOH$ 不是经常添加的，只有当炉水 pH 值在 9.0 以下，且磷酸盐浓度达到控制上限时才加。在机组停运过程或启动早期，应正常添加 $NaOH$。炉水的碱度由 Na_3PO_4 和 $NaOH$ 共同控制。可见，EPT 实际上是 LPT 与 CT 相结合的炉水处理方式，或者说是必要时加少量 $NaOH$ 的 LPT。或许正因如此，DL/T 805.2—2016 已删除 EPT。

2. EPT 的效果

（1）EPT 水工况下锅炉基本不发生磷酸盐隐藏现象，炉水水质容易控制，负荷波动时炉水 pH 值稳定。

（2）EPT 水工况避免了磷酸盐隐藏现象可能产生的危害，特别是酸性磷酸盐腐蚀。

（3）EPT 水工况可显著提高炉水水质，降低锅炉加药量和排污率。

（4）EPT 水工况下由于游离 $NaOH$ 的存在，腐蚀产物 Fe_3O_4 粒子间相互黏结性变小，不易在炉管上沉积，可通过排污去除。因此，和其他磷酸盐处理相比，锅炉的化学清洗周期明显延长。

加拿大某电厂所有的机组（13.8MPa）都采用了平衡磷酸盐处理，其炉水 pH $= 9.0 \sim 9.7$ 游离 $NaOH < 1ppm$，$PO_4^{3-} < 2.4ppm$。它们的运行经验表明：炉水中维持一定浓度的游离 $NaOH$，不仅能防止酸性固体磷酸盐的生成，而且也能保证液相中磷酸盐含量较低时，炉管蒸发区的碱度。美国的一个电站两台 400MW 机组采用了与 EPT 类似的低磷酸盐—低氢氧化钠处理，控制炉水水质 pH $= 9.1 \sim 9.6$，$PO_4^{3-} = 0.2 \sim 1.0ppm$，$NaOH = 0.2 \sim$

0.8ppm。运行时测定的饱和蒸汽的氢含量在 $1\sim2\mu g/kg$ 之间，腐蚀速度很小，而且运行后割管检查结果表明：过去在协调 pH—磷酸盐水工况下形成的腐蚀坑未继续发展，处于钝态。

我国在 300MW 汽包炉机组上成功采用的超低磷酸盐处理，其实质和平衡磷酸盐处理一样，其控制条件为炉水 $PO_4^{3-}=0.1\sim0.5$ppm，pH$=9.0\sim9.7$，炉水 pH 值低于 9.2 时，可添加微量的 NaOH 来调节 pH 值。运行结果表明，这种处理方式能有效防止盐类隐藏现象的发生，大幅度降低炉水中盐类含量，有效地减轻热力系统内的腐蚀和沉积，对锅炉及热力设备起到了良好的保护作用。

3. EPT 应注意的问题

EPT 水工况下炉水的缓冲性下降，因此必须采取严格措施防止杂质泄漏进入，并且保证补给水纯度。运行期间要对炉水的 pH 值、PO_4^{3-} 含量和电导率进行连续监测，同时也应定期监测杂质离子，如 Cl^- 和 SO_4^{2-}，它们的浓度可用离子色谱来测定。炉水 pH 值偏低时要用 NaOH 来调节，但一定要找出根源。最重要的还是要防止凝汽器泄漏。运行实践表明，有效地防止凝汽器泄漏是 EPT 成功的决定性因素。同时为减少腐蚀性杂质的影响，所用的药品应该采用分析纯试剂。

EPT 水工况下炉水中磷酸根过剩量很小，对于有铜系统，氨对炉水 pH 值的影响一般小于 10%，但对于无铜系统，由于给水维持的较高的 pH 值，氨的浓度大，这时氨对确定正确的 R 值的影响相当大。因为，在炉水的高温下，氨几乎不电离，但是在室温（25℃）条件下，氨可电离出 OH^- 而使 pH 值升高。为了确定真实的 R 值，必须对测量值进行校正，以消除氨的影响。

设炉水 pH 值的测量值为 pH_m，校正后的 pH 值为 pH_a，可按下式计算

$$pH_a = 14 + \lg(10^{-14+pH_m} - [NH_3]) \tag{15-9}$$

运行人员测量出炉水水样的 pH_m 和氨的浓度 $[NH_3]$，就可根据上式计算出真实的炉水 pH 值 pH_a。由 pH_a 和 PO_4^{3-} 浓度就可确定炉水真实的 R 值所在的区域。

第三节　蒸汽品质与污染

蒸汽品质是指蒸汽中所含杂质的多少。从锅炉出来的饱和蒸汽中往往含有微量钠盐、硅酸盐等杂质，从而使蒸汽品质下降，即蒸汽受到污染。如果饱和蒸汽中这些杂质的含量过多，就会在过热器和汽轮机叶片上产生积盐，影响机组的安全经济运行。

在汽包锅炉的饱和蒸汽中含有的钠盐和硅酸盐等杂质，主要有两个来源：一个是水滴携带；另一个是溶解携带。所以饱和蒸汽中某种杂质的含量，应为水滴携带和溶解携带之和。

一、水滴携带

从锅炉汽包出来的饱和蒸汽经常夹带一部分炉水的小水滴，使炉水中的钠盐、硅酸盐等杂质成分，以水溶液的形式带入蒸汽中，这种现象称为水滴携带，也称机械携带。

蒸汽的带水量常用蒸汽湿分 W 表示，W 是指蒸汽中水滴质量占蒸汽中水、汽总质量的分率。如果以 $S_{BJ,i}$ 表示某种杂质由水滴携带而转入饱和蒸汽中的量，以 $S_{G,i}$ 表示该种杂质在

炉水中的含量，则它们之间有以下关系

$$S_{BJ,i} = WS_{G,i} = K_J S_{G,i} \qquad (15\text{-}10)$$

式中：K_J 为机械携带系数，在数值上等于蒸汽湿分 W。

1. 汽包中水滴的形成

锅炉运行时，在汽包内的水和蒸汽之间并没有明显的分界面，水容积中含有许多蒸汽泡，蒸汽空间中也有许多小水滴，而且它们的分布是不均匀的。也就是说，汽包内的蒸发水面是不稳定的，而且急剧地波动着。这一方面是由于水冷壁管内形成的汽水混合物从汽空间进入时具有很大的动能，喷溅着炉水，使水面产生急剧波动，形成许多水柱和波浪。另一方面是由于锅炉的负荷或燃烧工况的变动。

这样，当蒸汽泡通过汽水分界面进入汽空间时，蒸汽泡表面的水膜因受表面张力和膜重力的影响，使水膜中的液体开始流走，水膜变薄而发生破裂，产生小水滴。另外，当水冷壁管内的汽水混合物进入汽包汽空间时，由于动能很大，冲击水面、汽包壁或汽包内部装置，也会形成许多小水滴。如果汽水混合物从汽包水面下进入汽包时，会使水层飞溅形成小水滴。比较大的水滴在汽空间上升到一定高度时，会因自身的重力作用而重新降至水面，而比较小的水滴，则因自身质量很轻，会随蒸汽流上升并带出汽包。所以，汽包内形成的小水滴越多、小水滴的质量越轻及蒸汽流速越大，带出去的水量就越多，蒸汽纯度也就越低。这一过程如图 15-5 所示。

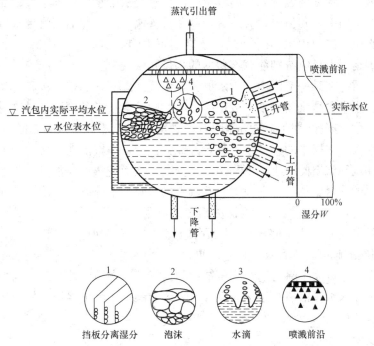

图 15-5　汽包内的实际过程示意图

当炉水的水质很差时，汽包内会产生泡沫现象，说明炉水中含有一定数量的起泡物质。这些物质可能是有机物和悬浮固体，也可能是碱性物质或油类物质等。它们对炉水有以下几种作用：因为许多有机物（如油脂、洗涤剂）都是表面活性物质，它们能降低炉水的表面张力，从而使炉水的汽泡能稳定地堆积起来形成泡沫；当炉水中含有细小分散的悬浮固体和水渣（$0.1\sim0.3\mu m$）时，它们能黏附于汽泡的液膜上，增加膜的机械强度，形成稳定的泡沫层；如果炉水中含有的杂质能增加炉水的黏度时，汽泡之间的液膜就不易流走而变薄，使汽泡的机械强度增加，不易破裂，而形成泡沫。

2. 影响饱和蒸汽带水量的因素

（1）锅炉负荷。锅炉负荷增加，水冷壁管内产生的蒸汽量增加，穿出汽水分界面的蒸汽泡动能增大，从而使形成小水滴的数量增加；锅炉负荷增加，由汽包引出的饱和蒸汽量增大，从而使蒸汽携带小水滴的能力增加；锅炉负荷增加，汽包内水位的膨胀现象加剧，汽空间的实际有效高度减小，不利于汽水分离。所以，锅炉负荷越大，饱和蒸汽中的带水量就越大。但实践证明，随着锅炉负荷增加，饱和蒸汽中的含水量先是缓慢增大，当锅炉负荷增加到某一数值后，蒸汽中含水量会急剧增大，此转折点处的负荷称为锅炉的临界负荷。

（2）锅炉压力。随着锅炉压力增加，蒸汽密度随之增加，蒸汽流携带小水滴的能力增大。而且，压力增加，炉水的表面张力降低，容易形成小水滴。因此，锅炉的压力越高，蒸汽的带水量越大。

（3）汽包结构。汽包直径的大小、内部汽水分离装置的形式、汽水混合物引入和引出汽包的方式等，都会对饱和蒸汽的带水量产生较大的影响。汽包直径越大，汽空间高度越高，汽流携带的一些较大的水滴就会升高到一定高度后靠自身重力落到水空间，从而减小蒸汽的带水量。汽包内的汽水分离装置和分离效果不同，蒸汽的带水量差异很大；如果汽水混合物不能沿汽包长度均匀引入和引出，会造成局部蒸汽流速过高，增加蒸汽带水量。

（4）汽包水位。汽包内水位过高时，就会缩短水滴到引出口的距离，使蒸汽带水量增加。所以，锅炉运行人员应特别注意汽包内的水位膨胀现象。

（5）炉水水质。在某一范围内，炉水的含盐量增加，蒸汽的带水量和含盐量均成比例缓慢增加。但当炉水中含盐量超过某一数值时，蒸汽中的含盐量急剧增加。这时，炉水的含盐量称为临界含盐量。产生这种现象的原因有两种解释：一种解释认为，随着炉水含盐量增加，水的黏度增大，水层中的小汽泡不易合并成大汽泡，小汽泡在水层中的上升速度小，使水位膨胀现象加剧和汽空间减小，不利于汽水分离，从而使蒸汽含盐量急剧上升；另一种解释认为，当炉水的含盐量达到某一值时，蒸汽泡的水膜强度提高，汽泡在水面的破裂速度小于汽泡的上升速度，结果在汽水分界面处形成泡沫层，水位膨胀现象加剧，汽空间高度减小，汽水分离效果变差，从而使蒸汽中的含盐量急剧上升。炉水中有机物、油脂、$NaOH$、Na_3PO_4 等起泡物质越多，这种现象就越严重。

炉水的临界含盐量大小除与锅炉汽包结构和运行工况有关以外，还与锅炉补给水的水质有关。对于采用除盐水作锅炉补给水的高参数大容量锅炉，由于锅炉水的含盐量很低，一般不会达到临界含盐量。

二、溶解携带

饱和蒸汽的溶解携带是指饱和蒸汽因溶解作用而携带炉水中某一种物质而使蒸汽纯度降低的现象。其溶解能力的大小可用溶解携带系数来表示

$$S_{BR,i} = K_i S_{G,i} \tag{15-11}$$

式中：$S_{BR,i}$ 为饱和蒸汽中因溶解携带某一种物质的含量；K_i 为某一种物质的溶解携带系数，%；$S_{G,i}$ 为炉水中某一种物质的含量。

因此，饱和蒸汽携带某一种物质的总量 $S_{B,i}$，应为水滴携带和溶解携带之和

$$S_{B,i} = S_{BJ,i} + S_{BR,i} = WS_{G,i} + K_i S_{G,i}$$
$$= (W + K_i)S_{G,i} = K_{Z,i}S_{G,i} \tag{15-12}$$

式中：$K_{Z,i}$ 为饱和蒸汽对某一种物质的总携带系数。

$$K_{Z,i} = W + K_i = K_J + K_i \tag{15-13}$$

当锅炉汽包压力小于或等于 12.74MPa，某一种物质在饱和蒸汽中的溶解携带量很小时，则蒸汽对该种物质的总携带系数 $K_{Z,i}$ 等于蒸汽湿分，即 $K_i = 0$，即

$$K_{Z,i} = W = K_J = \frac{S_{B,i}}{S_{G,i}} \tag{15-14}$$

对各种钠盐可表示为

$$K_J = W = \frac{S_{B,Na}}{S_{G,Na}} \tag{15-15}$$

当锅炉汽包压力大于 12.74MPa，某一种物质在饱和蒸汽中的溶解携带量（K_i）远远大于机械携带量（K_J），即 $K_i \gg K_J$ 时

$$K_{Z,i} = K_i$$
$$S_{B,i} = K_i S_{G,i} \tag{15-16}$$

对于硅酸，$K_{SiO_2} \geqslant 1\%$，而 $W = 0.01\% \sim 0.03\%$，所以

$$S_{B,SiO_2} = K_{SiO_2} S_{G,SiO_2} \tag{15-17}$$

式中：S_{B,SiO_2}、S_{G,SiO_2} 为饱和蒸汽和锅炉水中的含硅量，以 SiO_2 表示；K_{SiO_2} 为硅酸的溶解携带系数。

研究表明，饱和蒸汽的这种溶解特性有两个特点：一是具有选择性，即在锅炉压力一定的情况下，饱和蒸汽对各种物质的溶解能力有较大的差异，其中对硅酸（通式为 $xSiO_2 \cdot yH_2O$）的溶解能力最大，$NaOH$ 和 $NaCl$ 次之，Na_2SO_4、Na_3PO_4 等钠盐在饱和蒸汽中几乎是不溶的，所以溶解携带也称选择性携带；另一个特点是与锅炉压力有关，饱和蒸汽对各种物质的溶解携带量随锅炉压力提高而增大。

饱和蒸汽的这种溶解特性是因为随着蒸汽压力提高，蒸汽的性质越来越接近于水的性质，如图 15-6 所示。曲线说明，随着压力提高，饱和蒸汽的密度不断增加，而在沸腾温度下水的密度却不断降低。在临界点（压力 $p = 22.00MPa$，温度 $t = 374℃$）时，蒸汽密度等于水的密度。水和蒸汽介电常数的变化，也说明高参数蒸汽的性能接近于相同压力、相同温度下水的性能。所以，高参数蒸汽也是一种很强的溶剂，对各种物质都有很高的溶解特性。

根据物理化学中溶质在两种互相混合的溶剂中的分配规律可知，饱和蒸汽溶解某一种物质的能力大小，可用分配系数 K_F 来表示

$$K_F = \frac{S_{B,i}}{S_{SH,i}} \tag{15-18}$$

式中：$S_{SH,i}$ 为某一种物质在与饱和蒸汽相接触的水中浓度。

式（15-24）说明，分配系数 K_F 越大，饱和蒸汽溶解该物质的能力就越大。

研究表明，各种物质的分配系数（K_F）与饱和蒸汽密度（ρ_B）和水的密度（ρ_{SH}）的比值有以下关系

$$K_F = \left(\frac{\rho_B}{\rho_{SH}}\right)^n \tag{15-19}$$

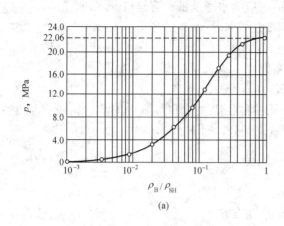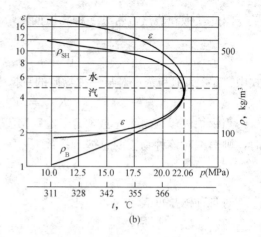

图 15-6 在饱和线上水和蒸汽的特性与压力的关系

(a) 汽、水密度比与压力的关系；(b) 水、汽密度和介电常数与压力的关系

ρ_{SH}—水的密度；ρ_B—饱和蒸汽的密度；ε—介电常数

由于（ρ_B/ρ_{SH}）小于 1.0，所以 n 值越大，表示它在蒸汽中的含盐量越低。n 值的大小决定于各种物质的本性，对某一具体物质 n 值是一个常数。

第四节 各种杂质在饱和蒸汽中的溶解特性

一、饱和蒸汽溶解携带各种杂质的规律

（1）根据电中性原则，在任何情况下，蒸汽和锅炉水都处于电中性。因此，蒸汽不是单独选择溶解携带某一种离子，而是以中性分子的形态溶解携带。如锅炉水采用磷酸盐水工况时，蒸汽主要以磷酸盐分子的形态溶解携带；当采用 NaOH 水工况时，蒸汽主要以 NaOH 分子的形态溶解携带；当采用全挥发水工况时，蒸汽主要以氨分子的形态溶解携带。

（2）当给水中含有微量氯离子并采用加氨处理时，氯离子通常是以 HCl 和 NH_4Cl 的形态同时被溶解携带，两者的比例取决于锅炉水的 pH 值和温度。在低氨浓度和高温锅炉水及采用全挥发水工况时，氯离子均以 HCl 的形态被溶解携带；当锅炉水采用磷酸盐或氢氧化钠水工况时，氯离子则以 NH_4Cl 的形态被溶解携带。

（3）当凝汽器有泄漏而凝结水又没有设置精除盐时，或者是树脂进入锅炉水时，锅炉水中才有 Na_2SO_4、$(NH_4)_2SO_4$、$NaHSO_4$、NH_4HSO_4 等与硫酸根有关的盐类。在全挥发水工况时，NH_4HSO_4 是主要溶解携带形态，当锅炉水中含钠量较高时，$NaHSO_4$ 是主要溶解携带形态。尽管 Na_2SO_4 在锅炉水中占优势，但在任何运行条件下，Na_2SO_4 或 $(NH_4)_2SO_4$ 都不成作为主要溶解携带形态，因为它们的相对挥发性排列顺序为 $H_2SO_4 \gg NaHSO_4 \approx NaOH > Na_2SO_4$。虽然 H_2SO_4 的挥发性最大，但在高温锅炉水中，H_2SO_4 只发生一级电离，生成 HSO_4^- 和 H^+，所以 H_2SO_4 是以 HSO_4^- 与 H^+ 按 1：1 的比例被饱和蒸汽溶解携带。

（4）锅炉水中常见的钠化合物有 NaCl、Na_2SO_4、Na_3PO_4、Na_2HPO_4 和 NaOH 等，其中以 NaOH 的分配系数最大，所以饱和蒸汽溶解携带的钠化合物以 NaOH 为主。锅炉水中的 NaOH 可能来自采用磷酸盐水工况时水解后产生的，也可能是采用 NaOH 水工况加入的。NaCl 在饱和蒸汽中的分配系数 $K_{F,NaCl}$ 与锅炉压力 p 有很大关系。如当 $p = 15.19MPa$ 时，

$K_{F,NaCl}=0.028\%$；当 $p=16.66MPa$ 时，$K_{F,NaCl}=0.1\%$；当 $p=19.6MPa$ 时，$K_{F,NaCl}=0.7\%$。

（5）当锅炉水采用磷酸盐水工况时，通常含有 PO_4^{3-}、HPO_4^{2-}、$H_2PO_4^-$ 与 Na^+、NH_4^+ 组成的盐类及由磷酸盐水解产生的 H_3PO_4 分子，尽管 H_3PO_4 的挥发性比磷酸根离子高得多，饱和蒸汽对 H_3PO_4 或 NaH_2PO_4 的溶解携带量也非常小，用常规的检测方法难以检测到蒸汽中的磷酸根。蒸汽中磷酸根的含量与锅炉压力有关：如锅炉汽包压力为 18MPa（锅炉水温度为 357℃）时，磷酸根的溶解携带系数为 3.2×10^{-4}；当锅炉汽包压力为 19MPa（锅炉水温度为 361℃）时，磷酸根的溶解携带系数为 5.2×10^{-4}；当锅炉汽包压力为 19.7MPa（锅炉水温度为 364℃）时，磷酸根的溶解携带系数可达到 0.5% 以上。

（6）当有机物随给水进入锅炉以后，在高温下最后分解为碳链较短的甲酸和乙酸。由于锅炉水氧化性不足，它们进一步氧化成 CO_2 的可能性较小，而且它们的挥发性比相应的盐类高几个数量级，所以甲酸和乙酸是有机物被蒸汽溶解携带的主要形态。

二、硅酸在饱和蒸汽中的溶解度

由于上述易溶钠盐在炉水中的存在形态与饱和蒸汽中的存在形态是相同的，所以它们的溶解携带系数就是它们的分配系数。但对于炉水中存在的硅酸弱电解质，在炉水的 pH 值偏向碱性（pH＝10 左右）的条件下，有一部分分子态的硅酸就转变成离子态。由于它们在炉水中的形态不同，所以在汽、液两相中的分配系数也不同。实践证明，在蒸汽中溶解的硅酸化合物主要是分子态硅酸，而硅酸盐的含量却非常少，说明高参数蒸汽对硅酸化合物的溶解性能有明显的选择性。

硅酸的溶解携带量也和易溶钠盐一样，与锅炉压力有关，即饱和蒸汽的压力越高，对硅酸的溶解能力越强。图 15-7 是当蒸汽中允许的含硅量不超过 $20\mu g/kg$ 和汽包内无清洗装置时，锅炉水最大允许含硅量与锅炉压力的关系。

另外，硅酸的携带量还与锅炉水的 pH 值有关，如图 15-8 所示。

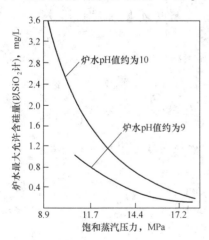

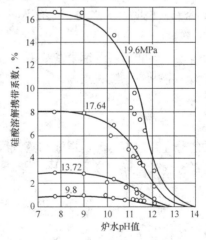

图 15-7　炉水的最大允许含硅量　　　　　图 15-8　硅酸的溶解携带
与锅炉汽包压力的关系　　　　　　　系数与炉水 pH 值的关系

在炉水中，硅酸（H_2SiO_3）与硅酸盐（$HSiO_3^-$）之间存在以下水解平衡关系

$$HSiO_3^- + H_2O \Longrightarrow H_2SiO_3 + OH^- \qquad (15-20)$$

炉水的 pH 值升高，平衡向生成硅酸盐的方向移动，硅酸的溶解携带系数减小；反之，

炉水的 pH 值降低，硅酸的溶解携带系数增大。也就是说，硅酸与硅酸盐之间的水解平衡关系会直接影响硅酸化合物在饱和蒸汽中的携带量。

如设硅酸盐的水解度为 x，它表示硅酸盐的水解程度，即炉水中分子态硅酸占炉水中总含硅量的份额，则 $(1-x)$ 表示炉水中离子态化合物占炉水中总含硅量的份额，即

$$x = \frac{[H_2SiO_3]}{[H_2SiO_3]+[HSiO_3^-]} = \frac{[H_2SiO_3]}{[SiO_2]_G} \tag{15-21}$$

$$1-x = \frac{[HSiO_3^-]}{[H_2SiO_3]+[HSiO_3^-]} = \frac{[HSiO_3^-]}{[SiO_2]_G} \tag{15-22}$$

如设硅酸盐的水解平衡常数为 K_{SJ}，硅酸的一级解离常数为 K_{JL}，则它们与 x 之间有以下关系

$$K_{SJ} = \frac{[H_2SiO_3][OH^-]}{[HSiO_3^-]} = \frac{[H_2SiO_3][OH^-]}{[HSiO_3^-]}\frac{[H^+]}{[H^+]}$$

$$= \frac{[H_2SiO_3]}{[HSiO_3^-][H^+]}K_W = K_W/K_{JL} \tag{15-23}$$

$$K_{JL} = \frac{[HSiO_3^-][H^+]}{[H_2SiO_3]}$$

$$K_W = [H^+][OH^-]$$

式中：K_{JL} 为硅酸的一级解离常数；K_W 为水的离子积。

如用式（15-22）除以式（15-21），得式（15-24）

$$\frac{1-x}{x}[H^+] = \frac{[HSiO_3^-][H^+]}{[H_2SiO_3]} = K_{JL} \tag{15-24}$$

所以

$$x = \frac{[H^+]}{K_{JL}+[H^+]} \tag{15-25}$$

式（15-25）说明，炉水的 pH 值不同，硅酸的水解度 x 不同，饱和蒸汽中的含硅量也就不同。

如上所述，硅酸的溶解携带系数 K_{SiO_2} 是指饱和蒸汽中的含硅量 S_{B,SiO_2}（$[H_2SiO_3]_B$）与炉水含硅量 S_{G,SiO_2}（$[SiO_2]_G$）之比

$$K_{SiO_2} = \frac{S_{B,SiO_2}}{S_{G,SiO_2}} = \frac{[H_2SiO_3]_B}{[SiO_2]_G} \tag{15-26}$$

硅酸的分配系数 K_{F,SiO_2} 是指饱和蒸汽因溶解携带的分子态硅酸含量 $[H_2SiO_3]_B$ 与炉水的分子态硅酸含量 $[H_2SiO_3]_G$ 之比

$$K_{F,SiO_2} = \frac{[H_2SiO_3]_B}{[H_2SiO_3]_G} \tag{15-27}$$

所以，K_{SiO_2} 与 K_{F,SiO_2} 有以下关系

$$\frac{K_{SiO_2}}{K_{F,SiO_2}} = \frac{[H_2SiO_3]_G}{[SiO_2]_G} = x$$

$$K_{SiO_2} = xK_{F,SiO_2} \tag{15-28}$$

在炉水 pH 值（pH$\geqslant$10）条件下，x 值一般小于 1.0，所以 $K_{SiO_2} < K_{F,SiO_2}$。如当炉水 pH=10 时，x=0.9；当炉水 pH=11.5 时，x=0.5，即 K_{SiO_2} 只是 K_{F,SiO_2} 的 1/2。

三、金属腐蚀产物在饱和蒸汽中的溶解度

即使在正常运行情况下，锅炉水汽系统的热力设备和管道系统也难免不遭受腐蚀，而腐蚀产物主要是铁的化合物，其次是铜的化合物。这些腐蚀产物在饱和蒸汽中的溶解携带问题，目前研究得还不够，试验数据也不统一。现有的资料认为，金属腐蚀产物在炉水和饱和蒸汽中的分配系数，也像硅酸化合物一样，与它们在水中的存在形态有关。

在炉水的实际 pH 值范围(pH＝7～11)内，金属铁的腐蚀产物主要是分子形态的水合物 $x\text{Fe(OH)}_2 \cdot y\text{FeOOH}$，所以饱和蒸汽中溶解携带的金属铁的腐蚀产物也是这种分子形态的水合物 $x\text{Fe(OH)}_2 \cdot y\text{FeOOH}$，从而使其溶解携带系数和分配系数没有区别。但有资料指出，当炉水中溶解的铁化合物为 $20\sim40\mu\text{g/kg}$、pH＞7.0 和饱和蒸汽压力为 18.13MPa 时，分配系数高达 40％。而 pH＞11 或 pH＜6 时，溶解携带系数明显低于分配系数。

虽然在炉水的实际 pH 值范围内，水中铁的化合物都是以分子状态 $x\text{Fe(OH)}_2 \cdot y\text{FeOOH}$ 存在的，但它们有不同的分散度和不同的磁性，所以不同研究人员所得到的分配系数及其在饱和蒸汽中的携带量也有很大的差异。如有的根据模拟实验台的数据提出铁的分配系数为

$$K_{\text{F,Fe}} = (\rho_\text{B}/\rho_\text{SH})^{0.69} \tag{15-29}$$

也有的根据工业试验的数据提出水中各种形态的铁化合物总分配系数为

$$K_{\text{ZF,Fe}} = (\rho_\text{B}/\rho_\text{SH})^{1.08} \tag{15-30}$$

以上两者相差很大。但总的认为，铁的腐蚀产物在饱和蒸汽中的分配系数比硅酸化合物高得多。因此，尽管炉水中溶解的铁化合物远小于硅酸化合物的含量，但饱和蒸汽中所携带的铁化合物含量可以与蒸汽中的含硅量相比。

铜化合物的分配系数比铁化合物小得多，但与硅酸的分配系数相接近。

第五节　各种杂质在过热器和汽轮机中的沉积

由饱和蒸汽携带出的盐类、硅酸及金属腐蚀产物等杂质，有的沉积在过热器内，有的被过热蒸汽带走，沉积在汽轮机内，这与这些杂质在过热蒸汽中的溶解特性有关。

一、各种杂质在过热器中的沉积

在饱和蒸汽被加热至过热蒸汽的过程中，由于蒸发、浓缩和温度升高等作用，小水滴中的某些盐类杂质因形成过饱和溶液而有结晶析出。但因为过热蒸汽对各种杂质的溶解能力比饱和蒸汽大，所以小水滴中的某些杂质会溶解转入到过热蒸汽中，使过热蒸汽中这些杂质的含量增加。当饱和蒸汽对某种杂质的携带量超过该杂质在过热蒸汽中的溶解度时，该杂质就会沉积在过热器中，称为过热器积盐。如果饱和蒸汽对某种杂质的携带量小于该杂质在过热蒸汽中的溶解度，则这种杂质就不会在过热器中沉积，而被带入汽轮机中。

由于各种杂质在过热蒸汽中的溶解特性不同，所以它们在过热器中的沉积规律也就不同。

1. 氯化钠和氯化钾

氯化钠在过热蒸汽中的溶解度如图 15-9 所示。图中曲线说明，从氯化钠饱和溶液的沸腾温度开始，随着过热蒸汽温度增加，氯化钠在过热蒸汽中的溶解度下降，一直降到最小溶解度以后，又随过热蒸汽温度上升，溶解度增加，特别是当温度超过 550℃ 以后，温度对溶解度的影响就更为显著。

图 15-9 中曲线还说明，氯化钠在过热蒸汽中的溶解度还与压力有关。在相同温度下，压力越大，蒸汽中氯化钠的含量越高。有资料报导，在蒸汽温度一定（如 550℃）的情况下，NaCl 在过热蒸汽中的溶解度与蒸汽压力之间的关系，可用式（15-31）表示

$$\lg S = 3.8 \lg p - 3.42 \quad (15\text{-}31)$$

或

$$S = 10^{-3.42} p^{3.8}$$

式中：S 为 NaCl 在过热蒸汽中的溶解度，mg/kg；p 为过热蒸汽压力，MPa；3.42、3.8 为经验系数。

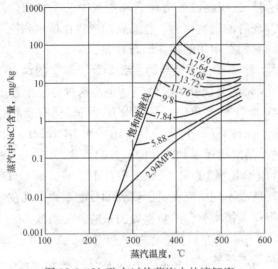

图 15-9　NaCl 在过热蒸汽中的溶解度

在中、低压锅炉中，由于炉水水质和蒸汽品质较差，饱和蒸汽对 NaCl 的携带量往往超过它们在过热蒸汽中的溶解度，所以经常造成 NaCl 固体在过热器中沉积。但对高压和超高压以上的锅炉来说，由于炉水水质和蒸汽品质较好以及过热蒸汽对 NaCl 的溶解度比饱和蒸汽大，使饱和蒸汽中携带的 NaCl 量经常小于它在过热蒸汽的溶解度，所以一般不会沉积在过热器中，而是溶解在过热蒸汽中，被带入汽轮机。

2. 氢氧化钠

氢氧化钠（NaOH）在过热蒸汽中的溶解度如图 15-10 所示。图中曲线说明，虽然当蒸汽温度大于 450℃时，NaOH 在过热蒸汽中的深解度随着蒸汽温度升高而逐渐减小，但 NaOH 在过热蒸汽中的溶解度却远远超过饱和蒸汽所携带的 NaOH 量，使 NaOH 几乎全部溶解在过热蒸汽中被带入汽轮机，而不沉积在过热器中。在高压和超高压以上的汽包锅炉中，过热蒸汽的压力和温度都比较高（$p >$ 9.8MPa，450℃$< t <$550℃），NaOH 在过热蒸汽中的深解度较大，一般不会在过热器中沉积。

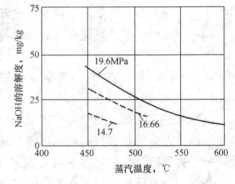

图 15-10　NaOH 在过热蒸汽中的溶解度

另外，当锅炉水采用 NaOH 处理时，由于要求 NaOH 浓度小于 1mg/L，所以即使有一定量的机械携带，在过热器中也不会发生 NaOH 的沉积。

如果过热器内有较多的 Fe_2O_3 时，NaOH 会与它发生化学反应，生成 $NaFeO_2$，沉积在过热器中

$$2NaOH + Fe_2O_3 \longrightarrow 2NaFeO_2 \downarrow$$

3. 硅酸钠和硫酸钠

硅酸钠（Na_2SiO_3）在过热蒸汽中的深解度如图 15-11 所示。图中曲线说明，硅酸钠在过热蒸汽中的深解度与压力和温度有关。在 450～550℃范围内，温度越高溶解度越小，即具有负的溶解度温度系数，具有这种溶解特性的物质还有 Na_2CO_3 和 Na_3PO_4 等。

由于 Na_2SiO_3 在过热蒸汽中的溶解度非常小，所以饱和蒸汽中的小水滴在过热器中很

容易因蒸发浓缩作用变成过饱和溶液，然后被蒸干以固体结晶析出，其中一部分沉积在过热器中，还有一部分被过热蒸汽带入汽轮机。

硫酸钠在过热蒸汽中的溶解度如图 15-12 所示。图中溶解度的数据说明，Na_2SO_4 在过热蒸汽中的溶解度远远低于 NaCl 和 NaOH 的溶解度。但由于一般锅炉水中硫酸根离子的含量都很低，相应在蒸汽中的含量就更低，而它在蒸汽中的溶解度又随温度升高，溶解度增大，所以在过热器中一般不会发生 Na_2SO_4 的沉积。

4. 硅酸

硅酸（H_2SiO_3）在过热蒸汽中的溶解度如图 15-13 所示。饱和蒸汽所携带的硅酸化合物有 H_2SiO_3 和 H_4SiO_4，它们在过热蒸汽中因失去水分而变成 SiO_2。因为 SiO_2 在过热蒸汽中的溶解度远远大于饱和蒸汽所携带的 SiO_2 总量，所以在过热器内，饱和蒸汽所携带的小水滴蒸发时，水滴中的 SiO_2 会全部溶解转入过热蒸汽中，而不会沉积在过热器中。

在各种压力的汽包锅炉过热器内，除了沉积各种盐类以外，还可能有铁的氧化物沉积，因为它们在过热蒸汽中的溶解度也非常小。这些铁的氧化物主要是过热器本体的金属腐蚀产物。

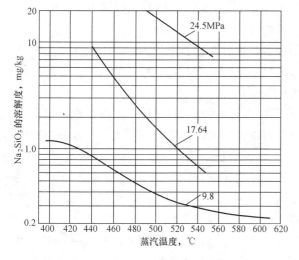

图 15-11　Na_2SiO_3 在过热蒸汽中的溶解度

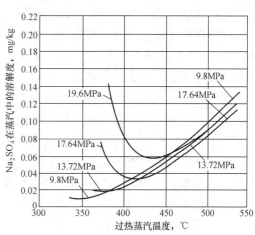

图 15-12　Na_2SO_4 在过热蒸汽中的溶解度

应该指出：上述讨论的是过热蒸汽只携带某一种物质时的沉积规律，当饱和蒸汽所携带的小水滴中混合有各种不同的物质时，各种物质的溶解度特性会有所变化。另外，以上讨论的各种杂质在过热器中的沉积规律，无论是对汽包锅炉，还是直流锅炉，它们都是适用的，因为这些沉积规律主要与这些杂质在过热蒸汽中溶解度和过热器蒸汽的压力及温度有关。

二、各种杂质在汽轮机中的沉积

1. 汽轮机内形成沉积物的原因

如上所述，从过热器出来的过热蒸汽还带有各种化合物。当过热蒸汽进入汽轮机后，由于膨胀做功，其压力和温度都在不断降低，各种化合物在蒸汽中的溶解度随着压力降低而减小。当其中某一种化合物在蒸汽中的溶解度减小到低于它在蒸汽中的携带量时，该化合物就会在汽轮机的蒸汽流通部分以固态的形式沉积下来，这称为汽轮机的积盐。另外，蒸汽中的一些固体微粒或一些微小的 NaOH 浓缩液，也可能黏附在汽轮机的流通部分，形成沉积物。

对汽轮机内沉积物的化学分析表明，它们主要是一些铁和铜的氧化物、硅酸盐、硫酸

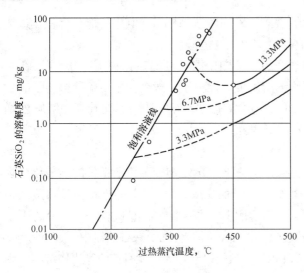

图 15-13　H_2SiO_2 在过热蒸汽中的溶解度

盐、磷酸盐、氧化物、氢氧化物和单质元素，其化合物种类高达 500 多种。

2. 汽轮机内沉积物的分布规律

由于各种化合物在过热蒸汽和水中的溶解度不同，所以它们在汽轮机中沉积的先后顺序不同。也就是说，各种化合物在汽轮机中的分布规律不同。

（1）在汽轮机的第一级和最后几级一般很少有沉积物。因为第一级中的蒸汽压力和温度都很高，蒸汽对各种化合物的溶解度较大，故不会以固态形式析出。而在汽轮机的最后几级中，蒸汽湿分增加，各种化合物在湿蒸汽中的溶解度也比较大，而且因为蒸汽流速快，具有一定的冲刷能力，所以最后几级也很少有沉积物。

（2）在汽轮机整个蒸汽流通部分析出的各种沉积物分布也是不均匀的。不仅在不同的级中分布不均匀，即使同一级中，部位不同，分布也不均匀。在叶片、导叶的背后、复环的内表面和叶轮孔处，因蒸汽流速小、沉积物最多。

（3）在供热机组和调峰机组的汽轮机内沉积物往往少一些。这是因为供热抽汽带走了一部分杂质；而调峰机组负荷变动较大，在低负荷时汽轮机中的湿蒸汽区扩大，一部分易溶盐类被冲掉。

（4）在汽轮机的高中压级（缸）中，蒸汽没有发生相变，始终是干蒸汽，沉积下来的各种沉积物在高温干燥的蒸汽中一般不会导致电化学腐蚀，只有在停机期间由于吸潮，才有可能导致电化学腐蚀，其腐蚀的严重程度与沉积物的化学组分有关。

（5）蒸汽在流经汽轮机低压级（缸）的过程中，部分蒸汽发生了相变，开始凝结成小水滴，最后有 8%～12% 的蒸汽在低压级中凝结，其余蒸汽在凝汽器中凝结。由于蒸汽中各种盐类和无机酸等的汽水分配系数通常在 10^{-4} 数量级以下，即这些盐类和无机酸更倾向溶解于液相中，使汽轮机初凝水成为含盐或酸量很高的水。如果这种初凝水没有被碱性物质中和，则初凝水就成为酸性水，只有在初凝水被带到温度更低的下部区域才能被稀释。另外，在低温时，氨的分配系数在 10 以上，所以在汽轮机低压级的湿蒸汽区，氨大部分存在于汽相中，即使给水加氨量足够，初凝水中的氨量也不足以中和其中的酸性物质，使初凝水的 pH 值降至中性或酸性，并会有 Cl^-、SO_4^{2-}、CO_3^{2-}、HCO_3^- 和 O_2 等，从而造成初凝区产生酸性腐蚀、点蚀或水滴腐蚀。

（6）高压级和中、低压级的沉积物。由过热蒸汽带入汽轮机的各种钠化合物有 Na_2SO_4、Na_3PO_4、Na_2SiO_3、$NaCl$ 和 $NaOH$ 等，其中 Na_2SO_4、Na_3PO_4 和 Na_2SiO_3 在过热蒸汽中的溶解度比较小，最先从过热蒸汽中析出来，所以它们主要沉积在汽轮机中的高压级；而 $NaCl$ 和 $NaOH$ 在过热蒸汽中的溶解度比较大，所以主要沉积在汽轮机的中压级和低压级。

在汽轮机内，过热蒸汽中的 $NaOH$ 可能发生如下反应

与蒸汽中的 H_2SiO_3 反应

$$2NaOH + H_2SiO_3 \longrightarrow Na_2SiO_3 + 2H_2O$$

因这个反应生成的 Na_2SiO_3 在蒸汽中的溶解度很小，故首先在高、中压级中沉积出来。

与金属表面上的铁氧化物反应

$$2NaOH + Fe_2O_3 \longrightarrow 2NaFeO_2 + H_2O$$

此反应生成的铁酸钠（$NaFeO_2$）在蒸汽中的溶解度很小，所以也沉积在高、中压级中。

（7）硅酸化合物。由于硅酸在蒸汽中的溶解度较大，只有当压力和温度降得比较低时，才从蒸汽中沉积出来，所以它主要沉积在汽轮机的中、低压级中。硅酸化合物结晶析出的形态与温度有关，温度高时结晶过程较快，析出的形态主要是晶体状的 α-石英；温度较低时 SiO_2 来不及结晶，以无定形（非晶体）SiO_2 的形态析出。

硅酸化合物在汽轮机内的沉积也与锅炉水工况有关：当锅炉水采用 AVT 水工况时，高温锅炉水的 pH 值较低，SiO_2 分子化倾向较大，溶解携带能力强，硅酸盐沉积明显；当锅炉水采用磷酸盐或氢氧化钠水工况时，SiO_2 离子化倾向较大，蒸汽溶解携带能力减弱，一般不会发生硅化合物的沉积。

（8）铁氧化物。过热蒸汽中的铁氧化物除了饱和蒸汽对锅炉水中铁有少量溶解携带之外，主要是在经过多级过热器和再热器时带入的。过热蒸汽所携带的铁氧化物，主要呈固态微粒状，它的沉积部位主要与蒸汽流动特性、微粒大小及金属表面的粗糙程度有关。所以，铁的氧化物在各级的沉积物中都可能有，但大部分沉积在高压级中，只有一小部分被汽轮机的尾部排汽带入凝结水中。铁氧化物在汽轮机内的沉积形态与给水水工况有关：当给水采用 OT 水工况时，铁氧化物的形态为 Fe_2O_3，且沉积量极少，颜色为红色；当给水采用 AVT(R)水工况时，则以 Fe_3O_4 为主，且沉积量较多，颜色为灰黑色；当给水采用 AVT(O)水工况时，则 Fe_2O_3 和 Fe_3O_4 均有，沉积量也介于两者之间，颜色为暗红色或钢灰色。

（9）铜氧化物。对于有铜机组，由于经常发生氨腐蚀和氧腐蚀，使腐蚀下来的铜随给水进入锅炉水中，而饱和蒸汽的溶解携带主要是以 $Cu(OH)_2$ 的形态，所以当给水采用 AVT(R)水工况时，使铜处于低价或单质铜的形态，溶解携带的铜比较少，从而使汽轮机内沉积的铜垢也比较少。而当给水采用 AVT(O)或 OT 水工况时，使铜处于高价态，汽轮机内沉积的铜垢就会明显增多。沉积的部位几乎包括高、中压级的整个区域。相比之下，铁垢更倾向于沉积在高压级，铜垢倾向于沉积在中压级（蒸汽压力为 3～6MPa 的部位）。铜垢中氧化铜的含量可在 $10\% \sim 90\%$ 之间变化。严重时，铜垢厚度达到 1mm 以上。

（10）磷酸盐。对于亚临界参数的锅炉，汽包内通常不设置给水清洗装置，而且随着锅炉压力增高，蒸汽溶解携带磷酸盐的能力逐渐增强，这时磷酸盐容易在汽轮机的高压级内沉积，因为磷酸盐的挥发性很小。当锅炉水采用磷酸盐水工况及汽包运行压力超过 19.0MPa 时，在汽轮机高压级内或多或少总会发生磷酸盐沉积。对于超高压以下参数的锅炉，由于汽包内一般都设置给水清洗装置，所以一般不会在汽轮机内发生磷酸盐的沉积。

3. 汽轮机内沉积物的危害

（1）蒸汽中某些化合物能引起汽轮机叶片的应力腐蚀。研究表明，发生应力腐蚀破裂必须具备三个条件：材料的敏感性、拉应力和腐蚀性环境。运行中的汽轮机，其材料和应力水平在设计和制造时已经确定，所以能否发生应力腐蚀裂纹主要决定于是否具有腐蚀性环境。如蒸汽中含有微量的有机酸、氯化物、氢氧化钠等物质，蒸汽凝结时就会形成腐蚀性环境，所以汽轮机在湿蒸汽区的前几级最易遭受应力腐蚀。有人曾对湿蒸汽区凝结的小水滴进行分析，证明它们是一些有机酸的混合物，其中醋酸占 97%，丙酸占 2.2%，丁酸占 0.3%。在有中间再热的汽轮机中，发现在低压级转子后几排的叶片有裂纹，经检验认为是应力腐蚀破裂，是由无机酸引起的。

（2）蒸汽中某些化合物能引起汽轮机零部件点蚀和腐蚀疲劳。蒸汽中的氯化物可使汽轮机叶片、喷嘴表面或汽缸本体发生斑点状腐蚀，这是因为氯离子容易破坏合金钢表面的氧化膜，所以，这种腐蚀都发生在汽轮机湿蒸汽区的沉积物下面。

蒸汽中的氯化物等侵蚀性杂质，还会使承受交变应力的零件遭受腐蚀疲劳，使疲劳强度大为降低。

遭受点蚀和腐蚀性疲劳的部位，不仅会增加金属表面的粗糙程度，使摩擦力增加及降低机组效率，而且严重时会直接影响汽轮机的使用寿命。

（3）蒸汽中的固体微粒引起汽轮机的磨蚀。蒸汽所携带的固体微粒主要是铁的氧化物，它们会引起蒸汽流通部件的磨蚀。发生磨蚀的部位有调节阀、截止阀、第一级喷嘴、围带、轮缘及汽封调节装置等。

固体微粒磨蚀不仅会使金属表面粗糙、截面形状发生变化，因而影响机组效率，而且在这些遭受磨蚀的部位易发生裂纹，影响机组的安全运行和使用寿命。固体微粒磨蚀的程度与机组的负荷变化，启停次数等因素有关。

（4）汽轮机内沉积物引起的危害。汽轮机的蒸汽流通部位有沉积物时，会使蒸汽通道变窄小及表面粗糙度大，这不仅会使机组效率下降，而且会增加推力轴承负荷，严重时会损坏汽轮机内的零部件，加速叶片的腐蚀或降低密封效果。

同样的道理，以上讨论的各种杂质在汽轮机中的沉积规律及产生的危害，对汽包锅炉和直流锅炉都是适用的。

4. 防止蒸汽中杂质对汽轮机的腐蚀

为了防止汽轮机的腐蚀，除应保证蒸汽的纯度以外，还应注意以下几点：

（1）选择合理的锅炉补给水处理系统。即不仅要考虑水中盐类、硅化合物的去除，还要考虑水中胶态物和有机物的去除。

（2）要及时对热力设备进行化学清洗。清除水汽系统中的各种沉积物，而且清洗时要避免汽轮机各部位受到化学药品的污染。

（3）选择合理的锅炉水处理方式。锅炉在相同的运行工况下，不同的锅炉水处理方式对蒸汽品质的影响很大。如果锅炉水采用磷酸盐处理，在凝汽器无泄漏时，应尽量减少向炉水中加磷酸盐。研究发现，凡是采用磷酸盐处理的锅炉，蒸汽中都可检测出 PO_4^{3-}，当汽水分离效果较差或汽包压力特别高时，汽轮机往往结磷酸盐垢，严重的磷酸盐含量高达 50% 以上。所以目前的技术规定，当汽包运行压力超过 18.3MPa 时不宜采用磷酸盐处理，最好改为全挥发处理。

对高参数机组，如果锅炉水采用全挥发处理，因氨在高温锅炉水中的碱性降低，使锅炉水中硅酸钠转化为 SiO_2（$SiO_3^{2-}+H_2O \longrightarrow SiO_2+2OH^-$），由于分子态 SiO_2 的汽水分配系数比离子态的 Na_2SiO_3 大得多，所以要保证蒸汽含硅量合格，就必须加大锅炉排污率，以降低锅炉水的含硅量。

（4）机组运行稳定。为了防止固体微粒产生的磨蚀，除选用耐蚀性能好的钢材之外，还应避免机组的频繁启停和负荷及温度的急剧变化。

第六节　蒸汽纯度标准与控制方法

一、蒸汽纯度标准

1. 蒸汽纯度标准的制定

为了防止蒸汽中的各种杂质在过热器和汽轮机内沉积，关键是保证蒸汽的纯度，使之符合已经制定并严格执行的蒸汽纯度标准。因为在制定蒸汽纯度标准时，不仅考虑了蒸汽中各种杂质在过热器和汽轮机内的沉积和腐蚀，而且还考虑了蒸汽净化技术水平、蒸汽中杂质含量的监测水平及蒸汽取样的技术水平等。

因此，制定合理的蒸汽纯度标准，不仅要涉及各种杂质在汽轮机排汽参数下的溶解度和各种杂质在排汽中的允许过饱和程度，而且还涉及不同杂质在过热器、汽轮机中的沉积行为和这些杂质在蒸汽中的最大允许沉积量及不引起腐蚀的极限含量等问题。所以，目前还难以从理论上计算各种锅炉的蒸汽纯度标准，只是根据科学试验和实际运行经验，进行推算而制定出来的。

汽包锅炉的饱和蒸汽和过热蒸汽及直流锅炉主蒸汽的质量应符合 GB/T 12145—2016 的规定，见表 15-6。

表 15-6　　　　汽包锅炉的饱和蒸汽和过热蒸汽及直流锅炉主蒸汽的质量标准

过热蒸汽压力 (MPa)	Na ($\mu g/kg$)		κ_H ($\mu S/cm$, 25℃)		SiO_2 ($\mu g/kg$)		Fe ($\mu g/kg$)		Cu ($\mu g/kg$)	
	标准值	期望值	标准值	期望值	标准值	期望值	标准值	期望值	标准值	期望值
3.8～5.8	≤15	—	≤0.30	—	≤20	—	≤20	—	≤5	—
5.9～15.6	≤5	≤2	≤0.15[①]	—	≤15	≤10	≤15	≤10	≤3	≤2
15.7～18.3	≤3	≤2	≤0.15[①]	≤0.10[①]	≤15	≤10	≤10	≤5	≤3	≤2
>18.3	≤2	≤1	≤0.10	≤0.08	≤10	≤5	≤5	≤3	≤2	≤1

① 无凝结水精除盐装置时，蒸汽的氢电导率(直接空冷机组)或脱气氢电导率(采用表面式凝汽器的机组)标准值不大于 0.30$\mu S/cm$，期望值不大于 0.15$\mu S/cm$。

2. 有关蒸汽纯度标准的一些说明

(1) 氢电导率与脱气氢电导率。氢电导率是被测水样经过氢型强酸阳离子交换树脂处理后测量的电导率。这样处理不仅可消除加氨对电导率测量的干扰，而且水中杂质阳离子被交换为摩尔电导率较高的氢离子可"放大"杂质产生的电导率信号，从而提高检测水样中盐类等离子态溶解杂质的灵敏度。对于没有凝结水精除盐装置设备的机组，水汽中可能含有少量二氧化碳，从而导致水样的氢电导率偏高。如果二氧化碳产生的氢电导率不超过 0.3 $\mu S/cm$，通常对水汽系统热力设备的腐蚀影响较小，但却会影响对盐类等离子态溶解杂质的检测。因为当蒸汽携带此类杂质而使氢电导率超过 0.15$\mu S/cm$ 时，就会对过热器、汽轮机的积盐和腐蚀有较大影响。通过测量蒸汽的脱气氢电导率（水样经过脱气处理后测量的氢电导率），并控制其小于 0.15$\mu S/cm$，可有效避免过热器、汽轮机的积盐和腐蚀问题。因此，对于没有精除盐设备的机组，GB/T 12145—2016 增加了脱气氢电导率指标。

(2) 钠。控制蒸汽中的钠含量，实际上是对蒸汽中钠化合物的总量进行控制，也就控制了 NaCl 和 NaOH 这两种主要腐蚀剂的含量。因为汽轮机蒸汽中 NaCl 和 NaOH 的安全含量只是几个微克/千克，所以蒸汽纯度标准中规定了钠的含量。

（3）二氧化硅（SiO_2）。在蒸汽纯度标准中，SiO_2 的含量有的规定为 $20\mu g/kg$，有的规定为 $10\mu g/kg$。这主要是考虑到锅炉在低负荷时，蒸汽压力和温度下降后，SiO_2 在蒸汽中的溶解度可降至 $10\sim15\mu g/kg$。另外，还考虑到 SiO_2 可能与蒸汽中的其他化合物发生化学反应生成复杂的化合物，从而影响机组安全运行，所以在蒸汽纯度标准中应选用较低的极限 $10\mu g/kg$。

（4）氯化物。如前所述，蒸汽中的氯化物是一种腐蚀性化合物，它的含量大小是引起汽轮机叶片应力腐蚀破裂的一个重要因素。所以有的蒸汽标准中特别对氯化物的含量作了规定。因为在汽轮机的低压区，NaCl 在蒸汽中的溶解度估计为几微克每千克，所以有的国家研制了一种带有连续进样浓缩柱的离子色谱仪，这种仪器对几微克每千克的氯化物是灵敏的。

（5）铜和铁。为了防止金属铜和铁的氧化物在过热器和汽轮机中沉积并促进腐蚀及磨蚀，在蒸汽纯度标准中对铜、铁的含量也都作了规定。

二、蒸汽纯度的控制方法

控制蒸汽纯度一方面应尽力减少锅炉给水中的杂质含量，另一方面就是减少饱和蒸汽的带水量和降低各种杂质在蒸汽中的溶解携带量。前者见锅炉补给水处理的有关章节，本节只介绍后者。

1. 锅炉排污

（1）排污目的。锅炉排污就是在锅炉运行过程中，经常排放一部分杂质含量大的锅炉水，并补充相同数量杂质含量小的给水，使炉水中的各种杂质含量维持在允许值以下，从而保证饱和蒸汽的纯度。

锅炉排污分连续排污和定期排污。连续排污就是连续不断地从锅炉汽包的水面下排放一部分杂质含量较高的炉水，以改善炉水的质量。连续排污一般是采用 $\phi28\sim\phi60$ 的钢管做排污管，它沿汽包长度水平放置，管子上均匀地开着许多直径为 $5\sim10mm$ 的小孔或在小孔上再接一个小吸污管。排污管一般安装在汽包正常水位以下 $80\sim300mm$ 处，这样排放时可防止带走部分蒸汽，而且此处炉水因蒸发作用杂质含量高，所以连续排污也叫表面排污。

定期排污就是从炉水循环系统的最低点（如汽包底部、下汽包或水冷壁下联箱）定期排放一部分含水渣较多的炉水，以改善炉水的质量。所以定期排污也称间断排污或底部排污。定期排污一般是在降负荷时进行，其间隔时间主要与炉水的水质和锅炉的蒸发量大小有关。定期排污时间很短，一般不超过 $0.5\sim1.0min$，每次排污水量大约为锅炉蒸发水量的 $0.1\%\sim0.5\%$。

锅炉排污总是会损失一些热量和水量，据有关资料报道，排污每增加 1% 就会使燃料消耗量增加 0.3%。所以，应在保证炉水水质的前提下，尽量减少锅炉排污水量。我国规定的锅炉最大排污率，以除盐水或蒸馏水为锅炉补给水的凝汽式电厂为 1%，热电厂为 2%。为了防止锅炉内水渣沉积，锅炉最小排污率不应小于 0.3%。

（2）排污率。就是排污水量占锅炉蒸发水量的百分数，见式（15-32）

$$P = \frac{q_{m,P}}{q_m} \times 100\% \tag{15-32}$$

式中：P 为锅炉排污率，$\%$；q_m 为锅炉蒸发量，t/h；$q_{m,P}$ 为锅炉排污水量，t/h。

因为锅炉的排污水量无法测定，所以排污率难以用式（15-32）计算，而是按水质分析结果进行估算。

当炉水的含盐量或某一化学组分处于稳定状态时，由锅炉的物料平衡关系，可得式(15-33)

$$q_{m,G}S_{GE} = q_m S_B + q_{m,P}S_P \tag{15-33}$$

式中：$q_{m,G}$ 为锅炉给水量，t/h；S_{GE} 为给水中含盐量或某一化学组分含量，mg/kg；S_B 为饱和蒸汽中含盐量或某一化学组分含量，mg/kg；S_P 为排污水中含盐量或某一化学组分含量，mg/kg。其他符号同上。

根据锅炉水量、汽量平衡关系，可得式（15-34）

$$q_{m,G} = q_m + q_{m,P} \tag{15-34}$$

由式（15-32）～式（15-34），可推出式（15-35）

$$P = \frac{S_{GE} - S_B}{S_P - S_{GE}} \times 100\% \tag{15-35}$$

由于 S_B 很小，当以软化水作锅炉补充水时，可将式（15-35）简化为式（15-36）

$$P = \frac{S_{GE}}{S_P - S_{GE}} \times 100\% \tag{15-36}$$

利用式（15-35）计算锅炉排污率有时会带来一些偏差，因为在公式推导中未考虑锅炉采用磷酸盐处理时带来的影响，特别是以除盐水或蒸馏水作补充水时，炉水含盐量很低，炉水投加的磷酸盐在炉水的总含盐量中占的比例相对较大，使计算结果偏低。在这种情况下，如以总含硅量计算，偏差较小。

2. 汽水分离装置

为了保证蒸汽的纯度，通常在汽包内设置高效汽水分离、蒸汽清洗和多孔挡板等装置。在高参数锅炉的汽包内，水汽的流程是：水冷壁管内的汽水混合物由引入管流入汇流箱，然后均匀地进入各个汽水分离器，分离出来的水进入汽包下部水室，而分离出来的蒸汽进入汽包上部的汽空间。进入汽空间的蒸汽先通过蒸汽清洗装置、波形板分离器和多孔顶板，最后由饱和蒸汽引出管引出。这种汽包内部装置可使饱和蒸汽中的湿分 W 降至0.01%～0.05%。

（1）旋风分离器。呈圆筒状，汽水混合物沿着圆筒切线方向进入筒内，利用汽流旋转所产生的离心力，将汽水混合物中的水滴抛向筒壁形成水膜向下流动，水经筒底导叶进入下部托斗，再从托斗侧面孔中流出，进入下部水室。有的是每个旋风分离器设置一个托斗，也有的是几个旋风分离器共同装设一个托斗，托斗的作用是防止筒底排水中带有的蒸汽进入下降管，影响水循环工况。所以一般将旋风分离器筒体的下边缘埋入汽包正常水位下 200mm 处，如图 15-14 所示。

旋风分离器的筒底由圆形底板和导叶片组成。圆形底板的作用是将圆筒中部封住，以防止汽水混合物直接由筒底窜出。导叶片的作用是使水流沿圆筒底部均匀流出。为了防止汽包内水位因水流旋转作用产生倾斜，汽包内左右两侧的旋风分离器应交错布置，使相邻旋风分离器的水流旋转方向相反，保持水位平稳。

旋风分离器筒体上部设有溢流环，其作用是使沿筒体旋转上升的水流通过溢流环溢出。

在旋风分离器筒体上部中心位置还设有波形板分离器，也称顶帽，其作用是把蒸汽携带的水滴进一步分离出来。

（2）挡板、多孔板和波形板分离器。这几种汽水分离器（装置）结构比较简单，大都用于中、低压锅炉；在高压锅炉中，大都是与旋风分离器联合使用。挡板通常设置在汽水混合物的进口处，可垂直布置，也可水平布置。它们是通过改变汽水混合物的流动方向，降低汽水混合物的动能，以减少蒸汽的带水量。

波形板分离器由许多波形钢板平行组装而成，也称百叶窗。蒸汽流进波形板间隙时，在板间迂回曲折流动，依靠弯曲流动产生的离心力将蒸汽流中的小水滴抛至钢板表面形成水膜流入汽包水室。

多孔顶板一般设置在汽包顶部的饱和蒸汽引出管前，利用孔板的节流作用使汽包整个截面上的蒸汽流速均匀，避免因局部汽流速度过高携带大量水滴，孔径一般为10mm左右。

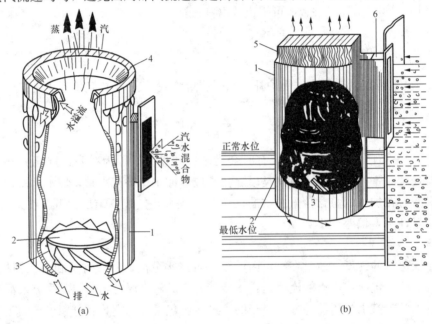

图 15-14　旋风分离器

（a）构造示意图；（b）工作位置示意图

1—筒体；2—筒底；3—导叶；4—溢流环；5—波形板顶帽；6—汽水混合物引入箱

图 15-15 所示为某电厂 600MW 机组亚临界汽包锅炉的汽包内部汽水分离装置，其工作原理是：该汽包内部的内夹套几乎沿整个汽包长度布置，来自水冷壁的汽水混合物先进入汽包的内夹套，然后通过 406 只卧式旋风分离器进行首次汽水分离。当湿蒸汽通过分离器曲线型体时，较重的水颗粒被甩向外侧并通过泄水槽排出，然后通过金属丝网进入汽包水空间。金属丝网可消除排出水的速度，并且可以使水夹带的蒸汽逸出。分离出来的蒸汽从每个分离器的中心孔流出，经钢丝网分离器再次分离后，进入 81 个干燥箱中。蒸汽以很低的速度进入由 W 型波形板组成的干燥箱中，流向发生几次急剧的变化，使夹带的湿蒸汽中的水分黏附于波形板的表面，然后水膜靠重力作用落到汽包下面。分离出的蒸汽流入干燥室，然后通过汽包顶部的蒸汽连接管进入过热器系统。

3. 蒸汽清洗

（1）清洗原理。蒸汽清洗就是让饱和蒸汽通过一个杂质含量很小的清洗水层，使饱和蒸汽所携带的炉水小水滴转入清洗水中，而饱和蒸汽原来溶解携带的杂质将按分配系数重新分配，从而使通过清洗水层的饱和蒸汽中的杂质含量明显降低。

目前采用的蒸汽清洗装置，大都是在汽包的汽空间设置一个水平孔板，将锅炉给水的 $40\%\sim50\%$ 引至水平孔板上，并在孔板上形成一层厚度为 $30\sim50$mm 的清洗水层，从汽水分离器出来的蒸汽，自下而上穿过清洗水层，进入汽包上部的汽空间，然后再经多孔顶板或波形板分离器由蒸汽引出管引出。水平孔板的厚度一般为 $2\sim3$mm，小孔孔径为 $5\sim6$mm，如图 15-16 所示。

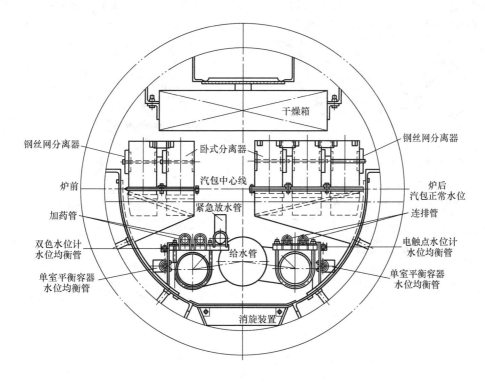

图 15-15　汽包内部汽水分离装置简图

下面分析蒸汽清洗降低蒸汽中杂质含量的原因。

设给水中某物质的含量为 S_{GE}（mg/kg），流出清洗装置时清洗水中该物质的含量为 S'_Q（mg/kg）。清洗水中这一物质的平均含量为

$$S_Q = \frac{1}{2}(S_{GE} + S'_Q) \tag{15-37}$$

清洗前蒸汽中某物质的含量 S'_B 为

$$S'_B = K'S_G \tag{15-38}$$

式中：S_G 为炉水中该物质的含量，mg/kg；K' 为清洗前蒸汽中该物质的总携带系数。

清洗后蒸汽中该物质的含量 S_B 为

$$S_B = KS_Q \tag{15-39}$$

式中：K 为清洗后蒸汽中该物质的总携带系数。

由于 $S_Q \ll S_G$，而 $K = K'$，所以 $S_B \ll S'_B$，说明蒸汽清洗大大降低了蒸汽中杂质的含量，即提高了蒸汽纯度。

（2）清洗效果。清洗装置的清洗效果经常用清洗效率表示，即

$$\eta_Q = \frac{S'_B - S_B}{S'_B} \times 100\%, \% \tag{15-40}$$

清洗效率一般按含硅量或含钠量（$\mu g/kg$）计算，高参数汽包锅炉的清洗效率一般可达到 $60\% \sim 75\%$。清洗效率的大小不仅与清洗水中该物质的含量有关，而且与清洗水量的大小、清洗水层厚度和清洗前蒸汽中该物质的含量有关。

对于亚临界汽包锅炉，由于对全部凝结水进行了精处理，给水水质已很纯净，炉水中的杂质含量非常小，再在汽包内设置清洗装置并不一定能提高蒸汽的纯度，所以，目前在亚临界汽包锅炉中有的已不再设置清洗装置。

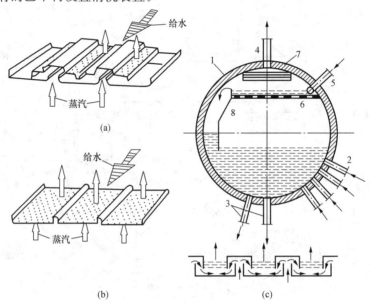

图 15-16　蒸汽清洗设备工作原理示意图
（a）波形板；（b）水平多孔平板；（c）钟罩式
1—汽包；2—汽水混合物上升管；3—下降管；4—饱和蒸汽引出管；
5—给水引入管；6—清洗装置；7—百叶窗分离器；8—清洗后给水

4. 分段蒸发

锅炉分段蒸发是在保证蒸汽质量合格的前提下，尽量提高炉水的含盐量、减少锅炉排污率的一种措施。它通常是将汽包水室用隔板分成三段，汽包中间为第一段（也称净段），汽包两端为第二段（也称盐段）。各段与它相连的上升管和下降管组成独立的循环回路。给水首先进入中间的净段，在此蒸发浓缩后，通过隔板上的连通管流入盐段，作为盐段给水再次蒸发浓缩，所以净段的炉水含盐量比盐段小得多，排污管设置在盐段。这样在排污水量相同的情况下可排出更多的盐量，使炉水水质得到保证，也提高了蒸汽的纯度。

分段蒸发过去是在以软化水作锅炉补充水的中、高压汽包锅炉上采用。目前中、高压锅炉的水处理系统，大部分已不再采用软化水，而是用二级离子交换除盐水，炉水的含盐量已

非常低，分段蒸发已失去意义。所以新设计的中、高压以上的锅炉，已很少再采用分段蒸发。原来为分段蒸发的锅炉，水处理系统由软化改为除盐以后，有的厂已将汽包内分段的隔板卸除。

5. 调整锅炉的运行工况

锅炉的负荷、负荷变化速度和汽包水位等运行工况，对饱和蒸汽的带水量有很大影响，因而也是影响蒸汽纯度的重要因素，即使汽包内部装置很完善也不例外。例如锅炉负荷过大，则由于汽包内蒸汽流速太大，旋风分离器等汽水分离装置负担不了，就会使蒸汽流中的细小水滴不能充分分离出来而影响蒸汽品质。

有时因锅炉的运行工况不当，甚至还会引起"汽水共腾"现象。此时，饱和蒸汽大量带水，蒸汽质量严重劣化，还可能因带水太多而造成过热蒸汽汽温下降。锅炉运行中，若汽包水位过高、锅炉负荷超过临界负荷，都容易引起这种现象。

为了能够保证良好蒸汽品质的锅炉运行工况，应通过专门的试验来确定，这种试验叫汽质试验（常称热化学试验）。也可根据同类机组的运行经验调整运行工况。

热力设备的清洗

热力设备的清洗主要包括锅炉及炉前系统的化学清洗和机组启动前热力系统的水冲洗及锅炉蒸汽吹管。其中，化学清洗（chemical cleaning）是指用化学方法去除水汽系统内部的各种有害沉积物，并使金属表面形成良好钝化膜的过程。它是控制锅炉受热面的结垢和腐蚀，保证火力发电机组安全、经济运行的必要措施。本章以化学清洗为重点，介绍热力设备的上述各种清洗工艺。

第一节　热力设备清洗的必要性和范围

一、新建锅炉清洗的必要性和范围

锅炉在制造、储运和安装过程中，不可避免地会形成氧化皮、腐蚀产物及焊渣，并带入砂子、尘土、水泥和保温材料碎渣等含硅杂质。管道在加工成型时，有时使用含硅、铜的冷热润湿剂，或在热弯管时灌砂，都可能使管道内残留含硅、铜的杂质。此外，设备在出厂时还可能涂覆有油脂类的防腐剂。锅炉投运时若不去除这些脏污物，就可能产生下列危害：

（1）锅炉启动时，汽水品质长期不合格，使机组启动时间延长。

（2）在锅炉内的水中形成碎片或沉渣，堵塞炉管，破坏正常的汽水流动工况。

（3）直接妨碍炉管管壁的传热或者导致水垢的产生，使炉管金属过热和损坏。

（4）促使锅炉在运行中发生沉积物下腐蚀，以致炉管变薄，甚至发生穿孔和爆管。

因此，目前新建锅炉在启动前一般都要进行化学清洗。根据 DL/T 794—2012《火力发电厂锅炉化学清洗导则》的规定，新建锅炉的清洗范围如下：

（1）直流炉和过热蒸汽出口压力为 9.8MPa 及以上的汽包炉，在投运前必须进行化学清洗；压力在 9.8MPa 以下的汽包炉，当垢量小于 $150g/m^2$ 时，可不进行酸洗，但必须进行碱洗或碱煮。

（2）过热器垢量或腐蚀产物量大于 $100g/m^2$ 时，可选用化学清洗；再热器一般不进行化学清洗，出口压力为 17.4MPa 及以上锅炉的再热器可根据情况进行化学清洗。但是，对过热器和再热器进行化学清洗，都应有防止立式管产生气塞和腐蚀产物在管内沉积的有效措施，应保持管内清洗流速在 0.2m/s 以上，并且应避免管壁在清洗中发生应力腐蚀。

（3）200MW 及以上新建机组的凝结水及高压给水系统，垢量小于 $150g/m^2$ 时，可采用流速大于 0.5m/s 的水冲洗；垢量大于 $150g/m^2$ 时，应进行化学清洗。600MW 及以上机组的凝结水及给水管道系统至少应进行碱洗，凝汽器、低压加热器和高压加热器的汽侧及其疏水系统也应进行碱洗或水冲洗。

二、运行锅炉清洗的必要性和范围

锅炉投运后，即使有十分完善的给水处理和合理的炉水处理，仍然不可避免地会有结垢性物质进入给水系统，而热力系统本身也会产生一定的腐蚀产物。这些杂质在炉管内形成水垢或附着物，影响炉管的传热和水汽流动特性，加速炉管的腐蚀和损坏，污染蒸汽，危害机组正常运行。因此，锅炉运行一定时间后，也有必要进行化学清洗。

运行锅炉的化学清洗应根据锅炉类型、运行参数、燃料品种、补给水质以及内部的实际脏污程度等因素来决定。根据 DL/T 794—2012 的规定，运行锅炉的清洗范围如下：

（1）在大修时或大修前的最后一次检修时，应割取水冷壁管，测定垢量（测定方法详见 DL/T 794—2012 附录 A）。当水冷壁管内的垢量达到表 16-1 规定的范围时，应安排化学清洗。当运行水质和锅炉运行出现异常时，经技术分析可安排清洗。当锅炉清洗间隔年限达到表 16-1 规定的条件时，可酌情安排化学清洗。

表 16-1　　　　　确定运行锅炉需要化学清洗的条件（DL/T 794—2012）

炉　型	汽　包　锅　炉				直流炉
主蒸汽压力（MPa）	<5.9	5.9～12.6	12.7～15.6	>15.6	—
垢量（g/m²）	>600	>400	>300	>250	>200
清洗时间间隔（年）	10～15	7～12	5～10	5～10	5～10

注　表中的垢量是指在水冷壁垢量最大处、向火侧 180° 部位割管取样测定的垢量。

（2）以重油或天然气为燃料的锅炉和液态排渣汽包锅炉，应按表 16-1 提高一级参数（主蒸汽压力）的垢量确定化学清洗，一般只需清洗锅炉本体。蒸汽通流部分的化学清洗，应按实际情况决定。一旦发生因结垢而导致水冷壁管爆管或蠕胀时，应立即进行清洗。

（3）当过热器或再热器垢量超过 $400g/m^2$，或者发生氧化皮脱落造成爆管事故时，可进行酸洗，但应有防止晶间腐蚀、应力腐蚀和沉积物堵管的技术措施。

第二节　化学清洗常用药剂

化学清洗最重要的工艺步骤是酸洗，酸洗常用的药剂包括清洗剂（酸）、缓蚀剂和其他添加剂。

一、清洗剂

盐酸、氢氟酸、柠檬酸、EDTA、硫酸、硝酸等，均可作为清洗剂，但目前常用的主要是盐酸、柠檬酸和 EDTA。

1. 盐酸

盐酸能与许多水垢反应生成易溶的氯化物，所以它不仅能将各种水垢和沉积物溶解，而且能将附着物剥落下来。其反应如下

$$CaCO_3 + 2HCl \longrightarrow CaCl_2 + H_2O + CO_2 \uparrow$$

$$MgCO_3 + Mg(OH)_2 + 4HCl \longrightarrow 2MgCl_2 + 2H_2O + CO_2 \uparrow$$

$$FeO + 2HCl \longrightarrow FeCl_2 + H_2O$$

$$Fe_2O_3 + 6HCl \longrightarrow 2FeCl_3 + 3H_2O$$

$$Fe_3O_4 + 8HCl \longrightarrow FeCl_2 + 2FeCl_3 + 4H_2O$$

$$Fe + 2HCl \longrightarrow FeCl_2 + H_2 \uparrow$$

（氧化皮中的金属铁）

反应中生成的气体 CO_2、H_2 有利于对附着物的剥落。

金属表面上的各种腐蚀产物和沉积物被盐酸的水溶液溶解和剥落以后，金属基体便裸露出来，这时会发生金属的酸腐蚀，清洗液中 Fe^{3+} 浓度较高时还会产生点蚀。其反应如下

$$Fe + 2HCl \longrightarrow FeCl_2 + H_2 \uparrow$$

$$Fe + 2FeCl_3 \longrightarrow 3FeCl_2$$

所以，用盐酸的水溶液进行化学清洗时，必须加入一定量的缓蚀剂及还原剂或络合剂，以抑制上述反应。

盐酸清洗速度快、价格便宜且废液容易处理，是目前应用最多的一种清洗剂。但盐酸也有它的缺点：一是不宜清洗奥氏体不锈钢，故清洗范围一般只限于汽包锅炉本体；二是对硅垢的溶解能力差，必须加入一定量的氟化物，以提高除硅垢的能力。

2. 柠檬酸

柠檬酸学名 2-羟基丙烷-1,2,3 三羧酸，是一种有机酸和络合剂，可缩写为 H_3L。柠檬酸的解离程度与 pH 值有关。当 $pH \leqslant 2$ 时，呈结合柠檬酸（H_3L）形式存在；当 $pH = 3.5$ 时，结合柠檬酸只占 20%，一价阴离子柠檬酸（H_2L^-）占 71%，二价阴离子柠檬酸（HL^{2-}）占 9%。

因为柠檬酸不含氯离子，所以不会引起奥氏体不锈钢的应力腐蚀开裂，可用于炉前系统和过热器及直流锅炉本体的清洗。

柠檬酸与 Fe_3O_4 反应较慢，与 Fe_2O_3 反应生成溶解度较小的柠檬酸铁，易产生沉淀。所以在用柠檬酸作清洗剂时，要在清洗液中加氨，将溶液的 pH 值调至 3.5～4.0。因为，在这样的条件下，清洗溶液的主要成分是柠檬酸单氨，在这种溶液中铁离子会生成易溶的络合物，可得到较好的清洗效果。这时清洗液中发生的主要化学反应为

$$Fe_3O_4 + 3NH_4H_2C_6H_5O_7 \longrightarrow NH_4FeC_6H_5O_7 + 2NH_4(FeC_6H_5O_7OH) + 2H_2O$$

$$Fe + NH_4H_2C_6H_5O_7 \longrightarrow NH_4FeC_6H_5O_7 + H_2$$

实践表明，当用柠檬酸作清洗剂时，为防止产生柠檬酸铁沉淀，应保证以下工艺条件：

（1）柠檬酸溶液应有足够的浓度，不能小于 1%，常用 2%～4%。

（2）温度为 90～98℃，最低时不得低于 85℃，且清洗过程中不应突然降低温度。

（3）将清洗液的 pH 值调控在 3.5～4.0 的范围内。

（4）清洗流速一般采用 0.6m/s，最高可用 1.0m/s。

（5）在保证沉积物能清除的条件下，可采用最短的时间（3～4h），一般不得超过 6h。

（6）为了避免清洗废液中胶态柠檬酸铁络合物附着到金属表面上，形成很难冲洗掉的有色膜，在清洗结束后，还必须采用热水或柠檬酸单氨的稀溶液来置换清洗废液，而不能将热的柠檬酸清洗废液直接放空。

用柠檬酸清洗具有以下优点：铁离子能与其生成易溶的络合物，清洗中不会形成大量的悬浮物和沉渣；对金属基体的侵蚀性小，对奥氏体不锈钢安全性高，可采用较高流速。因此，它可用来清洗受热面大、管径小、结构复杂的高参数、大容量机组的炉本体系统和炉前

系统。其缺点是：药品较贵，除垢能力较盐酸差，对铜垢、钙镁垢以及硅垢溶解能力较差，清洗过程要求较高的温度与流速，需要大容量酸洗泵。

3. EDTA

乙二酸四乙胺（EDTA）是一种四元有机弱酸。它本身难溶于水，但当羧基上的氢被 Na^+ 或 NH_4^+ 取代后，则其水溶性增强，所以其溶解度随溶液 pH 值升高而增大。EDTA 与水垢中常见的 Fe^{2+}、Fe^{3+}、Cu^{2+}、Ca^{2+}、Mg^{2+} 等金属离子均可形成络合比为 1：1 的稳定、易溶的络合物。这些络合物稳定的共同 pH 值范围是 7.0～10.5。

EDTA 清洗有 EDTA 铵盐和 EDTA 钠盐两种工艺。目前，通常采用 EDTA 铵盐清洗工艺，但对于压力不大于 15.6MPa 的锅炉也可采用 EDTA 钠盐清洗。按清洗温度的不同，EDTA 铵盐清洗又分为高温 EDTA 清洗(120～140℃，pH＝8.5～9.5)和低温 EDTA 清洗(85～95℃，初始 pH＝4.5～5.5)两种工艺。显然，低温 EDTA 清洗与以前常用的 EDTA 钠盐清洗工艺类似，都可称为协调 EDTA 清洗，其特点是：利用 EDTA 络合除垢原理，清洗从弱酸性开始，随着氧化铁垢的不断溶解，清洗液的 pH 值逐渐升高，最后以钝化 pH 值结束清洗，从而实现了除垢和钝化的一步完成。

EDTA 清洗的效果主要取决于清洗液的 EDTA 浓度、pH 值、温度和流速，以及缓蚀剂和其他添加剂，下面主要针对协调 EDTA 清洗进行讨论。

（1）EDTA 浓度。如果 EDTA 初始浓度过高，其过剩浓度必然较高，这不仅增加回收负担，而且可能使低温 EDTA 清洗后期 pH 值偏低（小于 8），从而影响钝化效果；反之，如果 EDTA 初始浓度不足，其过剩浓度可能过低，这将使清洗后期 pH 值过高（特别是大于 11 时），导致络合物解离、生成 $Fe(OH)_3$ 沉淀，从而失去除垢能力。因此，EDTA 清洗必须控制在一个适当的过剩 EDTA 浓度（0.5%～1.0%）范围内。

（2）pH 值。如上所述，初始 pH 值过高，可能影响除垢效果；而初始 pH 值过低，又可能达不到钝化 pH 值（低温 EDTA 清洗）。因此，应将清洗液的初始 pH 值控制在一个适当的范围内。

（3）温度和流速。一般情况下，提高清洗液的温度有利于提高清洗能力。但是，随着温度的升高，锅炉钢在 EDTA 溶液中的腐蚀速度迅速增大，温度超过 140℃时 EDTA 还会发生热分解。因此，EDTA 清洗的温度一般应控制在 140℃以下。保持一定的清洗液流速可使清洗液的温度、成分均匀，使药品得到充分利用，并且可根据对清洗液的分析比较准确地判断清洗终点。但是，流速过高会加速金属基体的腐蚀。因此，通常只要求 EDTA 清洗的流速不低于 0.3m/s。

（4）缓蚀剂及其他助剂的选择。在 EDTA 清洗，特别是高温 EDTA 清洗过程中，清洗液中的 EDTA、Fe^{3+} 等对锅炉钢具有较强的腐蚀性，必须在清洗液中添加适当的缓蚀剂及其他助剂。在 EDTA 清洗中常用的缓蚀剂和其他助剂主要有 TPRI-6、Lan-826 等有机复配缓蚀剂，以及乌洛托品、硫脲、N_2H_4、MBT 等单体。由于这些药剂在单独使用时都难以保证理想的保护效果，目前 EDTA 清洗中往往是多种成分复合使用。

EDTA 清洗的突出优点是可用同一介质实现除垢和钝化，所以工艺程序少、工期短、用水量小。但是，其药品价格高，清洗温度较高，配药和回收工作量大。

二、缓蚀剂

在腐蚀介质中少量添加就能大大降低金属腐蚀速度的药剂称为缓蚀剂。缓蚀剂的缓蚀效

果常用缓蚀率（I）来表示

$$I = \frac{v_0 - v_1}{v_0} \times 100\%$$

式中：v_0 和 v_1 分别为未加缓蚀剂时和加入缓蚀剂后金属的腐蚀速度。

化学清洗的缓蚀剂应满足下列要求：①有良好的缓蚀性能，保证清洗中金属的腐蚀速度 $<8g/(m^2 \cdot h)$，不发生明显的点蚀等局部腐蚀，并且有利于防止氢脆；②不影响清洗剂的清洗能力；③无毒性，使用安全方便，并且清洗废液排放以后不污染环境。

在实际的化学清洗中所用的缓蚀剂通常为复合缓蚀剂，其主要成分一般是含氮、硫等原子的有机化合物。部分盐酸和柠檬酸的缓蚀剂及其性能分别见表 16-2 和表 16-3。

表 16-2　　　　　　　　　　国产大型锅炉盐酸酸洗缓蚀剂性能

缓蚀剂种类			IS-129	IS-156	7793	801	抚顺若丁	IMC-5	TPRI-1
静态腐蚀速度[1][g/(m²·h)]			0.43~0.65	0.2~0.22	0.47~0.52	0.58~0.65	0.66~0.70	20 号钢、15CrMo<1 Π11 1.71 F11<1.8	0.54
缓蚀率(%)			98.1~97.1	99	97.73~98	97.2~97.4	97.13~97	99	97.5
不同铁离子浓度下的腐蚀速度[2][g/(m²·h)]	铁离子浓度(mg/L)	0	0.42	0.44	0.38	0.63	0.68	0.9[3]	
		100	0.76	0.76	0.81	0.76	0.82	1.4	
		300	1.33	1.45	1.24	1.33	1.30	2.2	
		500	1.85	2.11	1.80	1.65	2.07	3.3	
		1000	3.25	3.14	3.24	—	3.27	5.0	4.06
出现局部腐蚀的 Fe^{3+} 浓度(mg/L)			>1000 时有点蚀		>500 时有点蚀			>1000 时有点蚀	

① 试验温度为 $50℃ \pm 5℃$，钢材为 20 号钢，浸泡 6h。
② 试验温度为 $50℃ \pm 2℃$，钢材为 20 号钢，浸泡 6h。
③ 试验温度为 50℃，在 6%HCl 溶液中加入 0.2%IMC-5，钢材为 20 号钢。

表 16-3　　　　　国产柠檬酸酸洗缓蚀剂的性能（以 20 号钢为试验对象）

缓蚀剂及其添加量		腐蚀速度[g/(m²·h)]	缓蚀率（%）
硫脲	0.1%	9.75	88.2
邻二甲苯硫脲（分析纯）	0.12%	2.9	96.7
若丁	0.12%	0.53	99.3
工业邻二甲苯硫脲	0.12%	0.80	99.1

三、添加剂

在锅炉化学清洗中，为了提高清洗效果，常加入一定量的还原剂、助溶剂及表面活性剂等。例如，为了抑制清洗液中 Fe^{3+} 对金属基体的腐蚀，必须控制 $Fe^{3+} < 300mg/L$，为此，常加入氧化亚锡，以降低清洗液中 Fe^{3+} 的浓度，其反应为 $2Fe^{3+} + Sn^{2+} \longrightarrow 2Fe^{2+} + Sn^{4+}$，故称它为还原剂；为了清除硅酸盐水垢，可加入 $0.2\% \sim 0.3\%$ 的氟化钠或氟化铵，氟化物在清洗液中生成氢氟酸（HF），还与 Fe^{3+} 有络合作用，可以使溶液中的 Fe^{3+} 浓度很小，促

进氧化铁的溶解，所以称它为助溶剂。在清除含铜量高的沉积物时，清洗液中的 Cu^{2+} 浓度较高，这时 Cu^{2+} 与金属铁发生置换反应 $Fe+Cu^{2+}\longrightarrow Fe^{2+}+Cu$，从而在金属铁的表面上产生镀铜现象，也加速了铁的腐蚀。为此，可加入少量的铜离子络合剂，如硫脲、NH_3 等，将 Cu^{2+} 掩蔽起来，故称它们为掩蔽剂。有时为了提高清洗效果，加入少量的表面活性剂，它们都是有机化合物，其分子由极性基（如—OH、—COOH、COO^-、NH_3^+ 等）和非极性基（碳氢基）两部分组成。由于极性基是亲水的，非极性基是憎水的，所以它能够在固—液界面上定向排列，降低水的表面张力，从而起到润湿、加溶和乳化作用。

第三节　化学清洗的工艺过程

一、清洗条件

1. 清洗方式

目前，热力设备的化学清洗一般都采用动态清洗方式。动态清洗不仅有利于各部位的清洗液浓度、温度、流速保持均匀，而且有利于加速对金属表面腐蚀产物及各种沉积物的溶解和剥落，所以清洗时间短，清洗效果好。

2. 清洗介质

清洗介质的选择是保证化学清洗效果的关键，应根据清洗机组的参数、设备结构、材质型号、脏污程度、清洗介质特性、国内外有关经验和相关法规，经过技术经济比较合理选择。

3. 清洗工艺参数

这里主要是确定合理的清洗液温度、浓度、流速和清洗时间等。一般清洗液的温度、浓度、流速越高，对金属表面各种沉积物的溶解也越快，但缓蚀剂的缓蚀性能却下降了；清洗时间应根据小型试验数据、同类机组的经验及监测结果确定，一般不应超过 $6\sim8h$。

4. 加药方式

目前有三种加药方式：一是在清洗回路充水后，一边循环，一边用清洗泵或喷射器向清洗回路中注入各种事先认定的清洗药剂；二是先在溶液箱内配制好，然后用清洗泵打入清洗系统，这要求有足够容量的溶液箱；三是在开路清洗时，用计量泵直接注入清洗泵入口侧。选择哪一种加药方式，应视现场条件而定。

5. 热源、水源和监测

清洗液的加热升温，通常是在清洗箱内设置蒸汽加热器。加热升温所需要的加热蒸汽至少应作粗略估算，即加热蒸汽的耗量应包括清洗液的吸热量、被清洗金属的吸热量和清洗系统的散热量。然后根据清洗系统的散热量计算所需要补充的加热蒸汽量、加热器的传热面积和加热蒸汽的管径等。

在清洗过程中会耗用大量的除盐水或清水，应对化学制水能力、储水容量及耗水量进行平衡计算，以确保有充足的水源。

化学清洗中需要监测的垢样管段、腐蚀指示片、取样点、分析仪表等，均应一一落实。

化学清洗中的监督项目见 DL/T 794—2012 中表 8 的规定。

6. 计算药剂用量

化学清洗所用的药量可根据选用的清洗剂种类、沉积物特性和数量、清洗系数（或络合比）及清洗液体积来计算，同时还要考虑一定的药剂富裕系数。例如用盐酸清洗氧化铁垢时，盐酸用量 q_{HCl} 可按式（16-1）计算

$$q_{HCl} = \alpha k G \times \frac{c\rho}{c_1\rho_1} \tag{16-1}$$

式中：G 为被清洗氧化铁垢量，kg；c 为采用清洗酸液的浓度，%；ρ 为采用清洗酸液的密度，取 $980 kg/m^3$；c_1 为工业盐酸的浓度，%；ρ_1 为工业盐酸的密度，kg/m^3；k 为清洗系数，取 1.37，即清洗 1kg 氧化铁垢所需盐酸 1.37kg；α 为富裕系数。

如用 EDTA 作清洗剂，而且 EDTA 与金属离子的络合比为 1：1 时，EDTA 的用量 q_{EDTA} 按式（16-2）计算

$$q_{EDTA} = (1.5\%Q + 3.8G) \times 1.2 \tag{16-2}$$

式中：q_{EDTA} 为洗炉所需 EDTA 总量，t；1.5% 为洗炉结束时需维持 EDTA 过剩浓度（根据试验确定）；Q 为锅炉正常运行水位的溶液体积；3.8 为 Fe_3O_4 与 EDTA1：1 络合换算系数；G 为垢的质量，t；1.2 为药剂富裕系数。

如用柠檬酸作清洗剂，柠檬酸清洗用药量按式（16-3）计算

$$q_{H_3C_6H_5O_7} = k(1+\alpha)Fe_t \tag{16-3}$$

式中：$q_{H_3C_6H_5O_7}$ 为柠檬酸清洗用药量，t；Fe_t 为由割管检查估算整台锅炉应清出的总垢量，以铁离子计，t；k 为柠檬酸与铁离子的络合比值，取 3.5；α 为柠檬酸过剩量系数，一般取 0.01。

二、清洗系统

1. 确定清洗泵

在清洗系统中，清洗泵（acid pickling pump）是关键设备，它必须有足够的流量和扬程才能保证清洗管路事先选定的流量和流速。一般设置两台，互为备用。

清洗泵的最大流量 Q（m^3/h）按式（16-4）计算

$$Q = 3600S_{max}v \tag{16-4}$$

$$S_{max} = (\pi/4)\sum d_i^2$$

式中：S_{max} 为清洗回路中的最大流通截面积，m^2；v 为清洗回路的最大流速，m/s；d_i 为循环回路中单一管内径，m。

清洗泵的最低扬程 H 按式（16-5）计算

$$H = \Delta p_{max} + \Delta H + \Delta p', Pa \tag{16-5}$$

式中：ΔH 为汽包液位与清洗溶液箱液位之差，Pa；$\Delta p'$ 为进液管上流量孔板（或喷嘴）的阻力损失，Pa；Δp_{max} 为清洗回路中的最大阻力，Pa。

式（16-5）中，Δp_{max} 按水利学公式计算

$$\Delta p_{max} = \sum\left(1 + \xi + L\frac{\lambda}{d}\right)\frac{\rho v^2}{2g} \tag{16-6}$$

式中：ξ 为回路中局部阻力系数；L 为管长，m；λ 为单位长度摩擦阻力系数；d 为管内径，m；ρ 为管内液体密度，$1000kg/m^3$；v 为管内流速，m/s；g 为重力加速度，$9.8m/s^2$。

2. 蒸汽加热热源的计算

在化学清洗过程中，为了提高清洗效果，缩短清洗时间，往往需对清洗液、漂洗液、钝

化液进行加热，提高温度。加热器分表面式加热器和混合式加热器。热源可用电，也可用蒸汽，后者更方便。

当用表面式加热器时，需进行以下计算：

（1）被加热介质的吸热量 Q_1 按式（16-7）计算

$$Q_1 = V\Delta t c_1 \rho \tag{16-7}$$

式中：Q_1 为介质的吸热量，J；V 为清洗系统的容积，m^3；Δt 为被加热液体最终温度与初始温度之差，K；c_1 为水的比热容，J/（kg·K）；ρ 为水的密度，取值 $1000kg/m^3$。

（2）被加热金属吸热量 Q_2 按式（16-8）计算

$$Q_2 = G\Delta t c_2 \tag{16-8}$$

式中：Q_2 为金属吸热量，J；G 为金属总质量，kg；c_2 为金属比热容，取值 0.502×10^3 J/（kg·K）；Δt 为被加热液体最终温度与初始温度之差，K。

（3）系统散热量 Q_3 按式（16-9）计算

$$Q_3 = D\Delta t c_1 \tag{16-9}$$

式中：Q_3 为系统散热量，J/h；D 为 1h 清洗液循环量，kg/h；Δt 为被加热液体最终温度与初始温度之差，K。

（4）补充系统散热所需汽量 D_n 按式（16-10）计算

$$D_n = \frac{Q_3}{h'' - h_H} \tag{16-10}$$

式中：D_n 为系统散热所需补充汽量，kg/h；Q_3 为系统散热量，J/h；h'' 为加热蒸汽比焓，J/kg；h_H 为 9.8×10^7 Pa 以下饱和水的比焓，J/kg。

（5）表面式加热器传热面积 S。为便于制作，表面式加热器可做成排管式，放置于清洗箱内，这种"储液器"型的加热器传热面积 S 按式（16-11）计算

$$S = \frac{Q_3}{k\Delta t_{CP}} \tag{16-11}$$

式中：S 为表面式加热器传热面积，m^2；Q_3 为系统散热量，J/h；k 为放热系数，W/（m^2·K）（低压蒸汽取 500～600；热水取 280～300）；Δt_{CP} 为加热工质与被加热介质的平均温度，K。

（6）汽耗量 G 按式（16-12）计算

$$G = \frac{Q_3}{h_0 - h_k} \tag{16-12}$$

式中：G 为汽耗量，kg/h；Q_3 为维持循环液温需补充的加热量，J/h；h_0 为加热蒸汽初焓，J/kg；h_k 为加热蒸汽终焓，J/kg。

当采用混合式加热器时，一般是蒸汽直接从钢管上的孔眼喷出，并与被加热介质混合。孔眼直径一般为 5mm，小孔开孔数为 100～120 个，孔眼总面积应为进汽管截面积的 2～3 倍。混合式加热器通常安装在循环清洗泵出口总管上，设计压力为 1.57MPa，设计温度为 320℃。混合式加热器所需的蒸汽量 G 按式（16-13）计算

$$G = \frac{Q_3}{h_0 - h_H} \tag{16-13}$$

式中：G 为混合式加热器所需的蒸汽量，kg/h；Q_3 为系统散热热量，J/h；h_0 为加热蒸汽

初焓，J/kg；h_H 为加热蒸汽终焓，J/kg。

3. 划分清洗回路

由于现代大型亚临界和超临界机组水容量大，管路复杂，而清洗泵的流量和扬程及清洗溶液箱的容积总是有限的，所以清洗时往往将清洗液的流通部分划分为几个回路。为了避免将炉前系统的脏物带入锅炉本体，一般将炉前系统和锅炉本体及过热器和再热器分开清洗。锅炉本体（省煤器、水冷壁、启动分离器和储水罐）清洗时，可根据情况再划分为几个回路。

4. 系统隔离

隔离本次不拟清洗的设备、部件及表计。在隔离过热器时，可将过热器内充满脱氧除盐水或 pH 值大于 10.0 的联氨保护液，也可用特制的塞子将汽包内的蒸汽引出管口堵塞。

三、化学清洗步骤

锅炉的化学清洗工艺一般包括以下几步：水冲洗、碱洗（或碱煮）、碱洗后水冲洗、酸洗、酸洗后水冲洗、漂洗、钝化。

1. 水冲洗

化学清洗前先用工业水大流量冲洗，以除去那些可以被冲掉的脏物，减小酸洗阶段的负担。当冲洗到出水透明无脏物时，改用除盐水冲洗。为保证水冲洗效果，冲洗水的流速为 $0.5\sim1.5m/s$。如有奥氏体不锈钢部件的设备，应使用氯离子含量小于 $0.2mg/L$ 的除盐水冲洗。

2. 碱洗（或碱煮）

碱洗是用碱溶液清洗，碱煮是在汽包内加碱溶液后，锅炉点火升温进行碱煮。碱洗（或碱煮）的目的是除去在制造和安装过程中，制造厂家涂盖的防锈剂和油污及硅化合物。碱洗（或碱煮）所用的药剂一般是一些碱性化合物（如 Na_2CO_3、Na_3PO_4、$NaOH$ 等）和表面活性剂。碱溶液要用除盐水配制，并加热升温至 $70\sim95℃$，一边循环，一边清洗，循环清洗时间为 $8\sim24h$，检查水质合格后进行水冲洗，然后立即转入酸洗。

如运行锅炉的沉积物中含铜较多，可采用氨洗法，其工艺条件是：$1.3\%\sim1.5\%NH_3\cdot H_2O$，$0.5\%\sim0.75\%$（$NH_4$）$_2S_2O_8$，温度为 $25\sim30℃$，氨洗时间为 $1.0\sim1.5h$。氨洗后用除盐水冲洗，一直到水质澄清，$pH\leqslant8.4$。

过硫酸铵的作用是将金属铜氧化变为氧化铜，再与氨络合，具体氧化反应为

$$(NH_4)_2S_2O_8+H_2O\longrightarrow2NH_4HSO_4+[O]$$
$$Cu+[O]\longrightarrow CuO$$
$$CuO+H_2O+4NH_3\longrightarrow[Cu(NH_3)_4]^{2+}+2OH^-$$

对于新建锅炉，如在酸洗液中添加 $300\sim500mg/L$ 增润剂、$30\sim50mg/L$ 消泡剂、$500\sim1000mg/L$ 还原剂或酸洗后期添加 $1000\sim2000mg/L$ 氟化物，可省去碱洗工艺。

碱洗、碱煮时药液的控制温度、时间和控制条件见 DL/T 794—2012 中表 6 的规定。

3. 酸洗

按事先确定好的药剂方案，不断将酸和缓蚀剂加入清洗系统，一边循环清洗，一边切换系统，总清洗时间盐酸为 $6\sim8h$。检测合格后用氮气或除盐水顶排废的清洗液，并再用除盐水冲洗，一直冲洗到排水 $pH=4\sim4.5$，$Fe^{2+}<50mg/L$，电导率 $<50\mu S/cm$，然后转入漂洗。

4. 漂洗

漂洗的目的是利用柠檬酸的络合作用，除去酸洗后水冲洗时生成的二次铁锈，以保证钝化效果。

漂洗一般采用浓度为 0.1%～0.3% 的柠檬酸溶液，并加 0.1% 缓蚀剂，加氨水调整 pH 值至 3.5～4.0 后进行漂洗。溶液温度维持在 75～90℃，循环 2h 左右。漂洗液中总铁量应小于 300mg/L，若超过该值，应用热的除盐水更换部分漂洗液至铁离子含量小于该值及加氨调节 pH＝9～10 后，方可进行钝化。

5. 钝化

钝化的目的是利用钝化剂，在活泼的金属表面上生成一层稳定的保护膜。目前用的钝化剂有联氨水溶液（300～500mg/L）、双氧水（0.3%～0.5% H_2O_2）及亚硝酸钠（1.0%～2.0%）等。

常用的酸洗工艺和钝化工艺的控制条件见表 16-4 和表 16-5。

表 16-4 **常用酸洗工艺的控制条件（DL/T 794－2012）**

工艺名称	介质浓度	添加药品	温度 (℃)	流速 (m/s)	时间 (h)
盐酸清洗	4%～7% HCl	0.3%～0.4%缓蚀剂 0.1%～0.2%还原剂	50～60	0.2～1.0	4～6
柠檬酸清洗	2%～8%柠檬酸 pH=3.5～4.0 (NH₃)	0.3%～0.4%缓蚀剂 800mg/L N_2H_4	85～95	0.3～1.0	≤24h
高温EDTA清洗	4%～10% EDTA pH=8.5～9.5(NH₃)	0.3%～0.5%缓蚀剂 0.3%乌洛托品	120～140	≥0.3	≤24h
低温EDTA清洗	3%～8% EDTA 初始 pH=4.5～5.5(NH₃)	1500～2000mg/L N_2H_4 0.03% MBT	85～95	≥0.3	≤24h

表 16-5 **钝化工艺的控制条件（DL/T 794－2012）**

序号	钝化工艺名称	药品名称	钝化液浓度	钝化液温度 (℃)	钝化时间 (h)
1	过氧化氢	H_2O_2	0.3%～0.5% pH=9.5～10.0	45～55	4～6
2	EDTA充氧钝化	EDTA、O_2	游离 EDTA 0.5%～1.0% pH=8.5～9.5 氧化还原电位－700mV(SCE)	60～70	氧化还原电位升至 －200～－100mV (SCE)终止
3	丙酮肟	$(CH_3)_2CNOH$	500～800mg/L pH≥10.5	90～95	≥12
4	乙醛肟	CH_3CHO	500～800mg/L pH≥10.5	90～95	12～24
5	磷酸三钠	$Na_3PO_4 \cdot 12H_2O$	1%～2%	80～90	8～24
6	联氨	N_2H_4	常压处理法 300～500mg/L，用氨水调节 pH 值至 9.5～10.0	90～95	>24
7	亚硝酸钠	$NaNO_2$	1.0%～2.0%，用氨水调节 pH 值至 9.0～10.0	50～60	4～6

第四节　超临界机组启动阶段的化学监督

对于新建或长时间停运的超临界机组，其水汽系统内部不可避免地会产生一些腐蚀产物、硅化合物等杂质，即使是在化学清洗之后，水汽系统中也仍存在少量杂质。由于直流锅炉没有排污功能，如果在机组启动时，不将这些杂质除去，必然影响水汽品质，导致热力设备的腐蚀、结垢和积盐。因此，为了防止这些故障的发生，新机组或停运时间超过150h以上的运行机组，启动前必须对锅炉进行水冲洗，包括冷态冲洗和热态冲洗。对于新建机组，水冲洗是机组整套启动前的一项准备工作；除了水冲洗，在整套启动前还必须进行蒸汽吹管，在整套启动过程中应逐步提高机组负荷（蒸汽压力）进行"洗硅"运行，以清除系统内的硅化合物，保证相应压力下蒸汽含硅量符合要求。为了做好上述工作，化学监督工作是非常重要的。本节主要针对超临界机组启动过程，按先后顺序介绍和分析机组启动阶段的上述冲洗过程及水质品质的化学监督要点。

一、冷态冲洗

冷态冲洗就是在直流锅炉点火前，用除盐水（或凝结水）冲洗包括凝汽器、低压加热器、除氧器、高压加热器、省煤器、水冷壁、启动分离器和储水罐在内的水汽系统设备和相关输水管道。冲洗过程可按凝结水泵出口、5号低压加热器排放口、除氧器出口、高压加热器出口、汽水分离器储水罐出口的顺序逐级开式排放冲洗和闭式循环冲洗，逐步扩大冲洗范围。但是，必须保证在每个冲洗阶段水质合格后，方可进行下一阶段的冲洗。某超临界机组整套启动前冷态冲洗化学监督指标列于表16-6。

表16-6　　　　　某超临界机组整套启动前冷态冲洗化学监督指标

取样部位	项目	单位	标准
凝结水泵出口	硬度	$\mu mol/L$	$\leqslant 2$
	铁	$\mu g/L$	$\leqslant 1000$
除氧器出口	pH值(25℃)		$9.0\sim9.5$
	铁	$\mu g/L$	$\leqslant 200$
省煤器入口	联氨	$\mu g/L$	$10\sim50$
	pH值(25℃)		$9.0\sim9.5$
	铁	$\mu g/L$	$\leqslant 50$
	硬度	$\mu mol/L$	≈0
	电导率	$\mu S/cm$	$\leqslant 1$
汽水分离器储水罐	铁	$\mu g/L$	$\leqslant 100$

1. 凝结水和低压给水系统的冲洗

首先，对凝结水补水箱、凝汽器热井、除氧给水箱进行彻底的人工清理；然后，按下面流程进行凝结水和低压给水系统的冲洗。

冲洗流程：除盐水泵→凝汽器（→机组排水槽）→凝结水泵→前置过滤器→高速混床→轴加→低压加热器及其旁路（→5号低压加热器排放口→机组排水槽）→除氧器（→给水箱放空水管→机组排水槽）→除氧器溢放水管→凝汽器。

低压加热器系统的冲洗应先走旁路，后走低压加热器水侧。当凝结水及除氧器出口水含铁量大于 $1000\mu g/L$ 时，采取排放冲洗方式，凝结水精处理系统走旁路；当冲洗至精处理入口水含铁量小于 $1000\mu g/L$ 时，将冲洗水返回凝汽器，采取循环冲洗方式，投入凝结水精处理前置过滤器，高速混床走旁路；当冲洗至精处理入口水含铁量小于 $500\mu g/L$ 时，投入凝结水精处理前置过滤器和高速混床；当冲洗至除氧器出口水含铁量小于 $200\mu g/L$ 时，冲洗结束。

2. 高压给水系统及锅炉本体的冲洗

凝结水和低压给水系统的冲洗结束后，投入除氧器蒸汽加热，保持冲洗水温度为 $80\sim100℃$，按下面流程进行高压给水系统及锅炉本体的冲洗。

冲洗流程：凝汽器→凝结水泵→前置过滤器→高速混床→低压加热器系统→除氧器→电动给水泵→高压加热器及其旁路→省煤器→水冷壁→启动分离器→启动分离器储水罐→锅炉疏水扩容器(→机组排水槽)→凝汽器。

冲洗采用变流量方式，控制电动给水泵流量在 $300\sim650t/h$ 之间。在冲洗水进入水冷壁前，应打开省煤器至水冷壁下联箱的分配联箱上的排污门，将省煤器系统中的杂物冲出。

在水冲洗、锅炉吹管和机组整套启动试运阶段，都应通过加氨装置自动连续地向精处理装置出水母管和除氧器出水管加氨($0.5\%\sim2\%$氨溶液)。在机组启动初期或凝结水精处理系统不正常的情况下，给水还应进行加联氨处理，采用手动连续向除氧器出水管加联氨($0.5\%\sim1\%$的联氨溶液)。氨和联氨的加药量应根据上述不同阶段的 pH 值和联氨含量的标准进行控制。

当启动分离器储水罐出口水含铁量$>500\mu g/L$时，采取排放冲洗方式，从启动分离器储水罐将水排至锅炉疏水扩容器，再用疏水泵排至机组排水槽；当储水罐出口水含铁量$\leqslant500\mu g/L$时，启动 BCP，进行锅炉循环清洗，锅炉疏水扩容器的冲洗水用疏水泵回收至凝汽器进行循环冲洗。在循环冲洗过程中，投入凝结水精处理装置。当启动分离器出口水含铁量$\leqslant100\mu g/L$时，冷态冲洗结束，视具体情况可对凝汽器、除氧器等大型容器底部进行必要的清扫。

二、热态冲洗

冷态冲洗结束、锅炉水压试验合格后，锅炉可以点火，升温至启动分离器入口水温达 $190℃$ 时，停止升温，按上述高压给水系统及锅炉本体的冲洗回路进行热态冲洗。某超临界机组整套启动前热态冲洗化学监督指标列于表 16-7。

表 16-7　　　　　　　　某超临界机组整套启动前热态冲洗化学监督指标

取样部位	项目	单位	标准
凝结水泵出口	硬度	$\mu mol/L$	≈ 0
	铁	$\mu g/L$	$\leqslant 1000$
除氧器出口	pH 值(25℃)		$9.0\sim9.5$
	铁	$\mu g/L$	$\leqslant 200$
省煤器入口	联氨	$\mu g/L$	$10\sim50$
	铁	$\mu g/L$	$\leqslant 50$
	pH 值(25℃)		$9.0\sim9.5$
	硬度	$\mu mol/L$	≈ 0
	电导率	$\mu S/cm$	$\leqslant 1$

461

取样部位	项目	单位	标准
汽水分离器储水罐	二氧化硅	$\mu g/L$	$\leqslant 50$
	铁	$\mu g/L$	$\leqslant 100$
	电导率	$\mu S/cm$	$\leqslant 1$
	硬度	$\mu mol/L$	0

当启动分离器储水罐出口水含铁量＞500$\mu g/L$时，由启动分离器储水罐排至锅炉疏水扩容器的冲洗水，用疏水泵排至机组排水槽；当储水罐出口水含铁量＜500$\mu g/L$时，将冲洗水回收至凝汽器进行循环冲洗。在循环冲洗过程中，投入凝结水精处理装置进行净化处理。在热态冲洗过程中应控制启动分离器出口水温为190℃，冲洗一段时间；当储水罐出口水含铁量≤100$\mu g/L$时，热态冲洗结束，锅炉可以升温、升压，准备吹管。

三、吹管期间的水汽品质监督

锅炉点火吹管前，对热力系统必须进行冷态冲洗和热态清洗，主要控制给水含铁量≤50$\mu g/L$。冲洗过程中应投入加氨和联氨装置，调节冲洗用水的pH值为9.0～9.6、联氨含量为50～100$\mu g/L$。

锅炉开始升压时，投入取样装置中的冷却水系统，打开凝结水、给水等取样一次门，冲洗取样管10～15min，进行取样管位置校对，并调整好取样管流量为500～700mL/min，温度应小于30℃。但是，除电导率以外的其他监督项目，都通过手工取样、分析化验。

在锅炉点火吹管期间，投入除氧器加热蒸汽，对给水进行热力除氧，并按表16-8所列项目进行水汽质量监督(每2h试验1次)，但不作为控制指标。

如果锅炉采用稳压吹管，可由除盐水箱接临时大流量水泵(600～800t/h)，将除盐水补充到凝汽器。在凝汽器未抽真空时，可以提前在凝汽器中储水，用凝结水泵向除氧器大流量补水以满足吹管补水要求。

表16-8 吹管期间水汽质量监督项目

序号	检验项目	Fe	pH值	N_2H_4	SiO_2	Na	H
1	凝结水泵出口						●
2	省煤器给水	●	●	●			●
3	启动分离器储水罐	●	●				
4	蒸汽	●			●	●	

注 表中"●"项为应监督的水汽质量指标。

四、机组整套启动阶段的水汽品质监督

整套启动阶段是从炉、机、电等第一次整套启动锅炉点火开始，到完成满负荷试运移交生产为止。整套启动试运分为空负荷调试、带负荷调试、机组168h满负荷试运三个阶段。某超临界机组整套启动和试运行时水、汽和油的质量标准列于表16-9。

表16-9 某超临界机组整套启动和试运行时水、汽和油的质量标准

取样部位	项目	单位	标准		
			空负荷调试	带负荷调试	168h试运
凝结水泵出口	Fe	$\mu g/L$	＜1000	＜1000	—
	H	$\mu mol/L$	≈0	≈0	—

续表

取样部位	项 目	单位	标 准		
			空负荷调试	带负荷调试	168h 试运
凝结水泵出口	DO	μg/L	—	—	30
	$\kappa_H(25℃)$	μS/cm	—	—	$\leqslant$0.3
	Na	μg/L	—	—	$\leqslant$10
精处理出口	$\kappa_H(25℃)$	μS/cm	—	—	$\leqslant$0.2
	SiO_2	μg/L	—	—	$\leqslant$15
	Na	μg/L	—	—	$\leqslant$5
	Fe	μg/L	—	—	$\leqslant$8
	Cu	μg/L	—	—	$\leqslant$3
除氧器出口	pH 值(25℃)		9.0~9.6	9.0~9.6	—
给水	$\kappa_H(25℃)$	μS/cm	—	—	$\leqslant$0.3
	DO	μg/L	$\leqslant$30	$\leqslant$20	$\leqslant$7
	pH 值(25℃)		9.0~9.6	9.0~9.6	9.0~9.6
	Fe	μg/L	$\leqslant$50	$\leqslant$50	$\leqslant$10
	N_2H_4	μg/L	10~50	10~50	10~50
	H	μmol/L	$\approx$0	$\approx$0	—
	Na	μg/L	—	—	$\leqslant$10
	SiO_2	μg/L	$\leqslant$50	$\leqslant$50	$\leqslant$20
蒸汽	SiO_2	μg/L	$\leqslant$50	$\leqslant$30	$\leqslant$20
	Na	μg/L	$\leqslant$20	$\leqslant$20	$\leqslant$10
	$\kappa_H(25℃)$	μS/cm	—	—	$\leqslant$0.3
	Fe	μg/kg	—	—	$\leqslant$10
发电机内冷水	$\kappa(25℃)$	μS/cm	$\leqslant$2	$\leqslant$2	$\leqslant$2
	pH 值(25℃)		6.5~8	6.5~8	6.5~8
汽轮机油	破乳化时间	min	$\leqslant$60	$\leqslant$60	$\leqslant$60
	水分	%	$\leqslant$0.2	$\leqslant$0.2	$\leqslant$0.2
	颗粒度	级	$\leqslant$6	$\leqslant$6	$\leqslant$6
抗燃油	水分	%	$\leqslant$0.1	$\leqslant$0.1	$\leqslant$0.1
	颗粒度	级	$\leqslant$3	$\leqslant$3	$\leqslant$3

1. 机组空负荷试运阶段的化学监督

（1）试运前的检查。

1）确认汽轮机油、抗燃油、变压器油的品质已化验合格。

2）确认发电机内冷水系统离子交换处理设备已可靠投入，发电机内冷水在合格范围内。必要时可用除盐水置换部分或全部内冷水。

3）确认发电机氢气纯度不小于 96％，额定压力下露点温度为－25～－5℃。

4）检查所有的取样装置、加药设备，必须处于良好的备用状态。

（2）锅炉点火后的化学监控措施。

1）锅炉开始点火后，启动氨和联氨加药泵向系统内加药；调整加药量，使凝结水、给水 pH 值和联氨含量符合机组空负荷试运阶段的标准。

2）锅炉开始升压时，投入取样装置冷却水系统，打开给水、蒸汽等取样一次门，冲洗取样管 $10\sim15min$，并调整取样管流量至 $500\sim700mL/min$，水样温度应小于 30℃。但是，除电导率和 pH 值以外的其他监督项目，都通过手工取样后进行分析化验。

3）锅炉升压后，开始做给水、蒸汽等的各项水质分析，并做好记录。

4）凝结水含铁量 $<1000\mu g/L$ 后，投入凝结水精处理装置。

（3）汽轮机冲转前蒸汽系统的清洗。汽轮机冲转前，应对蒸汽系统（过热器、再热器、主蒸汽和再热蒸汽管道，以及高低压旁路）进行蒸汽清洗。蒸汽清洗期间的水汽流程为：凝汽器→凝结水泵→前置过滤器→高速混床→低压加热器系统→除氧器→给水泵→高压加热器系统→省煤器→水冷壁→启动分离器→过热器系统→高压旁路→再热器系统→低压旁路→凝汽器↓→启动分离器储水罐→锅炉排污扩容器→适量排放。

当蒸汽钠含量 $\leqslant20\mu g/kg$，二氧化硅 $\leqslant50\mu g/kg$，铁 $\leqslant20\mu g/kg$ 时，蒸汽清洗合格。

（4）汽轮机冲转阶段的水汽品质监督。汽轮机冲转阶段的蒸汽质量一般应符合 GB/T 12145—2016 的规定，见表 16-10。但是，当汽轮机首次通汽冲转时，蒸汽质量允许暂时放宽至钠含量 $\leqslant50\mu g/kg$，二氧化硅 $\leqslant100\mu g/kg$，但应采取措施在较短时间内，使蒸汽品质尽快合格，否则应打闸停机。

汽轮机开始冲转后，要加强对凝结水质量的监督，适当增加化验次数，测定硬度、铁含量，并观察水样是否澄清。根据水汽品质的化验结果，调整各加药泵，并协助和监督运行人员进行必要的操作调整。为最大限度地降低蒸汽杂质含量，改善水汽品质，应通过启动分离器储水罐和 361 阀适量排污至锅炉疏水扩容器。

表 16-10   汽轮机冲转前的蒸汽质量标准（GB/T 12145—2016）

炉型	κ_{H}（$\mu S/cm$）	Fe（$\mu g/kg$）	Cu（$\mu g/kg$）	SiO$_2$（$\mu g/kg$）	Na（$\mu g/kg$）
直流锅炉	$\leqslant0.50$	$\leqslant50$	$\leqslant15$	$\leqslant30$	$\leqslant20$

2. 带负荷调试阶段的化学监督

在带负荷调试阶段，应随着机组负荷的逐步提高，分阶段进行洗硅运行。所谓洗硅运行主要通过锅炉排污（通过启动分离器储水罐和 361 阀）、控制疏水的回收、投入精处理混床、保证锅炉补给水的水质等措施，除去水汽系统内的含硅杂质，使蒸汽中二氧化硅尽快合格。在每一阶段，当蒸汽二氧化硅 $<30\mu g/L$ 时，机组可以升负荷进入下一阶段洗硅。洗硅运行大致可分为如下三个阶段：

第一阶段（启动循环运行阶段）：在机组带 25% 以下负荷时进行，需 $12\sim24h$。此时，对给水实施全挥发处理，pH 值为 $9.0\sim9.6$，给水联氨加入量为除氧器出水含氧量的 $3\sim7$ 倍；当给水温度达到 150℃以上时，可以停止加联氨。另外，可继续通过启动分离器储水罐和 361 阀适量排污至锅炉疏水扩容器，改善水汽品质，最大限度地降低蒸汽杂质含量。

在这一阶段，应使集中取样架上所有分析仪表、温度自动调整装置都能够正常投入运行，电导率表前需加的阳树脂已全部加好。在负荷稳定时，可以试投各检测仪表，有条件的应连续投入。

第二阶段（亚临界直流运行阶段）：在机组按冷态启动曲线升负荷的过程中，控制在 35%～50% 之间时进行，需 24～48h。在由湿态运行转为干态运行之前，应投入高、低压加热器，利用抽汽对抽汽管道、高低压加热器汽侧和疏水系统进行冲洗；高、低压加热器疏水通过接在高压疏水扩容器和低压疏水扩容器到凝汽器前的临时排放管，排放到机组排水槽，并进行取样分析。当高、低压加热器的疏水 $Fe < 300\mu g/L$ 时，可将其回收到凝汽器；高压加热器疏水 $Fe \leqslant 50\mu g/L$ 时，可逐级疏水到除氧器。

在这一阶段，仍按全挥发处理方式进行给水水质调节，给水和凝结水指标按标准控制。为了保证给水和蒸汽品质，特别是 Fe 和 SiO_2 含量合格，应及时投入凝结水精处理系统的前置过滤器和高速混床，加强对前置过滤器、高速混床的压差和出水指标的监督，及时进行冲洗和再生。另外，根据机组补水量、水汽品质和运行要求，可在除氧器前排放部分凝结水，排放量应以不影响机组安全、稳定试运为标准。为此，可将除盐水分别补充到除氧器和凝汽器中。

第三阶段（超临界直流运行阶段）：当机组负荷升至 50%～100% 时，如果蒸汽 $SiO_2 > 30\mu g/L$，应将负荷降到此阶段的较低负荷下运行；当 $SiO_2 < 15\mu g/L$ 时，再逐步提高负荷，直至满负荷运行。此时，应全部回收各级加热器疏水；同时，投入前置过滤器和高速混床，及时再生高速混床；给水仍实施全挥发处理。

在进行洗硅运行期间，应适时协助汽机专业人员对除氧器的除氧效果进行调整。取样分析除氧器溶解氧，带负荷初期 $DO \leqslant 30\mu g/L$；当除氧器汽温、压力达到运行参数 4h 后，$DO \leqslant 7\mu g/L$，若不合格，应及时调整，查找原因。

在升负荷过程中，应加强给水和凝结水的水质监督，及时调整加药量，注意给水 pH 值的变化，如发现 pH 值超标，应及时报告，并采取相应的应急措施。

此外，还应监督化验氢气纯度和湿度（露点）及汽轮机油、抗燃油和变压器油。

总之，在带负荷试运过程中，应严格按照水汽质量标准进行各水质控制，经常了解机组运行状况。发现水汽质量劣化，或设备异常和缺陷等可能影响水汽品质的有关问题时，应及时报告，积极查找原因并进行处理，使其恢复正常，或提出化学监督意见。

3. 满负荷试运阶段的化学监督

经过带负荷调试，汽水品质合格后，机组进入 168h 整套满负荷试运计时阶段。期间，应积极配合热控专业进行在线化学仪表的调校，使其 100% 合格投入使用；按 168h 满负荷试运行期间主要水汽品质标准（见表 16-9），做好水汽品质的监督和控制工作，特别应注意进一步降低蒸汽二氧化硅含量。

五、蒸汽吹管

蒸汽吹管（steam blowing）就是用过热蒸汽对锅炉过热器和再热器及其蒸汽管道系统等进行吹扫。它是新建机组投运前的重要工序，其目的是为了清除在制造、运输、保管、安装过程中上述系统内部积存的各种杂物（如氧化皮、砂粒等），防止机组运行中过热器和再热器的爆管和汽轮机通流部分的损伤，提高机组的安全性和经济性，并改善运行期间的蒸汽品质。

下面简要介绍蒸汽吹管的范围、质量标准、方式与方法，以及蒸汽加氧吹管。其他内容参见 DL/T 1269—2013《火力发电建设工程机组蒸汽吹管导则》及其所代替的原电力工业部颁发的《火电机组启动蒸汽吹管导则》（电综〔1998〕179 号）。

1. 吹管的范围

吹管范围一般应包括：①过热器和再热器；②主蒸汽管道、再热蒸汽冷段和热段管道；③汽轮机高压旁路系统管道（在吹管后期进行）；④汽动给水泵等辅机及汽轮机轴封的高压汽源管道（在吹管合格后进行）。

过热器和再热器系统管路复杂、材料种类较多，采用化学清洗时，清洗残液不易清洗干净，从而留下安全隐患，甚至可能在运行中导致奥氏体耐热钢（如 TP347H 等）发生 SCC，而蒸汽吹管则不存在这些问题。

2. 吹管质量标准

（1）过热器、再热器的吹管系数应大于 1.0（通过吹管参数的选择来保证）。

吹管系数（coefficient of steam blowing）是吹扫工况和 BMCR 工况下蒸汽动量之比，用 K 表示，其计算公式为

$$K = \frac{D_b^2 v_b}{D_0^2 v_0}$$

式中：D_b、D_0 分别为吹管工况和 BMCR 工况的蒸汽流量，t/h；v_b、v_0 分别为吹管工况和 BMCR 工况的蒸汽比体积，m^3/kg。

（2）过热器和再热器出口应分别装设靶板，其宽度应为安装处管道内径的 8% 且不小于 25mm，厚度不小于 5mm，长度纵贯管道内径；表面粗糙度应达到 R_a100。

（3）选用铝制靶板时，应连续两次更换靶板检查，靶板上无 0.8mm 以上的冲击斑痕，且 0.2~0.8mm 范围内的斑痕不多于 8 点，即认为吹洗合格。采用钢、铜等材质靶板时，验收标准应参照制造厂的要求执行。

3. 吹管的方式与方法

（1）蒸汽吹管可采取一段吹管和两段吹管两种方式。

1）一段吹管（one-step steam blowing）：全系统串联、一步完成的蒸汽吹扫方式，简称一步法。工艺流程为：过热器→主蒸汽管道→再热蒸汽冷段管道→再热器→再热蒸汽热段管道。

在采用一段吹管方式时，应在再热器入口加装集粒器（particle collector），用来收集再热器前设备及管道蒸汽吹扫所携带的颗粒物。

2）两段吹管（two-step steam blowing）：分两步（阶段）完成的蒸汽吹扫方式，简称两步法。第一阶段吹扫过热器及主蒸汽管道，第二阶段按上述一段吹管流程进行全系统吹扫。

（2）蒸汽吹管的基本方法有稳压吹管和降压吹管两种。

1）稳压吹管（steady pressure steam blowing）：通过煤水比的控制，维持锅炉输入和输出的能量以及给水量和蒸发量之间的质量平衡，使锅炉蒸发系统压力相对稳定的一种吹扫方法。

直流锅炉宜采用稳压吹管，而稳压吹管应采用一步法。稳压吹管过程中应逐渐增加燃料量和给水流量，蒸汽参数达到选定吹管参数时，吹管临时控制门应全开，并在吹管系数大于 1.0 的条件下持续吹管不少于 15min/次。

2）降压吹管（energy storage reduced pressure steam blowing）：在锅炉降压过程中，利用锅炉储能快速释放产生蒸汽动量的一种吹扫方式。

降压吹管可采取一步法或两步法，它主要用于汽包锅炉，但也可用于直流锅炉。降压吹管时，应将过热器出口压力升至选定吹管压力，再逐渐开启吹管临时控制门。临时控制门全开时，过热器出口压力应不小于表 16-11 中的推荐值，且过热器和再热器的压降应大于 1.4倍 BMCR 工况压降（此时可满足 $K \geqslant 1.0$）。当过热器 $K < 1.0$ 时，应关闭吹管临时控制门。

表 16-11　　　　　　　　　　吹扫时推荐的过热器出口压力数值

锅炉参数（MPa/℃）	9.82/540	13.7/540	16.67/545	25/570	27.2/605
过热器出口压力（MPa）	2.4	3.4	4.25	6.25	6.5

在降压吹管过程中，压力和温度变化剧烈，这有利于提高吹洗效果，但会损耗汽包或分离器的寿命。因此，吹管时应严格控制汽包或分离器的压力下降值，相应的饱和温度下降值应不大于 42℃，并且每小时吹管次数不宜超过 4 次。

4. 蒸汽加氧吹管

为提高吹管效果，可在基本蒸汽吹洗方法的基础上，向各级过热器和再热器的汽侧同步通入一定量的氧气（如 $0.1 \sim 1.0 gO_2/kg$），可促进锈垢脱落和保护膜的生成。其原理如下：

新建锅炉汽水管道内表面上的氧化物主要由热力学不稳定的低价氧化铁（FeO）组成，它在适当的温度下与氧发生反应，可转变为高价铁的氧化物（Fe_3O_4 或 Fe_2O_3）。这样，沉积层的相组成和结构将发生变化，其结构坚固性被破坏。这样，在一定压力、温度的过热蒸汽以较高流速通过时，便可比较容易地将沉积物剥离；另外，在清洗后的金属表面，由于高温下氧化剂的作用，会形成良好的保护膜。

第五节　化学清洗的质量检查和废液的处理

一、化学清洗的质量检查

化学清洗结束后，应对清洗设备和部件进行仔细检查，并提出书面报告。基本要求是：

（1）打开汽包、联箱等部位，清除沉渣，看是否清洗干净，有无点蚀、二次浮锈、过洗、镀铜等现象，以及是否在金属表面形成完整的钝化膜。

（2）割取代表性管段，看是否清洗干净，有无点蚀等现象，以及钝化膜是否致密完整。钝化膜的质量可用湿热箱观察法和酸性硫酸铜点滴法鉴别，并计算除垢率看是否达到 90%～95%。

（3）根据腐蚀指示片的失重，计算平均腐蚀速度，看是否超过化学清洗的允许值〔DL/T 796—2012 规定小于 $8g/(m^2 \cdot h)$〕。

（4）检查清洗设备上的所有部件及阀门、仪表等，看有无损伤。

（5）化学清洗结束，锅炉启动后的水汽品质也是评价清洗效果的一个标准，即从启动开始到达到正常运行标准的时间越短，说明清洗效果越好。

二、废液处理

在化学清洗过程中排放的各种废水属于非经常性废水，只有化学清洗时才会产生。因此，可采取先集中存放，然后进行适当处理，处理方法见 DL/T 794—2012 中附录 B 的规定。

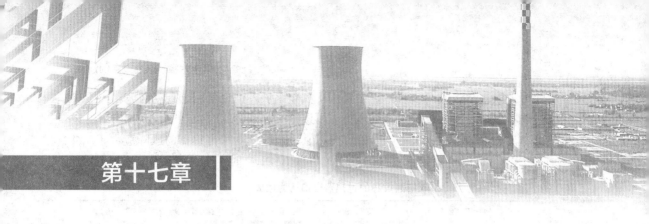

第十七章

凝 结 水 精 处 理

在火力发电厂的生产工艺中，凝结水（condensate）是指利用冷却介质（水或空气）将在汽轮机内做完功的蒸汽（或称汽轮机排汽）冷凝成的水。对凝结水进行净化处理的过程，常称为凝结水精处理（condensate polishing），简称凝结水处理。随着我国电力工业的迅猛发展，火电机组朝着高效、节能、环保的超临界、超超临界机组方向发展。这些大容量、高参数机组对水汽品质提出了更加严格的要求，凝结水精处理是保证水汽品质和机组安全经济运行的重要措施。

在我国，所有直流锅炉、大部分 300MW 以上的汽包锅炉及核电机组，均配备有凝结水精处理系统。凝结水精处理对于确保机组水汽品质，延长机组使用寿命，提高机组运行的安全性和经济性具有良好的效果。二十多年来，我国从国外引进了各种凝结水精处理工艺和设备，通过试验研究和消化吸收，对凝结水精处理工艺的选择和技术要求有了更深入的认识，针对目前最常用的粉末覆盖过滤器和高速混床这两种凝结水精处理设备，还开发出了一系列的技改和运行优化的新技术，使我国的凝结水精处理技术取得了长足的进步。掌握凝结水精处理的机理和技术，对凝结水精处理系统和设备的设计及正常运行具有重要意义。

第一节 概 述

一、凝结水精处理的目的

凝结水精处理的目的是最大程度地降低凝结水中的腐蚀产物和各种溶解杂质的含量，为锅炉提供优质的给水。凝结水中腐蚀产物和各种杂质的来源包括以下七个方面：

（1）目前大部分大型机组都将锅炉补给水直接补入凝汽器系统，锅炉补给水中的杂质将随之进入凝结水中，如果不去除，其含量将在水汽循环过程中不断增大，使热力设备结垢、腐蚀或积盐。

（2）凝汽器不同程度的泄漏，使冷却水漏入凝结水中。因为冷却水杂质通常较多，故增加了凝结水的杂质含量。

（3）空气漏进真空系统，使 CO_2 与 O_2 一起进入凝汽器。虽然凝汽器的空气抽出器能够去除一部分，但是由于凝结水的 pH 值呈碱性，部分 CO_2 能够与 NH_3 结合生成 NH_4HCO_3，难以去除。

（4）工业生产的返回凝结水和供热蒸汽的凝结水中，不可避免地带入各种杂质。

（5）机组启停或负荷变动时，由于沉积部位温度、湿度和压力的变化，使原来沉积在锅炉或汽轮机内的杂质剥离而进入凝结水中。

（6）新机组或检修后机组的热力系统较脏，投运后大量杂质随蒸汽进入凝结水中，使凝结水中悬浮物、腐蚀产物和溶解杂质含量大幅度增加。

（7）机组正常运行时将产生一定量的腐蚀产物，给水和炉水处理药品也会带入杂质。

二、凝结水精处理的意义

凝结水精处理是提高热力系统水汽质量的重要途径，对机组安全和经济运行具有深远影响，主要体现在以下五个方面：

（1）减轻锅炉受热面腐蚀、结垢，防止锅炉爆管，延长锅炉使用寿命和酸洗周期。

（2）减轻汽轮机积盐，防止汽轮机腐蚀损坏。

（3）凝汽器发生大面积泄漏时，为机组按照正常程序停机赢得一定的缓冲时间来保护机组，减缓对电网的负荷冲击。

目前我国大部分新建的大型机组的凝汽器冷却水管使用不锈钢管或钛管，其耐蚀性较好，由此一些人认为凝结水水质不会受到冷却水污染，凝结水精处理设置可以更简单，甚至无需设置。但是，实践证明，凝汽器冷却水管与管板连接处的严密性极易受到机组频繁变工况的影响而下降，即使不出现大面积的凝汽器泄漏，也必然存在凝汽器渗漏。若没有凝结水精处理，即使是微量的渗漏，随着热力系统水汽循环中杂质的积累，给水水质也会在很短时间内恶化。

另外，不锈钢管和钛管较薄，运行经验表明，冷却水中砂粒等大颗粒悬浮物会对其造成划伤、磨损，甚至破裂；机组负荷变化较大时，汽轮机振动也可能使不锈钢或钛管的密封面断裂。所以，即使是不锈钢和钛管也不能确保凝汽器不出现大面积冷却水泄漏的现象。设置凝结水精处理系统后，一旦凝汽器发生泄漏，它可以使锅炉给水水质在一定时间内保持优良，为机组按照正常程序停机赢得宝贵的时间。

（4）缩短机组启动时间，节约大量燃料和除盐水。机组启动时，系统铁含量和盐类物质含量都较大，尤其是铁含量可能达到 $1000\mu g/L$ 以上。若没有凝结水精处理，要使系统汽水质量冲洗至合格需要很长时间，这将消耗更多燃料（包括燃油），而且冲洗阶段大量不合格除盐水只能排掉，造成巨大浪费。有人估计，与设置凝结水精处理系统的机组比较，一台没有凝结水精处理系统的机组启动 5 次造成的损失，就相当于全部凝结水精处理设备的投资。

（5）显著提高凝结水的纯度，使机组热效率保持在较高水平。凝结水精处理是提高热力系统给水质量的重要途径，对提高蒸汽品质具有决定性作用。根据离子交换的平衡原理，在氢型混床或阳阴复床的情况下，进水的杂质含量较少，出水的纯度会更高。换言之，即使进水中的含钠量很低，其出水的含钠量也会进一步降低。这是因为进水中的杂质含量减少，经过离子交换反应后的反离子作用也小，只要树脂的再生度能够达到要求，离子交换平衡移动就决定了出水质量优于进水。虽然进出水的数据相差很小（有时只有 $10^{-2}\mu g/L$ 级），但是它所降低的百分数却不小，能够显著提高凝结水的纯度，使机组腐蚀、结垢和积盐程度降到最低，使机组热效率保持在较高水平。

三、凝结水精处理工艺

具有代表性的凝结水精处理工艺见表 17-1。经过多年的实际运用，对于凝结水精处理工艺的选择，目前国内较为一致的看法是：

（1）直流炉机组和频繁启动的机组，宜设前置除铁装置。

（2）直流炉机组凝结水的除盐装置，宜采用氢型混床或单床串联系统。

（3）凝汽器严密、可靠，且使用淡水作为冷却水的亚临界汽包炉机组，可选用裸混床系统。

（4）给水采用加氧处理的机组，凝结水除盐装置应设置再生备用设备。

表 17-1 凝结水精处理系统主要工艺

序号	系统名称	适 用 情 况	特 点
1	管式过滤器＋混床	（1）超临界及以上参数的湿冷机组； （2）超临界及以上参数的表面式间接空冷机组； （3）亚临界直流炉湿冷机组； （4）混合式间接空冷机组	出水水质好，混床氢型周期短、再生频繁
2	前置阳床＋混床	（1）混合式间接空冷机组； （2）超临界及以上参数的湿冷机组； （3）亚临界直流炉湿冷机组； （4）超临界及以上参数的直接空冷机组； （5）核电厂常规岛	出水水质好，混床运行周期长，系统除氨容量大，但占地面积大
3	前置阳床＋阴床＋阳床	（1）混合式间接空冷机组； （2）超临界及以上参数的表面式间接空冷机组； （3）超临界及以上参数的湿冷机组； （4）亚临界直流炉湿冷机组； （5）超临界及以上参数的直接空冷机组； （6）核电厂常规岛	出水水质好，交换器运行周期长，系统除氨容量大，但占地面积过大，系统阻力大
4	阳床＋阴床	汽包炉机组	漏钠量较高，交换器运行周期长，系统除氨容量大，占地面积大，系统阻力大
5	粉末覆盖过滤器＋混床	（1）混合式间接空冷机组； （2）超临界及以上参数的直接空冷机组	出水水质好，混床氢型周期短，再生频繁，占地面积较大
6	裸混床	（1）亚临界汽包炉湿冷机组； （2）亚临界表面式间接空冷机组	出水水质好，混床氢型周期短，树脂易受铁污染
7	粉末覆盖过滤器	亚临界直接空冷机组	占地面积较小，基本无除盐能力
8	管式过滤器	（1）频繁启停的高压或超高压机组； （2）超高压直接空冷机组	占地面积小，系统简单，但无除盐能力
9	电磁过滤器	（1）频繁启停的高压或超高压机组； （2）超高压直接空冷机组	占地面积小，系统简单，但无除盐能力

四、凝结水精处理的水质标准

为了研究凝结水精处理工艺的特点，使之更加符合实际需要，必须将精处理前后的水质用一些指标和数量表示，这就是凝结水精处理进出水的水质标准。该标准是综合考虑大部分电厂能够具备的水处理条件和水质控制所能够带来的长远经济效益而制定的，是希望大部分电厂能够和应该达到的最低水质要求，是电厂必须尽力做到的，但不是最高标准。最高标准应该是：延长热力设备使用寿命，使运行更加安全和经济。为了达到这一目标，最大限度地改善热力系统水汽质量，尽量减少带入热力系统的杂质和腐蚀产物才是电厂不断追求的目标。

1. 火电厂凝结水精处理进水水质标准

（1）机组启动阶段，凝结水回收标准。热力设备启动阶段与正常运行阶段相比，凝结水中杂质含量较大，成分也较为复杂，若过早投入精处理设备对凝结水进行回收，水中大量的腐蚀产物和溶解盐类必将造成精处理设备快速污染；但是若较晚投运精处理设备，对凝结水回收太迟，又会使机组启动时间延长，启动成本上升。为此，GB/T 12145—2016《火力发电机组及蒸汽动力设备水汽质量》规定了机组启动时开始回收凝结水的条件，见表17-2。

表 17-2　　　　　　　　　　　机组启动时凝结水回收标准

凝结水处理形式	外观	硬度（μmol/L）	钠（μg/L）	铁（μg/L）	二氧化硅（μg/L）	铜（μg/L）
过滤	无色、透明	≤5.0	≤30	≤500	≤80	≤30
精除盐	无色、透明	≤5.0	≤80	≤1000	≤200	≤30
过滤＋精除盐	无色、透明	≤5.0	≤80	≤1000	≤200	≤30

（2）机组正常运行阶段，凝结水水质控制标准。当机组正常运行后，凝结水精处理正常投运情况下，随着水汽循环，凝结水质越来越好，直至基本稳定，明显优于表17-2的要求。GB/T 12145—2016规定：机组正常运行阶段（启动8h后），凝结水水质应符合表17-3的规定。

表 17-3　　　　　　　　　　　凝结水水质（凝结水泵出水）

锅炉过热蒸汽压力（MPa）	硬度（μmol/L）	钠（μg/L）	溶解氧[①]（μg/L）	氢电导率（μS/cm，25℃）	
				标准值	期望值
3.8～5.8	≤2.0	—	≤50	—	
5.9～12.6	≈0	—	≤50	<0.30	—
12.7～15.6	≈0	—	≤40	<0.30	<0.20
15.7～18.3	≈0	≤5[②]	≤30	<0.30	<0.15
>18.3	≈0	≤5	≤20	<0.20	<0.15

① 直接空冷机组凝结水溶解氧浓度标准值应小于100μg/L，期望值小于30μg/L，配有混合式凝汽器的间接空冷机组凝结水溶解氧浓度宜小于200μg/L。

② 凝结水有精处理除盐装置时，凝结水泵出口的钠浓度可放宽至10μg/L。

2. 火电厂凝结水精处理出水水质标准

凝结水精处理出水水质直接影响锅炉给水水质和蒸汽品质，所以，其水质应该满足锅炉给水的水质要求。GB/T 12145 明确提出，凝结水经精处理后的水质指标应符合表 17-4 的规定。

表 17-4　　　　　　　　　　　凝结水除盐后的水质

锅炉蒸汽压力 (MPa)	氢电导率 (μS/cm, 25℃)		钠 (μg/L)		氯离子 (μg/L)		铁 (μg/L)		二氧化硅 (μg/L)	
	标准值	期望值	标准值	期望值	标准值	期望值	标准值	期望值	标准值	期望值
≤18.3	≤0.15	≤0.10	≤3	≤2	≤2	≤1	≤5	≤3	≤15	≤10
>18.3	≤0.15	≤0.08	≤2	≤1	≤1	—	≤5	≤3	≤10	≤5

3. 核电站凝结水精处理出水水质标准

核电机组对给水质量的要求很高，主要是由蒸汽发生器所决定的。蒸汽发生器热交换管材质一旦发生腐蚀泄漏，就会发生一回路蒸汽泄漏事故。由于有放射性问题，无法更换管子，只能堵管，维修的条件非常困难，损坏严重时，则需要更换蒸汽发生器，耗资巨大。所以，对蒸汽发生器二回路侧的水质要求很高。为了保证给水质量满足蒸汽发生器的要求，压水堆核电站一般要求凝结水精处理出水水质应符合 NB/T 25021—2014《核电厂凝结水精处理设备技术条件》的要求：氢电导率（25℃）≤0.08μS/cm；$[Na^+]$≤0.1μg/L；$[Cl^-]$≤0.1μg/L；$[SO_4^{2-}]$≤0.1μg/L；$[Fe]$≤1μg/L；SS≤1μg/L；$[SiO_2]$≤2μg/L。

五、凝结水精处理与热力系统连接方式

凝结水精处理设备的出水不能在水箱内贮存，避免吸收空气中的杂质，降低水的纯度。因此，凝结水精处理设备应串联在热力系统内，直接向除氧器供水。凝结水精处理设备与热力系统的连接方式，一般有以下三种。

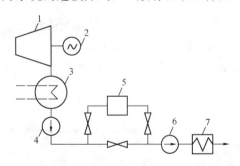

图 17-1　低压串联系统

1—汽轮机；2—发电机；3—凝汽器；4—凝结水泵（低压）；5—凝结水精处理设备；6—凝结水升压泵；7—低压加热器

1. 低压串联系统

低压串联系统是指将凝结水精处理设备串联在凝结水泵与凝结水升压泵之间的系统内，见图17-1。此系统的工作压力应不超过 1MPa，凝结水泵与凝结水升压泵的流量应同步。

2. 中压串联系统

中压串联系统是指将凝结水精处理设备串联在凝结水泵与低压加热器之间的系统内，见图 17-2。此系统的工作压力应为 2.5～4.0MPa。中压串联系统的设备结构应有效地防止在凝结水泵跳闸或误操作时，由于瞬间压力变化，导致除氧器的水逆流，使树脂进入热力系统。

3. 旁流处理系统

旁流处理系统在热力系统内的连接方式见图 17-3。旁流处理系统能够使凝结水精处理设备在恒定流量下运行，消除了各种运行因素造成的流量波动，不需要凝结水泵克服凝结水精处理设备的水流阻力，在凝结水精处理设备出现故障时不会影响热力系统的运行，可防止树脂倒流入热力系统的发生。

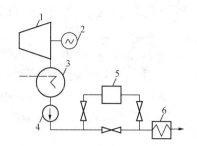

图 17-2　中压串联系统

1—汽轮机；2—发电机；3—凝汽
器；4—凝结水泵（中压）；5—凝
结水精处理设备；6—低压加热器

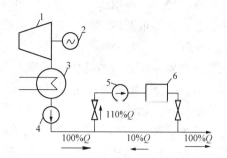

图 17-3　旁流处理系统

1—汽轮机；2—发电机；3—凝汽器；4—
凝结水泵（中压）；5—增压泵；6—凝结水
精处理设备；Q—凝结水流量

第二节　凝结水前置处理

凝结水前置处理的主要目的是去除凝结水中的腐蚀产物和悬浮物。另外，它可延长精处理除盐装置的运行周期，保护树脂不被污染。

目前，凝结水前置处理工艺主要有两种：一种是采用粉末覆盖过滤器或管式过滤器对凝结水中腐蚀产物和悬浮物进行过滤吸附处理的工艺；另一种是采用前置氢离子交换器，利用树脂层对凝结水中腐蚀产物和悬浮物进行过滤处理，对铵离子和其他阳离子进行离子交换处理的工艺。

一、对前置处理工艺的要求

（1）处理规模大。随着机组容量的增大，凝结水精处理水量也相应增加，处理工艺必须适应大流量的特点。

（2）对进水水质的适应性强。凝结水中含铁量变化较大，要求前置处理装置对进水适应性强，经处理后，含铁量应不超过 $5\mu g/L$。

（3）要有足够的过滤精度。凝结水中铁化合物的粒径很小，80%小于 $0.45\mu m$，有些氢氧化铁甚至以胶体状态存在于水中，这就要求前置处理装置具有较高的过滤精度。

（4）具有较小的运行压差。为了降低凝结水系统的能耗，同时防止凝结水段压差超标，威胁到机组安全运行，要求凝结水精处理装置运行压差不能过高，一般要求前置处理装置的运行压差小于 $0.175MPa$。

二、前置处理设备

1. 粉末覆盖过滤器

1962 年，美国 Graver Water 公司开始制造覆盖在过滤器筒上的微粉末（$60\sim400$ 目，90%通过 325 目）的强酸和强碱离子交换树脂。这种把粉末树脂覆盖在滤元上的过滤设备名称为"Powdex"，中文全名为粉末树脂覆盖过滤器，简称粉末覆盖过滤器。

该公司提出，粉末覆盖过滤器中树脂的离子交换速度较其他粒状树脂快 100 倍；普通粒状树脂的全交换容量利用率为 $20\%\sim25\%$，而粉末树脂可以达到 $50\%\sim90\%$；普通树脂难以去除胶体硅，用粉末覆盖过滤器可去除 $80\%\sim90\%$，铜、铁、镍等氧化物可以去除 90%，

473

还可以进行热水处理，可用作火力发电厂和核电站的凝结水和放射性水的处理。

粉末覆盖过滤器最开始应用于美国，以后在意大利、英国、丹麦、比利时、德国和日本等国家陆续应用。苏联在 20 世纪 70 年代用它进行了低压加热器疏水处理的工业性试验。

我国第一台粉末覆盖过滤器应用于福建某电厂二期工程，出力为 810m³/h，可供 1 台机组凝结水 100％处理。使用的树脂粉由 Purolite 公司生产，阳树脂粉有氢型和铵型两种，阴树脂粉为氢氧型。树脂比例（干重）为阳∶阴＝1∶1 或 2∶1。铺膜时，在粉末树脂中加入一定量的聚丙烯纤维粉。加入纤维粉的目的是使滤膜具有一定弹性，在运行压力改变时，膜可以膨胀或压缩，而不出现裂纹。

（1）粉末覆盖过滤器的工作原理。粉末覆盖过滤器有两种滤元骨架，一种是绕线式滤元，另一种是熔喷式滤元。由于熔喷式已经很少使用，本节将不再介绍。粉末覆盖过滤器就是在滤元骨架上覆盖离子交换树脂粉末与纤维粉的过滤器。粉末覆盖过滤器具有除铁、去除悬浮物（包括胶体硅）的作用，同时由于铺有离子交换树脂而具有离子交换除盐功能。

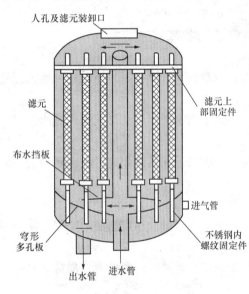

图 17-4　粉末覆盖过滤器结构原理图

粉末覆盖过滤器的结构原理如图 17-4 所示，过滤器内滤元作为粉末树脂的支撑体，可以防止粉末树脂漏入热力系统。粉末树脂覆盖在支撑体上，形成较密的滤膜，对进水中铁、铜腐蚀产物和悬浮物等杂质起到过滤截留的作用。与管式过滤器相比，过滤精度高，而且腐蚀产物不与滤元直接接触，爆膜时可随树脂粉末一起被水冲掉。

粉末树脂与普通树脂一样，具有离子交换功能。但是过滤器的滤元上铺设的树脂粉只有几十千克，总的可交换离子量很少。因此，粉末覆盖过滤器虽有除盐作用，但每次铺膜后仅能够维持几个小时的除盐作用，随即阳树脂失效而转变为铵型，从而失去对钠离子的交换能力。氢型阳树脂失效后，水的 pH 值升高，

OH⁻ 增加，抑制了 OH 型阴树脂离子交换作用，从而失去了对水中 Cl^-、SO_4^{2-}、$HSiO_3^-$ 和 CO_2 等的交换作用。总之，粉末覆盖过滤器的除盐能力较差。

（2）粉末覆盖过滤器的滤元。粉末覆盖过滤器所用的绕线式滤元是将聚丙烯纤维线按照一定的缠绕方式单线反复多层地缠绕在均匀开孔的不锈钢骨架上制成的。DL/T 1357—2014《发电厂凝结水精处理用绕线式滤元验收导则》对绕线式滤元的外观、尺寸和形位偏差、骨架、绕线有机物溶出量、结构完整性、过滤精度等指标提出了要求，并给出了测定方法。不锈钢骨架的开孔直径一般为 3mm，管壁厚度为 0.8mm。在管上均匀地分布着许多小凸台，使绕在其上面的聚丙烯纤维线可以牢固地固定在骨架上。因为聚丙烯纤维具有很大的表面积，故除机械过滤外，还具有一定的吸附能力。而且聚丙烯纤维线是多重缠绕，形成迷宫式的过滤孔道，可以充分发挥过滤作用，除去水中微小的腐蚀产物和悬浮物颗粒。滤元外观和不锈钢骨架如图 17-5 和图 17-6 所示。

绕线式滤元过滤精度是指滤元初次使用时，平均过滤比等于 5 所对应的颗粒尺寸，单位

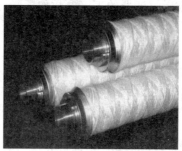

图 17-5　滤元外观

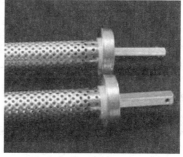

图 17-6　滤元的不锈钢骨架

为 μm。过滤比是指过滤器上游（滤前）与下游（滤后）单位体积液体中大于某尺寸颗粒的数量之比，用 β 表示。粉末覆盖过滤器所用滤元的精度一般为 $5\mu m$。

（3）粉末覆盖过滤器的设计参数，见表 17-5。

表 17-5　粉末树脂过滤器设计参数

项目	单位	参数
滤元水通量	$m^3/(m^2 \cdot h)$	8（绕线式）
铺膜树脂粉耗量	kg/m^2	1.0～1.4
运行压差	MPa	<0.175
滤元孔径尺寸	μm	10（绕线式）
保持泵流量	$m^3/(m^2 \cdot h)$	设备正常出力的 7%～10%
铺膜泵流量	$m^3/(m^2 \cdot h)$	130～150（按筒体截面积计）
反洗用水源	—	除盐水或凝结水
反洗用气源	—	压缩空气

（4）粉末树脂和纤维粉。粉末树脂是由常规树脂再生后，再粉碎而成，一次性使用。纤维粉是一种特殊的水处理材料，与粉末树脂混合使用，充当过滤介质。近年来国内有关单位对粉末覆盖过滤器运行效果影响较大的粉末树脂粒度、含水量和交换容量等指标，以及纤维粉粒度、密度、化学稳定性和含水量等指标进行了研究，提出了推荐指标和测定方法，可对粉末覆盖过滤器用离子交换树脂和纤维粉进行质量鉴定。

（5）粉末覆盖过滤器铺膜和爆膜工艺。

典型粉末覆盖过滤器的工序参数如下：

1) 保持泵流量：正常出力的 $7\%\sim10\%$。

2) 阳（铵型）、阴粉末树脂比例：2∶1。

3) 树脂粉与纤维粉比例：2∶1～8∶1。

4) 爆膜压缩空气压力：$\geqslant0.4MPa$。

粉末树脂过滤器铺膜工序如下：

1) 确认过滤器中充满水。

2) 启动铺膜泵进行循环，即打开过滤器铺膜进水阀、铺膜循环返回阀，进行短时间预循环。

3) 启动铺膜注射泵，打开树脂浆自动循环阀，使树脂浆料自动循环，直至铺膜箱内树脂浆混合均匀，然后打开注射泵出口阀，把树脂浆注入到铺膜泵的吸入口，并进入铺膜循环管中。在树脂浆吸入过程中，铺膜箱的搅拌器一直开着。当铺膜箱水位降至低位时，自动打开铺膜箱补水阀，向铺膜箱补水至高位，避免造成空气吸入的现象。

4) 设置铺膜循环箱（又称辅助箱）的目的是防止粉末树脂的细微颗粒穿透滤元，即将漏过的细微树脂颗粒送回，重新铺在滤膜上，同时能够使滤膜的厚度更加均匀。

5) 当铺膜箱中已经无树脂浆时，铺膜结束，关闭注射泵出口注射阀和搅拌器，但铺膜泵仍然保持循环状态，同时启动保持泵，待保持泵平稳运行后，关闭铺膜循环泵，设备即处于备用状态。

粉末树脂过滤器的爆膜分两次完成，第一次的过程为：首先停运过滤器，打开过滤器泄压阀，使失效过滤器缓慢卸压。然后启动反洗水泵、打开反洗进水阀、反洗泵出口母管隔离阀、过滤器底排阀、过滤器排气阀，进行水力反洗，反洗时间为 6～10min。在此时间内，进行压缩空气爆膜 3 次，每次进压缩空气 2s 后关闭。然后使过滤器放水至多孔板靠近滤元根部位置。

第二次的过程为：反冲洗泵仍然开着，持续时间大约 5min，在这段时间内关闭过滤器排污阀，使过滤器水位上升，同时打开进压缩空气阀 2s，停顿 1min，连续进行数次，当水位上升至设定值时，开底排阀，此时冲洗水泵仍然开着，继续进行脉冲进气，然后排掉过滤器内的水和废弃树脂粉。

（6）粉末覆盖过滤器的除铁效果。粉末覆盖过滤器的除盐效果较差，不适用于有较高要求的发电机组凝结水精处理系统，但是粉末覆盖过滤器对铁、铜等金属腐蚀产物和二氧化硅等悬浮物的去除效果较好。目前粉末覆盖过滤器大多应用于空冷机组。

（7）滤元离线清洗技术。滤元在长期的使用过程中，会逐渐被铁的腐蚀产物污染，使过滤器运行压差增大，需要频繁爆膜和铺膜，运行成本大幅增加。为此，可采用化学清洗的方法将滤元的污染物清除，恢复滤元水通量，延长滤元的使用寿命。一般情况下，一旦过滤器运行周期缩短至设计值的 60% 以下时，都应及时进行化学清洗。

目前，对滤元进行化学清洗的技术包括在线清洗和离线清洗两种方式。相比于在线清洗，离线清洗的技术优势比较明显，因此应用较多。其主要特点为：①清洗过程安全可靠；②采用专用设备和复配清洗剂清洗，清洗均匀，效果好；③清洗温度低，不会对绕线纤维强度产生影响，可保证滤元使用寿命；④由于在清洗过程中不带入新的杂质，系统投运时冲洗时间短，水耗低。

2. 管式过滤器

（1）管式过滤器的工作原理。管式过滤器的结构与粉末覆盖过滤器相近，若管式过滤器滤元选用绕线式滤元，则管式过滤器实际上就是不铺树脂粉和纤维粉的过滤器，单独用于凝结水除铁。凝结水经过滤元后，水中的微小腐蚀产物和悬浮物颗粒被截留在滤层。当滤元微孔被污物堵塞，过滤器运行压差增高，达到一定的数值时，可使用压缩空气、水进行反洗，将滤层中的污染物洗掉。大流量折叠式不能反洗，运行时间较长后可采用离线化学清洗的方式清除掉污染物，恢复其通量。

管式过滤器的形式包括顶部孔板悬吊式和底部孔板固定式两种，其结构如图 17-7 所示。

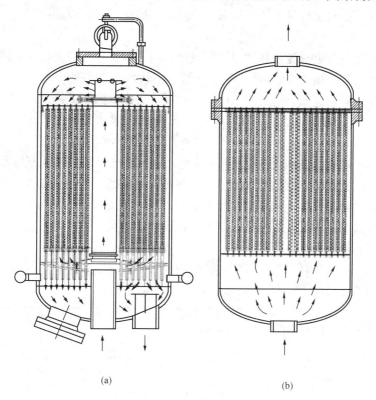

图 17-7　管式过滤器的形式
（a）底部孔板固定式；（b）顶部孔板悬吊式

（2）管式过滤器的滤元。常见的管式过滤器滤元有折叠式、绕线式、喷熔式三种。目前使用最多的是折叠式滤元，电力行业标准《发电厂水处理用折叠式滤元验收导则》即将颁布实施，其中对折叠式滤元（含大流量折叠式）的外观、尺寸和形位偏差、结构完整性、滤元额定流量及过滤精度等指标提出了要求，并给出了测定方法。需要注意的是折叠式滤元的过滤精度与绕线式滤元的过滤精度概念不同，前者指平均过滤比为 50 时（相当于过滤效率等于 98%）所对应的颗粒尺寸，而后者指平均过滤比为 5 时（相当于过滤效率等于 80%）所对应的颗粒尺寸。

（3）管式过滤器的运行操作。这里以采用绕线式滤元的顶部孔板悬吊式过滤器为例，进行运行操作说明。

管式过滤器的运行：管式过滤器的进水从设备底部进入，通过均流多孔板后，穿过滤元上的聚丙烯纤维层，水中悬浮颗粒被截留，水进入滤元骨架的不锈钢管内，向上流经封头后溢出。随着被截留杂质的增多，水流阻力上升，过滤器进出口压差升高。当压差升到 0.08MPa 时，停运过滤器，进行反洗。反洗后，重新投入运行。经过多次反洗和运行后，水流压差不能降低到需要的程度，影响设备的出力或出水水质时，则应对滤元进行化学清洗或更换。

管式过滤器的反洗：管式过滤器压差超过 0.08MPa 时，应停止运行，进行以空气擦洗和反冲洗为主的反洗操作。操作的具体步骤如下：

①排水。开启过滤器的排气门、中排门，至无水流出为止，然后进行空气擦洗。

②空气擦洗。空气擦洗的方式可以采用单独空气擦洗，也可以采用空气与水混合擦洗的方法。

单独空气擦洗：开启过滤器排气门、反洗出水门和擦洗进气门进行空气擦洗。标准状态下单位过滤面积空气流量为 16.6m³/（m²·h），时间为 60s。

水、气合洗：开启过滤器排气门、中排门和反洗进出水门，进行水、气合洗。标准状态下单位过滤面积的压缩空气流量为 16.6 m³/（m²·h），水流量为 7.5 m³/（m²·h），时间为 60s。

③水冲洗。开启过滤器的反洗进出水门，进行滤元的水冲洗，清洗至出水澄清为止。

④反复进行上述操作，次数与凝结水中的腐蚀产物和悬浮物含量有关。直至出水清澈，过滤器反洗后，运行压差基本上能够恢复到 0.02MPa 左右。

充水：开启过滤器的反洗进水门、排气门，反洗进水至排气门溢流为止。关闭过滤器所有阀门，过滤器备用。

（4）管式过滤器的设计参数。管式过滤器的设计参数见表 17-6。

表 17-6　　　　　　　　　　　　　管式过滤器的设计参数

参数	单位	说明
滤元水通量	m³/（m²·h）	8（绕线式）
		0.7（折叠式）
水冲洗强度	m³/（m²·h）	约30（按照筒体截面积计）
反洗用气强度（标态下）	m³/（m²·h）	约17（按照筒体截面积计）
运行压差	MPa	<0.1
滤元孔径尺寸	μm	正常运行时：5（绕线式）、1~4（折叠式）
		启动时：10（绕线式）、5（折叠式）
反洗水源	—	除盐水或凝结水
反洗气源	—	无油压缩空气或罗茨风机

3. 前置氢离子交换器

前置氢离子交换器加混床是最早应用的凝结水精处理系统之一。前置氢离子交换器可除去凝结水中氨，从而改善混床的运行工况，此系统在应用中取得了良好效果。美国成功地研究出混床空气擦洗工艺后，认为可以替代前置过滤器除去凝结水中的腐蚀产物，将凝结水精处理改为没有前置过滤的"裸混床"系统。但是，去掉前置氢离子交换器时，却忽略了前置氢离子交换器的离子交换作用。近年来，随着我国机组参数、容量的增大，超临界和超超临界直流炉增多，有的电厂重新选择了"前置氢离子交换器→混床"的凝结水精处理系统。

第三节　凝结水除盐

一、凝结水除盐的特点

（1）进水的含盐量低。凝结水中的溶解盐类主要来源于凝汽器漏入的冷却水和蒸汽从锅炉带来的溶解盐类，其含量很低。GB/T 12145 规定了凝结水的质量标准，具体如下：

1）含钠量小于或等于 $5\mu g/L$。

2）过热蒸汽压力为 15.7～18.3MPa 的机组，凝结水氢电导率（25℃）的标准值小于或等于 $0.3\mu S/cm$，期望值小于或等于 $0.15\mu S/cm$；过热蒸汽压力为 18.3MPa 以上的机组，凝结水氢电导率（25℃）的标准值小于或等于 $0.2\mu S/cm$，期望值小于或等于 $0.15\mu S/cm$。

从氢电导率的指标来看，凝结水允许的含盐量是很低的，相当于含强酸阴离子 16～25$\mu g/L$（以 Cl^- 表示）。

（2）处理水量大。机组的凝结水流量较大，约等于锅炉给水的流量，300MW 机组约为 850m^3/h，600MW 机组约为 1550m^3/h。由于凝结水除盐设备进水含盐量很低，可以被交换的离子少，为此，在树脂强度允许的情况下，凝结水除盐的混床或单床都采用高流速运行的方式。目前，常用的流速为 100～120m/h。

（3）凝结水中含有大量的氨。燃煤电厂凝结水中的含氨量一般为 0.5～1.0mg/L，压水堆核电站凝结水中的含氨量一般为 3.0mg/L 左右。此含量对于其他微克/升级的溶解离子来说，其含量很高。凝结水中含有大量的氨，对凝结水精处理的离子交换反应产生了一系列重要的影响：

1）凝结水 pH 值较高。

2）在氢型混床运行的情况下，被交换的离子中阳离子量远大于阴离子量。

3）改变了离子交换过程中的离子交换平衡关系。

（4）对出水水质要求高。因为凝结水精处理设备的出水水质直接决定着锅炉给水的质量，因此对出水水质的要求很严格，接近理论纯水［电导率（25℃）达到 $0.058\mu S/cm$ 的水平］。

目前，国内大型电厂的氢型混床出水氢电导率一般为 0.06～0.08$\mu S/cm$。

（5）决定着热力系统中盐类的平衡。对于汽包炉，凝结水精处理设备是水汽系统中除锅炉排污外，唯一能够排除溶解盐类的途径，而从锅炉排污排掉溶解盐类的效率取决于给水在锅炉内的浓缩倍率，但过高的浓缩倍率又将影响蒸汽品质。

对于直流炉，由于无法进行锅炉排污，因此凝结水精处理成为降低水汽系统中腐蚀产物和溶解盐类的唯一途径。

（6）要严防树脂漏入热力系统。因为凝结水精处理设备是串联在热力系统中的，混床中一旦有树脂漏出就会进入锅炉。有机磺酸化合物组成的阳离子交换树脂进入锅炉受热分解，将产生酸性物质，对热力系统造成严重的腐蚀。因此，必须严格防止树脂从混床内漏出。

二、混床

1. 混床的配置形式

混床是凝结水精处理中使用最多、最广泛的除盐设备，是"混合床"的简称。由于运行

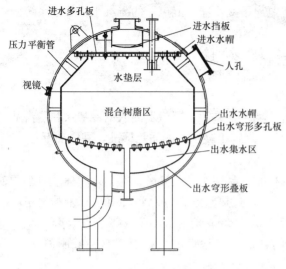

图 17-8　球型混床示意图

流速高达 $100\sim120m/h$，区别于补给水处理系统混床，凝结水精处理混床一般称为高速混床，简称"高混"。

用于凝结水除盐处理的混床设备分为直筒型和球型两种结构形式。直筒型混床常用于 300MW 机组，对于 600MW 及以上的机组，为了节省设备的布置空间，并方便运行控制，通常采用球型混床，结构如图 17-8 所示。

2. 混床的布水装置

高速混床的运行流速高达 $100\sim120m/h$，是普通混床的 2 倍，因此高速混床的均匀布水十分重要。常见的进水分配装置主要有挡板加多孔板拧水帽、支母管、挡板加波纹形板等几种形式，应用最多的是挡板加多孔板拧水帽式。这种布水装置在刚安装时布水效果很好，但是由于运行阻力大，容易变形和损坏而造成偏流，使高速混床周期制水量远远达不到设计要求，严重者只有设计值的1/3。这不仅造成了再生用除盐水和酸碱的巨大浪费，还增加了高盐废水的排放量。此外，布水装置变形后会造成高速混床内树脂面起伏大，树脂有效高度减小，在运行末期容易泄漏腐蚀性离子，造成出水水质波动。

针对这一问题，国内有关单位开发了用于柱型混床的"八爪式"布水装置和用于球型混床的穹形挡板加双层多孔板布水装置，结构分别如图 17-9 和图 17-10 所示。它们在 300、600MW 和 1000MW 的柱型混床和球型混床中应用后都取得了很好的效果，运行压差明显下降，周期制水量完全能满足设计要求，节约了再生用除盐水和酸碱用量。

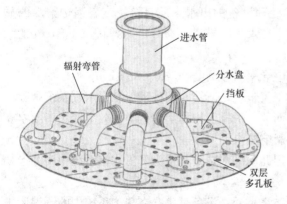

图 17-9　"八爪式"布水装置示意图

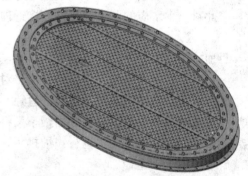

图 17-10　双层多孔板布水装置示意图

3. 对混床的基本要求

（1）混床直径不宜大于 3.2m。

（2）混床运行流速以 $100\sim120m/h$ 为宜。

（3）混床的树脂层高不宜大于 1.2m，一般为 0.9～1.1m。

（4）氢型混床运行时宜采用的阳、阴树脂体积比为 3∶2 或 2∶1；铵型混床运行时，宜采用的阳、阴树脂体积比为 1∶2。另外，当前置处理选用前置阳离子交换器时，后续混床阳阴树脂配比宜取 1∶3～1∶2。

4. 混床运行方式

凝结水精处理混床主要有两种运行方式：一种是氢型运行方式，指混床在氢型阳树脂和氢氧型阴树脂充分混合的基础上运行，混床出水漏钠和漏氨，阳树脂转化为铵型树脂时，混床运行失效；另一种是指混床氢型运行到终点后继续运行，阳树脂由氢型转为铵型后，混床在铵型阳树脂与氢氧型阴树脂充分混合的基础上运行，当出水水质恶化或运行压差升高时，混床运行失效。因为目前混床的铵型运行方式容易泄漏离子，所以高参数机组混床都采用氢型运行方式，本章仅介绍氢型混床。

5. 氢型混床

（1）氢型混床除盐条件。氢型混床树脂与水中的盐类发生离子交换反应后的产物为水，因此能够使离子交换反应进行得很彻底，从而获得更高纯度的水。以 $NaCl$ 代表水中的各种溶解盐类，其化学反应为

$$NaCl + RH + ROH \Longrightarrow RNa + RCl + H_2O$$

氢型混床获得高纯水的基本条件为：阳、阴树脂颗粒充分混合，能够同时去除进水阳离子和阴离子，使交换下来的氢离子和氢氧根离子迅速结合为水，使混床出水的 pH 值接近 7.0。为了提高混床的周期制水量，阳、阴树脂应尽可能同时失效。

（2）氢型混床的运行机理。凝结水中含有大量铵离子，使阳树脂先失效，失效树脂层的产水偏离中性，呈碱性，从而使阴树脂失去除盐能力。所以，在凝结水精处理中，混床阳、阴树脂难以同时失效，运行周期长短往往取决于阳树脂的氨容量大小，出水水质受水溶液 pH 值影响较大。这与锅炉补给水处理系统混床有明显不同。

为了方便研究氢型混床的运行机理，可将氢型混床树脂自上而下分为三段，分述如下：

1）树脂层上段：此段树脂层内的阳树脂已经从氢型转换为铵型，大部分阴树脂仍然保持氢氧型。由于阳树脂形态的改变，上段水的 pH 值也与进水相同。

水中的 Na^+ 和 NH_4^+ 与树脂相中的 RNa 和 RNH_4 达到平衡，其反应如下：

$$Na^+ + RNH_4 \Longrightarrow RNa + NH_4^+$$

当凝结水 pH 值为 9.0 时，要使出水 Na^+ 浓度为 $1\mu g/L$，RNa 的百分率不得高于 0.32%。

水中的 OH^- 与 Cl^-（代表杂质阴离子）与树脂相中的 ROH 和 RCl 处于平衡状态：

$$Cl^- + ROH \Longrightarrow RCl + OH^-$$

当凝结水 pH 值为 9.0 时，要使出水 Cl^- 的质量浓度为 $1\mu g/L$，RCl 的百分率不得大于 3.01%。

此时，上段树脂层出水中的 Na^+ 和 Cl^- 的质量浓度取决于阳、阴树脂的离子形态。如果树脂的再生度低于上述要求，当低再生度对应的出水 Na^+ 和 Cl^- 质量浓度甚至大于进水 Na^+ 和 Cl^- 质量浓度时，树脂相中的 Na^+ 和 Cl^- 将被置换出来，进入中段树脂层。

2）树脂层中段：此段树脂层中的阳树脂处于从氢型向铵型转变的过程中，当阳树脂为氢型时，离子交换产水的 pH 值为 7.0 左右，所以阳、阴树脂能够交换上段树脂层出水中的 Na^+ 和 Cl^-。但是当阳树脂转换为铵型后，离子交换产水 pH 与进水相同，约 9.0 以上，大

量 OH^- 作为反离子，使中段阴树脂失去除盐能力，已经吸收的阴离子又会被水中的 OH^- 排代出来，并被水流带往下面的树脂层。

3）树脂层下段：下段树脂层的进水 pH 值为 7.0 左右，阳、阴树脂分别为氢型和氢氧型，在中性介质条件下进行离子交换反应，发挥除盐作用。

当氢型阳树脂层下移至树脂层底端时，混床开始漏 NH_4^+，同时 Na^+ 和 Cl^- 开始被排代出来，氢型混床达到失效终点。

若阳、阴树脂混合不好，下层阴树脂很少，中段带出的大量杂质阴离子会使下层阴树脂很快失效，此时进水盐类只与阳树脂进行离子交换，使混床产水存在酸性物质，酸性物质浓度较大时，会引起炉水 pH 值降低，对热力系统设备造成腐蚀。

根据上述分析可知，当阳树脂由氢型转换为铵型时，水的 pH 值升高，混床基本失去除盐能力。

（3）影响氢型混床出水水质的因素。

1）两种树脂的分离效果。经过再生，混入阳树脂中的阴树脂和混入阴树脂中的阳树脂将彻底变为失效型，降低了阳、阴树脂的再生度。为此，必须在两种树脂的分离过程中，尽可能使它们彻底分离，一般要求分离后的阳树脂中阴树脂含量和阴树脂中阳树脂含量均不超过 0.1%。

2）两种树脂再生后的清洗效果。若两种树脂分别再生后清洗不彻底，在树脂层中难免会残留少量的再生液，那么两种树脂混合时，阳树脂再生废液中的阴离子将被阴树脂吸收，降低阴树脂再生度。同样，阴树脂再生废液中的阳离子将被阳树脂吸收，降低阳树脂的再生度。这一现象称为混合污染。

为了防止两种树脂的混合污染，阳、阴树脂分别再生后，必须清洗至出水电导率小于 $5\mu S/cm$，方可进行两种树脂的混合操作。

3）两种树脂的混合状态。混床获得超纯水是建立在两种树脂充分混合基础上的。但在实际应用中，由于阳树脂的沉降速度高于阴树脂，两种树脂彻底混合是不可能的，树脂层上部阳树脂往往要少于阴树脂，而下部往往要多于阴树脂。实际应用中，为了使两种树脂充分混合，需选用混合性能满足要求的混床树脂，并且在设计混床时，混床内树脂层高度一般控制在 $1.0\sim1.2m$，防止树脂层过高，从而引起两种树脂无法良好混合。另外，还要特别注意树脂混合的工艺条件，如混脂水位和混脂后快排水。

4）树脂的再生剂质量和剂量。再生剂中杂质，比如盐酸中的钠离子、氢氧化钠中的氯离子，将使阳树脂再生后的钠型树脂比例增大，阴树脂再生后的氯型树脂比例增大，这样势必影响混床的出水水质。

凝结水精处理混床内阳树脂的再生可采用工业盐酸或硫酸，因为失效阳树脂为铵型，很少含钙型树脂，一般不会出现硫酸钙沉淀问题；阴树脂再生采用离子交换膜法制得的烧碱，NaOH 含量大于或等于 30%，NaCl 含量小于或等于 0.007%，树脂的理论再生度可以达到 99%。

关于树脂的再生剂量，DL/T 5068—2006《火力发电厂化学设计技术规程》的附录 F 中提出，阳、阴树脂再生水平都是 $100kg/(m^3R)$。由于阳树脂失效离子形态主要为铵型，用强酸再生时，容易获得较高再生度，阴树脂失效时大部分仍然为氢氧型，消耗再生剂量不高，因此上述再生水平对于氢型混床来说，是能够达到要求的。

5）混床的运行流速。离子交换反应的动力是离子交换平衡，反应的进行就需考虑反应达到平衡所需的时间，这就是离子交换动力学的问题。在离子交换器的实际运行过程中，所说的运行流速并不是水与树脂颗粒之间的流速，而是指交换器内的空塔流速。实际上，树脂颗粒与水的接触时间是很短的，因此需要考虑反应速度的问题。

在凝结水精处理混床内，空塔流速达到 $100\sim120m/h$，使树脂颗粒表面水膜明显减少，加快了反应速度，对离子交换反应的进行有利。

（4）氢型混床的出水水质与再生度的关系。氢型混床出水 pH 值为 7.0，要达到需要的出水水质，对混床内树脂的再生度要求不是很高。pH 值为 7.0，根据离子交换平衡的质量作用定律，可以计算出不同出水含钠量和之平衡的阳树脂再生度的关系，见表 17-7。

表 17-7　　　　　　　　　出水含钠量与阳树脂再生度的关系

出水含钠量 ($\mu g/L$)	阳树脂需要达到的最低再生度 (%)	出水含钠量 ($\mu g/L$)	阳树脂需要达到的最低再生度 (%)
0.1	94.0	1	61.0
0.2	88.5	2	43.4
0.5	75.5	6	23.0

出水含氯量与阴树脂再生度的关系见表 17-8。

表 17-8　　　　　　　　　出水含氯量与阴树脂再生度的关系

出水含氯量 ($\mu g/L$)	阴树脂需要达到的最低再生度 (%)	出水含氯量 ($\mu g/L$)	阴树脂需要达到的最低再生度 (%)
0.1	76.2	1	24.2
0.2	61.5	2	13.8
0.5	38.9	5	6.0

（5）氢型混床失效控制标准。

1）电导率指标：当氢型混床失效，出水漏氨，将使出水电导率快速升高，所以，一般以比电导率作为监控氢型混床失效的标准。一般以出水比电导率（25℃）开始上升，且具有明显上升趋势时，判定氢型混床失效。大部分电厂的企业标准中规定，氢型混床出水比电导率（25℃）超过 $0.1\sim0.2\mu S/cm$ 时，氢型混床失效。

2）钠离子含量：当氢型混床失效，或凝结水水质恶化时，混床出水可能漏钠，尤其是当阳树脂再生度较低时。所以，氢型混床出水一般也监测钠离子含量，一般至少要求混床出水钠离子含量不超过 $3\mu g/L$。

3）硅酸根含量（以 SiO_2 表示）：电导率测定只能说明水中能够导电物质的总量，而对于解离度极低的硅酸是不显示的，必须进行单独测定；由于凝结水中的硅酸盐大部分以分子状态存在，具有多种聚合体形式，而且还可能存在胶体的形式，所以混床对凝结水中的硅酸盐类杂质的去除不能简单按照离子交换平衡计算，即使混床出水的其他指标达标，也不代表混床出水硅含量达标；另外，由于阴树脂再生时，硅酸根的洗脱较为困难，与再生液用量及温度有很大关系，当洗脱率低时，混床产水就可能存在硅酸盐漏过。因此，判断氢型混床是否失效，还应监测混床出水硅酸根（以 SiO_2 表示）含量，一般要求混床出水二氧化硅不超过 $10\mu g/L$。

6. 混床运行流速的选择

凝结水混床运行流速的选择，应从去除金属腐蚀产物和去除离子两方面考虑。

对于去除固体杂质来说，只要床层洗得干净，运行流速对出水杂质的残留量并无太大影响。如果床层洗得不干净，尤其是底部不干净时，出水中的固体杂质含量就会随流量增大而增大。由于凝结水精处理混床树脂再生时一般都采用压缩空气反复擦洗，树脂清洁度较高，混床的设计中一般不考虑去除金属腐蚀产物对通水流速的要求。

从去除离子的角度出发，高流速可使离子交换树脂的水膜厚度减薄，提高离子的交换速度，有利于提高出水水质，因此凝结水精处理混床一般都采用较高流速。但是，考虑到流速过快，离子来不及交换就被水流带走，也不利于出水水质，而且高流速下，树脂的破碎率较高，年损耗率较高，不利于混床的经济运行，因此高速混床运行流速也不宜太高，宜控制在 $100 \sim 120m/h$ 之间。

另外，关于凝结水精处理混床的高流速运行对树脂破碎率和使用寿命的影响，一般有以下认识：采用普通凝胶型树脂时，高流速运行下，混床树脂年损耗率高达 $30\% \sim 50\%$；采用新型大孔树脂和超凝胶树脂时，混床流速允许达到 $240m/h$，但考虑到树脂的磨损和老化引起交换容量的降低，仍然建议混床选用 $100 \sim 120m/h$ 的运行流速。

7. 凝结水混床树脂的选择

（1）混床用树脂性能要求。凝结水混床树脂再生前必须彻底分离，再生后又必须良好混合，否则难以达到较好的除盐效果，因此对凝结水混床树脂性能的要求与常规树脂不同，不同之处在于：

1）尽量窄的粒径范围。最大颗粒的阴树脂与最小颗粒阳树脂的沉降速率不能相同或交叉，否则难以分离；同时，最大颗粒阳树脂与最小颗粒阴树脂的沉降速率相差不能过大，否则又难以混合。为此，混床宜选用均粒树脂，以缩小树脂颗粒的粒径范围，降低树脂中占 1% 的最大或最小颗粒对分离和混合的影响。

氢型混床要求树脂粒径范围为 $\pm 100\mu m$，而对于铵型混床运行而言，树脂粒径范围最好能够达到 $\pm 50\mu m$。

2）良好的机械强度。针对凝结水精处理混床高流速运行的特点，树脂必须具有良好的机械强度。一般要求凝结水精处理用阳树脂的压碎强度达到 $1115g/$粒，阴树脂的压碎强度达到 $770g/$粒，渗磨圆球率均应大于或等于 90%。

3）较少的浸出物。为了防止树脂中的浸出物随出水带入热力系统，要求树脂尽量减少可溶物和低聚物的含量。所以，凝结水精处理用新树脂必须进行预处理后方能使用。

4）分离系数与混合系数要求。对于氢型混床而言，分离系数应大于 0，混合系数应小于 3；对于铵型混床而言，分离系数应大于 1，混合系数应小于 2。

8. 凝结水混床树脂污染

凝结水混床的运行条件比补给水除盐混床好得多，一般不会受到有机物、微生物和硅等物质的污染，但有时会受到铁和十八胺（停炉保护剂）的污染。这里主要介绍铁污染及其处理方法。

阳、阴树脂均会发生铁的污染。对于空冷机组，由于冷却系统庞大，含铁的部件较多，树脂更容易受到铁的污染。被铁污染的树脂，外观颜色变深，凝胶型树脂变得不透明。污染严重时，对于水冷机组，其外观颜色变深；对于空冷机组，其外观颜色变为铁锈红色。一般地，阴树脂附着的铁要比阳树脂大许多倍，这是因为阳树脂在用酸再生时，每次都能除去一部分铁。如果每 100g 树脂中含有 150mg 铁，则认为树脂被铁污染了。

凝结水混床铁树脂污染的原因有：

（1）凝结水设备及管道遭到腐蚀，如凝结水负压系统泄漏，溶解氧长期超标等。

（2）用于再生的阴树脂的碱质量差，应使用高质量的离子膜法生产的烧碱，其中三氧化二铁的含量应小于或等于 0.000 5%。

树脂被铁污染后，其除铁效率明显下降，通常可采用高浓度的热盐酸对其进行复苏。一般可采用 10% 左右的热盐酸进行浸泡处理，其时间和温度由小型试验确定。复苏时可加入适量复苏剂，使 3 价铁还原成 2 价。

9. 混床运行状态的评估

对于混床运行状态的评估，包括混床树脂的离子交换能力、混床树脂的再生状态以及混床的水流阻力。评估的目的是为了及时了解设备内部是否存在缺陷、树脂是否有流失以及运行与再生操作是否存在问题。

（1）离子交换能力的评估。评估混床离子交换能力的最重要依据是混床的出水水质，若混床出水水质无法满足运行要求，应从混床设备和材料性能、运行条件，树脂输送、清洗、分离、再生和混合工艺方式及参数设定等方面查找原因并进行处理。

评估混床离子交换能力的另一个重要依据是混床的除盐容量，目前大多数电厂以混床周期制水量作为评估混床除盐容量的一个重要指标，若周期制水量小，则认为混床除盐容量较小。但是对于氢型混床而言，周期制水量受进水含氨量、含盐量、运行流速和机组负荷等运行条件的影响较大，因此周期制水量较小时，可能是氢型混床除盐容量较低，也可能是运行条件较差所致。所以，周期制水量并不直接反映氢型混床本身所具有的除盐容量。而对于铵型混床，若进水水质不恶化，不考虑运行压差和出水含铁量超标，仅从出水含盐量考虑，它的运行周期将会很长。所以评估混床除盐容量时，不能仅依靠周期制水量这一指标。

由于铵型混床几乎无除盐能力，评估其除盐容量无实际意义。氢型混床进水含氨量远远大于含盐量，因此氢型混床阳树脂的离子交换容量很快就会被铵离子消耗，阳树脂就会失效，此时阴树脂也就失去了除盐能力，所以氢型混床除盐容量主要体现在阳树脂的除氨容量上。因此评估氢型混床除盐容量的最直接依据就是阳树脂的氨交换容量。阳树脂氨交换容量的计算方法为

$$Z_Q = V_R E_R / (q_v C_{NH_3}) \tag{17-1}$$

式中：Z_Q 为运行周期；V_R 为阳树脂体积；E_R 为阳树脂的工作交换容量；q_v 为周期内每小时平均制水量，m^3/h；C_{NH_3} 为周期内凝结水中 NH_3 的平均含量，$mmol/L$。

式（17-1）经过整理，可以得到式（17-2），即

$$E_R = Z_Q q_v C_{NH_3} / V_R \tag{17-2}$$

通过式（17-2）可计算实际混床内阳树脂的工作交换容量。

（2）再生状态的评估。混床树脂的再生度是评估再生条件和操作的重要指标，它直接影响混床的出水水质。取样测定树脂再生度的方法比较复杂，难以作为混床运行中的监控手段。采用树脂再生过程中，测定再生塔置换阶段排出的废再生液中的离子比例，可以计算出

再生塔内树脂的再生度。

阳树脂再生过程中，当溶液中的离子与树脂相的离子形态达到平衡时，通过再生液中的氢离子与钠离子的比例，可以计算出树脂相中氢型树脂与钠型树脂的比例，即树脂的再生度。其计算公式为

$$[RH]/[1-RH] = 1/K_H^{Na} \times [H^+]/[Na^+] \tag{17-3}$$

式中：K_H^{Na} 为氢型强酸树脂对水中 Na^+ 的选择性系数，实测值为 1.5。

通过测得的废液中 $[H^+]$ 和 $[Na^+]$ 的浓度，带入式（17-3）可以直接计算出 $[RH]$ 在总交换量中所占的比例，即再生度。树脂再生度以％表示。

同理，通过再生废液中氢氧离子和氯离子的比值，也能够计算出阴树脂的再生度，即

$$[ROH]/[1-ROH] = 1/K_H^{Cl} \times [OH^-]/[Cl^-] \tag{17-4}$$

式中：K_H^{Cl} 为氢氧型强碱树脂对水中 Cl^- 的选择性系数，实测值为 11.1。

（3）水流阻力的评估。混床的运行阻力是指在额定出力下，树脂层的水流阻力和设备阻力之和。一般清洁混床，在树脂层高为 1m 的情况下，进出口水的压差为 7～20kPa。混床实际的运行水流阻力，可以在设备初投入运行的调整试验阶段，绘制设备出力与水流阻力的曲线，作为评估混床水流阻力是否正常的依据。

如果运行中发现混床的水流阻力明显增高，可能是树脂的破碎颗粒需要清除或设备本身出现故障的表现；如果水流阻力明显降低，则可能是树脂流失或设备出现偏流所致。可以通过设备内部的检查和从树脂层表面取样测定树脂的粒径分布的方法，有针对性地予以解决。

三、单床串联系统

1. 单床串联系统与混床的比较

（1）单床串联系统概述。20 世纪 80 年代，德国和英国提出采用单床串联系统处理凝结水的看法和试验结果，并在德国和澳洲的电厂中使用。到 21 世纪初，美国也开始应用。1998 年，我国天津某电厂从德国引进了单床凝结水精处理系统，系统经过简单调试便正常投运，出水水质良好。

单床串联系统包括两种形式：一种是"阳床 1→阴床→阳床 2"系统，即凝结水首先经阳床 1 去除水中的氨，并与全部金属离子进行交换，生成酸，然后经阴床去除强酸和弱酸，再经阳床 2 去除阴床树脂可能释放出的氢氧化钠；另一种是"阳床→阴床"系统，即凝结水经阳床去除水中的氨和金属离子，生成的酸再经由阴床去除。

两种单床串联系统最大的区别在于，前者可以很好地解决阴床出水漏钠的问题，而后者适用于凝结水钠含量较少的空冷机组，具有投资省、系统简单和占地面积小等优点。

（2）单床串联系统与混床的比较。

1）阳、阴离子交换次数的改变。混床的机理是能够获得"无穷多"级阳、阴离子交换，因而能够得到良好的出水水质，但这一切必须以两种树脂良好混合和水的 pH 值呈中性为基础。在树脂分离和再生中，减少交叉污染，是提高树脂再生度的必要条件。为了再生，两种树脂必须彻底分离，而再生后又必须良好地混合。

目前，常用的树脂分离方法为水力反洗分离法，即利用两种树脂颗粒在水中的沉降速度差进行分离。沉降速度差越大，两种树脂越容易分离，但越难以混合；反之，沉降速度差越小，就越难以分离。因此，混床工艺存在着两种树脂分离和混合的矛盾，这是混床工艺存在

的难以克服的根本缺点。

采用单床串联系统时，由于运行和再生中，两种树脂单独存放和输送，互不混合，也无需分离，从根本上解决了混床存在的矛盾。但是，离子交换过程又从"无穷多"级减少到了一级，因此能否达到凝结水精处理要求的出水水质是必须解决的关键问题。

2）离子交换平衡的比较。混床阳树脂与阴树脂混合，离子交换所产生的氢离子和氢氧根离子能够迅速结合为水，使混床出水 pH 值约为 7.0，离子交换平衡很容易达到，水中杂质离子与树脂相中不同离子形态的关系符合质量作用定律。所以混床出水水质取决于混床树脂的再生度和出水 pH 值。

单床，即阳床或阴床内只装填一种树脂，离子交换反应生成的氢离子或氢氧根离子将作为反离子，影响离子交换反应的彻底进行。所以，从理论上讲，单床出水水质不及混床出水水质，它主要受树脂再生度、水的 pH 值和进水含盐量及离子组分等因素影响。

但是，由于凝结水的 pH 值较高，铵离子和氢氧根离子含量高，凝结水首先进入阳床后，阳床树脂与铵离子交换产生的氢离子会与氢氧根离子迅速结合成为水，因此阳树脂与铵离子的交换较为彻底；另外，由于凝结水中其他阳离子含量很小，与阳树脂反应生成的氢离子的反离子作用很小，不足以使水的 pH 值偏离中性，对离子交换平衡反应的影响可忽略不计。因此，可认为在凝结水精处理阳床实际运行中，树脂相与水中所含离子是处于平衡状态的，并符合质量作用定律。那么，阳床出水水质与混床一样，都是取决于树脂的再生度和出水的 pH 值。

而阴床进水为阳床出水，阳床出水为酸性物质，这样的水进入阴床，与阴树脂离子交换后，不会产生反离子，所以阴树脂的离子交换可以彻底。阴床出水水质与混床一样，也是取决于树脂的再生度和出水的 pH 值。

通过以上论述可知，凝结水精处理混床和单床的出水水质都取决于树脂再生度和出水 pH 值，其离子交换平衡反应都符合质量作用定律。但是毕竟单床只有一级交换，当凝汽器泄漏，凝结水水质较差，阳床树脂离子交换产生的反离子含量更多时，阳床出水水质就会首先变差。若阳床出水水质变差，阴床进水中性盐类物质增多，酸性物质比例减小，阴床树脂离子交换就会产生无法结合为水的氢氧根离子，作为反离子影响阴床出水水质，那么单床出水水质就会变差。可见，当凝汽器泄漏，或其他原因使凝结水水质较差时，单床对水质的适应性不及混床。

3）树脂再生效果比较。由于单床工艺中不存在两种树脂分离时的交叉污染、清洗后的混合污染以及树脂输送过程中的污染，所以在同样的再生条件下，单床树脂的再生度高于混床。

4）阳、阴树脂装填量比较。由于单床树脂高度与混床相近，为 0.9~1.1m，单床的运行流速与混床相同，所以单床的阳树脂装填量和阴树脂装填量相等，明显较混床内阳、阴树脂装填量多，这对改善出水水质和延长运行周期都是有利的。

5）混床与单床系统出水水质比较。国内的试验结果表明，在进水电导率为 $0.12\mu S/cm$、含钠量为 $4.9\mu g/L$ 的情况下，混床出水平均电导率为 $0.083\mu S/cm$、含钠量为 $0.53\mu g/L$；"阳床 1→阴床→阳床 2"系统出水平均电导率为 $0.080\mu S/cm$、含钠量为 $0.37\mu g/L$。可见单床串联系统"阳床 1→阴床→阳床 2"的出水水质优于混床，其主要原因是进水水质较好，而且单床串联系统不存在混床中两种树脂的交叉污染和混合污染。国外的许多文献也报道了类似结果。

6) 单床的运行周期。单床分阳床与阴床。阳床内阳树脂装填量较多，故而运行周期较混床长，一般可达 30d 以上；由于凝结水中阴离子含量远远小于阳离子含量（阳离子包括铵离子），阴床的运行周期较长，一般可达 3 个月以上；防止阴床运行漏钠而设置的后置阳床，即阳床 2，由于进水平均离子含量极少，它的运行周期很长，可达 1 年之久。

（3）单床优缺点总结。

优点：运行和再生操作简单，运行可靠性高、出水水质好，树脂工作交换容量高。

缺点：凝汽器泄漏，凝结水水质较差时，出水水质可能无法保证，水质缓冲能力较差，系统占地面积大、设备较多。

2. 单床串联系统的运行机理

（1）"阳床 1→阴床→阳床 2" 系统的运行机理。阳床 1 的运行机理与前置氢离子交换器的运行机理完全相同。经过阳床 1 处理的凝结水所含杂质组分包括矿物质酸、碳酸、硅酸和有机酸等。这样的水进入阴床，与阴树脂离子交换反应产生的水，无反离子作用，因此可以获得阴离子含量很低的除盐水。

阴树脂对 SiO_2 的选择性系数最低，所以阴树脂失效时，出水首先漏过的便是 SiO_2。由于凝结水中 SiO_2 所占比例明显高于天然水，失效的阴树脂中硅酸型树脂比例也较高，为了获得良好的再生效果，阴树脂再生液应加热到 35～40℃。

由于强碱阴树脂在再生过程中会吸附少量的钠离子，并在运行过程中释放出来，进入水中，使阴床出水的含钠量高于进水。为了解决此问题，设置了阳床 2，用以吸收阴床释放的钠离子，这些钠离子在水中以氢氧化钠的形式存在。由于阴床释放的钠离子含量很少，同时氢型阳树脂又具有很高的交换容量，所以阳床 2 的运行周期一般可达 1 年之久，因此阳床 2 可不设再生备用。

（2）"阳床→阴床" 系统的运行机理。此系统中阳床和阴床的运行机理与上述内容相同。此系统无阳床 2，则不能除去阴床释放的钠离子，建议只用于凝结水钠离子含量小，且装设有汽包炉机组的空冷电厂。

（3）阳、阴分床树脂选择。阳树脂选用强酸型高强度树脂，要求其浸出物尽可能少，压碎强度应达到 1115g/粒，其他性能指标应符合 DL/T 519—2014《发电厂水处理用离子交换树脂验收标准》中表 12 的要求；阴树脂选用强碱型高强度耐高温树脂，耐温性能最好能够达到 60℃以上，压碎强度应达到 770g/粒，其他性能指标应符合 DL/T 519—2014 中表 12 的要求。

阳阴分床系统树脂可不必选用均粒树脂，而且当凝胶型树脂强度足够时，可不选用大孔型树脂。

（4）阳阴分床的运行控制。

1) 阳床出水呈酸性，因此投入阳床前，应首先投入阴床运行。

2) 阳床正常运行，阴床因进水温度高或故障原因旁路运行时，应提高精处理出水加氨量，加强对炉水 pH 值的监测，以防阳床出水对炉水 pH 值造成较大影响。

3) 凝结水铁含量低于 $1000\mu g/L$ 时，方可投运阳床。

4) 若无阳床 2，为了避免阴床投运初期出水漏钠，以及缩短阴床投运时间，阴床投运后应建立自循环，阴床出水通过自循环泵打至阳床进口，阴床漏钠通过阳树脂吸收。

5）阳树脂再生剂宜选用工业盐酸或硫酸。采用硫酸再生时，再生液浓度为 6%～10%；再生流速为 4～8m/h；再生水平为 130kg（100%H_2SO_4）/m^3 树脂。采用盐酸再生时，再生液浓度为 4%～6%；再生流速为 4～8m/h；再生水平为 100 kg（100%HCl）/m^3 树脂。

6）阴树脂宜选用离子交换膜法制造的高纯液体烧碱（氢氧化钠）进行再生，氢氧化钠质量应满足 GB/T 11199—2006《高纯氢氧化钠》的要求。采用离子交换膜法生产的高纯液体烧碱对阴树脂再生时，再生液浓度为 4%～6%；再生流速为 3～5m/h；再生水平为 100kg（100%NaOH）/m^3 树脂；碱再生液温度为 35～40℃。

7）阳床运行终点以出水电导率开始上升，直超过 0.2μS/cm 为准。

8）阴床运行终点以出水二氧化硅含量超标为准。阴床投入运行初期，应监测阴床出水含钠量，含钠量合格后方可投运阴床。

9）阳床出水铁含量超标，或阴床出水铁含量超标时，应对阳床或阴床进行空气擦洗。

四、树脂体外再生系统

凝结水精处理系统与热力系统串联，为防止体内再生操作不当，使再生液进入热力系统，一般不允许混床采用体内再生法进行再生。而从树脂再生效果上看，体外再生明显优于体内再生，可获得更高的树脂再生度，而且树脂在体外再生时还能得到充分的清洗，所以目前体外再生工艺已经成为凝结水精处理混床的主要再生方式。

1. 混床树脂的体外再生方式及系统

（1）体外再生过程。体外再生过程如下：混床失效后，将混床内的树脂输送到混床体外的容器中，进行空气擦洗、反洗分层、再生、清洗和混合等操作，然后送回混床内运行。两种树脂的分离是靠它们在水中沉降速度之差，用水反洗时，沉降速度低的阴树脂上浮，而沉降速度高的阳树脂下沉。分层后，在两种树脂层的交界面处，总会有部分阴阳树脂互相混杂，即阳树脂中混杂有阴树脂，阴树脂中混杂有阳树脂，交界面处一定厚度的树脂称为混脂层。当混杂有阳树脂的阴树脂被送到阴再生塔，用碱再生时，混杂的这部分阳树脂将彻底转换为钠型，增加混床中钠型树脂量；同样，混杂有阴树脂的阳树脂用酸再生时，这些混杂的阴树脂则转换为氯型。那么树脂中的钠型阳树脂和氯型阴树脂在混床运行过程中，会被凝结水中的钠离子和氢氧根离子排代，造成钠离子和氯离子的漏过，影响出水水质。防止混脂层内阳树脂变为钠型和阴树脂变为氯型的方法就是将混脂层单独存放，不参加阳、阴树脂的再生，使它们仍然保持混床失效时的离子形态。混脂层树脂与下一次失效的树脂一起，重新进行反洗分层。

（2）体外再生设备。目前，分离效果较好、应用较为广泛的体外分离系统是高塔分离系统和锥底分离系统，以下重点对高塔分离系统和锥体分离系统进行介绍。

1）高塔分离系统。

a. 高塔分离系统组成。高塔分离系统设备包括分离塔（SPT）、阴树脂再生塔（ART）、阳树脂再生塔（CRT）以及相关水泵和风机等设备。系统特点是阳树脂再生塔兼任树脂贮存塔，分离塔兼任混脂贮存罐。

b. 高塔分离设备结构。高塔分离系统设备与其他体外分离系统设备的主要差别在于分离塔的结构形式明显不同。该塔的下部为一个直径较小的长筒体，上部为直径逐渐扩大的漏斗段，塔身整体高度较高。塔体上设有失效树脂进脂口和阴、阳树脂出脂口，以及必要数量的窥视窗。塔内设有一过渡区，即混脂区，高度约 1m。分离塔的树脂膨胀高度可达到树脂层高度的 100% 以上。

c. 分离特点。树脂分离塔设计成上大下小的特殊形式，在分离过程中，首先将分离塔树脂上部的水通过溢流口放光，然后通入高流速反洗水流，快速将整个树脂床层提升到分离塔顶部，之后通过装在反洗进水阀前的流量调节阀，将反洗水流量逐步降到阳树脂的临界沉降速度以下，在此流量下，阳树脂颗粒将下沉，而阴树脂仍旧在分离塔上部浮动。待阳树脂沉降后，将反洗流量降低到零，阴树脂也得到沉降。这样，阴、阳树脂就得到了很好的分层。

此反洗分层的特点是反洗水进入直径较小的长筒体，树脂可获得较高的反洗流速，阳树脂得到充分膨胀，其颗粒之间的距离拉大，使夹杂在阳树脂中的阴树脂可以很容易地被反洗出来。当树脂上升到上部漏斗段时，逐步降低流速，使具有不同沉降速度的阳、阴树脂依次下落，达到分离两种树脂的目的。

反洗分层后，将阴树脂采用水力输送方式输松至阴树脂再生塔，分离塔上的阴树脂出脂口设置在阴、阳树脂理论分界面上约 250mm 处；阳树脂从底部输送，以水位开关或其他形式的树脂界面检测装置控制树脂输送终点；由于阴树脂出脂口设在树脂界面以上，所以阴树脂中基本不会混杂阳树脂；由于在树脂理论界面上下人为划定了高度不大于 1m 的混脂层，即使阳树脂输送终点控制装置在阳树脂输送过程中失灵，也能够通过分离塔中混脂层下移的位置，人为控制输送终点，保证树脂的纯净度。上述分离效率可以达到：阳树脂中阴树脂含量和阴树脂中阳树脂含量小于 0.1%。

2）锥底分离系统。

a. 系统组成及特点。锥底分离系统包括分离塔、阳再生塔、混脂贮存罐和相关泵及风机等设备。系统特点是阳树脂再生塔兼任树脂贮存塔，分离塔兼任阴树脂再生塔，混脂贮存于单独设置的混脂贮存罐中。

b. 分离设备结构形式。锥底分离系统设备与其他体外分离系统设备的主要差别也在于分离塔的结构形式的不同。该塔的下部为倒锥体，由上至下，横断面不断减小，上部为筒体。塔体上设有失效树脂进脂口和阳树脂出脂口（混脂输送也是由阳树脂出脂口输出），以及必要数量的窥视窗。塔内不设过渡区。分离塔的树脂膨胀高度可达到树脂层高度的 80%。

c. 分离特点。锥底分离的特别之处在于分离塔底部的锥斗构造，该构造由特殊材料制成，具有水量大、布水均匀等特点，阳、阴树脂能够充分、平稳地被托起，并能够平稳沉降，从而保证了反洗分层的效果。从分离塔锥斗最低处上方约 10cm 处引出卸阳树脂管路，阳树脂输送时，水通过锥斗由阴塔底部进入床体，在均匀的水流作用下，阳树脂通过树脂输送管路逐渐卸入阳塔，微量的混脂层也随着阴阳界面的下降而下降，界面到达锥斗时，随着锥斗直径的变小，混脂层直径也逐渐地变小，直到与树脂管口一样，当树脂管路出口的树脂界面自动检测装置，检测到阴树脂时则停止向阳塔输送阳树脂。由此可见，锥斗分离技术可以最大限度地减小混脂体积，提高阳、阴树脂的利用率。

3）两种分离系统的比较。通过对以上两种分离系统的介绍可知，高塔分离系统与锥底分离系统都是三塔式体外分离和再生系统。但是由于各自分离塔结构形式的明显不同，其分离特点也不同。表 17-9 对两种系统进行了比较。

表 17-9　　　　　　　　　　高塔分离系统与锥体分离系统的比较结果

分离系统名称	高塔分离系统	锥体分离系统
树脂层平稳度	阴树脂倒出时，树脂移动平稳；阳树脂倒出时，树脂层面可能形成漏斗状，可能影响树脂层的平稳移动	下部锥斗保证了水流均匀，树脂层移动平稳
反洗分层效果	反洗流速高，树脂膨胀空间大，反洗分层彻底	反洗膨胀空间相对较小，反洗流速不宜太高，粒径差别小的阴阳树脂颗粒不宜分开
阴、阳树脂分离效果	由于混脂层高度达 0.8～1m，有效防止了交叉污染	混脂量少，树脂输送终点的异常缓冲能力差，对树脂界面检测装置依赖性太强
树脂输送终点控制	即使无界面检测装置，也可根据混脂层下移位置来控制树脂输送，控制可靠	主要依赖树脂界面检测装置的准确和灵敏程度
运行操作要求	树脂输送终点易于控制，运行操作简单	树脂输送终点需要调整界面检测仪在最佳状态，需要切换较多的阀门，操作复杂
树脂再生效果	由于分离效果可以保证，再生时不会发生交叉污染，再生效果好	取决于分离效果，分离效果不佳，会导致再生效果不良

（3）混床体外再生控制新技术。高速混床工艺的关键工艺是树脂的分离、混合和输送。而我国目前相当一部分高速混床的运行效果不佳，究其原因，多是因为在这三个关键环节中出现了问题。高速混床失效树脂的体外分离和输送过程缺乏可靠的监控技术是最常见的问题，也是长期困扰电厂的问题。很多电厂都依靠人工干预进行解决，增加了运行人员的劳动强度，分离和输送的随意性也很大，导致高速混床内的树脂体积和配比混乱，甚至导致混合树脂分离、再生失败，高速混床无法正常投运。

另外，我国火电机组凝结水精处理混床的阳、阴树脂配比大部分是按照 1∶1 来设计，运行实践表明，此设计不利于氢型混床长周期运行，也不利于铵型混床出水水质的提高，应根据实际情况进行优化调整。但是混床树脂体外分离设备都是按照起初的阳、阴树脂配比来设计的，如果强行改变树脂比例，很有可能导致树脂无法正常分离、再生。

以上两方面问题都对电厂精处理系统的运行造成了严重的负面影响，为了解决上述问题，国内有关单位开发了树脂输送图像智能识别及控制仪（instrument of image recognition and intelligent control of resin transportation，IRIC）。

1）IRIC 的工作原理。IRIC 装置由树脂输送图像的采集单元、智能识别单元和信号控制单元组成。其中，树脂输送图像的智能识别单元为该装置的核心单元，融入了"阳、阴树脂虚拟界面"的概念和"树脂输送图像的自适应识别算法"，是确保树脂输送终点判断的准确性能够达到 100％的理论基础。图 17-11 为 IRIC 装置的系统示意图。

采用该装置来控制树脂体外分离与输送过程，分为以下五个步骤：

a. 采集树脂分离、输送的实时画面，并传送至上位机。

b. 借助智能识别软件对采集来的树脂图像进行实时分析。

c. 根据"树脂输送图像的自适应识别算法"，捕捉"树脂虚拟界面"。

d. 捕捉到"树脂虚拟界面"后，计算机向程控系统发出输送终点的控制指令。

e. 程控系统按照指令要求对树脂分离、输送的工艺步骤进行控制。

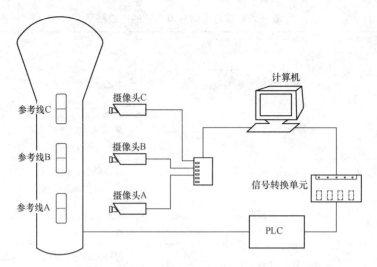

图 17-11　IRIC 装置系统示意图

2）系统功能。系统有以下两大基本功能：

a. 监测混床阳、阴树脂的体积和配比。

b. 准确判断树脂分离、输送的终点。

基于上述第一项基本功能，系统还具有以下两项非常实用的拓展功能：

a. 帮助用户在不改变分离塔结构的情况下，实现对混床树脂配比的优化调整。

b. 通过测量混床阳、阴树脂量的变化幅度，来诊断混床树脂输送率和树脂泄漏量，从而防止树脂输送不彻底或树脂跑漏现象的发生。

3）性能特点。

a. 解决了阳、阴树脂界面不清晰时输送终点的判断问题。克服了目前常用的电导法和光电法等方法在使用过程中失灵的问题，提高了混床出水水质。

b. 实现了树脂输送的远程监测和自动控制。操作人员可以直接观察到树脂分离、输送的过程，可以了解到树脂的比例变化、是否成功分层，树脂输送步序是否执行完毕等信息。能够实现自动控制，解决了目前需要人工干预的情况，提高了可靠性，降低了运行人员的工作强度。

c. 保证了混床树脂输送量的准确性。一方面可避免混床树脂体积和配比发生混乱；另一方面可使已经发生混乱的混床树脂体积和配比在树脂分离、输送过程中自行调整到合理水平。

d. 延长了混床的周期运行时间。能够在不改变分离塔结构的情况下，改变阳阴树脂比例，大幅度提高混床的周期运行时间。

e. 安装方便，维护简单。监测装置在分离塔外部用支架安装，不需要打开现有设备。由于分离塔是间断运行的，所以能够在机组运行期间安装。通过调整参考线位置即可调整树脂分离、输送终点，维护简单。

2. 阳、阴分床树脂的再生系统

阳、阴分床再生方式也为体外再生，再生方法与混床阳、阴树脂分离后，在单独容器中再生一致，不存在树脂分离和混合的问题。

　　阳、阴分床再生系统由阳、阴树脂再生罐，阳、阴树脂储存罐，再生水箱，酸、碱计量箱，电热水箱，再生水泵和罗茨风机等组成。阳、阴树脂分别在阳、阴树脂再生罐内再生，再生和冲洗好后分别输送至储存罐储存备用；阳、阴床失效后，将阳、阴树脂分别输送至阳、阴再生罐，然后将阳、阴树脂储存罐内树脂分别输送至阳、阴床，冲洗合格后投入运行；再生水箱，酸、碱计量箱，电热水箱，再生水泵等为阳、阴树脂的再生辅助设施；罗茨风机用于阳、阴树脂再生前后的空气擦洗。

第十八章

空冷机组的水工况

工农业的迅猛发展和人民生活的不断提高，必然要求电力工业发展大容量高参数发电机组，但在我国北方许多地区，虽有较多的煤炭储存，但又因是严重缺水地区而受到限制。如将发电厂汽轮机的凝汽设备采用空气冷却，将会对这些地区的电力发展起到积极作用。

根据理论计算，$1m^3/s$ 的水可以建设 1000MW 的水冷发电机组，而建设同样规模的空冷发电机组只需 $0.3\sim0.35m^3/s$ 的水，这就是说，建设一台水冷发电机组所需的水量可建设同样规模的空冷发电机组 3～4 台。所以，在富煤缺水地区建设空冷发电机组，可为持续发展提供足够的电力。

发电厂空冷技术，在欧洲、美洲一些先进国家，从 20 世纪 30 年代就开始研究，经过近 60 年的不断研究和改进，目前已有相当的规模，如南非、苏联、美国等都在 20 世纪 70 年代建成单机容量为 200MW 的空冷发电机组，并于 20 世纪 80 年代后，在南非和巴林分别建成单机容量达到 665MW 和 890MW 的大型空冷发电机组。

我国的发电机组空冷技术，虽然在 20 世纪 50 年代就开始研究，但直到 20 世纪八九十年代才有较快发展。目前我国已能自行设计、制造单机容量为 300、600、1000MW 的空冷发电机组，并已投产 50 余台。

空冷发电厂采用的冷却塔称干式冷却塔，热水在散热器的翅管内流动，依靠与管外流动的空气温差进行接触散热，所以它的冷却极限为空气的干球温度，冷却效果较低。在干式冷却塔中没有水的蒸发损失，也没有风吹损失和排污损失，所以它能节约用水。但它需要建造更高大的干式冷却塔和大量金属管散热器，造价为同容量湿式冷却塔的 4～6 倍。另外，它的运行费用也高，每发 1kWh 的电需多消耗煤炭 18g，厂用电量也要增加 30%。

第一节　发电厂的空冷系统

一、空冷系统

目前在火力发电厂中采用的空冷系统有两种类型：直接空冷系统（direct aircooling system）和间接空冷系统（indirect aircooling system）。间接空冷系统又分为带表面式凝汽器的间接空冷系统和带喷射式凝汽器的间接空冷系统。

1. 直接空冷系统

直接空冷系统指对汽轮机的排汽（蒸汽）直接用空气来冷凝，空气与蒸汽之间的热交换是通过空冷凝汽器（即散热器）进行的，所需冷却空气通常由轴流冷却风机来提供。

直接空冷系统原则性汽水系统如图 18-1 所示。汽轮机的排汽通过一个直径很大、长度达几十米的排汽总管送到布置在室外的空冷凝汽器内,在此与空气进行表面换热,将排汽冷凝成水,凝结水由凝结水泵提压,经除铁过滤器和精处理装置处理后,回到热力系统,重新循环利用。

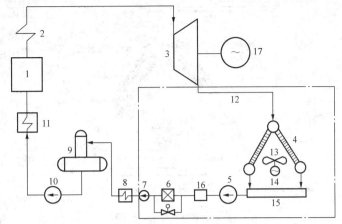

图 18-1　直接空冷系统原则性汽水系统

1—锅炉;2—过热器;3—汽轮机;4—空冷凝汽器;5—凝结水泵;6—凝结水精处理装置;7—凝结水升压泵;8—低压加热器;9—除氧器;10—给水泵;11—高压加热器;12—汽轮机排汽管道;13—轴流冷却风机;14—立式电动机;15—凝结水箱;16—除铁过滤器;17—发电机

空冷凝汽器由外表面镀锌的椭圆形钢管外套矩形钢质翅片的若干管束组成,这些管束称为散热器。空冷凝汽器分主凝汽器和辅助凝汽器两部分,前者多设计成汽水顺流式,后者多设计成汽水逆流式,如图 18-2 所示。

直接空冷发电机组,在汽轮机启动和正常运行时,必须使汽轮机的低压缸尾部、空冷凝汽器、大管径排汽管道及凝结水箱等设备内部形成一定的真空度。抽真空用的设备仍是抽气器。抽气器有两级,在启动时投入出力大的一级抽气器,以加快启动速度、缩短抽真空时间。当汽轮机进入正常运行以后,改换出力小的二级抽气器,以维持整个排汽系统的真空度。因此,空冷凝汽器中的所有元件和排汽管道均采用两层焊接结构,以确保整个真空系统的严密性。

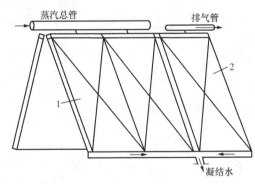

图 18-2　空冷凝汽器布置示意图

1—主凝汽器;2—辅凝汽器

直接空冷系统的特点是:

(1) 因为直接空冷系统的空冷凝汽器可布置在汽机房外与主厂房平行的纵向平台上,这不仅取消了大型的湿冷却塔、水泵房及地下管线所占的面积,而且还可在空冷凝汽器的下面布置变压器等电气设备,从而大幅度减少了发电厂的占地面积。因此,它的系统简单,基建投资较少。

(2) 在该系统中的大直径主排汽管道内输送的是饱和蒸汽。蒸汽在空冷凝汽器与空气进行热交换,只换热一次就被冷凝成凝结水,属于表面式换热。所以,它不需要冷却水等中间冷却介质,初始温差大。

(3) 直接空冷系统是利用二级抽气器在排汽系统内形成一定的真空,使汽水流动,不需设置循环水泵,但需设置轴流风机群从空冷凝汽器下部鼓风,促使空气流动,进行热交换。当汽轮机的负荷变动时,可随时通过改变轴流风机的台数和转速来调节空气流量,比较灵活,冬季防冻措施也比较可靠。

(4) 在该系统中,冷凝设备与冷却设备合为一体,所以它的空冷装置必须采用机械强制

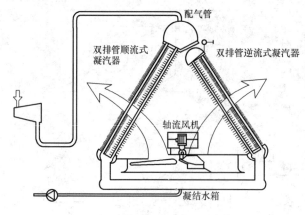

图 18-3　GEA 型直接空冷凝汽器
管束与轴流风机的布置图

通风，并配以"人"字形布置的钢质散热器，如图 18-2 所示，但它增加了厂用电量，也增加了噪声。

图 18-3 给出的是 GEA 型直接空冷凝汽器管束与轴流风机的布置图。

图中管束采用纵向排列整体布置为"人"字形（或称"A"形斜顶式），散热器翅片管束由两排错列的排管组成。由于第一排管与新鲜冷空气接触，故管内凝结水量多；第二排管与受热空气接触，管内凝结水量相对减少。

（5）直接空冷系统真空容积庞大（约为间接空冷系统的 30 倍），600MW 机组汽轮机本体（含排汽装置）的真空容积达 1300m³。所有管道均采用低压薄壁焊接钢管，地上布置。为增加管道系统的刚度，在大直径薄壁管的外侧设置许多加固肋环。在管道转弯处设有导向叶片，以使汽流均匀通过。

2. 带喷射式（混合器）凝汽器的间接空冷系统

该系统由匈牙利的海勒教授首先提出，所以也称海勒式间接空冷系统，其原则性汽水系统如图 18-4 所示。

这种间接空冷系统主要由喷射式（混合器）凝汽器和装有福哥型散热器的空冷塔构成。福哥型散热器是由外表面经过防腐处理的圆形铝管外套以铝质翅片的管束组成的，因这些管束是按"∧"形排列的，所以也称缺口冷却三角，在"∧"缺口处装上百叶窗，构成一个冷却三角。

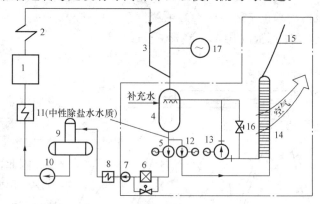

图 18-4　海勒式间接空冷系统原则性汽水系统

1—锅炉；2—过热器；3—汽轮机；4—喷射式凝汽器；5—凝结水泵；6—凝结水精处理装置；7—凝结水升压泵；8—低压加热器；9—除氧器；10—给水泵；11—高压加热器；12—冷却水循环泵；13—调压水轮机；14—全铝制散热器；15—空冷塔；16—旁路节流阀；17—发电机

该间接空冷系统的工艺流程是：汽轮机的尾部排汽在喷射式凝汽器内，与由调压水轮机送来的 pH 值为 6.8～7.2 的高纯中性冷却水直接混合。在此过程中，蒸汽被冷凝，冷却水被加热，受热的冷却水绝大部分（98%）由循环冷却水泵送至福哥型散热器，经与冷却塔中的空气对流热交换冷却后，通过调压水轮机又将冷却水送至喷射式凝汽器内，进入下一个循环。只有极少部分（2%）的冷却水（与排汽量相当）经凝结水泵送至精处理装置处理后回到热力系统。

这种间接空冷系统中的调压水轮机有两个作用：一是可通过调节水轮机的导叶开度调节喷射式凝汽器喷嘴前的水压，保证在凝汽器内形成微薄且均匀的水膜，以减小排汽阻力和与冷却水充分接触换热；二是可减少冷却水循环的功率消耗，节省能量。目前的空冷机组大都采用立式水轮机与立式异步交流电动机连接。

海勒式间接空冷系统的特点是：

(1) 该系统用喉部过渡段将汽轮机排汽口与凝汽器连接。由于连接段较短，只有 5～6m，所以在工程上认为汽轮机的背压 p_T （指汽轮机低压缸末级叶片出口截面处的静压力）、汽轮机的排汽压力 p'_T （指汽轮机排汽口处的压力）和凝汽压力 p_C （指凝汽器冷凝管最上排管群 300mm 处的静压力）相等，即

$$p'_T \approx p_T \approx p_C$$

(2) 该系统中有两次换热：第一次是在喷射式（混合器）凝汽器内进行蒸汽冷凝，属于混合式换热；第二次是在空冷塔中与空气进行热交换，属于表面换热。

(3) 该系统中输送的是高纯度中性除盐水，属于密闭式循环冷却水系统，对水质要求非常严格。

(4) 该系统中的喷射式凝汽器一般布置在主厂房内汽轮机尾部的底层上。空冷塔采用双曲线自然通风塔，布置在室外，依靠高大风筒内外空气密度差形成的抽力使空气流动。在塔体外侧四周安装全铝质散热器，冷却三角竖直布置。铝制散热器的缺点是防冻性能差。

(5) 该系统的流体输送设备采用循环冷却水泵和水轮机。这种循环水泵类似大型凝结水泵，消耗功率大，泵前水坑较深。

(6) 该系统真空容积小，所有管道系统均采用低压焊接钢管，地下布置。为增强管道系统的刚度，同样在直径薄壁管的外侧设有许多加固肋环。

(7) 该系统中，因第一次热交换采用混合式，所以不论单机容量大小，均需设置凝结水精处理装置。

(8) 该系统分真空和微正压两部分：从调压水轮机出口喷射式凝汽器至循环冷却水泵入口段为真空部分；从循环冷却水泵出口经空冷散热器至调压水轮机入口段为微正压部分。

(9) 由于该系统采用了喷射式混合凝汽器，系统中的冷却水量相当于锅炉补给水量的 30～40 倍，因此需要大量的与锅炉水质相同的水，使水处理费用增加。

3. 带表面式凝汽器的间接空冷系统

这种空冷系统又称哈蒙式间接空冷系统，其原则性汽水系统如图 18-5 所示。由于这种空冷系统主要是由表面式凝汽器与空冷塔构成的，所以与常规的湿冷系统有些相似，但也借

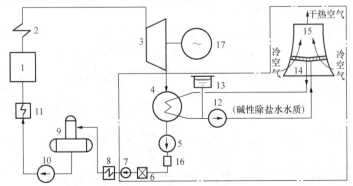

图 18-5　哈蒙式间接空冷系统原则性汽水系统

1—锅炉；2—过热器；3—汽轮机；4—表面式凝汽器；5—凝结水泵；6—凝结水精处理装置；7—凝结水升压泵；8—低压加热器；9—除氧器；10—给水泵；11—高压加热器；12—循环冷却水泵；13—膨胀水箱；14—全钢散热器；15—空冷塔；16—除铁过滤器；17—发电机

用了海勒式空冷系统的特点，是在海勒式空冷系统的基础上发展起来的。不同之处是：用空冷塔代替了湿冷塔；凝汽器用不锈钢管代替了铜合金管；用除盐水代替了工业循环水；用密闭式循环冷却水系统代替了敞开式循环冷却水系统。

在海勒式空冷系统中，虽然第一次换热采用的是混合式，但实际运行端差与表面式凝汽器相差不多，但又必须设置凝结水精处理装置，这对单机容量在 300～600MW 以上的大型机组来说，水质控制是相当困难的，所以在哈蒙式空冷系统中又用表面式凝汽器代替了喷射式凝汽器。

哈蒙式空冷系统的工艺流程是：经过空冷散热器冷却后的低温水，在表面式凝汽器中通过不锈钢管壁与汽轮机排汽进行对流换热，水蒸气在管壁外表面上凝结成凝结水，并汇集于凝汽器下部的热水井中，再由凝结水泵送回热力系统。温度升高的冷却水由循环冷却水泵送至双曲线自然通风冷却塔，在空冷散热器中与空气进行对流换热，冷却后的循环冷却水再送回表面式凝汽器中冷却汽轮机排汽，形成一个密闭式循环冷却系统。当散热器停运排水后，充氮保护系统会自动将氮气充入散热器内，防止空气进入散热器造成腐蚀。

哈蒙式间接空冷系统的散热器在冷却塔中的布置如图 18-6 所示。

图 18-6　2×160MW 机组哈蒙式间接空冷系统散热器布置图

哈蒙式间接空冷系统的特点是：

（1）在哈蒙式空冷系统中，散热器采用的是钢质椭圆形管外绕等高椭圆形翅片结构，然后对整个外表面进行镀锌处理。空冷塔采用双曲线自然通风，散热器中的冷却三角采用锥形布置。

（2）冷却水在循环过程中完全为密闭循环运行，理论上该系统耗水量为零，是一种节水型的冷却水系统。

（3）循环水系统处于密闭状态，循环水泵扬程低，消耗功率少，取消了水轮机和调压装置。

（4）该系统与湿冷系统有些相似，优点是厂用电少，设备也少。但空冷塔占地面积大，基建投资多。

（5）该系统也进行二次换热，一次是在表面式凝汽器中进行蒸汽的冷凝，第二次是在空冷塔中进行冷却水的降温。两次都属于表面换热，所以传热效果较差。

（6）该系统的循环冷却水采用碱性除盐水，而且与汽水系统分开，两者水质可按各自要求控制，冷却水用水量也可按季节进行调整。为了保证汽水系统的水质需设置除铁过滤装置。

（7）在该系统中，因为循环冷却水在温度变化时体积发生变化，故设置了一个膨胀水箱，以便水容积膨胀时起到补偿作用。为了保证循环冷却水的水质，膨胀水箱的顶部与氮气系统相连，避免因与空气接触而污染水质。

（8）在空冷塔底部设有储水箱和两台输水泵，用以向散热器输送碱性除盐水，当散热器和管道系统充满水后，空冷系统即可启动投运。

（9）该系统中采用带有液力耦合器的调速循环水泵。功率消耗小，泵前水坑较浅。

（10）在同样设计温度下，汽轮机背压较高，经济性下降。若想保证同样的汽轮机背压，则投资会相应增大。

二、干湿联合冷却系统

湿式冷却系统消耗水量大，必须有充足的水源，在缺水地区往往满足不了这种要求。干式冷却系统初投资大，发电标准煤耗也大，而且夏季气温高时还必须降负荷运行。为此，在大型发电厂或核电站中又发展了干湿联合冷却系统。在该冷却系统中采用了一个干湿联合冷却塔，塔体由一个大型干冷塔和一个小型湿冷塔构成，即塔内既有干冷段，又有湿冷段，形成了一个干湿混合式的整体结构。

根据干湿联合冷却塔中干冷段与湿冷段是否分建又分为两种联合冷却系统。

1. 干湿分建式联合冷却系统

这种冷却系统由表面式凝汽器、干冷却塔、湿冷却塔及相应的流体输送部件和管道系统组成，如图 18-7 所示。其工艺流程是：干冷却塔一般常年运转，在冬季环境气温低时充分发挥散热能力。在夏季气温高时投入湿冷却塔系统，这时干冷却塔系统中的冷却水排至塔下部的自用储水箱（集水池）内。当再由湿冷却系统改换干冷却系统时，先用充水泵从干冷却塔下部的储水箱（集水池）抽水到散热器及管道系统中，待水充满后即可启动循环冷却水泵。每次干、湿冷却系统切换时，湿冷却水系统内的水与干冷却系统内的水并不混合，可用阀门将湿冷却水系统隔开。两个冷却系统各有自己的储水箱（集水池）。

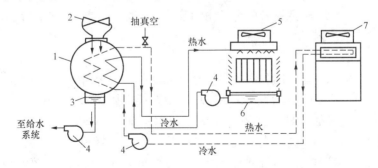

图 18-7　干湿分建式联合冷却系统

1—表面式凝汽器；2—汽轮机；3—热水井；4—循环冷却水泵；5—湿冷却塔；
6—集水池；7—干冷却塔

2. 干湿合建式联合冷却系统

这种联合冷却系统由喷射式凝汽器、合建式联合冷却塔、调压水轮机、水水换热器及相应的输送部件和管道系统组成，如图 18-8 所示。其中的联合冷却塔，是将干、湿冷却段合建在一个冷却塔内，塔内采用机械通风或自然通风。

在这种冷却系统中，冷却塔中的干冷段仅带机组负荷的 75%，故基建投资费用仅比湿冷却系统高出 20% 左右，既减少了排出的雾气团，又大大节约了冷却用水。其运行工艺是：

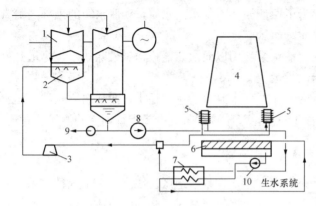

图 18-8　干湿合建式联合冷却系统

1—汽轮机低压缸；2—喷射式凝汽器；3—调压水轮机；4—合建式联合冷却塔；5—冷却塔干冷段；6—冷却塔湿冷段；7—水水换热器；8—主循环水泵；9—去锅炉；10—小循环水泵

在冬季环境气温低时，喷射式凝汽器只能接受来自联合冷却塔中干冷段的高纯度中性除盐冷却水，温度升高后由主循环水泵送回干冷段降温，再重新回到喷射式凝汽器。夏季环境气温高时，除干冷系统照常运转外，还将部分热的冷却水通过一个专门设置的表面式水水热交换器降温，然后两股冷却水混合，由调压水轮机送至喷射式凝汽器。在水水热交换器中，受热的工业水由小循环冷却水泵送至湿冷段降温后循环利用。

为了避免在热交换时高纯度的中性除盐水受到工业冷却水的污染，中性除盐水的压力高于工业冷却水的压力。

在干湿冷却塔中，干冷段（或湿冷段）的散热量占总散热量的百分数可根据机组容量大小、水资源状况及环境气温条件等因素确定。

第二节　空冷系统中的主要设备

空冷系统中的设备有凝汽器、散热器、空冷塔及水轮机等。

一、凝汽器

在间接空冷系统中，凝汽器有两种：用于哈蒙式空冷系统的表面式凝汽器和用于海勒式空冷系统的喷射式凝汽器。

1. 表面式凝汽器

在哈蒙式空冷系统中采用的表面式凝汽器与湿冷系统中采用的表面式凝汽器，其工作原理和结构基本相似，两者的区别为：①空冷系统中循环冷却水采用的水质是高纯除盐水，密闭式循环，不与大气接触，具有密闭式循环冷却水系统的一些特点，如补充水量很小等；②空冷系统中的冷却水温度高，有时高达 $70\sim80℃$，为了降低汽轮机的背压，提高发电机组的效率，要求凝汽器的端差尽量减小，所以空冷机组凝汽器的传热面积比湿冷机组凝汽器的传热面积大得多。

2. 喷射式凝汽器

其工作原理是利用喷嘴将冷却水喷出并形成水膜，与汽轮机排汽直接接触进行热交换，如图 18-9 所示。

由于是直接接触换热，其传热系数 K 值相当大，所以凝汽器本身体积不需很大就可满足热交换的要求。在蒸汽被冷凝的初期，K 值为 $470\,000W/(m^2·℃)$，即使到了后期，由于相对空气量增加，K 值减小，但 K 值仍高达 $23\,000W/(m^2·℃)$，因此，可使排汽与热端冷却水的温差（即端差）几乎接近于零。为了更有效地冷却空气蒸汽混合物中的蒸汽，要求后冷却器内有过量的冷却水，形成凝汽器内过冷却，过冷却度为 $0.2\sim0.5℃$。

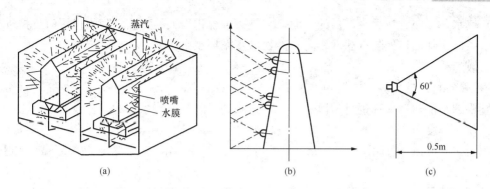

图 18-9 喷射式凝汽器汽水热交换示意图

(a) 凝汽器水膜示意图；(b) 喷嘴水膜示意图；(c) 单个喷嘴水膜角度

喷射式凝汽器的结构如图 18-10 所示。

(1) 外壳。喷射式凝汽器的外壳与表面式凝汽器相同，由钢板（厚度为 12～14mm）焊接而成。由于在运行中内部呈一定真空，外部为大气压力，外壳要承受 100kPa 的压力，所以不仅要求钢板厚一些，而且要求较高的焊接质量和内部设有加固肋条。

(2) 水室。水室呈三角形，高为 1.0m，宽为 0.4m。水室两侧壁上安装有双孔式铸铁喷嘴，孔径为 13～15mm。两个喷嘴的水平间距为 120mm，第一行喷嘴与第二行喷嘴交错排列，每两行为一组，两组之间间距为 300mm。每个喷嘴的喷水量为 5.22m³/h，喷嘴前的压力为 15kPa。

(3) 后冷却器。在喷射式凝汽器内，汽轮机排汽与冷却水进行热交换被冷凝成凝结水后，仍残留有一部分蒸汽与空气的混合气体。为了减少热量损失和凝结水损失，用抽气器将这部分混合气体抽入后冷却器进一步冷却。冷却水是经上面的水室进入后冷却器的，水量为总冷却水量的 5%～10%。在后冷却器内利用淋水盘形成的水膜与混合气体再次接触，进行热交换，使剩余蒸汽冷凝，不凝结的空气由抽气器经排空气口排入大气，如图 18-11 所示。

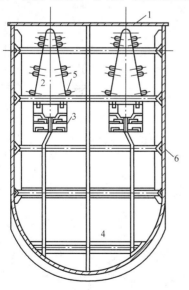

图 18-10 喷射式凝汽器结构

1—外壳；2—水室；3—后冷却器；
4—热水井；5—喷嘴；6—加固肋

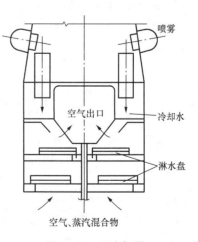

图 18-11 后冷却器

（4）热水井。布置在后冷却器的下面，它是一个容积很大的空腔。腔内设置有支撑外壳的加固肋条，下部出口处装有滤网，防止污物堵塞循环水泵。

二、散热器

1. 铝管铝翅片散热器

铝管铝翅片散热器又称福哥型散热器，它是海勒式间接空冷系统的主要设备。其主要技术参数：使用温度范围为 $-60\sim110℃$；最高承受压力为 $1\times10^2\,kPa$。散热器的主要尺寸：翅片间距为 2.88mm，翅片厚 0.33mm，铝管外径为 17.75mm，铝管厚度为 0.75mm，翅化比为 14.3。

福哥型散热器由管束、冷却元件、冷却柱、冷却三角和冷却扇形段等部件组成。

（1）管束。散热器的每一个管束由 60 根长 4840mm、直径 17.5×0.75mm、翅片孔径为 18.5mm 的圆形铝管和 1666 片大板翅片及五块加强板组成。管束长 4840mm，宽 599mm，厚度为 150mm。加强板外形与工字钢相似，高为 170mm，长 599mm，厚度为 6mm，中间有孔，管子从孔中穿过，如图 18-12（a）所示。

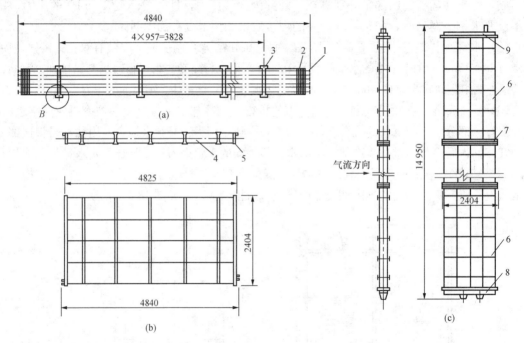

图 18-12　散热器组件

（a）管束；（b）冷却元件；（c）冷却柱

1—冷却管；2—翅片；3—加强板；4—冷却管束；5—管板；6—冷却元件；7—连接板；
8—底部水室；9—顶部水室

（2）冷却元件。如图 18-12（b）所示，每一个冷却元件由四个冷却管束并联组成，宽为 2404mm、厚度为 150mm。管板采用强度较高的铝合金，厚度为 18mm。冷却元件是这种散热器的基本组成单元。

（3）冷却柱。散热器也称冷却柱，由 $1\sim4$ 个冷却元件串联组成，长度有 5、10、15、20m 四种。冷却柱上下两端分别与顶部水室和底部水室相连，水室与冷却元件管板之间用

U 形螺栓固定。下部水室设有冷却水进口与出口，中间用隔板隔开，使冷却水的水流形成双流程，即冷却水首先进入一侧管束，至上部水室后再折回另一侧管束，从出水口流出。上部水室还设有排气口，与排空气系统相连。冷却柱结构如图 18-12（c）所示。

（4）冷却三角。这个组件是散热器安装的基本单元。它是在一个夹角为 60°左右的三角形钢结构架两个边上固定两个冷却元件，第三个边为冷却介质空气的通道。为防止冬季环境温度低于 0℃时冷却水结冰损坏散热器，在三角形的第三个边的空气通道上设置了百叶窗，以调节冷却三角对循环冷却水的冷却性能。因为这种安装单元为三角形，故称冷却三角，如图 18-13 所示。冷却三角还包括有三角形盖板、底板、支承螺栓，橡胶软管和轨道等部件。

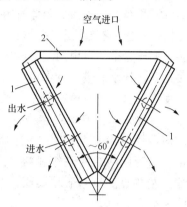

图 18-13　冷却三角顶视图
1—冷却柱；2—百叶窗

（5）冷却扇形段。将每个冷却三角组件沿自然通风冷却塔外围竖直布置，形成一个圆形。为了运行调节方便，将一周的冷却三角组件分成若干组，每组均设进出冷却水母管，母管上安装进出水电动阀及放水阀。在运行中，充水系统、放水系统和控制调节系统均以一组为一个单元。因为每组的冷却三角在塔内均呈扇形，故称这种单元为冷却扇形段。

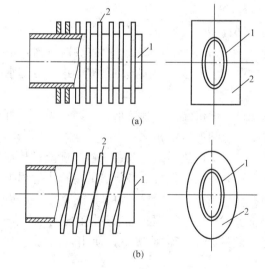

图 18-14　椭圆钢翅片管
（a）套片式；（b）绕片式
1—椭圆钢管；2—钢翅片

铝管铝翅片散热器的材质为纯铝（99.5%），因此它有以下优点：纯铝的相对密度为 2.71（钢为 7.85），而且铝管管壁又比钢管薄 1 倍，所以每个铝制冷却三角比钢制冷却三角轻 15t；另外，安装费、运输费也较低；铝的延展性比钢好，易于加工。铝翅片用冲压法成型，铝管与铝翅片之间采用胀接，加工简单，制造速度快；铝的传热系数比钢高，在相同条件下，铝制散热器的管束比钢制散热器的管束少；铝的耐蚀性能比钢强，经过防腐工艺处理后耐蚀性能更好。

2. 钢管钢翅片散热器

钢管钢翅片散热器按钢管的形状分为圆管式和椭圆管式，按翅片与钢管的结合方式分为套片式和绕片式，按翅片形状可分为椭圆形和矩形等。椭圆钢翅片管如图 18-14 所示。

钢管钢翅片散热器可用于间接空冷系统，也可用于直接空冷系统。两种空冷系统散热器工作原理基本相同，只是翅片管的管径、翅距、总体结构和布置有些变化。

钢管钢翅片散热器主要由钢管、联箱、框架、百叶窗和冷却三角等部件组成。

（1）钢管。钢管钢翅片散热器大都是由镀锌椭圆形钢管钢翅片组成，材质为普通碳素钢。常用的椭圆光管截面规格（长轴×短轴）有 36mm×14mm 和 55mm×18mm 两种，管壁厚为 1.5mm 及 2.0mm。翅片厚度为 0.3～0.4mm，翅距有 2.5、3、3.5、4、5、9mm 等数种，翅片平均高度一般为翅距的 2～3 倍。改变翅距、翅高相当于改变散热面积，从而也使传热系数和传热阻力发生变化。

（2）联箱。由管板、箱体（方形或半圆形）、端盖、进出水管组成。管板与翅片管是焊接连接，管板上有管孔，交错排列。许多长度相同（通常长 15m）的翅片管两端分别与联箱连接，形成管束。管束两端的联箱有些区别：下部联箱内设有隔板，将联箱分成两部分，分别接循环冷却水的进口管和出口管；上部联箱内不设隔板，只设排空气口，起连通水室的作用，使冷却水形成双流程回路。

（3）框架。主要由左右边框、上下端梁、中间支撑和拉条等部件组成，主要作用是保护散热器管束，加强管束整体的刚度，以便运输、安装、运行和检修过程中不变形。上下端梁与管束两端的联箱相接，其中一端为紧固连接，另一端为滑动连接，以便能自由伸缩。左右边框与上下端梁组合成矩形框架结构，中间有支撑和拉条，以防管束晃动和弯曲变形。

管束、联箱与框架组装在一起成为一个散热器的冷却单元，也称为冷却柱。

（4）冷却三角和百叶窗。与铝管铝翅片散热器一样，冷却三角的两个边安装两个冷却柱，夹角为 60°。第三个边是空气入口通道，可安装百叶窗，用于调节通过散热器的空气量。百叶窗只用于采用自然通风冷却塔的间接空冷系统，采用机械通风的直接空冷系统不必设百叶窗，而是以改变风机转速或停运的方法调节空气量。百叶窗的开关要求灵活可靠和关闭严密，百叶窗全关后的漏风量不大于全开时通风量的 10%。

冷却三角的数量与地区环境和机组容量大小有关，如一台 200MW 机组，有 102～126 个冷却三角，每一个冷却三角的散热面积为 5000～6000m²。与铝管铝翅片散热器一样，也是将冷却三角沿冷却塔周围分成若干组，每一组称为一个扇形冷却段，有独立的进出冷却水支管。

钢管钢翅片散热器的优点：普通碳素钢货源充足，价格便宜，制造加工容易；另外，可节省纯铝用量，适应性较强；钢管采用椭圆形截面，与圆形截面相比水力半径小，因而水侧的放热系数高；而且涡流区小，空气流动特性好，增大了传热系数，改善了散热性能；从水力学角度看，在管内流速相同的情况下，椭圆形管的沿程水力损失比圆形管的沿程水力损失大。在间接空冷系统中，散热器水侧的沿程水力损失占循环水泵总扬程的 15% 左右。所以采用椭圆形钢管钢翅片散热器时，每个冷却柱的通水面积比铝管铝翅片散热器的通水面积增加 15%（两排管）～30%（四排管）；钢管钢翅片散热器在正常情况下，使用寿命可达 40 年之久，而铝管铝翅片散热器只能使用 20 年左右。

三、水轮机与循环水泵

1. 水轮机

水轮机装于海勒式间接空冷系统的回水管路上，其主要作用是回收从空冷塔返回喷射式凝汽器中冷却水的剩余水头压力，驱动水轮发电机发电，减少循环水泵的功率消耗。因为在海勒式空冷系统中，要求散热器顶部维持微正压，而喷射式凝汽器又要维持一定的真空度，所以在散热器与喷射式凝汽器之间的管路上存在一个较大的水位差。在 200MW 的空冷机组中，水轮机发电机组的回收功率相当于循环水泵消耗功率的 25%。为了减少气蚀，水轮机采用低速运转。

水轮机由蜗壳、导水叶片、转轮、转轴、联轴器、轴封等部件组成，如图 18-15 所示。200MW 机组配置的水轮机额定水量为 $6.11m^3/s$，额定水头为 13m，输出功率为 650kW。

2. 循环水泵

海勒式空冷系统中配置的循环水泵，其主要功能是将喷射式凝汽器送出来的热水送到空冷塔的散热器中进行冷却，降温后的冷却水经水轮机回收能量后又返回喷射式凝汽器中。进入喷射式凝汽器的喷射水头由水轮机调节，并使空冷塔散热器的最高充水点维持微正压。所以循环水泵是在真空饱和温度下工作的，最高水温达 70℃，故要求循环水泵具有较好的抗气蚀性能和较低的转速。为了克服水泵进口处的管道阻力，需保持进口处有一定的水位压头。200MW 空冷机组配置的循环水泵为单级双吸离心泵，其额定流量为

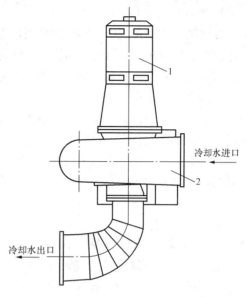

图 18-15 水轮机外形
1—异步交流发电机；2—水轮机

$11\,000m^3/h$，扬程为 28m，转速为 365r/min，电动机功率为 1200kW，电压为 6kV。循环水泵外形如图 18-16 所示。

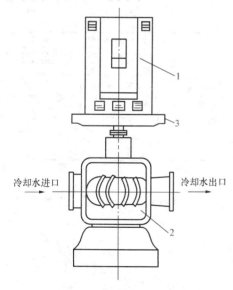

图 18-16 循环水泵外形
1—电动机；2—水泵；3—发电机支承架

四、空冷塔

空冷塔是空冷系统中的主要组成部分，其主要功能是：①布置和支承散热器及其管道系统；②为散热器提供足够的空气流量，保证散热器中的循环冷却水与空气之间的热量传递。

空冷塔按空气产生的方式分为机械通风空冷塔、带辅助风机的自然通风空冷塔和双曲线自然通风空冷塔。因为双曲线自然通风空冷塔与湿冷系统中的双曲线自然通风湿冷塔一样，不仅塔体外表面积小、节约材料、运行费用低、维护工作量小，而且具有良好的抗强风力学特性。所以，在空冷系统中多采用双曲线自然通风空冷塔。

空冷塔与湿冷塔在结构上没有多大差别，所以在湿冷塔发展的同时也促使了空冷塔的发展。表 18-1 示出欧洲冷却塔的发展概况。目前，与最大空冷机组（686MW）相配套的空冷塔塔高为 165m，塔底直径为 165m。我国 200MW 空冷机组的塔高为 125m，塔底直径为 108m。

表 18-1　　　　　　　　　　　　　欧洲冷却塔的发展概况

时间	1904 年	1914 年	1931 年	1966 年	1972 年	1977 年	1982 年	1986 年
塔底直径(m)	25	35	68	117	123	162	165	172

1. 空冷塔的塔型

在海勒式空冷系统中，影响空冷塔塔型的因素有初始温差、塔址海拔、自然风速、环境干球温度、机组年平均运行小时数及散热器数量等。当散热量相同时，散热器数量越多，塔体越低，直径越大；相反，散热器数量越少，塔体越高，直径越小。根据我国设计技术规定，塔体高度一般在150m左右。

塔底直径在数值上通常按0.9倍的冷却三角个数取值。塔体出口直径与塔高有关，出口直径越小，塔体就越高，空气出口流速也越大，一般控制空气出口流速为4～6m/s。在确定塔体出口直径时，还要考虑因塔顶冷空气侵入所造成的空气流的反循环对冷却效率的影响。阿基米德数Ar是判断是否会产生空气反循环的准数，即

$$Ar = \frac{D_2 g \Delta \rho_{a2}}{v_2^2 \rho_{a1}} \tag{18-1}$$

式中：D_2为塔体出口直径，m；v_2为塔体出口空气平均速度，m/s；g为重力加速度，9.81m/s²；ρ_{a1}为塔体进口空气密度，kg/m³；$\Delta \rho_{a2}$为塔体进出口密度差，kg/m³。

根据计算结果进行判断：$Ar < 3$，则无冷空气侵入；$3 < Ar \leqslant 6$，则冷空气侵入有限；$Ar > 6$，则冷空气侵入严重，存在严重冷空气反循环，影响塔内传热效率。所以，一般控制Ar值在3.0左右。

空冷塔的塔型比例不仅影响空气动力学特性和筒壁内应力分布，而且还影响塔体的静稳定、动稳定和风压分布规律等。表18-2列出我国及其他一些国家湿冷塔的几何尺寸。

表18-2　　　　　　　　　　　　双曲线型塔体几何尺寸比例

项　目	中国	美国	德国	比利时	美国
塔高与塔底直径比	1.2～1.4	1.27～1.36	1.33～1.41	1.1～1.3	1.25～1.55
喉部面积与塔底面积比	0.3～0.36	0.32～0.4	0.35～0.41	0.25～0.36	
喉部高度与塔高比	0.8～0.85	0.71～0.84	0.77～0.8	0.73～0.85	0.75～0.85
喉部以上扩散角	8°～10°			6°～12°	
壳体子午线倾角	19°～20°			12°～18°	

2. 空冷塔的结构特点

(1) 改善环境。由于空冷系统中的冷却水是密闭循环的，所以塔内、塔顶、塔外都没有水雾，塔体周围环境比较干燥、干净，也无噪声。

(2) 空冷塔进风口高度较高。与湿冷塔相比，空冷塔的热效率低，只有提高进风口高度，增加进风口面积，才能为散热器表面提供大流量的空气流，一般进风口高度为15～25m，为塔体高度的1/8～1/5.8。另外，进风口高度越高，散热器布置就越容易。

(3) 空冷塔体积大。由于空冷塔的传热效率低，空冷塔体积为湿冷塔体积的2倍左右。

(4) 当空冷散热器在塔体外围环向垂直布置时，空冷塔的进风高度要高于空冷散热器的高度，并在散热器与塔体之间布置封板。散热器的支承结构直接布置在塔体基础的环板上。当空冷散热器在空冷塔内水平或倾斜布置时，空冷塔的进风口高度要低于空冷塔内最外围处的布置高度，散热器的支承结构可在塔内布置，如图18-17所示。

3. 空冷塔的附属设备

(1) 储水箱。在海勒式空冷系统中每个塔内设置有两个由钢板焊成的地下储水箱，检修

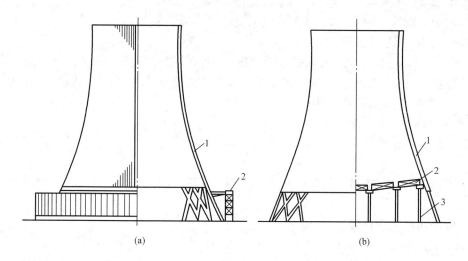

图 18-17　空冷塔结构布置

（a）散热器在塔外围垂直布置；（b）散热器在塔内水平（倾斜）布置

1—塔筒；2—散热器；3—支架

时用于储存散热器内的排水，储水箱中还设有液位测量装置，当水箱中实际水位与设定值发生偏差时，控制系统发出信号。哈蒙式空冷系统中每个塔内设置一个地下储水箱和一个膨胀水箱。地下储水箱检修时用于储存散热器内及地上管道中的全部排水。膨胀水箱用于补偿因冷却水温度变化而引起的体积变化。

（2）输送泵。每个空冷塔设置 2 台输送泵。输送泵的作用：一是散热器投运时，将储存箱内的冷却水送入散热器；二是向系统补充水，输送泵布置在地下阀门室内。

（3）附属设施。每个空冷塔还设有地下阀门室，室内设排水阀、旁路阀及输送泵等。另外，还有冷热循环冷却水的管路系统及起吊设施、照明通信设施等。

第三节　空冷机组的水化学工况及防腐处理

一、空冷机组凝结水的水质特性

1. 凝结水温度高

对于直接空冷机组，汽轮机的排汽直接在空冷凝汽器与空气进行热交换，属于一次表面换热，传热效率较差，使凝结水温度较高。对于哈蒙式间接空冷机组，汽轮机的排汽虽有两次换热，但也都是表面换热，传热效率低，凝结水温度也比较高。空冷凝结水的温度一般比环境温度高出 30～40℃，在夏季可达 60～70℃。所以，在选择凝结水精处理设备时，不仅要考虑水化学工况的要求，还要考虑耐较高水温的要求。

2. 凝结水含盐量低

直接空冷机组和哈蒙式间接空冷机组，循环冷却水采用的是高纯度除盐水，密闭循环，不存在凝汽器泄漏时冷却水污染凝结水的问题，而且损失水量小，补充水量也比较小，即使在机组启动或事故时，也不会使凝结水含盐量明显上升。

3. CO_2 溶解氧及悬浮固体含量较高

直接空冷机组的水汽接触面积非常大，而且汽侧处于负压状态，所以有更多的机会使空气漏入水汽中，空气中的 CO_2、O_2 和灰尘也随之带入凝结水中。

4. 铁含量和 SiO_2 含量高

凝结水中 CO_2 含量高，会使水的 pH 值偏低，引起酸性腐蚀。溶解氧含量高，可引起氧腐蚀，使铁的腐蚀产物增多。凝结水中漏入灰尘，会使凝结水中 SiO_2 含量所占比例升高，因为 SiO_2 在凝结水和混床出水中所占比例比天然水中的大。

5. 启动时间长

对于直接空冷系统，由于水汽系统容积庞大，所以机组启动时，维持排汽管道的真空所需时间长。

由于上述原因，空冷机组的凝结水也会受到一定程度的污染，为此必须设置凝结水精处理装置。

二、空冷机组的水化学工况

1. 海勒式间接空冷水化学工况

在海勒式空冷机组中，凝结水与冷却水为同一水质，并混合在一个密闭式系统循环利用，不存在凝结水被结垢盐类污染的问题，所以既不需要投加磷酸盐的炉水处理，也不需要加 NH_3 的给水处理。但散热器的材质为纯铝，一台 200MW 机组大约需要 40 000m^2 的铝表面。铝又是一种两性金属，在酸性或碱性溶液中均易遭受腐蚀，只有在中性水溶液中腐蚀性最小，pH＝7 时最为理想，这就要求冷却水必须采用中性水工况。但碳钢在中性水中腐蚀速度较高，为了防止钢铁腐蚀，要求中性水工况的水质要高纯度，而且含有适量的氧化剂，以便在钢的金属表面形成稳定的保护膜。

中性水工况是凝结水—给水系统中的高纯水呈中性，pH 值为 6.7～7.5，电导率在 25℃时小于 0.3$\mu S/cm$，溶解氧控制在 50～500$\mu g/L$ 的水工况。在实际运行中，给水的氢电导率为 0.2～0.3$\mu S/cm$，夏季高温时为 0.35$\mu S/cm$。给水不加氨和联氨，也不加氧，只靠空冷系统漏入的空气，并适当控制除氧器排气门的开度，以维持所需溶解氧量。表 18-3 和表 18-4 列出了德国 VGB（大电厂技术协会）和苏联直流锅炉采用中性水工况的水质标准，表 18-5 是我国大同第二发电厂采用的中性水控制运行监督暂行指标。

表 18-3　　德国 VGB 对直流锅炉采用中性水工况给水水质标准（1980）

项　目	标　准	项　目	标　准
一般要求	无色透明	溶解氧（mg/kg）	＞0.05（当凝汽器泄漏时为 0.02 以下）
电导率(25℃,$\mu S/cm$)	＜0.25	总铁（mg/kg）	＜0.02
氢电导率(25℃,$\mu S/cm$)	＜0.2	总铜（mg/kg）	＜0.003
pH 值（25℃）	＞6.5（同时满足电导率标准要求）	SiO_2（mg/kg）	＜0.02

表 18-4　　苏联对超临界直流锅炉推荐的中性水工况给水水质标准

化　学　参　量	加 O_2	加 H_2O_2	化　学　参　量	加 O_2	加 H_2O_2
硬度（$\mu mol/kg$）	0.1	0.1	溶氧（$\mu g/kg$）	200～400	200～400
氢电导率（$\mu S/cm$）	0.2	0.2	SiO_2（$\mu g/kg$）	15	15
钠化合物，以 Na 计（$\mu g/kg$）	5	5	pH 值（25℃）	6.9～7.3	6.9～7.3
铁化合物，以 Fe 计（$\mu g/kg$）	10	10	油	痕迹	痕迹
铜化合物，以 Cu 计（$\mu g/kg$）	5	5			

表 18-5 　　　　　　　　　　大同第二发电厂中性水控制运行监督暂行指标

项　　目	凝结水（凝升泵出口）	冷　却　水	给　水	炉　水
pH 值（25℃）	6.7～7.5	6.7～7.5	6.7～7.5	6.7～7.5
电导率（25℃，μS/cm）	≤0.2		≤0.2	≤4
O_2（μg/L）	100～200	100～200	30～50	
全铁（μg/L）	≤8		≤10	
全铝（μg/L）	≤8	≤10	≤10	
全铜（μg/L）			≤5	
SiO_2（μg/L）	≤15		≤20	≤500

在中性水工况中投加的氧化剂一般有两种，即过氧化氢和气态氧。投加过氧化氢是与铁离子生成过氧氢化铁络合离子 $Fe(O_2H)^{2+}$，然后 $Fe(O_2H)^{2+}$ 发生热分解，在钢铁表面生成保护膜。投加气态氧是水中氧与铁直接生成 Fe_3O_4 与 Fe_2O_3 的两层保护膜，即

$$6Fe+7/2O_2+6H^+ \longrightarrow Fe_3O_4+3Fe^{2+}+3H_2O \tag{18-2}$$
$$Fe^{2+}+1/2O_2+2H_2O \longrightarrow \gamma\text{-}Fe_2O_3+4H^+ \tag{18-3}$$

反应式（18-2）生成的 Fe_3O_4 晶体有缝隙，防腐效果差，而反应式（18-3）生成的 γ-Fe_2O_3 覆盖在 Fe_3O_4 上面，增加了致密性，对钢铁表面起很好的保护作用。

投加气态氧的方法是利用原来的加氨系统，直接投加到除氧器水箱的下水管道中。

国产 200MW 空冷机组采用表 18-5 中的控制指标，水质得到明显改善。只要控制凝结水混床出水电导率小于 0.1μS/cm、全铁小于 20μg/L，给水可达到电导率小于或等于 0.1μS/cm、pH 值为 6.7～7.5 的高纯中性水要求；加氧运行后，混床运行周期从 30d 延长到 70d，出水电导率由 0.2μS/cm 提高到 0.1μS/cm；钢和铝的腐蚀速率加氧后为加氧前的 1/3；机组从启动到水质合格的时间，加氧前为 4d，加氧后为 24h。

另外，在空冷机组的锅炉水处理中，也不能使用挥发性的碱，只能用微量的氢氧化钠处理或采用低磷酸盐处理。

由于中性水工况要求给水 pH 值控制在 6.7～7.5，缓冲性很小，运行中难以实施，一旦有 CO_2 漏入就会使给水呈酸性，造成酸性腐蚀。所以有的国家(如德国)从 20 世纪 70 年代末期开始，在控制给水高纯度的基础上，除了投加适量氧化剂之外，还投加适量氨，使给水 pH 值(25℃)维持在 8.0～8.5(相当于氨含量 20～70μg/kg)，氧含量为 150～300μg/kg，给水氢电导率 25℃时为 0.2μS/cm，这种水工况称为联合水处理工况(即 CWT 水工况)。

2. 直接空冷水化学工况

由于直接空冷系统采用全铁系统，机组采用全钢系统，所以水化学工况可只考虑提高汽水系统的 pH 值，以防止碳钢的腐蚀。为此，它的凝结水处理方式有两种情况：一是采用粉末树脂过滤器时，对水的 pH 值和水温没有过高的要求，因为它是一次性应用，可采用加碱性药剂（氨或碱）的方法提高 pH 值；二是采用固定阳床、阴床时，可采用 H 型→铵型运行方式（即运行中铵化）来提高 pH 值。表 18-6 是对 3 家 600MW 直接空冷机组凝结水精处理进、出水水质的实际调研结果。表中数据说明，凝结水的阳、阴分床处理系统的出水水质(CC、SiO_2、Na^+) 完全能满足 GB/T 12145—2016《火力发电机组及蒸汽动力设备水汽质量》对凝结水精处理出水水质的要求，而使用粉末树脂的凝结水精处理系统的出水SiO_2 含

量却长期超标。说明阳、阴分床处理系统不仅出水水质好、对进水水温调节灵活和脱盐能力强（树脂装填量为树脂粉末过滤器的 20 倍），而且树脂可以再生、反复使用，使运行成本降低。缺点是除铁能力低、投资费用偏高及再生时间长。表 18-7 列出目前各电厂直接空冷的水化学工况，它是根据目前已投产运行的 30 余台直接空冷机组的运行数据综合而来的，可供同类机组参考。

表 18-6　　　　　　　　　　600MW 直接空冷机组凝结水精处理进、出水水质情况

名称							工艺流程	测定日期
	进水			出水				
测试项目	温度 (℃)	CC (μg/L)	O_2 (μg/L)	CC (μg/L)	SiO_2 (μg/L)	Na^+ (μg/L)		
标准值		≤0.3	≤30	≤0.2	≤15	≤5		
A 厂 1 号机	35～49	0.16～0.21	40～100	0.13～0.16	2.8～4.4	0.5～1.3	阳阴分离	3 月 5 日
B 厂 5 号机	29～37	0.09～0.12	30～56	0.08～0.10	2.1～3.8	—	阳阴分离	4 月 23 日
B 厂 7 号机	38～49	0.10～0.20	6～47	0.06	3.7～3.8	—		4 月 23 日
C 厂 7 号机	47～56	0.10～0.13	15	0.07～0.09	12～19	0.12～0.21	粉末树脂	3 月 2 日

注　CC 为氢电导率；—表示未测定。

表 18-7　　　　　　　　　　　　直接空冷机组的水化学工况

部　位	项　目	单　位	极限值	目标值
凝结水	硬度[①]	μmol/L	≈0	0
	溶解氧	μg/L	≤30	≤30
	氢电导率	μS/cm	≤0.3	≤0.3
	二氧化硅	μg/L	≤20	≤20
	铁	μg/L	≤30	≤20
	pH 值		9.3～9.6	9.5～9.6
粉末树脂过滤器出口[②]	硬度	μmol/L	0	0
	氢电导率	μS/cm	≤0.3	≤0.3
	二氧化硅	μg/L	≤20	≤20
	铁	μg/L	≤15	≤10
固定阳床＋阴床出口[③]	硬度	μmol/L	0	0
	氢电导率	μS/cm	≤0.2	≤0.15
	二氧化硅	μg/L	≤20	≤10
	铁	μg/L	≤10	≤5
省煤器入口	硬度	μmol/L	0	0
	pH 值		9.3～9.6	9.5～9.6
	直接电导率	μS/cm	6.0～11.0	8.5～11.0
	氢电导率	μS/cm	≤0.30	≤0.30
	铁	μg/L	≤20	≤15

部 位	项 目	单 位	极限值	目标值
锅炉水	pH 值④		9.0~9.7	9.4~9.6
	电导率	$\mu S/cm$	≤30	≤25
	磷酸根	mg/L	0.3~2	
过热蒸汽	氢电导率	$\mu S/cm$	≤0.3	≤0.2
	钠	$\mu g/kg$	≤10	≤5
	二氧化硅	$\mu g/kg$	≤20	≤15
	铁	$\mu g/kg$	≤20	≤15

① 在氢电导率达不到要求标准时应检测硬度，防止有生水进入系统；当氢电导率达到标准要求时可不检测该项指标。

② 和③两种情况选一种。

④ 当 pH 值达不到期望值，而磷酸盐含量已经到上限时，可加入 NaOH，$Na_3PO_4 \cdot 12H_2O$ 与 NaOH 的质量比按 10：1~20：1加入。

三、空冷机组凝结水的处理系统与优化配置

1. 处理系统

空冷机组凝结水的处理系统通常有以下几种：

（1）粉末树脂过滤器。由于空冷机组的凝结水含盐量少，粉末树脂过滤器可单独与树脂捕捉器组成凝结水处理系统。这时它主要发挥过滤作用，兼作除盐功能。对于 600MW 机组，可每台机组设置三台处理 50%凝结水量的粉末树脂过滤器，两台运行，一台备用。另外，还设有铺膜、爆膜用的辅助系统，其中包括一台保持泵、一台树脂混合箱、一台铺膜泵和一台反洗水泵等。

（2）单床串联系统。单床串联系统大多数情况下设置"阳床—阴床"与树脂捕捉器组成的凝结水处理系统，少数机组设置"阳床 1—阴—阳床 2"系统。通常每台机组配备一套单床串联系统。每套单床串联系统设置三台高速阳床—阴床（或阳床 1—阴—阳床 2），两台运行，一台备用。两台机组共用一套体外再生装置。

（3）前置过滤—阳、阴分床系统。通常每台机组配备一套前置过滤—阳、阴分床系统，每套配置两台前置过滤器和三套阳、阴分床。这时前置过滤器采用管式过滤器，滤元选用折叠式。前置过滤器能有效地去除汽水系统中的金属腐蚀产物。同样，在阳、阴分床之后设置树脂捕捉器。

（4）前置过滤＋混床系统。前置过滤主要用于去除金属腐蚀产物，混床用于去除SO_2 和CO_2 等污染物。这时前置过滤通常采用粉末树脂覆盖过滤器，它不仅能有效去除金属腐蚀产物，还能起预脱盐作用。同样，在混床之后设置树脂捕捉器和粉末树脂过滤器的辅助系统。

2. 处理系统的优化配置

目前投运的和在建的空冷机组，根据锅炉形成不同分为亚临界汽包炉和超临界直流炉两种类型，由于这两种机组产生蒸汽的方式和参数不同，执行不同的水汽质量标准，所以凝结水精处理的配置方案也应有所不同。

（1）对于亚临界汽包炉，其空冷机组的凝结水处理系统，必须有较强的离子交换功能，

以除去水中溶解性的 CO_2 和硅酸盐等盐类物质。因此，不宜配置单独粉末树脂过滤器，配置阳、阴分床较好。

（2）为了解决阳、阴分床和混床中阴树脂不能耐高温的问题（如超过 60℃强碱基团的降解速度明显加快；在 80℃下运行 200d 左右，可使强碱基团交换容量降低 50%），可采取两种措施：一是采用旁路；二是采用国产树脂作为启动树脂，使用一年后再更换进口树脂，使运行成本降低。

（3）阳、阴分床的优点是：周期运行时间长，全年用酸、碱量少，树脂补充率很低，所以运行成本低，而粉末树脂过滤器运行成本很高。

（4）作为前置过滤器，粉末树脂过滤器因滤元使用寿命长，出水含铁量小，比管式过滤器优越。前置阳床同时具有除铁和除氨功能，能延长混床的运行周期。

（5）对于超临界直流炉的空冷机组，其凝结水处理采用阳、阴分床系统时，为解决阴床再生后产生的漏钠问题，可考虑在阳、阴分床之后再增加一台阳床。

四、空冷机组的防腐处理

1. 停用保护

在海勒式空冷系统中，凝结水与冷却水为同一水质，汽水系统与庞大的空冷系统是连通的，系统中有大量的铜和铝的金属表面，而且采用的是缓冲能力很小的中性高纯水加氧水工况，因此当机组负荷急剧变动或启动频繁时，最易遭受腐蚀。因为温度变化时，金属表面上氧化膜与金属基体本身的膨胀系数不同，会产生裂痕和脱落，从而导致水中含铁量和含铝量上升。所以，这种空冷机组不宜作为调峰机组，停用时必须加强保护。

如果机组只停用几天，冷却系统仍维持循环，不排水，不停运，这样金属表面就不会与空气接触，冷却水的温度也不会明显降低，凝结水水质不会恶化。

如果机组停用时间较长，进行机组大修，可把该机组的冷却水系统通过联络管路系统与另一台正在运行机组的空冷系统相连。这样，既保护了停用机组的设备与管路系统，又提高了运行机组的冷却效率。或者投入凝结水泵和精处理设备，将处理后的水直接送到循环水泵入口，用小流量维持冷却水循环，这样既可随时将腐蚀产物去除，也可减少腐蚀速度。

如果遇到特殊情况，必须将冷却水排放时，可向系统充氮气或干空气进行干保护。另外，在启动前充水时，可投加适量联氨。

采用钢管钢翅片散热器的空冷系统，停用时可用除盐水充满循环冷却水系统，并投加适量联氨和氨进行保护。当循环冷却水需要排空时，也可充氮或干空气进行保护。

2. 空冷系统的防腐处理

在海勒式空冷系统中，采用的是铝管铝翅片散热器，为了提高铝金属表面的耐蚀能力，匈牙利采用了一种称为"MBV"法的表面化学处理，处理后铝表面氧化膜的厚度可由 $0.01\sim0.04\mu m$（自然形成膜）提高到 $1.0\sim5.0\mu m$，既不影响传热效果，又提高了耐蚀性。"MBV"法的机理认为是，在 $pH=11\sim12$ 的碱性水溶液中，铝与铬酸钠反应，生成一层致密的氧化铝保护膜

$$2Al+2Na_2CrO_4+2H_2O \Longleftrightarrow Al_2O_3+Cr_2O_3+4NaOH$$

这种化学处理工艺大体分为五步：

（1）除油污。利用商品名为 Alnpon 的粉状药剂配制成 $30\sim50g/L$ 的水溶液，在温度为 $80\sim90℃$ 情况下，将处理元件放入溶液中浸泡 5min 除油污，然后放入 20℃清洗水中清

洗2～3次。

（2）表面化学处理。利用 50g/L Na_2CO_3（＞98％）和 15g/L Na_2CrO_4（＞98％）配制"MBV"水溶液，并放入元件处理池中，浸泡 30min，对铝表面进行化学处理，以形成 Al_2O_3 的保护膜。

（3）表面再处理。利用商品名 Hidrazin 的液体状药剂配制成 200g/L 的水溶液，将经表面化学处理并沥干的元件在 Hidrazin 水溶液中漂洗 5min（漂洗中要不断翻动元件）。

（4）冷水清洗。将上述处理过的元件吊入清水池中清洗 5min，清洗时要不断换水。

（5）蒸汽加热。将清洗后的元件放入带有盖子的池中进行蒸汽加热，蒸汽温度为 100℃，处理时间为 1.0h。最后吊置钢支撑架上冷却即可。

在海勒式空冷系统中还采用了大量碳素钢管道，必须对内表面进行钝化处理：

（1）表面清理。用喷砂法或高压喷水法除去管道内表面的涂层和铁锈，小管径管道可用压缩空气吹扫。

（2）初步钝化。将刚清理好的管子进行初步钝化，采用的药剂为磷酸水溶液。

（3）组装。将初步钝化后的管子进行焊接组装，并清理焊缝周围的焊渣与杂物。

（4）最终钝化，将焊接完的管道组件和焊缝进行最终钝化，钝化药剂采用磷酸锌，用刷子刷两层时用量为 $0.6kg/m^2$，用喷涂法喷两层时用量为 $2.5kg/m^2$。药剂配方为：磷酸（H_3PO_4）400g/kg，氧化锌（ZnO）50g/kg，乌洛托平［$(CH_2)_6N_4$］10g/kg，亚硝酸钠（$NaNO_2$）1g/kg，氢氧化铵（NH_4OH）1g/kg，商品代号 Lisapon "NX" 1g/kg，水 537g/kg。总计 1000g/kg。

采用钢管钢翅片散热器的空冷系统，表面式凝汽器的换热面管材一般采用铬镍不锈钢或铜合金管等耐腐蚀性材质。散热器采用热镀锌表面处理时，要求锌层薄而且均匀、牢固，厚度保持在 0.06～0.07mm 之间，既不影响传热，又能提高耐蚀性。

第十九章

循环冷却水的冷却构筑物与设计

在火力发电厂的生产过程中，汽轮机做功后的排汽（乏汽）需经汽轮机的凝汽设备冷却为凝结水，再由凝结水泵送回热力系统。目前，凝汽设备的冷却系统主要有湿式冷却系统和干式冷却系统两种：采用湿式冷却系统的电厂称为湿冷发电厂，它是以水作为冷却介质；采用干式冷却系统的电厂称为干冷发电厂或空冷发电厂，它是以空气作为冷却介质。

在湿冷发电厂中，汽轮机排汽的冷却，用水量很大，几乎占全厂总用水量的97％以上。如一台1000MW的发电机组，其设计冷却水量为100 000m³/h左右，如补水率按2％计算，补充水量为2000m³/h。带有热量的冷却水（称热水）需在另外一个称作冷却构筑物的设备中降温后重新利用。本章对这种冷却构筑物作简单介绍。

第一节 冷 却 构 筑 物

一、冷却水系统

用水作汽轮机排汽的冷却介质，通常有两种水系统：直流式冷却水系统（once-through cooling water system）和循环式冷却水系统（recirculation cooling water system）。直流式冷却水系统是指冷却水只通过换热设备（凝汽器）一次就排放，不循环利用。由于它用水量大和水质没有明显变化，只是水温有些升高，所以一般不对水进行处理，但必须具备有充足的水源。在水资源比较缺乏的地区，一般不设计这种冷却水系统。循环式冷却水系统又分为密闭式循环冷却水系统（closed recirculation cooling water system）和敞开式循环冷却水系统（opened recirculation cooling water system）。

密闭式循环冷却水系统如图19-1（a）所示，是指冷却水本身在一个完全密闭的系统中不断循环运行，冷却水不与空气接触，水的冷却是由另外一个敞开式冷却水（或空气）系统的换热设备来完成的。所以，这种系统的特点是：水不蒸发、不排放，补充水量很小；因不与空气接触，所以不易产生由微生物引起的各种危害；通常采用软化水或除盐水作补充水；因为没有盐类浓缩，产生结垢的可能性较小；为了防止换热设备的腐蚀，一是多采用黄铜管、紫铜管和不锈钢等耐腐蚀性材料，二是投加0.5～1.0mg/L的铜缓蚀剂。

敞开式循环冷却水系统如图19-1（b）所示，是指冷却水由循环水泵送入凝汽器内进行热交换，升温后的冷却水经冷却塔降温后，再由循环水泵送入凝汽器循环利用，这种循环利用的冷却水叫循环冷却水。

二、冷却构筑物的分类

在循环冷却水系统中，用来降低水温的构筑物或设备称为冷却构筑物或冷却设备。按其

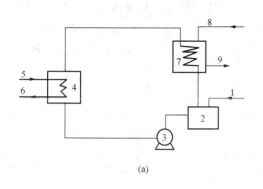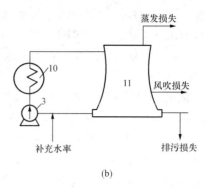

图 19-1 密闭式循环冷却水系统

(a) 密闭式循环冷却水系统；（b）敞开式循环冷却水系统

1—补充水；2—密闭储槽；3—水泵；4—冷却工艺介质的换热器；5—被冷却的工艺物料；

6—冷却后的工艺物料；7—冷却热水的冷却器；8—来自冷却塔；9—送往冷却塔；

10—凝汽器；11—冷却塔

热水与空气接触的方式不同，可分为水面冷却构筑物、喷水冷却池和冷却塔等。

1. 水面冷却构筑物（冷却水池 natural cooling pond）

水面冷却构筑物可以是水库、湖泊、河道、人工水池或海湾。因为它的冷却过程是通过水体的水面向大气中散发热量，故又称水面冷却。它是将凝汽器排出的热水由排出口排入水体，在缓慢流向取水口的过程中与空气接触，借助蒸发散发热量。由于热水与水体之间存在着一定的温度差，故可在水体内形成温差异重流。水流速度越小、水越深（>1.5m）、温差越大、水体分层越好，越有利于热交换。

由于水面冷却构筑物容积小，水与空气的接触面积少，冷却效果不好。为了增加水与空气的接触面积，在冷却水池上面加装喷水（喷嘴）设备，成为喷水冷却水池（spray cooling pond）。新建的火力发电厂很少采用这种冷却设备，因为它占地面积大，冷却效果不如冷却塔。

2. 冷却塔

冷却塔是一种塔形构筑物，热水从上向下喷散成水滴或水膜状，空气由下而上（或水平方向）在塔内流动进行逆流热交换。由于热水和空气是在塔内作相对运动，而且是直接接触，所以它冷却效果好，但水量损失和运行阻力（空气）大，淋水密度较低。

冷却塔的形式很多，按塔内通风方式不同分为自然通风、机械通风和塔式加鼓风的混合通风，按塔内水和空气的流动方向不同分为逆流式和横流式，按热水与空气的接触方式不同分为湿式冷却塔、干式冷却塔和干湿式冷却塔，按塔内淋水装置不同，又可分为点滴式、薄膜式和点滴薄膜式等。

目前火力发电厂的冷却塔多设计成双曲线形的自然通风冷却塔（natural draft cooling tower）。

三、冷却塔

双曲线自然通风冷却塔主要是由通风筒、配水系统、淋水装置（填料）、通风设备、收水器和集水池六个部分组成的，另外还有补水管、排水管、溢水管等。

1. 通风筒

通风筒的作用是减小通风阻力，创造良好的空气动力条件，并将排出冷却塔的湿热空气送往高空，减少湿热空气的回流。自然通风双曲线冷却塔是依靠塔内外的空气温度差（密度差）所形成的压差来自然抽风的。因此，通风筒的外形和高度对气流的影响很大。风筒高度可达 100m 以上，直径可达 60～80m，从而使这种冷却构筑物建造费用高、运行费用低。

2. 配水系统

配水系统的作用是将来自凝汽器的热水均匀地分配到冷却塔的整个淋水面积上。如果运行中配水不匀会使淋水装置内部水流分布不均，水流密集部分通风阻力大，空气流量减少，降低传热效果。水流稀疏部分会使大量空气未能与水进行充分接触而逸出塔外，降低了运行的经济性。配水系统的设计流量一般为冷却水量的 80%～110%。

配水系统按配水方式分为管式、槽式和池式。

（1）管式配水系统。它由配水干管和配水支管组成，干管和支管可布置成树枝状或环状。喷水的方式不同，有的在配水管上与水平成 45°角两个方向均匀开两排孔，孔径一般为 5～6mm；有的在支管上接出短管安装喷嘴，喷嘴又有杯式、瓶式等多种。

（2）槽式配水系统。它由主配水槽、配水支槽及溅水喷嘴组成。配水槽也可布置成树枝状或环状。配水槽高度通常不大于 450mm，当冷却水量较大时可增至 600～800mm，但槽宽不宜小于 120mm；槽内水深不小于 150mm。布水槽底应水平布置。喷嘴通常由工程塑料制作，与溅水碟连在一起，安装在配水槽底部，成方格形或梅花形，水平间距为 0.5～1.0m。

槽式配水系统主要用于大型冷却塔或水质较差的场合，优点是供水压力低，维护清理方便。缺点是配水槽所占面积较大，增加了通风阻力。因此，配水槽面积与通风面积之比应小于 25%。

（3）池式配水系统。循环热水首先由配水管（槽）落入配水池中，再通过配水池底上的小孔或管嘴淋到下面的填料上。管嘴顶以上的水深宜大于 100mm，不小于 6 倍小孔直径或管嘴直径。池式配水系统主要用于横流式冷却塔。

3. 淋水装置（填料）

淋水装置的作用是将配水系统溅落的水滴，再经多次溅散，成为更小的水滴或很薄的水膜，以增大水与空气的接触面积和延长接触时间，从而增强水与空气的热交换。所以，水的冷却过程主要是在淋水装置的填料中进行的，是冷却塔的关键部分。淋水装置的填料应具备以下特点：单位体积填料的表面积要大，对水和空气的阻力要小；水流经填料时有较长的流程，而且润湿性要好，容易使水形成均匀且很薄的水膜；材质要轻，化学稳定性要好，而且有一定的机械强度；货源易得，价格便宜。

按在塔内水冷却的表面形式，淋水填料可分为点滴式、薄膜式和点滴薄膜式三种。点滴式淋水填料主要是依靠水在溅落过程中形成的小水滴进行表面散热；薄膜式淋水填料主要是依靠水在淋水填料中以水膜状态流动，增加水与空气的接触表面积。这种淋水填料分平板膜式、波形膜式及网格形膜板式等。这种淋水填料多呈片状垂直放置，表面压制成各种形状的凸凹条纹，使水膜在流动过程中产生紊流性扰动，从而提高水与空气之间的热交换，它是目前应用最多的淋水填料。在这种淋水填料中，表面水膜散热占 70%，板隙（或格网间隙）中的水滴表面散热占 20%，水由上层流到下层溅散成的水滴散热占 10%。因此，增加水膜表面积是提高冷却效果的主要途径；点滴薄膜式填料界于以上两种填料之间，热交换效率也居中。水在这种填料中的流动状态，有一部分溅散成水滴状，另一部分附着在填料表面形成水膜状。这种填料高度一般为 1.5m，而点滴式则需 3～4m，薄膜式则只需 1.0m 左右。

(1) 膜板式淋水填料。这种淋水填料常用钢丝网水泥砂浆制作，板厚为 8～12mm，或用细钢筋水泥砂浆制作，板厚为 12～20mm。这种膜板表面润湿性好、使用时间长、取材容易、价格便宜，但自身重量偏大。

(2) 波形膜板式淋水填料。这种淋水填料又分为斜波淋水填料和蜂窝淋水填料。前者多用硬聚氯乙烯薄片或聚丙烯片热压制成，片厚为 0.35～0.45mm，波距为 20～50mm，波高为 10～20mm，斜波与水平线的倾角为 30°～60°，安装时将斜波片正反叠置；后者又有纸质蜂窝和塑料蜂窝之分：纸质蜂窝是用浸渍绝缘纸制成的六角形管状蜂窝体，孔眼大小常以正六边形内切圆的直径 d 表示。当 $d=20mm$ 时，$1m^3$ 的填料内就有 $200m^2$ 的表面积。它每层高 100mm，可多层连续叠放在支架上；塑料蜂窝的孔眼为椭圆形，长轴为 38mm，短轴为 26mm，波纹水平倾角为 60°～90°，片厚为 0.4～0.5mm，可分 3～4 层组装，总高度为 1200～1600mm。

(3) 水泥网格淋水填料。它是一种点滴薄膜式淋水填料，以铅丝作筋，用水泥砂浆浇灌而成。方格筋板的几何尺寸为 50mm×50mm，高度为 50mm，厚度为 5mm。每块方格板的尺寸根据需要确定。

目前使用最广的薄膜式塑料淋水填料，其材质多采用聚氯乙烯（PVC），它具有质轻、便于生产、运输、安全以及耐燃、自熄等优点。

在选择淋水填料时，不仅要考虑冷却效果等因素，还应考虑循环冷却水的处理方法。

4. 通风设备

在敞开式湿式冷却塔中，水冷却所需的空气由冷却塔周围的空气流所提供，这是由于塔内外温差所形成的压差而自然抽风的。

因为火力发电厂的冷却水量大，无法采用机械通风，故大都采用风筒式自然通风冷却塔。

5. 收水器

在配水系统的上面设置收水器（除水器）的作用是减少冷却塔中的水量损失。从冷却塔上部排出的湿热空气中往往带有一些水分，其中一部分是混合于空气中的水蒸气，另一部分是随气流带出的雾状小水滴，后者可用收水器分离回收。小型冷却塔多采用塑料斜板作为收水器，大中型冷却塔则多采用弧形除水片组成的单元模块收水器，其工作原理是当塔内气流挟带细小水滴上升时，撞击到收水器的弧形片上，在惯性力和重力作用下，水滴从气流中分离出来，回收利用。在自然通风冷却塔内设置收水器可使风吹损失水率达到 0.05%，如有特殊要求（如采用海水冷却塔或在冷却塔附近有居民区），应采用高效收水器（如双波形收水器），可将风吹损失水率降至 0.001% 以下。但收水器也增加了塔内空气上升的阻力，为此要求在正常风速范围内（0.8～1.5m/s），阻力不应大于 2.5Pa，当阻力大于 3.0Pa 时，可能会影响冷却效果。

6. 集水池

集水池的作用是储存和调节水量。集水池的有效水深一般为 1.5～2.0m，池壁超高为 0.2～0.3m。池底设有集水坑（深 0.3～0.5m），并有大于 0.5% 的坡度坡向集水坑。集水池周围应设回水台，台宽 1.5～2.0m，坡度 1%～3%。另外，集水池还有补水管、溢流管、排污管以及拦阻杂物的格栅。

第二节　水　的　冷　却

大气中总是含有一定数量的水蒸气，所以大气是由干空气和水蒸气所组成的混合气体，称为湿空气。循环水的冷却就是以这种湿空气作冷却介质的。当循环热水在冷却塔中以小水滴或薄壁水膜的形式从上向下降落时，与从冷却塔下面（或侧面）由下向上的湿空气进行接触换热，其传热方式主要有蒸发散热和接触传热两种。

一、湿空气的有关性质

1. 湿空气的压力

由冷却塔周围进入冷却塔的湿空气总压力实际上就是当地的大气压，按气体分配定律，其总压力 p 应等于干空气分压力 p_G 和水蒸气分压力 p_S 之和

$$p = p_G + p_S \tag{19-1}$$

根据理想气体方程式

$$p_G = \rho_G g R_G T \times 10^{-3}; \quad p_S = \rho_S g R_S T \times 10^{-3}$$

所以

$$p = \rho_G g R_G \times 10^{-3} + \rho_S g R_S \times 10^{-3} \tag{19-2}$$

式中：ρ_G、ρ_S 为干空气和水蒸气在其本身分压下的密度，kg/m^3；R_G、R_S 为干空气和水蒸气的气体常数，$R_G = 29.27 kg \cdot m/(kg \cdot K)$，$R_S = 47.06 \ kg \cdot m/(kg \cdot K)$。

2. 饱和水蒸气分压

在某一温度下，当空气的吸湿能力达到最大值时，空气中的水蒸气处于饱和状态，称为饱和空气，此时水蒸气的分压力称为饱和蒸汽压力 p_S'，它只与空气温度有关，与大气压力无关。空气的温度越高，蒸发越快，p_S' 值也就越大。所以，湿空气中水蒸气的含量不会超过该温度下的饱和蒸汽含量，从而使 $p_S \leqslant p_S'$。

在空气温度 0～100℃ 和通常气压范围内，饱和蒸汽压力 p_S'(kPa) 可按式（19-3）计算

$$\lg 98 p_S' = 0.014\,196\,6 - 3.142\,305 \times \left(\frac{10^3}{T} - \frac{10^3}{373.16} \right)$$

$$+ 8.21 g \left(\frac{373.16}{T} \right) - 0.002\,480\,4 \times (373.16 - T) \tag{19-3}$$

3. 湿空气的湿度

有绝对湿度和相对湿度之分。绝对湿度（absolute humidity）是指每立方米湿空气中所含水蒸气的质量，在数值上等于水蒸气分压 p_S 和湿空气（热力学）温度 T（K）时的密度 ρ_S，即

$$\rho_S = \frac{p_S}{g R_S T} \times 10^3 = \frac{p_S}{461.19T} \times 10^3, kg/m^3 \tag{19-4}$$

同样，饱和空气的饱和湿度 ρ_S' 为

$$\rho_S' = \frac{p_S'}{g R_S T} \times 10^3 = \frac{p_S'}{461.19T} \times 10^3, kg/m^3 \tag{19-5}$$

湿空气的相对湿度（relative humidity）ϕ 等于湿空气的绝对湿度 ρ_S 和相同温度下饱和空气的绝对湿度 ρ_S' 之比，即

$$\phi = \frac{\rho_S}{\rho_S'} = \frac{p_S}{p_S'} \tag{19-6}$$

所以，相对湿度表示湿空气接近饱和的程度，ϕ 值越低，表示空气越干燥，吸收水分的能力越强。它可由式（19-7）计算

$$\phi = \frac{p_\tau' - 0.000\,662p(\theta - \tau)}{p_\theta'} \tag{19-7}$$

式中：p 为大气压力，kPa；θ、τ 为湿空气的干球温度和湿球温度，℃；p_θ'、p_τ' 为对应 θ 和 τ 的饱和水蒸气压力，kPa。

4. 含湿量

在含 1kg 干空气的湿空气混合气体中所含有的水蒸气质量（kg）称为湿空气的含湿量（moisture content）x

$$x = \frac{\rho_S}{\rho_G} = \frac{\dfrac{p_S}{gR_S T} \times 10^3}{\dfrac{p_G}{gR_G T} \times 10^3} = \frac{R_G p_S}{R_S p_G} = \frac{27.27p_S}{47.06p_G}$$

$$= 0.622 \frac{p_S}{p - p_S} = 0.622 \frac{\phi p_S'}{p - \phi p_S'} \tag{19-8}$$

当相对湿度 ϕ 值等于 1.0 时，表示湿空气的含湿量达到最大值，称为饱和含湿量 x'，即

$$x' = 0.622 \frac{p_S'}{p - p_S'} \tag{19-9}$$

这时的空气（$x = x'$）称为饱和空气，它已没有吸湿能力。（$x' - x$）表示 1kg 干空气允许增加的水蒸气量。

5. 湿空气的比热容

湿空气的比热容 c_{sh} 是指总质量为 1kg（含干空气和 x kg 水蒸气）的湿空气温度每升高 1℃所需要的热量，c_{sh} 可表示为

$$c_{sh} = c_G + c_S x, \text{kJ/(kg} \cdot \text{℃)}$$

式中：c_G 为干空气的比热容，kJ/(kg · ℃)，约为 1.00；c_S 为水蒸气的比热容，kJ/(kg · ℃)，约为 1.84。

所以

$$c_{sh} = 1.00 + 1.84x, \text{kJ/(kg} \cdot \text{℃)}$$

在冷却塔设计计算中，c_{sh} 一般采用 1.05kJ/(kg · ℃)。

6. 湿空气的焓（i）

湿空气的焓（enthalpy）是指湿空气中含热量大小的数值，其值等于 1kg 干空气和含湿量为 x 水蒸气的含热量之和，即

$$i = i_G + xi_S, kJ/kg$$

式中：i_G、i_S 为干空气和水蒸气的焓，kJ/kg。

因为规定 $0℃$ 水的热量为零，所以 $1kg$ 干空气的焓 i_G 为

$$i_G = c_G\theta = 1.00\theta, kJ/kg$$

式中：θ 为干空气温度，$℃$。

水蒸气的焓 i_S 为

$$i_S = (2500 + 1.84\theta)x, kJ/kg$$

式中：2500 为 $1kg$ $0℃$ 的水变为 $0℃$ 的水蒸气时所吸收的热量，称为汽化热；1.84θ 为 $1kg$ $0℃$ 的水蒸气升高到 θ 时所需要的热量，其值为 $i_S = c_S\theta = 1.84\theta$。

所以，湿空气的焓 i 为

$$i = i_G + x_{iS} = 1.00\theta + (2500 + 1.84\theta)x = c_{sh}\theta + 2500x \tag{19-10}$$

在式 (19-10) 中，第一项称为显热，与温度有关。第二项称为潜热，与温度无关。

7. 干、湿球温度计

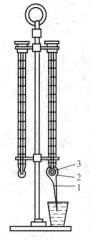

图 19-2 为干、湿球温度计，其中不包纱布的一支为干球温度计（dry-bulb thermometer），它所指示的温度称干球温度；包纱布并将纱布浸入水中的一支为湿球温度计（wet-bulb thermometer），它所指出的温度称湿球温度。纱布表面在毛细管作用下吸收了一层水，当纱布表面的空气不饱和时，水层中的水分就不断蒸发，并从水中吸收热量，使水温降低。当水层温度低于空气温度时，空气中的热量又会通过传导作用传给水层。当蒸发散热量与传导热量相等时，达到动态平衡，纱布上的水温就会稳定在一个数值上，此时湿球温度计显示的温度 τ 即为湿球温度。所以，测量湿球温度时应使纱布和水银球保持湿润状态，并要求一定的风速（$3\sim5m/s$）。

因此，湿球温度 τ 是在周围环境温度下水能被冷却的最低温度，即冷却塔（设备）出水的最低极限温度。在通常情况下，冷却塔出水温度一般比 τ 值大 $3\sim8℃$。

图 19-2 干、湿球温度计

1—纱布；2—水层；3—空气层

二、水的冷却原理

1. 水的蒸发散热（heat transfer by evaporation）

水分子在常温下逸出水面，成为自由蒸汽分子的现象称为水的蒸发。根据分子运动理论，水的表面蒸发是由分子的热运动引起的。当液体表面上某些分子的动能足以克服水体内部对它的内聚力时，这些水分子便逸出水面进入空气中，成为自由蒸汽分子。由于逸出水面的水分子动能较大，使剩下来的水分子的平均动能减小，即水温降低，得到冷却。从水面逸出的水分子之间以及与空气中水分子之间的相互碰撞中，又有部分水分子返回水面，这称为凝结。若单位时间内逸出的水分子多于返回水面的水分子，水就不断蒸发，水温也就不断降低。所以，水的表面蒸发是在水温低于沸点下进行的。

一般认为水相与气相接触的界面上有一层很薄的饱和空气层，称为水面饱和气层，其温度与水面温度相同。该饱和气层的饱和水蒸气分压即为 p_S'，而远离水面的湿空气中水蒸气的分压为 p_S，分压差 $\Delta p_S = p_S' - p_S$，即是水分子向湿空气蒸发扩散的推动力。只要 $p_S' > p_S$，水的表面就存在蒸发现象。所以，蒸发所消耗的热量总是由水向湿空气传递，水温降低得到冷却，有时可使水温低于湿空气温度。

在微元面积 $\mathrm{d}F$ 上，单位时间内由蒸发散失的水量 $\mathrm{d}Q_Z$ 为

$$\mathrm{d}Q_Z = \beta_P(p'_s - p_S)\mathrm{d}F, \quad \mathrm{kJ/h} \tag{19-11}$$

式中：β_P 为压力蒸发传质系数，$\mathrm{kg/(m^2 \cdot h \cdot kPa)}$；$p'_s$ 为与水温 t_s 相对应的饱和水蒸气分压，kPa；p_S 为与水温 t 相对应的空气中水蒸气分压，kPa。

因为在蒸汽蒸发冷却时，单位时间内蒸发散失的热量 $\mathrm{d}H_Z$ 等于蒸发水量 $\mathrm{d}Q_Z$ 与水的汽化潜热的乘积，即 $\mathrm{d}H_Z = \gamma_0 \mathrm{d}Q_Z$，故

$$\mathrm{d}H_Z = \gamma_0 \beta_p(p'_s - p_s)\mathrm{d}F, \quad \mathrm{kJ/h}$$

或

$$\mathrm{d}Q_Z = \gamma\beta_x(x' - x)\mathrm{d}F, \quad \mathrm{kJ/h} \tag{19-12}$$

式中：β_x 为含湿量传质系数，$\mathrm{kg/(m^2 \cdot h)}$。

因此，为了加快蒸发散热，一方面应增加热水与湿空气之间的接触面积，以多提供水分子逸出的机会；另一方面提高水气界面上的空气流动速度，以保持蒸发的推动力不变。

2. 水的接触传热（heat transfer by contact）

在冷却塔内热水与湿空气接触时，如水的温度与湿空气的温度不一致，在水相与气相界面上还会产生传热过程。

根据热力学第二定律，热量总是自发地从高温传向低温，如果水温高于空气温度，水将热量传给空气，空气温度上升，一直到水面温度与空气温度相等为止。相反，如果水温低于空气温度，空气便将热量传给水，水的温度上升，同样是一直到两者温度相等。在此过程中，由于水面上空气温度不均衡而产生对流作用。这种传热方式称为接触传热或称传导散热。

在水相与气相界面的微元面积 $\mathrm{d}F$ 上，单位时间内，通过接触传热所散发的热量 $\mathrm{d}H_J$ 为

$$\mathrm{d}H_J = \alpha(t_s - t)\mathrm{d}F, \quad \mathrm{kJ/h} \tag{19-13}$$

式中：t_s 为水气界面上水的温度，℃；t 为水气界面上空气的温度，℃；α 为接触传热系数，$\mathrm{kJ/(m^2 \cdot h \cdot ℃)}$。

式（19-13）表明，接触传热的推动力为温度差（$t_s - t$），温度差越大，传导散发的热量就越大。热量可以从水流向空气，也可以从空气流向水，这取决于两者的温度。

在冷却塔内的两种散热方式中，蒸发散热是属于传质过程，接触传热是传热过程，两种可同时存在，但随季节而有所变化。在冬季气温低温度差大，接触传热所散发的热量可占总散热量的 50%。夏季气温温差小，接触传热所散的热量很少，甚至有时为负值，但空气中的含湿量差很大，蒸发散热可占总散热量的 80%~90%。不同温度下水的蒸发散热和接触传热的关系可由给定气象条件下的散热量与水温的关系来表示，如图 19-3 所示。水温升高，总散热量增大，但蒸发散热的增加速度明显高于接触传热。因此，在总散热量中，蒸发散热起主导作用。

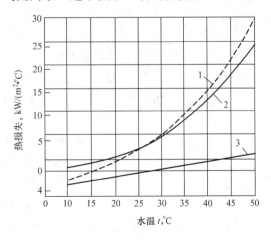

图 19-3　接触散热与蒸发散热间的关系

1—总散热；2—蒸发散热；3—接触散热

第三节 冷 却 塔 设 计

冷却塔的设计任务有两种：一种是根据冷却水量，冷却前、后的水温 t_1、t_2 及气象条件（如干球温度 θ、湿球温度 τ、相对湿度 ϕ、大气压力 p），确定淋水填料，然后通过热力平衡计算、空气阻力和水流阻力计算，决定冷却塔的几何尺寸、个数、风机及循环水泵；另一种是根据定型塔的几何尺寸、气象条件、气水比和冷却水量，确定冷却塔的个数，然后校核 t_2 是否达到要求。

下面以双曲线型逆流式自然通风冷却塔为例，说明设计的基本原则。

一、冷却塔设计计算所需资料

1. 气象资料

气象资料应由建厂地区权威性气象站提供近期 5 年以上的气象资料。用于热力计算的气象参数应是：多年月平均干球温度、湿球温度和大气压力。计算最高冷却水温所采用的气象参数，一般可按最热时间（以夏季 6、7、8 三个月计）频率为 5%～10% 的日平均气象参数进行计算，这样即使在夏季仍有 90%～95% 的时间能保证冷却效果。

2. 淋水填料的特性

淋水填料的特性包括热力特性和阻力特性，是设计冷却塔的基础资料。

热力特性是指填料的散热能力，它与填料的类型、几何尺寸、布置方式、淋水密度、通风量及气候条件等有关，常用容积散质系数 β_{XV} 表示

$$\beta_{XV} = Bq^m v_K^n \tag{19-14}$$

式中：B、m、n 为试验常数，与填料型式、体积、水温和气象条件有关；q 为淋水强度，$kg/(m^2 \cdot h)$；v_K 为空气质量风速，$kg/(m^2 \cdot h)$。

填料的阻力特性是风速与淋水密度的函数，不同淋水密度时，淋水填料的阻力特性可表示为

$$\frac{\Delta p}{\rho_1} = A v_F^m \tag{19-15}$$

式中：Δp 为淋水填料中的风压损失，Pa；ρ_1 为进塔空气的密度，kg/m^3；v_F 为淋水装置处的平均风速，m/s；A、m 为试验系数。

在多种填料形式下，填料选择的原则是：

(1) 单位体积填料表面积要大，散热性能要好，即容积散热系数要大。通风阻力要小，亲水性要好。

(2) 填料的片间距或孔径，应与循环冷却水水质及处理方式相适应。

(3) 填料外形不易变形，强度大，整体刚性好，组装容易和便于维修。另外，还要考虑使用寿命和经济性。

因此，应尽量采用相同工业塔的试验资料。无工业塔的试验资料时，应采用同一模拟塔的试验资料，以消除模拟塔不同或试验条件不同而带来的差异，同时还要乘以 0.85～1.0 的修正系数。

3. 塔体各部位的尺寸资料

冷却塔设计就是确定最合理的各部位几何尺寸，不同类型的冷却塔应给出不同部位的尺

寸资料。当选用逆流式自然通风冷却塔时，应给出填料断面面积、进风口高度、塔筒高度、喉部高度、塔底零米直径、喉部直径及塔筒出口直径等。

4. 塔体各部分的阻力试验资料

冷却塔进风口、配水系统、淋水填料及淋水水滴都会对进塔气流产生相应的阻力。进风口高度不同、配水系统的布置、所占面积及淋水密度的大小都会产生不同的阻力，这些数据应由试验取得。

5. 冷却水量、进出水温差

进出水温差 $\Delta t = t_1 - t_2$，它表示冷却塔进出水温降的绝对值大小，Δt 值越大，散热量就越大。进出水温差也称冷幅宽。当冷却塔类型一定时，进出水温差与冷却水量大小有关，应通过热力计算，合理设计。

6. 冷幅高

冷幅高 $\Delta t'$ 是指冷却后水温 t_2 与当地湿球温度 τ 之差，即 $\Delta t' = t_2 - \tau$。$\Delta t'$ 越小，即 t_2 越接近 τ 值，冷却效果越好。

7. 冷却塔的造价指标

冷却塔的造价与处理水量、进出口温差和湿球温度 τ 有关，其中以冷却塔出口水温 t_2 与湿球温度 τ 之差影响最大。一般来讲，$t_2 - \tau$ 越小，冷却塔造价越高，τ 值是由设计环境决定的，所以出水温度 t_2 是影响冷却塔造价的关键参数，应合理选择。

二、冷却塔设计

1. 冷却塔的热力负荷和水力负荷

（1）热力负荷。冷却塔的热力负荷是指冷却塔在单位面积、单位时间内所能散发的热量，$kJ/(m^2 \cdot h)$。

（2）水力负荷。冷却塔的水力负荷是指冷却塔在单位面积、单位时间内所能冷却的水量，即淋水密度 q_s

$$q_s = \frac{Q}{F}, \quad m^3/(m^2 \cdot h)$$

因为在单位时间内冷却水向空气散发的热量为 $c_{sh}q_s\Delta t \times 10^3$（kJ/ h），所以单位面积上所散发的热量为

$$H = \frac{c_{sh}Q\Delta t \times 10^3}{F} = \frac{Q}{F}c_{sh}\Delta t \times 10^3$$
$$= q_s c_{sh}\Delta t \times 10^3 = 4187 q_s \Delta t, \quad kJ/(m^2 \cdot h)$$

式中：F 为冷却塔内淋水面积，m^2；c_{sh} 为水的比热容，取 $4187 kJ/(m^2 \cdot h)$。

热力负荷或水力负荷越大，冷却的水量越多。

2. 热力平衡方程

在冷却塔淋水填料中，划出一个微元层 dz，如图 19-4 所示。水从上向下流动，空气从下向上流动，并进行热交换。水温从 t 降到 $t - dt$，在水蒸发量不大的情况下，可认为水量 q 不变，则水所散发的热量应为 $c_{sh}qdt$。

空气流过该层时，含热量提高，焓值增加了 di，

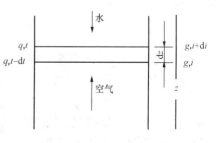

图 19-4 水气流动示意图

所以空气吸收的热量为 $g\mathrm{d}i$。

在热交换过程稳定的情况下，在 $\mathrm{d}z$ 微元层内因水温下降所散发的热量应等于空气所吸收的热量，即

$$c_{\mathrm{sh}}q\mathrm{d}t = g\mathrm{d}i \tag{19-16}$$

式中：q 为流入微元层的冷却水量，$\mathrm{kg/(m^2 \cdot h)}$；$g$ 流入微元层的空气量，$\mathrm{kg/(m^2 \cdot h)}$。

如设水传给空气的总热量为 H_0，则在 $\mathrm{d}F$ 面积上的传热量为 $\mathrm{d}H_0$，它应包括因接触散热传给空气的热量 $\mathrm{d}H_{\mathrm{J}}$ 和因蒸发散热传给空气的热量 $\mathrm{d}H_{\mathrm{Z}}$ 之和。根据式（19-12）和式（19-13）可得

$$\mathrm{d}H_0 = \mathrm{d}H_{\mathrm{J}} + \mathrm{d}H_{\mathrm{Z}} = \beta_{\mathrm{XV}}(i' - i)\mathrm{d}F \tag{19-17}$$

式中：i' 为水面上饱和空气的焓，$\mathrm{kg/kg}$。

式（19-17）中 $(i' - i)$ 称为焓差，是水面向空气散热的推动力。由于填料形状各式各样，表面面积不易确定，故常用体积代替面积，则式（19-17）可改写为

$$\mathrm{d}H_0 = \beta_{\mathrm{XV}}(i' - i)\mathrm{d}V \tag{19-18}$$

式中：V 为填料的体积，$\mathrm{m^3}$。

根据式（19-16）和式（19-18），可得

$$g\mathrm{d}i = \beta_{\mathrm{XV}}(i' - i)\mathrm{d}z$$

$$\frac{\beta_{\mathrm{XV}}z}{g} = \int_{t_2}^{t_1} \frac{\mathrm{d}i}{i' - i} \tag{19-19}$$

式中：z 为填料高度，m；t_1、t_2 为冷却塔的进、出口水温，$^\circ\mathrm{C}$。

式（19-19）可转化为

$$\frac{K\beta_{\mathrm{XV}}V}{q_V} = \int_{t_2}^{t_1} \frac{c_{\mathrm{sh}}\mathrm{d}t}{i' - i} \tag{19-20}$$

$$K = \frac{t_2}{586 - 0.56(t_2 - 20)}$$

式中：q_V 为冷却塔的冷却水量，$\mathrm{m^3/h}$；K 为考虑水蒸发量的流量修正系数，可假定为常数，只与 t_2 有关。

式（19-20）的左端表示冷却塔的冷却能力，称为冷却塔的特性数，用 N 表示。它与填料的几何尺寸、散热性能及水、汽流量有关

$$N = \frac{K\beta_{\mathrm{XV}}V}{q_V} \tag{19-21}$$

式（19-20）的右端表示冷却任务的大小，即对冷却塔的要求，称为冷却数或交换数，用 N' 表示。它与水温差 Δt 及外部空气参数及塔体的结构形式有关

$$N' = \int_{t_2}^{t_1} \frac{c_{\mathrm{sh}}\mathrm{d}t}{i' - i} \tag{19-22}$$

如果式（19-22）的右端可以求出，就可计算填料体积。计算交换数 N'，实际上是求焓差倒数的积分，积分的上限为进水水温 t_1，下限为出水水温 t_2。

虽然空气焓与水温之间存在线性关系，但饱和焓与水温之间为非线性关系，难以直接积分求解。因此，对交换数 N' 的求解有的采用平均焓差法，有的采用辛普逊（Simpson）近似积分法，可参见有关文献资料。

3. 空气动力计算

空气动力计算包括两个方面：一是根据最高风量计算全塔的通风抽力；二是计算通风阻力。自然通风逆流式冷却塔在正常运行状态下，塔的总通风抽力与塔的总通风阻力处于平衡状态。

(1) 总通风抽力 F_0。总通风抽力

$$F_0 = H_e g(\rho_1 - \rho_2), \text{Pa} \tag{19-23}$$

其中

$$H_e = H_2 + \frac{1}{3} H_3$$

式中：H_e 为塔的有效高度，m；H_2 为配水装置至塔顶高度，m；H_3 为配水装置和填料层高度之和，m；ρ_1 为塔外空气进入雨区后的空气密度，kg/m^3；ρ_2 为通过填料和配水装置后变为饱和（或接近饱和）的空气密度，kg/m^3。

(2) 总通风阻力 H_R。自然通风逆流式冷却塔的总通风阻力应为各部位的分阻力之和。一般用总阻力系数 ζ 与填料断面处平均风速的速度水头的乘积来表示。总通风阻力

$$H_R = \zeta \rho_m \frac{v_0^2}{2}, \text{Pa} \tag{19-24}$$

$$\rho_m = \frac{\rho_1 + \rho_2}{2}$$

式中：ζ 为塔的总阻力系数；v_0 为填料断面处的气流速度，m/s；ρ_m 为填料断面处的空气流密度，kg/m^3。

在塔内，总通风阻力与总通风抽力处于平衡状态时，式（19-25）成立

$$H_e g(\rho_1 - \rho_2) = \zeta \rho_m \frac{v_0^2}{2} \tag{19-25}$$

如果已知 ζ，可由式（19-25）求出 v_0，由此可得风量。

1961 年 R・F・瑞世（R. F. Rish）给出了从填料淋下水滴的阻力系数 ζ

$$\zeta = 0.525(H_f + h) \left(\frac{m'}{m}\right)^{1.32} \tag{19-26}$$

式中：H_f 为填料层高度，m；h 为填料下缘到水池水面的高度，m；m'、m 为通过冷却塔的水和空气的质量，kg/s。

三、冷却塔的配水系统与塔体设计

1. 配水系统设计

冷却塔的冷却效果与水和空气的接触面积有关，配水系统的作用就是增大水与空气的接触面积，同体积的水，水流（滴）分的越细小，接触面积就越大，传热效果越好。要使水流分布均匀、细小，必须合理设计配水系统。

(1) 配水系统设计。配水系统包括竖井、主配水槽（管）和支配水槽（管）、喷溅装置三部分。

1) 竖井　竖井是将循环水压力管道中的水输送到配水槽（管）的竖井筒式构筑物，有单竖井和多竖井之分。单竖井设置在冷却塔中心部位，多竖井设置在塔内的对称部位，如图 19-5 和图 19-6 所示。

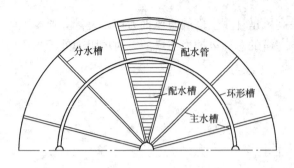

图 19-5　竖井及槽管布置图

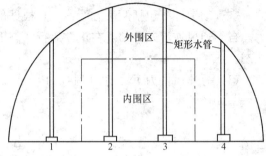

图 19-6　竖井及管道布置图

竖井内水流在上升过程中应避免产生涡流，所以过水断面不宜太小，上升流速一般不宜大于 0.5m/s。

2）槽式配水。配水槽分环形槽和支状槽两种，一般由主配水槽、支配水槽、管嘴及溅水碟组成，如图 19-7 和图 19-8 所示。

配水槽在中小型冷却塔内一般不进行详细水力计算，通常是先确定水槽断面面积和验算水流速度。主配水槽中水流速度采用 0.8～1.0m/s，支配水槽中水流速度为 0.4～0.6m/s。在正常水力负荷下支配水槽内的水位不应小于 120mm，支配水槽的宽度应为 120～150mm，高度不大于 350mm。主配水槽与支配水槽的连接应使其水位在同一标高。

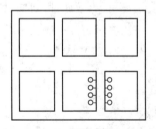

图 19-7　环形配水系统

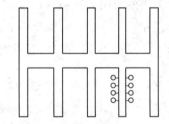

图 19-8　支状槽配水系统

3）管式配水。管式配水系统的主管起始断面设计流速宜采用 1.0～1.5m/s，系统总阻力损失一般不超过 5.0kPa。配水支管根据每根配水管上喷嘴的多少可选用不同的直径，一般直径在 0.15～0.25m 之间，间距为 0.5～1.0m，塔内配水管的管径种类不宜过多。

4）喷溅装置。逆流式冷却塔的喷溅装置起着将水喷洒成无数小水流（滴），并均匀分布在填料上的作用。一般要求：水流（滴）喷洒均匀，无中间断水地带；喷洒水滴直径要细小；有足够大的喷洒半径和大的水流量；能适应槽内水位的变化，在高、低水位均能喷洒均匀；可更换性强；材质好、价格合理。

（2）配水系统的水力计算。

1）水力计算的目的。一是给定水位、水流量，确定配水系统中槽（管）的断面面积及喷嘴直径；二是给定配水槽（管）的断面面积和喷嘴直径，确定水流量及水位。两种情况都要先给出配水系统布置。配水系统的布置要与空气分配相适应，才能取得良好的冷却效果。

由于冷却水量 Q 一年内是随季节变化的，所以设计冷却塔时，若以全水力负荷选择喷嘴直径，会在 1/2 负荷或 1/3 负荷运行时，因水槽水深过小而影响喷溅效果。因此，在水力计算时，应使 1/2 水力负荷下，配水槽内水位保持 150mm 以上的水深；2/3 水力负荷下，保持 250mm 以上的水深；110%～120%水力负荷时，配水槽不溢流。

2）喷嘴流量计算。在配水槽的底部装设喷嘴，通过喷嘴喷洒在填料上。每个喷嘴的流量 q 可按式（19-27）计算

$$q = \mu A \sqrt{2g(h + \Delta L)} \tag{19-27}$$

式中：μ 为流量系数，由实验确定，一般取 0.62～0.67；A 为喷嘴出水口面积，m^2；h 为槽内水深，m；ΔL 为从槽底到喷嘴出口的长度，m。

因此，槽式配水孔开孔数 n 为（假定总配水量为 q_V）

$$n = \frac{q_V}{q} = \frac{q_V}{\mu A \sqrt{2g(h + \Delta L)}}, \text{个} \tag{19-28}$$

2. 塔型设计

目前大型冷却塔多采用双曲线风筒，下面只对这种塔形设计作简单介绍。

（1）塔体高度与直径比（高径比）是指冷却塔的总高度 H_Z 与零米标高处直径 D_0 之比，一般取

$$\frac{H_Z}{D_0} = 1.15 \sim 1.4 (< 1.45)$$

（2）塔筒喉部高度 H_1 从塔顶向下计算

$$H_1 = (0.2 \sim 0.25)H_Z$$

（3）塔筒喉部面积，以 A_1 表示

$$A_1 = \frac{A}{3}$$

$$D_1 \geqslant 0.52 D_A$$

式中：A 为淋水面积；D_1 为塔筒喉部直径，一般取 0.5～0.6，m；D_A 为计算淋水面积处直径，m。

（4）塔筒出口面积，一般为淋水面积的 60%，即

$$D_T = 0.63 D_A$$

（5）塔体进风口高度，其大小对塔内气流分布的均匀性及阻力大小有很大影响。所以，塔体进风口高度不宜太小。进风口面积（按垂直面积计算）按淋水面积的 0.4 左右比较适宜。

四、冷却塔填料的选择

在多种填料形式下，要选择恰当才能达到预期的目的。填料选择的原则是：

（1）单位体积填料表面积要大，表面积大，散热性能好。

（2）填料热力特性好，即容积散质系数 β_{XV} 大。

（3）填料型式有利于水流速度减缓，通风阻力小。

（4）填料表面不宜太光滑，亲水性要好。

（5）要根据循环水水质、处理方式，选择相应的片间距或孔径。

（6）填料外形不易变形、强度大、整体刚性好。组装容易，便于安装、维修。

（7）使用寿命相对要长，经济性好。

以上因素应全面比较分析，不可能全部条件都满足。要针对工程的具体情况，求其主要

条件的满足。

电力部门逆流式冷却塔采用水泥网格的趋势在变化。近年来由于造价升高、加工量大、手工操作难以保证质量、自身重量大等原因，水泥网格有被塑料填料取代的趋势。目前已应用的塑料填料有斜波纹、折波、梯形斜波，以及不同填料的组合。随着科研工作的发展，今后还会出现新型的填料及不同填料组合在一起的组合式塑料填料。填料的安装方式也向轻型化发展。

第二十章

循环冷却水处理

循环冷却水处理，主要是对敞开式循环冷却水而言的。这种系统的特点是：由于有 CO_2 散失和盐类浓缩现象，在凝汽器铜管内或冷却塔的填料上有结垢问题；由于温度适宜、阳光充足、营养丰富，有微生物的滋长问题；由于冷却水在塔内对空气洗涤，有生成污垢的问题；由于循环冷却水与空气接触，水中溶解氧是饱和的，所以还有换热器材料的腐蚀问题。所谓循环冷却水处理，主要就是研究这种冷却水系统的结垢、微生物生长和腐蚀等方面的原理和防治方法。

第一节　敞开式循环冷却水系统的特点

在敞开式循环冷却水系统中，除了冷却塔之外，另一个主要设备就是换热设备。

一、换热设备（凝汽器）

在火力发电厂的循环冷却水系统中，换热设备就是凝汽器，它的主要用途是：在汽轮机的排汽室建立并维持所要求的真空，使蒸汽在汽轮机中膨胀到较低的压力，以提高蒸汽的可用焓降，将更多的热能转变为机械能；将汽轮机的排汽冷凝成凝结水，再送回热力系统循环使用；汇集热力系统中压力较低的汽和水；接受机组启停时旁路系统排出的蒸汽、凝结水及各种疏水。另外，凝汽器是在负压下运行，故还有除氧功能。

凝汽器按蒸汽凝结的方式分为混合式凝汽器和表面式凝汽器；按冷却介质分为水冷凝汽器和空冷凝汽器；按压力可分为单背压凝汽器和双背压凝汽器。单背压凝汽器多用于300MW 及以下的机组，双背压多用于 300MW 以上的机组。本章只介绍用水作冷却介质的管式表面换热凝汽器，如图 20-1 所示，它由外壳、冷却水管、管板和水室组成。

单背压表面式凝汽器的外壳用钢板焊接成圆形、椭圆形或矩形，其外壳两端与水室相连，并设有人孔门（或手孔门），水室与汽空间用管板隔开，两端的管板之间布置冷却水管，冷却水管胀接在管板孔内，使两端水室相通。即冷却水由冷却水管内流过，汽轮机排汽在冷却水管外侧间隙内穿过，通过管子外表面进行换热。排汽被冷凝成凝结水汇入热水井，由凝结水泵送入热力系统。一小部分未凝结的蒸汽和空气混合在一起进入专门隔开的空气冷却区，由抽气器抽出。

图 20-2 所示为双背压凝汽器原理图，它用于 600MW 超临界汽轮机组，这种凝汽器具有对称的两个低压汽缸四个排汽口，分别与双壳体双背压汽轮机的汽室相接。中部的垂直隔板将汽室分隔成两个独立的汽室，A 为低压汽室，B 为高压汽室，冷却水依次流过冷却面积几乎相等的两个汽室。由于冷却水是先流经 A 汽室后流经 B 汽室，因此 A 汽室内蒸汽温度

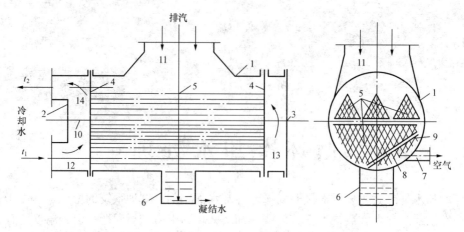

图 20-1　单背压表面式凝汽器结构示意图

1—外壳；2、3—水室的端盖；4—管板；5—冷却水管；6—热水井；7—空气抽出口；8—空气冷却区；

9—挡板；10—水室隔板；11—汽空间；12~14—水室

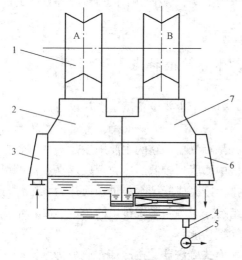

图 20-2　典型的双背压凝汽器原理图

1—低压缸；2—低背压凝汽器；3—循环水进口水室；4—热水井；5—凝结水泵；6—循环水出口水室；7—高背压凝汽器

A—低压汽室；B—高压汽室

和相应的蒸汽压力较低。

这种凝汽器内部的冷却水管与管板的连接是胀接后再焊接，以保证其严密性。冷却水管的数量达 4 万多根，长度 11m，材质为不锈钢或钛管，壁厚为 0.5~0.7mm，管径为 25mm。

凝汽器的传热性能好坏可由凝汽器内的真空度和端差来反映。

1. 凝汽器的真空度

在单位时间内，当汽轮机的排汽量与凝结水量相等以及空气的漏入量与抽气量相等时，凝汽器内处于平衡状态，压力保持不变，即在凝汽器内形成一定的真空度。正常运行条件下，真空度一般为 0.0034~0.005MPa。

2. 凝汽器传热端差

汽轮机的排汽温度 t_p 与凝汽器冷却水的出口温度 t_2 之差称为传热端差，用 δ_t 表示。它与汽轮机排汽温度和冷却水温度之间有以下关系

$$t_p = t_1 + \Delta t + \delta_t \tag{20-1}$$

$$\Delta t = t_2 - t_1$$

式中：t_1 为冷却水的进口温度，℃；Δt 为冷却水温升，℃。

可见，冷却水温度升高、冷却水量减少、汽轮机排汽量增加、冷却水管内结垢、抽气量减少等，都会使排汽温度上升、排气压力升高、真空度下降、端差上升，影响机组的热经济性。

传热端差 δ_t 与冷却面积、传热量和传热系数有关，而且在低温范围内，水的熔值大约为水温的 4.187 倍。因此，由凝汽器的传热方程可得热负荷 Q 为

$$Q = q_{m,Q}(i_Q - i_S) = 3.6A_tK\Delta t_p = 4.187q_{m,x}\Delta t \tag{20-2}$$

式中：A_t 为冷却水管外表面总面积，m^2；$q_{m,Q}$ 为进入凝汽器的排汽量，kg/h；$q_{m,x}$ 为进入凝汽器的冷却水量，kg/h；i_Q、i_S 为排汽和凝结水的焓，kJ/kg；K 为由蒸汽至冷却水的平均总传热系数，$W/(m^2 \cdot \text{℃})$；3.6 为单位换算系数，$1W/(m^2 \cdot \text{℃}) = 3.6kJ/(m^2 \cdot h \cdot \text{℃})$；$\Delta t_p$ 为凝汽器冷却水与排汽之间的平均传热温差，℃。

如果假定排汽温度 t_p 沿冷却表面不变，用冷却水的对数平均温差 Δt_{ln} 代替 Δt_p，则有式 (20-3)

$$\Delta t_p = \Delta t_{ln} = \frac{\Delta t}{\ln\dfrac{\Delta t + \delta_t}{\delta_t}} \tag{20-3}$$

将式 (20-3) 代入式 (20-2)，得传热端差 δ_t 表示式

$$\delta_t = \frac{\Delta t}{\exp\left(\dfrac{3.6KA_t}{4.187q_{m,Q}}\right) - 1} \tag{20-4}$$

由式 (20-4) 可得凝汽器冷却水管传热总面积 A_t

$$A_t = \frac{4.187q_{m,x}\Delta t}{\dfrac{3.6K\Delta t}{\ln\dfrac{\Delta t + \delta_t}{\delta_t}}} = \frac{4.187q_{m,x}}{3.6K}\ln\frac{\Delta t + \delta_t}{\delta_t} \tag{20-5}$$

3. 冷却水的温升

在凝汽器中，蒸汽和冷却水温度沿冷却表面的分布如图 20-3 所示。

根据热量平衡，冷却水在凝汽器内的温升 Δt 可由式 (20-6) 求出

$$\begin{aligned}q_{m,Q}(i_Q - i_S) &= q_{m,x}(t_2 - t_1) \times 4.187 \\ &= 4.187q_{m,x}\Delta t\end{aligned}$$

或

$$\Delta t = t_2 - t_1 = \frac{i_Q - i_S}{4.187 \times \dfrac{q_{m,x}}{q_{m,Q}}} = \frac{i_Q - i_S}{4.187m}$$

$$m = \frac{q_{m,x}}{q_{m,Q}} \tag{20-6}$$

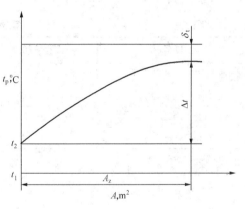

图 20-3　蒸汽和冷却水温度沿冷却
表面积的分布

式中：m 为凝汽器的冷却倍率，它表示冷凝 1kg 蒸汽所需冷却水量。

m 值不仅与冷却水量有关，还与冷却水温和传热系数等因素有关。在湿冷系统中，一般 m 值取 $40 \sim 70$，冷却水温升一般为 $3 \sim 5$℃。

二、水量平衡

在敞开式循环冷却水系统中，补充水量应等于各种水量损失之和，即有

$$P_B q_{V,X} = P_Z q_{V,X} + P_F q_{V,X} + P_P q_{V,X} \tag{20-7}$$

或

$$P_B = P_Z + P_F + P_P$$

式中：$q_{V,X}$ 为循环冷却水量，m^3/h；P_B 为补充水量占循环水量的百分数，%；P_Z 为蒸发水量占循环水量的百分数，%；P_F 为风吹泄漏水量占循环水量的百分数，%；P_P 为排污水量占循环水量的百分数，%。

1. 蒸发水量的估算

蒸发水量可由热量平衡关系估算 [水的比热容等于 $4.184J/(g\cdot℃)$，$1g$ 水每升高 $1℃$ 需 $4.184J$]

$$q_{V,X}(t_2-t_1)\times 4.184x = q_{V,Z}(i-t_P\times 4.184)$$

$$P_Z = \frac{q_{V,Z}}{q_{V,X}}\times 100\% = \frac{(t_2-t_1)\times 4.184x}{i-t_P\times 4.184}\times 100\% \tag{20-8}$$

式中：$q_{V,X}$、$q_{V,Z}$ 为循环水量和蒸发水量，m^3/h；t_2、t_1 为冷却塔进口和出口温度，$℃$；t_P 为循环水的平均温度，即 $\frac{t_1+t_2}{2}$，$℃$；i 为水温为 t_P 时的蒸发潜热，kJ/kg；x 为冷却塔中因蒸发所散发的热量与全部热量的比值，设计中，夏季取 1.0，冬季取 0.5，春秋两季取 0.75。

若以 $\Delta t = t_2-t_1$，$t_P = 25℃$，$i = 608\times 4.184kJ/kg$ 代入式（20-8），可简化为

$$P_Z = \frac{\Delta t\times 4.184x\times 100}{608\times 4.184-25\times 4.184} = 0.17\Delta tx，\%$$

2. 风吹泄漏水量的估算

P_F 值与冷却设备（构筑物）的类型有关，可按表 20-1 取经验数据。

表 20-1　　　　　　　　冷却设备（或构筑物）的风吹泄漏损失

冷却设备类型	损失（%）	冷却设备类型	损失（%）
小型喷水池（不超过 $400m^2$）	1.5～3.5	开放式冷却塔	1.0～1.5
中型和小型喷水池	1～2.5	机械通风冷却塔（有除水器）	0.2～0.3
小型滴盘式冷却塔	0.5～1.0	风筒式冷却塔（有除水器）	0.1
中型和大型滴盘式冷却塔	0.5	风筒式冷却塔（无除水器）	0.3～0.5

3. 排污水量的估算

排污水量可由盐量平衡估算

$$P_B[Cl_B^-] = (P_F+P_P)[Cl_X^-]$$

或

$$\phi = \frac{[Cl_X^-]}{[Cl_B^-]} = \frac{P_B}{P_F+P_P} = \frac{P_Z+P_F+P_P}{P_B-P_Z}$$

因此

$$P_P = \frac{P_Z+P_F-\phi P_F}{\phi-1} \tag{20-9}$$

式中：ϕ 为浓缩倍率（factor of concentration）；$[Cl_X^-]$、$[Cl_B^-]$ 分别为循环水、补充水中的 Cl^- 浓度，mg/L。

ϕ 值的大小反映了循环水因蒸发作用而导致的浓缩程度，控制 ϕ 值也就是控制了循环水的水质。它与补充水水质、处理方法及运行工况等因素有关。

4. 补充水量的估算

当已知蒸发损失 P_Z 和风吹泄漏损失 P_F 及浓缩倍率 ϕ 时，可根据式（20-9）计算出排污

损失 P_P，然后再根据式（20-7）计算补充水量 P_B。假定蒸发损失 $P_Z=1.5\%$，风吹泄漏损失 $P_F=0.1\%$，浓缩倍率 $\phi=3.5$，可计算出排污损失 $P_P=0.5\%$，补充水率 $P_B=2.1\%$。以这些数据可计算出各种发电机组的损失水量和补充水量，见表 20-2。

表 20-2　　　　　　　　　　　各种发电机组的损失水量和补充水量

单机容量（MW）	125	200	300	600	1000
额定循环水量（m³/h）	11 000	25 000	32 000	66 300	102 000
蒸发损失水量（m³/h）	165	375	480	994.5	1530
风吹泄漏水量（m³/h）	11	25	32	66.3	102
排污水量（m³/h）	55	125	160	331.5	510
补充水量（m³/h）	231	525	672	1392.3	2142

　　表 20-2 中计算数据说明，在湿冷发电机组中，蒸发损失水量很大，它几乎占全厂总耗水量的 $60\%\sim70\%$，而且这部分损失水量无法回收利用。浓缩倍率越高，它占的份额越大。图 20-4 示出浓缩倍率与补充水率和排污水率的关系，说明当 ϕ 值增加到 4.0 以上时，排污水量已很小，对节水已不起明显作用。

三、盐量平衡

　　在循环冷却水系统中，蒸发作用使盐类浓缩，但风吹泄漏和排污又损失循环水，可排走一部分盐类阻止浓缩，所以有以下关系

　　循环冷却水中盐类的增量＝补充水带进的盐量－风吹泄漏和排污水带出的盐量

　　则在 dt 时间内，由补充水带进循环冷却系统的盐量为 $q_{V,B}\rho_B dt$；在 dt 时间内，由风吹泄漏和排污带出的盐量为 $q_{V,S}\rho dt$。因此在 dt 时间内，循环冷却水中盐类的增量为

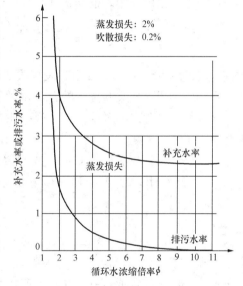

图 20-4　敞开式循环冷却水系统中浓缩倍率与补充水率和排污水率的关系

$$V d\rho = q_{V,B}\rho_B dt - q_{V,S}\rho dt \qquad (20-10)$$

式中：$q_{V,B}$ 为补充水流量，m³/h；ρ_B 为补充水的含盐量，mg/L；$q_{V,S}$ 为风吹泄漏和排污损失水量的总和，m³/h；ρ 为在时间 t 时，循环水中的含盐量，mg/L；V 为循环冷却水系统内的总储水量，m²。

　　将式（20-10）分离变量和积分

$$\int_{t_0}^{t} dt = \int_{\rho_0}^{\rho} \frac{d\rho}{\dfrac{q_{V,B}\rho_B}{V} - \dfrac{q_{V,S}\rho}{V}}$$

$$\rho = \frac{q_{V,B}\rho_B}{q_{V,S}} + \left(\rho_0 - \frac{q_{V,B}\rho_B}{q_{V,S}}\right) \exp\left[-\frac{q_{V,S}}{V}(t-t_0)\right]$$

式中：ρ_0 为 t_0 时循环冷却水中的含盐量，mg/L。

当 $t=\infty$ 时，上式中第二项为零，则

$$\rho = \frac{q_{V,B}}{q_{V,S}}\rho_B \qquad (20\text{-}11)$$

式（20-11）表明，在循环冷却水系统开始投运阶段，水中盐类是随着运行时间的延长而增大的，但 t 值达到某一时刻时，由补充水带进的盐量和由风吹泄漏、排污带出的盐量相等，循环水系统中的含盐量趋向一个稳定值。

四、循环冷却水系统的水质特点

1. 结垢

循环冷却水系统在运行过程中，当水质处理不当时，往往会在凝汽器铜管内生成比较坚硬的碳酸盐（$CaCO_3$）水垢，主要有以下几个原因：

（1）盐类浓缩作用。根据式（20-9）有

$$\phi = \frac{[Cl_{\overline{X}}]}{[Cl_{\overline{B}}]} = \frac{P_Z + P_F + P_P}{P_F + P_P} = 1 + \frac{P_Z}{P_B - P_Z} \qquad (20\text{-}12)$$

式（20-12）说明，只要有蒸发损失 P_Z 存在（即 $P_Z \neq 0$），ϕ 值就大于 1，即循环水存在浓缩作用，结果会使某些离子的含量超过其难溶盐类的溶度积而析出。

（2）循环冷却水的脱碳作用。根据水质概念，循环水中钙、镁的重碳酸盐和游离 CO_2 存在以下平衡

$$Ca(HCO_3)_2 \rightleftharpoons CaCO_3 \downarrow + CO_2 \uparrow + H_2O$$
$$Mg(HCO_3)_2 \rightleftharpoons MgCO_3 + CO_2 \uparrow + H_2O$$
$$\xrightarrow{+H_2O} Mg(OH)_2 \downarrow + CO_2 \uparrow$$

当循环水在冷却塔内与空气接触时，水中原有的 CO_2 就会大量逸出，破坏以上平衡，使平衡向生成碳酸钙或氢氧化镁的方向移动，而产生水垢。

循环水在冷却塔内喷洒后，残余的游离 CO_2 含量与水温的关系见表 20-3。

表 20-3 在冷却塔喷洒后水中游离 CO_2 的含量

水温（℃）	10	20	30	40	50
游离 CO_2（mg/L）	14.5	7.7	3.5	1.5	0

（3）循环冷却水的温度上升。循环冷却水的温度在凝汽器内上升后，一方面降低了钙、镁碳酸盐的溶解度，另一方面使碳酸盐平衡关系向右转移，提高了平衡 CO_2 的需要量，从而使产生水垢的趋势增加。相反，循环水在冷却塔内降温后，平衡 CO_2 的需要量也降低，当需要量低于水中实际的 CO_2 含量时，水就具有侵蚀性和腐蚀性。

2. 腐蚀

在循环冷却水系统中，除了上述在低温区有可能产生 CO_2 的酸性腐蚀以外，水中溶解氧是饱和的，因此容易产生氧的去极化腐蚀。另外，盐类浓缩、温度上升、沉积物沉积和微生物滋长等，都是促进腐蚀的因素。

3. 微生物滋长

循环冷却水常年水温在 $10\sim40°C$ 范围内，而且阳光充足，营养物质丰富，是微生物生长、繁殖的有利环境。凝汽器铜管内污垢的主要成分往往是微生物的新陈代谢产物。另外，微生物在新陈代谢过程中还会产生微生物腐蚀。

4. 水质污染

循环冷却水的水质在运行过程中会逐渐受到污染。其污染原因为：由补充水带进悬浮固体、溶解性盐类、气体和各种微生物物种；由空气带进尘土、泥沙及可溶性气体等；由塔体、水池及填料的侵蚀，剥落下来杂物；系统内由于结垢、腐蚀、微生物滋长等产生各种产物等。上述各种原因都会使水质受到不同程度的污染。

因此，循环冷却水处理的目的就是防止或减缓冷却系统（特别是换热器）的结垢、腐蚀和微生物生长等问题。在火力发电厂的循环冷却水系统中，凝汽器管材采用耐蚀性很强的铜锌合金或不锈钢和钛管，而且设计成列管式，水流特性好，沉积物不易沉积。因此，循环冷却水处理的主要目的是防止水垢产生，其次是控制微生物生长。防止腐蚀主要是以选材为主。

第二节　水质稳定性的判断

当以碳酸盐型水作为循环冷却水时，由于盐类浓缩、平衡 CO_2 散失及水温升高等原因，会使水中 $CaCO_3$、$Ca_3(PO_4)_2$ 等难溶盐类的含量超过饱和值，而引起结垢，这时的水称结垢型水。反之，当低于饱和值时，原先析出的盐类（垢）又会溶于水中，水对金属管壁产生腐蚀，这时的水称侵蚀型水。当水中这些盐类的含量正好处于饱和状态时，既无结垢也无腐蚀现象，称为稳定型水。为了对水质的结垢倾向和腐蚀倾向做出预先判断，本节介绍一些常用的判断水质稳定性的方法。

一、极限碳酸盐硬度法

任何一种水，在水温一定的情况下，都有一个不结碳酸盐水垢的最高允许值，这个值称为极限碳酸盐硬度（limiting carbonate hardness）$H'_{X,T}$，由于影响因素很多，难以从理论上计算，只能由模拟试验求取。

判断方法是

$$\left.\begin{array}{ll} \phi H_{B,T} < H'_{X,T} & \text{不结垢} \\ \phi H_{B,T} > H'_{X,T} & \text{结垢} \end{array}\right\} \tag{20-13}$$

式（20-13）说明，为了防止循环水结垢，控制浓缩倍率的大小是有效途径之一。但浓缩倍率太小，排污水量和补充水量都会过大，不利节水。

二、饱和指数［郎格利尔（Langelier）指数］法

饱和指数（saturation index）I_B 是根据 $CaCO_3$ 的溶度积和各种碳酸化合物之间的平衡关系推导出来的一种指数概念，以判断某种水质在运行条件下是否会有 $CaCO_3$ 水垢析出

$$I_B = pH_Y - pH_B \tag{20-14}$$

式中：I_B 为碳酸钙饱和指数；pH_Y 为实际运行条件下实测 pH 值；pH_B 为饱和 pH 值，即循环水在使用温度条件下被 $CaCO_3$ 饱和时的 pH 值。

判断方法是：

$I_B = 0$，水质是稳定的，称稳定型水；

$I_B > 0$，水中 $CaCO_3$ 呈过饱和状态，有 $CaCO_3$ 水垢析出的倾向，称结垢型水；

$I_B < 0$，水中 $CaCO_3$ 呈未饱和状态，有溶解 $CaCO_3$ 固体的倾向，对钢材有腐蚀性，称腐蚀型水。

一般情况下，I_B 值在 $\pm(0.25 \sim 0.3)$ 范围内，可以认为是稳定的。

pH_B 的计算：

如果判断的水质是 $CaCO_3$ 的饱和溶液，则

$$Ca^{2+} + CO_3^{2-} \rightleftharpoons CaCO_3(s), \quad K_{sp} = f_2[Ca^{2+}] \cdot f_2[CO_3^{2-}] \tag{20-15}$$

根据 H_2CO_3 二级电离平衡，则

$$HCO_3^- \rightleftharpoons H^+ + CO_3^{2-}, \quad K_2 = \frac{f_1[H^+]f_2[CO_3^{2-}]}{f_1[HCO_3^-]} \tag{20-16}$$

两边取负对数，整理后得式（20-17）

$$pH_B = pK_2 - pK_{sp} + p[Ca^{2+}] + p[HCO_3^-] \tag{20-17}$$

在式（20-17）中，$pK_2 - pK_{sp}$ 是含盐量和温度的函数，可分别用 $f(s)$ 和 $f(t)$ 表示，$[HCO_3^-]$ 在 $pH = 6.5 \sim 9.5$ 范围内近似等于水中碱度 B，所以式（20-17）可改写为

$$pH_B = f_1(t) - f_2(Ca^{2+}) - f_3(B) + f_4(s) \tag{20-18}$$

式中：$f_1(t)$ 为温度函数；$f_2(Ca^{2+})$ 为钙含量函数；$f_3(B)$ 为碱度函数；$f_4(s)$ 为含盐量函数。

上述四种函数值，可根据原水水质查图 20-5 求得。

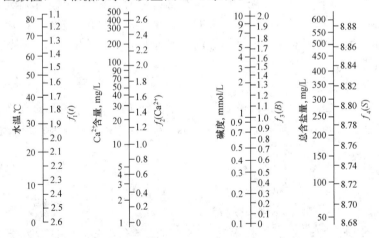

图 20-5　求 pH_B 所用计算图

三、稳定指数[里兹纳(Ryznar)指数]法

稳定指数（stability index）I_W 的含义是

$$I_W = 2pH_B - pH_Y \tag{20-19}$$

式（20-19）是饱和指数的一种修正形式。式中 pH_Y 值可由下列公式计算

$$pH_Y = 1.465\lg B + 7.03$$

式中：B 为水中总碱度，$mmol/L$。

稳定指数判断标准见表 20-4。

表 20-4　　　　　　　　　　　　　　　稳定指数判断标准

I_W	水 质 性 质	I_W	水 质 性 质
>8.7	对含 $CaCO_3$ 的材料腐蚀性严重	6.4~3.7	结 $CaCO_3$ 水垢
8.7~6.9	对含 $CaCO_3$ 的材料腐蚀性中等	<3.7	结 $CaCO_3$ 水垢严重
6.9~6.4	水质稳定		

四、结垢指数法

结垢指数（scale index）I_J 的含义是

$$I_J = 2pH_B - pH_{eq} \tag{20-20}$$

式中：pH_{eq} 为平衡 pH 值，由下式求出

$$pH_{eq} = 1.465 \lg B + 4.54$$

式中：B 为水中总碱度，mmol/L。

判断方法是：

$I_J > 6$，对 $CaCO_3$ 的材料有侵蚀性；

$I_J = 6$，水质稳定；

$I_J < 6$，结 $CaCO_3$ 水垢。

该指数于 1979 年由 Puckorius 提出，用平衡 pH 值（pH_{eq}）代替 Ryznar 指数中的实际运行 pH 值（pH_Y）。

五、推动力指数法

推动力指数 I_T 的含义是

$$I_T = \frac{[Ca^{2+}][CO_3^{2-}]}{K_{sp}} \tag{20-21}$$

式中：$[Ca^{2+}]$、$[CO_3^{2-}]$ 为水中 Ca^{2+} 和 CO_3^{2-} 的浓度，mmol/L；K_{sp} 为在同一温度下 $CaCO_3$ 的溶度积常数。

判断方法是：

$I_T = 1.0$，水处于 $CaCO_3$ 的平衡饱和状态；

$I_T > 1.0$，水处于 $CaCO_3$ 的过饱和状态，有析出 $CaCO_3$ 的倾向；

$I_T < 1.0$，水处于 $CaCO_3$ 的未饱和状态，有溶解碳酸钙固体的倾向。

六、侵蚀指数法

侵蚀指数 I_q 的含义是

$$I_q = pH_Y + \lg[Ca^{2+}]B \tag{20-22}$$

式中：$[Ca^{2+}]$、B 为水中钙离子含量及其碱度，mg/L（以 $CaCO_3$ 计）。

判断方法是：

$I_q < 10$，水对石棉水泥管有高度侵蚀性；

$I_q = 10~12$，水对石棉水泥管有中等侵蚀性；

$I_q > 12$，水对石棉水泥管无侵蚀性。

七、ΔA 法

ΔA 值的含义是

$$\Delta A = \frac{[Cl_x^-]}{[Cl_B^-]} - \frac{[A_x]}{[A_B]} = \phi - \frac{[A_x]}{[A_B]} \tag{20-23}$$

式中：A_x、A_B 为循环冷却水和补充水的碱度，mmol/L。

判断方法是：

$\Delta A < 0.2$，水处于 $CaCO_3$ 的未饱和状态，有溶解碳酸钙固体倾向或无碳酸钙沉淀倾向；

$\Delta A > 0.2$，水处于 $CaCO_3$ 的过饱和状态，有析出碳酸钙倾向。

用该法判断循环水中碳酸钙的结垢倾向时，需注意两点：①该法的判断界限是一个小型试验值，用于实际工程时应乘一个小于 1 的系数，一般认为在 $0.8 \sim 0.85$ 左右；②这个界限有时产生误差，甚至于出现负值，出现负值的原因为是否有加氯杀菌或多水源取水等。

八、临界 pH（pH_C）值法

临界 pH_C 值实际上就是过饱和溶液中析出沉淀时的 pH 值，如果水的 $pH > pH_C$ 就会结垢，如果水的 $pH < pH_C$ 就不会结垢，临界 pH_C 一般由实验求取。首先将待测水样升温 50℃左右，然后一边滴加标准 NaOH 溶液，一边测定水样的 pH 值，并将测得的 pH 值与 NaOH 加入量关系作图（pH 值为纵坐标，NaOH 加入量为横坐标）。曲线拐点的 pH 值即为 pH_C。这是因为水中碳酸盐存在以下平衡

$$H_2CO_3 \rightleftharpoons H^+ + HCO_3^- \rightleftharpoons 2H^+ + CO_3^{2-}$$

随着 NaOH 的滴加，水中 H^+ 被 NaOH 中和，使 CO_3^{2-} 浓度上升，当 $CaCO_3$ 达到一定的过饱和状态时，便开始有 $CaCO_3$ 小晶体析出：$Ca^{2+} + CO_3^{2-} \longrightarrow CaCO_3$。从而使水中 CO_3^{2-} 浓度急剧下降，促使上述反应向右进行，产生更多的 $[H^+]$，使水的 pH 值急剧下降出现一个拐点。如果继续滴加 NaOH，pH 值继续上升。

除以上几种水质判断方法以外，还有许多其他形式的指数，但这些指数的概念往往是以某一特定水质提出来的，使用起来有很大局限性。以上几种指数，只能用于判断碳酸盐结垢或腐蚀的倾向性，无法提供有关计算数据。

第三节 防 垢 处 理

本节所讨论的防垢处理，主要是以防止碳酸盐水垢为主。

一、石灰沉淀法

石灰沉淀法不仅能有效地除去水中游离 CO_2、碳酸盐硬度和碱度，而且还能除去一部分有机物、硅化合物及微生物，大大减小了结垢趋势，改善了水质。它虽然不能除去水中的非碳酸盐硬度和钠盐，但这并不会造成这些盐类（像 $CaSO_4$、$CaCl_2$、$MgSO_4$、$MgCl_2$ 和 NaCl 等）在循环冷却水系统内析出，更不易在铜管内结垢，因为它们都有较大的溶解度。所以如将石灰沉淀法用于处理循环冷却水的补充水，会使浓缩倍率明显提高。

有关石灰处理的原理、石灰加药量的计算及处理后的水质变化等内容已在前面介绍过，在此只将某厂用于循环冷却水补充水的石灰处理系统介绍如下。

该处理系统的工艺流程是：

高纯度粉状消石灰→石灰筒仓→螺旋输粉机→缓冲斗→精密称重干粉给料机（电子皮带秤）→石灰乳搅拌箱→石灰乳泵→5%石灰乳→澄清池→变孔隙滤池→循环水系统补充水→冷却塔水池

↑
H_2SO_4

电子皮带秤是石灰加药的计量装置，皮带运转速度由一台直流调速机控制，而电动机的转速又由澄清池入口流量差压传送器给出的电信号控制，从而使给料速度和给水流量按比例调节。石灰的计量调节是靠皮带秤上的进料垂直闸板开度调节装置自动进行，其误差小于0.1%。

该系统还配有混凝剂配制、投加系统，加酸调节 pH 系统，加氯系统和自动压缩空气系统。

运行控制参数：变孔隙滤池进水悬浮固体小于 5～20mg/L，出水悬浮固体为0.5～1.0mg/L；$FeSO_4 \cdot 7H_2O$ 有效计量为 0.2～0.3mmol/L；循环水加氯量为 2.0mg/L，出水剩余活性氯为 0.2mg/L；补充水加酸后调节 pH 值在 7.2～8.2 之间，因为石灰处理后的水含有许多 $CaCO_3$、$Mg(OH)_2$ 的细小晶粒，是一种很不稳定的过饱和体系，必须在进入滤池前加 H_2SO_4 调节 pH 值，否则很快将滤池堵死。

另外，德国火力发电厂石灰处理（慢速脱碳）的典型系统如图 20-6 所示，此系统的特点是：加药及反应均在澄清池外进行，便于监督。凝聚剂多使用 $FeClSO_4$（用 $FeSO_4$ 与活性氯反应制得），并且均加助凝剂（多用阳离子型）。慢速脱碳基本上控制在两倍酚酞碱度＝全碱度（$2P=M$）。其出水水质列于表 20-5。德国各电厂使用的石灰均为高纯度石灰粉（纯度达 86%～92%），其质量标准列于表 20-6。

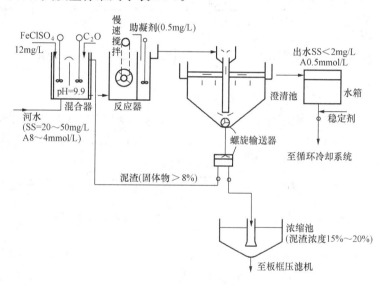

图 20-6 石灰处理（慢速脱碳）典型系统

表 20-5   石灰处理（慢速脱碳）时的出水水质

项 目		pH 值	总硬度 （mmol/L）	钙硬度 （mmol/L）	总碱度 （mmol/L）	悬浮固体 （mg/L）
A 厂	河水	8.0	3.5～5.7	2.1～3.7	3.2～5.0	20
	石灰处理水	10.2	1.9～2.6	0.5～0.8	1～1.4	<5
B 厂	河水＋井水	7.6			5	<10
	石灰处理水	9.5			1.1	<5
C 厂	河水	8.0			3～4	20～50
	石灰处理水	10			<0.7	<5

石灰粉一般由汽车槽车运抵电厂，再用压缩空气输送至干粉仓。配浆及剂量系统如图20-7所示。均采用湿法剂量，系统简单、可靠，有的石灰浆管道选用易卸胶管，堵后可以立即更换。

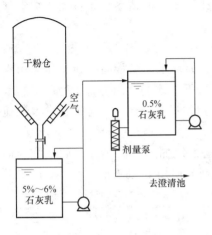

图 20-7　配浆及剂量系统

表 20-6　　　　　　德国石灰质量标准

项　目	白色石灰粉	白色块状石灰	白色 $Ca(OH)_2$
水溶液外观（按要求过滤）	无色	无色	无色
OH^- 含量（mol/kg）	≥28.5	≥28.5	≥22.7
Mg^{2+} 含量（g/kg）	≤15	≤15	≤12
SO_4^{2-} 含量（g/kg）	≤10	≤10	≤8
筛上残留量　0.63（干筛，g/kg）			0
筛上残留量　0.1（湿筛，g/kg）	≤30		<24

二、加酸处理

循环水的加酸处理经常采用硫酸，因为它便于储存和运输。硫酸与水中重碳酸盐硬度的反应为

$$Ca(HCO_3)_2 + H_2SO_4 \rightleftharpoons CaSO_4 + 2CO_2 + 2H_2O$$

反应的结果是将水中的碳酸盐硬度转变成为非碳酸盐硬度（$CaSO_4$）。因为 $CaSO_4$ 溶解度较大（0℃时为 1750mg/L），所以能防止碳酸盐水垢和提高浓缩倍数，节约补充水量。另外，反应中生成的游离 CO_2，有利于抑制析出碳酸盐水垢。

若 H_2SO_4 和补充水一起补入水池，则凝汽器前的循环水中，游离 CO_2 浓度为

$$[CO_2]_X = \frac{100 - P_B}{100}[CO_2]_0 + \frac{P_B}{100}([CO_2]_B + [CO_2]_S) \tag{20-24}$$

式中：$[CO_2]_X$ 为凝汽器进口循环水中游离 CO_2 浓度，mg/L；$[CO_2]_0$ 为冷却塔返回水中游离 CO_2 浓度，mg/L；$[CO_2]_B$ 为补充水中游离 CO_2 浓度，mg/L；$[CO_2]_S$ 为补充水中因加酸析出的游离 CO_2 浓度，mg/L。

1. 加酸量计算

在已知循环水极限碳酸盐硬度的情况下，硫酸的加入量按式（20-25）估算

$$q_{m,H_2SO_4} = \frac{49}{\varepsilon}\left(H_{B,T} - \frac{1}{\phi}H'_{X,T}\right)q_{V,X}\frac{P_B}{10^5} \tag{20-25}$$

式中：q_{m,H_2SO_4} 为硫酸投加量，kg/h；49 为 $[1/2H_2SO_4]$ 的摩尔质量；ε 为 H_2SO_4 的纯度，%。

其他符号同前。

2. 加酸地点与控制

循环水的加酸地点无严格限制，可加在补充水水流中，也可加在循环水泵入口侧的循环

水渠道中，这对防止铜管内结垢有利。

加酸处理应控制循环水硬度低于极限碳酸盐硬度，因为碱度与 pH 值有一定关系，所以也可监测 pH 值，一般控制 pH 值为 7.4～7.8。当酸加在补充水中时，水中残留碱度一般控制在 0.3～0.7mmol/L 之间，避免出现酸性。加酸很不稳定，会使 pH 值大幅度变化，所以加酸均匀是很重要的。

3. 加酸设备与系统

工业硫酸的纯度一般为 75%～92%，可用 1～5t 的钢制酸罐用汽车运输，也可用 15、20t 或 50t 的酸罐火车运输，然后用酸泵打入储存罐。储存罐一般高位布置，利用重力使硫酸自动流入计量箱。计量箱可置于冷却塔吸水井上部，靠重力流入补充水中，也可用酸计量泵定量抽出，在混合槽与补充水混合后进入吸水井或冷却塔水池中。

加酸系统分为高位液箱（自流）、喷射器和剂量泵注入三种，浓硫酸的加酸系统如图 20-8～图 20-10 所示，稀硫酸的加酸系统如图 20-11 所示。

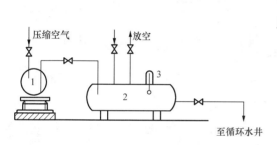

图 20-8　高位液箱加酸系统

1—酸槽车；2—浓酸储槽；3—液位计

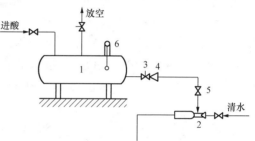

图 20-9　喷射器加酸系统

1—浓酸储槽；2—喷射器；3—切断阀；
4—止回阀；5—调节阀；6—液位计

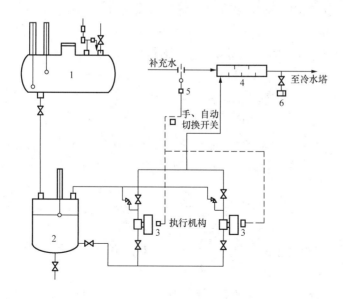

图 20-10　剂量泵加酸系统

1—浓酸储槽；2—浓酸箱；3—计量泵；4—混合槽；5—带线性气动信号的流量计；6—pH 计

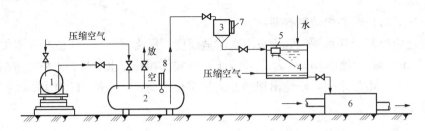

图 20-11　高位液箱稀硫酸加酸系统
1—酸槽车；2—浓硫酸储槽；3—计量箱；4—溶液箱；5—定量投配器；
6—混合槽；7—液位计；8—浮子液位计

一些电厂的运行经验表明，加酸不稳定，主要是工业硫酸中有很多沉淀物，易造成加酸管道及阀门的堵塞。因此要避免加酸量忽高忽低，应采取防堵措施，如在浓酸箱出口设折流式沉淀器等。

应当指出的是，硫酸处理时，高浓缩倍率比低浓缩倍率有利。

4. 加酸处理的注意事项

虽然加酸处理可防止碳酸盐水垢并提高浓缩倍数，但加酸量过大则可能引起 $CaSO_4$、$MgSiO_3$ 水垢，还可能引起 SO_4^{2-} 对混凝土构筑物的侵蚀。

（1）防止 $CaSO_4$、$MgSiO_3$ 水垢。根据溶度积原理

$$K_{CaSO_4} = f_2^2 [Ca^{2+}]_x [SO_4^{2-}]_x = 2.5 \times 10^{-5} \tag{20-26}$$

式中：K_{CaSO_4} 为 $CaSO_4$ 溶度积常数；$[Ca^{2+}]_x$ 为循环水中 Ca^{2+} 浓度，mg/L；$[SO_4^{2-}]_x$ 为循环水中 SO_4^{2-} 浓度，mg/L。

我国天然水体中，属于钙、镁的硫酸盐型水系比较少，而且硅酸盐含量也不高，多数水系中 SiO_2 含量在 20mg/L 以下，而镁的含量一般低于钙。虽然有些地下水 SO_4^{2-} 含量较高，但 $CaSO_4$ 的溶解度比 $CaCO_3$ 要大 200 倍，所以当控制浓缩倍数在 3～5 范围内运行时，一般不会生成 $CaSO_4$ 和 $MgSiO_3$ 水垢。但在缺水条件下，为了提高浓缩倍数，节约用水，也可能会使水中 Ca^{2+} 和 SO_4^{2-} 的含量超过限量，而析出 $CaSO_4$、$MgSiO_3$ 水垢。一般推荐

$$[Ca^{2+}]_x [SO_4^{2-}]_x < 5 \times 10^5 \sim 5 \times 10^6 \tag{20-27}$$

$$[Mg^{2+}]_x [SiO_2]_x < 15\,000 \sim 35\,000 \tag{20-28}$$

式中：$[Ca^{2+}]_x$ 为循环水中 Ca^{2+} 浓度，mg/L，$[Ca^{2+}]_x = \phi [Ca^{2+}]_B$；$[SiO_2]_x$ 为循环水中 SiO_2 浓度，mg/L，$[SiO_2]_x = \phi [SiO_2]_B$；$[Mg^{2+}]_x$ 为循环水中 Mg^{2+} 浓度（以 $CaCO_3$ 计），mg/L，$[Mg^{2+}]_x = \phi [Mg^{2+}]_B$；$[SO_4^{2-}]_x$ 为循环水中 SO_4^{2-} 浓度，mg/L，$[SO_4^{2-}]_x = \phi [SO_4^{2-}]_B + \phi [SO_4^{2-}]_J$。

其中 $[Ca^{2+}]_B$、$[SiO_2]_B$、$[Mg^{2+}]_B$ 分别表示补充水中 Ca^{2+}、SiO_2、Mg^{2+} 的含量，$[SO_4^{2-}]_J$ 表示因在补充水中加 H_2SO_4 而增加的 SO_4^{2-} 含量。

（2）防止 SO_4^{2-} 对混凝土的侵蚀。水中 SO_4^{2-} 对混凝土的侵蚀，主要是由于 SO_4^{2-} 对水泥中游离石灰的盐化作用

$$Ca(OH)_2 + Na_2SO_4 + 2H_2O \Longleftrightarrow CaSO_4 \cdot 2H_2O + NaOH$$

反应生成的石膏（$CaSO_4 \cdot 2H_2O$）又进一步与水泥中的水化铝酸钙反应生成水化铝酸钙晶体

$$3CaO \cdot Al_2O_3 \cdot 6H_2O + 3(CaSO_4 \cdot 2H_2O) + 19H_2O \Longleftrightarrow 3CaO \cdot Al_2O_3 \cdot 3CaSO_4 \cdot 31H_2O$$

由于生成的水化铝酸钙晶体是针状结晶，含有大量的结晶水，其体积比原来的大 2.5 倍，可对水泥产生巨大的内应力引起鼓泡破坏或松脆，故称为水泥杆菌。水中高浓度的镁和铵也会对水泥产生侵蚀性破坏，因它可在水泥中形成硅酸镁和氢氧化镁。所以德国 VGB 中推荐 SO_4^{2-} 的指标为：当水中 Mg^{2+}（或 NH_4^+）$<100mg/L$ 时，$SO_4^{2-}<600mg/L$，当水中 Mg^{2+}（或 NH_4^+）$>100mg/L$ 时，$SO_4^{2-}<350mg/L$。

三、离子交换法

由于在缺水地区设计大型机组的循环冷却水系统补充水量非常大，水源满足不了机组要求时，采用离子交换法比较适宜。这样，虽然有初投资较大的缺点，但可提高浓缩倍数，节省补充水量。

1. 基本原理

在循环冷却水处理中，采用的离子交换剂一般为弱酸性阳离子交换树脂，正如本书第十章第二节所述，它不仅很容易与水中的重碳酸盐发生交换反应，还可与水中的非碳酸盐硬度和钠的中性盐发生微弱反应。

反应的结果，不仅去除了水中的碳酸盐硬度，也同时去除了水中的碱度，所以它适宜处理原水碳酸盐硬度和碱度均较大的水。反应中生成的 CO_2 可在冷却塔中自然散失，不必再设置除碳器。至于水中的非碳酸盐硬度和钠的中性盐只是很少一部分变成相应的无机酸，由于弱酸型阳树脂的活性基团为弱酸基，对 H^+ 的亲和力比对任何金属离子都大，所以只是在运行初期出水呈微酸性，水中硬度与碱度比值越大，出水维持微酸性的时间就越长，但不至于对循环冷却水造成危害。

树脂失效后必须用酸（H_2SO_4 或 HCl）再生，因此它可视为塔外加酸，它虽也消耗酸，但不增加水中酸根的含量。

2. 工艺设计参数

(1) 出水水质。经弱酸型阳树脂交换后的出水平均残余碱度，一般控制在 $0.3\sim0.5mmol/L$。

(2) 运行流速。设计时正常运行流速一般为 $15\sim20m/h$，瞬时流速可达到 $40m/h$。

(3) 反洗。设计时，反洗流速为 $15\sim20m/h$，反洗时间为 15min。反洗时间的长短与进水中悬浮固体的含量有关，一般应反洗至出水清澈透明为止。

(4) 再生。再生剂用量、浓度、流速及再生方式可参照表 20-7 选择。

表 20-7 弱酸性阳树脂的再生工艺参数

再生剂种类	再生剂用量（g/L 树脂）	再生剂浓度（%）	再生液流速（m/h）	再生方式
H_2SO_4	170	1.0	15	顺流再生
HCl	$50\sim70$	$1\sim2$	5	顺流再生

(5) 置换。置换流速为 $4\sim5m/h$，置换时间为 $4\sim5min$。

(6) 正洗。正洗水量为 $2.0\sim2.5m^3/m^3$（树脂），正洗流速为 $15\sim20m/h$，正洗时间为 $10\sim20min$。

(7) 工作交换容量。设计时可采用 $1500\sim1800mol/m^3$（树脂），如果以碱度漏过 20% 为终点，工作交换容量可达到 $2000mol/m^3$（树脂）以上。

为适应循环冷却水处理的特殊要求，对弱酸性阳树脂又提出以下几项要求：

粒度：有效粒径为 0.5～0.6mm。有效粒径为 0.4～1.0mm 的，大于或等于 95%；有效粒径小于 0.4mm 的，小于或等于 2.0%。均一系数为 1.5。转型膨胀率（H→Na）小于或等于 70%。渗磨圆球率大于或等于 90%。R—COOH 含量大于或等于 98%。

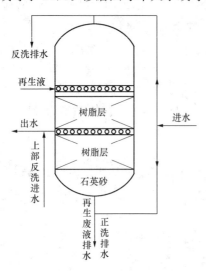

图 20-12　双流式弱酸交换器

3. 离子交换设备

（1）设备结构。目前采用的弱酸型阳离子交换器有单流式和双流式两种，双流式弱酸交换器如图 20-12 所示。

双流式弱酸型阳离子交换器在结构上与常规的压力式机械过滤器和离子交换器非常相似，都是一种密闭式的立式圆柱形钢制容器。水在一定压力下通过树脂进行离子交换。双流式离子交换器除在顶部和底部都设置了配水装置之外，在树脂层中间又设置了出水集水装置和在树脂上面设置了再生液分配装置。

（2）运行工艺。双流式离子交换器在运行时，由顶部和底部同时进水，上下水流分别流经树脂层进行离子交换后，由设置在树脂层中间的出水集水装置引出。所以，双流式离子交换器运行时的出水量为上下进水量的总和，其出水水质为进水分别经上半部和下半部树脂层交换后出水水质的平均值。

设备失效后再生时，再生液由位于树脂层上部的再生液分配装置引入，自上而下顺序流经上半部和下半部树脂进行交换后，由底部配水装置排出。按上述再生和运行时的液体流向，上半部树脂层为顺流再生，下半部为对流再生。

运行终点的控制可按周期出水平均碱度 0.5～1.0mmol/L 或按周期出水平均碳酸盐硬度达到进水的 5%～20% 作为运行终点。

单流式弱酸型阳离子交换器的内部结构和管路系统与前面讲的顺流式阳离子交换器相同，运行方式也一样。至于在循环冷却水处理中，选用单流式还是双流式，也有不同的看法，有人主张选用单流式，因为它结构简单，操作方便。在交换器直径、交换剂层高度、进出水水质、运行流速等相同的情况下，单流式的周期制水量可能高于双流式。缺点是占地面积较大，因交换器台数多。

四、阻垢剂法

在循环冷却水中投加少量化学药剂，就可以起到防垢作用，故把这种药剂叫做阻垢剂或称缓垢剂（scale inhibitor）。早期使用的阻垢剂大都是天然的或改性的有机化合物，如丹宁、磺化木质素、纤维素和淀粉等。目前在火力发电厂的循环冷却水处理中，投加的阻垢剂有以下几种。

（一）聚合磷酸盐

1. 聚合磷酸盐的分子结构

聚合磷酸盐是一种在分子内由两个以上的磷原子、碱金属或碱土金属原子和氧原子结合的物质总称。根据共享氧原子的方式不同，可以形成环状的、链状的和分枝状的聚合物。这些无机聚合物的通式为

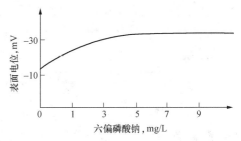

工业上用的聚合磷酸盐往往是一些 n 值在某一范围内的聚合磷酸盐的混合物，而不是 n 值为某一指定值的纯化合物。因它可由磷酸脱水而成，故也称脱水磷酸盐和缩合磷酸盐。

$$2H_3PO_4 - H_2O \Longrightarrow H_4P_2O_7 \qquad\qquad 焦磷酸$$

$$3H_3PO_4 - 2H_2O \Longrightarrow H_5P_3O_{10} \qquad\qquad 三聚磷酸盐$$

$$nH_3PO_4 - nH_2O \Longrightarrow (HPO_3)_n \qquad\qquad n 偏磷酸盐$$

在循环冷却水处理中采用的聚合磷酸盐主要是三聚磷酸钠（$Na_5P_3O_{10}$）和六偏磷酸钠（$NaPO_3$）₆。六偏磷酸盐的分子链较长，含 $20\sim100$ 个 PO_4^{3-} 单位，没有固定的熔点，在水中溶解度较大，水溶液的 pH 值在 $5.5\sim6.5$ 之间。

2. 聚合磷酸盐的阻垢作用

聚合磷酸盐在低剂量（如 $2\sim4mg/L$，以 PO_4^{3-} 计）情况下是一种有效的阻垢剂。它的阻垢作用，一种观点解释为聚合磷酸盐与水中成垢（钙镁）离子进行络合，形成单环或双环络合物，从而起到隐蔽作用，但这种观点不容易解释只投加几毫克/升的阻垢剂就能阻止几百毫克/升或几千毫克/升碳酸钙结垢的这种非化学计算关系。所以也有人解释为聚合磷酸盐是一种聚合电解质，在水中电离后生成长链的—O—P—O—P—高价阴离子，容易吸附在微小的碳酸钙晶粒上，使晶粒表面上的表面电位向负的方向移动，增大了晶粒之间的排斥力，起到分散作用，如图 20-13 所示。另外一种观点解释为投加少量聚合磷酸盐之后，主要干扰了碳酸钙晶体的正常生长，晶格受到扭曲，生成的碳酸钙不是坚硬的方解石晶体，而是疏松、分散的软垢，因此易被水流分散于水中，这种作用如图 20-14 所示。

图 20-13 六偏磷酸钠的添加导致 $CaCO_3$ 表面电位的变化

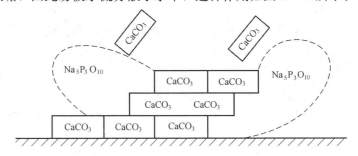

图 20-14 $CaCO_3$ 晶格扭曲示意图

3. 聚合磷酸盐的缓蚀作用

聚合磷酸盐在较高剂量（$15\sim30mg/L$ 以上）情况下是一种有效的阴极缓蚀剂。这种缓蚀作用是因为它在水中能解离出有—O—P—O—P—链的阴离子，当水中有 Ca^{2+} 或 Zn^{2+} 等两价金属离子存在时，长链的聚合磷酸根阴离子通过与 Ca^{2+} 络合，形成一种带正电荷的络合离子，并以胶溶状态存在于水中。当冷却水系统中的金属受到腐蚀时，这种呈胶溶状态并带正电荷的络合离子便与阳极产生的 Fe^{2+} 进一步络合形成磷酸钙铁络合离子，然后向微电池的阴极表面迁移，并在此沉积形成一种无定形的能自己修复的保护膜，阻止水中溶解氧的去极化过程，减缓了腐蚀，故被称为沉积膜型的阴极缓蚀剂。因此，从缓蚀的角度，要求水中有一定数量的两价金属离子，通常要求 Ca^{2+} 浓度为 $40\sim160mg/L$。

聚合磷酸盐虽然用量小，成本低，是一种在中性介质中有效的阻垢剂和阴极缓蚀剂，但它也有一定的缺点。一方面是它形成沉积保护膜的过程比较缓慢，而且不能有效地阻止因铁表面沾污铜离子而引起的电化学腐蚀；另一方面是它容易水解或降解。

4. 聚合磷酸盐的水解

聚合磷酸盐的水解反应如下

$$Na_5P_3O_{10}+H_2O \longrightarrow Na_4P_2O_7+NaH_2PO_4$$
$$Na_4P_2O_7+H_2O \longrightarrow (Na_2HPO_4)_2$$
$$Na_2HPO_4 \longrightarrow (Na_3PO_4)_2+H_3PO_4$$

聚合磷酸盐的这种水解作用可用水解率表示。

$$水解率(\%) = \frac{\rho_1-\rho_2}{\rho_1} \times 100\% \tag{20-29}$$

式中：ρ_1 为聚合磷酸盐水解前的初始浓度，mg/L；ρ_2 为聚合磷酸盐水解后的浓度，mg/L。

聚合磷酸盐在水中的水解速率受到许多因素的影响，主要有水的 pH 值、温度、停留时间及微生物在新陈代谢中产生的生物酶，见表 20-8。

表 20-8　　　　　　　　　　　**影响聚合磷酸盐水解的因素**

因　素	对水解速率的影响	因　素	对水解速率的影响
水温	从 $0\sim100℃$ 可加快 10 万～100 万倍	$Fe(OH)_3$、$Al(OH)_3$ 等	可加快 1 万～10 万倍
pH 值	从碱性到强酸性可加快 1000～10 000 倍	配合阳离子	大多数情况下可加快很多倍
酶	可加快 10 万～100 万倍	磷酸盐浓度和含盐量	分别呈比例关系及几倍变化

5. 聚合磷酸盐水解的危害

聚合磷酸盐水解的结果变成了分子量较小的聚合物和一部分正磷酸盐，从而使它的阻垢能力和缓蚀效果降低。另外，正磷酸盐又是微生物的营养成分，所以水解的结果还会促使微生物繁殖。

正磷酸盐与水中 Ca^{2+} 易生成磷酸钙沉积，从而限制了水中 Ca^{2+} 的含量。

理论计算表明，在 pH 值一定的条件下，水中总正磷 $[PO_4^{3-}]$ 的浓度越高，允许的 $[Ca^{2+}]$ 浓度越低，而总正磷 $[PO_4^{3-}]$ 浓度一定的条件下，pH 值越高，允许的 $[Ca^{2+}]$ 浓度也越低，即产生 $Ca_3(PO_4)_2$ 沉积的倾向增大。

在火力发电厂循环冷却水的稳定处理中，当聚合磷酸盐的加药量为 $2\sim5mg/L$（以 PO_4^{3-} 计）和控制 pH 值在 $7.5\sim8.5$ 之间时，为防止 $Ca_3(PO_4)_2$ 沉积所允许的 $[Ca^{2+}]$ 浓度在 $2.0\sim20mg/L$ 之间，而一般天然水中的 $[Ca^{2+}]$ 浓度均比此值高，即使聚合磷酸盐的加药量很低，只要发生水解，产生 $Ca_3(PO_4)_2$ 沉积的可能性是很大的，所以在采用聚合磷酸盐进行稳定处理时，一方面应严格控制加药量和 pH 值，另一方面应防止聚合磷酸盐的水解。

因此，目前推荐采用低磷药剂方案，这也有利于环境保护。

（二）有机膦酸盐（含磷有机阻垢剂）

1. 分子结构

含磷有机阻垢剂于 20 世纪 70 年代初在工业上开始大规模应用，与聚合磷酸盐相比，具有剂量低、化学性能稳定、阻垢性能好、耐高温、不易水解和降解及易与其他类型阻垢剂产生协同效应等优点。含磷有机阻垢剂一般可分为两类：有机膦酸酯和有机膦酸盐。在火力发电厂循环冷却水处理中，大都采用的是有机膦酸盐。

（1）有机膦酸（盐）是指分子结构中有两个或两个以上的膦酸基团直接与碳原子相连的有机化合物，分子结构式为

$$\begin{array}{cc}
R_3 \quad R_1 & \\
\ \backslash\ \ | & \\
N-C-PO_3H_2 & \\
/\ \ \ | & \\
R_4 \quad R_2 &
\end{array}
\qquad
\begin{array}{c}
R_1 \quad PO_3H_2 \\
\backslash\ /\ \\
C \\
/\ \backslash \\
R_2 \quad PO_3H_2
\end{array}$$

式中：R_1、R_2 为氢原子、烷基、羟基、氨基、羧基等；R_3、R_4 为烷基，取代烷基、氢原子、甲叉膦酸等。

按分子中膦酸基的数目又可分为二膦酸、三膦酸、四膦酸、五膦酸。按分子结构又可分为甲叉膦酸、同碳二膦酸、羧基膦酸等。

如甲叉膦酸类的化学通式为

$$(OH)_2OPCH_2-N\begin{array}{c}\Big[CH_2-CH_2-N\Big]_n\end{array}CH_2PO(OH)_2$$
$$\qquad\qquad\qquad\qquad\ \ |$$
$$\qquad\qquad\qquad\qquad CH_2-PO(OH)_2$$

1）当 $n=0$ 时，为氨基三亚甲基膦酸（aminotrimethylenephosphonic acid，ATMP），由氯化铵、甲醛和三氯化磷为原料一步合成的。其分子结构式为

$$\qquad\qquad\qquad\qquad CH_2-PO(OH)_2$$
$$\qquad\qquad\qquad\qquad /$$
$$(HO)_2OP-CH_2-N$$
$$\qquad\qquad\qquad\qquad \backslash$$
$$\qquad\qquad\qquad\qquad CH_2-PO(OH)_2$$

由于它合成工艺简单及具有稳定的 C—P 键，是有机膦中最常用的药剂之一。

2）当 $n=1$ 时，为乙二胺四亚甲基膦酸（ethylenediaminetetramethylene phosphonic acid，EDTMP），由乙二胺、甲醛和三氯化磷一步合成的。其分子结构式为

$$(HO)_2OP-H_2C \qquad\qquad\qquad CH_2-PO(OH)_2$$
$$\qquad\qquad \backslash \qquad\qquad\qquad\qquad /$$
$$\qquad\qquad N-CH_2-CH_2-N$$
$$\qquad\qquad / \qquad\qquad\qquad\qquad \backslash$$
$$(HO)_2OP-H_2C \qquad\qquad\qquad CH_2-PO(OH)_2$$

它能与多价离子（Ca^{2+}，Mg^{2+}，Fe^{2+}，Zn^{2+}，Al^{3+}，Fe^{3+} 等）形成稳定的多元环形络合物。

3）当 $n=2$ 时，为二乙烯三胺五亚甲基膦酸（DETPMP），分子结构式为

$$(HO)_2OP-CH_2 \qquad\qquad\qquad\qquad\qquad\qquad CH_2-PO(OH)_2$$
$$\qquad\qquad\quad \backslash \qquad\qquad\qquad\qquad\qquad\qquad\qquad /$$
$$\qquad\qquad\quad N-CH_2-CH_2-N-CH_2-CH_2-N$$
$$\qquad\qquad\quad / \qquad\qquad\qquad\qquad | \qquad\qquad\qquad \backslash$$
$$(HO)_2OP-CH_2 \qquad\qquad CH_2-PO(OH)_2 \quad CH_2-PO(OH)_2$$

可见，分子结构中都含有 $-\overset{\underset{\displaystyle O}{\|}}{\underset{\underset{\displaystyle O}{\|}}{N-C-P-O}}-$ 。

而同碳二膦酸型的有机膦酸有 1,1 羧基亚乙基-1,1 二膦酸（1-hydroxyethylidene-1,1-diphosphonic acid，HEDP），由醋酸和三氯化磷一步合成。分子结构式为

$$(HO)_2OP-\overset{\underset{\displaystyle CH_3}{|}}{\overset{\overset{\displaystyle OH}{|}}{C}}-PO(OH)_2$$

另外，还有 1-氨基-亚乙基-1,1 二膦酸（AEDP），分子结构式为

$$CH_3-\overset{\underset{\displaystyle NH_2}{|}}{\overset{\overset{\displaystyle PO(OH)_2}{|}}{C}}-PO(OH)_2$$

可见，分子结构中都含有 $-\overset{\underset{\displaystyle O}{\|}}{P}-C-\overset{\underset{\displaystyle O}{\|}}{P}-$ 。由于分子结构中只有 C—P，而无 C—N 键，其抗氧化性能比含氮有机膦好，它们也能与金属离子形成稳定的环形络合物。HEDP 适合抑制碳酸钙垢和水合氧化铁的沉积物。

（2）有机膦酸酯可以看作是磷酸或焦磷酸分子中的一个羟基或两个羟基的氢原子被烷基取代的产物，如

$$R-O-PO(OH)_2 \qquad \overset{\displaystyle R-O}{\underset{\displaystyle R-O}{>}}POOH$$

磷酸一酯   磷酸二酯

$$H-O-\overset{\underset{\displaystyle OH}{|}}{\overset{\overset{\displaystyle O}{\|}}{P}}-O-\overset{\underset{\displaystyle OH}{|}}{\overset{\overset{\displaystyle O}{\|}}{P}}-O-H \qquad R-O-\overset{\underset{\displaystyle OH}{|}}{\overset{\overset{\displaystyle O}{\|}}{P}}-O-\overset{\underset{\displaystyle OH}{|}}{\overset{\overset{\displaystyle O}{\|}}{P}}-O-R$$

焦磷酸   焦磷酸酯

如果在磷酸酯或焦磷酸酯的碳氧单键 $-[C-O]-$ 之间插入几个氧乙烯基 $-[CH_2CH_2O]_n-$，就成为聚氧乙烯基化磷酸酯和聚氧乙烯基化焦磷酸酯，即

$$HO-\overset{\underset{\displaystyle OH}{|}}{\overset{\overset{\displaystyle O}{\|}}{P}}-O-[CH_2-CH_2-O]_n-R$$

聚氧乙烯基化磷酸酯

$$R\left[O-CH_2-CH_2\right]_n O-\overset{\underset{\displaystyle |}{O}}{P}-O-\overset{\underset{\displaystyle |}{O}}{P}-O\left[CH_2-CH_2-O\right]_n R$$

聚氧乙烯基化焦磷酸酯

其中 R 可以是 $C_2 \sim C_{17}$ 的烷基；n 为氧乙烯基数，为 $2 \sim 12$。

（3）膦羧酸分子中同时含有膦酸基 $[—PO(OH)_2]$ 和羧基（ $—COOH$ ）两种基团。根据它们在化合物中的位置和数目的不同，可以有很多品种。但目前在实际应用中，使用较多的是 PBTCA，它的化学名称为 2-膦酸基丁烷-1，2，4-三羧酸（PBTCA），是英文名称 2-phosphonobutane-1,2,4-tricarboxylic acid 的缩写。其分子结构式为

$$(HO)_2OP-\overset{\displaystyle CH_2-COOH}{\overset{\displaystyle |}{\underset{\displaystyle \underset{\displaystyle CH_2-COOH}{\overset{\displaystyle |}{CH_2}}}{C}}}-COOH$$

由于 PBTCA 的分子中同时含有两种基团，其阻垢性能和耐温性能均比有机膦酸好，而且在高剂量情况下是一种高效缓蚀剂，而又不易生成有机膦酸钙水垢。

2. 缓蚀阻垢性能

由于有机膦酸（盐）分子结构中，都含有—C—P—键，所以具有耐氧化性高、耐温性强、不易被酸、碱破坏及不易水解、降解等优点。它与聚合磷酸盐一样，在高剂量情况下（如 100mg/L 以上）是一种阴极型缓蚀剂，而在低剂量情况下（如 $2 \sim 4mg/L$）是一种阻垢剂。

有机膦酸在水溶液中也能解离出 H^+ 和酸根阴离子，所以能与许多金属离子形成五元环、六元环或双五元环等形式的络合物，化学性能也十分稳定。

由于这种络合作用，使水中结垢离子失去部分结垢性能，但其阻垢作用则主要是由于阻垢剂分子吸附于晶体表面，堵塞或覆盖晶体生长晶格点，妨碍了晶格离子或分子的表面扩散和定位，而产生内部应力和扭曲作用，从而也就抑制了晶体生长和结垢。图 20-15 表示在少量 HEDP 存在下方解石晶体生长速度与时间的关系。

图 20-15 中曲线说明，只要加入少量有机膦酸（盐），就可产生一个 $CaCO_3$ 结晶的诱导期，而且随着加药量增加，诱导期在不断加大，阻垢作用也就愈加明显。

膦酸根离子也可与铜离子生成极稳定的络合物，所以，对铜及铜锌合金有一定腐蚀性，甚至会发生点蚀。

有机膦酸酯不仅是一种金属铁的阳极缓

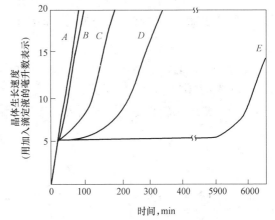

图 20-15 在痕迹量 HEDP 存在下方解石晶体
生长速度与时间的关系曲线

HEDP：A—0；B—0.002mg/L；C—0.020mg/L；
D—0.200mg/L；E—2.000mg/L

蚀剂，也是一种阻垢剂，特别是对碳酸钙垢有较好的阻垢性能，这主要是通过碳酸钙垢的晶体正常生长，引起晶格畸变而起阻垢作用的。有资料报道，它可使冷却水的 pH 值由 8.0 提高到 9.0，溶解固形物由 2000mg/L 提高到 3000mg/L，而且毒性很低。但由于分子结构中有—O—P—键，像聚合磷酸盐一样易水解，所以对碳酸钙垢的阻垢性能不如有机膦。

3. 有机膦酸盐的加药量和稳定极限

有机膦酸盐的加药量与稳定极限之间的关系与聚合磷酸盐相似。一般加药量为 2～4mg/L，其稳定的极限碳酸盐硬度为 7.0～8.0mmol/L，但受水质和工艺条件的影响，应由试验确定。因为有机膦酸盐能与铜及铜合金产生相当稳定的络合物，所以在投加有机膦酸盐的同时，应考虑防腐蚀措施，如投加 MBT、BTA 或采用 $FeSO_4$ 镀膜。

MBT 和 BTA 等铜缓蚀剂，过去多用于发电机内冷水的防腐，目前在循环水处理中也加入这种铜缓蚀剂，由于溶解特性等因素的影响，一般在阻垢缓蚀药剂方案中只占 0.5%～2.0%。

另外，聚合磷酸盐和有机膦酸盐在水中都会解离出一部分 PO_4^{3-}，从而刺激微生物的生长，所以在投加这两种阻垢剂时还应配合杀菌藻处理。

（三）有机低分子量聚合物

1. 分子结构

这类聚合物大都是以丙烯酸或马来酸为单体经聚合反应而成，其聚合度（单体数）可以人为控制，每个单体上带有一个或两个官能团。由于这类阻垢剂是一些含有羧酸官能团（羧基）或羧酸衍生物的聚合物，所以也称聚羧酸类聚合物。按其单体种类又可分为一元均聚物、二元共聚物、三元共聚物，或四元、五元共聚物等。

根据聚合物分子结构中的官能团，又分为：

阴离子型聚合物。在水中电离后，带有负电荷，如带有羧酸基或磺酸基团的聚合物

$$—COO^-\,Na^+ \qquad —SO_3{}^-\,Na^+$$

阳离子型聚合物。在水中电离后，带有正电荷，如带有胺基或季胺基团的聚合物

$$—NH_3^+ \qquad —(CH_3)_3N^+Cl^-$$

非离子型聚合物。在水中不能电离离子化，如带有酰胺基团或醇基团的聚合物

$$—CONH_2 \qquad —OH$$

目前常用的有机低分子量聚合物主要是阴离子型的，有以下几种：

（1）聚丙烯酸（polyacrylic acid，PAA）。由丙烯酸单体在以过硫酸铵为引发剂、以异丙醇为调节剂的水相介质中聚合而成，其分子结构式为

$$\left[\begin{array}{c} CH_2—CH \\ | \\ COOH \end{array}\right]_n$$

PAA 用 NaOH 中和得 PAAS（sodium polyacrylate），其分子结构式为

$$\left[\begin{array}{c} CH_2—CH \\ | \\ COONa \end{array}\right]_n$$

（2）聚甲基丙烯酸。由甲基丙烯酸单体聚合而成，其分子结构式为

$$\left[\begin{array}{c} \mathrm{CH_3} \\ | \\ \mathrm{CH_2-C} \\ | \\ \mathrm{COOH} \end{array}\right]_n$$

（3）水解聚马来酸酐（hydrolyzcd polymaleic anhydride，HPMA）。由马来酸酐单体在甲苯中以过氧化二苯甲酰为引发剂聚合成聚马来酸酐，再通过加热水解，使分子中酸酐大部分被水解为羧基。其分子结构式为：

$$\left[\begin{array}{cc} \mathrm{CH-CH} \\ | \quad | \\ \mathrm{COOH \ COOH} \end{array}\right]_n \left[\begin{array}{cc} \mathrm{CH-CH} \\ | \quad | \\ \mathrm{C \quad C} \\ \diagdown \diagup \\ \mathrm{O \ O \ O} \end{array}\right]_m$$

由于 HPMA 分子结构中的羧基数比聚丙烯酸和聚甲基丙烯酸多，所以阻垢性能和耐温性能均比它们好。

（4）马来酸酐-丙烯酸共聚物。它是以马来酸酐和丙烯酸两种单体在过氧化二苯甲酰引发剂和以甲苯或二甲苯为溶剂的作用下共聚成水解聚马来酸和丙烯酸的共聚物，其分子结构式为

$$\left[\begin{array}{cc} \mathrm{CH-CH} \\ | \quad | \\ \mathrm{COOH \ COOH} \end{array}\right]_{m'} \left[\begin{array}{cc} \mathrm{CH-CH} \\ | \quad | \\ \mathrm{C \quad C} \\ \diagdown \diagup \\ \mathrm{O \ O \ O} \end{array}\right]_{m''} \left[\begin{array}{c} \mathrm{CH_2-CH} \\ | \\ \mathrm{COOH} \end{array}\right]_n$$

它的优点是既保持了 HPMA 耐高温的性能，又使价格有所下降。

（5）丙烯酸与丙烯酸羟丙酯共聚物。它是丙烯酸与丙烯酸羟丙酯的共聚物，相当于由日本某公司引进的代号为 T-225。它是由丙烯酸与丙烯酸羟丙酯共聚而成的，其分子结构式为

$$\left[\begin{array}{c} \mathrm{CH_2-CH} \\ | \\ \mathrm{COOH} \end{array}\right]_m \left[\begin{array}{c} \mathrm{CH_2-CH} \\ | \\ \mathrm{COOCH_2-CH-CH_3} \\ | \\ \mathrm{OH} \end{array}\right]_n$$

（6）丙烯酸与丙烯酸酯共聚物。它是由丙烯酸与丙烯酸酯两种单体共聚而成，其分子结构式为

$$\left[\begin{array}{c} \mathrm{CH_2-CH} \\ | \\ \mathrm{COOH} \end{array}\right]_m \left[\begin{array}{c} \mathrm{CH_2-CH} \\ | \\ \mathrm{COOR} \end{array}\right]_n$$

该共聚物对磷酸钙和氢氧化锌有良好的抑制和分散作用，与美国某公司的 N-7319 基本相当。

（7）苯乙烯磺酸-马来酸（酐）共聚物。这类共聚物具有良好的阻垢性能和分散性能，苯乙烯磺酸-马来酸（酐）共聚物是应用较早的一种带磺酸基团的共聚物，其分子结构式为

$$\left[\begin{array}{c} CH_2-CH \\ \\ \\ \\ SO_3H \end{array}\right]_m \left[\begin{array}{cc} CH-CH \\ | \quad | \\ COOH \quad COOH \end{array}\right]_n$$

由于分子结构中引入了一个苯环和磺酸基团，所以耐温性能和分散性能都有所增强。

2. 阻垢性能

这类低分子量聚合物在水中会发生部分电离，电离出氢离子或金属离子和聚合物阴离子，因而具有导电能力，所以又称为低分子量聚合电解质。作为水处理剂，分子量一般在 $10^3 \sim 10^4$，所以相对高分子聚合物而言，是低分子量的。

这类阻垢剂起阻垢作用的是聚合物的阴离子，主要是对循环水中的胶体颗粒起分散作用，其分散性能与分子量大小和官能团数量及间隔大小等因素有关。

在大多数循环冷却水中常有两种胶体颗粒：一种是水中原有的黏土颗粒；另一种是运行中产生的结晶颗粒，如 $CaCO_3$、$CaSO_4$、$Ca_2(PO_4)_2$ 等，它们表面都带负电荷。当被水中聚合物的高价阴离子吸附包围后，负电荷增加，导致它们之间斥力增加，并在水中呈悬浮状态，抑制了结垢作用。图 20-16 表示这种分散过程，故将这类阻垢剂也称为分散剂。

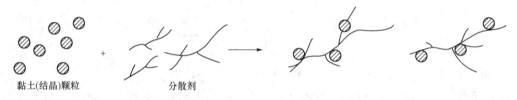

黏土(结晶)颗粒　　　　　分散剂

图 20-16　分散剂的分散作用示意图

非离子型聚合物加入水中后，可包围水中胶体颗粒，加大了这些胶体颗粒之间的间距，使相互之间的黏结力减弱，抑制了结垢过程。

高分子量的聚合物（分子量范围为 $10^6 \sim 10^7$）也有较好的阻垢作用。当把这种聚合物加入水中后，它能把许多胶体颗粒吸附在链上，形成一种低密度的疏松的絮凝物，即矾花。由于矾花的比表面积比胶体颗粒小，黏着力大为减弱，从而抑制了结垢过程。矾花可在较高流速的管道中呈悬浮状态，并在水池中沉降下来，通过底部排污除去。

这类阻垢剂对哺乳动物和水生生物的毒性很低，所以几乎没有排放引起的污染问题。因为这类阻垢剂是一种线型分子结构，所以一旦因控制不当会在铜管内结垢，其垢比较坚硬而且呈凸起的小山峰状，不易被水流冲走。如有胶球清洗，容易造成胶球堵塞。另外，单独投加这类阻垢剂不便随时检测，所以常与磷系阻垢剂复合使用。

3. 低分子聚合物的加药量和稳定极限

低分子量聚合物的加药量一般可低至 $2 \sim 5mg/L$，所能稳定的极限碳酸盐硬度为 $6 \sim 8mmol/L$，同样与水质和工艺条件有关。

（四）新型阻垢剂

自 20 世纪 90 年代以来，人们从环境保护的角度开发了一些无磷阻垢剂，其中有聚天冬氨酸和聚环氧琥珀酸等。聚天冬氨酸简称 PASP，分子式为 $C_4H_6NO_3(C_4H_5NO_3)_nC_4H_6NO_4$，相对分子质量为 1000～5000，它不仅能有效地阻止钙盐水垢［如 $CaCO_3$、$CaSO_4$、$Ca_3(PO_4)_2$］和铁氧化物 Fe_2O_3 的沉淀析出，而且有一定的缓蚀作用。这种缓蚀作用是因它能与 Ca^{2+}、Mg^{2+}、Cu^+、Fe^{3+} 等形成螯合物附着于金属表面，阻止腐蚀过程的产生。聚环氧琥珀酸简称 PESA，分子式为 $HO(C_4H_2O_5M_2)_nH$，分子中 M 代表 H，Na、K、NH_4，相对分子质量为 400～5000，它与 PASP 一样，不仅是有效的阻垢剂，也是一种缓蚀剂。

这类阻垢剂的分子质量都比较小，属于低分子聚合物，主要起分散作用。因分子结构中没有 N、P，不会促使微生物的繁殖，所以被称为是绿色阻垢剂。

（五）影响因素

1. 阈值效应

上述几种类型的阻垢剂在加药量很低的情况下，就有很好的阻垢效果，但加药量与所稳定的极限碳酸盐硬度之间并不存在化学计量关系。开始时随加药量增加，阻垢效果明显上升，当超过一定剂量时，阻垢效果不再明显上升，处于平缓。这种效应称为阈值效应，或溶限效应（threshold effect），并以聚合磷酸盐最为明显，如图 20-17 所示。

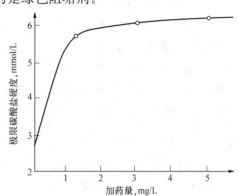

图 20-17　聚合磷酸盐阻垢效果与
加药量的关系

2. 协同效应

阻垢剂的协同效应（synergism effect of scale inhibitor）是指两种以上的阻垢剂复合使用时，在总药剂量相同的情况下，复合药剂的阻垢能力高于任何单一药剂的阻垢能力。在生产实践中，为了发挥每一种阻垢剂的阻垢能力，减小药剂用量，经常根据水质和工艺特点，利用这种协同效应对各种药剂方案进行筛选试验。

3. 阻垢率

阻垢剂的阻垢效果也常用阻垢率表示，但由于测试方法不同，阻垢率的表达形式及其含义也有所不同。

目前，还没有对各种阻垢剂的阻垢率有一个统一的试验方法，所以，即使对同一种阻垢剂或药剂配方进行评定时，所得结论有时偏差较大。

阻垢率测定方法及表达式有多种，但以残余 Ca^{2+} 含量法最为普遍，这时阻垢率 η 定义为

$$\eta = \frac{c'}{c} \times 100\% \tag{20-30}$$

式中：c、c' 为试验前后溶液中的 Ca^{2+} 浓度，mmol/L。

在实际应用中，因测定碱度（B 或 A）和碳酸盐硬度（H_T）比测定钙离子更方便，所以也有人将阻垢率表示为

$$\eta = \frac{\left(B_0 - \dfrac{B}{\phi}\right) - \left(B_0 - \dfrac{B'}{\phi}\right)}{\left(B_0 - \dfrac{B}{\phi}\right)} = \frac{B' - B}{\phi B_0 - B} \tag{20-31}$$

式中：B_0 为原水碱度，mmol/L；B 为未加阻垢剂，浓缩倍率为 ϕ 值时水的碱度，mmol/L；B'

为加入阻垢剂，在同一 ϕ 值时水的碱度，mmol/L。

4. 药剂在系统中的停留时间

在循环冷却水系统中，药剂不断随补充水进入系统，又不断随排污、风吹、泄漏而排出，所以药剂在系统内的实际平均停留时间 T 应由式（20-32）计算

$$T = \frac{V}{q_{V.S}}, \text{h} \tag{20-32}$$

5. 药剂的诱导期

药剂的诱导期是指一定浓度的阻垢剂在碳酸钙过饱和溶液中可使结晶速度减缓延续一定时间，这段时间称为碳酸钙结晶的诱导期。在诱导期内，只有很少的微晶析出，水中结垢离子含量几乎不变。而超过这个时期后，阻垢剂不再起作用。显然，诱导期越长，阻垢性能越好，它与阻垢剂种类、浓度、水质及工艺条件等因素有关。

6. 药剂的药龄

药剂的药龄一般是指药剂消失为初始浓度 ρ_0 的 $25\% \sim 50\%$ 所需的时间。在冷却水系统中，药剂浓度随时间的降低程度可由下式计算

$$\rho_t = \rho_0 \left(1 - \frac{q_{V,S}}{V}\right)^t$$

式中：ρ_t 为加入药剂经过时间 t 后的浓度，mg/L。

7. 原水水质对阻垢效果的影响

在药剂、加药量和工艺条件相同情况下，其稳定的极限碳酸盐硬度（$H'_{x.T}$）与原水（补充水）碳酸盐硬度（$H_{B.T}$）之间的关系如图 20-18 所示。原水碳酸盐硬度与极限浓缩倍率的关系如图 20-19 所示。原水悬浮固体含量与极限浓缩倍率的关系如图 20-20 所示。

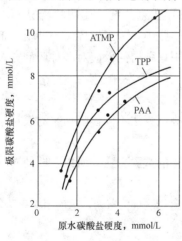

图 20-18　原水碳酸盐硬度与极限碳酸盐硬度的关系

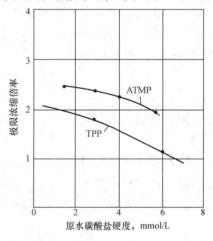

图 20-19　原水碳酸盐硬度与浓缩倍率的关系

从图 20-20 可见，当原水中悬浮固体含量由 1mg/L 增加到 500mg/L 时，ATMP 和 TPP 两种药剂的浓缩倍率降低 $28\% \sim 48\%$。

8. 药剂质量

阻垢剂的质量好坏也是影响阻垢剂效果的主要因素。合格的阻垢剂应符合有关国家标准。下面将几种常用阻垢剂的主要质量标准介绍如下：

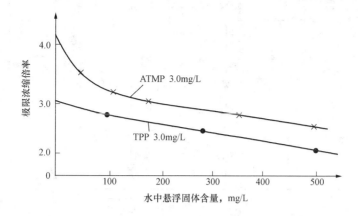

图 20-20　原水悬浮固体含量与极限浓缩倍率的关系

（1）PAA（聚丙烯酸）：固含量为 $25\%\sim30\%$，游离单体（以 $CH_2{=}CH{-}COOH$ 计）小于或等于 $1.25\%\sim0.5\%$，密度（$20℃$）大于或等于 $1.08\sim1.09g/cm^3$。

（2）PAA(S)（聚丙烯酸钠）：固含量为 $30\%\sim34\%$，游离单体（以 $CH_2{=}CH{-}COOH$ 计）小于或等于 $1.25\%\sim0.5\%$，密度（$20℃$）大于或等于 $1.15\sim1.20g/cm^3$。

（3）HPAM（水解聚马来酸）：固含量为 $48\%\sim50\%$，平均分子量为 $300\sim700$，密度（$20℃$）大于或等于 $1.18\sim1.22g/cm^3$。

（4）马来酸酐-丙烯酸共聚物：固含量大于或等于 48%，游离单体（以马来酸计）小于或等于 $15\%\sim9\%$，密度大于或等于 $1.18\sim1.22g/cm^3$。

（5）ATMP（固体）：氨基三甲叉膦酸含量大于或等于 $55\%\sim75\%$，有机膦酸含量大于或等于 $70\%\sim80\%$。

（6）ATMP（液体）：活性组分（以 ATMP 计）为 $50\%\sim52\%$，密度（$20℃$）大于或等于 $1.33g/cm^3\pm0.05g/cm^3$。

（7）HEDPA：活性组分（以 HEDPA 计）为 $50\%\sim62\%$，密度（$20℃$）大于或等于 $1.34\sim1.48g/cm^3$。

（六）阻垢剂的加药设备与系统

某 600MW 机组循环冷却水阻垢剂的加药设备与系统由搅拌溶液箱、过滤器、计量泵及相关管路组成，如图 20-21 所示。

阻垢剂加药系统主要设备的规范如下：

（1）搅拌溶液箱。$V=2.0m^3$，材质为钢衬胶，溶液箱配带电动搅拌器。

（2）过滤器。直径 DN50，材质 UPVC。

（3）计量泵。型号 GMO120P，流量为 120L/h，排出压力为 0.7MPa。材质分别为 PVC 泵头、合金钢活塞、聚四氟乙烯隔膜、陶瓷止回装置。

（4）附件。

1）安全阀：弹簧微启式，DN15，压力范围为 $0\sim0.6MPa$，材质 PVC。

2）缓冲器：椭球形，压力范围 $0\sim0.6MPa$，材质 UPVC。

加药时，一般是先在溶液箱中配制成 $5\%\sim10\%$ 的水溶液，然后加至循环水吸水井中。加药系统的运行、启停可在水处理系统的 CRT 站操作，加药量由人工调节加药泵的行程来实现。

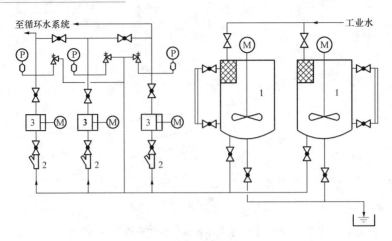

图 20-21　阻垢剂加药系统
1—搅拌溶液箱；2—Y 型过滤器；3—计量泵

五、联合处理

在本节前面介绍的几种防垢技术中，虽然每一种都有一定的防垢效果，并得到采用和认可，但仍达不到目前所希望的节约用水、提高浓缩倍率、采用零排污（zero-blowdown）和超低排放这一社会需求。多年实践证明，联合处理是提高循环冷却水浓缩倍率和节约用水的有效途径之一，以下进行简单介绍。

1. 加酸与阻垢剂的联合处理

如上所述，加酸处理法虽然可以提高浓缩倍率，但加酸量大，运行费用高，而且货源不易解决。阻垢剂法在低剂量情况下，只能使 6～8mmol/L 的碳酸盐硬度处于稳定状态，浓缩倍率低，用水量大。如将这两种工艺联合处理，既可提高浓缩倍率，节约用水，又可降低运行费用，而且操作简单。

这种联合处理工艺，是首先对补充水进行加酸处理，使补充水的碳酸盐硬度降至阻垢剂所能稳定的极限碳酸盐硬度与浓缩倍率的比值，然后再对循环冷却水系统进行阻垢剂稳定处理，阻垢剂可采用单一药剂，也可采用复合配方。实践证明，这是一种非常经济的处理工艺，是目前设计中主要采用的工艺之一。

这种联合处理工艺，可以是 H_2SO_4-聚合磷酸盐、H_2SO_4-有机膦酸盐及 H_2SO_4-有机低分子聚合物等各种组合。H_2SO_4 的加入量，可根据所中和的碳酸盐硬度和处理水量进行估算，阻垢剂的投加量仍然是 2～4mg/L。

2. 石灰软化与阻垢剂的联合处理

如上所述，石灰处理同时降低了补充水的硬度和碱度，但由于极限碳酸硬度低，仍达不到较高的浓缩倍率，如在石灰软化的基础上再投加低剂量的阻垢剂，可使浓缩倍率明显提高，大大节约补充用水。某厂应用此工艺，浓缩倍率提高到 5～6 倍，排污水量降至 0.28%。但石灰处理后的 pH 值一般在 10 以上，而且还带有许多未沉降下来的细小 $CaCO_3$ 和 $Mg(OH)_2$ 颗粒，是一种很不稳定的水，需加酸调节 pH 值到 7.5～8.3，然后再投加 2～4mg/L 的阻垢缓蚀剂。

在这种联合处理工艺中，所采用的阻垢剂，可以是上述各种单一药剂，也可以是复合药剂配方。如聚合磷酸盐-有机膦酸盐，聚合磷酸盐-有机低分子聚合物，有机低分子聚合物-有机膦酸盐等各种组合。其药剂之间的配比与总投加量，可根据原水水质、机组运行条件及浓缩倍率等因素，通过试验确定。

药剂的投加方式一般是先配制成 5%～10% 的水溶液，然后利用重力自流或加药泵将药投入循环水泵入口或补充水或冷却塔水池中。

3. 离子交换与阻垢剂的联合处理

循环冷却水的补充水如全部采用弱酸阳离子交换，虽然可达到很高的浓缩倍率，但因投资高和再生用酸量较大而受到一定的限制。单纯采用阻垢剂法，因浓缩倍率较低和补水量大也存在一定的局限性。如将这两种防垢处理联合使用，不仅可以减少设备投资和运行再生用酸量，而且可达到较高的浓缩率。这种联合处理是让部分（60%～80%）补充水通过弱酸型离子交换器，除去水中的碳酸盐硬度，然后与剩余的未经离子交换的补充水混合，以此混合水作为循环冷却水的水源，并同时投加低剂量的阻垢剂。这样可使浓缩倍率达到 3.0～4.0以上，冷却系统的排污率小于 1%。通过弱酸型离子交换器的水量与补充水的水质、要求的浓缩倍率和阻垢剂的阻垢性能有关。这种联合处理已成为设计中的首选工艺。

4. 离子交换与反渗透和阻垢剂的联合应用

在严重缺水地区，如采用离子交换、反渗透和阻垢剂联合处理，可达到全厂废水零排放。河北西柏坡电厂（4×300MW）的废水零排放系统如图 20-22 所示。

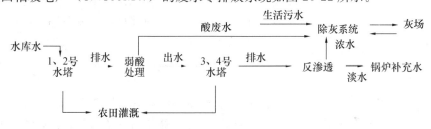

图 20-22　废水零排放系统示意

（1）1、2 号机的循环冷却水浓缩倍率按 2.0 左右运行，补充水为水库水。3、4 号机的循环冷却水浓缩倍率按 3～5 运行，其补水为经过滤、弱酸离子交换处理的 1、2 号机循环冷却水的排水，其中包括 8 台（ϕ3000）纤维过滤器、6 台（ϕ3000）双流弱酸氢型离子交换器、2 套树脂再生装置和排水处理回用系统，出水平均碱度为 0.5～0.8mmol/L。

（2）3、4 号机的循环冷却水排水的反渗透处理系统，包括 1 台机械搅拌澄清池，2 台无阀滤池，5 台双滤料过滤器、5 台活性炭过滤器和 3 套反渗透脱盐装置。

（3）3、4 号机的循环冷却水采用投加阻垢缓蚀剂处理，可使腐蚀速率达到 0.005mm/年的要求。

上述联合处理系统，使该厂节水 1566 万 t/年，节约水资源费 705 万元/年。减少排污水量 1624 万 t/年，节约排污费 81 万元/年。

第四节　污垢的形成与防止

在敞开式循环冷却水系统的换热器（凝汽器）中形成污垢（fouling），不仅影响换热设备的传热、堵塞管路，而且会引起沉积物下腐蚀。因此，还必须对污垢严格控制。

一、污垢的形成

1. 来自循环系统的补充水

当以地表水为补充水源时，或以地下水为水源而澄清处理效果不良时，都会使水中泥沙、黏土及铁、铝的氢氧化物等污染物进入循环水中。

2. 来自冷却塔周围的空气

冷却塔相当于一个空气洗涤器，当循环水在塔内与空气接触时，空气中的灰尘、微生物等便进入循环水中。

如果空气中的含尘量为 $1.0mg/m^3$，循环水流量为 30 000m^3/h（300MW 机组）。冷却 1kg 水需 $1m^3$ 的空气时，每小时循环水洗下来的灰尘量大约为 30kg，1 天则为 720kg。被洗下来的灰尘一部分沉积于池底，可通过排污除去，另一部分呈悬浮状态，从而增加了水中悬浮固体的含量。

由以上两个因素引起循环系统内悬浮固体的瞬时变化量 $Vd\rho$，可用式（20-33）表示

$$Vd\rho = q_{V,B}\rho_B dt + Kq_{V,K}\rho_K dt - q_{V,S}\rho dt \qquad (20-33)$$

式中：$q_{V,B}\rho_B dt$ 为在 dt 时间内由补充水带入循环水系统的瞬时悬浮固体量，mg；$Kq_{V,K}\rho_K dt$ 为在 dt 时间内由空气中灰尘带入循环水系统并呈悬浮状态的悬浮固体量，mg（其中 K 为灰尘的可沉降系数，一般为 0.2 左右）；$q_{V,K}$ 为冷却塔的空气流量，m^3/h；ρ_K 为空气中的灰尘含量，mg/m^3；$q_{V,S}\rho dt$ 为在 dt 时间内，由排污、风吹、泄漏排出的悬浮固体量，mg。

模仿式（20-27）的处理方法，可得式（20-34）

$$\rho = \phi\rho_B + \frac{Kq_{V,K}\rho_K}{q_{V,S}} \qquad (20-34)$$

可见，如果循环水没有一定处理措施，水中悬浮固体含量随着运行时间延长会不断增加，成为污垢来源的主要途径之一。这种污垢的灼烧减量一般在 25% 以下，称为污泥（sludge）。

3. 来自微生物新陈代谢所产生的黏泥

由于循环冷却水的水温、光照条件和营养物质都适合于微生物的生长，所以循环水中微生物的种类和数量比一般天然水中的要多得多。它们的新陈代谢产物与水中悬浮固体黏结在一起，成为污垢的又一个主要来源。这种污垢的灼烧减量一般在 25% 以上，含有大量微生物，称为黏泥。

二、污垢防止

如上所述，引起污垢的原因是多方面的，因此所采取的措施也有多种形式。除了前面讲的防垢措施和下面将要介绍的微生物控制以外，还可采取以下措施。

1. 补充水的预处理

当以地表水为循环冷却水的补充水源时，由于悬浮固体含量较高，会使污垢（黏泥）增多，这时应对补充水进行混凝澄清处理，必要时投加少量高效助凝剂提高沉降澄清效果或再通过过滤设备进一步降低悬浮固体含量。

当以水库水或地下水为补充水源时，由于悬浮固体含量较低，一般可不进行沉降澄清处理。

2. 旁流过滤

旁流过滤（side stream filtration）是指从循环水系统中分流出一定量的旁流水进行过滤

处理，以维持循环水中的悬浮固体在允许范围之内。这种工艺有时比处理补充水或增加投药量更为经济、可靠。其工艺流程如图 20-23 所示。

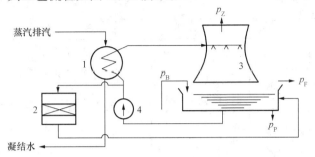

图 20-23　旁流过滤处理示意图

1—凝汽器；2—旁流过滤器；3—冷却塔；4—循环水泵

旁流过滤水量，可由物料平衡关系得出

$$q_{V,B}\rho_B + Kq_{V,K}\rho_K = (q_{V,P} + q_{V,F})\rho_x + q_{V,G}(\rho_x - \rho_G) \tag{20-35}$$

式中：$q_{V,G}$ 为旁流过滤水量，m^3/h；ρ_x 为循环水中的悬浮固体含量，mg/L；ρ_G 为经旁流过滤后水中悬浮固体含量，mg/L。

其他符号同前。

由式（20-35）可得

$$q_{V,G} = \frac{q_{V,B}\rho_B + Kq_{V,K}\rho_K - (q_{V,P} + q_{V,F})\rho_x}{\rho_x - \rho_G}, m^3/h \tag{20-36}$$

目前设计中，旁流过滤水量一般按循环水量的 $1\% \sim 5\%$ 设计；密闭式循环冷却水系统的旁流过滤水量一般按循环水量的 $2\% \sim 5\%$ 设计，但也有设计为 10% 的。

旁流过滤器与一般过滤设备一样，通常以石英砂或无烟煤作为过滤介质，也可采用双层滤料或三层滤料。当循环水中的悬浮固体含量在 $10 \sim 30mg/L$ 之间时，有 $50\% \sim 75\%$ 的悬浮固体可被除去。对于浑浊度较高的水，可除去 90%。经过旁流过滤后，可使循环水的悬浮固体达到一般过滤器出口水的水质指标。

图 20-24 所示为某电厂 600MW 超临界机组循环冷却水采用的旁流处理工艺，其工艺流程如下：

混凝剂及助凝剂　　　　　　　　　　　　　　回到循环冷却水系统

循环冷却水系统旁流水→重力式滤池→清水池→清水泵→弱酸 H 离子交换器

进入锅炉补给水预脱盐系统

本设计对进水浊度要求小于 $30 \sim 50$FTU，COD_{Mn} 小于或等于 $10mg/L$，胶体硅小于或等于 $50mg/L$。出水浊度要求小于 3FTU，胶体硅去除率大于 60%。为此工艺中设计有 4 台直径为 7000mm 的重力式滤池和 2 个 $400m^3$ 的清水池。滤池中石英砂粒度为 $0.5 \sim 0.8mm$，层高为 900mm，垫层粒度为 $1 \sim 2mm$，厚度为 200mm。滤池设计流速为 8m/h，出力为 $307m^3/h$，滤池采用水气合洗的清洗工艺。

该工艺还设计有 8 台直径为 3000mm 的顺流式弱酸 H 离子交换器，以降低循环冷却水的碳酸盐硬度。

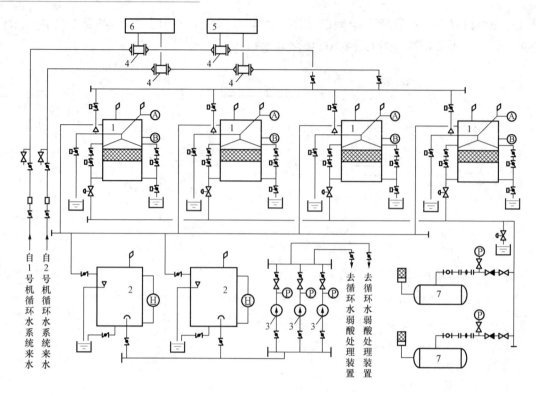

图 20-24　循环水旁流过滤系统

1—滤池；2—清水箱；3—清水泵；4—混合器；5—混凝剂加药单元；6—助凝剂加药单元；7—压缩空气罐

当采用旁流处理去除碱度、硬度、各种离子或其他杂质时，其设计水量应根据浓缩污染后的水质成分、循环水的水质标准及旁流处理后的出水水质要求来确定。这时旁流处理的水量由式（20-37）计算

$$q_{V,G} = \frac{q_{V,B}\rho'_B - (q_{V,P} + q_{V,F})\rho'_x}{\rho'_x - \rho'_G}, \mathrm{m^3/h} \qquad (20\text{-}37)$$

式中：ρ'_B、ρ'_x、ρ'_G 为补充水、循环水及旁流处理后水中某种溶解性物质的浓度，mg/L。其他符号同前。

旁流处理设备可以是软化设备或除盐设备，如电渗析、反渗透，离子交换设备等。

当采用石灰软化处理时，其工艺流程如下：

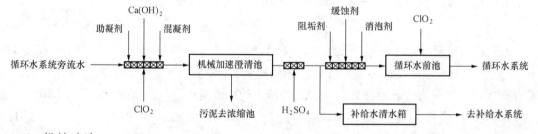

3. 机械清除

当凝汽器内积有污垢而影响传热时，可在停机或降低负荷的情况下进行机械清除。目前用的机械清除一般是压缩空气和高压水枪（300MPa）冲洗，显然这种方法要耗用大量人力。

第五节　微　生　物　控　制

一、循环水中常见的微生物及危害

敞开式循环冷却水系统是各种微生物生长繁殖的优异环境：冷却水的温度常年在 $25\sim40℃$ 之间，特别适宜微生物的生长；有充沛的水量和丰富的营养物质，为微生物生长提供了可靠的保证；冷却塔中阳光充足，特别适宜藻类的繁殖；冷却水中溶解氧是饱和的，为好氧微生物提供了必要的条件；冷却水中形成的黏泥为厌氧微生物提供了庇护场所。所以，在冷却塔的填料、支柱、池底和布水槽上，均布满了绿色或蓝色的藻类和灰色的微生物黏泥。微生物黏泥是以水中菌类、藻类等微生物群的新陈代谢产物为主体，并混合有泥沙、尘土、无机物等杂质的一种软泥性沉积物。它的灼烧减量达到 $25\%\sim60\%$，另外还含有少量 CaO、MgO、Fe_2O_3、Al_2O_3、P_2O_5、SiO_2 等氧化物。

循环水中常见的几种微生物有以下几种。

1. 细菌

细菌非常微小，其直径或长度一般只有 $0.1\sim1.0\mu m$，最大的也不超过几十个微米。有球状的、杆状的、弧状的、螺旋状的，它们通常是以单细胞或多细胞的菌落生存。

大多数细菌是单细胞，缺乏叶绿素，靠细胞分裂繁殖，称为"对裂分殖"，所以繁殖率按指数增长。只有当营养物质不足时，繁殖率才受到限制。

按细菌所需的营养源分，细菌又可分为自营养菌和异营养菌两种。

（1）自营养菌的营养完全来自无机物，如菌体中的 C 素是由 CO_2 和碳酸盐供给的，而 N 素是由铵盐和硝酸盐供给的。

（2）异营养菌的营养主要来自有机物，如 C 素主要来自碳水化合物和有机酸，N 素主要来自含 N 的有机和无机化合物。

在循环水中常见的细菌主要有铁细菌、硫酸盐还原菌和氮化细菌等。

2. 藻类

藻类广泛分布于各种水体和土壤中，大多数藻类是广温性的，最适宜生长的温度是 $10\sim20℃$，生长繁殖的基本条件是空气、水和阳光，所以冷却塔的淋水装置、配水装置及塔壁、支柱是藻类繁殖的良好环境。藻类生长所需要的元素为 N、P、Fe，其次是 Ca、Mg、Zn、Si 等，其中 $N:P=(15\sim30):1$ 为最好，只要无机磷的浓度在 $0.01mg/L$ 以上，就足以使藻类生长旺盛。

藻类的细胞内含有色素体，它能进行光合作用，制造自己生长繁殖所需的营养物质。色素体中含的色素主要是叶绿素。光合作用就是叶绿素吸收太阳光的光能，把水和 CO_2 制成葡萄糖，并放出氧气，同时将太阳的光能转化为化学能，储存在葡萄糖内作藻类的营养，这种光合作用可表示为

$$6CO_2+12H_2O \xrightarrow{\text{光能}} C_6H_{12}O_6(\text{葡萄糖})+6H_2O+6O_2$$

光合作用中消耗掉的 CO_2，由水中的 HCO_3^- 分解而进行补充（$HCO_3^- \longrightarrow CO_2+OH^-$）。光合作用的结果：一是使水中溶解氧增加，二是使水的 pH 值上升。

藻类品种繁多，最常见的有蓝藻、绿藻、硅藻等。它们是水体产生黏泥和臭味的主要原

因之一。

3. 真菌类

真菌是具有丝状营养体的单细胞的微小植物的总称。真菌种类也很多，如水霉菌和绵霉菌等。真菌没有叶绿素，不能进行光合作用，大部分菌体都是寄生在动植物的遗骸上，并以此为营养而生长。大量繁殖时可以形成一些丝状物，附着于金属表面形成黏泥。其中95％以上的是无机垢，而细菌的重量不到1％。这层黏泥不仅使水流截面减小、传热效率降低，而且由于黏泥下面的金属表面是贫氧区，易形成氧的浓差电池而使金属遭受局部腐蚀或点蚀。

4. 原生动物

利用淡水作为循环冷却水的补充水时，原生动物带来的危害虽不像海水那么严重，但也不能忽视，特别是当菌藻类大量繁殖的季节和水质受到严重污染时，在冷却塔水池、塔壁及支柱上的黏泥中或在换热设备的水室中和管壁间都有原生动物生长，堵塞水流截面积，促使沉积物沉积。

目前在循环水中发现的原生动物有纤毛虫类、鞭毛虫类、肉足虫类等微小动物，它们以细菌或单细胞的藻类为食。在有的循环水中，还有轮虫、甲壳虫、线虫等后生动物。个别循环水中还有蜗牛，它具有很强的抗药性，危害较大。

二、微生物控制

控制循环水中的微生物，可根据它们的生长条件采取不同的方法。如防止阳光照射、提高水的温度、采用旁流过滤（或处理）以及对补充水进行预处理等，但目前采用最多的是投加杀生剂。下面只对这种方法做些介绍。

按杀生机理可分为氧化型杀生剂（oxidic biocide）和非氧化型杀生剂（inoxidic biocide）两大类，如 Cl_2、$NaClO$、O_3 和氯胺等为氧化型杀生剂，季胺盐、氯酚等为非氧化型杀生剂。氧化型杀生剂大都是很强的氧化剂，因能氧化微生物体内的酶杀死微生物。非氧化型杀生剂的杀生机理因药剂而有所不同，有的是能破坏菌藻的能量代谢过程，有的是能溶解和破坏微生物体表面的脂肪壁或体内酶而杀死微生物。

在循环冷却水中投加的杀菌藻剂，应能满足以下要求：能有效地杀死或抑制所有微生物的生长与繁殖，特别是那些容易形成黏泥的微生物，如藻类、真菌、细菌等，即应该是一种广谱性的杀生剂；在循环水条件下，它易于分解或降解为无毒的物质；在使用剂量条件下，能与投加的阻垢缓蚀剂相容，不发生任何化学反应，不起副作用；在循环水运行 pH 值范围内，保持其抗氧化性和杀生特性；对微生物黏泥有穿透和分散能力；价格便宜、货源充足。

下面介绍几种常用的杀生剂。

（一）氧化型杀生剂

在循环水中投加的氧化型杀生剂有氯、次氯酸钙、次氯酸钠、二氧化氯、二氯化异氰尿酸、三氯化异氰尿酸和臭氧等。

1. 氯

氯（Cl_2）易溶于水（20℃和98kPa时，溶解7160mg/L），并迅速分解，歧化为 HCl 和 HOCl

$$Cl_2 + 2H_2O \rightleftharpoons H_3^+O + Cl^- + HOCl \qquad (20\text{-}38)$$

生成的次氯酸为一元弱酸，在水中会部分解离为氢离子和次氯酸根离子

$$HOCl \Longrightarrow H^+ + OCl^- \tag{20-39}$$

其平衡常数 K_{HOCl} 为

$$K_{HOCl} = \frac{[H^+][OCl^-]}{[HOCl]} \tag{20-40}$$

平衡常数 K_{HOCl} 与水温的关系见表 20-9。

表 20-9　　　　　　　　次氯酸的解离平衡常数 K_{HOCl} 与水温的关系

水温（℃）	0	5	10	15	20	25
K_{HOCl}（$\times 10^{-8}$ mol/L）	2.0	2.3	2.6	3.0	3.3	3.7

根据式（20-39），HOCl 在水中会部分解离为 H^+ 和 OCl^-，H^+ 容易被水中碱度所中和

$$H^+ + HCO_3^- \Longrightarrow CO_2 + H_2O$$

水中只剩下 HOCl 分子和 OCl^-，两者之间的比例关系与水的 pH 值有关

$$\frac{HOCl}{[HOCl]+[OCl^-]} \times 100\% = \frac{100}{1+\frac{[OCl^-]}{[HOCl]}} = \frac{100}{1+\frac{K_{HOCl}}{[H^+]}} \tag{20-41}$$

式（20-41）说明，HOCl 和 OCl^- 的相对比例，决定于水的温度和 pH 值。当 pH>9.0 时，OCl^- 的含量接近于 100%；当水的 pH<6.0 时，HOCl 的含量接近于 100%；当 pH=7.5 时，HOCl 和 OCl^- 几乎各占 50%。水温的影响远远小于 pH 值的影响，如图 20-25 所示。

氯的杀生作用有两种观点：一种观点认为主要是 HOCl 分子起杀生作用，因为 HOCl 是一个很小的中性分子，比较容易扩散到带有负电荷的细菌菌体表面，并通过细胞壁到达菌体内部，氧化分解细菌的酶系统使细菌死亡。而 OCl^- 带负电荷，不易扩散到菌体表面，所以杀菌效果差；另一种观点认为是 $HOCl \longrightarrow HCl + [O]$ 分解出的活性态氧，对细菌的酶系统起氧化作用使细菌死亡。

生产实践表明，pH 低时氯的杀生能力增强，说明氯的杀生作用主要是依靠 HOCl 完成的。

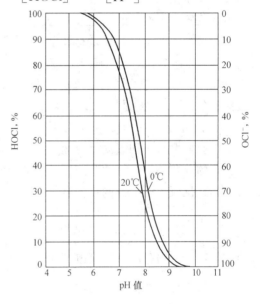

图 20-25　水的 pH 值和水温对 HOCl 和 OCl^- 比例的影响

从式（20-42）还可看出，加入水中的 Cl_2 只有 1/2 变成了 HOCl，起杀生作用，而另外的 1/2 变成 Cl^-，不起杀生作用。

杀生剂的投药地点，一般是在循环水泵的入口或冷却塔的水池内。投药方式有连续投加和间歇（冲击性）投加。前者是经常保持循环水中有一定的杀生剂浓度，如 0.1~0.5mg/L 的活性氯；后者是将数小时或数日内的加药量在很短的时间内投加完毕。如有的电厂设计冲击性投药，每日 2~3 次，每次持续 30min，加氯量按 1.5mg/L 计算。也有的电厂，每周投加 1~3 次，每次持续 1~3h。具体投药方案和投药量与地区、季节、水质等因素有关。

当循环水冷却的水源为地表水时，水中因受有机物污染而含有一定的氨氮成分。NH_3

会产生以下反应

$$NH_3 + HOCl \Longleftrightarrow NH_2Cl + H_2O$$
$$NH_2Cl + HOCl \Longleftrightarrow NHCl_2 + H_2O$$
$$NHCl_2 + HOCl \Longleftrightarrow NCl_3 + H_2O$$

式中 NH_2Cl、$NHCl_2$、NCl_3 分别称为一氯胺、二氯胺和三氯胺，三氯胺又称三氯化氮，三者都称为化合性氯。它们与 $HOCl$ 在平衡状态下的含量比例取决于氯与氨（Cl_2：NH_3）的相对比例、pH 值和温度。一般来讲，有以下规律：当水的 pH$\geqslant$9.0 或 Cl_2：N$\leqslant$5：1 时，一氯胺占优势；当水的 pH=7.0 或 Cl_2：N$\leqslant$5：1 时，一氯胺和二氯胺同时存在，几乎各占 50%；当水的 pH=5.5～6.5 时，二氯胺占优势；当 Cl_2：N$\geqslant$7.6：1 或 pH=3.2～4.5 时，出现三氯胺。

化合性氯也称结合性氯，它们也有杀生作用，而且它们的杀生作用仍然是靠 $HOCl$。从以上反应可知，只有水中的 $HOCl$ 因杀生作用被消耗后，这些反应才向左转移，继续产生 $HOCl$ 来补充。所以化合性氯比自由性氯（Cl_2）的杀生作用缓慢，在供水系统中持续的时间长，即在相同的杀生效果条件下，自由性氯比化合性氯杀生时间短，在杀生时间相同时，自由性氯比化合性氯的杀生效果好。

三种氯胺的杀生效果是有差别的，$NHCl_2$ 比 NH_2Cl 的杀生效果好，所以降低 pH 值有利于提升杀生效果，但 $NHCl_2$ 有臭味。三氯胺杀生效果最差，而且不稳定，易氧化，还有恶臭味。一般天然水体的 pH 值不会低于 4.5，所以水中不会出现三氯胺。在天然水体的 pH 值条件下，主要是靠 NH_2Cl 杀生。

2. 漂白粉

工业上由石灰和氯气反应而成，由于原料中往往含有许多杂质，所以漂白粉是含有多种化合物的混合物，但起杀菌作用的只有氯氧化钙（$CaOCl_2$）一种，约占 65%。

氯在氯氧化钙中占的百分含量为

$$\frac{Cl \times 2}{CaOCl_2} \times 100\% = \frac{71}{127} \times 100\% = 55.1\%$$

因此，氯在漂白粉产品中只占 $\frac{65 \times 55.1}{100} \approx 36\%$，实际氯含量仅有 25%～35%。

氯氧化钙的杀生作用仍然是在水中产生的次氯酸

$$2CaOCl_2 \longrightarrow Ca(OCl)_2 + Ca + Cl_2$$

次氯酸钙在水中与碳酸氢盐反应产生次氯酸

$$Ca(OCl)_2 + Ca(HCO_3)_2 \longrightarrow 2CaCO_3 + 2HOCl$$

漂白粉外观呈白色粉末状，可以配成 1%～2% 的浓度投加，也可配成乳状液投加。

3. 漂粉精

漂粉精是由石灰乳经氯气氯化、离心、干燥、粉碎而制成的，主要成分是次氯酸钙，起杀生作用的仍然是次氯酸钙在水中产生的次氯酸。它的外观呈白色或微白灰色的粉末状、粒状、粉粒状、柱状、锭状等固体。目前市场上销售的氯锭就是一种锭状漂粉精。漂粉精的有效氯含量为 55%～65%，所以它比漂白粉的有效氯含量（28%～35%）高得多。

4. 次氯酸钠

次氯酸钠（NaOCl）也是一种强氧化剂，外观为淡黄色的透明液体，有类似氯气的刺激

气味，具有理想的杀生效果和漂白、除臭功能。它在水溶液中生成次氯酸根离子，再通过水解反应生成次氯酸起杀生作用

$$NaOCl \longrightarrow Na^+ + OCl^-$$
$$OCl^- + H_2O \longrightarrow HOCl + OH^-$$

因为 NaOCl 含的有效氯易受阳光、温度的影响而分解，故一般利用次氯酸钠发生装置在现场制取，就地投加。

次氯酸钠发生装置是采用无隔膜电解法，即以低浓度的食盐溶液（NaCl 浓度 3%）或海水作电解液直接制取。NaCl 在水溶液中以离子状态存在，通过直流电后，Na^+、Cl^- 发生定向迁移，直接产生 NaOCl，反应为：

在电解液中
$$NaCl \longrightarrow Na^+ + Cl^-$$
$$H_2O \longrightarrow H^+ + OH^-$$

阳极反应
$$2Cl^- - 2e \longrightarrow Cl_2 \uparrow$$

阴极反应
$$2H^+ + 2e \longrightarrow H_2 \uparrow$$

电解槽中 Cl_2 的水解反应
$$Cl_2 + H_2O \longrightarrow HOCl + HCl$$

阴极上有 H_2 逸出后
$$OH^- + Na^+ \longrightarrow NaOH$$
$$NaOH + HOCl \longrightarrow NaOCl + H_2O$$

该装置包括电解槽、整流器、储液罐、盐水供应系统、冷却水系统、清洗系统及自控系统。该装置产生的 NaOCl 水溶液 pH＝9～10，含有效氯 6～11mg/L。每产生 1kg 有效氯，耗用食盐 3～4.5kg，耗电量为 3～10kW，其工艺流程如图 20-26 所示。

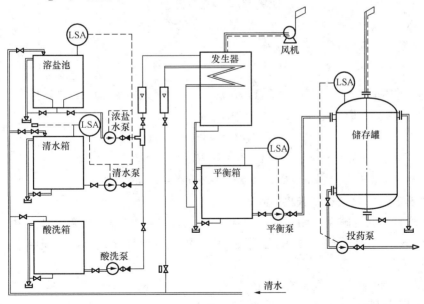

图 20-26　NaOCl 发生装置工艺流程图

当以海水作凝汽器的冷却水时，由于海洋生物在冷却系统中的附着和生长，可能会造成以下危害：①堵塞管路，减少通流面积，造成冷却水量不足，影响设备的正常运行；②加速

了设备的腐蚀损坏；③增加了检修工作量及费用。

海水中常见的海洋生物有贻贝、海蛎、滕壶、海鞘等。贻贝从排卵到附着约一个月。滕壶利用触角分泌出黏液来附着，附着比较牢固。如果采用电解海水制取次氯酸钠，要比电解食盐经济得多。据介绍，日本有155套此类装置在火电厂和核电厂中使用。

电解海水制氯装置的工艺流程如下：

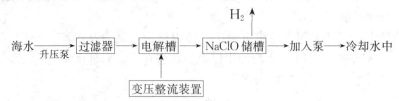

影响海水电解效果的主要因素有：

（1）海水中氯化钠的浓度。标准海水中氯离子浓度一般在18～20g/L，如此时电流效率为80%，当氯离子浓度下降到10g/L时，效率只有50%。当氯离子浓度小于8g/L时，用电解海水制取 NaOCl 在经济上已没有意义了。

（2）水温。水温低于10℃时，氯发生效率降低，槽电压上升，电极寿命降低。

（3）海水水质。海水 COD 高时，消耗的 NaOCl 多，氯发生效率降低。海水中悬浮固体（SS）高时，电极间易结垢，一般要求在 SS 小于20mg/L 情况下使用。海水中一般 Mn^{2+} 的含量小于0.01mg/L，如果大于0.1mg/L，由于 Mn 的附着，会使电流效率下降。

5. 二氧化氯

二氧化氯（ClO_2）是一种黄绿色到橙色的气体，也是一种有效的氧化型杀生剂，具有类似氯气的刺激气味。不论是二氧化氯的液体（沸点11℃）还是气体，两者都是不稳定的，运输时容易发生爆炸，因此通常是现场制取，就地投加。

（1）制取方法。二氧化氯的制取方法很多，仅介绍两种：

1）用氯酸钠制取。制取方程式为

$$NaClO_3 + NaCl + H_2SO_4 \longrightarrow ClO_2 + 1/2Cl_2 + Na_2SO_4 + H_2O$$

或

$$2NaCl + 2NaClO_3 + 2H_2O \xrightarrow{电解} 2ClO_2 + 2NaCl + 2NaOH + H_2 \uparrow$$

2）用亚氯酸钠制取。用氯气和亚氯酸钠合成

$$Cl_2 + H_2O \longrightarrow HOCl + HCl$$

$$HOCl + HCl + 2NaClO_2 \longrightarrow 2ClO_2 + 2NaCl + H_2O$$

$$Cl_2 + 2NaClO_2 \longrightarrow 2ClO_2 + 2NaCl$$

在水处理中，多用氯和亚氯酸钠制取。

（2）二氧化氯的优缺点。用于循环冷却水杀生处理时，ClO_2 与 Cl_2 相比有以下优点：

1）杀生效果比氯强，杀生作用也较快，而且可以分解菌体残骸，杀死芽孢或孢子，控制黏泥生成。

2）用量小，投加量为20mg/L 和作用时间为30min 时，杀生率几乎达到100%，而剩余的 ClO_2 浓度尚有0.9mg/L。正常投加量为0.1～5.0mg/L，美国环保局推荐（ClO_2 ＋ ClO_2^-）总量应小于0.5mg/L。

3）杀菌能力与水的 pH 值无关，在 pH＝6～10范围内都有效。

4）不与水中的氨和大多数有机胺起反应，也不影响杀菌效果。

5）杀菌持续时间比较长，当 ClO_2 的余量为 0.5mg/L 时，12h 内对异氧菌的杀死率仍可达到 90％以上。

由于二氧化氯是一种不稳定的气体，所以将它溶于水中，并加固定剂加以稳定，这样便于运输。现场应用时再加入活化剂。

6. 氯化异氰尿酸

氯化异氰尿酸又称氯化三聚异氰酸，这类杀菌剂加入水中后，能逐渐释放出次氯酸或氯。常用的分子结构式为

| 异氰尿酸 | 三氯化异氰尿酸 | 二氯化异氰尿酸钠 | 二氯化异氰尿酸钾 |

氯化异氰尿酸在水中水解，生成次氯酸和异氰尿酸，如

可见，氯化异氰尿酸也是一种氧化型杀生剂，但它的储存稳定性、溶解性好，使用方便。分子量为 232.41，外观为白色结晶粉末，具有次氯酸的刺激味。它的有效氯含量可达 85％～90％，水分只有 0.5％～1.0％。有资料报道，三氯化异氰尿酸（又称强氯精）对水中各种菌藻均有杀生作用，其杀生效果为氯的 100 倍（这可能与有效杀生时间长有关），而且能适应碱性水。

7. 溴化物

由于氯在碱性条件下生成次氯酸根离子（OCl^-），杀生作用减弱，所以当水的碱度和 pH 值较高时，可考虑用溴或溴化物代替氯或氯化物。图 20-27 示出两种活性酸（HOCl 和 HOBr）的百分含量与 pH 值的关系。

由图 20-27 可知，两种活性酸的百分含量均随 pH 值上升而降低，但两种活性酸有很大差异。当 pH＝9.0

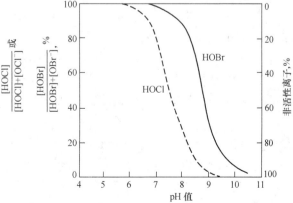

图 20-27　次溴酸和次氯酸的电离曲线

时，HOCl 只有 $3\%\sim5\%$，而 HOBr 却有 $30\%\sim40\%$。

表 20-10 列出两种杀生剂的杀生效果，可见在 pH 值和剂量相同的情况下，溴化物的杀生效果比氯大得多。

表 20-10　　　　　　　　　　氯和溴杀生能力的比较

杀生剂	pH 值	剂量（mg/L）	细菌存活率（%）		
			大肠埃希氏杆菌	假单胞菌	粪链球菌
Cl_2	8.2	1.9	1	80	70
HOBr	8.2	1.9	0.000 05	0.03	0.000 8
溴氯二甲基海因	8.2	1.9	0.000 8	0.05	0.2

另外，溴的杀生速度比氯快，在相同条件下，4min 内溴可使细菌存活率降低到 $0.000\ 1\%$，而氯则不能，氯对金属的腐蚀速度却比溴大 $2\sim4$ 倍，说明溴及溴化物具有一定的优越性。

8. 电解铜

当水中溶解铜离子的浓度达到 $0.5\sim1.0$mg/L 时，就能有效抑制或杀死水中的藻类。研究认为，铜离子对水中微生物的这种毒性主要是由 Cu^{2+}、$Cu(OH)^+$、$Cu(OH)_2$ 引起的，它们进入微生物细胞体内后，会发生氧化作用，破坏细胞内的叶绿素，影响藻细胞的光合作用、呼吸作用及生物酶的活性，从而起抑制和杀生作用。

（二）非氧化型杀生剂

在某些条件下，使用非氧化型杀生剂比氧化型杀生剂更有效、更方便。因此，在循环冷却水处理中有时将两者联合使用，如每天（或几天）冲击性加氯一次，同时每周再加非氧化型杀生剂一次。常用的非氧化型杀生剂有氯酚类、季铵盐类、铜盐和有机硫化物等。

1. 氯酚

氯酚及其衍生物是一种非氧化型杀生剂，在循环冷却水中采用的是双氯酚、三氯酚钠和五氯酚钠，它们都是易溶而又稳定的化合物，很少与水中存在的其他化学物质起反应。

目前国内生产的以双氯酚为主要成分的杀生剂是 2,2′-二羟基-5,5-二氯苯甲烷。由双氯酚配制的水溶液是一种高效的广谱性杀生剂，它对异养菌、铁细菌、硫酸盐还原菌等都有很好的杀生作用。如加药量为 15mg/L 时，对异养菌的杀灭率可达 95%，只要有 0.5mg/L 的剂量，就可明显地抑制芽孢杆菌的繁殖。

在循环冷却水中用作杀生剂的氯酚主要是三氯酚和五氯酚的钠盐（$C_6H_2Cl_3ONa$、C_6Cl_5ONa），使用浓度一般为 50mg/L。如将氯酚和阴离子型表面活性剂混合使用，可明显提高杀生效果，因为表面活性剂降低了细胞壁的表面张力，增加了杀生剂穿过细胞壁的速率。

这类杀生剂的杀生机理是：氯酚借助吸附与扩散作用，通过微生物的细胞壁到达其内部，与细胞质形成胶体溶液，并使蛋白质沉淀，破坏生物酶及新陈代谢过程而杀死微生物。

2. 季铵盐

季铵盐是一种含氮的有机化合物，也是一种非氧化型杀生剂，它们易溶于水，化学性质稳定，属于阳离子型表面活性剂。

目前用于循环冷却水的季胺盐类化合物有以下几种：十二烷基二甲基苄基氯化铵、十二烷基二甲基苄基溴化铵、十四烷基二甲基苄基氯化铵、十六烷基二甲基苄基氯化铵、十八烷基二甲基苄基氯化铵、十六烷基三甲基溴化铵、十六烷基氯化吡啶、十六烷基溴化吡啶等。其中最常用的有十二烷基二甲基苄基氯化铵（也称洁尔灭）和十二烷基二甲基苄基溴化铵（也称新洁尔灭）。它们的分子结构式为

十二烷基二甲基苄基氯化铵（洁尔灭）　　十二烷基二甲基苄基溴化铵（新洁尔灭）

因为洁尔灭和新洁尔灭的阳离子相同，阴离子不同，前者为 Cl^-，后者为 Br^-，所以后者的杀生能力比前者强。

季胺盐的杀生机理有几种说法，有人认为它是一种阳离子型表面活性剂，具有很强的渗透能力，它的阳离子容易吸附在带负电荷的微生物表面上，形成静电键，从而对细胞壁产生一种压力，破坏细胞的正常生命活动而死亡。也有的人认为季胺盐能透过细胞壁到达菌体内部，与菌体的蛋白质或生物酶反应，使其新陈代谢异常而死亡。还有的人认为季胺盐的疏水基团（烷基）能溶解并且损坏微生物体表面的脂肪壁，而导致微生物死亡。

季胺盐的使用浓度一般为 $20\sim30mg/L$，适宜的 pH 值为 $7\sim9$，它对异养菌、硫酸盐还原菌及铁细菌的杀灭率达到 $95\%\sim100\%$。

季胺盐在碱性 pH 值范围内，具有最佳杀菌灭藻效果。所以，它既是一种杀生剂，也是一种黏泥、污垢剥离剂（sludge stripping agent）。缺点是剂量偏高，达几十毫克/升，而且容易起泡沫。

3. 异噻唑啉酮

异噻唑啉酮是通过断开细菌和藻类蛋白质的键而起杀生作用的，它与微生物接触后，就能迅速地抑制其生长。这种抑制过程是不可逆的，从而导致微生物细胞的死亡。目前使用的异噻唑啉酮大都是它的衍生物，如 2-甲基-4-异噻唑啉-3-酮(2-methyl-4-isothiazolin-3-one)和 5-氯-2-甲基-4-异噻唑啉-3-酮（5-chloro-2-methyl-4-isothiazolin-3-one）。它们的分子结构式为

2-甲基-4-异噻唑啉-3-酮　　　5-氯-2-甲基-4-异噻唑啉-3-酮

异噻唑啉酮的加药量一般为 $1\sim9mg/L$，即使在浓度很低（$0.5mg/L$）的情况下，在较宽的 pH 值范围内（$pH=3.5\sim9.5$），对藻类、真菌和细菌都有良好的杀生能力，所以也是一种广谱性的杀生剂。商品异噻唑啉酮为淡黄色至浅绿色的透明液体，无味或略有气味，可与水完全混合，固含量为 $1.5\%\sim14\%$。

4. 有机硫化物

有机硫化物也是一种广谱性杀生剂，对细菌、藻类和原生动物都有较好的杀生效果，特别是对硫酸盐还原菌的杀生效果最好。优点是投药量低、毒性小、易溶于水，用量在 10～100mg/L 时，在 24h 内杀生率可达到为 99%。

对于水中微生物的控制，除了上述化学控制法以外，还有物理控制法和生物控制法。物理控制法是指利用声波、射线、紫外线、电子线及电场等，对水中微生物的新陈代谢起抑制或杀生作用；生物控制法是指利用水中某一种生物控制水中菌藻的一种控制方法。因为这些方法在电厂循环水处理中尚未得到应用，故不再作详细介绍。

第二十一章

废（污）水处理概述

水在自然循环和社会循环运动中，不可避免混入许多杂质。由自然循环混入的物质称为自然杂质或本底杂质；由社会循环混入的物质称为污染物，含有污染物的水称为废水或污水。本章只是概略地介绍一些有关废（污）水中的污染物和水质标准及处理方法。

第一节　废（污）水污染物与水质标准

一、废(污)水的分类

按来源不同，废（污）水可分为生活污水和工业废水两大类。前者是人们在生活过程中用过并失去使用功能而外排的水，主要包括粪便水、洗浴水、洗涤水和冲洗水等，其成分主要决定于人们的生活状况和习惯，它往往含有大量的有机物，如蛋白质、油脂和碳水化合物等。后者是人们在工业生产过程中用过并失去使用功能而外排的水，其成分主要决定于生产过程中使用的原料和生产工艺流程等。另外，由城镇排出的废水称为城镇废水，它包括生活污水和工业废水。

按污染物类别不同，废水可分为有机废水和无机废水两种。前者主要含有有机污染物，其中包括生物降解有机物和难以生物降解有机物；后者主要含有无机污染物，无生物降解性。

按污染物的毒性不同，废水可分为含汞废水、含酚废水、含氟废水和含砷废水等。

按生产工艺不同，废水可分为电镀废水、食品废水、焦化厂废水和冲灰废水等。

按污浊程度不同，废水又可分净废水和浊废水，电厂的冷却水是典型的净废水，煤场冲洗水是典型的浊废水。

二、废水中的污染物及性质

根据废水中污染物对人类健康和环境造成的危害不同，可大致分为以下几个类别：固体污染物，有机污染物，有毒污染物，营养性污染物，生物污染物，酸碱污染物和热污染等。固体污染物和有机污染物在本书第一章中已介绍过，在此不再重复。

1. 有毒污染物

废水中凡能对生物引起毒性反应的化学物质，称为有毒污染物。大多数有毒污染物的毒性与浓度大小与作用时间长短有关。浓度越大，作用时间越长，致毒后果就越严重。另外，毒性反应还与环境条件（如温度、pH 值、溶解氧含量等）、有机体的种类，以及生物的健康状况有关。

有毒污染物又可分为无机有毒污染物、有机有毒污染物和放射性有毒污染物。

无机有毒污染物主要包括重金属离子、氰化物和氟化物等。重金属离子如汞、镉、铅、铬、锌、铜、砷等，大都属于或近似于过渡性元素，具有在离子状态下接受外加配位体的独对电子而生成络合物的特征。重金属在工业生产中应用很广，在局部地区可能造成高浓度污染，而且能发生长期积蓄性中毒。有些重金属如汞、砷、铅等还可能生成有机化合物，具有更强的毒性。

有机有毒污染物主要包括农药（如六六六）、多环芳烃类、多氯联苯类等。虽然它们进入天然水体的量不是很大，而且大部分可在微生物及光合作用下进行降解，但有些有机有毒污染物在短时间内就可影响生态体系，也有些有毒污染物的降解产物具有长期积蓄性，促使产生慢性中毒、致癌、致畸、致突变等生物毒害。如挥发酚有积蓄作用，它可使蛋白质变性和沉淀，并对刺激中枢神经、降低血压和体温等有伤害作用。

放射性污染物是指在原子核裂变时放出的有毒射线，如 γ 射线、α 射线和 β 射线等。它们对人体可产生慢性辐射和后期效应，如诱发白血病、缩短寿命及遗传性伤害等。

燃煤电厂废水中主要存在无机和有机有毒污染物，核电站废水中可能存在放射性污染物。

2. 营养性污染物

氮、磷是植物和微生物的主要营养物质，当废水中的氮、磷浓度分别超过 0.2mg/L 和 0.02mg/L 时，就会引起水体富营养化，水体中的藻类大量繁殖，引起湖泊水华、海水赤潮。当藻类在冬季死亡时，又使水体的 BOD 骤增，恶化周边环境并危害水产业。

3. 生物污染物

生物污染物是指废水中所含有的致病性微生物及其他有毒有机体，如生活污水可能含有引起肝炎、伤寒、霍乱、痢疾等病毒性污染物，医院、疗养院排出的废水可能含有各种致病体。

4. 感官污染物

废水中凡能引起异色、浑浊、泡沫、恶臭等现象的物质，都称为感官污染物，这类污染物无重大危害，却能引起人们感官上的不愉快，特别是一些供人们游览和文体活动的水体，感官污染物所造成的危害更为明显。

5. 酸碱污染物

废水中的酸、碱污染物主要是由排入的无机酸和碱造成的。酸性废水可引起金属设备和混凝土构筑物的腐蚀性损坏，碱性废水会产生泡沫并会使土壤盐碱化。各种动植物及微生物都有自己适宜生长的 pH 值范围，超过这个范围就会抑制生化反应，严重时会导致死亡。

6. 油类污染物

油类污染物是指排入水体的矿物油和植物油。它们难溶于水，经常覆盖于水面，影响大气中的氧溶入，它们还能黏附于土壤颗粒表面和动植物表面，影响新陈代谢活动。

7. 热污染

热污染是指温度较高的废水排入天然水体而引起的危害，如水体水温升高会引起水生生物大量繁殖，加速水体富营养化。

三、水质标准

水质标准包括用水水质标准和废水排放标准。用水水质标准是指用水对象（包括饮用和工业用水）所要求的各项水质参数应达到的限值。由于各种用户对水质的要求不同，从而产生了各种用水的水质标准。废水排放标准是因废水直接排放会对地表水的环境质量产生严重危害，故必须对排放的污染物种类和排放量进行控制。当污染物的排放量低于接纳水体的自净能力时，水体的质量就不会下降，这是制定废水排放标准的基本依据。

水质标准也和其他标准一样，可分为国际标准、国家标准、地区标准、行业标准和企业标准等不同等级。

1. 生活饮用水水质标准

生活饮用水水质标准是关系人们生活饮用水卫生和安全的技术法规，由若干项水质标准和相应的限值所组成。为保证饮用水的卫生和安全，水中不得含有病原微生物，水中所含化学物质和放射性物质不得危害人体健康及水的感官性良好。2001年卫生部颁布的《生活饮用水水质卫生规范》，规定了生活饮用水及其水源水质卫生要求。该规范将水质指标分为常规检验项目和非常规检验项目两类。生活饮用水的常规检验项目有34项指标，非常规检验项目有62项指标。对于水源水也有相应的规定。

2. 工业用水水质标准

由于工业类型繁多，对用水的水质要求不尽相同。因此，各行业为保证本企业的正常运行和产品质量，均制定了相应的水质标准。

3. 地表水环境质量标准

2002年我国制定了GB 3838—2002《地表水环境质量标准》，该标准是制定水污染物排放标准的主要依据，规定了地表水水域功能的分类、水质要求、标准实施和水质监测等。

该标准中5种类型的水是根据地表水水域环境功能和保护目标，按功能高低划分的。其中：Ⅰ类，主要适用于源头水，国家自然保护区；Ⅱ类，主要适用于集中式生活饮用水地表水源地一级保护区、珍稀水生生物栖息地、鱼虾类产卵场、仔稚幼鱼的梭饵场等；Ⅲ类，主要适用于集中式生活饮用水地表水源地二级保护区、鱼虾类越冬场、洄游通道、水产养殖区等渔业水域及游泳区；Ⅳ类，主要适用于一般工业用水区及人体非直接接触的娱乐用水区；Ⅴ类，主要适用于农业用水区及一般景观要求水域。

标准中除了对地表水环境质量的基本项目提出标准限值外，还对集中式生活饮用水地表水源地提出补充项目和特定项目标准限值。基本项目适用于全国江河、湖泊、运河、渠道、水库等具有使用功能的地表水水域；补充项目和特定项目适用于集中式生活饮用水地表水源地一级保护区和二级保护区（未列出）。

4. 我国污水排放标准

我国1996年修订了GB 8978—1996《污水综合排放标准》。标准中的第一类污染物最高允许排放浓度，共有13项，主要是重金属和放射性有毒污染物，不分行业和污水排放方式，也不分受纳水体的功能类别，一律在车间或车间处理设施排放口取样，其最高允许排放浓度必须达到标准的要求。第二类污染物最高允许排放浓度，共有56项，在排污单位排放口取样，其最高允许排放浓度必须达到标准的要求。

在第二类污染物最高允许排放浓度标准中划分了一、二、三级：一级标准是指排入GB 3838—2002规定的《地面水环境质量标准》Ⅲ类水域（划定的保护区和游泳区除外）和排入GB 3097—1982《海水水质标准》中二类海域的污水执行的标准；二级标准是指排入GB 3838—2002中规定的Ⅳ、Ⅴ类水域和排入GB 3097—1982中规定的三类海域的污水执行的标准；三级标准是指排入设置二级污水处理厂的城镇排水系统的污水执行的标准。

第二节　废（污）水的处理方法与工艺流程

一、废（污）水的处理方法

废（污）水中的污染物虽然比天然水体更复杂，但从处理原理和方法来讲，两者有许多相似之处。废水的处理方法，根据处理过程的原理分为水的物理化学处理法和水的生物处理法，根据污染物在水中的特性分为分离法和转化法。

1. 分离处理

废水中的污染物按其颗粒大小不同，可分为四种存在形态，即悬浮固体、胶体、分子和离子。颗粒大小不同，造成周围各种外力对其产生的效果也不同，分离方法也各异。

（1）悬浮固体分离法。这类污染物由于颗粒较大，重力和离心力对其十分明显，因此可依靠阻力截留、重力分离、离心分离、粒状介质截留等方法进行分离。阻力截留是依靠筛网与悬浮固体之间的几何尺寸差异截留悬浮固体的一种方法；重力分离是依靠悬浮固体与水的密度差，让其悬浮固体下沉或上浮而进行分离的一种方法；离心分离是依靠作用于悬浮固体上面的离心力，使其从废水中分离的一种方法。

（2）胶体分离法。这类污染物由于颗粒较小，重力和离心力对其都不明显，而且颗粒之间往往存在一种斥力，所以，完全依靠重力、浮力或离心力还是难以将颗粒从水中分离出来的，但它可以用化学絮凝法、生物絮凝法进行分离。生物絮凝法是利用生物活性物质（如生物膜和活性污泥）的生物转化作用，将有机胶体污染物絮凝而进行分离的一种方法。

（3）分子分离法。这类污染物颗粒更小，是溶解性的，它既不能用重力法分离，也不能用絮凝法分离，但它可用吹脱法、气提法、萃取法和吸附法等进行分离。吹脱法是使废水与空气充分接触，将溶解性的气态或挥发性污染物由水相转移到气相而进行分离的一种方法；气提法是使废水与水蒸气充分接触，直到沸腾，使挥发性污染物与水蒸气一起逸出而进行分离的一种方法；萃取法是向废水中投加一种不溶于水但能溶解污染物的一种萃取剂，使污染物从水相转移到萃取剂中，然后再从萃取剂中进行分离或回收的一种方法。

（4）离子分离法。这类污染物的颗粒最小，也是溶解性的，而且起作用的主要是化学键力，而重力和离心力都不起作用。因此，它的分离方法与上述各种污染物都不相同。分离这类污染物常用的方法有离子交换法、离子吸附法、电除盐法、电渗析法和反渗透法等。

2. 转化处理

转化处理是通过化学或生物化学作用，改变污染物的化学本性，使其转化为无害的物质或能从水中分离出来的物质。为此，它分为化学转化处理和生物转化处理两种类型。

（1）化学转化处理又分为 pH 值调节法、氧化还原法和化学沉淀法等。

1）pH 值调节法。如向废水中投加酸性或碱性物质，使 pH 值调节至排放要求（pH 值为 6.5~8.5），称为中和处理；如向废水中投加碱提高 pH 值或投加酸降低 pH 值，分别称为碱化处理或酸化处理。

2）氧化还原法。向废水中投加氧化剂或还原剂，使之与污染物发生氧化还原反应，将污染物变为无害的或低毒的新物质。

3）化学沉淀法。它是向废水中投加沉淀剂，使之与废水中某些溶解态的污染物生成难溶的沉淀物，进而从水中分离出来。

（2）生物转化处理又分好氧生物转化处理和厌氧生物转化处理两种。

1）好氧生物转化处理。它是在有溶解氧的条件下，利用好氧微生物和兼性微生物的生物化学反应，将废水中的有机污染物转化或降解为简单的无害的无机物的一种处理方法。

2）厌氧生物转化处理。它是在无溶解氧的条件下，利用厌氧微生物和兼性微生物的生物化学反应，转化或降解有机污染物的一种处理方法。

除上述两种转化处理外，还可采用向废水中投加强氧化剂、重金属离子等药剂或利用高温、紫外光、超声波等能源抑制和杀死致病微生物的处理方法，这称为消毒转化处理。

二、废水处理的工艺流程

废水的性质和成分比较复杂，往往不是经过某一个单元设备就能达到处理要求的，而需要将几种单元设备组合成一个有机的整体，并合理地设计主次关系和前后次序，才能最有效、最合理地达到处理目的，这种由单元设备组合的有机整体称为废水处理的工艺流程。

一般来讲，城市生活污水的水质成分比较稳定，而工业废水的水质则千差万别，处理后的排放要求也不完全相同，但其两种水的处理工艺流程也有许多相似之处，按其处理后对水质的要求不同归纳为以下三级处理。

1. 一级处理

一级处理主要去除污水中呈悬浮状态的固体污染物质。城市污水一级处理的主要构筑物有格栅、沉砂池和初沉池。格栅的作用是去除污水中的大块漂浮物，沉砂池的作用是去除相对密度较大的无机颗粒，初沉池（沉淀池）的作用主要是去除无机颗粒和部分有机物质。经过一级处理后的污水，SS 可去除 40%～55%，BOD 可去除 30%左右，通常达不到排放标准。一级处理属于二级处理的预处理，其工艺流程如图 21-1 所示。

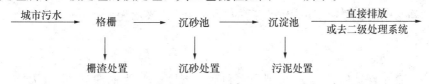

图 21-1　污水一级处理流程

2. 二级处理

二级处理也称为生物转化处理，处理的主要对象是胶体态和溶解态有机物，采用的处理单元主要有活性污泥法和生物膜法。经过二级处理，城市污水有机物的去除率可达 90%以上，出水中的 BOD、SS 等指标能够达到排放标准。二级处理一般用于处理含有机物较高的城市生活污水或工业废水。

3. 三级处理

三级处理的主要对象是营养性物质（如 N、P）和难降解的有机物及其他能够导致水体富营养化的溶解性物质，采用的处理单元主要有生物脱氮除磷、混凝沉淀、砂滤、活性炭吸附、化学除磷、离子交换、吸附、萃取、反渗透、消毒等。三级处理一般用于对排放水水质要求较高，一、二级处理达不到排放要求的情况。通过三级处理或深度处理，BOD 可从 30mg/L 降至 5mg/L 以下，能够去除大部分的氮和磷等营养性物质。

一般城市污水的处理工艺流程如图 21-2 所示。

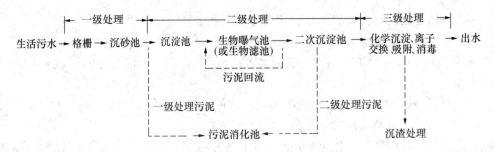

图 21-2　一般城市污水处理工艺流程

也有文献资料将三级污水处理称为二级强化处理，在此基础上再进一步降低悬浮固体、胶体、难生物降解有机物（色度、臭味有机物）及溶解性污染物的含量，称为深度处理，它与给水处理有些相似，采用的工艺有混凝处理、过滤、膜分离和离子交换等。

第三节　浮　力　浮　上　法

含油废水通常采用浮力浮上法进行分离。所谓浮力浮上法，就是借助水的浮力，使废水中密度小于或接近于 $1g/cm^3$ 的固态或液态污染物浮出水面，再加以分离的处理方法，按其污染物的性质和处理原理不同，浮力浮上法又分为自然浮上法、气泡浮上法和药剂浮选法三种。

一、自然浮上法

自然浮上法是利用油与水之间自然存在的密度差，让油上浮到水面而加以去除的方法，它分离的对象是废水中直径较大的粗分散性可浮油粒，采用的主要设备是隔油池。

1. 油珠上浮速度

油珠在静水中的上浮速度可用修正后的 Stokes 公式表示为

$$v_y = \frac{\rho - \rho_y}{18\mu} g d_y \beta \tag{21-1}$$

式中：v_y 为油珠上浮速度；ρ、ρ_y 分别为水和油粒密度；d_y 为油珠直径；β 为修正系数，可按水中 SS 的浓度大小取 $0.9\sim0.95$。

油珠的上浮速度也可仿照固体颗粒在静水中沉降一样，作静浮试验得到油珠粒径和上浮速度的关系曲线，但静浮水深应从柱底算起。

2. 平流式隔油池

平流式隔油池的结构如图 21-3 所示。其工艺流程是：含油废水首先进入隔油池的进水室，经隔板 A 向下折返后，流入分离室。由于分离室水流断面扩大，流速降低，在废水向前推流的过程中可浮油粒一边随水流前进一边上浮，上浮到水面上的油粒，被回转链带式刮油机推至排油管排出，而相对密度大于 1.0 的重质油和悬浮固体则沉向池底由排渣管排出，澄清后的水流入出水槽排出。

隔油池的除油效果与水温、停留时间、油的状态、浓度大小等因素有关。水温升高，除油效果提高，因此，在我国北方地区的火力发电厂，隔油池大都设有蒸汽加热管，以利冬季运行。据有关资料介绍，这种隔油池可除去的最小油粒一般不小于 $100\sim150\mu m$，除油率在 70% 以上，这时废水在隔油池的停留时间为 $90\sim120min$，水流速度为 $2\sim5mm/s$。

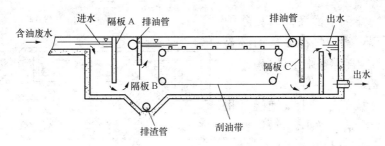

图 21-3　平流式隔油池结构示意

实验证明，虽然这种隔油池有设备结构简单、处理效果稳定和便于管理的优点，但其在处理火力发电厂含油（燃料油、润滑油）废水时，出水水质往往达不到排放标准。设计在电厂油库附近的隔油池，其出水含油量通常大于 200mg/L。所以，有的电厂利用隔油池先进行粗分离和浮选处理，最后再进行生物转化处理或活性炭吸附处理，从而使出水水质提高，达到排放要求。

3. 平流式隔油池的设计参数

平流式隔油池的分格数 n 一般为 2～4。如果用机械刮油，单格宽度 b 一般为 2.0、2.5、3.0、4.5、6.0m；如果用人工刮油，b 值一般不大于 3.0m。隔油池水深 h 一般不小于 2.0m，并控制 $h/b=0.3～0.4$。链带转动速度一般为 0.01～0.05m/s。排油管采用直径为 200～300mm 的钢管，并沿钢管长度开 60° 的纵向切口。平时，切口向上位于水面以上，油层达到一定厚度时，将切口转向油层，浮油溢入管内，可收集排出。平流式隔油池水面以上保护高度不应小于 0.4m，池底以 0.01～0.02 的坡度坡向泥斗，泥斗壁倾角取 45°～60°。

（1）隔油池的表面积 A（m²）按下式计算

$$A = \alpha \frac{q_V}{v_y} \tag{21-2}$$

式中：q_V 为废水设计流量，m³/h；v_y 为油粒上浮速度，一般取 0.3～0.35mm/s；α 为修正系数，当 $v/v_y=3$、6、10、15、20 时，α 值分别对应取 1.28、1.37、1.44、1.64、1.74。

（2）隔油池的有效长度 L（m）按下式计算

$$L = \frac{A}{nb} \tag{21-3}$$

4. 斜板式隔油池

斜板式隔油池的结构呈 V 字形，如图 21-4 所示，池内两侧布置有波纹斜板，含油废水进入池内后，沿两侧斜板向下流，向下的水流经过斜板后汇集在池体中央并上流至出水管。油珠沿斜板向上浮，然后经排油管排出。水中悬浮固体沉降在斜板表面，并沿斜板下滑，落入池底部，最后经排渣管排出。斜板式隔油池油水分离效率较高，可去除 60～80μm 以上的油珠，且占地面积小，在新建的含油废水处理工程中得到了广泛应用。斜板材料要求表面光滑、不沾油、质量小、耐腐蚀，目前多采用聚酯玻璃钢。

斜板式隔油池的表面水力负荷一般为 0.6～0.8m³/(m²·h)，水力停留时间不大于 30min。斜板式隔油池的斜板垂直净距一般采用 40mm，斜板（管）倾角一般采用45°。

二、气泡浮上法

气泡浮上法简称气浮法，它是利用高度分散的微小气泡黏附于废水中的污染物悬浮粒子

577

上，并随气泡上浮到水面而加以去除的
一种工艺。所以，实现气浮处理的必要
条件是使悬浮粒子能够黏附于气泡上。

1. 气浮法的条件

水中的悬浮粒子与微小气泡能否相
互黏附，一方面决定于微小气泡的性质，
另一方面也取决于悬浮粒子的表面特性。
气泡的密度是指单位体积水中所含气泡
的个数。在溶气压力一定的情况下，气
泡越小，气泡的密度就越大。气泡的性
质包括：气泡直径越小，分散度越高，

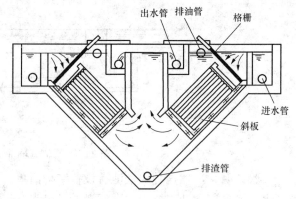

图 21-4　斜板式隔油池结构示意

对水中悬浮粒子的黏附力和黏附量就越大；气泡的密度越大，气泡与悬浮粒子相互碰撞的机
会就越多。气泡的大小均匀性越好和气泡稳定的时间越长，越有利于气泡与悬浮粒子的黏
附。悬浮粒子表面特性的一般规律是，疏水性粒子易与气泡黏附，而亲水性粒子不易与气泡
黏附。悬浮粒子的亲水性与疏水性常用润湿角 θ 表示，如图 21-5 所示。当 $\theta < 90°$ 时，悬浮
粒子为亲水的，可被水润湿；当 $\theta > 90°$ 时，悬浮粒子为疏水性的，不易被水润湿。

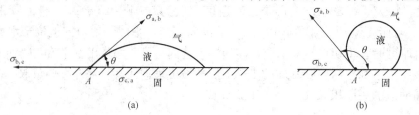

图 21-5　润湿角
（a）亲水性粒子；（b）疏水性粒子

2. 悬浮粒子的润湿角 θ

如图 21-5 所示，在固体颗粒表面滴上一滴水，水就会在固体颗粒表面形成一个弧形，
A 点即为水、空气和固体三相的交界点。若以 a 表示水，b 表示空气，c 表示固体，则在两
相之间，$\sigma_{a,b}$ 为水和空气之间的界面张力，其方向为 A 沿液面切线的方向；$\sigma_{b,c}$ 为空气与固体
之间的界面张力，其方向为由 A 沿固体表面的方向（向左）；$\sigma_{c,a}$ 为水与固体之间的界面张
力，其方向为 A 沿固体表面的方向（向右）。$\sigma_{a,b}$ 与 $\sigma_{c,a}$ 之间的夹角称为润湿角，用 θ 表示。

三种张力在 A 点处于平衡状态时，即有以下关系

$$\sigma_{b,c} = \sigma_{a,b}\cos\theta + \sigma_{c,a} \tag{21-4}$$

$$\cos\theta = \frac{\sigma_{b,c} - \sigma_{c,a}}{\sigma_{a,b}} \tag{21-5}$$

3. 起泡剂的作用

根据热力学原理，表面张力是一种表面自由能，是一种位能，有自动趋向最小值的倾
向。所以水中洁净的气泡也具有自动降低表面自由能的倾向，即小气泡的合并作用，使气浮
效果降低。另外，洁净的气泡上浮到水面后，由于水分子很快蒸发，泡壁变薄，极易破灭，
以致在水面上形不成稳定的泡沫层，使已上浮到水面的悬浮粒子又脱落回到水中，气浮效果

下降。为此，需向水中投加一定量的起泡剂。大多数起泡剂为表面活性剂，其分子的一端为极性基，而溶于水，伸向水中。分子的另一端为非极性基，即疏水基，伸向气泡。由于同号电荷的相斥作用可防止气泡的合并和破灭，提高气浮效果。

4. 气浮法工艺流程

在废水处理中采用的气浮法，按气泡产生的方式不同，可分为充气气浮、电解气浮和溶气气浮三种类型。

充气气浮是利用扩散板或微孔布气管向气浮池内通入压缩空气，也可利用水力喷射器和高速旋转叶轮向水中充气。

电解气浮是利用水的电解作用，在电极上析出细小气泡（如 H_2、O_2、CO_2、Cl_2 等）而分离废水中疏水性悬浮粒子的一种方法。

溶气气浮是使空气在一定的压力下溶于水中并呈饱和状态，然后使废水压力突然降低，这时空气便以微小气泡的形式从水中析出并上浮。根据气泡从水中析出时所处的压力不同，溶气气浮又分为两种：一种称真空溶气气浮，它是将空气在常压或加压下溶于水中，而在负压下析出；另一种称加压溶气气浮，它是将空气在加压下溶于水中，而在常压下析出。前者的优点是气浮池在负压下运行，空气在水中易呈过饱和状态，而且气泡直径小、溶气压力较低，缺点是气浮池需要密闭，在运行管理上有一定困难。

加压溶气气浮又分为全部进水加压、部分进水加压和部分回流水加压三种工艺流程。图21-6 所示为部分回流水加压溶气气浮工艺。原水加入混凝剂经混合装置后，流入絮凝池，再流入气浮池，从气浮池出水（清水）中分流一部分水，经回流水泵加压后送入空气饱和器，空气经空气压缩机加压后也送入空气饱和器。空气饱和器为一承压罐体，内装一定高度（约 0.8m）的填料，以增加空气与水的接触面积，空气饱和器中的压力为 $0.35\sim0.4\text{MPa}$，停留时间一般为 $2\sim4\text{min}$，可使水中空气饱和度达到 90% 以上。

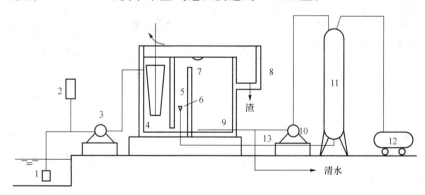

图 21-6　回流水加压溶气气浮工艺

1—水泵吸水管；2—混凝剂加注槽；3—原水水泵；4—絮凝池；5—接触区；
6—释放器；7—气浮池；8—排渣槽；9—出水集水管；10—回流水泵；
11—空气饱和器；12—空气压缩机；13—溶气水回流管

将加压饱和的溶气水送至气浮池入口处，经释放器释放，由于溶气水压力陡降而呈过饱和状态，水中空气便以微小气泡（直径为 $20\sim200\mu\text{m}$）的形式析出，并黏附于絮凝池中的悬浮粒子上迅速上浮。

5. 气浮池设计

气浮池有平流式和竖流式两种池型，二者均用隔墙分成接触室和分离室。接触室为溶气水与废水混合、气泡与悬浮粒子黏附的区域，也称捕捉区。分离室为悬浮粒子以气泡为载体上浮分离的区域，也称气浮区。图 21-7 所示为两种池型的结构。

（1）接触室表面积 A_J（m^2）

$$A_J = \frac{q_V + q_{V,H}}{v_J} \tag{21-6}$$

式中：q_V、$q_{V,H}$ 为废水和回流溶气水流量，m^3/s；v_J 为接触室内水流上升速度，m/s，一般取 $15\sim20$mm/s。

气浮室水深一般为 $2.0\sim2.5$m，接触室水的停留时间大于 1.0min。气浮池总停留时间为 $10\sim20$min，回流溶气水量一般为处理水量的 $6\%\sim8\%$。

（2）分离室表面积 A_F（m^2）

$$A_F = \frac{q_V + q_{V,H}}{v_F} \tag{21-7}$$

式中：v_F 为分离室内水流平均流速，m/s，一般取 $1.5\sim2.0$mm/s。

（3）气浮池总停留时间 t

$$t = \frac{V_T}{q_V + q_{V,H}} > 20\text{min} \tag{21-8}$$

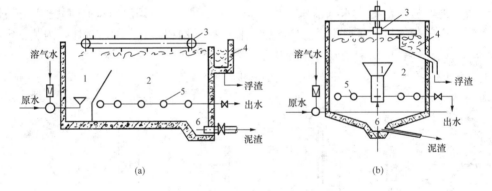

图 21-7 气浮池结构

(a) 平流式；(b) 竖流式

1—接触室；2—分离室；3—刮渣机；4—浮渣槽（室）；5—集水管；6—集泥斗（坑）

（4）气浮池总高度 H（m）

$$H = h_1 + h_2 + h_3 \tag{21-9}$$

式中：h_1 为保护高度，一般取 $0.4\sim0.5$m；h_2 为有效水深，m；h_3 为池底安装集水管所需高度，取 0.4m。

气浮池个数以 $2\sim4$ 座为宜，并联运行方式，长宽比按 $L:B=1.5\sim2.0$。

浮渣槽以 $0.03\sim0.05$ 的坡度坡向排渣口，连续排渣时耗水量大约为处理水量的 2%，间歇排渣时间不宜超过 24h。穿孔集水管为 $\phi200$ 的铸铁管，管中心线距池底 $250\sim300$mm，相邻两管中心距为 $1.2\sim1.5$mm。

溶气气浮在含油废水处理中，通常作为隔油池处理后的补充处理或生物处理前的预处理。如经隔油池处理后出水含乳化油 50～60mg/L，再经混凝和气浮处理则可降至10～30mg/L。

三、药剂浮选法

药剂浮选法是向废水中投加浮选药剂，选择性地将亲水性油珠转变为疏水性油珠，然后再附着在小气泡上，并上浮到水面加以去除的方法，其分离的主要对象是颗粒较小的亲水性油粒。

目前常用的处理工艺流程有以下几种：

（1）含油废水──→隔油池──→油水分离器或活性炭过滤器──→排放或回收利用。

（2）含油废水──→隔油池──→气浮分离──→机械过滤──→排放或回收利用。

（3）含油废水──→隔油池──→气浮分离──→活性炭吸附──→排放或回收利用。

第四节　废（污）水的其他物理化学处理法

一、离心分离法

1. 离心分离原理

利用离心力分离废（污）水中悬浮固体污染物的处理方法称为离心分离法。当废（污）水作高速旋转时，由于悬浮固体污染物和水的质量不同，所受到的离心力也不同，质量大的固体污染物被抛向外侧，质量小的水被推向内侧，如将两者从各自出口引出，便可使废（污）水得到净化。

因废（污）水作高速旋转时，固体污染物同时受到离心力和水对固体污染物的向心推力两种力的作用，所以固体污染物受到的净离心力 F_c（N）应为两者之差，即

$$F_c = (m - m_0)\omega^2 \gamma$$

该固体污染物在水中的净重力 $F_g = (m - m_0)g$，则该固体污染物所受到的离心力与重力之比为

$$\alpha = \frac{F_c}{F_g} = \frac{(m - m_0)\omega^2 \gamma}{(m - m_0)g} = \frac{\omega^2 \gamma}{g} \approx \frac{\gamma m^2}{900} \tag{21-10}$$

式中：α 为离心设备的分离因素；m、m_0 为固体污染物和同体积水的质量，kg；ω 为角速度，$\omega = \frac{2\pi n}{60}$，rad/s；$\gamma$ 为分离设备的旋转半径，m；n 为转速，r/min。

可见，离心设备的分离因素 α 值随转速 n 的平方急剧增大，即废（污）水在离心分离过程中，离心力对固体污染物的作用远远超过了重力作用，如果废（污）水采用离心分离，可大大提升悬浮固体污染物的分离效果。

2. 离心分离设备

按产生离心力的方式不同，离心分离设备可分为离心机和水力旋流器两种。

（1）离心机。离心机是依靠一个可随传动轴旋转的转鼓，在外界传动设备的驱动下高速旋转，转鼓带动需进行分离的废水一起旋转，利用废水中不同密度的悬浮颗粒所受离心力不同进行分离的一种分离设备。

离心机有多种。按分离因数大小可分为高速离心机（$\alpha > 3000$）、中速离心机（$\alpha = 1000 \sim 3000$）和低速离心机（$\alpha < 1000$）；按转鼓的几何形状可分为转筒式、管式、盘式和板式离心

机；按操作过程可分为间歇式和连续式离心机；按转鼓的安装方式可分为立式和卧式。

中、低速离心机多用于与水有较大密度差的悬浮物的分离。分离效果主要取决于离心机的转速及悬浮物的密度和粒径的大小。国内某些厂家生产的转筒式连续离心机在回收废水中的纤维物质时，回收率可达 $60\%\sim70\%$；进行污泥脱水时，泥饼的含水率可降低到 80% 左右。

高速离心机多用于乳化油和蛋白质等密度较小的微细悬浮物的分离。

图 21-8 为盘式离心机的构造示意图。在转鼓中有十几到几十个锥形金属盘片，盘片的间距为 $0.4\sim1.5mm$，斜面与垂线的夹角为 $30°\sim50°$。这些盘片，缩短了悬浮物分离时所需移动的距离，减少涡流的形成，从而提高了分离效率。离心机运行时，乳浊液沿中心管自上而下进入下部的转鼓空腔，并由此进入锥形盘分离区，在 $5000r/min$ 以上高速离心力的作用下，浊液的重组分（水）被抛向器壁，汇集于重液出口排出，轻组分（油）则沿盘间锥形环状窄缝上升，汇集于轻液出口排出。

（2）水力旋流器。水力旋流器有压力式和重力式两种。

1）压力式水力旋流器。水力旋流器用钢板或其他耐磨材料制造。废水通过加压后以切线方式进入器内，进口处的流速可达 $6\sim10m/s$。废水在器内沿器壁向下作螺旋运动（一次涡流），废水中粒径及密度较大的固体污染物被抛向器壁，并在下旋水推动和重力作用下沿器壁下滑，在锥底形成浓缩液连续排出。锥底部水流在越来越窄的锥壁反向压力作用下改变方向，由锥底向上作螺旋运动（二次涡流），经溢流管进入溢流筒后，从出水管排出。在水力旋流中心，形成一束绕轴线分布的自下而上的空气涡流柱。流体在旋流器内的流动状态如图 21-9 所示。

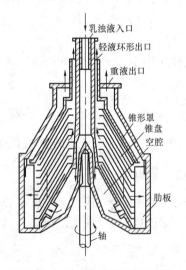

图 21-8 盘式离心机的转筒结构

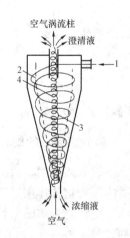

图 21-9 物料在水力旋流器内的流动情况
1—入流；2——次涡流；3—二次涡流；4—空气涡流柱

旋流分离器具有体积小、单位容积处理能力高的优点。例如旋流分离器用于轧钢废水处理时，氧化铁皮的去除效果接近于沉淀池，但沉淀池的表面负荷仅为 $1.0m^3/(m^2\cdot h)$，旋流器则高达 $950m^3/(m^2\cdot h)$。此外，旋流分离器还具有易于安装、便于维护等优点，因此较广泛地用于轧钢废水处理及高浊度河水的预处理等。旋流分离器的缺点是器壁易受磨损和电能消耗较大等。器壁宜用铬锰合金钢等耐磨材料制造。

2) 重力式水力旋流器。重力式旋流分离器又称为水力旋流沉淀池。废水也以切线方向进入器内,借进出的水头差在器内呈旋转流动。与压力式旋流器相比较,这种设备的容积大,电能消耗低。

二、中和法

中和法是利用碱性药剂或酸性药剂将酸性废水或碱性废水调整至中性附近的一种水处理方法。当酸含量小于 5% 或碱含量小于 3% 时,称为低浓度酸性废水或碱性废水,因回收价值不大,常采用中和法处理。中和法应首先考虑以废治废的原则,即将酸性废水与碱性废水相互中和,然后再考虑采用药剂(中和剂)中和处理。

中和酸性废水采用的碱性中和剂有石灰、石灰石、白云石、苏打、苛性钠等;中和碱性废水采用的酸性中和剂有盐酸、硫酸。酸性废水的中和方法有与碱性废水的相互中和、药剂中和及过滤中和三种;碱性废水的中和法有与酸性废水的相互中和及药剂中和两种。

1. 酸、碱废水的相互中和

因为中和处理所发生的主要化学反应是酸与碱生成盐和水的中和反应,所以在选择相互中和时,应考虑酸性废水和碱性废水所含酸性物质或碱性物质的性质、浓度、水量及其变化规律,如在用碱中和含有重金属的酸性废水时,有可能生成难溶的金属氢氧化物。

当利用酸、碱废水相互中和时,两种废水的酸性物质和碱性物质的量应相等,即

$$Q_1 c_1 = Q_2 c_2 \tag{21-11}$$

式中:Q_1、Q_2 为酸性废水和碱性废水的流量,L/h;c_1、c_2 为酸性废水中酸[H^+]和碱性废水中碱[OH^-]的摩尔浓度,mol/L。

在实际应用中,两种废水的酸性物质和碱性物质的量不一定相等。若碱性不足,应补充碱性药剂;若碱量过剩,应补充酸性药剂。由于两种废水的水量和浓度难以保持稳定,因此应设置均合池和中和反应池。

在进行相互中和时,若中和的一方为弱酸或弱碱,则中和过程中所生成的盐会水解,即使中和反应进行到等当点,溶液的 pH 值也不等于 7.0,pH 值的大小与生成盐的水解度大小有关。

2. 酸性废水的药剂中和法

在用碱性药剂中和酸性废水时,所需碱性药剂的实际耗量总是大于理论耗量,因为药剂的纯度不可能是 100%,而是常含有一部分不参与中和反应的惰性物质(如砂粒等),并用不均匀系数 K 来表示,K 值在 1.05~1.5 之间。

因此,碱性药剂的实际耗量可按下式计算

$$G_J = \frac{KQ(c_1 a_1 + c_2 a_2)}{\varepsilon} \tag{21-12}$$

式中:G_J 为碱性药剂的实际耗量,kg/d;Q 为酸性废水量,m^3/d;c_1 为废水中的含酸量,kg/m^3;a_1 为中和 1kg 酸所需碱性药剂的量,kg/kg;c_2 为废水中所需中和的酸性盐浓度,kg/m^3;a_2 为中和 1kg 酸性盐所需碱性药剂的量,kg/kg;ε 为碱性中和剂的纯度,%。

药剂中和法产生的干基沉渣量 G(kg/d)可由下式估算

$$G = G_J(b+e) + Q(s-s') \tag{21-13}$$

式中:b 为消耗单位重量药剂所产生的难溶盐及金属氢氧化物量,kg/kg;e 为单位重量药剂

中的杂质含量，kg/kg；s 为中和前原废水中的悬浮固体含量，kg/m³；s' 为中和后出水中的悬浮固体含量，kg/m³。

在实际工程中，利用碱性废渣中和酸性废水已得到很好的效果，如燃煤电厂的炉灰中含有 2%～20% 的 CaO，电石渣中含有大量的 $Ca(OH)_2$，石灰沉淀软化法的废渣中含有大量的 $CaCO_3$。

3. 过滤中和法

利用碱性物质（如石灰石、大理石、白云石）作滤料，当酸性废水流过时，与滤料中的碱性物质进行中和反应，这种方法称为过滤中和法。它适合于中和浓度较低的酸性废水。

滤料的选择与中和产物的溶解度有很大关系，因滤料的中和反应首先发生在滤料颗粒表面，如生成的中和产物溶解度很小，就会沉积在滤料表面形成不溶性的硬壳，阻止中和反应继续进行。如硫酸废水通过石灰石($CaCO_3$)时，就会形成溶解度很小的 $CaSO_4$ 硬壳。各种中和产物的溶解度大小顺序是：$Ca(NO_3)_2$、$CaCl > MgSO_4 > CaSO_4 > CaCO_3$。因此废水中的硫酸极限浓度应根据不同的滤料有一个限度，一般认为，选用石灰石时为 2g/L，白云石为 5g/L。

过滤中和法常采用升流式中和滤池，如图 21-10 所示。它有恒速升流式中和滤池和变速升流式中和滤池两种。恒速升流式中和滤池的进水装置可采用大阻力或小阻力布水系统，卵石承托层厚度一般为 0.15～0.2m，粒径为 20～40mm。滤料粒径为 0.5～3.0mm，高度为 1.0～1.2m，滤速可达 60～80m/h，膨胀率为 50% 左右。因为滤料粒径小、流速高，废水自下向上流动时，滤层呈悬浮膨胀状态，滤料之间相互碰撞、摩擦，使表面难以形成硬壳，剥离下来的硬壳也容易随上升水流带出池外。反应中形成的 CO_2 气体也容易排出，滤床不易堵塞，所以可使进水酸浓度提高至 2.5g/L。当滤层高度因 CO_2 气体积累增至

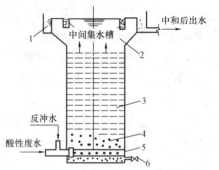

图 21-10　升流式中和滤池
1—环形积水槽；2—清水区；3—石灰石滤料；4—卵石垫层；5—大阻力配水系统；6—放空管

2.0m 时，应更换滤料。这种滤池总高度一般为 3～3.5m，其上部清水区高度为 0.5m。滤池至少设置两座（或两格），一座运行、一座备用，以供倒床换料。滤池通常每班加料 2～4次，所以劳动强度较大。

变速升流式中和滤池的特点是下部截面积小，上部截面积大，下部滤速为 130～150m/h，上部为 40～60m/h，全部滤料处于膨胀状态，滤池中和反应时间为 40～60s。目前这种滤池的处理水量为 1.5～45m³/h，滤池高度为 3.5m，直径为 0.55～1.5m。变速升流式中和滤池要求布水和集水均匀，故常采用大阻力配水系统。

4. 碱性废水的药剂中和

碱性废水常用工业硫酸作中和剂，如果采用工业废酸则更为经济，它们的优点是反应速度快、中和完全。在有条件的情况下，也可考虑用烟道气（含 CO_2、SO_2）中和碱性废水。如燃煤电厂里的水膜除尘器就是一个应用实例，它是利用烟道气中的酸性气体中和粉煤灰中的 CaO，使废水处理与消烟除尘有机结合起来。

三、氧化还原法

氧化还原法是指通过向废（污）水中投加氧化剂或还原剂，使其有毒污染物发生氧化还

原反应，将有毒污染物转化为低毒或无毒的新物质的一种处理方法。根据基础化学的概念，简单无机物的氧化还原过程是电子的转移，在氧化还原反应中，失去电子的过程叫氧化，失去电子的物质叫还原剂；得到电子的过程叫还原，得到电子的物质叫氧化剂。在任何氧化还原反应中，氧化反应和还原反应必同时发生。

对于有机物的氧化还原过程，许多反应并不发生电子的直接转移，只是原子周围的电子云密度发生变化。因此，凡是加氧或脱氢的反应均称氧化反应；凡是加氢或脱氧的反应均称还原反应。凡是在强氧化剂作用下，能使有机物分解为简单无机物（如 CO_2、H_2O 等）的反应，均可称为氧化反应。

由于废（污）水中有毒有害污染物在氧化还原反应中能被氧化或还原的性质不同，氧化还原法又可分为氧化法和还原法。在废（污）水处理中常用的氧化剂有空气、臭氧、氯化物等，常用的还原剂有硫酸亚铁、亚硫酸盐、铁屑、二氧化硫等。

1. 氧化法

下面以氯化物处理电镀行业含氰废水为例，说明氧化法的基本原理、工艺流程和工艺条件。

（1）基本原理。由于电镀废水中的氰化物，如氰化钠、氰化钾、氰化铵等易溶于水，离解为氰离子 CN^-（—$C\equiv N$），表现为剧毒性。而氰的铬合盐溶于水，以络合离子的形态存在于水中，如 $Zn(CN)_4^{2-}$、$Ag(CN)_2^-$、$Fe(CN)_6^{4-}$ 等，由于络合牢固不易析出，毒性较低。

对于低浓度的含氰废水，其处理方法有硫酸亚铁石灰法、电解法、吹脱法、碱性氯化法等。其中以碱性氯化法应用最广。

氯气在与水接触时发生以下歧化反应

$$Cl_2 + H_2O \rightleftharpoons HCl + HClO$$
$$HClO \rightleftharpoons H^+ + ClO^-$$

漂白粉（$CaOCl_2$）在与水接触时，发生以下反应

$$2CaOCl_2 + 2H_2O \rightleftharpoons 2HClO + Ca(OH)_2 + CaCl_2$$

所以，当利用氯化物作氧化剂时，实际上都是利用了次氯酸根的氧化作用。

废（污）水中的氰化物在碱性条件下可被次氯酸根（ClO^-）氧化成氰酸盐，其毒性仅为氰的 0.1%，其反应为

$$CN^- + ClO^- + H_2O \rightleftharpoons CNCl + 2OH^-$$
$$CNCl + 2OH^- \rightleftharpoons CNO^- + Cl^- + H_2O$$

新生成的氰酸盐或残余的氯化氰还可进一步氧化成 N_2 和 CO_2，从而彻底消除氰化物的污染，其反应为

$$2NaCNO + 3HOCl + H_2O \rightleftharpoons 2CO_2 + N_2 + 2NaCl + HCl + 2H_2O$$
$$2CNCl + 3HOCl + H_2O \rightleftharpoons 2CO_2 + N_2 + 5HCl$$

前者称局部氧化法（也称一级处理），后者称空气氧化法（也称二级处理）。

（2）工艺流程。碱性氯化法处理含氰废水时，一般采用一级氧化处理，特殊情况下也可采用二级氧化处理。一级氧化的工艺流程如图 21-11 所示。

（3）工艺条件。

1）调节池应设计成两格，总容积按水力停留时间 2～4h 考虑。另外，还应设置除油及沉淀物等设施。

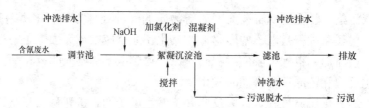

图 21-11　局部氧化处理含氰废水的工艺流程

2）投药量应按氰离子与活性氯的质量比计算。按一级氧化处理时，为 1：3～1：4；二级处理时，为 1：7～1：8。

3）采用一级氧化处理时，pH 值应控制在 11.0～11.5，反应时间为 30min；采用二级处理时，pH 值应控制在 6.5～7.0，反应时间为 10～15min。

4）氧化剂的用药量一般为局部氧化法的 1.1～1.2 倍。局部氧化法的氧化剂投药量，如按氰离子与活性氯的质量比计，一般为 1：3～1：4，完全氧化则为 1：7～1：8。

5）含氰废水经氧化处理后，还应进行沉淀和过滤处理。过滤设备的冲洗排水应排入调节池，不宜直接排放。

2. 还原法

在电镀行业，除产生含氰废水外，还往往产生毒性很大的六价铬的漂洗废水（一般六价铬的浓度为 20～200mg/L，pH 值在 5.0 以上）。如向这种废水中投加还原剂硫酸亚铁，可将六价铬还原为毒性甚微的三价铬。在酸性条件下还原反应为

$$H_2Cr_2O_7 + 6FeSO_4 + 6H_2SO_4 \xrightarrow{pH<2.40} Cr_2(SO_4)_3 + 3Fe_2(SO_4)_3 + 7H_2O$$

由于生成的还原产物 $Cr_2(SO_4)_3$ 的溶解度比较大，所以要从水中分离出来，还必须进一步进行碱化处理，使之生成氢氧化铬沉淀。其反应为

$$Cr_2(SO_4)_3 + 3Ca(OH)_2 \xrightarrow{pH=8\sim9} 2Cr(OH)_3\downarrow + 3CaSO_4$$

这其中第一步称为药剂还原法，第二步称为化学沉淀法。

在氧化还原反应中，其氧化性或还原性的强弱可按各电对的电极电动势来衡量。氧化剂和还原剂的电极电动势差越大，氧化还原反应进行的越安全。各种物质（电对）的电极电动势除与物质的自身性质有关外，还与反应物质的浓度（或气体分压）和温度有关，这种关系可用物理化学中的能斯特公式估算

$$E = E_0 + \frac{RT}{nF}\ln\frac{[\text{氧化态}]}{[\text{还原态}]}$$

利用上式可估算氧化还原法的处理程度，即求出氧化还原反应达到平衡状态时各相关物质的残余浓度。如利用铜屑置换废水中的汞时：$Cu + Hg^{2+} \longrightarrow Cu^{2+} + Hg\downarrow$。当反应在室温（25℃）下达到平衡时，相应原电池两电极的电极电动势相等，即

$$E^{\circ}_{Cu^{2+}/Cu} + \frac{0.059}{2}\lg\frac{[Cu^{2+}]}{1} = E^{\circ}_{Hg^{2+}/Hg} + \frac{0.059}{2}\lg\frac{[Hg^{2+}]}{1}$$

查标准电极电动势可得：$E^{\circ}_{Cu^{2+}/Cu} = 0.34V$，$E^{\circ}_{Hg^{2+}/Hg} = 0.86V$，代入上式可得 $[Cu^{2+}]/[Hg^{2+}] = 10^{17.5}$。可见，反应达到平衡时，废水中的残余 Hg^{2+} 已非常少。说明利用铜屑置换废水中汞的氧化还原反应进行得非常彻底。

四、萃取处理

1. 基本原理

废（污）水的萃取处理是向废（污）水中投加一种与水互不相溶，但能溶解污染物的溶

剂，而且污染物在该溶剂中的溶解度远大于在水中的溶解度，经与废（污）水充分混合后，废（污）水中污染物的大部分转移到该溶剂中，然后再将废（污）水与溶剂分离，便可达到分离或浓缩污染物和净化废水的目的。采用的溶剂称为萃取剂，通常是一种有机物，也称有机相。被萃取的污染物称为溶质，萃取后萃取剂称为萃取液（也称萃取相），残液称为萃余液（也称萃余相）。

由上述可知，分配系数越大，水中被萃取污染物在萃取相中的浓度越大，去除率也就越高。在萃取过程中，分配系数 β 是指达到萃取平衡时，污染物在萃取相中的总浓度 A_z 与在水中总浓度 A_s 的比值，即 $\beta = A_z / A_s$。在废（污）水处理过程中，分配系数为曲线，形式为 $\beta = A_z / A_s^n$。因此，萃取是物质从一相转移到另一相的传质过程。增大萃取剂与水的接触面积、强化湍流程度（即加大传质系数）以及采用逆流操作等，均有利于提升萃取效果，提高污染物的去除率。

溶质（污染物）在两相之间的转移速率 G 可表示为

$$G = KF\Delta c, \ kg/h \tag{21-14}$$

式中：K 为传质系数，与两相的性质、浓度、温度和 pH 值有关；F 为两相之间的接触面积，m^2；Δc 为传质推动力，即废（污）水中污染物的实际浓度与平衡浓度之差，kg/m^3。

2. 萃取剂的选择与再生

在萃取过程中，萃取剂是关键，它不仅分配系数大，分离效果好，不乳化，不随水流失，而且化学稳定性好，不易燃易爆，毒性小，腐蚀性小，以及容易再生和回收溶质。另外，萃取剂在水中的溶解度越小越好。因为萃取剂用量往往很大，如不能回收重复利用，不仅造成流失，而且造成二次污染。

萃取剂的再生有物理法（蒸发或蒸馏）和化学法。物理法适用于萃取相中各组分沸点相差较大的场合，沸点温差越大，越易控制温度，用蒸馏法分离也越彻底。化学法是指投加某一种化学药剂，使它与萃取物形成不溶于萃取剂的盐类，以固体形式析出。如用碱液（NaOH）反萃取萃取相中的污染物酚，形成酚钠盐析出而分离。

3. 萃取处理的工艺流程

萃取处理通常分为混合、分离和回收三个步骤。混合一般是将萃取剂分散成细小液滴状或雾状，使溶质从水中转移到萃取剂中去；分离是将萃取相与萃余相分层分离；回收是将萃取相中的萃取物（溶质）分离出去，使萃取剂得到再生后重复利用，同时将萃取物回收利用或进行废弃处理。

萃取处理按其有机相与废（污）水的接触次数分为单级萃取和多级萃取，前者也称间歇萃取，后者也称连续萃取。单级萃取通常是在一个萃取设备（罐）中进行充分混合接触和传质，达到平衡后即可进行分离。这种工艺虽设备简单、便于操作，但萃取效果有限，而且萃取剂耗量过大，所以适宜处理水量较少的场合。多级逆流萃取不仅能充分利用萃取剂、萃取推动力大，而且分离效果好，萃取剂用量少，所以生产实践中较多采用，如图 21-12 所示。

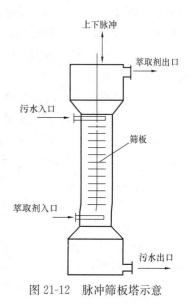

图 21-12　脉冲筛板塔示意

五、电解法

1. 基本原理

在废（污）水中往往含有溶解性物质（盐类），所以它是一种电解质溶液。当废（污）水进行电解反应时，废（污）水中的有毒物质（污染物）在阳极和阴极上分别进行氧化和还原反应，并伴随有新物质产生。这些新物质在电解过程中，或生成气体从水中逸出、或沉积于电极表面、或沉淀下来，从而降低废（污）水有毒物质（污染物）的浓度，使废（污）水的水质得到净化。这种利用电解原理处理废（污）水中有毒污染物的方法称为电解法。

根据电化学概念，在电解过程中，阴极放出电子（电子供体），废（污）水中某些阳离子因得到电子而被还原，所以阴极起还原剂的作用；阳极得到电子，废（污）水中某些阴离子因失去电子而被氧化，所以阳极起氧化剂的作用。

2. 电解过程的耗电量

试验证明，在电解过程中，电极上溶解或析出的物质量与电解槽通过的电量成正比，而且每通过96 500C的电量，在任何电极上因发生电极反应而变化的物质量均为1mol，这一规律称为法拉第电解定律，可表示为

$$G = \frac{1}{F}BIt \tag{21-15}$$

式中：G 为电极上溶解或析出的物质质量，g；F 为法拉第常数，取值为96 500C/mol；B 为阳极的化学当量，g/mol；I 为电流强度，A；t 为电解时间，s。

3. 分解电压

电解质必须在直流电流的作用下才能进行电解，有电流通过必然存在一定的电压，能使电解质顺利进行电解过程所需要的最低外加电压，称为分解电压。

分解电压分为理论分解电压和实际分解电压，两者之间的关系为

实际分解电压＞理论分解电压

实际分解电压－理论分解电压＝超电压

（1）理论分解电压。电解槽本身就是某种原电池，由于原电池产生的电动势同外加电压的方向正好相反，所以称为反电动势。如果无其他因素阻碍电解反应的进行，要使电解过程顺利进行，外加电压只需大到足以克服这个电解反应所构成电池的反电动势时即可进行。因此，当电解槽外加电压的值等于电解产物所构成的原电池的反电动势时，就称为此电解质溶液的理论分解电压。

（2）实际分解电压与超电压。电解槽的实际分解电压与理论分解电压之差称为超电压或过电位。因为电解溶液的理论分解电压是在可逆的条件下计算的，但电解槽不可能在电流密度按近于零的情况下进行电解反应，因此电解槽的电压（槽压），即电极间的电位差应等于理论分解电压与电解槽中各电阻压降及电极极化电动势之和，即

$$E = E^\circ + IR + \varphi_a + \varphi_c \tag{21-16}$$

式中：E 为实际分解电压，V；E° 为理论分解电压，V；I 为电解电流，A；R 为电解槽的总电阻，Ω；φ_a 为阴极上的超电位，V；φ_c 为阳极上的超电位，V。

电解槽的总电阻包括电解液的电压降、电极电阻降、电解槽隔膜电压降和接触点电压降等。电极过电位也称活化过电位，主要与电极材料和电极的表面状态有关。另外，还有浓差过电位，它是指溶液中离子扩散受阻，造成电极表面处溶液中的离子浓度与溶液深处的离子

浓度不同而产生的浓差电池，它与外加电压方向也是相反的，故称浓差极化。所以电解槽的实际分解电压不仅与电极材料、表面状态和电流密度有关，还与废水性质和电解液温度等因素有关。

4. 以电解法处理含铬废水

在以铁板为阳极的电解槽中，电解过程中铁板阳极溶解产生强还原剂亚铁离子，在酸性条件下可将六价铬还原为三价铬，使金属六价铬的毒性大大降低。化学反应为

$$Fe - 2e^- \longrightarrow Fe^{2+}$$
$$Cr_2O_7^{2-} + 6Fe^{2+} + 14H^+ \longrightarrow 2Cr^{3+} + 6Fe^{3+} + 7H_2O$$
$$CrO_4^{2-} + 3Fe^{2+} + 8H^+ \longrightarrow Cr^{3+} + 3Fe^{3+} + 4H_2O$$

从以上反应式可知，还原一个六价铬离子需要三个亚铁离子，若忽略电解过程中副反应消耗的电量和阴极的直接还原作用，$1A \cdot h$ 的电量可还原 $0.3235g$ 铬。

在阴极，除氢离子获得电子生成氢外，废水中的六价铬均直接还原为三价铬。离子反应方程式为

$$2H^+ + 2e^- \longrightarrow H_2 \uparrow$$
$$Cr_2O_7^{2-} + 6e^- + 14H^+ \longrightarrow 2Cr^{3+} + 7H_2O$$
$$CrO_4^{2-} + 3e^- + 8H^+ \longrightarrow Cr^{3+} + 4H_2O$$

从上述反应可知，随着电解过程的进行，废水中的氢离子浓度将逐渐减少，结果使废水碱性增强。在碱性条件下，可将上述反应得到的三价铬和三价铁以氢氧化铬和氢氧化铁的形式沉淀下来，其反应方程式为

$$Cr^{3+} + 3OH^- \longrightarrow Cr(OH)_3 \downarrow$$
$$Fe^{3+} + 3OH^- \longrightarrow Fe(OH)_3 \downarrow$$

试验证明，电解时阳极溶解产生的亚铁离子是六价铬还原为三价铬的主要因素，而阴极直接将六价铬还原为三价铬是次要的。

应该指出的是，铁阳极在产生亚铁离子的同时，由于阳极区氢离子的消耗和氢氧根离子浓度的增加，引起氢氧根离子在铁阳极上放出电子，结果生成铁的氧化物，其反应式为

$$4OH^- + 4e^- \longrightarrow 2H_2O + O_2 \uparrow$$
$$3Fe + 2O_2 \longrightarrow FeO + Fe_2O_3$$

将上述两个反应式相加得

$$8OH^- + 3Fe - 8e^- \longrightarrow Fe_2O_3 \cdot FeO + 4H_2O$$

随着 $Fe_2O_3 \cdot FeO$ 的生成，铁板阳极表面生成一层不溶性的钝化膜。这种钝化膜具有吸附能力，往往使阳极表面黏附着一层棕褐色的吸附物（主要是氢氧化铁）。这种物质阻碍亚铁离子进入废水中，从而影响处理效果。减少阳极钝化的方法大致有以下三种：

（1）定期用钢丝刷清洗极板。

（2）定期将阴、阳极交换使用。利用电解时阴极上产生氢气的撕裂和还原作用，将极板上的钝化膜除掉，其反应为

$$2H^+ + 2e^- \longrightarrow H_2 \uparrow$$
$$Fe_2O_3 + 3H_2 \longrightarrow 2Fe + 3H_2O$$
$$FeO + H_2 \longrightarrow Fe + H_2O$$

（3）投加食盐电解质。由 $NaCl$ 生成的氯离子能起活化剂的作用。因为氯离子容易吸附

在已钝化的电极表面，接着氯离子取代膜中的氧离子，生成可溶性铁的氯化物而导致钝化膜溶解。投加食盐还可增加废水的导电能力，减少电能的消耗。

用电解法处理含铬废水，六价铬离子含量不宜大于 100mg/L，pH 值宜为 4.0～6.5。

电解法除铬的工艺有间歇式和连续式两种。一般多采用连续式工艺，其工艺流程如图 21-13 所示。

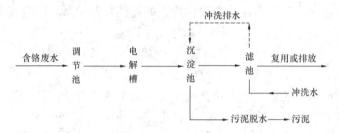

图 21-13　连续式含铬废水处理工艺流程示意

六、吹脱法、汽提法

1. 基本原理

吹脱法和汽提法都是用于脱除废（污）水中的溶解性气体和某些易挥发性物质（污染物），两者均属于气—液相之间的物质转移分离法，即通过将载体（空气或蒸汽）通入水中，气—液两相充分接触，使水中的溶解性和易挥发性污染物通过气—液界面由液相向气相转移，从而达到脱除水中污染物的目的。当以空气为载体时称为吹脱法，当以水蒸气为载体时称为汽提法。在火力发电厂水处理中，除碳器就是用吹脱法除去水中的溶解性（游离）CO_2，热力除氧器就是用汽提法除去水中的溶解氧。

根据亨利定律，在温度一定且只有气—液两相的释溶液体系中，溶质气体在气相中的分压与该气体在液相中的浓度成正比。因此，当溶质组分的气相分压低于溶液中该组分浓度对应的气相平衡分压时，就会发生溶质组分从液相向气相的转移，其传质速度取决于该组分的平衡分压与气相分压的差值大小。

在废（污）水的吹脱处理中，吹脱法常用于分离废（污）水中溶解性和易挥发性的 H_2S、CO_2、NH_3、HCN 等有害污染物。

根据上述气液平衡和传质速度理论，只要使废（污）水与空气充分接触，并不断鼓入新鲜空气，使气相中的实际浓度始终低于该条件下的平衡浓度，废（污）水中的溶解性气体污染物就会不断地向气相转移，使废（污）水得到净化，这就是吹脱法。

利用水蒸气去除水中有害气体或挥发性污染物的方法称为汽提法。将水蒸气通入废（污）水中时，当废（污）水的蒸汽压超过外界压力时，废（污）水就会沸腾，从而加速气—液两相之间挥发性污染物的转移过程。当气—液两相达到平衡时，溶质（污染物）在气—液两相之间的浓度比为一常数，即服从物质分配定律

$$R = c_汽 / c_水 \qquad (21-17)$$

式中：R 为分配系数；$c_汽$ 为气液平衡时，溶质在蒸汽冷凝水中的浓度，kg/m^3；$c_水$ 为气液平衡时，溶质在废（污）水中的浓度，kg/m^3。

可见，分配系数 R 值越大，汽提法的净化效果就越好。所以，汽提法适宜脱除废（污）水中的溶解性、挥发性污染物，如 H_2S、NH_3、挥发酚、甲醛、苯胺等。

2. 吹脱、汽提设备

吹脱设备有吹脱池和吹脱塔两种类型。吹脱池依靠液面与大气接触脱除溶解气体污染物,所以适宜水温较高、风速较大、地段开阔、易挥发、不易产生二次污染的场合。吹脱池虽然可以通过减小水深,增大液面和延长贮存时间,提高吹脱效果,但在废(污)水处理中还是应用较少,而是采用吹脱塔。

吹脱塔分为填料塔和板式塔。填料塔的结构和运行方式与前面已叙述过的大气式除CO_2器类似。板式塔是塔内设有一定数量塔板,废(污)水以水平流过塔板,经降液管流入下一层塔板,空气以鼓泡或喷射的方式由下向上穿过塔板上的水层,完成液相中气体污染物向气相的转移,使塔内气相与液相的组成沿塔高呈阶梯形变化,液相中的气体污染物浓度自上而下逐渐降低,而气相中污染物浓度则逐渐上升,完成废(污)水的净化。

汽提设备也分为填料塔和板式塔两种类型,由于是向水中通入蒸汽作为载体,所以选择塔体填料、塔板材料时,还要考虑耐温和耐腐蚀要求。

3. 吹脱、汽提法的应用

(1)吹脱法的应用。吹脱法除在锅炉补给水处理中,用于脱除原水经 H 离子交换器产生的游离CO_2外,在废(污)水处理中,还用于氨氮废水、H_2S废水及氰化物废水的处理等。

在选矿废水中,氰化物以 NaCN 的形式存在,在水溶液中容易水解为 HCN,生成的HCN 可用吹脱法去除,然后再用 NaOH 回收 NaCN,重新使用。加酸调节水溶液的 pH 值,有利于水解反应的进行。这时的操作参数为:淋水强度 $7.5\sim10m^3/(cm^2 \cdot h)$;水温 $50\sim55℃$,气水比 $25\sim35$,pH 值 $2\sim3$。

又如在城市生活污水的脱氮处理中,吹脱法脱氮也收到很好的效果。在生活污水中,氨氮保持以下平衡关系

$$NH_3+H_2O \Longleftrightarrow NH_4^+ +OH^-$$

因此,通过加碱提高污水的 pH 值,就可将污水中的离子态NH_4^+ 转化为游离态(气态)的NH_3,利用吹脱(空气为载体)法将氨氮从污水中去除。试验证明,将污水的 pH 值调至 11.0 左右时,游离态NH_3可增加至 90% 以上。调节污水 pH 值的碱性药剂有石灰和氢氧化钠等,石灰价廉,但易结垢,沉渣多,氢氧化钠不结垢,但价格贵。

(2)气提法的应用。汽提法除在锅炉给水调节中,用于脱除给水中的溶解 O_2外,在废(污)水处理中,还用于脱除煤气厂和焦化厂废水中的挥发性苯酚和甲酚。图 21-14 为典型的汽提法脱酚处理工艺流程。汽提塔分上下两段,上段是汽提段,通过逆流接触方式脱除废水中的酚;下段是再生段,通过逆流方式,用碱液(NaOH)从蒸汽中吸收酚,生成酚钠盐后重复利用。焦化厂含酚废水采用此工艺流程,可使废水中酚浓度从 2500mg/L 降至 $300\sim400mg/L$,再经生化处理后可达排放标准。

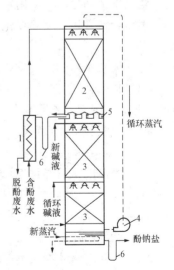

图 21-14　汽提法脱酚处理
工艺流程

1—预热器;2—汽提段;3—再生段;
4—鼓风机;5—集水槽;6—水封

第二十二章

生 物 处 理

废（污）水的生物处理（或生物转化）就是利用污水中微生物的自身转化（代谢）功能，降解污水中的有机物，并转化为稳定无机物的一种水处理技术，它分为好氧生物处理和厌氧生物处理两大类。好氧生物处理是在有游离氧（分子氧）存在的条件下，利用好氧微生物（好氧菌和兼性菌）的代谢功能降解水中有机物，并使其稳定化、无害化的处理方法。它适宜处理中、低浓度的有机废水或 BOD_5 浓度在 500mg/L 以内的有机废（污）水；厌氧生物处理是在没有游离氧存在的条件下，利用厌氧微生物（兼性菌和厌氧菌）的代谢功能降解和稳定水中有机物的处理方法。本章分别作简单介绍。

第一节 天然水体的自净与稳定塘

一、天然水体的自净

1. 天然水体的污染

天然水体的污染是指由于人口迅速增加、工农业不断加速发展、城镇化进程加快以及居民生活水平不断提高，使用水量和废（污）水排放量大幅度上升，并使天然水体的物理、化学、微生物特性发生明显变化，从而导致天然水体原来的固有生态体系和功能遭到严重破坏的一种现象。

进入天然水体的污染物有多种，随人们生活用水和工业用水的用户不同而有很大差异。按其污染物的特征可分为可生物降解有机污染物（如农药、杀虫剂、除草剂、脂肪类化合物等）、难生物降解有机污染物（如蛋白质、脂肪和碳氢化合物等）、无直接毒害无机污染物（如泥沙、酸、碱、氨氮等）、有直接毒害无机污染物（如重金属、镉、铅、铬、砷、汞等）。

2. 天然水体的富营养化

天然水体的富营养化是指在人们的生活和生产中，排入天然水体很多未经处理的大量污水和工业废水，使天然水体中的氮、磷等营养性污染物剧增，在光照和其他条件适宜的情况下，藻类大量繁殖，随后死亡，使水体中的异养微生物活动加剧，溶解氧含量大幅下降，甚至耗尽，造成水体水质恶化，生态环境结构遭到严重破坏的一种现象。

天然水体的富营养化不仅使水体产生霉味、臭味和透明度降低，而且会使水体成厌氧状态，发生恶臭（H_2S），破坏天然水体原先固有的生态环境。

3. 天然水体的自净

天然水体的自净是指受到污染的水体，在其流动或时间推移的过程中，通过水体的物理、化学和生物净化作用，水体中的污染物浓度会自然降低的一种现象，这时水体又基本或完全恢复到原来未被污染的平衡状态。水体的物理净化作用是指通过液流的稀释、扩散、混合、吸附、沉淀及挥发作用，使水体中的污染物浓度均化和降低，但污染物的总量不变。稀释的效果主要受水体的运动形式（平流和扩散）影响。扩散又有分子扩散、紊流扩散和弥散之分。分子扩散是由污染物分子的布朗运动引起的，在静水体中的稀释主要是分子扩散；紊流扩散是由水体的流动状态（紊流）造成的污染物浓度降低；弥散是由水体各水层之间的流速不同，使污染物浓度均化、分散。污染物在流动水中的稀释主要是靠紊流扩散和弥散。

水中污染物在纵向 x（水流方向）的扩散通量，可由式（22-1）推算

$$Q_0 = -D_x \frac{\partial c}{\partial x} \tag{22-1}$$

式中：Q_0 为纵向 x 的扩散通量，$mg/(m^2 \cdot s)$；D_x 为纵向 x 的紊流扩散系数，m^2/s；$\frac{\partial c}{\partial x}$ 为纵向 x 的浓度梯度，mg/m^4；"$-$" 为沿污染物浓度减少方向扩散。

水中污染物在三维方向的扩散通量为

$$Q_0' = -D_x \frac{\partial c}{\partial x} + D_y \frac{\partial c}{\partial y} + D_z \frac{\partial c}{\partial z} \tag{22-2}$$

式中：Q_0' 为三维方向的综合扩散通量，$mg/(m^2 \cdot s)$；D_x、D_y、D_z 分别为 x、y、z 方向的紊流扩散系数，m^2/s；$\frac{\partial c}{\partial x}$、$\frac{\partial c}{\partial y}$、$\frac{\partial c}{\partial z}$ 分别为 x、y、z 方向的浓度梯度，mg/m^4；"$-$" 为沿污染物浓度减少方向扩散。

污水与水体混合后污染物浓度降低，称为河流的混合稀释，其稀释效果主要与混合系数 α 有关。混合系数 α 为排污口至计算断面的距离 L_1 与排污口至完全混合断面的距离 L_2 的比值，即 $\alpha = L_1/L_2$。当 $L_1 \geqslant L_2$ 时，$\alpha = 1$。混合系数的大小与河流形状、排污口结构、排污方式、排污水量等因素有关。

河流完全混合断面处的污染物平均浓度为

$$c = \frac{c_W q + c_R \alpha Q}{\alpha Q + q} \tag{22-3}$$

式中：c 为河流完全混合断面处的污染物平均浓度，mg/L；c_W 为原污水中污染物浓度，mg/L；c_R 为河水中该污染物的原有浓度，mg/L；q 为污水流量，m^3/s；Q 为河水流量，m^3/s。

污染物中的可沉物质可通过沉淀作用，使其浓度降低。沉淀作用的大小可由式（22-4）表示

$$\frac{dc}{dt} = -\kappa c \tag{22-4}$$

式中：κ 为沉降系数，d^{-1}（若 κ 为负值，则表示已沉降物质又被冲起）；c 为污水中可沉污染物的浓度，mg/L。

污染物中的挥发性物质，可通过水面挥发使其浓度降低。

水体的化学净化作用是指通过发生氧化还原、酸碱中和等化学过程，使水体中的污染物浓度降低或存在形态发生变化；水体的生物净化作用是指水中污染物在微生物的生化降解过程中，将有毒污染物变为低毒或无毒污染物。这是水体净化的主要过程，而且是主要针对可生物降解有机污染物而言的。因此，天然水体的自净过程不仅与水体及污染物的性质和水流特性有关，而且还与水生物的种类和数量有关。

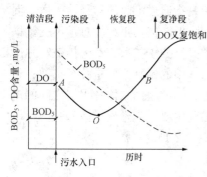

图 22-1 BOD₅、DO 变化曲线

4. 天然水体的氧平衡曲线

图 22-1 是天然水体中只有一种可生物降解有机污染物的情况下，BOD₅ 和 DO（dissolved oxygen）的变化曲线。由于 DO 曲线呈悬索状下垂，故称氧垂线。由图 22-1 可知，BOD₅ 和 DO 曲线可分为清洁段、污染段和恢复段。清洁段：在污水排入点上游，水中 DO 接近饱和状态，BOD₅ 值低于最高允许量，水体是清洁的。污染段：在污水排放点处，BOD₅ 值急剧上升，随后 DO 被水中有机污染物的氧化、分解反应所消耗，这时耗氧速率大于复氧速率，水中 DO 值大幅下降，亏氧量增加，直至耗氧速率等于复氧速率。由于 DO 得不到及时补充，水体受到污染，到达 O 点时，DO 值最低，亏氧量最大，O 点称氧垂点。恢复段：O 点后，复氧速率开始超过耗氧速率，DO 值开始上升，亏氧量逐渐减少，BOD₅ 值开始低于最高允许量。B 点为转折点，B 点后 DO 值继续回升至排污点以前的平衡状态。

5. 氧垂曲线方程

斯蒂特—菲利普斯（Streeter-Phelps）于 1925 年研究耗氧动力学时，假定：

（1）河流受纳有机污水后，沿水流方向产生的有机物输送量远大于扩散稀释量。

（2）河流的水流量与污水量及河水温度稳定不变。

（3）只考虑有机物生化耗氧和大气复氧两个因素。

（4）河流截面变化不大，不考虑藻类等水生生物和污泥的影响。

（5）河流与污水在排放点处于完全混合状态。

在上述假定条件下，河水中有机物生化降解的耗氧量与河水中有机物的含量成正比，呈一级反应，即

$$\frac{\mathrm{d}L}{\mathrm{d}t} = -k_1 L; t = 0, L = L_0$$

$$L_t = L_0 \exp(-k_1 L) \text{ 或 } L_t = L_0 \times 10^{-\kappa_1 t} \tag{22-5}$$

式中：L_0 为有机物总量，即在允许亏氧量的条件下，河水中可以氧化的最大有机物量；L_t 为 t 时河水中残存的有机物量；t 为河水流动时间；κ_1、k_1 为耗氧速率常数，$\kappa_1 = 0.434 k_1$，κ_1 或 k_1 因污水性质和水温而异，由试验决定。

当其他条件一定，河流水面与大气接触，氧气不断溶入河水中时，复氧速率与亏氧量也成正比，呈一级反应，即

$$\frac{\mathrm{d}D}{\mathrm{d}t} = k_2 D; t = 0, D = D_0$$

$$D = c_0 - c_x$$

式中：k_2 为复氧速度常数；D 为亏氧量；c_0 为一定温度下，河水中饱和溶解氧浓度，mg/L；c_x 为河水中溶解氧浓度，mg/L。

Streeter-Phelps 在研究被有机物污染的河流中，河水中亏氧量的变化速率是耗氧速率与复氧速率之和，亏氧方程也呈一级反应，即

$$\frac{\mathrm{d}D}{\mathrm{d}t} = k_1 L - k_2 D \tag{22-6}$$

设 $t=0$ 时，$D=D_0$，$L=L_0$，则上式积分解为

$$D_t = \frac{\kappa_1 L_0}{\kappa_2 - \kappa_1}(10^{-\kappa_1 t} - 10^{-\kappa_2 t}) + D_0 \times 10^{-\kappa_2 t} \tag{22-7}$$

式中：D_t 为 t 时河流中亏氧量；κ_2 为复氧速率常数，与水温、水文条件（如流态、流速）有关。

式（22-7）称 Streeter-Phelps 氧垂曲线方程。

由于 Streeter-Phelps 的假定与实际工程有一定差异，因此氧垂曲线的实际形状及有关描述也会有一定的偏差。

二、稳定塘

稳定塘也称氧化塘和生物塘，是一种利用天然水体的自身净化能力处理废（污）水的生物处理设施，它是在一定自然环境条件下构成的具有复杂食物代谢链网和自然净化能力的特殊生态系统，这种自然生态系统能利用自身净化能力氧化、分解、转化和消除污水中各种形态的污染物。图 22-2 是一种典型的稳定塘生态系统。

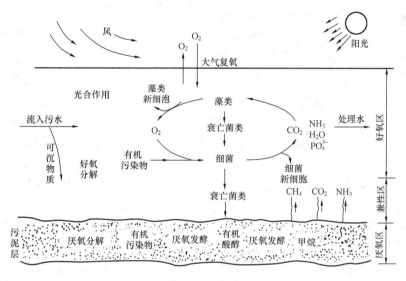

图 22-2　典型的稳定塘生态系统

1. 稳定塘的净化原理

在图 22-2 中，光照、风力、温度、pH 值、DO、CO_2、N_2、P、有机物负荷等为非生物部分；细菌、藻类、原生动物、后生动物、水生植物和水生动物等为生物部分。两者共同组成稳定塘的自然生态系统，但对污水中有机污染物起净化作用的主要是细菌，其中包括好氧、兼氧、厌氧的异氧菌和自养菌。藻类是自然型微生物，可通过光合作用向稳定塘提供DO，与细菌一起形成稳定塘的菌藻共生体系，并利用无机碳、氮、磷等营养元素合成细胞质，其生化反应为

$$\text{有机污染物} + O_2 + H^+ \xrightarrow{\text{（细菌的降解作用）}} CO_2 + H_2O + NH_4^+ + C_5H_7O_2N$$

$$106CO_2 + 16NO_3^- + HPO_4^{2-} + 122H_2O + 18H^+ \xrightarrow{\text{（藻类的光合作用）}} C_{106}H_{263}O_{110}P + 138O_2$$

上述生化反应说明，生物稳定塘中有机污染物的降解过程，是污水中溶解性有机污染物转化为无机物和菌藻类细胞质的过程。

稳定塘中的原生动物、后生动物和枝角类动物等微型动物，能吞食水中藻类、细菌和小颗粒状有机物，并分泌黏性物质，促使水中的细小悬浮固体通过凝聚、沉降作用，使塘水清澈透明。

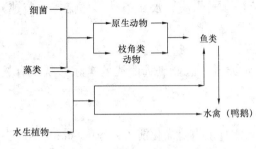

图 22-3 稳定塘内主要食物链网

稳定塘中的水生维管束植物（包括浮水植物和挺水植物、沉水植物）具有吸收和吸附作用，也有助于提高水中污染物和氮、磷营养物的去除效果。浮水植物可直接从大气中吸收氧气，并通过叶茎送至根部后释放于水中。沉水植物多为鱼类和水禽动物的良好饲料。因此，生物稳定塘内的生物链不是单一的，而是一种纵横相互交错的食物链网，如图 22-3 所示。

2. 影响稳定塘净化过程的因素

污水进入稳定塘后，由于稳定塘的稀释作用、沉淀絮凝作用及微生物的代谢作用等，使污水中的有机污染物含量明显降低，即污水得到一定的净化。在此过程中，稳定塘的环境因素也会对污水净化起一定的作用。这些环境因素包括温度、光照、混合、营养物质、有毒物质和气候条件等。

（1）温度。每一种微生物都有一定的存活和代谢温度范围，超过这个范围就难以存活，甚至死亡。好氧菌的存活和代谢温度为 $10\sim40℃$，最佳温度为 $25\sim35℃$；藻类则分别为 $5\sim40℃$ 和 $30\sim35℃$；厌氧菌分别为 $15\sim60℃$ 和 $33\sim53℃$。稳定塘的热源主要来自太阳的辐射，所以在一年四季中，沿塘深度会产生温度梯度。夏季上层塘温较高、深层塘温较低。到秋季上层塘温下降较快时，就会出现上层塘温低于下层塘温，形成温差异重流，上下层塘水相互交换流动，易形成翻池现象。这时可能会使塘底的厌氧物质被翻到上层水面，并散发出臭味。

（2）光照。好氧微生物从光照中得到能量，所以应使光线穿透到塘底。藻类必须有充足的阳光才能进行光合作用，进而向好氧菌提供必要的氧气和合成新的藻类细胞质。

（3）混合。只有新进污水与原来污水快速充分混合，使有机污染物与细菌密切接触，才能发挥稳定塘的净化功能，因此必须合理设计稳定塘的池型、进出口形式和位置，创造合理的水力条件。

（4）营养物质。为更好地发挥稳定塘的净化功能，还必须为塘内微生物提供必要的营养元素及合理配比。一般认为最合理的养料配比为：$BOD_5：N：P：K=100：5：1：1$。

（5）有毒物质。因为有毒物质能抑制细菌和藻类的代谢功能，因此必须对污水中的有毒物质浓度进行限制或进行必要的预处理。

3. 稳定塘的工艺特点

稳定塘按塘内微生物类型、供氧方式和功能，可分为以下四种类型：

（1）好氧塘。好氧塘的特点是：

1）塘池较浅，一般在 0.5m 左右，白天阳光可透至池底，全部塘水均含溶解氧，好氧微生物主要起污水净化作用。

2）塘内形成藻—菌—原生动物的共生系统：塘内藻类获得太阳光的能量进行光合作用，并释放大量氧气，与塘池表面进行的自然复氧一起，保持塘内呈好氧状态，使塘内好氧微生物对污水中的有机污染物顺利进行氧化、分解等生物代谢过程，产生的 CO_2 充当藻类光合作用的碳源。藻类从塘水中摄取 CO_2 及 N、P 等无机盐类，并利用太阳光能合成本身的细胞质，从而形成一个完整的藻—菌—后生动物的生态系统，如图 22-4 所示。

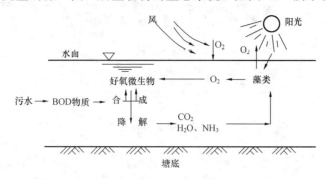

图 22-4　好氧塘工作原理示意图

3）白天藻类进行光合作用，使水中 CO_2 含量降低，pH 值上升。夜间藻类光合作用停止，水中 CO_2 含量累积，pH 值下降。

4）如果入塘污水中含有机污染物过多，即有机物负荷过高，引起藻类异常繁殖，可产生藻类升华，使塘水变浑浊，并释放臭味。

5）好氧塘一般采用较低的有机物负荷值，保持良好的净化功能，所以有机污染物降解速率较高，污水在塘内停留时间较短。

（2）兼性塘。兼性塘的特点是：

1）塘池较深，一般为 $1.0\sim2.0m$，阳光只能透入上层部分，为好氧层，在此进行着与好氧塘几乎相同的各项反应。

2）塘底为污泥层。该层由沉淀的污泥和衰亡的菌藻残核组成。由于没有藻类进行光合作用释放氧气，所以该层中污水和污泥的净化是以厌氧微生物的厌氧发酵为主，称厌氧层。

3）在厌氧层，厌氧微生物的发酵分为产酸、产氢产乙酸和产甲烷三个阶段，可使 20% 左右的有机污染物得到降解，污泥量也相应减少。

4）好氧层与厌氧层之间为兼性层，一般白天有溶解氧，夜间呈厌氧状态。在这一层存活的微生物称兼性微生物。这种兼性微生物可以利用水中游离的分子氧，也可以从 NO_3^- 或 NO_2^- 中摄取氧。

5）兼性微生物不仅能去除易降解的有机污染物，也能去除氮、磷等营养物质和部分难生物降解的有机污染物，所以兼性塘对污水的水量和水质的变化有较强的适应能力。

由以上叙述可知，好氧塘和兼性塘的处理功能和效果主要与塘的面积有关，故塘池面积通常按表面负荷率设计，即

$$F = \frac{L_1 Q}{q} \tag{22-8}$$

式中：F 为塘池面积，m^2；L_1 为进入稳定塘污水的 BOD，kg/m^3；Q 为平均污水量，m^3/d；q 为 BOD 设计负荷，$kg/(m^2 \cdot d)$。

（3）厌氧塘。厌氧塘的特点是：

1）塘深一般在 2.0m 以上，全塘水无溶解氧，呈厌氧状态，如图 20-5 所示。由厌氧微

生物起主要净化作用。其有机物负荷高，停留时间长，适宜处理高浓度有机物污水。

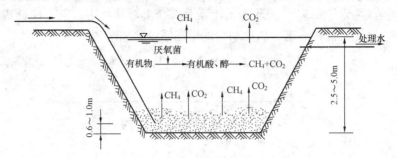

图 22-5　厌氧塘功能示意图

2）厌氧菌的代谢功能是首先由兼性厌氧产酸菌将复杂的有机污染物水解，转化为简单的有机酸及醇和醛等，再由厌氧菌（甲烷菌）将有机酸转化为甲烷和 CO_2 等。

3）由于甲烷菌的世代时间长，增殖速度慢，而且对溶解氧和 pH 值的要求比较敏感，所以必须严格控制有机污染物的投配率，维持产酸菌和甲烷菌之间的动态平衡。一般控制塘内有机酸浓度在 3000mg/L 以下，pH 值为 6.5～7.5，进水的 BOD_5：N：P＝100：2.5：1，硫酸盐的浓度控制在 500mg/L 以下。

4）厌氧塘通常用于处理高浓度有机废水，净化效率不高，达不到二级处理出水水质。所以，厌氧塘多设置在其他处理单元之前，作为前置处理。这时它可使 30% 左右的有机污染物降解，并使一部分难生物降解的有机物转化为可降解有机物，污泥量也有所减少。

5）厌氧塘深度大、有机物负荷高，易污染地下水，应注意防渗漏。厌氧塘易散发臭味，应采取相应措施，防止臭气散发。

为使厌氧塘维持厌氧状态，厌氧塘宜采用容积负荷设计塘容积 V，即

$$V = \frac{QL_a}{q_V}, \ m^3 \tag{22-9}$$

式中：Q 为进水流量，m^3/d；L_a 为进水 BOD_5 浓度，kg/m^3；q_V 为进水 BOD_5 容积负荷，$kg/(m^3 \cdot d)$。

（4）曝气塘。曝气塘的特点是：

1）塘深一般为 3.0～5.0m 或 2.0～6.0m，水力停留时间为 3～10d。它是利用曝气装置向塘内污水充氧（空气）并搅动塘水，所以是一种人工强制化的稳定塘。

2）如果曝气装置的安设密度和功率（如大于 $6kW/1000m^3$）较大，足以使塘内全部生物污泥处于悬浮状态，并能向塘水提供足够的氧气，则称为好氧塘。如果曝气装置的安设密度和功率（如大于 $1kW/1000m^3$）较小，只能使塘内部分生物污泥处于悬浮状态，而且向塘水提供的氧气不能全部满足，则称为兼性塘。

3）曝气塘的净化功能和净化效果明显高于一般稳定塘，而且水力停留时间短、占地面积小。但它投资大，耗能多，运转费用高。

第二节　好氧生物处理法

好氧生物处理分为活性污泥法和生物膜法，本节对好氧生物处理作简单介绍。

一、活性污泥法

1. 活性污泥（activated sludge）

如在生活污水（如粪便水）中通入空气，持续一段时间后，水中会产生一种以好氧菌为主体的茶褐色絮凝体，其中含有大量的活性微生物群体，可分解、氧化水中的有机物，并易于沉淀分离，从而得到澄清的处理水，这种絮凝体就称为活性污泥。活性污泥外观为黄色或褐色，呈絮凝颗粒状，又称为生物絮凝体。活性污泥的含水率很高，一般都在99％以上，密度与水相近，在1.002~1.006之间。它具有较大的比表面积，每毫升活性污泥的面积大约有20~100cm²，所以它有很强的吸附水中有机污染物的能力。

活性污泥中的微生物群体主要由细菌组成，其数量可占污泥中微生物总重量的90％~100％。每毫升活性污泥中细菌数量达10^7~10^8。另外，在活性污泥上还存活着真菌、原生动物和后生动物等微小动物。由于细菌的增值率很高，其世代时间只有20~40min，因此，它很容易被驯化，按着人们所需要的环境作定向变异。

如上所述，活性污泥微生物是活性污泥的主体组成部分，是活性污泥法净化污水的核心，所以人们常以活性污泥在混合液（指原污水与回流污泥的混合体）中的浓度表示活性污泥微生物的数量，并以沉降比和容积指数表示活性污泥的沉降性能。

（1）混合液悬浮固体 MLSS（mixed liquor suspended solids）。它是指曝气池中单位容积混合液内含有活性污泥固体物质的总质量，单位为 mg/L 混合液或 g/L 混合液。MLSS 中包括：具有代谢功能活性的微生物群体；微生物自身氧化的残留物；由污水带入并被微生物吸收的有机物质；由污水带入的无机物物质。

（2）混合液挥发性悬浮固体 MLVSS（mixed liquor volatile suspended solids）。它是指曝气池中单位容积混合液内所含有活性污泥有机性固体物质的质量，单位与 MLSS 相同，只是不包括由污水带入的无机物质。

（3）污泥沉降比 SV（settling velocity）。它是指混合液在量筒内静置沉降 30min 后，沉降污泥的容积所占原混合液容积的百分率，以％表示，它表示曝气池在运行过程中的活性污泥量，可用于调节剩余污泥的排放量。

（4）污泥容积指数 SVI（sludge volume index）。它是指从曝气池出口取出的混合液，静置沉降 30min 后，每克干污泥所占有的容积，单位为 mL/g。它反映了活性污泥的沉降性能，一般为 70~100mL/g。

（5）活性污泥的比耗氧速率 SOUR 或 OUR（specific oxygen uptake rate）。它是指单位质量活性污泥在单位时间内所消耗的溶解氧量，单位为 mg/(g·h)或 g/(g·h)。一般活性污泥的 OUR 为 8~20mg/(g·h)，它与 DO（dissolved oxygen）浓度和有机物生物氧化的难易程度等因素有关。

（6）BOD 污泥负荷率 N_S 与 BOD 容积负荷率 N_V。N_S 是指曝气池内单位质量的干污泥，在单位时间内能接纳并降解至某一规定数的 BOD_5 质量值。N_V 是指曝气池内单位体积的污水，在单位时间内能接纳并降解至某一规定数的 BOD_5 质量值。其计算公式为

$$N_S = \frac{QS_0}{cV}, N_V = \frac{QS_0}{V}$$

式中：Q 为污水设计流量，m^3/d；S_0 为原污水的 BOD_5 值，kg/m^3；c 为曝气池内混合液悬浮固体浓度，kg/m^3；V 为曝气池容积，m^3。

（7）污泥龄（sludge age）t_p。它是指单位质量的微生物在活性污泥系统中的平均停留时间。其计算公式为

$$t_p = \frac{Vc}{\Delta c}$$

式中：Δc 为曝气池每日增长的活性污泥量或应排至污泥系统外的活性污泥量。

2. 活性污泥微生物的存活条件

活性污泥微生物和所有生物一样，必须在适宜的环境条件下才能存活，利用活性污泥微生物处理生活污水和含有机物的工业废水就是人为的为微生物创造良好的生存环境，以使微生物对水中有机物的降解得到强化。这主要包括：

（1）营养物质。活性污泥微生物在生命活动中，必须从污水中摄取一定的营养元素，如碳、氮、磷、无机盐类等，它们都是微生物细胞的组成部分。另外，还需要硫、钠、钙、铁、镁等元素。对生活污水来讲，微生物对碳、氮、磷的需求量可按 BOD_5：N：P＝100：5：1 考虑。如果这些营养物质不够，必须人为投加。

（2）溶解氧。活性污泥微生物以好氧菌为主体，它的生命代谢过程必须有氧气参与。在生产设备（如曝气池）中，溶解氧的浓度不宜低于 2.0mg/L。溶解氧浓度也不宜过高，过高充氧能耗大。

（3）pH 值。由于水的 pH 值不仅可以引起细胞膜的电荷变化，从而影响微生物对营养物质的吸收，而且还能影响生物酶的活性和改变有害物质的毒性。所以，必须人为地调整水的 pH 值，以适应微生物的生理代谢过程，因为不同微生物物种的适宜 pH 值范围是不同的。例如藻类、原生动物的适宜 pH 值为 4～10，大多数细菌适宜中性或微碱性（pH＝6.5～7.5）的生存环境；甲烷菌适宜中性（pH＝6.8～7.2）的生存环境；酵母菌适宜酸性或微酸性（pH＝5～6）的生存环境；硫化杆菌适宜酸性（pH＝1.5～3.0）的生存环境。

（4）温度和有毒物质。活性污泥微生物的适宜温度为 15～30℃，大于 50℃可导致死亡，只有适宜的温度才能保持较高的增殖速率和较短的世代时间。有毒物质包括重金属、氰化物、H_2S 等无机物和酚、醛等有机物，它们会破坏细胞的正常代谢活动，引起细胞蛋白变性、死亡。

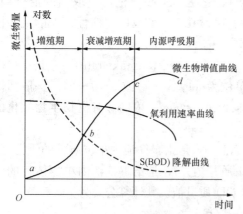

图 22-6　活性污泥微生物增殖曲线及其和有机物降解、氧利用速率的关系（间歇培养、底物一次性投加）

3. 活性污泥微生物的增殖规律

在溶解氧充足、温度适宜和不存在有毒物质的情况下，活性污泥微生物对污水中有机物氧化、分解的必然结果是微生物的增殖，其增殖速率主要取决于污水中的有机物含量，图22-6为活性污泥微生物增殖曲线及其和有机物降解、氧利用速率的关系。由图可知，微生物与污水接触后，经过一个很短时间的调整或适应后，很快进入一个对数增殖期（ab 段），在此期间由于有机物含量高，营养物质非常丰富，微生物以最大速率摄取有机物，并以最低速率增殖，合成新细胞，而污水中的有机物也以最大速率降解。但由于此时活性污泥微生物具有很高的

活性（或能量），因此不能形成良好的污泥絮凝体。

随着微生物的不断增殖和有机物浓度的不断下降，污水中有机物含量成为微生物增殖的限制因素，微生物的增殖逐渐由对数增殖过渡到衰减增殖期（bc 段），这时微生物增殖速率和有机物降解速率均大为降低，微生物的活性也相对降低，而活性污泥絮凝体开始形成，凝聚、吸附和沉降性能也都有所改善。

当污水中的有机物持续下降，甚至达到几乎耗尽的程度，微生物开始大量利用自身体内储存的物质或衰菌体，进行内源代谢以维持生命活动，这称为内源呼吸期（cd 段）。在此期间，微生物的增殖速率低于自身氧化的速率，微生物增殖曲线开始下降，活性污泥的活性进一步降低，而活性污泥絮凝体的形成速率明显提高，其吸附和沉降性能又进一步改善。

4. 活性污泥微生物的净水过程

如前所述，活性污泥具有很大的比表面积，表面上附集着大量微生物和多糖类的黏质层，当它与污水接触后的较短时间（5～10min）内，污水中的有机物即可被活性污泥吸附、去除，出现很高的 BOD 去除率（20%～70%），其吸附速率与程度取决于活性污泥微生物的活性、有机物的物质组成和物理形态。这一过程被称为初期吸附去除。

被吸附在微生物细胞表面的有机物，在透膜酶的作用下，透过细胞壁进入微生物细胞体内。小分子有机物可直接透过细胞壁进入微生物体内，而大分子有机物（如蛋白质）则必须在水解酶的作用下，被水解为小分子后再被微生物摄入细胞体内，然后再通过胞内酶的催化作用，对摄入的有机物进行代谢反应。在这一过程当中，一部分被微生物吸收的有机物氧化分解成简单无机物（如有机物中的碳被氧化成二氧化碳，氢与氧化合成水，氮被氧化成氨、亚硝酸盐和硝酸盐，磷被氧化成磷酸盐，硫被氧化成硫酸盐等），同时释放出能量，作为微生物自身生命活动的能源。另一部分有机物则作为其生长繁殖所需要的构造物质，合成新的原生质（即细胞物质）。这种氧化分解和同化合成过程可以用下列生化反应式表示：

有机物的氧化分解（有氧呼吸）

$$C_xH_yO_z + \left(x + \frac{1}{4}y - \frac{1}{2}z\right)O_2 \xrightarrow{\text{酶}} xCO_2 + \frac{1}{2}yH_2O + \text{能量} \tag{22-10}$$

原生质的同化合成（以氨为氮源）

$$n(C_xH_yO_z) + NH_3 + \left(nx + \frac{n}{4}y - \frac{n}{4}y - \frac{n}{2}z - 5\right)O_2 \xrightarrow[\text{能量}]{\text{酶}}$$

$$C_5H_7NO_2 + (nx - 5)CO_2 + \frac{1}{2}(ny - 4)H_2O \tag{22-11}$$

原生质的氧化分解（内源呼吸）

$$C_5H_7NO_2 + 5O_2 \xrightarrow{\text{酶}} 5CO_2 + 2H_2O + NH_3 + \text{能量} \tag{22-12}$$

微生物对自身的原生质进行氧化分解，并提供能量，即内源呼吸或自身氧化。当有机物充足时，大量合成新的原生质，内源呼吸作用并不明显，但当有机物消耗殆尽时，内源呼吸就成为提供能量的主要方式。图 22-7 表示微生物分解代谢与合成代谢及其产物的模式。

污水中的有机物在活性污泥微生物的代谢作用下无机化和无害化以后，必须进行泥水分离，处理水可根据水质情况，排往天然水体或再经其他处理后另做它用。沉淀于池底的污泥也需要另作处理，以免造成二次污染。

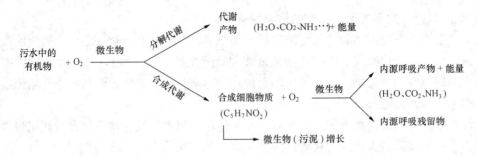

图 22-7　微生物分解与合成代谢及其产物的模式

5. 活性污泥法的工艺流程

利用活性污泥微生物净化生活污水和含有机物的工业废水已有 100 年的历史。经过人们不断地研究、探索和实践，目前已有各种不同的运行方式和工艺流程。

（1）普通活性污泥法与渐减曝气活性污泥法。普通活性污泥法 CAS（conventional activated sludge）是应用最早并沿用至今的一种工艺流程，如图 22-8 所示。它由以下几个部分组成：

1）初次沉降池。初次沉降池（简称初沉池）的作用是除去污水原有的悬浮固体，当悬浮固体较少时也可以不设。

2）曝气池。曝气池的作用是进行生物转化处理，原污水与回流污泥形成混合液，由池首进入并呈推流形式流动至池尾，活性污泥对污水中有机物完成吸附代谢生物转化过程。

3）曝气系统。曝气系统的作用是供给曝气池生化反应所需要的氧气，同时也起一定的混合、搅拌作用。

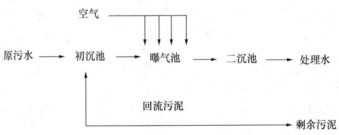

图 22-8　活性污泥法的代表性工艺流程

4）二次沉淀池。二次沉淀池（简称二沉池）的作用是分离曝气池出水中的活性污泥和可沉悬浮固体。

5）排泥系统。为了保持曝气池中活性污泥的活性，必须排出一部分失去活性或活性减弱的多余的一部分污泥。

6）污泥回流系统。污泥回流是将二次沉淀池中的活性污泥回流到曝气池入口，以保证曝气池中微生物的物种和数量。

普通活性污泥法的 BOD 去除率可达到 90% 以上，适合于处理对净化程度要求较高的污水。但该法也存在一些弱点：曝气池容积大，占用土地多，投资大；曝气池进水端有机物负荷和耗氧速率高，出水端有机物负荷和耗氧速率低，使曝气池难以与供氧速率相吻合，从而导致曝气池进水端供氧不足，出水端供氧过剩的现象；对进水水质和水量变化的适应性较低。

为了解决普通活性污泥法的上述缺点，提出渐减曝气活性污泥法（tapered aeration），该法是供氧量沿池长逐步递减，以使与需氧量相吻合。

（2）多段进水活性污泥法与完全混合活性污泥法。

1）多段（点）进水活性污泥法 SFAS（step-feed activated sludge）。SFAS 是指原污水沿曝气池长分段注入，使有机物负荷和需氧量得到均衡，从而缩小了供氧量与需氧量之间的差距，提高了曝气池对水质、水量冲击负荷的适应性，也有利于降低供氧能耗和发挥活性污泥微生物的分解、氧化能力。该法也称逐步曝气活性污泥法。

2）完全混合活性污泥法 CMAS（completely mixed activated sludge）。CMAS 是指原污水与回流污泥进入曝气池后，立即与池内的混合液完全充分混合，使刚进入曝气池的污水很快被稀释和均衡，从而使新鲜污水对曝气池内活性污泥的影响降低到最低程度和各部位有机物的降解功能基本相同。但这种方法也使微生物对有机物降解的推动力降到最小，容易产生活性污泥膨胀。

（3）接触稳定活性污泥法和延时活性污泥法。

1）接触稳定活性污泥法 CSAS（contact stabilization activated sludge）。CSAS 也称吸附—再生活性污泥法，它是将活性污泥对有机物的吸附与代谢两个生化过程分别在两个反应池内进行，如图 22-9 所示。混合液在二次沉淀池进行泥水分离后，澄清水排放，污泥从底部进入再生池，在此进行分解、氧化和合成代谢反应。由于营养物质不足，很快进入内源呼吸期，使污泥的活性得到充分恢复，当与污水一起进入吸附池后，便立刻发挥吸附功能。因为污水与活性污泥的接触时间较短（5～25min），吸附池容积较小，基建投资低，所以它不宜处理有机物含量较高的污水。

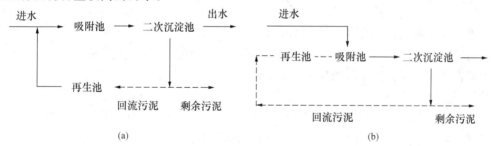

图 22-9 吸附—再生活性污泥法
（a）吸附池、再生池分建式；（b）吸附池、再生池合建式

2）延时活性污泥法 EAAS（extended aeration activated sludge）。EAAS 是指有机物负荷较低，曝气时间长，可达 24h 以上，从而使活性污泥在池内长期处于内源呼吸期。所以，该法剩余污泥少，勿需对污泥再进行厌氧消化处理。但该法曝气池容积大，基建投资较高。

3）氧化沟污水处理技术也是一种延时曝气池，它有的采用横轴转刷曝气，也有的采用竖轴表面叶轮曝气。氧化沟的有机容积负荷为 $0.2～0.4kg/(m^3 \cdot d)$，水流停留时间为 10～30d，沟中水流速度为 $0.3～0.5m/s$，出水水质 BOD_5 为 10～15mg/L、SS 为 10～20mg/L、NH_3-N 为 1～3mg/L。

（4）高负荷活性污泥法与纯氧曝气活性污泥法。

1）高负荷活性污泥法 HRAS（high-rate activated sludge）。HRAS 又称短时曝气活性污泥法，该法是指有机物负荷高，曝气时间短，BOD_5 去除率只有 70%～75%，所以也称不完全处理活性污泥法。其工艺流程和曝气池结构与普通活性污泥法相同。

2）纯氧曝气活性污泥法 HPOAS（high-purity oxygen activated sludge）。HPOAS 是指用纯氧代替空气对曝气池曝气，由于纯氧的氧气分压比空气的氧分压高 4.4～4.7 倍，所以纯氧能提高向混合液的传递动力，加大曝气池内的生化反应速率。该法氧气的利用率为 80%～90%（鼓风曝气只有 10%），曝气池内混合液的 MLSS 可达 4000～7000mg/L，而且剩余污泥量少。但该法需要密封，以防氧气外泄和可燃气体进入。

6. 曝气原理

从活性污泥法工艺流程和曝气设备的介绍中得知，曝气主要有两个作用：一是充气；二是混合。充气是向曝气池中活性污泥提供充足的氧气，以满足微生物在代谢（生物转化）过程中的需氧量；混合是使空气泡在曝气池混合液中，强烈搅动、扩散与混合，使空气与活性污泥接触更加充分，并不断更新新鲜空气，保证溶解氧从气相向液相的转移。

空气中的氧从气相向液相的转移既是一种扩散过程，也是一种传质过程。扩散过程的推动力是两个液面的浓度差，因此可用 Fick 定律和双膜理论来概括。

（1）Fick（菲克）定律。根据 Fick 定律，物质的扩散速率与浓度梯度成正比，即有

$$v_d = D_L \frac{dc}{dL}, \ kg/(m^2 \cdot h) \tag{22-13}$$

式中：v_d 为物质的扩散速率，$kg/(m^2 \cdot h)$；D_L 为扩散系数，与扩散物质和介质的特性及温度有关，m^2/h；c 为物质浓度，kg/m^3；L 为扩散距离，m；$\frac{dc}{dL}$ 为浓度梯度，即单位长度内的浓度变化值。

（2）双膜理论。双膜理论于 20 世纪初（1923～1924 年）由 Lewis（刘易斯）和 Whitmam（惠特曼）提出，在许多领域的物质传递中得到应用。它的基本特点是：

1）在气、液两相接触的界面两侧存在着处于层流状态的气膜和液膜，在气膜和液膜的外侧为气相主体和液相主体，两相主体的流动只改变膜的厚度。

2）气相主体与液相主体均处于紊流状态，物质浓度是均匀的，没有浓度梯度和传质阻力。气体分子从气相传递到液相主体，阻力仅存在于两相的双膜中。

3）气体分子从气相主体传递到液相主体的推动力是气膜中的氧分压梯度和液膜中的氧浓度梯度。

4）由于氧气难溶于水，所以氧气传递的主要阻力在于液膜。

若以 m 表示在单位时间 t 内通过界面扩散的物质量，以 A 表示两相的界面面积，则有

$$v_d = \frac{1}{A} \frac{dm}{dt} \tag{22-14}$$

式中：v_d 为氧的扩散速率，$kg/(m^2 \cdot h)$；A 为气、液两相之间的界面面积，m^2；$\frac{dm}{dt}$ 为氧传递速率，kgO_2/h。

如将式（22-14）代入式（22-13）得

$$\frac{dm}{A dt} = D_L \frac{dc}{dL} \tag{22-15}$$

或

$$\frac{dm}{dt} = -D_L A \frac{dc}{dL} \tag{22-16}$$

式中：D_L 为氧分子在液膜中的扩散系数，m^2/h。

在气膜中，气相主体与界面之间的氧分压差值 $p_g - p_j$ 很小，可认为 $p_s = p_j$。因此，界面处的溶解氧浓度 c_s，就是氧分压为 p_s 时溶解氧的饱和浓度值。

在液膜中，由于厚度 L_j 也很小，c_s 和 c 可按线性关系处理，则液膜溶解氧的浓度梯度可表示为

$$-\frac{dc}{dL} = \frac{c_s - c}{L_j}$$

代入式（22-16）得

$$\frac{dm}{dt} = -D_L A \left(\frac{c_s - c}{L_j} \right) \tag{22-17}$$

式中：$\dfrac{c_s - c}{L_j}$ 为液膜内溶解氧的浓度梯度，$kgO_2/(m^3 \cdot m)$。

如设液膜主体容积为 V（m^3），并将式（22-16）同除以 V 后得

$$\frac{1}{V} \frac{dm}{dt} = \frac{D_L A}{V L_j} (c_s - c) \tag{22-18}$$

即

$$\frac{dc}{dt} = K_L \frac{A}{V} (c_s - c) \tag{22-19}$$

式中：$\dfrac{dc}{dt}$ 为液相主体中溶解氧浓度的转移速率，$kgO_2/(m^3 \cdot h)$；K_L 为液膜中氧分子传质系数，$K_L = \dfrac{D_L}{L_j}$，m/h。

由于 A 值不易测定，用 K_{La} 代替 $K_L \dfrac{A}{V}$，上式可改写为

$$\frac{dc}{dt} = K_{La} (c_s - c) \tag{22-20}$$

式中：K_{La} 为氧的总转移系数，$1/h$。

K_{La} 反映了氧传递过程的阻力，阻力越大，K_{La} 值越低；反之越高。由于 K_{La} 的倒数（$1/K_{La}$）单位是时间（h），则表示曝气池中溶解氧浓度从 c 增加到 c_s 值所需的时间。K_{La} 值小，$1/K_{La}$ 值大，表示氧传递速度慢；反之，K_{La} 值大，$1/K_{La}$ 值小，表示氧传递速度快。

（3）氧总转移系数 K_{La} 的确定。K_{La} 是计算氧转移系数的基本系数，也是评价空气扩散装置供氧能力的重要参数。

如对式（22-20）积分，整理后可得

$$\lg\left(\frac{c_s - c_0}{c_s - c_t}\right) = \frac{K_{La}}{2.303} t \tag{22-21}$$

式中：c_0 为曝气池内初始溶解氧浓度，mg/L；c_t 为曝气时间为 t 时的溶解氧浓度，mg/L；c_s 为饱和溶解氧浓度，mg/L；t 为曝气时间，h。

可见，$\lg\left(\dfrac{c_s - c_0}{c_s - c_t}\right)$ 与 t 之间存在线性关系，直线斜率为 $K_{La}/2.303$。

（4）影响氧转移的因素。

从式（22-17）可知，氧的转移速率主要与溶氧不饱和值（$c_s - c$）、液膜中氧分子扩散系

数 D_L、气液接触面积 A 和液膜厚度 L_j 等因素有关。下面进行简单分析：

1) 污水水质。当污水中含有溶解性的憎水性有机物时（如表面活性剂、脂肪酸、乙醇等），它们都是两亲分子（极性端亲水，非极性端疏水），容易在气液界面处聚集，形成一层分子膜，阻碍氧分子的扩散，使 K_{La} 值减小。为此，引入一个小于 1.0 的修正系数 α。

$$\alpha = \frac{K'_{La}(污水)}{K_{La}(清水)}, \quad K'_{La} = \alpha K_{La}$$

考虑到污水中溶解性盐类的影响，也引入一个小于 1.0 的修正系数 β。

$$\beta = \frac{c'_s(污水)}{c_s(清水)}$$

修正系数 α、β 值，可通过对污水、清水的曝气充氧试验求得。

2) 水温。水温升高，水的黏滞性降低，扩散系数增大，液膜厚度降低，K_{La} 值升高；反之，K_{La} 值降低。其关系式为

$$K_{La(T)} = K_{La(20)} \times 1.024^{(T-20)} \tag{22-22}$$

式中：$K_{La(T)}$、$K_{La(20)}$ 为温度为 T、20℃时的总传质系数，h^{-1}；T 为水温，℃。

根据式（22-20），氧转移速率 $\dfrac{dc}{dt}$ 与 K_{La} 和 $(c_s - c)$ 值成正比，水温升高时，K_{La} 值增大，c_s 值下降；反之，K_{La} 值降低，c_s 值上升。由于水温的变化，对 $\dfrac{dc}{dt}$ 的影响有两个相反的作用，但不能相互抵消。总的是水温降低有利于氧的转移，只是影响幅度较小。

目前在运行正常的曝气池内，当混合液温度为 15～30℃时，混合液中溶解氧浓度 c 宜保持在 1.5～2.0mg/L。

3) 氧分压。水中溶解氧的饱和浓度与当地的氧分压或气压有关。气压低，c_s 值随之下降；反之，c_s 值上升。c_s 值与压力 p 之间的关系为

$$c_s = c_{s(760)} \frac{p - \overline{p}}{1.013 \times 10^5 - \overline{p}} \tag{22-23}$$

式中：p 为当地实际大气压力，Pa；$c_{s(760)}$ 为标准大气压力下的 c_s 值，mg/L；$\overline{p}$ 为水的饱和蒸汽压力，Pa（在曝气池正常运行的水温条件下，$\overline{p}$ 值可以忽略不计）。

故

$$c_s = c_{s(760)} \frac{p}{1.013 \times 10^5} = c_{s(760)} \rho \tag{22-24}$$

$$\rho = \frac{p}{1.013 \times 10^5}$$

式（22-23）中的 c_s 值为水面处的溶氧饱和值，适用于表面曝气。而对于鼓风曝气，应考虑由于水藻而增加的氧分压。c_s 值应为扩散装置出口处（氧分压最大）和混合液表面两处溶解氧饱和浓度的平均值。

$$\overline{c_s} = c_s \left(\frac{p_b}{2.0} + \frac{Q_f}{42} \right) \tag{22-25}$$

其中

$$p_b = p + 9.8 \times 10^5 H$$

$$Q_f = \frac{21(1 - E_A)}{79 + 21(1 - E_A)} \times 100\% \tag{22-26}$$

式中：$\overline{c_s}$ 为鼓风曝气机内混合液溶解氧饱和浓度平均值，mg/L；c_s 为大气压力下氧的饱和浓

度，mg/L；p_b 为空气扩散装置出口处的压力；Q_f 为从曝气池逸出气体中含氧量的百分率，%；p 为曝气池水面的水面大气压力，取为 $1.013 \times 10^5 Pa$；H 为空气扩散装置的安装深度，m；E_A 为氧的利用率，是指氧转移效率，即鼓风曝气机中的空气扩散装置转移到水中的氧占鼓风曝气机供给氧的百分比，一般在 6%～20% 之间。

4）水体的紊动程度。水体的紊动程度越大，扩散阻力越小，扩散系数 D 越大；水体紊动程度越大，液膜厚度越小，传质系数 K_L 越大；水体的紊动程度越大，气泡越小，气液接触面积越大，传质系数 K_L 也越大。

二、生物膜法

1. 生物膜（biofilm）

生物膜法和活性污泥法一样，也是利用好氧微生物去除污水中有机物的一种生物转化技术，所不同的是活性污泥法中的微生物在曝气池中以活性污泥的形式呈悬浮状态，而生物膜法中的微生物是附着在填料或某种载体上，当污水与其接触时，污水中的有机污染物作为营养物质被微生物摄取，并将其氧化、分解，微生物本身得到繁衍增殖，并在此形成膜状的生物污泥，即生物膜。生物膜是微生物群体高度密集的黏状物质，在膜的表面和一定深度的内部生长、繁殖着大量的微生物群，并形成有机物—细菌—原生动物—后生动物的生物链。

当污水中的有机物、微量元素和溶解氧充足时，生物膜中的微生物就会不断增殖，生物膜的厚度也会不断增加，并使其从载体表面向外伸展。当生物膜厚度增加到一定程度时，污水中的氧不能透入到生物膜较深处时，即转化为厌氧状态，从而使生物膜由好氧层和厌氧层组成。好氧层在生物膜的表面，与污水直接接触，各种营养物质和溶解氧都比较充足，其厚度一般在 2mm 左右。而处于生物膜较深处的厌氧层，由于营养物质和溶解氧不足，使某些厌氧微生物恢复活性，并繁殖增长，厌氧层随之逐渐加厚、脱落。导致生物膜不断脱落的原因有：水力冲刷；生物膜增厚造成重量增大；原生动物、后生动物的活动；厌气层与载体材料黏结力较弱；厌气层中气体代谢产物（H_2S、NH_3 等）的不断累积和逸出，减弱了生物膜与载体材料之间的固着力。但其中以水力冲刷作用为主。因此，生物膜处理工艺中的生物膜是周期性的生长—脱落—再生长—再脱落……

图 22-10 示出了生物膜中结构及其工作示意。当污水流过生物膜时，由于生物膜的吸附作用，在其表面形成很薄的水层，称为附着水层。附着水层的有机物很快被微生物氧化、分解，使有机物浓度比进水中的有机物浓度低很多，在此浓度差的作用下，污水中的有机物便向附着水层迁移，进而被生物膜所吸附。同样的原因，空气中的氧向附着水层和生物膜迁移。在此条件下，微生物对污水中的有机物进行氧化、分解和同化合成，产生的代谢产物如 CO_2 等一部分溶入附着水层，一部分迁移到空气中。结果使污水中有机物减少，污水得到净化。在空气中的氧向生物膜迁移

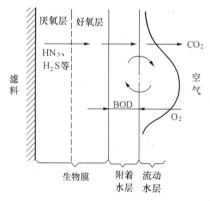

图 22-10 生物膜结构及其工作示意

的过程中，遇到存在于生物膜表面气膜和液膜的阻力，因而迁移速度较慢。而随着生物膜的增厚，膜中氧迅速被耗尽，使生物膜深处因氧不足而发生厌氧分解，积累了 H_2S、NH_3、有机酸等代谢产物。这不仅使生物膜丧失了好氧生物分解的功能，而且使生物膜发生非正常

脱落。

2. 生物膜法的基本工艺流程

图 22-11 为生物膜法的基本工艺流程，污水经初沉池后进入生物膜反应器，经好氧微生物的生物转化、降解有机物后，由二沉池排出。初沉池的作用与活性污泥法一样，也是去除污水中的大部分悬浮固体，以防生物膜反应器堵塞；二沉池的作用是固液分离，去除已失去活性并脱落的生物膜，提高出水水质。出水回流的作用：①稀释进水有机物浓度，以防止因进水有机物浓度过高使生物膜增长过快；②提高生物膜反应器进水的水力负荷，加大水流对生物膜的冲刷、更新，以防生物膜的过量累积，从而维持生物膜的活性和适宜的膜厚度。

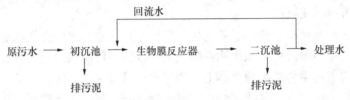

图 22-11 生物膜法基本工艺流程

生物膜法与活性污泥法相比，其优点是：由于生物膜不受强烈曝气搅拌的冲击，生物膜反应器为微生物的繁殖、增殖提供了安稳的环境，使生物膜中的微生物除以细菌为主体外，还有大量的丝状真菌、微小动物和后生动物，从而使微生物多样化，生物食物链长，能存活世代时间较长的生物；单位体积反应器内能维持生长的微生物量比活性污泥法大，进而使处理能力大、转化功能强，对水质、水量的变化有较强的适应性；蜕膜的沉降性能好，易于沉降分离，不易产生污泥膨胀现象；能处理低浓度污水，如进水 BOD_5 为 $20\sim30mg/L$ 的污水，可使出水 BOD_5 降至 $5\sim10mg/L$。上述这些优点与生物膜的填料有很大关系。载体材料不仅要求有足够的机械强度和优良的生物、化学稳定性，而且还要有良好的物理状态（如空隙率、比表面积、载体形态等）和无毒性。目前用作载体材料的有：无机类的有砂、碳酸盐、沸石、碳纤维、活性炭、矿渣等；有机类的有各种塑料（如 PVC）、树脂、纤维等。无机类载体机械强度高，化学性能稳定，但密度大。有机类载体密度小，适合于生物流化床，而塑料类适合于固定床（如生物滤池）。

3. 生物滤池（biofilter）

生物滤池有多种形式，下面介绍几种。

（1）普通生物滤池。普通生物滤池又称滴滤池（trickling filter），是早期应用的一种生物滤池，它的结构与重力式滤池有些相似，主要由池体、滤料、布水装置、排水装置四个部分组成。

1）池体。池体的壁面一般由砖石筑造，起围挡滤料和保护布水的作用，平面形状为方形、矩形和圆形。池底的作用是支撑滤料和排出处理后的出水。池底部四周设通风口，总面积不小于滤池表面积的 1%。池壁应高出滤料层表面 $0.5\sim0.9m$，以防风力干扰，保证布水均匀。

2）滤料。普通生物滤池的滤料多为无机类的砂、沸石、矿渣等。

3）布水装置。生物滤池布水装置的作用是向滤池表面均匀撒布污水，普通生物滤池多采用固定喷嘴式布水系统。布水装置应能适应水量变化，不易堵塞，不受外界风、雨、雪的影响。

4）排水装置。排水装置由渗水装置、汇水渠、排水渠和通风道组成。它有两个作用：一是排出处理后的水；二是保证滤池通风。

普通生物滤池只适用于污水处理量不大于 $1000m^3/d$ 的小城镇，而且占地面积大，周围环境质量较差，目前在大城市中应用较少。

（2）高负荷生物滤池（high-rate biofilter）。高负荷生物滤池的平面形状大都为圆形，载体材料为聚氯乙烯、聚苯乙烯等工程塑料，形状为波形板、蜂窝状、管状等。BOD_5 容积负荷率高达 $0.5\sim2.5kg/(m^3 \cdot d)$，水力负荷率高达 $5\sim40m^3/(m^2 \cdot d)$，是普通生物滤池的 $6\sim10$ 倍。

高负荷生物滤池多采用旋转布水器，图 22-12 是其中一种。它由进水竖管和可旋转的布水横管组成，竖管是固定不动的，它通过轴承与外部配水短管相连。布水横管数目一般为 $2\sim4$ 根，多者达 8 根，横管的一侧水平开有布水小孔。当污水以一定的流速喷出时，产生反作用力，使横管按与喷水相反的方向旋转，将污水均匀撒布在滤池表面上。布水小孔直径为 $10\sim15mm$，布水横管距滤料表面的高度为 $0.15\sim0.25m$，喷水旋转所需水头为 $10kPa$。

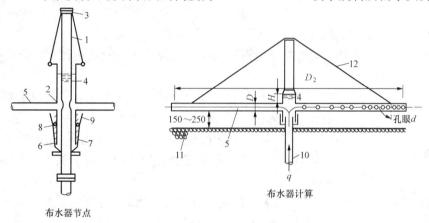

图 22-12　旋转布水器构造示意图

1—固定竖管；2—出水孔；3—轴承；4—转动部分；5—布水横管；6—固定环；

7—水银；8—滚珠；9—甘油；10—进水管；11—滤料；12—拉杆

高负荷生物滤池的底部排水装置由排水支沟和排水总渠组成。排水支沟的坡度为 $0.005\sim0.02$，排水总渠的坡度为 $0.003\sim0.005$。

高负荷生物滤池的工艺流程分一级工艺流程和二级工艺流程。

1）一级高负荷生物滤池工艺流程如图 22-13 所示。

图 22-13　一段（级）高负荷生物滤池工艺流程

2）当污水有机物浓度较高或对处理水质要求较严时，可采用二级生物滤池串联运行，如图 22-14 所示。

它的优点是，可使滤池深度适当减小，改善通风条件。经两次布水供氧，常发生硝化反应，使有机物去除率达 90％以上，出水水质好。缺点是负荷不均匀，一级滤池有机物负荷高，二级滤池有机物负荷低，占地面积大，需设置中间提升泵。

图 22-14　二段（级）高负荷生物滤池工艺流程

（3）塔式生物滤池（tower biofilter）。塔式生物滤池高度达 8～24m，直径 1～3.5m，径高比为 1：6～1：8，呈塔状，简称塔滤。由于塔式生物滤池为塔形结构，使滤池内部形成较强的自然拔风状态，通风良好。当污水从上向下滴落时，水流紊动强烈，污水、空气、生物膜三者接触充分，传质速度快。因此，塔式生物滤池的水力负荷率可达 80～200m³/(m²·d)，为一般高负荷生物滤池的 2～10 倍，BOD_5 容积负荷率可高达 0.5～2.5kg/(m²·d)。高有机物负荷率和高水利负荷率，使塔内生物膜生长快，脱落快，故塔内微生物能保持良好的活性。

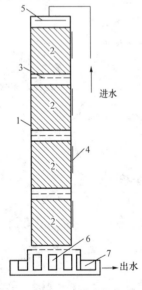

图 22-15　塔式生物
滤池构造示意图
1—塔身；2—滤料；
3—格栅；4—检修
口；5—布水器；
6—通风口；
7—集水槽

塔式生物滤池由塔身、滤料、布水装置、通风装置和排水装置组成，如图 22-15 所示。

1）塔身。塔身主要起围挡滤料的作用。由于塔身高，故一般沿塔高分层制造，在分层处设置格栅，用于承托滤料，每层高度小于 2.5m。

2）滤料。塔式生物滤池的滤料一般采用经环氧树脂固化的玻璃布蜂窝滤料，这种滤料质地轻、比表面积大、结构均匀、空气流通、配水均匀、不易堵塞。

3）布水装置。塔式生物滤池也采用旋转布水器，可用电动机驱动，也可水利驱动。对于小型滤塔的布水装置，也可采用多孔管和溅水筛板或固定式喷嘴布水。

4）通风装置。塔式生物滤池大都采用自然通风，也可采用机械通风，即在滤池上部或下部装设吸气机或鼓风机。

（4）生物转盘（rotating biological contactor）。生物转盘又称浸没生物滤池，以生物膜附着在一组转动着的圆盘上而得名，如图 22-16 所示。它主要由盘片、接触反应槽（污水槽）、转轴和驱动装置组成。

1）圆盘片。圆盘片的材料多由塑料（如聚氯乙烯）制作，它们具有质量轻、强度高、耐老化、易挂膜和比表面积大等特点。圆盘片的尺寸：圆盘片直径多为 1～3m，厚度为 0.7～20mm，圆盘片间距为 30mm，如采用多级转盘，前数级间距为 25～35mm，后数级间距为 10～20mm。

圆盘片串联组成，中心贯以转轴，转轴两端安装在接触反应槽两端的支座上。转盘面积

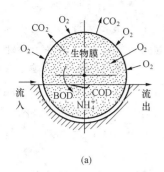
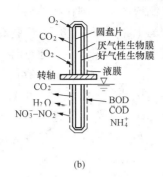
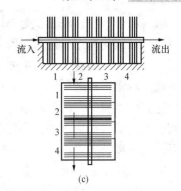

(a)　　　　　　　　　　(b)　　　　　　　　　(c)

图 22-16　生物转盘工作情况示意图

(a) 侧面；(b) 断面；(c) 侧面与上视

1～4—转盘编号

的 35%～40%浸没在接触反应槽的污水中，转轴高出槽内水面 10～25mm。

2）接触反应槽。接触反应槽应呈与圆盘片外形基本吻合的半圆形，圆盘片边缘与槽内面有不小于 100mm 的间距，槽的两侧设有进出水的锯齿形溢流堰，槽底设有放空管。

3）转轴。转轴的作用是支撑圆盘片，并带动圆盘片旋转。

4）驱动装置。驱动装置包括动力设备、减速器和传动链条等。

在接触反应槽内充满流动着的污水，当生物转盘以较低的线速度（20m/min）在接触反应槽内转动时，转盘上的微生物便从污水中吸附有机物。当转盘暴露于空气中时，氧气便溶于盘面的水层中，从而为微生物的生长创造了良好的条件，使盘面上很快形成生物膜，污水得到净化。因此，转盘上的生物膜也同样经历生长、增厚和老化脱落的过程，生物膜脱落的主要原因是水对盘面的剪切力。脱落的生物膜成为污泥，可在二次沉淀池中去除。

由于生物转盘上的微生物量很大，BOD 负荷可达 $10～20g/(m^2 \cdot d)$，接触反应槽内容积负荷达 $1.5～3.0kg/(m^3 \cdot d)$。高出活性污泥法 1 倍多。另外，生物转盘法还具有以下优点：微生物基本上处于内源呼吸，污泥量少，对冲击负荷的适应力强，适应的 pH 值在 4.8～9.5 之间，温度在 13～23℃之间对处理效果影响不大，不易堵塞也不易产生污泥膨胀及氧利用率高等。

（5）生物接触氧化法（submerged biofilm reactor）。生物接触氧化法又称淹没式生物滤池，它是在池内填充一定密度的填料，从池下通入空气进行曝气，污水浸没全部填料并与填料上的生物膜充分接触，在微生物的作用下，污水中的有机物降解，得到净化。

生物接触氧化池由池体、填料、支架、曝气装置、进出水装置和排泥管道等部件组成，如图 22-17 所示。接触氧化池中的填料呈多样化，其中包括：由材质为玻璃钢或塑料制成的蜂窝状填料和波纹板状填料；由材质为尼龙、涤纶、腈纶等化纤制成的软性填料；由材质为变性聚乙烯塑料制成的半软性填料；由中心绳和纤维束制成的盾

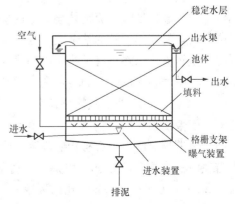

图 22-17　接触氧化池基本构造示意图

形填料；由砂粒、碎石、无烟煤等制成的不规则粒状填料等。

接触氧化池在运行时，填料表面上布满了生物膜，生物膜上除了细菌和多种原生动物和后生动物外，还有生长氧化能力较强的丝状菌，污水通过时类似起到过滤作用，提高了净化效果。污水通过曝气，在池内形成了固、液、气三相共存的体系，这不仅有利于氧的转移，也适宜微生物的存活和增殖，使池内保持较高浓度的活性微生物量。因此，接触氧化池除能有效地去除有机物之外，还有脱氮作用。另外，它还有对冲击负荷有较强的适应能力，易于泥、水分离，无需污泥回流，不产生污泥膨胀及污泥量少等优点。缺点是工程造价偏高，有机物的去除率不如活性污泥法。

接触氧化池按曝气装置的位置可分为分流式和直流式两种：分流式接触氧化池就是使污水在单独的隔间进行充氧、曝气，充氧后的污水再慢慢流过充满填料的另一隔间，与填料和生物膜充分接触，通过这种反复地充氧与接触，完成水的净化；直流式接触氧化池是污水在填料底部曝气，在填料上产生向上流，填料上的生物膜受到气流、水流的冲击、搅动，从而加速了生物膜的生长、脱落和更新，使生物膜保持较高的活性。

生物接触氧化池法的工艺流程可分为一级处理流程、二级处理流程、多级处理流程。一级和二级的处理工艺流程如图 22-18 所示。

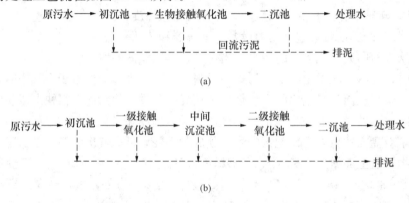

图 22-18　生物接触氧化法的工艺流程
(a) 一级处理工艺流程；(b) 二级处理工艺流程

（6）生物流化床（biological fluid-bed）。生物流化床是将小粒径的砂、焦炭等惰性颗粒作为载体充填在床体内，因载体表面覆盖着生物膜使质地变轻。当污水以一定的流速自下向上流动时，载体处于可流化状态。这时滤床膨胀率达 20%～70%，载体颗粒在滤床中作无规则运动，使载体颗粒的整个表面与污水接触，载体表面上的微生物可发挥最大净水功能。因此，生物流化床除具有生物膜法的优点之外，还具有以下优点：生物量大，容积负荷高；载体能为微生物提供巨大的表面积，反应器内微生物浓度可达 40～50g/L，BOD 容积负荷大于 3～6kg/(m³·d)；载体颗粒在反应器内处于流化状态，颗粒之间不断相互碰撞、摩擦，这不仅使生物膜厚度变薄（<0.2μm）、均匀、生物活性高，而且创造了良好的传质条件，有利于微生物对污水中有机物的吸附和降解，加快生化反应速率；流化床可减小反应器容积及占地面积，降低投资 50% 以上；运转费用相对较高，动力消耗大。

4. 影响生物滤池工艺性能的因素

从生物滤池的净化原理可知，滤池中同时发生着有机物在污水和生物膜中的传质过程、有机物的好氧和厌氧的代谢过程、氧气在污水和生物膜中的传质过程以及生物膜的生长和脱落过程。影响这些过程的主要因素有：

（1）滤床高度。在滤池（滤床）的上层，由于污水有机物浓度高，微生物繁殖速率快，种属较低，以细菌为主，生物膜量多，有机物去除率高。但随着滤床深度增加，有机物浓度和生物膜量逐渐减少，微生物种属也由低级向高级转变，使有机物的去除率沿滤床高度方向呈指数形式下降，见图 22-19。试验研究表明，生物滤池的处理效率，在一定条件下随滤床高度增加而提高，但超过某一高度后，处理效率提高有限。

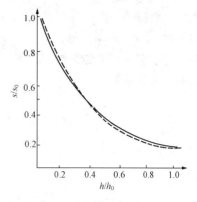

图 22-19　滤床高度对有机物
去除率的影响

（2）负荷率。生物滤池的负荷率是反映滤池工作性能的重要参数，它反映被处理水与生物膜的接触时间长短及对生物膜的冲刷力大小。生物滤池的负荷率常用水的流量表示，单位用 m^3（污水）/m^3（滤料 d）或 m^3（污水）/（$m^2 \cdot d$），前者称容积水力负荷，后者称表面水力负荷或平均滤率（速）。水力负荷大，则流量大，接触时间短，净化效果差；水力负荷小，则流量小，接触时间长，冲刷力小，净化效果好，滤料利用率低。

对于生物滤池，负荷率还可用单位滤料所承担的有机物数量表示，称为有机负荷率，单位是 $kgCOD_5/（m^3 \cdot d）$。一般普通生物滤池的有机负荷为 $0.07\sim0.22kgCOD_5/（m^3 \cdot d）$，高负荷生物滤池为 $0.24\sim3.2kgCOD_5/（m^3 \cdot d）$。当生物滤池用于处理城市污水时，要求处理效率为 $80\%\sim90\%$。

（3）回流。利用污水处理厂出水或生物滤池出水稀释进水的工艺称为回流，回流水量与进水量之比称为回流比。

回流有以下好处：增加滤池进水量，提高滤池滤率，防止产生灰蝇和减少恶臭；可稀释改善进水水质，提供营养元素，降低有毒物质浓度；可调节进水水量和水质的波动。

（4）供氧。生物滤池中微生物所需要的氧气一般靠滤床的自然拔风，自然拔风的推动力是滤池内温度与外界气温之差以及滤池高度，温差越大，滤池越高，通风条件越好，供氧越充足。

5. 生物滤池的高度设计

生物滤池的高度是影响滤池净化性能的重要参数，应合理设计。图 22-19 看出，污水流过滤池时，污染物浓度的下降率（每单位滤床高度 h 去除的有机物量，以浓度表示）与该污染物的浓度成正比，即

$$\frac{\mathrm{d}s}{\mathrm{d}h} = -Kh$$

积分得

$$\ln(s/s_0) = -Kh \text{ 或 } s/s_0 = \mathrm{e}^{-Kh} \tag{22-27}$$

其中

$$K = K's_0^m(Q/A)^n \tag{22-28}$$

式中：$\dfrac{\mathrm{d}s}{\mathrm{d}h}$ 为污染物浓度（BOD_5、COD）的下降率；K 为滤池处理效率系数，其值与污水性

质、滤池特性、滤率等因素有关；h 为离滤床表面的深度，m；s 为滤床高度为 h 处水中污染物浓度，mg/L；s_0 为滤池进水污染物浓度，mg/L；K' 为与进水水质、滤率有关的系数；m 为与进水水质有关的系数；Q 为滤池进水流量，m^3/d；A 为滤池面积，m^2；n 为与滤池特性、滤率有关的系数。

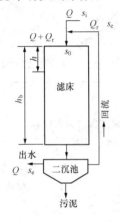

图 22-20　生物滤床示意

将式（22-28）代入式（22-27）得

$$s/s_0 = \exp[-K's_0^m(Q/A)^n h] \tag{22-29}$$

所以

$$h = \frac{\ln(s/s_0)}{K's_0^m(Q/A)^n} \tag{22-30}$$

式（22-29）或式（22-30）可直接用于无回流滤池的计算，式中的有关系数 K'、m、n 可根据试验数据，利用图解法确定。

当采用回流滤池时，可通过物料平衡算式计算滤池高度，如图 22-20 所示。

$$Qs_i + Q_r s_e = (Q+Q_r)s_0；\quad s_0 = \frac{Qs_i+Q_r s_e}{Q+Q_r}$$

式中：s_i 为入流污水的污染物浓度，mg/L；s_e 为滤池出水的污染物浓度，mg/L。

变换上式（$r = Q_r/Q$）得

$$s_0 = \frac{s_i + rs_c}{1+r} \tag{22-31}$$

$$\frac{s_c(1+r)}{s_i + rs_c} = \exp\left\{-K'\left(\frac{s_i+rs_c}{1+r}\right)^m\left[\frac{(1+r)Q}{A}\right]^n h\right\}$$

解上式得

$$h = \frac{\ln\dfrac{s_i+rs_c}{s_c(1+r)}}{K'\left(\dfrac{s_i+rs_c}{1+r}\right)^m\left[\dfrac{(1+r)Q}{A}\right]^n} \tag{22-32}$$

温度校正时，可按下式计算

$$K'_T = K'_{20} \times 1.035^{(T-20)}$$

第三节　厌氧生物处理法

厌氧生物处理（anaerobic bio-treatment）是指在与空气隔绝的条件下，利用厌氧微生物的生命活动，将污水中各种有机物和无机物进行生物降解的过程。过去传统上称为厌氧消化（anaerobic digestion），也称污泥消化（sludge digestion）。

一、厌氧生物处理的原理

厌氧生物处理自问世以来，已有 100 多年的历史，经过人们不断地研究，认为利用厌氧微生物对水中复杂有机物的厌氧降解过程，大体经历 4 个阶段，如图 22-21 所示。

（1）水解阶段。指污水和污泥中的非溶解性有机物质在产酸细菌胞外水解酶的作用下被转化为氨基酸、葡萄糖和甘油等水溶性小分子有机物的过程。非溶解性有机物是以胶体或是悬浮固体形态存在的大分子有机物，因为这些大分子有机物不能透过细胞膜，难以直接被细菌利用，必须被胞外酶分解为小分子有机物。这些小分子有机物能溶于水并通过细胞膜，为细菌的代谢反应提供营养。

（2）产酸发酵阶段。在产酸发酵细菌的作用下将污水中溶解性有机物转化为甲酸、乙酸、丙酸等挥发性脂肪酸、乙醇等醇类及 CO_2、H_2、NH_3、N_2、H_2S 等的过程。

（3）产氢产乙酸阶段。指将产酸发酵阶段产生的 2 个碳原子以上的有机酸和醇在产氢产乙酸细菌的作用下转化为乙酸、H_2、CO_2 的过程。

（4）产甲烷阶段。指在厌氧性甲烷细菌的作用下将乙酸、甲酸、甲胺、CO_2 等转化为 CH_4 和 CO_2（沼气）的过程。

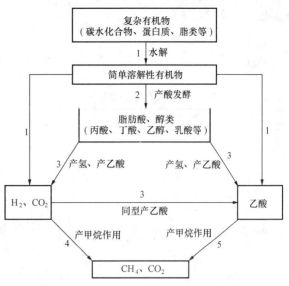

图 22-21 有机物厌氧分解过程
1—发酵细菌；2—产氢产乙酸菌；3—同型产乙酸菌；
4—利用 H_2 和 CO_2 的产甲烷菌；5—分解乙酸
的产甲烷菌

在厌氧条件下，除产生以上四种生物转化过程外，还可能发生硫酸盐还原过程、生物反消化过程和厌氧氨氧化过程。

在上述生物转化过程中，只有两种类型的厌氧细菌：一种是产酸细菌（acidogens），也称非产甲烷细菌（non-methanogens），它包括水解、产酸发酵、产氢产乙酸阶段的细菌群体；另一种是产甲烷细菌（methanogens）。

二、厌氧微生物的环境条件

一般认为，厌氧微生物中的产酸细菌种群繁多，代谢速率和生长速率快，适应的 pH 值和温度范围宽，环境条件突变对其影响较小。而产甲烷细菌，代谢速率和生长速率较慢，对环境条件要求比较苛刻、敏感。因此，常以产甲烷阶段作为厌氧生物处理的限速步骤。下面讨论的主要是产甲烷细菌的控制条件。

（1）营养条件。一般要求 COD 大于 1000mg/L。厌氧生物处理与好氧生物处理一样，也要求供给全部营养，只是由于厌氧细菌的增殖速度相对较低，在供应的 BOD 中仅有5％～10％用于合成菌体，故对氮、磷元素的要求低，即 COD：N：P＝200：5：1 或 C：N＝12～16。

（2）氧化还原电位。厌氧环境是厌氧消化的必要条件，因此可用环境体系中的氧化还原电位来反映。甲烷细菌最适宜的氧化还原电位为－350mV 或更低，而产酸细菌可在－100～100mV 的碱性条件下生长、繁殖。如发酵系统有氧溶入或有其他氧化剂或氧化态物质存在，都会使体系中的氧化还原电位升高，危害消化过程的进行。

（3）温度。因为温度主要影响微生物的生化反应速度，因此与有机物的分解速率有关。目前的研究认为，厌氧消化过程中存在两个最适宜温度区，即在 35℃ 和 60℃ 附近各出现一个产气量（CH_4 和 CO_2 等）高的最适宜温度区，前者称为中温消化温度，后者称为高温消化温度，如图 22-22 所示。

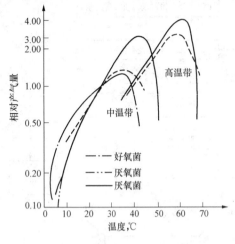

图 22-22　消化温度与产气量关系

工程上控制中温消化温度为 33～35℃，高温消化温度为 50～55℃，并要求日变化小于±2℃。好氧生物处理过程只有一个最适宜温度区，即在 5～35℃之间，好氧过程的产气量随温度上升而呈直线上升，高于 35℃后产气量下降，接近 45℃时生化反应停止。消化液温度过低可考虑加温措施。

（4）pH 值和酸碱度。由于发酵系统中的 CO_2 分压很高（20.3～40.5kPa），所以发酵液的实际 pH 值比大气条件下的实测 pH 值低。污水或污泥中的碳酸盐和氨氮等具有较强的缓冲能力，对保持稳定的 pH 值起重要作用。一般要求碱度大于 2000mg/L，氨氮为 50～200mg/L，必要时可考虑加碱。

（5）毒物。凡对厌氧消化过程起抑制或毒害作用的物质都称为毒物，如无机酸的浓度不应使消化液的 pH 值降到 6.8 以下，氨氮的浓度不宜超过 1500mg/L，Cl^- 不应大于 200mg/L，Cr^{+6} 不应大于 3mg/L 等。

（6）生物量。生物量的大小常以污泥浓度来表示。一般来讲，污泥浓度大，消化装置的最大处理能力也大。但污泥浓度超过某一限度时，单位重量污泥所能去除有机物的量已不再上升。VSS 一般为 10～30g/L。

（7）有机物负荷率。当有机物负荷率适中时，产酸细菌产生的有机酸基本能被甲烷细菌及时吸收利用，并转化为沼气，此时消化液的 pH 值为 7.0～7.5，呈弱碱性。当有机物负荷率很高时，会使消化液呈酸性，这时产酸细菌产生的有机酸超过了甲烷细菌的吸收、转化能力。当有机物负荷率很低时，会使消化液 pH 值大于 7.5，呈碱性，成为低效的厌氧消化状态。

三、厌氧生物处理的工艺与设备

近 30 年来，发展了各种用于处理有机废（污）水的厌氧生物处理的工艺与设备，其中包括厌氧接触系统、厌氧生物滤池、厌氧生物转盘、升流式厌氧污泥层反应器和两相厌氧消化系统等。

（1）厌氧接触系统。当采用普通消化池用于处理高浓度有机废水时，为了强化有机物与池内厌氧污泥的充分接触，必须连续搅拌和连续进水、排水，从而造成大量厌氧污泥的流失。为此在消化池的后面串接一个沉淀池，将沉下来的污泥再回流到消化池（见图 22-23），由此组成的系统称为厌氧接触系统。因从消化池流出的污泥颗粒上附着许多小气泡，影响污泥在沉淀内的沉降分离，故在沉淀池前设置了一个脱气器。

（2）厌氧生物滤池和厌氧生物转盘。为防止消化池的厌氧污泥流失，采取的另外一种措施就是在消化池内设置挂膜介质，使厌氧微生物生长在上面，通过厌氧生物转化降解有机物，由此出现了厌氧生物滤池和厌氧生物转盘。厌氧生物滤池（见图 22-24）中的滤料可为粒径 30～50mm 的碎石、焦炭，也可为软性或半软性填料。这种滤池的优点是：有机物负荷为 1～10kg/（m³·d）；因无搅拌和脱气装置，结构简单；污泥量稳定，泥龄长达 100d，出水水质好。缺点是粒状滤料容易堵塞。

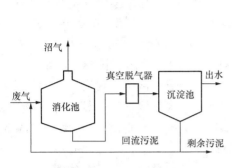

图 22-23 厌氧接触系统

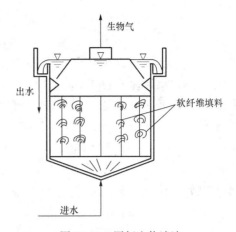

图 22-24 厌氧生物滤池

厌氧生物转盘与好氧生物转盘大致相同，只是它完全淹没在污水中，厌氧微生物生息在旋转的盘面上，有利于与有机物的充分接触，同时在污水中还保持一定量的悬浮态厌氧污泥。

（3）升流式厌氧污泥层 UASB（upflow anaerobic sludge blanket）反应器。在 UASB 反应器中，底部装有大量厌氧污泥，上部设置了一个气、固、液三相分离器（见图 22-25）。当反应器运行时，废水从器底进入，在穿过污泥层时水中有机物与厌氧污

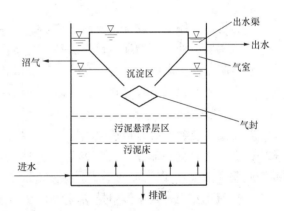

图 22-25 UASB 反应器示意图

泥中的微生物接触而得到降解，并产生沼气。产生的沼气形成小气泡上升并将污泥托起，从而形成上疏下密的悬浮污泥层。随着产气量的上升，小气泡聚集变大脱离污泥颗粒而上升，并起一定搅拌作用。部分污泥颗粒被附着的气泡带到反应器上部，撞在三相反应器上使气泡脱离，污泥固体又沉降到反应器下部污泥层。这种反应器的污泥浓度可维持在 $40\sim80g/L$，容积负荷率达 $5\sim15kg/(m^3 \cdot d)$，水流停留时间为 $4\sim24h$。这种反应器的缺点是结构较复杂，而且三相分离器占去一部分空间。

（4）两相厌氧生物处理（two-phase anaerobic biotreatment）。由于参与厌氧消化的水解发酵细菌和甲烷细菌的生理特性和对环境条件的要求不一样，在同一个反应器内很难发挥最大功能。如将两类生物群的发酵过程分别在两个容器中独立完成，并维持各自的最佳环境条件，一定会促进整个厌氧消化过程。另外，水解、发酵细菌的容器应具有较强的抗毒物负荷和抗环境条件突变的能力，运行比较稳定。由此产生了两相厌氧消化系统。前一个容器称为酸发酵池，主要进行废水的酸化，可采用较高有机物负荷率[如 $20\sim50kg/(m^3 \cdot d)$]，维持 pH 值为 $5.0\sim5.5$ 之间，采用较低的消化温度，如 $23\sim30℃$。后一个容器称为甲烷发酵池，主要进行气化，有机物负荷率较低，并维持 pH 值为 $7.0\sim7.2$ 的弱碱性，消化温度以 $33℃$ 为宜。

第四节　废（污）水的脱氮、除磷处理

随着人们生活水平的不断提高，排入生活污水中的营养元素（N、P）也逐渐增多，过去那种传统的污水处理工艺已不能适应目前的要求。例如，过去城市污水的好氧生物处理，以去除污水中的 BOD、COD 为主要对象（BOD 去除 90％以上），污水中的 N、P 虽然经微生物的氧化、分解（同化）作用转化为微生物细胞质，随活性污泥排掉一小部分（N 减少 20％～40％、P 减少 10％～30％），但大部分 N、P 只是通过微生物代谢作用（异化）降解为 NH_4^+、NO_2^-、NO_3^-、PO_4^{3-} 等无机盐，仍留在污水中，这显然不能满足目前日益严格的水质标准。例如，地面水环境质量标准中规定（GB 3838—2002）：在 Ⅰ 类水域和 Ⅴ 类水域 NH_3—N 分别为 0.15mg/L 和 2.0mg/L，总 P 分别为 0.02 mg/L 和 2.0mg/L。所以，近些年来新建的污水处理厂都增设了脱氮、除磷设施。本节为适应这种社会需求，也作简单介绍。

一、污水的脱氮处理（生物转化法）

污水的脱氮处理分物理、化学法和生物转化两种类型。物理、化学法又分吹脱法、化学沉淀法、吸附法、电解法、离子交换法和反渗透法等多种。有关这些处理方法的原理和工艺流程已在本书其他章节有过介绍，下面只简单介绍微生物转化脱氮法。

1. 基本原理

污水的生物转化脱氮是指污水通过氨化作用、消化和反消化作用等生物代谢功能，将污水中的含氮化合物一部分转化为 N_2，以气体的形式（吹脱）脱除，另一部分转化为微生物的细胞质（细菌），以污泥的形式脱除。

（1）氨化作用。氨化作用是指污水中的有机氮化合物（蛋白质、尿素等）在氨化细菌分泌的水解酶的催化作用下，水解断开肽键脱除羟基和氨基而形成氨的过程。化学反应为

$$RCHNH_2COOH + O_2 \longrightarrow NH_3 + CO_2 + RCOOH$$

（2）硝化作用。硝化作用是指在亚硝化菌的作用下，污水中的氨（NH_4^+）先转化为亚硝酸盐氮，然后再在硝化菌的作用下氧化为硝酸盐氮。反应式为

$$NH_4^+ + 1.5O_2 \xrightarrow[(\Delta F = 278.42kJ)]{\text{亚硝化菌}} NO_2^- + 2H^+ + H_2O - \Delta F$$

$$NO_2^- + 0.5O_2 \xrightarrow[(\Delta F = 72.27kJ)]{\text{硝化菌}} NO_3^- - \Delta F$$

由于亚硝化菌和硝化菌都是自养菌，能利用氧化过程中产生的能量，用 CO_2 作碳源合成细菌的细胞质。

（3）反硝化作用。反硝化作用是指氨化作用和硝化作用生成的 NO_2^- 和 NO_3^-，经反硝化作用转化为 N_2 和微生物细胞质的过程。这其中包括两个过程：

1）异化反硝化过程：$NO_3^- \rightarrow NO_2^- \rightarrow NO \rightarrow N_2O \rightarrow N_2 \uparrow$。

2）同化反硝化过程：$NO_3^- \rightarrow NO_2^- \rightarrow X \rightarrow NH_4OH \rightarrow$ 有机氮。

其中以异化反硝化过程为主，占 70％～90％，即污水中大部分 N 转化为 N_2 被脱除，只有一小部分（占 10％～30％）N 用于新（细菌）细胞质的合成。

反硝化细菌为兼性异氧菌，能够利用污水中各种有机物质作为电子供体，以硝酸盐作为

电子受体，完成生物转化过程，使污水中有机物分解，同时将硝酸盐还原为气态氮（N_2）而被脱除。

2. 影响因素

（1）pH 值。因为硝化反应中有 H^+ 产生，如污水中碱度不足，会使污水 pH 值下降。亚硝化细菌和硝化细菌的活性分别在 pH 值为 $7.7\sim8.1$ 和 $7.0\sim7.8$ 最强，即在中性和偏碱性时适宜脱氮，当 pH 值低于 $5.0\sim5.5$ 时，硝化反应即将停止。因为反硝化过程产生的碱度可以补充硝化过程所消耗的碱度，维持污水的 pH 值稳定。

（2）温度。温度不但影响反应速率，还影响细菌的活性。在 $5\sim30℃$ 范围内，每提高 $10℃$，硝化菌和反硝化菌的比增长速率大约增加 1 倍。但温度过高或过低，硝化细菌会受到抑制：超过 $30℃$ 时，蛋白质变性，硝化细菌活性降低；低于 $15℃$ 时，硝化和反硝化反应速率下降；低于 $4℃$ 时，硝化反应停止。一般认为硝化细菌的温度范围为 $4\sim45℃$；反硝化细菌的最佳温度为 $20\sim40℃$。

（3）溶解氧。如上所述，硝化菌为兼性好氧菌，所以污水中溶解氧的浓度（DO）会影响硝化菌的速率和反应速率。硝化反应的适宜 DO 值一般为 $1.0\sim2.0mg/L$。反硝化细菌为兼性厌氧菌，如果污水中没有溶解氧（DO），而只有 NO_3^- 和 NO_2^- 时，它能夺取这些离子中的氧将自己还原，但反硝化菌体内的某些酶系统组分的合成又需要有溶解氧参与，因此在反硝化过程中，宜采用好氧、缺氧交替的环境，溶解氧宜控制在 $0.5mg/L$ 以下。

（4）碳源有机物。因为城市污水中的含碳有机物比含氮有机物的浓度高（COD：TN＝$10\sim15$），使硝化菌（自养菌）的比增长率要比异氧菌小 10 倍以上。因此，在活性污泥法的生物转化中，自养菌对含碳有机物（底物）和 DO 的吸收功能不敌异养菌而处于弱势，使生长速率受抑制。只有当污水中的含碳有机物大量被消耗，BOD 值降至 $20mg/L$ 以下时，硝化菌的硝化反应才能顺利进行，即硝化反应适宜污龄较长和有机物负荷较低的环境。

实践证明，当污水中的 BOD：$TN\geqslant4.0$ 时，脱氮效果较好。当 TN 过小时，需外加含碳有机物。如以甲醇为外加碳源，虽被分解后产生 CO_2 和 H_2O，无二次污染，但甲醇价格贵。如利用淀粉和造糖厂、酿造厂废水作为外加碳源，则比较经济。

（5）有毒物质。有毒有机物、无机物（CN^-、ClO^-、HCN、K_2CrO_4、三价砷），以及重金属离子对硝化菌和反硝化菌均有毒害作用，使硝化作用和反硝化作用受到抑制。

3. 生物脱氮的工艺流程及特点

（1）缺氧—好氧活性污泥法。缺氧—好氧（anoxic-oxic）也称前置反硝化工艺，简称 A_N/O 工艺，其工艺流程如图 22-26 所示。它有以下特点：

1）将反硝化反应器置于第一级，直接利用污水中的含碳有机物作为反硝化的碳源，解决反硝化反应中的碳源不足，不需另外投加碳源（如甲醇）。

2）好氧池的混合液和沉淀池的污泥同时回流至缺氧池，反硝化菌可以利用回流液中硝酸盐的结合氧作为电子受体，将硝酸盐转化为氮气脱除。

3）在反硝化过程中产生的碱度可以补偿硝化过程中消耗的碱度（补偿

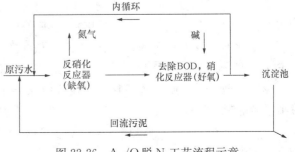

图 22-26　A_N/O 脱 N_2 工艺流程示意

50％左右），无需另外加碱。

4）硝化反应置于后段，可使反硝化反应池残留的 BOD 得到进一步去除，提高出水水质，但出水中有一定浓度的硝酸盐。

5）工艺流程简单、投资少、运行费用低。

（2）生物脱氮新工艺。近些年来，人们在研究生物转化脱氮过程中，发现了一些与传统转化脱氮不同的现象。过去传统理论认为：硝化细菌为自养菌，适宜生长在有较高溶解氧的环境中。反硝化菌为异氧菌，适合生长在缺氧环境中，但近些年的研究与实践证明：硝化反应可以有异氧菌参与，反硝化反应可在好氧条件下进行，NH_4^+ 可在厌氧条件下转化为 N_2 等。以此为基础提出了一些新的生物脱氮工艺，以下简单介绍一下厌氧氨氧化工艺。

厌氧氨氧化工艺又称 ANAMMOX（anaerobic ammonium oxidation）工艺，该工艺认为在厌氧条件下，NO_3^- 和 NO_2^- 均可作为电子受体，将氨转化为 N_2 而被脱除，因此在反应器内存在以下反应

$$5NH_4^+ + 3NO_3^- \longrightarrow 4N_2 + 9H_2O + 2H^+ (\Delta G = -279kJ/mol^{NH_4^+})$$

$$NH_4^+ + NO_3^- \longrightarrow N_2 + 2H_2O(\Delta G = -358kJ/mol^{NH_4^+})$$

由于两个反应的 $\Delta G < 0$，说明能自发进行。故将以氨（NH_4^+）作为电子供体的反硝化反应称为厌氧氨氧化工艺，即 ANAMMOX 工艺。

该工艺的特点是：直接利用 NH_4^+ 作为电子供体，无需外加有机物作为电子供体，运行费用减少；无需供氧，能耗降低；减少了中和药剂带来的二次污染等。

二、污水的除磷处理（生物转化法）

在城市生活污水和工业废水中经常含有磷的化合物，其中有正磷酸盐、聚合磷酸盐和有机膦酸盐，如排入天然水体，会造成富营养化，所以必须采取除磷措施。同样，含磷废（污）水既可采用物理、化学法（如沉淀法）将其去除或降低含量，也可采用生物转化法去除或降低含量，下面简单介绍一下生物转化法。

1. 基本原理

目前一般认为，生物转化除磷是利用聚磷菌（PAO）对污水中磷酸盐的过量吸收，并将磷以聚合的形态贮藏于菌体内，形成高磷污泥，排出系统外，达到从污水中除磷的目的。其基本过程是：

（1）好氧条件下对无机磷的过量吸收。在好氧条件下，聚磷菌进行有氧呼吸，并氧化、分解体内贮存的有机物，同时还不断地从外部环境摄取有机物。在氧化、分解中放出的能量由二磷酸腺苷 ADP（adenosine diphsphate）所获得，并结合 H_3PO_4 生成三磷酸腺苷 ATP（adenosine triphosphate），即

$$ADP + H_3PO_4 + 能量 \longrightarrow ATP + H_2O$$

上式中的 H_3PO_4 除一小部分是聚磷菌分解体内的聚磷酸盐而获得的外，大部分是聚磷菌利用能量，并在透膜酶的催化作用下，从外部将环境中的 H_3PO_4 摄入体内的。摄入的 H_3PO_4 一部分用于合成 ATP，另外一部分用于合成聚磷酸盐，这称为好氧吸磷。

（2）厌氧条件下无机磷的释放。在厌氧条件下聚磷菌对体内的 ATP 进行水解，放出 H_3PO_4 和能量，形成 ADP，即

$$ATP + H_2O \longrightarrow ADP + H_3PO_4 + 能量$$

这称为厌氧释磷。

2. 工艺流程

（1）厌氧—好氧（A_P/O）除磷工艺。A_P/O 生物除磷工艺流程如图 22-27 所示。该工艺流程有以下特点：

1）该工艺由于厌氧池在前，好氧池在后，有利于抑制丝状菌生长，污泥容易沉淀，混合液 SVI<100，不易发生污泥膨胀。

2）该工艺流程简单，无需投加药剂，运行成本低。厌氧池水力停留时间为 1～2h，好氧池为 2～4h，总水力停留时间仅为 3～6h。

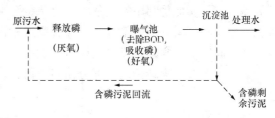

图 22-27 A_P/O 生物除磷工艺流程示意

3）对污水的除磷效果与活性污泥法相当，去除率可达 70%～80%，处理水中磷的浓度一般小于 1.0mg/L。

4）剩余污泥中的磷含量在 2.5% 以上，可做肥料。

（2）Phostrip 除磷工艺。该除磷工艺的流程如图 22-28 所示，其特点是：

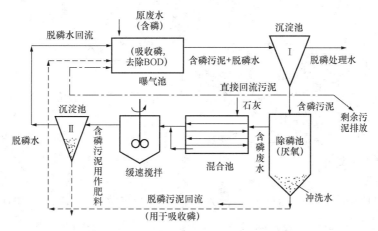

图 22-28 Phostrip 除磷工艺流程示意

1）该工艺是以化学沉淀除磷与生物转化除磷相结合的一种污水除磷工艺。该工艺除磷效果可使处理水含磷量低于 1.0mg/L，而剩余污泥中含磷可高达 2.1%～7.1%，肥效较高。

2）运行时，它从 1 号沉淀池的回流污泥中引出一小部分（占进水流量的 10%～20%），送入停留时间长达 10～20h 的厌氧除磷池释放溶解性磷酸盐，然后将除磷后的污泥送入曝气池进行吸磷；厌氧除磷池的上部清液依次流过混合池、搅拌池、二次沉淀池。在混合池中加入石灰，在搅拌池中石灰与磷酸盐反应生成磷酸钙，在二次沉淀池中沉降分离排出系统（即化学除磷），二次沉淀池中的上部清液回流至曝气池。

3）该工艺 SVI<100，污泥易沉淀、易脱水、易浓缩、不易膨胀，而且丝状菌难以生长，污泥肥效较高。

4）只有少量污泥采用化学沉淀法除磷，药剂用量少。

5）该工艺流程复杂，投资较大，运行管理比较困难。

三、污水的同步脱氮除磷工艺

如果在同一个污水处理工艺流程中同时去除氮、磷和含碳有机物，则称为同步脱氮、除磷工艺。

从对生物脱氮和除磷的介绍中得知：厌氧池的主要功能是利用聚磷菌在厌氧条件下释放磷去除；缺氧池的主要功能是利用反硝化菌将回流液中的硝酸氮转化成氮气从污水中去除；好氧池的主要功能是利用氨化菌和硝化菌将污水中的含碳有机物氧化、分解，将含氮有机物氨化、硝化及聚磷菌的过量吸磷。即脱氮过程由好氧、缺氧池共同完成，除磷过程由厌氧、好氧池共同完成，含碳有机物主要由好氧池完成。沉淀池的主要功能是泥水分离，上部清液作为处理水排放，含磷污泥一部分作回流污泥，另一部分作剩余污泥排出系统，使污水得到净化。

如果将脱氮工艺（A_N/O）和除磷工艺（A_P/O）结合在一个工艺流程中（A^2/O），就可同步完成污水的脱氮和除磷，如图 22-29 所示。

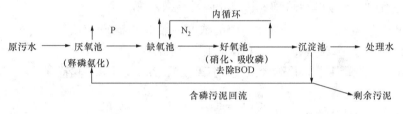

图 22-29　A^2/O 工艺流程示意

A^2/O（anaerobic-anoxic-oxic）工艺的特点是：

1）该工艺是在 A_P/O 工艺中加入一个厌氧池，并将好氧池流出的一部分混合液回流至缺氧池前端，以起到反硝化作用。

2）首级厌氧池的功能是：释放磷，使污水中的含磷浓度上升，同时吸收溶解性有机物，使污水中的 BOD 浓度下降；另一部分 NH_3—N 用于细胞质的合成得以去除，使污水中的 NH_3—N 浓度下降。

3）在缺氧池中，反硝化细菌利用污水中的有机物作碳源，将回流液中带入的大量 NO_3^-—N 和 NO_2^-—N 还原为 N_2 释放去除，使 BOD_5 和 NO_3^-—N 浓度下降。

4）在好氧池中，含碳有机物被好氧微生物氧化、分解，浓度继续下降；含氮有机物被氨化、硝化，使污水中的 NH_3—N 浓度下降，NO_3^-—N 浓度上升；由于聚磷菌的过量吸磷，使污水中的磷浓度大幅下降。

从 A^2/O 工艺的特点可以看出，它难以同时取得满意的脱氮、除磷效果，这是因为：脱氮要求较低的有机物负荷和较长的泥龄，而除磷却要求较高的有机物负荷和较短的泥龄；脱氮要求有较多的硝酸盐供反硝化，而硝酸盐又不利于除磷。为此，提出两种改进工艺：一种是将沉淀池的回流污泥分两点（厌氧池和缺氧池）加入，从而减少进入厌氧池的硝酸盐和DO；另一种是在厌氧池前增设一个前置缺氧池，回流污泥全部进入前置缺氧池，等反硝化脱氮作用将硝酸盐耗尽时再进入厌氧池，使厌氧池能有效地进行磷的厌氧释放。

第五节　污泥的处理与处置

在生活污水和生产废水处理过程中，通常要形成一定数量的污泥固体，形成这种污泥固体的各种悬浮物质，有的是污水中早已存在而被各种自然沉淀设备截留下来的，也有的是在生物处理和化学处理过程中由原来的溶解物质和胶体物质转化而来的，还有的是在进行化学处理时因投加某些化学药剂带来的。污泥固体与水的混合体称为污泥，它往往含有大量的有毒物质，如寄生虫卵、病原微生物、合成有机物及重金属离子等，如处理或处置不当，也会对环境造成严重污染。

一、污泥的种类与性质

1. 种类

按污水的处理工艺不同，污泥可分为以下几种：

（1）初次沉淀污泥。是指来自初次沉淀池，其成分与污水成分有关。

（2）腐殖污泥与剩余活性污泥。是指来自好氧生物转化后的二沉池，由生物膜法产生的称腐殖污泥，由活性污泥法产生的称剩余活性污泥。

（3）消化污泥。是指来自前三种污泥经消化处理后产生的污泥。

（4）化学污泥。是指来自用化学处理法处理污水而产生的污泥。

因此，污泥的组成、性质和数量不仅与污水来源有关，也与处理工艺有关。按成分不同，污泥又分为有机污泥和无机污泥。有机污泥含水率高、颗粒细小、易于腐化发臭。无机污泥颗粒粗、密度大、易于脱水、流动性差。

2. 性质

污泥的主要性质有以下几个方面：

（1）污泥的含水率 P。污泥的含水率是指污泥中所含水分的质量与污泥总质量的百分比，常用 P（％）表示。相应的污泥中所含固体物质的质量与污泥总质量的百分比称为含固率（％）。对于含水率大于 65％ 的污泥来讲，污泥的体积、质量及所含固体物浓度之间的关系，可用下式表示

$$\frac{V_1}{V_2} = \frac{c_2}{c_1} = \frac{m_1}{m_2} = \frac{100 - P_2(\%)}{100 - P_1(\%)} \tag{22-33}$$

式中：V_1、c_1、m_1 为污泥含水率为 P_1 时的污泥体积、固体物浓度与质量；V_2、c_2、m_2 为污泥含水率为 P_2 时的污泥体积、固体物浓度与质量。

根据式（22-33），如污泥含水率为 $P_1 = 99\%$，浓缩后含水率降至 $P_2 = 95\%$，则二者体积比 $V_1/V_2 = 5$，即污泥体积减至原来的 1/5。

（2）污泥的相对密度 S。污泥的相对密度是指污泥的质量与同体积水质量的比值，它与固体的相对密度和含水率大小有关。若污泥仅含一种固体成分（或近似一种成分）时，则污泥的相对密度 S 可用下式估算

$$S = \frac{100 S_1 S_2}{P S_1 + (100 - P) S_2} \tag{22-34}$$

式中：P 为污泥含水率，％；S_1 为固体相对密度；S_2 为水的相对密度。

（3）污泥的理化性能。污泥的理化性能包括有机物、无机物的含量、可消化程度、有害物质（如重金属）含量、肥分和热值等。无机物常用灰分表示，有机物常用污泥在 600℃ 下被燃烧并以气体溢出的那一部分固体表示。

二、污泥的去水处理

污泥处理主要包括污泥的去水处理（浓缩、脱水、干化）、稳定处理（生物稳定处理、化学稳定处理）和最终处置与利用（填地、投海、焚化、湿式氧化和综合利用等）。污泥含

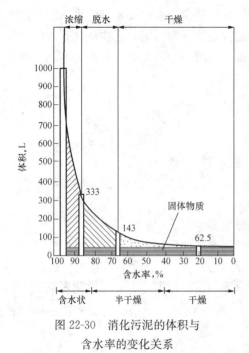

图 22-30　消化污泥的体积与
含水率的变化关系

水率高、体积庞大，只有通过各种去水方法降低含水率，大大减少污泥体积和改变物理形态，才能对污泥作进一步处理，以降低处理成本。图 22-30 示出消化污泥体积与含水率的变化关系。

1. 污泥的浓缩

污泥中的水有四种存在形态：①游离水，是指存在于污泥絮凝体空隙之间的水，可借助于污泥固体的重力沉降分离出来；②絮凝体水，是指储存于絮凝体网络内部的水，只有靠外力改变絮凝体的结构形状才能部分分离出来；③毛细水，是指黏附于单个粒子之间的水，只有施加更大的外力，使毛细孔发生变形，才能部分分离出来；④离子水，是指化学结合水，只有通过化学作用或高温处理，改变污泥的化学结构和水分子状态，才能分离出来。

污泥的浓缩方法分重力浓缩法、气浮浓缩法和离心浓缩法。

（1）重力浓缩法。重力浓缩法适合于浓缩重质污泥，如初沉池污泥，依靠污泥固体与水的密度差进行自然沉降分离。设有搅拌栅条的重力浓缩池的结构与设有刮泥机的辐流式沉淀池相似。当栅条随刮泥机缓慢移动时（2～20cm/s），可以破坏污泥的网络结构，使污泥中的水分和气泡容易分离，促使污泥固体沉降。中小型沉降浓缩池多用重力排泥，一般不设搅拌栅条。

（2）气浮浓缩法。气浮浓缩法适合于浓缩密度接近于 1 的轻质污泥，如活性污泥。它的设备结构和工艺与加压溶气气浮法基本相似。气浮浓缩法的主要控制参数是气固比，它是指气浮池释放的气体量（kg/h）与流入的污泥固体量（kg/h）之比，气浮浓缩的效果随气固比的增加而提高，一般以 0.03～0.1 为宜。气浮浓缩池的工艺参数为：固体负荷为 2.5～25kg/（m² · h），水力负荷为 0.22～0.9m³/（m² · h），停留时间为 30～120min。当在气浮浓缩池中投加混凝剂时，可使平均固体浓度达到 5.8%，固体回收率达 98%；若不投加混凝剂，则分别为 4.6% 和 90%。

（3）离心浓缩法。离心浓缩法也适合于轻质污泥，采用盘式离心机能使浓度为 0.5% 的活性污泥浓缩到 5%～6%，而且时间短、占地少、卫生条件好。

2. 污泥的脱水与干化

如将污泥的含水率降低至 80%～85%，称为脱水。如将污泥的含水率降至 50%～65%，称为干化。

（1）污泥的脱水设施有干化场、过滤机和离心机三种：

1）干化场。干化场也称晒泥场，通常将干化场划分成大小宽度相等的若干块，并围以土堤，堤上再设置干渠和支渠，用于输配污泥。每块干化场的底部设有 30～50cm 的渗水层，上部为细砂，中部为粗砂，底部为碎石。渗水层下面还设有 0.3～0.4m 厚的不透水层，坡向排水管。为管理方便，每次排放的污泥只存放于 1 或 2 块干化场上，污泥厚 30～50cm，下次排污进入另外 1～2 块上，各组干化场依次存泥、干化和铲运。所以，这种干化场的脱水作用是靠上部蒸发、底部渗透、中部排泄来完成的。干化周期为数周至数月，可使干化污泥的含水率降至 65%～75%。

干化场的特点是简单易行，污泥含水量低，但它占地面积大，周边卫生条件差，铲运污泥的劳动强度也大。

2) 过滤机。过滤机是应用最广的污泥机械脱水设备。过滤脱水时，在外力作用下，污泥中的水分透过滤布，与污泥固体分离，分离出来的无泥水送回废水处理设备，截留的污泥固体外运处置。目前采用的机械脱水设备有真空过滤机和压力过滤机。真空过滤机又有转筒式、转盘式和绕绳式三种；压力过滤机又有板框压滤机和带式压滤机两种。

近年来还出现了一种滚压带式过滤机，如图 22-31 所示，它由上下两组同向移动的回转带组成，上面为金属丝网做成的压榨带，下面为滤布做成的过滤带。污泥由一端配入，在向另一端移动的过程中，先经过浓缩段，主要依靠重力过滤，使污泥失去流动性，然后进入压榨段。由于上、下两排支承滚压轴的挤压而得到脱水。滤饼含水率可降至 75%～80%。这种脱水设备的特点是把压力直接施加在滤布上，用滤布的压力或张力使污泥脱水，而不需真空或加压设备，因此它消耗动力少，并可以连续运行。

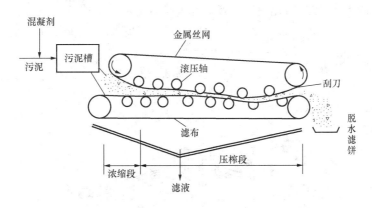

图 22-31 滚压带式过滤机

为了改善污泥的过滤性能，通常采用一些调理措施，其中包括化学调理、水力调理和物理调理三种：化学调理是向污泥中投加各种絮凝剂，使污泥形成颗粒大、孔隙多、结构强的污泥固体；水力调理也叫淘洗，它是利用处理过的废水与污泥混合，然后再澄清分离，以此冲洗和稀释原污泥的高碱度，带走细小固体；物理调理是采用物理方法（如加热，冷冻等）破坏污泥的胶体结构，提高脱水性能。

（2）污泥干化。污泥的干化通常采用加热法，常用设备为回转式干燥炉。由于污泥干化成本高，所以只有干燥污泥有回收价值（如作肥料）或有特殊要求时，才考虑采用。

三、污泥的稳定处理

污泥的稳定处理分生物稳定法和化学稳定法。前者是在人工条件下加速微生物对有机物的分解，使之变成稳定的无机物或不易被生物降解的有机物，按微生物种类不同又分为好氧消化和厌氧消化。后者是用化学药剂杀死微生物，使有机物在短期内不腐败。

1. 污泥的好氧消化

好氧消化是对二级处理的剩余污泥或一、二级处理的混合污泥继续进行曝气，促使微生物细胞和有机物（BOD）的氧化、分解，并转化为 CO_2、NH_3、H_2 等气体，从而降低挥发性悬浮固体的含量，其氧化作用可表示为

$$C_5H_7NO_2 + 5O_2 \longrightarrow 5CO_2 + NH_3 + 2H_2O$$

可见氧化 1kg 细胞质大约需氧 2kg，故池内溶解氧不宜低于 2mg/L。污泥好氧消化的主要目的是减少污泥固体（VSS）的处置量。细胞的分解速率随有机物营养料和微生物比值的增加而降低，初次沉淀的有机物含量高，因而好氧消化作用慢。

好氧消化包含有完全的生物链和复杂的生物群，和厌氧消化比较，反应速率快，在 15℃ 条件下，一般只需 15～20d 即可减少挥发物 40%～50%，而厌氧消化却需 30～40d。同时，好氧消化不易受条件变化的冲击而破坏，故效果比较稳定。好氧消化的缺点是能耗大、卫生条件差。

2. 污泥的厌氧消化

由于厌氧微生物（特别是产甲烷细菌）对环境条件要求比较苛刻，按其操作温度可分为 30～36℃ 的中温消化和 50～55℃ 的高温消化。按负荷率大小又分为低负荷率消化池和高负荷率消化池，前者也称传统消化池。二者的区别是后者要求搅拌及调节温度。低负荷率消化池 VSS 一般为 0.5～1.6kg/（m^3·d），消化速率慢、时间长达 30～60d。而高负荷率消化池 VSS 可达 1.6～6.4kg/（m^3·d），消化时间为 10～15d。

厌氧消化池多为钢筋混凝土拱顶圆形池，图 22-32 所示为一种固定式厌氧消化池的结构示意图，其附属设施有加料与排料、加热与搅拌、集气与排液等。

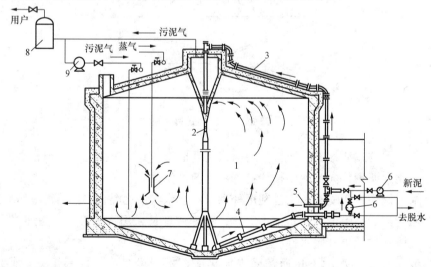

图 22-32　污泥消化池

1—消化池；2—水力提升器；3—进泥管；4—排泥管；5—中位管；
6—污泥管；7—蒸汽喷射器；8—储气罐；9—压缩机

3. 污泥的化学稳定

化学稳定是向污泥中投加化学药剂，以抑制和杀死微生物。其中有：石灰稳定法，它可使污泥的 pH 值提高到 11.0～11.5，在温度控制 15℃ 及接触 4h 时就可杀死大肠杆菌及伤寒

杆菌，但它有制备麻烦、产渣量大、工艺条件差等缺点；氯稳定法，它可杀死病原菌，具有较长的稳定时间，但有 pH 值偏低、过滤性能差的缺点。

四、污泥的最终处置

污泥的最终处置应视污泥的性质而异，目前主要有以下几种：

（1）用作农田肥料。有机污泥中往往含有丰富的植物营养物质，如城市污泥中含 N 约 2%～7%，含 P 约 1%～5%，含 K 约 0.1%～0.8%，消化污泥中的 N、P 两元素也基本如此。另外，消化污泥也含有 S、Fe、Ca、Na、Mg、Zn、Cu 等微量元素和腐殖质。因此，用消化污泥作农田肥料不仅有良好的肥效，还能改良土壤的特性。

（2）回收工业原料。如轧钢废水中的泥渣中含有氧化铁皮，冲灰废水的泥渣可用作建筑材料等。

（3）焚烧。焚烧是目前处理消化污泥最常用的方法，主要焚烧装置是多床炉和流化床炉。焚烧时必须有空气助燃，一般以 50%～100% 的过量空气为宜。温度超过 800℃ 才能使污泥中的有机物燃烧，1000℃ 时才能消除污泥中的气味。

（4）废弃。废弃是指污泥投入废弃的矿井、油井或地凹地带，然后填埋、覆盖，并加以绿化，这时应注意对地下水的影响。

第六节　中水水质标准与中水回用

目前部分电厂以城市中水作为补充水源或冷却水的补充水源，本节对此作简单介绍。

一、概述

在目前水资源逐渐短缺的情况下，人们已认识到水在自然界中是唯一不可替代，也是唯一可以重复利用的资源。人类使用过的水，污染物质只占 0.1% 左右，比海水 3.5% 的污染物质少得多，废水经过适当处理，可以重复利用，实现水在自然界中的良性循环，并且废水就近可得，易于收集，再生技术也已基本成熟。

为解决水的危机，世界各国都采取了积极有效的措施，在各种措施中，具体可行的有效途径之一就是中水回用。

中水（reclaimed water）一词源于日本，称中水道，它是将城市和居民产生的杂排水经过适当处理，达到一定的水质后，回用于冲洗厕所、汽车，用于绿化或作为冷却水的补充水的非饮用杂用水，因其水质介于上水与下水之间而得名。中水回用除要求水质合格和水量够用外，还应考虑经济效益。

中水回用国外已实施很久，而且规模很大，已显示出明显的经济效益和社会效益。除美国、以色列外，日本、俄罗斯、西欧各国、印度、南非使用污水回用技术也很普遍。

我国是一个水资源严重缺乏的国家，这不仅制约了经济的快速发展，也影响了人们的日常生活，特别是近些年来许多城市严重缺水，已引起从中央到地方各级政府的高度重视，如青岛市在 1982 年就将中水作为市政用水和其他杂用水。

目前我国已有几十个城市在建设污水回用工程，但目前还不提倡用作与人体直接接触的娱乐用水和饮用水。

我国的火力发电厂是工业用水第一大户，年用水量已超过 230 亿 m³，占工业总用水量的 20%。据有关资料统计，我国火力发电厂平均水耗为 1.64m³/(GW·s)，是国外平均水平 0.7～0.9m³/(GW·s)的 2.0 倍左右。所以，电力行业如何节约用水，提高水的重复利用率，降低水耗，是当前面临的一个十分重要的问题。

二、中水水质标准

中水能否作为水资源，或者说能否回用，主要取决于水质是否达到相应的回用水水质标准，而且不会造成潜在的二次污染。回用水的水质应首先满足卫生要求，主要指标有细菌总数、大肠杆菌群数、余氯量、悬浮固体、生物化学需氧量、化学需氧量；其次要满足感观要求，主要指标有色度、浊度、臭、味等；另外，还要求不会引起设备管道的严重腐蚀和结垢，主要指标有 pH 值、浊度、溶解性物质和蒸发残渣等。

由于回用水使用范围广，水质要求各不相同，目前我国还没有系统地制定回用水的水质标准，下面按回用水的用途进行介绍。

1. 灌溉回用水水质标准

灌溉回用水的水质要求主要包括不传染疾病、不影响农作物的产量和质量、不破坏土壤的结构和性能、不使其盐碱化、不污染地下水、有害物及重金属的积累不超过标准。我国灌溉水质标准应符合 GB 5084—2005《农田灌溉水质标准》，它也可作为灌溉回用水的水质标准。

2. 工业回用水水质标准

由于工业生产类型繁多，对水质要求各有不同，而且差异很大，各种污水的水质和性质也是千差万别。因此，应从实际需要出发，以各类工业用水的水质要求为依据。在各类工业用水中，以冷却用水水量最大，而且对水质的要求相对较低。所以目前国内外首先考虑将处理后的出水用作冷却水。当将中水作为冷却水回用时，对水质的要求是：在换热设备中不结垢、不腐蚀、不产生过多泡沫、不存在过多的有利于微生物生长的营养物质，即符合表22-1为 GB 50335—2002《污水再利用工程设计规范》中对再生水用作冷却用水的水质标准。

表 22-1　　　　　　　　　　　再生水用作冷却用水的水质标准

项　目	直流冷却水	循环冷却补充水
pH 值	6.0～9.0	6.5～9.0
SS（mg/L）	30	—
浊度（度）	—	5
BOD_5（mg/L）	30	10
BOD_{Cr}（mg/L）	—	60
铁（mg/L）	—	0.3
锰（mg/L）	—	0.2
Cl^-（mg/L）	250	250
总硬度（以 $CaCO_3$ 计，mg/L）	850	450
总碱度（以 $CaCO_3$ 计，mg/L）	500	350
氨氮（mg/L）	—	10[①]
TP（mg/L）	—	1
溶解性总固体（mg/L）	1000	1000
游离余氯（mg/L）	末端 0.1～0.2	末端 0.1～0.2
粪大肠菌群（个/L）	2000	2000

① 铜材换热器循环水氨氮为 1mg/L。

3. 城市杂用水水质标准

GB/T 18920—2002《城市污水再生利用城市杂用水水质》中规定了城市杂用水水质标准，可作为污水回用于电厂内部杂用水时的标准。当中水回用于城市杂用水时，其水质应达到：卫生安全可靠、无有害物质；不引起管道、设备腐蚀；外观无不愉快感觉。

4. 再生水回用于景观水体的水质标准

再生水用作市区景观河道用水时，应满足 CECS：6194《城市污水回用设计规范》的要求。再生水回用于景观水体的水质满足 GB 12941—1991《景观娱乐用水水质标准》要求。

三、中水处理系统的组成

1. 中水处理系统的水体来源及系统组成

中水处理系统的水体来源是城市污水，它是生活污水、工业废水、被污染的雨水和排入城市排水系统的其他污染水的总称。生活污水是人类在日常生活中使用过的，并为生活废料所污染的水；工业废水是在工矿企业生产活动中用过的水，这种水有可能在生产过程中受到某种生产原料或半成品的污染，也可能因温度升高等原因而失去使用功能；被污染的雨水，主要是指初期雨水，由于冲刷了地表上的各种污物，所以污染程度很高，必须由市政中水系统进行处理。城市污水、生活污水、生产污水或经工业企业局部处理后的生活污水，往往都排入城市排水系统，故把生活污水和生产污水的混合污水叫做城市污水。

中水处理系统（reclaimed water system）是指中水的净化处理、集水、供水、计量、检测设施及附属设施组合在一起的综合体。

中水处理系统按水处理的工艺流程可分为前期预处理（与一级处理相当）、主要处理（与二级处理基本相当）和深度处理（与三级处理基本相当）。

（1）前期预处理。其主要任务是悬浮固体截留、毛发截留、水质水量的调节、油水分离等，其处理单元有各种格栅、毛发过滤器、调节池、消化池。

（2）主要处理。为此阶段各系统的中间环节，起承上启下的作用。其处理方法根据生活污水的水质来确定，其中包括生物处理法和物理化学处理法。

（3）深度处理。主要是生物处理或物理化学处理后的深度处理，应使处理水达到回用所规定的各项指标。可利用的处理单元有混凝沉淀、吸附过滤、深度过滤、超滤、化学氧化、消毒、电渗析、反渗透、离子交换等，以保证中水水质达标。

中水处理设施（installation of reclaimed water）是指中水水源的收集处理系统和中水供水系统及相关的水量、水质处理设备，以及与安全、防护、检测控制等配套构筑物及设备器材等。

2. 中水回用水源及水质

中水回用水源有两种：

（1）以城市污水处理厂的二级处理出水为水源。这种水源和水质相对比较稳定，经消毒或其他处理后可回用市政用水、工业用水，也可用作火力发电厂补充用水。城市污水处理厂二级处理出水的水质为：$SS<30mg/L$，$BOD_5<30mg/L$，$COD<120mg/L$。

（2）以建筑物或建筑群内的生活污水和冷却水为水源，这种水源应按下列顺序取舍：冷却水、淋浴排水、盥洗排水、洗衣排水、厨房排水、厕所排水。这种水源的成分、数量、污染物浓度等情况与居民的生活习惯、建筑物用水量及用途有关。表 22-2 示出小区生活污水、建筑物内非厕所冲洗的杂排水、较清洁的洗浴水的水质。其中杂排水又可分为优质杂排水和杂排水两种，前者包括洗手洗脸水、冷却水、锅炉污水、雨水等，但不含厨、厕排水，其主要污染物为灰尘，所以容易处理。后者除包括上述各项优质杂排水外，还含厨房排水。污染程度高，有油垢、表面活性剂、生物有机物及泥灰，其主要污染物有 ABS、BOD、COD 等，回用厕所时可用。如果将杂排水和厕所排水混合，则称综合污水，这种水除含有较高的细菌、BOD、COD、油垢、表面活性剂之外，还含有氮、磷等富营养性元素，所以不易处理，一般由市政中水处理系统处理，如要回用需要经济评价。

表 22-2 回用水水源的水质

项 目	生活污水	杂排水	洗浴水	二级出水
COD(mg/L)	180～360	80～260	70～210	30～60
BOD(mg/L)	570～210	50～150	30～100	15～30
SS(mg/L)	80～220	60～160	40～120	15～40

3. 中水处理的工艺流程

由于中水的水源不同及中水回用的目的不同，要求的水质标准也不同。因此，设计的中水处理的工艺流程也各不相同。下面介绍几种典型流程。

（1）当以优质杂排水和杂排水为中水水源时，其工艺流程如图 22-33 所示。

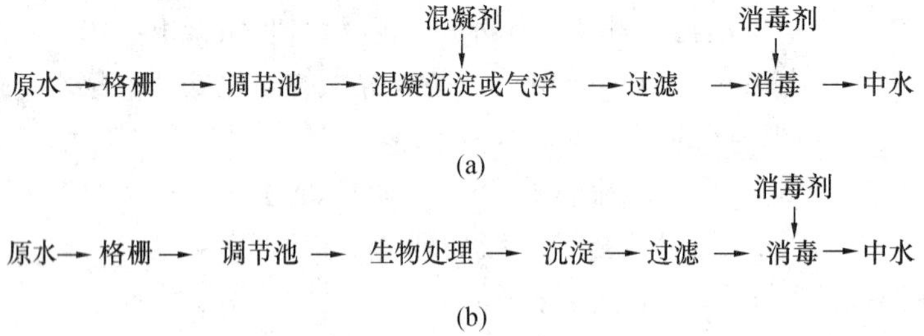

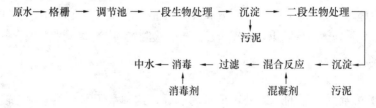

图 22-33 以杂排水或优质杂排水为中水水源的处理工艺

（a）物化处理工艺（适用优质杂排水）；（b）生物处理和
物化处理相结合工艺（适用于溶解性有机物和 LAS 较低的杂排水）

（2）当以含有生活污水的排水为中水水源时，宜采用二级（段）生物处理和物化处理相结合的工艺流程，如图 22-34 所示。

图 22-34 以混合污水为中水水源的处理工艺

（3）当以城市污水处理厂二级处理出水为中水水源时，可采用物化或与生化处理相结合的深度处理工艺流程，如图 22-35 所示。

（4）火力发电厂以城市污水处理厂二级处理出水（中水）为水源时，应采用深度处理的工艺流程。

下面简单介绍国电电力大同发电有限责任公司中水回用深度处理工艺流程。国电电力大同发电有限责任公司装机容量为 $2\times600\text{MW}$，因当地是严重缺水地区，为此，电厂用水全部采用城市污水厂二级处理出水（中水），其深度处理的工艺流程如图 22-36 所示。

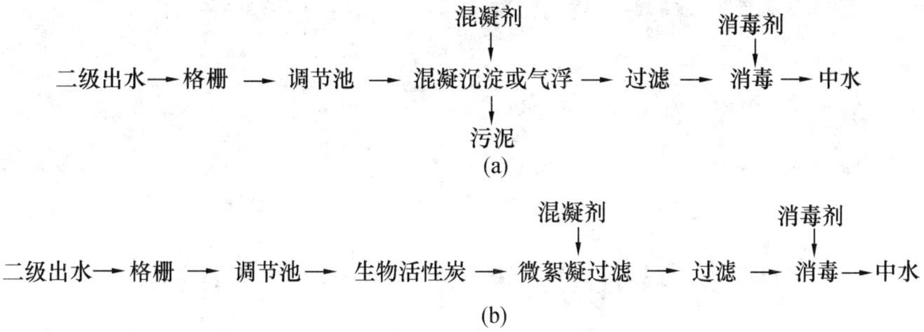

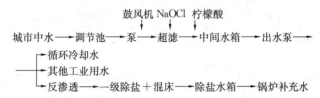

图 22-35 以污水厂二级出水为中水水源的处理工艺

(a) 物化深度处理工艺；(b) 物化与生化结合的深度处理工艺

图 22-36 电厂用水深度处理的工艺流程

该厂采用的城市中水水质设计值为：$BOD_5 \leqslant 20mg/L$；$COD_{Cr} < 60mg/L$；$SS<20mg/L$；$NH_3-N\leqslant15mg/L$；$T-P\leqslant0.5mg/L$。

随着城市化建设的快速发展和水资源的日益短缺，城市中水回用于火力发电厂的趋势会逐年增加。

第二十三章

火力发电厂废水处理及回用

第一节 火力发电厂排放的废水

在火力发电厂的生产过程中，水是最重要的能量转换介质，水除用于汽水循环系统传递能量外，还用于很多设备的冷却和冲洗。对于不同的用途，所产生污染物的种类和污染程度是不一样的。

除了原水携带的杂质外，废水中的污染物主要来自使用过程中水的污染或浓缩。水污染有以下几种形式。

（1）混入型污染。用水冲灰、冲渣时，灰渣直接与水混合造成水质的变化。输煤系统用水喷淋煤堆、皮带，或冲洗输煤栈桥地面时，煤粉、煤粒、油等混入水中，形成含煤废水。

（2）设备油泄漏造成水的污染。设备冷却水中最常见的污染物是油。

（3）运行中水质发生浓缩，造成水中杂质浓度的增高。如循环冷却水、反渗透浓排水等。

（4）在水处理或水质调整过程中，向水中投加化学物质，使水中杂质的含量增加。如循环水系统加酸、加水质稳定剂处理；水处理系统投加混凝剂、助凝剂、杀菌剂、阻垢剂、还原剂等；离子交换器、软化器失效后用酸、碱、盐再生；酸碱废液中和处理时加入酸、碱等。

（5）设备的清洗对水质的污染。如锅炉的化学清洗、空气预热器、省煤器烟气侧的水冲洗等，都会有大量悬浮固体、有机物、化学品进入水中。

根据废水排放与时间的关系，火力发电厂废水可分为经常性排水和非经常性排水两大部分；若按废水的来源可分为冲灰（渣）废水、凝汽器冷却排水、化学水处理装置排水、烟气脱硫（脱硝）废水、锅炉化学清洗排水和停炉保护排水、煤场及输煤系统废水、辅助设备冷却排水、含油污水、生活污水等。

现代火力发电厂生产过程的各种排水如图 23-1 所示。

一、凝汽器冷却水系统的排污废水

凝汽器的冷却排污废水来源于冷却塔的排污，是该冷却系统在运行过程中为控制冷却水的水质而排放的水。

火力发电厂的凝汽器冷却水系统分为直流式冷却水系统和循环式冷却水系统。冷却水系统不同，产生的废水水质也不同。

（1）直流式冷却水系统。这种冷却水系统的优点是：冷却系统简单，不需要设置冷水塔，没有废水产生。除了有时需要间断性地投加少量的杀生剂外，冷却水一般不需要处理，

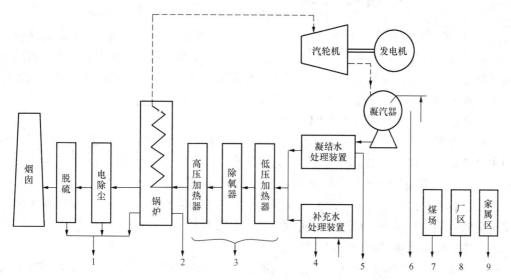

图 23-1　火力发电厂排放的废水

1—烟气脱硫和除尘排水、冲灰（渣）排水；2—锅炉化学清洗排水和停炉保护排水；3—主厂房排水、
辅助设备冷却排水；4—锅炉补给水的化学水处理装置排水；5—凝结水处理装置排水；
6—凝汽器冷却排水；7—贮煤场排水；8—厂区雨水排水；9—生活污水

运行费用很低。缺点是使用过程中水的温度升高，直接排放后对外部环境有热污染。这种系统一般都设置在水资源比较充足的地方。

（2）循环式冷却水系统。循环式冷却水系统产生的废水，主要是冷却塔的排污水以及循环水处理系统的工艺废水。产生的排污水的水质除与原水的水质有关外，主要与循环冷却水的处理方式有关。冷却塔排污水为间断性排水，瞬间流量很大。

二、水力冲灰（渣）废水

燃煤电厂除渣和除灰的方式通常分为干法除灰（渣）和湿法除灰（渣）两种。其中湿法除灰（渣）需要消耗大量的工业水，且产生一定量的废水。

火力发电厂外排的冲灰废水主要来自灰场的溢流水和水力冲灰（渣）系统的渗漏排水。

冲灰（渣）废水中的杂质成分不仅与灰、渣的化学成分有关，还与冲灰（渣）水的水质、锅炉的燃烧条件、除尘与冲灰（渣）方式及灰水比等因素有关。其中，对灰水中污染物的种类和浓度有主要影响的是锅炉燃用的煤种和除尘方式（干式或湿式）。在干除灰水力输送系统中，污染物质在水与灰的接触过程中从灰中溶出；在湿除尘水力输送系统中，除发生上述过程外，还将烟气中的一些污染物质，如氟及其化合物、砷及其化合物、二氧化硫和三氧化硫等转移进入灰水中。

因此，在灰渣水排放与处理的设计中，对贮灰场经常性排水的超标项目，应根据燃煤和粉煤灰的化学成分、除尘和除灰工艺、灰水比、冲灰（渣）水的水质等具体条件，经分析判断或参照类似发电厂的运行数据确定，必要时，可进行浸出试验，提出合理的治理措施。

我国有关部门曾于 20 世纪 90 年代组织了对全国一百多家电厂灰水水质的调查，发现这些电厂普遍存在的问题是悬浮固体、pH 值和氟化物含量超标，个别电厂还有重金属和砷含量超标。冲灰（渣）废水的水质特点可概括如下：

（1）悬浮固体含量高。灰水中的悬浮固体主要由细小灰粒及漂浮在灰场表面的空心微珠

（又称漂珠）组成。

（2）pH 值超标。在干式除尘水力冲灰系统中，灰水普遍呈碱性，pH 值高达 9.5～11.5，出现这种情况是由于灰中氧化钙溶解。在湿式除尘水力除灰系统中，灰水一般呈弱酸性或弱碱性，出现这种情况主要是由于烟气与水接触的过程中，二氧化硫、三氧化硫等进入灰水中。灰水的 pH 值还与灰水的输送距离有关。

（3）由悬浮固体浓度高引起的 COD 超标。

（4）含有氟、砷以及重金属等有毒物质。灰水中的有毒物质主要是氟、砷以及重金属，它们主要来源于燃煤，个别情况是受冲灰原水的影响。国内很多地区煤炭的含氟量较高，造成我国大约 15% 的电厂灰水的含氟量超标，个别电厂砷超标。

其他重金属如铅、铬、镉、汞等在我国电厂中的检测值普遍很小，且在碱性灰水中以溶解度很小的氢氧化物存在，对环境造成污染的可能性不大。

三、热力设备化学清洗和停炉保护排放的废水

锅炉化学清洗废液和停炉保护排放的废液属于非经常性排水，不定期排放，在较短的时间中排放量大、有害物质浓度高。

1. 锅炉化学清洗废液

锅炉化学清洗废液是新建锅炉启动清洗和运行锅炉定期清洗时排放的酸洗废液和钝化废液。

化学清洗过程中产生的废水，其化学成分、浓度大小与所采用的药剂组成以及锅炉受热面上被清除脏物的化学成分和数量有关。主要有游离酸（如盐酸、氢氟酸、EDTA 和柠檬酸等）、缓蚀剂、钝化剂（如磷酸三钠、联氨、丙酮肟和亚硝酸钠等）、大量溶解物质（如 Fe、Cu、Ca 和 Mg 等）、有机毒物以及重金属与清洗剂形成的各种复杂的络合物（螯合物）等，呈 pH 值低、COD 值高、重金属含量高等特征。表 23-1 是用 AC、HAF、HCl 三种不同的酸清洗锅炉易导致废水超标的项目。

表 23-1　　　　　　　　　　　　酸洗方法导致废水不符合标准的项目

酸洗方法	不符合标准的项目
AC（氨化柠檬酸）	pH、TSS、全铁、铜、铅、锰、镍、银和锌等
HAF（甲酸和羟基乙酸的混合酸）	pH、TSS、全铁、铜、砷、锰、镉、铬、镍等
HCl（盐酸）	pH、TSS、全铁、铜、铅、锰、汞、镍、银和锌等

除表中所列项目之外，氨（联氨）、DO（溶解氧）和 TDS（总溶解固体）也可能超出受纳水体要求的排放标准。

锅炉化学清洗废液的排放量与锅炉的出力和型式、酸洗方法以及所用的酸洗介质有关，可参照类似发电厂的运行数据确定。在无参考数据时，排水量宜按锅炉化学清洗总排水量的 1/3～2/5 或清洗水容积的 7～8 倍确定。

根据 DL/T 5046—2006《火力发电厂废水治理设计技术规程》，对于 1000MW 机组，采用 $C_6H_8O_7$（即柠檬酸）为清洗介质，清洗范围包括本体、过热器（超临界）、炉前、再热器时，其清洗水容积约为 1784m³。

2. 锅炉停炉保护废水

停炉保护是在锅炉停用期间，为防止锅炉内部金属表面腐蚀的措施之一，这部分废水的

排放量大体与锅炉的水容积相当。

停炉保护所采用的化学药剂大都是碱性物质，如十八胺、NaOH、NH_4HCO_3、联氨、氨水、磷酸三钠及碳酸环己胺等，所以排放的废水大都呈碱性，并含有一定量的铁、铜等化合物杂质。

以上两种废水大都呈黄褐色或深褐色，悬浮固体含量从几百到近千 mg/L。酸性废液 pH 值一般为 3~4，碱性废液 pH 值高达 10~11，化学耗氧量（COD）在几百到几千 mg/L 范围内。上述两种废水都是非经常性排水，具有排放集中、流量大、水中污染物成分和浓度随时都在变化的特点，处理起来比较困难。

四、化学水处理废水

（1）澄清设备的泥浆废水。澄清设备的泥浆废水是原水在混凝、澄清、沉降过程中产生的，其废水量一般为处理水量的 5%。

澄清设备的泥浆废水水质与原水水质、加入的混凝剂种类等因素有关，主要含有 $CaCO_3$、$CaSO_4$、$Fe(OH)_3$、$Al(OH)_3$、$Ca(OH)_2$、$Mg(OH)_2$、$MgCO_3$、各种硅酸化合物和有机杂质等。泥浆废水中固体杂质含量为 1%~2%。这种废水排入天然水体，不仅会增加天然水体中的碱性物质含量，而且会增加水的混浊度。

（2）过滤设备的反洗排水。过滤设备反洗排出的废水，其废水量是处理水量的 3%~5%，水中悬浮固体的含量可达 300~1000mg/L。这种废水排入天然水体后主要是增加悬浮固体含量，使水更加浑浊。

（3）离子交换设备的再生、冲洗废水。离子交换设备再生和冲洗产生的酸碱废水是间断排放的，废水排放量在整个周期有很大变化。其废水量大约是处理水量的 10% 左右。

这部分废水的 pH 值有的过高，有的过低。其中，酸性废水 pH 值的变化范围为 1~5，碱性废水 pH 值的变化范围为 8~13，具有很强的腐蚀性，还含有大量的溶解固形物、悬浮固体等杂质，平均含盐量为 7000~10000mg/L。

（4）凝结水净化装置的排放废水。凝结水精处理设备排出的废水只占处理水量很少的一部分，而且污染物的含量较低，主要是热力设备的一些腐蚀产物，离子交换系统再生时的再生产物以及 NH_3、酸、碱、盐类等。

（5）树脂的复苏废液。在我国，离子交换除盐系统应用非常广泛，但离子交换树脂普遍存在有机物污染。目前，常用复苏方法除去树脂吸附的有机物。因此会产生浓度高、颜色深的有机物废水（又称复苏废液），不得直接排放。一般，每次复苏废液的量大约为树脂体积的 15 倍，COD_{Cr} 一般在 2000mg/L 左右。

五、含煤、含油废水

1. 含煤废水

火力发电厂含煤废水主要包括煤场的雨排水、灰尘抑制水和输煤设备的冲洗水。

据统计，煤场中 70% 的排水由煤层表面流出，污染较轻；30% 的排水是通过煤层渗出的，水质较差。排水的水质取决于煤的化学成分。含硫量高的煤场排水呈酸性（pH 值为 1~3），溶解固形物和硫酸盐含量高，重金属浓度也相当高，有时会有砷的化合物；含硫量低的煤场排水呈中性（pH 值为 6~8.5），全固形物含量较高，其中约 85% 是细煤末为主的悬浮固体，有时含有高浓度的重金属。

2. 含油废水

火力发电厂含油废水主要来自燃油储罐和油罐区的冲洗水、雨水，包括卸油栈台、油罐车的排水、油泵房排水、输油管道吹扫排水；主厂房汽轮机和转动机械轴承的油系统排水，以及电气设备（包括变压器、高断路器等）、辅助设备等排出的废水、事故排水和检修时的废水。

火力发电厂含油废水排放量大时，其水量每小时可达数十吨，含油量为 $600\sim$ 1000mg/L。

六、生活污水

生活污水是指厂区职工与居民在日常生活中所产生的废（污）水，包括厨房洗涤、沐浴、衣物洗涤、卫生间冲洗等废水。

生活污水的水质成分主要取决于职工的生活状况、生活习惯和生活水平。生活污水往往含有大量的有机物，如蛋白质、油脂和碳水化合物、粪便、合成洗涤剂、病原微生物等。水质特点是 COD 值、BOD 值和悬浮固体含量高。

火力发电厂生活污水量因电厂规模与员工人数而异。据相关统计，目前我国电厂生活污水量一般不超过100t/h。如果生活区和电厂一并建设时，应考虑生活区污水。生活污水量应结合当地的用水定额，结合建筑内部给排水设施水平等因素确定。

七、其他废水

其他废水包括锅炉的排污水、锅炉向火侧和空气预热器的冲洗废水、凝汽器和冷却塔的冲洗废水、化学监督取样水和实验室排水、消防排水以及轴承冷却排水等。

锅炉排污废水的水质与锅炉补给水的水处理工艺及锅炉参数和停炉保护措施有很大关系，如对亚临界参数的锅炉，其排污水除 pH 值为 9.0～9.5（呈弱碱性）外，其余水质指标都很好，电导率大约为$10\mu S/cm$，悬浮固体$<50mg/L$，$SiO_2<0.2mg/L$，$Fe<3.0mg/L$，$Cu<1.0mg/L$，所以这部分排水是完全可以回收利用的。

锅炉向火侧的冲洗废水含氧化铁较多，有的是以悬浮颗粒存在，有的溶解于水中。如在冲洗过程中采用有机冲洗剂，则废水中的 COD 较高，超过了排放标准。

空气预热器的冲洗废水，其水质成分与燃料有关。当燃料中的含硫量高时，冲洗废水的 pH 值可降至 1.6 以下。当燃料中砷的含量较高时，废水中的砷含量增加，有时高达 50mg/L 以上。

凝汽器在运行过程中，可在铜管（或不锈钢管）内形成垢或沉积物，因此在停机检修期间用清洗剂清洗，就会产生一定的废水。这部分废水的 pH 值、悬浮固体、重金属、COD 等指标往往不合格。

冷却塔的冲洗废水主要含有泥沙、有机物、氯化物、黏泥等，排入天然水体会使有机物含量增加，浊度升高。

八、火力发电厂废水排放控制标准和常规监测项目

在废水排放控制方面，目前火力发电厂还没有制定相关的废水排放行业标准，废水排放是按地方或国家的相关标准进行控制的。目前，大部分火力发电厂执行的是 GB 8978—1996《污水综合排放标准》。

由于废水的成分比天然水要复杂得多，因此无法测定每一种物质的浓度。除少数组分，如重金属离子，可以直接采用纯物质的量表示其浓度外，大多数杂质都是用水质技术指标来监测控制的。根据火力发电厂废水的水质特点，几类主要废水的排放常规监测项目见表 23-2。

表 23-2　　　　　　　　　　火力发电厂废水排放监测项目

监测项目	灰场排水	厂区工业废水	化学酸碱废水	生活污水	煤系统排水	脱硫废水
pH 值	√	√	√	√	√	√
悬浮固体（SS）	√	√		√	√	√
COD_{Cr}	√	√		√	√	√
石油		√				
氟化物	√					√
砷	√	√				√
硫化物	√	√				√
挥发酚	√					
重金属	√					√
BOD_5				√		
动、植物油				√		
氨氮				√		
磷酸盐				√		

注　√表示可能超过排放标准。

第二节　火力发电厂各类废水处理技术

电厂废水的种类很多，且十分复杂。下面分别介绍火力发电厂各类废水的处理方法。

一、水力冲灰（渣）废水的处理

水力冲灰（渣）废水是燃煤电厂水力冲灰产生的废水，是电厂主要的外排水之一。由于电厂各种排水经处理后，通常排入除灰（渣）系统，以供冲灰（渣）之用，故冲灰（渣）废水组成较为复杂，治理难度较大。

根据火力发电厂环保的有关规定，冲灰废水首先应该考虑回收复用，经过经济技术评价适宜排放的才准排放。但不管是回用还是排放，都需要首先进行处理，以满足回用或排放要求。

冲灰废水处理的主要任务是降低悬浮固体含量、调整 pH 值和去除砷、氟等有害物质。

1. 冲灰水悬浮固体超标的治理

冲灰水中悬浮固体主要是灰粒和微珠（包括漂珠和沉珠），去除灰粒和沉珠可通过沉淀的方法，去除漂珠可通过捕集或拦截的方法。

为使灰水中的灰粒充分沉淀，灰场（池）必须有足够大的容积，以保证灰水有足够的停留时间；为加速颗粒的沉降，还可以投加混凝剂。此外，为了提高沉降效率，还可以采取加装挡板，减少入口流速；用出水槽代替出水管以减小出水流速；在出口处安装下水堰、拦污栅等，防止灰粒流出。

灰水中的漂珠比重小，漂浮在水面，一般采用捕集或拦截的方法去除。我国有的电厂采用虹吸竖井排灰场的水，也达到了拦截漂珠的目的。

冲灰水经设计合理的灰场沉降后，澄清水既可返回电厂循环使用（为防止结垢，回水系统宜添加阻垢剂），也可以在确认达标的情况下直接排入天然水体。

2. pH 值超标的治理

GB 8978—1996《污水综合排放标准》中规定，废水 pH 值的排放标准为 6～9。但由于灰渣中碱性氧化物含量高，对于排入天然水体的除灰系统，其灰水的 pH 值大都大于 9，甚至达到 12。

虽然大面积的灰场有利于灰水通过曝气降低 pH 值，但仅靠曝气往往还不够，电厂常用的解决灰水 pH 值超标的措施有炉烟（或纯 CO_2）处理、加酸处理、灰场植物根茎的调质处理等。

（1）炉烟处理。利用炉烟中的碳氧化物（CO、CO_2）和硫氧化物（SO_2）降低灰水的碱度。该法适用于游离氧化钙含量较低的灰水。

（2）加酸处理。这是一种处理工艺简单的方法，一般可采用工业盐酸、硫酸或邻近工厂的废酸。

加酸量以控制灰水 pH 值在 8.5 左右为宜。如在灰场排水口加酸，需中和灰水中全部 OH^- 碱度和 $1/2CO_3^{2-}$ 碱度；如在灰浆泵入口处加酸，除中和上述碱度外，还需中和灰中的部分游离 CaO。实践证明，加酸点设在灰场排水口较好，不仅用酸量少，而且便于控制；在灰浆泵入口加酸，不仅加酸量大，还有可能造成灰浆泵腐蚀，另外由于游离 CaO 在输灰沿程不断溶解，使得灰场排水口处 pH 值较难控制。

加酸处理灰水的缺点是：除需要消耗大量的盐酸或硫酸外，还将增加灰水中 SO_4^{2-} 或 Cl^- 浓度，以及水体的含盐量，从另一方面对水体造成不利影响。

（3）灰场植物根茎的调质处理。灰场上种植植被不仅可以防止灰场扬尘，而且可以对灰水进行调质。

3. 其他有害物质的排放控制

煤是一种构成复杂的矿物质，当其燃烧时，煤中的一些有害物质——氟、砷以及某些重金属元素，就会以不同形式释放出来，并有相当一部分进入灰水。

（1）氟超标的治理。灰水中氟的含量取决于原煤的含氟量，我国有 15% 的电厂灰水排放中存在氟超标现象。除氟的方法有化学沉淀法、凝聚吸附法、离子交换法等。目前最实用的是以化学沉淀法和吸附法为基础形成的一些处理措施。其中，混凝沉淀法比较成熟。

混凝沉淀法是首先将氟转变成可沉淀的化合物，再加入混凝剂加速其沉淀的方法。

对于氟含量较高的废水，首先通常采用化学沉淀法除氟，沉淀剂有石灰乳、可溶钙盐，以石灰乳为常用。

采用石灰沉淀法处理含氟废水，从理论上分析，在 pH＝11 时，氟的最高溶解度是 7.8mg/L，满足工业废水排放标准（$[F^-]$＜10mg/L）的要求。但实际上，水中残余 F^- 的浓度往往达到 20～30mg/L，这是由于在 CaO 颗粒表面上很快生成的 CaF_2 使 CaO 的利用率降低，而且刚生成的 CaF_2 为胶体状沉淀，很难靠自身沉降达到分离的目的。因此，可对经石灰乳或可溶性钙盐沉淀处理后的澄清水进一步进行混凝处理，将水中的 F^- 浓度降至 10mg/L 以下。

常用的混凝剂有硫酸铝、聚合铝、硫酸亚铁等。研究表明，在灰水 F^- 为 10～30mg/L 时，硫酸铝投量为 200～400mg/L，最佳 pH 值范围为 6.5～7.5，除氟容量为 30～50mg/g。

（2）砷超标的治理。灰水除砷的方法有铁共沉淀法、硫化物沉淀法、石灰法、苏打—石灰法。铁共沉淀法是将铁盐加入废水中，形成氢氧化铁[$Fe(OH)_3$]，$Fe(OH)_3$ 是一种胶体，在沉淀过程中能吸附砷共沉。这种利用胶体吸附特性去除溶液中其他杂质的过程称为共沉淀法。铁共沉淀法中需要通过调节酸度和添加混凝剂促进沉淀，然后将沉淀分离出来使出水澄清。这种方法的效率与微量元素的浓度、铁的剂量、废水的 pH 值及流量和成分等因素有关，特别是对 pH 值较为敏感，该方法不仅可以有效去除灰水中的砷，对清除灰水中的亚硒酸盐也有较好的效果。

石灰法一般用于处理含砷量较高的酸性废水，对含砷量低的灰水不太适宜。

4. 灰水闭路循环处理

灰水闭路循环（或称灰水再循环）是将灰水经灰场或浓缩沉淀池澄清后，再返回冲灰系统重复利用的一种冲灰水系统。灰水闭路循环不但是一种节水的运行方式，而且可以同时控制多种污染物。

首先，灰水闭路循环经沉淀可去除大部分灰粒，澄清后的水可以循环使用，完全没有外排灰水。其次，在水力冲灰闭路循环系统中，由于灰渣中氧化钙的不断溶出，灰水中存在一定浓度的钙离子，这些钙离子可与灰水中的氟和砷反应，生成 CaF_2、$Ca_3(AsO_4)_2$、$Ca_3(AsO_3)_2$ 或 $Ca_3(AsO_2)_2$ 等溶解度很小的物质，从灰水中沉淀分离出来。经过一段时间的运行，不断补充进来的钙离子与氟和砷的反应达到平衡状态，使其浓度不再上升。如系统中平衡浓度过高，可从中抽出一部分灰水专门进行除氟、除砷处理后，再返回系统或排走。

需要指出的是，闭路循环系统中的灰水具有明显的生成 $CaCO_3$ 垢的倾向，应根据粉煤灰中游离钙的含量、冲灰水的水质以及除尘、除灰工艺等因素，采取相应的防垢措施。在灰水系统中添加阻垢剂是比较常用的方法。

图 23-2 是某电厂灰浆浓缩循环流程。它采用了灰浆浓缩、高浓度输灰的工艺。这种工艺的最大优点是节水，送往灰场的水量很小，靠灰场自然蒸发平衡，不会产生溢流水。同时，灰水循环管道比由灰场返回距离短得多，有利于解决结垢的问题。目前我国大多数火力发电厂使用厂内闭路循环冲灰系统。

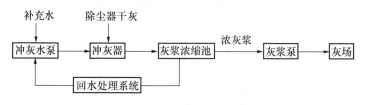

图 23-2　灰浆浓缩循环流程

二、化学水处理酸碱废水的处理

化学水处理系统的酸碱废水具有较强的腐蚀性，并含有悬浮固体和有机、无机等杂质，一般不与其他类别的废水混合处理。处理该类废水的目的是，要求处理后的 pH 值在 6～9 之间，并使杂质的含量减少，满足排放标准。

处理此类酸碱废水的大都采用自行中和法。此法是将酸碱废水直接排入中和池（或 pH 值调整池），用压缩空气或排水泵循环搅拌，并补充酸或碱，将 pH 值调整到 6～9 的范围内排放。运行方式大多为批量中和，即当中和池中的废水达到一定体积后，再启动中和系统，

图 23-3 是酸碱废水中和处理流程。

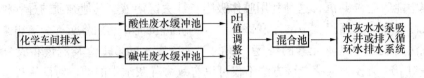

图 23-3　酸碱废水中和处理流程

中和系统由中和池、搅拌装置、排水泵、加酸加碱装置、pH 计等组成。中和池也称作 pH 值调整池，大都是水泥构筑物，内衬防腐层，容积大于 1～2 次再生废液总量；搅拌装置位于池内，一般为叶轮、多孔管；排水泵的主要作用是排放中和后合格的废水，兼作循环搅拌；加碱加酸装置的作用是向中和池补加酸或碱，以弥补酸碱废水相互中和不足的酸碱量。

由于化学除盐工艺上的特点，一般酸性废水的总酸量大于碱性废水的总碱量，酸碱废水混合后 pH 值偏低，为中和这部分剩余的酸量，可用以下两种方法解决：①中和池投加碱性药剂（如 NaOH 或 CaO）；②将中和后的弱酸性废水排入冲灰系统。

对于采用水力冲灰的火力发电厂，可以将酸碱废水直接补入冲灰系统，以节省中和处理用的酸和碱。酸性废水对防止冲灰系统结垢是有利的。即使是碱性废水，因其水量与冲灰系统的水量相比小得多，也不会对冲灰系统有大的影响。

另外，还可以采用弱酸树脂处理工艺处理酸碱废水。这种处理方式是将酸性废水和碱性废水交替通过弱酸离子交换树脂，当酸性废水通过弱酸树脂时，它就转为 H 型，除去废液中的酸；当碱性废水通过时，弱酸树脂将 H$^+$ 放出，中和废液中的碱性物质，树脂本身转变为盐型。通过反复交替处理，不需要还原再生。反应方程如下：

酸性废水通过树脂层

$$H^+ + RCOOM \Longrightarrow RCOOH + M^+$$

碱性废水通过树脂层

$$MOH + RCOOH \Longrightarrow RCOOM + H_2O$$

式中：M$^+$ 为碱性阳离子。

弱酸树脂处理废水，具有占地面积小、处理后水质好等优点，但因投资大，故很少采用。

三、循环冷却系统排污水的处理

循环冷却系统排污水的处理是去除污水中的悬浮固体、微生物和 Ca^{2+}、Mg^{2+}、Cl$^-$、SO$_4^{2-}$ 等离子，处理后再返回冷却系统循环使用，或者作为锅炉补给水的原水。

目前火力发电厂常采用的循环冷却系统排污水处理的系统包括：混凝过滤＋反渗透处理、纳滤处理等工艺。

1. 混凝过滤＋反渗透处理

混凝过滤的目的是除去水中的悬浮固体，同时作为反渗透装置的预处理。混凝过滤的工艺流程一般采用"加药—混凝—澄清过滤（或微滤）"；反渗透的作用是除盐，处理后的排污水继续用作冷却水，可以满足凝汽器管材对盐浓度的要求，同时还可以提高冷却水的浓缩倍率。

图 23-4 为我国某火力发电厂用混凝过滤＋反渗透处理工艺处理循环冷却排污水的工艺流程。该流程由预处理和反渗透两部分组成。另外，还需要在线加入二氧化氯、混凝剂（如聚合氯化铝 PAC）、助凝剂（如聚丙烯酰胺 PAM）、阻垢剂和酸。因此，这一工艺系统包括以下三个子系统：

（1）预处理系统。预处理系统是反渗透系统正常稳定运行的基本保证。预处理包括水温度调节、絮凝澄清、消毒、过滤吸附等环节。该预处理系统采用的是"混凝＋澄清＋过滤＋活性炭"工艺流程。

（2）反渗透系统。反渗透系统一般设计成两段或三段，每段由装填有若干膜元件（通常 1～8 支）的压力容器并联组成。

（3）加药系统。加药系统包括自动絮凝剂加药装置、自动助凝剂加药装置、自动加酸装置、自动阻垢剂加药装置。

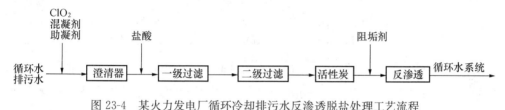

图 23-4　某火力发电厂循环冷却排污水反渗透脱盐处理工艺流程

2. 纳滤处理

纳滤可以有效地去除循环冷却排污水的含盐量和总硬度。与反渗透相比，纳滤过程的操作压力更小（1.0MPa 以下），在相同的条件下可大大节能。处理后的水质符合工业用水和循环水补充水用水标准，降低火力发电厂的耗水量和对水环境的污染。

纳滤处理循环冷却排污水的工艺流程如图 23-5 所示。

在图 23-5 工艺中，澄清池的作用是将水中的大颗粒物基本去除，使出水悬浮固体含量不大于 10mg/L，但要达到 SDI≤4 的纳滤进水要求，还要经多级过滤。

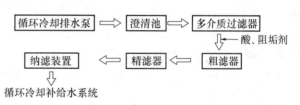

图 23-5　纳滤处理循环冷却排污水工艺流程

纳滤可有效去除循环冷却排污水中的悬浮固体和总硬度，降低含盐量，其中总溶解性固体和总硬度的去除率达到 90％以上，含盐量去除率达到 80％以上，处理后的水质符合工业用水和循环水补充水的水质要求。

由于纳滤膜对一价离子的去除率不高，如果纳滤膜材质选择不当，循环水中的氯离子可能会富集。当采用纳滤膜处理循环冷却排污水时，一定要考虑氯离子的影响。解决的办法有两种：①根据水质情况选择合适的凝汽器管材，凝汽器铜管的管材要耐氯离子的腐蚀；②根据循环水原水中氯离子的含量选择合适的纳滤膜材质。

四、生活污水处理

生活污水的处理，主要是降低污水中有机物的含量。实践表明，生活污水通过二级处理之后，其 BOD_5 和悬浮固体均可达到国家和地方的排放标准，其出水可作为冲灰水、杂用水等。

生活污水的二级处理通常用生物处理法。目前电厂的生活污水处理系统常采用技术较成熟的地埋组合式生活污水处理设备，将生活污水集中至污水处理站进行二级生物处理，经消毒后，合格排放。其工艺流程如图 23-6 所示。

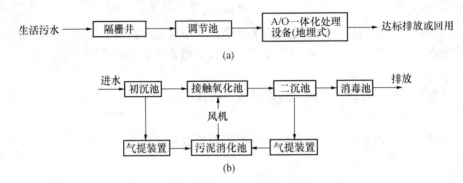

图 23-6　电厂生活污水处理工艺流程及 A/O 一体化处理设备的内部结构

(a) 电厂生活污水处理工艺流程；(b) A/O 一体化处理设备的内部结构

生活污水首先流经格栅井，通过格栅井中格栅截留污水中较大的悬浮杂质，以减轻后续构筑物的负荷；污水进入调节池，均和水质和水量后，经潜污泵送入组合式一体化埋地式生活污水处理设备（即 A/O 一体化处理设备）。该设备包括初沉区、厌氧区、好氧区、二沉区、消毒区、风机室六个部分。在初沉区，污水中部分悬浮颗粒沉淀；厌氧区中装有组合式生物填料，易生物挂膜，厌氧菌在膜上充分附着，将污水中大分子的蛋白质、脂肪等颗粒分解为小分子的可溶性有机物；好氧区装有新型多面空心球填料，并设风机鼓风曝气，使有机物在好氧菌的作用下彻底分解；二沉区的作用是沉淀生物反应段产生的悬浮固体；污水最终经消毒处理后自流至中水池。初沉区及二沉区的剩余污泥通过污泥泵排入污泥消化池，经过鼓风机充入空气消化后由污泥提升泵排至污泥脱水机脱水，上清液回流至调节池。

另外，生活污水也可送入化粪池处理后直接用于冲灰，利用粉煤灰的吸附作用降低COD，经灰场稳定后再排放。灰场种植的芦苇等植物，由于根系的吸收作用，可有效地降低灰水（含生活污水）的 COD，使排水达到国家废水排放标准，这是较为经济的处理电厂生活污水的方法。

五、停炉保护废水的处理

停炉保护废水中含有较高浓度的联氨，处理此种废水一般采用氧化处理，将联氨氧化为无害的氮气。处理方法如下：

(1) 将废水的 pH 值调整至 7.5～8.5 的范围。

(2) 加入氧化剂（通常使用 NaClO），并使其充分混合，维持一定的氧化剂浓度和反应时间，使联氨充分氧化。反应式为

$$N_2H_4 + 2NaClO \longrightarrow N_2 \uparrow + 2NaCl + 2H_2O$$

在废液处理前，一般需要通过小型试验来确定氧化剂的用量和反应时间。氧化后的废水还要被送入混凝澄清、中和处理系统，进一步去除水中的悬浮固体并进行中和，使水质达到排放或回用的标准。

六、锅炉化学清洗废水的处理

锅炉启动前的化学清洗和定期清洗排放的废液属于不定期排放，特点是废液量大、有害

物质浓度高、排放时间短。

火力发电厂常用的化学清洗介质有盐酸、氢氟酸、柠檬酸、EDTA 等，不同的清洗介质产生的废液成分差异很大。但是，无论何种清洗介质，产生的废液都具有高悬浮固体、高COD、高含铁量、高色度的共同特点。因此，一般需设置专门的储存池，针对不同的清洗废液，采用不同的处理方法。

1. 盐酸清洗废液的处理

经典的处理方法是中和法。反应式为

$$HCl + NaOH \longrightarrow NaCl + H_2O$$
$$FeCl_3 + 3NaOH \longrightarrow Fe(OH)_3 \downarrow + 3NaCl$$

另外，盐酸清洗废液还可采用化学氧化法处理，如图 23-7 所示。

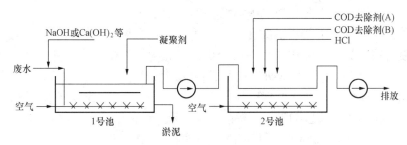

图 23-7 盐酸清洗废液的氧化处理系统

盐酸清洗废液中 COD 的主要成分是铜离子掩蔽剂［硫脲$(NH_2)_2CS$ 等］和抑制剂（主要成分：有机胺 R-NH_2 等）。以硫脲中的 S^{2-} 为例，氧化反应为

$$2S^{2-} + 2H_2O_2 + 2NaOH \longrightarrow Na_2S_2O_3 + 3H_2O$$
$$Na_2S_2O_3 + 2H_2O_2 + 2NaOH \longrightarrow 2Na_2SO_4 + 5H_2O$$

最终产物为硫酸钠。步骤如下：

(1) 向废水中添加 NaOH 或 $Ca(OH)_2$，调节 pH 值至 10～12。

(2) 向 1 号池添加凝聚剂，并加入空气进行搅拌，使 Fe^{2+} 氧化成 Fe^{3+}，形成 $Fe(OH)_3$ 沉淀后随淤泥排出。

(3) 将 1 号池的清液抽至 2 号池中，再向 2 号池中添加 COD 去除剂（A）（主要成分为 H_2O_2 或 NaOCl 等），可将废液中的 COD 由 40 000mg/L 降低到 100mg/L。

(4) 经 COD 去除剂（A）处理后的废水，再添加 COD 去除剂（B）［主要成分为过硫铵 $(NH_4)_2S_2O_3$ 等］，经搅拌处理后，COD 由 100mg/L 降到 10mg/L。

(5) 添加 HCl，调整 pH 值至合格后排放。

2. 柠檬酸清洗废液的处理

柠檬酸清洗废液是典型的有机废水，COD 很高，对环境的污染性很强。针对此种废液有如下处理方式：

(1) 焚烧法。利用柠檬酸的可燃性，将废液与煤粉混合后送入炉膛中焚烧。有机物分解为 H_2O 和 CO_2。重金属离子变成金属氧化物，约 90% 沉积在灰渣中，约 10% 随烟气进入大气，一般能符合排放标准。

(2) 化学氧化法，如空气氧化、臭氧氧化等。氧化处理时，一般需要将 pH 值调至

10.5～11.0 的范围，因为在 pH＝10 时，铁的柠檬酸配合物可以被破坏；pH＞11 时，铜、锌的柠檬酸配合物会被破坏。在氧化处理后，由于悬浮固体浓度很高，需要送入混凝澄清处理系统进一步处理。

3. EDTA 清洗废液的处理

EDTA 清洗是配位反应，而配位反应是可逆的。EDTA 是一种比较昂贵的清洗剂，因此可以考虑从废液中回收。回收的方法有直接硫酸法回收、NaOH 碱法回收等。

4. 氢氟酸清洗废液的处理

氢氟酸清洗废液中所含的氟化物浓度很高，一般采用石灰沉淀法处理后排放。其基本原理可参见冲灰水中有关氟化物的处理。

此外，在锅炉清洗废液中还含有亚硝酸钠和联氨等成分，其中联氨的处理方法与停炉保护废水中联氨的处理相同，在此介绍亚硝酸钠废液的处理。

亚硝酸钠是锅炉清洗中使用的钝化剂，可采用还原分解法处理，使用的还原剂有氯化铵、尿素和复合铵盐等，但使用氯化铵会产生二氧化氮。在实际操作中有大量黄色气体溢出，会造成二次污染，且反应慢，处理时间长，亚硝酸钠残留量大，因此较少采用氯化铵。比较好的是采用复合铵盐，此法处理后的废液无色、无味，符合我国废水排放标准，且处理过程不会造成二次污染。反应如下

$$NaNO_2 + NH_4Cl \longrightarrow NaCl + N_2 \uparrow + 2H_2O$$
$$NaNO_2 + CaCl(OCl) \longrightarrow NaNO_3 + CaCl_2$$
$$2NaNO_2 + CO(NH_2)_2 + 2HCl \longrightarrow 2N_2 + CO_2 + 2NaCl + 3H_2O$$

七、含油废水的处理

含油废水中所含油类，除重焦油的比重可达 1.1 以上外，其余的比重都小于 1。废水中的油类一般以三种状态存在。

（1）悬浮状态：这部分油在废水中分散颗粒较大，易于上浮分离，占总含油量的80%～90%，一般用隔油法分离。

（2）乳化状态：油珠颗粒较小，直径一般在 $0.05～25\mu m$ 之间，不易上浮去除，占总含油量的 10%～15%，一般采用气浮法分离。

（3）溶解状态：这部分油仅占总含油量的 0.2%～0.5%。只要去除前两部分油，则废水中的绝大多数油类物质将被去除，一般能够达到排放要求。

含油废水的处理方式按原理来划分，有重力分离法、气浮法、吸附法、膜过滤法、电磁吸附法和生物氧化法。其中，膜过滤法、电磁吸附法和生物氧化法在火力发电厂不常用。

含油废水的处理通常采用几种方法联合处理，以除去不同状态的油，达到较好的水质。对于悬浮油，一般采用隔油和气浮法就可以除去大部分；对于乳化油，首先要破乳化，再用机械方法去除。

图 23-8 为某电厂含油废水的处理流程。含油废水经隔油、气浮处理后，废水中油含量＜5mg/L，达到排放标准。

八、含煤废水的处理

煤场排水中悬浮固体（SS）、pH 值、重金属的含量都可能超标。目前，我国火力发电厂采用的含煤废水处理工艺流程主要有以下两种：

（1）混凝、沉淀、过滤工艺流程，如图 23-9 所示。

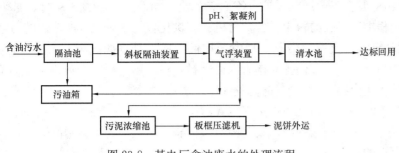

图 23-8　某电厂含油废水的处理流程

图 23-9　含煤废水混凝沉淀处理工艺流程

（2）混凝、膜过滤的工艺流程。随着微滤水处理技术的普及，近年来，在国内的一些火力发电厂已开始采用微滤装置来处理含煤废水。微滤作为膜处理的一种，具有占地面积小、处理后水的悬浮固体浓度低等优点。但其处理成本要高于沉淀或澄清处理，主要是运行维护成本较高，比如微滤滤元、控制单元的自动阀门、控制元件等需要定期更换，而且需要定期进行化学清洗。含煤废水微滤处理工艺流程如图 23-10 所示。

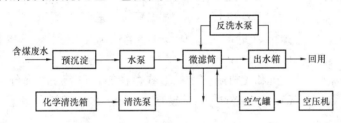

图 23-10　含煤废水微滤处理工艺流程

此外，对于重金属含量高的煤场废水，还应同时添加石灰乳中和到 pH 值为 7.5～9.0，使排水中的重金属生成氢氧化物沉淀。

第三节　火力发电厂脱硫、脱硝废水的处理

一、烟气脱硫的意义

1. 大气污染源与污染物

（1）大气污染。大气污染是指在自然界中发生的局部物质能量转换中（如火山爆发、地震）以及在人类的生活、生产活动中，向大气释放出各种污染物的数量超过了大气环境所能承受的数量时，大气环境的质量就会恶化，使人类的生活、生产活动和身体健康受到严重破坏和影响的一种现象。前者称自然因素，后者称人为因素，以下主要讨论后者。

（2）大气污染源。由人为因素造成大气污染的污染源有以下三种：

1）生活污染源。生活污染源是指城镇居民为满足生活需要，在燃烧矿石燃料时向大气排放的大量有害物质（如烟尘、SO_2、CO_2、CO、NO_2、NO 等）弥漫在城镇居民区内久久不散造成的大气污染。

2）工业污染源。工业污染源是指各工矿企业（如冶金、电力、建材、采矿等）在生产和燃料燃烧过程中所释放的粉尘、各种无机和有机化合物等对大气所造成的污染。

3）交通污染源。交通污染源是指由于现代交通工具（如汽车、火力、轮船、飞机等）都是以石油产品（汽油、柴油等）作为动力燃料，在运输过程中会放出大量含有 CO_2、CO、NO_2、CH（碳氢化合物）、铅等有害物质气体所造成的大气污染。交通污染源也称移动式污染源，生活污染源和工业污染源也称固定式污染源。

（3）大气污染物。现已查明，大气中对人类有明显危害的污染物已达上百种，其中以气体分子状态存在的占 90％以上（ SO_2、NO_x、CO、CH 等），只 10％左右以颗粒状态（直径为 $0.1\sim10\mu m$）分散于大气中，形成气溶胶式的分散体系。

大气污染物按其形成过程分为一次污染物和二次污染物。前者是指由各种污染源直接排放出来的污染物质，如 CO、SO_2、NO 等；后者是指一些不稳定的一次污染物（如 SO_2、NH_3、NO）排入大气后，经过各种物理、化学变化后新形成的污染物，如 SO_3、H_2SO_4、HNO_3 和光化学烟雾等。

2. 大气中的硫氧化物

大气中的硫氧化物包括 SO_2、SO_3、H_2S 等，H_2S 不稳定，容易被氧化成 SO_2。大气中的 SO_2 有 50％左右来自矿石（煤、石油）燃料的燃烧。另外，金属冶炼、制硫酸等也会排出相当数量的硫氧化物气体。一般 1t 煤中含 $5\sim50kg$ 硫，1t 石油中含 $5\sim30kg$ 硫。据资料统计，2015 年全国商品煤消费量 36.98 亿 t，二氧化硫排放总量为 1859.1 万 t，其中电力行业用煤 18.39 亿 t，二氧化硫排放量约为 200 万 t，单位火电发电量二氧化硫排放量约为 $0.47g/kWh$。

燃料中的硫多数是以有机和无机硫化物的形式存在的，只有一小部分是以单质硫形式存在。有机硫化物 $[(C_2H_5)_2S$、$C_4H_9SH]$ 和黄铁矿（ EeS_2 ）经燃烧分解、氧化后生成 SO_x，反应如下

$$2(C_2H_5)_2S+15O_2 \xrightarrow{\text{燃烧}} 2SO_2+8CO_2+10H_2O$$
$$2C_4H_9SH+15O_2 \xrightarrow{\text{燃烧}} 2SO_2+8CO_2+10H_2O$$
$$4EeS_2+11O_2 \xrightarrow{\text{燃烧}} 8SO_2+2Fe_2O_3$$
$$2SO_2+O_2 \longrightarrow 2SO_3$$

可燃性硫化物在燃烧时，主要生成 SO_2，只有 1％～5％的 SO_2 被氧化成 SO_3。SO_2 虽然在干洁大气中被氧化成 SO_3 的过程很缓慢，但在相对湿度较大、有颗粒存在的大气条件下，可发生催化氧化反应；或在太阳紫外线照射下，并有氮氧化物（ NO_x）存在时，可发生光化学反应，生成 SO_3 和硫酸酸雾。反应如下

$$2SO_2+2H_2O+O_2 \xrightarrow{\text{催化剂}} 2H_2SO_4$$
$$SO_2+h\gamma(290\sim340nm) \longrightarrow {}^1SO_2$$
$$SO_2+h\gamma(340\sim400nm) \longrightarrow {}^3SO_2$$

大气中的 SO_2 转化为 SO_3 主要通过 ${}^1SO_2$ 和 ${}^3SO_2$ 这两种激发态分子与体系中其他分子（如 NO、CO、CO_2、CH_4 与 O_2 等）反应的结果。反应如下

$$^3SO_2+M \longrightarrow SO_2+M^*$$
$$^1SO_2+O_2 \longrightarrow SO_3+O$$

式中：M 为第三体，可分别为 O_2、N_2、CO_2、CH_4 等；M^* 为第三体吸收了 $^3SO_2$ 所释放的能量后，形成的活化分子。

3. 大气中硫氧化物的危害

如前所述，可燃性硫化物在锅炉燃烧时，主要生成 SO_2，但在大气湿度较大或有紫外线照射下可发生催化反应或光化学反应生成 SO_3，进而生成硫酸酸雾（$SO_3 + H_2O \longrightarrow H_2SO_4$）或酸雨。我国已有很多地区发生酸雨或酸雾，它不仅能导致农作物严重受害、欠收，甚至绝收以及损坏钢铁设施或设备，造成巨大经济损失，而且还危害人类身体健康，特别是还可能导致呼吸疾病蔓延。因此，我国在近些年投入大量资金，对火力发电厂的烟气进行脱硫处理，实行超低排放。

二、烟气脱硝的意义

1. 大气中的氮氧化物（NO_x）

大气中的氮氧化物（NO_x）是指 NO、N_2O、NO_2、NO_3、N_2O_3、N_2O_4、N_2O_5 等的总称，其中对大气造成污染的氮氧化物主要是 NO 和 NO_2。这两种污染源主要来自矿石燃料（煤炭、石油、天然气）的燃烧过程以及硝酸生产、使用过程和氮肥厂、金属冶炼厂的生产过程，其中以矿石燃料的燃烧为主。

矿石燃料中一般都含有一定量的氮，其煤炭中的含量在 $1\% \sim 2\%$ 之间，在锅炉内燃烧时会产生一定的氮氧化物，随烟气排入大气，这部分氮氧化物称为燃料型 ON_x。有人认为，煤炭中的氮分为挥发性氮和焦炭氮。在燃烧过程中，挥发性氮释放后含有一定量的氨（NH_3），并与氧发生以下反应

$$4NH_3 + 5O_2 \longrightarrow 4NO + 6H_2O$$

而焦炭氮则发生以下反应

$$焦炭 N + O_2 \longrightarrow NO + CO$$

除此之外，还发生以下氧化还原反应：

$$2NO + 2C \longrightarrow N_2 + 2CO; \quad 4NH_3 + 6NO \longrightarrow 5N_2 + 6H_2O$$
$$NO + H_2O \longrightarrow NO_2 + H_2; \quad 2NO + 2H_2 \longrightarrow N_2 + 2H_2O$$
$$2NO + 2CO \longrightarrow N_2 + 2CO_2 \qquad \cdots\cdots$$

在矿石燃料燃烧时，为使燃料燃烧完全，往往向炉膛内送入空气助燃，空气中的 N_2 也会产生一部分氮氧化物，这部分氮氧化物称为热量型。苏联学者提出热量型 NO_x 按以下连锁反应进行，即

$$O_2 \longrightarrow O + O; \quad N_2 + O \longrightarrow NO + N; \quad N + O_2 \longrightarrow NO + O$$

其中 $N_2 + O \longrightarrow NO + N$ 的反应活化能很高，只有炉膛温度超过 $1500℃$ 时，才比较明显，温度越高，NO 的生成量越大。有试验证实，只有 NO 与碳氢化合物（CH）共存，并在紫外线照射下发生光化学反应时，才能使 NO 迅速转化为 NO_2。

2. 氮氧化物的危害

火力发电厂由烟囱排入大气的氮氧化物不仅像硫氧化物那样，会对工农业生产、人类生活和身体健康直接造成各种危害，而且还可能发生光化学反应，形成二次污染物，即光化学烟雾。

（1）光化学反应。光化学反应是指由原子、分子、离子或自由基吸收了光的能量后而引起的一种化学反应。它的第一步反应为

$$A + h\gamma \longrightarrow A^* \text{ (激发态)}$$

随后，激发态的 A^* 参与以下反应

分解反应 $\qquad A^* \longrightarrow B_1 + B_2 + \cdots$

直接反应 $\qquad A^* + B \longrightarrow C_1 + C_2 + \cdots$

发出荧光 $\qquad A^* \longrightarrow A + h\gamma$

碰撞激活 $\qquad A^* + M \longrightarrow A + M^*$

式中：M 为其他物质的分子，没有它，A^* 就不可能失去活性而变为稳定的 A 。

（2）光化学烟雾。由于在城市上方积聚着大量的由人类、生活污染源和交通污染源（汽车尾气）排放的一次污染物，其中包括氮氧化物 NO_2（吸光分子）和 NO（非吸光分子）以及碳氢化合物等，它们在太阳光的强烈照射下会发生光化学反应，形成二次污染物，这称为光化学烟雾。

NO_2 的光化学反应为

$$NO_2 + h\gamma \longrightarrow NO_2^* \text{ (激发态)}$$

接着，NO_2^* 发生光分解反应，产生的原子态 O 与 NO、O_2 和碳氢化物发生如下反应

$$NO_2^* \longrightarrow NO + O$$
$$NO + O + M \longrightarrow NO_2 + M$$
$$O_2 + O + M \longrightarrow O_3 + M$$
$$O_3 + NO \longrightarrow NO_2 + O_2$$
$$HC + O \longrightarrow R \cdot + RCO \cdot$$
$$HC + O_3 \longrightarrow RC{-}O \cdot + RHO \text{ 或 } R_2CO$$

式中：M 为任何第三物质分子（一般为 N_2 和 O_2）；$R \cdot$ 为烷基；$RCO \cdot$ 为酰基。

由于 $R \cdot$ 和 $RCO \cdot$ 为非饱和分子，具有非常活泼的游离基，所以可发生如下反应

$$RCO \cdot + O_2 \longrightarrow RC{-}OO \cdot$$
$$RC{-}OO \cdot + NO_2 \longrightarrow RC{-}O{-}O{-}NO_2$$

式中的 $RC{-}O{-}O{-}NO_2$ 即为过氧乙酰基硝酸酯，它就是光化学烟雾剂（PAN）。同时，酰类游离基 $RC{-}O \cdot$ 还可被 NO 还原为酰基 $RCO \cdot$，即

$$RC{-}O \cdot + NO \longrightarrow RCO \cdot + NO_2$$

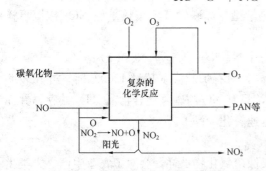

图 23-11 光化学反应过程及其产物

因此，人们往往也把低空大气中的 O_3 当作光化学烟雾剂。图 23-11 是光化学烟雾剂在形成过程中发生的光化学反应及其产物的示意图。

综上所述，NO_2 分子在复杂的光化学反应中具有极其重要的地位。首先，NO_2 分子吸收光能变为激发态分子 NO_2^*，继而分解成 NO 分子和原子氧（O），由此产生的原子态氧起三个作用：其一，$O_2 + O \longrightarrow O_3$，$O_3$ 促使 NO_2 和 NO 相互转换；其二，$HC + O \longrightarrow R \cdot + RCO \cdot$；其三，O 和 O_2 生成的 O_3 与 HC 反应生成酰化基（$RC{-}O \cdot$）。

最终，醛、酮、O_3 和过氧乙酰基与 NO_2 作用生成了过氧乙酰基硝酸酯（PAN），以上

物质统称为光化学烟雾剂。

三、火力发电厂烟气脱硫方法

火力发电厂烟气脱硫方法有多种，但以吸着（吸附）法为主，吸着法包括喷雾干燥法、钠盐吸收法、活性炭吸收法、炉内喷吸收剂法和湿式石灰/石灰石法及双碱法。喷雾干燥法和活性炭吸附法属于干法，它是利用粉状或粒状吸收剂吸附烟气中的 SO_2。湿式石灰—石灰石法、钠盐（亚硫酸钠）吸收法、稀硫酸—石膏法、双碱法属于湿法，它是将吸收剂配制成浆液洗涤烟气，吸收烟气中的 SO_2。

喷雾干燥法是将吸收剂 $[Ca(OH)_2]$ 配制成一定浓度的浆液，利用高速旋转的圆盘，将浆液分散成粒径只有 $10\sim100\mu m$ 的微粒，与烟气充分接触，从而发生强烈的热能交换和质量交换。吸收剂浆液在喷雾、干燥、吸收的同时，也完成了对烟气中 SO_2 的脱除。吸收剂与烟气中 SO_2 的化学反应为

$$Ca(OH)_2 + SO_2 \longrightarrow CaSO_3 \cdot \frac{1}{2}H_2O + \frac{1}{2}H_2O$$

活性炭吸收法是以活性炭（或活化煤、活性氧化铝、褐煤分子筛等）为吸收剂，在与含有氧和水蒸气的烟气接触时，可同时发生物理吸收和化学吸收。在活性炭表面的催化作用下，使烟气中的 SO_2 被氧化成 SO_3，SO_3 与水蒸气反应生成硫酸。用水冲洗活性炭吸附的硫酸或用加热的办法解析 SO_2，均可使活性炭得到再生，重复利用。

钠盐吸收法是以钠盐（碳酸钠、氢氧化钠、亚硫酸钠）为吸收剂，吸收烟气中的 SO_2后，得到副产品硫酸、硫磺和高浓度的 SO_2。由于该法是以亚硫酸钠为主吸收剂，并循环使用，所以也称亚硫酸循环法。

湿式石灰/石灰石法是以石灰或石灰石浆液洗涤烟气，进而脱除烟气中的 SO_2。按其工艺过程分为抛弃法、石灰—石膏法和石灰—亚硫酸钙法三种。利用石灰/石灰石浆液吸收烟气中的 SO_2 时，所发生的化学反应主要是 SO_2 与 CaO 或 $CaCO_3$ 的反应，生成亚硫酸钙和部分被氧化成硫酸钙。如果把这两种生成物干渣抛弃就是抛弃法；如果把生成的亚硫酸钙进一步氧化成硫酸钙（石膏），作为一种建筑材料加以利用，就称为石灰—石膏法，是目前采用最多的一种脱硫工艺。下面主要介绍该法的基本原理和工艺流程。

1. 基本原理

湿式石灰/石灰石—石膏法脱除烟气中 SO_2 主要有吸收和氧化两个过程。

（1）吸收。反应如下

$$CaO + H_2O + SO_2 \longrightarrow CaSO_3 \cdot \frac{1}{2}H_2O + \frac{1}{2}H_2O$$

$$CaCO_3 + H_2O + SO_2 \longrightarrow CaSO_3 \cdot \frac{1}{2}H_2O + CO_2 + \frac{1}{2}H_2O$$

$$CaSO_3 \cdot \frac{1}{2}H_2O + SO_2 + \frac{1}{2}H_2O \longrightarrow Ca(HSO_3)_2$$

由于烟气中有氧，因此还会同时发生亚硫酸钙被氧化成硫酸钙的副反应，即

$$2CaSO_3 \cdot \frac{1}{2}H_2O + O_2 + 3H_2O \longrightarrow 2CaSO_4 \cdot 2H_2O$$

（2）氧化。为使亚硫酸钙全部氧化成硫酸钙，在氧化装置中通压缩空气进行强制氧化反应，反应如下

$$HSO_3^- + \frac{1}{2}O_2 \rightleftharpoons SO_4^{2-} + H^+$$

$$2CaSO_3 \cdot \frac{1}{2}H_2O + H^+ \rightleftharpoons Ca^{2+} + HSO_3^- + \frac{1}{2}H_2O$$

$$Ca^{2+} + SO_4^{2-} + 2H_2O \longrightarrow CaSO_4 \cdot 2H_2O$$

由此可见，氧化反应必须有 H^+ 存在，浆液的 pH 值大于 6 时，反应就不能进行，若采用石灰石浆液作为吸收剂时（即石灰石—石膏法），浆液的 pH 值应为 4.5～6。

吸收浆液中存在的一部分亚硫酸氢钙也会发生氧化反应，放出少量的 SO_2，反应如下

$$Ca(HSO_3)_2 + \frac{1}{2}O_2 + H_2O \longrightarrow CaSO_4 \cdot 2H_2O + SO_2$$

2. 工艺流程

湿式石灰/石灰石—石膏法的工艺流程如图 23-12 所示。

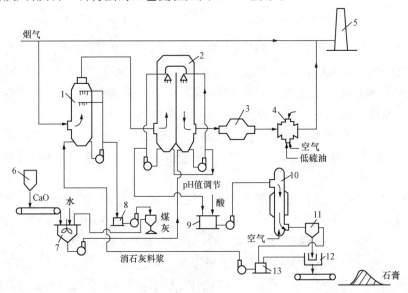

图 23-12 湿式石灰/石灰石—石膏法工艺流程图

1—冷却塔；2—吸收塔；3—除雾器；4—烟气再热器；5—烟囱；6—石灰粉仓；7—石灰配浆池；
8—废液池；9—pH 值调节罐；10—石膏氧化塔；11—增稠器；12—脱水机；13—清液池

由图 23-12 可知，烟气经除尘后首先进入冷却塔，经喷淋、冷却后进入吸收塔内。烟气在吸收塔内由下向上流动时，与从塔顶喷淋而下的石灰/石灰石浆液相遇，石灰/石灰石浆液与烟气中的 SO_2 反应后，得到含亚硫酸钙的混合浆液。吸收塔内经脱除 SO_2 的烟气经雾沫分离器后进入加热器，烟气排入烟囱。而混合浆液则用泵送入 pH 值调节罐，在此加硫酸调节 pH 值为 4.5 左右，然后经母液槽送入氧化塔。在氧化塔内鼓入约 $5kg/cm^2$ 的压缩空气进行强制氧化生成石膏浆液，石膏浆液再经增稠器浓缩、离心机分离及皮带脱水机脱水后，即可得到石膏制品。

3. 石灰/石灰石脱硫法的工艺特点

(1) 该法适宜在低硫煤地区使用，当钙硫比为 2.5 时，脱硫率可达 75%。

(2) 原料价廉易得，投资费用（只增加 10%～25%）和运行费用（只增加 10%～20%）均较其他湿法脱硫低。

（3）由于石灰/石灰石浆液容易在管道、设备内结垢，所以应尽量做到：吸收浆液的流量和气液两相之间的接触面积以及两相之间的运动速度均要大。

（4）调节浆液的pH值在4.3左右，保持浆液有较强的酸性，必要时投加一些有防垢作用的添加剂，如氯化钙、氧化镁和表面活性剂等。

（5）内部结构尽量简单，没有复杂的结构部件。

四、火力发电厂烟气脱硫废水的水质特点

脱硫废水主要来自石膏脱水系统的排水。在湿法烟气脱硫系统中，由于吸收浆液是循环使用的，其中的盐分和悬浮固体杂质会越来越多，而pH值越来越低。pH值的降低会引起SO_2吸收效率下降；加速脱硫设备的腐蚀；过高的杂质浓度会影响副产品石膏的品质。因此，当吸收浆液中杂质浓度达到一定值后，需要定时从脱硫系统中排出一部分废水，以保持吸收液的杂质浓度，维持循环系统的物料平衡。

脱硫废水中的杂质主要来自烟气、补充水和脱硫剂等。其水质与煤质、脱硫剂成分、补充水的水质、脱硫吸收塔的运行方式、是否加装脱硝装置等多种因素有关。脱硫废水为间断排放，其水质和水量都很不稳定。表23-3为我国西南某燃煤电厂的脱硫废水水质。

表 23-3　　　　　　　　我国西南某燃煤电厂脱硫废水水质

项目	单位	废水水质	项目	单位	废水水质
温度	℃	40～50	Cl^-	mg/L	1000～30 000
pH值		5.5～6.5	F^-	mg/L	50～100
悬浮固体	mg/L	10 000	SO_4^{2-}	mg/L	800～5000
COD_{Cr}	mg/L	522	SO_3^{2-}	mg/L	800～5000
Ca^{2+}	mg/L	2000～16 000	SO_2^{2-}	mg/L	2
Mg^{2+}	mg/L	500～6000	CN^-	mg/L	0.1
NH_3/NH_4^+	mg/L	500	PO_4^{3-}	mg/L	100～200
总Fe	mg/L	15	总Cr	mg/L	2
Al	mg/L	60	Ni	mg/L	2
Cu	mg/L	2	Hg	mg/L	0.1
Co	mg/L	1	Zn	mg/L	4
Pb	mg/L	1	Mn	mg/L	50
Cd	mg/L	0.2			

由表23-3可以看出，燃煤电厂脱硫废水的水质具有以下特点：①水质不稳定，易沉淀；②排水呈酸性，pH值较低；③悬浮固体（SS）含量很高；④氟（F）浓度高；⑤含有很高的难处理的COD；⑥含有过饱和的亚硫酸盐、硫酸盐以及重金属；⑦氯（Cl）浓度高。

脱硫废水量因煤种及脱硫工艺的不同而异。据统计，燃油火力发电厂脱硫废水量为$0.5～1.0m^3/(MW \cdot d)$，而燃煤火力发电厂为$0.7～2.3m^3/(MW \cdot d)$。另有资料显示，近年随着技术的进步，脱硫废水量已大大减少，如我国华北某电厂$2\times600MW$燃煤发电机组，燃煤含硫量0.7%，设计脱硫废水水量仅为$9.1m^3/h$，即$0.182m^3/(MW \cdot d)$。

近年来环保要求的不断提高，GB 13223—2011《火力发电厂大气污染物排放标准》的

颁布实施，对火力发电厂烟气排放的 NO_x 做出了更为严格的规定，因此现有和新建的火力发电厂纷纷增设脱硝装置以满足 NO_x 的排放要求。

降低 NO_x 的污染主要有两种措施：一是控制燃烧过程中 NO_x 的生成，即低 NO_x 燃烧技术，也称一级脱氮技术；二是对烟气中的 NO_x 进行处理，即烟气脱硝技术，也称二级脱氮技术。目前低 NO_x 燃烧技术主要有二段燃烧法、炉内脱氮（三段燃烧）、烟气循环法和低 NO_x 燃烧器等，而烟气脱硝是火力发电厂近期内 NO_x 控制中最重要的方法。目前，国内绝大多数的燃煤发电厂烟气脱硝都采用的是选择性催化还原（Selective Catalytic Reduction，SCR）脱硝技术，即在氮氧化物（NO_x）催化还原过程中，通过还原剂氨（NH_3）可以把 NO_x 转化为氮气（N_2）和水（H_2O）。

现今，燃煤火力发电厂多采用脱硫脱硝一体化工艺同时控制 SO_2 和 NO_x 的排放。烟气先经脱硝后再进入脱硫装置，脱硫工艺一般采用湿法石灰石—石膏烟气脱硫。通常烟气脱硝效率只有 85% 左右，剩余的氮氧化物会进入后续的 FGD 系统，加之 SCR 脱硝工艺使用 NH_3 作为还原剂，使脱硫废水中氨氮（NH_3—N）及总氮（T—N）含量大大超出排放标准。因此，脱硫废水具有高盐度、高氯离子、高氨氮和总氮，低有机物含量、可生化性差等特点。

五、脱硫脱硝废水的处理

脱硫废水含有的污染物种类多，是火力发电厂各类排水中处理项目最多的特殊排水。

国内外现行典型的脱硫废水处理工艺是中和、絮凝、沉淀等物化方法。脱硫废水经一系列物化处理后，其中的悬浮固体及重金属（Cr^{3+}、Fe^{2+}、Zn^{2+}）等基本上都可以被去除。但正如前文所述，燃煤电厂烟气系统增设烟气脱硝装置后，进入脱硫废水的氨氮和总氮含量急剧增加，导致常规的脱硫废水处理方式已无法达到环保要求。

1. 常规脱硫废水处理工艺

脱硫废水通常采用物化处理工艺，主要处理项目有 pH 值、悬浮固体（SS）、氟化物、重金属、COD 等。整个处理工艺包括中和、化学沉淀、混凝澄清等。

（1）中和。中和是向废水中加入中和剂，将废水 pH 值提高至 6～9，同时与重金属（如锌、铜、镍等）离子反应生成氢氧化物沉淀。常用的中和剂有石灰、石灰石、苛性钠、碳酸钠等，其中石灰来源广泛、价格低和效果好，应用最广泛。此外，采用石灰中和剂时，除有提高 pH 值和沉淀重金属的作用外，还具有以下作用：

1）凝聚沉淀废水中的悬浮杂质。

2）去除部分 COD。脱硫废水中的 COD，大部分来源于二价铁盐或以 $S_2O_6^{2-}$ 为主体的硫化物，其比例依煤种、脱硫装置类型以及运行条件的不同而有较大差异。对于二价铁，将 pH 值调整到 8～10，即可在空气中氧化，生成氢氧化铁沉淀。

3）除氟、除砷。因为石灰能与氟反应生成 CaF_2 沉淀，与砷反应生成 $Ca(AsO_3)_2$、$Ca(AsO_4)_2$ 沉淀。

（2）化学沉淀。采用氢氧化物和硫化物沉淀法处理脱硫废水，可同时去除以下污染物质：①重金属离子（如汞、镉、铅、锌、镍、铜等）；②碱土金属（如钙和镁）；③某些非金属（如氟、砷等）。常用的药剂有石灰、硫化钠（Na_2S）和有机硫化物（简称有机硫）等。

（3）混凝澄清。经化学沉淀处理后的废水中，仍含有许多微小而分散的悬浮固体（包括未沉淀的重金属的氢氧化物和硫化物）和胶体，必须加入混凝剂和助凝剂，使之凝聚成大颗粒而沉降下来。常用的混凝剂有硫酸铝、聚合氯化铝、三氯化铁、硫酸亚铁等；常用的助凝剂有石灰、高分子絮凝剂等，如聚丙烯酰胺。

图 23-13 为某电厂脱硫废水处理工艺流程。

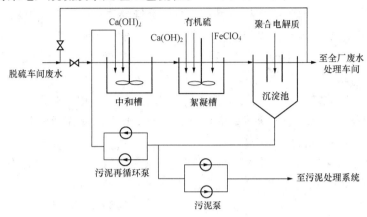

图 23-13　某电厂脱硫废水处理工艺流程

2. 脱硫废水的 A^2/O 生化处理

当烟气系统增设脱硝装置后，进入脱硫废水的氨氮、总氮含量急剧增加，使得常规的物化处理不能满足废水达标排放的要求。目前，国内脱硫废水的生化处理尚鲜有报道，国外对该类废水的处理也缺乏成功经验。在此结合香港某火力发电厂脱硫废水处理的工程实践，介绍脱硫废水的 A^2/O 生化处理。

该脱硫废水处理系统是在常规物化处理方式后增设 A^2/O 的生化处理工艺，主要由厌氧池、缺氧池和好氧池组成。其工艺流程见图 23-14。

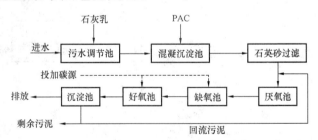

图 23-14　脱硫废水的 A^2/O 的生化处理工艺

A^2/O 工艺是 anaerobic-anoxic-oxic 的简称，即厌氧、缺氧、好氧交替运行，可以在去除 BOC、COD 的同时，达到生物脱氮除磷的效果。

该脱硫废水处理系统于 2011 年投运，其出水水质基本稳定，总悬浮固体（TSS）及 COD 的出水指标基本能够达到排放要求，但氨氮（NH_3—N）及总氮（T—N）的去除效率只有 $70\%\sim80\%$，出水水质无法满足达标排放的要求。

近年来，国内外学者提出了对这一工艺的改进措施，其中比较有代表性的是厌氧氨氧化工艺。

厌氧氨氧化（anaerobic ammonium oxidation，ANAMMOX）是荷兰 Delft 大学于 1990

年提出的一种新型脱氮工艺。其基本原理是在厌氧条件下，以硝酸盐或亚硝酸盐作为电子受体，将氨氮氧化成氮气。或者说利用氨作为电子供体，将亚硝酸盐或硝酸盐还原成氮气。参与厌氧氨氧化的细菌是一种自养菌，在厌氧氨氧化过程中无需有机碳源存在。

厌氧氨氧化反应机理的优越性主要表现在：①以氨氮为电子供体，不需外加有机碳源，可节省运行费用；②厌氧氨氧化过程不需对反应器进行曝气，可节省能耗和氧耗，减少了大量的运行费用；③厌氧氨氧化菌世代生长周期约为 10d，增值速率低，污泥产量少。

实现厌氧氨氧化的必要条件是：①较高的进水氨氮浓度；②较低的 C/N 比；③较高的反应温度。

火力发电厂脱硫脱硝废水由于具有较高的进水温度（30～40℃）、高氨氮及总氮浓度、有机物浓度较低等特点，适合于厌氧氨氧化自养菌的生长，因此在理论上认为采用厌氧氨氧化工艺处理该类废水是可行的。

同时，厌氧氨氧化过程会产生 26% 的硝态氮，厌氧氨氧化反应方程式为

$$NH_4^+ + 1.32NO_2^- + 0.066HCO_3^- + 0.13H^+ \longrightarrow 1.02N_2 + 0.26NO_3^- + 0.066CH_2O_{0.5}N_{0.15} + 2.03H_2O$$

因此在厌氧氨氧化之后需再进行反硝化，将硝态氮或亚硝态氮还原成氮气，如碳源不足需投加碳源。最后采用好氧生物处理进一步降解有机物，达到 C、N、P 的同步去除。图 23-15 是脱硫废水的厌氧氨氧化工艺流程。

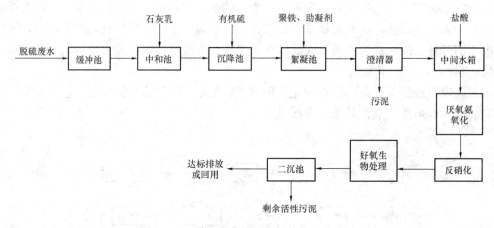

图 23-15 脱硫废水的厌氧氨氧化工艺流程

第四节 废水的集中处理及回用

火力发电厂工业废水处理主要有分散处理和集中处理两种类型。

分散处理是根据电厂产生的废水水量和水质就地设置废水储存池，对废水进行单独收集，就地处理达标后回收或排入灰场。这种处理系统的特点是：废水污染因子比较单一，污染程度较轻，处理工艺简单，基建投资少，占地面积小，布置灵活，检修和维护工作少。

集中处理是将电厂各种废水分类收集并储存，根据水量和水质选择一定的工艺流程集中处理，使其达到排放标准后排放或回收利用。废水集中处理由于系统完善，能处理电厂各类

废水，且处理效果好，处理后的水可以回收利用。目前，300MW以上机组的大型火力发电厂大多数采用工业废水集中处理系统。

本节主要介绍火电厂的废水集中处理与回用系统。

一、工业废水的收集设施

典型的废水集中处理站设有多个废水收集池，可以根据水质的差异分类收集多种废水。

1. 机组排水槽

机组排水槽靠近主厂房，作用是汇集主厂房排出的各路废水，使水质均化并缓冲水量的变化。为了防止悬浮固体在槽内沉淀，排水槽底部设有曝气管，利用压缩空气搅拌废水。

机组排水槽一般为地下结构，利于废水自流收集。另外，槽内壁采用环氧玻璃钢防腐。

2. 废液池

在火力发电厂的废水集中处理站设有若干废液池，用于收集不同类型的废水。各池用管路相通，必要时可相互切换。收集的废水有化学车间的酸碱废水、主厂房的机组杂排水、锅炉化学清洗废液、停炉保护废液、空气预热器和省煤器的冲洗水等。

废液池一般为半地下结构，池内壁防腐处理，池底部配有曝气管或曝气器，起搅拌和氧化的作用。废水池有单独的出水管与相应的处理装置连接，有些可直接排入灰场。

二、火力发电厂的废水集中处理及回用系统

在工业废水集中处理系统中要处理的废水种类较多，水中可能的污染物有悬浮固体（SS）、油、联氨、清洗剂、有机物、酸、碱、铁等，这些杂质的去除工艺不完全相同。对于经常性废水，其超标项目通常主要是悬浮固体、有机物、油和pH值。一般经过pH值调整、混凝、澄清处理后即可满足排放标准。对于非经常性废水，由于其水质、水量差异很大，需要在废液池中先进行预处理，除去特殊的污染物后再送入后续系统处理。因此，大多数火力发电厂的废水集中处理站都建有混凝澄清处理系统，主要用于经常性废水的处理，同时用于处理经过预处理的非经常性废水。

目前工业废水集中处理技术已日趋成熟，基本工艺是酸碱中和、氧化分解、凝聚澄清、过滤和污泥浓缩脱水。

现以A、B电厂为例说明。

1. A厂工业废水集中处理系统

A厂2×1000MW机组的工业废水处理系统，经常性排水每天处理水量为1500m³，非经常性排水全年需处理水量约72 000m³，设计连续出力为100m³/h。

工业废水处理系统收集的废水包括补给水处理装置排水（含化学试验室排水）、凝结水精处理装置排水、主厂房杂排水、高效浓缩机排泥水/栈桥冲洗水/除尘器排水（煤泥沉淀池预沉）、锅炉排污水（与工业水混合比3∶1）、空气预热器冲洗水、锅炉烟气侧冲洗排水、锅炉化学清洗废水（以EDTA酸洗计）和废水处理场地杂排水等。工业废水处理系统如图23-16所示。

工业废水经处理后水质达到如下指标：pH值，6～9；悬浮固体，≤5mg/L；生物耗氧量（BOD_5），≤20mg/L；化学耗氧量（COD_{Cr}），≤100mg/L；石油类，≤5mg/L。

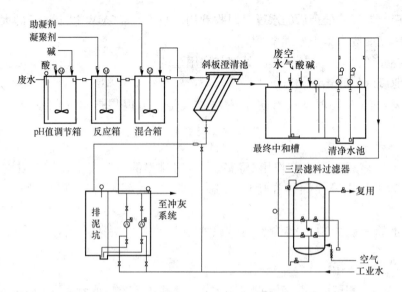

图 23-16　A电厂的工业废水集中处理系统

（1）工业废水处理流程。工业废水流程分为酸碱废水处理、主厂房杂排水处理、含悬浮固体及金属废水处理。

1）酸碱废水处理工艺流程。这部分水仅 pH 值超标，是经常性排水。处理这类废水的工艺流程如图 23-17 所示。

酸碱废水 ——→ 废水储存池 ——→ 最终中和槽 ——→ 清净水池 ——→ 综合利用

图 23-17　酸碱废水处理工艺

2）主厂房杂排水的处理工艺流程。这部分水亦是经常性排水，处理这类水的工艺流程如图 23-18 所示。

3）含悬浮固体及重金属废水处理系统工艺流程。这部分水是非经常性排水。主要有锅炉预热器清洗排水、锅炉烟气侧冲洗排水、锅炉化学清洗排水（以 EDTA 酸洗计）和机组启动或事故的排水，超标项目有 pH 值、悬浮固体、耗氧量和重金属。处理这类水的主工艺流程与锅炉杂排水的处理相同。

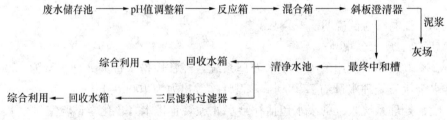

图 23-18　主厂房杂排水的处理工艺

（2）主要的废水处理设备。

1）废水储存池。$V=6×2000$（m³），按清污分流的原则收集和储存废水。1 号池收集酸碱排水；3～6 号收集非经常性废水；2 号池平时收集主厂房排水，当锅炉化学清洗等出现大量非经常性排水时，接纳后期冲洗水。

2）pH 值调整箱。$V=1×17$（m³），水在槽内停留时间为 10～15min，经调节后的 pH

值为 7.5～10.5。pH 值调整箱和最终中和槽都带有搅拌机。

3）反应箱。$V=1\times17$（m³），水在槽内停留时间为 10～15min。

4）混合箱。$V=1\times10$（m³），水在槽内停留时间为 10～15min。

5）斜板澄清器。$Q=100$m³/h，水在澄清器中停留时间为 2.0～2.5h。

6）最终中和槽。$V=1\times70$（m³），水在槽内停留时间为 20～40min，使处理后的水质得以稳定，符合综合利用的要求。

7）三层滤料过滤器。$Q=100$m³/h，当含悬浮固体及重金属的废水经一系列处理尚不能满足 GB 8978—1996 中的 I 级标准时，清净水池的出水将进入三层滤料过滤器进一步净化处理。

8）酸、碱、次氯酸钠、絮凝剂和助凝剂加药设备。

2. B 厂工业废水集中处理及回用系统

B 厂位于水资源紧缺的某市，为了节水并解决废水排放的问题，该厂对厂内的生活污水、养鱼塘排水、主厂房排水、反洗排水进行回收利用。这些废水经深度处理后，替代了部分黄河水补入电厂的循环水系统，取得明显的经济效益和社会效益。

（1）废水的组成与水质分析。该工程收集了四类废水，分别是：

1）生活污水。为热电厂生产区的生活排水，流量约为 50t/h，其中洗浴用水的比例较高。从水质指标看，含盐量与现有的黄河水相差不大，COD、氨氮、细菌、悬浮固体较高。

2）养鱼塘排水。每天排水 3h，流量 300t/d。鱼塘排水的含盐量不高，但氨氮、有机物、藻类、细菌、悬浮固体较高。

3）主厂房排水。主要是锅炉排水、机组排水和其他排入该沟道的废水。其水质特点是有机物含量较高，含盐量较低，流量大约为 10～30t/h。

4）反洗排水。来自化学车间过滤器反洗排水，两天左右反洗一次，平均每天水量约为 50t。其有机物和悬浮固体都较低，比较容易处理。

（2）废水处理工艺说明。由于收集的废水中生活污水比例较大，因此生化处理必不可少。此外，为满足循环水的水质要求，在生化处理后还要进行气浮、过滤处理。B 厂废水处理工艺流程如图 23-19 所示。

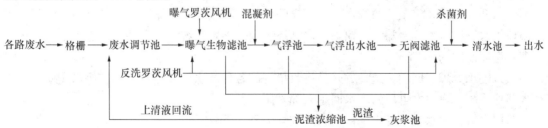

图 23-19　B 厂废水处理工艺流程

该系统生物处理的关键设备是曝气生物滤池（bio-anaerobic filter，BAF）。其原理是利用池内滤料表面生长的生物膜，在好氧条件下降解污水中的有机物，同时进行生物脱氮。

经过曝气生物滤池处理后，水中的有机物、悬浮固体都大幅降低。因此后级设备出水浊度很低。考虑到低浊度水的特点，采用气浮和过滤工艺来进一步降低水的浊度，满足循环水系统补充水的要求。

运行证明，该废水回用处理系统是成功有效的，适用于该厂的具体条件。

第五节　火力发电厂的水平衡

火力发电厂的水平衡是将整个火力发电厂作为一个用水体系，各系统水的输入、输出和损耗之间存在平衡关系，这种平衡关系是通过水平衡试验得出的。除了在正常运行阶段进行定期的水平衡试验外，当有下列情况时，也需要进行试验：

（1）新机组投入稳定运行一年内。

（2）主要用水、排水、耗水系统设备改造后运行工况有较大变化。

（3）与同类型机组相比，运行发电水耗明显偏高。

（4）欲实施节水、废水回用或废水零排放工程的火力发电厂。

一、与水平衡有关的几种水量的概念及相互之间的关系

1. 总用水量

总用水量是指火力发电厂的各用水系统在发电过程中使用的所有水量之和，用符号 V_T 表示。包括由水源地送来的新鲜水和代替新鲜水的回用水以及循环使用的水量。可见，总用水量并不是火电厂总取水口测定的流量值。

2. 取水量

取水量是指除直流冷却水外，由厂外水源地送入厂内的新鲜水或城市中水的量，该水量包括工业用水量和厂区生活用水量。在工业用水管理与水平衡计算中用符号 V_F 表示。

3. 复用水量

复用水量是指在生产过程中，在不同设备之间与不同工序之间经二次或二次以上重复利用的水量；或经处理之后，再生回用的水量。复用水量用符号 V_R 表示，在火力发电厂，水的复用有三种形式：

（1）循序使用。将一个系统的排水直接用作另一系统的补水，如工业冷却水排水直接补入冷却塔。

（2）循环使用。将系统的排水经过一定的处理后补回原系统循环使用。火力发电厂最大的循环用水系统有循环冷却水、锅炉汽水循环、灰水循环系统等。另外，含煤废水大都也是处理后循环使用的。

（3）废水处理后回用。这种方式是将收集到的各种废水经过处理后，按照水质要求分别补入其他系统。火力发电厂的废水回用大都采用这种形式。

总用水量、取水量、复用水量之间的数学关系如下

$$取水量＋复用水量＝总用水量$$

即
$$V_F＋V_R＝V_T \tag{23-1}$$

4. 排水量

排水量是指在生产过程中，将用完的废水最终排出生产系统之外的水量，用符号 V_D 表示。火力发电厂的排水量是指由向厂外排放的水量，不包括凝汽器直流冷却排水量。

5. 耗水量

耗水量是指在生产过程中，通过蒸发、风吹、渗漏、污泥或灰渣携带等途径直接损失的

水量，以及职工饮用而消耗的水量的总和，用符号 V_H 表示。

取水量、排水量、耗水量之间的数学关系如下

$$取水量＝排水量＋耗水量$$

即
$$V_F＝V_D＋V_H \tag{23-2}$$

6.各种用水量之间的关系

各种用水量之间的关系如图 23-20 所示。

二、评价水平衡的关键指标

1.装机水耗和发电水耗

装机水耗和发电水耗实质上是装机取水量和发电取水量，而不是耗水量。装机水耗是指按照总装机容量所确定的全厂单位时间的取水量，等于设计新鲜水取水量与装机容量的比值，用于设计阶段水资源

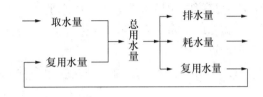

图 23-20　各种水量关系图

量的规划。发电水耗是根据一段时间内的发电量和取水量，计算出每千瓦·时发电量需要的新鲜水量，等于全厂发电用新鲜水总取水量与全厂发电总量的比值，其常用单位是 kg/kWh 或 m³/MWh。

对于已投产运行的火力发电厂，发电水耗是评价用水水平的最直接的指标。但是，在不同运行条件下发电水耗是不同的。另外，相同机组在不同的季节发电水耗也有很大差别。因此，发电水耗不能是某次测定的瞬间值，而是一段时间（如全年）内测定的平均值。

2.复用水率

复用水率是指所有重复使用的水量占全厂用水总量的百分数，其中包括了循环水量、水汽循环量以及其他循环使用、回用的水量。

对于循环冷却型湿冷机组，循环水系统的循环流量很大，其循环流量可占到全厂用水量的 90％以上，所以复用水量往往是取水量的很多倍。因此，循环冷却型火力发电厂计算出的复用水率一般均大于 95％，如此高的复用水率往往掩盖了不同电厂的废水复用量的差别。因此，用复用水率很难反映火电厂实际的废水回用水平。

3.废水回用率和废水排放率

废水回用率是指回用废水总量占全厂产生的废水总量的百分数，它与复用水率的不同在于：废水回用率不包括循环使用的水量，如循环水系统的循环水、经灰浆浓缩池沉淀处理后循环使用的冲灰水等。废水回用率的大小可以准确地反映火力发电厂的废水回用水平。但目前存在的问题是全厂废水总量难以测定。

废水排放率是与废水回用率相对的概念，是指火力发电厂在生产过程中向厂外排出的水量占废水总量的百分数。

4.其他指标

各用水系统还有其他的指标，如汽水循环系统的排污率、补水率、汽水损失率等，冲灰系统的灰水比、补充水率等，循环水系统的浓缩倍率、排污率等。

三、水平衡试验中几个关键水量的确定

在水的使用过程中，会产生大量的损耗。在火力发电厂的水耗构成中，最大的损耗是冷

却塔内循环水的蒸发损失，这部分水量是无法直接测定的，只能通过计算得出。另外，火力发电厂的用水设备类型很多，既有连续式用水设备，又有间歇式的季节性用水设备。很多设备的用水量并不固定，测定起来有一定的困难。下面介绍水平衡试验过程中容易产生误差的几个部分。

1. 冷却塔内循环水蒸发损失量

循环冷却水系统是火力发电厂用水、耗水量最大的系统。冷却塔的蒸发、风吹损失和泄漏损失是不能直接测量的，需要根据理论公式或经验公式计算。这部分水量的计算是否准确，将直接影响全厂水平衡的测试水平。

根据 GB/T 50102—2003《工业循环水冷却设计规范》中的规定，冷却塔的蒸发损失率有两种计算方式。

（1）当不进行冷却塔的出口气态计算时，蒸发损失率宜按式（23-3）计算确定

$$P_Z = K_{ZF} \Delta t \times 100\% \qquad (23\text{-}3)$$

式中：P_Z 为蒸发损失率，%；K_{ZF} 为与环境温度有关的系数，见表 23-4，1/℃；Δt 为冷却塔进出口水温差，℃。

表 23-4　　　　　　　　　　　　　系 数 K_{ZF} 的 取 值

进塔气温（℃）	−10	0	10	20	30	40
K_{ZF}（1/℃）	0.000 8	0.001 0	0.001 2	0.001 4	0.001 5	0.001 6

（2）如果对进入和排出冷却塔的空气状态进行详细计算时，蒸发损失率按式（23-4）计算

$$P_Z = \frac{G_d}{q_V}(x_1 - x_2) \times 100\% \qquad (23\text{-}4)$$

式中：G_d 为进入冷却塔的干空气质量流量，kg/s；q_V 为进塔的循环水流量，kg/s；x_1 为进塔空气的含湿量，kg/kg；x_2 为出塔空气的含湿量，kg/kg。

在进行水平衡试验时，一般使用相对简单的第一种计算方法。

2. 风吹、泄漏损失量

风吹损失由两部分构成：一是在冷却塔内，向上流动的空气在与水接触的过程中，既带走了水的热量，也夹带着水滴；二是部分由填料层下落的水滴被风横向吹出冷却塔，也构成了水量的损失。为了减少上流空气的夹带损失，很多冷却塔的顶部装有除水器，其除水效率一般在 99% 以上，可以使风吹损失率降低到 0.1%。泄漏损失是由于系统不严密或水位控制不好产生溢流造成的。

风吹损失和泄漏损失一般是不可测量的，只能根据经验估算。

3. 间断性用水量和排水量

火电厂的间断性排水主要包括设备的冲洗、排污等，另外还有是一些季节性用水设备，如水冷空调用水等。这些水量有些是可以直接测量的，但由于其流量和排放频率是变化的，因此，折算成时间流量后的数据有较大的误差。

为保证水平衡试验数据的准确性，减小测试误差，DL/T 783—2001《火力发电厂节水导则》规定，在一些管路处设置累计式流量计，具体内容可参考相关资料。

四、火力发电厂的典型水平衡

火电机组凝汽器排汽冷却方式可分为空冷系统和循环冷却湿冷系统。国内火力发电厂机组主要采用循环冷却的方式冷却凝汽器的排汽。除灰方式分为干除灰和水力除灰。近年来，随着火力发电厂节水要求的提高，火力发电厂大都采用干除灰的方式。

图 23-21 是 4×300MW 循环冷却干除灰电厂的水平衡图。新鲜水分为三路：一路补入冷却塔；另外两路先作为辅机冷却水，然后排入冷却塔。冷却塔的排水也分为三路：第一路作为脱硫系统的工艺水，直接进入脱硫塔；第二路经过化学除盐系统处理，用作锅炉补给水和发电机内冷水；第三路补入水力除渣系统。

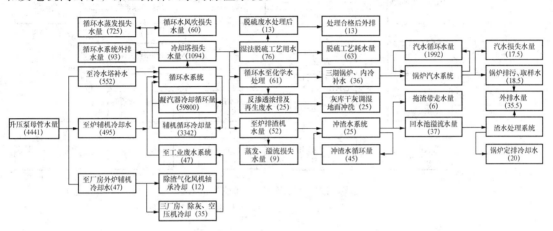

注：括号内数字为水的流量，单位为 m³/h。

图 23-21　4×300MW 循环冷却干除灰电厂的水平衡

根据图 23-21 计算出，循环水系统消耗的水量占电厂总耗水量的 93.8%，主要是由冷却塔的蒸发损失和风吹泄漏损失引起的。其他的耗水包括机组汽水损失、除渣系统耗水、输煤栈桥冲洗消耗、输煤系统喷淋消耗、干灰调湿、绿化耗水、蓄水池自身的蒸发渗透损失等。另外，循环水系统的排污量占全厂总排放量的 35%。其次是除渣系统，外排水量占全厂总排水量的 11.6%。其他系统的排放量占全厂总排放量的 28.8% 左右。

采用水力除灰的循环冷却电厂，其水平衡与干除灰有很大不同。图 23-22 是 2×200MW循环冷却水力冲灰电厂的水平衡图。新鲜水分为四路（不包括生活及绿化），分别去锅炉补给水系统（占取水量的 4.5%）、锅炉房辅机冷却系统（占取水量的 13.1%）、汽机房辅机冷却系统（占取水量的 44.4%）和循环水系统（占取水量的 38%）。其中两路辅机冷却水系统的排水也补进循环水系统。

循环水的排水主要用来冲灰。各部分损失的水量占取水量的比例分别是：循环水蒸发、风吹损失占 62.3%，灰场蒸发、渗漏及炉底密封损失占 31.2%，水汽系统损失占 2.37%，其他系统损失占 4.13%。

通过上述分析可以看出，不同机组的用水情况不同，对水资源的有效利用率不同。各火力发电厂应根据本厂实际情况合理做好水平衡试验。水平衡试验的目的不仅仅是简单地测定电厂各用水系统的用水情况，而是在摸清各系统用水情况及系统进出水水质的基础上，根据各系统进、出水质及对水质的要求，对水资源进行优化，尽量以较低的成本增加水的梯级用水级数，减少新鲜水的取水量和废水的排放量，从而达到节约水资源、保护水环境的目的。

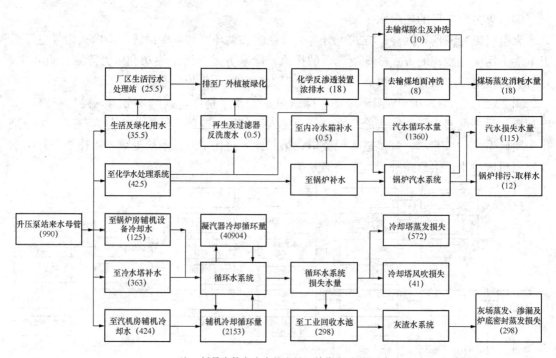

注：括号内数字为水的流量，单位为 m³/h。

图 23-22　2×200MW 循环冷却水力冲灰电厂水平衡

参 考 文 献

[1] 丁桓如，吴春华，等. 工业用水处理工程. 2版. 北京：清华大学出版社，2014.

[2] 李圭白，刘超. 地下水除铁除锰. 北京：中国建筑工业出版社，1989.

[3] 李圭白，张杰. 水质工程学. 北京：中国建筑工业出版社，2005.

[4] 崔玉川. 水的除盐方法与工程应用. 北京：化学工业出版社，2009.

[5] 朱志平，孙本达，李宇春. 电站锅炉水化学工况及优化. 北京：中国电力出版社，2009.

[6] 田文华. 电力系统化学与环保试验. 北京：中国电力出版社，2008.

[7] 常青. 水处理絮凝学. 北京：化学工业出版社，2003.

[8] 许保久，安鼎年. 给水处理原理与设计. 北京：中国建筑工业出版社，1992.

[9] 丁尔谋. 发电厂空冷技术. 北京：水利电力出版社，1992.

[10] 高秀山. 火电厂循环冷却水处理. 北京：中国电力出版社，2002.

[11] 常明旺，孔繁荣. 工业企业水平衡、测试、计算、分析. 北京：化学工业出版社，2007.

[12] 尹士君，李亚峰. 水处理构筑物设计与计算. 2版. 北京：化学工业出版社，2007.

[13] 韩剑宏. 中水回用技术及工程实例. 北京：化学工业出版社，2004.

[14] 范瑾初，金兆丰. 水质工程. 北京：中国建筑工业出版社，2009.

[15] 高以烜，叶凌碧. 膜分离技术基础. 北京：科学出版社，1989.

[16] 邵刚. 膜法水处理技术. 北京：冶金工业出版社，1992.

[17] 冯逸仙，杨世纯. 反渗透水处理. 北京：中国电力出版社，1997.

[18] 董秉直，曹达文，陈艳. 饮用水膜深度处理技术. 北京：化学工业出版社，2006.

[19] 李培元. 火力发电厂水处理及水质控制. 2版. 北京：中国电力出版社，2008.

[20] 李培元，钱达中，王蒙聚，等. 锅炉水处理. 武汉：湖北科学技术出版社，1989.

[21] 丁桓如. 水中有机物及吸附处理. 北京：清华大学出版社，2016.

[22] 钱达中. 发电厂水处理工程. 北京：中国电力出版社，1998.

[23] 周柏青. 全膜水处理技术. 北京：中国电力出版社，2006.

[24] 李培元，周柏青. 发电厂水处理及水质控制. 北京：中国电力出版社，2012.

[25] 周柏青，陈志和. 热力发电厂水处理. 4版. 北京：中国电力出版社，2009.

[26] 陈志和，周柏青. 水处理设备系统及运行. 北京：中国电力出版社，2010.

[27] 王方. 现代离子交换与吸附技术. 北京：清华大学出版社，2015.

[28] 陈积福，霍书浩. 水处理设备配水计算. 北京：中国电力出版社，2015.

[29] 吴怀兆. 火力发电厂环境保护. 北京：中国电力出版社，1996.

[30] 杨胜武，顾军农，李京. 超滤—纳滤组合工艺降低地下水硬度的研究[J]. 城镇供水，2008(2)：
27-29.

[31] 王薇，张旭，赖芳芳，等. 纳滤技术处理垃圾渗滤液国内应用实例[J]. 科技资迅，2009(21)：
130.

[32] 吕建国，王文正. 纳滤膜在苦咸水淡化工程中的应用[J]. 供水技术，2008, 2(5)：53-55.

[33] 郑雅梅，成怀刚，王铎，等. 纳滤软化海水配制驱油聚丙烯酰胺溶液的研究[J]. 石油炼制与化工，

663

2009，40(1)：65-68.

[34] 李刚，李雪梅，王铎，何涛，高从堦. 正渗透膜技术及其应用[J]. 化工进展，2010，29(8)：1388-1397.

[35] 方彦彦，田野，王晓琳. 正渗透膜的机理[J]. 膜科学与技术，2011，31(6)：95-99.

[36] 施人莉，杨庆峰. 正渗透膜分离的研究进展[J]. 化工进展，2011，30(1)：66-72.

[37] 田文华，李鹏，和慧勇. 空冷机组凝结水精处理系统设备优化配置[J]. 热力发电，2009，38(3)：81-84.

[38] 韩隶传，汪德良. 热力发电厂凝结水精处理[M]. 北京：中国电力出版社，2010.

[39] 韩隶传. 粉末树脂过滤器的应用和存在问题的探讨[J]. 热力发电，2007(7)：77-79.

[40] 韩隶传，李志刚，等. 凝结水精处理混床机理和应用研究[J]. 中国电力，2007(12)：90-93.

[41] 韩隶传，和慧勇，田文华，等. 分离系数和混合系数的定义和应用[J]. 热力发电，2010(9)：11-13.

[42] 田文华，雷俊茹，祝晓亮，等. 高速混床树脂分离与输送过程的智能监控[J]. 中国电力，2015，48(11)：22-25.